Preface 머리말

금속분야는 기계, 항공기, 자동차, 건축, 전기, 전자 등 모든 산업분야의 기초가 되는 중요한 분야로서 금속재료의 기술이 산업기술을 발전시키는데 큰 역할을 하여왔다.

특히 산업기술의 발전에 따라 새로운 특성 및 경제성이 있는 금속재료기술의 개발로 그 이용범위가 다양하게 확대되고 있다. 이 분야에 종사하는 현장기술자나 공학도들의 재능으로 이것을 꼭 해결하여야 한다는 점을 필자는 인식하고 다년간 공학도를 지도·양성한 경험을 살려 이 분야를 전공하는 공학도 및 현장실무자들에게 길잡이가 될 수 있는 지침서를 만들고자 노력하였다.

이 책은 금속재료공학을 공부하고자 하는 공학도 및 현장실무자들에게 길잡이가 될 수 있도록 하였으며, Part 1 **금속의 특성과 상태도**, Part 2 **금속 재료의 성질과 시험**, Part 3 **철강 재료**, Part 4 **비철 금속 재료**, Part 5 **특수 금속 재료**의 순서로 단원을 구성하여 내용을 전개하였다.

이 책을 통하여 금속재료공학을 공부하는 공학도들과 현장실무자들이 활용하는데 많은 도움이 되고 또한 국가기술자격 검정시험을 대비하는 수험생들에게 수험대비용 참고서로서의 지침서가 되기를 바란다.

아무쪼록 금속분야에서 최고의 기술인이 되었으면 하는 것이 저자로서의 욕심이며, 원고 정리를 끝내고 보니 부족한 부분에 대해서 아쉬움이 많지만 신기술 부분과 부족한 것은 수정보완 할 것을 약속드리며, 여러분들의 많은 관심과 성원을 기대하는 바이다.

끝으로 이 책을 펴내기까지 많은 도움과 자료를 제공해 주신 선·후배 동료 여러분과 출판에 수고하여주신 도서출판 구민사 조규백 대표님께 깊은 감사를 드리는 바이다.

저자 씀

Contents 목차

Part 01 금속의 특성과 상태도

Part

02 금속 재료의 성질과 시험

Contents 목차

Part 03 철강 재료

Part

04 비철 금속 재료

Contents 목차

Part

05 특수 금속 재료

appendix — 부록

Metal Material Engineering

Part 1

금속의 특성과 상태도

Chapter 01

금속의 특성과 결정 구조

제1절 | 금속의 특성

금속 재료(metallic materials)란 금속과 합금을 총칭한 것으로 각종 기구와 공구, 기계, 자동차, 비행기, 선박, 교량, 건축 구조물을 비롯하여 원자력 공업, 해양 개발의 새로운 분야까지 폭넓게 이용되고 있는 우리 생활에 매우 중요한 재료이다.

※ 공업상 중요한 금속 재료는 다음과 같이 분류할 수 있다.

① 철 및 강 : 순철, 탄소강, 특수강, 주철, 합금철
② 구리 및 구리 합금 : 황동, 청동, 특수 청동
③ 경합금(輕合金) : Al 합금, Mg 합금, Ti 합금
④ 기타 합금 : Pb – Sn 합금, 베어링 합금, 납땜용 합금, 저용융점 합금
⑤ 원자로용 및 신금속 : U, Th, Hf, Be, Ge, Si 등

1 순금속과 합금의 금속적인 특성

① 비중이 크고, 불투명하며, 금속 특유의 광택을 가지고 있다.
② 상온(常溫)에서 고체이며, 결정체이다.(다만, 수은(Hg)은 제외)
③ 열과 전기의 좋은 전도체이다.
④ 전성(malleabillity) 및 연성(ductility)이 풍부하고, 강도, 경도, 비중이 비교적 크다.
⑤ 전자, 중성자의 배열에 의해서 결정되는 내부 구조를 갖고 있다.

2 원자의 결합

가. 원자 결합

재료의 원자 사이에는 인력이 있으며, 이것이 원자 결합을 이루고 있고, 원자와 원자의 결합은 보통 원자 사이에 작용하는 힘의 크기에 따라 다르다.

① 원자간의 결합 에너지를 아는 척도

㉮ 원자간의 결합 에너지를 아는 척도로서 승화열(Es)이 있다.

㉯ 승화열 : 결정 중에서 원자를 집어내는 데 필요한 에너지로서 서로 인접한 원자의 결합을 끊는 에너지에 상당한다.

㉰ ΔE는 원자간의 결합 에너지(응집 에너지)로서 에너지가 가장 적은 곳에서 원자가 평형을 이루고 있는 상태는 고체가 일정한 밀도를 가지고 있음을 의미한다.

$\Delta E = Ea$(자유원자)$- Ea$(크기)

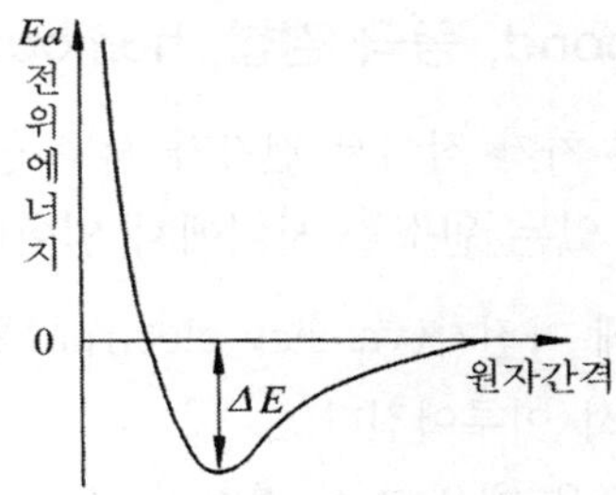

그림 1-1 원자 간격에 대한 원자당 위치 에너지 관계

㉱ 인접한 에너지를 τ라 하면 결합 에너지는 $\Delta E \simeq \frac{Es}{\tau}$, $\Delta E \simeq E(\text{free}) - E$(고체)로 나타낸다.

Ag에서는 $Es = 3\text{eV}$, 인접한 원자수, $\tau = 12$이면 결합 에너지는 0.25eV와 같다.

㉲ **대표적인 금속의 승화열 값(실온)**

(단위 : kcal/mole)

Na	K	Cu	Ag	Au	Al	Ge	Fe	W
26.0	21.7	81.2	69.0	82.3	74.4	78.0	96.7	201.6

※ 단, 1eV =23kcal/mole(

② 큰 원자력에 의한 강한 결합에는 이온 결합, 공유 결합, 분자 결합, 금속 결합 등이 있으며 이들은 각각 쿨롱의 힘, 전자쌍의 힘, 반데르발스(van der Waals bond)의 힘 및 전자력에 의한 것이고 각각의 결합 에너지는 다음과 같다.

이온 결합$\simeq 1\text{eV}$, 공유 결합$\simeq$ 수eV, 분자 결합$\simeq 0.1\text{eV}$, 금속 결합$\simeq 0.3 \sim 0.5\text{eV}$

나. 이온 결합(ion bond) : Kcl, MgO, LiF

전자가 같은 형의 원자에서 다른 형의 원자로 이동하여 생성되는 이온양과 음이온(ion) 사이에서 발생하는 전기적인 인력에 의한 결합이다.

① 양·음이온이 전기적 중화를 이루면서 정전기적인 힘에 의하여 결합되는 것을 이온 결합이라 하며, 이온 결합의 내부에는 서로 반대로 대전된 이온 사이의 상호 인력 작용으로 이루어지는 결합이다.

② 주기율표에서 서로 반대쪽에 있는 원소들이 결합함으로써 큰 양전기를 띤 원자와 큰 음전기를 띤 원자 사이에서 일어나는 결합이다.

③ 이온 결합은 정전력(electrostatic attraction)에 기인하며 각 이온을 결합한다.

④ 이온 결합은 매우 강하다.

⑤ 이온 결정은 액체가 되기 쉽고 변형은 어려우나 취약하다.

다. 공유 결합(covalent bond, 등극 결합, homopolar bond) : Ge, Si, 다이아몬드

쌍방의 원자 전기 음성도의 차가 적어서 전자가 서로 공유하면서 결합하는 화학 결합으로 주기율표에서 서로 가까이에 있는 원소들 사이에서 일어나는 결합이다.

① 인접해 있는 원자 사이에 가전자(valency electron)를 공유함에 따라 상호 원자 사이에서 생기는 인력에 의해서 이루어진다.

② 공유 결합에 의한 결합력은 매우 커서 결정이 극히 단단하고, 열 및 전기전도도가 낮은 것은 매우 안정하고 매우 강하며, 다이아몬드, 탄화규소(SiC) 등이 있다.

③ 공유 결합에서 원자는 그들의 전자를 포기하지 않고, 최외각 전자를 다른 원자와 나누어 가지며, 각 원자는 서로 완전히 최외각 전자각을 가진다.

④ 반데르발스의 결합이 약하며, 용융점이 높고 딱딱하며 취성이 있다.

라. 금속 결합(metallic bond) : Cu, Ag, Al

금속은 보통 전자를 얻으려는 힘(전기 음성도)이 낮기 때문에 자유전자를 내놓을 수 있고 이 자유전자가 띤 음 전하와 핵이 띤 양 전하 사이에 이루어진 결합을 말한다.

① 금속 결정의 전도율이 높은 것은 결정내의 전자가 자유로이 움직일 수 있으므로 금속 원자는 최외각 전자를 방출하기 쉽다.

② 금속 결합은 공유 결합의 극단적인 것이며, 방향성은 거의 없고 본질적으로 등방성(等方性)이며, 금속 결합체는 파괴되지 않고 어느 정도 변형할 수 있다.

마. 분자 결합(van der waals binding) : Ar, Kr

원자의 구조는 핵을 중심으로 전자가 공존하고 있으며 이때 공존하는 전자의 분포가 순간적으로 한 곳에 치우치면 부분적으로 음전하를 띠며 계속하며 다른 원자의 전하를 띠도록 유도한다. 이 때 유도된 전자의 전기적 인력에 의해 형성되는 물리적 결합을 반데르발스의 결합이라 한다.

① 반데르발스 결합은 아주 약하기 때문에 결합이 풀어지기 쉽고, 일반적으로 용융점이 낮다.

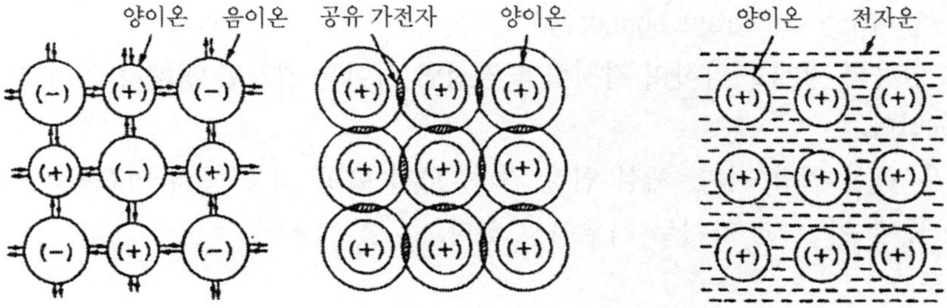

그림 1-2 원자 결합 방식

제2절 | 금속의 결정 구조

1 금속의 결정(crystal)

물질을 구성하고 있는 원자가 입체적으로 규칙적인 배열을 이루고 있을 때를 결정이라 하며, 결정은 응고 중에 형성되는 데, 금속은 일반적으로 많은 크고 작은 결정이 모여서 무질서한 결합체를 이룬다.

① 결정 입계(crystal grain boundary)
결정 입자의 경계를 말하며 결정립과 결정립 사이를 결정립 경계라 하며 불순물이 이곳에 모인다.

② 금속은 면심 입방 격자, 체심 입장 격자, 조밀 육방 격자 등의 비교적 간단한 세 가지 격자 중에 어느 한 가지로 이루어져 있다.

③ 단위포
규칙적으로 배열된 다결정 중의 한 개의 결정을 말한다.

2 공간 격자(space lattice)와 단위포(unit cell)

결정립은 원자가 규칙적으로 배열되어 형성된 공간 격자에 의해서 이루어지고 있으며 원자 배열은 금속의 종류, 온도 및 대칭성 등에 따라 다르고 성질에 많은 영향을 미친다.

(1) 공간 격자(space lattice, 결정 격자)

결정 구조의 원자는 이온(ion), 분자 또는 분자 집단이며, 이들이 일정한 격식에 따라서 공간에 배열되어 있으며 이들 점의 계열을 공간 격자라 한다.

① 공간 격자는 최소 단위인 단위포(unit cell)로 구성되어 있다.

② 단위포(unit cell) : 공간 격자를 구성하는 단위 부분이다.
결정 격자 중 금속 특유의 형태를 결정짓는 원자 모임으로 기본 격자 형태이다.

③ 격자 상수(lattice constant) : 단위포 한 모서리의 길이를 말한다.

㉮ 격자 상수의 크기 : 보통 3～5Å(10^{-8}cm = 1Å)

㉯ 단위포 3축 방향 길이 a, b, c를 격자 상수라 하고 이 때 축간의 각인 α, β, γ를 축각(axial angle)이라 한다.

㉰ 순금속의 결정 구조는 대부분이 입방 정계이다.(비금속에 가까운 Ir, Sn, Te, Ti, Bi 등은 제외)

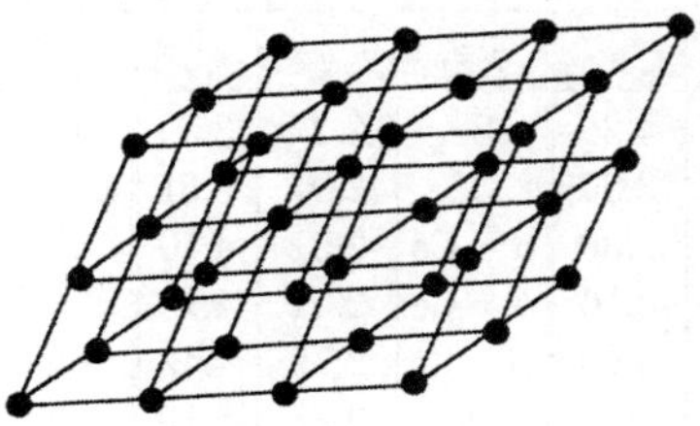

(공간격자)

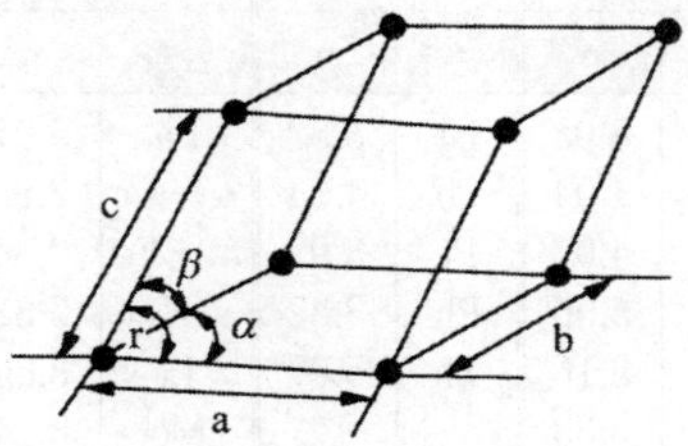

(단위포)

그림 1-3 공간 격자와 단위포

④ 결정계는 7결정계로 나누고 이것을 다시 14결정 격자형으로 세분되며 이것을 브라베(bravais) 격자라 하고, 결정계와 결정 격자의 종류는 다음과 같다.

결정계	축 길이와 사이각	결정 격자
입방정계(cubic system)	a = b = c $\alpha=\beta=\gamma=90°$	(1) 단순 입방 격자 (2) 체심 입방 격자 (3) 면심 입방 격자
육방정계 (hexagonal system)	a = b≠c $\alpha=\beta=90°,\ \gamma=120°$	(4) 단순 육방 격자
능방정계 (rhombohedral system)	a = b = c $\alpha=\beta=\gamma\neq 90°$	(5) 능방 격자
정방정계 (tetragonal system)	a = b≠c $\alpha=\beta=\gamma=90°$	(6) 단순 정방 격자 (7) 체심 정방 격자
사방정계 (rhombic system)	a≠b≠c $\alpha=\beta=\gamma=90°$	(8) 단순 사방 격자 (9) 저심 사방 격자 (10) 체심 사방 격자 (11) 면심 육방 격자
삼사정계 (triclinic system)	a≠b≠c $\alpha\neq\beta\neq\gamma\neq 90°$	(12) 삼사 격자
단사정계 (monoclinic system)	a≠b≠c $\alpha=\beta=90°,\ \gamma\neq 90°$	(13) 단순 단사 격자 (14) 저심 단사 격자

⑤ 주요 금속의 격자 상수

(단위 : Å)

면심 입방(FCC)				체심 입방(BCC)				조밀 육방(HCP)					
금속	a	금속	a	금속	a	금속	a	금속	a	c	금속	a	c
Ag	4.08	Ni	3.52	Ba	5.01	Na	4.28	Be	2.27	3.59	Os	2.72	4.31
Al	4.04	Pb	4.94	$\alpha-$Cr	2.88	Nb	3.30	Cd	2.97	5.61	$\alpha-$Tl	3.47	5.52
Au	4.07	Pt	3.92	$\alpha-$Fe	2.86	Ta	3.30	$\alpha-$Co	2.51	4.10	Zn	2.66	4.96
Ca	5.56	Rh	3.82	K	5.32	W	3.16	$\alpha-$Ce	2.51	4.10	$\alpha-$Ti	2.92	4.67
Cu	3.16	Th	5.07	Li	3.50	V	3.03	$\beta-$Cr	2.72	4.42	Zr	3.22	5.20
$\gamma-$Fe	3.63			Mo	3.14			Mg	3.22	5.10			

(2) X－선에 의한 결정 구조의 결정

① X－선은 광선과 같이 회절(回折)하므로 바른 규칙의 원자면에 의해 회절된다.

② 파장 λ인 X－선을 결정면에 θ의 각도로 입사시킨 경우 회전이 이루어지려면 $DE'E$가 파장(λ)의 정수비로 한다.

③ $n\lambda = DE'E$ 중 DE 및 $E'E$는 모두 $d\sin\theta$와 같으며 n은 정수다. 따라서 $n\lambda = 2d\sin\theta$와 같이 된다.
이것을 브레그 법칙(bragg's law)이라 한다.

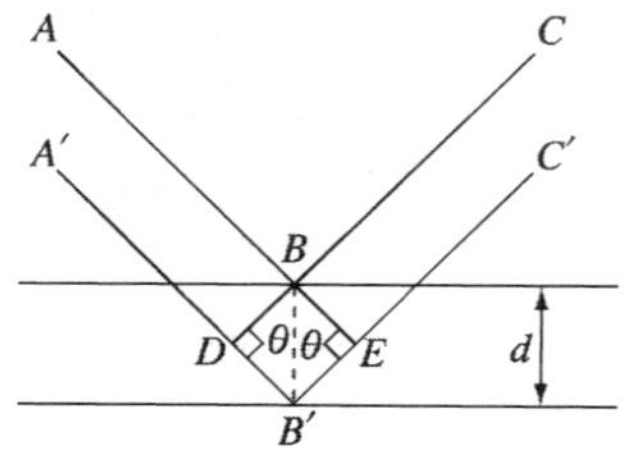

그림 1-4 X－선의 회절

3 금속 결정의 종류

금속의 결정 구조 중에서 가장 흔히 볼 수 있는 것은 체심 입방 격자, 면심 입방 격자, 조밀 육방 격자의 세 종류가 있다.

가. 결정 구조

금속 원소의 결정 구조는 대칭성이 높은 즉, 대칭성과 대칭성이 많은 면심 입방정, 체심 입방정, 조밀 육방정에 속한다.

이들은 대칭성이 높은 결정 구조로 대칭축과 대칭면의 수가 많다.

① 면심 입방과 조밀 육방 등은 구상의 원자들을 가능한 서로 밀접하게 쌓아 올려놓는 구조로 되어 있다.

② 결정계의 대표적인 주요 인자

㉮ 원자 반경 : 최근접 원자간의 거리(원자 지름과 같다)의 $\frac{1}{2}$을 말한다.

㉯ 최근접 원자 : 서로 접촉하고 있는 원자(최근접 원자 거리는 원자의 지름과 같다.)

㉰ 최근접 원자간의 거리 : 서로 접촉하고 있는 원자의 중심간의 거리

㉱ 배위수 : 원칙적으로 1개의 원자 주위에 있는 최근접 원자수를 말한다.

㉲ 충진율 : 단위 격자내의 원자가 차지한 총 부피를 그 격자 부피로 나눈 체적비의 백분율이다.

나. 체심 입방 격자(BCC, body – centered cubic lattice)

입방체의 8개의 꼭지점에 각 1개씩의 원자와 입방체 중심에 한 개의 원자가 배열된 결정구조이다.

① 단위 격자에 속하는 원자 수

㉮ 격자점에 있는 원자 : $\frac{1}{8} \times 8$개 $=1$개

(각 꼭지점에 있는 원자는 그 주위에 있는 8개의 단위 격자이므로 이 단위 격자에는 $\frac{1}{8}$만 속하고 있다.)

㉯ 체심에 있는 원자 : 1개 =1개

(입방체 중심에 있는 원자 1개는 완전히 이 단위 격자에 속한다.)

㉰ 전체적으로 $\frac{1}{8} \times 8+1=2$개의 원자가 속한다.

(원자가 0 0 0 및 $\frac{1}{2}\ \frac{1}{2}\ \frac{1}{2}$에 있으므로 단위정(單位晶)에 2개의 원자가 속하고 있다.)

② 입방체 대각선의 길이 : $\sqrt{3} \cdot a$

③ 근접 원자간의 거리(원자 직경) : $\frac{\sqrt{3}}{2} \cdot a$

(제2인접 원자와의 거리가 최근접 원자간의 거리에 비해 약 13.4%의 차이 밖에 없다.)

④ 원자 반경 : $\left(\frac{\sqrt{3}}{2} \cdot a\right)$의 $\frac{1}{2} \times \frac{\sqrt{3}}{2} \cdot a$

⑤ 격자내의 원자 부피 ; $\frac{4}{3}\pi\left(\frac{1}{2} \cdot \frac{\sqrt{3}}{2} \cdot a\right)^3 \times 2 = \frac{\sqrt{3}}{8}\pi a^3$

⑥ 단위 격자의 부피 : a^3

⑦ 격자내 원자의 충진율 : $\frac{\frac{4}{3}\pi\left(\frac{1}{2} \cdot \frac{\sqrt{3}}{2}a\right)^3 \times 2}{a^3} \times 100 = \frac{\sqrt{3}}{8}\pi \times 100 \fallingdotseq 68\%$

⑧ 배위수(체심에 있는 원자를 둘러싼 원자수) : 8개
⑨ 체심 입방 격자(BCC) 금속은 면심 입방 격자(FCC) 금속보다 융점이 높은 것이 많으며 가공에 의한 경화는 별로 없으나 전연성이 떨어진다.
⑩ 체심 입방 격자에서 원자 밀도가 가장 큰 면은 (110)면이고, 원자 밀도가 가장 큰 방향은 <111>이다.
⑪ BCC에 속하는 주요 금속 : Ba, Cr, Be, K, W, Mo, V, Li, Rb, Cs, Nb, $\alpha-$Fe

다. 면심 입방 격자(FCC, face-centered cubic lattice)

입방체의 8개 꼭지점과 6개면의 중심에 원자가 있어 14개의 원자로 구성되어 있다.

① 단위 격자에 속하는 원자 수
㉮ 격자점에 있는 원자 : $\frac{1}{8}\times 8$개 $=1$개
㉯ 면중심에 있는 원자 : $\frac{1}{2}\times 6$개 $=3$개(각 면의 원자가 $\frac{1}{2}$씩 속한다.)
㉰ 전체적으로는 $\frac{1}{8}\times 8+\frac{1}{2}\times 6=4$개의 원자가 속하게 된다.
② 면대각선의 길이 : $\sqrt{2}\cdot a$
③ 근접 원자간의 거리 : $\frac{1}{2}\times\sqrt{2}\cdot a=\frac{1}{\sqrt{2}}\cdot a$(원자 직경) $=\frac{a}{2\sqrt{2}}$
(근접 원자간 거리는 단위 격자의 면대각선의 $\frac{1}{2}$이다.)
④ 배위수(면심 원자를 포함한 원자수) : 근접 격자의 면심 원자 4개를 합하여 12가 된다.
⑤ 격자 내의 원자 체적 : $\frac{4}{3}\pi\left(\frac{1}{2}\cdot\frac{1}{\sqrt{2}}a\right)^3\times 4=\frac{\sqrt{2}}{6}\pi a^3$
⑥ 단위 격자의 부피 : a^3
⑦ 격자내의 원자 충전율 : $\dfrac{\frac{4}{3}\pi\left(\frac{1}{2}\cdot\frac{1}{\sqrt{2}}a\right)^3\times 4}{a^3}\times 100=\frac{\sqrt{2}}{6}\pi\times 100\fallingdotseq 74\%$
⑧ FCC 금속은 전연성, 가공성이 좋으나 강도가 충분치 못하다.
⑨ FCC의 주요 금속 : Al, Ag, Au, Cu, Pt, Ni, Ca, Sr, Ir, Rh, Th, $\gamma-$Fe

라. 조밀 육방 격자(HCP, hexagonal close-packed lattice)

6각기둥 상하면의 각 꼭지점의 그 중심에 1개씩 원자가 있고, 6각기둥을 구성하는 6개 3각기둥 중에서 1개씩 띄어서 3각기둥의 중심에 1개씩 원자가 배열된 결정 구조다.

(1) 근접 원자간 거리

바닥면 상에서 a축 방향에서는 a이고, c축 방향에서는 $\sqrt{\frac{a^3}{3}+\frac{c^2}{4}}$

(2) 배위수(바닥면 중심에 있는 원자 주위의 원자수) : 12개

인접 격자 내의 꼭지면과 바닥면과의 중간에 있는 원자 3개를 포함하여 12개가 된다.

(3) 충진율

육각 기둥의 단위 격자보다 4면체 3개를 겹쳐서 된 것과 같으므로 4각기둥을 최소 단위로 하여 계산한다.

① 단위 격자 내에서 원자가 차지하는 부피 : $\frac{4}{3}\pi\left(\frac{a}{2}\right)^3\times 2$

② 단위 격자의 부피 : $2\times\frac{1}{2}a^2\sin 60°\times c = a^2\frac{\sqrt{3}}{2}\times\sqrt{\frac{8}{3}}a = \sqrt{2}\,a^3$

③ 충진율 : $\dfrac{\frac{4}{3}\pi\left(\frac{a}{2}\right)^3\times 2}{\sqrt{2}\,a^3}\times 100 = \frac{\sqrt{2}}{6}\pi\times 100 \fallingdotseq 74\%$

(4) 격자내의 원자수

① 각 모서리의 원자 : $\frac{1}{8}\times 8=1$개

② 내부에 있는 원자 : 1개

③ $\frac{1}{8}\times 8+1=2$개

(5) HCP는 전연성이 떨어지고 접착성도 나쁘다.

(6) HCP의 주요 금속

Mg, Zn, Be, Cd, Ti, Zr, La, Ce, Co

(7) 조밀 육방 금속의 축비의 값(c/a)

금속	Be	Ti	Zr	Mg	Zn	Cd
축비	1.568	1.587	1.589	1.624	1.856	1.886

축비(軸比, axial ratio)

조밀 육방 격자에서는 그 크기를 저면(底面)의 6각형의 1변만으로는 나타낼 수 없으므로 격자 정수로서 저면의 1변의 길이 a외에 6각주의 높이 c를 표시한다. 그러나 c는 직접치(直接値)를 표시하지 않고 a와의 비(比), 즉 c/a의 값으로 나타낸다. 이 c/a의 값을 축비라 한다.

마. 금속 격자형

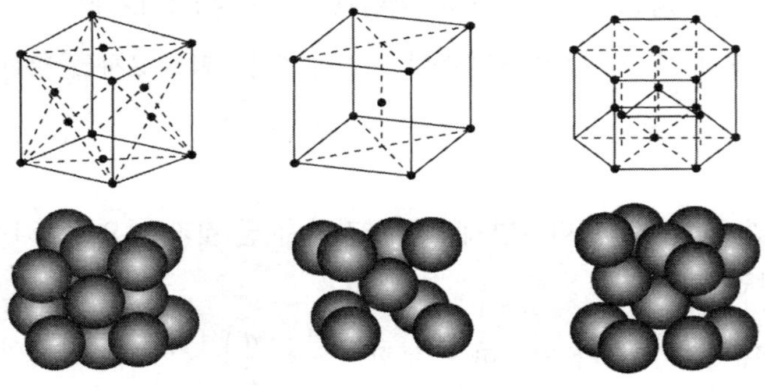

(가) 면심 입방 격자 (나) 체심 입방 격자 (다) 조밀 육방 격자

그림 1-5 중요한 금속 격자형

바. 결정 격자의 종류와 성질

결정구조	원자수	배위수	근접 원자간 거리	충진율(%)	성질
BCC	2	8	$\frac{\sqrt{3}}{2} \cdot a$	68	• 전연성이 작고 융점이 높다. • 강도가 크다.
FCC	4	12	$\frac{a}{2\sqrt{2}}$	74	• 전연성이 우수하다. • 전기전도도가 크다.
HCP	2	12	a 또는 $\sqrt{\frac{a^2}{3}+\frac{c^2}{4}}$	74	• 전연성이 불량하다. • 취약하고, 접착성이 작다.

4 결정면과 방향의 표시

결정의 표시법은 입방체로 된 단위 격자의 한 꼭지점을 원점으로 하여 3차원의 좌표계를 생각한다.

가. 결정의 표시법

① 입방체로 된 단위 격자의 한 꼭지점을 원점으로 하여 3차원의 좌표계로 한다.

② 각 원자의 위치는 격자 상수를 단위로 하여 길이를 나타내면 각각의 원자 위치는 다음과 같은 좌표로 나타낸다.

㉮ 모서리점의 원자 : (000), (100), (010), (001), (110), (101), (011) (111)

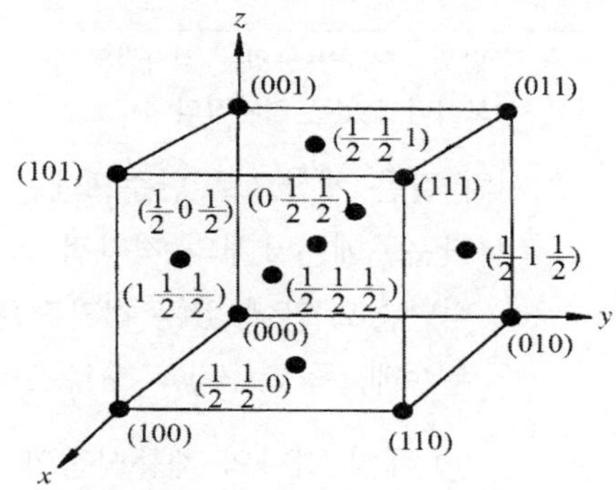

그림 1-6 결정격자내의 각 격자점의 좌표

㉯ 체심점의 원자 : $\left(\frac{1}{2}\ \frac{1}{2}\ \frac{1}{2}\right)$

㉰ 면심점의 원자 : $\left(\frac{1}{2}\ \frac{1}{2}\ 0\right)$, $\left(\frac{1}{2}\ 0\ \frac{1}{2}\right)$, $\left(0\ \frac{1}{2}\ \frac{1}{2}\right)$, $\left(1\ \frac{1}{2}\ \frac{1}{2}\right)$, $\left(\frac{1}{2}\ 1\ \frac{1}{2}\right)$, $\left(\frac{1}{2}\ \frac{1}{2}\ 1\right)$

③ 결정 구조를 생각할 때 원자에 의해서 구성되는 면이나 원자의 배열 방향을 상대적으로 표시하는 것이 편리하다.

㉮ 면이나 방향 표시에는 결정학적의 밀러 지수(Miller indices)를 많이 이용한다.

㉯ 결정면의 표시 방법 : 그 면에 의한 좌표축에서 각각 절편되는 길이의 역수의 최소 정수비로 나타낸다.

㉰ 결정 방향의 표시 방법 : 방향을 나타내는 직선이 원점을 지난다고 생각할 때 그 직선상의 임의의 한 점의 좌표를 최소 정수비로 나타낸다.

나. 격자점

격자점은 항상 동등한 주위를 갖는다. 즉 등가(等價)이며, 단위포에 포함되어 있는 수(數)에 따라 단순포(單純胞)와 비단순포로 구별한다.

단순포에는 격자점이 1개 밖에 없으며 2개 이상이 있는 것은 비단순포이다.

① 단위포 안에 있는 격자점은 그 단위포에만 속하지만 격자면에 있는 격자점은 2개의 단위포에 속하며 모서리에 있는 격자점은 8개의 단위포에 속한다.

② 단위포에 속하는 격자점의 수를 나타내는 식

$$N = N_i + \frac{N_f}{2} + \frac{N_c}{8}$$

- N_i : 단위 격자 안에 있는 격자점의 수
- N_f : 면에 있는 격자점의 수
- N_c : 모서리에 있는 격자점의 수

㉮ 이와 같은 계산으로 단순포에는 격자점이 1개가 있다.

㉠ 단순포에는 1개의 격자점 밖에 없으므로 격자점은 원점 0 0 0에 있다고 본다.

㉡ 비단순포 안에 있는 격자점은 그 점까지의 벡터가 단위 격자의 벡터 a, b, c의 분수배, 즉 ax, yb, zc로 표시되므로 그 점의 좌표는 xyz로 된다.

ⓐ 체심 격자의 체중심점의 좌표 : $\frac{1}{2}\frac{1}{2}\frac{1}{2}$이다.

ⓑ 면심 격자의 면중심의 좌표 : $\frac{1}{2}\frac{1}{2}0$, $\frac{1}{2}0\frac{1}{2}$, $0\ \frac{1}{2}\frac{1}{2}$이 된다.

㉯ 체심 격자에는 격자점이 2개, 면심 격자에는 4개, 저면심 격자에는 2개가 있다.

다. 결정 방향

결정의 성질 중에서 가장 중요한 특성은 결정의 이방성(異方性 : anisotropy)이다.

① 결정 방향은 격자내의 임의의 직선 방향을 그 선과 평행하게 단위포의 원점을 지나는 직선을 그어 그 직선상의 임의의 점에 좌표로 표시한다.
좌표를 u, v, w라고 표시할 때 이 직선의 방향을 $[uvw]$로 한다.

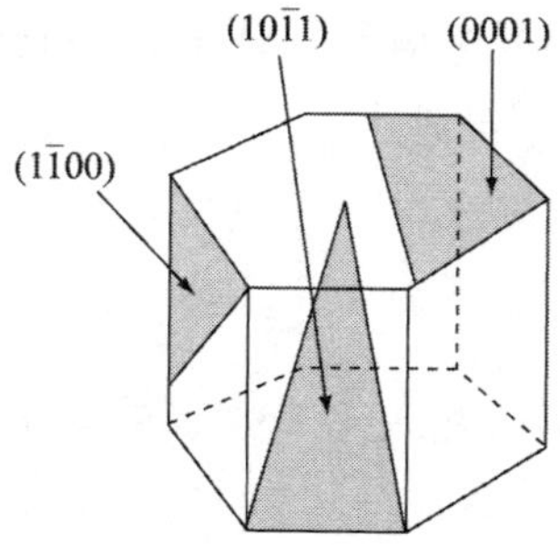

그림 1-7 육방정계의 대표적인 면

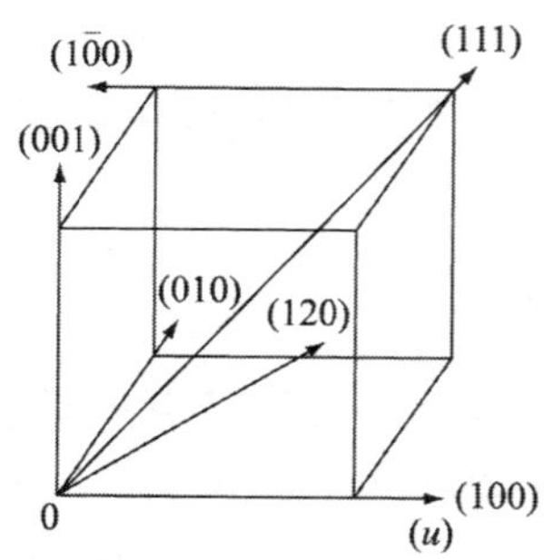

그림 1-8 방향 지수 표시

㉮ u, v, w의 수치는 보통 가장 작은 정수로 표시하는 것이 보통이다.

㉯ $\left[1\frac{1}{2}\frac{1}{2}\right]$[211] 및 [422]는 모두 같은 방향을 표시하지만 보통 [211]로 표시한다.

㉰ 부지수(負指數) (−)방향일 때는 수치 위에 바를 붙여서 $[\overline{u}\overline{v}\overline{w}]$로 나타내 준다.

② 몇 가지 방향 지수를 대칭과 관계되는 방향들은 일괄 $[uvw]$로 표시한다.
(<111>의 의미 : [111], $[\overline{1}11]$, $[1\overline{1}1]$, $[11\overline{1}]$, $[\overline{1}\overline{1}1]$, $[\overline{1}1\overline{1}]$ 및 $[\overline{1}\overline{1}\overline{1}]$을 일괄 표시한 것이다.)

③ 육방정에는 방향도 4개 지수를 사용해 $[uvtw]$와 같이 표시하지만 면지수와 같이 다음과 같은 관계가 성립한다.
$\therefore\ u+v+t=0$ 또는 $u+v=-t$

육방 정계의 대표적인 면

㉮ 기저면(基底面, base plane) {0001}

㉯ 각통면(角筒面, prismatic plane) $\{1\overline{1}00\}$

㉰ 각추면(角錐面, pyramidal plane) $\{10\overline{1}1\}$

㉠ 육방 격자의 방향은 a_1, a_2, c의 3개의 축에 의하여 $[uvw]$로 표시할 수 있으나 이 때의 변환 $[uvtw]$ → [UVW]로 표시할 때 $\mathrm{U}=u-t$, $\mathrm{V}=v-t$, $\mathrm{W}=w$에 의해 나타낼 수 있다.

㉡ 육방정의 경우 기저면에 대한 3개의 지수 u, v, t는 식 $u+c+t=0$, $u+v=-t$를 구할 수 있고, 입방정에서는 같은 지수로 표시되는 면과 방향은 서로 직교한다. [100]과 (100), [111]과 (111)

라. 밀러 지수(Miller index)

밀러 지수는 면의 원점으로부터 결정축과 교차하는 점까지의 거리와 그 축의 단위 길이에 대한 역수를 말한다.

① 결정면은 그 면에 의한 좌표축의 각 절편 길이의 역수의 최소 정수비로 나타낸다.
[면의 지수 표시] : 면의 지수가 h, k, l이라고 하면$[hkl]$로 표시하고, 지수가 부지수이면 $[hkl]$로 표시한다. (숫자 위에 bar(−) 부호 표시)

② 결정 방향은 방향을 나타내는 직선이 원점을 지난다고 생각할 때 그 직선상 임의의 1점의 좌표의 최소 정수비로 나타낸다.
[방향의 지수 표시] : 방향의 지수가 uvw라고 하면 $[uvw]$로 표시하고, 지수가 부지수이면 $[uvw]$로 표시한다. (숫자 위에 bar(−) 부호 표시)

③ 밀러 지수는 항상 분수를 포함되지 않도록 정리한다.

④ 입방 격자면의 표시

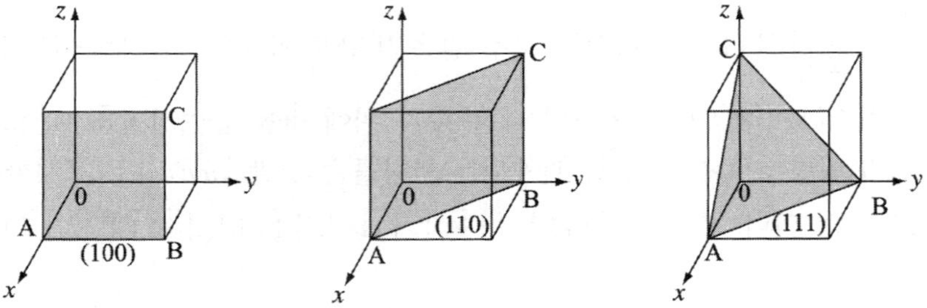

그림 1-9 입방 격자 면의 표시

⑤ 입방 정계의 경우 밀러 지수

㉮ x, y, z축의 절편의 길이 : 3, 2, 1

㉯ 그 역수 : $\frac{1}{3}$, $\frac{1}{2}$, 1

㉰ 최소정수비 : 2, 3, 6

㉱ 면의 밀러 지수 : (2 3 6)

㉲ 3개의 평행면

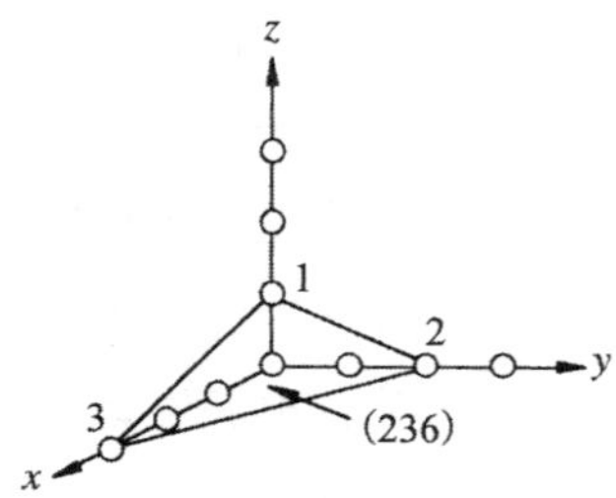

그림 1-10 면의 Miller 지수

	면A	면B	면C
절편의 길이	1, 1, 1	2, 2, 2	3, 3, 3
역수	1, 1, 1	$\frac{1}{2}$, $\frac{1}{2}$, $\frac{1}{2}$	$\frac{1}{3}$, $\frac{1}{3}$, $\frac{1}{3}$
면의 밀러 지수	(111)	(111)	(111)

㉳ 평행한 면은 같은 지수로 나타낼 수 있으며 (111)면과 (111) 면과 같이 지수가 같고 부호가 전부 부치(負値)인 면도 평행이다.

㉴ 면이 1개의 좌표축에 평행인 경우에는 그 좌표축의 절편은 ∞가 되므로 그 역수는 $\frac{1}{\infty}$이 되고 0이라 쓰고, 2개의 좌표축에 평행면의 경우는 2개의 지수가 0이 된다.

㉵ 입방 정계에서는 지수가 같은 면과 방향은 반드시 직교한다.

㉶ 등가(等價 ; equivalent)

(100), (010), (001) 등의 면은 좌표축에 대한 상대적인 대칭성이 똑같다. 이와 같은 면이나 방향을 등가(等價)라 하고, 등가한 면이나 방향을 일괄하여 표시하고자 할 때에는 등가한 면은 [hkℓ]로 표시하고, 등가한 방향은 [uvw]로 표시한다.

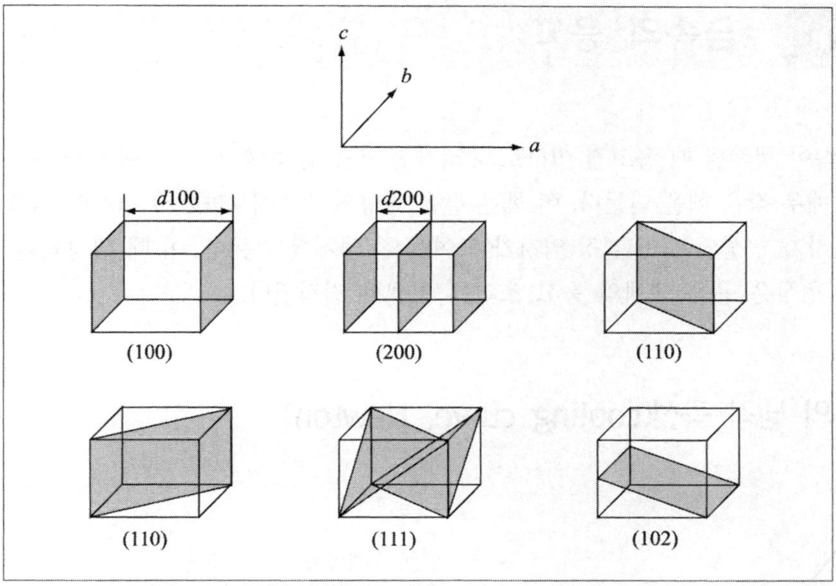

그림 1 - 11 격자면의 Miller 지수

제3절 | 금속의 응고

용융 금속이 냉각될 때 응고점 이하로 내려가면 용융 금속 중의 수소 원자가 규칙적인 배열을 이루어 매우 작은 핵을 만든다. 이 핵은 같은 방향의 수지상(樹枝狀) 결정이 접합하여 하나의 결정 입자가 형성되고 이 결정 입자가 모여서 한 물체를 만든다. 이 때 생성되는 결정 입자의 크기와 형상은 용융 액체의 응고 조건에 의해서 결정된다.

1 금속의 냉각 곡선(cooling curve, Newton)

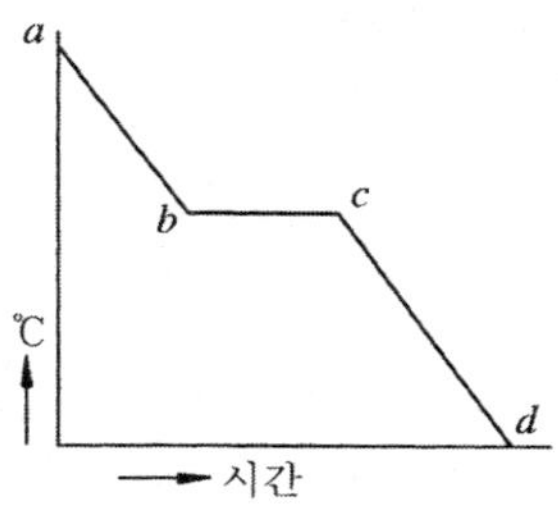

- *ab* : 액체 상태에서의 냉각 곡선
- *bc* : 응고 시작부터 끝날 때까지 일정 온도
  (융점 = 액체 + 고체)
- *cd* 고체 상태에서의 냉각 곡선

그림 1 - 12 금속의 냉각곡선

가. 응고 잠열(latent heat)

시간의 경과에 따라 온도 강하가 정지되고 외부로부터 흡열에 대하여 온도 저하를 시키지 않을 만큼의 응고 금속의 발열이 있음을 나타낸 것이다.

응고 잠열이란 물질이 그 상태를 바꿀 때 흡수 또는 방산하는 열에너지를 말한다.

나. 과냉(過冷 ; super cooling under cooling)

융체 또는 고용체가 응고 온도선 또는 용해 온도선 이하로 냉각하여도 타성(惰性) 때문에 액체 또는 고용체 상태로 계속되는 현상을 말한다.

과냉의 정도가 어느 한도에 이르면 비로서 응고 또는 석출(析出)을 일으킨다.

① 과냉도는 빨리 냉각할수록 커지며, 일반적으로 과냉도는 응고점보다 0.1℃ 또는 0.3℃ 이하에서 생긴다.
과냉도가 커질수록 많은 핵이 발생하고 핵이 많이 생길수록 결정립의 크기가 작아진다.

② 과냉도가 큰 금속은 Sb, Sn이고, 과냉도가 작은 금속은 Al, Cu이다.

③ 과냉을 방지하려면 소량의 고체 금속 첨가 또는 접종을 하며, 용액을 진동하고 결정핵을 발생시킨다.

④ 과포화 고용체(super – saturated solid solution) : 과냉을 일으키는 고용체를 말한다.

다. 1차 조직(primary structure, 응고 조직)

용융 상태로부터 응고가 끝난 그대로의 금속 조직을 말한다.

라. 2차 조직(secondary structure)

응고 후 냉각하는 사이에 변태하거나 기계적 가공에 의한 소성 변형에 의해 1차 조직을 변화 파괴한 조직 또는 열처리에 의해 새로운 결정 조직으로 변화시킨 조직이다.

2 결정의 응고 과정

결정핵 발생 → 결정핵이 생성되어 규칙적으로 배열된다.

결정핵 성장 → 발생된 핵이 성장하는 과정,(수지상 결정 형성)

결정 정계 형성 → 성장된 핵이 경계를 형성한다.

결정 입자 구성 → 입자 구성으로 금속을 이룬다.

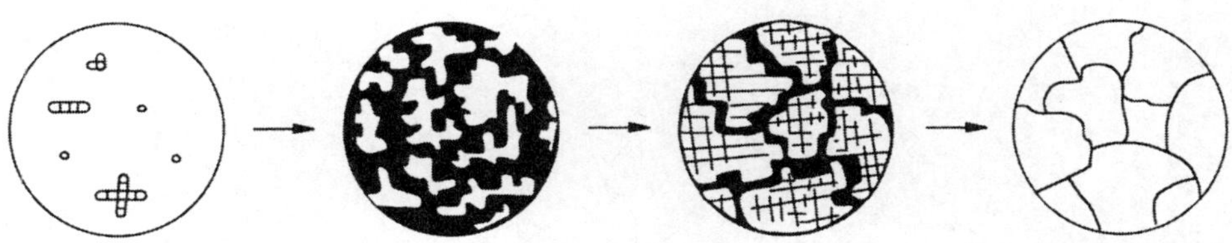

(가) 결정핵의 생성 (나) 결정핵의 성장 (다) 결정 입체의 형성

그림 1 - 13 핵의 성장과 성장 모형도

3 응고 속도

용융 금속을 주형에 주입하면 주형에 접한 부분이 먼저 빠른 속도로 냉각되어 응고하고 점차 내부로 들어가면서 서서히 응고하게 된다.

가. 결정 입자의 성장 속도와 냉각 속도와의 관계

① $G \geq V$: 주상 결정 입자

② $G < V$: 입상 결정 입자

- G : 결정 입자의 성장 속도
- V : 용융점이 내부로 전달되는 속도(냉각 속도)

4 결정 형성에 영향을 주는 요인

가. 결정핵수와 결정 속도 및 금속의 표면 장력

대 결정 속도와 최대 핵 발생수는 원료 성분, 냉각 속도에 큰 영향을 받는다.

나. 결정 경계 위에 작용하는 각종 힘(force) 및 점성과 유동성

제4절 | 결정립의 대소(大小)

결정립의 대소는 성장 속도에 비례하고, 핵 발생 속도에 반비례한다. 단, 이 관계는 과냉 정도에 따라 변화하는 데 많은 금속을 급냉하면 결정립이 미세화하고 서냉하면 조대화되는 것이 보통이다.

1 결정립의 크기

결정립의 크기는 응고할 때 핵의 생성 속도와 결정핵의 성장 속도에 의해서 결정된다.

가. 결정립의 대·소

① 금속의 종류와 불순물의 대소에 따라 다르며, 고체 상태에서 0.01 ~ 0.1mm 정도이다.

② 냉각 속도가 빠르면 결정핵수가 많아지고 결정 입자는 미세(微細)해진다.

③ 냉각 속도가 느리면 결정핵수가 적어지고 결정 입자는 조대(粗大)해진다.

④ 핵생성 속도(V)와 성장 속도(G)

㉮ 핵생성 속도 : 단위 시간에 단위 체적에서 생성된 핵의 수를 말한다.

㉠ 핵생성 속도는 변태 온도가 낮을수록 증가한다.

㉡ A_1 변태점 온도 이하로 과냉된 과냉도 값이 증가할수록 Pearlite를 형성할 수 있는 핵을 더 많이 얻을 수 있다.

㉯ 성장 속도는 확산 의존성이므로 변태 온도가 낮으면 낮을수록 성장 속도는 감소된다.

㉰ 어떤 특정 온도에서의 Austenite → Pearlite 변태 속도는 Pearlite의 핵생성 속도와 Pearlite 구(球)의 성장 속도에 의해 결정된다.

㉱ A_1 변태점 온도인 723℃ 바로 밑에서는 과냉도가 작기 때문에 핵생성 속도는 낮고, 확산 속도는 크기 때문에 성장 속도는 크다. 따라서 V/G의 비는 작다.

㉲ A_1 온도에서는 핵은 빠른 속도로 성장하여 큰 Pearlite 구(球)로 되면서 서로 충돌되기 전에 결정 입계를 가로지르며 많은 수의 Austenite 결정립을 소멸시킬 수 있다.

㉳ 변태 온도가 낮을수록 핵생성 속도는 성장 속도보다 빠른 속도로 증가하며 V/G의 비는 커진다.

⑤ 결정립의 대소는 용융 금속의 단위 체적 중에 생성한 결정핵의 수 즉, 핵발생 속도를 N, 결정 성장 속도를 G로 나타내며 결정립 크기(S)와의 관계는 다음과 같다.

㉮ 결정립 크기

$$S = f\frac{G}{N}$$

• N : 핵발생 속도 • G : 결정 성장 속도 p

㉯ 결정립의 대소 : 성장 속도에 비례하고, 핵 발생 속도에 반비례한다.

나. 성장 속도와 핵 발생 속도와의 관계

① G와 N이 다같이 용융점에서는 0이지만 과냉함에 따라 G, N의 관계는 다음과 같다.

㉮ G가 N보다 빨리 증대할 때는 소수의 핵이 성장해서 응고가 끝나기 때문에 결정립이 큰 것을 얻게 된다.

㉯ N의 증대가 G보다 현저할 때는 핵수가 많기 때문에 미세한 결정으로 된다.

㉰ G와 N이 교차하는 경우 조대한 결정립과 미세한 결정립의 2구역으로 나타난다.

② 과냉도에 따른 성장 속도와 핵 발생 속도의 상대적 위치

㉮ 일반적으로 결정의 성장 속도는 과냉하여 감에 따라 급격한 증가를 나타낸 후 어느 범위에 이르러서 일정치를 가지고 그 후 감소해서 0으로 된다.

㉯ 핵 발생 속도는 과냉에 따르기까지는 급격히 증가하지만 일정치를 가지지 않고 극대점을 지난 후 급감한다.

㉰ 과냉이 진행됨에 따라 용융 금속의 점성이 커져서 원자 이동이 둔해진 결과로 핵발생 능력이 감소하기 때문이다.

③ 핵 발생 속도가 0에 접근하여 핵 발생을 거의 볼 수 없는 과냉 현상이 되고, 핵 성장 속도가 증대할 때 서냉하였더라도 결정 능력을 상실했기 때문에 비정질이 된다.

다. 결정 입자의 미세 정도

① 핵 생성 속도가 핵 성장 속도보다 빠르면 입자는 미세해진다.
② 핵 생성 속도가 핵 성장 속도보다 느리면 입자는 조대해진다.
③ 성장 속도가 생성 속도보다 크면 입자는 커진다.

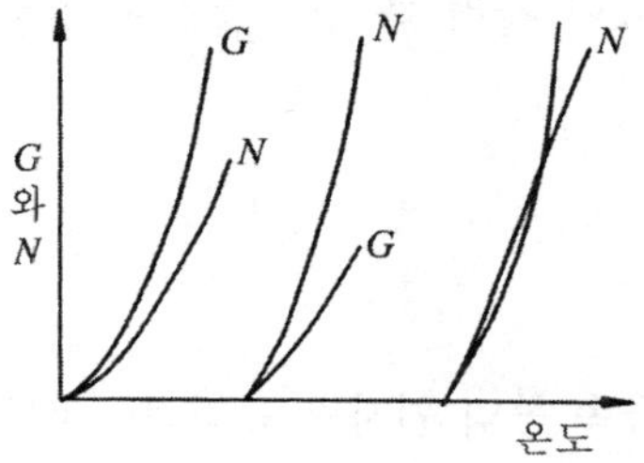

그림 1-14 온도와 G, N의 관계

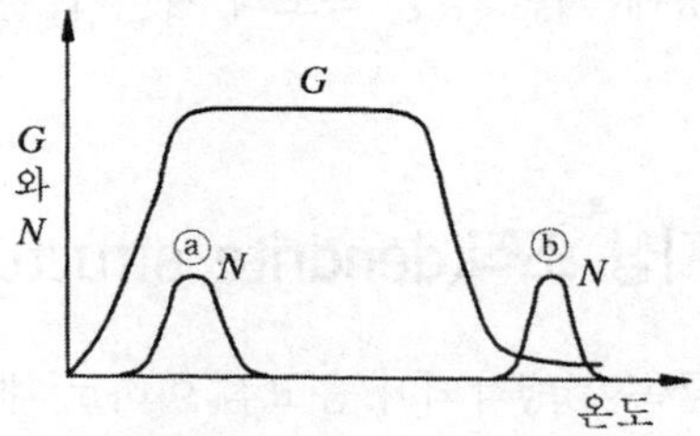

그림 1-15 과냉도에 따른 G와 N의 관계

제5절 | 응고 후의 조직

금속이 응고할 때 핵으로부터 성장하여 가는 결정은 구형에 가까운 다면체의 형상으로 성장하며, 주위의 결정과 충돌해서 구형에 가까운 매우 불규칙한 형상으로 된다. 구형에 가까운 것은 방향에 의한 성장 속도의 차이가 별로 없으나 표면 장력 대소는 결정에 영향을 준다.

1 수지상 조직(dendrite structure)

용융 금속이 냉각되어 응고점 이하로 내려가 용융 금속 중의 원자가 규칙적인 배열을 하며, 매우 작은 결정핵을 만들고 성장하여 나무 가지 모양으로 발달한다. 주위에서 성장해 온 결정과 접촉할 때까지 성장하여 여기에 결정 입계를 형성하게 된다. 이 결정을 수지상 결정이라 한다.

가. 수지상정(樹脂狀晶)

서냉시 생성되는 나뭇 가지 모양의 결정을 말한다.

① 응고할 때 용융 금속이 부족한 곳이나 주물의 수축공 내면 등에서 잘 발달한다.

② 합금에서는 처음 응고 부분과 나중 응고 부분과의 농도차에 의해 생기는 것도 있다.

③ 수지 상정이 생기는 원인

㉮ 핵에서 성장한 결정립의 凸각 부분은 열을 잃어버리기 쉬우므로 응고가 신속하게 진행되기 때문에 그 방향으로 결정이 발달하여 간다.

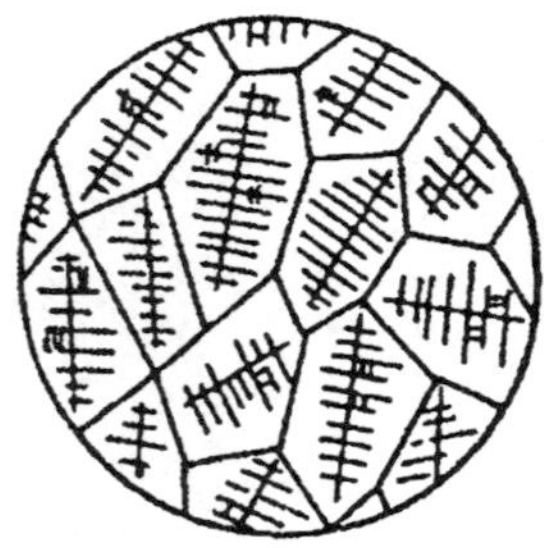

그림 1-16 수지상 조직

㉯ 도중에 또 凸각 부분이 생기면 그 방향으로 결정의 가지가 생기게 된다.

㉰ 표면 장력이 적은 Sb 등에 잘 나타난다.

㉱ 용탕이 부족할 때 수축관이 잘 생기며 합금에서는 농도차가 불균일할 때 생긴다.

④ 수지상정은 주로 금속 원자만으로 이루어진 결정이므로 불순물은 수지 상정 속으로 들어갈 수 없다.

2 주상 조직(columnar structure)

가. 주상 결정

① 용탕을 금속 주형에 주입 후 응고할 때 주형의 면에서 중심 방향으로 성장하는 나란하고 가느다란 기둥 모양의 결정을 말한다.
② 용융 금속은 온도가 높은 중심부보다 온도가 낮은 금형 면에서 응고가 시작되어 중심부로 각 결정이 성장해 나아가므로 중심 방향으로 주상 결정 입자가 생긴다.

나. 주상정의 형성

① 주상 결정 입자 조직이 생성된 주물에서는 주상 결정 입계 부분에 불순물이 집중되므로 메짐이 생기고 약한 면이 생긴다.
② 냉각 속도가 빠르고 중심부까지 과냉되는 경우에는 내부까지 주상정이 형성된다.
③ 냉각 속도가 빠르지 않을 경우는 표면에만 주상정이 생기고 중심부에는 다면체 조직이 형성되며 냉각 속도가 아주 느릴 경우는 표면에 거의 주상정이 형성되지 않는다.
④ 직각으로 되어 있는 부분에는 주상정이 충돌하여 경계가 생기므로 약하게 되며 이 경계를 약선(weak point) 또는 약면(weak plane)이라 한다.

다. 주상정에 존재하는 불순물

주상정과 주상정 사이에 불순물이 존재하면서 응고한다.

3 입상정(粒狀晶 ; granular crystal, 等軸晶 ; equiaxed crystal)

알갱이 모양으로 성장한 결정 입자들이 모두 응고한 상태를 입상정(등축정)이라 한다.

가. 입상정의 특징

① 입상정은 결정립이 여러 방향을 향하고 있으므로 조직이 균일하다.
② 기계적 성질이 가장 우수하고, 응고할 때 발생하는 결함들도 방지할 수 있다.
③ 응고 조직은 입상정 조직 부분을 많게 하는 것이 좋다.

4 편석(偏析 ; segregation)

용융 합금 또는 고용체 합금이 응고할 때 최초에 정출 또는 석출하는 부분과 뒤에 응고하는 부분과는 조성이 다르므로 최초에 응고한 부분은 1차정이며, 최후에 응고한 부분은 용융 온도가 낮은 공정 등이고, 불순물은 모두 이 부분에 응집해 있다. 이것을 말한다.

(큰 주물에서 처음 응고 부분과 나중 응고 부분의 농도차에 의해 불순물이 모이는 현상이다.)

가. 편석이 생기는 현상

응고선과 용융선의 간격이 있으므로 생기는 현상이며, 이 간격이 넓은 합금일수록 편석이 현저하다.

① 편석은 합금 성분의 비중의 차가 있어도 일어나며, 수지상이나 층상 조직 등은 일종의 편석이다.
(편석은 풀림을 충분히 하므로 균일한 조직이 된다.)

② 역편석 : 강괴의 외주부에 공정이나 불순물 등 저온 용해물이 응집한 상태로 황동이나 청동에서 많이 생긴다.

③ 라운딩 : 편석을 막기 위하여 모서리 부분을 둥글게 한 것이다.

④ 고우스트 라인 : P, S 등이 편석되어 있는 강괴를 압연하여 판, 봉, 관 등으로 만들때 편석 부분이 긴 띠 모양을 이룬 것을 고우스트 라인이라 한다.

나. 편석의 검출 방법

① S의 편석 : 설퍼 프린트(sulphur print) 방법으로 검출한다.

② P의 편석 : 포스포로 프린트(phosphoro point) 방법으로 검출한다.

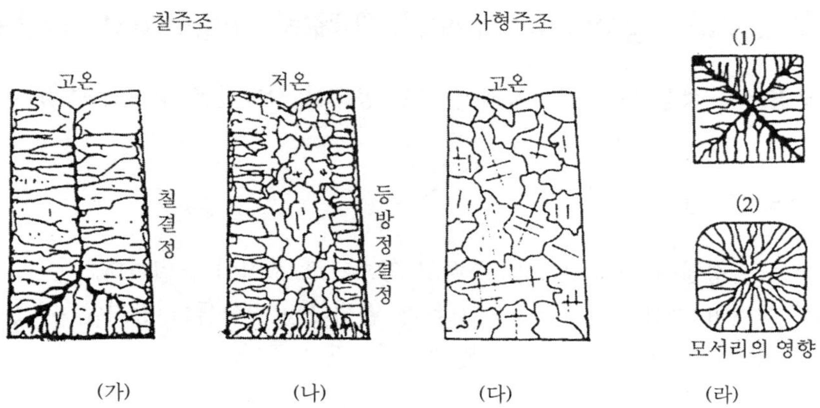

그림 1-17 주조 조직

금속의 변태와 상태도

물질이 온도의 상승에 따라 고체에서 액체로, 액체에서 기체로 변화하는 것은 대부분의 금속 원소에서 볼 수 있는 상태의 변화로 같은 물질이 다른 상으로 변하는 것을 변태라 한다. 또 합금이 용융 상태로부터 응고 상태로 변할 때에 생기는 내부 조직의 상태를 아는 것은 합금의 융합 상태와 상이 온도와 화학 성분에 따라 변하는 관계를 한 그림에 표시하여 기체, 액체, 고체가 존재하는 구역을 곡선으로 구분하여 표시하는 방법을 사용하고 있는데 이것을 평형 상태도(equilibrium diagram)라 하고 상태도를 보면 합금의 성장을 알 수 있다.

제1절 | 금속 및 합금의 변태 평형

금속 및 합금의 변태점에 있어서는 결정 격자의 배열이 변화된다. 금속 및 합금을 가열 또는 냉각하여 그때 그때의 시간과 온도의 관계를 조사하면 그 결과로부터 변태점을 결정할 수 있으며 변태가 진행하는 상태를 알 수 있다.

1 금속의 변태(transformation)

온도를 상승 또는 강하시킴으로써 공간 격자가 다른 공간 격자로 변화하는 현상을 변태라 하며, 금속의 변태는 동소 변태와 자기 변태를 가진다.

가. 변태의 특징

① 변태가 일어나는 온도를 변태점이라 하며, 변태는 공간 격자의 변화이므로 이에 따라서 금속의 물리적 성질, 기계적 성질, 화학적 성질이 많은 변동이 된다.
② 변태가 있기 때문에 담금질, 풀림, 시효 등의 중요한 여러 가지 현상이 일어난다.
③ 변태는 상률적으로 보면 하나의 상(相)이 다른 상으로 변화하는 현상이다.

④ 강의 변태

㉮ A_0(Fe_3C의 자기 변태), A_1, A_2(Fe의 자기 변태), A_3, A_4, A_{cm} 변태 등이 있다.

㉯ 가열 및 냉각시의 변태를 나타내기 위하여 C(가열, chauffage[불어]) 또는 R(냉각, refrigeration[불어])의 부호가 규약되어 있다.
Ac_1 변태는 가열시의 A_1 변태, Ar_1 변태는 냉각시의 A_1 변태를 나타낸다.

나. 변태 격자(transition lattice)

고용체나 공석정의 분해에 의해서 석출하는 것과 같은 고체 금속의 반응에 따라서 생성되는 격자를 변태 격자라 하며, 중간적이고 불안정한 결정 구조이다.

다. 변태 변형(transformation strain)

① 변태로 인하여 생긴 변형이며, 열변형의 경우에는 볼록형(凸형)이 된다.
② 부품의 내부까지 완전히 담금질이 들어갔을 때의 변태형은 오목형(凹형)이 된다.
③ 강의 경우에는 잔류 Austenite, 불용성 탄화물, Ferrite 등이 남아 있거나 또는 Ms점이 낮을 때에 Ms－Mf 구역의 냉각이 늦으면 변태 변형이 적어진다.

라. 변태 온도의 범위(transformation temperature range)

합금이 변태할 때 그 온도가 일정하지 않고 변태가 시작되는 온도와 끝나는 온도가 다른 경우의 온도의 폭을 변태 온도 범위라 하며, 고용체가 응고할 때 이와 같은 온도 범위를 지닌다.

2 동소 변태(allotropic transformation)

고체 상태에서 원자 배열의 변화, 즉 고체 상태에서 서로 다른 공간 격자 구조를 갖는 경우를 동소 변태라 한다.
1개의 동소체에서 다른 동소체로 변한 것을 말한다.(같은 물질이지만 다른 상으로 변한다.)

가. 동소 변태의 특징

① 부피의 팽창과 수축이 일어나며, 금속의 기계적 성질 및 물리적 성질이 변한다.

② 동소 변태는 고체 상태에서의 원자 배열이기 때문에 원자의 자리바꿈이 제약을 받아 가열의 경우와 냉각할 때의 변태점 온도에 차이가 있다.
순철의 A_4 변태점은 냉각과 가열에서 약 10℃ 정도의 온도차가 있다.

③ 동소 변태에 있어서는 냉각보다는 가열할 때의 변태 온도가 약간 올라가는데 이런 현상은 변태 온도에서 원자의 배열이 변화하기 때문에 시간이 필요한 까닭이다.
변태는 가열할 때에는 약간 고온 쪽으로, 냉각할 때에는 저온 쪽으로 일어나게 되며 이력현상(hystersis)에 의한 과열 및 냉각의 현상을 일으키게 된다.

나. 공업적으로 널리 이용되는 대표적인 철(Fe)의 동소 변태

① 910℃(A_3 변태) 및 1,400℃(A_4 변태)에서 동소 변태가 일어난다.

㉮ 상온(常溫)에서 $\alpha-$Fe은 체심 입방 격자이나 이것을 가열하면 910℃에서 면심 입방 격자인 $\gamma-$Fe로 변하고 1,400℃에서는 다시 체심 입방 격자인 $\delta-$Fe로 되는 동소 변태가 일어난다.

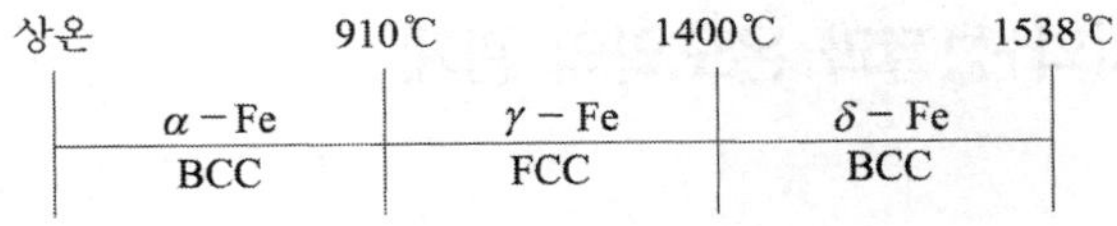

② 순철의 동소체

㉮ 동소체(allotropy) : 상이 같은 물질이지만 결정 격자가 다른 것을 동소체라 한다.

㉯ $\alpha-$Fe : 910℃ 이하에서 체심 입방 격자(BCC)

㉰ $\gamma-$Fe : 910 ~ 1,400℃에서 면심 입방 격자(FCC)

㉱ $\delta-$Fe : 1,400℃ 이상에서 체심 입방 격자(BCC)

다. 금속의 동소 변태와 변태점

금속	Ca	Co	Fe	Hf	La	Mn
결정구조	(α) FCC (β) HCP	(α) HCP (β) FCC	(α) BCC (γ) FCC	(α) HCP (β) BCC	(α) HCP (β) FCC	(α) (β)
변태점(℃)	447	420	910 1400	1950	350	718

금속	Sn	Ti	Tl	U	Zr
결정구조	(gray) tetragonal (white) diamondcube (γ) BCC	(α) HCP (β) BCC	(α) HCP (β) BCC	(α) orthorhombic (β) tetragonal	(α) HCP (β) BCC
변태점(℃)	18	882	234	668 774	852

※ 동소 변태를 일으키기 쉬운 금속 : Fe, Co, Ti, Sn

3 자기 변태(magnetic transformation)

자기 변태는 원자의 배열, 격자의 배열 변화는 없고, 자성 변화만을 가져오는 변태로서 일정한 온도 범위 안에서 점진적이고, 연속적으로 변화가 일어나며, 자기 변태가 일어나는 점을 자기 변태점(퀴리점, Curie point)이라 한다.

가. 주요 금속의 자기 변태점

원소 또는 물질	자기 변태점(℃)	원소 또는 물질	자기 변태점(℃)	원소 또는 물질	자기 변태점(℃)
Fe	768	Fe_3O_4	580	Ni	360
Fe_3C	210	Fe_3Si_2	90	Mn_5N_2	500
Fe_3P	420	Fe_4N	480	$CuO - Fe_2O_3$	270

4 변태에 있어서의 성질과 온도와의 관계

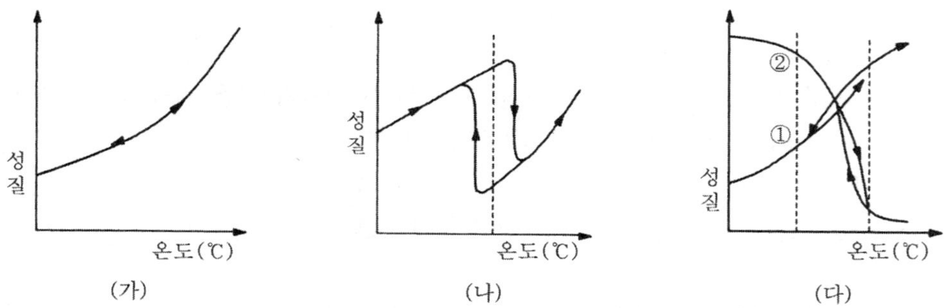

그림 1 - 18 변태에 있어서의 성질과 온도와의 관계

① 그림 (가) : 변태가 없는 경우에 성질과 온도 사이의 변화를 나타낸 것이다.
변화는 있으나 극히 단순한 비례 관계의 변화이다.

② 그림 (나) : 동소 변태가 일어날 때의 성질(열팽창)과 온도 사이의 변화 곡선이다.
변태 온도에서 성질이 급격히 변한다. 이들의 변태는 가역적으로 일어난다.

③ 그림 (다) : 자기 변태가 일어날 때의 성질과 온도의 관계를 표시한 것이다.
A는 전기 저항 또는 부피 등의 변화, B는 자기 세기의 변화이다.

5 동소 변태와 자기 변태의 비교

항목	동소변태	자기변태
정의	어느 온도에 있어서 상의 변화를 일으키는 변태	어느 온도에서 자기 성질의 변화를 일으키는 변태
원자의 변화	원자 배열(결정 격자)의 변화	원자 내부의 변화
성질의 변화	같은 물질이 다른 상으로 변화	강자성 → 상자성 또는 비자성
변화 상태	일정 온도에서 급격히 비연속적으로 발생	일정 온도 범위 내에서 점진적, 연속적인 변화가 발생
순철의 변태점	910℃에서는 BCC에서 FCC로 변함 1,400℃에서는 FCC에서 BCC로 변함	768℃에서 자성 변화 (강자성 → 상자성으로 변함)

6 변태점 측정

금속 조직학에서는 주로 열분석에 의한 열변화를 측정하여 변태점을 구하고 때로는 전기저항, 열팽창, 자성 변화 또는 X－선에 의한 원자 배열 변화 등을 측정해서 변태점을 결정하기도 한다. 실제 변태에서 원자 배열의 변화가 생겼는지는 X－선 회절법에 따르지만 X－선법은 복잡하므로 다음과 같은 물리적 성질 변화를 측정한다.

가. 물리적 성질 변화 측정 방법

① 열분석법(thermal analysis) 및 시차 열분석법(differential thermal analysis)
② 비열법(specific heat analysis) 및 전기 저항법(electric resistance analysis)
③ 열팽창법(thermal expansion analysis) 및 자기 분석법(magnetic analysis)
④ X－선 분석법(X－ray analysis)

나. 열분석법(thermal analysis)

열에 대한 변화점을 추구하는 방법으로 일정한 속도로 가열하거나 냉각할 때 온도와 시간과의 관계 곡선으로부터 굴곡을 조사하여 변태점을 구한다.

① 금속을 열분석을 할 때는 적당한 온도계를 꽂고 일정한 속도로 가열 또는 냉각하면서 온도－시간 곡선을 만들 때에 곡선상에 나타나는 이상한 점을 변태점으로 한다.

② 동일한 상태의 가열(heating)과 냉각(cooling)을 할 때 상에 변화가 생기면 온도의 상승 및 강화 속도에 지체가 생긴다.

③ 열분석 곡선(thermal analysis curve)

㉮ 온도 – 시간 선도를 작성하기 위하여 시험편을 가열 또는 냉각하여 시시각각으로 변화하는 온도와 시간을 좌표에 표시한 것을 열분석 곡선이라 한다.

㉯ 물질에 변태점이 없으면 온도 – 시간 곡선은 뉴턴(Newton)의 법칙에 따라 대수 곡선이 그림의 점선과 같이 된다.

㉰ 변태가 일어날 때 t(냉각)과 t'(가열)에서 온도의 강하 또는 상승이 일시 정지하여 정지점에서 단이 생기게 되는데 이때의 t와 t'를 변태점으로 한다.

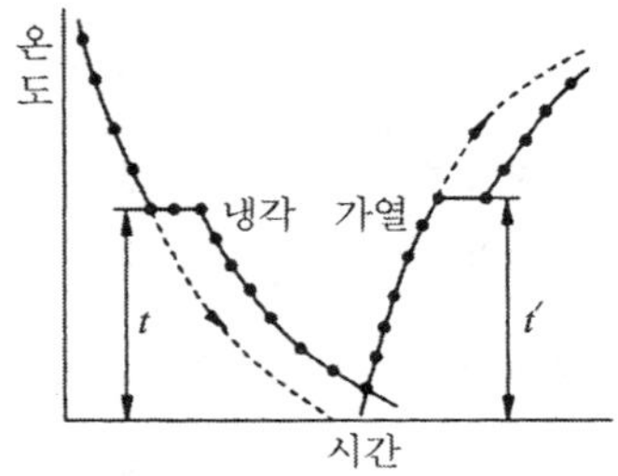

그림 1-19 시간 – 온도 곡선

㉱ 금속을 냉각할 때 뉴턴의 법칙

$$-mc \cdot d\theta = k(\theta - \theta_R)\,dt$$

• θ : 금속 온도 • θ_R : 외부 온도 • t : 시간
• m : 금속의 질량 • c : 비열 • k : 정수

㉠ $\dfrac{d\theta}{\theta - \theta_R} = -\dfrac{kdt}{mc}$ 이다. 이것을 적분하면 $l_n(\theta - \theta_n) = \dfrac{kdt}{mc}$ 이다.

㉡ 만약 $t = 0$ 때의 온도 $\theta = \theta_s$라고 하면 $c = l_n(\theta_s - \theta_R)E^{-\frac{kt}{me}}$

(변태점이 없으면 $c = l_n(\theta_s - \theta_R)E^{-\frac{kt}{me}}$ 의 대수 곡선이 된다.)

㉢ 일반적으로 많이 사용되는 열전대의 종류 및 조성과 측정 온도 범위

종류 / 조성	조성(%) +	조성(%) −	지름(mm)	사용 온도(℃) 연속	사용 온도(℃) 과열
백금 – 백금로듐	백금 87 로듐 12 백금 90 로듐 10	순백금	0.5	1,400	1,600
크로멜 – 알루멜	니켈 90	니켈 90 Al 3 실리콘 1 망간 2	0.65	700	900
			1.0	750	950
	크롬 10		1.6	850	1,050
			2.3	900	1,100
			3.2	1,000	1,200
철 – 콘스탄탄	순철	구리 55 니켈 45	2.3	600	900
			3.2		
구리 – 콘스탄탄	순구리	상동	약 0.3 ~ 0.5	300	600

⑤ 열전대의 냉접점 온도 변화에 따른 보정 계수

㉮ 보통 냉접점을 0℃ 또는 일정 온도로 유지시켜 사용하고 정밀 측정에는 냉접점을 보온병에 넣어 일정 온도로 유지시킨 후 사용한다.

㉯ 열전대를 사용할 때에는 고온계 눈금 지시 온도와 열접점이 멈춘 참온도와는 반드시 일치하지 않기 때문에 보정(calibration)해 사용할 필요가 있다.

㉰ 보정법은 순금속, 염류 등의 용융점과 같이 이미 확정으로 알고 있는 것의 온도를 열분석법에 의해 측정해서 참온도와 미터와의 관측치의 차를 구하여 사용한다.

㉱ 보정에 사용되는 금속 : Sn(231.9℃), Pb(327.9℃), Zn(419.4℃), Sb(631℃), Au(1,063℃), Cu(1,083℃), Ni(1,450℃), Pb(1,550℃)

㉲ 냉접점의 온도가 t℃에서 미터상의 지시 온도가 T℃라면 실제 온도는 $T' = T + \sigma t$로 나타난다. (σ는 열전대의 종류에 따라 다른 보정 계수이다.)

예 백금 – 백금·로듐(Rh 10%) 열전대를 이용한 냉접점 20℃에서 미터의 지시 온도가 800℃라면 참 온도는 800+(20×0.5) = 810℃가 된다.

㉳ 열전대의 온도 – 기전력 곡선이 직선이면 $\sigma = 1$이라는 계산이 된다.

다. 시차 열분석법(differential thermal analysis)

고체의 동소 변태나 자기 변태와 같은 경우에는 열의 흡수, 방출이 작으므로 열분석 곡선으로는 변화가 분명하게 나타나지 않을 때 열변화를 확대하여 측정하는 방법이다.

시료와 변태가 없는 중성체를 전기로에 넣고 균일하게 가열 또는 냉각하여 얻어진 시료의 온도(θ)와 변태하지 않는 중성체의 온도(θ')와의 온도차 $\theta - \theta'$를 구한다.

라. 전기 저항 측정법(electric resistance analysis, 중위저항 측정법)

금속과 합금의 전기 저항은 온도의 상승에 따라 변화하지만 변태점에서는 불연속적으로 변화한다. 이 변화가 생기는 온도를 조사하는 방법이며 고체에서의 동소 변태와 자기 변태를 측정하는데 가장 적합하다.

마. 열팽창 측정법

금속과 합금은 변태점에서 팽창과 수축이 생기므로 팽창 곡선에도 저항 – 온도 곡선에서와 같이 변화(곡선 방향이 급변한다)가 나타나게 되므로 변태점을 측정할 수 있다.

① 가열 속도의 늦고 빠름에 관계없이 정확히 측정되며 열분석보다 변화가 뚜렷하다.

② 열팽창 측정에는 측정 온도 범위가 넓은 열팽창 측정법이 널리 사용된다.

바. 자기 분석법(magnetic analysis)

강자성체의 자성은 온도가 상승하면 강도는 감소하며 특히 변태점에서는 급격히 감소하므로 자력계를 이용하여 각 온도의 자기 강도 곡선으로부터 변태점을 측정한다.

사. 1성분계의 상평형과 상률

상태도에서 순물질(단일 성분)에 대한 상태도를 1성분계 상태도라 하며, 계 중의 상이 평형을 유지하기 위한 자유도를 규정하는 법칙을 상률이라 한다.

(1) 1성분계의 상평형

① 1성분계에서는 성분이 한 가지로 고정되어 있기 때문에 온도와 압력으로 내부 구조를 변화시킬 수 있다.

② 물의 상태도

㉮ 독립 변수의 온도와 압력을 직각 좌표의 양 축에 잡고 기상(수증기), 액상(물), 고상(얼음)의 3상간의 평형을 나타내고 있다.

㉯ 특정 온도와 압력에서 계의 상태를 암시하여 주는 매우 중요하다.

㉰ 1기압에서 0℃ 상태(*B*점)는 고상과 액상이 공존하는데 이를 액상과 고상의 상평형 상태라 한다.

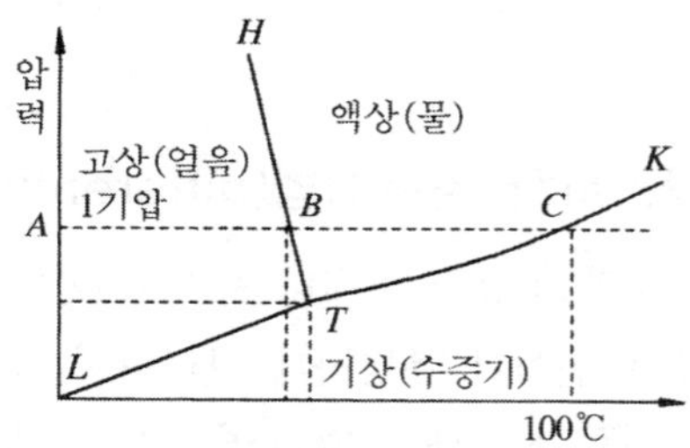

그림 1-20 물의 상태도

㉱ 1기압하에서 물과 얼음의 온도가 0℃일 때만 평형을 유지한다.

㉲ 물의 각 구역의 자유도

㉠ 얼음, 물, 수증기의 각 구역의 자유도 : $F=1+2-1=2$
(1상 존재 조건 : 온도, 압력을 다변화시켜도 존재)

㉡ 물과 얼음, 물과 수증기, 얼음과 수증기의 자유도 : $F=1+2-2=1$
(2상 공존 조건 : 온도, 압력 중 1개만 변형시킬 수 있다.)

㉢ *T*점(물, 얼음, 수증기)의 자유도 : $F=1+2-3=0$
(불변계로서 완전 고용된다.)

③ 장시간 동안 물의 3상이 공전한다고 가정하면 이 상태는 0.006기압과 0.0075℃ 상태(T 점)에서만 고상, 액상, 기상의 물이 동시에 존재한다. 이 점을 3중점(triple point)이라고 한다. 금속의 3중점은 표와 같다.

금속	온도(℃)	압력(atm)	금속	온도(℃)	압력(atm)
Ba	704	0.001	Mn	1240	0.001
Ca	850	0.0001	Hg	− 38.87	0.0000000013
Cu	1,083	0.00000078	Ni	1445	0.000
Fe(δ)	1,535	0.00005	Pt	1773	0.000001
Pb	327	0.0000001	Ag	960	0.0001

(2) 상률(相律, 相則 ; phase rule)

계(system) 중의 상이 평형을 유지하기 위한 자유도(自由度)를 규정하는 법칙으로 다성분계에서 평형을 이루고 있는 상의 수와 자유도와의 관계는 Gibb's의 상률로 나타낸다.
(자유도(自由度 ; degree of freedom) : 하나의 불균일계의 경우에 존재하는 상의 종류와 수를 변화시키지 않고 상호 독립하여 그의 값을 변할 수 있는 변수(온도, 압력 및 조성 등의 수)를 자유도라 한다.)

① Gibb's의 상률을 나타내는 식

$$F = n + 2 - P$$

- F : 자유도
- n : 구성 물질의 성분 수
- P : 어떤 상태에서 존재하는 상의 수

㉮ 금속의 경우에는 대개 대기압에서 하고 또 금속에 있어서는 압력의 변화가 약간 있어도 고체 및 액체 상태의 평형 관계에는 거의 영향을 미치지 않으므로 금속의 평형 상태를 취급할 때는 압력을 변수에서 제외한다. 따라서 자유도(응고계 상률)는 $F = n+1-P$로 한다.

㉯ 순금속에 대하여 성분의 수는 1이므로 상이 한 개일 경우의 $F = n+1-P$에서 $F = 1+1-1 = 1$이므로 자유도가 1이 된다.
(독립적으로 변화시킬 수 있는 변수는 하나이고 온도만을 변화시킬 수 있다.)

㉰ 액상과 고상의 금속이 공존할 때는 상이 2개이므로 $F = n+1-P$에서 $F = 1+1-2 = 0$이므로 자유도는 0이다.
(변화시킬 수 있는 변수는 없고 용해와 응고는 일정한 온도에서 일어남을 알 수 있다.)

② 상(相 ; phase)

㉮ 어느 부분이나 균일하고 불연속적이며, 명확히 경계된 부분으로 되어 있는 분자와 원자의 집합 상태인 것을 상(相)이라 한다. (기체, 액체, 고체는 각각 하나의 상이다.)

㉯ 기체의 상태는 몇 개의 물질이 존재해서 거의 균일하게 분산되어 있으므로 1상으로 취급하고, 용액도 균일하면 1상이다.

㉰ 고체 상태는 1성분이 1상이지만 2개의 성분이 합해져서 고용체를 만들 때에는 이를 1상으로 취급하나 어떤 금속은 동일한 금속의 고체이지만 다른 상이라고 한다.

㉱ 상과 성분 사이의 관계 : 얼음, 물, 수증기가 공존하면 성분은 물 1성분이지만, 고상, 액상, 기상인 3상이다.

③ 계(系 ; system)

㉮ 한 집단의 물체를 외계(外界)와 차단하여 그 물질 이외의 것은 어떠한 물질적 교섭이 없는 상태로 있다고 생각할 때 이를 계(系)라고 한다.

Cu+Sn계 : Cu와 Sn의 관계만을 생각하고 그 이외의 것은 생각하지 않는 경우이다.

㉯ 균일계(단상계)

1물질계가 1종의 균일한 것으로 되어 있으므로 어느 부분도 동일한 물질일 때

㉰ 불균일계(다상계)

몇 개의 다른 종류의 물질이 서로 공존하고 있는 상태, 2개 이상의 상이 공존할 때를 말한다.

④ 성분(成分 ; component)

㉮ 한 계의 조성을 나타내는 물질을 그의 성분이라 하며, 한 집단이 물질을 형성하고 있는 화학적인 종별이 성분이다.

㉯ 1성분계(one component system)

1개의 계를 구성하고 있는 물질이 1성분으로 된 것을 말한다.

(1성분계에서 서로 다른 상 사이의 평형은 압력과 온도에 의해서 좌우된다.)

㉰ 2성분계(binary system)

1개의 계를 구성하고 있는 물질이 2성분으로 된 것을 말한다.

(소금물 = 소금 + 물 …… 2원계(2성분계))

제2절 | 합금 (合金, alloy)

두 가지 이상의 금속 또는 금속과 비금속 원소가 합하여 금속적인 성질을 나타낼 때 이것을 합금이라 하며 합금은 유용한 성질을 개선한다.

1 합금의 분류

가. 합금 주체가 되는 금속에 따른 분류

Fe합금, Cu합금, Al합금 등으로 분류한다.

나. 합금의 특성에 따른 분류

내열합금, 내식합금, 경합금 등으로 분류한다.

다. 합금 상의 수에 따른 분류

① 단상 합금(monophase alloy) : 하나의 상(相)만으로 된 합금
② 2상 합금(two－phase alloy) : 두 가지 상으로 된 합금
③ 다상 합금(polyphase alloy) : 많은 상으로 된 합금
(단상 합금에는 고용체(solid sloution)와 금속간 화합물(intermetallic compound)의 두 가지가 있으며 그 밖의 것은 순금속이 유리된 상태로 상을 형성한 것이다.)

라. 제조된 합금의 성분 원소의 수에 따른 분류

2원 합금, 3원 합금, 4원 합금, 다원합금 등으로 분류한다.

2 합금의 제조 방법

(1) 금속과 금속 또는 비금속을 용융 상태에서 융합시킨 방법
(2) 금속과 금속 또는 비금속을 압축 소결하여 만드는 방법
(3) 침탄 처리와 같이 고체 상태에서 확산을 이용하여 합금을 부분적으로 만드는 방법

3 합금과 순금속과의 성질 비교

합금은 용융 온도가 낮아지며, 경도가 높아지고, 전기 및 열전도율이 낮아진다.

분류 / 성질	비중	전도율	가단성	강경도	내식성	내열성	용융점	가주성	전연성	열처리
순금속	크다.	좋다.	좋다.	작다.	떨어짐	떨어짐	높다.	떨어짐	좋다.	떨어짐
합금	작다.	떨어짐	떨어짐	크다.	좋다.	좋다.	낮다.	좋다.	떨어짐	좋다.

4 고용체(solid solution)

용매인 금속 결정 중에 용질의 금속 원자 또는 분자가 들어가서 원자적으로나 분자적으로 녹아 있는 상태를 고용체라 한다.

가. 고용체의 특징

① 고체 상태의 금속에 다른 금속의 원자가 용해되어 하나의 상을 이룬다.
② 용질, 용매 원자의 지름차이가 용매 원자의 지름의 15% 이내이어야 하며 넘으면 고용체를 만들기 어렵고, 고용체는 현미경 조직 검사로는 그 조성을 식별할 수 없다.
③ 고용체는 용질 원자가 들어가기 때문에 용매 금속의 결정 격자가 왜곡(歪曲)되므로 순금속보다 단단하고 강해지며 전기 전도율, 연신율이 나빠진다.
④ 성분 금속이 완전히 용해되어 기계적 방법으로 분리할 수 없는 상태로 존재한다.
⑤ 고용체 상태에서의 성질 변화, 강도, 경도, 변형이 증가된다.

나. 용매 금속의 결정 격자 중에 용질 금속의 원자가 들어가는 방법

① 침입형 고용체(interstitial solid solution)
㉮ 용질 원자가 용매 금속의 결정 격자 속으로 침입해 들어가는 고용체다.
용질 원자의 크기가 용매 원자보다 특히 작은 경우에 이루어진다.
㉯ 대표적인 침입형 고용체 : H, O, N, B
② 치환용 고용체(substitutional solid solution)
㉮ 용질 원자가 일부의 용매 원자와 위치를 치환하는 고용체이다.
㉯ 녹아 들어가는 원자가 모체 원자와의 불규칙으로 치환되는 고용체를 말한다.
㉰ 용질, 용매 원자가 크기의 차가 15% 이내일 때 이루어진다.

㉣ 대표적인 치환형 고용체 : Cu 합금, Fe − Ni, Al − Cu.

㉤ 베가이드 법칙(Vegard's low)이 적용된다.

(베가이드 법칙(Vegard's low) : 치환형 고용체의 경우 용질, 용매 원자의 치환이 난잡하게 일어나면 고용체의 격자 상수 값은 용질 원자의 농도에 비례한다.)

③ 규칙 격자형 고용체(super lattice solid solution)

㉮ 치환형 고용체 중에서 두 성분의 원자가 규칙적으로 치환된 배열을 한 고용체이다. (규칙 격자가 생기면 전기전도, 경도, 강도는 커지나 연성을 감소된다.)

㉯ 대표적인 규칙 격자형 고용체

Cu − Au계에는 FCC를 가지는 Cu_3Au, CuAu, Ni_3Fe 등의 3개의 규칙 격자가 있다.

④ 천이 온도(遷移 溫度 ; transition point, transition temperature)

㉮ 고온에서 불규칙 상태의 고용체를 서냉하면 어느 온도에서 규칙 격자가 형성되기 시작한 온도를 말하며, 일반적으로 성질이 급변하는 온도를 천이 온도라 한다.

㉯ 충격치가 급변하는 온도, 즉 저온 취성을 나타내는 온도를 말할 때가 많다.

(충격치의 천이 온도로서는 최대 충격치의 $\frac{1}{2}$ 의 점 또는 충격치가 15ft − lb(2.6kg_f − m/cm^2)가 되는 온도를 취하는 것이 보통이다.)

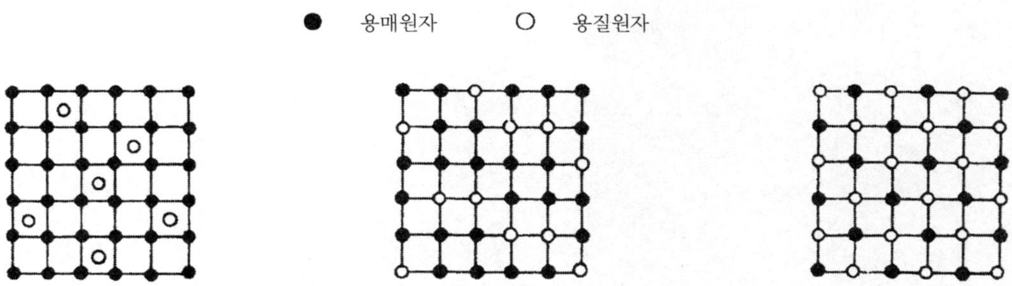

(a) 침입형 고용체 (b) 치환형 고용체 (c) 규칙 격자(중격자)

그림 1-21 고용체의 종류

5 금속의 상변태(phase transformation)

가. 상변태의 과정

금속이나 합금은 고온에서는 단상 평형 상태에 있으나 온도가 강하하면 응고, 동소 변태 석출, 규칙 격자 생성, 공정 반응, martensite 변태 등의 상변태를 일으켜서 저온에서 평형 상태에 도달한다.

① 상변태를 일으키기 위해서는 핵 생성과 핵 성장이 필요하다.

② 성장은 본래의 상으로부터 새로운 상으로 원자가 이동하면서 진행된다.
(새로운 상의 크기가 증대함에 따라 실제 자유 에너지는 점차 감소한다.)

③ 확산형 상변태(diffusional transformation)

㉮ 새로운 상이 성장할 때의 계면 이동이 개개의 원자가 열적으로 활성화된 이동으로 일어나는 경우로 공석 변태 및 석출 현상과 같이 조성 변화를 수반하는 상변태 등이 이에 속한다.

㉯ 조성 변화가 없는 경우에도 계면에서의 반응이 원자들이 열적 활성화의 이동으로 인한 것은 확산형 상변태다.

㉰ 확산형 상변태에 의해 생성된 상은 준안정 중간상이 생성되는 경우도 있다.

제3절 | 평형 상태도

각 성분의 융합 상태와 모든 온도와의 관계를 한 그림에 표시하여 기체, 액체, 고체가 존재하는 구역을 곡선으로 구분하여 표시하는 그림을 평형 상태도라 한다.

1 상태도를 보는 방법

가. 액상선과 고상선

① M의 순금속은 A점에서 응고가 시작되고, N의 순금속은 B점에서의 응고가 시작된다.

② M금속 중 C%의 N 금속을 합금한 경우는 C_2 및 C_3의 두 점에서 꺾인 점이 나타나는데 이 합금은 C_2 온도에서 응고가 시작하고, C_3 온도에서 응고가 완료됨을 나타낸다.

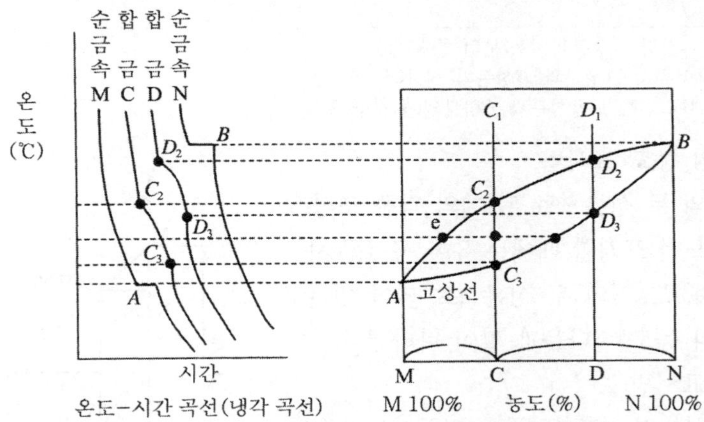

(가) 열분석 곡선 (나) 2원 합금의 상태도

그림 1-22 열분석 곡선과 상태도와의 관계

③ M 금속 중에 D%의 N 금속을 합금한 것은 꺾인 점이 D_2와 D_3의 두 점에서 일어나며, D_2 온도에서 응고가 시작하고, D_3 온도에서 응고가 완료된다.

④ M, N금속 및 여러 가지 비율의 합금에 대해서 C_2 및 C_3와 같은 점을 구하고, 이것을 합금의 농도와 대응하는 점에 그림으로 나타내면 2개의 곡선은 AC_2D_2B와 AC_3D_3B를 얻으며, 2개의 곡선 주 고온 쪽에 있는 곡선(AC_2D_2B)은 액상선(liquidus line)이고, 저온 쪽에 있는 곡선(AC_3D_3B)을 고상선(solidus line)이라 한다.

⑤ M, N 두 성분의 합금은 액상선보다 위의 온도에서는 모두 액체이고, 고상선 이하의 온도에서는 모두 고체이다. (액상선과 고상선 사이에는 액체와 고체의 두 상이 공존한다.)

나. 합금 조성의 표시

① 농도(concentration)

㉮ 1개의 계(系)에서 성분 서로 간의 관계량 또는 그 비율을 농도(%)라 하고 한다.

㉯ 합금에서 함유량의 비율은 일반적으로 중량 농도를 표시하는 경우가 많고 이론적인 계산을 할 경우는 원자수의 비율을 표시하는 원자 밀도를 사용하는 경우가 많다.

㉰ 두 농도 사이의 관계식

㉠ $P = \dfrac{\dfrac{a}{W_A}}{\dfrac{a+b}{W_A+W_B}} \times 100,\quad Q = \dfrac{\dfrac{a}{W_A}}{\dfrac{a+b}{W_A+W_B}} \times 100$

㉡ 또는 $a = \dfrac{PW_A}{PW_A+PW_B} \times 100,\quad b = \dfrac{QW_B}{PW_A+PW_B} \times 100$

- a, b : 각각 A성분과 B성분의 중량(%)
- P, Q : 각각 A성분과 B성분의 원자(%)
- W_A, W_B : 각각 A성분과 B성분의 원자량(%)

② 2성분계의 농도 표시법

㉮ M, N의 두 성분으로 된 계의 각종 조성, 즉 농도를 표시할 때에는 유한 곡선을 사용하며, M, N의 두 성분으로 되어 있는 합금의 농도는 다음과 같이 나타낸다.

㉯ 농도 표시법

㉠ M성분의 농도(%)를 y축, N성분의 농도(%)를 x축으로 하면 M+N=100으로서, $x+y=100$의 관계가 된다.

㉡ 관계는 직선 MN으로 나타나며, MN선 위의 점은 합금의 여러 농도를 나타낸다.

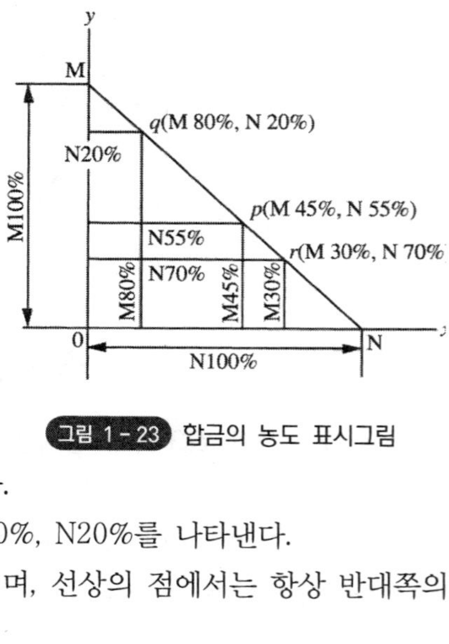

그림 1-23 합금의 농도 표시그림

㉢ 점 p는 M45%, N55%의 농도, 점 q는 M80%, N20%를 나타낸다.

㉣ 직선 양끝 M, N은 순수한 M과 N을 나타내며, 선상의 점에서는 항상 반대쪽의 길이가 고려하는 성분 농도를 나타낸다.

③ 천칭 관계(lever relation ; 지렛대 관계, 저울대 법칙)

㉮ 그림에서 P조성의 합금은 온도 t의 상태 p에 있어서 조성 R인 r상과 조성 Q인 q상으로 분리하여 양자가 공존하며, 이 경우 r량과 q량의 비는 항상 선분 pq : 선분 pr의 비가 된다.

즉, $\dfrac{r\text{상의 중량}}{q\text{상의 중량}}$이다.

㉯ P점이 M점에 가까우면 M의 농도는 증가하고, N의 농도는 감소한다.

㉰ 점P가 N점에 가까우면 N의 농도가 증가하고, M의 농도는 감소한다.

㉱ M농도=NP의 길이. N농도=MP의 길이다.

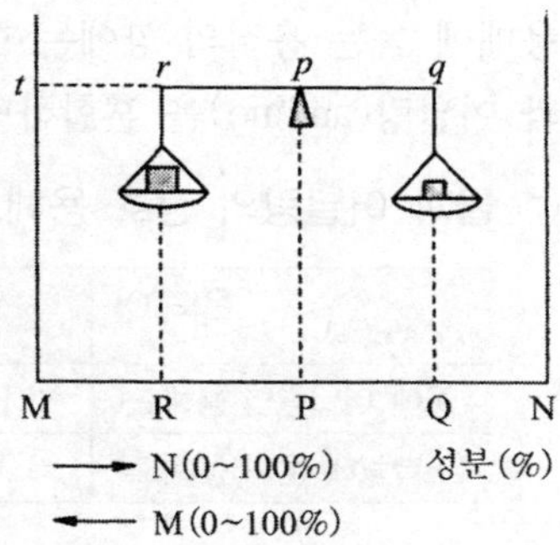

그림 1-24 천칭관계

④ 무게비

㉮ 성분 금속의 무게비를 %로 나타낸 것이다.

㉯ M 금속의 무게 m(g)과 N 금속의 무게 n(g)인 합금의 무게비

㉠ M 금속의 무게비(%) : $\dfrac{m}{m+n}\times 100$

㉡ N 금속의 무게비(%) : $\dfrac{n}{m+n}\times 100$

⑤ 원자비

㉮ 성분 금속의 원자 수의 비를 퍼센트(%)로 나타낸 것이다.

㉯ M금속의 원자 수를 p, N금속의 원자 수를 q라 할 때의 원자비

㉠ M금속의 원자비(%) : $\dfrac{q}{p+q}\times 100$

㉡ N금속의 원자비(%) : $\dfrac{q}{p+q}\times 100$

㉰ 탄화철(Fe_3C)의 금속간 화합물에 있어서의 Fe과 C의 원자비의 계산

㉠ Fe의 원자 수가 3개, C의 원자 수가 1개이다.

㉡ Fe의 원자비(%) : $\dfrac{3}{3+1}\times 100 = 75\%$

㉢ C의 원자비(%) : $\dfrac{1}{3+1}\times 100 = 25\%$

다. 용해도 곡선

용매에 녹는 용질의 양에는 한도가 있으며 이 한도를 용질의 용매에 대한 용해도라 하며, 물과 어닐링(aniline)을 혼합하면 서로 녹아 섞이는 용해도는 온도의 상승에 따라 증가한다.

① 물과 어닐링의 상호 용해도

용해도(%) \ 온도(℃)	20	40	60	80	100	120	140	160	167
물에 어닐링의 용해도	3.1	3.3	3.8	5.5	7.2	9.1	13.5	24.9	48.6
어닐링에 물의 용해도	5.0	5.3	5.8	6.5	8.49	11.9	16.9	28.8	48.6

② 용해도 곡선(solubility curve)

㉮ 두 성분 M, N이 서로 용해도가 있어 t℃에서 M은 Mp(%)의 N을 용해하여 포화된 α용액으로 되고, N은 Nr(%)의 M을 용해하여 포화된 β용액이 되었다면 점 p와 점 r로 나타내어지고, M ~ p 및 N ~ r 사이는 α와 β의 불포화 용액을 나타낸다.

㉯ M에 Mp(%) 이상의 N 또는 Nr(%) 이상의 M을 가하면 두상으로 분리되고 점 p로부터 점 r까지의 농도에서는 p농도의 α용액과 r농도의 β용액이 평형을 이룬다.

㉰ X 농도의 조성에서는 α, β 두 액상이 공존하고 그 양적 관계는 p농도의 α액 : r농도의 β액 = $\overline{Xr}$: $\overline{Xp}$로 된다.

㉱ 온도가 상승하여 t_1(℃)로 되면 용해도는 각각 p_1, r_1로 변하고 p_1 ~ r_1 사이에는 p_1농도의 α액과 r_1농도의 β액의 2상으로 분리되며 그 양적 관계는 α액 : β액 = $\overline{X_1 r_1}$: $\overline{X_1 p_1}$이 된다.

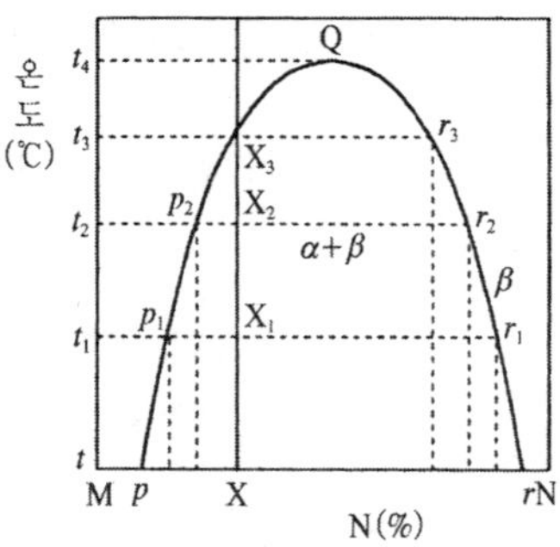

그림 1 - 25 용해도 곡선

㉲ 온도가 상승해 t_3(℃)로 되면 용해도는 X_3, r_3으로 변하며, 양적 관계는 X_3농도의 α액 : r_3 농도의 $\overline{\beta 액}$ = $X_3 r_3$: 0으로 되어 β액은 없어지고 전부 α액으로 된다.

㉳ p, p_1, p_2, X_3, Q, r_3, r_2, r_1 및 r의 각 점을 연결하면 용해도 곡선이 된다.

㉴ Q점, 즉 t_4(℃) 이상의 온도에서는 모든 비율에서 용해되어 균일한 용액이 된다. Q점은 모든 비율에서 녹거나 용해되지 않는 경계로 Q점을 임계점(critical point)이라 한다.

㉵ 곡선 PQr의 바깥쪽은 전부 1상으로 되어 평형을 이루고 있다.
곡선 좌우 양쪽을 각각 α용액, β용액 이하라 하면 곡선의 내부는 $\alpha+\beta$의 두 액상이 평형 상태를 유지하며, 온도가 결정되면 수평선과 곡선과의 교점에 따라 각각 두 액의 농도가 결정된다.

2 전율 가용 고용체계의 합금

고용체를 만든 용매와 용질 원자간에 있어서의 모든 비율, 즉 전 농도에 걸쳐 고용체를 만드는 경우를 전율 가용 고용체(contonuous solid solution)라 한다.

가. 모든 비율로서 고용체를 만들기 위한 조건

① A, B 두 성분이 같은 형의 결정 격자를 가지고 있어야 한다.
② 성분 원자의 지름의 차이가 작고, 성분 원자의 상호 결합력이 너무 크지 않을 것

나. 고용체 상태도의 세가지 형태

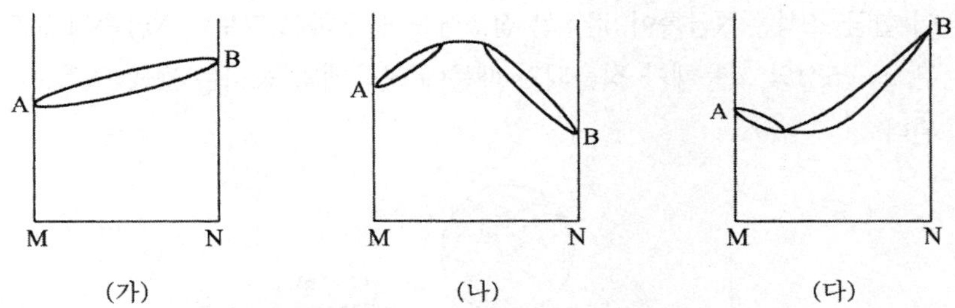

그림 1-26 고용체 상태도의 3가지 형태

① 그림 (가)는 양(兩) 곡선 상의 어느 점도 A, B의 중간에 있는 것이다.
② 그림 (나)는 곡선이 극대점을 가질 때이고, 그림 (다)는 곡선이 극소점을 가질 때이다. (나), (다)에 있어서 곡선의 극대점 또는 극소점은 액상선과 고상선이 서로 만나야 한다.

다. 전율 고용체의 냉각 곡선과 상태도

전율 고용체의 상태도는 액상선이나 고상선이 연속한 1곡선으로 되어 있으며, 액상선과 고상선은 공액(共軛)하므로 그 사이는 액상과 고상이 공존한다.

① 전 농도에 걸친 고용체로 M, N 두 성분의 50점에서 경도, 강도가 최대가 된다.
② 대표 금속 : Ag－Au, Ag－Cu, Au－Pb, Au－Mg, Bi－Sb. Au－Hg, Co－Ni, Cu－Ni, Cu－Pb, Cd－Pb, Pt－Cu, Sb－B, Ti－Zn
(극소점을 갖는 합금계에는 Au－Cu, Fe－V, Co－Mn, Ni－V계 등)
③ M금속이 50%, N금속이 50%인 합금이 응고할 때 전율 고용체형 상태도 응고 과정
㉮ 용액과 접해 있는 선(t_A, l_1, l_2, l_3, t_B)을 액상선(liquidus)이라 한다.

㉯ 고용체에 접해 있는 선(t_A, s_1, s_2, s_3, s_4, t_B)을 고상선(solidus)이라 한다.

㉰ N금속이 50%되는 점 k에서 수직선을 세우고 그 수직선과 고상선과의 교점을 s_4, 액상선과의 교점을 l_1라고 하면 이 합금은 상온에서 s_4까지는 고체의 고용체인 1개의 상이다.

㉠ $s_4 l_1$ 사이에서는 고체와 용융액인 2개의 상이 공존한다.

㉡ l_1 이상에서는 용액인 1개의 상이 존재한다.

㉱ 합금이 용융 상태에서 냉각되어 고용체로 되는 과정

㉠ 용융액을 냉각하여 l_1에 이르면 용융액에서 고체의 결정이 나오기 시작한다.

㉡ 정출된 고체는 점 l_1 조성이 아니라 점 l_1에서 그은 수평선과 고상선과의 교점 s_1의 조성이 된다.

㉢ 온도가 다시 내려가서 t_2가 되면 이때까지 정출된 고상 s_2 조성이 된다.

이 합금 조성은 N금속이 50%인 점 k에도 불구하고 그보다 N금속의 농도가 매우 낮은 s_2 조성의 고용체가 정출되기 때문에 용융액의 농도는 평균 조직보다 높은 l_2로 된다.

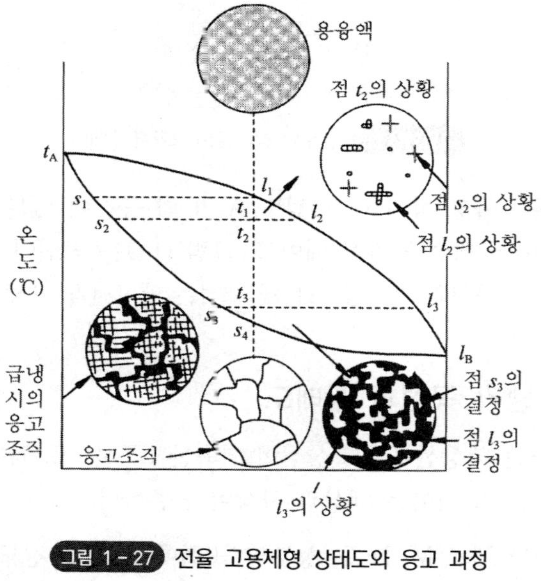

그림 1-27 전율 고용체형 상태도와 응고 과정

3 한율 가용 고용체(partially miscible silid solution)

원자 지름의 차이가 15% 이상이 되면 변형이 크므로 전율 가용 고용체가 되지 못하고 A금속의 격자가 존속할 수 없는 한계에 도달한다. 이 한계를 A금속에 대한 B금속의 고용체의 용해 한도라 하며 이와 같은 고용체를 한율 가용 고용체라 한다.

가. 한율 가용 고용체

2개의 상이 공액(共軛)되어 있을 때를 말하며, 농도에 따라 공정을 만드는 고용체이다. 공정점에서 경도, 강도가 최대가 된다.

나. 대표 금속

Ag – Si, Ag – Cu, Au – Ni, Au – Co, Al – Pb, Bi – Sn, Cd – Sn, Cd – Zn, Cd – In, Cd – Pb, Cr – Ni, Pb – Sn, Pb – Cd.

다. 한율 가용 고용체의 상태도

① CE : α – 고용체의 액상선, DE : β – 고용체의 액상선
② CG : α – 고용체의 고상선, DF : β – 고용체의 액상선
③ GEF : 공정선(반응식 : 융액 ↔ α – 고용체 + β – 고용체), E점 : 공정점

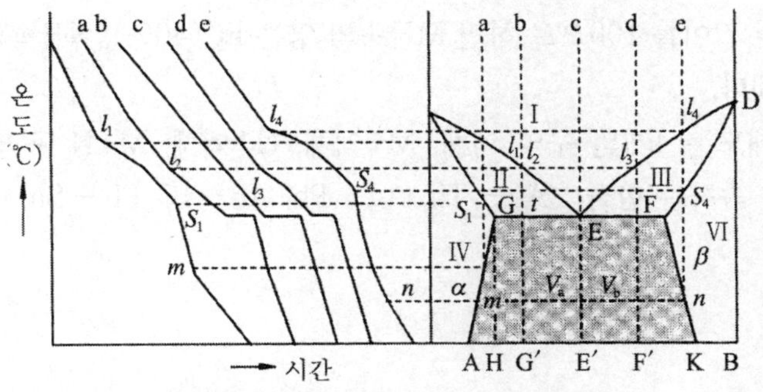

그림 1-28 한율 가용 고용체의 상태도

④ GH : α – 고용체에 대한 β – 고용체의 용해 한도 곡선
(α – 고용체에서 β – 고용체가 석출하기 시작한 온도선)
⑤ FK : β – 고용체에 대한 α – 고용체의 용해 한도 곡선
(β – 고용체에서 α – 고용체가 석출하기 시작한 온도선)

⑥ 각 구역(filed)

㉮ Ⅰ구역 : 액체(melt), Ⅱ구역 : 융체 + α − 고용체, Ⅲ구역 : 융체 + β − 고용체,

㉯ Ⅴa구역 : α − 고용체 + 공정($\alpha+\beta$), Ⅴb구역 : β − 고용체 + 공정($\alpha+\beta$)

㉰ Ⅳ구역 : α − 고용체, Ⅵ구역 : β − 고용체

라. 공정(共晶 ; eutectic)계 합금

일정한 온도에서 액체로부터 두 종류의 고체가 일정한 비율로 동시에 정출하여 나온 혼합물로 된 합금으로 동일 성분계 금속의 합금 중에서 용융점이 가장 낮으며 공정 조직은 미세한 층상이 서로 교대로 있든지 또는 한 성분이 입상으로 되어 다른 성분 중에 산재되어 있기도 하며, 주철의 경우에는 탄소가 4.3%일 때 용융점이 1,130℃로 가장 낮으며, 이 조직을 레데뷰라이트(ledeburite)라 하고, Austenite와 Cementite의 공정이다.

① 두 성분이 순수하게 정출되는 경우

㉮ 그림에서 M, N 두성분이 용융 상태에서는 완전히 융합되나, 고체에서는 M, N 두 금속이 전혀 고용체를 만들지 않고 혼합되어 있는 상태이다.

㉯ M금속에 N금속이 합금되어 있거나 또는 N금속에 M금속이 합금되어 있으면 모두 액상선이 낮아지고, 점 E에서 이 2개의 액상선이 합해진다.

㉰ 고상선은 FEG로 나타낸다.

㉱ 공정 반응(eutectic reaction)
일정한 온도에서 동시에 2개의 다른 금속이 정출되는 반응을 말한다.

㉲ 공정 조직 중의 M금속과, N금속의 양적 관계
선 FEG의 길이를 100으로 하면 M금속의 양은 EG(40%), N금속의 양은 FE(60%)으로 나타낸다.

㉳ 공정 상태도는 4개의 구역(액체, M+액체, N+액체, M+N 구역)으로 되어 있다.

㉴ 공정형에 속하는 합금 : Au − Th, Ag − Pb, Au − Bi, Pb − Sn, Cu − Ag 계 등이다.

㉵ 두 성분이 순수하게 정출된 경우의 공정형 상태도

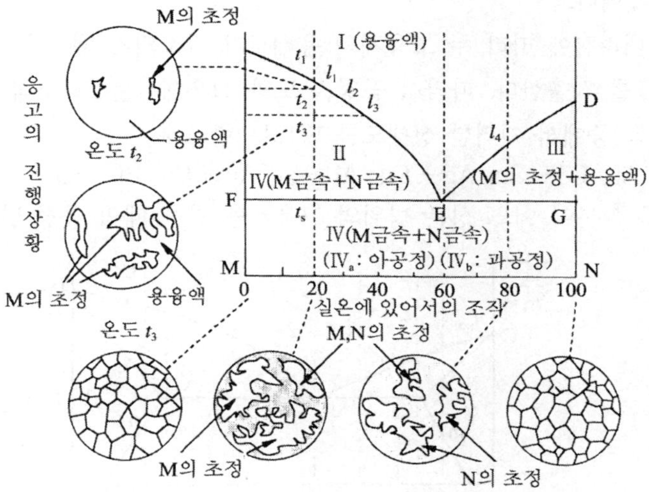

그림 1-29 두 성분이 순수하게 정출된 경우의 공정형 상태도

- 점 C : M의 용융점
- 점 D : N의 용융점
- 점 E : 공정점
- 선 CE : M의 액상선
- 선 DE : N의 액상선
- 선 FEG : 공정선
- Ⅰ구역 : 용액
- Ⅱ구역 : M+용액
- Ⅲ구역 : N+용액
- Ⅳa구역 : M+공정
- Ⅳb구역 : N+공정
- 반응식 : 액체 ↔ M+N

㉶ **공정 합금의 조성, 온도**

합금성분	공정조직	공정온도(℃)	합금성분	공정조직	공정온도(℃)
Pb − Ag	2.3% Ag	304	Zn − Cd	82.6% Cd	270
Pb − Sb	13% Sb	246	Cu − Cu_2O	3.4% Cu_2O	1,604
Cd − Bi	61% Bi	146	Cu − Ag	72% Ag	779.4

② 고용체가 정출되는 경우의 공정계 상태도 : M, N의 두 금속이 어느 정도의 고용체를 만들며, 상태도에서 E′농도의 합금은 점 E에서 공정 반응을 일으켜 C농도의 고용체 α와 D농도의 고용체 β가 공정 반응을 일으킨다.

㉮ M금속과 N금속이 합금되면 M금속의 용융점 C가 액상선 CE와 고상선 CF로 분리되고 N금속의 용융점 D가 액상산 DE와 고상선 DG로 분리된다.

㉠ M금속은 공정 온도에서는 N금속을 MF′만큼 실온에서는 MH 만큼 고용한다.

㉡ N금속은 M금속을 공정 온도에서 G′N, 실온에서는 KN만큼 고용한다.

㉯ 점 m 이하에서는 α − 고용체는 mH 곡선에 따라 점차 N금속의 농도가 감소되고, 여분의 N금속에서 다른 상인 β − 고용체가 석출된다.

㉰ 점 E에서 나타나는 공정 조직은 점 F로 나타낸 α상과 점 G로 나타낸 β상이 서로 정출한 것이다.
온도가 내려감에 따라 두 고용체의 용해도가 감소되기 때문에 실온에서 α상은 β, β상은 α를 석출한다. 따라서 공정 온도와 실온에서는 그 조직이 달라진다.

㉱ 실용 금속 중에서 이러한 상태도를 만드는 합금계
Cu – Au, Cd – Sn, Ag – Cu, Al – Si, Au – Co, Bi – Sn

㉲ M, N 두 성분이 어느 성분 범위의 고용체를 만들 때의 공정 반응 상태도

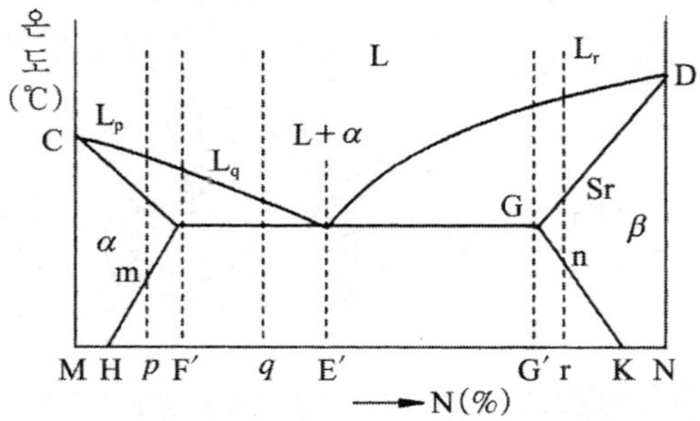

그림 1-30 M, N 두 성분이 어느 성분 범위의 고용체를 만들 때의 공정 반응 상태도

- 점 C : α–고용체의 용융점
- 점 D : β–고용체의 용융점
- 점 E : 공정점
- CE선 : α–고용체의 액상선
- ED선 : β–고용체의 액상선
- CF선 : α–고용체의 고상선
- DG선 : β–고용체의 고상선
- FH선 : α–고용체에 대한 β–고용체의 용해 한도 곡선
- FEG선 : 공정선
- GK선 : β–고용체에 대한 α–고용체의 용해한도 곡선

4 금속간 화합물(intermetallic compound)계의 합금

금속과 금속사이의 친화력이 클 때 2종 이상의 금속 원소가 간단한 원자비로 결합되어 본래의 성분 물질과는 전혀 다른 성질을 가지는 독립된 물질이 형성되고, 그 원자도 규칙적으로 결정을 가질 때를 말하며 일반적으로 A_mB_n의 화학식으로 표시한다.

가. 금속간의 화합물의 특징

① 원자의 정수비(간단한 원자비)로 결합하여 고용체를 만든다.
② 어느 성분 금속보다도 단단하고, 각 성분의 금속보다 높은 용융점을 가지고 있다.
③ 일반 화합물에 비해 결합력이 약하므로 각 성분의 특성이 없어지고, 고온에서 불안정하므로 용융 상태에서는 존재하지 않으며, 고체에서도 고온에서는 분해되기 쉽다.
④ 메지고 굳고 내마모성이 우수하며 변형이 어렵고, 전기 저항이 큰 비금속 성질을 가지며, 복잡한 결정 구조를 가진다.

나. 성분 금속과 화합물이 공정을 만들 때의 상태도

화합물이 특유한 용융점을 가지며, A성분이나 B성분과도 고용체를 만들지 않고 성분 금속과 공정이 되는 경우의 상태도다.

① 점 C는 A_mB_n의 용융점이다.

② A_mB_n을 1개의 성분으로 보면 A_mB_n을 경계로 하여서 상태도를 2개로 나눌 때 왼쪽은 A – A_mB_n, 오른쪽은 A_mB_n – B계가 된다.

③ 금속간 화합물에는 Fe_3C, Ni_3Al 등이 있는데 각각 Fe과 C, Ni과 Al의 원자비는 3 : 1로 구성되어 있다.

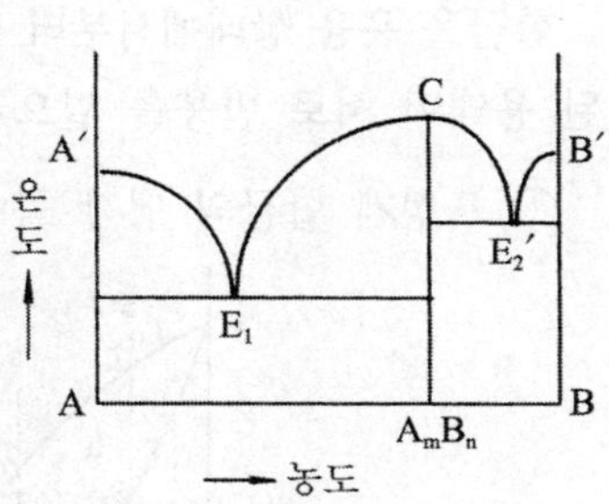

그림 1-31 성분 금속과3 화합물이 공정을 만들 때의 상태도

다. 용액이나 고체에서 용해 한도가 있을 때의 금속간 화합물 상태도

화합물이 고체 상태에서 성분 금속과 어떤 농도 범위에서 고용체를 만드는 경우에는 화합물이 생길 때 용액에서 용해 한도가 있다.

① 점 C에서는 액상성과 고상선이 접하고 있으므로 이 조성의 합금은 순금속과 같이 일정 온도에서 응고하게 된다.

② Mg – Sn(Mg_2Sn), Mg – Zn($MgZn_2$), Mg – Pb($PbMg_2$), Ca – Mg(Ca_3Mg_4) 등이 이에 속한다.

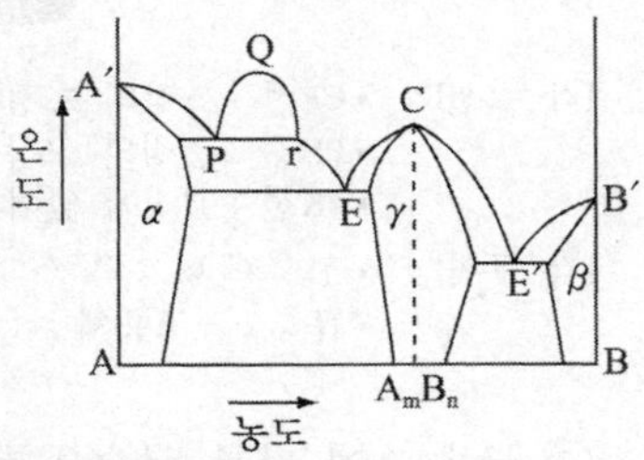

그림 1-32 용액이나 고체에서 용해한도가 있을 때의 금속간 화합물 상태도

라. 금속간 화합물을 만드는 합금

합금명	탄소강, 주철	청동	Al 합금	Mg 합금
화합물	Fe_3C	Cu_4Sn, Cu_3Sn	$CuAl_2$	Mg_2Si, $MgZn_2$

마. 포정계 상태도

두 금속이 용융 상태에서는 완전히 융합되는데 고체 상태에서는 일부만 고용되는 경우의 상태도로 한 고상에 융체가 작용하여 고용체의 외부에 다른 고상을 생성하는 포정 반응을 나타낼 때의 상태도를 포정형 상태도라 한다.

가. 포정 반응(perotectic reacton) 상태도

합금을 용융 상태에서부터 냉각하면 어떤 일정한 온도에서 정출된 고용체와 함께 이와 공존된 용액이 서로 반응을 일으켜 새로운 다른 고용체를 만드는 반응이다.

① 포정계 합금의 냉각 곡선과 상태도

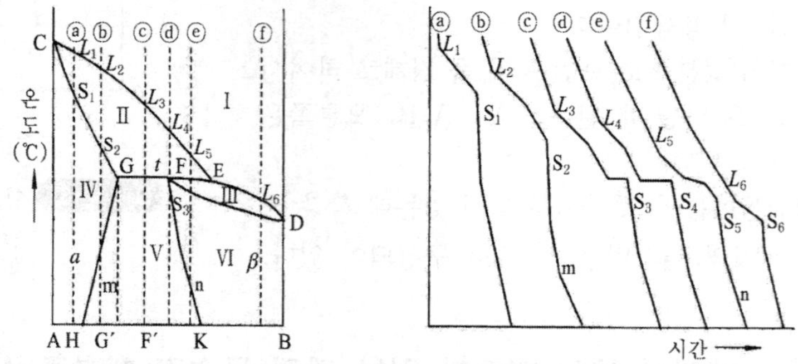

그림 1-33 포정계 합금의 상태도 및 냉각 곡선

[각 선]
- CE선 : α정의 초정선
- CG선 : α정의 고상선
- ED선 : β정의 초정선
- FD선 : β정의 고상선
- GH선 : α정에 있어서의 β정의 용해 한도 곡선
- FK선 : β정에 있어서의 α정의 용해 한도 곡선
- GFE선 : 포정 반응선

[각 구역]
- Ⅰ : 액체
- Ⅱ : α+액체
- Ⅲ : β+액체
- Ⅳ : α−고용체
- Ⅴ : α+β
- Ⅵ : β−고용체

② 금속 A에 다름 금속 B를 첨가했을 때 그 용융점은 내려간다.

③ 금속 B에 다른 금속 A를 첨가했을 때 그 응고점은 점차 높아져서 E점에서 마주친다. 즉 E점 이상의 온도에서는 α − 고용체가, E점 이하에서는 β − 고용체가 안정하다.

④ E점의 온도에서 양쪽 고용체의 안정도가 다르게 된다.

㉮ 냉각할 때는 E점에서 용융체 E와 동시에 공존하는 α − 고용체(G)가 서로 반응을 일으켜 새로운 β − 고용체(F)를 형성한다.

㉯ 가열할 때에는 β − 고용체가 α − 고용체(G)와 용액(E)의 2개로 분해한다.

㉰ GFE선의 t 온도에서의 E(용액)+G(α − 고용체) ⇆ F(β − 고용체)의 반응이 생긴다.

⑤ 포정 반응식 : 용액 + α − 고용체 ⇆ β − 고용체

나. 포정 반응 합금의 종류

Ag − Cd, Ag − Pt, Ag − Sn, Al − Cu, Fe − Au, Fe − C계 등이다.

6 편정계 상태도

하나의 액상에서 별개의 액상과 고용체를 동시에 생성하는 반응을 편정 반응(monotectic reaction)이라 하며 공정 반응과 흡사하나 액체이므로 단정 반응이라고도 한다.

가. 부분 분리형 상태도(액체 상태도)

액상에서 부분적으로 용해하고 조성에 따라 2상의 액상으로 분리하는 경우의 상태도에서 폐곡선(loop)은 바깥쪽에서 M, N의 2성분이 완전히 균일한 액상이나 그 내부에서는 2상으로 분리한다.

① k조성의 혼합물은 t_1 이하 및 t_3 이상에서는 균일한 단상의 용액이나 t_2에서는 L_1과 L_2의 2상이 공액 분리한다.

나. 완전 분리형 상태도(액·고상 분리형 상태도)

액상에서나 고상에서의 전혀 용해되지 않는 경우에는 각 성분이 따로 고유의 응고점에서 응고하므로 2개의 수평선을 가지는 상태도가 되며, 이것이 완전 분리형이다.

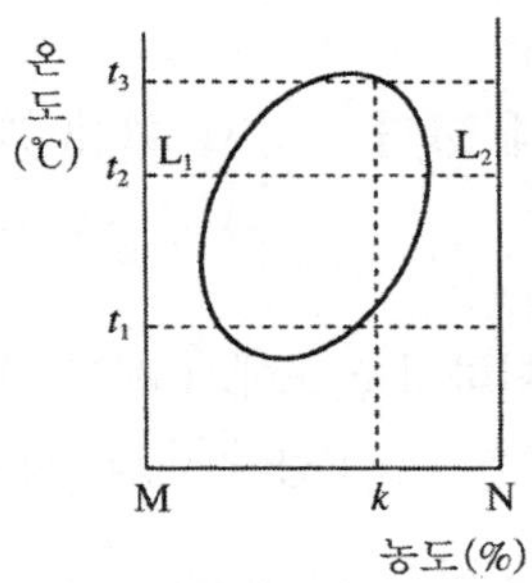

그림 1-34 액체 상태도

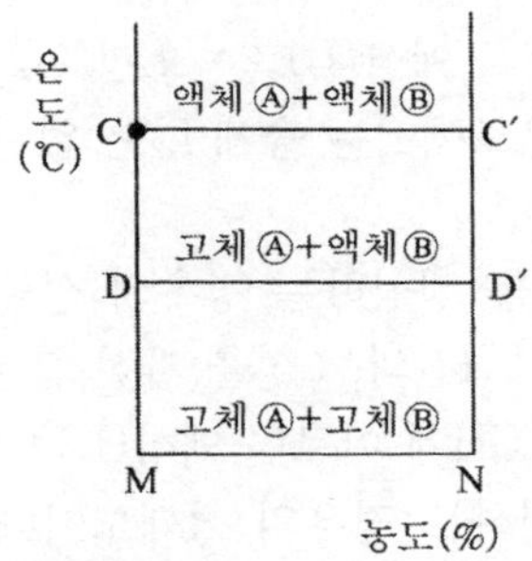

그림 1-35 액·고상 분리형 상태도

다. 편정 반응 상태도

액상 분리가 응고 과정 중에 일어날 때의 상태도는 특유한 상이 나타나는 데 이것을 편정형이라 하며 편정(monotectic crystal)이란 한 액상에서 다른 종류의 액상 및 고상을 형성하는 반응이며 이러한 반응이 포함된 상태도를 편정 반응 상태도라 한다.

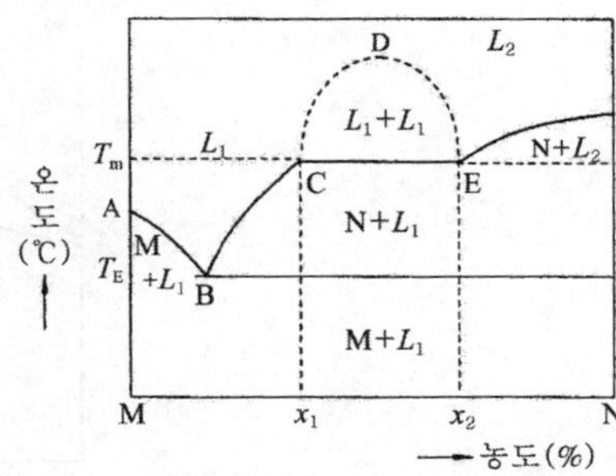

그림 1-36 편정 반응 상태도

① 부분적인 편정 반응을 포함한 상태도

㉮ CDE는 용융액의 용해도 곡선이며, ABCEF는 액상선이다.

㉯ x_1 이하인 합금의 응고 과정은 공정계 합금의 경우와 일치한다.

㉰ x_1와 x_2 사이의 조성을 가지는 합금의 응고 과정

㉠ CDE곡선과 만나는 점의 온도 이상에서는 균일한 액상이나 T_m에서는 각기 x_1 조성과 x_2 조성의 두 액상으로 분리한다.

㉡ T_m 이하로 냉각됨에 따라 조성 x_2의 액상에서는 N성분이 고상이 정출하고 잔류 액상은 x_1의 조성을 가진다.

㉢ x_2의 액상에서 N+x_1의 액상과 같은 반응을 편정 반응(E점)이라 한다.

㉱ x_1의 조성을 가지는 잔류 액상의 응고 과정 : 이 액상에서 N성분의 고상이 계속하여 정출하며, 액상의 조성은 BC선을 따라 변화하며, TE까지 냉각하면 잔류 액상은 M+N의 공정 응고를 일으킨다.

㉲ x_2와 N 사이의 조성을 가지는 합금

㉠ 액상선 EF와 만나는 점에서 N성분의 고상을 정출하며 액상의 조성은 EF선을 따라 변화한다.

㉡ 편정 온도 T_m에 도달하면 x_1 조성의 액상과 N이 형성되는 편정 반응이 진행된다.

㉳ 이 상태도에서 CDE 내에 있어서는 2종의 액체가 공존하고 점 D는 임계점이며 이상의 온도에서는 균일한 액체이다.

② 편정 반응식 : 액상(L) ⇆ 초정(G)+액상(C)

③ 편정 반응 온도에서는 융체 L_2는 없어지고 융체 L1과 고상 G(초정G)가 공액하면서 온도가 내려간다.

④ α − 고용체를 생성하는 경우의 상태도

상태도에서 LH간의 조성을 가진 합금이 k점 이하의 온도에서 서로 다른 2액상으로 갈라져 수평선 LGH에 이르면 액상(L)+액상(H) ⇆ α − 고용체(G)와 같은 반응으로 α − 고용체를 생성하는 경우의 상태도이다.

라. 편정 반응형의 합금 : Cr − Cu, Bi − Zn, Ag − Ni 등이 있다.

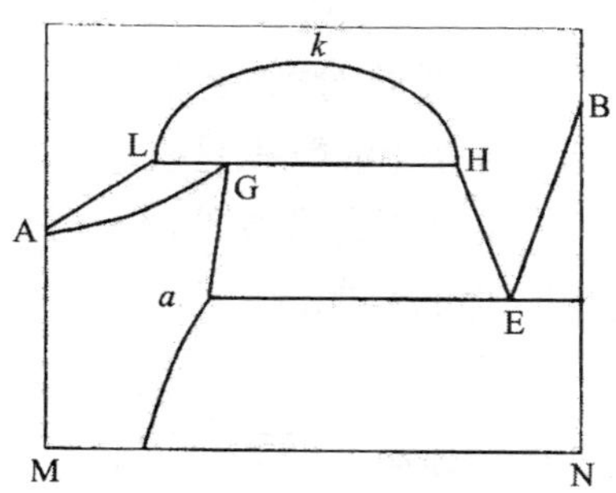

그림 1-37 편정 반응형의 합금

7 고체 내에서 이루어지는 변태

고체 내에서 이루어지는 변태에는 공석 변태, 포석 변태, 편석 변태 등이 있다.

가. 고체에서 고용체를 형성할 때

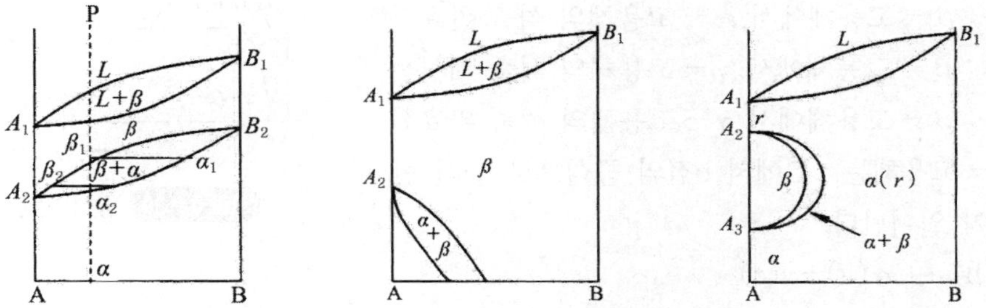

그림 1-38 고체에서 고용체 형성 상태도

① 그림에서 A금속 및 B금속의 응고점을 A_1과 B_1으로 표시할 때
두 성분 금속이 변태를 가지며 고온에서는 β - 고용체가 안정되고, 저온에서는 α - 고용체가 안정되며, α 및 β에서 2개의 성분 금속의 전율 가용 고용체를 만든다.

② P성분의 용융 금속을 냉각하여 β - 고용체 상태에 있는 합금을 점차로 냉각하면 β_1에서부터 그 일부가 α - 고용체로 변화하기 시작한다. 이때의 조성은 α_1점으로 표시되며 온도가 더욱 내려가면 남은 β - 고용체 $\beta_1\beta_2$곡선에 따라 그 조성이 변한다.
(α - 고용체는 $\alpha_1\alpha_2$곡선에 따라 변화하면 α_2점에는 전부 α - 고용체로 변하고, 이 경우의 변태는 일정 온도에서 완료되지 않고 어떤 온도 구간에서 변태가 진행한다.)

③ 변태 온도 개시선은 $A_2\beta_2\beta_1B_2$선이고, 변태 완료 온도선은 $A_2\alpha_2\alpha_1B_2$선이다.

나. 고체 내에서 공석 변태

(1) 공석 반응

하나의 고용체로부터 2종의 고체(성분 금속)가 일정한 비율로 동시에 석출하여 생긴 혼합물로서 공석정의 조직은 층상 조직이다.

(2) 공석 반응 상태도

① M구역 : 액체
② $A_1 l B_1$: 액상선
③ $A_1 s B_1$: 고상선
④ Eb : β − 고용체에서 α − 고용체의 석출 개시선
⑤ Ea : β − 고용체에서 α − 고용체의 석출 완료선
⑥ Fb : β − 고용체에서 γ − 고용체의 석출 개시선
⑦ Fc : β − 고용체에서 γ − 고용체의 석출 완료선
⑧ β − 고용체는 t℃에서 b점의 공석으로 공석 반응이 일어난다.
$\beta(b) \leftrightarrow \alpha(a)+\gamma(c)$

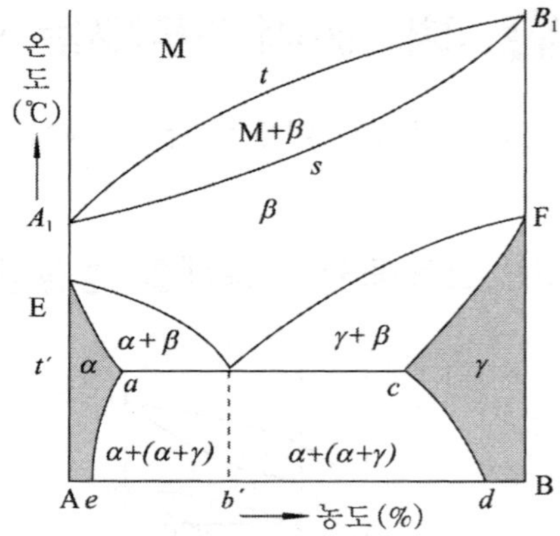

그림 1 - 39 공석 반응 상태도

(3) 포석(peritectoid) 및 편석 (monotectoid)

① 포석에서는 α 및 γ의 α − 고용체가 β − 고용체를 형성하며, P에서부터 왼쪽의 성분에서는 γ가 전부 없어지고 α만 남고 P로부터 오른쪽의 조성에는 α가 없어지고, γ만 남아서 변화 완료 후에는 P로부터 α와 β로 되고 P로부터 오른쪽은 β와 γ와의 조직이 되며, 포석 반응은 포정 반응은 포정 반응에서 용융 대신에 고용체가 생길 때의 반응이다.
반응식 : 고용체+고상(B) ⇆ 고상(A)
② 편석은 농도가 다른 2개의 α − 고용체인 α_1 및 α_2의 2개의 상이 aP 사이의 합금에서 분해가 생기면 편석점 P에서는 α_2가 α_1과 β로 변한다.

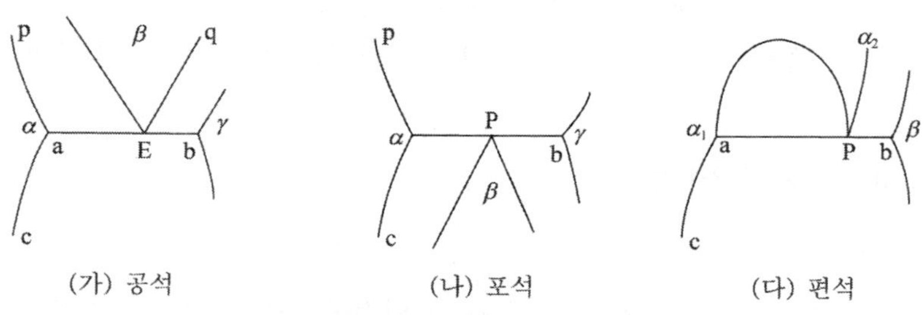

그림 1 - 40 고체 내에서의 변태형

8 평형 상태도와 합금의 성질

합금의 성질은 성분의 농도에 따라 많은 변화를 나타내며, 그 변화 규칙을 통하여 합금의 성질을 추정할 수 있고, 또한 상태도에 의해서 상온의 용해 한도, 금속간 화합물의 존재를 알 수 있다.

가. 상태도와 전기 전도도

전기 전도도는 물체의 부피에 따른 함수이므로 농도도 용적 농도를 나타내는 것이 좋고, 고용체를 형성하지 않는 공정 합금에서 전기 전도도는 농도에 대하여 대략 직선적으로 변한다. (이유 : 농도비에 따라 각각의 성분의 결정이 혼합되어 있는데 불과하기 때문이다.)

① 합금의 농도와 전기 전도도와의 관계

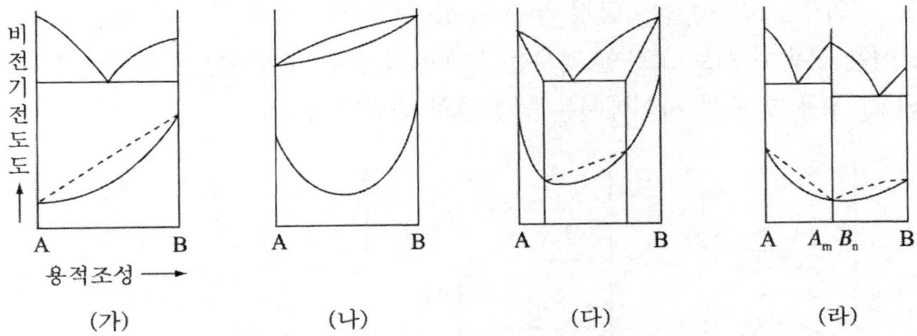

그림 1-41 합금의 농도와 전기 전도도와의 관계도

㉮ 그림 (가) : 고용체를 형성하지 않는 공정 합금에서의 전기 전도도 곡선이다.
결정의 형상 효과, 결정 입계의 응력 등에 의한 영향으로 직선 관계에서 약간의 변화가 있으므로 전도도가 저하를 나타낸다.

㉯ 그림 (나) : 고용체 종류의 합금에서는 전기전도도는 아주 저하한다.
고용체의 형성으로 인하여 스트레인(strain)이 생기므로 전기의 전도에 주는 자유전자의 산란이 많아지기 때문이다.

㉰ 그림 (다) : 고용체와 공정계 합금이 혼성된 것은 (가), (나)에 나타난 2개의 경향이 혼합된다.

㉱ 그림 (라) : AB 사이에 A_mB_n의 금속간 화합물이 생기는 경우의 곡선이다.
㉠ 왼쪽은 A와 A_mB_n 공정, 오른쪽은 B와 A_mB_n의 합금으로 분류한다.
㉡ 금속간 화합물은 보통 특유한 전기 전도도를 갖는다.

나. 상태도와 기계적 성질 및 물리적 성질

공정 합금에서는 조성이 변할 때 경도의 변화가 직선적으로 변하며, 고용체계 합금에서는 경도의 변화가 산(山)과 같은 모양으로 변한다.

극대값은 두 성분의 농도가 같은데서 나타난다.

① 전율 고용형의 상태도를 갖는 합금에서는 기계적, 물리적 성질은 양 성분 금속의 원자가 50 : 50일 때 가장 변화가 크다.

㉮ 한율 가용 고용체에서는 공정 합금과 고용체계 합금의 경향이 혼합된다.

㉯ 금속간 화합물에서는 금속간 화합물의 양쪽이 직선적인 변화를 한다.

㉰ 공정형의 상태도를 갖는 합금에서는 성분 금속의 혼합비에 비례한다.

공정 조성의 합금은 미세한 결정립이 되므로 결정립의 크기가 영향을 미치는 강도나 경도 등의 기계적 성질은 공정 부근 조성에서 어느 정도 우수한 성질을 나타낸다.

② 양성분 금속이 서로 고용할 경우는 고용한의 범위 내에서는 전율 고용형과 같은 변화가 되고, 고용 한도선 사이에서는 공정형의 변화가 된다.

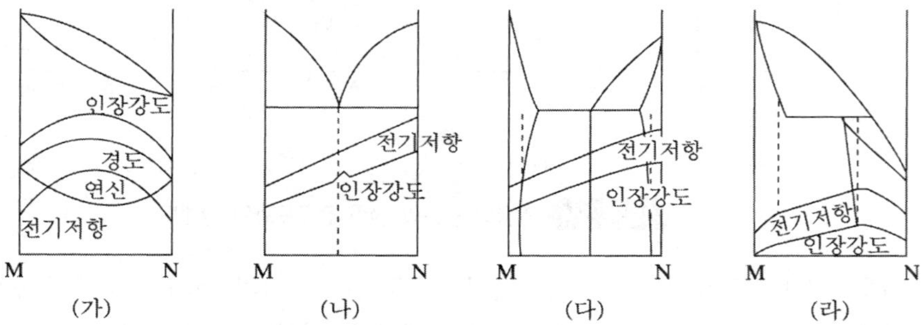

그림 1-42 상태도와 합금의 각종 성질

③ 상태도와 기계적 성질 및 물리적 성질

다. 상태도와 자기 변태

강자성 원소를 A, 상자성 원소를 B로 가정하고 AB 두 성분이 공정 혼합물을 형성하고 있을 때는 어떤 조성의 합금에서도 항상 2상이 존재하므로 일정한 온도에서 자기적 변태점은 발생한다.

① 변태점에서의 자기의 강도 변화는 A상의 양에 비례하고, B상의 양이 증가함에 따라 감소하여 100% B에서는 0이 된다.

② 두 성분이 완전히 전율 고용체를 형성할 때는 A상의 자기 변태점은 농도와 더불어 내려갈 때도 있고, 올라갈 때도 있다.

③ 두 성분 사이에 고용 한도가 있다면 A측의 고용체 구역에서는 변태점이 강하하고 강도는 감소한다.

④ 두 상이 공존하는 구역에서는 포화 A고용체가 가지는 자기 변태점이 나타나서 B측 고용체의 용해도 한도까지 존속하나 자기의 강도는 B양의 증가와 함께 감소한다.

⑤ 두 성분 사이에 화합물이 있고, 화합물이 A 또는 B와 같이 단일 공정을 만들 때는 A－고용체 자신은 t점에서 나타나고 화합물 자체의 자기 변태는 t_1에서 나타난다. 온도 t에서 나타나는 자기 변태는 A에서 최대이고, 화합물의 지점에서 0이 된다.

⑥ 화합물의 자기 변태는 화합물의 조성에서 최대가 나타내며, A 또는 B 쪽으로 감에 따라 0이 된다.

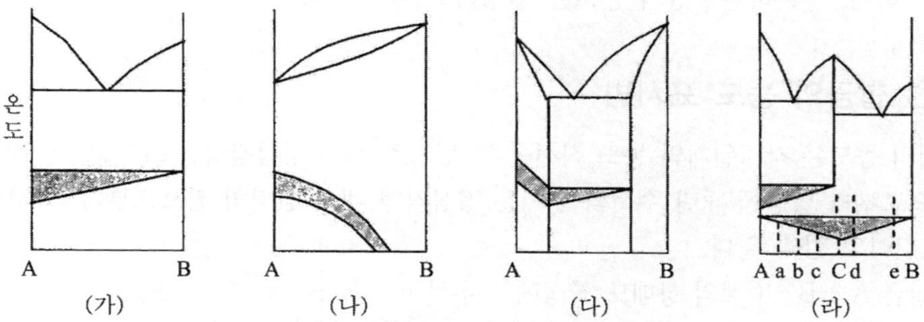

그림 1－43 자기 변태와 상태도

9 3원 합금의 상태도

3원 합금에서는 조성 표시에만 평면을 필요로 하므로 온도축을 세우면 그 상태로는 공간 표시가 된다. 따라서 상태도로서는 투영법, 단면법, 투시법, 모형법 등을 이용한다.

가. 3원계의 상률

① 3개의 성분 중 2개의 성분 농도가 필요하므로 3개의 상태 변수가 있다.

② 응축계의 상률은 F＝n＋1－P로 표시되므로 3원 합금의 상률은 n＝3이므로 F＝3＋1－P ∴ F＝4－P가 된다.

③ 이 때 P(상의 수)는 최소 1, F(자유도, 즉 변수)는 최소 0이 될 수 있으므로 이들의 경우를 2원계와 비교하면

㉮ P(상의 수)＝1의 경우

F＝4－1＝3이므로 이 경우는 단 한 개의 상을 유지하고, 3개의 변수 중 어느 것이나 독립적으로 변화시킬 수 있다.

㉯ P(상의 수)=2의 경우

F=4−2=2가 되며, 두 상의 공존 상태를 유지시켜 놓고 온도와 두 상 중의 한 상의 농도를 변화시킬 수 있으며, 3원 합금에서는 균일 액상으로부터 한 고상이 정출하는 관계는 액상면으로 표시한다.

㉰ P(상의 수)=3의 경우

F=4−3=1이 되며, 3원 합금에서는 1변계가 되어 3상 공존 상태를 유지하며. 자유로이 변화시킬 수 있는 변수는 온도라고 볼 수 있다.

㉱ P(상의 수)=4의 경우

F(자유도)=4−4=0이므로 이것은 불변계로서 3원 합금에서는 3원 공정점을 의미하며, 공존하는 4상의 온도는 일정하고 불변이다.

나. 3원 합금의 농도 표시법

3원계의 농도는 각 2원계의 농도 직선을 각 변으로 하는 정삼각형을 그리고, 이 정삼각형의 꼭지점으로부터 밑변에 내린 수선의 길이는 정삼각형 내의 임의의 점으로부터 각 3변에 내린 수선의 길이의 합과 같다.

3원 합금 A−B−C계의 상태도 작성에는 우선 A−B, B−C, C−A의 각 2원계 합금 상태도의 작성이 필요하다.

① 기브스(Gibb's)의 삼각법

㉮ 정삼각형의 각 정점으로부터 대변에 평형으로 10 또는 100등분하고 삼각형 내의 어느 점의 농도를 알려면 그 점으로부터 대변에 내린 수선길이를 읽는다.

㉯ P점은 3성분이 혼합하여 중심을 이루는 곳이다.

㉰ A합금의 농도 : P점에서 A의 대변에 내린 수선의 길이 Pa가 된다.

㉱ B합금의 농도 : P점에서 B의 대변에 내린 수선의 길이 Pb가 된다.

㉲ C합금의 농도 : P점에서 C의 대변에 내린 수선의 길이 Pc가 된다.

㉳ Pa+Pb+Pc=Ah=100%

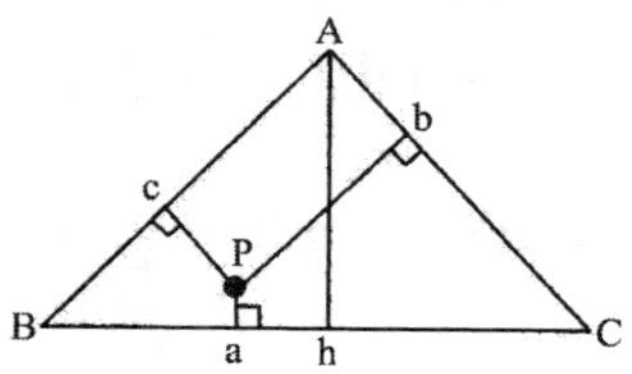

그림 1-44 Gibb's의 삼각법

② 루우즈부음(Roozeboom)의 삼각법

㉮ 정삼각형의 한 변을 10 또는 100등분하여 표시한다.

㉯ 정삼각형 내의 한 점 P로부터 각 변에 그은 직선이 한 변에 평형으로 된 것이다.

㉠ P점의 조성

ⓐ A금속의 농도 : a의 길이

ⓑ B금속의 농도 : b의 길이

ⓒ C금속의 농도 : c의 길이

㉡ 각 변에 평행선을 긋는 길이로 읽으며, a+b+c=AB+BC+CA=100%이다.

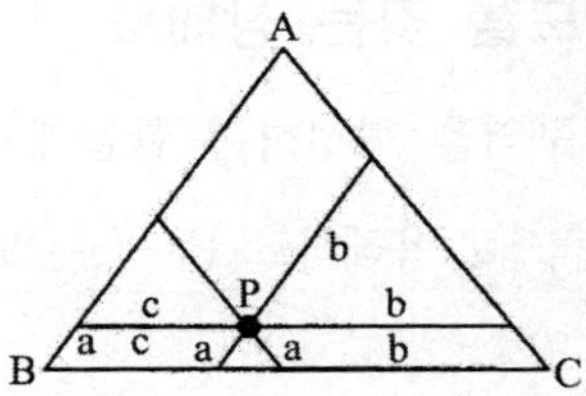

그림 1-45 Roozeboom의 삼각법

다. 3원 합금의 용해도면

3원 합금에서는 2원 합금계와 동일하게 균일한 액상이 되지 않고 두 액상(두 고상) 혹은 3액상(3고상)이 평형으로 공존하는 경우도 있다.

① 3원 합금에서는 3성분 중 2성분이 용해(고용)될 때

㉮ 제3성분이 쉽게 용해될 때는 제3성분의 첨가로 상호 용해도가 증가한다.

㉯ 제3성분이 다른 두 성분에 용해되지 않을 때는 상호 용해도가 감소된다.

② 3성분이 1개의 두 액상 공존 구역을 형성하는 합금계의 임의의 온도에서 등온 절단면으로서 3성분 중 A와 C, B와 C는 모든 비율로 고용하나 A와 B는 부분적으로 용해하고 있는 상태도다.

㉮ 얻은 온도에서 A와 B는 완전히 용해하지 않고, Aa 사이와 Bb 사이의 조성은 균일한 액상이나 ab 사이의 조성 a와 b의 두 상으로 분리된다.

㉠ 이 범위에서 합금 x에 C를 첨가하여 평균 조성을 x_1이라 하면 C는 두 액상 중에 용해하여 공액하는 두 상을 연결하는 a_1, b_1점의 농도인 두 액상의 공존 상태가 된다.

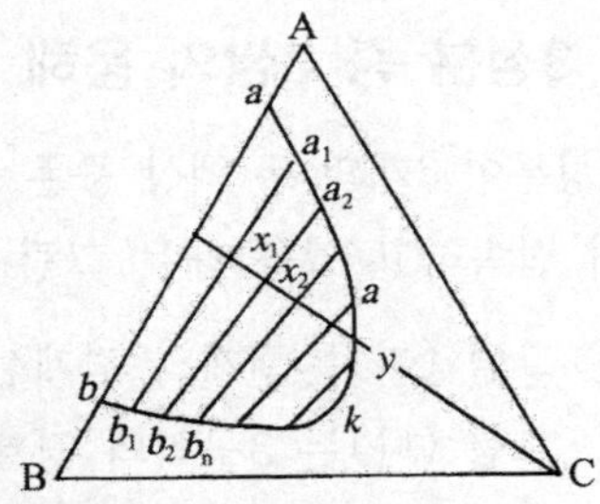

그림 1-46 한 쌍을 갖는 용해도

㉡ C성분을 더욱 첨가한 조성 x_2에서는 A, B의 2성분이 상호 용해도가 증가하여 a_2, b_2의 농도를 갖는 두 액상이 된다.

㉢ 점차 C를 증가할 때에는 A 및 B의 상호 용해도도 증가하여 y점에 도달하면 끝내는 1상으로 나타난다.

㉣ ayb는 불균일계와 균일계의 경계선, 즉 용해도선이다.

㉤ 이 곡선 내의 조성의 합금만이 두 액상이 평형으로 공존하며, 외부는 한 상만이 되며 k점은 이 온도에서의 임계점이다.

라. 3성분 중 2쌍의 용해 한도를 갖는 상태도

3성분이 두 개의 두 액상 공존 구역을 형성하는 합금계의 상태도다.

① 3성분 중 A－B, A－C는 부분적으로 용해하고, B－C는 모든 비율로 용해하고 있음을 나타낸다.

② 그림 (가)는 불균일상의 범위가 분리되었을 경우의 상태도다.

③ 그림 (나)는 불균일한 범위가 양변으로부터 서로 접하고 있는 상태도이다.

그림 1-47 3성분 중 2쌍의 용해도를 갖는 상태도

마. 3성분 중 3쌍의 용해 한도를 갖는 상태도

3성분이 3개의 두 액상 공존 구역을 형상하는 합금에서는 그림 (가)와 같이 되며, 이들 3구역이 접속하고 있을 때는 그림 (나)와 같이 3상 공존 구역이 이루어진다.

① 그림 (가)는 3개의 경계선으로 분리된다.

② 그림 (나)는 3구역의 경계선이 삼각형 중앙부에서 일부분 연속한 상태이다.

㉮ a, b, c는 세 곡선이 각각 교차하는 점으로 △abc는 3곡선이 중첩하는 범위, 즉 3상이 발생하는 범위다.

㉯ x_1, x_2, x_3는 2상이 3원 융체를 발생하는 범위, 각 정점 부근의 백색부는 균일 융체를 발생하는 범위다.

㉰ 상률에 의하면 F=n+1−P에서 n=3이므로
상(P)이 1이면 자유도(F)는 3되고, 상이 3이면 자유도는 2가 되며, 상이 3이면 자유도는 1이 된다. 즉, 균일 융체의 범위에서는 자유도는 3, x_1, x_2, x_3의 2상 공존의 범위에서는 2이고, △abc 내에서는 3상이 공존하므로 자유도는 1이다.

㉱ △abc 내의 합금은 어떤 일정한 온도에서는 공존하는 3액상의 조성은 일정하고, a, b, c점에 의하여 표시된다.
온도가 변하면 a, b, c점의 조성은 변한다.

그림 1-48 3성분 중 3쌍의 용해도를 갖는 상태도

사. 등온 단면도

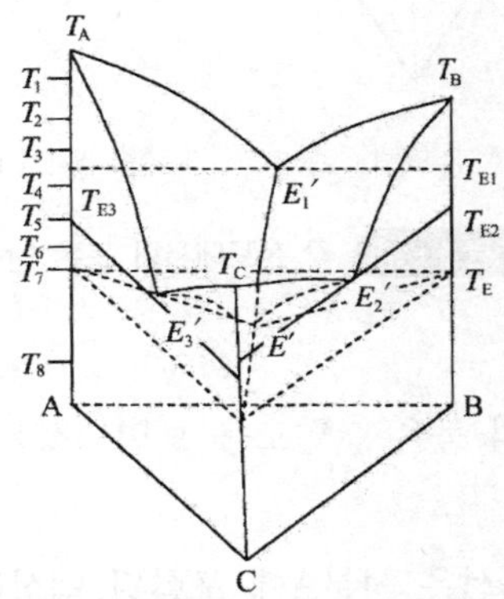

그림 1-49 3원 공정계의 입체도

① T_A, T_B, T_C점 : 각각 성분 A, B, C의 융점

② E_1', E_2', E_3'점 : 각 2원계인 A−B, B−C, A−C의 공정점

※ A−B계에서 2원 공정점 E_1'에 C성분이 첨가되면 공정점의 온도는 떨어지고, 곡선 E_1', E′선에 따라서 강하하며, 다른 두 개의 공정점인 E_2', E_3' 역시 다른 성분을 첨, E_1', E_3', E′선에 따라 온도가 내려가며, 그리하여 E′선에서 서로 만나게 된다.

③ 공정선 : $E_1'E'$, $E_2'E'$, $E_3'E'$

④ 액상선 : 공정선을 경계로 한 $T_AE_1'E'E_3'$, $T_BE_1'E_2'E'$, $T_CE_2'E'E_3'$

⑤ $T_A > T_B > T_C$가 $T_{E1} > T_{E2} > T_{E3}$의 관계에 있다면 $T_A > T_B > T_C$일 때 T_1은 A성분의 ~~용융~~점보다 낮고, B성분 및 C성분의 융점보다 높다.

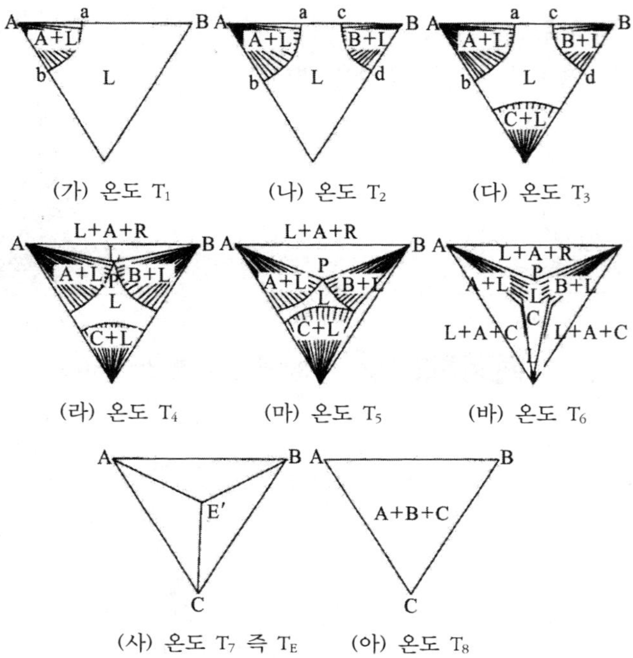

(가) 온도 T_1　(나) 온도 T_2　(다) 온도 T_3

(라) 온도 T_4　(마) 온도 T_5　(바) 온도 T_6

(사) 온도 T_7 즉 T_E　(아) 온도 T_8

그림 1 - 50 각 온도에서의 등온 단면도

⑥ 각 온도의 등온 단면도

㉮ 그림 (가)에서 T_1온도의 등온 단면도를 보면 3성분의 균일 액상(L)은 T_1온도에서 A결정을 정출한다.

㉠ 점 a, b를 연결한 곡선은 성분A에 포함된 액상(L)의 농도를 나타낸다.

㉡ A_{ab}구역은 A고상과 액상이 공존한다.

㉢ 이 때의 공액선을 점 A에서 곡선 ab의 부채꼴로 무수히 그을 수 있다.

㉯ 그림 (나)는 T_2 온도의 등온 단면도로서 $T_A > T_B > T_2 > T_C$이다.

T_2는 A, B성분의 융점보다 낮고, C성분의 융점보다 높은 경우이다.

㉰ 그림 (다)는 T_3 온도의 등온 단면도로서 각 성분의 융점보다 낮고, 2원 공정점 T_E'보다 높다.

㉱ 그림 (라)는 2원 공정점 T_{E1}'보다 낮고, T_{E2}' 및 T_{E3}'보다 높은 T_4의 등온 단면도다.

㉮ 그림 (마)는 T_5의 온도인 등온 단면도이며 점 p와 q는 각 2원 공정선 $T_{E1}'T_E'$, T_{E2}', T_E'선과 교점이고, T_{E1}와 T_{E2}보다 낮지만 T_{E3}보다는 높은 온도이다.

㉯ 그림 (바)는 T_6의 등온 단면도로 T_{E3}보다 낮고, T_{E1}보다는 높은 온도이다.
중앙에는 아직 각 성분에 포화되지 않는 액상이 남아 있고, 온도 강하에 따라서 액상의 영역은 점점 좁아진다.

㉰ 그림 (사) T_7의 등온 단면도로 T_B와 같고 액상선으로부터 고상 A, B, C가 정출하여 3상이 공존한다.
액상 L_E = A 고상 + B 고상 + C 고상과 같이 3원 공정을 정출하며 이 반응이 끝날 때까지 합금의 온도는 자유도가 0이므로 더 떨어지지 않는다.

㉱ 액상이 없어져 자유도가 1이 되면 온도가 다시 강하하여 그림 (아)와 같은 등온 단면도를 나타낸다.

사. 3원 합금의 공통적인 성질

3원 합금의 성질과 조직은 각종 상태에 따라 차이가 많으며, 3원 공정의 기계적 성질, 전기적 성질은 함유 성분의 직선적 함수로 변한다.

① 기계적 성질에 영향을 받는 인자
- ㉮ 분포 상태의 미세 정도 및 각 상의 개별적 성질
- ㉯ 연속적 상의 성질 및 공정은 일반적으로 주물에 많이 사용한다.

② 고용체
- ㉮ 순금속보다 가단성, 연성 및 강도가 크다.
- ㉯ 전기전도도 및 온도 상수 등은 합금 원소를 첨가하면 급격히 감소된다.

③ 금속간 화합물
- ㉮ 금속 화합물은 보통 굳고 여린 성질이 있으며, 그 자체만으로는 공업적 유용한 성질이 적으므로 금속간 화합물인 강철 중의 Fe_3C, Al합금 중의 $CuAl_2$ 등의 취성 재질은 다른 연한 재질과 함께 존재한 가운데서 혼합하여 사용한다.
- ㉯ 전기 전도도는 인접 합금에 비하여 상당히 높으며 β상(상온에서 메짐성이 큼)을 형성하는 금속간 화합물은 상당히 강하고, 어떤 온도에서도 쉽게 고온 압연할 수 있다.
- ㉰ γ상은 구리 합금에서 많이 나타나며, 보통 고온 및 상온 상태에서 메짐성이 있다.

10 3상으로 된 불변계의 종류

2성분계에서 일정한 압력하에 있을 수 있는 최대의 상수는 3개이며 상률(相律)에 의한 자유도는 0이다. 이것을 불변계(무변계)라 한다.

가. 두 성분계에서 나타나는 3개의 상으로 된 불변계의 상태도

(각 선도 중 종축은 온도, 횡축은 그 조성을 나타낸다.)

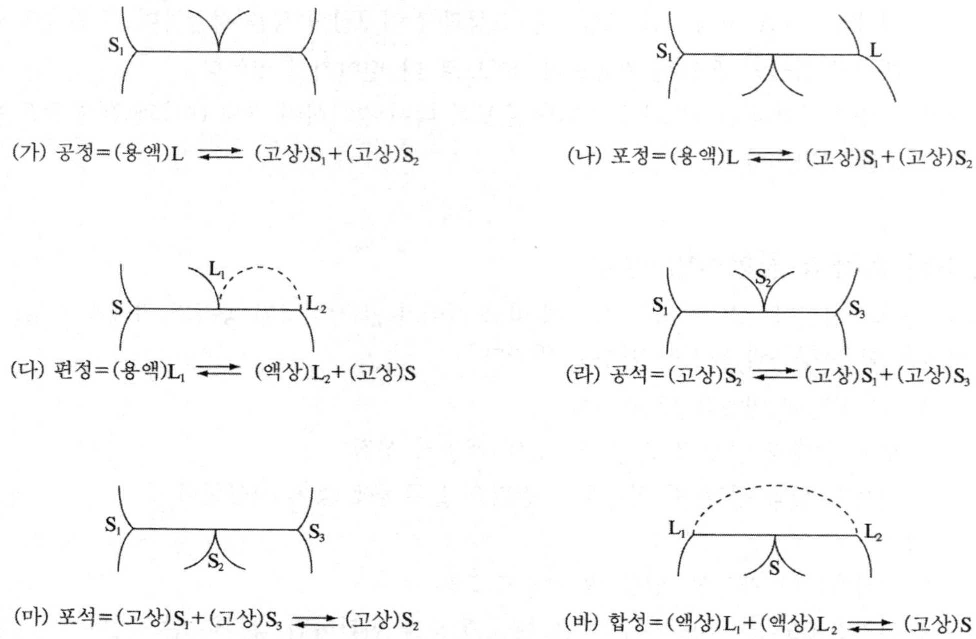

(가) 공정=(용액)L ⇄ (고상)S_1+(고상)S_2

(나) 포정=(용액)L ⇄ (고상)S_1+(고상)S_2

(다) 편정=(용액)L_1 ⇄ (액상)L_2+(고상)S

(라) 공석=(고상)S_2 ⇄ (고상)S_1+(고상)S_3

(마) 포석=(고상)S_1+(고상)S_3 ⇄ (고상)S_2

(바) 합성=(액상)L_1+(액상)L_2 ⇄ (고상)S

그림 1 - 51 2성분계에서의 3상 항온 반응 상태도

Part 2

금속 재료의 성질과 시험

금속의 소성 변형과 가공

금속 재료는 다른 재료보다 가공성이 좋기 때문에 금속 가공에 의하여 여러 가지 제품을 만들 수 있다. 금속 재료의 가공성으로는 열가공성, 절삭성, 소성 등이 있으나 대부분의 제품은 소성 변형을 이용한 가공으로 만들어지고 있다.

제1절 | 금속의 소성 변형(plastic deformation) 기구

외력에 대한 금속의 변형에는 탄성 변형과 소성 변형이 있으며 금속 가공에는 소성 변형이 이용된다. 금속의 소성 변형으로는 결정(crystal)의 영구 변형으로 결정의 미끄럼에 의한 변형과 쌍정(twin)에 의한 변형이 있다.

단결정의 소성 변형 기구를 나타내면 다음 그림과 같다.

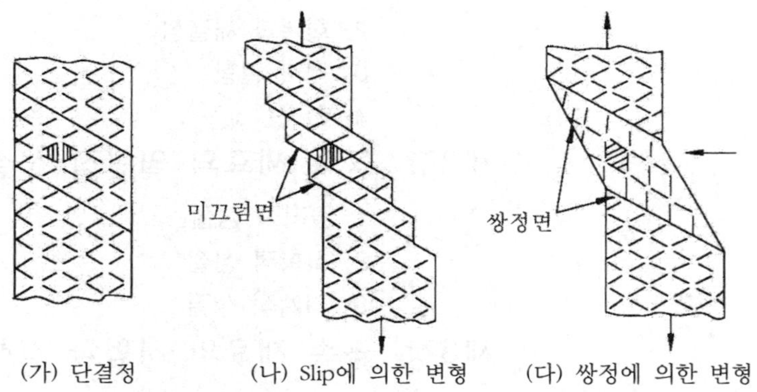

그림 2-1 단결정의 소성 변형 기구

① 그림 (가)와 같은 단결정에 외력이 화살표 방향으로 가해지면 그림(나)와 같이 어떤 결정면을 따라 특정한 방향으로 미끄럼(slip)이 일어나 변형을 일으킨다.

② 금속 내부에서 결정의 미끄럼은 결정 구조에 따라 정해진 원자면 내에서 특정 방향으로 일어나며, 금속의 소성 변형은 대부분 미끄럼 변형으로 일어난다.

③ 미끄럼 변형이 일어나기 어려운 경우에는 커다란 응력이 가해지면 그림 (다)와 같은 쌍정 변형에 의해서도 소성 변형이 일어난다.

1 단결정의 탄성과 소성

가. 탄성적 및 의탄성적 성질

탄성(elasticity)이란 어떤 응력 하에서 발생한 연신이 응력을 제거하면 원상태로 되돌아오는 성질을 탄성이라 한다.

① 점탄성 : 고온의 금속에서 탄성 변형이 수반하여 점성적 변형이 동시에 발생하는 것이며 탄성 연신의 일부가 응력 뿐만 아니라 시간에 의존하는 사실은 의탄성 효과(anelasticity fffect)로 알려져 있으며, 의탄성도 점탄성의 일종이다.

② 단결정의 변형은 금속의 결정 격자의 변형으로 탄성 한계 범위 내에서는 Hook's의 법칙이 성립하여, 이것은 등방성이 아니므로 단위 격자에 대하여 가해지는 힘의 방향에 따라서 탄성률과 강성률이 달라진다.

③ 일반적으로 금속의 단결정에서의 탄성률은 [111]방향의 값이 최대가 되고, [100]방향의 값이 최소가 된다.

④ 강성률은 [100]방향이 값이 최대가 되고, [111]방향의 값이 최소가 된다.

⑤ 주요 금속 단결정의 탄성률과 강성률

분류 / 금속	탄성률(E)		강성률(G)	
	[100]방향(kg_f/mm^2)	[111]방향(kg_f/mm^2)	[100]방향(kg_f/mm^2)	[111]방향(kg_f/mm^2)
Al	6400	7700	2900	2500
Cu	6800	19400	7700	3100
Ag	4400	11700	4450	1970
Au	4200	11400	4100	1800
Fe	13500	29000	11800	6100
W	40000	40000	15500	15500

나. 탄성 계수(modulus of elasticity)

재료는 하중이 적은 동안은 탄성적으로 변형하며, 응력과 전변형량이 비례한다.

탄성계수 : $\frac{\text{응력}}{\text{변형률}}$ = 상수(Hook's low에 따른다.)

① 일반적으로 사용되고 있는 탄성 계수

㉮ 종탄성 계수(기호= E, 또는 영률)

인장 또는 압축의 경우에 있어 탄성 계수이며, 연신과 응력간의 비례 관계를 나타내는 탄성 계수에는 영률(종탄성 계수)이 있다.

$$\sigma = E\varepsilon$$

• σ : 응력 • ε : 변형 • E : 상수

㉯ 횡탄성 계수(기호= G, 또는 강성률, 전단 탄성 계수)

전단 응력과 이에 대응하는 전단 변형률과의 비로 나타낸다.

$$\mu = \frac{\tau}{\gamma}$$

• μ : 강성률 • τ : 전단 응력 • γ : 전단 연신

㉰ 체적 탄성 계수(기호= K)

정육면체의 모든 면이 일정한 인장력 또는 압축력을 받을 때의 체적 변형과 응력과의 비(응력/체적 변형)를 말한다.

$$K = \frac{P}{\left(\frac{\Delta V}{V_0}\right)}$$

• K : 체적 변화율
• P : 정수압
• ΔV : 변형전의 체적
• V_0 : 변형 후의 체적

② 수직 응력 σ를 작용하였을 때 이 방향에 수직연신(ε)은 $\varepsilon = \frac{\sigma}{E}$를 발생한다.

③ 포아손비(Posson's ratio)

㉮ 시험편에 수직 외력을 가하면 그 방향으로 세로 변형이 생기는 동시에 이것과 직각인 모든 방향에 세로 변형과 다른 가로변형이 생긴다. 그리고 탄성 한계 내에서 가로 변형률과 세로 변형률의 비는 일정하다. 이 비를 포아손비라고 한다.

㉯ 통상 포아손비의 표시 : $\frac{1}{m} = \frac{\text{가로 변형}}{\text{세로 변형}}$

㉰ 등방성 물질의 경우에는 직각 방향으로 균일하게 역부호의 수직 연신 ε'를 발생하는데 ε과 ε'의 비(v)는 $-\dfrac{\varepsilon'}{\varepsilon}$이다.

• v : 포아손비 • ε : 수직 연신 • ε' : 역부호의 수직 연신

㉱ 금속의 경우 포아손비 : 보통 0.2 ~ 0.4이다.
보통 고체에서는 0.3 정도이고, 고무 등과 같은 등체적 변형을 할 때는 약 0.5이다.

④ 등방이고 균일한 물질에 있어서 E, μ, K, v의 관계

$$K = \frac{E}{3(1-2)v},\ \mu = \frac{E}{2(1+v)},\ v = \frac{E}{2\mu} - 1$$

• E : 종탄성 계수 • μ : 강성률
• K : 체적 변화율 • v : 포아손비

다. 미끄럼(slip)에 의한 변형 기구

금속 결정의 경우에는 원자간의 결합을 분리시키는 데 필요한 힘이 원자면에 변형을 일으키는 데 필요한 힘보다 훨씬 크므로 결정이 파단하기 전에 원자면을 따라 슬립에 의한 변형이 생긴다.

① 미끄럼의 변형 기구

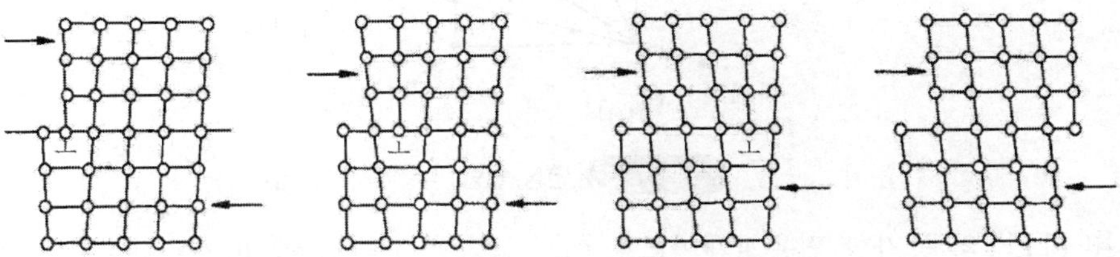

그림 2-2 미끄럼(Slip)변형 기구

㉮ 슬립 : 재료에 외력이 작용할 때 어떤 방향으로 결정이 미끄러져 이동하는 현상

㉯ 슬립면(slip plane) : 원자 밀도가 가장 조밀한 면 또는 그것에 가까운 면으로 금속에 따라 고유의 슬립 방향을 갖는다.

㉰ 슬립 방향 : 원자 간격이 가장 작은 방향이다.
가장 조밀한 면에서 가장 작은 방향으로 미끄러지는 것이 에너지가 최소로 들기 때문이다.

㉱ 슬립 띠(slip band) : 결정 입자를 가로지른 가느다란 평행선을 말한다.
다수의 전위가 움직여서 표면에 단층을 일으키기 때문에 미끄럼 띠(slip band)가 생긴다.

㉲ 결정의 슬립(slip)이 일어나는 현상
같은 결정 내에서도 격자면이 다르고, 같은 격자면에서도 방향에 따라 다르다.

㉥ 재료에 인장으로 연신되면 slip 방향으로 층상 이동하여 집단 슬립(block slip)을 하면서 슬립선이 생긴다.

㉦ 단결정에 외력을 가하면 외력이 가해진 부분은 여러 원자면에 전단력을 일으켜 원자면에 따라서 변형을 일으키도록 작용한다.
단결정의 슬립은 슬립면상의 모든 결정면에서 동시에 일어나는 것이 아니고, 전위가 순차적으로 이동하면서 진행되어 최종적으로 일정한 양의 슬립(slip)이 완료된다.

㉧ 체심 입방 격자(BCC) 금속에서는 {110}면에서 <111>방향으로 슬립된다.

㉨ 면심 입방 격자(BCC) 금속에서는 {111}면에서 <110>방향으로 슬립된다.

㉩ 조밀 육방 격자 금속에서는 일반적으로 {0001}면에서 <2110>방향으로 슬립된다.

② 면심 입방 격자(BCC) 금속의 슬립면과 방향

㉮ (111)면을 슬립면이라 하면 이 면에 있는 슬립 방향
$[1\bar{1}0]$, $[\bar{1}10]$, $[10\bar{1}]$, $[\bar{1}01]$, $[01\bar{1}]$, $[0\bar{1}1]$ 등 6개의 방향이다.
[110] 방향은 (111)면에 대하여 슬립 방향이 될 수 없다.

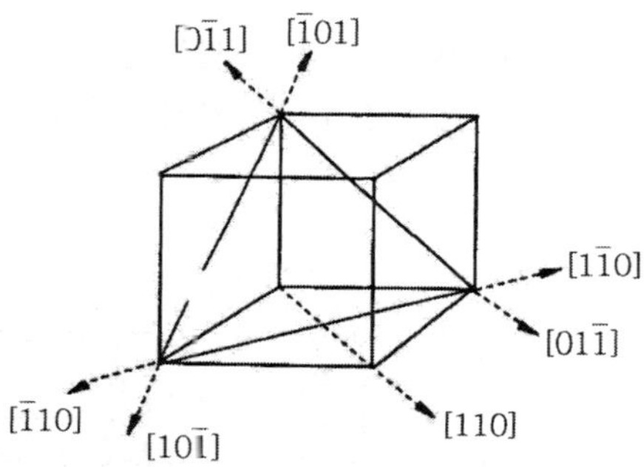

그림 2-3 면심 입방 격자에서의 slip

㉯ {111}의 등가한 면은 4개이므로 FCC 금속에서 슬립계(slip system)는 4×3=12개의 슬립계가 있다.

③ 조밀 육방 격자 금속의 슬립면과 방향 : HCP의 슬립계는 1×3=3개의 슬립계가 있다. BCC 금속은 FCC보다 많다.

④ 2중 슬립(duble slip)
2조의 슬립계가 작용하여 일어난 슬립이다.

⑤ 교환 슬립(cross slip)
단결정 방향에 따라서 슬립면은 달라도 슬립 방향이 같은 경우 일어나는 슬립이다.

⑥ 슬립계가 많은 FCC나 BCC 금속은 변형대(deformation band)가 일어나지만 HCP 금속에서는 변형대가 발견되지 않고 킹크대(kink bsnd)가 나타난다.

⑦ 슬립면 위에서의 전단 응력(슬립 방향으로 작용하는 전단 응력)

$$\tau = \frac{F}{A}\cos\varnothing\cos\lambda$$

- τ : 면 위에서 슬립 방향으로 작용하는 전단 응력
- P : 단결정에 인장력이 가해지는 경우 슬립면
- $\varnothing$: 슬립면의 법선과 인장축이 이루는 각
- $F\cos\lambda$: 슬립 방향에서의 인장력의 분력
- S : 슬립 방향
- F : 외력의 크기
- λ : S와 인장축이 이루는 각
- $A/\cos\varnothing$: 슬립면 P의 면적

※ 임계 전단 응력(crtical resolved shear stress)
외력이 증가하여 어느 임계치 값을 넘으면 이 면에서 slip이 일어나는데 이때의 전단 응력으로 금속에 따라 고유의 값을 가지며 금속의 순도에 의해서도 크게 변화한다.

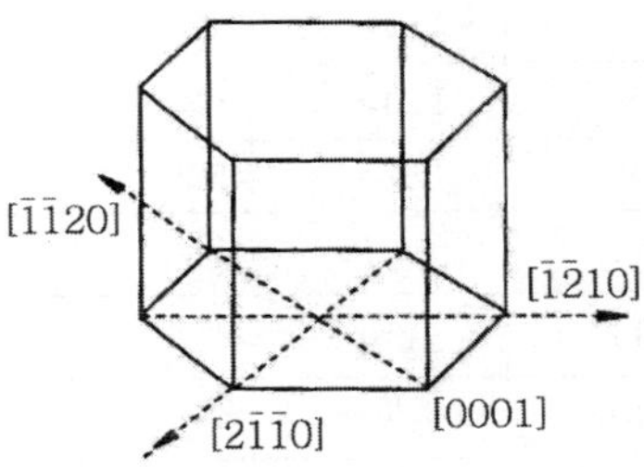

그림 2-4 조밀 육방 격자에서의 slip

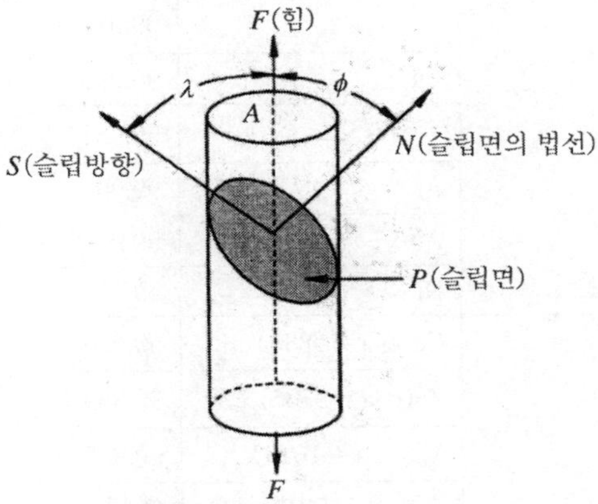

그림 2-5 slip면에서의 전단 응력

⑧ slip선은 변형 증가에 따라 수가 많아지고, 금속 고유의 슬립면에 따라 이동이 생긴다.
   ㉮ 슬립계가 많은 금속일수록 소성 변형이 쉽고, 육방 정계에 속하는 금속이 가장 가공이 곤란하다.
   ㉯ Au－Cu 등은 정육면체에 면의 대각선 방향으로 가장 슬립이 일어나기 쉽다.
   ㉰ Zn, Mg, Be 등은 가공하기 어려운 금속이다.
   ㉱ 미끄럼계 : 면심(111 : 면) (110 : 방향), 조밀(0001 : 면) (1120 : 방향)

⑨ 각종 금속의 슬립면과 슬립 방향

금속구조	금속	순도(%)	슬립면	슬립방향	임계전단응력(g/mm^2)
BCC	Fe	99.96	{110}	<111>	2800
			{112}	<111>	
			{123}	<111>	
	Mo		{110}	<111>	5000
FCC	Ag	99.99	{111}	<110>	48
		99.97	{111}	<110>	73
		99.93	{111}	<110>	131
	Cu	99.999	{111}	<110>	65
		99.98	{111}	<110>	94
	Al	99.99	{111}	<110>	104
	Au	99.9	{111}	<110>	92
	Ni	99.8	{111}	<110>	580
HCP	Cd(c/a = 1886)	99.996	{0001}	$\langle 2\bar{1}\bar{1}0 \rangle$	58
	Zn(c/a = 1856)	99.999	{0001}	$\langle 2\bar{1}\bar{1}0 \rangle$	18
	Mg(c/a = 1623)	99.996	{0001}	$\langle 2\bar{1}\bar{1}0 \rangle$	77
	Ti(c/a = 1587)	99.99	$\{10\bar{1}0\}$	$\langle 2\bar{1}\bar{1}0 \rangle$	1400

라. 쌍정(twin)에 의한 변형 기구

금속의 소성 변형이 미끄럼 변형이 일어나기 어려운 경우에 커다란 응력이 가해지면 결정의 일부분이 고른 전단 변형을 일으키게 되는데 이 변형을 쌍정이라 한다.

(1) 쌍정면(twin plane)

특정면을 경계로 하여 처음의 결정과 대칭적 관계에 있는 원자 배열을 갖는 결정으로 경계가 되는 면을 쌍정면이라 한다.

(2) 쌍정 형성의 특징

① 전단적인 이동에 의해서 형성되는 것이며, 쌍정 방향은 전단이 일어나는 방향이다.

※ 전단적인 이동의 특징

쌍정면은 지면에 수직이고 원자는 화살표 방향으로 쌍정면에 평행하게 이동하여 쌍정을 형성하나 원자의 이동 거리는 쌍정면에서의 거리에 비례하여 증가하지만 한 원자의 최대 이동 거리는 한 원자간의 거리이다.

② 슬립계가 적고 소성 변형하기 어려운 조밀 육방 격자의 금속에 많이 나타난다.

③ 체심 입방 격자 금속에서는 충격적인 하중이나 저온에서 변형할 때 흔히 나타난다.

④ 쌍정은 소성 변형이 일어날 때 그 부분만 일정한 각도만큼 회전하여 생긴 것으로 쌍정면을 경계로 하여 결정 부위가 변화한다.

⑤ 쌍정은 원자가 어느 결정면의 특정한 방향으로 정해진 거리만큼 이동해 이루어진다.

⑥ 결정의 변형 부분과 변형되지 않는 부분이 대칭으로 이루어진다.

⑦ 쌍정 변형에서 쌍정 부분의 결정 격자에 방향이 바뀐다.

(3) 쌍정이 어려운 금속

① 재질이 경하고 강할수록 슬립, 쌍정 변형이 어렵다.

② 다결정이 단결정보다 어렵고, 결정립이 조밀할수록 어렵다.

(4) 쌍정이 일어나기 쉬운 금속

Sn, Bi, Sb (Zn, Cu, Mg, Ag, 황동 등)

(5) 결정 격자의 쌍정면과 쌍정 방

결 정	쌍 정 면	쌍 정 방 향
체심입방정	$\{112\}$	$\langle 111 \rangle$
면심입방정	$\{111\}$	$\langle 112 \rangle$
조밀육방정	$\{10\bar{1}2\}$	$\langle 10\bar{1}\bar{1} \rangle$

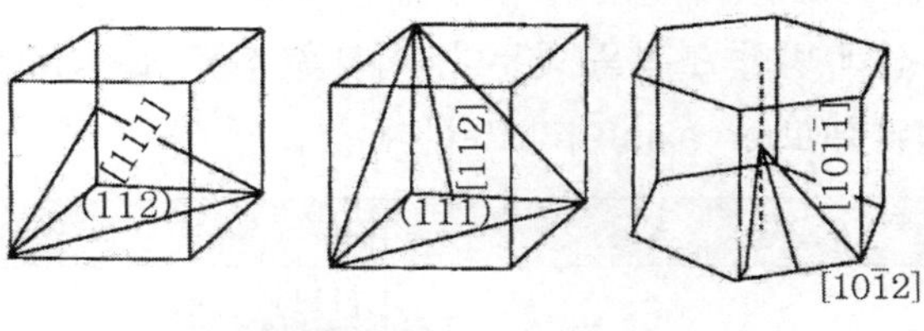

그림 2-6 쌍정면과 쌍정 방향

마. 쌍정 변형과 슬립 변형의 비교

① slip에서는 slip된 부분과 slip되지 않는 부분의 양측에서 결정의 방위는 변하지 않으나 쌍정은 변하며, 쌍정 형성 시간은 몇 초이나 슬립은 몇 분을 요한다.

② 쌍정이 형성될 때는 응력－변형 선도에서 응력의 감소 폭이 크며 심하게 요동친 것처럼 보이며, 쌍정은 슬립계가 적고 소성 변형하기가 어려운 HCP 금속에 많이 나타난다.

10 다결정체의 소성

가. 소성 변형(plastic deformation)

재료에 가해진 외력을 제거하여도 외력의 크기가 탄성 한도 이상이 되면 외력을 제거하여도 재료는 원상태로 돌아오지 않고 영구 변형이 잔류하게 된다. 이 응력이 잔류하는 변형을 소성 변형이라 한다.

① 소성 변형의 목적

㉮ 재료를 변형시켜 필요한 모양으로 제조하며, 가공 조직 파괴 후 풀림을 하여 성질을 향상시킨다.

㉯ 가공으로 생긴 내부 응력을 적당히 남게 하여 기계적 성질을 개선시킨다.

금속 재료는 소성 변형을 받으면 그 성질이 변하나 가열하면 처음 상태로 된다.

② 다결정을 소성 변형하면 각 결정 입자 내부에 슬립선(slip line)이 발생한다.

③ 압연한 재료는 압연 방향과 평형된 방향 이외에 압연면에 평행한 방향이 정해진다.

금속명	압연면에 평형된 방향	압연 방향에 평형된 방향
Ag, α－황동	[110]	[112]
Fe, W, Mo	[100]	[110]
Al, Cu, Au, Ni, Pt, Fe－Ni	[110] 및 [112]	[112] 및 [111]
Pb	[110]	[110]

④ 냉간 인발 가공을 하였을 때 길이 방향에 대한 일정한 결정축이 평형이 되며, 이 축 주위의 결정방위는 선택 방향 조직을 갖는다. 이것을 섬유 조직(fiber structure)이라 하고, 이 결정축을 **섬유축(fiber axis)**이라고 한다.

금속명	섬유축 방향
Al, Pb	[111]
Fe, W, Mo	[110]
Ni, Cu, Au, Ag, Ni－Cu 합금	[111] 및 [110]

⑤ 가공된 재료에서 섬유 조직의 발생과 방향성의 성질

㉮ 불용성 및 가용성 불순물

㉠ 강 중의 비금속 개재물과 인(P)의 편석 혹은 황동 중의 β입자와 같은 것으로 이와 같은 재료는 압연되면 불순물은 연신되며 풀림 후에도 가끔 나타난다.

㉡ 연철과 강의 단조품에는 방향성에 관한 성질을 이용한다.

㉯ 결정의 선택적 방향성

㉠ 전 결정에 있어서 슬립면의 회전을 일으키는 슬립 과정에 결정의 선택적 방향성인 최대 전단 응력의 방향에 비하여 더욱 유효한 방향을 갖게 되어 결정면의 대략적인 방향을 알 수 있으며, 이 성질은 상온 가공 과정의 영향을 받는다.

㉡ 재료가 심한 가공 변형을 받았을 때 더욱 중요시된다.

나. 냉간 가공(cold working)

냉간 가공은 재료의 재결정 온도 이하에서 가공하는 것을 말한다.

① 냉간 가공을 주로 하는 재료

㉮ 박판이나 선재와 같이 아주 얇은 재료나 가는 재료

㉯ 치수 정밀도나 미려한 표면을 요구하는 재료, 강도나 경도를 얻고자 하는 재료

② 냉간 가공의 특징

㉮ 결정 내부 변형과 결정 입자의 미세화로 인해 단단해지면서 가공 경화를 일으킨다.

㉯ 가공 경화(work hardening)

㉠ 재료를 가공하면 경화되는 성질로서 그 굳기는 변형의 정도에 따라 커지며 어느 가공도 이상에서는 일정하다.

㉡ 가공도가 증가함에 따라 전위가 특정 부분에 모여 그 이상의 변형을 방해함으로 단단하여진다.

㉢ 경화된 것을 연화시키려면 절대 온도로 표시한 그 금속의 녹는점의 1/2 정도의 고온으로 가열한다.

㉣ 소성 변형에 의한 가공 경화의 곡선(Nadai의 관계식)

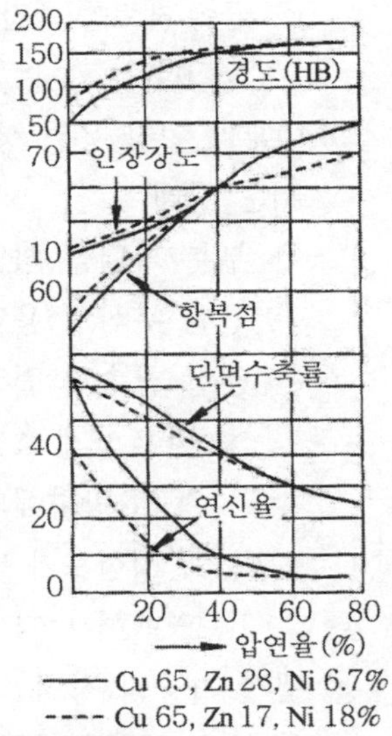

그림 2-7 가공 경화 현상

$$\sigma = \alpha\varepsilon^m$$

- σ : 응력
- ε : 연율
- α, m : 재질에 따른 정수(m : 가공 경화 지수)

$$P = Ad^n$$

- P : 압력
- A, n : 물질의 상수
- d : 마이어 경도시험에서 사용된 볼 직경(d=10mm)

㉤ 전위의 이동에 저항이 없으면 경화는 일어나지 않으나 방해 인자가 있으면 전위 이동을 저하하고 또는 전위 상호 작용에 의해 전위가 쌓여 외력의 증가와 같이 경화된다.

㉰ 재료에 큰 변형이 없고, 가공 공정과 연료비가 적게 들고, 제품의 표면이 미려하다.

㉱ 가공 공수가 적어 가공비가 적게 들며 공정 관리가 쉽다.

㉲ 제품의 치수 정도가 좋아 정밀한 치수 가공 및 성질의 균질성을 요할 때 사용된다.

㉳ 인장 강도, 경도, 항복점, 피로 강도, 전기 저항이 증가하나 연신율, 단면 수축율이 감소하고, 재료 표면에 산화가 되지 않는다.
섬유 조직이 되어 방향에 따라 강도가 다르고, 40～50% 가공 때마다 풀림을 한다.

㉴ 냉간 가공을 하면 금속 결정의 내부에 전위나 공간 격자점과 같은 결함이 증가한다.

㉵ 금속 재료를 냉간 가공하면 내부 응력(internal stress), 즉 잔류 응력(residual stress)이 생긴다.

③ 내부가 인장 응력 상태로 되어 있는 상태로 되어있는 재료를 사용하면 균열이 발생하기 쉬운 상태

㉮ 부분 가열을 하였을 때 : 화력에 의한 균열

㉯ 연한 부식성 용액에서 사용할 때 : 응력 부식 균열

㉰ 액상 금속과 접촉할 때

※ 바우싱거 효과(Bauschinger effect)
동일 방향에의 소성 변형에 대하여 전에 받던 방향과 정반대의 변형을 부여하면 탄성한도가 낮아지는 현상을 바우싱거 효과라 하며, 비틀림 변형의 경우에 가장 명백히 나타난다.

④ 냉간 가공의 장점

㉮ 소성 가공할수록 가공 경화 현상이 심하게 일어나므로 강도와 경도가 증가한다.

㉯ 표면 상태가 양호하고 제품 정밀도가 우수하며 표면에 산화 피막이 생기지 않는다.

⑤ 냉간 가공의 단점

㉮ 소성 가공을 심하게 하면 연신율이 낮아져 제품에 균열이 생기기 쉽다.

㉯ 금속을 낮은 온도에서 변형하여야 하므로 열간 가공에 비해 힘이 많이 든다.

⑥ 냉간 가공의 물리적 성질 및 기계적 성질의 변화

㉮ 냉간 가공하면 경화한다.

㉠ 냉간 가공에 의해 다각형의 결정 격자가 가공 방향으로 늘어나 격자가 변형되어 이방성(anisotripy)을 가지게 되고, 가공 경화가 일어난다.
냉간 가공을 계속하려면 작업 중 자주 풀림을 하여 가공 변형을 없앤다.

㉡ 가공 경화에 의하여 금속은 경화와 항복 강도(降伏强度)가 증가하나 연신을 감소한다. 전위의 집적(集積)에 의해서 전위의 이동이 어렵게 되기 때문이다.

㉯ 가공에 의해 전기 저항이 증가한다.

㉠ 결정 내의 공격자점이 있으면 거기에서 자유 전자가 산란되기 때문에 전기의 전도 즉 자유 전자의 이동이 방해되는데 기인한다.

㉡ 가공으로 금속내의 공격자점이 증가하면 전기 저항이 증가한다.

㉢ 전기 전도율은 가공 경화가 일어날수록 낮아지고, 온도 계수도 낮아진다.

㉣ 투자율(permeability)은 감소되고, 항장력과 히스테리스(hysteresis)는 증가한다.

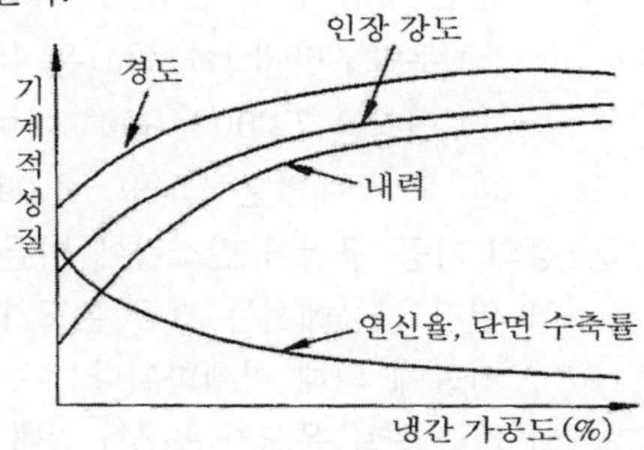

그림 2-8 냉간 가공도에 따른 기계적 성질 변화

㉰ 가공하면 밀도가 감소된다.
가공에 의한 공격자점의 증가 때문에 부피가 증가하므로 밀도가 감소한다.

㉱ 기계적 성질의 변화

㉠ 금속을 냉간 가공하면 변형에 의한 저항이 커지면서 기계적 성질이 변한다.

㉡ 냉간 가공도가 증가하면 증가되는 성질과 감소되는 성질

ⓐ 증가 : 경도, 인장 강도, 내력, 항복 강도, 피로 강도, 변형 저항, 전기저항

ⓑ 감소 : 단면 수축률, 연신율, 전기전도율 밀도

다. 열간 가공(hot working)

재료의 재결정 온도 이상에서 가공하는 것으로, 열간 가공은 가소성이 크고 가공하기 쉬운 성질을 이용하며, 가공 속도와 변형량이 매우 크다.

① 열간 가공의 특징

㉮ 금속 재료의 전성, 연성이 커지므로 성형하기가 쉽다.

㉯ 소성 가공 과정에 필요한 동력의 소모가 감소되고, 대량 생산이 가능하다.

㉰ 주조품을 열간 가공하면 수지상 조직이 파괴되고, blow hole이나 pin hole 등이 압착되어 불순물의 분포가 균일하게 된다.

㉣ 섬유 조직 및 방향성과 같은 가공 성질이 나타난다.

㉤ 열간 가공시 주의점은 가공 완료 온도(finishing temperature)를 잘 지키는 것이다.

※ 피니싱 온도(finishing temperature)
고온 가공을 끝맺는 온도(재결정이 끝나는 온도 바로 뒤)를 말하며, 온도가 너무 높으면 결정 성장이 일어나 단면 수축율, 충격치가 감소되고, 너무 낮으면 취성이 생겨 제품에 균열 발생 우려가 있다.

㉥ 가공 완료 온도는 재결정 온도보다 다소 높은 온도(강의 경우 임계 온도)로 결정한다.

㉦ 열간 가공 온도 결정

㉠ 두랄루민(duralumin)은 450℃에서 가공을 시작하여 350℃에서 마무리한다.

㉡ 연강은 1,200 ~ 900℃이며, 고탄소강은 900 ~ 725℃이다.

㉢ 모넬 메탈은 1,150 ~ 1,040℃이며, 아연은 150 ~ 110℃이다.

② 강의 가공 구역이 탄소량에 따른 변화

㉮ 열간 가공에서는 가공 온도가 A_1 변태점 이상이므로 결정의 조대화가 생기나 단조 가공에 의해 미세화된다.

㉯ 가공 완료 온도가 A_3, A_1 변태점보다 너무 높으면 가공 후의 냉각에 많은 시간이 소요되기 때문에 그 동안 결정립의 성장으로 재질이 저하된다.

㉰ 강의 열간 가공의 마무리 온도는 A_1 변태점 직상에서 결정하는 것이 결정립의 성장을 억제하여 재질을 개선시킨다.

③ 열간 가공의 장점

㉮ 가공도가 크며, 다량 생산 및 대형 가공이 가능하다.

㉯ 방향성이 있는 주조 조직의 제거 및 강괴 내부의 미세 균열 및 기공의 압착
(주조 조직인 금속을 단조, 압연, 압출과 같은 열간 가공을 하면 균일한 조직으로 된다.)

㉰ 합금 원소의 확산으로 인한 재질의 균일화(강 중의 Fe_3C 조직 등)

㉱ 연신율, 단면 수축률, 충격치 중 기계적 성질을 개선한다.

④ 열간 가공의 단점

㉮ 고온으로 가열하므로 표면이 산화(酸化), 탈탄(脫炭)되어 표면 상태가 나쁘다.

㉯ 제품의 정밀도가 저하된다.

⑤ 열간 가공과 냉간 가공의 성질 비교

성질 / 가공방법	경도	강도	항복점	피로강도	전기저항	연신율	단면수축률
열간 가공	적다.	작다.	작다.	작다.	작다.	크다.	크다.
냉간 가공	크다.	크다.	크다.	크다.	크다.	작다.	작다.

제2절 | 회복과 재결정

냉간 가공한 금속을 가열하면 가공으로 인한 성질 변화가 가공 전에 가까운 상태로 되돌아간다. 처음 상태로 돌아가는 과정에는 가공으로 내부 변형을 일으킨 결정립이 형태대로 내부 에너지가 풀려 가는 과정인 회복 과정과 내부 변형이 있는 결정립이 내부 변형이 없는 새로운 결정으로 치환되어 가는 재결정 과정의 두 과정으로 나눌 수 있다.

1 회복(回復 ; recovery)

소성 가공한 금속을 가열하였을 때 결정립의 모양과 결정 방향이 변하지 않고 기계적 성질·물리적 성질만 변화하는 과정을 회복이라 한다,

가. 회복 과정에서의 성질 변화

① 융점이 낮은 금속은 가공 후 가열하지 않고 실온에 방치만 하여도 회복이 일어난다.
② 전기 저항은 회복 과정에서 서서히 감소한다.
③ 경도는 회복의 과정에서는 별로 변하지 않으나 재결정 단계에서 급감한다.
④ 회복은 냉간 가공으로 인하여 일어난 결정 입자의 내부 변형을 없애는 과정으로 금속은 비교적 낮은 온도 범위에서 열을 받아 내부 응력과 변형 등을 서서히 제거한다.

나. 회복이 일어나는 이유

소성 가공된 금속을 가열하면 찌그러진 결정립 속에 있던 격자간 원자, 공공, 전위들이 제거 또는 재배열되기 때문이다.

① 격자간 원자의 소멸
  ㉮ 그림 (가)의 격자간 원자들이 그림 (나)와 같이 잉여 반면 아래로 이동하면서 격자간 원자가 소멸된다.
  ㉯ 격자가 원자가 없어진 대신에 칼날 전위의 잉여 반면이 그 만큼 길어진다.
② 공공(公空)의 소멸
  ㉮ 격자간 원자 다음으로 제거되기 쉬운 결함이다.
  ㉯ 그림 (가)와 같이 잉여 반면의 끝에 있는 Ⓐ원자 옆에 공공이 있으면 (나)와 같이 Ⓑ원자와 공공이 서로 위치를 바꾸면서 이동한다.
  ㉰ 공공 하나가 없어지고 칼날 전위의 잉여 반면이 그만큼 짧아진다.

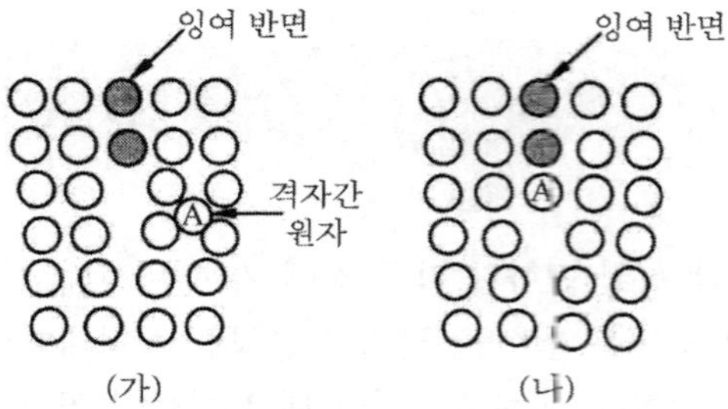

그림 2-9 격자간 원자의 소결

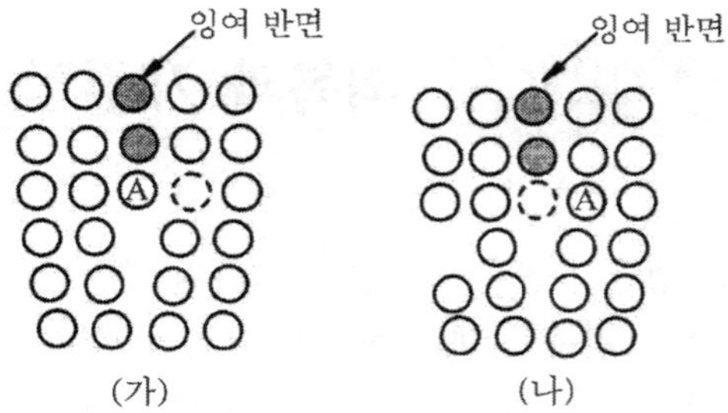

그림 2-10 공공(公共)의 소멸

③ 전위의 소멸과 다각형화

㉮ 소성 가공된 결정립 속에서 칼날 전위(⊥)들은 완전히 무질서하게 각 방향으로 존재하며, 이 상태의 금속을 가열하면 전위는 이동하여 다음의 현상이 일어난다.

㉠ 다른 부호의 전위들이 만나는 경우
동일한 슬립면에서 다른 부호의 전위가 만나면 두 개의 전위가 소멸하면서 완전한 결정 구조가 되는 경우이다.

㉡ 같은 부호의 전위들이 만나는 경우
같은 부호의 전위들이 접근하면 이런 전위들도 좀 더 편안하고 안정된 상태로 이동하여 재배열한다.
소성 가공한 금속을 가열하면 전위들은 다른 부호의 전위들이 서로 만나서 전위들이 소멸되든지 또는 같은 부호의 전위들이 아결정을 형성하면서 재배열한다.

다. 가공한 재료를 고온가열하면

내부 응력 제거 → 연 화 → 재결정 → 결정 입자 성장

라. 연화 과정의 3단계(냉간 가공된 금속을 풀림할 때 일어나는 과정)

결정의 회복 → 재결정 → 결정립 성장

2 재결정(再結晶 ; recrystallization)

회복 단계가 지나면 내부 응력이 제거되며 새로운 결정핵이 발생하고 핵이 점차로 성장하여 새로운 결정 입자와 원래의 결정 입자가 치환되어 가는 현상이 일어나는데 이것을 재결정이라 한다.

재결정은 가공에 의해서 변형된 결정이 내부 변형이 없는 새로운 결정 입자로 바뀌는 과정이며, 새로운 결정립은 처음의 결정립과는 모양이나 방향이 다르며, 재결정은 새로운 결정립의 핵생성과 성장의 과정으로 시간을 요하는 과정이다.

가. 재결정이 최초로 발생하는 장소

① 결정립계나 쌍정(twin)의 경계에서 형성된다.
② 결정립 내의 슬립면과 같이 내부 응력이 큰 장소에서 형성된다.

나. 재결정 온도(recrystallization temperature)

회복이 일어난 후 계속 가열하면 임의의 온도에서 인장 강도, 탄성 한도는 급감하고 연신율은 급승하는 현상이 일어나는데 이 온도를 재결정 온도라 한다.

※ 등온 재결정 곡선(isothermal recystallization curve) : 새로운 결정립의 면적을 측정하여 재결정이 진행되는 비율을 결정할 수 있으며 이와 같이 하여서 측정된 재결정량과 시간과의 관계를 표시한 곡선이다.

① 금속의 재결정 온도
㉮ 금속의 종류, 금속의 순도, 가공도, 가열 시간 등에 따라 다르며, 동일 금속일지라도 다음 조건일 때 재결정 시작 온도는 낮아진다.
(고순도의 금속일수록 재결정하기 쉽고 저온 풀림으로 재결정이 일어난다.)
㉠ 금속의 순도가 높을수록 재결정 시작 온도는 낮아진다.
㉡ 가공도가 클수록 재결정 시작 온도는 낮아지며, 작을수록 높은 온도에서 일어난다.
㉢ 가공전의 결정 입자가 미세할수록 재결정 시작 온도는 낮아진다.
㉣ 가공 시간이 길수록 재결정 온도는 낮아진다.
㉯ 가열 온도가 동일하면 풀림 시간이 길수록 낮은 온도에서 일어난다.
② 가공도와 재결정과의 관계
㉮ 가공도가 낮을수록 큰 결정이 되고, 가공도가 증가할수록 남아 있는 에너지의 절대량은 증가하나 소비되는 에너지에 대한 비율은 감소한다.

㉯ 가공도에 따라 재결정이 일어나는 양상이 변하므로 실용상은 1시간에 100% 재결정에 끝나는 온도를 재결정 온도라 한다.

㉰ 가공도를 생각하지 않을 경우에 1시간 풀림으로 100% 재결정하는 온도를 재결정 온도라 한다.

㉱ 각 금 속의 대략적인 재결정 은도 : 금속의 용융점(절대 온도)×0.4 부근이다.

예 순철의 경우 : 용융점이 1,538℃이므로
재결정 온도 ≒ (1,538+273)×0.4 ≒ 720°K ≒ 450℃

㉲ 가공 전의 결정립이 작을수록 재결정 완료 후 결정립은 작다.

③ **주요 금속의 재결정 온도**(합금의 재결정 온도는 성분 금속의 재결정 온도보다 높다.)

금속	재결정의 온도(℃)	금속	재결정의 온도(℃)	금속	재결정의 온도(℃)
W	~1200	Cu	200~2300	Zn	7~75
Mo	~900	Al	150~240	Cd	7
Ni	530~660	Au	~200	Pb	-5
Fe	350~450	Ag	~200	Sn	-7~25
Pt	~450	Mg	~150		

다. 가공된 금속을 재가열할 때 성질 및 조직 변화(재결정 순서)

재결정이 되는 순서는 내부 응력 제거(회복) → 연화 → 재결정 → 결정립 성장으로 변한다.

① 재결정의 진행은 단위 시간(N)과 성장 속도(G)의 크기 또는 $\frac{N}{G}$에 의해 좌우된다.

- N : 단위 시간(단위 부피 중에 생성되는 결정핵의 수)
- G : 성장 속도

㉮ N이 작고, G가 크면 적은 수의 결정립이 크게 성장한다.

㉯ N이 크고 G가 작으면 많은 수의 미세한 결정립이 된다.

㉰ 가공도가 작은 범위에서는 N은 작으나 G는 상당히 크다.

라. 2차 재결정(secondary recrystallization)

풀림으로 재결정 및 결정립 성장이 일어난 금속을 고온도로 풀림 또는 가열 시간이 길면 소수(小數)의 결정립이 다른 결정립과 합혀져서 대단히 크게 성장하는 것을 말한다.

① 2차 재결정이 일어나는 원인

㉮ 1차 재결정이 끝난 상태에서 일부 소수의 활성화된 결정립의 존재 때문이다.

㉯ 불순물 등으로 이동이 방해된 결정 입계가 고온 풀림으로 이동할 수 있기 때문이다.
㉰ 1차 재결정 후 강한 집합 조직을 갖는 금속에서는 이에 대해 성장하기 쉬운 방위의 결정립 존재하기 때문이다.
※ 집합 조직(texture) : 가공에 의해 많은 결정립이 일정 방향으로 향하게 될 때 등방적 성질이 못되고 이방적(異邦的) 성질이 되는 다결정체의 조직을 말한다.

마. 재결정 현상의 특징

① 영구 변형을 일으키지 않으면 입자 크기는 변화하지 않는다.
② 일정 온도 이상이 아니면 입자의 크기는 변화하지 않는다.
③ 입자 크기에 변화를 주는 온도는 영구 변형의 양에 관계된다.
변형이 크면 온도는 낮아지며, 변형이 작으면 고온을 필요로 한다.
④ 입자의 크기는 변형의 양과 풀림 온도에 관계된다.

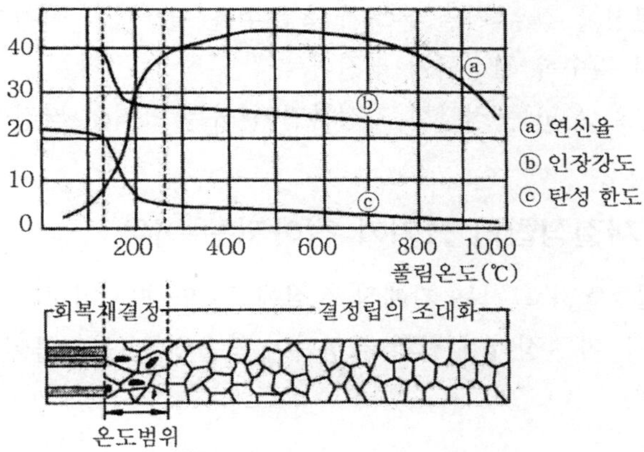

그림 2-11 재결정과 기계적 성질

바. 재결정된 금속의 결정립 크기

재결정 후 결정립의 크기에 영향을 주는 요인은 가공도, 결정립계, 석출물 등이다.

① 가공도의 영향
㉮ 가공도가 증가할수록 발생하는 핵의 수와 새로운 결정립의 성장 속도가 증가한다.
㉯ 가공도가 5% 이하일 때는 핵이 발생하지 않으므로 가열하여도 재결정되지 않는다.
㉰ 가공도가 10%일 때는 발생하는 핵의 수는 적지만 성장 속도는 매우 크다.
핵의 수가 적을 경우에는 성장하는 새로운 결정립들이 서로 부딪치면서 방해를 하지 않기 때문에 성장 속도가 크게 나타난다.

㉣ 가공도가 15%인 경우에는 많은 핵들이 동시에 성장함에 따라 새로운 결정립들이 서로 방해하므로 성장 속도가 감소한다.

㉤ 가공도가 클수록 결정립이 작아지고, 가공도가 작을수록 결정립이 커진다.

② 결정립계의 영향

㉮ 결정립계의 길이가 길수록, 즉 결정립의 크기가 작을수록 발생하는 핵 수가 많다.

㉯ 결정립이 작은 것을 재결정하면 재결정 후에도 결정립이 작다.

㉰ 가공 전의 결정립 크기가 작을수록 재결정립의 크기가 작아진다.

㉱ 가공 전의 결정립 크기가 크면 가공도가 작을수록 결정립은 크다.

③ 석출물의 영향

㉮ 합금 속에 석출물이 많이 존재하면 결정 핵이 다량으로 발생하여 성장하기 때문에 재결정립의 크기는 작아진다.

㉯ 석출물이 결정립계의 이동을 방해하면 재결정립의 크기가 작아진다.

④ 가열 온도와 가공도의 영향

㉮ 가공도가 일정할 경우 가열 온도가 높을수록 결정립이 커진다.

㉯ 가열 시간이 길수록 결정립이 커진다.

㉰ 가공도와 가열 온도는 적당히 조정하면 원하는 크기의 결정립을 얻을 수 있다.

사. 재결정한 후 재결정립의 크기가 작아지는 이유

① 재결정한 후 결정립의 크기는 기계적 성질에 큰 영향을 미친다.

② 가공도가 클수록, 재결정하기 전의 결정립이 작을수록, 불순물이 많을수록 재결정립의 크기가 작아진다.

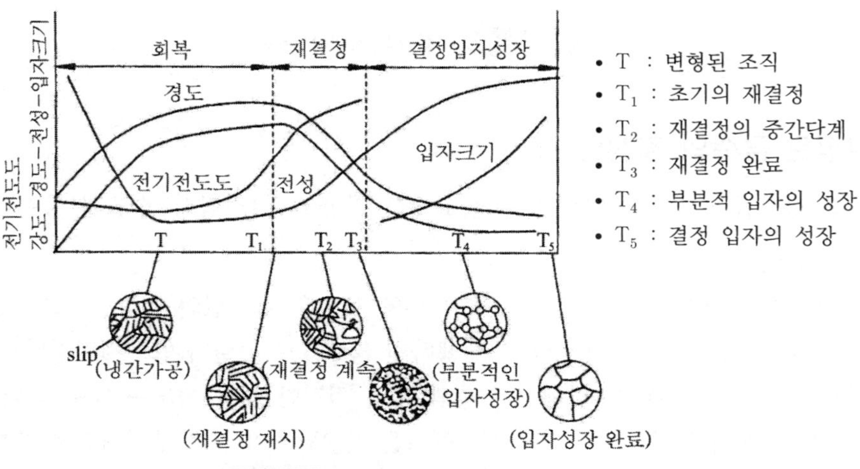

그림 2-12 냉간 가공한 재료의 가열 효과 곡선

3 결정의 성장(結晶 成長 ; grain growth)

재결정에 의해서 생긴 새로운 결정립은 온도의 상승과 시간의 경과와 함께 큰 결정립이 근처에 있는 작은 결정립을 잠식하여 크기가 커지는데 이것을 결정립 성장이라 한다.

가. 결정 입자의 성장

① 고온에서 장시간 가열하거나 온도가 높을수록 급속히 이루어진다.

② 결정립의 성장은 결정립계가 볼록한 경계면의 곡선을 중심으로 이동하기 때문에 일어나는 현상이며, 결정 입자가 성장하면 기계적 성질이 나쁘게 된다.

나. 결정 입자의 성장 속도

① 가공도가 적당하고 가공전 입자가 미세(微細)하면 가열 온도가 높고, 가열 시간이 길수록 커지며, 가공도가 낮을수록 결정 입자는 조대(粗大)하여 진다.

② 가공도가 작고 가열 온도가 높을수록 결정 입자의 성장 비율이 커진다.

③ 결정립이 커질수록 결정립계의 총 길이는 작아지므로 재결정이 일어난 후에 더욱 가열하면 결정립계의 총 길이가 작아지는 변화, 즉 결정립이 성장하는 변화가 일어난다.

④ 가열 온도가 높을수록 결정립계의 이동이 빨라지므로 결정립이 크게 성장한다.

⑤ 결정립이 성장하면서 결함과 응력도 제거되므로 금속은 더욱 안정된 상태로 되어 강도와 경도가 약간 감소하고 연신율은 약간 증가한다.

다. 결정립 성장에 영향을 주는 요인

① 새로운 미세 결정은 서로 병합하여 처음에는 급속히 다음부터는 서서히 성장한다.

② 온도를 상승시키면 풀림에 의해 생긴 결정립은 커진다.

③ 불용성 불순물은 결정 성장을 방해하며, 상온 가공도는 풀림에 있어서 결정립에 큰 영향을 미친다.

제3절 | 격자 결함

원자나 분자가 규칙적으로 배열하여 결함이 없는 이상적인 결정을 완전 결정이라 하며 실제로 존재하는 결정은 여러 가지 원인으로 격자 결함(lattice defect)을 포함하고 있다.

1 격자 결함의 분류

고체의 어떤 성질, 즉 기계적 강도, 반도체의 전기 전도도 등은 이 격자 결함에 의해서 큰 영향을 받는다. 이와 같은 성질을 구조 민감성이라 한다.

가. 격자 결함의 종류

① 점결함(point defect)의 종류
  ㉮ 원자공공(공격자점, vacancy) 및 격자간 원자(interstitial atom, interstialcy)
  ㉯ 복공공(divacancy, vacany pair) 및 치환형 불순물 원자(substitutional atom)
  ㉰ 침입형 불순물 원자(interstitial impurity)
② 선결함(line defect)의 종류 : 전위(dislocation)
③ 계면 결함의 종류
  ㉮ 적층 결함(stacking fault)
  ㉯ 결정립 경계(grain boundary)
④ 체적 결함의 종류 : 주조 결함(수축공 및 기공)

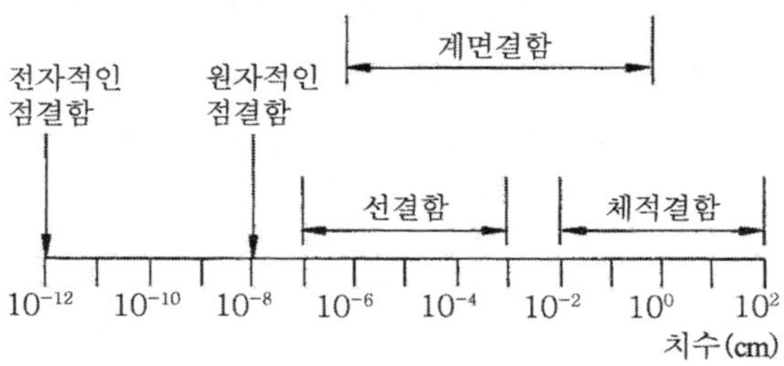

그림 2-13 여러 종류의 결함에 대한 상대적인 크기 범위

2 점결함(point defect)

점결함은 결정 격자를 구성하고 있는 최소 단위, 즉 원자의 크기 정도의 결함이며, 격자 결함 중에 가장 작은 결함으로 다른 결함에서 볼 수 없는 성질을 가지고 있다.

가. 다른 격자 결함과 상호 관계 및 작용에 있어서의 중요한 역할 5가지 종류

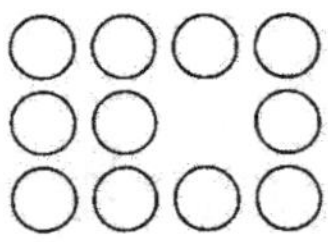

그림 2-14 원자 공공

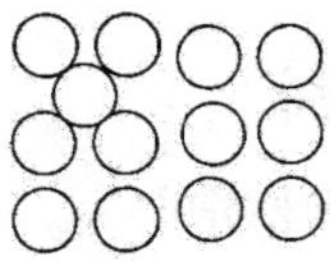

그림 2-15 격자간 원자

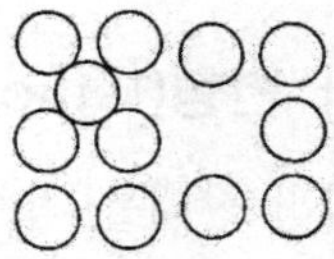

그림 2-16 프렌켈 결함

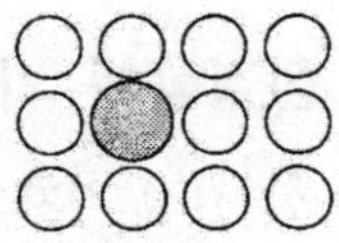

그림 2-17 불순물 원자

① 원자 공공(原子 空孔, 공격자점, vacancy, 쇼트키 결함)
　㉮ 결정의 격자점에 원자가 들어 있지 않는 것을 말한다.
　㉯ 한 개의 원자가 비어 있는 것으로서 대단히 적은 결함을 나타낸다.
　㉰ 원자의 확산, 열처리, 변형, 석출, 변태 등 금속의 여러 현상에 깊은 관계가 있는 중요한 결함이며, 원자 공공의 점결함은 냉간 가공에 의해 증가한다.

② 격자간 원자(interstitial atom, interstialcy)
　㉮ 원자 공공과 반대로 결정 격자의 격자점 중간 위치에 여분의 원자가 끼어 들어간 상태를 말한다.
　㉯ 격자간 원자가 될 수 있는 원자는 금속 원자보다 대단히 작은 O, N, C, B, H 등의 비금속 원소에 한한다.
　㉰ 결정에 중성자 등을 고속으로 충돌시켰을 때는 같은 종류의 원자도 격자간 위치에 침입한다.
　㉱ 격자간 원자로 인하여 공공 격자는 변형을 일으킨다.

③ 프렌켈 결함
결정 격자 중 한 개의 원자가 격자 사이로 이동하면 그 격자 내에는 격자간 원자와 원자 공공이 한 쌍으로 결함이 생기는 결함을 프렌켈 결함이라 한다.

④ 불순물 원자
　㉮ 금속 중에 이종(異種)의 원자가 불순물로 들어간 경우며 서로 다른 종류의 원자가 격자점의 원자와 치환되어 들어가든가 또는 결정의 격자간에 들어 갈 수 있다.
　㉯ 이종의 원자 크기가 모체의 결정 격자 원자의 크기와 비슷할 때는 치환형이 되고, 작을 경우에는 침입형으로 들어가게 된다.

격자점을 이종 원자가 차지한 결함을 치환형 원자라 하고, 치환형 원자는 보통 격자 점의 빈자리에 들어가서 생긴 경우가 많다.

⑤ 크라우디온(crowdion)

㉮ 2개 또는 그 이상의 원자 공공이 집합된 것이나 원자 공공과 불순물 원자의 조합을 이루는 복합된 점결함으로 알칼리 금속에서 볼 수 있다.

㉯ 알칼리 금속에서 조밀한 방향에 한 개 여분의 원자가 들어 있다.

나. 점결함에 의한 격자 변형(lattice strain)

① 한 결정 격자의 일그러진 상태를 격자 변형이라 하며, 원자 공공, 격자간 원자, 불순물 원자가 존재하면 결정 격자는 일그러진다.
원자는 인력(人力)과 척력(斥力)이 균형 잡힌 자리에서 정지되어 있기 때문에 원자 공공이 생기면 격자점으로부터의 척력이 없기 때문에 주위의 원자는 공공이 있는 방향으로 일그러진다.

② 격자간 원자가 존재하는 경우에는 반대 방향으로 일그러진다.

③ 불순물 원자의 경우에는 치환된 이종(異種) 원자의 크기에 따라 격자가 일그러진다.

④ 모결정(母結晶)과 비슷한 크기의 이종 원자에서는 격자 변형이 거의 생기지 않는다.

⑤ 원자간 결합과 척력(斥力)이 크게 다를 때는 주위의 모결정 격자를 일그러지게 한다.

⑥ 결정 격자에 변형이 생기면 전기 저항이나 강도가 증가한다.

(가) 원자공공주위의 변형 (나) 격자간원자 주위의 변형

그림 2-18 점결함에 의한 격자 변형

다. 금속 결정 중에 점결함을 도입하는 방법

① 온도 상승에 따른 열평형적 형성
보통 금속의 용융점에서 대략 10^{-4}(0.01%) 정도의 결합 농도를 가진다.

② 입자선에 의한 조사
중성자, 양자, 전자가 부딪쳤을 때(프렌켈 결함 발생)

③ 고온으로부터 급냉에 의한 동결
열평형적으로 존재하는 점결함을 동결(담금질)

④ 화학량적 조성으로부터의 이탈
금속 화합물 등에서는 그 표준 조직으로부터 이탈(Ni, Al)

⑤ 증착법에 의한 금속 박막의 제조
박막층에는 점결함 이외에 선결함, 면결함이 관찰된다.

⑥ 소성 변형
수 10%의 연신율을 받은 금속에서 10^{-4}정도의 농도 이상 점결함이 도입되는 방법 중 격자간 원자가 형성되는 것은 ②, ④, ⑥의 경우뿐이고, 가장 기본적인 것은 ①, ②에 속한다.

3 선결함(line defect)

선결함은 선을 따라서 결정 내에 존재하는 결함이며, 선은 직선만을 나타내지 않고 곡선을 이룰 수 있으며 그 자체가 접속되어 고리를 형성할 수도 있다. 선결함에는 전위가 있고 이것은 금속 결정의 소성 변형과 강도에 밀접한 관계가 있다.

가. 전위(傳位 ; dislocation)

선결함, 즉 전위는 1차원적인 격자 결함으로서 결정 격자 내에서 선을 중심으로 하여 그 주위에 격자의 뒤틀림을 일으키는 결함을 전위라 한다.

① 결정 구조에서 원자가 없는 공간 격자로 된 격자의 결함으로 슬립면을 경계로 원자의 결합이 끊어지고 결정 중에 원자열이 여분으로 들어 있는 구조를 전위라 한다.

② 전위가 결정 내를 여러 개 통과하면 그 수만큼의 원자 간격으로 미끄림이 일어나 소성 변형을 일으키게 된다.

나. 전위의 특징

① 기계적 성질에 가장 큰 영향을 미치는 결함은 전위다.

② 냉간 가공으로 결정 내부의 전위는 증가한다.

③ 전위는 원자면이 1장 여분으로 들어간 상태이다.(표시 기호 : ⊥)

④ 전위의 이동에 따르는 방향과 크기의 표시는 격자 변위를 버거스 벡터로 나타낸다. 버거스 벡터(burrger's vector) 방향이 결정의 슬립 벡터와 일치하고 그 크기가 원자 간격과 같을 때에는 슬립 방면의 단위 슬립량의 변위를 나타낸다.

⑤ BCC 금속 및 FCC 금속에 있어서 슬립의 크기의 표시(결정 격자에 따른 버거스 벡터)

결정 격자	슬립면	슬립 방향	단위 슬립의 크기
BCC	{110} {112} {123}	<111>	$\frac{a}{2}[111]$ 단위 길이 : $\frac{a}{2}\sqrt{1^2+1^2+1^2}=\sqrt{\frac{3}{2}}a$
FCC	{111}	<110>	$\frac{a}{2}[110]$ 단위 길이 : $\frac{1}{\sqrt{2}a}$

⑥ 전위선(dislocation line) : 여분의 원자면의 결정 가운데 결합이 끊어진 ⊥부분은 선상으로 결정 속을 지나고 있는 부분, 즉 전위의 연속을 전위선이라 한다.

⑦ 전위 주위의 응력장에 용질 원자가 모인 상태를 분위기(atmosphere)라 한다.

⑧ 코트렐 효과(cttrell effect) : 칼날 전위가 용질 원자의 분위기에 의해 안정 상태가 되어 움직이기가 곤란한데 이와 같은 용질 원자와 칼날 전위의 상호 작용을 말하며 그 전위를 코트렐 전위라 한다.

다. 전위 밀도

단체 체적 내의 전위의 길이로 표시(단위 : cm/cm^3)하며, 금속이 얼마만큼 가공되고, 풀림되었는가를 나타내 준다.

① 보통 금속의 풀림 처리한 것의 전위 밀도 : $10^5 \sim 10^8 cm/cm^3$

② 소성 가공한(냉간 가공한 상태) 것의 전위 밀도 : $10^{10} \sim 10^{12} cm/cm^3$ 정도이다.

③ 탄소강의 Martensite 중에는 $10^{11} cm/cm^3$ 혹은 그 이상의 전위가 포함되어 있다.

라. 전위의 증식 원인

① 결정의 자유 표현 및 결정 입계(grain boundary)

② 불완전 결합의 쌍정 경계 및 프랭크 – 래드윈(Frank – Read)

③ 아결정계(sub – boundary) : 전위망(dislocation network)

④ 석출물, 슬립 전위의 조그 및 바딘 – 헤링윈(Bardeen – Herring)

마. 칼날 전위(刃狀 轉位 ; edge dislocation)

결정의 어느 슬립면에 따라서 슬립이 생길 경우 이미 미끄러진 부분과 미끄러지지 않는 부분 사이의 경계선인 전위가 선상으로 존재하는 것을 칼날 전위라 한다.

① 칼날 전위는 항상 전위선이 버거스 벡터와 수직인 전위이다.

② 칼날 전위는 원자의 잉여 반면(剩餘 半面 ; extra half plane)으로 볼 수 있다.

※ 잉여 반면(剩餘 半面 ; extra half plane)

완전한 결정 속에 반쪽면을 과잉으로 하나 더 넣은 것처럼 보이는 이 반쪽면을 말한다.

③ 슬립면은 전위선과 슬립 벡터에 의해 정의되며, 전위가 슬립 벡터 방향으로 이동하면 슬립에 의해 이동한다라고 말하고 전위선은 슬립면을 따라 이동한다.

④ 칼날 전위의 기호는 수직 기호인 ⊥로 나타낸다.

㉮ 기호가 위(⊥)로 향하면 잉여 반면은 슬립면 위에 있고, 전위는 양전위(+positive)이다.

㉯ 기호가 아래(⊤)로 향하면 잉여 반면은 slip면 아래에 있고 전위는 음전위(−negative)다.

⑤ 슬립 운동으로 인하여 슬립면 위의 원자는 슬립면 아래쪽의 원자에 대한 버거스 벡터만큼 변위한다.

⑥ 칼날 전위는 슬립면 위에서는 압축하고, 아래에는 인장되나 부근에 응장력을 가진다.

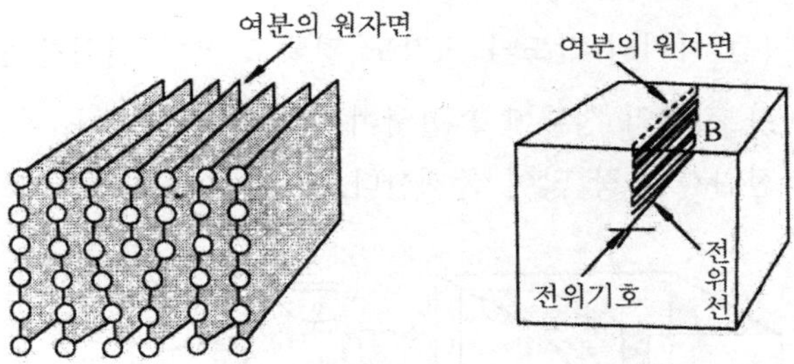

그림 2-19 칼날 전위

바. 나사 전위(screw dislocation)

전위선 주변에 있는 원자의 상대적 위치가 이루는 면, 즉 변형된 원자면 이 전위선을 축으로 나사형을 이룰 때 이 전위선을 나사 전위라 한다.

① 재료의 변형은 전위선과 평행한 방향으로 일어나고 버거스 벡터는 전위선에 수직이다.

② 나사 전위의 기호 : S로 표시한다.

③ 오른손 나사 전위 : 버거스 벡터가 전위선 음의 방향(시계 반대 방향)으로 향한다.

④ 왼손 나사 전위 : 버거스 벡터가 전위선 양의 방향(시계 빙향)으로 향한다.

⑤ 나사의 중심선은 원자면이 어긋난 중심으로 나사 전위선이 형성된다.

⑥ 나사 전위는 슬립 운동을 하면 전위선이 슬립 방향에 대해 직각 방향으로 움직인다.

⑦ 전위선의 운동은 응력 벡터와 응력으로 생긴 슬립에 직각 방향을 이룬다.

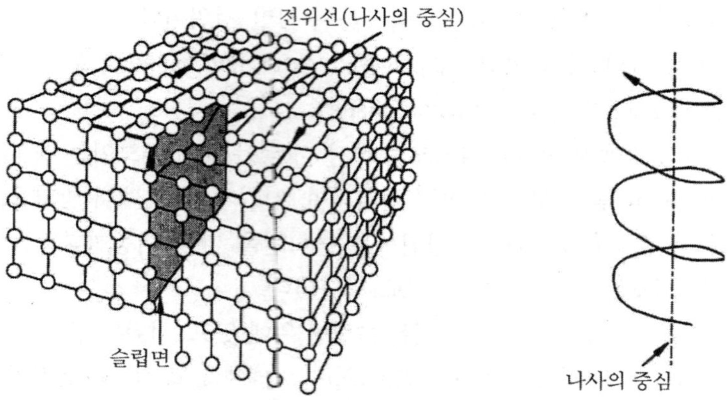

그림 2-20 나사 전위의 원자 배열

사. 혼합 전위(mixed dislocation)

버거스 벡터와 전위선 사이의 각도가 직각도 평행도 아닌 전위를 말한다.

① 칼날 전위와 나사 전위의 성분이 혼합하여 합성된 전위이다.

② 금속에는 혼합 전위가 가장 많이 존재한다.

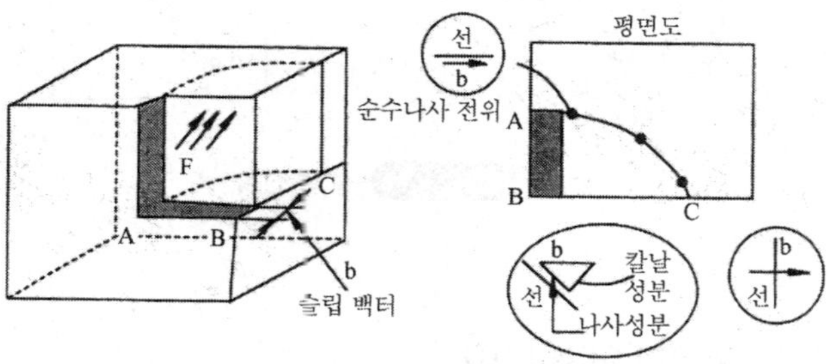

그림 2-21 혼합 전위

아. 조그와 킹크(jog and kink)

① 조그(jog)

㉮ 전위에서 하나 건너 슬립면으로 옮겨서 계단을 만들고 그 보다 먼저의 슬립면에 있는 것과 같은 경우에 이 계단의 부분을 조그(jog)라 한다.

㉯ 조그는 전위선을 슬립면 밖으로 하는 단락이다.

㉰ 조그 부분은 칼날 전위이며 이 조그만 부분은 새로운 슬립면에 존재한다.

② 킹크(kink) : 슬립면 위에서 움직이는 단락으로 킹크 부분 자체는 나사 전위이다.

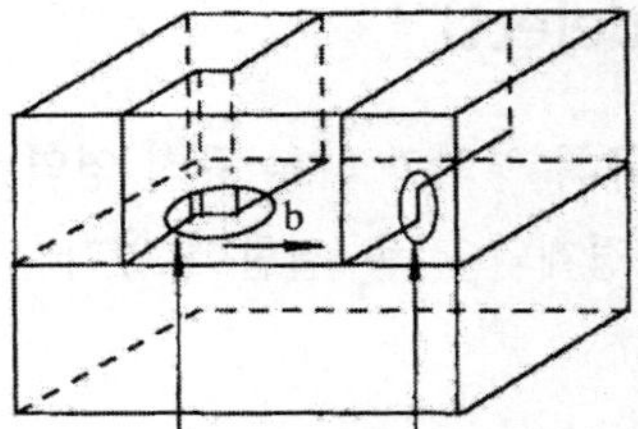

그림 2-22 jog와 kink

자. 버거스 벡터(burger's vector)

전위의 성질을 결정하는 요소로서 중요하면 전위가 결정 중을 통과할 때의 크기를 표시한 것으로 금속의 결정형에 의해서 정해진다.

① 전위를 정의하는데 중요한 문제는 슬립 방향과 크기이며 이와 같은 방향과 크기를 가진 벡터를 말한다.

② 버거스 벡터와 전위선과의 관계

㉮ 전위선의 방향이 직각인 것은 칼날 전위이며, 평행한 것은 나사 전위이다.

㉯ 종합 전위에서는 전위선에 대하여 0～90°사이의 각도를 유지하고 있다.

㉰ 전위의 이동에 따르는 방향과 크기를 표시하는 격자 변위를 버거스 벡터로 나타낸다. 버거스 벡터 방향이 결정의 슬립 벡터와 일치하고 그 크기가 같을 때는 슬립 방향의 단위 슬립량으로 변위를 나타낸다.

③ 완전 전위(perfect dislocation) : 버거스 벡터가 금속 결정의 슬립이 일어나는 방향, 즉 원자의 최대 조밀 방향과 일치하고 그 크기가 격자 상수와 같을 때 가장 안정하며 결정 격자의 주기를 표시하고 기본 격자 벡터와 전위의 버거스 벡터는 일치한다. 이와 같은 전위를 말한다.

④ 불완전 전위(imperfect dislocation, partial dislocation, half dislocation) : 버거스 벡터가 결정의 기본 벡터와 같지 않을 때 전위를 만드는 면에서 처음의 결정과 틀리는 원자 배열을 가지게 되는 전위를 말한다.

⑤ 확장 전위(extended dislocation) : 불완전 전위가 조를 이루어서 꼭 한 개의 완전 전위와 같이 기본 벡터 격자와 일치하여 움직일 수도 있는 전위를 말한다.

⑥ 전위가 있는 결정에서 원자 배열이 어긋난 정도의 크기와 방향을 표시할 때 벡터를 사용한다.

4 계면결함(interfacial defect)

계면 결함은 어떤 결정의 한 규칙 영역과 다른 규칙 영역 사이의 경계 역할을 하는 2차원적인 결함이다. 종류에는 결정립 경계와 적층 결함이 있다.

가. 적층 결함(stacking fault)

결정의 격자형에 따라서 원자가 쌓이는 방법은 일정한 주기성에 따르지만 부분적인 부정(不整)이 있을 때의 순서 착오를 말한다.

① 적층 결함은 주로 면심 입방 격자(FCC) 금속에서 볼 수 있다.
② 체심 입방 격자(FCC)에서 원자구의 쌓아 올림이 불규칙한 결함을 말한다.

5 체적 결함(bulk defect)

고체의 형태 또는 구조의 불균일성을 나타내는 거시적인 결함으로 기공(기포), 수축공(수축관, shrinkage cavity pipe) 등이 있다.

제4절 ｜ 확산(diffusion)

어떤 물질이 들어갈 수 있는 공간 내에 균일하게 퍼지는 경향을 말하며, 이 현상은 주로 기체나 액체 또는 고체에서도 일어나는 데 기체 상호간의 확산이 속도가 가장 빠르다.

확산은 질량 이동의 한 형태로서 기체와 액체에 있어서의 질량 이동은 일반적으로 대류(對流, 유체 운동)와 확산의 조합에 의해 일어나며 고체에서 대류는 일어나지 않으므로 확산이 유일한 질량 이동의 기구(mechanism)가 된다.

1 확산의 분류

물질 중에서 원자가 열적(熱的)으로 활성화되어 이동하게 되는 현상을 확산이라 하며 이 때 관여하는 원자 또는 이동하는 원자의 확산 경로에 따라 분류한다.

가. 관여하는 원자의 종류에 의한 분류

① 자기 확산(self diffusion)
단일 금속 내에서 동일 원자 사이에 일어나는 확산이다.

② 불순물 확산(impurity diffusion)
불순물 원자의 모지(母地, matrix) 내에서의 확산이다.

③ 상호 확산(mutual diffusion)
다른 종류 원자 A, B가 접촉면에서 서로 반대 방향으로 이루는 확산이다.

④ 반응 확산(reaction diffusion)
이원(二元) 이상의 합금에서의 복합적인 상호 확산이다.

나. 이동하는 원자의 확산로에 의한 분류

① 격자 확산(lattice diffusion) 혹은 체적 확산(volume diffusion)
결정 격자 내에서의 일반적인 각종의 점결함에 의한 확산이다.

② 표면 확산(surface diffusion)
면결함의 하나인 표면에서의 단회로 확산이다.

③ 입계 확산(grain boundary diffusion)
면결함의 하나인 결정 입계 내에서의 단회로 확산이다.

④ 전위 확산(dislocation diffusion)
선결함의 하나인 전위 선상에서의 단회로 확산이다.

2 원자의 확산 계수(diffusion coefficient)

일반적으로 온도가 높아지면 확산 계수가 커지는 것은 열에너지가 높으면 원자 사이의 에너지 장벽을 뛰어 넘은 확률이 커지기 때문이다.

가. 원자 확산의 특징

① Fe 속에서 C는 Ni 보다 확산 계수가 크며, Cu는 Cu 속에서보다 Al 속에서 더 확산이 잘된다.
② 체심 입방 격자 철보다 면심 입방 격자 철 속에서의 원자의 확산 계수가 크다.
FCC 격자는 BCC 격자보다 원자 충진율이 크기 때문이다.
③ 결정 입계에서는 확산이 더 쉽게 일어나는 것은 결정의 불완전한 구역 때문이다.
④ 확산 계수는 단위의 농도 구배에 의해서 단위 면적을 통하여 단위 시간에 확산하는 용질의 양으로 표시한다.
⑤ 정상적 확산(steady state diffusion)
시간에 따른 농도 기울기의 변화가 없이 일어나는 확산이다.
⑥ 비정상적 확산(non－steady state diffusion)
국부적인 농도 기울기와 농도가 시간에 따라 변하는 경우의 확산이다.

3 확산에 있어서의 Fick의 법칙

확산은 용매(solvent) 중에 용질(solute)이 녹아들어 있는 상태에서 국부적으로 농도차가 있을 때 시간의 경과에 따라 농도의 균일화가 일어나는 현상으로 열의 전도 이론에 따라서 확산을 지배하는 두 개의 법칙을 Fick의 법칙이라고 한다.

가. Fick의 제1법칙

가늘고 긴 환봉상의 물체를 길이 방향에 농도의 차이가 있다고 생각하였을 경우에는 봉의 길이 방향을 x축, 농도를 c로 나타내면 길이 방향에서의 농도 구배는 $\frac{dc}{dx}$이다.

① Fick의 확산 제1법칙(Fick's first law of diffusion)

㉮ 봉의 단면적을 통하여 이동하는 물질(용질)의 흐름(J)은 농도 구배에 비례한다. (J는 단위 면적당 이동하는 물질의 질량 또는 원자의 수)

$$J = -D\frac{dc}{dx}$$

• D : 정수(확산 계수, 확산도, 단위 : m^2/sec, cm^2/day)

㉯ 확산 계수 앞에 음(−)부호가 붙은 것은 dc/dx가 정(正)인 용질의 x의 음(−)방향으로 확산되기 때문이다. (즉 용질 원자의 유동이 농도 기울기의 반대 방향으로 진행됨을 나타낸 것이며 농도의 시간적 변화는 고려하지 않는다.)

㉰ 일정한 농도 기울기 하에서는 확산 원자의 유동량은 확산 계수와 농도 기울기의 곱에 비례한다.

㉱ 확산에서의 물질 흐름이 시간에 따라 변하지 않은 상태는 정상 상태의 확산이다. 정상 상태에서는 제1법칙의 용질 흐름(J)은 일정하고, 제2법칙의 $\frac{dc}{dx}$는 0이 된다.

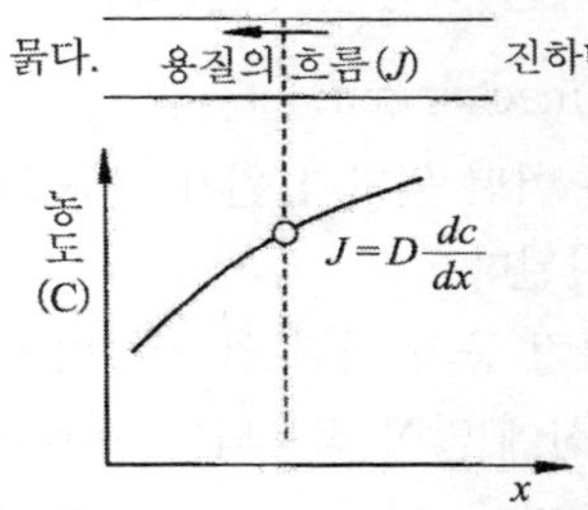

그림 2-23 봉중의 농도 구배와 용질의 흐름

나. Fick의 제2법칙(Fick's second law of diffusion)

확산 현상을 실제적으로 취급하려면 시간적 농도를 고려하지 않으면 안 된다. 이때에는 농도(c)를 시간(t)과 장소(x)의 함수라고 생각하여 확산이 일어나고 있을 때 어느 장소의 시간적 변화를 나타내는 식을 Fick의 제2법칙이라 한다.

확산 계수(D)가 농도에 대하여 불변일 때에 식이 성립된다.

$$\frac{dc}{dt} = D\frac{d^2c}{dx^2}$$

① 이 식의 물리적 의미는 농도의 변화율이 농도 기울기 그 자체보다는 농도 기울기의 변화율에 비례한다는 것을 나타내며, 확산을 통해 균일 농도에 도달하는데 시간이 많이 걸리는지를 알려준다.

② 평형에 접근할수록 농도 기울기는 원만해져 $\frac{d^2c}{dx^2}$는 0에 가까워지고, 그 결과 $\frac{dc}{dt}$는 0이 된다.

③ 확산 과정의 초기에는 농도 기울기 $\frac{dc}{dt}$가 매우 커도 ($\frac{d^2c}{dx^2}$이 크므로) 확산 과정의 말기에는 매우 작아진다.

4 확산의 기구

가. 용질 원자가 치환형 확산을 할 경우

용질 원자(B)가 다른 원자(A)와 같은 정도의 크기일 때에는 치환형으로 A원자의 결정 격자 내에 B원자가 녹아들어 간다. 이때의 확산 기구는 복잡하다.

① 원자공공형 기구(vancancy mechanism)

㉮ 원자 공공에 인접해 있는 어떤 원자가 원자 공공으로 이동해 나가는 원자는 원자 공공형 기구에 의해서 확산된다.

모든 결정에 있어서 격자점 중의 어떤 위치는 비어 있는 원자 공공이 vancancy이다.

㉯ FCC 금속이나 합금의 확산에 많이 적용되며 이온 화합물 및 산화물에서와 같은 BCC 및 HCP 금속에도 적용된다.

(가) (나)

그림 2-24 면심 입방정의 원자가 인접한 vancancy 이동해 나가는 기구

② 격자간 원자형 기구(interstitaly mechanism) : 침입 원자가 최인접 원자를 밀어서 침입 위치에 보내고 자기는 밀려난 원자가 점유하고 있던 격자점을 차지하게 되는 확산을 격자간 원자형 기구에 의한 확산이라고 한다.

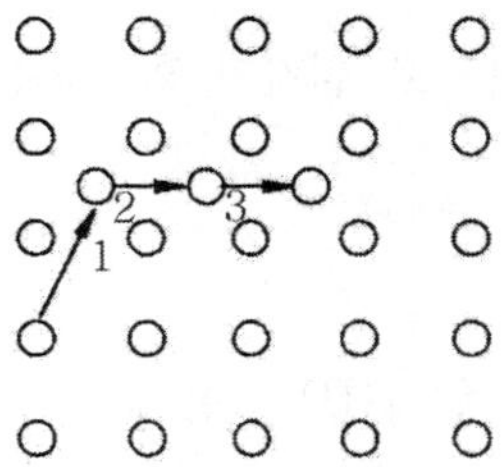

그림 2-25 격자간 원자형 기구

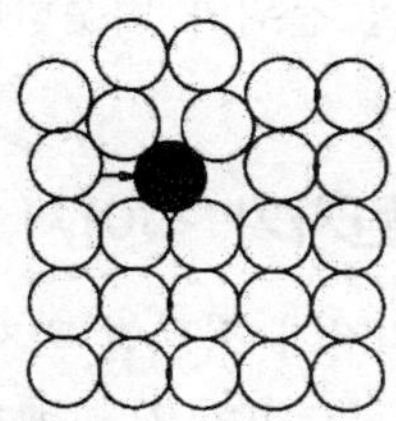

그림 2-26 용질 원자의 격자간 이동

③ 간접 교환형 기구(interchange mechanism, 링기구)

㉮ 두 개의 원자가 상호 교환하는 대신에 3개 또는 4개의 원자가 집단으로 회전하면 간단한 상호 교환의 변위가 상당히 감소된다.

㉯ FCC의 결정 구조에서 이런 위치(4개의 원자가 동시에 링상으로 회전함으로 위치를 변한 것)에 있는 원자가 한 조가 되어서 관계하고 있다고 생각할 때 간접 교환형 기구다.

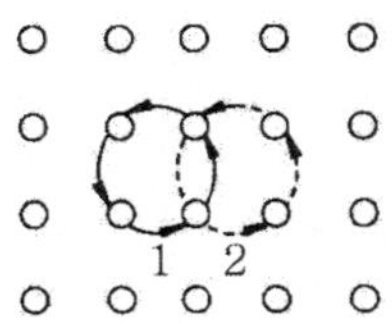

그림 2-27 간접 교환 기구 (ring 기구)

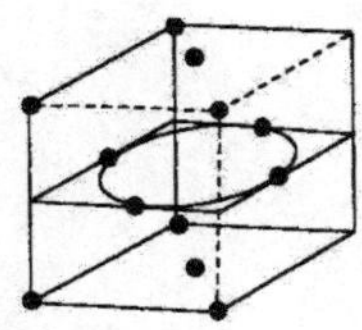

그림 2-28 FCC 격자에서 ring 기구 (Zender)

④ 직접 교환형 기구(direct or atoms interchange mechanism) : 가장 가까운 두 원자가 동시에 이동하여 위치를 교환하여 이동하는 것이다.

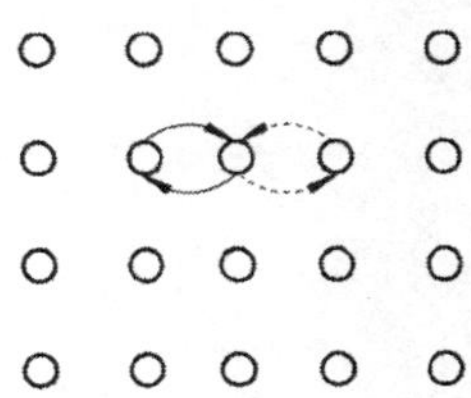

그림 2-29 직접 교환형 기구

⑤ 밀집 이온형 기구(crowdion mechanism)

㉮ 원자 배열이 조밀한 방향으로 한 개의 잉여 원자가 들어 있는 것으로 때문에 그 계열에 있는 원자가 밀려서 부정 정합한 상태를 만들고 있는 경우로, 중성자 투과를 받는 물질 중에서도 일어난다.

㉯ 칼날 전위와 비슷하며 부정한 위치가 조금씩 밀리므로 원자가 확산하는 것이다.

나. 용질 원자가 적어서 침입형 확산을 할 경우

① 용질 원자가 적으면 격자간에 침입할 수 있으며, 용질 원자(B)는 용매 원자(A)의 결정 격자의 큰 공간을 차례로 이동하면서 확산한다고 생각한다.

② 합금 중의 격자간 위치에 고용하는 원자 반경이 작은 원자의 확산 속도는 용매 원자의 결정 격자간을 통하여 격자간 원자가 이동하는데 필요한 에너지에 의해 지배된다.

③ 확산하는 침입 원자가 격자를 별로 뒤틀어지게 하지 않는 비금속 고체에서도 침입형 확산 기구가 지배적이다.

금속 재료의 일반적 성질

금속 재료는 고유의 기계적, 물리적, 화학적, 전자기적 특성을 가지고 있으며, 같은 조성의 금속에서도 주조, 압연, 단조 등의 가공 방법이나 열처리에 따라 그 성질이 달라지기도 한다. 공업적으로 중요한 성질은 기계적 성질이다.

※ 금속 재료의 공업에 필요한 성질
① 기계적 성질 : 인장 강도, 경도, 피로, 연신율, 충격
② 물리적 성질 : 비열, 비중, 융점, 선팽창 계수, 열(전기) 전도율, 자성, 용해 잠열
③ 화학적 성질 : 내식성, 내열성
④ 제작상 성질 : 주조성, 단조성, 용접성, 절삭성

제1절 | 물리적 성질

금속의 물리적 성질 중에는 물질의 비중이 가장 기본적인 물리량이나, 공업적으로는 열적 성질 및 전자기적 성질도 중요하다. 대표적인 금속의 물리적 성질은 색깔, 비중, 비열, 용융점, 융해 잠열, 비열, 전도율, 열팽창 계수, 선팽창 계수 등이 있다.

1 색(色 ; colour)

가. 주요 금속의 색깔

색	은백색	청백색	적황색	회백색	자색
금속	Al, Cr, Ni, Sn	Zn	Cu	Fe, W, Mg, Mn	Cu_2Sb, Au_2Al

① 대부분의 금속은 착색되어 무색(無色)이다.
② 태양 광선의 각종 파장이 빛을 거의 같은 비율로 반사하기 때문에 잘 반사하는 금속은 Al과 같이 은백색을 띠고, 반사가 적은 금속은 회주철과 같은 회색을 띤다.

나. 주요 금속의 탈색 순서

Sn > Ni > Al > Fe > Cu > Zn > Pt > Ag > Au

2 비중(specific gravity)

4℃의 순수한 물을 기준으로 하여 물과 똑 같은 부피를 갖는 물체와의 무게비를 말한다.

$$\text{비중} = \frac{\text{제품의 무게}}{\text{제품과 같은 체적의 물(4℃) 무게}}$$

가. 경금속(輕金屬)과 중금속(重金屬)의 한계

경금속 ←(이하)— 비중 4.5 —(이상)→ 중금속

① 실용상 가장 가벼운 금속은 Mg(1.74)이다.
② 금속 중 비중이 가장 큰 금속은 Ir(22.4), 가장 가벼운 금속은 Li(0.53)이다.

나. 금속의 비중

① 단조, 압연, 드로우잉(drawing)의 가공된 금속은 주조 상태의 비중보다 크다.
② 상온 가공한 금속은 이것을 가열 후 서냉시킨 것보다 작다.
③ 순금속은 합금의 비중보다 크며, 금속의 순도, 온도, 가공 방법에 따라 다르다.

다. 순금속의 비중

순금속	비중(20℃)	순금속	비중(20℃)	순금속	비중(20℃)	순금속	비중(20℃)
Mg	1.74	Al	2.69	Zr	6.49	Cr	7.19
Sb	6.62	Zn	7.13	Sn	7.29	Co	8.83
Mn	7.43	Fe	7.87	Cd	8.65	Hg	13.6
Ni	8.90	Bi	9.75	Ag	10.5	W	19.3
Cu	8.93	Mo	10.22	Pb	11.34		
Au	19.3	Pt	21.4	V	21.45		

라. 합금의 비중

합금	비중	합금	비중	합금	비중
엘렉트론	1.79 ~ 1.83	가단주철	7.2 ~ 7.6	고속도강	8.7
보통주철	7.1 ~ 7.3	황동	8.34 ~ 8.8	백선철	7.0 ~ 7.8
양백	8.4 ~ 8.7	회선철	6.7 ~ 7.9	탄소강	7.7 ~ 7.87
두랄루민	2.6 ~ 2.8	Al청동	7.5 ~ 7.7	청동(6 ~ 20%Sn)	8.7 ~ 8.9

3 열적(熱的) 성질

금속 재료는 열에 대한 영향을 많이 받으므로 금속 가공 중에서 열처리, 용접, 주조 등 금속 가공과 열을 받는 곳에 사용되는 것은 열적 성질에 대한 물리적 성질이 중요하다.

가. 비열(specific heat)

단위 질량의 물질(1g)을 단위 온도(1℃)를 높이는데 필요한 열량을 비열이라 한다.

① 비열이 크면 재료를 가열할 때 많은 열을 필요로 한다.

② 비열의 단위

㉮ SI 단위계 : 물질 $1kg_f$의 온도 1K(켈빈) 높이는데 필요한 열량을 kJ/kg·K로 표시

㉯ CGS 단위계 : 물질 1g의 온도를 1℃만큼 높이는데 필요한 열량을 cal/g·℃로 표시

③ 주요 금속의 비열 순서 : Mg > Al > Mn > Cr > Fe > Ni > Cu > Zn > Ag > Sn > Sb > W

④ 순금속의 비열

금속	평균 비열		금속	평균 비열	
	kJ/kg·k	cal/g·℃		kJ/kg_f·k	cal/g·℃
Mg	1.030(18 ~ 99℃)	0.246	Ag	0.233(0℃)	0.056
Al	0.877(0℃)	0.209	Sn	0.224(0℃)	0.053
Mn	0.510(14 ~ 97℃)	0.128	Sb	0.213(17 ~ 92℃)	0.050
Cr	0.442(0℃)	0.105	W	0.140(20 ~ 100℃)	0.033
Fe	0.441(0℃)	0.105	Hg	0.138(0℃)	0.033
Ni	0.434(0℃)	0.104	Pt	0.136(18 ~ 100℃)	0.032
Cu	0.383(0℃)	0.0914	Au	0.127(18 ~ 99℃)	0.030
Zn	0.80(0℃)	0.0907	Pb	0.126(0℃)	0.030

※ 1J = 0.239cal, 1cal = 4.187J, K = ℃ + 273.15

⑤ 합금의 평균 비열

합금	합금의 조성(%)	비열	합금	합금의 조성(%)	비열
황동	Cu(60), Zn(40)	0.0917	W	C(0.76), W(11.5), Mn(0.28)	0.1041
청동	Cu(80), Sn(20)	0.0860	Cr	C(1.09), Cr(9.50)	0.1206
Al청동	Cu(88.7), Al(11.3)	0.1043	Si	C(0.26), Si(5.50)	0.1194
Ni강	C(0.7), Ni(31.4), Mn(0.82)	0.1209	Pb－Bi	Pb(50), Bi(50)	0.0325
인청동	Cu(87), Sn(12), P(1.0)	0.0946	Pb－Sn	Pb(63.7), Sn(36.3)	0.0407
탄소강	C(1.25), Si(0.46), Mn(0.62)	0.1225	Pb－Sb	Pb(21), Sb(79)	0.0456
Cr－Ni강	C(0.2), Cr(≒20), Ni(≒7)	0.118	Pb－Sb	Pb(90), Sb(10)	0.0326
Mn강	C(5.14), Mn(18.5)	0.1250			

나. 숨은열(latent heat, 잠열)

물질이 그 상태를 바꿀 때 흡수 또는 방산하는 열에너지를 잠열이라 하며, 어떤 물질 1g을 용해시키는데 필요한 열량을 용해 잠열이라 한다.

※ 용해 숨은열 : 금속이 용해할 때에는 시간이 지나도 온도가 올라가지 않는다. 즉 금속 전부가 용해되어야만 온도가 올라간다. 이 현상에 필요한 열량을 말한다.

① 금속의 용융 숨은열

금속	cal/g	J/g	금속	cal/g	J/g	금속	cal/g	J/g
Ti	105.1	440	Mo	64	270	Zn	24.1	101
Al	95.6	396	Cr	62	259	Au	16.1	67.4
Mg	89	372	Cu	50.6	212	Sn	14.5	60.7
Ni	74	310	Sb	38.3	160	Cd	13.2	55.3
Mn	71	299	Ta	36.0	145	Bi	13.0	54.4
Co	70	292	Pt	27.0	113	Pb	6.3	26.3
Fe	65	272	Ag	25.1	105			

다. 용융 온도(melting point)

금속을 가열시키면 녹아서 액체가 되는 점의 온도를 용융 온도라 한다.

※ 응고점(solidifying point) : 액체 금속을 냉각할 때 응고되어 고체로 되는 온도점이다.

① 순금속은 일정한 온도에서 용융 및 응고하며, 합금은 용융 또는 응고를 개시하여 완료될 때까지 조성에 따라 수 10도(℃)의 온도차가 생기는데 이 온도 범위를 용융 범위 또는 응고 온도 범위라 한다.

② 금속 중 용융점이 가장 큰 것은 W(3410±20℃), 가장 낮은 것은 Hg(－38.8℃)이다.

③ 저용융 합금은 231.9℃ 이하의 용융점을 갖는 합금의 총칭이다.

④ 주요 순금속의 용융점

금속	용융점(℃)	금속	용융점(℃)	금속	용융점(℃)
Cr	1,890	Mn	1,245.0	Sb	630.5
Pt	1,773.5	Cu	1,084.5	Zn	419.4
Ti	1,668	Au	1,063.0	Pb	325.6
Fe	1,539	Ag	960.5	Cd	320.9
Co	1,495	Al	660.2	Bi	271.3
Ni	1,455	Mg	649.0	Sn	231.9

라. 열팽창 계수(coefficient of heat expansion)

온도가 1℃ 상승할 때 팽창된 크기와 팽창하기 전에 크기와의 비를 열팽창 계수라 하며 압연 등과 같이 비중이 증가하는 가공을 했을 때는 그 금속의 팽창률은 증가한다.

① 선팽창 계수를 나타내는 식

$$\text{선팽창 계수} = \frac{\text{변형 길이} - \text{처음 길이}}{\text{처음 길이}(\text{변형 온도} - \text{처음 온도})} = \frac{L_2 - L_1}{L_1(T_2 - T_1)}$$

② 선팽창 계수가 큰 금속은 Pb, Mg, Sn, 작은 금속은 Ir, Mo, W이다.

③ 금속 재료의 선팽창 계수

재료	선팽창 계수 (×10⁻⁶/℃)	재료	선팽창 계수 (×10⁻⁶/℃)	재료	선팽창 계수 (×10⁻⁶/℃)
Cd	31.30	Au	14.20	황동	18.40
Pb	29.30	Ni	13.20	청동	17.50
Mg	26.00	Co	12.70	콘스탄탄	15.20
Al	23.90	Pd	11.80	연강(0.2%C)	11.60
Sn	23.00	Pt	8.90	경강(0.5~0.9%C)	11.00
Ag	19.70	Ti	8.40	주철	10.10
Cu	16.50	Cr	6.20	엘린바아	8.00
Zn	16.50	Pt－Ir	8.30	인바아	1.20

마. 열전도율(thermal conductivity)

물체 내에 열에너지의 이동을 열전도도라 하며 순금속일수록 열전도도가 우수하다.

① 열전도율이 가장 좋은 은(Ag)의 열전도율을 CGS 단위로 표시하면 cal/m·s·℃가 되며 이것을 기준으로 하여 다른 금속의 열전도율을 비교한다.

② 20℃에서 순금속의 열전도율

순금속	순금속의 열전도율		순금속	순금속의 열전도율	
	W/m·K	cal/m·s·℃		W/m·K	cal/m·s·℃
Ag	418.7(0℃)	1.00	Pd	92.05(18℃)	0.22
Cu	391.0(27℃)	0.934	Co	92.0	0.22
Au	297.2	0.718	Cr	83.7	0.20
Al	221.9(25℃)	0.530	Fe	75.4(0℃)	0.18
Zn	113(0℃)	0.270	Pt	71.2(0℃)	0.17
Cd	104.6(27℃)	0.250	Pb	15.9(0℃)	0.038
Ni	92.1(100℃)	0.220	Ti	11.4(− 240℃)	0.027

※ 1cal/m·s·℃=260kcal/m·h·℃, 1kcal/m·h·℃=1.163W/m·K, 1cal/m·s·℃=418.7W/m·K

4 전자기적 성질

금속 재료의 전자기적 성질 중에서 전기 전도율, 열기전력, 자성 등은 공업적으로 중요한 성질이다.

가. 전기 전도율(electric conductivity)

전기 전도율(도전율)은 전기 저항의 역수로서 길이 1cm에 대하여 1℃ 온도차가 있을 때 $1cm^2$의 단면적을 지나 1초간에 이동되는 전기의 량을 말한다.

① 금속의 전기 전도율

㉮ 순금속일수록 전도율이 좋고, 불순물을 함유하고 있으면 떨어진다.

㉯ 합금은 순금속보다 도전율이 떨어지며, 고유 저항이 작을수록 도전율이 좋다.

② 고유 저항은 단위 길이와 단위 면적에 대한 저항으로 표시한다.
(길이 1m와 단면적 $1mm^2$인 선의 저항을 1Ω으로 표시한다.)

③ 퍼센트 도전율 : 표준 도체의 전도율을 100%로 한 상대적 도전율을 말한다.
(고유 도전율 : 고유 저항의 역수를 고유 전도율이라 한다.)

④ 주요 금속의 전기 전도율 순서 : Ag > Cu > Au > Al > Mg > Zn > Ni > Fe > Pb > Sb

⑤ 20℃에서 순금속의 전기 저항과 전기 전도율

순금속	도전율(%)	전기 전도율 (% IACS)	고유저항 (nΩ · m)	순금속	도전율(%)	전기 전도율 (% IACS)	고유저항 (nΩ · m)
Ag	100.0	108.40(0℃)	16.2	Co	25.70	27.60	63.7
Cu	92.8	103.06	17.2	Ni	16.70	25.52	72.4
Au	71.8	73.40	24.0	Fe	16.50	25.36	89.0
Al	75.0	65.50	27.5	Pt	16.40	25.20	106.0
Mg	37.0	38.60	45.0	Sn	9.80	15.20	114.0
W	35.1	34.00(0℃)	55.0	Cr	8.60	13.00	170.0
Mo	35.8	28.70	55.6	Pb	7.94	12.40	210.0
Zn	26.2	27.60	59.0	Sb	6.80	10.20	387.0

※ IACS : 국제 연동 표준(International Annealed Copper Standard), 1Ω · mm2/m=103nΩ · m

나. 열기 전력(thermoelectromotive force)

열전류의 발생된 전위차를 열기전력이라 한다.

① 열기전력의 크기

㉮ 양 접점간의 온도차가 클수록 크며, 금속의 종류 및 합금의 조성에 따라 다르다.

㉯ 금속과 그 합금의 합금 사이에 생기는 열기전력은 상당히 크기 때문에 이 원리를 이용한 백금(Pt) – 백금 로듐(Rh10 ~ 13%합금) 열전쌍은 고온을 측정하는데 이용된다.

다. 자성(磁性)

① 자기 변태점(Curie point)

자기장의 강도가 증가하면 자화되는 강도도 증가하나, 그 강도가 어느 정도 진행되면 포화점에 이르게 되며, 이 점을 큐리점이라 한다.

② 강자성체(ferromagnetic substance)

㉮ 상자성체 중에서도 자화 강도가 큰 금속을 강자성체라 한다.

㉯ 주요 금속의 자기변태점 : Fe(768℃), Ni(360℃), Co(1,160℃), Fe_3C(210℃)

※ 호이슬러 합금(Heusler's Alloy)

1901년 F. Heusler가 발견한 합금으로 강자성체이나 실용상 가치가 없다.

조성	화학 조성			변태점	자기 유도 표화도
	Cu	Mn	Al		
함유율(%)	나머지	9 ~ 27	9 ~ 10	200 ~ 300℃	20 ~ 240℃

※ 자구(magnetic domain) : 강자성체가 포화 상태로 자화되어 있는 작은 구역의 집합 상태

③ 상자성체(paramagnetic material)

상자성체의 금속에는 Cr, Pt, Mn, Al, Sn 등이 있다.

④ 반자성체(diamagnetic material, 비자성체)

반자성체의 금속에는 Bi, Sb, Au, Cu, Zn, Hg 등이 있다.

제2절 | 화학적 성질

금속은 다른 원소와 화학반응을 일으키게 되며, 공기 중에 방치하여도 공기와 수분 등에 의해 화학 반응이 일어나므로 금속 재료의 이용 분야가 다양화되면서 금속의 부식과 내식성이 중요한 화학적 성질이 되는 경우가 많다.

1 부식(corrosion) 및 내식성

금속의 표면이 화학적 또는 전기 화학적 반응을 일으켜 비금속 화합물을 생성하면서 점차 소모되어 가는 현상을 부식이라 하며, 부식에 저항하는 성질을 내식성이라 하고 금속이 다른 원소와 화합되기 쉬운(화합물) 것일수록 부식이 쉽다.

가. 금속의 부식

① 건부식(dry corrosion) : 수분이 작용하지 않는 부식이다.

㉮ 고온에서의 산화, 황화, 질화 등이 있으며, 금속과 가스와의 접촉에 의해서 일어나는 순화학적 반응이다.

㉯ 산소와 화합하거나 고온의 수증기와 반응하여 산화물이 되는 것은 건부식이다.

② 습부식(wet corrosion) : 수분이 작용하는 부식이다.

㉮ 금속 주위에 있는 물 또는 그 밖의 전해질 물질과 작용하여 비금속성 화합물로 변화하는 반응이다.

㉯ 금속의 표면에 국부 전자가 형성되어 공기 중에서 화학적 작용에 의하여 산화가 진행되는 전기 화학적 부식이다.

㉰ 습식에서 생긴 혼합물이 물에 용해되지 않거나 혹은 용해하기 힘들 때에는 금속 표면에 층을 만들게 된다.

③ 내식성 : 내식성은 금속의 조성과 조직, 내식성은 물, 산, 알칼리, 염류 등의 종류, 농도, 온도, 및 그 밖의 상황에 따라 다르다.

2 이온화 경향

금속 원자가 전자를 잃고 양이온으로 되려는 성질을 이온화 경향이라 하며, 금속에 따라 이온화 경향이 크게 다르다.

가. 금속의 이온화 경향

① 이온화 경향이 큰 금속은 환원력이 커서 산화하기가 쉽고, 화합물이 되기 쉽다.
② 이온화 경향이 작은 금속은 환원력이 작아 산화되기 어렵다.
③ 수소(H)보다 이온화 경향이 큰 금속은 습기가 있는 대기 중에서 부식되기 쉽고, 산에 넣으면 수소를 발생하면서 용해하며, 작은 금속은 부식되기 어렵다.
④ Al보다 이온화 경향이 위쪽에 있는 K, Ba, Ca, Na, Mg 등은 자연 발화한다.
⑤ 공기 중에서 가열하면 Mg은 급격히 발화하며 폭발한다.

나. 주요 금속의 이온화 경향 순서

K > Ca > Na > Mg > Al > Zn > Cr > Fe > Co > Ni > Mo > Sn > Pb > H > Cu > Hg > Ag > Pt > Au

① K, Ca, Na, Mg
건조한 공기 속에서 잘 산화된다.
② Ti, Al, Mn, Cr, Fe, Co, Ni, Sn, Pb, (H), Cu
건조한 공기 중에서 표면에 산화막이 생겨서 내부를 보호한다.
③ K, Ca, Na, Mg, Ti, Al, Mn, Cr, Fe, Co, Ni, Sn, Pb, (H), Cu
H^+와 직접 반응한다. 즉, 염산이나 묽은 황산 등에 용해한다.
④ Hg, Ag, Pt, Au
공기 속에서 산화되지 않는다.
⑤ Cu, Hg
산화성의 산, 즉 질산이나 가열된 진한 황산에 용해된다.
⑥ Ag, Pt, Au
왕수에만 용해한다.

3 방식법(防蝕法)

가. 표면 피복법

① 금속 피복에는 융점이 낮은 Zn, Sn, Al, Pb 등의 용융액 속에 금속이나 합금 제품을 담그어 피복하는 용융 도금이 있다.

㉮ Zn은 공기 속의 습기나 이산화탄소에 의해서 표면에 염기성 탄산아연($ZnCo_3 \cdot Zn(OH)_2$)이라고 하는 화합물이 비교적 치밀한 박막(薄膜)을 만들어 내부를 보호한다.

㉯ Sn은 Fe보다 이온화 경향이 작고 내식성도 좋으나 도금층이 파괴되면 Fe의 부식이 빨리 진행된다.

㉰ Pb은 이온화 경향이 비교적 작은 금속으로서 내식성도 있으며, 물, CO_2에 의해서 염기성 탄산연($2PbCO_3 \cdot Pb(OH)_2$)의 박막을 표면에 만들기 쉽고 내부를 보호한다.

② 전기 도금

Au, Fe, Cu 등의 이온화 경향이 H보다 작은 금속 및 Ni, Cr, Sn, Cd, Zn 등과 황동, 청동 등의 합금도 사용되며, 이 방법은 방식과 장식을 겸하여 사용할 때가 많다.

③ 금속 용사법(金屬 溶射法)

㉮ Ai, Zn, Sn, Pb 등을 철사상(鐵絲狀)으로 하여 가스나 전기로 용융하면서 동시에 압축 공기로서 무상(霧相)으로 만들어 뿜어 붙이는 방법이다.

㉯ 철강 제품에 많이 이용되며, 피막층은 다공질이므로 그것만으로는 방청하기에는 좀 떨어지나 큰 제품에 적용할 수 있고 도료를 칠할 때 도료 부착이 양호하다.

나. 화성법(化成法)

알마이트와 같이 금속이나 합금의 표면을 내식성이 있는 치밀하고 튼튼한 화합물로 바꾸는 방법이다.

(알마이트 : Al을 양극으로 하여 옥살산 용액을 전기 분해하여 양극에 발생하는 산소에 의해서 천연적으로 생기는 것보다 두꺼운 산화알루미늄(Al_2O_3)의 층을 만들고 다시 그 층을 치밀하게 하기 위하여 수증기로 가열하거나 수증기에서 끓여 $Al_2O_3 \cdot H_2O$로 바꿔 용적을 크게 한 것이다.)

① 질산은 강한 산화 작용를 지니고 있으므로 Fe의 표면을 치밀한 사산화삼철(Fe_3O_4)로 만든다. 이 박막이 내부를 보호하기 때문이다.

② 철강 제품에 사용되는 흑염법(黑染法)

㉮ 진한 수산화나트륨(NaOH)용액에 강한 산화제를 가한 용액 속에서 철강 제품을 끓여서 Fe_2O_3의 막을 만드는 방법이다.
(강한 산화제 : 질산나트륨($NaCO_3$), 인산수소나트륨(Na_2HPO_4), 아질산나트륨($NaNO_2$) 등을 배합한 산화제)

㉯ 대기 중에서 방청의 효과가 있으나 물에 젖은 부품에는 불충분하다.

③ 파아커라이징

㉮ Fe과 Mn의 인산염을 함유한 인산철과 인산 수용액 속에 제품을 넣고 자비하여 그 표면에 불용성의 인산철과 인산망간으로 되는 막을 만드는 방법이다.

㉯ 이 막은 도료의 밑바탕으로서 우수하며 자동차, 철도차량, 항공기, 전기 기기, 계기, 공구, 볼트, 너트, 스프링 등에 널리 쓰인다.

다. 금속 시멘테이션법(金屬浸透法)

금속이나 합금의 표면에 다른 금속을 침투시켜 얇은 합금층을 만들어 방식이나 강도를 높이는 방법으로 철강 제품에 Zn, Al, Cr 등을 침투시킨 방법이 많이 사용된다.

크롬을 침투시킨 강의 표면은 스테인리스강과 같이 되며 고온에서 내산화성이나 내식성도 크므로 내열 재료 외에 공구, 구조용, 자동차 부품, 가정용품 등에 사용한다.

라. 전기 화학적 방식법

① 물이 있는 곳에서 금속이 부식되는 것은 양이온이 되어서 그것이 용출하거나 화합물이 되기 때문이므로 금속을 은으로 대전(帶電)시켜서 양이온이 되지 않게 한다.

② 철관에 Fe보다 이온화 경향이 큰 아연판을 이어 놓으면 Zn이 먼저 양이온으로 되어 용출한다.

제3절 | 기계적 성질

재료에 작용하는 여러 가지 외력에 대해 저항하는 성질을 기계적 성질이라 하며, 외력을 받아 파괴되거나 변형되지 않는 저항력을 표시하는 강도, 인성, 전연성, 내마모성, 피로 한도, 크리프 한도 등의 기계적 성질이 중요한 요소이다.

1 강도(strength)

금속이 외력에 대하여 저항하는 내력의 강약을 강도라 하며, 일반적으로 강도라 함은 인장 강도를 의미한다.

① 금속 재료를 사용하여 각종 기계를 만들 때 가장 중요한 기준이 되는 성질이다.
② 종류(하중 상태에 따른 종류)는 인장 강도, 굽힘 강도, 전단 강도, 압축 강도, 비틀림 강도, 휨 강도 등이 있다.

2 경도(hardness)

물체를 다른 물체로 눌렀을 때 그 물체의 변형에 대한 저항력의 크기로서 규정한다.
※ 금속의 경도는 인장 강도에 비례하며, 크기로 마멸이나 절삭성 등에 대한 저항력을 알 수 있다.

3 인성(toughness, 질김성)

충격에 대한 재료의 저항력을 인성이라 한다.

① 강인성의 정도를 알기 위하여 규정된 시험편에 충격을 가하여 파괴하는데 필요한 에너지를 산출하고 이것을 인성의 지표로 한다.
② 강인성(인성과 취성의 정도)의 정도를 측정하는 시험 방법으로 충격 시험이 있으며, 취성(여림성, 메짐성)은 인성의 반대로 깨어지기 쉬운 성질이다.

4 전연성

금속 재료를 두들겨서 늘리기 쉬운 정도(길이와 너비 방향으로 변형되는 성질)를 보여주는 성질을 전연성이라 한다.

① 재료에 장력을 주어서 소성 변형을 일으키게 하여 선상(線狀)으로 늘릴 수 있는 성질을 연성(ductility)이라 하며 철사는 이와 같은 성질을 이용하여 만든다.(연성을 통한 인장 시험에 있어서 연신 또는 단면 수축의 대소에 의해서 비교한다.)

② 전성은 너비 방향으로 퍼지는 성질을 전성이라 한다.

③ 소성 가공을 할 때 전연성이 풍부하여야 가공이 쉬워진다.

④ 전연성의 측정 : 인장 시험, 굽힘 시험, 에릭션 시험 등을 이용한다.

5 피로 한도(fatigue limit)

재료는 파괴 하중보다 아주 낮은 하중이라도 여러 번 반복하여 가하면 파괴에 이르게 되며 이 현상을 피로라 하고 피로에 의해서 파괴되지 않는 반복 하중에 대한 최대 강도를 피로 한도라 한다.

6 내마모성(wear resistance)

내마모성은 문지르거나 굴러가는 마찰로서 마모에 대한 성질을 나타낸 것이다.

① 내마모성의 표시 마모 작용에 대항하는 표면이 가지는 성질의 대소로서 표시한다.

② 금속 재료의 마모 시험과 마모 조건

마모 시험	마모 조건	적용 범위
미끄럼 마모 (sliding wear)	윤활제를 사용할 때	축과 베어링 등
	윤활제를 사용하지 않을 때	브레이크와 차바퀴 등
회전 마모 (rolling wear)	윤활제를 사용할 때	롤러와 베어링 등
	윤활제를 사용하지 않을 때	차바퀴와 레일 등

7 크리프 한도(creep limit)

고온에서 크리프 현상이 일어나지 않는 하중에 대한 최대 강도를 크리프 한도라 한다. 금속 재료는 고온에서 작은 하중이라도 장시간 가하면 시간의 경과에 따라 변형이 점차 증가하게 된다. 이러한 현상을 크리프(creep)라 한다.

① 크리프 현상은 고온 상태에서 사용하는 재료에 많이 나타나기 쉽다.
② 철강 및 강력한 경합금은 250℃ 이하에서는 크리프 현상이 잘 나타나지 않는다.
③ Pb 이나 Cu 등과 같은 금속은 상온에서도 나타난다.

금속 재료의 시험과 검사

금속 재료는 여러 가지 가공 공정을 거치면서 각종 결함이 생기고 사용 중에도 피로나 여러 원인에 의해 결함을 일으키는 경우가 있다. 소재에서부터 제조 공정이나 사용 중에서도 필요에 따라 시험 검사를 하여 결함을 검사하고 대책을 강구해야 한다.

금속 재료나 제품의 성질 및 결함을 알기 위한 시험 검사로는 기계적 시험, 매크로 조직시험, 현미경 조직 시험, 비파괴 시험 및 감별법 등이 이용된다.

제1절 | 매크로 조직 시험(macro structure test)

재료의 조직 검사에 있어서 육안으로 관찰하거나 또는 10배 정도의 확대경을 사용하여 조직을 검사하는 것을 매크로 조직시험이라 한다. 매크로 조직 시험으로는 파단면 검사법, 단깎기 검사법, 설퍼 프린트법, 매크로 부식법 등이 이용된다.

[매크로 조직 시험으로 검출할 수 있는 내용]

① 청동 중의 Pb, 강 중의 S과 같은 함유 원소의 편석에 의한 불균일 조직
② 슬래그(slag), 황화물, 산화물과 같은 비금속 물질의 개재 여부
③ 결정의 크기, 결정의 성장 구조 등의 파악 및 주조, 단조, 용접 가공 과정의 제조 방법
④ 균열, 블로 홀(blow hole), 편석 등의 금속 결함
⑤ 육안 조직 검사는 결정립 지름이 0.1mm 이상의 것으로 조직의 분포 상태, 모양, 크기 또는 편석의 유무로 내부 결함을 단정한다.

1 파단면 검사법

파단면 검사법은 결함 유무, 파괴의 원인, 열처리 적부, 과열의 유무(有無), 열처리 균열, 백점(flake), 흑연화, 피로 파단면, 각종 흠 등을 검사할 수 있다.

가. 파단면 검사시 달라지는 양상

① 파단면은 갑자기 파단(破斷)할 때와 천천히 파단할 때
② 한 번 파단할 때와 여러 번 반복하여 파단할 때 및 파단력의 대소 관계
(과열된 재료의 파단은 정상적인 파단과 비교할 때 거친 입자가 나타난다.)

나. 백점은 단련 방향에 노치(notch)를 넣어 파단하면 원형의 흰 반점으로 나타난다.

다. 피로에 의해서 강재가 파단할 때는 그 파단면은 특징적인 모양을 나타낸다.

① 강재 중에 생긴 미세한 균열을 기점으로 하여 균열이 서서히 다른 부분으로 전달되어 파단면이 방사상 또는 조개 껍데기 모양으로 나타난다.
② 균열이 어느 정도 진행되면 나머지 부분은 급격히 파괴되고 그 부분의 파단면은 거칠게 되므로 이와 같이 특징적인 파단면을 나타날 때에는 피로 파괴로 볼 수 있다.

2 단깍기 검사법

육안으로 검출할 수 있는 핀홀, 블로홀 등에 의한 흠, 비금속 개재물의 흠, 모재와 같은 이물질의 개재에 의한 흠을 육안으로 조사하여 강재의 품위를 판정하는데 이용한다.

가. 검사 방법

① 시험편 각 단의 다듬질면에 있어서 흠의 길이와 그 수를 측정한다.
② 흠의 길이 : 바탕 흠의 번호로 표시한다.
③ 바탕 흠의 수 : 시험편의 각 단마다 동일한 흠 번호에 속하는 흠의 수를 세어서 이것을 $100 \times 100 mm^2$ 당의 수로 환산한다.
④ 바탕 흠의 번호

흠번호	흠 길이(mm)	흠번호	흠 길이(mm)	흠번호	흠 길이(mm)
1	0.5 초과 1.0 이하	8	6.0 초과 8.0 이하	30	25.5 초과 30.0 이하
2	1.0 초과 2.0 이하	10	8.0 초과 10.0 이하	40	30.0 초과 40.0 이하
3	2.0 초과 3.0 이하	12	10.0 초과 12.0 이하	50	40.0 초과 50.0 이하
4	3.0 초과 4.0 이하	15	12.0 초과 15.0 이하	60	50.0 초과 60.0 이하
5	4.0 초과 5.0 이하	20	15.0 초과 20.0 이하	70	60.0을 초과하는 것
6	5.0 초과 6.0 이하	25	20.0 초과 25.0 이하		

3 설퍼 프린트(sulfur print)법

설퍼 프린트법은 강재 중의 S의 분포 상태를 검출하는 데 사용되는 검사법으로, 흠의 검출과 고우스트 라인(ghost line)의 검출 등에 이용된다.

고우스트 라인(ghost line) : P, S 등이 편석되어 있는 강괴(鋼塊)를 압연하여 판, 봉, 관으로 만들 때 편석 부분이 늘어나 긴 띠 모양으로 이룬 것을 말한다.

가. KS(D 0226)에 규정된 설퍼 프린트시험법의 시험 공정

① 시험 준비

피검면은 가공 축에 직각인 면을 원칙으로 하고 시험편 두께는 약 20mm로 한다.

② 연마

표준 거칠기는 6.3～12.5S이고, 피검면의 기름기를 제거한다.

③ 인화지 준비, 부식, 전사(轉寫)

㉮ 1～5% 황산 수용액에 브로마이드(bromide) 인화지를 5～10분 정도 담근 후 수분을 제거한 다음 이것을 피검사체의 시험면에 밀착(밀착 시간은 1～3분이 표준)시킨다.

㉯ 밀착된 상태에서 철강 중의 황화물(MnS, FeS)과 황산이 반응하여 황화수소(H_2S)가 발생하여($MnS+H_2SO_4=MnSO_4+H_2S\uparrow$)하고 이것은 bromide 인화지의 취화은($AgBr_2$)과 반응하여 황화은(AgS)을 생성($AgBr_2+H_2S=AgS+{}_2HBr$)시켜 S이 있는 부분을 흑색 또는 흑갈색으로 착색시키며, 이 방법으로 강재에 함유되어 있는 S의 편석이나 분포 상태를 검출할 수 있다.

④ 수세, 정착(定着), 수세(水洗)

시험이 끝나면 인화지를 떼어 물로 씻은 후 사진용 티오황산나트륨(결정)의 15～40% 수용액 중에 상온에서 5～10분간 담겨 정착 후 30분간 흐르는 물에 수세한다.

⑤ 건조, 판정 : 정착 수세한 후 건조시킨 인화지에서 황(S)의 분포 상태를 판정한다.

나. 설퍼 프린트시험에서 유의해야 할 사항

① 인(P)의 편석부도 암흑색으로 나타나는 것

② Ti을 함유하는 강에서는 설퍼 프린트가 나타나기 어렵다.

③ S함유량이 많은 것은 착색이 빠르므로 시험 조작에 숙련을 요한다.

④ 피검면을 재차 시험할 때는 화학 반응으로 변질하고 있으므로 0.5mm 이상 연삭한다.

다. 설퍼 프린트(sulfur print)의 황편석의 분류

분류	기호	비고
정편석	S_N	• 일반강에서 보통 볼 수 있는 편석이다. • S이 강의 외주부로부터 중심부로 향해 증가하여 분포된다. • 외주부보다 중심부의 방향에 짙은 농도로 착색되어 나타난다. • 림드강의 림드 부분은 특히 착색도가 낮다.
역편석	S_I	• S이 강의 외주부로부터 중심부로 향해 감소하여 분포된다. • 외주부보다 중심부의 방향으로 착색도가 낮게 나타난다.
중심부 편석	S_C	• S이 강의 중심부에 집중된다. • 특히 농도가 짙은 착색부가 나타난 것을 말한다.
점상 편석	S_D	• S의 편석부가 짙은 농도로 착색된 점상으로 나타난다.
선상 편석	S_L	• S의 편석부가 짙은 농도로 착색된 선상으로 나타난다.
주상 편석	S_{CO}	• 형강 등에서 볼 수 있는 편석이다. • 중심부 편석이 주상으로 나타나는 것을 말한다.

라. 설퍼 프린트(sulfur print)를 이용한 결함 검사

목적	결함 종류	결과
결함 검출	흠 검출	흠에는 황산이 들어가서 황화수소가 많이 나오므로 흠 부분만이 흑색으로 나타난다.
	담금질부 검출	담금질 부분은 황화물이 고용체가 되어 확산하므로 설퍼 프린트가 되지 않고 백색으로 나타난다.(뜨임하면 흑색으로 나타난다.)
	용접부 검출	용접부는 담금질이 되므로 백색으로 나타난다.(모재는 흑색으로 나타난다.)
편석검출	고우스트 라인	S이 많은 곳은 P와 C도 많고 편석되므로 이 부분은 단단하고 약하다.

4 매크로 부식법(macro etching, 강산 부식법)

강재의 표면이나 단면에 대하여 적당한 부식액으로 부식시켜 결함을 육안으로 검출하는 검사법을 매크로 부식법이라 한다.

가. 매크로 부식법의 조직 및 결함

구분	조직 및 결함
강괴	파이프, 다공질, 백점, 피트(pit), 편석, ingot pattern, 수지상 조직, 응고 조직, 비금속 개재물, 이물질 등
열간 가공재	균열, 주변흠, 과열 조직, 결정립, 섬유 조직(fiber flow) 등
열처리재	담금질 균열, 담금질 조직, 변형 균열, 과열 조직, 결정립, 침탄층, soft spot, 담금질 경화층, 탈탄층, 표면 처리층 등
기타	절단 균열, 연마 균열, 용접부 조직, 열영향층, 냉간 가공 변형 등

나. 매크로 부식법

부식액	검사면 준비	조작	검출되는 결함
염산 50% 수용액	거친 연마	70～80℃, 30～60분 담근 후 수세 건조	강재, 특수강의 백점, 균열 검출
염산 40%, 염화철 30%, 물 30%	거친 연마	상온 1～24시간 담근 후 수세 건조	강재, 특수강의 백점, 균열 검출, 내식 강도 적용
염화암모니아 10g, 물 120mL	거친 연마	상온 30～90분 담근 후 수세 건조	백점, 균열, 탄소, 인의 편석 검출
염산 120mL, 염화구리 90g, 물 100mL	거친 연마	상온 30～90분 담근 후 수세 건조	일반 균열 검출
① 염화구리 90g, 진한염산 120mL, 물 100mL ② 진한 염산 40mL, 물 60mL	고운 연마	상온의 ①액에 3～30분 담그고 3분마다 Cu침전물을 씻고 검사하며, 모양이 나타나면 ②액에 1분 담근 후 수세 건조	왜곡 검출

다. KS(D 0210)에 규정된 시험 방법의 공정

① 시험편 준비

㉮ 열처리 강재는 담금질 조직 등을 검출하는 경우를 제외하고는 풀림, 불림을 한다.

㉯ 피검면은 가공축과 직각인 면을 원칙으로 하나 섬유 조직의 검출 등과 같이 필요에 따라 가공축면을 피검면으로 할 수 있고, 절단은 시험편 두께 20mm로 한다. (표면 거칠기 : 12.5～25S를 표준으로 하고 표면의 기름기를 제거한다.)

② 부식

㉮ 부식액은 일반적으로 1 : 1 염산수용액(HCl로서 약20% 무게)을 사용한다.

㉯ 액의 온도는 75～80℃, 부식 시간은 강종 및 열처리 상태에 따라 달라진다.

㉰ 왕수법은 스테인리스강, 내열강에 적용한다.

㉱ 염화동(鹽化銅) 암모늄법은 대형 강재에 적용한다.

③ 세정(洗淨), 건조, 판정

㉮ 세정은 부식 후 온수로 세정한다.

㉯ 건조는 적당한 알칼리 용액 중에서 중화한 다음 건조하여 조직을 판정한다.

제2절 | 현미경 조직 시험

현미경 조직 시험은 금속 재료의 조직을 시험하거나 결함을 검사하는데 많이 이용되고 있으며 금속 현미경을 사용하여 다음과 같은 금속 조직을 관찰할 수 있다.

1 금속 현미경의 종류

가. 금속 현미경으로 관찰할 수 있는 범위

① 금속이나 합금의 조성과 기계적 성질과의 관계, 균열의 성장 상황
② 금속 조직의 구분 및 결정 입도의 크기, 모양, 배열 상태, 파단면의 모양과 상태
③ 열처리 등의 가공 상태 및 비금속 개재물의 종류와 형태, 크기, 분포 상태

나. 현미경 조직 검사의 구분

① 광학 금속 현미경 조직 시험 : 보통, 고온 편광, 위상차, 간섭 금속 현미경 시험
② 섬프(sump) 시험편에 의한 조직 시험
③ 전자 현미경 조직 시험

다. 광학 금속 현미경

반사형 금속 현미경에서는 광원으로 전구를 사용하여 시료에 광선을 투사하여 이 때 시료 표면에서 반사하여 나오는 광선을 현미경의 렌즈를 통하여 관찰한다.

① 시료를 놓은 위치에 따라 직립형과 도립형이 있다.
　㉮ 직립형 : 시료의 검사면이 위로 향하게 세워 놓고 관찰한다.
　㉯ 도립형 : 검사면이 아래로 향하도록 뒤집어 놓고 관찰한다.
② 현미경에 보통 사용되는 배율과 렌즈
　㉮ 종합 배율 : 50 X, 100 X, 200 X, 400 X, 800 X, 1000 X(유침)
　㉯ 대물렌즈 : M 5 X, M 10 X, M 20 X, M 40 X, M 80 X, M 100 X
　㉰ 접안렌즈 : WF 10 X, WF 15 X, WF 20 X
　㉱ 촬영용 접안렌즈 : 10 X, 12.5 X, 15 X, 20 X

라. 고온 금속 현미경

고온 금속 현미경은 상온 이상의 온도에서 금속 조직을 관찰하기 위하여 사용되며, 시험편을 진공 중에서 가열하여 열부식(熱腐蝕)에 의해서 나타나는 조직을 관찰한다.

※ 고온 현미경의 관찰 범위
- ㉮ 고온에서의 결정 입자의 성장과 상의 변화 관찰
- ㉯ 고온에서의 소성 변형과 파단 현상 관찰
- ㉰ 금속의 용해와 응고 현상 또는 이에 따른 과냉도와 수지상 조직의 형성 관찰

마. 전자 현미경

전자 현미경은 파장이 짧은 전자 속이 전기장 또는 자기장에 들어가면 힘을 받아 굽어지는 원리를 이용한 것이다.

① 적당한 전기장 또는 자기장을 만들어 렌즈 작용을 하는 전자 렌즈를 구성한다.
(이 전자 렌즈를 몇 개 조합하여 상을 형성한다.)

② 전자선에 의한 상은 직접 눈으로 볼 수 없으므로 규광판을 대고 관찰 또는 사진 촬영을 하여 관찰한다.

③ 전자 현미경에 사용하는 전자선의 파장은 가시 광선에 비하여 극히 짧으므로 광학 현미경보다는 고배율의 상이 관찰된다.

④ 투과 전자 현미경(transmission electron microscope, TEM)

㉮ 투과 전자 현미경의 원리

㉠ 투과 전자 현미경의 작동 원리는 가속 전자빔을 광원으로 사용하고 배율 조정을 위한 렌즈 작용을 전자로 이용한다.

㉡ 빛 대신에 파장이 짧은 전자선을 시료에 투과시켜 전자 렌즈로 상을 확대하여 형성시키는 현미경이다.

㉢ 투과 전자 현미경은 전자가 공기 중에서 통과할 수 없으므로 현미경 전체를 고진공상태로 유지시켜야 하며, 유리 렌즈 대신에 전자 렌즈를 사용한다.

㉣ 관찰하고자 하는 시편의 파장보다 훨씬 작은 가속전자를 발생시켜 시편에 투과시키면 결정면이나 결함 등에 따라 투과할 수 있는 전자빔의 강도가 달라진다.
(이 때 투과된 전자빔의 강도차에 의해서 형광 스크린상에 명암이 발생하여 시편의 형상을 얻는다. 형성되는 시편의 형상은 전자의 짧은 파장에 기인하는 탁월한 분해능을 갖는다.)

㉯ 투과 전자 현미경의 특징

㉠ 시료 내부에 생긴 전위와 같은 결정의 결함이나 광학 현미경으로 볼 수 없는 미세한 석출 입자 등을 관찰하고, 원자 배열에 대한 정보를 얻을 수 있다.

㉡ 고체 재료의 구조 분석을 위한 직접 관찰상의 분해능이 매우 뛰어 난다.

㉢ 매우 높은 분해능과 함께 다양한 분석을 실시할 수 있다.

㉰ 투과 전자 현미경을 이용한 분석 방법

㉠ 전자 투과에 의한 상(명시야상), EDAX 분석 및 Line Scanning

㉡ 전자 회절상과 이에 의한 BF(Bright Field : 명시야상)

㉢ DF(Dark Field : 암시 야상), STEM 및 X－ray Mapping 등

㉱ 투과 전자 현미경의 구성

㉠ 전자총 : 투과 전자 현미경의 구성은 적정 에너지를 갖는 평형 전자빔을 만들 수 있는 전자총으로 구성되어 있으며, 광학 현미경의 광원에 해당한다.
(가속 전압 100～400kV 정도 범위에서 열 이온적으로 전자를 방출시키는 장치로, 종류에는 W, LaB_6, 전장방출원 등이 있다.

㉡ 렌즈 : 전자기적 성질을 가는 여러 개의 렌즈로서 렌즈계에는 집광렌즈, 대물렌즈, 투영렌즈로 구성되어 있다.

ⓐ 집광 렌즈는 전자총 아래 최소한 3개가 위치하고 있다.

- 전자총에서 나온 전자들을 접속하여 시편에 투과시키면서 전자빔의 직경과 수렴각을 결정한다.
- 1차 집광 렌즈는 탐침 크기(spot size)로 조정되어 광원의 1차 영상을 만든다.
- 2차 집광 렌즈는 시편에서의 탐침 크기와 수렴각을 결정하는데 사용한다.

ⓑ 대물렌즈는 시편을 통과한 산란 전자들을 모아 1차 중간상과 회절도형을 만든다.

- 대물렌즈의 설계와 수차가 현미경의 성능에 결정적인 영향을 미친다.
- 초점 조절, 분해능 결정, 콘트라스트 조정 등의 기능을 가지고 있다.
- 투영렌즈는 대물렌즈에 의해 형성된 중간상을 확대하는 기능을 가지고 있다.
- 투영렌즈 3～4개를 이용하여 최종 비율이 100만 배 정도의 상을 얻을 수 있다.

㉰ 스크린 : 영상을 볼 수 있도록 전자 형광 물질로 된 스크린이다.

㉠ 연록색이 인이 도금된 스크린이 있어서 확대된 영상이나 회절도형을 관찰할 수 있다.

㉡ 스크린의 창은 납유리로 되어 있어 고에너지 전자에서 방출된 X－ray를 흡수 또는 차단하게 되어 있다.

㉱ 카메라 : 관찰한 영상이나 회절도형을 기록할 수 있도록 정착된 카메라로 되어 있다.

⑤ 분해능과 시야심도 및 초점심도

㉮ 분해능

㉠ TEM에 의해 최초로 분해할 수 있는 물체의 크기(분해능)은 전자렌즈의 오류(errors of magnetic lenses), 특히 대물렌즈의 구면수차(spherical aberration of the objective lens)에 의해 결정된다.

㉡ 전자 현미경에서는 대물렌즈의 조리개 반각이 주로 렌즈의 중심인 구면수차 계수에 의해 영향을 받는다.
(구면수차 효과를 감소시키기 위해 전자가 렌즈의 중심 광축을 따라 지나도록 작은 대물렌즈 조리개를 사용한다.)

㉯ 시야심도와 초점심도

㉠ TEM에서는 렌즈에의 전자 입사각 α가 매우 적으므로 시야심도나 초점심도가 광학 현미경에 비해 매우 크다.

㉡ 시야심도 D는 $\frac{R}{2}=\frac{D}{2}\tan\alpha=$ 관계가 얻어진다.

• R : 분해능 • α : 렌즈의 조리개의 크기(입사각)

㉢ $D=\frac{R}{\alpha}$로 되며, $R\fallingdotseq 10\text{Å}$, $\alpha\fallingdotseq 2\times10^{-3}\text{rad}$의 경우 $D=5{,}000\text{Å}$이 된다.

(약 $\frac{1}{2}\mu\text{m}$ 정도의 두께를 갖는 시편을 한 번에 초점을 맞추어 관찰할 수 있다.)

㉣ 초점심도 D_f와 시야심도와의 만족 관계

$$D_f=\frac{R}{\alpha}M^2$$

• M : 현미경의 배율

㉤ TEM의 초점심도는 사용 범위 내에서 거의 제한을 받지 않는다.

⑥ 전자의 회절

㉮ 금속 결정 시편에 입사한 전자파가 각 원자에서 산란될 때 원자의 주기성 때문에 산란파가 상호 간섭을 일으켜 어느 일정한 방향으로 증폭되는 현상을 말한다.

㉯ 결정에 입사된 전자파가 어느 특정한 방향으로 회절하기 위해서는 결정을 구성하는 각각의 원자에서 산란된 산란파의 위상이 일치하여야만 한다.
(조건을 만족하기 위하여 산란파의 상호간 행로차가 전자파 파장의 정수배가 되어야 한다.)

㉰ 결정면간 거리가 d인 일련의 나란한 (hkl)면에 원자가 배열되어 있고, 파장이 λ인 전자파가 이 결정면과 θ의 각도(Bragg 각)로 입사되고 있다고 생각하면

㉠ 원자에 의해 산란된 전자파 중에서 반사각이 θ인 특정 방향만을 생각하면 이 두 원자에 산란된 파동의 위상이 일치하기 위하여는 두 파동의 경로차가 전자파의 파장 λ의 정수배가 되어야 한다.

㉡ 경로차(δ)는 $\mathrm{ML}+\mathrm{LN}=d\sin\theta+d\sin\theta=2d\sin\theta$로 주어진다.

㉢ 따라서 $n\lambda=2d\sin\theta$(n : 정수, Bragg 법칙이다.)

㉣ 위 식을 성립해야만 반사파의 위상이 일치하여 전자파에 의한 회절이 일어나게 된다.(Bragg 법칙은 회절이 일어나기 위한 조건을 제시한다.)

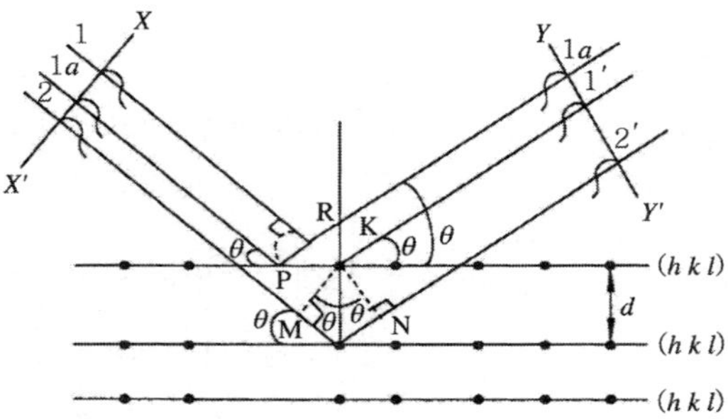

그림 2-30 결정에 의한 전자선의 회절

⑦ 전자를 투과시키지 않는 시편의 표면 구조를 관찰하기 위한 레프리카법의 종류
(얇은 필름으로 시편의 표면을 복사하여 이 필름을 관찰함으로써 간접적으로 시편의 표면 구조를 관찰한다.)

㉮ 플리스틱 레프리카(Replica)법
200 Å 이하의 분해능을 필요로 하지 않는 경우에 사용하는 간단한 방법이다.
(표면 형상에 따른 명암 차이가 우수하지 못하므로 명암의 대비를 높일 목적으로 Au, Pt, Cr 등의 중금속을 정해진 각도로 진공 증착하는 방법이 사용되고 있다.)

㉯ 탄소 레프리카(Replica)법
금속 시편의 표면에서 직접 탄소층을 증착시킨 후 탄소 필름을 떼어내어 관찰하는 법

㉰ 산화물 레프리카(Replica)법
산화층을 적당한 크기로 자른 후 전해 연마를 이용하여 떼어 낸 후 관찰한다.

㉱ 아세틸셀롤로즈/ 탄소 레프리카법
가장 많이 사용하는 레프리카법이다.

㉲ 추출 레프리카법
레프리카(Replica)를 떼어 내기 좋게 하기 위해 매끄럽게 연마 후 부식을 시킨다.

바. 주사 전자 현미경(scanning electron microscope, SEM)

① 재료의 미세 구조를 관찰하는데 가장 유용한 장비이며 광학 현미경 해상도보다 수십배나 우수하고, 고분해능의 것은 10Å 이하의 해상도를 갖는다.

② 반사형의 전자 현미경으로 전자선의 시료를 투과하지 않고 시료 표면 위를 주사하여 시료에서 나오는 2차 전자를 전기적 신호로 탐지한다.
(이 신호를 브라운관의 밝기로 변조시켜 시료 표면의 형태를 상으로 만들어 관찰한다.)

③ 분해 능력은 전자선의 지름이 작을수록 좋다.
(전자선의 지름을 작게 하기 위하여 대물렌즈의 반각을 5.3×10^{-3}rad 정도로 한다.)

④ 2개의 전자렌즈에 의해 전자선을 접속하고 편향 코일로 주사시키면서 시료면을 조사하며, 배율은 약 10배 정도부터 150,000배 이상의 고배율까지 얻을 수 있다.
(시료면 위의 각 점에서는 표면의 물리적 또는 화학적 성질에 따른 양의 반사 전자 또는 2차 전자가 방출된다.)

⑤ 초점심도는 보통의 광학 현미경에 비해 현저히 크기 때문에 시편의 표면이 평탄치 않아 초점심도가 낮은 광학 현미경에서는 고배율로 관찰할 수 없는 것도 눈으로 보는 것과 같은 3차원의 영상을 얻을 수 있다는 장점이 있다.

⑥ E. P. M. A가 부착되어 있어 작은 부피의 화학 성분 분석을 빠르고 쉽게 할 수 있다.
※ E. P. M. A(Electron Probe Microanalyzer)
SEM에서 가속된 전자가 시편의 표면을 때릴 때 방출되는 특성 X－ray를 분석하여 수 μm 직경 크기의 시험부위까지 화학 원소의 정석 분석 및 정량 분석을 할 수 있는 분석 장비다.

사. 편광 현미경

① 광학적으로 이방성을 가진 금속(Zn, Zr, U 등) 또는 부식으로 조직이 잘 나타나지 않는 금속(U, Zr 등) 등의 관찰에 이용된다.

② 시편을 편광으로 검경하면 부식을 하지 않아도 결정 입자나 상을 식별할 수 있다.

2 현미경 시험편의 준비

가. 시험편의 일반적인 준비 순서

시험편 채취(절단) → mounting → 연마(grinding) → polishing → 세척 → 부식

나. 시험편 채취법

시험편 채취 방법은 재질에 의해 결정되며, 관찰하고자 하는 부위가 반드시 포함되어야 하며, 시료 절단시 열과 응력에 의한 조직의 변형이나 균열이 발생하지 않도록 한다.

① 연한 시료는 손톱이나 기계톱으로 절단, 취약한 시료는 해머에 의해서 채위한다.

② 톱으로 절단하기 힘든 단단한 재료는 abrasive wheel로 채취한다.

㉮ 알루미나(Al_2O_3)계 : 탄소강, 합금강, 주철, 니켈 합금 등

㉯ 탄화수소(SiC)계 : 내식강, 주철, 알루미늄 합금, W, Zr, Ti 등

㉰ 다이아몬드(continuous rim)계 : 초경 합금, Si, Ge 등

㉱ 다이아몬드(discontinuous rim)계 : 일반 비철금속

③ gas torch를 사용하는 방법

㉮ 대형의 공시재로부터 시험편을 채취하는 경우에 사용한다.

㉯ 최종 관찰면에서 충분히 떨어진 부위를 1차 절단 후 적절한 절단 방법을 이용하여 다루기 쉬운 크기로 2차 절단한다.

④ replica법

㉮ 시험편의 채취가 불가능한 대형 구조물이나 최종 제품의 경우에 이용한다.

㉯ 시료의 준비 및 조직의 해석에 상당한 숙련이 요구된다.

다. mounting

시료를 손에 쥐고 다루기에 편한 적당한 크기와 단순한 모양으로 만드는 작업으로 클램프를 이용하거나 시편을 적당한 재료(mounting material)에 넣어 손으로 조작하기 쉽게 하는 작업을 mounting이라 한다.

① clamp를 이용하는 시편

㉮ 일반적으로 작은 시료나 복잡한 형상을 갖는 시료 및 매우 연하거나 취약한 시료

㉯ 재료 표면 부위를 관찰하고자 할 때 및 시험부 특정 부위를 정확히 관찰하고자 할 때

② 연마(polishing)를 자동으로 하고자 할 때는 mounting이 필수적이며 mounting하는 방법은 다음과 같다.

㉮ 클램프를 이용하는 방법

㉠ 단순한 고정 기구(clamp)에 시험편을 끼워 mounting하는 방법이다.

㉡ 고정 기구의 재질에는 시험편과 비슷한 마모성을 가지는 재료, 내식성이 시험편보다 우수하여 시험편의 부식 처리시 시험편에 영향을 주지 않는 재료를 사용한다. 일반적으로 스테인리스강이 사용되며, 시험편과의 접촉 부위에 고무, 콜크 또는

플라스틱 등의 보조재를 끼워 사용하는 경우도 있다.

㉯ mounting 재료를 이용하는 방법

㉠ 고온 고압용 mounting 재료

ⓐ 열경화성 재료(bakelite, aniline formaldehyde compound 등) : mounting에 요하는 시간이 짧고, 적당한 강도를 얻을 수 있으나 고온 고압(bakelite의 경우 135~149℃ 이상, 4,200psi)을 필요로 하기 때문에 저온에서 조직 변화가 생기거나 취약한 재료에는 사용할 수 없다.

ⓑ mounting재의 사용시 유의 사항

- 마운팅재는 타거나 시편과 마운팅재 사이에 균열이 발생하기 쉽다.
- 과냉하거나 마운팅 시간이 너무 짧으면 수지 내에 기포가 많이 형성된다.
- 압력이 부적절하면 표면이 부풀어 오르거나 균열이 형성되기 쉽다.

ⓒ 열가소성 재료(polysterene, lucite, cellulose base materials)
투명하고 내식성, 내알칼리성이 우수하고 아세톤과 같은 유기물질에 잘 녹는다. 과열되면 유동성이 너무 좋아져서 die나 피스톤 사이에 스며들며 시편이 떨어지지 않는 경우가 있고, 과냉하거나 마운팅 시간이 너무 짧으면 불투명해지고 녹지 않는 곳이 있다.

㉡ 상온 성형용 mounting 재료

ⓐ 고온이나 고압을 요하지 않고, 1회 작업으로 여러 개의 시편을 동시에 mounting할 수 있는 장점이 있고, polyesters, epoxides, acrylics 등이 있고, 투명도는 acrylics - epoxides - polyesters 순으로 좋다.

ⓑ 상온 성형용 마운팅재는 수지와 경화재의 2성분으로 이루어져 있는데 이 두 성분을 섞으면 발열 중합에 의해 가열하지 않고도 단시간 내에 성형이 된다.

ⓒ 일정한 마운팅 몰드에 수지와 경화재를 적당한 비율로 섞인 액상을 주입하는 방법으로 시편의 크기에 구애받지 않으며 시편의 개수가 많거나 균열이 있는 시료를 마운팅하는데 유리하며, 시편을 경사지게 할 필요가 있을 경우에 가장 유리하다.

㉢ 통전용 마운팅 재료

ⓐ 전해 연마 또는 전해 부식이 필요한 시료를 마운팅하는 경우에는 통전이 가능하도록 Cu나 Fe 분말 등이 함유한 열가소성 또는 열경화성 수지를 이용해야 한다.

ⓑ 절연성의 수지를 사용할 경우는 전기가 통할 수 있게 시편과 외부를 전선으로 연결하여 전선을 마운팅 몰드 이면으로 노출시킨다.

라. 연마(grinding)

① 연마 방법

㉮ 거친 연마포를 사용하는 조연마로(coarse grinding)부터 여러 단계를 거쳐 점차적으로 고운 연마포를 사용하는 세연마로 이행한다.

㉠ 보통 조연마로 끝낸 시험편의 표면 거칠기는 약 10μm 정도로 된다.

㉡ 세연마까지 끝낸 시편의 표면 거칠기는 약 1μm 정도가 된다.

㉯ 각각의 단계를 넘어갈 때마다 이전에 연마한 흔적이 나타나지 않도록 먼저 행한 연마 방향에 수직인 방향으로 연마를 행한다.

㉰ 표면에 변화를 받은 층이 효과적으로 제거될 수 있게 하여야 한다.

㉱ 조대 조직의 관찰은 세연마까지만 행한 상태에서도 가능하며, 미세 조직의 관찰을 위해서는 polishing이 필요하다.

㉲ 마무리 연마는 시험편 연마기를 사용하여 실시하고, 산화크롬(Cr_2O_3)이나 산화알루미늄(Al_2O_3) 등의 연마제를 사용하여 연마한다.

마. 미세 연마(polishing)

연마 작업의 최종 단계에서 형성된 미세한 표면흠을 제거하여 광택이 나는 매끄러운 표면을 얻기 위해서 실시한다.

① 방법에는 기계 polishing, 화학 polishing, 전해 polishing의 3가지가 많이 사용된다.

② 기계 연마(mechanical polishing)

㉮ 벨벳이나 나일론 등 연한 천(cloth)을 붙여 놓은 연자판을 여러 속도로 회전시키면서 연마제를 뿌려 시편을 경면 연마하는 작업이다.

㉯ 연마제 : 산화크롬, 산화 마그네슘, α − 알루미나, 다이아몬드 등의 분말을 사용한다. 연마제는 증류수에 suspension, slurry 혹은 paste 상태로 사용하며, 다이아몬드 분말은 거의 paste 상태로 사용한다.

㉰ 기계 연마는 2단계나 3단계로 나누어 사용하며 처음에는 1 ~ 10μm 정도의 연마제를 사용하고 최종적으로는 0.5 ~ 0.05μm 정도의 연마제를 사용한다.

㉱ 연마 작업

㉠ 산화크롬이나 알루미나 분말을 사용할 때 : 물을 떨어뜨리며 연마한다.

㉡ 다이아몬드를 사용할 때 : 석유 등을 분산, 광택제로 사용한다.

㉢ 경도가 높은 재료는 연마시 회전판의 회전 속도를 낮추는 것이 좋다.
ceramics, cement carbide와 같은 재료는 경도가 고속 회전으로 연마하는 것이 좋다.

③ 화학 연마(chemical polishing)

㉮ 적절한 연마 용액에 시편을 담가서 연마하는 방법으로 Pb 등 연한 금속에 사용할 때는 다른 방법으로 얻을 수 없는 매끄러운 면을 얻을 수 있다.

㉯ 연마액 : 질산, 황산, 과산화수소, 크롬산 등의 산화제가 있다.

㉰ 화학 연마의 장점

㉠ 절단 후 거의 전처리가 필요가 없기 때문에 경제적이며, 시편 크기에 관계가 없다.

㉡ 변화층이 형성하지 않으므로 완전한 조직을 얻을 수 있다.

㉢ 표면에 pit를 형성하는 것 이외는 기계 연마에서 흔히 볼 수 있는 표면흠이 없다.

㉣ 기계 연마가 곤란한 연한 금속의 연마에 적합하다.

㉱ 화학 연마의 단점

㉠ 모서리 부분이 심하게 부식되어 그 부분을 관찰하기 어렵다.

㉡ 조직의 입도(粒度)가 큰 시편에는 orange peel 현상이 나타난다.

㉢ 표면이 거친 시편은 연마가 곤란하다.

㉣ 시편의 재질에 따라서 반응 중간 생성물이 표면에 피막을 형성하는 경우가 있다.

㉤ 화학적 성질이 현저하게 차가 나는 합금 조직의 경우에는 연마가 거의 불가능하다.

④ 전해 연마(electro polishing)

㉮ 전해 연마제 : 보통 인산, 황산, 과염소산 등의 이온이 있는 수용액 또는 알콜 등액의 유동성을 높이기 위해 glycerol, butylglycerol, urea 등의 성분이 첨가된다.

㉯ 전해 연마는 시편 표면의 오염 정도에 크게 영향을 받으므로 연마 전에 아세톤이나 벤젠 등으로 탈지하는 것이 좋다.

㉰ 시험 표면의 연마 상태에 영향을 주는 인자

㉠ 전류 밀도, 전압, 전해 시간, 음극의 재질 및 크기 모양

㉡ 전해액의 조성, 전해액의 농도, 전해액의 온도 및 유동성

㉱ 전해 연마의 장·단점

㉠ 기계 가공이나 열영향에 따른 연마 변화층이 생기지 않는다.

㉡ 동일 기구로 계속하여 부식까지 끝낼 수 있다.

㉢ 예리한 부분이 심하게 연마되어 곡면을 이루게 되어 관찰하기 어렵다.

㉣ 개재물 주위가 선택적으로 연마되어 개재물의 탈락이 일어나기 쉽다.

바. 부식(etching)

마무리 연마가 끝난 시편을 부식하여 조직이 잘 보이게 시편을 처리하는 작업으로 부식 방법에는 부식제에 의한 방법(가장 많이 사용), 가열 착색법, 전해 부식법 등이 있고, 금속의 미세조직을 보이게 하는 방법에는 광학적인 방법, 전기 화학적인 방법, 물리적인 방법 등이 있다.

① 광학적 방법은 조명 방법을 변화시켜 금속의 미세 조직이 나타나게 하는 방법이다.
   ㉮ 편광 조명법 : 편광을 시편의 표면에 비춰 주면 결정립의 방위나 결정 구조의 차이에 따라 조직의 명암이 구별되어 보이는 현상을 이용한 방법이다.
   ㉯ 경사 조명법 : 빛을 경사지게 비추어 명암의 대조를 증가시키는 방법이다.
   ㉰ 간섭광 관찰 : 광원에서 빛의 진로를 제한하면 빛의 진행 거리가 변하여 시편 표면의 높낮이 차이에 따른 간섭 현상이 발생하는 것을 이용하여 명암의 대조를 증가시켜 조직을 검사한다.
   ㉱ 명암 도치법 : 관찰 부위가 오목하게 하거나 난반사를 일으키는 부위일 경우 명암을 도치시켜 이 부위의 어두운 부분을 밝게 해 관찰하는 방법이다.
② 전기 화학적 부식 방법에는 전해 부식과 화학적 부식으로 나눈다.
   ㉮ 전해 부식
      ㉠ 일종의 강제 부식으로 외부에서 가해준 기전력에 의해 시편 표면이 화학적으로 활성화되어 미세 조직간의 전기 화학적 전위차에 따라 서로 다른 속도로 부식된다.
      ㉡ 부식 속도를 변화시키는 인자
         ⓐ 각 조직간의 화학 성분의 차이
         ⓑ 연마면에 노출된 결정면의 방향 차이(이방성 재료에 심하다.)
         ⓒ 시편의 부위에 따른 가공 변형도의 차이(변형을 많이 받는 부위가 빨리 부식된다.)
         ⓓ 연마 후 표면에 재생된 산화 피막의 두께(두께가 두꺼우면 부식 속도가 느리다.)
         ⓔ 전해액 중의 금속 이온의 농도 차이(금속 이온의 농도가 적은 부위가 빨리 부식된다.)
         ⓕ 전해액의 유동 속도(유동 속도가 빠른 영역이 빨리 부식된다.)
         ⓖ 전해액 중의 산소% 차이(산소%가 많아지면 산화가 일어나면서 부식 속도가 느려진다.)
      ㉢ 전해 부식 작업
         ⓐ 시편의 종류에 따라 적당한 전해액을 이용해 직류 또는 저주파 교류를 흘려준다.
         ⓑ 사용하는 전압, 전류 밀도, 용액, 농도, 온도, 부식 시간에 부식 정도가 달라지므로 적정 조건으로 전해 부식을 실시한다.
         ⓒ 과도한 부식이 일어났을 경우에는 1,000mesh부터 재 연마하여 부식시킨다.
   ㉯ 화학적 부식
      ㉠ 부식제 : 산과 알칼리, 중성 용액, 용융염, 기체 등의 다양한 부식제가 이용된다.

㉡ 화학 부식제의 선택은 금속의 종류, 관찰하려는 사항에 따라 그 종류가 달라진다. 일반적으로 쓰이는 부식제는 입계와 입내 조직 및 석출물 모두가 동시에 구별되도록 부식시킬 수 있는 것이 보통이다.

㉢ 부식 속도는 금속이 녹아 들어가는 속도에 영향을 받고 부식제의 농도와 온도에 의해 크게 좌우되며, 부식의 완료는 연마면이 뿌옇게 변하는 것을 보아 판단한다. (부식 속도 조절 : 계면활성화제 또는 계면 보호제를 소량씩 첨가한다.)

③ 물리적 부식법(physical etching)은 다른 부식 방법으로 조직의 관찰이 힘든 경우에 이용된다.

㉮ 물리적 방법의 장점

㉠ 부식면에 부식 생성물이 남지 않는다.

㉡ 도금층이나 화학적 성질이 판이한 금속의 용접부 또는 ceramics 재료나 다공성 재료를 부식시키는데 물리적 부식법이 적당하다.

㉯ 이온부식(cathodic vacuum 부식법)

Ar와 같이 에너지 준위가 높은 이온을 고속으로 가속시켜 시편의 표면에 충돌시키면 미세 조직의 특성에 따라 금속 원자가 떨어져 나오는 속도가 틀려지는 성질을 이용한 것으로 이온 부식을 행하면 결정 입계와 기타의 조직이 잘 나타난다.

(보통 충돌 이온의 가속 전압은 1 ~ 10kV 정도다.)

㉰ 열부식 : 시편을 가열시켜 조직이 나타나도록 하는 것을 말한다.

㉱ 증착층에 의한 부식

시편의 표면에 ZnSe, TiO_2 등의 굴절 계수가 큰 재료를 증착시켜 증착층에 의한 빛의 간섭 효과를 이용하여 조직을 관찰하는 방법이다.

④ **현미경 조직 시험의 부식제**

시험 재료	부식제	용액 조제
철강	질산 - 알콜 용액(나이탈)	진한 질산 5mL, 알콜 100mL
	피크린산 - 알콜 용액(피크랄)	피크린산 5g, 알콜 100mL
Cu 및 그 합금	염화제이철 용액	염화제이철 5g, 진한 염산 50mL, 물 100mL
Ni 합금	질산, 아세트산 용액	질산(70%) 50mL, 아세트산(50%) 50mL
Sn 합금	질산 용액, 나이탈	질산 2mL, 물 100mL
Pb 합금	질산 용액	질산 5mL, 물 100mL
Zn 합금	염산 용액	염산 5mL, 물 100mL
Al과 그 합금	수산화나트륨 용액	수산화나트륨 20g, 물 100mL
	플루오르화 수소산	10% 수용액
Au, Pt, 귀금속	왕수	진한 질산 1mL, 진한 염산 5mL, 물 6mL

3 정량적 조직 시험(quantitataive metallography)

정량 조직 검사는 조직 내의 결정립의 크기와 상(相)의 상대적 양을 정량적으로 측정하여 미세 조직의 3차원적 개념을 이해하는 목적으로 실시한다. 이 검사에는 결정 입도 측정과 조직량의 측정이 있다.

가. 비금속 개재물 검사

비금속 개재물의 검사는 강의 품위를 알 수 있는 청정도를 판정하기 위한 것이다.

① 검사 방법

㉮ 시험편을 담금질한 후 검사할 면을 연마하여 현미경에 의해 비금속 개재물의 종류 및 수량을 측정한다.

㉯ 정해진 방법에 의해서 개재물이 차지하고 있는 면적 백분율을 산출하여 그 강의 청정도를 판정한다.

② 종류 : 형태에 따라 KS에서는 A계 개재물, B계 개재물, C계 개재물

㉮ A계 개재물(황화물계 개재물)
황화물, 규산염과 같이 가공 방향으로 길게 늘어나 있는 비금속 개재물이 이에 속하며, 황화물을 A_1계, 규산염 A_2계라고 세분하기도 한다.
(가공으로 인한 점성이 변형된 것이다.)

㉯ B계 개재물(알루미늄 산화물계 개재물)
알루미나 등과 같이 가공 방향으로 집단을 이루며 길게 늘어선 입상의 불연속 개재물이 뭉쳐 줄지은 것이 이에 속한다.

㉰ C계 개재물(기타 각종 비금속 개재물)
가공에 따른 점성 변형이 없고, 불규칙하게 분포된 입상의 개재물이 이에 속한다.

㉱ ASTM에서는 KS의 A계 개재물 중 규산염계 개재물을 C계 개재물로, KS의 C계 개재물을 D계 개재물로 부르고 있다.

③ 시험편 채취

㉮ 공시재는 압연(또는 단조)된 강재에서 압연 방향(또는 단조축)의 수직 또는 길이 방향으로 시험편을 채취하기에 충분한 길이로 절단한다.

㉯ 공시재에서 시험편을 채취하는 방법(공시재의 상태에 따라)

㉠ 공시재의 압연 방향 또는 단조축에 평행하게 중심선을 따라 절단하여 채취하며, 공시재의 표면으로부터 중심선을 포함하는 면을 검사면으로 한다.
그 면의 면적은 KS에서는 $300mm^2$, ASTM에서는 $160mm^2$(9.5×19mm)로 한다.

㉡ 공시재의 두께, 폭, 직경 또는 대각선의 길이가 60mm 이상인 경우

공시재의 표면과 중심축의 중간에서 시험편을 채취하며, 가공축에 평행하고 시편면과 수직인 면을 검사면으로 한다.

검사면의 크기는 가공 방향으로 길이 15mm, 폭 20mm로 한다.

㉢ 공시재의 두께, 폭, 직경 또는 대각선의 길이가 20mm 이하인 경우

중심선을 지나는 절단면을 검사면으로 하고 그 면적은 협의하여 정한다.

④ 측정 방법

㉮ KS에 의한 방법

㉠ 현미경의 접안 렌즈에 가로, 세로 각각 20개씩의 격자선이 있는 모눈격자망을 갖는 eye piece를 넣고 400배의 현미경 배율로 시험면을 무작위로 검사한다.

㉡ 측정 횟수는 60회를 표준으로 최소한 30회 이상을 행한다.

㉢ 측정시에는 격자망의 십자에 비금속 개재물이 걸리면 걸린 격자점의 수를 세어 비금속 개재물이 걸린 격자점의 총수를 개재물의 형태별로 합산하고, 그 값을 식에 대입하여 비금속 개재물이 점유하는 면적 백분율을 구하여 강의 청정도를 판정한다.

ⓐ 비금속 개재물이 점유하는 면적 백분율을 구하는 식(청정도를 판정하는 식)

$$d = \frac{n}{p \times f} \times 100$$

- f : 시야수(=60)
- p : 격자점의 총수(=400)
- d : 청정도

ⓑ 판정 결과 표시 방법

측정 시야수가 60, 배율이 400배일 때 A계 개재물의 청정도가 0.15%, B계 개재물의 청정도가 0.02%, C계 개재물의 청정도가 0.09%의 경우의 표시 방법

- dA60 × 400 = 0.15
- dB60 × 400 = 0.02
- dC60 × 400 = 0.09

㉯ ASTM에 의한 방법(A)

㉠ 현미경 배율을 100배, 검사면의 면적 5,000mm^2(직경 80mm 또는 한 변의 길이 71mm)되게 하여 검사면 전체를 모두 조사한다.

㉡ 측정 방법

ⓐ 각 시야에서 보이는 개재물을 표준 사진과 비교하여 개재물의 종류별로 크기와 분포에 따른 표준 기호를 기입한다.

ⓑ 표준 사진에 있는 개재물의 크기 한계를 넘은 큰 개재물은 따로 기입한다.

ⓒ 한 용탕의 개재물 상태를 알려면 각 billet 별로 나타난 개재물을 종류별로 표준 기호를 평균하여 기록하고 가장 빈번히 나타나는 개재물의 형태를 따로 표

시한다.

㉰ ASTM에 의한 방법(B)

㉠ 현미경 배율은 100배, 12.7mm의 길이를 단위로 해 검사면 전체 개재물의 길이를 잰다.

㉡ 측정 결과 표시

ⓐ 가장 긴 개재물의 길이와 형태 및 1단위 길이 이하의 개재물의 분포 양상

ⓑ 1단위 길이(12.7mm) 이상의 개재물의 개수와 길이의 평균

d(disconnected)	불연속 배열인 경우
T(thin)	폭이 1.0mm 이하인 경우
H(heavy)	폭이 3.0mm 이하인 경우
vd(very disconnected)	심하게 불연속 배열인 경우
g(grouped)	군집된 경우

㉢ 개재물의 형태 구분

이 방법에 의한 결과 표시의 예 3d－26－A

- 가장 긴 개재물의 길이가 3단위 길이이고 불연속 배열을 하고 있다.
- 6개의 다른 개재물들은 평균 길이가 2단위 길이이다.
- 1단위 길이 이하의 개재물들은 표준 사진 A에 해당한다.

㉱ ASTM에 의한 방법(C)

㉠ 100배의 현미경 배율에서 시야 반경을 114.3mm가 되게 하여 검사면 전체를 조사하고, 각 시야마다 개재물의 형태별로 가장 긴 개재물만 표준 사진과 비교하여 측정 결과를 표시한다.

㉡ 한 용탕 또는 시편의 개재물의 상태는 각 형태별로 평균값을 구하여 판정한다.

이 방법에 의한 결과 표시 예 5－O, 4－S

- oxide type으로 가장 긴 개재물은 표준 사진의 5번에 해당한다.
- silicate는 가장 긴 개재물이 표준 사진 4번에 해당한다.

㉲ ASTM에 의한 방법(D)

㉠ 100배의 배율로 검사면의 면적이 5,000mm^2(직경이 80mm 또는 한 변의 길이가 71mm인 정사각형)이 되게 하여 검사면 전체를 모두 조사한다.

㉡ 조사 방법은 각종 개재물에 대하여 크기별로 표준 사진과 일치하는 시야가 나오는 횟수를 표기하고, 그 시야수로 한 시편의 개재물 상태를 판정한다.

㉢ 비금속 개재물이 적은 특수강이나 진공 주조품 등에 대하여 실시하는 방법이다.

나. 강의 Austenite 결정 입도 측정

(1) 강에 있어서의 Austenite 입도

① 강종에 따른 고유한 인자와 열처리 이력에 따른 환경적 인자에 의해 결정된다.

② 일반적으로 열처리 온도가 높을수록 Austenite의 입도가 커지는 경향이 있으며, 강종에 따라 열처리 온도가 Austenite 입도 변화에 미치는 영향이 다르게 나타난다.

③ 강의 Austenite 입자 크기는 입도 번호로써 나타낸다.

④ 입도 번호와 단위 면적당 입자 수와의 관계

입도 번호(N)	100배에서의 25.4mm^2 안에 있는 결정입수		단면적 1mm^2 중의 결정입수(n)	1mm^2 중의 결정입수	결정입자의 평균 단면적 (mm^2)
	평균	범위			
−3	1/18	3/64～3/32	1	1	1
−2	1/8	3/32～3/16	2	2.8	0.5
−1	1/4	3/16～3/8	4	5.7	0.25
0	1/2	3/8～3/4	8	16	0.125
1	1	3/4～1.5/2	16	45	0.062
2	2	1/2～3	32	128	0.031
3	4	3～6	64	360	0.0156
4	8	6～12	128	1029	0.0078
5	16	12～24	256	2900	0.0039
6	32	24～48	512	8200	0.00195
7	64	48～96	1024	23000	0.00098
8	128	96～192	2048	65000	0.00049
9	256	192～384	4096	185000	0.000244
10	512	384～768	8192	520000	0.000122

※ 세립강은 입도 번호 5 이상인 강철, 조립강은 입도 번호 5미만인 강철, 혼립은 1시야 내에서 최대 빈도를 갖는 입도 번호의 입자로부터 3 이상 다른 입도 번호의 시야가 존재한 것.

⑤ 입도 변화와 단위 면적당 입자 수와의 관계식

$$n = 2^{N+3}$$

• n : 단면적 1mm^2 속에 있는 결정립의 수 • N : 입도 번호

⑥ 시험 방법(적용 강종 및 측정 방법에 따라)은 침탄 입도 시험법과 열처리 입도 시험법으로 대별한다.

(2) 침탄 입도 시험법

① 강에 소정의 침탄을 실시하였을 때의 입도 시험 방법으로 표준 시험편은 지름 또는 대각선 길이가 5～12mm, 길이 10～30mm인 원형 또는 각형의 시험편이다.

② 시험 방법

㉮ 시험편 표면의 녹, 탈탄층 및 표면의 유지, 기타 부착물을 제거한다.

㉯ 침탄제를 충분한 용기 중에 시험편을 묻혀 밀폐하고 전기로에 장입하여 가열한다.

㉰ 약 2시간에 925℃로 승온하고, 이 온도에서 6시간 유지 후 600℃까지 30～150℃/hr로 서냉하여 시험편을 꺼낸다.

㉱ 시험편은 가능한 한 중심선에 따라 절단하고 연마 가공하여 nital, picral 용액 또는 알칼리성 피크린산 소다용액으로 부식시킨다.

㉲ 과공석 Cementite가 망상으로 석출된 부분 또는 아공석 부분에서 망상 Ferrite가 석출된 부분의 입도를 현미경으로 측정한다.

㉳ 가장 바깥층(최외곽)의 특히 입자가 미세한 부분은 측정 대상에서 제외시킨다.

㉴ 침탄제 : 건조한 입상 목탄 60～80%, 탄산바륨($BaCO_3$) 20～40%의 혼합물 등이며 강종에 따라서는 이 이외의 혼합비를 사용하여도 좋다.

㉵ 세립강과 조립강과의 판정은 특별한 지정이 없는 한 침탄 입도 시험법에 따른다.

(3) 열처리 입도 시험법

① 강에 소정의 Austenite화 처리 또는 고용화 처리를 실시하였을 때의 입도 시험 방법으로 실제 열처리는 최고 가열 온도에서의 입도 측정에 적용한다.

② 서냉법

㉮ 주로 중탄소강에 적용되며, 과공석강의 경우에는 Acm점 이상에서의 입도를 측정할 때 이용한다.

㉯ 시험 방법

㉠ 적당한 크기의 시험편을 소정의 Austenite화 온도에서 일정시간 가열 후 서냉한다.

㉡ 냉각된 시험편의 표면을 연마한 다음 nital, picral 용액으로 부식시킨다.

㉢ Pearlite 결정립을 둘러싼 망상의 초석 Ferrite 또는 초석 Cementite가 나타나는 부위에서 입도를 측정한다.

㉣ 가열 온도는 실제 작업의 열처리 온도보다 30℃를 초과하지 않아야 한다.

㉤ 유지 시간은 실제 작업의 유지 시간보다1.5배(5%)를 초과하지 않아야 한다.

㉥ 시험편의 탄소 함유량이 낮은 경우에는 시험편을 Austenite화 온도로부터 A_3 변태점 이하의 염욕으로 급냉시킨 후 결정 입계에 소량의 Ferrite 혹은 Cementite가 석출되게 한 후 수냉시켜 시험편을 연마, 부식시켜 결정 입도를 측정한다.

③ 2중 급냉 방법

㉮ 탄소의 함유량이 중간 이상의 아공석강 및 공석강에 적용된다.

㉯ 시험 방법

㉠ 시험편 : 지름 또는 대각선의 길이가 10~15mm, 길이가 30~50mm인 시험편

㉡ 시험편을 소정의 Austenite화 온도에서 일정 시간 유지 후 급냉(수냉)시킨다.

㉢ 시험편의 한 쪽 끝의 10~15mm를 강의 A_1 변태점보다 20~50℃ 높은 온도로 유지되고 있는 염욕 또는 금속연욕에 20~30분간 담갔다가 시편 전체를 수냉한다.

㉣ 시험편의 표면을 축 방향으로 0.4mm 또는 탈탄이 심한 경우에는 1mm 정도 연마후 부식액으로 부식시키면 망상 Cementite가 나타나는데 그 부위의 입도를 측정한다.

④ Quenching – Tempering법

㉮ 기계 구조용 탄소강 또는 구조용 합금강에 적용된다.

㉯ 시험 방법

㉠ 시험편 : 직경 또는 대각선의 길이가 10~15mm, 길이가 10~15mm인 시험편

㉡ 시험편을 소정의 Austenite화 온도에서 일정 시간 유지시킨 후 적당한 방법으로 완전히 급냉시키고 다시 약 550℃에서 1시간 이상 Tempering 시킨 후 서냉한다.

㉢ 냉각 후 시험편을 연마하여 부식시킨 다음 입도를 측정한다.

㉣ 부식액 : 염화 제이철($FeCl_3$)[1g], HCl[1.5cc], 에틸알콜[100cc]

⑤ 선단 급냉법

㉮ 경화능이 적은 강종에 있어서 탄소 함유량이 중간 정도인 중탄소강에 적용된다.

㉯ 시험 방법

㉠ 시험편 : 지름이 15mm, 길이가 약 40mm 정도의 시험편

㉡ 시험편을 소정의 Austenite화 온도에서 일정 시간 유지시킨 후 시험편의 한 쪽 끝 약 10mm 정도를 수직으로 물에 급냉시킨다.

㉢ 냉각 후 시험편을 축방향으로 약 5mm의 두께로 잘라 내어 연마한 다음 nital 또는 picral 용액으로 부식시킨다.

㉣ Martensite 주위에 결정상의 Troostite조직으로 둘러싸인 부위의 입도를 측정한다.

⑥ 산화법

㉮ 기계 구조용 탄소강 및 공석강에 적용된다.

㉯ 시험 방법

㉠ 연마하여 놓은 시험편을 검사면이 위로 가도록 가열로에 넣고 가열한다.

㉡ 탄소강 및 저탄소강의 경우에는 약 850℃에서 1시간 동안 유지시켜 산화시킨 후 수냉한다.

이 때 산화는 가열 시간 중 최후에 행하고 그 외의 가열 시간에는 시험편의 윗면을 철판으로 막아 과도한 산화를 방지한다.

㉢ 급냉된 시편을 연마 후 알콜에 염산(15%)을 넣은 용액으로 2 ~ 10분간 부식한다.

㉣ 내부 Austenite 입계를 따라서 살짝 산화 또는 탈탄된 부위의 입도를 측정한다.

⑦ 열처리 입도 시험 방법의 종류

침탄 입도 시험 방법의 종류		주로 침탄하여 사용하는 강종
열처리 입도 시험 방법	서냉법	주로 탄소 함유량이 중간 이상의 아공석강 ※ 과공석강의 경우는 Acm선 이상의 온도에서 입도를 측정하는 경우에 한한다.
	2회 quenching법	주로 탄소 함유량이 중간 이상의 아공석강 및 공석강
	퀜칭 – 템퍼링	주로 기계 구조용 탄소강 및 구조용 합금강
	한쪽 끝 퀜칭법	주로 경화능이 적은 강종으로 탄소 함유량이 중간 이상의 아공석강 및 공석강
	산화법	주로 기계 구조용 탄소강 및 구조용 합금강
	고용화 처리법	주로 Austenite계 스테인레스강 및 Austenite계 내열강
	quenching법	주로 고속도 공구강 및 합금 공구강

(4) 시험 결과의 판정 방법

① 각 시야에서의 판정 방법

㉮ 현미경 배율을 100배, 실제 시야는 지름 0.8mm의 원·투상영 또는 사진 인하의 크기는 80mm의 원으로 하고, 측정한 입도를 표준 그림과 비교하여 그에 상당하는 입도 번호를 판정한다.

㉯ 측정한 입도가 입도 번호의 중간에 해당하면 저위 입도 번호에 0.5를 더한 값을 입도 번호로 정하고, 혼립의 경우 큰 입자 부분과 작은 입자 부분의 면적 비율을 산출하여 그 종합 평균치에 따라서 혼립의 비율을 판정한다.

㉰ 현미경 배율이 100배로 판정이 곤란할 때는 50배 또는 200배의 배율을 사용한다.

㉠ 50배의 경우 : 판정 결과의 입도 번호를 그 번호 저위로 한다.

㉡ 200배의 경우 : 판정 결과의 입도 번호를 그 번호 고위로 한다.

㉱ 100배 이외의 배율로 측정할 때에는 그 경우에 해당하는 입도를 다음의 보정식을 이용하여 산출하며 입도의 차이가 3 이상인 것이 섞여 있을 경우에는 큰 입도 부분과 작은 입도 부분의 면적비를 목측(目測)으로 판정한다.

$$N_{100} = N_M + 6.64 \log \frac{M}{100}$$

- M : 현미경의 배율
- N_M : M배의 현미경 배율에서의 입도 번호
- N_{100} : 100배의 현미경 배율에서의 입도번호

② 종합 판정법

㉮ 각 시야에 대한 판정 결과로부터 다음 식으로 평균 입도 번호를 산출하여 이것을 강의 입도를 한다.

$$m = \frac{\Sigma a \cdot b}{\Sigma b}$$

- m : 평균 입도 번호
- a : 각 시야에서의 입도 번호
- b : 동일 입도 번호를 표시하는 시야 수

㉯ 평균 입도 번호는 소수점 이하 두 자리에서 반올림한다.

입도 산출 방법(시야 수는 원칙적으로 5∼10회 반복하는 것이 보통이다.)

각 시야에서의 입도 번호(a)	시야수(b)	(a×b)	평균 입도 번호(m)	입도
6	2	12	$\frac{65}{10} = 6.5$	6.5
6.5	6	29		
7	2	14		
합계	10	65		

(5) 판정 결과의 표시 방법

① 종합 판정법에 의해 시험한 결과는 시험 방법 기호, 입도 번호, 시야수로 표시한다.

② 혼재된 경우에는 혼재된 입자의 면적비로 표시하고, 열처리 입도의 경우에는 최고 가열 온도 및 가열 시간을 표시한다.

③ 혼립이 없는 경우의 표시 방법의 예

$$\mathrm{AGC} - 6.5_{(10)}$$

- 침탄법으로 10회 측정시 평균 입도가 6.5인 경우

$$\mathrm{AGS} - 7.5_{(10)} - \left(920℃ \times 1\frac{1}{2}\mathrm{hr}\right)$$

- 서냉법으로 920℃에서 1시간 30분 동안 유지하여 10시야의 종합 판정에 의한 평균 입도가 7.5 인 경우

④ 혼립을 포함한 시야가 일부 있는 경우의 표시 방법의 예

$$\mathrm{AGS}\ 6.3_{(13)} + 6.8(67\%) + 2.5(33\%)_{(7)} \cdots \left(920℃ \times 1\frac{1}{2}\mathrm{hr}\right)\cdots$$

- 서냉법으로 920℃에서 1시간 30분간 유지하였을 때 시야 수 20 중 13시야의 종합 판정에 의한 입도가 6.3이고 나머지 7시야가 혼립으로 입도 6.8이 37%, 입도 2.5가 33%인 경우

⑤ 각 시야에 혼립을 포함하지 않지간 종합 판정에 혼립 경우의 표시 방법의 예

$$\text{AGS }6.3_{(3)}+2.5_{(7)}\cdots\left(920℃\times1\frac{1}{2}\text{hr}\right)\cdots$$

• 서냉법으로 920℃에서 1시간 30분간 유지하였을 때 시야 수 10중 3시야의 종합 판정에 의한 입도가 6.3이고, 7시야의 종합 판정에 의한 입도가 2.5로서 혼립의 경우

⑥ 각 시야의 전부 혼립의 경우의 표시 방법의 예

$$\text{AGS }\{6.8(67\%)+2.5(33\%)\}_{(20)}\cdots\left(920℃\times1\frac{1}{2}\text{hr}\right)\cdots$$

• 서냉법으로 920℃에서 1시간 30분간 유지하였을 때의 20시야가 전부 혼립이며 종합 판정에서 입도 6.8이 67%, 입도 2.5가 33%인 경우

⑦ 시험 방법의 종류에 따른 기호

시험방법	기호		시험방법	기호	
침탄 입도 시험법	AGC	Gc	한쪽 끝 급냉법	AGE	Gj
서냉법	AGS	Gf	산화법	AGO	Go
2회 급냉법	−	Gd	급냉법	−	Gg
quenching − tempering법	AGT	Gh	고용화 처리법	−	Gs

다. 강의 Ferrite 결정 입도 측정법

주로 탄소 함유량이 0.2% 이하의 강에서 Ferrite 결정 입도를 측정하는데 사용하며, 종류에는 비교법, 절단법, 평적법이 있다.

① 비교법 : 표준 결정립 그림과 비교하는 방법으로 입도 번호는 ASTM 결정 입도 측정법과 같다.

② 절단법

㉮ Ferrite 결정립이 현저히 늘어나고 있는 경우 또는 정밀을 요하는 경우에 쓰인다.

㉯ 입도 번호를 정하는 관계식

$$n_M=0.8\times\frac{I_1\cdot I_2}{L_1\cdot L_2},\qquad n=n_M\times M^2,\qquad N=\frac{\log n}{0.301}-3$$

• n_M : 현미경 배율 M배에서의 1mm² 안에 있는 결정 입자의 수
• $L_1\cdot L_2$: 서로 직각으로 만나는 선분의 길이(mm)
• M : 현미경 배율
• $I_1\cdot I_2$: L_1(또는 L_2)에 의해 절단되는 결정 입자의 수
• N : Ferrite 결정 입도 번호
• n : 실제 넓이 1mm² 안에 있는 결정 입자의 수

㉰ 전신도(e)

$$e = \frac{n_1}{n_2}$$

- n_1 : 결정립의 전신된 방향으로 직각인 일정 길이의 선분에 따라 잘단된 결정립수
- n_2 : 결정립의 전신된 방향으로 평행인 n_1을 구한 선분과 동일 길이의 선분에 따라서 절단된 결정립의 수

③ 평적법

㉮ 측정 결과에 의문이 있는 경우 또는 정확한 판정을 할 때에 결정 입도를 알고 있는 면적을 원 또는 장방향의 사진 또는 스크린에 나타낸다.

㉯ 결정 입도를 나타내는 식

$$X = \frac{W}{2} + Z, \qquad n = X \cdot \frac{M^2}{5,000}, \qquad N = \frac{\log n}{0.301} - 3$$

- W : 경계선에 있는 결정립 수
- X : 넓이 5,000mm^2 안에 있는 결정립 수
- N : 입도 번호
- Z : 완전히 경계선 안에 있는 결정립 수
- n : 실제 넓이 1mm^2 안에 있는 결정립 수

④ 결정립 크기 측정 방법

㉮ 비교법(FGC)

㉠ 현미경 배율은 원칙적으로 100배로 하며 실제 시야는 지름 0.8mm의 원으로 한다.

㉡ 투영상 또는 사진 인화의 크기는 지름 80mm의 원으로 한다.

㉢ 현미경 배율이 100배에서는 판정이 어려울 경우에는 50배 또는 200배로 한다.

ⓐ 배율이 50배인 경우 : 판정 결과의 입도 번호를 그 번호 저위(低位)로 한다.

ⓑ 배율이 200배인 경우 : 판정 결과의 입도 번호를 그 번호 고위(高位)로 한다.

㉣ 측정 입도가 입도 번호의 중간에 상당할 때는 저위의 입도 번호에 0.5를 더한 것으로 하며, 혼립의 경우에는 각 입도 번호와 입도 면적 백분율을 육안으로 판정한다.

㉤ Pearlite 등이 다량으로 혼재하는 경우에는 혼재하는 상태가 띠상 또는 입상의 것을 혼재 조직과 Ferrite 결정립 부분의 면적 백분율을 육안으로 구하고 다음에 Ferrite 결정립 부분에 대해서만 표준 그림과 비교해 그에 상당하는 입도 번호를 판정한다.

㉯ 절단법(FGI)

㉠ 현미경 조직이 전신된 경우에 사용하므로 반드시 2개의 선분이 직교하도록 긋는다.

㉡ 2개의 선분이 일정한 길이에 의해서 절단되는 결정 입자의 수를 센다.

㉢ 선분의 양 끝에 있는 결정이 각각 일부분씩 절단될 때에는 한쪽만 계산하고 절단되지 않는 결정 입자가 선분의 양쪽에 있을 때에는 이것은 계산하지 않는다.

㉣ 한 선분으로 절단되는 결정 입자의 수는 적어도 10개 이상이 되게 현미경 배율을 선택하고, 모두 50개 이상이 될 때까지 여러 시야를 측정한다.

㉤ Pearlite 등이 다량 혼재하는 경우에는 점산법, 중량법, 직선법으로 혼재 조직과 Ferrite 결정립과의 면적 백분율을 구한다.

㉥ 실제 넓이 $1mm^2$당 결정립 수로 환산하여 입도 번호를 판정한다.

㉰ 평적법(FGP)

㉠ 현미경 배율은 100배로 하며 현미경 시야의 투상 또는 현미경 사진의 넓이는 $5,000mm^2$의 원일 때에는 지름 80mm로 한다.

㉡ 결정 입자의 계산은 경계선과 만나는 결정 입자 수의 반과 완전히 경계선 안에 있는 결정 입자의 수를 합한 것으로 한다.

㉢ 입도 번호는 관계식에 의해 계산하되 소수점 아래 둘째 자리에서 반올림한다.

⑤ 종합 판정 방법

㉮ 비교법에서는 각 시야에 대한 판정 결과로부터 다음 식에 따라서 평균 입도 번호를 산출하고 이것을 강의 입도 번호로 한다.

㉠ 평균 입도 번호는 소수점 이하 첫째 자리에서 끝맺는다.

㉡ 시야의 수는 원칙적으로 5 ~ 10회 반복하는 것이 보통이다.

$$m = \frac{\sum a \cdot b}{\sum b}$$

• m : 평균 입도 번호
• a : 각 시야에서의 입도 번호
• b : 동일 입도 번호를 표시하는 시야 수

㉯ 절단법에 의한 경우는 결과에서 얻는 그대로인 입도 번호를 그 강의 입도로 한다.

㉰ 혼립의 경우에는 각 입도 번호의 입도의 면적 백분율의 종합 평균치에 의하여 혼립의 비율을 판정한다.

⑥ 종합 판정 결과 표시 방법

㉮ **시험 방법의 종류에 따른 기호 및 피검면의 기호**

시험 방법의 종류	비교법	절단법	평적법	직각 단면	평행 단면	표면
기호	FGC	FGI	FGP	V	P	S

㉯ 혼립이 아닌 경우

$FGC-V3.5_{(10)}$

• 비교법으로 직각 단면에 대하여 10시야의 종합 판정에 따른 입도가 3.5인 경우

$FGI-P6.5$

• 절단법으로 평행 단면에 대하여 입도가 6.5인 경우

$FGC-P3.5_{(10)}$ (띠 모양 Pearlite 20% 섞여 있음)

• 비교법으로 평행 단면에 대하여 10시야의 종합 판정에 따른 입도가 3.5로 띠 모양 Pearlite가 20% 섞여 있다.

㉰ 혼립의 경우

$FGC-V\{3(70\%)+6(30\%)\}_{(10)}$

• 비교법으로 직각 단면에 대하여 10시야 전부가 혼립이며 종합 판정 대하여 입도 3이 70%이고, 입도 6이 30%인 경우

㉱ 전신된 결정립의 경우에는 필요가 있으면 전신도를 부기한다.

$e-P2.3$ ...

• 평행 단면에 대하여 전신도가 2.3의 경우

제3절 | 기계적 시험

금속 재료의 기계적 시험에는 작용하는 하중 상태와 조건에 따라 정적 하중을 가하는 시험인 정적 시험(靜的 試驗)과 동적 하중을 가하는 동적 시험(動的 試驗)으로 구분된다. 정적 시험에는 인장 시험, 압축 시험, 전단 시험, 굽힘 시험, 비틀림 시험, 피로 시험 및 크리프 시험 등이 있으며, 동적 시험에는 충격 시험, 마멸 시험, 피로 시험 등이 있다.

1 인장 시험(tension test)

인장 시험은 시험편을 시험기의 척(chuck)에 물려 놓고 서서히 축 방향으로 인장력을 가하여 파단될 때까지의 변형과 힘을 측정하여 재료의 변형에 대한 저항의 크기 및 재료에서 일어나는 여러 가지 기계적인 성질을 측정하는 시험이다.

가. 인장 시험의 특징

① 인장 시험은 기계적 시험 중에서 가장 중요한 시험이다.

② 다른 기계적 시험에 비해 우수한 점

㉮ 시편 횡단면에 힘의 분포가 가장 균일하고, 파단할 때까지 충분히 변형시킬 수 있다.

㉯ 가장 많은 기계적 성질을 조사할 수 있으며, 시험법으로는 비교적 간단하다.

나. 인장 시험기

① 인장 시험기의 종류

㉮ 암슬러(armsler)형, 발드윈(baldwin)형, 올센(olsen)형, 모블페더하프(mobr federhaft)형, 시마즈(shimazu)형, 인스트론(instron)형 등이다.

㉯ 산업 현장용 : 암슬러형(능력 : 30～50ton)이 많이 사용된다.

㉰ 연구 목적용 정밀 시험 : 인스트론형이 많이 사용된다.

② 인장 시험기의 KS 규격 : KS B 5521에 규정되어 있다.
(재료 시험기용 하중 검사기는 KS B 5528에 규정되어 있다.)

다. 인장 시험편

① 각국의 인장 시험편 규격의 규정(KS B 0801에 규정되어 있으며 1호～14호로 구분된다.)

국명	미국	영국	독일	일본	한국
규정	ASTM E 8～50 ASTM E 8～52T	BS18	DIN 50146 DIN 50146	JIS B 7701	KS B 0801

※ 플라스틱의 인장 시험편은 KS M 3006에 규정되어 있다.

② 금속 재료의 인장 시험편의 종류

시험편 형상	편상 시험편	봉상 시험편	관상 시험편	원호상 시험편	선상 시험편
비례 시험편	6호, 7호, 14B호	2호, 3호, 14호	14C호	14B호	–
정형 시험편	1A호, 1B호, 5호, 13A호, 13B호	4호, 10호, 8A호, 8B호, 8C호, 8D호	11호	12A호, 12B호, 12C호	9A호, 9B호

③ 금속 재료의 인장 시험편의 형상

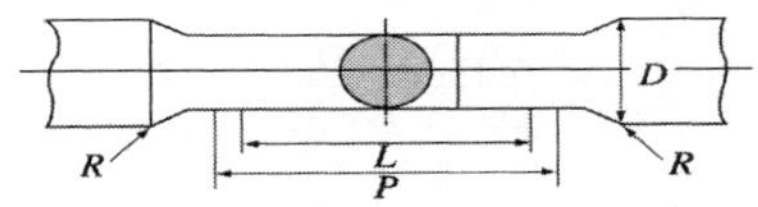

(가) 봉상

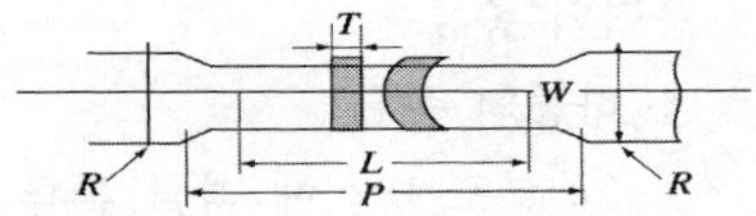

(나) 판상, 원호상

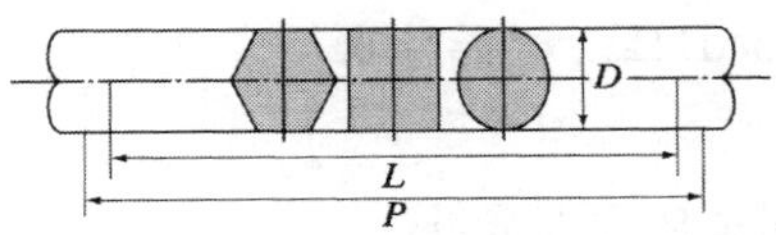

(다) 봉상, 선상

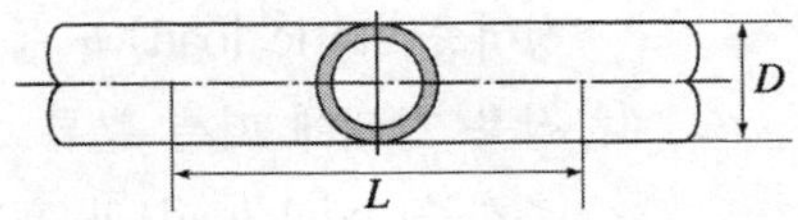

(라) 관상

④ KS 4호 시험편(봉상)과 5호 시험편(판상)의 규격

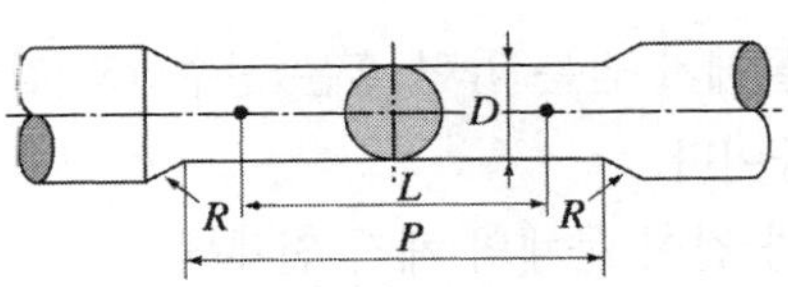

- 표점거리 L=50mm
- 지름 D=14mm
- 평행부 길이 P=60mm
- 모서리 반지름 R=15mm

그림 2-31 KS 4호 시험편(봉상)

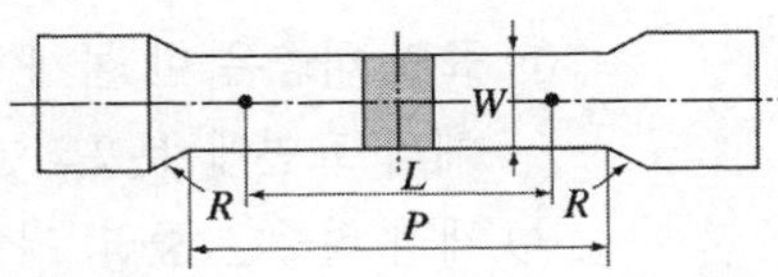

- 표점거리 L=50mm
- 지름 D=25mm
- 평행부 길이 P=60mm
- 모서리 반지름 R=15mm

그림 2-32 5호 시험편(판상)

라. 응력－변형률 곡선과 시험 결과

① 응력－변형률 선도

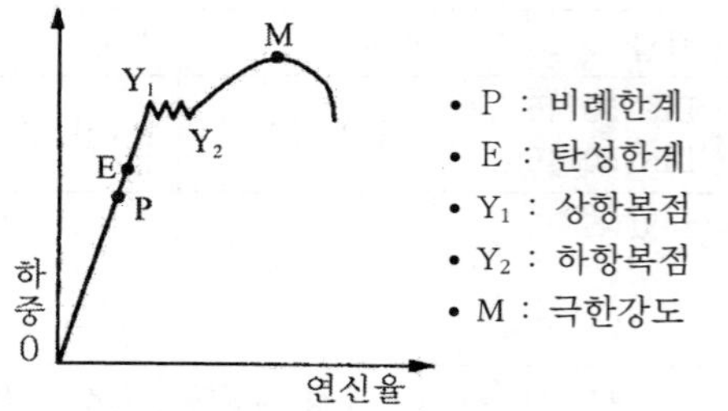

그림 2-33 하중－연신율 선도(연강)

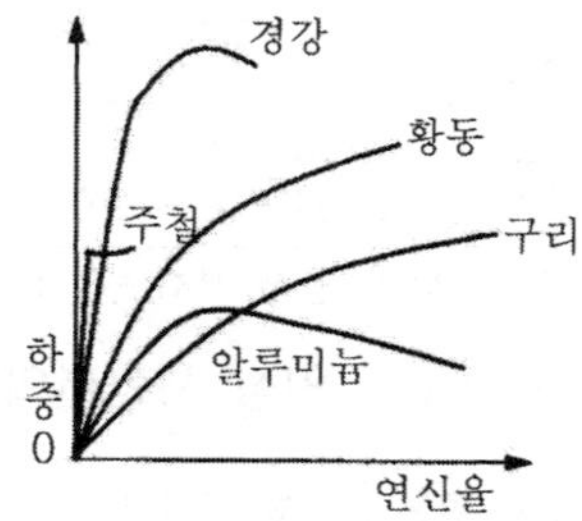

그림 2-34 각종 금속의 하중－연신율 선도

② 응력(stress)

재료가 외력을 받을 때 외력에 맞서기 위한 내부에 생긴 저항력이 응력이다.

응력에 의한 변형은 가역적 변형이며, 변형의 크기는 응력의 크기에 정비례한다.

응력의 종류

㉮ 하중의 종류

㉠ 분포 방식에 따른 분류

집중 하중(concentrated load)과 분포 하중(distributed load)으로 분류한다.

㉡ 부하 속도에 따른 분류

정하중(static load)과 동하중(dynamic load)으로 분류한다.

㉢ 작용 상태에 따른 분류

축하중(axial load)과 표면 하중, 체적 하중으로 분류한다.

ⓐ 축하중에는 인장 하중(tensile load), 압축 하중(compressive load), 전단 하중(shearing load), 비틀림 하중(twisting load), 굽힘 하중(bending load)이 있다.

ⓑ 표면 하중은 한 물체에 의해서 다른 물체가 받는 압력 혹은 정수압과 같이 물체의 표면에 분포되어 작용하는 하중이다.

ⓒ 체적 하중은 중력, 자력 혹은 관성력과 같이 물체의 체적 전체에 분포되어 있는 하중이다. (고속 회전에 기인하는 원심력과 온도차에 기인하는 열응력은 체적 하중이다.)

㉯ 응력의 종류

㉠ 외력의 종류에 따른 종류

인장 응력, 압축 응력, 전단 응력, 비틀림 응력, 굽힘 응력, 곡압 응력 등

㉡ 단위 면적당 응력

응력이 단면적(A_0)에 평행하게 작용할 때는 응력이 전단 응력(shear stress, τ)이고 평면 A_0에 수직하게 작용하면 수직 응력(normal stress, 인장 응력[$+\sigma$]) 또는 압축 응력[$-\sigma$])이다.

ⓐ 수직 응력 : $\sigma = \dfrac{P_n}{A_0} = \dfrac{P\cos\theta}{A_0}$

ⓑ 전단 응력 : $\sigma = \dfrac{P_t}{A_0} = \dfrac{P\sin\theta}{A_0}$

- A_0 : 단면적
- P_n : $P\cos\theta$
- $P_t = P\sin\theta$

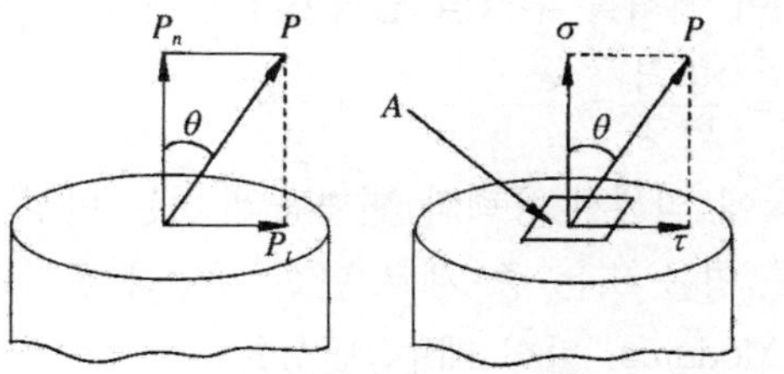

그림 2-35 응력의 종류

㉣ 응력 $= \dfrac{\text{인장력}}{\text{횡단면적}}$ (MPa 또는 kg_f/mm^2)

- 1MPa : 0.10197kg_f/mm^2
- 1kg_f/mm^2 : 9.806MPa

㉤ 시험편의 최초 크기와 변형 후 크기와의 차이를 변형량이라 하고 초기 크기에 대한 변형량의 백분율(%)을 변형률이라 한다.

$$\text{변형률} = \frac{\text{변형량}}{\text{최초 크기}} \times 100(\%)$$

③ 비례 한도(proportional limit)

㉮ OA점 사이의 늘어난 길이가 하중에 비례한 구간을 비례 한도라 한다.

㉯ 비례 한도 : A점의 하중(WP)을 원단면적(A_0)로 나눈 값. $\left(\dfrac{WA}{A_0}\right)$

㉰ 응력이 증가하면 변형도 증가하며, 비례 한계까지의 응력은 변형률에 비례한다.

㉱ 응력과 변형량이 정비례 관계를 유지한 한계이다.

㉲ Hook's의 법칙에 의한 직선부가 변화되어 곡선으로 변하기 시작하는 점의 응력으로 탄성 한계보다 적은 값이며 탄성 한계와 접근되어 존재한다.

④ 탄성 한계(elastic limit)

㉮ OB점 사이의 변형으로 하중이 증가하면 늘어난 길이도 증가하되 비례하지 않는다.

㉯ 탄성 한계 : 탄성 한계점(WB)의 최대 하중을 원단면적(A_0)으로 나눈 값. $\left(\frac{WB}{A_0}\right)$

㉠ ASTM 규격 : 영구 변형의 연신율 값으로 0.001 ~ 0.003% 사이의 값

㉡ DIN 규격 : 영구 변형의 0.01% 스트레인이 생기는 응력

㉢ JIS 규격 : 영구 변형의 0.03% 해당하는 응력으로 표시한다.

㉰ 탄성 한계 내에서는 응력과 변형률 사이에 금속의 경우에는 후크의 법칙이 성립하여 직선적인 관계를 갖는다.

[Hook's low]

㉠ "일반적으로 재료는 하중이 적은 동안은 탄성적으로 변형하며 응력과 변형량이 비례한다." 이 법칙을 후크의 법칙이라 한다.

㉡ 상수(정수)= $\frac{\text{응력}}{\text{변형}} = \frac{\sigma}{\varepsilon}$

㉢ 후크의 법칙에 의해서 응력과 변형량의 비는 탄성 한계 내에서 일정치가 된다. 이 일정치를 영률 또는 중·세로 탄성 계수라 한다.

㉱ 영률(Yoong's Modulus, 탄성 계수, 탄성률)

㉠ 탄성 계수는 공칭 응력과 변형률 곡선의 탄성 영역에서의 기울기에 해당한다.

㉡ 비례 한도 이하에서의 응력과 연신율의 비를 영률(탄성 계수, 탄성률)이라 한다.

㉢ 탄성 계수는 재료의 강성도(剛性度)의 척도이다.
탄성 계수가 크면 클수록 주어진 응력에 의한 탄성 변형율이 더욱 작다.

㉣ 탄성 계수는 원자 사이의 결합력에 의해서 결정되며, 합금 원소 첨가나 열처리 또는 냉간 가공 등에 의해 미세한 영향을 받을 뿐이나 온도가 증가함에 따라 탄성 계수는 감소한다.

㉲ 일반적으로 사용되고 있는 탄성 계수는 종탄성 계수, 영률과 횡탄성 계수, 강성률과 체적 탄성 계수이다.

㉠ 종탄성 계수 : 인정 또는 압축의 경우에 있어 탄성 계수이며 통상 E라는 기호로 나타내며, $10^3 \sim 10^4$kg$_f$/mm^2(철강에서 E값 : $(1.9 \sim 2.1) \times 10^6kg_f$/cm^2)급의 값이다.

㉡ 횡탄성 계수 : 전단의 경우에 있어서의 탄성 계수이며 보통 G의 기호로 나타낸다.

㉢ 체적 탄성 계수 : 정육면체의 모든 면이 일정한 인장력 또는 압축력을 받을 때의 체적 변형과 응력과의 비 $\left(\frac{\text{응력}}{\text{체적 변형}}\right)$를 말하며 기호는 K로 표시한다.

㉳ 바우싱거 효과(Bauschinger effect)

"영구 변형에 의한 금속의 경화는 하중의 방향에 따라 다르다"는 것으로 이 현상을 말하며, 바우싱거 효과는 비틀림 변형의 경우에 가장 명백하게 관찰된다.

㉳ 포아손 비(Posson's ratio)

탄성 한계 내에서 가로 변형과 세로 변형의 비는 그 재료에 대해서는 항상 일정하며 이 비를 포아손비라 하며, 통상 포아손비는 $\frac{I}{m}$으로 표시한다.

$$\text{포아손비} = v = \frac{I}{m} = (-)\frac{\text{가로 방향 변형률}}{\text{세로 방향 변형률}} = \frac{\varepsilon'}{\varepsilon}$$

㉠ v는 1보다 작은 수이고, m은 포아손의 수로 1보다 큰 값을 가지며 재료가 압축을 받을 때 (+)의 값을 갖는다.

㉡ 금속의 경우 포아손비 : 보통 0.2 ~ 0.4이다.

ⓐ 등방성 재료의 포아손비 : $\frac{1}{4}$(보통 0.25 ~ 0.35의 범위로 존재한다.)

ⓑ 콘크리트의 포아손비 : 0.1 ~ 0.2 정도이다.

㉢ 재료의 포아손의 수(m)와 포아손비(v)

재료	포아손의 수	포아손의 비	재료	포아손의 수	포아손의 비
연강	3.3	0.28 ~ 0.30	Al	3.0	0.34
경강	3.3	0.28 ~ 0.30	유리	4.1	0.24
스프링강	3.3	0.28 ~ 0.30	황동	3.0	0.33
주강	3.3	0.28 ~ 0.30	셀롤로즈	2.5	0.40
주철	3.7	0.20 ~ 0.29	Pb	2.32	0.43
Cu	3.0	0.34	고무	2.0	0.50

㉴ 강성률(rigidity, 전탄성 계수)

물체에 가해지는 접선 응력(P)과 이 응력에 의해 생기는 변형각(θ)과의 비(比)를 강성률이라 하며, 일반적으로 금속은 이 값이 크다. $\left(\frac{\text{접선응력}}{\text{변형각}} = \frac{P}{\theta}\right)$

※ 강성(剛性) : 재료가 하중을 받을 때 변형에 저항하는 성질이다.

㉠ 강성률 값이 작은 것일수록 같은 힘에 의해서도 큰 변형을 보인다.

㉡ 주요 금속의 강성률(전탄성 계수)

금속	강	Cu	Al, Au	탄성 고무
강성률(dyn/cm^2)	8×10^{11}	4×10^{11}	2.7×10^{11}	1.0×10^{11}

㉢ 강성률, 포아손비, 탄성율과의 관계

$$G = \frac{E}{2(1+V)}$$

• G : 강성률 • V : 포아손비 • E : 탄성율

㉳ 주요 금속의 탄성적 성질

금속	Al	Cu	Ni	Pb	Fe	W	Ti
탄성율(kg_f/mm^2)[×10^3]	7.03	11.25	21.09	1.62	21.09	39.73	11.81
포아손비	0.33	0.36	0.30	0.40	0.28	0.27	0.31
탄성율온도계수(kg_f/mm^2/℃)	− 3.09	− 3.87	− 7.03	− 1.09	− 5.62	− 4.22	− 7.03

⑤ 항복점(yield point)

인장 시험에서 외력이 탄성 한도를 넘어서 어느 일정한 점에 도달하면 하중이 증가하지 않아도 변형은 계속하여 늘어난다. 이 한계점의 응력을 항복점이라 한다.

※ 하중을 제거한 후에 명백한 영구 변형이 인정되기 시작하는 점을 항복점이라 한다.

㉮ 항복 강도

㉠ 항복점에 해당하는 하중을 평행부의 원단면적으로 나눈 값을 말한다.

$$\text{항복강도}(\sigma_y) = \frac{\text{항복점하중}}{\text{원단면적}} = \frac{W_y}{A_0} (\text{Mpa 또는 } kg_f/mm^2)$$

㉡ 항복점이 뚜렷이 나타나는 금속 재료는 연강의 특징이며, 경강이나 비철 금속 재료의 경우에는 항복점이 나타나지 않는다.

㉯ 항복 현상이 나타나는 것은 최대 전단 응력 방향과 45°방향으로 배열된 결정군이 작용하는 전단 응력에 견딜 수 없어 갑자기 결정면 사이에 slip이 생기기 때문이다.

㉰ 상부 항복점(upper yield point)

㉠ 항복이 시작하기 시작하는 점으로 보통 항복점이라 한다.

㉡ C점의 하중(WC)을 원단면적(A_0)로 나눈 값. $\left(\frac{WC}{A_0}\right)$

㉱ 하부 항복점(lower yield point)

㉠ 항복 구역(C점과 D점 사이)에서의 최저 응력을 나타내며, 항복이 진행 중에 거의 일정한 하중을 원단면적으로 나눈 값이다.

㉡ D점의 하중(WD)을 원단면적(A_0)로 나눈 값. $\left(\frac{WD}{A_0}\right)$

⑥ 내력(proof stress, 耐力)

㉮ 인장 시험에서 항복점이 나타나지 않은 경우(고탄소강, 비철 금속재료 등)에는 규정된 영구 변형을 일으킬 때의 하중을 시험편 평행부의 원단면적으로 나눈 값을 말한다.

㉠ of를 0.2%로 하여 탄성 비례의 직선(원점에서의 시험 곡선의 접선)에 평행선을 그려서 시험 곡선과 만나는 점(p)의 응력($\sigma_{0.2}$)을 구하면 된다.

㉡ 곡선의 교점인 p점에서의 하중(W_p)을 원단면적(A_0)로 나눈 값을 내력으로 한다.

㉢ $\sigma 0.2 = \dfrac{W_p}{A_0}$ (kgf/mm²)

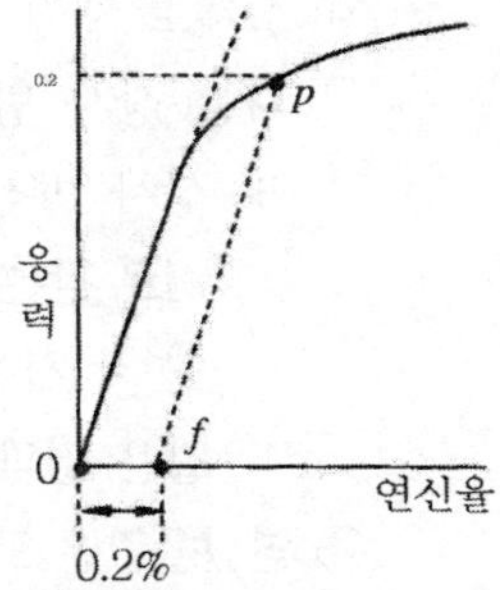

그림 2-36 내력곡선

㉯ 항복점이 뚜렷하지 않는 재료에서는 탄성 회복의 정도를 판단하는데 사용하고자 항복점에 해당하는 점(보통 0.2%의 영구 연신율이 생기는 점)으로서 내력을 정한다. 상부 항복점, 하부 항복점, 항복 강도 또는 인장 강도를 구하기 위한 하중의 읽음은 그 크기의 0.5%까지 한다.

㉰ 내력은 강에 있어서의 항복점과 거의 같은 의미를 지니며, 그 재료의 강도를 판정하는 자료로 삼고 있다.

⑦ 인장 강도(T.S, tensile strength)

시험편에 외력을 가했을 때 시험편이 파단되기까지 가해진 최대 인장 하중(P_{max})을 시험편 평행부의 원단면적(A_0)으로 나눈 값을 인장 강도(δB)라 한다.

$$\delta_B = \frac{\text{최대하중}}{\text{원단면적}} = \frac{P_{max}}{A_0} \text{ (Mpa 또는 kg}_f\text{/mm}^2)$$

(인장 강도는 금속 재료의 인장 시험에서 나타는 강도 중에서 가장 큰 값이며, 이를 그 재료의 최대 강도라 한다.)

⑧ 연신율(elongation ratio)

인장 시험에서 시험편이 파괴되기 직전의 표점 거리(l)와 시험 전의 원표점 거리(l_0)와의 차이가 길이 변형량으로 된다. 이 변형량을 원표점 길이에 대한 백분율(%)로 표시한 것을 연신율(ε)이라 한다.

$$\varepsilon = \frac{\text{파괴전 표점 거리} - \text{원표점 거리}}{\text{원표점 거리}} \times 100 = \frac{l - l_0}{l_0} \times 100(\%)$$

㉮ 표점 거리가 크면 연신율은 감소되며, 작으면 작을수록 연신율은 증가한다.

㉯ 실제로 재질이 일정하면 기하학적으로 비슷한 시험편은 동일한 연신율을 가져야 한다는 상사 법칙(barba's law)에 준한다.

※ 상사 법칙(相似 法則)

서로 같은 균일한 재료에 의해서 되는 비슷한 시험편에 같은 종류의 외력을 작용시키면 각 시험편의 변형율은 서로 같다. 즉 시험편의 길이를 지름으로 나눈 값은 서로 같은 결과다.

㉰ 연신율값은 표점 거리의 장단(長短)에 좌우되는 동시에 시험편 단면적에 따라 변한다.

⑨ 단면 수축율(reduction of area)

인장 시험에서 시험편이 파괴되기 직전에 있어서의 최소 단면적(A)과 원단면적(A_0)과의 차이를 단면 변형량이라 하며, 이 변형량을 원단면적에 대한 백분율(%)로 표시한 것이 단면 수축율(α)이며, 금속 재료의 전연성을 가늠하는 값이 된다.

$$\alpha = \frac{\text{원 단면적} - \text{파단부 단면적}}{\text{원 단면적}} \times 100 = \frac{A_0 - A}{A_0} \times 100(\%)$$

마. 인장 시험에 영향을 주는 인자

① 네킹의 형태와 네킹의 영역에서의 응력 분포

㉮ 네킹(necking)이란 연성을 가진 금속이나 고분자 재료 등을 축방향으로 늘려 소성변형시키면 변형하는 부분과 변형하지 않는 부분으로 나뉘고, 경계에 잘룩함이 생기는 경우가 네킹이다.

(연성 재료를 잡아당기면 파괴되기 직전에 심하게 국부 수축을 일으키는 것을 말한다.)

㉯ 네킹은 일반적으로 연성 금속의 경우 인장 변형 중 최대 하중점에서 시작된다.

㉰ 가공 경화가 일어나지 않는 소성 재료는 인장시 항복이 시작되면서 불안전해지고 네킹이 시작된다.

㉱ 가공 경화에 의한 시험편의 하중 수용 능력의 증가보다 시험편의 단면적 감소로 인한 응력의 증가가 클 때, 즉 최대 하중점에서 네킹(즉, 국부적 변형)이 시작된다.

㉲ 네킹(necking)의 형태

㉠ 봉상의 인장 시험편의 경우 : 재료가 등방성일 때 인장축에 대해서 대칭을 이룬다.

㉡ 판재로부터 얻어지는 각 형의 단면적을 갖는 인장 시험편의 경우 : 다른 여러 가지의 네킹이 일어난다.

㉢ 두께에 비해 폭이 훨씬 큰 판상 인장 시험편의 경우 : 2가지 형태의 인장 유동 불안정성이 나타난다.

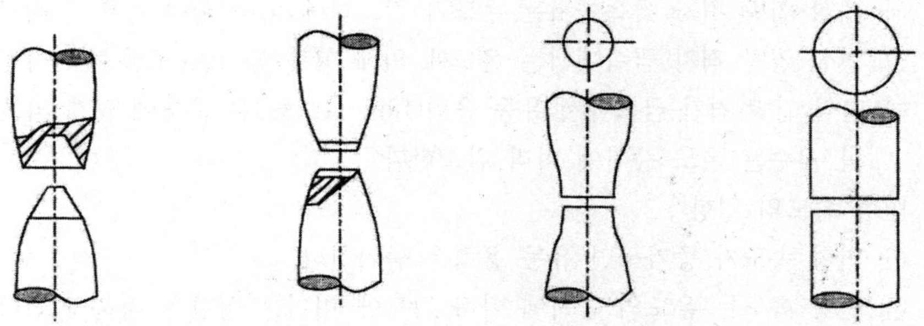

그림 2-37 인장 파단면의 형태

ⓐ 퍼짐 네킹(diffuse necking)으로 시험편 두께보다 훨씬 더 큰 네킹이 일어나는 것으로 파괴가 일어날 때까지 계속된다.

ⓑ 국부 네킹(localized necking)으로 2차 불안정 과정이 나타나는 경우로 시험편의 인장 축에 대해 일정한 각도를 갖고 판재의 두께와 대략 일치하는 좁은 때로 시험편의 폭을 횡단하여 일어난다.

※ 국부 네킹은 평면 변형율 변형이므로 좁은 띠의 폭이 거리에 따라 변하지 않고, 국부 네킹을 일으키는 재료에서 변형율의 증가에 따른 시험편의 단면적 감소는 시험편 두께 방향에 의해 제한된다.

㉳ 네킹 지역에서의 평균 진응력은 단순한 인장이 지배적인 경우 소성 유동을 유발하는데 필요한 응력보다 크다.

※ 진응력(true stress) : 축 방향 인장 하중을 네킹이 일어난 곳의 최소 단면적으로 나눈 값

② 시험편 단면 형상의 영향

㉮ 원형 단면 시험편 : 인장 강도와 항복점이 가장 크다.

㉯ 직사각형 단면 시험편 : 원형 단면 시험편보다 인장 강도와 항복점이 작다.

㉰ I형 단면 시험편 : 인장 강도와 항복점이 가장 작다.
(원형 > 직사각형 > I형의 순이다.)

③ 시험 온도의 영향

㉮ 인장 시험에서 얻어지는 응력 - 변형율 곡선과 유동 및 파괴 성질은 시험이 수행되는 온도에 크게 의존하며, 시험 온도가 높을수록 강도는 감소되고 연성을 증가한다.

㉠ 어떤 온도에는 석출, 변형 시효, 재결정과 같은 미시적인 구조 변화가 일어나 일반적인 거동이 반대일 수도 있다.

㉡ 고온에서는 열적 활성화 과정들이 변형을 도와 강도를 감소시키고, 고온에서 장시간동안 노출되면 구조적 변화가 일어나 시간 의존성 변형(즉, 크리프)이 일어난다.

㉯ 체심 입방 격자 금속에서는 온도가 감소함에 따라 항복 응력이 빠르게 증가한다.

㉰ 면심 입방 격자 금속에서는 온도에 의해 항복 응력이 조금 변한다.

㉱ 면심 입방 격자 금속에서 유동 응력(flow stress)은 온도에 크게 의존하지만 가공경화 지수는 온도 증가에 따라 감소한다.

④ 변형 속도의 영향

㉮ 변형 속도가 증가하면 유동 응력은 증가한다.

㉯ 변형 속도는 온도의 증가에 따라 강도에 미치는 영향은 더욱 커진다.

㉰ 항복 응력이나 작은 소성 변형에서의 유동 응력은 인장 강도보다 더 변형 속도에 민감하며, 저탄소강에서 평상의 하중 속도 하에서는 나타나지 않는 항복점이 높은 변형 속도 하에서 나타난다.

㉱ 인장 시험 속도는 재료의 기계적 성질에 영향을 준다.

㉲ 보통 시험기의 인장 속도

㉠ 최대 속도 : 300mm/min^2

최소 속도 : 0.5mm/min^2

㉡ **인장 속도가 미치는 영향**

재료	시험 시간 (sec)	인장 강도 ($kg_f/mm^2 \cdot sec$)	연신율 (%)	단면 수축율 (%)	시험편 직경 (mm)
저탄소강	19sec	40.44	34.4	69.5	20
	2min35sec	39.29	30.8	70.6	
	23min53sec	38.47	33.8	70.4	
중탄소강	1sec	–	28.7	60.3	8
	6sec	55.92	28.6	59.1	
	20min	53.24	19.3	60.9	

㉢ 인장 속도가 증가하면 상부 항복점은 상승, 하부 항복점의 변형 길이는 증가한다.

⑤ 인장 시험기에 의한 영향

㉮ 인장 시험 방법에는 일반적으로 두 가지 종류의 기계가 사용된다.

㉠ 하중 제어(load controlled) 기계

작동자가 변위에 무관하게 하중을 정확하게 조정할 수 있다.

㉡ 변위 제어(displacement controlled) 기계

변위가 제어되고 하중의 적절로 변위를 유발시키는데 필요한 만큼 가해진다.

㉯ 모든 시험기기는 하중에서 약간의 시험편 변형이 생긴다.

㉰ 시험 기계와 시험편의 상호 작용이 변형 속도에 주요한 영향을 미친다.

2 압축 시험(compression test)

재료에 압축력을 가했을 때의 변형 저항이나 파괴 강도를 구하는 시험이 압축 시험이며, 압축 시험은 주로 내압(耐壓)에 사용되는 재료, 즉 주철, 베어링 합금, 벽돌, 콘크리트, 목재, 타일, 경질 고무, 플라스틱 등에 적용된다.

가. 압축 시험의 개요

① 압축 시험의 목적

압축력에 대한 재료의 항압력을 시험하는 것으로 압축 강도, 비례한도, 항복점, 탄성 계수 등을 결정한다.

② 압축력은 크랙(crak)을 누르는 작용을 하기 때문에 여린 재료에서는 압축 파괴 응력이 인장 파괴 응력보다 크다.

③ 취약한 재료의 항복점을 구하는 경우에 압축 시험이 인장 시험보다 좋다.

④ 압축 강도

연성 재료에서는 파괴를 일으키지 않으므로 편의 상 시험편의 좌굴(buckling)이 생기는 때, 즉 균열이 발생하는 응력으로 압축 강도를 결정한다.

※ 좌굴(挫屈, buckling)

봉이나 기둥에서 길이가 단면의 최소 치수의 약 10배 이상이고, 축 압축력을 받으며, 어느 하중 이상에서 휨이 심해져서 파괴되는 현상으로 좌굴 변형은 얇은 판을 용접할 때에 내부에 생기는 압축 잔류 응력 때문에 판이 좌굴하여 생기는 변형을 말한다.

$$\text{압축 강도} = \frac{\text{시험편이 파괴될 때 까지의 최대 하중}}{\text{원단면적}} (\text{kg}_f/\text{mm}^2)$$

⑤ 압축 변형

직경이 d_1, 높이가 h_1인 압축 시험편을 하중 P로 할 때 압축 후 높이가 h_2로 감소되고, 직경이 d_2로 증가하였다면 압축력에 대한 압축 응력 크기는 다음 식으로 정한다.

㉮ 압축 응력(σc)

$$\sigma c = \frac{P}{\frac{\pi\ d_2}{4}} = \frac{P}{A_0} (\text{kg}_f/\text{mm}^2)$$

㉯ 압축률(εc)

$$\varepsilon c = \frac{h_1 - h}{h_1} \times 100(\%)$$

㉰ 단면 변화율(ψc)

$$\psi c = \frac{A - A_0}{A_0} \times 100(\%)$$

• A_0 : 초기 단면적 • A : 변형 후 단면적

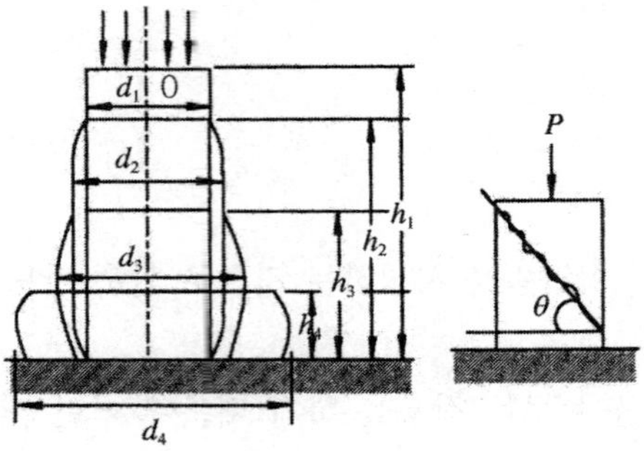

그림 2-38 압축 변형

㉱ 전단 저항(fc) = $\frac{1}{2}\sigma c \tan\theta$ (kg_f/mm^2)

㉲ 내부 마찰각(Φ)= $\frac{\pi}{2} - 2\theta$

㉳ 재료 내부의 마찰 계수(μ) = $\frac{\cos 2\theta}{\sin 2\theta} = \cot 2\theta$

⑥ 압축에 대한 응력 – 압률 선도

㉮ 지수 법칙에 의한 응력(σ)과 압률(ε) 사이의 관계 : $\varepsilon = \alpha \times \sigma m$

• α : $\frac{1}{E}$ • m : 재료 상수(가공 경화 지수)

㉯ 지수 법칙 3가지 표현

㉠ $m>1$ 일 때

ⓐ 가장 많은 경우로 곡선의 상부에 원호를 그린다.

ⓑ 주철, 강, 콘크리트 등이 이에 속하며 응력이 크지 않은 범위에서 $m \fallingdotseq 1$이다.

㉡ $m=1$ 일 때

ⓐ 후크의 법칙이 성립된다.

ⓑ 완전 탄성체에만 적용할 수 있다.

㉢ $m<1$ 일 때

ⓐ 곡선이 하부에 원호를 가지며, 금속에서는 찾아볼 수 없다.

ⓑ 피혁, 고무 등의 비금속 재료의 일부에 적용된다.

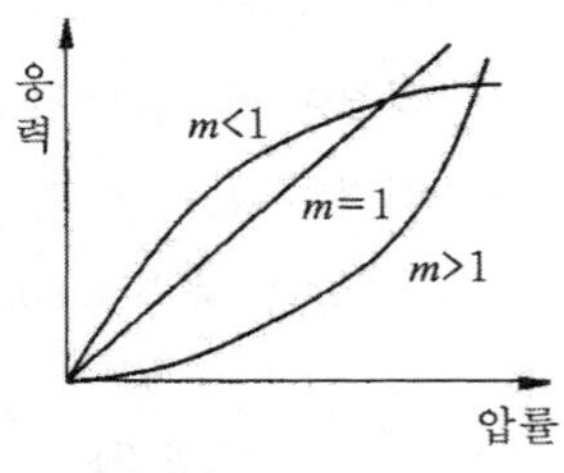

그림 2-39 응력 – 압률 선도

나. 압축 시험의 종류 및 시험편

① 압축의 종류

㉮ 시험편의 길이에 따라서 장주(長柱) 압축과 단주(短柱) 압축으로 분류한다.

㉠ 장주 압축의 파괴 형식은 좌굴 파괴이다.

㉡ 압축 강도를 측정할 경우 : 단주형이 이용된다.

㉢ 탄성을 측정할 경우 : 장주형이 사용된다.

㉯ 가압 면적에 따라서 전면 압축과 부분 압축으로 분류한다.

㉰ 하중 중심에 따라서 중심 압축과 편심 압축으로 분류한다.

② 압축 시험편은 보통 원주상(圓柱狀) 시험편이 많이 사용된다.

③ 압축 시험에 관한 사항은 KS B 5533에 규정되어 있으며 보통 시험편의 길이(l)와 직경(d) 또는 폭(b)와의 관계는 다음 범위가 가장 많이 사용된다.

㉮ $l = (1.5 \sim 2.0)d$ · · · · · · 봉재(봉재 시험편 : 금속 재료와 콘크리트에 사용된다.)

㉯ $l = (1.5 \sim 2.0)b$ · · · · · · 각재(각재 시험편 : 목재나 석재에 주로 사용된다.)

시험 구역이 소성 구역의 경우에는 가로 변형에서의 만곡(彎曲)이 생기므로 압축 시험편의 실용적 길이는 길이와(L)와 지름 (D)의 비($\frac{L}{D}$)가 $1 \sim 3$ 정도로 사용한다.

④ ASTM의 압축 시험편

구분 \ 시험편	직경d(in)	길이l(in)	$\frac{1}{d}$	응용 범위
단주 시험편	$1\frac{1}{8} \pm 0.01$	1 ± 0.05	0.9	베어링 합금 등
중주 시험편	$\frac{1}{2} \pm 0.01$	$1\frac{1}{2} \pm 0.05$	3	금속 재료 일반 항압력(抗壓力)
	0.798 ± 0.01	$2\frac{3}{8} \pm \frac{1}{8}$	2.98	
	1 ± 0.01	$3 \pm \frac{1}{8}$	3	
	$1\frac{1}{8} \pm 0.01$	$3\frac{3}{8} \pm \frac{1}{8}$	3	
장주 시험편	0.798	$6\frac{3}{8} \pm \frac{1}{8}$	7.99	탄성 계수의 측정
	$\frac{1}{4} \pm 0.01$	$12\frac{1}{2}$	10	

3 굽힘 시험(bending test)

굽힘 시험은 규정된 안쪽 반지름으로 규정된 각도로 되기까지 굽혀서 굽은 부분의 바깥쪽에서 균열이나 그 밖의 결함 유무를 조사하는 시험이다.

가. 굽힘 시험의 특징

① 재료의 굽힘 모멘트가 걸렸을 때의 변형 저항이나 파단 강도를 측정하는 것이다.

② 시험편에 가해지는 쪽에서 생기는 응력은 압축력이나 반대쪽에서는 인장력이 된다. (중간에는 응력이 0이 되는 중립면이 존재한다.)

③ 주철의 굽힘 시험에서의 응력은 보통 파단 계수로서 그 크기를 정한다. (파단 계수 : 단면 계수와 최대 굽힘 모멘트의 비를 파단 계수라 한다.)

④ 파단 계수는 최대 응력이고, 이 때 파괴점에서 후크(Hook's)의 법칙이 적용된다면 최대 응력치는 단면의 크기, 형상에 관계가 없고, 응력은 다음 식으로 계산한다.

$$\sigma = \frac{Pl}{4Z}$$

- Z : 단면 계수(장방향일 때 Z : $\frac{bt^2}{6}$, 원형일 때 Z : $\frac{\pi d^3}{32}$)
- l : 지점간의 거리
- P : 굽힘 강도
- b : 시험편의 폭
- t : 시험편의 두께
- d : 시험편의 직경

⑤ 굽힘 시험의 형식

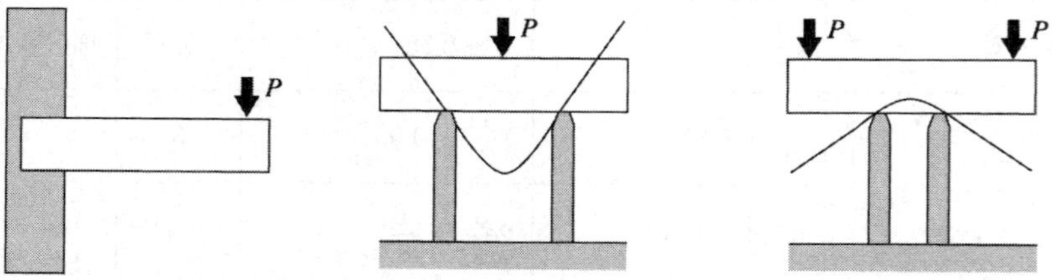

(가) 2점 굽힘 (나) 3점 굽힘 (다) 4점 굽힘

그림 2-40 굽힘 시험의 형식

나. 굽힘 시험기의 종류

① 굽힘 저항 시험(transeverse test)
재료의 굽힘에 대한 저항력을 시험하고, 취성이 있는 재료의 굽힘 파단 강도 측정 및 파단 하중, 최대 만곡(彎曲)량을 측정할 수 있다.

② 굴곡 시험(항절 시험)
전성, 연성, 균열의 유무를 시험한다.

다. 굽힘 시험편의 종류 및 굽힘 시험편의 규격 [시험편은 KS B 0803(금속 재료 굴곡 시험편)]

① 가호 시험편

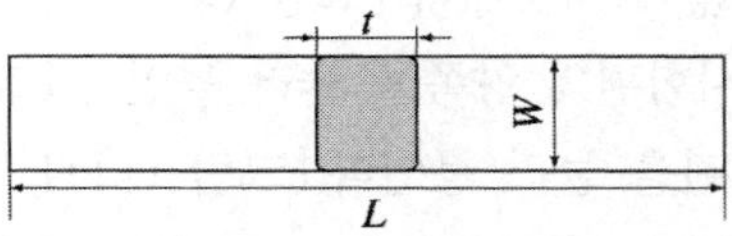

- t : 두께(원래의 두께)
- W : 나비(35mm 이상)
- L : 길이(250mm 이상)

※ 가호 시험편은 주로 강판, 평강 및 형강의 굴곡 시험에 사용한다.
- t : 원래의 두께
- W : 나비(20mm 이상)
- L : 길이(150mm 이상)

② 나호 시험편

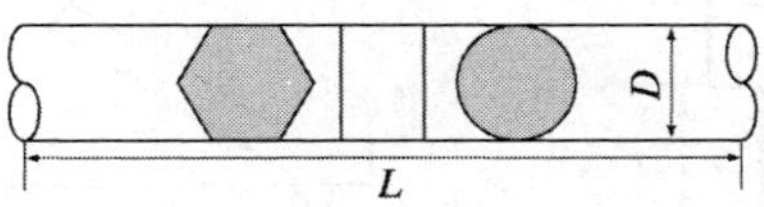

- D : 지름별 또는 맞변 거리
- L : 원래 치수 길이(250mm 이상)

③ 다호 시험편

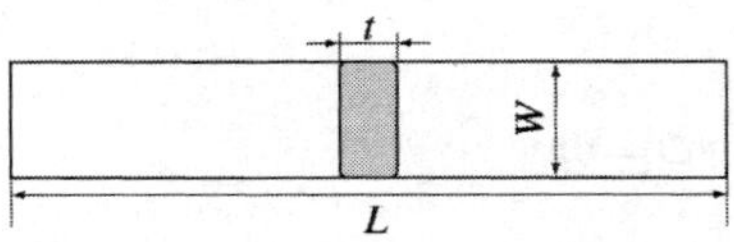

- t : 원래의 두께
- W : 나비(20mm 이상)
- L : 길이(150mm 이상)

④ 라호 시험편

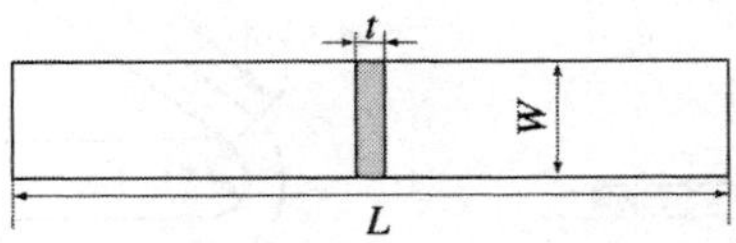

- t : 원래의 두께
- W : 나비(10mm 이상)
- L : 길이(150mm 이상)

※ 스프링을 인청동판 및 스프링용 양은판

⑤ 마호 시험편

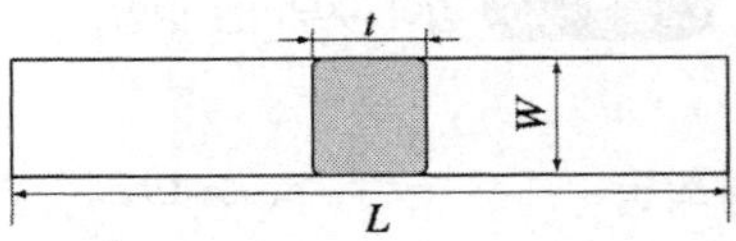

시험편의 구별	마 1 호	마 2 호
두께(t)	19mm	15mm
나비(W)	25mm	20mm
길이(L)	150mm 이상	150mm 이상

⑥ 바호 시험편

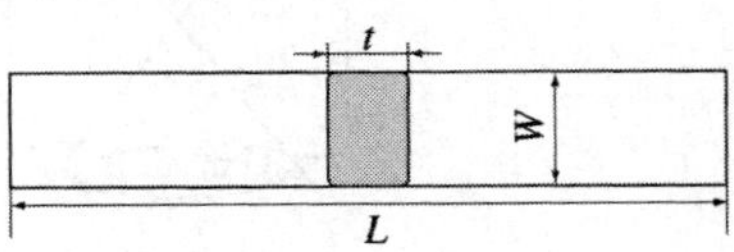

- t : 두께(흑심가단주철은 10, 백심가단주철은 6mm)
- W : 나비(16mm)
- L : 길이(200mm 이상)

라. 굽힘 시험 방법

① 눌러 구부리는 방법

㉮ 시험편을 2개의 받침대에 얹어 놓고 그 중앙부에 누름쇠를 대고 서서히 하중을 가하여 규정의 모양으로 굽는 방법으로 가장 많이 사용된다.[그림 (가)]

㉯ 약 170°로 굽힌 다음 끼움쇠를 사용하여 시험편의 양쪽을 눌러 붙인다.[그림 (나)]

㉰ 밀착시키는 경우에는 170°까지 굽힘 시험편을 눌러 붙인다.[그림 (다)]

㉱ 이 때 두 점 사이의 거리는 $L = 2r + 3t$ 식으로 계산한다.

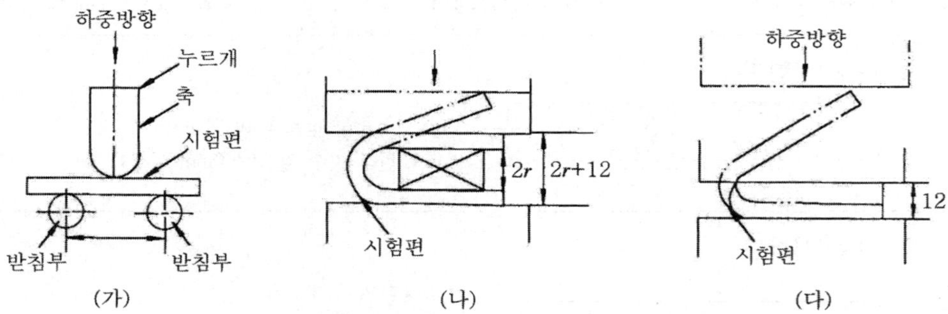

그림 2-39 눌러 구부리는 방법

② 감아 구부리는 방법

시험편의 중앙 부분이 거의 규정 모양이 되도록 시험편을 축 또는 금형에 대고 시험편 한쪽을 누르고 다른 쪽을 서서히 하중을 가하며 축 또는 금형에 규정된 휨 각도까지 감아 구부린다.

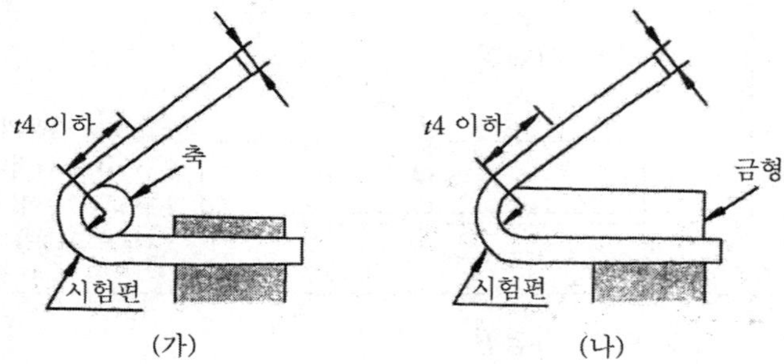

그림 2-40 감아 구부리는 방법

③ V 블록으로 구부리는 방법

시험편을 180° − θ의 V 블록 위에 놓고 누름쇠를 대고 서서히 하중을 가하여 구부리는 방법으로, V 블록, 누름쇠의 모양 및 치수는 재료 규격에 따른다.

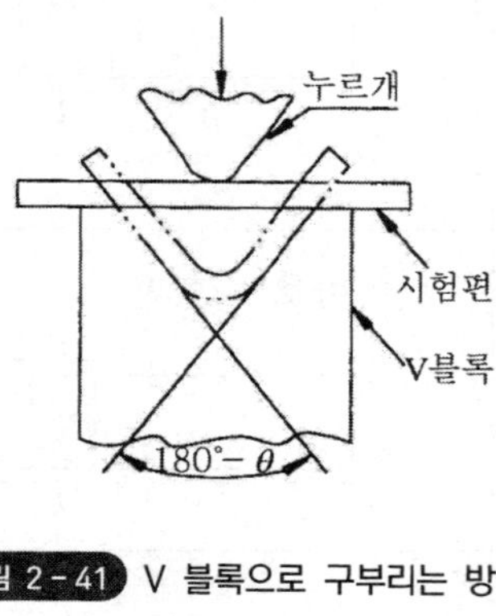

그림 2-41 V 블록으로 구부리는 방법

4 비틀림 시험(torsion test, distortion test)

시험편에 비틀림 모멘트를 부여하여 비틀림, 비례 한도, 탄성 한도, 전단 응력, 탄성 계수, 비틀림 횟수 등을 측정할 수 있는 시험방법이다.

가. 비틀림 시험의 특성

① 주목적 : 재료에 대한 강성 계수의 측정과 비틀림 강도를 측정하는데 있다.

② 강선, 피아노선 및 Cu선 등은 비교적 선재의 비틀림 시험에서는 응력 측정보다는 비틀림 횟수 또는 비틀림 각을 측정하여 시험 결과를 얻는다.

③ 환봉을 비틀면 표면에 최대 전단 응력이 생기고, 중심축의 응력은 0이다.

④ 탄성 구역에서는 응력 구배는 직선적이며, 소성 구역에서는 진응력의 계산에 가정이 필요하며, 비틀림 시험에서는 연성 재료의 가공성 판정이 용이하다.

⑤ 비틀림 모멘트를 측정하는 방법

전자식, 탄성식, 레버식, 레버와 스프링 장치를 사용한 것.

⑥ 시험편

㉮ 압연된 상태의 봉재 및 판재를 시험편으로 사용하는 경우도 있다.

㉯ 전단 응력과 전단 변형의 관계를 구할 때는 두께가 얇은 중공 시험편을 사용한다.

㉠ 이 때 표점 거리(L)와 외경(D)과의 사이의 성립된 관계식

$$L = 10D, \quad t \fallingdotseq \left(\frac{1}{8} \sim \frac{1}{10}\right)D$$

• t : 중공부의 살 두께

㉡ 시험부와 고정부가 정확한 동심원이 되도록 제작한다.

나. 비틀림 강도

재료를 비틀림에 의해 파괴되었을 때 그 최대 비틀림 모멘트(T)로부터 계산하여 구한 바깥 표면의 최대 응력으로 지름(d)인 환봉의 경우는 $t = \dfrac{10\ T}{nd^2}$ 으로 계산한다.

5 휨 시험(flexures test)

휨 시험은 재료의 휨에 대한 저항력을 측정하는 시험이다.

① 목적은 인장 시험이 어려운 취성 재료의 강도를 조사하기 위하여 시험한다.
② 시험 방법은 받침전의 중앙에 하중을 가하여 파괴될 때의 하중과 휨량을 측정한다.
③ 시험편의 형상, 치수 및 휨 시험 장치

시험편의 종류	지름(D)	지름의 허용차	지점간의 거리(l)	길이(L)
A호	13	±1.0	200	약 300
B호	20	±1.0	300	약 350
C호	30	±1.5	450	약 500
D호	45	±2.0	600	약 650

6 경도 시험(hardness test)

외력에 의한 금속 재료의 변형 정도를 알아내기 위한 방법으로 많이 이용되고, 경도의 대소는 기계적 성질을 결정하는 중요한 요소이며, 금속 재료의 소성 변형에 대한 저항의 척도가 된다.

가. 경도 시험의 목적

① 재료의 경도값을 알고자 하는 경우 및 경도값으로부터 강도를 추정하고자 하는 경우
② 경도값으로부터 시험편의 가공 상태나 열처리 상태를 비교하고 싶은 경우

나. 경도 측정의 방법

① 압입자를 이용하는 방법(penetration hardness)
　㉮ 정적 하중에서 시험편의 표면에 구(球), 원뿔, 피라미드, 쐐기 등의 모양으로 된 압입자를 눌렀을 때 생기는 압입 자국으로부터 경도를 측정한다.
　㉯ 종류 : 브리넬 경도계(HB), 로크웰 경도계(HR), 비커어즈 경도계(HV), 마이크로 경도계, 누프 경도계, 마이어 경도계
② 반발을 이용하는 방법(rebound hardness)
　㉮ 충격적으로 한 물체에 다른 물체를 낙하시켰을 때 반발하여 튀어 오르는 높이로 경도를 측정한다.
　㉯ 종류 : 쇼어 경도계(HS), 에코팁 경도계

③ 긁힘 정도에 의한 방법(scratch hardness)

㉮ 시험편 표면을 다이아몬드나 단단한 재질로 긁기 흔적을 만들어 경도를 측정한다.

㉯ 종류 : 마르텐스 긁힘 경도계, 마이어 경도 시험

④ 진자 장치를 이용하는 방법

㉮ 시험편 위에 진자를 장치하고 진동을 시켰을 때 생기는 압입 자국의 치수로부터 경도를 측정한다.

㉯ 종류 : 진자 경도계

⑤ 자기적 경도 시험법

㉮ 금속 재료의 항자력을 이용하여 상대적인 경도값을 간접적으로 측정한다.

㉯ 종류 : 자기적 경도계

⑥ 소성 변형에 대한 저항은 가, ③항, 탄성 변형에 대한 저항은 ②항이다.

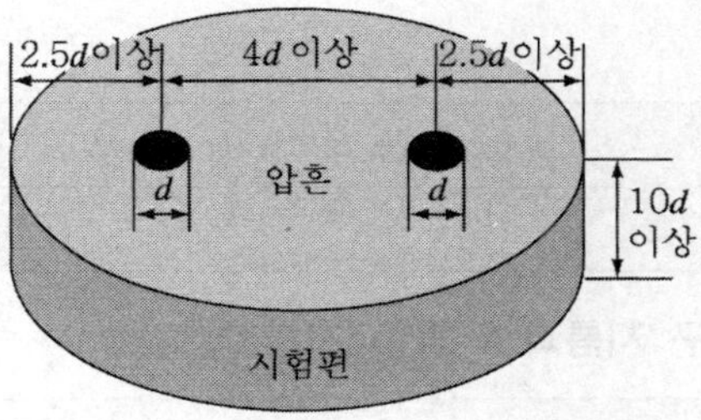

그림 2-42 압흔과 압흔 사이의 거리

다. 시험편

① 시험에서 시험편의 두께 : 들어간 깊이의 10배 이상

② 시험편의 나비 : 들어간 깊이의 4배 이상

③ 시험편의 표면 상태

㉮ 시험편 표면에 가공경화 현상이 나타나지 않고, 표면과 뒷면이 평형할 것

㉯ 거칠기의 정밀도는 압입 깊이에 영향을 받으므로 매끄러운 표면이 필요하다.

㉰ 압입 깊이를 측정하는 방식의 경우에는 시험편과 받침대와의 밀착이 좋아야 한다.

라. 브리넬 경도(HB ; Brinell hardness)

시험편의 표면에 일정한 지름의 강구 압입체를 사용하여 일정한 하중을 가했을 때 시험편의 표면에 둥글게 생긴 압입 자국의 표면적을 측정하여 경도값을 구한다.

① 브리넬 경도를 나타내는 식

$$\text{브리넬 경도} = \frac{\text{압입하중}}{\text{강구자국의표면적}} = HB = \frac{P}{A} = \frac{2P}{\pi D(D-\sqrt{D^2-d^2})} = \frac{P}{\pi Dt}$$

- A : 압입 자국의 표면적(mm^2)
- P : 하중(N 또는 kg_f/mm^2)
- D : 강구의 지름(mm)
- d : 오므라든 자국의 지름(mm)
- h : 오므라든 자국의 길이(mm)

② 브리넬 경도는 같은 시험편이라도 강구 압입체의 지름과 하중의 크기에 의한 압입 자국의 면적에 따라 다르다.

㉮ 강구 압입체의 크기와 하중은 $\frac{d}{D}$가 일정하도록 한다.

㉯ 압입 자국의 지름이 0.20 ~ 0.50D의 범위로 되는 것이 가장 좋다.

③ 검사하는 하중은 3,000kg_f, 750kg_f, 500kg_f로 하며 오차는 다음 식으로 계산하고 허용오차는 ±1%로 한다.

$$\text{오차}(\%) = \frac{\text{하중용 중추의 호칭 하중} - \text{실하중}}{\text{하중용 중추의 호칭 하중}} \times 100(\%)$$

④ 브리넬 경도계의 강구 지름과 하중

강구지름(D) (mm)	하중(P)(kg) [$P=kD^2$]				시험편의 최소 두께(mm)
	$30D^2$	$10D^2$	$5D^2$	$2.5D^2$	
10 5 2.5	3,000 750 187.5	1,000 250 62.5	500 125 31.2	250 62.5 15.6	6 이상 6 ~ 3 6 ~ 3
용도	경한 재료 (강, 주철)	Cu 합금 Al 합금	연한 재료 (Cu, Al)	매우 D^2 연한 재료 (Pb, Zn)	

⑤ 압입자의 종류와 사용 범위

㉮ HB 450 이하의 재료에 적용한다.

㉯ 강구(鋼球)는 HB<450, Cr강구는 HB<650 ~ 700, 경질합금(WC)의 볼은 HB<800, 다이아몬드 볼은 HB<850의 재료에 적용된다.
(고탄소강을 담금질하여 사용하며 진구도 0.0015mm, 지름 허용 오차는 직경의 10, 강구에서 0.01mm 정도이다.)

㉰ 압입 자국의 지름 : 압입자 지름의 0.24 ~ 0.60배가 되어야 한다.

㉠ $\frac{d}{D}$가 너무 작으면 압입 자국이 너무 작아 측정이 어려우므로 측정 오차가 크다.

㉡ $\frac{d}{D}$가 0.6보다 크면 경화 변화에 따라 압입 자국 지름의 크기가 별로 변하지 않기 때문에 경도 변화를 뚜렷하게 알 수 없다.

⑥ 브리넬 경도 시험기

㉮ 브리넬 경도 시험용 시험기는 HB B 5524에 규정된 시험기를 사용한다.

㉯ 강구 입자는 사용 중 영구 변형이 일어나서 하중을 가한 방향과 이에 직각인 방향과의 지름차가 0.01mm를 초과할 때는 사용하지 않는다.

㉰ 하중 검사는 KS B 5528(재료 시험용 하중 검사기)로 압입자 붙임 축에 가하는 실하중을 직접 측정한다.

⑦ 브리넬 경도 시험 결과에 영향을 주는 인자

㉮ 시험편의 크기

㉠ 압입 깊이가 시험편의 두께의 $\frac{1}{3}$이면 경도는 3% 정도 증가한다.

㉡ 시험편이 작으면 압력을 지지할 만한 충분한 질량이 없으므로 보다 많이 변형하고 자국이 커진다.

㉯ KS B 0805에서 규정된 브리넬 경도 시험편의 만족 조건

㉠ 시험편 시험면의 양면은 평면이어야 한다.(뒷면 연마를 잘할 것)

㉡ 시험편의 평면도는 압입 자국의 지름을 0.01mm까지 쉽게 측정할 수 있어야 한다.

㉢ 시험편의 두께는 압입 자국의 깊이의 약 10배 이상으로 한다.

㉣ 시험편의 폭은 압입 자국의 지름(d)의 약 4배 이상이어야 한다.

㉤ 시험편은 시험편 받침대 위에 단단히 밀착시키고 일정 시간 동안 하중을 유지시킨 다음 제거한다.

㉰ 하중 작용 시간(period of loading)

㉠ 가압 시간(유지 시간) : 강철은 15 ~ 20초, 연한 금속 및 비철 금속은 30초 정도

㉡ 일반적으로 하중 작용 시간이 길어지면 하중이 다소 증가한다.

㉱ 자국의 지름과 깊이와의 관계

㉠ 압입 자국은 시험편의 소성 변형에 의해서 되므로 탄성 변형이 이것과 동반하게 된다.

㉡ 탄성의 회복 때문에 규정 하중이 작용하고 있을 때와 이것을 제거한 후의 자국의 깊이의 차는 그 지름의 차보다 크다.

㉲ 볼(ball)의 변형

㉠ 경도가 큰 시험편에 사용하면 브리넬 시험기에 사용한 압입자가 소성 변형을 일으켜서 형상이 변한다. 볼이 변형되면 측정 결과는 가치가 없다.

㉡ 브리넬 경도 시험용 강구의 성분은 1 ~ 2%C 탄소강 또는 Cr강을 유중(油中)에서 담금질하여 저온에서 뜨임한 것이 사용된다.

⑧ 브리넬 경도 시험의 특징과 용도

㉮ 특징

㉠ 시험편의 윗면의 상태에 의하여 측정치에 큰 오차를 나타나지 않는다.

㉡ 측정 시간이 비교적 오래 걸리나, 간단한 장치로 현장에서 경도를 측정할 수 있다.

㉢ 큰 압입자국을 얻을 수 있어 불균일한 재료의 평균적인 경도값을 측정할 수 있다.

㉣ 주물 제품의 경도 측정에 많이 사용된다.

㉯ 용도

㉠ 재료 자체의 불균일성이 커서 넓은 부위의 압입 자국이 필요한 재료의 경도를 측정하는데 주로 사용한다.

㉡ 시편이 적은 것, 특히 얇은 재료, 침탄강, 질화강 등의 표면 경도 측정에는 부적당하다.

㉢ 다른 경도 시험에 비해 표면의 긁힘이나 거칠기에 영향을 적게 받는다.

※ NBS(미국 연방 표준국)에 따르면 하중 축이 시험편의 2° 이내 수직하면 시험 오차는 1% 이내이다.

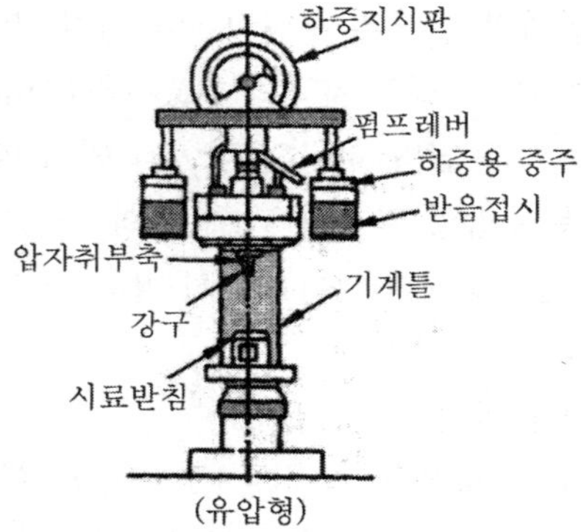

그림 2-45 브리넬(HB)경도기의 구조

⑨ 브리넬 경도 시험기의 조작에 의한 시험 순서

㉮ 시험면이 시험기의 받침대와 평형이 되게 조정하고, 시험면에 압입자를 접촉한다.

㉯ 유압밸브를 조이고 하중 중추가 떠오를 때까지 유압 레버를 작동시켜 하중을 가한다.

㉰ 시험 하중(철강 : 3,000kg_f)에 도달하면 철강에서는 15초, 비철 금속에서는 30초의 하중 유지 시간을 준다.

㉱ 서서히 유압 밸브를 열어 유압을 제거하고 핸들을 돌려 시험편을 꺼낸다.

㉲ 확대경에 달린 측정기로 압흔 지름을 2회 이상 측정해 브리넬 경도값을 산출한다.

마. 로크웰 경도(HR ; Rockwell Hardness)

규정된 강구는 또는 다이아몬드 압입자를 시험편에 압입하여 생기는 압입 자국의 깊이로 경도를 측정하며 측정 방법이 간단하므로 많이 사용된다.

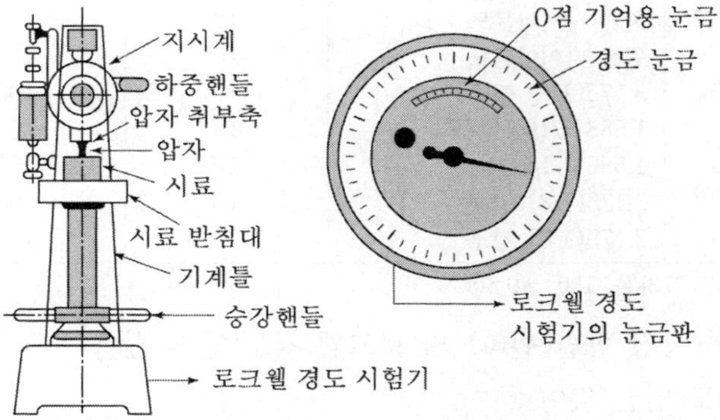

그림 2-46 로크웰 경도의 구조

① 로크웰 경도의 하중

㉮ 시험편에 기준 하중(예비 하중)

10kg$_f$을 건 다음 시험 하중(강구 : 100kg$_f$, 다이아몬드 : 150kg$_f$)을 가한다.

㉯ 예비하중은 10kg$_f$, 일정 하중은 60kg$_f$, 100kg$_f$, 150kg$_f$으로 한다.

② 눈금판

㉮ HRB의 눈금판은 적색이고, HRC의 눈금판은 흑색으로 표시한다.

㉠ HRC 눈금판 : 0 ~ 100까지의 눈금

㉡ HRB 눈금판 : 30 ~ 130까지의 눈금

㉯ 각 눈금은 $\frac{1}{500}$mm의 길이에 상당한다.

③ 압입자

㉮ 일반적으로 많이 사용되는 압입자 : HRC, HRB이다.

㉯ 단단 재료는 선단의 곡률 반지름이 0.2mm이고, 꼭지각이 120°되는 원뿔형 다이아몬드 압입자(HRC)를 사용한다.

㉰ 연한 재료에는 지름 1,5875mm$\left(\frac{1}{16}''\right)$의 강구 압입자(HRB)를 사용한다.

㉱ HRC, HRB의 경도값을 산출하는 공식

$$HRC = 100 \sim 500h, \; HRB = 130 \sim 500h$$

• HRC : 로크웰 C 스케일 경도값 • HRB : 로크웰 B 스케일 경도값
• h : 압입 자국 깊이

㉮ 로크웰 경도 압입자와 시험 하중

경도 구분	압입자[mm(in)]	기준 하중(kg_f)	시험 하중(kg_f)	적용 강도
A	원뿔 다이아몬드	10	60	
B	1.588(1/16) 강구	10	100	0 ~ 100
C	원뿔 다이아몬드	10	150	0 ~ 70
D	원뿔 다이아몬드	10	100	
E	3.175(1/8) 강구	10	100	
F	1.588(1/16) 강구	10	60	
G	1.588(1/16) 강구	10	150	
H	3.175(1/8) 강구	10	60	
K	3.175(1/8) 강구	10	150	

※ 1N = 0.101973kg_f, 1kg_f = 9.806N

④ 로크웰 경도의 측정 방법(원리) 및 로크웰 경도 압흔 깊이

㉮ 로크웰 경도 압흔 깊이

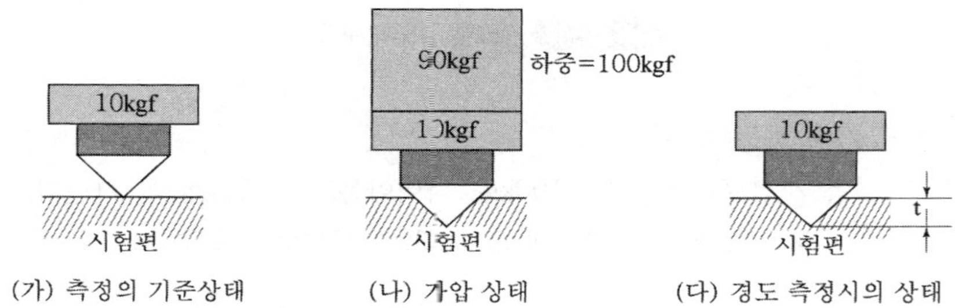

그림 2-47 로크웰 경도 측정 원리

㉠ 로크웰 경도는 압흔 깊이가 $\frac{2}{1,000}$mm가 경도값 단위에서 1에 해당한다.

㉡ 경도 측정 위치 : 압흔 직경(d)의 2배 이상

㉢ 안쪽의 측정 간격 : 4d 이상

㉣ 시험편의 두께 : 10d 이상
(담금질 및 표면 경화된 재료는 0.7mm 이상의 두께가 요구된다.)

㉤ 시험면의 경사도는 4° 이하가 요구된다.

⑤ 로크웰 경도 시험기의 특징

㉮ 시험 하중의 속도, 하중의 유지 시간, 압입자의 모양 및 지시계에 의한 오차 등의 영향을 받으며, 개인차나 측정 오차는 적다.

㉯ 압입 자국이 작으므로 완성품의 경도 측정에 적합하고, 시험편이 얇은 것 및 작은 것에도 사용할 수 있다.

⑥ 로크웰 경도 시험기의 조작에 의한 시험 순서

㉮ 시험면이 받침대와 평행하도록 놓는다.(경사각 4° 이내)

㈏ 핸들을 돌려 압입자와 시험면을 살며시 접촉시킨 후 초하중 $10kg_f$를 가한다.
㈐ 초하중의 정점 ±이내에 있도록 하고 다이얼을 돌려 0점에 맞춘다.
㈑ 시험 조건에 맞는 시험 하중을 가한다.
㈒ 시험 하중을 가하여 장침의 정지 때부터 철강은 15초(비철 금속은 30초)의 하중 유지 시간을 준다.
㈓ 시험 하중 레버를 앞으로 당겨 하중을 신속히 제거하고 다이얼 게이지에 나타난 경도값을 정확히 기록한다.
㈔ 위의 동작을 반복하여 3회 이상 경도를 측정한 후 평균 경도값을 산출한다.

바. 비커스 경도 시험기(HV ; Vickers Hardness)

비커스 경도 시험은 곡지각 136°의 다이아몬드 4각 추를 압입자로 하여 하중 1 ~ $120kg_f$으로 시험하며, 경도치는 하중(P)를 압흔의 대각선의 길이(d)로부터 구한 압흔의 표면적(A)로 나눈 값으로 표시한다.

① 관련 규격
㈎ KS B 5525 : 비커스 시험기
㈏ KS B 0811 : 비커스 경도 시험법
㈐ KS A 0021 : 수치의 맺음법

② 경도값을 나타내는 공식

$$HV = \frac{P}{A} = \frac{\text{하중}}{\text{압흔의표면적}} = \frac{2P\sin\cdot\frac{\alpha}{2}}{d^2} = \frac{1.8544P}{d^2}(kg_f/mm^2)$$

- P : 하중(kg_f)
- d : 압입 자국의 대각선의 길이(mm)
- α : 대면각(136°)

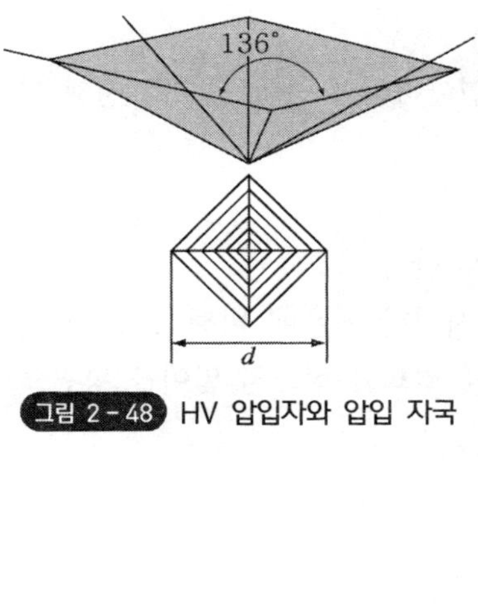

그림 2-48 HV 압입자와 압입 자국

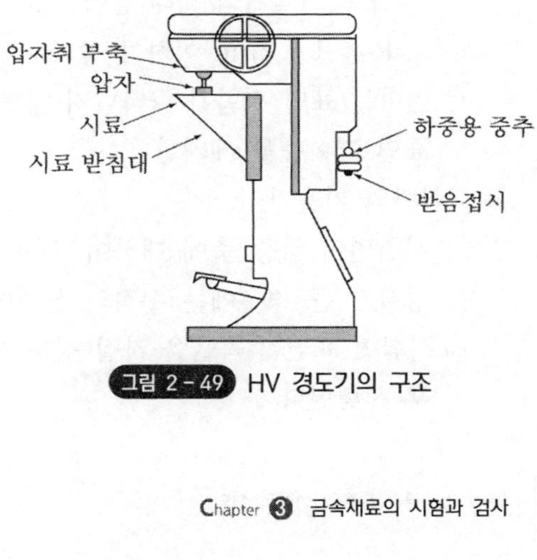

그림 2-49 HV 경도기의 구조

③ 비커스 경도 시험은 시험편의 두께와 관계없이 박판에 까지 적용할 수 있으며, 비중을 임의로 변화시킬 수 있어 하중에 다른 최소 시험편 두께를 결정한다.

④ 비커스 경도 시험편 두께와 하중

시험 하중 (kg_f)	시료의 최소 살 두께(mm)				
	담금질동(Cu), 표면 경화강	Cu	경질, 황동, Cu, Al	연질동, 축수 합금	연합금
1	0.04	0.03	0.1	0.3	0.5
2	0.05	0.10	0.2	0.5	1.0
3	0.07	0.15	0.3	0.8	1.5
5	0.08	0.20	0.4	1.0	2.0
10	0.13	0.25	0.8	2.5	4.0

⑤ 시험 하중을 변화시켜도 경도 측정치에는 변화가 없다.

⑥ 침탄층, 질화층, 탈탄층의 경도 시험에 적당하고 압흔 자국이 극히 작다.

⑦ 비커어스 경도기의 하중 및 사용 범위

㉮ 사용 하중 : 1 ~ 120kg_f(5 ~ 50kg_f가 많이 사용된다.)

㉯ 사용 범위 : 경질, 연질, 얇은 재료, 침탄, 질화층의 경도를 정확히 측정한다.

⑧ 압입자 : 다이아몬드 피라밋형으로 대면각(θ)은 136°이다.

⑨ 시험기의 종류에는 암스트롱(Armstrong)형과 아카시아형 시험기가 있다.

⑩ 시험편

㉮ 표면 거칠기와 표면 변질층

㉠ 압입 자국 : 크기가 1mm 이하(보통 50 ~ 500μm 정도)이다.

㉡ 시험면 : 매끄러워야 한다.

ⓐ 압입 자국의 대각선의 길이를 측정값의 0.4% 또는 0.2μm 중 큰 값까지 측정할 수 있도록 매끄러워야(연마지를 250번 ~ 600번까지를 사용하여 연마한 후 buffing)한다.

ⓑ 표면이 매끄럽지 않을 경우에는 표면 거칠기에 따라 경도값이 변화한다. 표면 거칠기의 최대 높이는 R_{max} 15μm 이하인 경우에 경도값에 영향을 주며, R_{max} 1 ~ 2μm 이하가 좋다.

㉢ 연마는 표면 경화가 나타나지 않도록 연마하여야 하며 필요시 전해 연마 등으로 표면 결화층을 제거한다.

㉯ 시험면의 기울기

㉠ 시험면이 하중 축에 대하여 수직이어야 한다.

㉡ 경사가 큰 경우에는 수직의 상태에서 시험한 경우에 비해 경도값이 달라진다.

㉢ 시험편 표면이 곡률을 가질 경우 시험에 필요한 정도의 넓이를 평면으로 연마한 후 시험한다.

㉰ 시험편의 크기와 시험 위치

㉠ 중심 위치(압입 자국과 압입 자국간의 거리)

압입 자국의 중심간 거리가 압입 자국 대각선 길이의 4배 이상의 위치로 한다.

㉡ 가장 자리(변두리)로부터의 시험 위치

시험편 모서리로부터 압입 자국의 대각선의 길이 2.5배 이상의 안쪽 위치다.

㉢ 두 개의 압입 자국이 너무 접근해 있으면 경도값이 낮게 측정된다.

㉣ 시험편의 모서리 부분에 너무 가까우면 경도값이 낮게 측정된다.

㉤ 시험편의 두께

최소한 압입 자국 대각선의 길이 1.5 이상이 되어야 한다.

㉥ 정확한 경도값 측정을 위한 최소 두께(시험 하중 5kg$_f$인 경우)

시험편의 경도(HV)	900	700	500	300	100
최소 두께(μm)	145	164	194	251	434

⑪ 시험 조건

㉮ 시험 하중

㉠ 시험편 시험면의 크기에 따라 압입 자국의 크기가 제한된다.

㉡ 압입 자국이 클수록 대각선의 길이 측정의 상대적인 정밀도가 커진다.

㉢ 시험 하중은 압입 자국이 시험편 크기를 고려하여 가능한 크게 하되 현미경 시야의 70% 이내에 존재하도록 한다.

㉯ 시험 조건

㉠ 부하 속도와 하중 유지 시간 등이 경도값에 영향을 준다.

㉡ 부하 속도의 영향

ⓐ 재료의 소성 변형 거동이 변형 속도와 부하 기구의 동적 특성에 따라 다르다.

ⓑ 부하 속도가 일정해도 부하기구를 달리하면 경도값이 다를 수 있다.

ⓒ 하중이 작은 경우에는 부하 기구의 동적 오차가 경도값에 미치는 영향이 크다.

㉢ 부하 속도가 너무 빠르고 하중 유지 시간이 짧으면 측정값이 흐트러짐이 커진다.

㉣ KS B 0811의 HV 경도 시험 방법(HV700의 시험편을 30kg$_f$ 시험 하중으로 시험한 경우)

부하 시간은 5 ~ 10초, 하중 유지 시간은 10 ~ 15초, 시험 온도는 10 ~ 35℃ 범위다.

사. 쇼어 경도 시험(HS ; Shore Hardenss test)

선단에 다이아몬드를 붙인 해머를 일정한 높이로부터 시험면 위에 자유 낙하시켜 반발하여 튀어 오른 높이로 경도를 측정한다.

① 쇼어 경도 시험기의 종류

주요항목 \ 종류	C형(목측형)	SS형(목측형)	D형(지시형)
낙하의 높이(h_0)	254mm (10inch)	225mm	19mm (3/4inch)
중추의 무게	2.36kg_f (1/12온스)	2.5g	36.2g (1.27온스)
타격의 에너지	559g − mm	638g − mm	688g − mm
타격 속도	2.23m/sec	2.21m/sec	0.61m/sec
경도 단위당의 튀어 오르기 높이	1.651mm(0.065inch)	1.658mm	0.1238mm
눈금의 읽기	목측	목측	다이알 게이지

※ D형 시험기가 주로 실용화되고 있다.

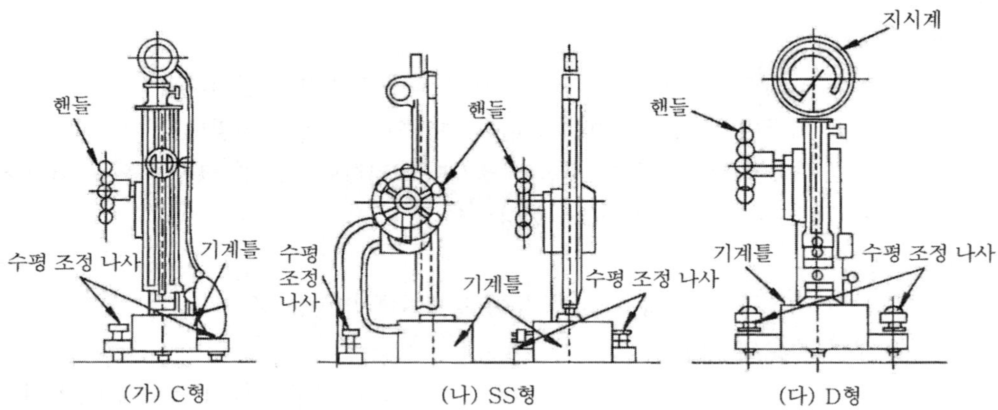

그림 2-50 쇼어(HS)경도기의 종류

㉮ 목측형(C형)

㉠ 담금질한 고탄소강을 시험편으로 하여 경도를 측정한다.

㉡ C형 경도기는 h_0 =254mm로 했을 때 담금질한 고탄소강을 시험편으로 하여 h =165.1mm가 되므로 이것을 HS100으로 정하고 165.1mm를 100등분한 것을 쇼어 경도의 눈금으로 정한다.

(h_0에서 낙하시킨 해머의 반발 높이가 6.5인치가 되는 때의 경도를 100으로 하며, HS=1은 해머의 반발 높이가 1.651mm(0.065″)에 해당한다.)

㈏ 지시형(D형)

㉠ 하중을 $\frac{3}{4}$ 인치 높이에서 낙하시킨다.

㉡ 핸들을 오른쪽으로 회전시켜 측정 실린더 하부를 시험편과 접촉시킨다.

㉢ 핸들을 다시 회전시켜 측정 실린더 하부를 시험편과 접촉시킨 다음 하중을 가하면 해머가 시험편에 낙하되어 반발함으로써 지시계상에 지시된다.

㈐ 목측형(SS형)

원통 유리를 사용하는 대신에 평면 유리와 형재를 조합한 동을 사용하고 지시값은 C형과 일치하도록 조정되어 있다.

② 쇼어 경도를 나타내는 계산식

$$HS = \frac{10,000}{64} \times \frac{h}{h_0}$$

• h : 해머의 반발 높이 • h_0 : 해머의 처음 높이

③ 관련 규칙

㈎ KS B 0807 : 쇼어 경도 시험 방법

㈏ KS B 5527 : 쇼어 경도 시험기

㈐ KS B 5531 : 쇼어 경도 기준편

④ 쇼어 경도기(HS)의 특징

㈎ HS 경도에 사용되는 시편 두께는 10mm가 적당하며, 시험편 넓이는 넓을수록 좋다. (담금질된 강의 두께는 0.2mm, 풀림된 강은 0.3mm, Cu와 청동은 0.4mm 이상)

㈏ 측정 위치는 시험편 끝에서 4d 이상 안쪽으로 하고 측정 간격은 2d 이상으로 한다.

㈐ 경도 표시는 0.5 단위로 표시하며, 일반적으로 5회 측정해 평균값을 경도치로 한다.

㈑ 시험기 중량이 가볍고 간편하며, 휴대가 용이하고, 제품에 직접 적용할 수 있다.

㈒ 이용 범위가 넓으며, 압흔이 작은 장점이 있고, 시험편이 비교적 엷은 제품의 측정이 가능하나, 개인 측정 오차가 나오기 쉬운 단점이 있다.

㈓ 비교적 탄성률에 차이가 큰 재료에는 부적당하다.

⑤ 쇼어 경도 시험에서 경도치가 낮게 나오는 이유

㈎ 경통 내벽에 먼지 등으로 해머의 자유를 해칠 때

㈏ 시험면과 기축이 수직으로 되어 있지 않을 때

㈐ 해머가 낙하축에 완전히 장착되지 않았을 때

㈑ 시험기 받침대가 충분한 강성이 없을 때

⑥ 쇼어 경도 시험에서 경도치가 높게 나오는 이유

㈎ 해머 끝의 다이아몬드 선단이 마모되었을 때

㉯ D형 경도 시험기의 경우 조작 핸들을 빠르게 돌렸을 때

⑦ 쇼어 경도 시험기의 조작 및 시험 순서

㉮ 시험기의 수평침을 보고 시험면과 받침대가 수평이 되도록 조정한다.

㉯ 기축을 $20kg_f$로 누른다.

㉰ D형의 경우 조작 핸들을 앞으로 돌려 해머를 떨어뜨린다.

㉱ 조작 핸들을 원위치로 하면 다이얼 게이지에 경도치가 지시된다.

㉲ 한 장소에서 2회 이상으로 반복하여 측정하지 않아야 한다.

아. 미소 경도 시험(Micro hardness test)

미소 경도 시험은 15 ~ $1,000kg_f$의 하중을 136° 다이아몬드 피라밋형 비커어즈 압입자 또는 누프 다이아몬드 압입자를 이용한 경도 시험을 말한다.
(KS B 5540 마이크로 경도 시험에서는 시험 하중이 15 ~ $1,000kg_f$인 경우를 말한다.)

① 관련 규격 : KS B 5540 마이크로 경도 시험법

② 시험편의 두께

㉮ 비커스 경도 시험인 경우 : $1.5d$ 이상 (d : 대각선의 길이)

㉯ 누우프 경도 시험인 경우 : $0.3d$ 이상 (d : 긴 쪽의 대각선의 길이)

③ 미소 경도 시험의 측정 범위

㉮ 시험편이 작고 경도가 높은 부분 측정 및 금속 재료의 조직 경도 측정

㉯ 표면의 경도 측정(도금층, 표면 침탄층, 표면 탈탄층, 질화층 등)

㉰ 박판 또는 가는 선재의 경도 측정 및 절삭 공구의 날부위 경도 측정

㉱ 치과용 공구의 경도 측정 및 극연 제품에서 초경 제품까지 사용 폭이 넓다.

㉲ 시험 하중 : 15 ~ $1,000kg_f$

㉳ 누프 경도는 유리나 세라믹과 같이 가볍고 취약한 재료의 경도 측정에 사용된다.

④ 누프(knoop) 압입자를 이용한 경도 시험(Knoop Hardess, HKN)

㉮ 누프 경도값은 적용 하중을 압흔 면적으로 나눈 값이다.
(압입 자국의 투영 면적에 대한 하중값으로 표시한다.)

㉯ 누프 압입자는 직교하는 대각선의 비가 7 : 1의 압흔이 나오도록 연마한 피라미드 형태의 다이아몬드이다.(세로 방향의 연마 각 : 172° 36′, 가로 방향의 각 : 130°)

㉰ 압흔 깊이는 대략 길이의 약 $\frac{1}{30}$ 정도이다.

㉱ 압흔이 작더라도 비교적 긴 길이를 나타내도록 되어 있다.

㉲ 누프 자국의 긴 대각선은 시험 하중이 300g 이하일 때 탄성 회복의 영향을 받아 경도값이 실제보다 크게 나타난다.

㉳ 누프 경도의 계산식

$$HKN = \frac{P}{A} = 14.22 \times \frac{P}{L^2} \ (kg_f/mm^2)$$

- HKN : 누프 다이아몬드 경도
- A : 압입 자국의 투영 면적(mm^2)
- P : 하중(kg_f)
- L : 긴 대각선의 길이(mm)

⑤ 비커스 압입자를 이용한 경도 시험

㉮ DPH(diamond pyramid scale)는 적용 하중을 압흔의 표면적으로 나눈 값이다. (작용 하중이 1,000kg_f 이하이며 일반적인 비커스 경도 시험 측정 원리와 같다.)

㉯ 압입자는 136°의 다이아몬드 피라미드 형태의 압입자를 사용한다.

㉰ 압흔의 깊이는 대략 대각선의 길이의 $\frac{1}{7}$ 정도이다.

㉱ DPH 경도 계산식

$$DPH = \frac{2P\sin\frac{Q}{2}}{d^2} = 1.8544 \times \frac{P}{d^2} \ (kg/mm^2)$$

- DPH : 다이아몬드 경도(비커어즈 경도)
- P : 하중(kg_f)
- d : 평균 대각선의 길이(mm)
- Q : 다이아몬드 압입자의 면각(136°)

⑥ HKN와 DPH의 비교

㉮ 일정한 하중 하에서 DPH의 압입자는 HKN의 압입자보다 약 2배의 압흔 깊이를 나타내나 대각선의 길이는 누프 압흔의 $\frac{1}{3}$ 정도이다.

㉯ DPH 경도 시험은 HKN 경도 시험보다 표면 조건에 대해 덜 민감하다.

㉰ DPH 경도 시험은 HKN 경도 시험보다 압흔의 길이가 작아 압흔 측정 오차가 크다.

⑦ 미소 경도 측정시 오차가 발생하는 원인

㉮ 하중을 부정확하게 적용하는 경우 및 떨림 하중 속도, 접촉 시간 등에 의한다.

㉯ 경도 시험의 오차 크기

㉠ 재료, 재질, 열처리, 시험기의 안정도, 측정자의 능력에 따라 다르다.

㉡ 압입 자국이 작아짐에 따라 시험 하중의 오차나 압입 자국의 측정 오차에 의한 경도값의 상대 오차가 커진다.

자. 마이어 경도 시험

압입자를 강구(steel ball)로 사용했을 때 브리넬 경도 대신의 압흔 지름(d)로 산출된 자국의 투영 면적(A)으로써 하중을 나눈 값인 평균 압력을 마이어 경도(P_m)라 한다.

① 마이어 경도 계산식

$$P_m = \frac{P}{A} = \frac{4P}{\pi d^2}$$

② 브리넬 경도와 마이어 경도와의 비교

㉮ 볼의 압흔 표면적 $A_0 = \frac{\pi}{2}D(D - \sqrt{D^2 - d^2})$가 $A = \frac{\pi d^2}{4}$보다 크므로 마이어 경도치(P_m)가 브리넬 경도치(HB)보다 크다.

㉯ 가공 재료에 대한 하중(P)과 브리넬 경도(HB)와 마이어 경도(P_m)의 변화 하중이 증가하면 P_m은 증가되고, HB는 증가되는 것도 있고, 감소하는 경우도 있다.

㉰ P_m은 하중의 증가에 따라 재료의 가공 경화 현상이 일어난다.

㉱ 브리넬 경도와 마이어 경도의 표면적 비교

직경	1	2	3	4	5	6	7
A_1 브리넬	0.787	3.18	7.4	13.11	21.04	31.4	44
A_0 마이어	0.7854	3.1416	7.0686	12.566	19.653	28.274	38.458
$\frac{A_1}{A_0}$	1.002	1.012	1.0242	1.043	1.702	1.112	1.167
$A_1 - A_0$	0.0016	0.0384	0.1714	0.5436	1.405	3.126	6.415
$\frac{A_1 - A_0}{A_1}$(%)	0.2	1.2	2.35	4.15	7.0	10	14.3

차. 긋기 경도 시험(Scartch Harness Test)

① 모오스 경도 시험(Mohs Harness Test)

㉮ 10종류의 표준 물질을 정하고 이것으로 시험 물체를 긁힘 흔적을 나타내는 능력에 따라 정상적으로 경도의 순위를 정한다.

㉯ 모오스 경도계는 고경도 구역에서의 간격이 넓지 않기 때문에 금속에는 부적합하다.

㉰ 모오스 경도(Mohs Harness)의 경도 수

경도수	1	2	3	4	5	6	7	8	9	10
물질	활석	석고	방해석	형석	인회석	정장석	석영	황옥석	강옥석	금강석

② 마르텐스 경도 시험

㉮ 긁힘 경도 시험기의 일종으로 꼭지각(대면각)이 90°인 원추형의 다이아몬드 첨단을 잘 연마된 시험편 표면에 폭이 0.01mm인 긋기 흠집을 만들기 위해서 다이아몬드에 가할 하중의 무게를 kg_f로 표시한 것이다.

㉯ 마르텐스 경도기의 특성

㉠ 마르텐스 경도 시험은 여러 종류의 하중에 대한 폭을 측정하여 그 중에서 0.01mm의 폭에 해당되는 하중을 결정한다.

㉡ 보통 20g의 압력을 가하여 시험편 표면에 긋고 긋기 흠집의 폭으로 경도를 측정하기 위해 확대경을 이용하여 정밀하게 측정한다.

㉢ 긋기 흠집의 폭을 a mm라고 하면 마르텐스 경도(HM)의 식은 $\frac{1}{a}$이다.

㉣ 이 시험에서 사용되는 압력은 0 ~ 50g이고, 폭(α)은 0.001mm까지 측정한다.

㉰ 용도

㉠ 얇은 침탄층, 도금층, 도장면의 경도 및 매우 연한 재료의 측정에 사용한다.

㉡ 취약하여 다른 경도기로는 곤란한 재료의 측정에서 사용된다.

카. 자기적 경도기

① 보자력의 차에 의해 경도를 측정하며, 강자성체 이외의 금속 재료에는 부적당하다.

② 간접적으로 경도 측정에 응용되며 재료 변형을 주지 않고 측정할 수 있다.

③ 강의 담금질, 뜨임에 의한 경도 변화를 측정한다.

7 충격 시험(Impact Test)

충격시험은 동적(動的) 시험으로 충격력에 대한 재료의 충격 저항, 즉 점성 강도를 측정하는 것으로 재료를 파괴할 때 재료의 인성 또는 취성을 알기 위하여 시험한다.

가. 충격 시험의 종류(하중 작용 방식에 따른 분류)

① 충격 인장 시험, 충격 굽힘 시험, 충격 비틀림 시험 등으로 구분한다.
(일반적으로 충격 시험이라 함은 충격 굽힘 시험으로 분류한다.)

② 충격 횟수에 따라 단일 충격 시험과 반복 충격 시험으로 분류한다.

㉮ 단일 충격 시험(simple impact test)

㉠ 일회의 충격력으로 시험편을 파괴하는 것이다.

㉡ 재료를 파괴하는데 필요한 일의 양, 즉 재료가 흡수한 에너지를 측정하며, 이것으로 재료의 인성(tiughness, 질김성) 또는 취성(brittleness, 여림성, 메짐성)을 판단한다.

㉢ 단일 충격 시험기의 종류

ⓐ 샤르피(Charpy type) 충격 시험기 및 아이조드(Izod type) 충격 시험기

ⓑ 길레이(Guillery type) 충격 시험기 및 올센(Olsen type) 충격 시험기

㉯ 반복 충격 시험(Rrepeat Impact Test)

㉠ 일정한 중량의 하중으로 시험편에 반복 타격을 가하여 파괴까지의 타격수(打擊數)로서 재료의 성질을 판단한다.

㉡ 반복 충격 시험기의 종류 : 마쯔무라(Matzumra type)충격 시험기

나. 충격 시험의 특징

① 동적 시험이며 노치 효과가 크고, 하중 속도에 영향을 받는다.

② 아이조드식은 외팔보(내다지보)의 원리를 이용하고, 샤르피식은 단순보에 적용한다.

다. 충격 시험기(아이조드식과 샤르피식)의 구조와 시험편의 규격

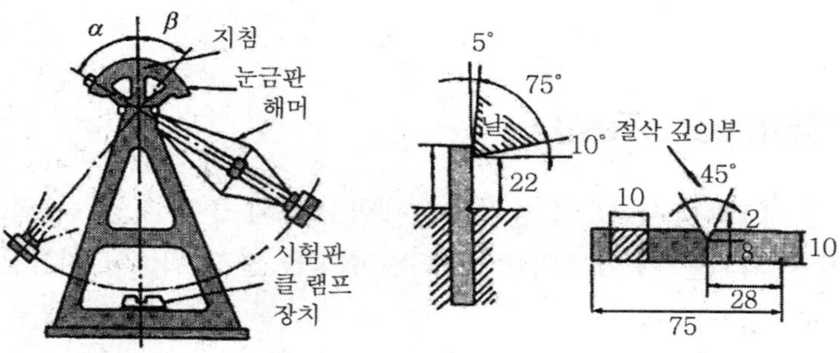

그림 2-51 아이조드(Izod)식 충격 시험기의 구조

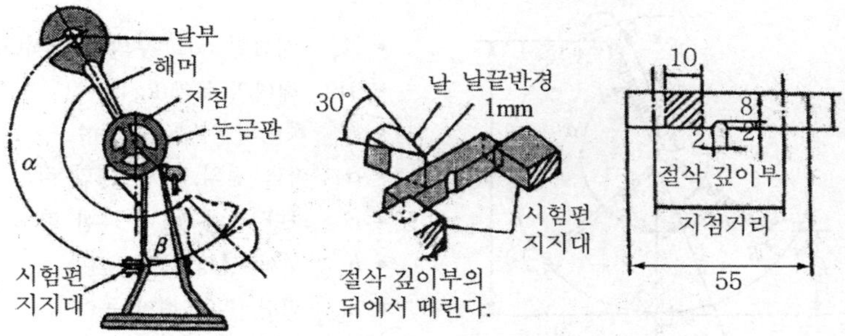

그림 2-52 샤르피(Sharpy)충격 시험기의 구조

라. 샤르피 충격 시험기(Charpy impact tester)의 원리

노치를 가진 시험편을 일정한 높이에서 해머로 타격해서 파단시키고 그 때의 흡수 에너지를 구하는 방법이다.

① 샤르피 충격 시험기의 용량(금속 시험편의 경우)은 30kg$_f$·m, 충격 속도는 5 ~ 6m/sec이다.(합성 수지 재료는 0.3kg$_f$·m이다.)

② 시험편이 파단될 때 충격 흡수 에너지는 회전체에 대한 마찰 저항과 해머의 공기 저항을 무시하면 충격 흡수 에너지 및 충격치(umpact value)의 계산식

㉮ A점에서의 위치 에너지

$$Wh_1 = WR - WR\cos(180-\alpha) = WR(1-\cos\alpha)\,(\text{kg}_f-\text{m})$$

㉯ B점에서의 위치 에너지

㉰ 충격 흡수 에너지(A, B 두 점에서의 위치 에너지의 차로 표시된다.)

$$E = Wh_1 - Wh_2 = W(h_1-h_2) = WR(\cos\beta-\cos\alpha)\,(\text{kg}_f-\text{m})$$

㉱ 충격치(단위 면적당의 충격 흡수 에너지로 표시한다.)

$$U = \frac{E}{A_0} = \frac{WR(\cos\beta-\cos\alpha)}{A_0}\,(\text{kg}_f-\text{m/cm}^2)$$

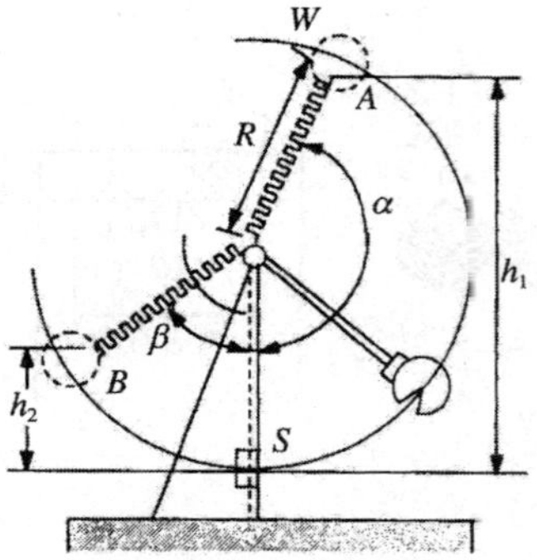

- A_0 : 시험편 notch부의 단면적(mm^2)
- W : 해머의 무게(kg_f)
- R : 해머의 아암 길이(m)
- α : 파단 전의 h_1에 대한 각도
- β : 파단 후의 h_2에 대한 각도
- h_1 : 파단 전의 해머 높이
- h_2 : 파단 후의 해머 높이

그림 2-53 샤르피(Sharpy)충격 시험의 원리

③ 시험편의 고정법

㉮ notch부의 방향을 해머의 진행 방향과 동일하게 앤빌 위에 놓고 고정시킨다.

㉯ 해머의 타격단은 시험편을 타격하였을 때 관성체의 중심 또는 충격 중심에 있어야 한다.

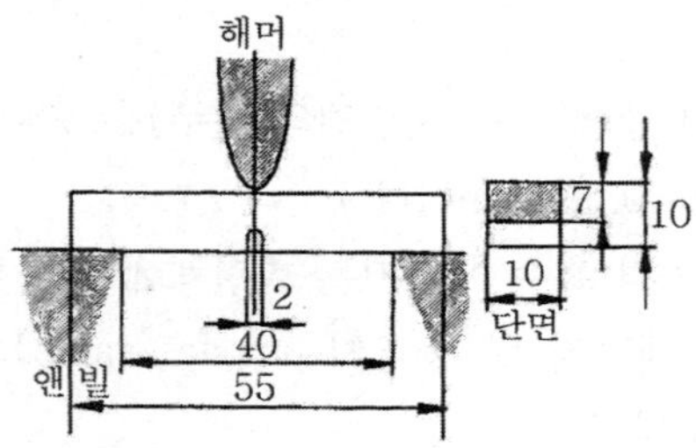

그림 2-54 충격 시험편의 고정 방법

④ 충격 시험편

㉮ 노치 형상에 따라 아이조드식, 샤르피식, 매스나거식, 프레몬트식이 있다.

㉯ 노치형상에 따라 파괴 형상이 달라진다.

㉠ 노치의 반지름이 작을수록 응력 집중이 크고, 노치 깊이가 동일하여도 작은 것이 충격 흡수 에너지가 적게 된다.

㉡ 노치 형상과 반지름이 동일해드 노치 깊이가 클수록 충격 흡수 에너지는 감소한다.

㉰ 시험편 온도에 따른 충격치의 영향

청열 취성 구역인 250℃에서, 빙점 이하의 저온에서 저온 취성 또는 냉취성 때문에, Ni－Cr강 등의 뜨임이 있는 재료에서는 뜨임 취성 구간에서 충격치가 급감된다.

㉣ 시험편의 종류 및 규격

㉠ 1호, 2호 시험편 : Izod 충격 시험기에 사용한다.

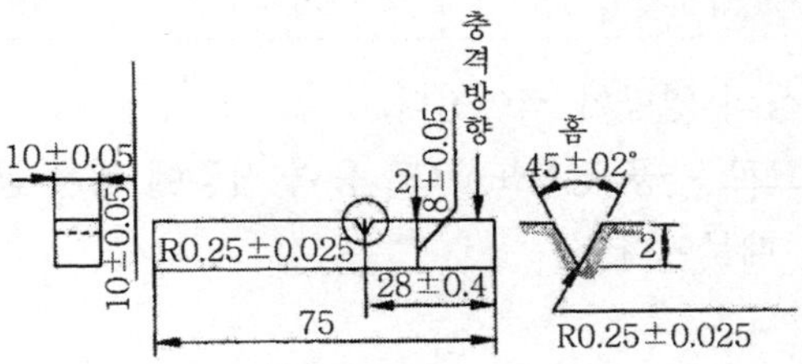

그림 2-55 1호 시험편

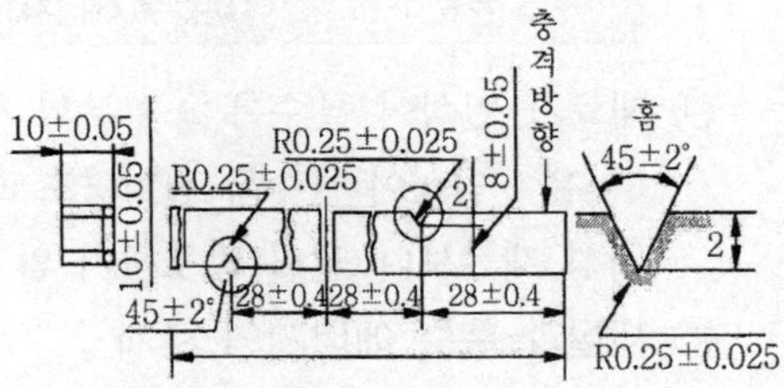

그림 2-56 2호 시험편

㉡ 3호, 4호, 5호 시험편 : Charpy 충격 시험기에 사용한다.

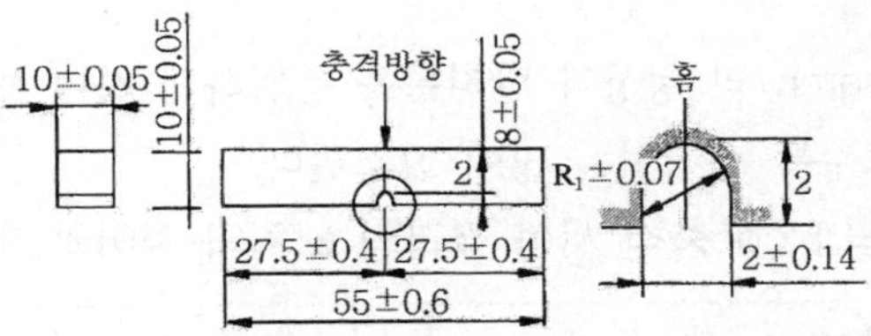

그림 2-57 3호 시험편

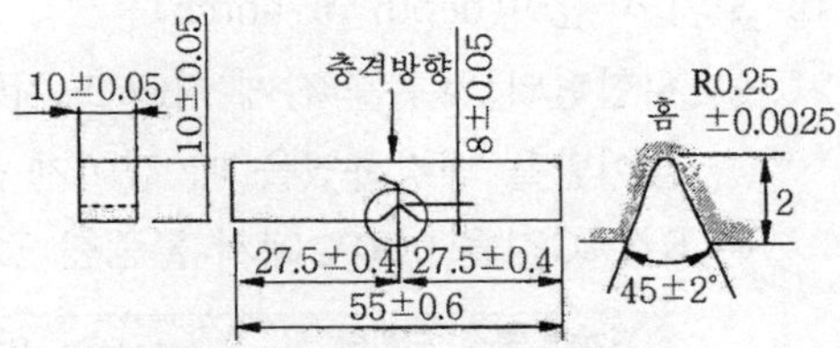

그림 2-58 4호 시험편

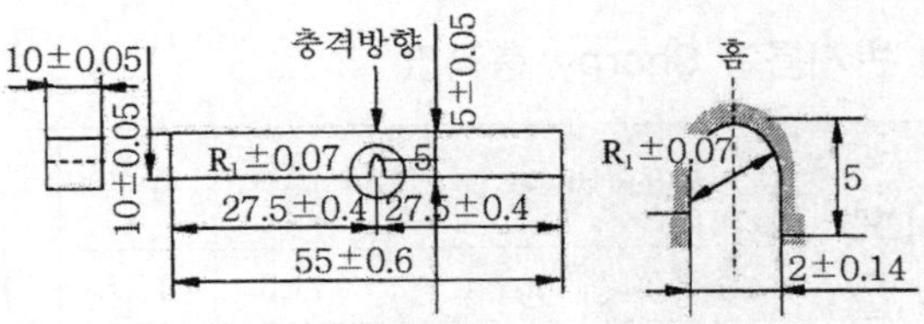

그림 2-59 5호 시험편

마. 시험 결과에 미치는 인자

① 노치부의 둥글기

㉮ 노치부의 둥글기가 작을수록 응력 집중이 크며, 빨리 파단되고 흡수 에너지도 작다.

㉯ 노치부의 모양을 Sharpy식과 Izod식으로 해서 동일 충격 시험을 Izod식은 흡수 에너지가 작게 된다.

[노치부 저면(底面)의 치수와 비흡수 에너지]

Sharpy식 표준 시험편	d(mm)	1	2	4	6	10.25
	비흡수 에너지(kg·m.cm²)	11.5	17.7	19.6	23.1	29.8

㉰ 재료가 인성이 클수록 노치부의 형상의 영향이 적어진다.
(이유 : 인성이 클수록 변형량도 크므로 가공 경화도 크고 응력 집중에 의한 균열도 취성 재료보다 빨리 발생하지 않기 때문이다.)

㉱ 재질과 흡수 에너지의 관계

시험편	연철	탄소강	Ni	Ni－Cr강
Sharpy 대형 표준 시험편(길이 : 120mm)	33.6	18.0	41.0	26.2
Izod식 노치만이 위와 다른 것	9.1	4.9	32.6	17.9

② 노치의 깊이(depth of notch)

㉮ 시험편의 치수를 같게 하고 노치(notch)의 형상과 반지름을 동일하게 하며 노치의 깊이만을 변경하였을 때 깊이가 클수록 충격치는 많이 감소된다.

㉯ 0.3%C강을 900℃에서 풀림한 것의 Izod 충격 시험 결과의 노치의 깊이와 충격값

Izod 충격 시험편 높이 : 10mm 폭 : 8mm 길이 : 54mm	노치의 깊이(mm)	0.5	1.3	3.0
	충격 에너지(kg_f·m)	8.7	3.7	2.1
	충격치(kg_f·m/cm²)	11.4	5.0	3.8

㉰ 노치(notch)의 반지름과 Sharpy 충격값

Sharpy 충격 시험편	notch 반지름(r)	$\frac{1}{2}$	$1\frac{1}{2}$	2	3	5.125
	충격값(kg_f·m/cm²)	11.5	17.7	19.6	23.1	29.78

③ 시험편 폭의 영향

㉮ 시험편의 다른 치수를 일정하게 하고 폭만을 변화시켰을 때 표준 샤르피 시험편을 사용하면 흡수 에너지와 시험편 폭과는 처음에는 폭의 증가에 따라 비례되어 변한다. 재료에 따라서는 어떤 폭 이상에서는 감소하는 경우도 있다.

㉯ 샤르피 충격 시험편에서 노치(notch)의 깊이

㉠ 1.5～2.0mm 이상에서는 에너지와 폭(幅)이 비례된다.

㉡ 1.5mm 이하에서는 반드시 비례되는 것이 아니다.

④ 충격 속도

㉮ 일반적으로 사용되는 시험기에서의 충격 속도는 최고 10m/sec의 정도이다.

㉯ 충격 속도가 아주 커지면 변형에 요하는 시간 및 변형량은 감소되며, 흡수 에너지는 작아진다. (극단(極端)의 경우에는 인성이 큰 재료나 취성 재료의 구별이 어렵다.)

⑤ 상사 법칙(相似 法則)

㉮ 상사 법칙이 성립될 때 샤르피 충격 시험치는 흡수 에너지를 노치부의 유효 단면적으로 나눈 값, 즉 비흡수 에너지를 나타낸다.

㉯ 노치부가 있는 시험편의 충격치는 일반적으로 상사 법칙이 성립되지 않는다.

바. 충격 시험의 시험 순서

① 시험기의 0점을 조정하고, 해머를 시험 각도(120°) α까지 조정해 놓는다.

② 시험편의 고정법에 의해 앤빌 위에 고정시킨다.

③ 해머의 고정 핀을 풀고 해머를 낙하시킨 다음 파단 후의 각도 β를 측정한다.

④ 위의 조작이 끝나면 시험 결과를 정리하여 충격 흡수 에너지와 충격치를 산출한다.

8 피로 시험(fatigue test)

정적(靜的)인 하중으로 파괴를 일으키는 응력보다 훨씬 낮은 응력으로 반복하여 하중을 가하면 결과적으로 재료가 전체 혹은 국부적으로 슬립 변형이 생기는데 이것이 시간과 더불어 점차적으로 발전해 가는 현상을 피로라 하며 그로 인한 파괴를 피로 파괴라 한다.

가. 피로 시험의 목적

재료에 대한 피로 한도를 결정하는데 목적이 있다.

나. 피로 한도(fatigue limit)

재료에 반복 하중이 작용하여도 영구적으로 재료가 파괴되지 않는 응력 중에서 최대의 하중값을 피로 한도라 한다.

① Martensite와 Troostite의 혼합 조직일 때 피로 한도가 크며, 열처리 질화 및 쇼트피이닝을 하면 피로 한도는 향상된다.

다. 피로 시험기의 분류

① 응력을 반복할 때 정적(靜的) 방식과 동적(動的)방식으로 충격을 가하는 것이 있다.

㉮ 정적 방식 : 내구 강도를 결정하려고 할 때 사용하는 보통 시험이다.

㉯ 동적 방식 : 내구 한도 이상의 응력을 가하고 파괴될 때까지의 반복 횟수를 결정한다.

② 피로 하중 방법에 따른 분류

㉮ 거듭 굽히기식 피로 시험기 : ONO식, 센크식, 전자 진공식

㉯ 거듭 비틀기식 피로 시험기 : 로젠하우젠식, 크라이시식, 히사노식

㉰ 반복 인장, 압축식 피로 시험기 : 헤이식, 웰리식, 로젠하우젠식

㉱ 반복 충격 피로 시험기 : 마쯔무라식

③ 피로 시험의 분류 및 하중의 작용

시험 구분		하중의 작용	시험편의 저항력
반복 인장 압축 시험		시험편의 축 방향에 인장 및 압축력이 교대로 작용한다.	축 방향으로 인장과 압축 응력이 교대로 생긴다.
반복 굽힘 시험	왕복 반복 굽힘 시험	시험편에 왕복 반복력이 작용하여 반복 굽힘이 된다.	한쪽 단면에 인장 응력과 압축 응력이 교대로 생긴다.
	회전 반복 굽힘 시험	굽힘 하중을 걸고 시험편을 회전시킨다.	굽힘 응력이 반복하여 생긴다.
반복 비틀림 시험		반대 방향으로 반복하여 비틀림이 작용한다.	원주 방향으로 전단 응력이 생긴다.
복합 응력 피로 시험		몇 개의 응력이 복합하여 작용한다.	여러 가지 응력이 복합적으로 생긴다.

라. 피로 한도를 구하는 곡선

① $S-N$ 곡선 : 반복 횟수(N)와 응력(S)과의 관계를 만드는 곡선이다.

㉮ 강철의 경우는 $10^{6\sim7}$, 비철 금속의 경우에는 10^8의 반복 횟수를 준다.

㉯ 강철의 경우는 응력 반복 기준 횟수를 $(10\sim15)\times10^6$으로 하여 파괴되지 않는 것은 불파단으로 인정하고, 반복 횟수는 10^9에서도 수평이 생기지 않는 것은 보통 5×10^7에 대한 응력 값으로 내구 한도를 한다.

㉰ 탄소강의 회전 굽힘 피로 한도 산출 공식

$$\sigma_t = 0.25\times(\text{항복점}+\text{인장강도})+5(\text{kg}_f/\text{mm}^2)$$

② $S-N$ 곡선과 피로 강도

㉮ 파단되지 않는 경우의 최대 시험 하중의 응력값을 피로 강도로 한다.

㉯ 그림①은 피로 한도, 즉 피로 강도이다.

㉰ 그림②, ③, ④, ⑤는 어떤 회전수에 견디는 반복응력으로 이것은 반복 횟수에 대한 시간 강도다.

③ 가하는 응력이 크면 반복 횟수가 작아도 파괴된다.

㉮ 응력이 작으면 반복 횟수가 증가되고 어떤 한계에서 곡선이 수평으로 된다.

㉯ 이것을 수식으로 두면 $S = KN^{-n}$(모어 공식, K와 N은 시험 상수)

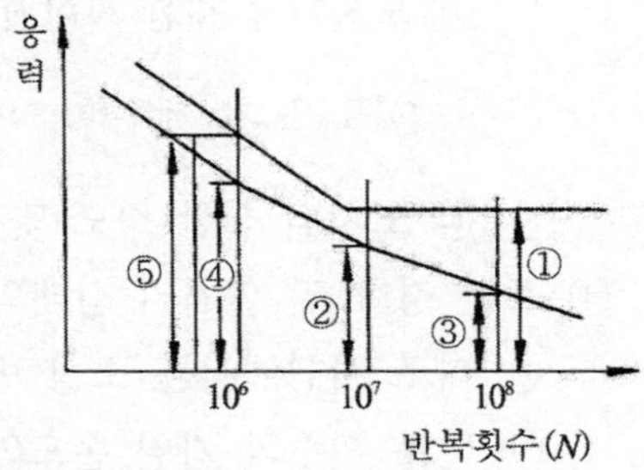

그림 2-60 $S-N$곡선과 피로 강도

④ 피로 시험의 응력비 : $\frac{\text{최소 응력}}{\text{최대 응력}}$

마. 피로 시험 결과에 영향을 주는 요인

① 시험편의 형상의 영향

㉮ 시험되는 부분(응력 계산에 사용되는 부분)은 단면을 작게 한다.

㉯ 두부(頭部) 혹은 고정 부분은 단면을 크게 한다.

㉰ 단면의 변화 완급(둥글기 반지름) 또는 단면이 급변할 때에 시험 결과에 영향을 준다. (단면의 현저한 변화는 피로 한도를 저하시키고, 단면이 급변하는 부분에서는 급변하지 않는 부분에 비해 응력이 커진다.)

② 시험편의 표면 가공도의 영향

㉮ 가공 표면이 조도, 흠집의 유무, 표면 처리 등에 따라 피로 시험 결과가 달라진다.

㉯ 시험편의 표면에 돌굴이 존재하면 이 부분에 응력이 집중되며, 시험편에 부식 작용으로 흠집이 생기면 내구 한도가 저하되고, 부식된 부분은 응력 집중이 생긴다.

㉰ 기계 연마된 표면은 가공 경화 및 압축 잔류 응력이 존재하기 때문에 피로 한도를 높이고, 표면을 평활하게 다듬질하면 피로 강도가 향상된다.

㉱ 직각 방향으로 연마하는 것이 피로 한도를 향상시킨다.

③ 응력 집중의 영향

㉮ 노치(notch)나 구멍 같은 응력 집중부가 존재하면 피로 강도가 크게 감소한다.

㉯ 시험편에 노치부가 있을 경우의 효과

㉠ 노치의 뿌리에 응력 집중이 존재하고, 3축 응력 상태가 생긴다.

㉡ 노치 뿌리로부터 시험편의 중심으로 응력 경사가 생긴다.

㉰ 노치(notch)가 피로 강도에 미치는 영향

㉠ 노치가 존재한 시험편은 피로 한도가 감소되는데 피로 강도 감소 계수로 나타낸다.

$$\text{피로 노치 계수}(\beta,\ \text{피로 강도 감소 계수}) = \frac{\text{노치없는 시험편의 피로 한도}}{\text{노치있는 시험편의 피로한도}}$$

㉡ 노치의 심한 정도 및 형태, 재료, 부하 상태 및 응력에 의해 β의 값이 달라진다.

④ 표면 경화 및 열처리 상태의 영향

㉮ 피로 시험에서는 소성 변형은 거의 수반되지 않으므로 표면 경화의 영향이 있다.

㉯ 반복 횟수와 가열 온도와의 관계

㉠ 300℃ 부근까지는 반복 횟수는 조금씩 증가하나 이상에서는 점차 감소한다.

㉡ 300℃ 이상의 가열에서는 가열에 의해서 이것은 연화하고 반복 횟수가 적어진다.

㉢ 가열하지 않는 것은 공작에 의해서 표면이 경화해서 반복수가 많아진다.

㉰ 표면에 노치부가 있을 때에는 그의 저부(低部)에 트레이닝을 이용하면 노치 효과를 감소시킬 수 있으며, 표면층을 가공하면 피로 한도를 높일 수 있다.

트레이닝(training) : 가벼운 가공에 의해서 피로한도를 높이는 것

⑤ 시험편의 지름 및 표면 상태의 영향

굵은 지름의 시험편일수록 피로 한도가 저하되는 경향이 있다.

⑥ 시험 중단의 영향

중단 시간이 오래 걸리면 시효경화로 인해 파단까지의 반복 횟수를 증가시킨다.

⑦ 진동수의 영향

㉮ 진동수가 클 때는 피로 한도가 높게 나타나는 경향이 있다.

㉯ 고응력의 반복에 의한 수명이 고진동수(高振動數)의 경우에 짧게 될 때도 있다.

8 크리프 시험(creep test)

크리프 한계를 결정하거나 추정하기 위하여 하는 시험으로 시험편에 일정한 하중을 가하였을 때 시간의 경과와 더불어 증대되는 변형량을 측정하여 각종 재료의 역학적 양을 결정한다.

가. creep 현상

금속 재료가 고온에서 시간의 경과에 따라서 외력(外力)에 비례한 만큼 이상의 변형이 일어나는 현상을 creep 현상이라 한다.

① 비교적 응력이 작은 경우에는 단시간 내에 일정한 값에 도달한다.

② 응력이 큰 경우는 변형은 시간의 경과에 따라 서서히 진행된다.

③ 크리프 강도 : 어느 온도에서 일정량의 정상 크리프를 일으키는 응력으로 표시한다.

④ creep 현상이 나타나는 경우

㉮ 기계 구조물, 교량 등 장 시간에 걸쳐 하중을 받는 것에 creep 현상이 나타난다.

㉯ 저용융점 금속, Pb, Cu, 연한 경금속 등은 상온에서도 creep 현상이 나타난다.

나. creep 한도

재료에 일정한 하중을 장시간 작용시켜도 파단되지 않는 최대의 응력을 말한다.

※ 특정 온도에서 어떤 시간 후에 creep 속도가 정지하여 creep율이 0이 되는 응력을 크리프 한도라 하며, 변형량이 일정한 값에서 정지하는 한계의 응력이다.

① 일정한 온도에서 비교적 장시간에 걸친 일정 시간에 규정된 크리프 변율이 생기도록 하는 능력을 **크리프 한도**(creep 제한 응력, kg_f/mm^2)이라 한다.

재정 기관	크리프 규격과 방법
U.S.A	10,000hr에 0.1% 또는 1.0% 크리프 변율이 생기는 응력 100,000hr에 0.1% 또는 10% 크리프 변율이 생기는 응력
N.P.L(영국)	40일 후에 크리프 속도가 10^{-3}%/day로 되는 응력
D.V.I	300hr에 0.5% 또는 1.0%의 크리프 변율이 생기는 응력
Bailey	100,000hr에 0.1%의 크리프가 생기는 응력

② 강철의 경우는 300℃ 이상이 아니면 creep 현상이 일어나지 않는다.
(융점이 낮은 금속에서 creep 현상이 많이 생기며, creep는 고온으로 갈수록 심하다.)

③ creep 한도 측정 방법

㉮ 최소 변율 속도에 의한 방법(Japsell의 방법)
전체 creep 과정의 변곡점 부근 혹은 제2단계 변형이 없는 것은 제 1단계 후기의 변형 속도(최소 변율 속도)를 측정하여 그것과 내구 수명과의 대수 곡선이 대략 직선이 되고 또한 변율이 일정치 이하이면 긴 수명을 갖게 되므로 40일 후에 변율 속도가 10^{-5}%/day일 때의 응력을 creep 한도로 한다.

㉯ 평균 변율 속도에 의한 방법(3개의 기준에 의해 결정한다.)

㉠ creep 시작 후 3～6시간의 평균 변형 속도가 0.005%/hr로 되는 응력을 한도로 한다.

㉡ creep 시작 후 5～10시간 사이의 평균 속도가 0.003%/hr로 되는 응력을 한도로 한다.

㉢ creep 시작 후 25～35시간 사이의 평균 응력 속도가 0.0015%/hr로 되는 응력을 한도로 한다. (단, 이것은 500℃ 이하에서만 적용한다.)

다. creep 시험 방법

일정한 화학 성분과 조직을 갖는 재료의 creep는 어떤 하중 상태의 creep에 대하여 온도가 결정적인 역할을 하며, 재료의 creep는 일반적으로 온도, 하중 및 시간의 함수로 표시되는 변형량을 측정하여 결정한다.

① creep 시험 방법
　㉮ 첫 번째 시험편 : 정온·정하중 상태에서 시간이 경과함에 따라 변형량을 조사한다.
　㉯ 두 번째, 세 번째 : 시험편은 같은 온도에서 하중을 변화시켜 시험한다.
　㉰ 각종 하중의 영향을 시험한 다음 온도를 변화시켜 각각 온도에서 또 다시 하중을 변화시켜 시험한다.

② creep 시험에는 creep 인장 시험이 가장 많이 사용된다.

라. 크리프 곡선

시험편에 일정한 인장 응력을 작용시킬 때 변형과 시간과의 관계를 나타내는 곡선이다.

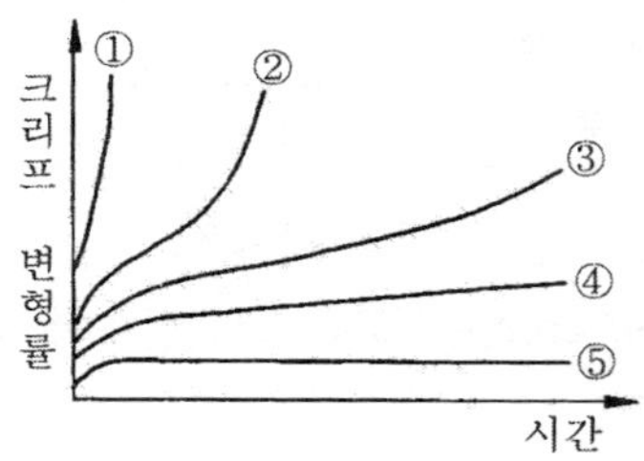

그림 2-61 여러 가지의 creep 곡선

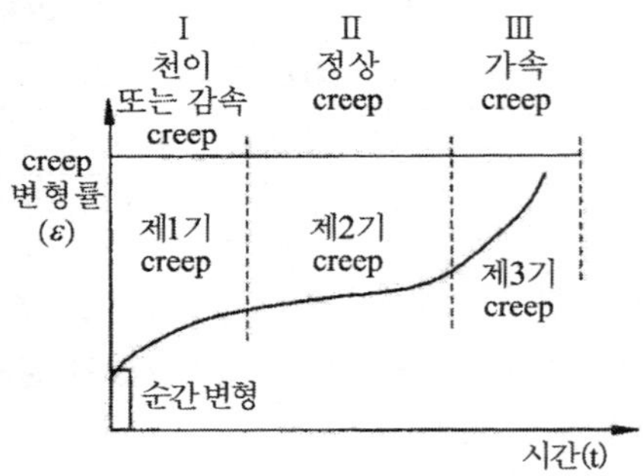

그림 2-62 표준적 creep 곡선의 3단계

① 크리프의 전 과정을 구비한 표준적인 곡선은 곡선②, 곡선③이고, 곡선①은 제 3기 creep인 가속 크리프가 짧은 경우다.

② 특수 형상을 가지는 곡선은 곡선①, 곡선④, 곡선⑤이다.
(곡선④ 및 곡선⑤는 제1기 크리프인 천이 크리프가 나타나지 않는다.)

마. creep 곡선의 현상 3단계

① 제1단계(초기 creep, 천이 creep)
　㉮ 변율이 점차 감소되는 단계
　㉯ 크리프 하중이 작용하였을 때 어느 정도 순간 변형을 일으키나 그 다음에 시간과 함께 변형 속도가 감소하는 현상을 나타낸다.

㉰ 변형 경화가 항상 연화 작용보다 크게 되고 변형 속도는 감소된다.

㉱ 재료가 가공 경화를 일으키는 단계다.

② 제2단계(정상 creep)

㉮ 변형 속도가 대략 일정하게 진행되는 단계이며, 변형이 증가되면서 경화 작용이 진행된다.

㉯ 고온에서 가공 경화와 변형된 결정 입자의 회복이 번갈아 일어나는 단계이다.

③ 제3단계(가속 creep)

㉮ 변형 속도가 점차 증가되다가 급속히 증가되면서 파단에 이르는 단계이다.

㉯ 재료 내부에 균열이나 국부 수축 등의 결함이 증가되는 최후의 단계이다

㉰ 미세한 균열이 발생이며, 경화 작용은 별로 증가되지 않고 연화 작용만이 크게 되어 변형 속도가 증가되면서 파단에 이르게 된다.

10 에릭슨 시험(Erichsen test, 커핑)

재료의 연성을 알기 위한 시험으로 구리판, Al판 및 기타 연성 관계를 가압 성형하여 변형 능력을 시험한 것이다.

가. 에릭슨 시험 방법

강구로 시험편을 눌렀을 때 시험편이 모자 모양으로 졸리에 균열이 갈 때의 변형된 깊이로 표시한다.

① 에릭슨값 : 컵 모양의 깊이를 측정하여 값으로 한다.

② 에릭슨 시험(Erichsen test) 방법의 규정

㉮ 시험 방법의 규정은 KS B 0812에 규정되어 있다.
(두께 0.1 ~ 0.2mm, 나비 70mm 이상의 금속 박판에 대한 에릭슨 값을 측정하는 방법에 대하여 규정하고 있다.)

㉯ 시험 방법

㉠ 직경 3인치의 원판 시험편을 사각형 단면을 갖는 2개의 강판 바퀴 사이에 넣고 시험기 프레임 속에서 시험한다.

㉡ 원형 선단을 갖는 펀치를 원판 시험면에 접촉시키고 작은 시험기의 압축 장치로 가압하여 파단이 보이기 시작할 때 컵 형상의 깊이와 시험편의 연성을 측정한다.

㉰ 에릭슨 시험 방법에는 A방법과 B방법이 있다.

㉠ 방법 A : 다이스(dies)와 주름 누르개의 사이에 시험편 두게 이외에 0.05mm 틈새를 만든 상태에서 시행하는 방법이다.

㉡ 방법 B : 다이스(dies)와 주름 누르개로써 약 1,000kg_f의 체결 하중을 항상 시험편에 가한 상태에서 시행하는 방법이다.

나. 에릭슨 시험기의 규정

① 에릭슨 시험기는 링(ring)의 내경은 27mm, 펀치의 선단 반경은 10mm로 되어 있다.
② 펀치 선단의 반지름은 10±0.05mm의 구면으로 형성되고 표면의 조도는 1S 정도로 래핑(lapping) 다듬질한다.
③ 다이스 및 가압판의 내경은 33mm, 외경 55mm 정도이고, 시험편 접촉면은 4S로 한다.
④ 시험편의 호칭 및 치수
　㉮ 제1호 시험편 : 폭 90±2mm 밴드
　㉯ 제2호 시험편 : 변 90±2mm 정사각형
　㉰ 제3호 시험편 : 직경 90±2mm 원판형

11 마멸 시험(wearing test)

2개 이상의 물체가 접촉하면서 상대 운동을 할 때 그 면이 감소되는 마모 또는 마멸량을 시험하는 것이다.

가. 마모의 종류

① 마모 기구에 따른 마모면의 형상
　㉮ 표면 피로 : 균열, 공식(pits)
　㉯ 연삭 : 긁힌 자국(scratches), 패인 자국(grooves)
　㉰ 응착(cold – welding) : 원추 모양(cone), 얇은 조각(flakes), 공식(pits)
　㉱ 마찰 부식 : 반응 생성물(얇은 막, 입자)
② 응착 마모(adhesive wear)
　㉮ 표면의 미세 돌기들이 고압을 받아 변형하고, 청정 표면에 나타난 양 물체간에 확산, 압접이 일어나 응착하고, 다음 순간 당겨짐에 의해서 끊어지는 과정을 통해 상대 운동을 하는 접촉면에서 표면 입자가 다른 표면으로 응착되는 과정 또는 표면 입자의 이탈이 일어나는 현상을 말한다.
　㉯ 이 마모는 기계 장치에서 많이 발생하며, 효과적인 윤활법을 통하여 줄일 수 있다.
③ 연삭 마모(abrasive wear)
　㉮ 상대적으로 단단한 입자나 미세 돌기와의 접촉에 의해 표면으로부터 마모 입자가 이탈되는 현상이며, 마모면에 끝이 파인 홈이나 긁힘 자국이 나타난다.

㉯ 경도가 큰 재료가 연삭 마모에 대한 저항성이 크다.

㉰ 연삭 마모의 특성은 경도에 의존하는 연삭 입자의 침입량과 재료의 연성에 의해 결정되는 형성된 골(groove)로부터 마모 입자로 제거하는 양에 의존한다.

㉱ 응력 마모는 상대면 간의 경도 조절 및 윤활 방법으로 조절할 수 있다.

④ 피로 마모(fatigue wear)

㉮ 상대 운동을 하는 반복 하중에 작용하면 마찰 표면층에서 피로 파괴가 일어나 마모 입자가 발생하는 현상으로 기어나 베어링 등에서 많이 발생한다.

㉯ 재료의 선택이나 최대 응력을 줄여서 피로 마모를 줄인다.

⑤ 부식 마모(corrosion wear)

㉮ 상대 운동이 가스나 액체 등의 부식성 분위기 하에서 일어날 때 부식 생성 물질들은 표면과 접착력이 좋지 않아 계속되는 상대 운동에 의해 쉽게 제거되는 마모다.

㉯ 부식이 마모되는 원인으로 작용하는 경우는 환경과의 화학 및 전기 화학 반응이다

㉰ 산화막이 발생하는 경우에는 부식에 의해 형성된 산화 피막이 모재와의 접착력이 좋을 때에는 금속 돌기들의 응착을 방해하므로 마모를 방지하는 효과를 얻는다.

나. 마모 시험에 영향을 주는 인자

① 미끄럼 속도, 접촉 하중, 재료의 종류, 기계적 성질, 화학적 성질, 마찰면의 기하하적 형상, 하중이 가해지는 방법 등 여러 가지가 있다.

※ 마모 시험에 비교적 영향을 많이 미치는 요인 : 미끄럼 속도와 접촉 하중, 접촉면의 경도, 접촉면의 조도, 분위기와 온도 등

② 미끄럼 속도 및 접촉 하중이 마모에 미치는 영향

㉮ 접촉 압력이 증가할수록 마모량은 증가한다.

㉯ 속도의 증가에 따라서는 어떤 임계 속도까지는 증가하다가 임계 속도를 지나서는 마모량이 감소하며, 임계 속도를 전후해서 마모량이 작게 나타난다.

㉰ 임계 속도 이상으로 slip 속도가 증가하면 표면 온도의 상승이 산화를 과속화시켜 표면에 산화 피막이 두껍게 형성되어 표면 보호 피막의 작용을 하여 마모량이 감소한다.

③ 접촉면의 경도가 마모에 미치는 영향

㉮ 일반적으로 재료의 경도가 높을수록 내마모성이 증가한다.

㉯ 순금속에서는 경도와 마모 저항의 비례 관계가 성립된다.

㉰ 동(銅)합금의 경우에는 경도의 상승이 오히려 마모 저항을 저하시키는 것도 있다.

④ 접촉면의 표면 조도가 마모에 미치는 영향
㉮ 연한 재료의 마모량이 경한 재료의 표면 거칠기에 거의 비례하여 증가한다.
㉯ 두 접촉면간의 경도차가 크지 않은 경우에는 표면 조도가 거친쪽의 마모량이 크다.
㉰ 접촉 조건에 따라 차이가 있으며 표면이 거칠수록 마모량이 커진다.
⑤ 시험 온도가 마모에 미치는 영향
㉮ 윤활 조건하에서는 시험 온도가 높을수록, 마찰 계수가 클수록 유막 파괴 하중이 낮아진다.
㉯ 무윤활 조건하에서는 저온에서는 산화 마모, 중간 온도에서는 연삭 마모 또는 응착마모, 고온에서는 산화 마모 상태가 된다.

다. 마모 시험시 측정할 변수 및 마모량의 측정

① 측정할 변수
㉮ 시험 계획 단계에서 측정할 변수 : 하중, 속도, 분위기 등
㉯ 시험 도중 또는 시험 후에 측정 측정해야 할 변수 : 기계적, 열적, 물질적 량 (기계량은 마찰력, 마찰 계수 및 진동, 열량은 온도, 물질량은 마모량이다.)
㉰ 윤활 유막의 두께나 접촉 저항, 표면 상태의 변화 등도 측정할 변수이다.
② 마모량의 측정 방법
㉮ 직접적인 방법
㉠ 시험편의 길이의 변화, 단면적의 변화, 부피의 변화와 같은 시편의 형태 변화로부터 구하는 방식이다.
㉡ 시험편의 질량 변화로 구하는 방법과 마모에 의해 손실된 재료의 부피로 구하는 방법이 있다.
㉯ 상대적인 마모량의 측정 방법
㉠ 마찰 시간에 따른 마모량을 구하는 방법
㉡ 마찰 거리에 따른 마모량을 구하는 방법
㉢ 마모 계수를 구하는 방법

※ $K = \dfrac{\text{마모부피}}{\text{하중} \cdot \text{거리}}$ (마모 계수 : $\dfrac{mm^3}{N \cdot m}$)

$K' = \dfrac{\text{마모부피} \cdot \text{경도}}{\text{하중} \cdot \text{거리}}$ (Archard's 마모 계수)

제4절 | 비파괴 시험(NDT ; nondestructive testing)

비파괴 검사는 피시험체에 손상을 주지 않고 내부 또는 외부의 기계적, 자연 결함을 찾아내어 검사하는 방법으로 비파괴 시험에 의하여 재료의 선택, 공작이나 가공 방법의 결정, 제품의 균일화와 재료의 절약 및 신뢰성의 확인이 용이하게 되었다.

1 비파괴 시험의 개요

가. 비피괴 시험에 의해 측정하고 평가할 수 있는 중요한 성질

① 기하학적 성질과 상태
길이, 두께, 곡률 등을 측정할 수 있으며, 가공, 공극 균열, 라미네이션(lamination), 수축공과 같은 내부 불연속이나 결함을 찾아낸다.

② 기계적 성질
시험체의 응력(stress), 변형량(strain), 탄성 계수, 댐핑 특성, 경도, 소성 변형 등의 간접적인 측정이 가능하다.

③ 열적 성질
열전도도, 열팽창 응력, 열수축 응력, 열구배 및 열전기적 성질을 결정한다.

④ 전자기적 성질
전기 전도도, 자기 투자율, 와전류의 분포와 손실, 자기 수축, 열전기적 또는 전자기적 성질의 측정이 가능하다.

⑤ 물리적 성질
시험체의 내부 조직, 입도, 배향, 조성, 밀도 또는 굴절 지수나 마찰 계수 등과 같은 물리적 성질을 결정할 수 있다.

나. 비파괴 검사의 주요 목적

① 재료 및 용접부의 결함 검사 및 strain 측정
② 재료 기기의 계속적인 검사로 변형량 및 부식량 검사
③ 재질 검사 및 표면 처리층, 조립 구조 부품 등의 내부 구조 또는 내용물 조사

다. 비파괴 시험 방법 분류

① 결함 검출에 의한 분류

㉮ 내부 결함 검출 : 방사선 투과 시험, 초음파 탐상 시험

㉯ 표면층 결함 검출 : 자분 탐상 시험, 침투 탐상 시험, 전자 유도 시험

② 일그러짐의 측정 방법에 의한 분류

㉮ 표점 사이 또는 점 : 기계적 방법, 전기적 방법, X－선 응력 측정법

㉯ 응력 분포 : 광탄성 실험법, 광탄성 피막법, 응력 도료, 모아레법, Cu 도금법

③ 표면 결함 검출을 위한 시험과 내부 결함 검출을 위한 시험 및 기타 비파괴 시험

㉮ 표면 결함 검출을 위한 비파괴 시험법

㉠ 외관 시험 : 육안 또는 확대경을 이용한 치수 측정, 형상 확인을 한다.

※ 균열, 오버 랩, 피트 등의 유무 확인 또는 돋음살의 높이, 언더 컷 등의 치수를 측정한다.

㉡ 자분 탐상 시험 : 표면 및 표면하(얕은 내부) 결함 검출이 가능하다.

㉢ 침투 탐상 시험 : 비금속 재료, 금속 재료의 표면 개구(開口)결함을 검출 방법이다.

㉣ 와전류 탐상 시험 : 도체로써 봉재나 관재 등의 표층부 자동 탐상에 이용된다.

㉯ 내부 결함 검출을 위한 비파괴 시험

㉠ 방사선 투과 시험 : 방사선의 조사 방향에 나란히 놓인 결함 검출에 용이하다. 결함의 종류(기공, 슬래그, 균열 등) 및 형상의 판별(구상 결함 등)이 우수하나 라미네이션이나 기울어져 있는 균열 등의 검출은 곤란하다.

㉡ 초음파 투과 시험 : 균열 등의 면상 결함 검출 능력이 방사선 투과 시험보다 우수하다.(라미네이션 결함 검출)

㉰ 기타 비파괴 시험

㉠ strain 측정 : 변형량 측정, 응력 측정, 안전성 평가

㉡ 적외선 탐상 시험, 음향 방출 시험, 누설 시험, 내압 시험 등이 있다.

라. 비파괴 검사의 장·단점

① 장점

㉮ 금속 내부에 존재하는 결함에 의해서 물리적 성질이 변하는 재료의 특성을 이용하여 변형량을 추적하고 이것으로부터 결함의 존재나 크기 등을 파악한다.

㉯ 생산 제품에 손상이 없어 성질, 상태 및 내부 구조를 직접 시험이 가능하다.

㉰ 같은 제품에 같은 방법 또는 다른 방법을 반복 적용이 가능하다.

㉱ 사용 중 시험을 할 수 있고, 현장 시험 및 제품의 전체 표본 검사가 가능하다.

㉮ 시험편 준비가 불필요 또는 매우 적으며, 파괴 과정의 정보 파악이 가능하다.

② 단점

㉮ 시험 방법에 따라 설비 투자가 요구된다.

㉯ 시험 결과 해석에 숙련을 요하며, 평가자에 따라 차이가 발생할 가능성이 있다.

2 외관 검사(VT, Visual test, 육안 검사)

사람의 눈으로 직접 대상물의 표면을 관찰해서 균열이나 기공 등의 결함 유무 정도를 조사하는 시험 방법으로 가장 간편하며 널리 사용하는 방법이다.

가. 외관 검사법의 결함 검출 능력

① 비드 파형과 균열성의 양부, 덧붙임의 형태, 용입 상태, 균열 등을 검출할 수 있다.

② 비드의 시점과 크레이터, 언더 컷, 오버 랩, 슬래그 발생 등을 검출할 수 있다.

③ 표면 균열, 형상 불량, 변형 등을 검출할 수 있다.

3 방사선 투과 시험(RT, Radiographic Test)

방사선 투과 시험은 X－선 또는 γ(감마)－선으로 투과하여 결함의 유무를 조사하는 방법으로 비파괴 검사법 중 가장 신뢰성이 있고 많이 사용하는 비파괴 검사법이다.

가. 방사선 투과 시험의 특징

① 시험체에 X－선, γ－선 등의 방사선을 투과시켜 음극선관(cathoderay tube)에 그상을 재생하여 결함의 유무를 판단하며, 내부 결함의 실상을 한 눈에 알 수 있다.

② 방사선 물질 보관 및 저장실, 차폐시설, 필름 현상을 위한 작업실 등이 필요하다.

③ 자성의 유무, 두께의 대소, 형상, 표면 형태의 여하에 불구하고 이용이 가능하다.

④ 투과 두께의 1～2% 까지의 결함을 정확히 검출할 수 있다.

⑤ 방사선 투과 시험의 장·단점

㉮ 모든 재질에 적용할 수 있으며, 검사 결과를 필름에 영구적으로 기록할 수 있다.

㉯ 내부 결함 검출이 용이하고, 주변 재질과 비교하여 1% 이상의 흡수차를 나타내는 경우도 검출할 수 있으나 미세한 표면 균열이나 라미네이션은 검출되지 않는다.

㉰ 방사선 입사 방향에 따라 15° 이상 기울어져 있는 결함(면상 결함)은 검출이 안되며, 마이크로 터짐이나 마이크로 기공 등은 검출이 곤란한 경우가 있다.

나. 방사선의 성질

① 전리 전자기파로서 물질의 침투시 시험체의 두께, 원자 번호 및 밀도에 따라 투과 및 흡수되는 정도가 다르고, 거리에 따라서 방사선의 강도가 다르다.

② 방사선의 에너지가 클수록 투과되는 양이 커진다.

③ 방사선의 감쇠(Radiation Attenuation)

㉮ 방사선의 강도는 선원으로부터 거리의 제곱에 반비례하여 감쇠한다.(역자승 법칙)

㉯ 역자승 법칙의 식

$$\frac{I_2}{I_1} = \left(\frac{D_1}{D_2}\right)^2 \text{ 또는 } I_2 = I_1 \times \left(\frac{D_1}{D_2}\right)^2$$

- I_1 : 최초 방사선의 강도
- I_2 : 거리 D_2에서의 방사선의 강도
- D_1 : 선원으로부터의 거리
- D_2 : 강도 I_1가 되는 거리

㉰ 방사선 강도의 감쇠는 시험체 두께에 따라서 지수 함수적으로 감소된다.
(시간에 반비례해서 지수 함수적으로 감소된다.)

④ 방사선의 흡수(Radiation Absorption)

㉮ 방사선은 물질을 투과하는 능력이 있으며, 투과나 흡수되는 양은 시험편의 두께, 밀도, 방사선의 에너지 등에 따라 달라진다.
(원자 번호, 밀도가 클수록 흡수되는 양은 커지며, 방사선의 에너지가 클수록 투과되는 양은 커진다.)

㉯ 흡수체(시험체)를 통과한 방사선(X－선 또는 γ－선)의 강도 계산식

$$I_1 = I_0 e^{-\mu t} = I_0 \left(\frac{1}{2}\right)^{\frac{t}{T}}$$

- I_1 : 두께를 투과한 방사선의 강도
- I_0 : 시험체에 입사한 초기의 방사선 강도
- μ : 방사선의 에너지와 시험체에 따라 달라지는 선형 흡수 계수(단위 : cm^{-1})
- e : 대수(2.7)
- t : 시험체 두께, 일수, 년수
- T : 반가층($t_{\frac{1}{2}}$)

⑤ 반가층(HVL, Half, Value Layer)
방사선이 물질을 투과할 때 투과한 후의 강도가 투과되기 전의 강도의 반으로 감소시키는 물질의 두께를 반가층($t_{\frac{1}{2}}$)이라 한다.
(방사선이 투과한 후의 강도가 투과 전 강도의 $\frac{1}{10}$이 되는 두께를 $\frac{1}{10}$가층이라 한다.)

⑥ 반감기(Half Life)
방사성 동위 원소가 붕괴하여 초기 원자수가 반으로 줄어들 때까지 소요되는 시간을 반감기라 하며, 방사성 원소가 붕괴하는 율을 측정하는데 사용한다.
(방사능(또는 강도) 물질의 양은 큐리(Curie, ci)로 나타낸다. 이것은 1초당 3.7×10^{10}의 원자가 붕괴하는 원자수를 나타낸다.)
$1ci = 1,000mci = 10^3mci = 3.7\times10^{10}dps = 3.7\times10^{10}Bq = 10^6\mu ci$
($1Bq = 2.7\times10^{-11}ci$이다.)
예 1mci : 1ci의 $\frac{1}{1,000}$로 3.7×10^7 붕괴하는 방사성 물질의 양을 말한다.

다. X－선과 γ－선의 특성

① X－선과 γ－선은 무게나 질량이 없는 에너지 파형이며, 동일 종류의 전리, 전자기 방사선으로 매우 짧은 파장과 매우 높은 주파수를 갖는다.
② 에너지의 단위는 Kev와 Mev로 측정되며, 투과 능력을 결정한다. (형광 작용, 감광 작용, 전리 작용이 있다.)
③ X－선의 에너지는 Tube에 적용되는 전압(kv)에 의해 결정되며, 강도는 전류(mA) 또는 전류량에 따라 결정한다.
④ γ－선의 에너지는 동위 원소에 따라 결정되며, 강도는 ci의 강도에 따라 변한다.
⑤ 전·자기장에 영향을 받지 않고 투과하며, 빛의 속도가 동일하다.(186,000miles/sec)
⑥ 반사, 간섭, 회절 등 파동성을 띠며, 에너지파 형태로 나타낸다.
⑦ X－선 투과 검사와 γ－선 투과 검사의 비교

구분 \ 검사법	X－선 투과 검사	γ－선 투과 검사
선(ray)	방사선(에너지파)	방사선(에너지파)
투과 두께에 따른 투과력 설정	발생 장치 제작 및 작동시 전압 조정에 따라 조절 가능하다.	선원이 종류 선택에 따라 결정한다.
투과 사진의 상질	양호하다.	비교적 양호하다.
장비 취급, 고장	복잡하고, 자주 발생한다.	간단하고, 거의 없다.
작업 시간, 조건	비교적 길고, 까다롭다.	비교적 짧고, 쉽다.
외부 전원	필요하다.	필요없다.

라. 방사선 투과 시험의 원리

① 음극과 양극 사이에 높은 관전압을 가하면 열전자는 음극으로부터 양극을 향하여 가속되고 양극의 금속에 충돌해서 X－선이 발생한다.

② 방사선 동위 원소의 원자는 자연적으로 붕괴되어 에너지 준위가 안정된 원자로 바뀌려고 할 때(핵이 분열, 붕괴시)에 γ－선이 발생한다.

㉮ 동위 원소(isotope) : 원자핵들 중에 양자 수는 같고 질량수가 다른 것을 말한다.

㉯ 방사선 동위 원소(R.I) : 동위 원소 중에서 원자핵이 불안정하여 방사선을 방출하고 붕괴하는 것을 말한다.

③ 방사선 투과 원리는 투명도에 따라 형성되는 그림자의 형태로 설명한다.

㉮ 그림자가 확대되고 찌그러진다.(확대된 정도의 계산 : $\frac{D_0}{D_i}=\frac{S_0}{S_i}$)

㉯ 생긴 반그림자가 커지면 본그림자가 선명하게 식별되지 않으므로 가능한 반그림자를 작게 되도록 시험편에서 필름까지의 거리는(D_0) 등의 조건을 조절하여 방사선을 투과시킨다.(선원이 하나의 점일 때는 반그림자는 생기지 않는다.)

㉠ 반그림자의 크기는 계산하는 식

$$Ug = \frac{F \cdot t}{D_0}$$

- Ug : 반 그림자의 크기
- F : 선원의 크기
- t : 시험편에서 필름까지의 거리
- D_0 : 선원에서 시험편까지의 거리

㉰ 그림자가 어둡게 나타난다.

㉠ 주위의 어둡기와 그림자의 어둡기의 차(명암도, contrast)이의 정도에 따라 식별도가 달라지며, 명암도가 너무 작으면 눈으로도 식별하기가 용이하다.

㉡ 방사선 투과 사진의 검게 변하는 정도를 나타내기 위해 필름 농도(density)를 사용하고, 필름 농도는 $D=\log\frac{L_0}{L}$ 식으로 나타낸다.]

$$D = \log\frac{L_0}{L}$$

- D : 필름 농도
- L : 투과광의 강도
- L_0 : 입사광의 강도

㉢ 투과 사진의 농도를 적당히 유지할 때 투과 검사의 정도가 최고로 유지된다.

㉣ 명암도는 방사선 투과 사진의 농도, 즉 두 지점간의 농도차로 정의한다.

⑥ 피검체의 두께차와 투사된 방사선의 에너지가 변함이 없을 때 피검체 내의 재질 불균일에 의해 투과 방사선의 양이 달라져 필름 농도의 차를 발생시키며 이것으로 내부 결함의 검출이 가능하게 된다.

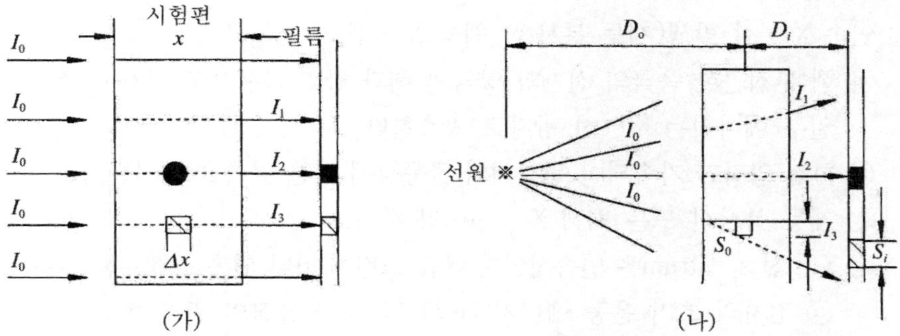

그림 2-63 방사선 투과의 원리

마. 방사선 투과 시험용 장비

방사선 발생 장치란 하전입자를 가속시켜 방사선을 발생시키는 장치이다.

① X-선 발생 장치

㉮ X-선을 발생시키기 요구 조건

㉠ 전자를 발생시킬 수 있는 filament가 있어야 한다.

㉡ filament에서 나온 전자는 고속도 전자이어야 한다.

㉢ 고속도 전자를 받을 수 있는 Target가 있어야 한다.

㉣ X-선 발생 효율(전환 능률)

$$\frac{\text{X-선 총 에너지}}{\text{음극의 총 에너지}} = K\frac{V^2 ZI}{VI} = K \cdot VZ = 1.0 \times 10^{-7} \times V \times Z$$

• K : 비례 상수(약 1.0×10^{-7}) • V : 에너지, 관전압 • Z : 원자 번호

㉯ 이 때 발생하는 X-선의 성질

㉠ 빛과 같은 속도로 이동하며, 거리 역자승 법칙에 의해 감약된다.

㉡ 진공 안에서 직진하며, 물질과의 상호 작용으로 흡수, 산란한다.

㉢ 빛과 마찬가지로 회절, 간섭, 산평향 등을 한다.

㉣ 에너지(투과력)가 높아 방사선 투과에 이동된다.

ⓜ 전자의 운동 에너지의 X－선으로의 변환
운동 에너지 eV를 가진 전자가 X－선관의 표적을 때렸을 때 이 중 대부분의 열에너지(97～98%)가 되고 나머지는 X－선 광자의 에너지가 되어 방출한다.

② X－선 발생

㉮ 연속 X－선 발생(제동 복사선, 백색 X－선)

㉠ 핵에 접근한 음극의 전자와 양극의 핵과 상호 작용으로 원자핵 쪽으로 굴절하며 일부 에너지는 X－선 광자로 방출한다.

㉡ 하전 입자가 가속되어 원자핵의 쿨롱장에 따른 감속으로 인한 전자파(X－선)를 제동 복사선 또는 백색 X－선이라 한다.

㉢ X－선 spectrum은 연속적이며 다음 조건에 따라 연속 스펙트롬 분포를 나타낸다.

ⓐ 전자의 초기 운동 에너지(keV) 및 표적 물질의 원자 번호(Z)

ⓑ 제동 핵과 전자의 노정간의 거리

㉣ 고속도의 전자와 원자핵과의 상호 작용에 의해 발생함으로서의 특징

ⓐ 높은 에너지를 갖고 있으며, 파장의 범위가 넓다.

ⓑ 파장은 표적 원자에 입사한 전자의 에너지에 의해 결정된다.

ⓒ 전자 에너지는 X－선 발성 장치에서 조정할 수 있으므로 방사선 투과 시험에 많이 이용된다.

㉯ 특성 X－선

㉠ 충돌에 의해 이탈된 궤도 전자 에너지 준위와 위부의 궤도 전자가 안으로 이동하여 떨어져 나간 빈자리를 채으는 데 이때 궤도 전자의 에너지 차이가 X－선이라는 전자파 형식으로 방출하게 되는 것을 특성 X－선이라 한다.

㉡ 특성 X－선은 X－선 회절법이나 물질의 분석에 많이 이용되며, 고속도의 전자 상호 작용에 의해 발생한다.

㉢ Target의 재질에 따라 에너지 즉 파장이 좌우되며, 에너지가 낮기 때문에 방사선 투과에는 큰 영향을 주지 못한다.

㉣ 파장은 특성 X－선을 발생시키는 물질의 원자 번호와 밀접한 관계가 있다.
파장은 고원자 번호 물질일수록 짧아지며, 에너지 원자 번호가 높을수록 커진다.

㉰ 전류(mA)와 전압(kv)과의 관계에 따른 영향

㉠ 전압(kv)의 증가에 따른 영향

ⓐ 전압을 증가시키면 X－선의 양 즉 강도가 증가되고, 파장이 짧아지고, 에너지가 높은 X－선을 발생시킨다.

ⓑ 큰 침투력을 얻기 위해서는 경질(높은 에너지의 X－선) X－선을 발생시킨다.

㉡ 전류(mA)의 증가에 따른 영향

전류를 증가시킬 경우에는 전류의 변화에 따라 방사선 Beam의 강도는 변하나 파장(λ)의 spectrum은 변하지 않는다.

㉢ kv와 mA와의 영향

kv \ mA	낮은 mA	높은 kv
낮은 kv	• 강도(mA)가 낮다. – 연질 X – 선 – 파장 길다. – 반가층 얇다.	• 강도(mA)가 높다. – 연질 X – 선 – 파장이 길다. – 반가층 얇다.
높은 mA	• 강도(mA)가 낮다. – 경질 X – 선 – 파장이 짧다. – 반가층이 두껍다.	• 강도(mA)가 높다. – 경질 X – 선 – 파장 짧다. – 반가층이 두껍다.

㉣ 전압과 전류에 의한 X – 선의 변화

전압 (kv)	증가한다.	열전자 속도 증가 → 파장 길이 짧아짐 → 투과력 증가
	감소한다.	열전자 속도 감소 → 파장 길이 길어짐 → 투과력 감소
	변화없다.	열전자의 양과 X – 선의 양은 변하지 않는다.
전류 (mA)	증가한다.	필라멘트의 가열량 증가 → 열전자 발생 증가 → 강도의 증가
	감소한다.	필라멘트의 가열량 감소 → 열전자 발생 감소 → 강도의 감소
	변화없다.	열전자의 속도와 X – 선의 에너지는 변하지 않는다.

③ 공업용 X – 선 발생 장치

㉮ X – 선 발생 장치는 일반적으로 전압 비율에 따라서 분류한다.

㉠ 400kV 이하를 휴대식, 이상을 거치식 장비로 주로 사용한다.

㉡ X – 선 장비를 사용할 때의 장비의 조건

방사선의 투과력(kV), 방사선의 강도(mA), 사용 회수 및 장비의 활용도

㉯ X – 선관(X – ray Tube)

㉠ 용융점이 높은 유리 또는 금속 – 세라믹으로 되어 있다.

㉡ 관의 내부는 고도의 진공이 유지되어야 하며, 관의 외부는 X – 선이 발생할 때 열 및 압력 등에 견딜 수 있도록 기름 또는 가스 등의 절연 물질로 채워야 한다.

㉢ 유리관(X – ray Tube)이 진공이어야 하는 이유

ⓐ 고속도의 전자는 공기 중에서 이온화되므로 에너지 손실을 방지하기 위해서이다.

ⓑ 필라멘트의 산화 및 연소를 방지하기 위해서며, 진공도는 10^{-9}mmHg이다.

ⓒ 전극간의 전기적 절연 방지 및 낮은 전압에서 높은 투과력을 얻기 위해서이다.

㉰ 음극(cathode)

㉠ 음극은 전자를 방출하는 필라멘트와 전자를 모아 주는 집속관으로 구성되어 있다.

㉡ 필라멘트(filament)

ⓐ X－선 발생에 필요한 전자 발생원으로서 고온으로 가열된 필라멘트에서 방출되는 열전자를 사용하고, 방출되는 전자의 양은(X－선의 양)은 관전류(mA)로 조정한다.

ⓑ 지름이 0.1～0.3mm의 W선을 코일 상으로 감고, 수십V, 수mV의 교류 전원에서 고온으로 가열한다.(필라멘트의 길이는 초점의 크기를 변경시키는 인자가 된다.)

㉢ 집속관(Focusing Cup)

ⓐ 전자류를 초점면에서 접속시키기 위하여 필라멘트를 집속관 안에 수용한다.

ⓑ 잘 집속된 전자빔은 초점의 크기를 작게 할 수 있다.

㉣ 재질 : Fe과 Ni의 합금으로 되어 있다.

㉱ 양극(anode)

㉠ 양극은 Cu 전극봉 안에 W표적(Tartget)이 부착되어 구성되어 있다.
(전극봉을 구리로 하는 이유 : 표적에서 발생한 열을 신속하게 외부로 방출시키기 위함이다.)

㉡ 양극은 전자를 받아들이는 표적과 전자의 충격을 직접 받는 초점, 전극봉, 방열기로 구성되어 있다.

㉢ 표적(Target)의 구비 조건

ⓐ 재질 : W, Au, Pt 등을 사용하며, 구비 조건으로 볼 때 W이 많이 사용된다.
※ 재질은 양극의 과열을 방지하기 위하여 열전도성이 좋고 높은 전기적인 재질을 사용한다.

ⓑ 원자번호가 클 것 : X－선의 발생 효율은 원자 번호에 비례한다.

ⓒ 용융점이 높을 것 : 표점에 충격을 주는 전자 에너지의 99% 정도가 열에너지로 변한다.

ⓓ 증기압이 낮을 것 : 증기압이 높은 금속은 유리관 속의 진공도를 저하시킨다.

ⓔ 취성(과산성)이 낮을 것 : 전자의 충돌로 인한 표적의 손상을 줄일 수 있다.

ⓕ 열전도가 좋을 것 : 초점에서 발생된 열이 주위로 방출되도록 한다.

ⓖ 전기전도가 좋을 것 : X－선관의 고압 회로가 형성되도록 한다.

㉲ 초점(Focal spot)

㉠ 중심 X－선과 초점변과의 각도를 양극각 또는 표점각이라 한다.

㉡ 필라멘트에서 방출된 전자가 표점에 충격을 가하는 면적을 실초점이라 하며 X – 선관의 허용부하를 지배하며, 실초점은 크게, 실효 초점은 작게 한 것이 이상적이다.

㉢ X – 선관의 이용 방향에서 본 투영 면적을 실효 초점이라 하고 사진의 선명도에 영향을 미친다.

㉣ 경사 효과(Heel effect)

방사선의 강도(X – 선의 강도)가 표적이 관의 축을 기준으로 하여 각도가 달라지는 효과를 말한다.

(실제 강도는 +12°부근에서 나타나며, X – 선 축에서 10 ~ 30°사이의 각을 가질 때 경사 효과를 얻을 수 있고, 시험체의 길이가 초점 – 필름간 거리의 $\frac{1}{2}$보다 작은 물체에 대한 방사선 투과 검사의 경우에는 이러한 분포가 크게 영향을 주지 않는다.)

㉥ 관싸개(유리관, glass tube)

㉠ 유리(경질 유리)나 금속 – 세라믹으로 되어 있다.

㉡ 유리관은 열과 기계적 충격에 약한 단점이 있고, 금속 – 세라믹은 유리관을 사용할 때보다 고(高)에너지 장치에서 장치의 크기를 작게 할 수 있다.

금속 – 세라믹의 재질은 양끝을 알루미나(Al_2O_3) 디스크로 밀봉한 금속 실린더로 되어 있다.

㉦ X – 선의 창(X – rey Tube window)

㉠ 양극에서 발생된 X – 선이 방출되는 곳이다.

㉡ X – 선의 흡수가 적어야 하고 진동 등을 유지할 수 있는 강도를 가져야 한다.

㉢ 재질 : 저전압에서는 Be, 고전압에서는 경질 유리를 사용한다.

④ X – 선 제어 장치

㉮ 관전압 조정기

X – 선에 에너지를 조절하고 단위는 kv로 표시하며, 관전압을 증가시키면 열전자의 속도가 증가하여 파장이 짧은 X – 선 에너지가 발생한다.

㉯ 관전류 조정기

㉠ X – 선의 강도(방사선의 양을 결정한다.)를 결정하는 기기로 mA로 표시된다.

㉡ mA가 증가하면 필라멘트 변압기의 가변 저항기를 조절하여 필라멘트 온도를 증가시키므로 열전자의 방출량이 증가한다.

㉰ TIMER

노출 시간 조정 s/w이며, 고전압 회로와 개폐기에 연결되어 있는 노출 시간이 지난 후에는 자동적으로 방사선의 방출을 중지시킨다.

㉱ 보호 장치

사고 예방 장치로서 X－선 방출시 과대한 전류가 흐를 때 과부하 자동 차단기가 작동하여 변압기의 일차 회로와의 연결을 차단하여 X－선 방출을 방지시키는 장치이다.

⑤ X－선 장비와 γ－선 장비의 장점

구분 \ 장비의 종류	X－선의 장비	γ－선의 장비
전원	전원이 반드시 필요하다.	전원이 필요 없다.
이동성	휴대가 용이치 않다.	대체로 이동성이 좋다.
가격	대체적으로 고가(高價)이다.	대체로 저렴하다.
조사 방향	일정방향으로 밖에 조사할 수 없다. ※ 특별안 경우는 제외	360°또는 일정 방향으로 조사가 가능하다.
장비의 취급 및 보수	어렵다.	간단하다.
초점의 크기	γ－선 장비에 비해 대체로 크다.	대체로 작기 때문에 비교적 짧은 FFD로 촬영할 수 있다.
투과 능력	적용 전압에 따라 다르다.	사용하는 방사선 동위 원소는 자주 교체해야 한다.
안전 관리	γ－선 장비에 비해 다소 용이하다.	X－선장비에 비해 난점이 많다.
수명	고장이 없는 한 반영구적이다.	반감기가 짧은 방사선 동위 원소는 자주 교체해야 한다.
선명도(definition)	좋다.	X－선에 비해 다소 떨어진다.
작업성	작은 구멍을 통한 내부에서의 작업이 어렵고 휴지시간 등으로 작업능률이 다소 떨어진다.	작은 구멍을 통한 내부에서 촬영이 가능하며, 계속적인 작업이 가능하다.

바. 방사선 투과 사진용 재료

① X－선 필름

㉮ 두께 약 0.2mm의 투명한 불연성 초산 셀롤로오스, 폴리 에스테르의 한면 또는 양면에 유제를 도포한 것이다.

㉯ 유제 도포량은 필름의 종류에 따라 다르다.

㉠ 유제층의 표면에는 약 1μ 정도의 보호층 막이 있다.

㉡ 유제는 할로겐화은(Ag)을 젤라틴 중에 분산시킨 것으로 감광의 주체가 되는 할로겐화은이 방사선에 의하여 브로마이드은(AgBr)층을 통과시 은(Ag^{+})과 브롬(Br^{-})을 형성하고 있는 전자의 결합을 깨뜨린다.

㉢ 유제 중 Ag은 상을 형성하고 현상할 때 브롬(Br^{-})은 제거되고 방사선이 투과된 필름을 검게 하는 금속은(metallic silver)이 된다.

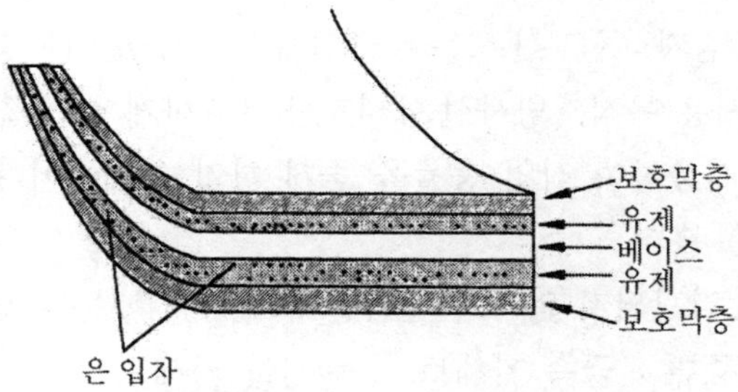

그림 2-64 X-선 필름의 구성

㉰ 좋은 상질의 방사선 투과 사진을 얻기 위한 필름의 선택 조건

㉠ 시험물의 형상, 크기, 구조, 두께 및 사용하는 방사선의 종류

㉡ X-선 발생 장치의 사용 전압(kv), γ-선의 강도(Ci)

㉢ 시험의 중요성 여부 및 요구되는 명암도, 선명도, 흑화도의 정도와 노출 시간

㉣ 필름 자체의 크기에 따라 노출 시간이 달라진다.
(필름 입자가 작으면 노출 시간 및 현상 속도는 늦어지고 사진의 상질은 좋아진다.)

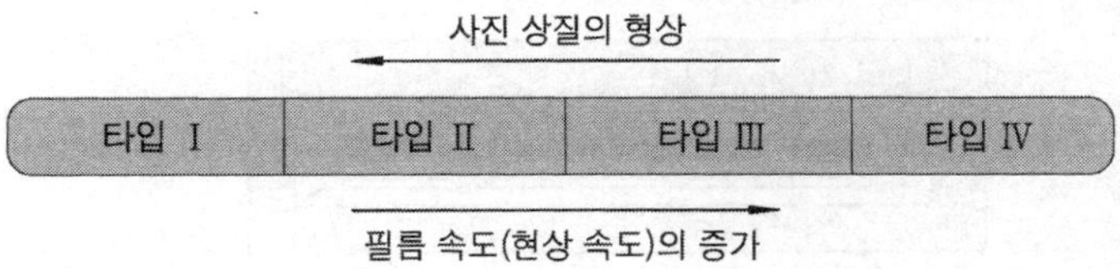

② 증감지(intensifying screen)

㉮ X-선 장치 또는 방사성 동위 원소에서 나오는 방사선의 일부를 광(光) 또는 전자로 변환하는 물질을 말한다.

㉯ 방사선 투과 사진의 촬영 시간을 단축하기 위하여 사용하는 스크린이며 형광이나 2차 전자에 의한 사진 적용을 이용하기 때문에 필름의 양면에 밀착시켜 사용한다.

㉰ 종류 : 형광 증감지, 연박 증감지(금속박 증감지), 금속 형광 증감지

㉠ 연박 증감지와 금속 형광 증감지는 증감 작용 외에 전반 산란선을 차단하여 사진 콘트라스트를 증가시키는 역할을 한다.

㉡ 연박 증감지

ⓐ X-선 또는 γ-선에 노출시켰을 때 전자를 방출하는 중금속(보통 Pb 박)또

는 중금속 화합물(산화 납)이다.

ⓑ 방사선에 의해 연(Pb)박에서 발생하는 2차 전자에 의해 증감 작용을 한다.

ⓒ 연박에 의한 산란선의 제거 효과도 있어 양호한 상질의 투과 사진을 얻는다.

ⓓ 연박의 두께 : 사용하는 방사선의 에너지에 따라 다르나 0.03 ~ 1.0mm가 사용된다.

ⓔ 종류 : 연박 증감지(lead foil screen), 산화연 증감지(lead oxid screen)

㉢ 형광 증감지 : X – 선 또는 γ – 선에 노출시켰을 때 형광을 발하는 결정 화합물이다.

㉣ 증감지의 사용 목적 : 방사선 에너지를 유효하게 하여 짧은 시간의 노출, 낮은 전압의 X – 선을 사용하여 작업 능률을 좋게 하기 위해서이다.

③ 카세트와 필름 홀더

㉮ 촬영할 때 감광되지 않도록 필름을 로딩하여 넣는 수납장이 카세트(cassette)이다.

㉯ 카세트의 종류 : 금속 카세트, 플랙시블 카세트

㉠ 금속 카세트 : 밀착성이 양호하고 선명도가 우수하다.

㉡ 플랙시블 카세트 : 유연성이 뛰어나고 밀착성이 우수하다.(공업용으로 많이 사용된다.)

(카세트는 외부와의 빛을 차단하여 증감지와 필름의 밀착성을 증가시키고, 증감지 및 필름을 외부의 물리적, 화학적, 기계적으로 안정하게 하는 역할을 한다.)

㉰ 필름 홀더 : 필름과 스크린을 놓을 수 있으며 광선으로부터 필름 보호해 주는 역할을 하는 케이스이다.

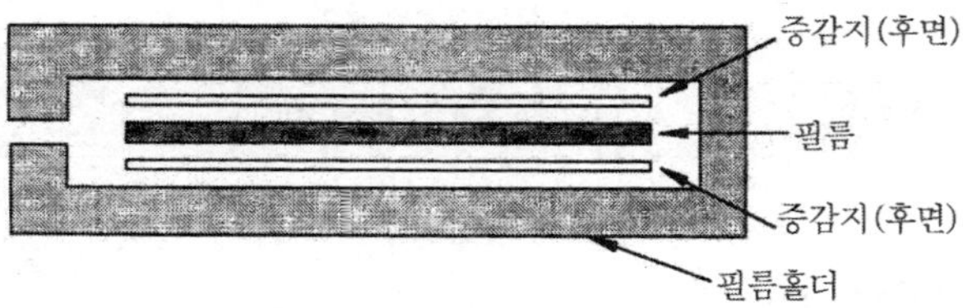

그림 2 - 65 증감지와 필름의 배치도

④ 투과도계(penpetrmeter, 상질 지시계, I.Q.I, image quality indicator)

㉮ 방사선 투과 사진의 상질을 나타내는 척도로 촬영된 투과 사진의 대조와 선명도를 표시하는 기준으로 시험체와 같은 재질을 사용하며 촬영할 때 반드시 시험체의 표면에 붙여서 동시에 촬영한다.

㉯ 투과도계 분류

㉠ 철심형 투과도계 : JIS형(일본), DIN형(독일)

2% 두께의 판에 철사의 직경이 등비 급수 또는 등차 급수로 변화한 일련의 철사를 플라스틱의 프레임에 부착한 구조로 되어 있다.

㉡ 유공형 투과도계 : ASTM형(ASME형, 미국), AFNOR형(프랑스), BWRA형(영국)

시험체 두께의 2%에 해당하는 두께의 판에 소정의 구멍이 뚫려 있다.

㉰ 투과도계 식별도는 JIS 및 KS의 경우 방사선 투과 사진상에 나타나는 철선의 수에 따라 결정된다.

㉱ ASTM 투과도계 식별도

$$\alpha = 100X\sqrt{\frac{Th}{2}}Z$$

- α : 투과도계 감도(%)
- T : 투과도계 두께(mm)
- X : 시험체의 두께(mm)
- h : 식별되는 구멍의 두께(mm)

※ 투과도계 식별도 = $\dfrac{\text{시험에 있어서 식별되는 투과도계의 최소선(mm)}}{\text{투과 두께(mm)}} \times 100(\%)$

㉠ 필름 콘트라스트를 측정함으로서 재료 두께의 상위를 나타낸다.

㉡ 지정 치수의 구멍에 관한 해상력에 의해서 세부의 선명도를 나타낸다.

㉲ 투과도계의 윤곽이 투과 사진에 불투명하게 나타나면 명암도가 떨어진다.

㉳ 투과도계는 방사선 투과 시험시에 선원 쪽의 시험면 위에 위치하도록 한다.

⑤ 심(seam) 및 필름 마커(marker)

㉮ 주조 또는 가공 중에 발생한 결함에 의해 초래되는 균열과 같은 양상으로 나타나는 금속 표면의 접합되지 않는 겹침 또는 포개짐을 심이라 한다.

용접부와 모재 두께 차이만큼 보정하는데 사용되는 것으로 재질은 피검체와 같은 재질이다.

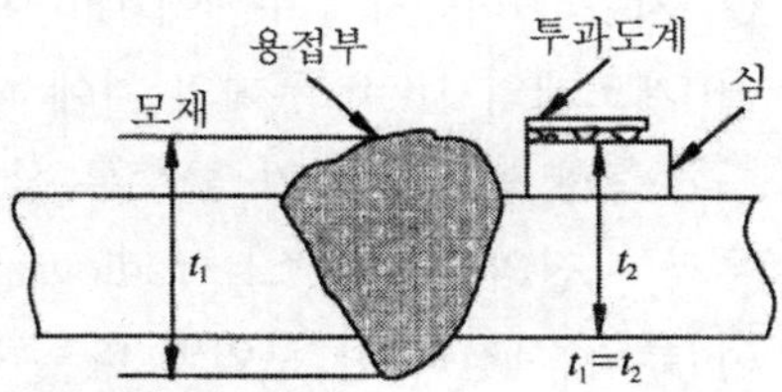

그림 2-66 심(seam)의 사용법

※ Square Wave(방형파), Pyramid Ware(삼각파), Spike Ware, 휘도 변도 등에 사용된다.

㉯ 심을 사용하는 목적

투과도계가 놓이는 위치와 검사하고자 하는 부위의 두께를 같게 하는데 있다.

㉰ 마커는 촬영된 투과 사진의 촬영 시간, 재질, 두께, 찍힌 부분을 판별하기 위해 투과 사진에 문자나 숫자로 기록한 것을 말한다.

㉱ 마커의 재질 : 방사선을 많이 흡수하는 재질(흡수 계수가 큰 Pb이 많이 사용된다.)

㉤ 필름 마커의 크기(ASTM 규정) : 6.35mm(1/4″), 두께 12.7mm(1/2″) 이상

⑥ 계조계(step wedge)

㉮ 두께가 다른 각 중앙 부근의 농도를 측정하여 1mm의 두께에 대응하는 농도차로부터 투과 사진의 상질을 구하여 촬영 조건을 결정하기 위한 계조계가 사용된다.

㉯ 새로운 투과 사진의 콘트라스트(contrast)를 규정한 것에 의해 상질을 구하는 계조계가 사용되며, 계조계는 재질에 따라 크기가 다르다.

㉠ 계조계의 형태

ⓐ Ⅰ형 : 계단 모양의 것으로 두께가 1.0, 2.0, 3.0mm의 것을 Ⅰ형으로 한다.

ⓑ Ⅱ형 : 계단 모양의 것으로 두께가 3.0, 4.0, 5.0mm의 것을 Ⅱ형으로 한다.

ⓒ 각각의 두 변의 부분은 정사각형이며, Ⅰ형의 길이는 15mm로 한다.

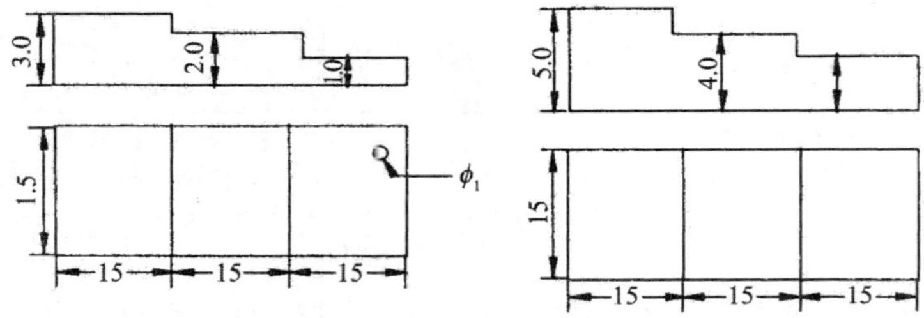

그림 2-67 계조계(step wedge)의 규격

㉡ 재료 : KS D 3503(일반 구조용 압연 강재), KS D 3698(냉간 압연 스테인리스 강판), KS 27 CP 또는 이와 동등 이상인 것

㉰ 치수의 허용차 : 두께에 대하여 ±0.02mm, 나비 및 길이에 대하여 ±0.5mm로 한다.

㉱ 계조계의 1mm 두께의 차에 대응하는 농도차를 측정하여 상질을 평가한다. (측정 농도의 차가 클수록 상질이 좋다.)

⑦ 투과 사진의 콘트라스트(radiographic contrast)

㉮ 투과 사진의 한 구역과 다른 구역 사이의 사진 농도차를 말한다.

㉯ 투과 사진의 contrast는 피사체 contrast와 필름 contrast의 쌍방을 포함한다.

⑧ 투과 사진의 사진 농도(radiographic film density)

㉮ 필름 흑화(黑化)의 정량적 척도이다.

$$D = \log 10 \frac{I_0}{I_t}$$

• D : 농도 • I_0 : 필름에 입사한 빛의 강도 • I_t : 필름을 투과한 빛의 강도

㉯ 농도계(densitometer, 흑화도계)

㉠ 농도를 측정하는 기기로서, 보통의 농도계는 농도 4까지 잴 수 있도록 되어 있다.

㉡ 종류 : 크게 구분하여 아날로그형과 디지털형으로 구분한다.

사. 산란 방사선(scattering radiation)

① 산란 방사선의 발생

㉮ X－선 또는 γ－선이 어떤 물체에 부딪치게 되면 방사선의 일부는 흡수되고, 일부는 산란, 일부는 투과되며, 산란 방사선의 주된 원인은 콤프턴 효과(compton effect)다.

㉯ 산란선은 산란되지 않는 1차 방사선에 비해 에너지가 낮게 되어 투과력이 낮다.

㉰ 방사선 중 많은 부분이 산란 과정에서 파장이 길어지며, 두꺼운 재질의 방사선 투과 검사인 경우 산란 방사선이 전체 방사선보다 훨씬 더 많은 양이 된다.

② 산란 방사선의 종류

㉮ 내부 산란(intermal scatter)

시험체 자체 내부, 외부에 의하여 산란되거나 반사되는 것으로 카세트에서 산란되는 방사선이다.

㉯ 측면 산란(side scatter)

시험편이 위치한 주위의 벽, 책상 등을 통하여 산란되는 방사선이다.

㉰ 후방 산란(back scatter)

필름 및 시험편이 놓인 책상 또는 마루 등으로부터 산란되는 방사선이다.

③ 산란 방사선의 영향

㉮ 필름에 영향을 주는 산란 방사선 중에서 가장 큰 부분은 시험체 자체로부터의 산란이며, 산란 방사선으로 상의 전체 또는 일부에 대해 명암도가 감소한다.

㉯ 산란선은 상의 경계 부분 바로 안쪽에서 가장 크며, 사진상의 선명도를 저하시킨다.

㉰ undercut : 시험편이 얇은 부분을 통과하여 필름 홀더와 카세트에 도달한 1차 방사선은 이웃하는 두꺼운 부분의 상의 안쪽으로 산란한다.

④ 산란 방사선의 제거 용구

㉮ 납판(lead plate)

후방 산란선을 차단하기 위해 카세트 뒤에 납(Pb)판을 두어 산란선을 줄인다.

㉯ 연박 증감지(lead foil screen)

투과 시험지 노출에 있어 증감지가 전체 노출의 증감에 관계없이 필름에 도달하는 산란 방사선을 줄인다.

산란 방사선의 제거 효율성, 편리성, 경제성을 고려할 때 가장 널리 사용한다.

㉰ 다이어프램(diaphragm)

다이아프램을 사용하여 조사 범위를 제한함으로서 산란 방사선을 줄인다.

㉱ 바륨 점토

다이어프림의 사용이 바람직하지 않을 경우 시험편 주위에 바륨 점토를 쌓아서 산란 방사선을 줄일 수 있다.

㉲ 마스크(mask)

시험편 주위에 납판을 둘러서 불필요한 1차 방사선을 흡수 또는 산란 방사선을 제거하는 방법이다.

㉳ 콜리메이터(collimater), 납콘(lead cone)

방사선의 조사(exposure) 범위(빔의 폭)을 제한함으로서 산란 방사선을 제거한다.

㉴ 필터(filter)

시험편 주위에 마스크 설치가 부적당하거나 시험편이 화학 물질이나 금속볼에 의해 영향을 받는 곳에서 산란 언더컷을 감소시키는데 유용하다.

(X－선을 이용한 방사선 투과 검사의 경우에만 한정된다.)

아. 방사선 사진의 감도(sensitivity)

① 방사선 투과 사진의 감도

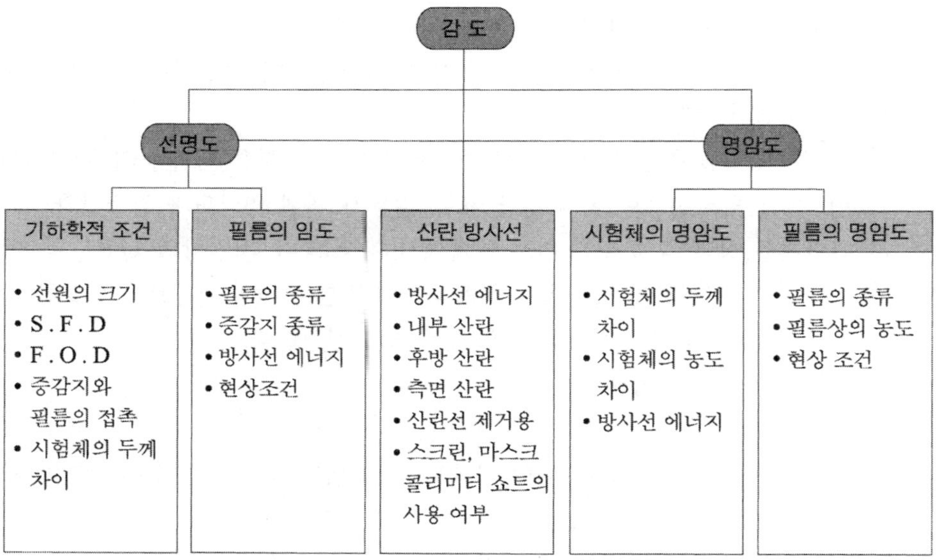

② 콘트라스트(contrast, 명암도, 대조도)

㉮ 시험편을 투과한 각기 다른 강도의 선량이 사진상에서 다른 농도의 상으로 나타나는 한 부위와 다른 부위의 농도차를 콘트라스트(contrast)라 한다.

㉯ 피사체 콘트라스트

㉠ 필름에 도달한 최대 방사선 강도와 최저 방사선 강도의 비를 말한다.

㉡ 산란 방사선의 영향을 받는데 산란 방사선 제거시 콘트라스트는 증가한다.

㉢ 피사체의 재질에 따라 투과하는 방사선의 강도가 달라진다.

※ 밀도가 클수록, 두께차가 클수록 콘트라스트는 증가한다.

㉣ 피사체 두께의 절대값의 차에 의하여 또는, 전압(또는 에너지)의 영향을 받는다.

※ 전압의 증가시에는 피사체 콘트라스트가 감소한다.

㉰ 필름 콘트라스트

방사선의 노출량과 사진 농도의 관계를 표시하는 필름의 특성 곡선의 기울기이다.

※ 특성 곡선(감광 곡선, H&D 곡선)

감광 물질에 적용된 노출(exposure)과 그 노출에 따른 사진 농도와의 관계를 나타낸 곡선.

③ 선명도(sharpness, 선예도, 섬세도, 명료도)

㉮ 투과 사진의 질(화상의 정도)을 결정하는 척도로서 피사체의 형태가 어느 정도 필름에 완전히 투영되어 있는가를 표시하는 것이다.

㉯ 투과 사진의 상이 선명하여지는 조건(투과 사진의 선명도에 영향을 주는 요인)

㉠ 선원의 크기가 작을 때 및 시험체와 선원과의 거리가 멀수록 선명하여 진다.

㉡ 시험체와 필름간의 거리가 가까울수록 선명하여 진다.

㉢ 선원과 시험체, 필름간의 배치가 수직에 가까울수록 선명하여 진다.

㉰ 선명도를 좌우하는 인자

기하학적 인자, 감광 재료에 인한 인자, 운동에 의한 인자 및 산란선에 의한 인자

㉱ 기하학적 인자

㉠ 초점이 큰 경우 : 선원과 필름간의 거리를 증가시킴으로서 선명도를 증가시킨다.

㉡ 필요한 노출에 대하여 허용하는 한 초점이 작아야 한다.

㉢ 초점과 시험편과의 거리는 가능한 멀게, 방사선 빔은 필름과 수직이 되도록 한다.

㉣ 필름 : 방사선 투과 검사를 할 시험체와 가능한 한 밀착시키고, 시험편과 필름면은 서로 평형 상태이어야 한다.

㉲ 기하하적 불선명도(geometric unsharpness, Ug)

㉠ 필름의 선명도가 흐릿한 부분을 불선명도(반음영)이라 한다.

㉡ 불선명의 종류

ⓐ 기하학적 불선명 : 초점과 필름 사이의 거리 및 초점 크기에 따라 생긴다.

ⓑ 필름의 불선명 : 필름 유제의 크기 입자, 방사선 에너지, 필름의 현상 및 산란 방사선에 의해서 생긴다.

㉢ 기하학적 불선명도(Ug)의 표시 방법

$$\mathrm{Ug} = \frac{F \cdot t}{D} \quad (D : t = F : \mathrm{Ug})$$

• F : 선원의 크기
• t : 시험부의 두께(시험체 - 필름간의 거리)
• D : 선원 - 시험부 사이의 거리

∴ 주어진 선원에서는 F는 보통 고정되므로 실제로 Ug는 $\frac{t}{D}$에 의존한다.

㉣ 불선명도의 크기는 선원의 크기로 표시한다.

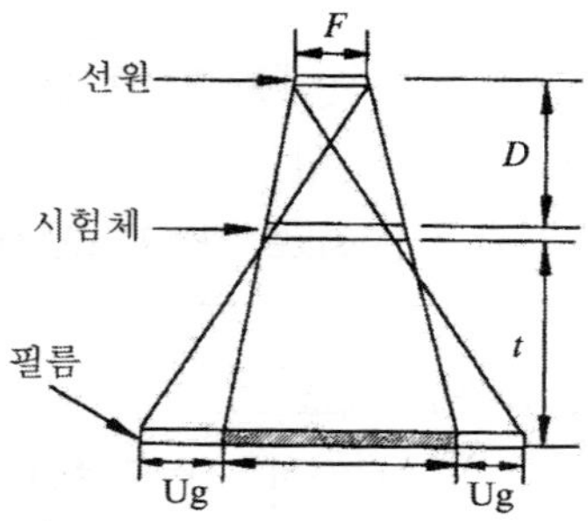

그림 2 - 68 기하학적 불선명도

㉶ 감광 재료 등에 의한 인자

㉠ 필름 유제 속의 할로겐 은의 입상성에 영향을 받는다.
(입상성 : 투과 사진에서 농도의 불균일로 감광된 Ag 입자가 현상되어 뭉쳐 있는 상태다.)

㉡ 모든 필름은 입자성은 방사선의 투과량이 증가함에 따라 증가한다.

㉢ 일반적으로 저감도 필름일수록 입상성이 좋다.

㉣ 스크린 반점(screen mottle)은 방사선의 에너지가 증가함에 따라 현저히 증가한다.

㉤ 방사선 투과 검사에 사용되는 증감지는 형광 증감지, 금속 형광 증감지, 금속 감지기가 있으며 목적에 따라 선택한다.

㉷ 운동에 의한 인자
사진상의 선명도를 저하시키는 인자로서, 초점의 움직임, 피사체의 움직임 및 필름을 포함한 카세트의 움직임이다.

㉸ 산란 방사선에 의한 인자
피사체에서 산란선들은 선명도를 저하시킨다.

㉶ 필름의 종류에 따른 선택

종류	사용 증감지	입자성	감도	콘트라스트
1	연박	미립자	낮음	가장 높음
2	연박	미세함	중간 정도	가장 높음
3	연박	중간 정도	높음	보통 높음
4	형광	조대함	가장 높음	높음

4 초음파 탐상 시험(UT ; ultrasonic test)

초음파를 시험체 내로 보냈을 때 시험체가 나타내는 음향적 성질의 변화를 이용하여 내부결함이나 재질적 성질을 알아내는 비파괴 검사법으로 반사법, 투과법, 공진법이 있다.

가. 초음파 탐상법의 특징

① 20KHz보다 높은 주파수의 음파를 초음파라고 하며 투과 물체의 한쪽에 송신한 후 반대쪽에서 수신하면서 이 때 도달되는 초음파의 강도로 결함부를 찾아낸다.

② 초음파 탐상법은 면상(面狀) 결함 검출 등이 우수하며, X－선 검사로 탐상하기 불가능한 대형 강재에도 응용된다.

③ 초음파 파장은 검출 가능한 결함의 크기와 전파 능력은 파장에 의해 지배된다.

※ 파장이 짧으면 이에 비례하여 작은 결함의 검출이 가능하지만 전파 능력이 떨어져 두껍거나 거친 입자로 된 재료의 검사는 어렵고, 작은 결함으로부터 나오는 반사도 크게 보이기 쉽다.

④ 결함의 위치는 알 수 있으나 결함의 형상은 알 수 없고, 표면에 있는 결함의 발견이 어려우며, 빛보다 파장이 길지만 보통의 전파보다는 짧다.

⑤ 초음파는 결함이나 후면과 같은 불연속부에 충돌하면 반사한다.

㉮ 불연속부(다른 매질의 두 물체가 접촉하고 있는 경계)에서 초음파가 수직으로 입사 충돌하면 초음파의 일부는 투과하고 나머지는 반사하는데 그 관계는 경계면에 접해 있는 두 매질의 음향 임피던스에 의해 결정된다.

※ 음향 임피던스(Acoustic Impedance)

매질의 밀도(ρ)와 음속(C)의 곱($\rho \cdot C$)으로 나타내는 매질 고유의 값으로 이론적으로는 입자 속도와 음압의 비이다.($Z=\rho \cdot C$)

나. 초음파 탐상 시험의 장·단점

① 초음파 탐상 시험의 장점

㉮ 투과력이 탁월하고 미세한 결함에 대해서 감도가 높다.

㉯ 내부 결함의 위치, 크기, 방향을 어느 정도 정확히 측정할 수 있다.

㉰ 단지 한 면에서 탐상이 가능하며, 검사 결과를 브라운관을 통해 즉시 알 수 있다.

㉱ 이동성이 양호하며, 균열 등 면상 결함의 검출 능력이 RT보다 훨씬 탁월하다.

② 초음파 탐상 시험의 단점

㉮ 수동 검사시 검사자의 경험 및 검사 절차를 이해하는데 검사자의 지식이 필요하다.

㉯ 시험편의 표면이 거칠거나 모양이 일정치 않거나 두께가 아주 얇은 경우 및 비균질 재질인 경우에는 탐상이 곤란하며, 결함 종류의 식별이 극히 곤란하다.

㉰ 불감대가 존재하고, 초음파의 효과적인 전달을 위해 접촉 매질이 필요하다.

㉱ 표준 시험편 또는 대비 시험편이 필요하다.

㉲ 내부 조직에 따른 영향이 크며, 결함과 초음파 빔의 방향에 다른 영향이 크다.

㉳ 표면 결함 검출에는 자분 탐상법이나 침투 탐상법보다 검출 확률이 떨어진다.

다. 초음파의 종류

① 종파(longitudinal wave, compressional wave, 소밀파 또는 압축파)

㉮ 매질 입자의 진동 방향과 진동의 전달 방향이 같은 파가 종파로서 고체 중에서 음속이 빠르다.

㉯ 파의 진행에 따라 밀(compression)한 부분과 소(rare faction)한 부분으로 구성된 파로서 초음파 탐상 검사에서 주로 이용되는 진동 형태이다.

㉰ 1기압에서의 액체와 기체에서는 분자평균 자유도(mean free path)가 짧기 때문에 종파는 단지 분자간 탄성 충돌만으로 진행하게 된다.

㉱ 종파를 발생하는 진동자의 재질는 X－cut 수정으로 수직 탐촉자에 이용된다.

② 횡파(transverse wave, shear wave, S－wave)

㉮ 음파의 진동 방향이 파의 진행 방향에 수직인 파가 횡파이다.

㉯ 기체나 액체에는 발생되지 않으나 고체에는 종파와 함께 존재한다.

㉰ 진행 속도 : 동일한 재질에 대하여 종파 속도의 $\frac{1}{2}$ 속도로 진행된다.

㉱ 동일한 주파수에서 종파에 비해 짧은 파장을 갖는다.
파장이 짧아지면 작은 반사체에 대해 더 민감하고 재질 내에서보다 쉽게 산란된다.

㉲ 횡파의 발생 : 탐촉자에 플라스틱 쐐기를 부착함으로 얻을 수 있다.

③ 표면파(surface wave, rayleigh wave)

㉮ 고체의 표면 근처에만 에너지가 집중하여 진행하는 탄성파동 양식이다.

㉯ 약 1파장 정도의 깊이를 투과하여 표면으로 진행하는 파이다.

(1파장 깊이에서의 에너지 : 표면 에너지의 $\frac{1}{25}$ 정도이다.)

㉰ 표면파는 타원형이며 음속은 포아손비와 관계가 있다.

㉱ 진행 속도 : 횡파 속도의 약 0.9배(90%)이다.

㉲ 주어진 재질 내에서 종파나 횡파에 비해 감쇠의 영향이 적다.

④ 판파(lamb wave, plate wave)

㉮ 얇은 판을 진행하는 파로서 판 중에서의 진행 양식에 따라 대칭형 모드와 비대칭형 모드로 나누며, 이 파는 단지 몇 파장 정도의 두께를 갖는 금속 내로 진행된다.

㉯ 판파의 진동 양식의 특성은 밀도, 금속의 탄성 특성과 구조, 금속 시험편 두께 및 주파수에 영향을 받는다.

㉰ 판파의 속도 : 무한하게 존재하며 주어진 재질 내에서 판두께 및 주파수에 의한다.

라. 초음파 탐상 장치

초음파 탐상기, 탐촉자, 탐촉자 케이블 등으로 구성되어 있으며 탐상의 경우에는 탐상 장치 이외에 표준 시험편(STB), 대비 시험편(RB), 접촉 매질, 스케일, 기록 용지, 탐촉자 주사용 치구 등이 필요하다.

① 탐촉자(probe, search unit)

㉮ 탐촉자는 전기를 초음파로, 초음파를 전기로 바꾸는 진동자의 에너지 유지체(뎀퍼), 접전 등에 의해 조립되어 있다.

㉯ 종류(탐상 목적에 따라) : 수직 탐촉자, 경사각 탐촉자, 분할형 수직 탐촉자, 수침 탐촉자

② 접촉 매질(接觸 媒質, Couplant)

㉮ 초음파를 탐촉자로부터 시험체에 전달하기 위해 탐촉자와 시험체 사이에 적용하는 물질(탐촉자와 시험체 사이의 공간을 없애기 위해)을 접촉 매질이라 하며 전달 손실을 좋게 하기 위해서는 음향 임피던스가 큰 접촉 매질이 좋다.

㈏ 접촉 매질의 종류와 특징

종류	특징
물	• 경제적, 입수용이, 기름기가 있는 탐상면, 경사에는 사용이 어렵다.
기계유	• 입수 용이, 표준 시험편에 적합하나, 거친면에는 부적합하다.
글리세린	• 75% 이상 용도에서는 전달 효율이 좋고, 침투성이 강하다. • 거친면에 우리하나, 탐상면과의 융합이 나쁘다. • 경사면에서 사용이 어렵고, 표준 시험체에는 부적당하다.
물유리	• 글리세린보다 전달 효율이 좋고, 강알칼리성에는 효과를 상하게 된다. • 건조하면 고체화하여 탐촉자를 상하게 하기 쉽다.
전분칠	• 점성을 고정할 수 있으며, 전달 효율은 물과 큰 차이가 없다.
글리세린 페이스트	• 글리세린에 소량의 계면 활성제 및 증점제를 첨가했다. • 물과 같은 접촉 매질을 가한다.

③ 표준 시험편(STB, standard tast block)

㉮ 재질, 형상, 크기가 공인 기관으로부터 검정된 시험편으로 탐상기의 성능 시험, 특성 시험 또는 감도 조정, 시간축의 측정 범위 조정에 사용되는 시험편이다.

㉯ STB－N1의 규격, STB－A1의 규격, STB－A2의 규격 및 STB－A3의 규격

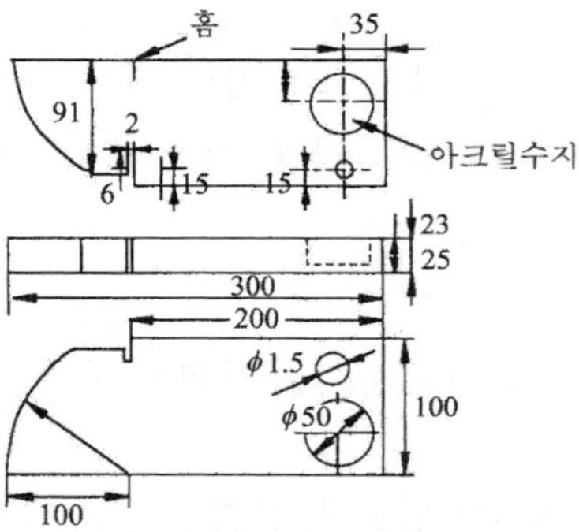

그림 2-69 STB－N1의 규격

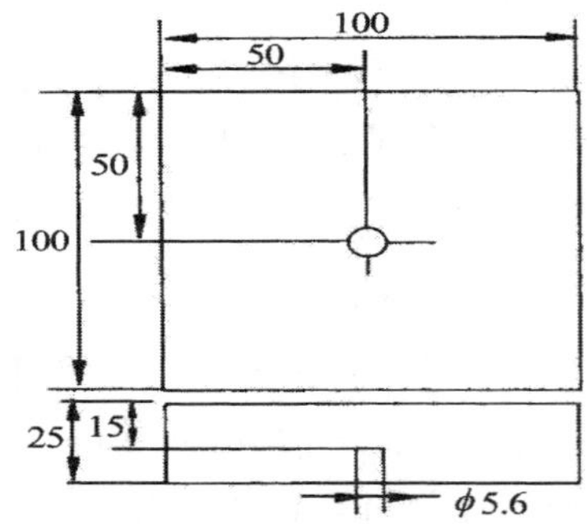

그림 2-70 STB－A1의 규격

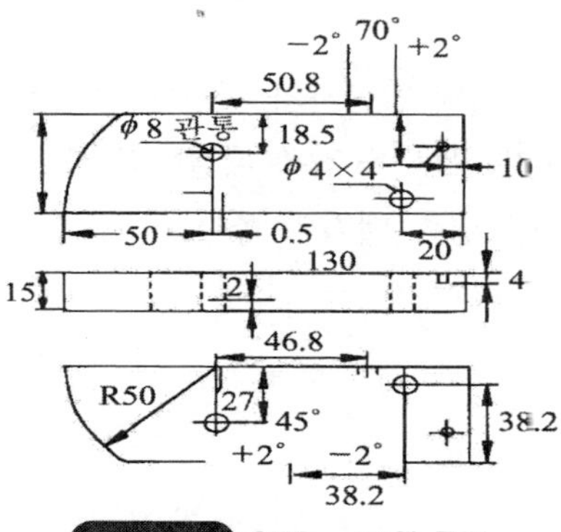

그림 2-71 STB－A2의 규격

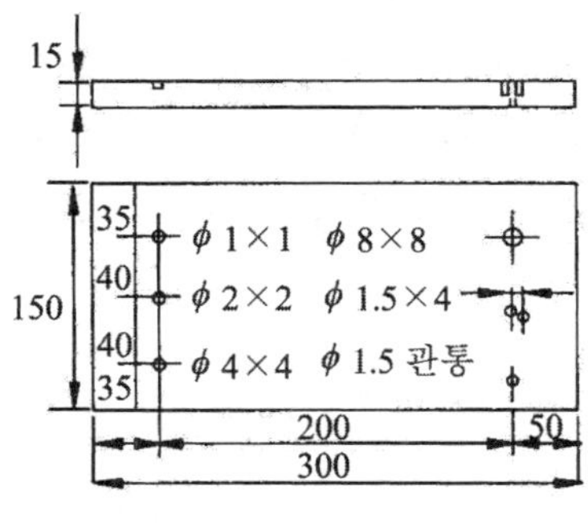

그림 2-72 STB－A3의 규격

④ 대비 시험편(RB, reference voltage)

특성 시험체를 탐상하기 위한 시험편으로 시험체와 유사 재질로 만들어 사용하며, 탐상기의 감도 조정 및 거리 진폭 특성 곡선을 작성할 목적으로 만든 시험편이다.

㉮ RB − 4, RB − A5, RB − A6, RB − A7

강의 용접부 초음파 탐상 및 시험 결과의 등급 분류방법에 규정된 대비 시험편이다.

㉯ RB − D : 압력 용기용 강판의 초음파 탐상 검사에 규정된 시험편이다.

바. 시험체에 초음파를 전달시키기 위하여 탐촉자를 시험체에 직접 접촉시키는 방법

① 직접 접촉법

탐촉자를 직접 시험체에 접촉시키는 탐상법으로 탐촉자와 시험체 사이에 얇은 층의 접촉 매질을 적용하여 시험한다.

㉮ 수직 탐상법(straight beam technique)

㉠ 파의 진행 방향을 시험체의 표면에 수직적으로 전달시켜 내부의 결함 상태를 탐상하는 방법으로 두께 측정의 원리를 이용한다.

㉡ 표면에서 출발한 수직파가 결함의 불연속면에 반사되면 원래 저면에 반사되어 돌아오는 거리 및 시간보다 적게 된 것을 이용하여 결함의 크기, 깊이 및 종류를 안다.

㉢ 결함을 가장 검출하기 쉬운 방향

결함 반사파 높이가 가장 높고, 결함의 투영 면적이 최대인 방향이다.

㉣ 측정 범위 설정은 저면 다중 반사파를 몇 번 나타내어 적당할 것인가에 있다. (저면 반사파가 2 ~ 5회 나타나도록 조정하면 좋다.)

㉯ 경사각 탐상법(angle beam techniqye)

㉠ 경사각 탐촉자를 사용하여 탐상면에 대해 사각으로 초음파를 주사하여 탐촉자에게서 멀리 떨어져 있는 결함이나 불연속 점을 감지하는 방법이다.

㉡ 용접부나 복잡한 모양의 시험체에서 내부 결함을 탐상하는데 적용된다.

㉢ 저면 반사파는 나타나지 않는다.

② 수침법

탐촉자가 시험재 사이에 물을 채워서 초음파를 이 물의 층 또는 막을 통하여 전달하는 방법이다.

㉮ 전몰 수침법 : 탐촉자와 시험체가 물 속에 잠긴 수침법

㉯ 국부 수침법 : 탐상면과 탐촉자 사이에만 국부적으로 물을 채우는 수침법

바. 펄스 반사법(pules echo technique, reflection method)

시험체 내에 초음파의 펄스(단시간의 맥류)를 보내어 내부 또는 저면에서 생기는 반사파를 탐지하여 내부의 결함 등을 탐상하는 방법이다.

① 시험체 내에 수정의 결정으로 된 조파기(harmonic apparatus)를 접촉시키고, 매우 짧은 시간에 충격적으로 초음파를 발사한다.

② 시간 지연(time lag)의 차로 결함까지의 거리를 측정하여 반사의 크기, 형상 등으로부터 결함의 상태를 판정한다.(반사되는 신호가 결함이 있으면 시간지연으로 차이가 생김)

③ 용접부, 주물 단조품 및 압연 소재의 결함 검사에 많이 사용되는 방법이다.

④ **초음파의 진동 방식에 따른 분류**

탐상방법	진동방식	주용도
수직 탐상법	종파	주조품, 단조품, 압연재 등의 내부 결함 탐상 및 두께 측정
경사각 탐상법	횡파	용접부, 관재 등의 내부 결함의 탐상
표면파 탐상법	표면파	표면 결함의 탐상
판파 탐상법	판파	얇은 판의 결함 탐상

사. 투과법(through transmission method)

시험체를 투과하는 투과파를 이용하여 시험체 내에 있는 결함이나 재질의 이상(異常)으로 인하여 투과파가 약해지는 정도를 가지고 시험하는 방법이다.

① 물체의 한쪽에서 송파기에 의해 연속 초음파를 입사시키고 반대측에 수파기에 도달하는 초음파의 강도를 비교하는 방법이며 간단한 형상의 물체를 검사하는데 적합하다.

② 정도는 낮지만 박판 제품 또는 표면층 부근의 결함 발견에 편리하다.

③ 결함이 있는 부분에서는 투과파가 없게 되므로 흠을 탐지할 수 있다.

아. 공진법(resonance method)

금속 판재 중에 입사시키는 초음파의 파장을 연속적으로 바꾸어 줌으로서 반파장의 정수가 판두께와 같게 될 때 입사파와 반사파가 공진하여 정상파가 되는 것을 이용하여 판두께의 측정 또는 공진의 강도에 의해서 부식정도, 내부 결함 등을 검사하는 방법으로 결함까지의 거리가 파장의 $\frac{1}{2}$ 정수배가 될 경우에 공진이 생기므로 결함 위치를 알 수 있다.

※ 공진(共振, resonance) : 시험체에 가해진 초음파의 진동수와 시험체의 고유 진동수가 일치할 때 비정상적으로 진동의 진폭이 커지는 현상이다.

① 용도

㉮ 박판의 두께 측정 및 판재 중의 결함(라미네이션) 검사

㉯ 조업중인 화학 반응 용기 두께를 측정하여 부식 상황을 알아내는데 사용된다.

㉰ 보통 결함의 깊이를 측정하는데 사용되며 결함이 옆으로 뻗쳐 있을 때에 적합하다.

5 자분 탐상 시험(MT, Magnetic dust test)

강자성체를 자화하여 결함 부분에 생긴 자극에 의한 자분의 부착을 이용해 결함을 검출하는 비파괴 시험 방법으로 강자성체 재료의 표면 및 그 근방 결함의 검출에 적당하다.

가. 자분 탐상법의 특징

① 비자성체 시험편에는 검사가 불가능하며, 검출할 수 있는 결함의 깊이는 표면과 표면 바로 밑 5mm 정도이며, 누설 자속을 관찰하여 결함을 검출하는 시험이다. (시험체 표면에 존재하는 균열 형태의 결함 검출이 우수하다.)

② 시험품의 자화는 검출하고자 하는 결함 방향에 직각방향의 자장을 시험품에 준다.

③ 자화 방법은 원형 자화와 선형 자화로 나눈다.

㉮ 원형 자화 : 전류를 제품에 직접 통하게 하여 발생되는 자화로 시험체 내부를 전류가 통과한다.(제품의 축 방향과는 수직하게 원형으로 형성된다.)

㉯ 선형 자화 : 전류가 코일을 통하여 흐를 때의 자속이 제품의 축 방향 길이로 수평하게 움직이는 자화 방법이다.

④ 선상의 표면 결함 검출이 가능하나, 핀홀과 같은 점상 결함 검출은 어렵다.

나. 자분 탐상법의 장·단점

① 자분 탐상법의 장점

㉮ 강자성체 표면에 미세하고 얕은 표면 균열의 검출 감도가 좋다.

㉯ 제한은 있지만 표면에 드러나지 않는 불연속도 검출할 수 있다.

㉰ 자분 지시는 표면에 직접 나타나며, 재질의 모양이나 크기에 제한을 받지 않는다.

㉱ 정교한 전처리가 필요치 않으며, 균열 내에 개재물이 채워진 경우에도 검출된다.

② 자분 탐상법의 단점

㉮ 강자성체에만 적용되고, 검사 후 탈자가 필요한 경우가 있다.

㉯ 최상의 결과는 결함의 주방향이 자장 방향에 수직이 되어야 한다.

㉰ 검사 및 탈자 후 표면에 붙어 있는 자분의 잔류물에 대해 후처리가 요구된다.

㉱ 시험체가 큰 경우는 아주 높은 전류값이 필요하며, 전기적 접점에서 국부 가열이나 소손(燒損)의 우려가 있으며, 판독에 경험과 숙련이 필요하다.

다. 자분 탐상 검사 방법

① 전처리

㉮ 전처리의 목적

㉠ 결함부에 자분 부착량을 늘려서 결함 지시 모양의 관찰 및 미세 결함의 검출을 쉽게하며, 탐상 시험에 관계되는 여러 조작으로부터 시험품의 손상을 방지한다.

㉡ 결함 이외에 부착되는 자분량을 적게 하여 결합 지시 모양의 관찰을 쉽게 한다.

㉯ 전처리 방법

㉠ 시험품이 조립품의 경우는 단일 부품으로 분해한 상태에서 검사해야 한다.

㉡ 시험 후 내부의 자분을 제거하기 곤란한 장소(구멍 등)는 시험전에 테이프 또는 해가 없는 마개 등으로 자분의 침입을 막는다.

㉢ 시험품에 직접 통전하는 자화법의 경우는 시험품의 전극 접촉부를 잘 닦아 접촉부의 전기저항을 적게 한다.

㉣ 시험품에 부착된 기름, 오물, 도료, 도금, 기타 부착물은 자분 흡착(吸着)을 방해하여 결함 검출을 저하시키므로 잘 제거된다.

㉤ 표면 거칠기가 심하면 요철(凹凸)부에 자속이 누설하여 자분이 부착되므로 시험면을 매끈하게 마무리하여 의사지시의 모양이 없도록 한다.

② 자화 방법의 종류

㉮ 자화 방법은 강자성체에 자속(磁束)을 발생시키는 방법이다.

㉯ 시험체에 전극을 접촉시켜서 통전하는 것에 의해 시험체에 자계를 형성하는 방법 축통전법, 직각 통전법, 프로드법

㉰ 시험체 외부의 도체에 통전하는 것에 의해 시험체에 자계를 형성하는 방법
: 전류 관통법, 코일법

㉱ 전자 유도를 이용해 시험체에 유도 전류를 발생시켜 시험체에 자계를 형성한 방법
: 자속 관통법

㉲ 자석의 철심(鐵心)에 자계를 부여해 발생된 자속을 시험체에 투입하는 방법
: 극간법

㉥ 자화 방법

자화 방법	부호	탐상 요령
축 통전법	EA	시험품의 축 방향에 직접 전류를 흐르게 한다.
직각 통전법	ER	시험품의 축에 대하여 직각 방향으로 직접 전류를 보낸다.
프로드(prod)법	P	시험품의 국부에 2개의 전극을 세워 전류를 보낸다.
전류 관통법	B	시험품의 구멍 등에 관통시킨 도체에 전류를 흐르게 한다.
코일법	C	시험품의 코일 속에 넣어 코일에 전류를 흐르게 한다.
극간법(요크)	M	시험품 또는 시험하고자 하는 부위를 전자식 또는 영구자석의 2극 사이에 놓는다.
자속 관통법	I	시험품의 구멍 등에 관통시킨 자성체에 교류 자속 등을 주어서 시험품에 유도 전자를 보낸다.

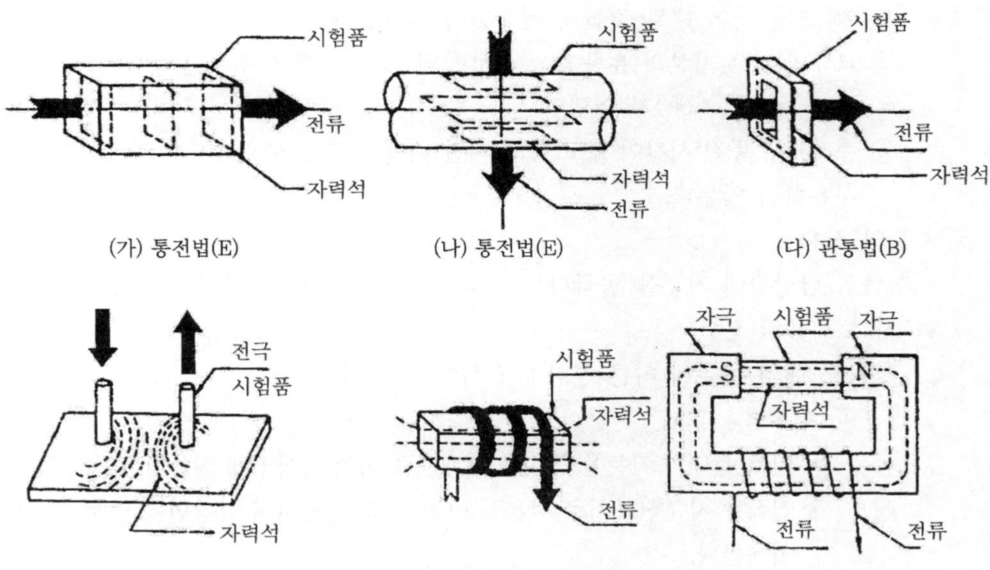

그림 2-73 각종 자화 방법

③ 자화 전류의 종류

㉮ 자화 전류는 시험체에 적용하여 자계(磁界)를 형성하기 위한 전류이다.

㉯ 자화 전류의 종류(전류의 파형의 종류에 따른 분류) : 직류, 맥류, 충격류, 교류

㉠ 직류 : 전류의 흐름이 한 방향으로 계속되는 전류로 종류에는 맥류, 충격류가 있다.

㉡ 맥류 : 주기적으로 크기가 변화하는 자화 전류

(교류를 정류한 단상 반파 정류, 단상 정파 정류, 삼상 전파 정류를 총칭한다.)

㉢ 충격류 : thyratron, thyristor 등을 사용하여 얻어지는 1펄스의 전류

㉣ 교류 : 일정한 간격을 가지고 흐르며 방향이 역으로 교차하는 전류

㉰ 전류의 종류에 대한 자화 전류 선정의 고려 사항

㉠ 교류는 표피 효과(skin effect)에 의해서 시험체의 표면 주위에만 자화시키므로 표면 결함만 검출할 수 있다.

㉡ 교류는 잔류 차단시의 위상에 따라 검사품의 잔류 자속 밀도가 달라지므로 잔류법에는 사용하지 않는다.

㉢ 교류에 의한 자화에서는 표피 효과에 의해 자화가 표층부에 한정되므로 반자장은 직류에 비하여 작다.

㉣ 직류 및 맥류는 표면 결함 및 표면 주위의 내부 결함을 검출할 수 있다.

㉤ 직류 및 맥류는 연속법, 잔류법에 사용한다.

㉥ 맥류는 직류에 교류 성분이 포함되어 있기 때문에 교류 성분이 클수록 표피 효과가 크게 되어 내부 결함의 검출능이 저하된다.

㉦ 교류의 경우 자분의 유동성(mobility)의 좋고, 직류의 경우는 상대적으로 소자(dema－gnetization)가 어렵다.

㉧ 충격류는 통전 시간이 짧고 통전 시간 내에 자분을 사용하기 어려우므로 연속법에 사용하지 않는다.

④ 자분의 적용

시험품의 탐상면에 자분을 공급하는 것을 자분의 적용이라 한다.

㉮ 자분 적용의 분류

㉠ 분산매의 종류에 따른 분류 : 건식법, 습식법

ⓐ 건식법

- 건조 상태의 자분을 공기를 매개체로 하여 탐상면에 적용하는 방법을 말한다.
- 건식용 자분산포기로 자분을 공기 중에 분산시켜 탐상면에 적용하는 방법을 이용한다.

ⓑ 습식법

- 자분을 액체 중에 분산, 현탁시켜서 이것을 탐상면에 적용하는 방법이다.
- 분산매로서의 액체는 백등유 또는 물(계면활성제와 방청제 첨가한 것)이 이용된다.
- 건식법에 비하여 결함 검출 능력이 높고 미세 결함 검출이 가능하다.

㉡ 자분 적용에 대한 자화 시기에 따른 분류 : 연속법, 잔류법

ⓐ 연속법

- 자화 전류를 흘리고 있는 동안에 자분 적용을 끝마치는 방법이다.
- 자분의 적용과 동시에 자화하는 방법으로 보자력이 작고 잔류자기가 약한 재료에 적용하며, 습식법을 사용할 때의 자화 전류는 검사액 흐름이 정지된 후 끊어야 한다.

ⓑ 잔류법

- 자화 전류를 끊고 나서 자분을 적용하는 방법으로 탄소 함유량이 높은 공구강, 스프링강 등 보자력이 높고, 큰 잔류자기가 얻어지는 것에 적용된다.
- 연속법에 비해 결함 검출 성능이 낮고, 내부 결함의 검출이 거의 불가능하다.

⑤ 탈자

㉮ 탈자를 필요로 하는 경우

㉠ 연속하여 시험하는 자화가 전희의 자화에 나쁜 영향을 받을 염려가 있을 때

㉡ 시험품의 잔류자기가 기계 가공에 나쁜 영향을 미칠 염려가 있을 때

㉢ 시험품이 마찰 부분에 철분 등을 흡입하여 마모를 증가시킬 염려가 있을 때

㉯ 탈자 방법

㉠ 검사품에 적용하는 자장의 방향을 교대로 반전시킨다.
(반전시킬 때마다 자장의 세기를 서서히 약하게 하여 0(zero)까지 내린다.)

㉡ 자장의 세기를 일정하게 유지하고 시험품을 자장 중에서 서서히 멀게 하여 각각 잔류자기를 없앤다.

㉰ 탈자의 일반적인 원칙

㉠ 교류 탈자는 상용 교류 전원이나 교류 자화가 가능한 자분 탐상 장치로부터 발생하는 교류 전류를 사용한다.(직류 탈자 : 전용의 탈자 장치를 사용한다.)

㉡ 탈자할 때 시험품에 걸어 주는 교번 자장의 방향은 그 시험품을 자화시켰을 때 걸어준 자장 방향과 같게 한다.

㉢ 교류 탈자는 표피 효과에 의해 표면은 잘 탈자되나 내부는 거의 탈자되지 않는다.

㉣ 자화의 강도가 불분명한 경우는 시험품의 재질이 자기포화되는 세기에서부터 탈자를 시작하고, 시험품에는 교번자장 또는 탈자 전류가 0이 될 때까지 계속 반복한다.

㉤ 최초로 시험품에 걸어 주는 교번 자장의 세기는 자장시킬 때마다 크게 하여야 한다.

㉥ 자화된 방향이 불분명한 시험편이나 복잡한 형상의 시험편의 탈자는 간단하지 않다.

라. 표준 시험편 및 대비 시험편

① 시험편의 사용 목적

㉮ 실시하고자 하는 자분 탐상 시험의 종합 시험 성능을 평가한다.

㉯ 종합 시험 성능에 영향을 주는 인자인 장치, 자분, 검사액의 성능, 시험면에 작용하고 있는 자계의 강도와 방향, 시험 조작의 적부를 알아본다.

㉰ 자화 전류를 설정하기 위해 사용한다.

㉱ 표준 시험편 : A형 및 C형이 있으며 시험체의 시험면 위에서 시험을 행한다.

㉲ 대비 시험편 : B형이 있으며 시험체를 사용하지 않고 장치, 자분, 검사액 등의 성능을 알아볼 때 사용한다.

② A형 표준 시험편

㉮ 얇은 전자연철판(電磁軟鐵板)의 한쪽 면에 홈을 만든 것이다.

㉯ 종류 : 홈의 형, 홈의 깊이, 판의 열처리 상태 및 두께에 따라 여러 종류가 있다.

명칭			형상	재질
A1 – 7/50	A1 – 15/50	–	원형	KS C 2504(전자연철판)의 1종을 풀림한 것
A1 – 15/100	A1 – 30/100	–		
A2 – 7/50	A2 – 15/50	A2 – 30/50	직선형	KS C 2504(전자연철판)의 1종의 냉간 압연한 그대로의 것
A2 – 15/100	A230/100	A2 – 60/100		

㉰ 홈의 형이 직선인 것은 한정된 방향의 자계의 강도나 시험성능을 알아볼 때 사용하면 편리하며, A형 표준 시험편은 연속법으로만 사용한다.

㉱ 시험편의 명칭 : A1 $-\frac{7}{50}$(원형), A2 $-\frac{15}{50}$(직선형)

㉠ 분수의 분자 : 홈의 깊이, 분수의 분모 : 판두께(μm), ( ) : 홈의 형상

㉡ A 다음의 숫자 1 : 1류를 나타내며 풀림한 재질이다.

㉢ A 다음의 숫자 2 : 2류를 나타내며 풀림하지 않는 재료로 자성의 이방성이 있다.

③ C형 표준 시험편

㉮ 용접부의 개선면 등과 같이 협소한 부분에서 치수적으로 A형 표준 시험편의 사용이 곤란할 때 A형 표준 시험편의 대용으로 사용한다.

㉯ 판의 두께는 50μm, 홈의 깊이는 8±1μm으로 규정되어 있다.(KS D 0213)

㉰ C1은 A1 $-\frac{7}{50}$, C2는 A2 $-\frac{7}{50}$과 유사한 자계의 강도에서 자분 모양을 나타낸다.

㉣ 종류

명칭	재질
C1	KS C 2504의 1종을 풀림(불활성 가스 분위기 중 600℃에서 1시간 유지 후 100℃ 이하까지 분위기 중에서 서냉)한 것
C2	KS C 2504의 1종의 냉간 압연한 그대로의 것

④ B형 대비 시험편

㉮ 재질 : 전자연철봉, 용도에 따라 시험체와 동일한 외경 및 재질의 것을 사용한다.

㉯ 시험체를 사용하지 않고 장치, 자분, 검사액 등의 성능을 알아볼 때 사용한다.

㉰ 사용법

㉠ 시험편 중앙의 hole에 피복된 도체를 편심(偏心) 없이 위치하며, 자화는 전류 관통법으로 한다.

㉡ 원주면에서 자분을 연속법으로 적용하여 원주면에 형성되는 인공 결함의 자분 모양을 관찰한다.

6 와류 탐상 시험(ET, Eddy current test, 맴돌이 전류 시험)

넓은 의미의 전자 유도 또는 와전류의 현상을 이용하는 비파괴 검사를 말하며 이 방법에는 전자 유도 탐상 검사, 재질 검사, 피막 두께 측정 검사 등이 포함된다.

가. 와류 탐상 시험의 특징

① 도체에 적용되며, 시험풍의 표면 결함의 검출을 대상으로 한다.

② 시험품의 표면 결함과 그 부근의 정보만이 얻어지고, 완성품의 검사에 적용된다.

③ 와류 탐상 시험 조건의 설정

주파수 설정, 코일 선택, 탐상 감도 설정, 평형 조건, 위상각 설정, 직류 자장 조정 등

④ 시험체(도체) 중에 생기는 와전류는 균열 등 결함의 존재 이외에 시험품의 도전율(또는 저항율), 투자율, 형상 치수 및 코일과 시험품면 간의 거리 등에 영향을 받는다.

⑤ 검출 대상 인자에 의해 탐상 시험, 재질 시험, 막두께 측정, 치수 시험에 적용된다.

㉮ 탐상 시험 : 시험편 표면 또는 표면에서 가까운 결함 검출

㉯ 재질 시험 : 금속 탐지, 금속의 종류, 성분 열처리 상태 등의 변화 검출

㉰ 치수 시험 : 시험품의 치수, 피막의 두께 부식 상태 및 변위의 측정

㉱ 형상 시험 : 시험품의 형상 변화 판별

⑥ 철강, 비철 금속, 흑연 등의 전도성 재료에 적용된다.

⑦ 표면 결함 검출을 목적으로 한 시험 방법

방법 / 종류	와류 탐상 시험	자기 탐상 시험		침투 탐상 시험
		자분 탐상 시험	누설 자속 검출법	
시험원리	전자유도(와전류 변화의 검출)	결함 누설 자계의 자분 부착에 의한 검출	결함 노설 자계의 직접 측정	균열에의 액체의 침투 작용
대상재질	도전체	강자성체에 한함	강자성체에 한함	금속, 비금속, 플라스틱 등 고체
검출결함	균열, 개재물, 감육	균열, 개재물, 표면 밑의 결함	자분탐상과 같음	표면 개구 결함
결함정보	전기 신호로 균열 깊이, 길이, 폭	결함의 길이	균열 깊이, 길이, 경사, 폭	표면 개구 길이
기타	고온에서의 탐상 (좁은 장소의 탐상이 가능하여 자동화에 적합하다.)	미소한 개재물, 균열의 검출 가능	연속적 자동 검사에 적합(관, 봉)	작업성이 우수함 자동화가 곤란함

나. 와류 탐상 시험의 장·단점

① 와류 탐상 시험의 장점

㉮ 관, 선, 환봉 등을 고속도로 자동화하여 전량 시험을 실시할 수 있다.

㉯ 고온에서 시험, 세선, 구멍의 내부 등 타 방법으로 적용이 어려운 대상에 사용이 가능하며, 탐상 및 재질 검사 등 여러 데이터를 동시에 얻을 수 있다.

㉰ 지시가 전기적 신호로 얻어지며, 결과로 결함의 크기 추정, 품질 관리 이용이 쉽다.

② 와류 탐상 시험의 단점

㉮ 표면으로부터 깊은 내부 결함의 검출이 곤란하다.

㉯ 지시가 보내는 진동, 재질, 치수 변화 등 잡음 인자의 영향을 받는다.

㉰ 결함의 종류, 형상, 치수 판별의 정확성이 어렵다.

㉱ 복잡한 형상의 시험품의 전면 탐상에는 능률이 나쁘다.

다. 와류 탐상 시험방법

① 시험 코일에 의한 시험 방법의 분류

방법의 종류	적용하는 시험품	주로 적용되는 검사
관통코일을 사용하는 방법	관, 봉, 선	제품 검사, 제조 공정에서의 검사
내삽코일을 사용하는 방법	관, 구멍부	보수 검사
상치코일을 사용하는 방법	판, 슬래브, 잉고트, 환봉, 관, 기계 부품	• 완성품 검사 및 보수 검사 • 제조 공정에서의 검사

② 와류 탐상 시험의 적용

㉮ 제조 공정에서의 시험 : 공정 중에서 시험을 실시하여 중간에 불량품을 제거한다.

㉯ 제품 검사 : 제품의 양호, 불량을 판별한다.

㉰ 보수 검사 : 배관 등 설비된 것에 대하여 보수 관리를 위한 검사를 실시한다.

③ 대비 시험편

㉮ 대비 시험편의 사용 목적

㉠ 시험 장치의 종합 성능의 확인, 시험 조건의 설정 및 확인을 위해 사용한다.

㉡ 장치의 조정 및 점검(시험시 감도, 시험 장치 조정, 점검, 합격 여부의 레벨을 설정한다.)

㉯ 대비 시험편에 사용하는 재료

㉠ 시험체와 동일한 재료를 사용한다.

㉡ 시험편과 유사한 성분, 치수, 표면 가공 및 열처리한 것이 사용된다.

㉢ 흠과 혼동되는 잡음 지시를 발생시키지 않는지를 확인한 것이 사용된다.

㉰ 대비 시험편에 사용되는 인공 결함

㉠ 종류 : 각진 흠, 드릴 구멍으로 하며, 인공 흠은 흠의 종류와 치수로 나타낸다.

㉡ 인공 흠의 종류 기호 : 각진 흠 → N, 드릴 구멍 → D

㉢ 인공 흠의 치수

ⓐ 각진 흠 : 깊이(mm) 또는 관의 호칭 두께에 대한 깊이의 비율(%)

ⓑ 드릴 구멍 : 관통 구멍의 지름(mm)

[보기] : N－0.6 → 흠 깊이 0.6mm인 각진 흠의 경우

㉣ 원형 봉강의 대비 시험편의 인공 흠은 각진 흠으로 한다.

㉤ 강관의 대비 시험편의 인공 흠은 각진 흠 또는 드릴 구멍으로 한다.

㉥ 대비 시험편에 사용되는 결함의 종류

종류		형상	치수의 지정
인공 결함	흠(슬릿, 노치)	각흠(축 방향)	깊이, 길이, 폭
		원주흠	깊이, 길이, 폭
	드릴	관통 드릴 구멍	드릴 구멍의 직경 드릴의 깊이
		평저 드릴 구멍	
자연 결함		균열, 개재물 등	결함의 종류, 치수

④ 시험 방법(KS D 0232「강의 와류 탐상 시험 방법」

㉮ 시험 시기

시험 목적에 따라 제품의 가공 또는 처리 공정에서 적절한 시기에 한다.

㉯ 시험체의 전처리

시험 전에 시험체에서 시험에 해로운 부스러기, 절단면의 거스머리 등을 제거한다.

㉰ 시험 조건의 설정

㉠ 시험 조건의 설정 시기 : 시험 장치에 통전시켜 5분 이상 경과 후 시험 개시 직전

㉡ 시험 주파수 선택 : 대비 시험편의 인공 흠이 충분히 검토되도록 선택한다.

㉢ 시험 코일의 선택 : 선택된 대비 시험편의 인공 흠이 충분히 검출되는 방식, 형식 및 치수를 선택한다.

㉣ 자기 포화 : 자기 포화가 필요한 시험체는 그 재질 및 치수에 따라 시험에 필요한 정도까지 자기 포화시킨다.

㉤ 탈자기 위상의 조정 : 대비 시험편의 인공 흠이 충분히 검출되도록 조정한다.

㉥ 표시 장치등의 조정 : 대비 시험편의 인공 흠의 지시가 정상적인 작동 범위에 들어오도록 조정한다.

㉱ 시험 감도의 확인

시험 감도가 적정하게 유지되었는지의 여부는 시험 작업 종료시 및 연속적으로 시험하는 경우에는 적어도 4시간마다 확인한다.

㉲ 흠의 확인

시험에서는 얻어지는 지시가 시험체의 흠에 의한 것인지, 의사 지시인지 의심이 있을 경우에는 재시험 또는 다른 방법에 의해 확인한다.

㉳ 탈자 : 탈자할 필요가 있을 경우 필요 한도까지 탈자한다.

㉴ 의사 지시(유해한 결함에 속하지 않는 지시) 원인

㉠ 이송 장치의 조정 불량에 의한 진동

㉡ 시험품의 타격 흔적, 교정기에 의한 롤 마크, 잔류 응력, 재질적 불균일

㉢ 자기 포화 부족 및 외부 혹은 탐상기 내부에 발생하는 소음, 관 단부

㉣ 의사 지시의 원인과 특징

원인	지시의 특징	확인 방법
외부 전기 소음	• 재현성이 없다.	재시험
이송 장치의 중심 맞춤 불량, 진동	• 시험품의 동일 위치에 발생하는 경우가 많다.	이송 장치를 수정 후 재시험
시험품의 불균일에 의한 지시 • 구부러짐 • 움푹 패임 • 타격 흔적 • 롤 마크	• 국부적으로 특히 단말부 근처에 나타나기 쉽다. • 치수, 경미한 패임, 타격 흔적이 있더라도 지시가 큰 경우가 있다. • 특히 대경 얇은 벽관에 많다. • 구부러짐을 교정할 때 발생	재시험 및 육안 관찰에 의해서 확인
표면 마무리 흔적	• 롤 마크는 외관, 치수적으로 경미한 것도 지시가 큰 경우가 있다. • 미세한 치수 변화에도 큰 지시가 되는 경우가 있다.	
자기 포화 불량	• 전체적으로 큰 잡음 지시가 나온다.	자화 전류를 증가해서 재시험

⑤ 시험 장치

㉮ 구성 : 탐상기, 시험 코일, 기록 장치, 이송 장치 및 자기 포화 장치로 구성된다.

㉯ 탐상기 : 발진기, 전기적 신호를 처리하는 전기 장치, 표시 장치로 구성된다.
(형식, 시험 주파수, 지시의 표시 방법)
시험 목적에 맞는 성능을 가져야 하며, 0℃에서 40℃의 환경 온도 및 ±15%의 전원 전압의 변동에서 안정되게 작동하고 외부로부터의 전기 잡음에 대해 보호되어야 한다.

㉰ 시험 주파수 : 시험 주파수는 원칙적으로 0.5 ~ 1.024kHz의 범위가 적절하다.

㉱ 시험 코일 : 시험의 목적, 시험체의 치수, 사용하는 탐상기에 적합해야 한다.
시험 코일의 시험체에 대한 치수를 나타내는 양은 충진율을 사용한다.

㉠ 충진율 계산식

$$\eta = \frac{d^2}{D^2} \times 100$$

• η : 충진율(%)
• d : 시험체의 바깥 지름(mm)
• $D = \frac{b+c}{2}$: 시험 코일 권선의 평균 지름(mm)

㉡ 시험 코일의 표시 방법

표시순서	항목	표시 방법	
1	시험 코일의 형식	• 자기 유도형 : S	• 상호 유도형 : M
2	시험 코일의 방식	• 자기 비교 방식 : B	• 표준 비교 방식 : A
3	관통 구멍의 지름(d)	• mm 단위로 나타낸다.	
4	시험 코일 권선의 평균 지름(D)	• mm 단위로 나타낸다.	

[보기] SB - 20 - 22···
자기 유도형, 자기 비교 방식으로 관통 구멍 지름 20mm, 시험 코일 권선의 평균 지름 22mm 시험 코일의 경우

㉤ 기록 장치
탐상기에서 얻어지는 디지털 또는 아날로그 출력을 기록하는 목적에 맞는 방식, 성능을 가져야 한다.

㉥ 이송 장치
시험체 및 시험 코일에 진동을 주지 않고 시험체가 시험 코일의 중심을 통과하며 시험체를 일정한 속도로 운송하는 것이 가능해야 한다.

㉦ 자기 포화 장치
시험체를 연속하여 자기 포화가 가능해야 한다.

㉧ 시험 장치의 성능
시험 장치의 종합 성능은 시험 목적에 접합해야 한다.
(종합 성능의 측정은 KS D 0000의 와류 탐상 장치의 종합 성능의 측정 방법에 기초하여 시험 장치의 정기 점검시 및 필요에 따라 하기로 한다.)

7 침투 탐상 시험(PT, Penetrant test)

시험체 표면에 열려 있는 결함을 눈으로 보기 쉽도록 하기 위하여 형광 물질 또는 가시염료(可視染料)가 포함된 침투액을 침투시킨 후 확대된 결함의 지시 모양으로 관찰하는 비파괴 검사방법으로 염색 침투 검사와 형광 침투 검사가 있다.

가. 침투 탐상법의 특징

① 결함 폭의 확대율이 높으므로 매우 미세한 결함에서도 용이하게 검출이 가능하다.

② 확대율이 높으므로 표면에 나타난 지시 모양에 의한 결함 형상은 실제의 결함 형성과 유사하지만 반드시 높은 충실도를 가지는 것은 아니다.

③ 검출된 결함의 성질로 알 수 있는 것은 결함의 유무, 결함이 존재한 위치 및 표면에 나타나 있는 결함의 개략적인 형상이나, 결함 내부의 형상, 크기는 불가능하다.

④ 다공질 재료를 탐상하는 경우에는 적절한 방법을 선정하여 실시한다.

⑤ 밀집되어 있는 결함과 매우 근접하여 존재한 결함을 분리된 결함 지시 모양으로 나타내는 것은 일반적으로 곤란하다.

⑥ 각종 침투 탐상법의 특징

검사종류	대상 재료	대상 결함	결함 검출 치수
형광 침투 탐상 염색 침투 탐상	비흡수성 재료라면 금속, 비금속을 불문	표면 개구 결함	개구폭(직경) 3μm 이상의 결함
휘발성 액체를 이용한 침투 탐상법	다공습 재료, 백그라운드를 건조하기 어려운 것, 색이 있는 것은 불가능	기공	직경 100μm 이상의 결함
필터 효과를 이용한 침투 탐상법	다공질 재료(탄소, 분말 금속, 콘크리트, 세라믹, 시멘트 등)	균열 및 기공	개구폭 100μm 정도의 균열
하전입자를 이용한 침투 탐상법	비다공질, 비전도성 재료(유리, 세라믹, 플라스틱, 페인트 필름 등)	균열, 핀홀	개구폭 0.1μm 정도의 균열
기체 방사성 동위 원소를 이용한 침투 탐상법	금속 및 비다공질로써 비흡수성의 재료	균열, 기공	개구폭 0.01μm 정도의 결함

나. 침투 탐상 검사 방법의 분류

① 식별성에 의한 분류

㉮ 염색 침투 탐상 검사(Dye Penetrant Teating Method, 기호 : V)

㉠ 자연광 또는 백색광 하에서 가시 염료의 색에 결함 지시 모양을 관찰한다.

㉡ 침투액의 성질에 따라 수세성, 후유화성, 용제 제거성 염색 침투 탐상법이 있다.

㉯ 형광 침투 탐상 검사(Fluorescent Penetrant Teating Method, 기호 : F)

㉠ 형광 물질(황록색의 형광색)이 든 침투액을 사용하는 침투 탐상 검사법이다.

㉡ 침투액의 성질에 따라 수세성, 후유화성, 용제 제거성 형광 침투 탐상법이 있다.

㉢ 파장이 3,300～300Å의 자외선을 조사하여 결함 지시 모양이 형광을 발하게 하여 결함을 검출한다.

㉰ 이원성 염색(형광) 침투 탐상 검사(기호 : 염색[DV], 형광[DF])

㉠ 염색 침투 탐상 검사와 형광 침투 탐상 검사의 양쪽에 사용되는 침투액이다.

㉡ 가시 광선 하에서 관찰하는 경우는 적색으로 지시 모양이 보이고, 자외선을 조사하는 경우는 적색에서 빛나는 형광색의 지시 모양으로 나타낸다.

② 침투액에 의한 분류

사용하는 침투액의 종류	식별성과 세정성으로 분류한 명칭	기호
이원성 염색 침투액	수세성 염색 침투 검사	DVA
	후유화성 염색 침투 검사	DVB와 DVD
	용제 제거성 염색 침투 검사	DVC
이원성 형광 침투액	수세성 형광 침투 검사	DFA
	후유화성 형광 침투 검사	DFB와 DFD
	용제 제거성 형광 침투 검사	DFC

③ 세정성에 의한 분류

방법	잉여 침투액의 제거 방법	기호
수세성 침투 탐상 검사	수세에 의한 방법	A
후유화성 침투 탐상 검사	유성 유화제를 이용한 방법	B
후유화성 침투 탐상 검사	수성 유화제를 이용한 방법	D
용제 제거성 침투 탐상 검사	용제 제거에 의한 방법	C

④ 현상법에 의한 분류

명칭	방법	기호
건식 현상법	속건식 현상제를 이용하는 방법	D
습식 현상법	수용성 현상제를 이용하는 방법	A
	수현탁성 현상제를 이용하는 방법	W
속건식 현상법	속건식 현상제를 이용하는 방법	S
무현상법	현상제를 사용하지 않는 방법	N

㉮ 속건식 현상법

㉠ 무기계 산화물을 주성분으로 하는 백색 미분말을 휘발성이 높은 유기 용제에 현탁시켜 사용하는 방법으로 스프레이법, 침적법, 흘림법 등으로 적용된다.

㉡ 검사체 면에 도포한 현상제를 바르게 건조하여 백색 미분말에 의한 도막을 형성하는 특징이 있으며, 구조물 용접부 검사에 사용된다.

㉯ 습식 현상법

㉠ 백색 분말을 물에 현탁시킨 것을 사용하는 방법으로 침적법, 스프레이법, 흘림법 등으로 적용된다.

㉡ 현상제를 적용한 후 수분을 증발시키기 위해 검사체를 검사기에 넣든지 열풍을 불어주어 건조를 하며, 다량의 검사체 탐상에 적합하다.

㉰ 건식 현상법

㉠ 비중이 매우 작은 백색 분말을 그대로 적용하는 방법이다.

㉡ 현상제 중에 검사체를 이몰시키는 침적법과 공기로 분무상으로 하여 적용시킨다.

㉢ 수세정한 경우에는 현상 처리 전에 건조 처리하며 현상제는 결함부에만 부착된다.

㉱ 무현상법

㉠ 현상제를 사용하지 않고 결함 지시 모양을 형성시키는 방법이다.

㉡ 매우 선명한 지시 모양을 얻을 수 있고, 결함 검출 능력은 다른 방법에 비해 저하되는 것이 많다.

다. 침투 탐상법의 기본 조작

① 침투 탐상 처리 순서

㉮ 용제 제거성 침투 탐상 시험법

㉯ 수세성 침투 탐상 사용법

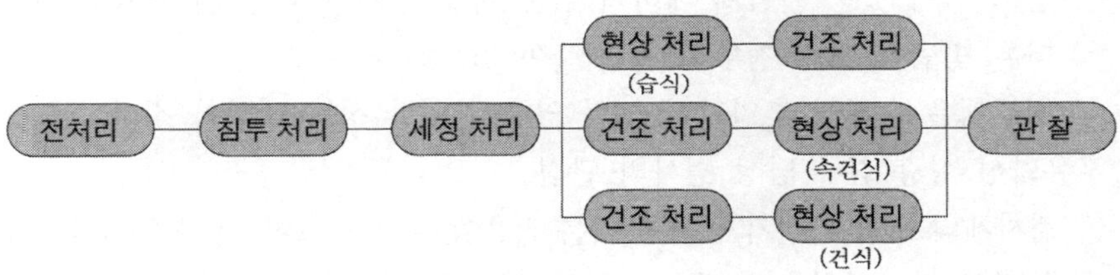

㉰ 후유화성 침투 탐상 사용법

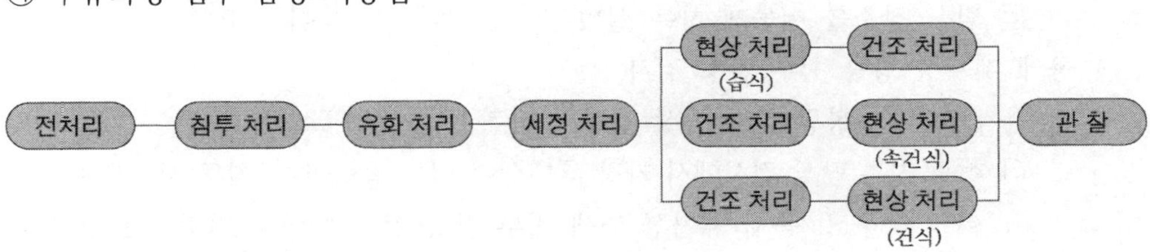

② 탐상 절차의 6단계

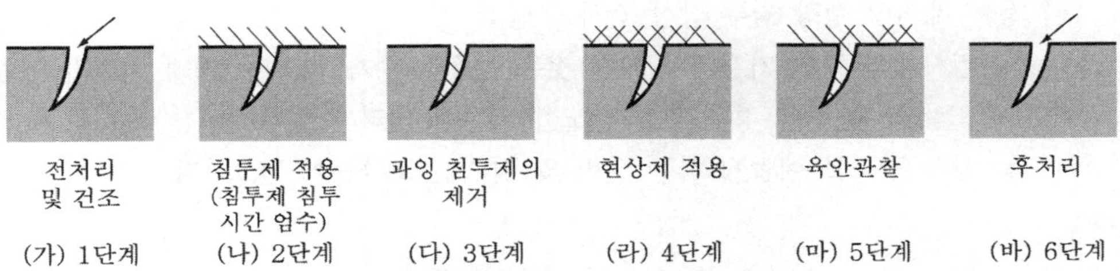

그림 2-74 탐상 절차의 6단계

라. 각종 침투 탐상 검사의 특징

① 수세성 형광 침투 탐상 검사

㉮ 수세성 형광 침투 탐상 검사 장점

㉠ 검사체의 표면이 비교적 거칠은 것에 사용이 가능하며, 복잡한 형상의 검사체 탐상이 용이하고, 넓은 면적의 검사면을 1회 조작으로 탐상하는 것이 용이하다.

㉡ 다른 방법에 비해 결함 검출 감도가 높으며, 소형 대량 부품 탐상에 가장 적합하다.

㉯ 수세성 형광 침투 탐상 검사 단점

㉠ 수분이 혼입되면 침투액의 성능이 현저히 저하한다.

㉡ 전원, 수도 및 검사 장소를 어둡게 하는 설비 및 자외선 조사 등이 필요하다.

㉢ 고감도 수세성 형광 침투 탐상 검사 이외의 검사법에서는 얕고 미세한 결함의 탐상이 어렵다.

② 후유화성 형광 침투 탐상 검사

㉮ 후유화성 형광 침투 탐상 검사의 장점

㉠ 얕고 폭이 있는 결함에 대하여 검출 감도가 가장 높은 검사 방법이다.

㉡ 다른 방법에 비해 침투 시간 단축이 가능하다.

㉢ 침투액은 수분의 혼입과 온도의 영향에 의한 성능 저하가 적다.

㉯ 후유화성 형광 침투 탐상 검사의 단점

㉠ 검사체의 표면 거칠기가 거친 것은 적용할 수가 없으며, 유화 처리를 필요로 한다.

㉡ 복잡한 검사체의 탐상에 부적합하며, 유화 시간의 조정이 어렵다.

㉢ 탐상 장소를 어둡게 하는 설비 및 자외선 조사 등이 필요하다.

③ 용제 제거성 형광 침투 탐상 검사

㉮ 용제 제거성 형광 침투 탐상 검사의 장점

㉠ 형광 침투 탐상 검사에서 가장 휴대성이 있는 방법이며, 침투 시간을 단축하는 것이 가능하고, 용제 제거성 염색 침투 탐상 검사에 비해 검출 감도가 높다.

㉡ 큰 부품, 구조물의 부분 탐사가 가능하고 수도의 시설이 불필요하다.

㉯ 용제 제거성 형광 침투 탐상 검사의 단점

㉠ 검사체의 표면 거칠기가 거친 것은 적용할 수가 없으며, 제거 처리가 어렵다.

㉡ 조작을 잘 못할 경우 검출 감도가 저하될 염려가 있다.

㉢ 탐상 장소를 어둡게 하는 설비 및 자외선 조사등이 필요하다.

④ 수세성 염색 침투 탐상 검사

㉮ 수세성 염색 침투 탐상 검사의 장점

㉠ 표면 거칠기가 거칠은 검사체의 탐상 및 대량 부품의 탐상에 적합하고, 세정 처리가 비교적 용이하다.

㉡ 탐상 장소를 어둡게 하는 설비 및 자외선 조사등이 불필요하며 형광 침투 탐상 검사에 비해 제약이 적다.

㉯ 수세성 염색 침투 탐상 검사의 단점

미세한 결함의 탐상에는 적합하지 않으며, 건조하기 위한 전원이 필요하다.

⑤ 후유화성 염색 침투 탐상 검사

㉮ 후유화성 염색 침투 탐상 검사의 장점

㉠ 미세한 결함과 폭이 있는 얕은 결함의 탐상이 가능하며, 다른 방법에 비해 침투 시간을 단축할 수 있다.

㉡ 침투액은 수분의 혼입과 온도의 영향에 의한 성능 저하가 적다.

㉢ 탐상 장소를 어둡게 하는 설비 및 자외선 조사 등이 불필요하며 형광 침투 탐상 검사에 비해 제약이 적다.

㉯ 후유화성 염색 침투 탐상 검사의 단점

㉠ 표면 거칠기가 거칠은 검사체의 탐상에는 적용할 수 없다.

㉡ 유화 처리를 필요로 하며, 복잡한 형상의 검사체의 탐상에는 부적합하다.

㉢ 대형 부품의 탐상에는 부적합하고, 유화 시간의 조정이 어렵다.

⑥ 용제 제거성 염색 침투 탐상 검사

㉮ 용제 제거성 염색 침투 탐상 검사의 장점

㉠ 가장 휴대성이 좋고 제약이 적은 방법이다.

㉡ 큰 부품, 구조물의 부분 탐상에 적합하고, 조작 수순이 편리하다.

㉯ 용제 제거성 염색 침투 탐상 검사의 단점

표면이 너무 거칠은 검사면은 부적당하며, 제거 처리가 어렵고, 어두운 곳에서는 조명이 필요하며, 복잡한 형상의 검사체 탐상 및 대량 부품의 탐상에는 부적합하다.

마. 침투 탐상제

① 침투액

㉮ 침투액의 기본적인 요구 성질

㉠ 폭 또는 직경이 작은 결함에서도 침투 능력이 있고 잉여 침투액의 제거 또는 세정 처리가 실시되어도 결함의 내부에 유지되는 능력이 있을 것

㉡ 건전부 표면에 부착되어 있는 잉여 침투액은 용이하게 제거될 수 있을 것

ⓒ 백그라운드와 높은 콘트라스트를 나타내는 색 또는 형광을 가지고 있을 것
ⓓ 침투액의 독성이 적어야 하며, 침투력이 좋고, 안정성이 좋을 것

㉯ 침투액의 종류
ⓐ 관찰 방법의 차이에 따른 분류
형광 침투액, 염색 침투액, 이원성 침투액
ⓑ 세정 방법에 따른 분류
용제 제거성 침투액, 후유화성 침투액, 수세성 침투액의 성질이 다른 침투액

② 세정제
㉮ 휘발성의 유기 용제가 주로 사용되고 있다.
ⓐ 가연성 유기 용제 : 인화성이 강한 벤젠, 아세톤, 가솔린의 석유계
ⓑ 불연성 유기 용제 : 염소, 불소 등을 화합한 것
㉯ 세정제에 요구되는 성질
ⓐ 세정성이 좋아 잉여 침투액을 용이하게 제거할 수 있을 것
ⓑ 휘발성이 적당하고, 중성으로 부식성 및 독성이 없고, 인화성이 높을 것

③ 현상제
㉮ 침투 탐상 검사에서 결함 중에 침투되어 있는 침투액을 빨아올려 지시를 확대시킴으로서 미세한 결함도 검출 가능하게 하는 약제이다.
㉯ 종류
ⓐ 건식 현상제 : 주로 산화 규소가 사용된다.(백색의 초미분말이 사용되고 있다.)
ⓑ 습식 현상제 : 벤토나이트, 활성 백트 등으로 습윤제 등을 혼합한 분말을 물에 현탁시킨 것을 사용한다.
ⓒ 속건식 현상제 : 산화마그네슘, 산화 칼슘, 산화 티탄 등의 백색 분말을 알콜계의 용제에 현탁시킨 것을 사용한다.
㉰ 현상제의 요구 조건
ⓐ 침투액의 흡출 능력이 강한 미분말로 되어 있을 것
ⓑ 분산성이 좋고, 중성으로 검사체에 대해 부식성이 없을 것
ⓒ 검사면 또는 결함부에 부착성이 좋고 동시에 현상제 도막이 제거하기 쉬울 것
ⓓ 자외선에 의해 형광을 발하지 말고 독성이 적고 화학적으로 안정되어 있을 것
ⓔ 속건식, 습식의 경우는 현탁성이 좋을 것
ⓕ 염색 침투 탐상 검사에 사용되는 것은 백색일 것

④ 유화제
㉮ 후유화성 침투액에 적용하여 수세정을 가능하게 하는 탐상제를 말한다.
㉯ 유화제의 주성분 : 계면 활성제이고, 유성과 수성의 2종류가 있다.

㉠ 유성 유화제 : 기름 중에 계면 활성제를 용해시킨 것이다.

㉡ 수성 유화제 : 물 중에 계면 활성제를 용해시켜 사용한다.

㉰ 유화제의 요구되는 성질

㉠ 침투액과 상용성이 있어야 하며, 소량의 수분이 혼입되어도 노화되지 않을 것

㉡ 중성으로 부식성이 없고, 인화점이 높을 것

바. 대비 시험편

① 대비 시험편의 목적

㉮ 사용 중의 각종 탐상제의 품질과 성능의 유지와 관리

㉯ 동일한 탐상 조건에 있어서 탐상제 성능 비교 시험

㉰ 각종 침투 탐상 검사의 결함 검출 성능 비교 시험

㉱ 탐상제 제작처에 의한 제품의 품질 관리

㉲ 탐상제의 연구와 개량, 개발 및 탐상 현장에 있어서 적절한 탐상 조건의 추정

② 대비 시험편의 종류 및 특징

㉮ A형 대비 시험편(Al합금의 담금질 균열 시험편)

㉠ 시험편의 제작이 간단하며 비교적 미세한 균열을 얻을 수 있다.

㉡ 시험편의 균열의 형상이 자연 균열에 가깝다.

㉢ 재질적으로 경금속 재료에 사용하는 탐상제의 성능을 점검하는 대비 시험편으로 적합하고, 가열, 급냉을 이용하기 때문에 균열의 치수 조정이 어렵다.

㉣ 재질이 Al합금으로 반복 사용시 균열 파면의 산화 등에 의해서 재현성이 점차적으로 나쁘다.(너무 많이 사용하면 재사용이 불가능하다.)

㉯ B형 대비 시험편(도금 균열 시험)

㉠ 균열의 깊이가 도금층의 두께와 같으므로 도금층의 두께를 조정함에 따라 깊이가 일정한 균열을 재현성이 좋게 만드는 것이 가능하다.

㉡ A형에 비해 미세한 균열을 만드는 것이 가능하고, 장시간 반복 사용할 수 있다.

㉢ 표면이 매우 매끄러워서 실제 검사체 표면과 일치하는 것이 어렵다.

㉣ 다수의 균열이 생겨서 보기에 어려운 경우가 있고 제작이 어렵다.

8 누설 시험(LT ; Leak test)

용기나 파이프 내의 기체 또는 액체가 누설하는지의 여부를 시험하는 방법으로 용기 또는 탱크 내면에 침투액을 도포하고 반대면에 침투액이 스며 나오는 것을 확인한다.

가. 누설 시험의 특징

① 누설을 알기 위하여 침투 탐상제를 이용한 시험법으로 일반적으로 염색 침투액을 이용하며, 누설된 곳에 있는 관통된 결함을 높은 식별도로 검출할 수 있다.
② 가압 장치나 치구를 필요하지 않으며 어떤 재질에도 적용할 수 있다.
③ 검사 압력은 보통 약 3.5kg_f/cm^2가 적용된다.

나. 종류

① 가스와 기포 형성 시험법(버블법, bubble test)
㉮ 검사해야 할 부분을 용액 중에 담그고 이것을 통해 가스가 지나감에 따라 거품을 일으키게 하며 이 압력을 받아 도망가는 가스를 탐지하여 결함 부위를 검출하는 방법으로 검사 가스는 공기, 질소, 헬륨 가스를 사용한다.
㉯ 검사 방법
㉠ 육안 검사 : 검사 표면에 최소 60cm 이내의 표면과 360° 이상의 각도에서 검사하며 조명은 35Lux 이상이 되어야 한다.
㉡ 정밀 검사 : 확대경 같은 보조 기구를 사용한다.
㉢ 시험품을 용액에 담그는 시간 : 검사전의 압력이 최소 15분 동안 유지하도록 한다.
② 할로겐 다이오드 검출기에 의한 검사법(스니퍼법)
㉮ 가열 백금 양극과 이온 수집관(음극)의 일반 원리를 이용하는 방법이다.
㉯ 할로겐 기체는 양극에서 이온화되어 음극에 수집된다.
㉰ 할로겐 다이오드 검출 방법 : 누출 속도를 결정하는데 반정량적인 방법이다.
(할로겐의 상대 속도 : 부품 가스 누출과 표준 가스 누출에 나타나는 것을 비교 측정한다.)
③ 헬륨 질량 분광 시험법(스니퍼법)
㉮ 간단한 휴대용 질량 분광기로서 소량의 He에 민감하다.
㉯ 누출 검사의 감도가 높기 때문에 작은 구멍을 통하여 헬륨의 흐름을 탐지할 수 있으며, 다른 기체 혼합물 중의 헬륨을 식별할 수 있다.
㉰ 누출의 위치나 존재 여부를 탐지할 수 있는 반정량적 방법이다.
㉱ 시험품은 누출 검사기로 검사하기 전 3.5kg_f/cm^2 하에서 최소 1시간 동안 용액에 담가야 하며 장비는 사용하기 전 30분 동안 예열하여 사용한다.

④ 헬륨 질량 분광 시험(후드법)

㉮ 누출 검출계의 감도가 높기 때문에 압력차가 있는 작은 구멍을 통하는 헬륨의 흐름을 탐지할 수 있으며, 다른 기체 혼합물 중의 헬륨 존재 여부를 알 수 있다.

㉯ 사용 설비는 30분 동안 예열을 한다.

㉰ 후드법의 누출 검사 순서

㉠ 부품 또는 부품 일부를 플라스틱 가방 같은 후드 용기에 위치시킨다.

㉡ 부품 외부와 후드 사이를 헬륨으로 채워서 대기압이 되도록 한다.

㉢ 가방 중의 헬륨 농도를 구한다.

㉣ 헬륨의 누출 속도를 측정하고 결정한 평행 시간에서 측정된 속도를 기록한다.

제5절 | 금속 재료의 감별법

금속 재료의 감별법이란 재료의 재질을 올바르게 구분한 방법으로 금속 재료의 정확한 화학 성분을 판별하는 것은 화학 분석이나 각 분석 등에 따르나, 많은 재료의 종류를 단시간에 간단하게 판별하는 간이 감별법이 편리하게 이용된다.

1 불꽃 시험법

강재가 발생하는 불꽃의 색과 모양에 따라 탄소량과 특수 원소를 판별하는 판별법이다.

가. 불꽃 시험법의 특징

① 강재를 감별하는 가장 간편한 방법으로 많이 이용되고 있다.
② 종류 : 그라인더 불꽃 시험법(많이 사용), 분말 불꽃 시험법, 매립 시험, 펠릿 시험
③ 탄소의 환원 작용에 의해서 생긴 일산화탄소(CO)는 가스 압력을 높여 표면 용융막을 파괴시켜 폭발하게 되며 이 폭발을 탄소 파열이라 한다.

나. 불꽃 시험법의 종류

종류	요령
그라인더 불꽃시험	회전 그라인더에 의해서 생기는 불꽃의 형태에 의해서 시험재의 탄소량(%), 특수 원소의 존재를 판정한다.
분말 불꽃 시험	피검재의 세분을 전기로 또는 가스로 중에 넣고 그 때 생기는 불꽃의 색, 형태, 파열음을 관찰 청취해서 강질을 판정한다.
매립 시험	그라인더에서 비산하는 연삭분을 유리판상에 삽입해서 그 크기, 색, 형상 등을 현미경으로 관찰해서 강종을 판정한다.
펠릿 시험	그라인더에 의한 연삭분 중 구상화한 것을 펠릿이라고 한다. 그 색, 형상은 강종에 의해서 다르다. 이것에 의해 판정한다.

다. 불꽃 시험편의 표준 시험편

① 지름 15 ~ 20mm, 길이 100 ~ 150mm의 여러 가지 봉강(棒鋼)으로 만든다.

② 사용되는 그라인더 : 소형($\frac{1}{4}$ ~ $\frac{1}{2}$PS, 3,500 ~ 5,000rpm)이 좋다.

③ 숫돌의 크기 : 지름이 200 ~ 500mm 정도가 되도록 한다.

④ 원기둥 속도 : 20 ~ 30m/s가 표준이다.

⑤ 강재를 그라인더에 누르는 압력 : 불꽃의 유선 길이가 50cm 정도의 것이 좋다.

라. 불꽃의 관찰 및 구조

① 불꽃의 구조

㉮ 뿌리 부분 : C나 Ni 함유량의 미량이 판별한다.

㉯ 중앙 부분 : 유선 밝기, 불꽃 모양에 따라 Ni, Cr, Mn, Si의 존재 유무 판별

㉰ 끝 부분 : 꼬리 불꽃의 변화(형태, 파열)에 따라서 Mn, Mo, W 등을 판별한다.

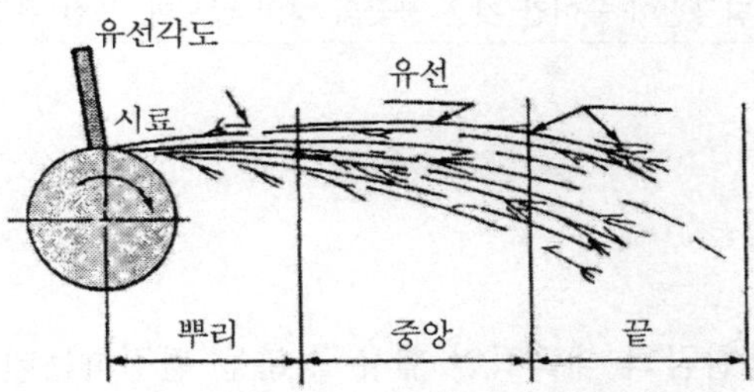

그림 2-75 불꽃의 모양 및 명칭

② 불꽃의 관찰

㉮ 불꽃의 형태, 유선의 길이, 색, 불꽃의 수로 강종을 판별한다.

㉯ 그라인더 불꽃에 가장 영향을 주는 원소 : 탄소(C)
(탄소에 의한 파열은 불꽃 시험의 기본이다.)

㉰ 강중의 탄소 함유량이 증가되면 불꽃의 수가 많아지고 그 형태는 복잡해진다.

마. 불꽃 시험의 이용 범위

항목	요령
강질의 판정	• 불꽃의 형태를 관찰하여서 – 단독으로 피검재의 강종을 판정한다. – 화학 성분을 아는 표준 재료와 비교하여 상대적으로 강종을 판정한다.
이종 강재의 선별	이재 혼입의 경우 불꽃 형태가 특히 변하므로 이재를 발견할 수 있다.
스크랩의 선별	불꽃의 형태에 의해서 스크랩의 재질을 판정할 수 있다.
탈탄·침탄·질화 정도의 판정	• 탈탄 부분 : 불꽃 폭발이 적다.(저탄소강) • 침탄 부분 : 불꽃 폭발이 많다.(소탄소강) • 질화 부분 : 불꽃 발생이 적어진다.
고온에 있어서 강재의 내산화성 검사	• 산소 분위기 중에서 불꽃 시험을 했을 때 – 불꽃 발생이 용이한 것은 내산화성이 약하다. – 불꽃 발생이 곤란한 것은 내산화성이 강하다.
가단화의 정도 검사	가단화가 진행되면 불꽃이 탄소강과 유사해지며 이것으로 알 수 있다.
림드강의 판정	• 림드강의 불꽃 모양 – 유선이 세세하며 암적색이다. – 우모상의 꽃이 핀다.
담금질 여부의 판정	담금질이 들어간 것은 불꽃의 량이 많으며, 또한 유선의 발사 각도가 크다.

2 시약 시험법

강재를 비롯하여 여러 합금의 대략적인 함유 성분을 판정하는데 이용된다.

가. 점적 반응법

점적 반응에 의해 나타나는 색에 따라서 재료 속에 있는 미량의 특수한 성분을 검출하는 방법이다.

① 방법

㉮ 강재에 왕수를 떨어뜨려 시료를 녹이고 용해된 액체를 떠서 반응 접시에 옮긴다.

㉯ 각각의 성분에 적당한 시약을 가해 일어나는 반응을 조사해 함유 성분을 검출한다.

나. 산부식법

① 점적 반응보다 간단한 방법이다.

② 시험재의 표면에 산을 떨어뜨렸을 때의 반응에 의해 성분을 판정하는 방법이다.

Part 3

철강재료

철강 재료의 개요

철강은 다른 금속보다 생산량이 많으며 강도, 경도, 인성 등의 기계적 성질이 매우 우수하고 또한 열처리 등에 의해 이들의 성질을 어느 정도 개선할 수 있는 특징이 있으므로 공업적으로 널리 이용되는 중요한 재료로서 철강이 많이 사용되는 이유는 다음과 같다.

① 풍부하며 다른 금속에 비해 강도, 경도, 연성 등이 좋아 기계적 성질이 우수하다.
② 성분이나 열처리 조건에 의해 광범위하게 재료의 특성을 변화시킬 수 있다.
③ 기계 가공 등 각종 가공이 쉽고, 피복성이 좋아서 녹의 발생을 개선할 수 있다.
④ 합금 원소를 첨가하여 내식성, 내열성, 내마모성, 전기적 특성 등 특수한 성질을 얻을 수 있으며, 열처리나 조성을 바꾸어 디세 조직, 미시적 구조를 변화시켜 기계적 성질을 개선할 수 있다.

제1절 | 철강 재료의 분류

철강의 종류는 대단히 많고 분류법도 다양하나 철강은 크게 순철, 강, 주철로 대별한다.

분류 \ 구분	순철(pure iron)	강(steel)	주철(cast iron)
제조 방법	전기분해법으로 제조	제강로에서 제조	큐폴라에서 제조
화학 성분	C < 약 0.025%	C < 0.025 ~ 2.0%	C < 2.0 ~ 6.68%
열처리 경화법	담금질 효과를 받지 않음	담금질 효과를 잘 받음	일반적으로 담금질하지 않음
가공 및 용접성	연하고 우수하다.	소성 및 절삭가공이 되고, 용접이 가능하다.	절삭 가공은 하나, 용접성이 불량하다.
기계적 성질	연성이 크다.	강도, 경도가 크다.	연신율이 작고 취성이 큼.

1 탄소 함유량에 의한 철강의 분류

공업용 철강 재료는 Fe 중에 C, Si, Mn, P, S 등을 품고 있으며 일반적으로 탄소 함유량에 따라 분류한다.

가. 선철의 분류

① 파단면에 의한 분류 : 회선철, 반선철, 백선철
② 제조법에 의한 분류 : 코크스선철, 전기선철, 목탄선철
③ 용도에 의한 분류
㉮ 제강용 : 산소 전로선, 염기성 평로선, 산성 평로선, 기타
㉯ 주물용 : 보통 주철, 고급 주철, 특수 주철, 가단 주철, 구상흑연 주철, 냉경 주철

나. 조직학상 분류

① 순철 : 0.025%C 이하(상온에서 0.008%C 이하)
② 강(0.025～2.0%C) : 아공석강(0.025～0.85%C), 공석강(0.85%C), 과공석강(0.85～2.0%C)
③ 주철(2.0～6.68%C) : 아공정 주철(2.0～4.3%C), 공정 주철(4.3%C), 과공정 주철(4.3～6.68%C)

다. 탄소 함유량에 따른 분류

종류	탄소량(%)	표준 상태(HB)	주용도
순철, 암코철	0.01～0.02	40～70	자동차 외판, 프레스 가공재
특별 극연강	0.08 이하	70～90	전선, 가스관, 대강
극연강	0.08～0.12	80～120	아연인판 및 선, 함석판, 리벳, 제정, 강관
연강	0.12～0.20	100～130	일반 구조용 보통 강재, 기관판, 쇄강판
반연강	0.20～0.30	120～145	고력구축철재, 기관판, 못, 강판
반경강	0.30～0.40	140～170	차축, 볼트, 스프링, 기타 기계 재료
경강	0.40～0.50	160～200	스프링, 가스 펌프, 경가스조 등
최경강	0.50～0.80	180～235	외륜, 침, 스프링, 나사 등
고탄소강	0.80～1.60	180～320	공구 재료, 스프링, 게이지류 등
가단주철	2.00～2.50	100～150	소형 주철품
고급주철	2.80～3.20	200～220	강력 기계 주물, 수도관 등
보통주철	3.20～3.50	150～180	수도관 기타 일반 주물

라. 제조법에 의한 철강의 분류

① 제강 방법의 의한 분류 : 전로강, LD강, 평로강, 전기로강, 기타
② 탈산도에 의한 분류 : 림드강, 킬드강, 세미킬드강
③ 주입 후 처리 : 압연강, 단강, 질화강

마. 용도에 의한 철강의 분류

① 구조용강 : 보통강, 저합금강, 침탄강, 질화강
② 공구강 : 탄소 공구강, 특수 공구강, 다이스강, 고속도강, 기타
③ 특수 목적용강 : 베어링강, 자석강, 내식강, 내열강, 스프링강, 쾌삭강, 기타

제2절 I 철강의 제조 방법

철광석을 용광로에서 제련하여 선철을 만드는 제선법과 선철을 제강로에서 정련하여 강으로 만드는 제강법이 있다.

1 철강 제조 공정

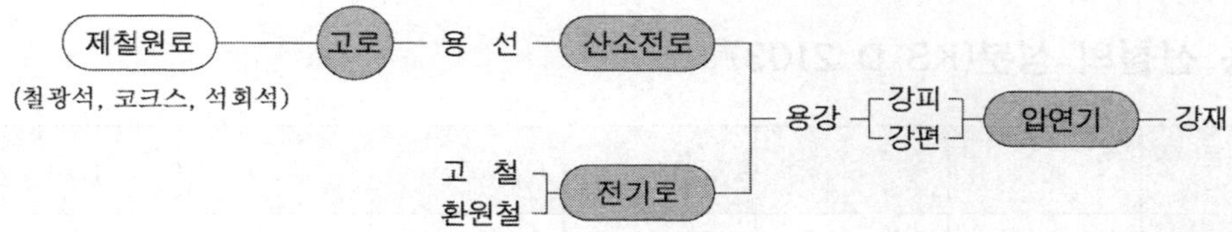

2 제선법

용광로에 철광석, 연료인 cokes, 용제(flux)인 석회석 등을 일정한 비율로 반복하여 장입하여 미리 가열된 고온, 고압의 공기를 용광로 하부의 바람구멍(tuyere)으로 불어 넣어 연소시키면 철광석이 녹아 환원되어 선철이 만들어진다.

가. 철광석의 종류

종류	자철광	적철광	갈철광	능철광
조성	Fe_3O_4	Fe_2O_3	$2Fe_2O_3 \cdot 3H_2O$	$FeCO_3$
Fe(%)	62.00	65.00	56.56	28.92

[비고] Fe은 40% 이상, P나 S는 0.1%를 초과하지 않을 것.

나. 제강용 선철의 성분(KS D 2102)

종류 \ 성분		C	Si	Mn	P	S	Cu
1종	1호 2호	3.50 이상	1.20 이하 1.40 이하	0.8 이상	0.500 이하	0.050 이하 0.070 이하	–
2종	1호 2호	3.50 이상	1.20 이하	0.8 이상	0.025 이하 0.035 이하	0.025 이하 0.030 이하	0.030 이하

※ 1종 : 보통 사용하는 선철로서 Si, S의 차에 따라 1호, 2호로 구분한다.
2종 : 산성로에 사용하는 것을 주목적으로 P에 따라 구분한다.

다. 주물용 선철의 성분(KS D 2103)

종류 \ 성분(%)	C	Si	Mn	P	S	Cu
1종	3.40 이상	1.40 ~ 1.80	0.30 ~ 0.90	0.450 이하	0.050 이하	–
2종	3.50 이상	1.00 ~ 2.00	0.20 ~ 0.50	0.100 이하	0.040 이하	0.030 이하
3종	3.40 이상	1.00 이하	0.50 이하	0.100 이하	0.040 이하	0.030 이하

※ 1종은 보통 사용되는 선철, 2종은 가단 주철에 사용하는 선철, 3종은 구상 흑연 주철에 사용하는 선철이다.

라. 연료 및 용제(flux)

① 연료

㉮ 공기 중에서 신속히 산화하여 그 산화열을 이용할 수 있는 물질로서, 연료에서 고체 연료인 coke가 많이 사용된다.

㉯ coke의 구비 조건

㉠ P나 S분, 회분이 적고, 노내(爐內) 강도가 큰 것이 사용된다.

㉡ 크기 : 2.5 ~ 7.0mm 정도, 회분 : 0.7 ~ 9%

※ 강·약점결탄을 섞어서 coke에 넣고 공기를 차단하여 900 ~ 1,200℃ 고온으로 건류하여 휘발분을 제거 해체한다.

② 용제(flux)

㉮ 용광로 내에서 열원 및 환원제 역할을 하며, 철과 불순물이 분리가 잘되도록 하기 위해서 첨가한다. (모래, 코크스, 회분을 완화시켜 유동이 잘되게 혼합시킨다.)

㉯ 종류 : 석회석(lime stone, $CaCO_3$), 백운석(dolmite, $CaMg(CO_3)_2$), 형석(fluorspar, $CaFe_2$) 등이 있다. (용제는 제철할 때 염기성 슬래그가 되도록 성분을 조성한다.)

마. 용광로(鎔鑛爐) 조업

용광로는 원광석을 용해하여 선철을 만드는 로(爐)로서, 크기(용량)는 1일 용해할 수 있는 선철의 총 생산량을 ton으로 표시한다.

① 선철의 제조

㉮ 선철은 용광로 내에서 85～90%가 간접 환원 반응으로 제조된다.

㉯ 제조 방법 : 철광석, coke, 용제를 번갈아 장입하고 축열실을 통하여 예열된 공기를 송풍하여 코크스의 연소로 인하여 1,600℃ 정도의 고온으로 되어 CO가스가 생겨 노내로 올려서 간접 반응을 일으킨다.

㉠ 간접 환원 반응식

$3Fe_2O_3 + CO \rightarrow 2Fe_3O_4 + CO_2 \uparrow$

$Fe_3O_4 + CO \rightarrow 3FeO + CO_2 \uparrow$

$FeO + CO \rightarrow Fe + CO_2 \uparrow$

㉡ 노속의 고온부에서 간접 환원하기 어려운 광석은 직접 환원에 의해 환원되는 경우가 있으며, 직접 환원 반응식은 다음과 같다.

$3Fe_2O_3 + C \rightarrow 2Fe_3O_4 + CO$

$Fe_3O_4 + C \rightarrow 3FeO + CO$

$FeO + C \rightarrow Fe + CO$

㉢ 철광석이 환원되는 순서 : $Fe_2O_3 \rightarrow Fe_3O_4 \rightarrow FeO \rightarrow Fe$(금속)

② 선철의 5대 원소 : C, Si, Mn, P, S

성분	C	Si	Mn	P	S
함유량(%)	2.5～4.5	0.10～4.00	0.10～4.00	0.01～2.50	0.01～0.30

③ 선철의 용도 : 강 제조(90%) 및 주철 제조(10%)에 사용한다.

3 제강법

선철(銑鐵)을 제강로에서 정련하여 강으로 만드는 것을 제강법이라 한다.

가. 제강법의 종류

① 일반용 강의 제조 : 평로 제강법, 전로 제강법

② 특수강의 제조 : 전기로 제강법, 도가니로 제강법

나. 전로 제강법(converter process)

원료 용선을 가경식(可傾式)의 전로에 장입하고, 공기(또는 산소)를 넣어 그곳에 함유한 불순물을 짧은 시간에 신속하게 산화시키는 방법으로 이때 발생하는 산화열을 이용하여 외부로부터 열을 공급하지 않고 정련(精練)하는 방법이다.

① 전로 제강법의 특징

㉮ 원료선의 규격이 엄격하고, 연료비가 필요 없고, 고철 사용이 곤란하다.
원료 중의 Si, Mn, C 등이 산화 연소하여 열을 방출하므로 연료가 불필요하다.

㉯ 조업 시간이 짧고, 연속 조업 및 일괄 작업이 가능하며, 보통강의 제조에 이용된다.

㉰ 값싸게 대량 생산이 가능하고, 품질도 우수하며, 보통강의 제조에 이용된다.

㉱ 강 중에 N, P, O 등의 함유량이 많아 품질 조절이 곤란하다.

㉲ 크기 : 1회에 용해할 수 있는 최대 용량으로 크기를 표시한다.

② 전로 제강법의 종류

㉮ 산성법(Bessemer process)

㉠ 노내의 내화물(규소 내화물이 사용됨)이 산성이다.

㉡ 산성 전로법에서의 연소 순서 : Si, Mn, C의 순(順)으로 이루어진다.

㉢ P, S 등의 제거가 곤란하므로 P, S가 적은 고급 선철을 원료로 사용해야 한다.
사용 재료 : 저인(P : 0.05% 이하), 고규소(Si : 1.5 ~ 2.5%)

㉯ 염기성법(Thomas process)

㉠ 노내의 내화물이 염기성이며, 용선 중의 P의 제거가 가능하므로 P의 함유량이 많은 토마스 선철을 원료로 사용한다.

㉡ 사용 재료 : 고인(P : 2.0%), 저규소(Si : 0.3 ~ 1.0%)

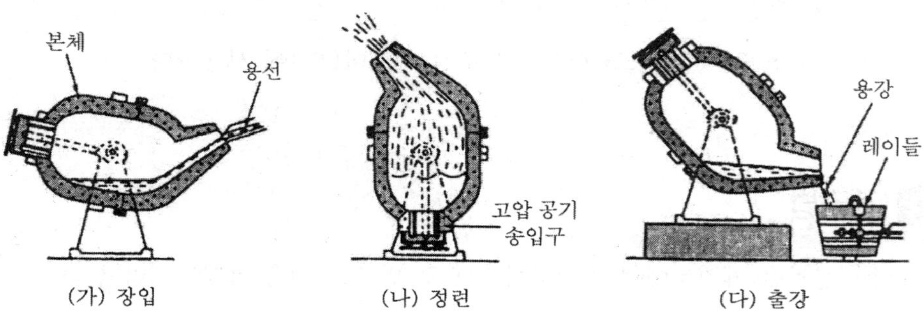

그림 3-1 전로의 작업 과정

다. 평로 제강법(open – hearth process, Siemens – Martins process)

축열식 반사로를 이용하여 선철을 용해 정련하는 방법으로 선철과 고철의 혼합물을 용해하여 탄소 및 기타 불순물을 연소시켜 강을 만든다.

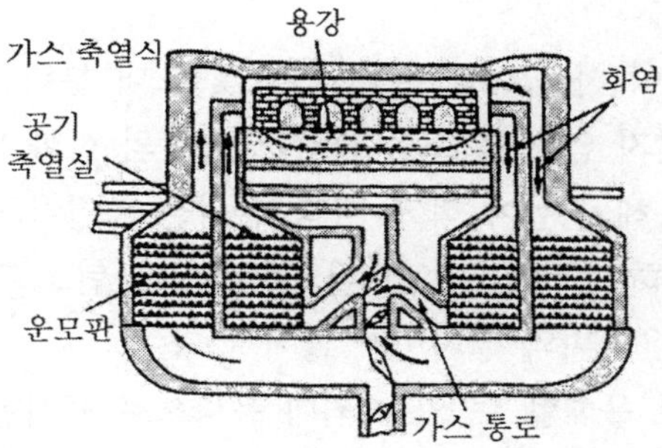

그림 3 - 2 평로의 구조

① 평로 제강법의 특징

㉮ 파쇠나 부피가 큰 재료를 그대로 용해할 수 있으며, 값이 싼 고철사용이 용이하다.

㉯ 우수강, 대량 생산에 적합하다.

㉰ 노의 구조와 설비는 비교적 간단하지만 열효율이 낮다.

㉱ 재료와 연료가 직접 접촉하므로 불순물이 섞이기 쉽고, 가스의 영향이 비교적 크다.

㉲ 동일 성분을 가진 다량의 용탕을 한꺼번에 얻을 수 있다.

㉳ 연료 : 가스 또는 중유가 사용되며 축열실을 통해 예열시켜 사용한다.

㉴ 노내 온도는 1,700 ~ 1,800℃, 크기는 1회에 용해할 수 있는 최대량으로 나타낸다.

㉵ 불순물 제거 : 산화에 의해 제거(C, Si, Mn), slag에 의해 제거(S)

② 평로 제강법의 종류

㉮ 산성 평로법

㉠ 규석과 같은 산성 내화 재료를 사용하며 P, S분이 적은 재료를 선택한다.

㉡ 용선을 주원료로 하는 제강법으로 정련 시간은 7 ~ 15시간이 소요된다.

㉢ P, S의 제거가 곤란하므로 P, S가 적은 고급 원료선(原料銑)을 사용해야 한다.

㉣ 용도 : 병기, 선재(線材) 등의 고급강 제조에 사용된다.

㉯ 염기성 평로법

㉠ 노상(爐床)에 염기성 내화재인 백운석이나 마그네시아를 사용한다.

㉡ 산성법보다 정련이 쉽고, 설비비, 연료비가 많이 들며, 정련 시간은 6 ~ 8시간이다.

㉢ 구조용강(構造用鋼) 특히 극연강 제조에 사용한다.

라. 전기로 제강법

일반 연료 대신 전기 에너지를 열원으로 하는 저항식, 유도식, 아크식 전기로를 이용하여 양질의 강을 제조하는 방법이다.

① 전기로 제강법의 특징

㉮ Arc식이 가장 많이 사용되며, 온도 조절 및 노내 분위기 조절이 용이하다.

㉯ 원료의 제한을 받지 않으며, 고온을 얻고 용강의 산화 방지 및 가스 함량이 적다.

㉰ 주조용 금속의 용해 손실이 적고, 용탕의 성분 조절이 쉽고 인건비가 절약된다.

㉱ 합금 원소를 정확히 첨가할 수 있으나, 전력 소비, 탄소 전극의 소모가 많고, 전력 및 내화 재료 등의 유지비와 설치비가 많이 든다.

㉲ 크기(용량) : 1회 용해할 수 있는 최대 용량으로 표시한다.

㉳ 용도 : 공구강, 특수강 등 양질의 강의 제조에 적합하다.

② 전기로 제강법의 종류

㉮ 아크 전기로 제강법

㉠ 전극에 전류를 흘려 고철과의 사이에서 발생하는 아크열에 의하여 산화 정련한다.

㉡ 아크식에서 주로 사용되는 노는 3상 전극을 사용하는 에루식(Heroult)로가 있다.

㉢ 에루식 전기로는 노재(爐材)가 대개 염기성 내화 재료로 되어 있다.

㉣ 에루식 전기로는 온도를 자유롭게 조절할 수 있기 때문에 탈산, 탈황 정련이 용이하며 특수강 제조에 적합하다.

㉤ 노의 크기(용량) : 1 ~ 400ton 정도(40 ~ 100ton이 많이 사용됨.)

㉯ 유도 전기로 제강법

㉠ 도가니로 주위에 코일을 감아 전류를 흘렸을 때 생기는 유도 전류에 의한 저항열로 용해 정련하며, 온도 조절이 자유로와 산소나 그 밖의 유해 가스의 흡수가 적다.

㉡ 노의 용량 : 대개 10ton 미단이다.

㉢ 스테인리스강, 내열강 및 공구강 등 특수강 제조에 적합하다.

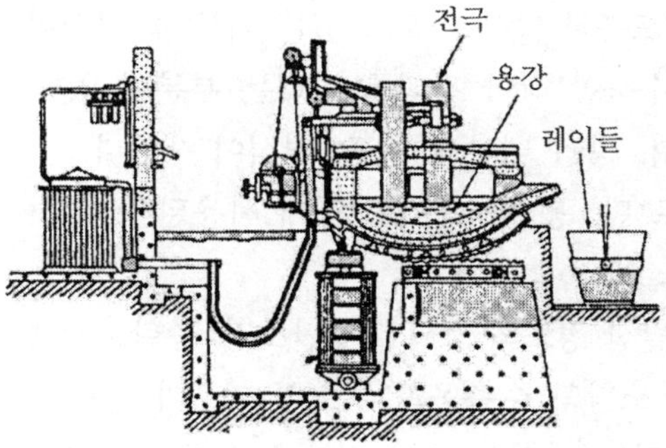

그림 3-3 에루식(Heroult)전기로

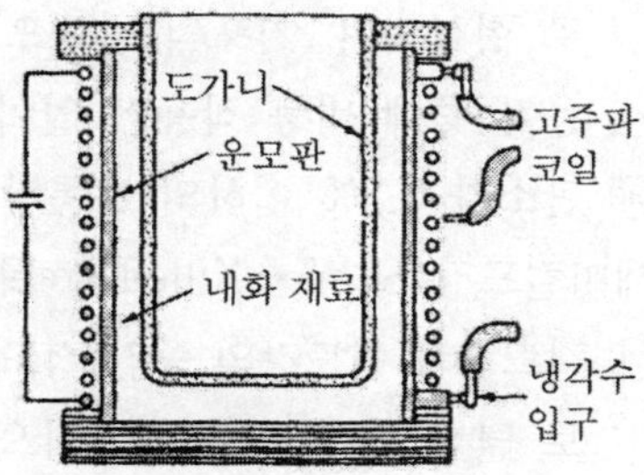

그림 3-4 유도 전기로

4 강괴(steel ingot)의 종류 및 결함

일반적으로 용강을 주형에 주입시켜서 굳힌 강의 덩어리를 강괴(steel ingot)라 한다.

가. 강괴의 종류

탈산 정도에 따라 킬드강, 림드강, 세미킬드강으로 분류한다.

(탈산제 : 탈산은 용강이나 용선 중에 포함되어 있는 O_2를 제거하는 공정으로 강탈산제인 Fe－Si, Al와 약탈산제인 Fe－Mn이 있다.)

① 킬드강(killed steel ingot, 진정강)

㉮ 정해진 탄소 함유량이 되었을 때 노(爐)안에 Fe－Si, Al 등의 강력한 탈산제를 첨가하여 충분히 탈산시킨 강괴를 킬드강이라 한다.

㉯ 기포나 편석은 없으나, 표면에 헤어 크랙(hair crack)이 생기기 쉽다.

㉰ 평로나 전기로에서 만들어진 고급강으로 강질은 대체로 균질하며, 기계적 성질 양호하고, 방향성이 좋다.

㉱ 중앙 상부에 큰 수축관이 생겨 불순물이 집적(集積)된다.(10～20% 잘라 낸다.)

㉲ 적용 범위 : 균질을 요하는 합금강, 침탄강, 탄소＝0.3% 이상

② 림드강(Rimmed steel ingot)

㉮ 평로, 전기로, 전로 등에서 생산된 용강을 Fe－Mn으로 가볍게 탈산시킨 강괴이다.

㉯ 주형에 접하는 부분의 용강이 최초로 응고되어 순도가 높은 층이 된다.

㉰ 응고가 진행되면서 용강 중에 남아 있는 탄소와 산소의 반응으로 일산화탄소(CO)가 많이 발생하고 대류 상태로 되면서 공기 중에 방출하게 된다.

㉱ 응고된 림드강은 순도가 높은 림드층과 많은 기포가 있는 내부 및 편석이 큰 중심부로 형성되며, 기포의 발생으로 수축이 작아 강괴를 버리는 부분이 없다.

㉲ 용강 중에 비등 작용이 일어나며, 강괴 내부에 기포, 편석이 생긴다.

㉳ 탄소가 0.3% 이하의 보통강으로 판, 봉 및 파이프 등에 사용된다.

③ 세미킬드강(Semi – Killed steel ingot)

㉮ 킬드강과 림드강의 중간 정도의 탈산 정도의 강괴로 저탄소강, 중탄소강에 Si, Al등으로 탈산을 가볍게 한 용강으로, 소형의 수축공과 수소의 기포가 존재한다.

㉯ 경제성과 기계적 성질이 킬드강과 림드강의 중간 정도가 된다.

㉰ 적용 범위 : 구조용강(0.15 ~ 0.3%C의 범위), 강판, 원강 재료

④ 캡드강(Caped steel ingot)

㉮ 용강을 주입 후 뚜껑을 씌워 용강의 비등을 억제시켜 림드 부분을 얇게 하므로 내부 편석을 적게 한 강을 캡드강이라 한다.

㉯ 내부 결함은 적으나 표면 결함이 많으며, 림드강을 변형시킨 강괴다.

㉰ 적용 범위 : 박판, 스트립, 주석 철판, 형강 등의 원재료에 사용한다.

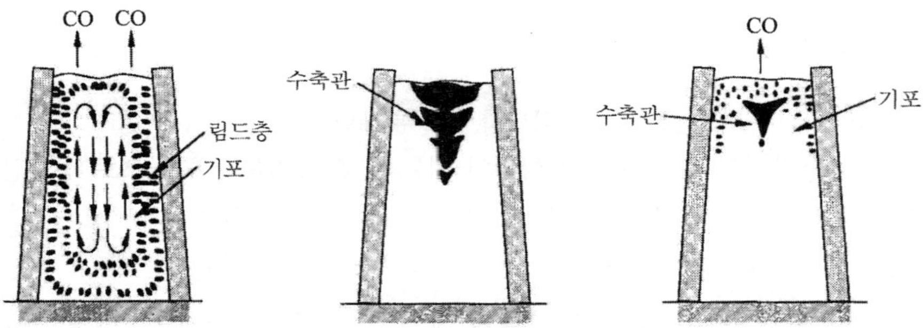

(가) 림드강 (나) 킬드강 (다) 세미킬드강

그림 3-5 강괴의 종류

나. 강괴의 결함

① 비등 작용(rimming action, boiling action)

㉮ 림드강 제조시 O_2와 C가 반응하여 CO가 생성되는데 이 gas가 대기 중으로 빠져나온 현상으로 끓는 것처럼 보인다.

㉯ 탈탄, gas 처리가 불충분한 강(림드강)은 주입 후에도 gas 및 침탄층이 계속해 다량의 gas가 발생하므로 용강이 비등한다.

② 헤어 크랙(hair crack)

㉮ 강괴의 단면에 가느다란 머리카락 모양으로 나타나는 모세 균열의 결함을 말한다.

㉯ H_2 gas에 의해 일어나며 외부에서나 절삭 상태에서는 보이지 않는 균열이다.

㉰ 헤어 크랙 검출 방법 : 보통 매크로 에칭을 응용한다.

③ 백점(white spot or flake)

㉮ H의 압력이나 열응력의 변태 응력 등에 의해서 생긴 미세 균열이다.
(강재에 흡수된 H 가스와 불순물의 응집, 내부 변형의 잠재 등에 의해 종합적으로 유발된다.)

㉯ 강재의 다듬질 표면에 생긴 미세 균열로 Ni－Cr강에 특히 현저하게 나타난다.

④ 기공(blow hole)

㉮ gas의 방출이 충분히 이루어지기 전에 금속이 응고하면 gas는 그 물질 내에 남아서 기포를 형성하며, 탈산이 불충분한 림드강 및 세미 킬드강에 발생한다.

㉯ 응고시 발생하는 가스 : O_2, N_2, H_2

⑤ 파이프(pipe, 수축관)

㉮ 주형에 주입한 용강은 응고하면 수축하므로 최후에 응고하는 위쪽에 가까운 중앙부에 공동이 생기는 것을 수축관이라 하며, 여기에 불순물이 모인다.

㉯ 킬드강에서 특히 심하며, 단접하기 힘들고, 내부에 흠이 남아 파손의 원인이 된다.

⑥ 편석(segregation)

㉮ 용융 금속이 응고할 때 처음 응고 부분은 거의 균일하지만 응고가 진행됨에 따라 불순물이 많아지고 마지막 응고 부분에 불순물이 가장 많이 모인다. 이 부분을 편석이라 한다.

㉯ 편석의 원인

㉠ 편석은 응고선과 용융선의 간격이 있으므로 생기는 현상이다.

㉡ 합금 편석은 합금 성분의 비중의 차이가 있어도 일어난다.

㉢ 수지상이나 층상 조직 등은 일종의 편석이다.

㉣ 강괴 중심부에 편석이 생기고, 황(S)이나 인(P)은 편석을 일으키기 쉽다.

ⓐ 황(S)의 편석의 검출 방법 : 설퍼 프린트(sulphur print) 방법으로 검출할 수 있다.

ⓑ 인(P)의 편석의 검출 방법 : 포스포로 프린트(phosphoro print) 방법으로 검출한다.

ⓒ 편석을 풀림을 충분히 하므로 균일한 조직이 된다.

⑦ 고우스트 라인(ghost line)

황화물이나 인화물이 편석한 ingot을 압연 가공하면 편석이 긴 띠모양이나 얼룩진 점모양으로 나타나는 것을 고우스트 라인이라 한다.

Chapter 02

순철과 탄소강

공업적으로는 순철이라 하여도 다소의 불순물은 함유하고 있다. 따라서 실용 재료로 Fe 99.9% 정도의 것이 가공용, 선재, 판재 등으로 사용되며, Fe에 0.025 ~ 2.0%의 탄소(C)를 함유한 철합금을 탄소강이라 하고 기계구조용, 공구용, 특수 목적용 등에 많이 사용된다.

제1절 | 순철의 변태와 조직

1 순철

공업용으로 사용되는 순철은 탄소 함유량이 0.025% 이하를 함유한 철을 말하며, 실용 재료로는 Fe이 99.9% 정도의 것이 가공용, 선재, 판재 등 및 강과 주철의 원료로 사용한다.

가. 공업용 순철의 성분 예

종류 불순물(%)	C	Si	Mn	P	S	Cu	O	H
전해철	0.08	0.007	0.002	0.006	0.003	–	–	0.080
Carbonylcjf	0.020	0.010	–	–	0.004	–	–	–
Armco철	0.015	0.010	0.020	0.010	0.020	–	0.150	–
연철	0.020	0.130	0.100	0.240	0.002	0.060	–	–
해선철	0.030	0.005	0.005	0.002	0.037	–	–	–
실험실순철	0.001	0.003	–	0.0005	0.0026	–	0.004	–

※ 카아보닐철은 $Fe(CO)_5$가 1기압하의 약 200℃에 분해하여 Fe와 CO로 되는 성질을 이용하여 만든 철(Fe)로 소결재의 원료로 사용되며, 순철의 제조는 일반적으로 전기분해법으로 한다.

나. 순철의 변태

① 순철의 자기 변태

㉮ 가열 및 냉각할 때 768℃(A_2 변태라 한다.)에서 일어나고, 자기 변태점은 비교적 일정 온도를 유지한다.

㉯ 온도(768℃)를 경계로 하여 강자성체로부터 상자성체로 변화한다.

(A_2 변태 : $\alpha - Fe$(강자성) $\xrightleftharpoons{768℃}$ $\alpha - Fe$(상자성))

② 순철의 동소 변태

㉮ A_3 변태(910℃)와 A_4 변태(1,400℃)가 있다.

㉠ A_3 변태 : $\alpha - Fe(BCC) \xrightleftharpoons{910℃} \gamma - Fe(FCC)$

㉡ A_4 변태 : $\gamma - Fe(FCC) \xrightleftharpoons{1400℃} \delta - Fe(BCC)$

$$\underset{(BCC)}{\alpha - Fe} \underset{910℃}{\overset{A_3}{\rightleftharpoons}} \underset{(FCC)}{\gamma - Fe} \underset{1400℃}{\overset{A_4}{\rightleftharpoons}} \underset{(BCC)}{\delta - Fe} \underset{1539℃}{\overset{용융점}{\rightleftharpoons}} 융체$$

㉯ Ac_3 변태점 강하 원소 : C, Cu, Ni, Mn 등

㉰ Ac_3 변태점 상승 원소 : Si, P, W, Mo, V, Sn, Co, Be 등

㉱ 동소 변태시는 과냉적 특성으로 변태점 차이가 생긴다.

③ 변태가 가열할 때의 표시 : A_3 변태 → Ac_3 변태로, A_4 변태 → Ac_4 변태로 표시한다.

※ Ac_3 변태점은 A_3 변태점보다, Ac_4 변태점은 A_4 변태점보다 약간 높다.

④ 변태가 냉각할 때의 표시 : A_3 변태 → Ar_3 변태로, A_4 변태 → Ar_4 변태로 표시한다.

※ Ar_3 변태점은 A_3 변태점보다, Ar_4 변태점은 A_4 변태점보다 약간 낮다.

⑤ 냉각 속도가 빠를수록 변태점 간의 차는 크며, 냉각 속도가 늦을수록 양자가 접근하여 일정한 변태점 온도로 일치하게 된다.

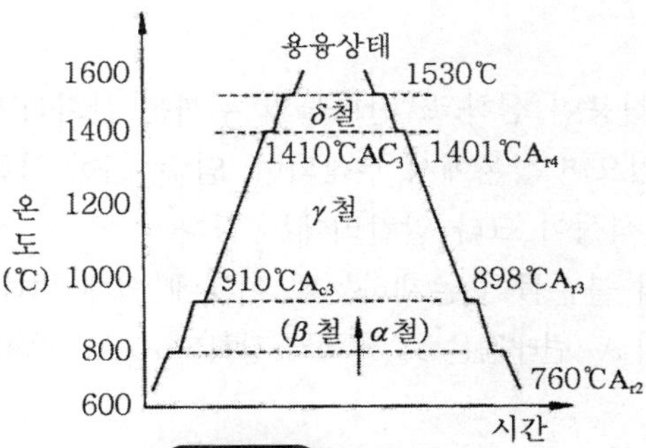

그림 3-6 순철의 변태

다. 순철의 동소체

① α − Fe : 910℃ 이하에서 체심 입방 격자(BCC)를 갖는다.
② γ − Fe : 910 ~ 1,400℃에서 면심 입방 격자(FCC)를 갖는다.
③ δ − Fe : 1,400℃ 이상에서 체심 입방 격자(BCC)를 갖는다.

라. 순철의 성질

① 물리적 성질

㉮ 물리적 성질은 각 변태점에서 불연속적으로 변한다.

㉯ Ac_3 변태점에서는 BCC 격자가 원자 배열이 조밀한 FCC 격자로 변태하기 때문에 수축을 일으키고, Ac_4 변태점에서는 반대로 팽창하여 동소 변태가 된다.

㉰ **동소체의 원자 밀도와 격자 상수**

동소체	α	γ	δ
결정 격자	BCC	FCC	BCC
원자 밀도$\left(\frac{\text{원자수}}{\text{단위 격자}}\right)$	2	4	2
격자 상수(Å)	2.87(16℃)	3.36(1,100℃) → 3.68(1400℃↓)	2.93(1,425℃)

㉱ 격자 상수

A_3 변태(BCC → FCC)에서는 격자 상수가 커지고, A_4 변태(FCC → BCC)에서 감소된다.

㉲ 투자력이 높고 항자력이 낮아 변압기, 발전기용 박판 등에 사용된다.

㉳ **순철의 물리적 성질**

비중	용융점(℃)	용융 숨은열 (cal/g)	선팽창율 (20℃)(℃)−1	비열(cal/g·℃) (20℃)	열전도율 (cal/cm·s·℃) (20℃)	비저항 (Ω·cm)
7.876	1,539	65.0	11.7×10^{-6}	0.11	0.18	10×10^{-6}

② 화학적 성질

㉮ 고온에서 산화 작용이 심하고, 산화물의 두꺼운 산화피막인 Fe_2O_3가 이탈된다.

㉯ 수분과 산소가 있으면 상온에서 부식되며, 염수, 화학 약품 등에는 내식성이 약하다.

㉰ 강산, 약산에 부식성이 크나 알칼리에는 작다.

㉱ 순철에는 미량의 불순물이 존재하는데 이것에 의해 변태 온도가 달라진다.
(0.1%C에 의해서 A_3 변태점은 33 ~ 35℃ 강하되고, A_4 변태점은 70℃ 정도로 상승된다.)

③ 기계적 성질

㉮ 순철은 매우 연한 철(HB 60)이며, 단접이 잘되고 용접성이 양호하다.

㉯ 항복점과 인장 강도가 낮고 연신율, 단면 수축률 및 충격값은 높다.

㉰ 순철의 기계적 성질

경도(HB)	인장 강도 (kg_f/mm^2)	연신율(%)	단면 수축률(%)	탄성 한도 (kg_f/mm^2)	영률 (kg_f/mm^2)
60 ~ 70	18 ~ 25	40 ~ 50	70 ~ 80	10 ~ 14	21

마. 순철의 용도

① 강과 주철의 원료에 사용되며, 카아보닐철분은 소결 재료의 원료로 이용한다.

② 투자율이 높기 때문에 변압기, 전동기용 박철판으로 사용한다.

제2절 | 탄소강의 성질

탄소강의 성질은 함유된 여러 원소 또는 가공 및 열처리 상태에 따라 다르나 표준 상태에서는 주로 탄소 함유량에 따라 결정된다.

1 물리적 성질

가. 탄소 함유량에 따른 성질 변화

① 강의 표준 상태에서는 Ferrite와 Cementite의 혼합 조직을 갖고 있으므로 조직의 혼합 비율에 따라 거의 직선적으로 변한다.

② 탄소 함유량의 증가에 따라 증가 : 비열, 전기 저항, 항자력

③ 탄소 함유량의 증가에 따라 감소 : 비중, 용융점, 열팽창률, 탄성 계수, 전기전도율

나. 탄소강의 일반적인 물리적 성질

성질 \ 종류	C(%)	비중	용융점(℃)	세로 탄성 계수 : E(18℃)(kg_f/cm^2)
연강	0.12 ~ 0.20	7.855 ~ 7.863	1,470 ~ 1,490	2115×10^{-6}
경강	0.40 ~ 0.50	7.863 ~ 7.864	1,390 ~ 1,420	2090×10^{-6}
성질 \ 종류	**열전도율(20℃) ($kcal/cm^2\cdot h\cdot℃$)**	**열팽창계수 ($\times10^{-6}$/℃)(20℃)**	**고유 저항(20℃) ($\mu\Omega\cdot cm$)**	**비열(20℃) (cal/g·℃)**
연강	43 ~ 52	11.16 ~ 11.28	13.7 ~ 15.8	0.1136 ~ 0.1146
경강	38	10.72 ~ 10.73	19.2 ~ 19.7	0.1168 ~ 0.1180

2 화학적 성질

(1) 탄소강의 내식성은 탄소가 증가할수록 감소한다.

(2) 소량의 Cu가 첨가되면 내식성을 증가하며, 알칼리에는 강하고 산에는 약하다.

(3) 담금질한 강은 풀림 및 노멀라이징한 강보다 내식성이 크다.

(4) Fe_3C는 α − 고용체보다 부식되지 않으나 Ferrite와 공존하면 Ferrite 부식을 촉진한다.

3 기계적 성질

탄소강의 표준 상태에서는 기계적 적은 탄소 함유량에 따라 달라진다.

가. 탄소 함유량에 따른 성질 변화

① 탄소강의 표준 상태에서는 탄소량이 많을수록 가공 변형 및 냉간 가공이 어렵다.

② 아공석강에서는 탄소량의 증가와 더불어 항복점, 인장 강도 및 경도가 거의 직선적으로 증가하다가 공적점에서 최대가 되며, 연신율 및 충격값은 감소한다.

③ 과공석강에서는 망상의 초석 시멘타이트가 생겨 변형되기 힘들어 경도는 증가하고, 인장 강도는 급감하며, 연신율, 단면 수축률 및 충격값은 탄소 함유량의 증가에 따라 감소한다.

④ 전로강은 평로강보다 강도가 크다.

⑤ 가공성은 저탄소강에서 좋다.

⑥ 화학 조성이 일정한 경우에 가공이나 열처리에 따라 심하게 변한다.

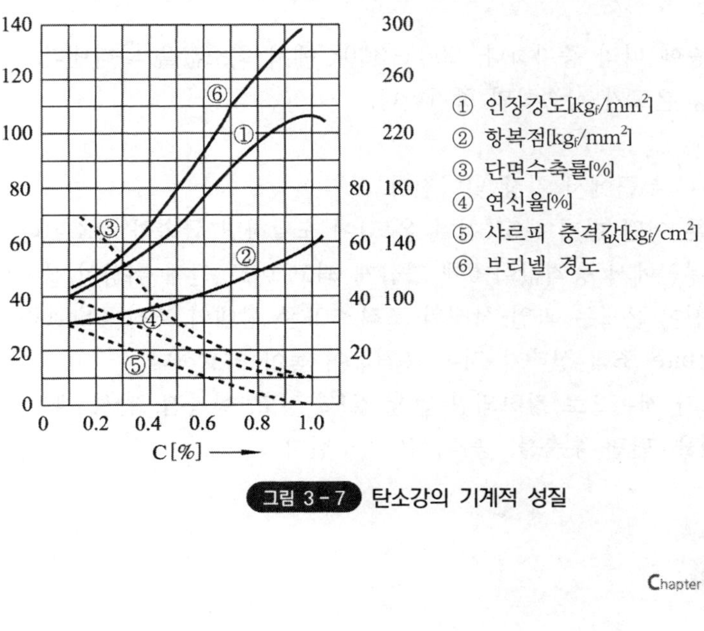

그림 3-7 탄소강의 기계적 성질

⑦ 0.4 ~ 0.86%C의 압연된 강의 평균 강도

㉮ δ_B = 20+100×C(kg_f/mm^2)

※C : 탄소 함유량

㉯ 인장 강도와 HB와의 관계

HB = 2.8×δB

⑧ 탄소가 기계적 성질에 미치는 영향

성질	파면입자	음향	인장강도	경도	연성	소입성	단접성	인성	융점
C%가 많은 경우	조밀	청음	크다.	크다.	작다.	양호	곤란	작다.	낮다.
C%가 적은 경우	조대	탁음	작다.	작다.	크다.	불량	쉽다.	크다.	높다.

4 온도에 따른 성질 변화

고온에서 탄소강의 기계적 성질은 탄소 함유량에 따라 달라진다.

가. 온도 변화에 따른 기계적 성질

① 온도가 내려갈수록 증가한 기계적 성질 : 경도, 인장 강도

② 온도가 내려갈수록 감소한 기계적 성질 : 연신율, 단면 수축률

③ 인장 강도

㉮ 100℃ 부근에서는 상온보다 낮아지며, 300℃ 이상으로 높아지면 급감한다.

㉯ 200 ~ 300℃에서는 상온보다 증가한다.

④ 연신율

㉮ 온도의 상승에 따라 증가하나, 200 ~ 300℃에서 최소값을 나타낸다.

㉯ 300℃ 이상 온도가 상승하면 증가한다.

⑤ 충격값

㉮ 400 ~ 500℃ 부근에서 가장 낮아진다.

㉯ 재질에 따른 어떤 한계 온도(천이 온도)에 도달하면 급속히 감소된다.
(－70℃ 부근에서 충격값이 0에 가깝게 되고 이로 인해 취성이 생긴다.)

㉰ 탄소강의 천이 온도는 과열 상태의 조직 < 표준 상태의 조직 < Sorbite 순(順)으로 낮아져 Sorbite 조직 상태가 저온 충격값이 높아 양호하다.

⑥ 실온보다 온도가 저온으로 강하되면 인장 강도, 경도, 항복점, 탄성 계수, 피로 한도가 증가되고 연신율, 단면 수축률, 충격값은 감소한다.

⑦ 온도에 따른 성질 변화

온도(℃)		상온 이하	100℃ 부근	200～300℃	300℃ 이상
성질 변화	증가	강도, 경도	연율, 충격값	강도, 경도 최대	연율, 충격값
	감소	연율 감소, 충격치 급감	강도, 경도는 상온보다 감소	연율, 충격값	강도, 경도 급감

⑧ 온도에 따른 성질

취성 종류	재료	온도(℃)	특성
저온 취성	철강	상온 이하	－70℃ 부근에서 충격치가 0에 가깝게 되어 취성을 일으킨다. －증가 : 경도, 인장 강도 －감소 : 연신율, 충격치
상온 취성	P을 함유한 강	상온	Fe_3P로 결정 입자 조대화시킨다. －증가 : 경도, 인장 강도 －감소 : 연신율, 냉간 가공시 균열 발생
청열 취성	강철	200～300	200～300℃에서 강표면이 산화 착색된다. －상온보다 연신율 저하, 강도가 크다.
뜨임 취성	Ni－Cr강, Cr강, Mn강	500～600	담금질 후 뜨임을 하면 충격값이 감소 －방지 : 0.3% Mo 첨가, 소량 V, W 첨가
적열 취성	S을 함유한 강	적열 상태	FeS로 존재 가열시 용해되어 강의 결정사이의 응집력을 파괴한다. －단조, 압연시 균열이 생긴다. －방지 : Mn을 첨가한다.

제3절 | 탄소강의 평형 상태도와 조직

탄소강은 Fe – C의 2원 합금으로 상태도상으로는 크게 포정형, 공정형, 고용체형, 공석형의 2원 합금 상태도의 조합으로 이루어져 있다.

1 Fe – C계 평형 상태도(iron – caron equilibrium diagram)

가로축을 Fe – C의 2원 합금 조성(%)으로 하고, 세로축을 온도(℃)로 하였을 때 각 조성의 비율에 따라 나타나는 합금의 변태점을 연결하여 만든 선도를 말한다.

가. Fe – C계 평형 상태도

Fe – C계 평형 상태도(점선)와 Fe – Fe_3C계 평형 상태도(실선)의 두 종류가 있다.

① 탄소강의 경우에서는 탄소가 유리 흑연으로 되지 않고 Fe과의 화합물인 Cementite (Fe_3C)로 존재한다.

② Fe_3C는 6.68%C를 포함하는 백색 침상의 금속간 화합물이며, 경도는 대단히 높고 단단하다.

③ 순철의 동소체인 α철, γ철, δ철은 탄소를 고용해서 α, γ, δ의 고용체를 만든다.

④ Fe – C계 평형 상태도

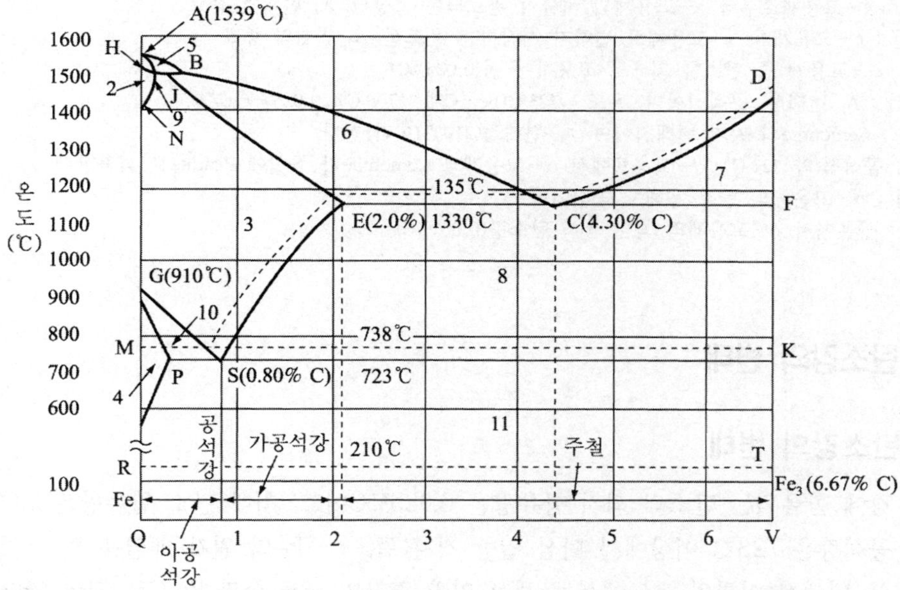

1. 용체　　2. δ 고용체　　3. γ 고용체
4. α 고용체　　5. 용체+δ 고용체　　6. 오오스테나이트+용체
7. 시멘타이트+용체　　8. 오오스테나이트+시멘타이트　　9. δ 고용체+오오스테나이트
10. 오오스테나이트+페라이트　　11. 페라이트+시멘타이트

그림 3-8 Fe – C계 평형 상태도

- A점 : 순철의 용융점(1,538±3℃)
- AB선 : δ–고용체(δ–Fe에 C를 고용한 고용체)의 액상선, Fe – C 용액에서 δ–고용체가 정출하기 시작하는 온도선을 표시한 곡선
- AH선 : δ–고용체의 고상선이며, 0.10%C 이하의 강에 있어서는 δ–고용체의 정출 완료를 표시하는 곡선
- B점 : H점과 J점과의 평형을 이루고 있는 고용체를 나타내는 점.(0.5%C)
- BC선 : γ–고용체의 액상선이며, 용액에서 γ–고용체가 정출하기 시작하는 온도를 표시한 곡선
- C점 : 공정점(4.3%C, 1,130℃, ledeburite), 용액으로부터 γ–고용체와 Cementite가 동시에 정출하는 점
- CD선 : Cementite의 액상선, 용액으로부터 Cementite가 정출하기 시작하는 온도선
- MO선 : 강의 A_2 변태선(자기 변태선), A_2 변태점의 온도 : 768℃
- E점 : γ–고용체에 있어서 탄소의 포화점(1,130℃, 2.0%C)
- ECF선 : 공정선이며, 탄소 함유량은 2.0 ~ 6.68% 1,130℃(Fe – C계 : 1,135℃)이다.
- ES선 : Cementite의 초석선이며, γ–고용체에서 Cementite가 석출하기 시작하는 온도선으로 Acm선이라 한다.
- G점 : 순철의 A_3 변태점(910℃)이다. γ–Fe ⇄ α–Fe
- GP선 : 0.025%C 이하의 합금에 있어서 γ–고용체에서 α–고용체의 석출 완료선.
- GOS선 : α–고용체의 초석선이며, 강의 A_3 변태선으로, 냉각시 그 온도에 도달하면 γ–고용체에서 α–고용체가 석출하기 시작한다.
- H점 : δ–고용체의 탄소에 대한 최대의 용해도를 나타내는 점이다.(0.10%C)
- HJB선 : 포정선이며, 일정 온도(1,490℃)에 있어서 0.1 ~ 0.5%C 사이의 강에서는 δ–고용체[H]+용액[B] ⇄ γ–고용체[J]의 반응식을 일으킨다.
- J점 : 포정점(1,490℃), 탄소 함유량은 0.18%C이다.
- JE선 : γ–고용체에 대한 고상선, γ–고용체의 정출 완료 온도

- N점 : 순철의 A4 변태점(1,400℃), δ–Fe ⇄ γ–Fe
- JN선 : δ–고용체로부터 γ–고용체의 석출이 완료되는 고상선, A_4 변태의 종료
- HN선 : δ–고용체가 γ–고용체로 변하기 시작하는 온도선, A_4 변태의 종료
- P점 : α–고용체 중 탄소를 최대로 고용하는 점(0.025%C)
- PSK선 : A_1 변태선, 공석선이며, 온도 : 723℃(Fe-C계 : 738℃), 0.025~6.67%C
- RT선 : Cementite의 자기 변태점이며, A_0 변타점(210℃)이라 한다.
- S점 : 공석점(약 723℃), γ–고용체에서 α–고용체와 Cementite가 동시에 Pearlite로 석출한다.
- PG선 : α–고용체의 탄소 용해도 곡선이다.
- Q점 : 상온에서 α–고용체의 최대 용해 탄소량(0.001%C)

2 탄소강의 변태

가. 탄소강의 변태

① 강에 함유되는 탄소의 최저 함유량은 0.025%C이고, 최대 탄소 함유량은 2.0%이다.

② 공석강은 723℃ 이상에서 면심 입방 격자(즉, γ – Fe의 원자 배열을 하고 있다)이다.

③ A_1 변태점 이하의 온도에서는 체심 입방 격자의 α – Fe과 Fe_3C로 되어 있다.
(α – Fe과 Cementite는 혼합 상터로 존재하는데 이 상태를 pearlite라 한다.)

④ A_1 변태점 이상에서 물에 담금질한 강은 Ar_1 변태를 완전히 정지된다.
(서냉시킨 것은 Ar_1 변태가 완료되어 Cementite가 분리된 상태로 존재한다.)

⑤ A_1 변태점 이상의 온도에서 강은 γ – Fe 상태이고 탄소가 고용되어 있다.

⑥ 탄소강의 변태

구분 / 변태	A_0	A_1	A_2	A_3	A_4
온도(℃)	210	723	768	910	1,400
변태	Fe_3C의 자기 변태	공석 변태	Fe의 자기 변태	Fe의 동소 변태	Fe의 동소 변태

3 탄소강의 표준 조직

강을 단련한 후에 $A_{3,2,1}$ 변태점 또는 Acm선 이상 30~50℃의 범위로 가열하여 적당 시간 유지한 후 공냉시켜 불림 처리시킨 조직을 표준 조직이라 하며, Ferrite, Pearlite, Cementite가 있다.

가. Ferrite($\alpha-Fe$)

α – 고용체(α – solid solution)로 α – Fe에 최대 0.025%C까지 고용하는 고용체이다.

① 극히 연하여 연성이 크고 담금질에 의해 경화하지 않는다.
② 순철에 가까우며, 강자성체이고, 인장 강도가 비교적 작으며, HB90이다.
③ 금속 현미경으로 보면 흰색으로 보이며 다각형의 결정 입자로 나타난다.
④ 체심 입방 격자이고, 탈산이 심하게 일어난다. 저탄소강에 입상으로 나타난다.
⑤ 저탄소강의 Ferrite는 입상으로 나타나나 0.6 ~ 0.7%C가 되면 망상으로 나타난다.

나. Austenite($\gamma-Fe$)

γ – Fe에 최대 2.0%까지 탄소를 고용하는 γ – 고용체(γ – solid solution)이다.

① 결정 구조는 면심 입방 격자로 되어 있다.
② A_1 변태점(723℃) 이상에서는 안정된 조직으로 비자성체이며, 인성이 크다.
③ 전기 저항이 크고 경도(HB 155)는 낮으나 인장 강도에 비해 연신율이 크다.

다. Pearlite(α – 고용체 + Fe_3C)

0.85%C의 γ – 고용체가 723℃에서 분해하여 생긴 Ferrite와 Cementite의 공석정으로 α – 고용체와 Fe_3C의 혼합 층상 조직으로 나타난다.

① 강도나 경도(HB 255 정도)가 크고, 어느 정도의 연성을 가진다.
② 항장력(인장 강도), 내마모성이 강한 조직이며, 현미경으로 보면 낮은 배율에서는 전체가 검게 나타나며 1,000배 이상 확대하면 층상으로 나타난다.
(백색 부분 : Ferrite, 흑색 부분 : Cementite이다.)
③ 0.8%C강을 800℃로 가열 후 서냉하면 나타나는 조직이다.
④ 층상 Pearlite의 형성 과정(α – Fe과 Fe_3C가 생성되는 과정)

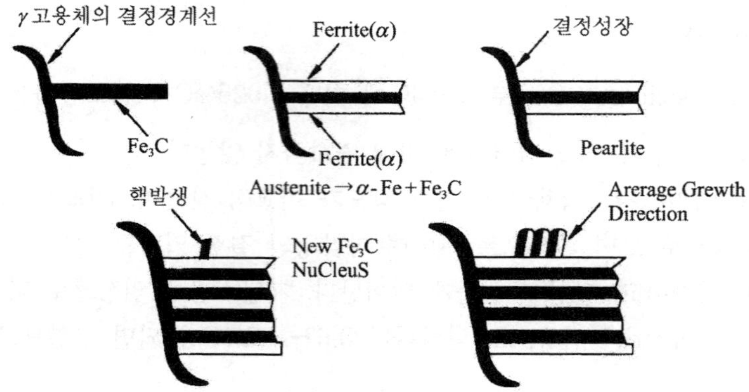

그림 3-9 Pearlite 핵 생성 과정

- γ−Fe의 결정 입계(grain boundary)에서 Cementite(Fe_3C)의 핵이 발생한다.
- Cementite의 핵이 얇은 편상(片狀)으로 성장함과 동시에 그 주위에 α−Fe가 생긴다.
- α−-Fe이 생긴 입계에 새로운 Cementite의 핵이 생긴다.
- 생성된 Fe_3C와 α-Fe은 입계로부터 Austenite 방향으로 성장하면서 확산한다.

라. Cementite(Fe_3C)

6.68%의 탄소를 함유한 철탄화물(Fe_3C)로서 비중은 7.82이며, 대단히 단단(HB820정도)하고 취약(脆弱)하며, 1,130℃로 가열하면 빠른 속도로 흑연을 분리시킨다.

① Cementite는 Austenite의 결정 입계나 그 벽면에 침상(針狀)으로 나타난다.
(저탄소강의 Fe_3C는 망상(網狀) 또는 침상으로 나타나며, 불안정한 금속간 화합물이다.)

② 순수한 Cementite는 210℃ 이상에서는 상자성체, 그 온도 이하에서는 강자성체이다.
(210℃에서 일어난 변태를 A_0 변태 또는 Cementite의 자기 변태라 한다.)

③ 피크린산($C_6H_3O_7N_3$) 알콜 용액으로 부식시키면 암갈색으로 착색한다.

마. Ledeburite(레데뷰라이트)

2.0%C의 γ−고용체와 6.68%C의 Fe_3C와의 공정 조직이며, 주철에 나타나는 공정점(4.3%C, 1,140℃)의 조직이다.

바. 탄소강의 조직과 결정 구조

기호	명칭	결정 구조 및 내용
α	α – Ferrite	BCC(체심 입방 격차)
γ	Austenite	FCC(면심 입방 격차)
δ	δ – Ferrite	BCC(체심 입방 격차)
Fe_3C	Cementite 또는 탄화철	금속간 화합물
$\alpha+Fe_3C$	Pearlite	α와 Fe_3C의 기계적 혼합
$\gamma+Fe_3C$	Ledeburite	γ와 Fe_3C의 기계적 혼합

사. 0.2%C 탄소강의 표준 상태에서의 Ferrite와 Pearlite의 조직량 관계

① 초석 Ferrite(α – Fe) $= \dfrac{0.86-0.2}{0.86-0.0218} \times 100 ≒ 79\%$ (※ 공석선 직하)

② Pearlite(P)+Ferrite(F)$=100\%$ 이므로 $P = 100-79 = 21\%$ ($\alpha+Fe_3C$)

③ Pearlite 중의 Ferrite와 Cementite의 양을 산출하는 식

$FP=21\times\dfrac{6.68-0.86}{6.68-0.0218}=18\%$ (Pearlite 중의 α – Fe)

$CP=21-18=3\%$ (Pearlite 중의 Fe_3C)

(전체 Ferrite는 97%이고, Fe_3C는 3%로 된다.)

아. 표준 조직의 기계적 성질

조직 \ 성질	Ferrite	Pearlite	Cementite
인장 강도(kg_f/mm^2)	35	80	3.5 이하
연신율(%)	40	10	0
경도(HB)	80	200	600

① 표준 상태에서 기계적 성질을 산출하는 개략적인 식

㉮ 인장 강도

$$\sigma B = \frac{(35\times F)+(80\times P)}{100}$$

- F : Ferrite(%)
- P : Pearlite(%)
- $F+P=100(\%)$

㉯ 연신율(ε)= $\dfrac{(40\times F)+(10\times P)}{100}$

㉰ 경도(HB)= $\dfrac{(80\times F)+(200\times P)}{100}$

② 철강 조직의 기계적 성질

조직명	경도(≒HB)	특성
Cementite	820	강의 조직 중 가장 단단하나 취약하며 부스러지기 쉽다.
Martensite	720	열처리 조직 중 가장 단단하나 취약하며 깨지기 쉽다.
Troostite	400	Martensite보다 경도가 낮으며 연성이 있다.
Bainite	(340)	강의 항온 변태 조직으로 강도, 경도, 인성이 있다.
Sorbite	(270)	Troostite보다 경도는 낮으나 강인성이 풍부하다.
Pearlite	225	철강의 표준 조직으로 강도가 크고 인성이 있다.
Austenite	155	철강의 고온 조직으로 전연성이 있다.
Ferrite	90	순철의 조직으로 경도, 강도는 낮으나 전연성이 좋다.

자. 공석강의 변화

0.85%C의 강을 910℃까지 가열하면 Austenite로 되는데 이것을 서냉하면 공석점(723℃)에서 Ferrite와 Cementite 조직으로 변한다.

$$\gamma - \text{고용체} \underset{}{\overset{723℃}{\rightleftarrows}} \alpha - \text{고용체} + Fe_3C$$

(Austenite) ⟹ (Ferrite) (Cementite)

① 아공석강 : 0.85%C 이하의 강으로 실온에서 Ferrite와 Pearlite로 되어 있다.

② 과공석강 : 0.85 ~ 2.0%C의 강의 조직으로 상온에서 Pearlite와 Cementite로 된다.

차. 각 점의 반응식 및 조직

① 반응식

㉮ 공정 반응식 : 용액(L) ⇄ γ − 고용체+ Fe_3C

㉯ 공석 반응식 : γ − 고용체 ⇄ α − 고용체+ Fe_3C

㉰ 포정 반응식 : 용액+δ − 고용체 ⇄ γ − 고용체

② 각 점의 조직

㉮ 공정점 : Ledeburite=Austenite+Cementite =($\gamma - Fe + Fe_3C$)

㉯ 공석점 : Pearlite=Ferrite+Cementite =($\alpha - Fe + Fe_3C$)

㉠ 아공석강 조직 : Ferrite+Pearlite $=(\alpha-\mathrm{Fe}+[\alpha-\mathrm{Fe}+\mathrm{Fe_3C}])$
㉡ 과공석강 조직 : Pearlite+Cementite $=([\alpha-\mathrm{Fe}+\mathrm{Fe_3C}]+\mathrm{Fe_3C})$

4 탄소강에 함유된 원소의 영향

탄소강에 존재한 주요 원소(5대 원소)는 C, Si, Mn, P, S이고 비금속 개재물 또는 여러 가지 가스가 함유되어 있으며 이것들은 탄소강의 성질에 큰 영향을 끼친다.

가. 탄소(C)의 영향

① 강 중에는 함유된 탄소는 화합 탄소와 유리 탄소로 존재한다.
㉮ 화합 탄소 : 재질이 단단하고 메지며 절삭 가공이 어렵다.
(강 중에 함유한 탄소는 전부 화합 탄소이다.)
㉯ 흑연 탄소 : 재질이 연하고 약하며 절삭 가공하기가 쉽다.
② 탄소량의 증가에 따라 증가하는 성질 : 인장 강도, 경도, 전기 저항, 비열, 항자력
③ 탄소량의 증가에 따라 감소하는 성질 : 인성, 충격치, 비중, 열전도율, 열팽창 계수

나. 망간(Mn)의 영향

① 선철 제강시 탈산, 탈황 작용제로 첨가되며, Mn의 일부는 강 중에 용해하며 나머지는 S과 결합하여 황화망간(MnS)으로 된다.
② S의 해를 막아 주고 절삭성을 개선하나 1.0% 이상 첨가시 주물 수축이 된다.
③ 점성, 경화능, 강도, 경도 등을 증가시키며 연신율을 감소시키지 않고 강도를 증가시키며, 고온에서 결정 성장 억제, 고온 가공성 향상, 절삭성 개선, 주조성을 좋게 한다.
④ 냉간 가공성은 불리하며, 강 중에 0.2～0.8% 정도 함유하고, 공구강에서는 담금질 과열을 초래하므로 0.2～0.4% 정도로 억제한다.
⑤ 강의 변태점을 낮추고 담금질의 냉각 속도를 느리게 하므로 담금질 효과가 증가된다.

다. 규소(Si)의 영향

① 선철 중에 존재하거나 탈산제 중의 일부로 들어가며, 보통 0.10～0.35%를 함유한다.
② 함유량이 증가하면 Ferrite 중에 고용되어 강의 경도, 탄성 한도, 인장 강도를 높이나 연신율, 충격값을 감소시키며, 결정 입자 크기를 증대시켜 가공성을 나쁘게 한다.

③ 유동성 및 주조성이 양호하며 소성, 용접성 및 결합성이 감소한다.
④ Si가 Fe에 고용할 수 있는 양은 16%이다.

라. 인(P)의 영향

① 0.25% 이하를 함유하며, 편석, 상온 취성의 원인이 되며, Fe_3P의 화합물을 만든다. (Fe_3P는 MnS, MnO_2 등과 접합하여 Ghost line을 형성하여 강의 파괴 원인이 된다.)
② 보통강에는 0.06% 이하, 공구강에는 0.025% 이하, 주강에는 0.03% 이하로 제한한다.
③ 결정립의 조대화, 실온에서 연신율, 충격값을 저하시키며 강도, 경도를 증가시킨다.
④ 유동성을 개선하고, 기포가 없는 주물을 만든다.

마. 황(S)의 영향

① 강 중의 S은 대개 Mn과 결합하여 황화망간(MnS)로 존재한다.
② 슬래그(slag)의 일종으로 비중이 작아 대부분 용강의 표면에 떠올라 제거되나 일부분은 강 중에 남아 황화철(FeS)로 존재하며 취약해 결함이 되어 파괴의 원인이 된다. (황화철(FeS)은 용융점(1,193℃)이 낮아 열간 가공(단조 또는 압연)시에 균열을 발생시키고 적열 취성(고온 취성)의 원인이 된다.)
③ Fe과 공정을 만들고 결정 입계에 얇은 그물 모양의 조직으로 분포한다.
④ S은 0.02% 정도라도 인장 강도, 연신율, 충격값 등을 감소시킨다.
⑤ 보통 연강에는 0.05% 이하, 공구강이나 열처리를 요하는 강에는 0.03% 이하가 좋다.

바. 구리(Cu)의 영향

① 원료선으로 극소량이 강 중에 고용되며 0.25% 이하로 제한한다.
② Ni이 있으면 Cu의 해를 감소하나 Sn이 존재하면 그 해가 가중된다.
③ Ar_1 변태점을 저하시키며, 강도, 경도, 탄성 한도를 증가, 내식성을 향상시킨다.
④ 용융점이 낮아 다량 함유하면 강재 압연시 균열의 원인이 되기도 한다.
⑤ 열간 가공성을 저하시킨다.

사. 가스의 영향

① 용강 중에 CO_2, CO, O_2, H_2, N_2 등이 남아 있으며 그 전체량은 0.01～0.15% 정도다.
② 가스의 양이 과다할수록 철강은 여리고 약해진다.
③ N_2 : 기포를 만들고, Fe과 반응하여 질화물을 형성함으로써 냉간 취성을 증가시킨다.

(Ferrite 중에 고용되고 석출하여 강도, 경도를 증가시킨다.)

④ O_2 : 강 중에 기포를 만들며 산화철(FeO)로 고용되어 적열 취성을 일으킨다.

⑤ H_2 : 제강할 때 핀홀을 만들고 백점(flake)이나 헤어 크랙(hair crack)의 원인이 되며, 강을 여리게 하고 산과 알칼리에 약하다.

⑥ 유해 원소와 그 작용

원소	유해 작용	함유 한도(%)
P	냉간 취성, 편석	<0.04
S	적열 취성, 편석	<0.04
Cu	적열 취성, 열간 균열	<0.30
Sn	취성	<0.06
H	수소 취성, 백점	<0.0004

아. 비금속 개재물의 영향

① 주로 Mn의 황화물 및 Fe, Mn, Al, Mg 등의 산화물로 되어 있다.

② 강 중의 슬래그 개재물(Fe_2O_3, FeO, MnS, MnO, Al_2O_3, SiO_2)로 존재한다.

③ 강 내부에 잠재하여 강의 인성을 감소시켜 취성의 원인이 된다.

④ 강의 열처리시 개재물로부터 균열의 원인이 된다.

⑤ 산화철(Fe_2O_3), 산화알루미늄(Al_2O_3), 산화규소(SiO_2) 등은 단조나 압연 작업 중에 균열 및 고온 취성을 일으킨다.

5 탄소강의 가공

탄소강의 가공은 재결정 온도를 기준으로 하여 재결정 온도 이상에서 하는 가공을 고온가공이라 하며, 재결정 온도 이하에서 가공하는 것을 냉간 가공이라 한다.

가. 고온 가공(hot working)

탄소강의 가공을 재결정 이상에서 가공하는 것이다.

① Austenite 구역에서 행하며 탄소량에 따라 1,050～1,250℃에서 시작하여 850～900℃에서 완료한다.
(완료 온도가 이 보다 낮으면 가공 경화와 내부 변형을 발생하게 되어 가공 균열을 유발하게 되며, 너무 높으면 결정 입자가 조대화되어 거칠어져서 재질이 약하게 된다.)

② 탄소강을 고온 가공하였을 때의 장·단점

㉮ 강괴 중의 기공이 압착(壓着)되며, 결정립이 미세화되어 강의 성질을 개선시킨다.

㉯ 편석에 의한 불균일 부분이 확산되어 균일한 재질을 얻을 수 있다.

㉰ 소성 가공성이 풍부하여 상온 가공에 비해 적은 힘으로도 가공도를 높일 수 있다.

㉱ 가열에 필요한 에너지의 소모가 많다.

나. 상온 가공(cold working)

상온 가공은 재결정 온도 이하에서 행한다.

① 가공에 의한 힘이 많이 들며, 청열 취성 구역에서는 가공을 피한다.

② 치수의 정밀, 표면의 미려(美麗), 가공 경화에 의한 기계적 성질을 향상시킬 수 있다.

③ 가공도 증가에 따라 증가되는 성질 : 강도, 항복점, 경도

④ 가공도 증가에 따라 감소되는 성질 : 연신율, 단면 수축률

⑤ 가공 경화된 재료를 풀림하면 약 500℃ 부근에서 재결정이 일어난다.
(단순히 탄소강의 연화를 목적으로 할 때의 풀림 온도 : 500～600℃가 적당하다.)

제4절 | 탄소강의 종류와 용도

탄소강은 일반적으로 탄소량이 적은 것은 건축 구조용, 기계 부품, 기차, 선박, 자동차, 교량 등의 일반 구조용으로 사용되고, 탄소량이 많은 것은 스프링강, 공구강, 단강품 등의 재료에 사용된다.

1 탄소강의 종류

탄소강을 주요 용도별로 분류하면 냉간 압연 강판, 열간 압연 강판, 일반 구조용 압연 강재, 기계 구조용 탄소강, 탄소 공구강으로 분류한다.

가. 냉간 압연 강판

성형성이 우수하고 표면이 매끄러우므로 제관, 차량, 냉장고, 전기 기기 및 건설 분야의 소재로 사용한다.

① 냉간 압연 강판에서 1종(SPCC)
일반용으로 가벼운 드로잉(drawing)과 외관성이 좋은 부품에 사용된다.
(특히 자동차 차체용 재료로 많이 사용한다.)

② 냉간 압연 강판에서 2종(SPCD)
드로잉용(drawing)이며, 특히 프레스 성형성이 요구되는 부품에 사용된다.

③ 냉간 압연 강판에서 3종(SPCE)
deep drawing용 및 강도가 있으면서 프레스 성형성이 요구되는 부품에 사용된다.

④ 냉간 압연 강판의 기계적 성질(KS D 3512)

종류	기호	인장강도 (kg_f/mm²)	연신율(%)						경도 (HRB)
		호칭 두께에 따른 구분(mm)							
		0.25 이상	0.25 이상 0.4 미만	0.4 이상 0.6 미만	0.6 이상 1.0 미만	1.0 이상 1.6 미만	1.6 이상 2.5 미만	2.5 이상	
1종	SPCC	28 이상	32 이상	34 이상	36 이상	37 이상	38 이상	38 이상	50~71
2종	SPCD	28 이상	34 이상	36 이상	38 이상	39 이상	40 이상	41 이상	65~80 74~89
3종	SPCE	28 이상	36 이상	38 이상	40 이상	41 이상	42 이상	43 이상	85 이상

나. 열간 압연 강판

강괴를 열간 압연하여 제조한 것으로 얇은 판의 범랑 철판, 아연 도금 강판, 주석 도금 강판 등의 재료에 사용된다.

① 열간 압연 강판의 화학 성분과 기계적 성질(KS D 3501)

종류 / 성질(기호)	두께별 연신율(%)					
	강판의 두께(mm)					
	1.2 이상 1.6 미만	1.6 이상 2.0 미만	2.0 이상 2.5 미만	2.5 이상 3.2 미만	3.2 이상 4.0 미만	4.0 이상
SHP1	27 이상	29 이상	29 이상	29 이상	31 이상	31 이상
SHP2	30 이상	32 이상	33 이상	35 이상	37 이상	39 이상
SHP3	31 이상	33 이상	35 이상	37 이상	37 이상	41 이상

종류 / 성질(기호)	P(%)	인장 강도 (kg_f/mm^2)	굽힘성			용도
			굽힘각도	3.2 미만	3.2 이상	
SHP1	0.050 이하	27 이상	180°	밀착	두께 0.5배	일반용
SHP2	0.040 이하	27 이상	180°	밀착	밀착	drawing용
SHP3	0.030 이하	27 이상	180°	밀착	밀착	deep drawing용

다. 일반 구조용 압연 강재

① 특별한 기계적 성질을 요구하지 않는 곳에 사용한다.
② 건축물, 교량, 철도 차량, 조선, 자동차 등에 사용한다.
③ 강판, 평강, 형강, 봉강 및 그 밖의 모양으로 만들어 사용한다.
④ 열처리하지 않고 압연한 상태로 사용하는 것이 보통이다.
⑤ 구조용강은 0.05～0.6%C의 강이 사용되며 염기성 평로강이 많이 사용된다.

라. 기계 구조용 강재

① 일반 구조용 강재보다 신뢰성이 높고 기계의 중요한 부품에 사용된다.
② 평로 및 전기로에서 제강한 킬드 강괴를 압연하여 만든다.
③ 기계 부품은 거의 담금질과 뜨임 등의 열처리를 하여 사용한다.
④ 작은 축이나 강도가 그리 필요하지 않는 부품을 만들 때는 0.25%C 정도의 탄소강을 노멀라이징하여 사용한다.

⑤ 기계 구조용 탄소강재의 조성 및 용도(KS D 3752)

<table>
<tr><th rowspan="2">강종 / 조성</th><th colspan="3">화학 성분(%)</th><th rowspan="2">용도</th></tr>
<tr><th>C</th><th>Si</th><th>Mn</th></tr>
<tr><td>SM 10 C</td><td>0.08 ~ 0.13</td><td rowspan="10">0.15 ~ 0.35</td><td rowspan="4">0.30 ~ 0.60</td><td>빌릿(billet)</td></tr>
<tr><td>SM 15 C</td><td>0.13 ~ 0.18</td><td>볼트, 너트</td></tr>
<tr><td>SM 20 C</td><td>0.18 ~ 0.23</td><td>–</td></tr>
<tr><td>SM 25 C</td><td>0.22 ~ 0.28</td><td>볼트, 너트, 전동기축</td></tr>
<tr><td>SM 30 C</td><td>0.27 ~ 0.33</td><td rowspan="6">0.60 ~ 0.90</td><td>볼트, 너트, 기계 부품</td></tr>
<tr><td>SM 35 C</td><td>0.32 ~ 0.38</td><td>로드, 레버, 기계 부품</td></tr>
<tr><td>SM 40 C</td><td>0.37 ~ 0.43</td><td>용접봉, 이음쇠, 축</td></tr>
<tr><td>SM 45 C</td><td>0.42 ~ 0.48</td><td>크랭크축, 로드</td></tr>
<tr><td>SM 50 C</td><td>0.47 ~ 0.53</td><td>키, 핀, 축</td></tr>
<tr><td>SM 55 C</td><td>0.52 ~ 0.58</td><td>키, 핀</td></tr>
<tr><td>SM 9 CK</td><td>0.07 ~ 0.12</td><td rowspan="2">0.10 ~ 0.35</td><td rowspan="2">0.30 ~ 0.60</td><td rowspan="2">침탄용 방직 롤러, 캠
피스톤 핀</td></tr>
<tr><td>SM 15 CK</td><td>0.12 ~ 0.18</td></tr>
</table>

※ 어느 종류에서나 불순물로서 0.30% Cu를 초과하지 않아야 한다.

SM25C(기계 구조용 탄소강) : 0.22 ~ 0.28C를 함유한 강
※ SM 25 : 최저 인장 강도는 25kg$_f$/mm^{2}이다.

마. 탄소 공구강

① 내마멸성이 있어야 하므로 0.6～1.5%C의 고탄소강이 사용된다.

② 전기로강, 도가니로강이 많이 사용된다.

③ 기계 구조용 탄소강재의 기계적 성질(KS D 3752)

강종 / 기호	인장 강도 (kg_f/mm^2)	연신율 (%)	단면 수축률 (%)	샤르피 충격값 ($kg_f \cdot m/cm^2$)	경도 (HB)
SM 10 C	>32	33 이상	–	–	109～156
SM 9 CK	>40	23 이상	55 이상	14 이상	121～179
SM 12 C	>38	30 이상	–	–	111～167
SM 15 CK	>50	20 이상	50 이상	12 이상	143～235
SM 17 C	>41	28 이상	–	–	116～174
SM 20 CK	>55	18 이상	45 이상	10 이상	159～241
SM 22 C	>48	27 이상	–	–	123～183
SM 28 C	>48	25 이상	–	–	137～197
SM 30 C	>55	23 이상	57 이상	11 이상	152～212
SM 33 C	>52	23 이상	–	–	149～207
SM 35 C	>58	22 이상	55 이상	10 이상	167～235
SM 38 C	>55	22 이상	–	–	156～217
SM 40 C	>62	20 이상	50 이상	9 이상	179～255
SM 43 C	>58	20 이상	–	–	167～229
SM 45 C	>70	17 이상	45 이상	8 이상	201～269

바. 쾌삭강

보통강에 P이나 S함유량(Pb, Zr, Se 등 첨가)을 많게 하여 절삭성을 향상시킨 강이다.

사. 스프링강

0.6～1.5%C의 강이 많이 사용되며 작은 스프링에는 탄소 함유량이 비교적 적은 강을 사용하며, 큰 스프링에는 공석강에 가까운 것의 강을 사용한다.

① 스프링강의 열처리 : 유냉(830～860℃), 뜨임(450～540℃), 조직은 Sorbite이다.

② 스프링강의 탄소 함유량과 용도

탄소량(%)	용도
0.75 ~ 0.90	주로 판 Spring
0.90 ~ 1.10	주로 코일 Spring
0.55 ~ 0.65(약 1.7Si)	주로 겹판 Spring
0.55 ~ 0.65(약 2.0Si)	코일 Spring
0.50 ~ 0.60(0.65 ~ 0.95Cr)	주로 겹판, 코일 Spring
0.45 ~ 0.55(0.8 ~ 1.1Cr, 0.15 ~ 9.25%V)	주로 코일 Spring

2 탄소강의 용도

구 분	탄소량(%)	인장 강도 (kg_f/mm^2)	연신율 (%)	용도
극연강	<0.12	38>	25	철판, 철선, 못, 파이프, 와이어, 리벳
연강	0.13 ~ 0.20	38 ~ 44	22	판, 교량, 봉, 판, 파이프, 건축용 철골, 철교, 볼트, 너트
반연강	0.20 ~ 0.30	44 ~ 50	20 ~ 18	기어, 레버, 강판, 볼트, 너트, 파이프
반경강	0.30 ~ 0.40	50 ~ 55	18 ~ 14	철골, 강판, 차축
경강	0.40 ~ 0.50	55 ~ 60	14 ~ 10	차축, 기어, 캠, 레일
최경강	0.50 ~ 0.70	60 ~ 70	10 ~ 7	축, 기어, 레일, 스프링, 단조 공구, 피아노선
탄소 공구강	0.70 ~ 1.50	70 ~ 50	7 ~ 2	목공구, 석공구, 수공구, 절삭공구, 게이지
표면 경화강	0.80 ~ 0.20	40 ~ 45	15 ~ 20	표면 경화강, 기어, 캠, 축류

① 탄소 함유량이 많은 강 : 공구강, 스프링강 등.

② 탄소 함유량이 적은 강 : 건축, 토목, 기계, 선박, 차량 등의 구조용으로 사용한다.

③ 실용되고 있는 탄소강 : 0.05 ~ 1.7%C의 탄소강이다.

탄소강의 탄소 함유량(%)	용도
C=0.05 ~ 0.30	가공성을 요구하는 경우
C=0.30 ~ 0.45	가공성과 동시에 강인성을 요구하는 경우
C=0.45 ~ 0.65	강인성과 동시에 내마모성을 요구하는 경우
C=0.65 ~ 1.20	내마모성과 동시에 경도를 요구하는 경우

제5절 | 탄소강의 열처리(heat treatment)

온도에 의해서 존재하는 상(相)의 종류나 배합이 변하는 재료에 가열·냉각 등의 조작을 적당한 속도로 진행하여 그 재료의 특성을 개량하는 열조작을 말한다.

1 열처리의 개요

강의 재결정, 원자의 확산 및 상(相)의 상태 등을 이용하여 조직을 조정하거나 내부의 변형을 제거하며 그 밖의 변태의 일부를 억제하여 적당한 조직을 만들어 원하는 성질, 상태를 얻는다.

가. 열처리의 목적

① 열처리의 주요 목적
  ㉮ 경도, 항장력의 증가와 조직 연화 및 기계 가공성을 향상시킨다.
  ㉯ 조직의 미세화, 조직의 표준화 및 방향성의 감소와 편석을 감소한다.
  ㉰ 조직의 안정화와 기계 가공 응력 제거 및 변형을 방지한다.
② 경도 또는 인장력을 증가시킬 목적 : 담금질 후 취성을 막기 위해 뜨임 처리한다.
③ 조직 연화 또는 기계 가공에 적당한 상태로 하기 위한 목적 : 풀림, 탄화물의 구상화 처리한다.
④ 조직의 미세화, 방향성 및 편석을 적게 하고 균일 상태를 유지할 목적 : 노멀라이징(불림)
⑤ 냉간 가공의 영향 제거 목적 : 중간 풀림, 변태점 이하로 가열하여 연화 처리
⑥ 마크로 적응력 제거 및 기계 가공에 의한 제품의 비틀림, 사용 중 파손 방지 목적 : 응력 제거 풀림
⑦ H에 의한 취화를 하기 위한 목적 : 150～300℃로 가열한다.
⑧ 조직 안정화 목적 : 풀림, 뜨임, 심냉 처리
⑨ 내식성 개선 목적 : 스테인레스강의 담금질
⑩ 자성(磁性) 향상 목적 : 규소 강판의 풀림
⑪ 표면 경화 목적 : 고주파 담금질, 불꽃 담금질
⑫ 강의 점성과 인성을 부여할 목적 : 고 Mn강의 담금질

나. 열처리의 기본 법칙

① 가열 방법

㉮ 가열 온도

㉠ 변태점($A_{3,2,1}$점 또는 Acm선) 이상에서 가열 : 풀림, 담금질, 노멀라이징

㉡ 변태점(A_1점) 이하에서의 가열 : 뜨임, 시효, 저온 풀림

㉯ 철강을 산화시키지 않고 가열하는 방법

㉠ 숯이나 주철 칩(chip) 또는 침탄제 등에 묻어 가열하는 방법

㉡ 산화나 탈탄 방지제를 도포하여 가열하는 방법

㉢ 보호 분위기 gas 속에서 가열하는 방법 및 진공 중에서 가열하는 방법

㉣ 중성 염욕(鹽浴)이나 연욕(鉛浴) 중에서 가열하는 방법

㉰ 가열 속도

㉠ 급열(고주파로, 용융염, 화염) : 담금질, 뜨임

㉡ 서열(전기로, 중유로) : 담금질, 뜨임, 풀림, 노멀라이징

㉱ 가열 방법의 4가지

정온 가열, 고온로(高溫爐) 급속 가열, 노(爐)와 함께 가열, 단계 가열

㉲ 가열 변태

㉠ 가열 속도를 지배하는 요소

ⓐ 열처리 온도 그 이상에 미리 가열되어 있는 노 중에 가열하는 방법
노의 생산성 향상, 조작 시간 단축, 연료비 절감, 산화 탈탄을 방지한다.

ⓑ 소요의 가열 속도로서 노와 함께 가열하는 방법
열전도율이 나쁜 강의 경우에 이용되며, 재료의 내부 온도가 표면보다 낮다.

ⓒ 소요 열처리보다 낮은 온도로 가열되되 있는 노에 장입하고 처리물이 노온도로 된 뒤에 노와 함께 소요 온도까지 가열하는 방법

㉡ 가열 시간 및 온도 결정

ⓐ 가열 시간 : 가열물의 최소 두께(H)를 기준으로 한다.

ⓑ 가열 온도 : 가열물을 밀착시켜 열전대로 측정한다.

ⓒ 보온 시간 : 0.5 ~ 1.0Hmm 정도이다.

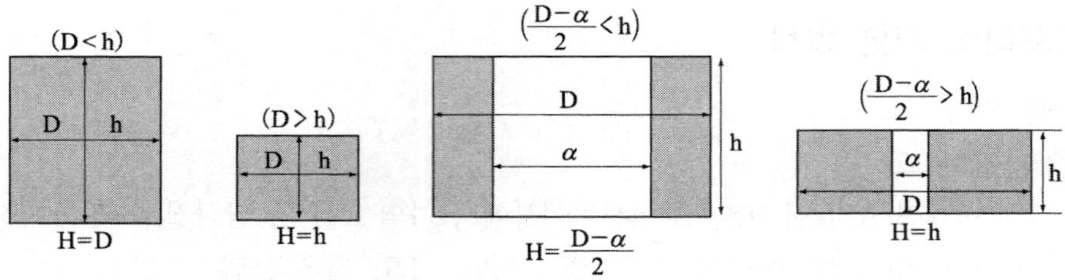

그림 3-10 제품의 가열시간 및 온도 결정 방법

② 냉각 방법

㉮ 냉각 방법과 열처리

냉각 속도	종류
A_1 변태점 이상	로냉(풀림), 공냉(불림), 급냉(담금질) 항온냉(오스템퍼, 마이템퍼 등) 계단 냉각(시간 담금질, 마퀜칭, 인상 담금질)
A_1 변태점 이하	뜨임, 시효(노냉, 공냉, 급냉), Bainite 뜨임(항온냉)

㉯ 냉각 방법의 규칙

필요한 온도 범위만을 냉각시키고, 필요한 냉각 속도로 냉각시킨다.

㉰ 필요한 온도 범위의 두 가지 종류

㉠ 열처리 온도로부터 화색(火色)이 없어지는 온도(약 550℃)까지의 범위

Ar′범위는 담금질 효과가 나타나는지의 여부를 결정하는 온도 범위(임계 구역)로 아 구역을 급냉시키면 강은 경화하고 서냉시키면 경화가 일어나지 않는다.

㉡ 약 250℃ 이하의 온도 범위

Ar″범위는 담금질 처리의 경우에만 필요한 온도 범위로서 담금질 균열을 결정지어 주는 위험 지대로서 위험 구역이라 한다.

㉱ 일반 열처리의 냉각 순서 : 담금질(수냉 또는 유냉)>불림(공냉)>풀림(노냉)

㉲ 냉각 방법의 요령

열처리	필요 온도 범위	필요 냉각 속도
풀림	• 550℃까지(Ar′ 범위) • 그 이하의 온도	• 극히 서냉한다. • 공냉으로 가능하다.
노멀라이징	• 550℃까지(Ar′ 범위) • 그 이하의 온도	• 방냉(空中)한다. • 서냉한다.
담금질	• 550℃까지(Ar′ 범위) • 250℃ 이하(Ar″ 범위)	• 급냉한다. • 서냉한다.
뜨임	• 뜨임 온도부터(뜨임 연화) • 뜨임 온도부터	• 급냉한다. • 서냉한다.

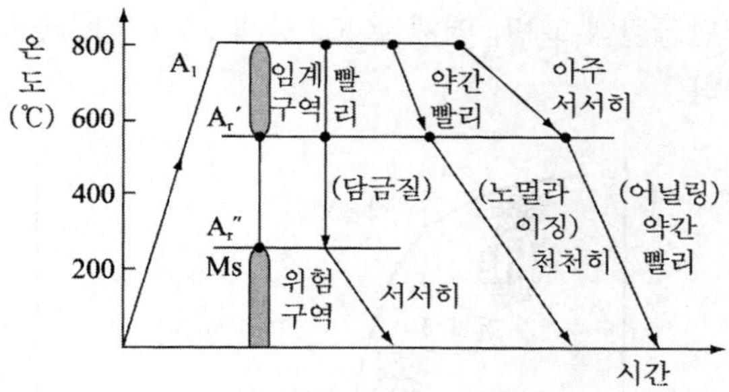

그림 3-11 냉각 방법의 요령

③ 냉각법의 3형태

㉮ 연속 냉각(C.C, continuous cooling)

㉠ 완전히 냉각될 때까지 냉각을 계속하는 방법으로 가장 보편적인 방법이다.

㉡ 보통 풀림, 보통 불림, 보통 뜨임 등이 여기에 속한다.

㉯ 계단 냉각(2단 냉각, S.C, step cooling)

㉠ 냉각 도중에 냉각 속도를 변화시키는 방법으로 현장에서 널리 사용된다.

㉡ 필요 온도 범위만을 필요 속도로 냉각하고, 그 후에는 인위적 속도를 조절한다.

㉢ 2단 풀림, 2단 뜨임, 인상 담금질 등이 있다.

㉣ 변태 속도는 Ar′ 변태점과 Ar″ 변태점을 기준으로 한다.

㉰ 항온 냉각(L.C, isothermal cooling)

㉠ 냉각에 열욕을 사용하여 항온 유지 후 냉각하는 방법

㉡ 필요 온도까지 급냉하고 그 온도에서 항온 유지 후 적당 시간 경과 후 냉각한다.

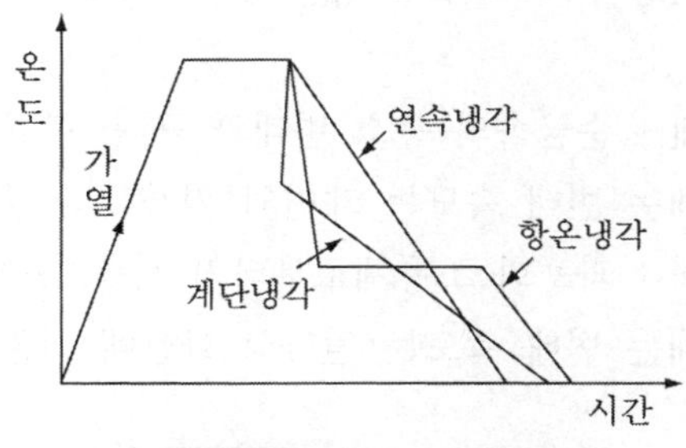

그림 3-12 냉각법의 3형태

㉱ 냉각의 3단계

㉠ 증기막 단계(제1단계, Ⅰ) : 고열 부품이 냉각액의 증기막에 포함되어 서냉하는 단계

㉡ 비등 단계(제2단계, Ⅱ) : 냉각액이 비등하면서 급냉되는 단계

㉢ 대류 단계(제3단계, Ⅲ) : 냉각액이 대류에 의해 서냉하는 단계

(3단계는 담금질액 교반, 액체 온도, 강재 크기, 담금질액 투입의 고저(高低)에 따라 변한다.)

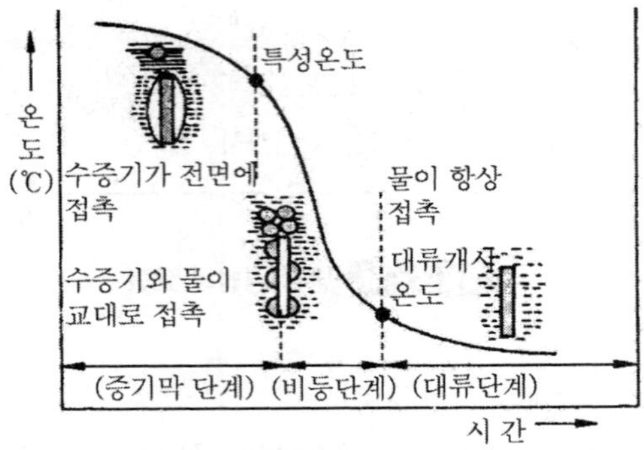

그림 3 - 13 냉각의 3단계

다. 열처리와 변태

① 합금 종류에 따라 고상 변태의 분류

㉮ 순금속 : 동소 변태 및 Martensite 변태 = (단상 ⇒ 단상)

㉯ 고용체 : 규칙, 불규칙 변태 = (단상 ⇒ 단상)

㉰ 합금 : 공석 변태 및 석출 = (단상 ⇒ 2상)

② 변태 진행 기구에 의한 분류

: 균질 변태 및 불균질 변태(핵 발생 성장 상태 및 Martensite 변태)

③ 열활성 변태

㉮ 계면 제어 변태 : 순금속의 동소 변태와 규칙, 불규칙 변태를 포함한다. 계면 제어 변태는 변태 속도는 계면의 원자간의 상호 작용에 의존한다.

㉯ 확산 제어 변태 : 과포화 고용체로부터의 석출, 공석 변태 등이다. 확산 제어 변태는 변태 속도는 원자의 확산에 의존한다.

④ 시효 변태

과포화 고용체로부터 다른 상이 석출하는 현상을 이용하여 금속 재료의 강도 및 그 밖의 성질을 변화시키는 처리다.

⑤ 급냉으로 일어나는 지체 변태

㉮ 시편을 액체 중에서 담금질할 때 나타나는 담금질 곡선의 특성으로 담금질이 시작되는 순간부터 온도가 강하하는 것이 아니고, 담금질 curve의 위쪽에 무릎(knee) 형상에서 순간적으로 지체한다.

㉯ 일정 시간의 경과 후에 용매가 시편으로부터 열을 빼앗는 것이다.

㈐ 임계 구역 이상의 온도에서 여러 가지 속도로 담금질한 공석강의 냉각 곡선에 나타난 정지점의 일반적인 성질

㉠ 곡선 ①

공석강의 시험편을 100℃의 물 속에 넣었을 때에 나타나는 곡선이다.

냉각 속도가 늦으며, Ar_1이 나타나고, 조직은 Pearlite 조직이 된다.

㉡ 곡선 ②

80℃의 물 속에 급냉시키면 Ar_1 변태점이 내려가고 두 개의 정지점인 Ar′와 Ar″ 변태가 나타난다.

조직은 Martensite와 Fine Pearlite의 혼합조직이다.

㉢ 곡선 ③

20℃의 물 속에 더욱 급냉하면 Ar′ 변태점은 완전 소멸되고, Ar″ 변태점만 나타나며, 냉각 속도가 증가하면 Ar′ 변태는 점차 강도가 감소되고, Ar″ 변태는 Ar′ 변태가 소멸될 때가지 증가되어 Ar″ 변태만 나타난다.

(조직은 Martensite 조직을 생성한다.)

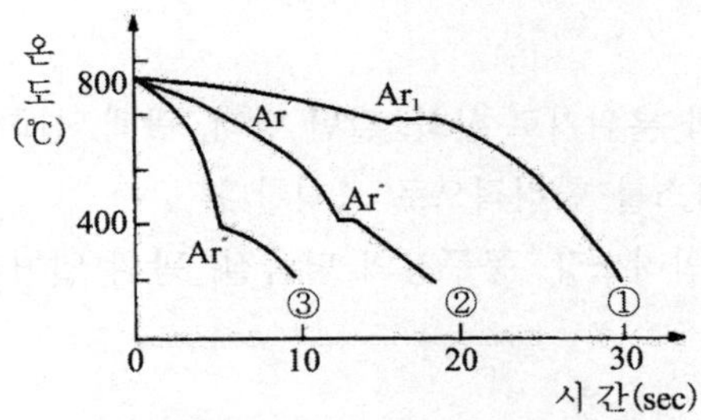

그림 3-14 공석강의 열적 변태

라. 열처리로(爐)의 종류

① 가열로의 분류

㉮ 열원에 의한 분류 : 전기로, 가스로, 중유(경유)로

㉯ 구조에 의한 분류 : 상형로, 원통로, 회전로, 연속로, 배치로(횡형, 피트형), 세이커하스, 회전 레토르트로, 콘베이어로, 퓨셔로, 대차로

㈐ 용도에 의한 분류

일반 열처리로, 고체 침탄로, 염욕로(담금질, 뜨임, 침탄, 질화 등). 가스 침탄로, 분위기 열처리로, 고주파 가열 장치, 화염 경화 처리 장치

② 형식에 따른 분류

㉮ 비연속로 : 대차로, 벨트로, 엘리베이터로

㉯ 연속로 : 콘베이어로, 레토르트로, 회전로

㉰ 직·간접 가열로(가열 방식) : 가스식, oil식, 버너식

③ 중유로

㉮ 열원 : 중유, 경유

㉯ 연소 방법 : 중유를 공기압을 가해 분무상으로 해서 공기와 혼합 연소 시킨다.

㉰ 장점 : 취급이 간편하고, 경제적이며 열처리로 중 가장 많이 사용한다.

㉱ 단점 : 로내(爐內) 온도가 불균일하다.

㉲ 용도 : 대형 제품용, 단조용 가열로, 연속로에 사용된다.

④ 가스로

㉮ 열원 : 발생로 가스, 석탄 가스, 천연 가스, 프로판 가스 등을 열원(熱源)으로 한다.

㉯ 장점 : 온도 조절이 용이, 균일한 온도 지속, 점화가 단단하며 복사열 작용을 한다.

㉰ 용도 : 대형 열처리로, 연속 가열로

⑤ 분위기로

㉮ 열원 : 전기

㉯ 특징 : 무산화 분위기로 산화, 탈탄 방지, 광택, 산화막(템퍼 칼라)을 남게 하는 광휘 열처리며, 가스를 합리적으로 조성한다.

㉰ 용도 : 스테인리스강, 공구강의 담금질, 광휘 열처리, 공구강의 열처리용

⑥ 전기로

㉮ 열원 : 전기 저항열
(전기열 저항체 : 니크롬선(비금속 재료는 SiC를 발열체로 사용한다.))

㉯ 특징 : 온도 조절 용이, 온도 분포 균일 및 제품 미려(美麗)하고 작업이 편리하다.

㉰ 종류 : 상형로, 대차로, 원통로, 회전 노상식 전기로(로타리 하스), 회전 레토르트로

⑦ 진공로

㉮ 열원 : 전기

㉯ 특징

㉠ 산화와 탈탄이 없고, 변형이 적으며, 진공 중에서 가열하면 광휘 상태를 유지하므로 이상적이다.

㉡ 표면에 이물질(異物質)의 흡착이 없어 미려한 광휘성(光輝性)이 보장된다.

㉢ 고온 열처리, 고급 열처리가 가능하며 후 공정 생략으로 원가가 절감된다.

㉣ 열손실이 적고 상승 시간을 단축할 수 있으며 냉각에 장시간을 요한다.

㉰ 장점 : 진공 중 열처리로 산소와 결합이 없어 본래의 표면 유지로 광휘 열처리된다.

㉱ 용도 : 게르마늄, 실리콘 등의 전자 부품의 열처리, 구리 철사의 풀림, 연화용

⑧ 염욕로(salt bath)

㉮ 열원 : 전기, 가스. 중유

㉯ 특징 : 중성, 화원성의 융점 베드 중에서 처리러 산화 및 탈탄을 방지하고 항온 균일 가열에 적합하다.

㉰ 용도 : 산화 및 탈탄 방지로 특수강, 공구강, 고속도강 열처리에 이용된다.

㉠ 저온용 : 550℃ 이하에서 처리하며, 질산염이 사용되고 열원은 전력이다.

㉡ 중온용 : 600 ~ 900℃에서 처리하며, 사용되고 중성 및 환원성의 염욕이 사용된다.

㉢ 고온용 : 1,000 ~ 1,350℃에서 중성, 환원성염에서 사용하며 고속도강, 스테인리스강용으로 사용한다.

⑨ 고주파로

㉮ 열원 : 고주파 유도 전류

㉯ 고주파 담금질의 특징

㉠ 고주파 유도 가열을 이용하여 강의 표면 경화에 적합하다.(표면 신속 가열)

㉡ 표면 담금질이 좋고, 급속 가열이 가능하며 가열 시간이 짧으므로 산화, 탈탄이 적다.

㉢ 조작이 간편하고, 열처리 후에 연삭 공정 생략(또는 단축)할 수 있다.

㉣ 열처리 불량이 적고 비틀림 발생이 적으며 대량 생산에 적합하다.

㉤ 균일한 담금질이 가능하고 표면은 초경도가 되고 내마모성이 향상된다.

㉥ 직접 가열에 의하므로 열효율이 좋고 기계적 성질이 향상된다.

㉦ 고주파 가열 부분의 국부 냉각 : 분사 냉각법으로 한다.

㉰ 용도 : 표면 경화용 용해로, 가열로에 사용하고 풀림이나 담금질에 사용한다.

⑩ 열처리로의 용도

종류	용도		
중유로	• 풀림 기계 부품 담금질	• 대형 강괴 가열로용	• 주 단조용 가열로용
가스로	• 대형 열처리용, 연속로용		
전기로	• 소형, 정밀, 연속 열처리용		
염욕로	• 특수강, 공구강, 고속도강 열처리용		
분위기로	• 스테인리스강 열처리용	• 공구강 담금질용	• 광휘 열처리용
진공로	• 전자 부품 열처리용	• 동선 풀림 연화용	• 광휘 열처리
고주파로	• 강의 표면 경화용	• 용해, 풀림, 담금질용	

마. 열처리 온도에 따른 염욕제의 분류

① 저온용 염욕제(150 ~ 550℃)

㉮ 아질산소다($NaNO_2$, 280℃)

㉯ 아질간가리(KNO_2, 290℃)

㉰ 질산소다($NaNO_3$, 310℃)

㉱ 질산가리(KNO_3, 336℃)

저온용 염욕제의 용도 : 뜨임, Marquenching, Martemper 등의 항온 열처리용으로 비철 금속 열처리, 시효 처리, 착색 처리 등에 이용한다.

② 중온용 염욕제(550 ~ 1,000℃)

㉮ 염화 바륨($BaCl_2$, 901℃)

㉯ 염화소다($NaCl_2$, 803℃)

㉰ 염화 칼슘($CaCl_2$, 777℃)

㉱ 염화칼륨(KCl_2, 775℃)

㉲ 황산소다($NaSO_4$, 856℃)

㉳ 붕사(NaB_2O_7, 748℃)

중온용 염욕제의 용도 : 강재의 담근질, 가열, 고속도강의 Marquenching, 예열 뜨임, Austempering용으로 사용된다.

③ 고온용 염욕제(1,100 ~ 1,350℃)

㉮ 염화 바륨($BaCl_2$)을 주성분으로 한 타 염류를 적당량 혼합한다.(경합금 열처리에 좋다.)

(고온용 염욕제의 용도 : 고속도강 담금질, 18 − 8 스테인리스강의 수인 처리, 다이스강의 담금질, 가열에 이용한다.)

④ 염욕제의 선택 조건

㉮ 불순물이 적고 용해가 용이하고 흡습성이 적을 것

㉯ 유동성이 좋고 염류 피막이 열처리 후 용이하게 떨어질 것

㉰ 산화, 부식이 없고 유해 가스의 발생이 없을 것

바. 열처리에 사용되는 온도계

① 열처리에 사용되는 온도계 종류와 온도

종류	측정 범위(℃)	특징	용도
열전쌍 온도계	IC : 200 ~ 500 CA : 0 ~ 1,000 PR : 0 ~ 1,500	• 정밀도가 좋다. • 자동 제어, 기록이 가능하다. • 값이 저렴하다.	• IC : 마퀜칭, 유도로 • CA : 일반 열처리로 • PR : 고온 열처리로
저항식온도계	− 200 ~ 500	• 정밀도가 좋으나, 값이 고가 • 자동 제어, 기록이 가능하다. • 고온 측정이 불가하다.	• 저온로용(저온 뜨임로용)
광고온계	700 ~ 2,000	• 저온 측정, 기록, 제어 불가능 • 보정 및 숙련을 요한다. • 기록, 제어가 불가하다.	• 직접 물체 측정용 • 단조용 가열로
방사 온도계	800 ~ 2,000	• 저온 측정이 불가하다. • 보정을 요한다.	• 시험용
압력계 온도계	− 40 ~ 500	• 정밀도가 불량하다. • 구조가 간단하고 값이 싸다.	• 담금질 기름 온도 측정용

② 전지 저항 온도계(resistance thermometer)

㉮ 금속의 전기 저항 증가(온도가 1℃ 상승하면 0.3 ~ 0.6% 증가한다.)를 이용해서 금속의 전기 저항을 측정하고 온도를 나타내는 계기를 말한다.

㉯ 측온 저항체로는 Pt, Ni, Cu 등이 이용된다.
Pt 또는 Ni의 금속선을 내열 절연물에 감아서 일정한 전압을 흘려 이 때 금속에 흐르는 전류의 세기를 측정하여 그 온도를 알아내는 장치다.

㉰ 700℃ 이하의 저온을 정확히 측정하는데 이용하며, 정도(精度)는 매우 좋으나 취급이 까다로워 연구실용으로 사용한다.

③ 열전대 온도계

㉮ 열전도(thermo couple, 두 가지 금속이 결합된 것)를 이용한 온도계이다.

㉯ 저온에서 고온(상용 온도 : 300 ~ 1,400℃)까지 널리 계측할 수 있다.

㉰ 열전대에 사용되는 재료

㉠ 내열, 내식성이 좋고 고온에서 기계적 강도가 커야 한다.

㉡ 열기전력이 크고 안정성이 있으며 히스테리스의 차가 없을 것

㉢ 제작이 쉽고 호환성(互換性)이 있고 가격이 안정될 것

㉱ 열전 재료

종류	기호	재료	성분(%)	사용 온도(℃)
백금 – 백금로듐	PR	백금 로듐 합금	Pt(100) Pt(87)+Rh(13)	1,600
크로멜 – 알루멜	CA	크로멜 알루멜	Ni(90)+Cr(10) Ni(94)+Al(2)+Mn(3)+Si(1)	1,200
철 – 콘스탄탄	IC	철 콘스탄탄	Fe(100) Ni(90)+Cr(10)	900
구리 – 콘스탄탄	CC	구리 콘스탄탄	Cu(100) Cu(60)+Ni(40)	600

④ 복사 온도계(방사 온도계)

㉮ 측온하는 물체가 방출하는 적외선의 방사 에너지를 이용한 온도계이다.

㉯ 고온으로부터 들어오는 복사열을 렌즈나 반사경을 이용하여 한 점에 모으고 거기에 온도계의 감온부를 놓아 열전대로 온도를 읽어 측정물의 온도를 안다.

㉰ 측온 물체와 접촉하지 않고 온도를 측정할 수 없다.

㉱ 복사 온도계의 측정 온도와 실제적인 온도와의 관계

$$T=\frac{S}{\sqrt[4]{\varepsilon}}$$

• T : 물체의 실제적 온도 • ε : 물체의 전복사능 • S : 복사 고온계의 측정 온도

⑤ 광전 온도계(photoelectric pyrometer)

㉮ 물체로부터의 복사를 렌즈를 통해 모아서 광전판으로 받아 자동적으로 온도 측정이 가능토록 한 온도계로서 응답이 빠르고 급변하는 온도 측정에 적당하다.

㉯ 장치가 고가(高價)이며 정교해서 현장에서는 부적합하다.

⑥ 팽창 온도계

㉮ 물체가 온도에 비례하여 팽창하는 특성을 이용하여 측온하는 계기를 말한다.

㉯ 봉상 온도계

㉠ 뜨임 온도 측온용 : 수은 온도계(상온 ~ 400℃)

㉡ 심냉 처리 측온용 : 알콜 온도계(상온 ~ – 80℃)

㉰ 용솟음 관식 팽창 온도계(부르동관식 온도계)

부르동관에 액체나 가스를 봉입하여 승온에 의해 관이 곧게 뻗는 특성을 이용하여 측온하는 장치이다.

㉣ 바이메탈식 온도계

㉠ 팽창 계수가 다른 2종의 엷은 금속판을 서로 맞붙인 것으로 온도가 올라가면 한쪽이 휘게 된다. 이 휘는 양에 따라 측온하는 계기이다.

㉡ 직접 on – off 전기 스위치가 되므로 손쉬운 자동 제어 장치에 이용된다.

⑦ 광고온계(optical pyrometer)

㉮ 흑체(黑體)로부터의 복사건 가운데서 가시 광선(可視 光線)만을 이용한 온도계이다.

㉯ 저온에서는 가시 광선의 방출이 적으므로 700℃ 이상에서 사용된다.

㉰ 가시 광선의 전파장(全波長) 색의 것을 이용할 경우가 있다.
보통 적색 단광색(파장 : 0.65μ)을 이용한다.

⑧ 온도 제어 장치

㉮ on – off식 온도 제어 장치

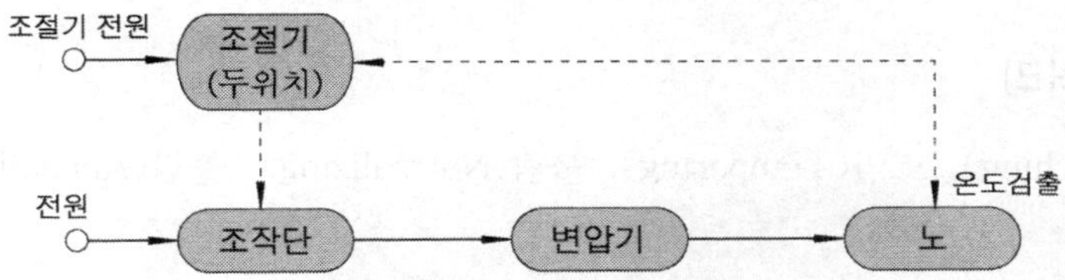

그림 3 – 15 on – off 제어계

㉠ on – off 제어는 단일 제어계로서 전자 접촉기, 전자 수은 릴레이 등을 결합시켜 전기로에 공급되고 있는 전류의 전부를 단속시키는 방법이다.

㉡ 전자 접촉기가 많이 사용되나 소음, 안전, 보수 등의 점에서는 전자 수은 릴레이가 유리하며, ±15℃ 정도까지 제어가 가능하며 온도 조절이 간단하다.

㉯ 비례 제어식 온도 제어 장치

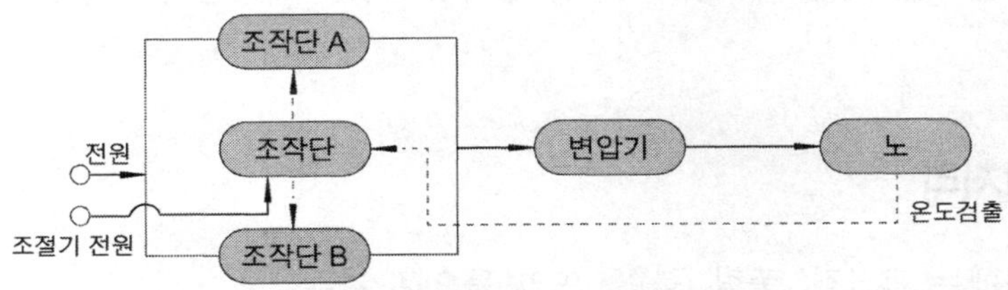

그림 3 – 16 비례 제어계

㉠ on – off의 시간비를 편차에 비례하도록 한 것이다.

㉡ 전기로에서의 공급 전력을 조절기의 신호가 on일 때에 100%로 하여 off일 때 60 ~80%로 낮추는 방법으로 정밀 온도 조정이 가능하다.

㉰ 정치 제어식 온도 제어 장치(2차 제어)

전기로의 전기 회로를 2회로 분할하여 한쪽을 단속시켜서 전력을 제어하는 방법으로 양호한 온도 제어가 필요할 때 사용되며 가장 널리 이용되는 방식이다.

㉱ 프로그램 제어식 온도 제어 장치

㉠ 예정된 승온, 유지, 강온(降溫) 등을 자동적으로 행하는 제어 장치이다.

㉡ 열처리 작업에 의한 온도 – 시간 곡선에 상당하는 캠을 만들고 캠축에 고정한 캠의 주위를 따라서 프로그램용 지시를 작동시키는 방법이다.

㉢ 생산성을 높이고 집중 관리, 완전 자동화를 위한 방법이다.

2 열처리의 분류

가. 일반 열처리

담금질(Quenching), 뜨임(Tempering), 불림(Normalizing), 풀림(Annealing)

나. 열처리 방식에 따른 분류

① 계단 열처리(interrupted heat treatment)

② 항온 열처리(isothermal heat treatment)

항온 풀림, 항온 뜨임, 항온 담금질, 항온 불림

③ 연속 냉각 열처리(continuous cooling heat treatment)

④ 표면 경화 열처리(surface hardening)

침탄법, 질화법, 화염 경화법, 고주파 경화법, 시안화법, 금속 침투법, 하아드 페이싱

3 일반 열처리

일반 열처리에는 담금질, 풀림, 불림, 뜨임 등으로 분류한다.

가. 담금질(quenching)

강을 임계 온도 이상의 상태로부터 물, 기름 등에 넣어서 급냉시켜 Martensite 조직을 얻는 열처리 조작이다.

① 담금질의 목적 : 경도 증대(Martensite 조직을 얻기 위한 목적)

② 담금질 온도

㉮ 탄소 함유량에 따라 적당한 담금질 온도를 선택한다.

㉠ 아공석강의 담그질 온도 : $A_{3,2,1}$ 변태점 이상 30 ~ 50℃에서 급냉한다.

㉡ 공석강, 과공석강의 담금질 온도 : A_1 변태점 이상 30 ~ 50℃에서 급냉한다.

㉢ 구조용강, 구조용 합금강의 담금질 온도 : 재료의 내외부가 등온이 될 때까지 한다.

㉯ A_{cm}선 이상의 온도에서 담금질하면 담금 균열을 일으키므로 Acm선과 A_1 변태점의 중간에서 초석 Fe_3C가 혼합된 조직으로 담금질하는 것이 좋다

㉰ 담금질 온도가 낮으면 균일한 Austenite 조직을 얻기 어렵고, 담금질하여도 경화되지 않는다.

㉱ 담금질 온도가 높으면 과열로 인하여 조직이 거칠어지고, 담금질 중에 깨어지는 경우가 있다.

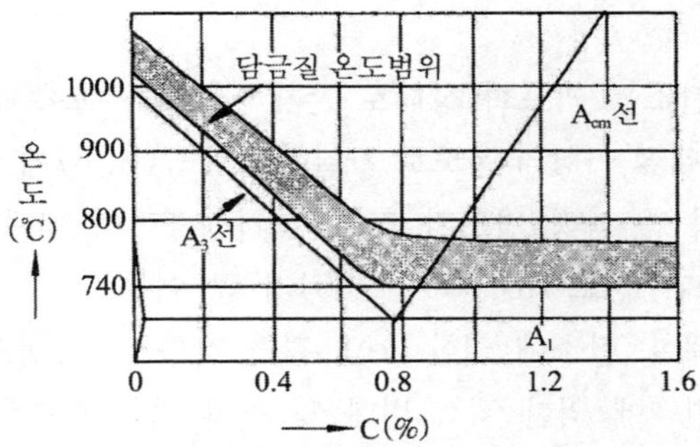

그림 3 - 17 탄소강의 담금질 온도

③ Martensite 변태

㉮ 아공석강을 AC_3 변태점 이상, 과공석강을 AC_1 변태점 이상의 온도로 가열하여 균질한 Austenite 또는 여기에 탄화물이 혼합된 조직으로 한 다음 수냉(또는 유냉) 및 특수 방법으로 급냉하면 경도가 극히 높은 Martensite를 주체로 한 조직을 얻는다.

㉯ Martensite 조직은 모체인 Austenite 조성과 동일하다.

㉰ Martensite 변태 개시 온도는 냉각 속도를 크게 하더라도 강하되지 않고 일정하다

㉱ Martensite의 생성 개시 온도(Ms)와 종료 온도(Mf)는 강의 조경 및 Austenite입도에 좌우된다.

㉲ Martensite는 γ − 고용체에서 발생한 전단 응력에 의해 생성된다.(시간 : 10^{-7}초 이내)

㉳ Martensite 변태의 진행은 온도의 강하에 의하여 Mf가 실온 이하인 경우 상온에서 잔류한 γ − 고용체는 심냉 처리에 의해 진행된다.

④ 담금질 조직(quenching structure)

㉮ Austenite

㉠ 탄소를 고용한 γ − Fe이며, 탄소 용해도는 1,145℃, 탄소 최대 고용 능력은 2.0%다.

㉡ 강을 A1(723℃) 변태점 이상으로 가열하였을 때 나타나는 조직이다.

㉢ 비자성체이며, 전기 저항이 크고 강도는 낮으나 인장 강도에 비해 연신율이 크다.

㉣ 경도는 HB155이고 점성 및 내식성이 크며 불수강의 조직으로 이용된다.

㉤ 특수강에 담금질 효과가 좋다.

㉥ 18 − 8 스테인리스강을 820 ~ 880℃에서 급냉하면 상온에서 나타난 조직이다.

㉦ **Austenite 결정 입도 표시법(기호)**

기호	표시법	기호	표시법	기호	표시법
AGC	침탄 입도 시험법	AGS	한끝 담금질 방법	AGh	담금질, 풀림 방법
AGd	2번 담금질 방법	AGf	서냉 담금질법	AGO	산화 방법

㉯ Martensite

㉠ α − Fe에 탄소를 과포화 상태로 존재하는 α − 고용체이다.

㉡ 강을 A_{c1} 변태점 이상의 온도로 가열하여 수중(水中)에 담금질하면 나타나는 조직

㉢ 열처리 조직 중 가장 경도가 크며, 강자성체이며, 비중은 Austenite보다 작다.
(Martensite가 경도(HB 600 ~ 700)가 큰 이유)
- 입자 미세화, 탄소에 의한 Fe의 격자 강화 및 급냉으로 인한 내부 응력 존재
- 무확산 변태에 의한 체적 변화 및 원자 격자에 슬립이 생겨 내부 응력 증가
- 탄소 원자 및 Fe_3C를 석출하면서 초격자의 강화

㉣ 침상 조직으로 부식 저항이 크며 인장 강도가 크다.

㉤ Martensite 변태는 부피가 팽창한다.

ⓐ α − Martensite

탄소를 과포화 상태로 고용된 준안정 상태의 BCC이며, 가장 단단하고 탄소 함유량이 많아지면 취약하게 되며 강자성체이고 Austenite보다 밀도가 작기 때문에 Martensite로 변하면서 팽창한다.

ⓑ β − Martensite

체심 입방 격자이며 강을 유냉시, α − Martensite를 뜨임 처리할 때 나타난다.

ⓒ α – Martensite와 β – Martensite의 성질 비교

성질 \ 조직	안정도	부식도	비용적	전기저항	경도	자성
α – Martensite	작다.	작다.	크다.	크다.	크다.	약하다.
β – Martensite	크다.	크다.	작다.	작다.	작다.	강하다.

ⓗ Martensite의 특징

ⓐ 급냉하여도 Martensite의 생성과 생성 개시 온도를 강하시킬 수 없다.

ⓑ Ms점과 Mf점은 강의 조성 및 Austenite 입도에만 결정하며 탄소 또는 그 밖의 원소의 영향에 따라 강하한다.
(Mf점이 실온 이하일 때는 담금질에 의해 강 중에 잔류 Austenite가 생긴다.)

ⓒ Martensite 변태는 응력의 영향을 받기 쉽다.

ⓓ Martensite 결정 : 판상 또는 lens상이며 한 개의 결정 성장은 10^{-7}sec이다.

ⓔ Martensite의 격자 상수 및 축비(軸比)는 탄소 함유량에 따라 비례적으로 변한다.

ⓕ 탄소 함유량이 증가하면 Martensite의 경도는 증가한다.

㉰ Troostite

㉠ Martensite 조직보다 냉각 속도(유냉 또는 온탕냉)를 조금 적게 하였을 대 나타나는 조직으로 강을 유냉시 500℃에서 생기는 결정상 조직이다.

㉡ Martensite 조직을 300 ~ 400℃에서 뜨임할 때 나타나는 조직이다.

㉢ Ferrite와 미세한 Cementite와의 기계적 혼합물이다.

㉣ 강을 Austenite 상에서 임계 구역을 서냉하였을 때 석출된 조직이다.

㉤ 경도(HB 420) 및 인장 강도는 Martensite보다 적으나 인성 및 전성이 다소 있어서 큰 경도와 약간의 충격을 요하는 부분에 사용한다.

㉥ 부식이 되기 쉽고 절삭력을 가진 절삭 공구용으로 사용된다.

㉱ Sorbite

㉠ Troostite보다 냉각 속도를 조금 적게 하였을 때 나타나는 조직이다.
(큰 강재를 유냉할 때, 작은 강재를 공냉할 때 나타난 조직이다.)

㉡ Martensite 조직을 600℃에서 뜨임하였을 때 나타나는 조직이다.

㉢ 미세한 입상 탄화물의 조직이고 가공 경화가 가장 적은 조직이다.

㉣ 경도(HB 270) 및 강도는 Troostite보다 작으나 인성과 탄성이 있어 인성과 탄성을 동시에 요구하는 곳에 사용한다.

㉤ Sorbite 조직을 얻기 위한 열처리 : 파텐팅, Austempering, 조질 처리가 있다.

㉮ 열처리 조직의 성질

조직명	조성	성질
Austenite	γ−Fe(2.0%C)	강하고 점성이 크다. 비자성체
Martensite	α−Fe(탄소의 과포화)	경하고 취약하다. 강자성체
Troostite	α−Fe+Fe_3C(입상)	강하고 점성이 있다. 저온 뜨임
Sorbite	α−Fe+Fe_3C(입상)	강하고 점성이 있다. 고온 뜨임
Bainite	α−Fe+Fe_3C(층상)	강하고 점성이 있다.

㉠ 응집 상태 : Troostite ⇒ Sorbite ⇒ Pearlite ⇒ 조대(粗大)

㉡ 강을 Austenite로부터 담금질하면 증가하는 성질
전기 저항, 보자력, 잔류 자기, 강도, 경도, 탄성 한도, 비열(약간 증가)

㉢ 강을 Austenite로부터 담금질하면 감소하는 성질 : 비중, 열전도율, 연신율

㉯ 조직에 의한 팽창 순서
Martensite > Fine Pearlite > Medium Pearlite > Rough Pearlite > Austenite

⑤ 담금질 작업

㉮ 담금질 냉각에서 중요한 것은 임계 구역은 급냉, 위험 구역은 서냉하여 한다.

㉯ 정체된 물 속에서의 냉각은 비등 단계에서 냉각 속도가 최대가 되며 담금질 효과가 크게 나타난다.

㉰ 임계 구역에서 급냉된 강은 Ms점에서 Ar″ 변태를 하여 Martensite조직으로 된다.
(강의 임계 구역을 급냉시키는 방법 : 30℃ 이하에서 수냉, 60 ~ 80℃의 유냉, 통풍 냉각(HQA)을 한다.)

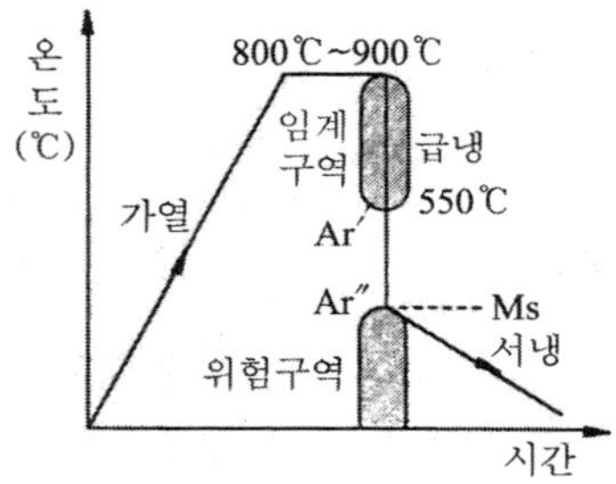

그림 3 - 18 담금질 작업

㉱ Ar′ 변태 구역은 급냉시키고 담금질 균열 발생을 방지하기 위하여 Ms점과 Mf점의 구역에서는 서냉시킨다.

㉲ Ms점은 강의 화학 성분에 따라 결정되며 탄소량이 많을수록 Ms점은 낮아진다.

> **Ms점을 산출하는 식**
> Ms점(℃) = 550 − (350×C%) − (40×Mn%) − (35×V%) − (20×Cr%) − (17×Ni%) − (10×Cu%) − (10×Mo%) − (5×W%) + (15×Co%) + (30×Al%)
> 일반적으로 현장에서 많이 사용되는 공식 : Ms(℃) = 550 − 361 × C%

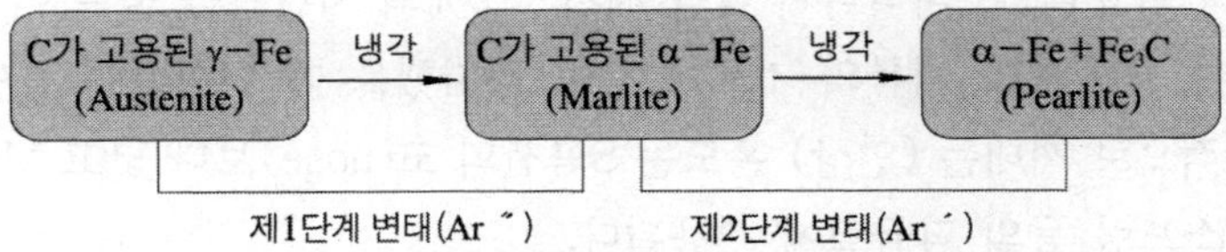

그림 3-19 강의변태

㉠ 제1단계 변태(Ar″ 변태)

ⓐ 탄소를 순간적으로 고용한 α − Fe 상태로 변한 것이다.

ⓑ 강을 담금질할 때 Austenite가 Martensite로 변하는 무확산 변태이다.

ⓒ Ar″ 변태점은 강의 탄소량이 증가하면 강하하지만 그 온도는 냉각 속도를 증가시켜도 변하지 않고 일정하다.

ⓓ Ar″ 변태는 250℃ 이하에서 일어나며 과냉도에 좌우된다.

ⓔ Martensite을 일으키는 곡선으로 담금 균열의 위험 지대 범위이다.

㉡ 제2단계 변태(Ar′ 변태)

ⓐ α − 상태에서 순간적으로 고용된 탄소가 확산하여 Cementite를 형성하여 α − Fe과 Fe_3C인 Pearlite로 변한 변태이다.

ⓑ Troostite조직이 얻어지는 변태이며 Pearlite 변태를 일으키는 곡선이다.

ⓒ Austenite로부터 Ferrite, Cementite로 분해 확산하는 변태이다.

ⓓ 탄소 원자의 확산이 필요하며, Ar′ 변태점이 서냉되었을 때 경도가 저하된다.

ⓔ 580℃ 부근에서 Ar′ 변태의 최대 속도가 되며 냉각 속도가 클수록 저온에서 일어난다.

- Ar″ 변태(250℃) : Austenite ⇒ Martensite
- Ar′ 변태(550℃) : Austenite ⇒ Troostite
- 냉각 속도 : Ar″ > Ar′

⑥ 담금질 방법

㉮ 시간 담금질(time quenching, 引上 담금질)

㉠ 담금질 온도에서 냉각액 속에 담금질하여 일정 시간 유지시킨 후 인상하여 서냉하는 열조작 방법으로 냉각 속도의 변환을 냉각 시간으로 조절하는 담금질이다.

㉡ 처음에 냉각수로 급냉시키고 적당 시간이 지난 후에 인상하여 유냉 혹은 공냉한다.

㉢ 인상 담금질의 인상 시기를 확인하는 방법

ⓐ 가열물의 직경 또는 두께 3mm당 1sec 동안 물 속에 담근 후 인상하여 유냉 혹은 공냉하고, 진동 또는 물소리가 정지된 순간 인상하여 유냉 혹은 공냉한다.

ⓑ 화색(化色)이 나타나지 않을 때까지 2배의 시간만큼 물 속에 담근 후 인상하여 공냉하고, 기름의 기포 발생이 정지했을 때 인상하여 공냉한다.

㉣ 일반적으로 꺼내는 (인상) 온도는 S곡선의 코(nose)보다 낮고 Ms점보다는 높다.

㉤ 정, 스프링 등의 담금질에 사용된다.

㉯ 분사 담금질(fog quenching, spray quenching)

㉠ 담금질 경화 부분에 냉각액을 분사시켜 급냉하는 방법으로 균열이 없다.

㉡ 담금질 변형이 적기 때문에 대형 축 등의 특수 담금질에 응용된다.

㉢ 냉각 속도가 빠르고 균일하게 되며 굽힘이나 얼룩 방지를 위한 냉각으로서 좋다.

㉰ 프레스 담금질(Hop·press quenching Die quenching)

㉠ 담금질 변형을 극도로 주의해야 하는 기계 부품 등의 담금질에 이용되는 방법으로 프레스로 누르면서 그대로 기름 담금질하는 조작이다.

㉡ 용도 : 톱날, 기어, 면도칼과 같은 얇은 물건, 자동차 크라운 기어 등

⑦ 냉각 속도와 변태점

㉮ 냉각제가 강으로부터 열을 빼앗는 과정

㉠ 제1단계(증기막 단계, 서냉 단계)

담금질 직후 강 표면은 증기막으로 뒤덮여 열전도가 적으므로 느리다.

㉡ 제2단계(비등 단계, 급냉 단계)

증기막이 파열되어 강 표면으로부터 차례로 기포가 발생하여 표면에서 떨어져 나가기 때문에 증기 숨은열과 액의 대류에 의해 급속히 온도가 저하된다.

㉢ 제3단계(대류 단계, 서냉 단계)

온도가 내려가면 기포 발생도 끝나고 대류와 열전도도에 의해 냉각되므로 느리다.

㉣ 제1단계는 짧고, 제2단계는 급냉되며, 제3단계는 열의 흡수가 적어 서냉되는 것이 좋다.

㉯ 냉각 속도는 열전도도, 비열, 기화열이 크고 비등점이 높을수록 크며 점도, 휘발분이 적을수록 크다.

㉰ 변태점 강하 측정(팽창과 수축에 의한 법)

㉠ 순철의 Ar_3 변태는 서냉했을 때 900℃에서 일어나며 0.25%의 선팽창을 일으킨다.

㉡ 강의 γ－고용체는 탄소가 고용되므로 공간 격자가 약간 팽창되어 있으므로 α－고용체로 변할 때는 큰 팽창은 없으나 상당량 팽창된다.

㉢ 노중(爐中) 냉각 : 서냉한 경우로 약 700℃에서의 Ar_1 변태를 일으킨다. (조직 : 상온에서 Pearlite가 얻어진다.)

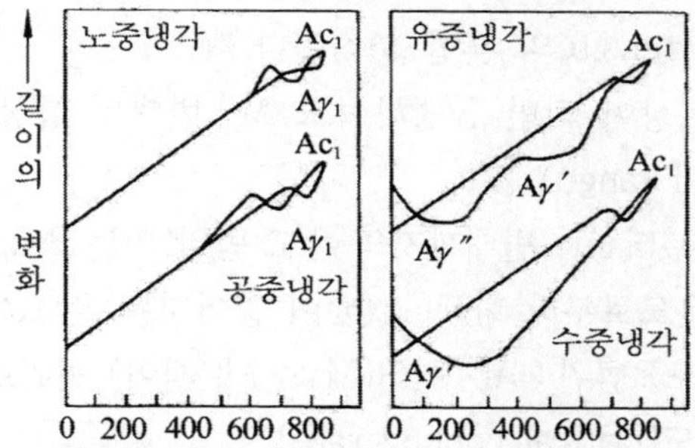

그림 3-20 공석강의 가열·냉각시 변화되는 길이

㉣ 공기중(空氣中) 냉각 : 노냉보다 냉각 속도가 빨라서 변태점은 약 600℃ 정도로 떨어진다. (조직 : Sorbite가 얻어진다.)

㉤ 유중(油中) 냉각 : 제1변화는 550℃ 부근에서 일어나며 Austenite로부터 Troostite가 생긴 변화(Ar′ 변태)이고, 제 2변화는 250℃ 부근에서 일어나며 Austenite로부터 Martensite가 생긴 변화 (Ar″ 변태)이다.
(조직 : Martensite+Troostite의 혼합 조직)

㉥ 수중(水中) 냉각 : 급냉의 경우로 약 250℃까지 변태점이 강하되어 있으며 Ar′ 변태를 나타내지 않고 Ar″ 변태만 존재한다.
(곡선은 팽창하는 도중에 일부는 Martensite로 변하고 나머지는 Austenite로 나타난다.)

⑧ 탄소강의 임계 냉각 속도와 온도와의 관계

㉮ 냉각 속도가 증가함에 따라 Ar′ 변태점이 증가하여 Ar″ 변태만 일어난다.

㉯ 담금질 냉각 속도 : 수중에서는 3mm당 1sec, 유중에서는 1mm당 1sec

㉰ 냉각 속도가 U(하부 임계 냉각 속도)로부터 V(상부 임계 냉각 속도)로 증가하는 중간에서는 Ar′ 변태와 Ar″ 변태의 2단 변화가 일어난다.
(조직 Troostite와 Martensite 공존한다.)

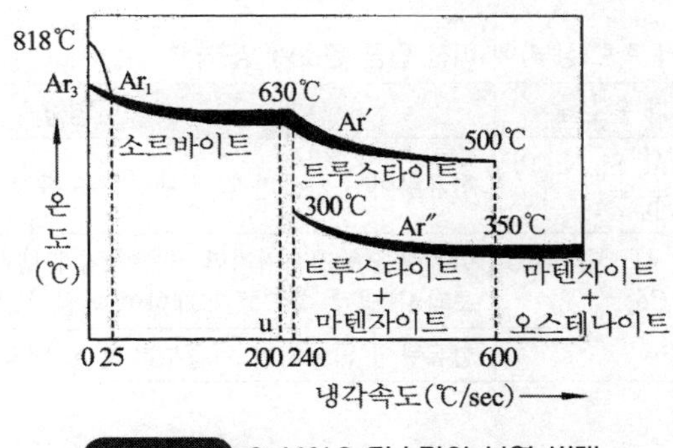

그림 3-21 0.41%C 탄소강의 분열 변태

㉣ V 이상으로 증가하면 Ar′ 변태는 일어나지 않고 Ar″ 일어난다.
(Troostite와 Martensite의 혼합 조직이다.)

㉤ 냉각 속도가 V 이상이 되면 급냉하여도 Ar″ 변태는 항상 일정하다.

㉥ 임계 구역(Critical range)

㉠ 담금질 온도로부터 Ar′ 변태까지의 온도 범위(또는 Bainite 점까지의 온도 범위)다.

㉡ Austenite화 온도로부터 화색(火色)이 없어지는 온도(약 550℃)까지의 범위이다.
(임계 구역(온도) 범위 : Ar′ 변태(Ms와 Mf 사이) 범위로 담금질에 영향을 미친다.)

㉢ 임계 냉각 속도(critical cooling rate)

ⓐ 강을 담금질하여 경화시키는데 필요한 최소의 냉각 속도이다.

ⓑ Pearlite가 생성되지 않는 최소의 냉각 속도를 하부 임계 냉각 속도, Bainite가 생성되지 않는 최서의 냉각 속도를 상부 임계 냉각 속도라 한다.

ⓒ 임계 냉각 속도는 강제의 성분에 따라 다르며 강재가 800℃로부터 500℃까지 냉각되는데 요하는 평균 속도(℃/sec)가 채용되고 있다.

ⓓ 임계 냉각 속도가 작은 강일수록 늦게 냉각시켜도 담금질이 된다.

ⓔ 임계 냉각 속도를 표시하는 실험식

$$R(℃/sec) = \frac{Ae - TN}{1.5IN}$$

- R : 임계 냉각 속도
- IN : N점 시간(sec)
- N : S(nose부) 곡선의 변태 개시선의 코
- Ae : 평형 변태점(°F)
- TN : N점의 온도(°F)
- 임계 냉각 속도

[임계 냉각 속도]

탄소(%)	상부 임계 냉각 속도	하부 임계 냉각 속도
0.30	2,500(℃/sec)	700(℃/sec)
0.63	1,000(℃/sec)	450(℃/sec)
0.80	450(℃/sec)	300(℃/sec)
1.20	1,000(℃/sec)	600(℃/sec)

[임계 냉각 속도(상부)에 미친 합금 원소의 영향]

첨가 원소	영향
Be, Cr, Al, Si, Ni, B, P, Sn, Sb, Zn	함유량이 증가하면 임계 냉각 속도를 적게 하고 담금질을 쉽게 한다.
Ti, Zr, U, V, Mo, Cu, W, Ce	함유량을 증가시키려면 처음에 임계 냉각 속도를 적게 하지만 일정량 초과시 냉각 속도를 크게하여 담금질 효과가 적어진다.
Co, S, Se	함유량이 많아지면 처음부터 임계 냉각 속도를 크게 한다.

㉣ 조립강(組立鋼)은 세립강보다 임계 냉각 속도가 느리다.

㉤ 공석강일 때 임계 냉각 속도가 가장 느리며 Mn, Cr, Mo 등은 느리게 한다.

㉥ 임계 경도(cirtical hardness)

50% Martensite 조직과 같은 경도로, 담금질 경화 심도를 비교하는 기준으로 사용하며, 임계 경도는 주로 강속의 탄소 함유량에 따라 다르다

탄소 함유량(%)	0.3	0.4	0.5	0.6	0.7	0.8	0.7
임계 경도(HRC)	36	40	44	48	51	54	56

㉦ 임계 냉각 속도는 Martensite조직이 나타나는 최소 냉각 속도이다.

㉧ 상부 임계 냉각 속도

Ar″ 변태를 일으키는 데 요하는 최소의 담금질 냉각 속도, 즉 100% Martensite 사 생기는데 요하는 최소 냉각 속도를 말한다.

(Pearlite와 Bainite가 나오지 않는 최대 냉각 속도, Ar′ 변태를 억제하는 최소 냉각 속도다.)

㉨ 하부 임계 냉각 속도

Ar″ 변태와 Ar′ 변태를 함께 일으키는데 필요한 최소의 냉각 속도이며, 처음으로 Martensite가 나타나기 시작한 냉각 속도를 하부 임계 냉각 속도라 한다.

(Pearlite와 Bainite가 나오지 않는 최소 냉각 속도로서 Ar′ 변태와 Ar″ 변태(결정상 Troostite와 Martensite 와의 공존 조직)가 생긴다.)

㉩ Austenite 입계에서 Pearlite가 생성되는 두 가지 반응

ⓐ 격자 변태 ⇒ γ − Fe로부터 α − Fe로 변하는 반응

ⓑ 확산 변태 ⇒ 공석 조성의 Austenite로부터 Cementite가 분리되는 반응

⑨ 냉각제와 냉각능

㉮ 담금질액 : 보통 물, 기름, 소금물, 용융염, 비눗물이 사용된다.(물, 기름이 많이 사용)

㉯ 물(水) : 40℃ 이상이 되면 냉각 효과의 변화가 크다.

㉠ 물보다 냉각 능력이 큰 것 : 소금물, NaOH 용액, 황산 등

㉡ 물보다 냉각 능력이 작은 것 : 기름, 비눗물 등

㉢ 기름 : 60 ~ 80℃가 가장 우수하다.(120℃까지 상승하여도 열처리 효과에 변화가 적다.)

(식물성이 좋으나 산화에 의해 나빠지기 쉽고, 광물성은 장시간 사용이 가능하나 냉각 속도가 느리다.)

㉣ 염욕 : 질화욕, 중성욕, 등온 변태욕 등이 있다.

ⓐ 염욕 중에서 가장 인체에 해로운 것 : NaCN

ⓑ 가열된 기름, 용해 금속, 용융염 등의 염욕에서 담금질하는 방법

200℃까지는 기름을, 250 ~ 400℃까지는 금속염을 사용한다.

㉤ 냉각액이 열처리할 때 열을 빼앗는 속도

ⓐ 대체로 냉각 능력은 교반을 할수록 커진다.

ⓑ 냉각제의 냉각 방법과 급냉도

냉각제	분수	식염수(100%)	교반수	정지수	분유	교반유	정지유	공기
급냉도	6 ~ 12	2	2	1	4	0.4	0.3	0.02

㉥ 냉각제의 구비 조건

ⓐ 액온, 점도 : 액온은 온도가 낮은 것이 좋고, 점도는 작은 것이 좋다.

ⓑ 비열, 증발 잠열, 기화열 : 큰 것이 좋다.

ⓒ 비등점, 열전도도 증기 비열 : 높은 것이 좋다.

㉦ 냉각의 5대 원칙

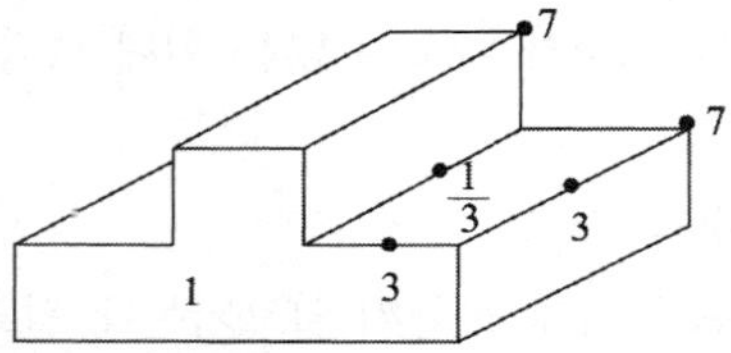

그림 3 - 22 장소에 다른 냉각속도의 차이

ⓐ 긴 일감은 긴축을 액면에 수직으로 담그고, 얇은 판상은 세워서 담금질한다.

ⓑ 두께가 고르지 않는 경우는 두꺼운 부분을 먼저 담금질한다.

ⓒ 구멍이 막힌 곳이나 오목(⊔)한 곳은 이곳을 위로 향하게 하여 담금질한다.

ⓓ 냉각 속도 : (구(球) : 환봉 : 판재)=(4 : 3 : 3)

ⓔ 냉각액 속에서 넣은 방향으로 교반한다.

ⓕ 장소에 따른 냉각 속도 차이 : 평면 = 1, ⊔ = 1/3, 2면각 = 3, 3면각 = 7

⑩ 담금질의 질량 효과(mass effect)

주물의 두께에 차이가 있으면 급냉브와 서냉부가 생겨서 부분적으로 재질이 변하는데 이런 변화의 정도 즉 강제의 크기에 의하여 담금질 효과가 변하는 것을 말한다.

㉮ 질량 효과가 둔하면 두꺼운 부분이나 얇은 부분이 모두 비슷한 재질이 된다.

㉯ 질량이 큰 재료는 열의 전도에 시간이 소요되는 내외부의 온도차가 생겨 외부는 경화되어도 내부는 경화되지 않는다.

㉰ 질량 효과가 크면 내부는 냉각 속도가 느리고 Troostite 조직이 발생하기 때문에 담금질성이 나빠진다.

㉱ 질량 효과가 작은 강은 냉각 속드를 빠르게 하지 않아도 되므로 담금질에 의한 변형이 작고, 굵어도 중심까지 경화한다.

㉮ 담금질성을 좋게 하려면 강에 특수 원소를 첨가하여 질량 효과를 작게 한다.

⑪ 경화능(hardenability, 담금질성)

㉮ 일정한 담금질 조건일 때 담금질에 의해 경화되는 깊이(담금질의 난이성)를 말한다.
※ 담금질 경화능은 담금질이 들어가는 깊이의 대소(大小)로서 비교한다.

㉯ 과냉 Austenite에서 Ferrite, Pearlite, 상부 Bainite 등을 저지하고 Martensite 조직을 얻기 것을 담금질성이라 한다.

㉰ 담금질 경화능은 강의 탄소량, Austenite 결정 입도, 특수 원소에 따라 변화한다.
(결정 입도가 조대한 것은 담금질성이 향상되며, 입도 번호가 작을수록 담금질성이 좋다.)

㉱ **담금질성에 미치는 특수 원소의 영향**

담금질성 증가 원소	담금질성 영향이 없는 원소	담금질성을 나쁘게 원소
C, Mn, P, Si, Ni, Cr, Mo, B, Cu, Zr, Sn, U, As, Sb, Ba, H_2, N_2	(Al), Ge, O_2	S, V, (Ti), Co, Cd, Ta, W, Pb, Te

㉠ 담금질에 가장 큰 영향을 미치는 원소 : 탄소(C)
㉡ 담금질 경도가 높은 것이 요구될 때 : 탄소 함유량이 높은 강을 사용한다.
㉢ 담금질 깊이가 깊은 것이 요구될 때 : 특수 원소 첨가한다.

㉲ 담금질 경도

㉠ 공구강 이외의 강의 담금질 경도 계산식 : 담금질 경도(max, HRC) = 30+50×C%
[예] 0.4%C강에서 최고 담금질 경도(HRC) = 30+50×0.4 = 50

㉡ 임계 담금질 경도(담금질 경화의 임계치를 나타내는 경도) : 임계 담금질 경도(HRC) = 24+40×C%
[예] 0.4%C강에서 임계 담금질 경도(HRC) = 24+40×0.4 = 40

㉳ 담금질성 지배 인자
담금질제의 냉각 능력, 질량 (강제)의 크기 및 강재의 담금질성

㉴ 담금질성의 측정 방법

㉠ 임계 냉각 속도에 의한 방법 : 임계 냉각 속도가 증가하면 담금질성이 나빠진다. 이상적으로 급냉시켰을 때 이상 임계 지름(ideal critical diameter)을 계산하여 강의 담금질성으로 나타낸다.

㉡ 담금질성 곡선에 의한 방법 : 곡선이 우측에 있을 때일수록 담금질성이 좋다.

㉢ 임계 직경에 의한 방법 : 급냉도가 클수록 임계 직경(DC)은 크다.
(임계 직경)
여러 종류의 직경(D)의 환봉을 담금질하여 담금질이 안된 부분의 직경(Du)을 구하여 Du와 D와의 관계에서 Du = 0이 될 때까지 D를 구한 것을 말한다.

㉣ C· C· T도(圖)에 의한 방법 : 냉각 속도에서 생성되는 조직으로 결정한다.

㉤ D 계산 방법 : 화학 성분과 결정립에 의해 실험으로 결정한다.

㉥ 조미니 시험법(Jominy test)

ⓐ 시험 중 첫 경도 측정 위치 : 수냉단(경화된 끝 부분)으로부터 $\frac{1}{16}''$의 위치

ⓑ 지름 1″ (25mm), 길이 4″ (100mm)의 막대 모양의 시험편을 담금질 온도에서 일정한 조건의 분수로서 단면 담금질(end quenching)을 하여 냉각 후 그의 축선을 따라서 표면 경도를 측정한다.

ⓒ 수냉단으로부터의 거리를 따라서 경도의 변화 곡선을 구해서 일정 거리에서의 경도 또는 일정 경도에 대한 수냉단으로부터의 거리로서 경화능을 비교한다.

ⓓ 냉각능 시험법(5초 시험법)

$$\text{냉각능} = \frac{\text{5초간 담금질에 의한 액온 상승}}{\text{유중 온냉에 의한 액온 상승}} \times 100$$

그림 3-23 조미니 시험장치

나. 뜨임(Tempering)

담금질한 강의 경도를 약간 낮아지니 인성을 증가시키기 위해 A_1 변태점 이하의 온도에서 가열 처리하는 열조작을 뜨임이라 한다.

① 뜨임의 목적 : 담금질한 강의 강인성을 부여한다.(내부 응력 제거 및 인성 증가)

㉮ 저온 뜨임 : 내부 응력 제거, 치수 경년 변화 방지, 연마 균열 방지, 내마모성 향상이며, 100～200℃에서 뜨임하면 Martensite조직을 얻는다.

㉯ 고온 뜨임 : 인성 증가, 조질 목적이며 400～650℃에서 뜨임하면 Troostite 또는 Sorbite 조직을 얻는다.

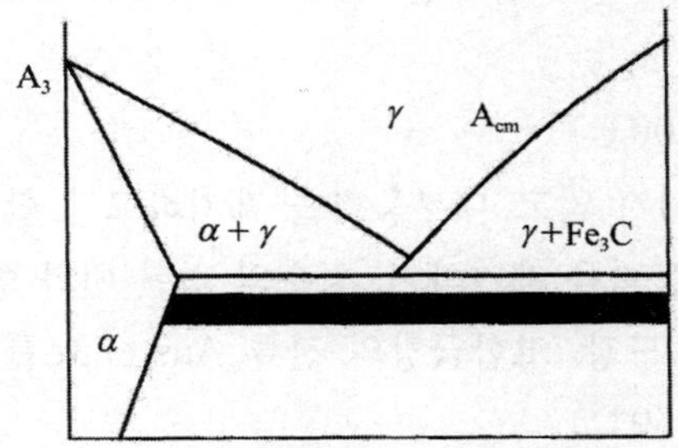

그림 3 - 24 뜨임 온도

② 뜨임 온도와 성질

㉮ 담금질한 강은 A_1 변태점 이하의 적당한 온도로 가열하여 서냉한다.

㉯ 뜨임시 주의하여야 할 온도 : 300℃

㉰ 강인성 요구시 온도 : 400 ~ 500℃

㉱ 고탄소강의 뜨임 온도 : 200℃내외의 저온 뜨임하여 담금질 경화로 생기며 변태 응력을 제한다.

㉲ 구조용강 뜨임 온도 : 500 ~ 600℃로 고온 뜨임하여 조직을 Sorbite화하여 탄성과 인성을 부여한다.

㉳ 조질(調質)의 경우에는 급냉, 뜨임 경화시에는 서냉(공냉)한다.

㉴ 뜨임 온도가 높았을 때의 성질 변화

㉠ 감소하는 성질 : 강도, 경도가 감소한다.

㉡ 증가하는 성질 : 연신율, 단면 수축률이 증가한다.

㉢ 뜨임 온도와 시간

ⓐ 확산의 이론에서의 경도

$$H = f[T(C + \log t)]$$

- H : 뜨임 경도(HRC)
- t : 뜨임 시간(sec)
- T : 절대 온도로 표시한 뜨인 온도
- C : 재료에 따라 정해진 정수

ⓑ 담금질한 강을 뜨임하였을 때 T_1의 온도로 t_1시간 뜨임한 후의 경도와 T_2의 온도로 t_2시간 뜨임한 것의 경도가 같을 때 정수 (C)의 값을 구하는 식

$T_1(C+\log t_1) = T_2(C+\log t_2)$로 되므로, $C = \dfrac{T_1\log t_1 - T_2\log t_2}{T_1 - T_2}$

㉵ 탄소강 및 구조용 합금강은 탄소량이 따라 C값을 다음과 같이 구한다.

㉠ C = 17.7 − 5.8×탄소 함유량(%) …………초(sec)단위 경우

㉡ $C = 21.3 - 5.8 \times$탄소 함유량(%) …………시간(h)단위 경우

④ 뜨임의 종류

㉮ 저온 뜨임(150～200℃)

㉠ 경도를 희생시키지 않고 내부응력을 제거하고자 할 때에는 뜨임 처리이다.

㉡ 담금질에 의한 응력을 제거하며, 치수의 경년 변화 방지, 연마 균열 방지, 내마모성이 향상, 고속도강, 고합금강의 잔류 Austenite를 안정화한다,

㉯ 고온 뜨임(550～650℃)

구조용 강을 Sorbite 조직으로 바꾸어 강인한 재질을 만들기 위해 500℃ 부근에서 뜨임한 것을 고온 뜨임이라 하며, 인성을 증가시키고자 할 때 하는 뜨임이다.

⑤ 뜨임 방법의 종류

㉮ 기름(oil bath)이나 염욕(salt bath)에서 일정한 온도로 가열하고 일정 시간 유지 후 꺼내어 공냉하는 방법

㉯ 노(爐) 안에서 A_1 변태점 이하의 가열한 후 유냉하는 방법

㉰ 제품이 가열에 의해서 착색되는 뜨임색(temper color)으로 그 때의 온도와 처리 시간을 판단하여 뜨임하는 방법

⑥ 뜨임에 의한 조직 변화

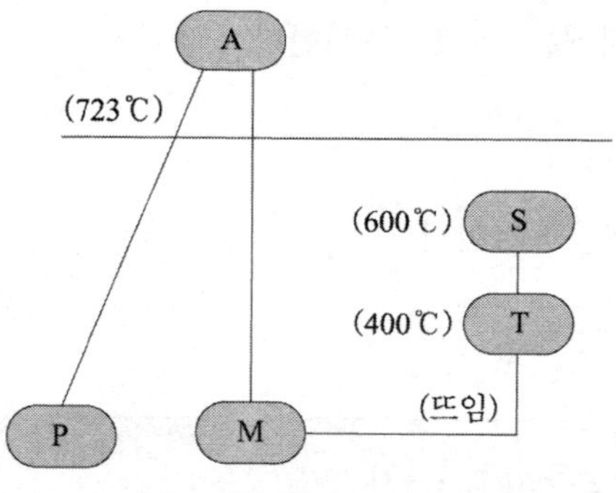

조직명	온도 범위(℃)
A－M	100～200
M－T	200～400
T－S	400～600
S－P	600～700

• A : 오스테나이트 • T : 트루스타이트 • M : 마르텐자이트
• P : 펄라이트 • S : 소오르바이트

그림 3-25 뜨임 조직 변화

⑦ 보통 강을 담금질한 후 뜨임하면 뜨임 온도 상승에 따라 변화하는 과정

㉮ 100～200℃에서의 저온 뜨임하면 담금질하여 생긴 체심 입방정인 α－Martensite가 분해되어서 체심 입방정인 β－Martensite가 된다.

(Ferrite 중의 과포화탄소와 탄화물이 석출된다.)

㉠ 240℃ 이상에서 뜨임하면 Martensite 중의 탄소가 모두 석출되나 잔류 Austenite가 그대로 남는다.

㉡ 내부 응력 제거, 강표면의 장력 및 Martensite의 취성(메짐성)이 제거된다.

㊁ 240℃ 이상에서 뜨임하였을 경우 잔류 Austenite가 파괴되어 Martensite로 변하고 강 중에 고용된 탄화물이 대부분 석출한다.

㉠ 250℃ 부근에서 석출한 탄화물이 응집되어 Troostite로 변화하기 시작하여 350℃부근에서 끝낸다.

㉡ β − Martensite는 300℃ 부근에서부터 Troostite로 변하기 시작하여 400℃ 부근에서 변태를 끝낸다.

㊂ 400℃ 이상에서 뜨임하였을 때 Troostite로부터 미세한 Sorbite가 나타나고 600℃ 부근에서 변태를 끝낸다.

㊃ 600℃ 이상이 되면 강 중의 탄화물이 절단 후 구상화된다.

⑧ 온도에 따른 조직 변화

변화 시작 온도	변화 급변 온도	부피 변화	변화 내용
60℃	125 ~ 170℃	수축	α − Martensite → β − Martensite
150℃	230 ~ 350℃	팽창	잔류 Austenite → Martensite
200℃	300 ~ 400℃	수축	Martensite → Troostite
400℃	500 ~ 600℃	수축	Troostite → Sorbite
600℃	700℃	수축	Sorbite → Pearlite

※ 뜨임에 의한 용적 변화 : Austenite → Martensite = 팽창, Martensite → Pearlite = 수축

⑨ 뜨임색에 의한 뜨임 온도의 결정

㉮ 담금질한 강을 산화성 분위기에서 뜨임하면 뜨임 온도와 시간에 따라 그 표면에 나타나는 색을 뜨임색이라 하며 뜨임색은 강철의 산화 피막으로 나타난다.

㊁ 온도가 일정하여도 가열 시간이 길어지면 점차 고온의 색을 나타내기 쉽다.

㊂ 뜨임색에 영향을 미치는 요인 : 강의 재질, 가열시간, 가열 온도 등이다.

㊃ 온도에 따른 뜨임색

온도(℃)	200	220	240	260	280	300	320	350	440
뜨임색	담황색	황색	갈색	자색	보라색	청색	담회청색	회청색	회색

㊄ 뜨임 시간과 뜨임색

온도 / 뜨임색	연노랑	갈색	보라색	짙은 청색	엷은 청색
220℃	6분	49분	−	−	−
220℃	3분	33분	63분	−	−
250℃	1분	10분	39분	−	−
275℃	0.5분	3분	11분	27분	40분

㉠ 고속도강의 뜨임색 : 탄소강의 경우보다 40 ~ 50℃ 높은 온도에서 생긴다.

㉡ 스테인리스강의 뜨임색 : 탄소강의 약 2배 높은 온도에서 생긴다.

⑩ 뜨임에 의한 성질 변화

㉮ 뜨임 취성(temper brittleness)

㉠ 담금질 – 뜨임 후 재료에 나타나는 취성으로 Ni – Cr 강에 나타나는 특이성이다.
(방지 : 뜨임 온도에서 물(또는 油)에 급냉하고 소량의 Mo, V, W을 첨가한다.)

㉡ 뜨임 취성에 가장 주의하여야 할 온도 : 300℃

㉯ 저온 뜨임 취성

㉠ 250 ~ 300℃에서 뜨임하면 충격값이 최소가 된다.

㉡ 구조용강(0.2 ~ 0.4%C)에서 많이 나타난다.

㉰ 뜨임 시효 취성(제1차 뜨임 취성)

㉠ 450 ~ 525℃의 뜨임 온도 범위에서 생기는 것이다.

㉡ 지속 시간이 길수록 충격값이 저하되며 뜨임 온도에서의 냉각 속도에 관계가 없다.

㉢ 입계 경계에 탄화물, 인화물이 석출하기 때문에 생긴 취성이다.

㉣ 구조용강은 이 온도에서 뜨임을 피할 것

㉱ 고온 뜨임 취성(제2차 뜨임 취성, 뜨임 서냉 취성)

㉠ 525 ~ 600℃의 뜨임 온도 범위의 취성이다
(일반적으로 뜨임 취성은 제2차 취성을 말한다.)

㉡ 지속 시간은 관계없고 뜨임 온도로부터의 냉각 속도에 관계된다.

㉢ 뜨임 온도로부터 냉각 속도를 크게 하면 제2차 취성이 방지된다.

㉣ 서냉에 의한 탄화물의 석출 때문에 생기며 Mo을 첨가해서 방지한다.

㉲ 뜨임 균열(temper crack)

㉠ 담금질한 시험편을 뜨임하였을 때에 생기는 균열이다.

㉡ 뜨임 균열을 가장 심하게 일으키는 강 : 고속도강
(고속도강은 담금질 후에 550 ~ 600℃로 뜨임 경화하여 사용하는 것이지만, 뜨임 시에 표면에 탈탄층이 존재하는 경우와 뜨임 온도로부터 급냉하였을 때 뜨임 균열이 일어난다.)
– 고속도강의 뜨임 균열 방지 : 뜨임 전에 탈탄층을 제거하고 뜨임 후 서냉한다.

㉢ 뜨임 균열의 원인과 대책

ⓐ 원인 : 뜨임시 급가열, 탈탄층 유(有) 및 뜨임 온도에서 급냉하였을 때 발생한다.

ⓑ 대책 : 서열, 서냉 및 뜨임 전에 탈탄층 제거한다.

⑪ 뜨임 경화(temper hardening)

㉮ 담금질한 강을 뜨임하여 경화시키는 조작을 말한다.

㉯ 고속도강 : 담금질 후에 550～600℃로 뜨임하여서 경화시키는 방법이 있다.

㉰ 고탄소 공구강 : 담금질한 후에 150～200℃로 가열하여 경화시키는 방법이다.

⑫ 뜨임 강화(tempder stressing)

담금질한 강을 뜨임하여 그 온도에서 물 또는 기름 속에 투입하여 급냉하고 변형시켜서 강도를 증가시키는 열조작으로 탄소강의 열처리에 응용된다.

다. 풀림(Annealing)

Fe 또는 강의 연화, 결정 조직의 조정 또는 내부 응력 제거를 위하여 적당한 온도로 가열한 후 서냉하는 열처리 조작을 풀림이라 한다.

① 풀림의 목적

㉮ 단조, 주조, 기계 가공에 의해 생긴 내부 응력을 제거한다.

㉯ 열처리에 의해 경화된 재료 및 기공 경화된 재료의 연화를 한다.

㉰ 기계적 성질, 피절삭성의 개선, 조직 균일 및 미세화 표준화한다.

㉱ 상온 가공에 있어서의 연성의 향상 및 재료의 불균일을 제거한다.

㉲ 조직 개선 및 담금질 효과를 향상시킨다.

㉳ 가스 및 불순물의 방출과 확산을 일으키고 내부 응력을 저하시킨다.

② 풀림 온도

㉮ 아공석강의 풀림 온도

$A_{3,2,1}$ 변태점 보다 30～50℃ 높은 온도로 가열 후 일정 시간 유지 후 노냉한다.

㉯ 공석강, 과공석강의 풀림 온도

A_1 변태점 보다 30～50℃ 높은 온도로 가열 후 일정 시간 유지 후 노냉한다.

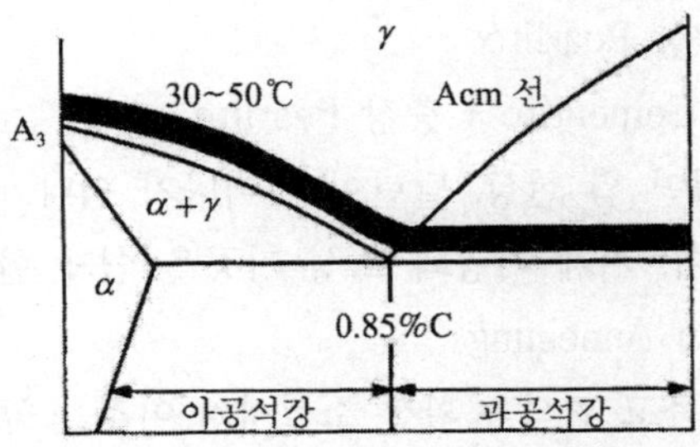

그림 3-26 탄소강의 풀림 온도

㉰ 탄소 함유량애 따른 풀림 온도

탄소 함유량	풀림 온도(℃)	탄소 함유량	풀림 온도 (℃)
0.12% < C	875 ~ 925	0.50 ~ 1.00%C	790 ~ 815
0.12 ~ 0.20%C	840 ~ 870	1.00 ~ 1.50%C	800
0.30 ~ 0 049%C	815 ~ 840		

㉱ 풀림 시간 : 25mm 각에 30분 정도가 적당하다.

㉲ 냉각 속도 : 불림보다 늦은 속도로 노냉 또는 2중 냉각한다.

③ 풀림 후의 성질 변화

㉮ 인장 강도는 경도에 비례한다.
인장 강도와 (σB)와 경도(HB)와의 관계 : $\sigma B = 0.36HB$

㉯ 내부 응력은 재결정 온도까지 감소되며 경도, 강도는 재결정 온도까지 급감한다.

㉰ 연율, 단면 수축률은 재결정 온도까지 증가하고 결정 회복, 재결정, 입자가 성장된다.

㉱ 구상화 풀림을 하였을 때의 경도는 Fe_3C로 표시한다.

㉲ 완전 풀림을 하였을 때의 경도는 Pearlite로 표시한다.

④ 풀림의 종류

㉮ 저온 풀림(A_1 변태점 이하에서 실시) : 중간 풀림, 응력 제거 풀림, 재결정 풀림 등

㉯ 고온 풀림(A_1 변태점 이상에서 실시) : 완전 풀림, 확산 풀림, 항온 풀림 등

㉰ 구상화 풀림 : A_1 변태점 이상 또는 이하에서 실시한다.

㉱ 완전 풀림(full Annealing, 일반적인 풀림)

㉠ 아공석강은 보다 $A_{3,2,1}$ 변태점 보다 30 ~ 50℃ 높게 하고, 공석강, 파공삭강은 A_1 변태점보다 30 ~ 50℃ 높게 가열 후 적당 시간 유지 후 노안에서 서냉하는 열조작이다.

㉡ 완전 풀림을 하였을 때에 얻어지는 조직

ⓐ 아공석강 : Ferrite + 층상Pearlite

ⓑ 공석강 : 층상 Pearlite

ⓒ 과공석강 : Cementite + 층상 Pearlite

㉢ 소재 길이가 길면 휨 현상, 탈탄이 일어나기 쉽다.

㉣ 강을 연화시키며, 기계 가공과 소성 가공을 쉽게 한다,

㉲ 확산 풀림(diffusion Annealing)

㉠ 단조품에 생긴 응고 편석을 확산 소실시켜 이것을 균질화 하기 위한 열조작이다.

㉡ 황화물(S나 P의 편석)의 분포 상태를 개선하는데 효과가 있다.

㉢ 주강이나 S%가 높은 쾌삭강 등의 균질화에 응용된다.

㉣ 확산 풀림 온도 : 1,000 ~ 1,100℃가 보통이다.

(Ni강의 적열 취성 방지는 1,100 ~ 1,150℃, 특수강의 주물은 1,100 ~ 1,200℃에서 한다.)

㉸ 응력 제거 풀림(HAR, stress – relief Annealing)

㉠ 금속 재료를 일정한 온도에서 일정 시간 유지 후 냉각하는 열조각이다.

㉡ 주조, 단조, 기계 가공, 냉간 가공 및 용접 후에 잔류 응력을 제거하기 위함이다

㉢ 보통 500 ~ 700℃로 가열하여 일정 시간 유지 후 서냉한다.
(A₁ 변태점 이하에서는 변태로 인하여 응력이 발생되며, 또 응력이 제거되는 온도가 625℃ 정도가 된다.)

㉣ 응력 제거를 위한 열처리 방법

ⓐ 주철의 응력 제거 열처리
인공 시효(500 ~ 600℃로 3 ~ 6시간 가열 후 노냉) 또는 자연 시효(장시간 방냉)한다.

ⓑ 구조용강의 응력 제거 풀림(HAR)
625±25℃로 보유 시간 25mm당 1시간 가열 후 노냉한다.

ⓒ Ferrite계 스테인리스강의 응력 제거 열처리
790 ~ 840℃, 25mm당 2시간 가열 후 공냉한다.

ⓓ Martensite계 스테인리스강의 응력 제거 열처리
700 ~ 790℃, 25mm당 2시간 가열 후 공냉한다.

ⓔ Austenite계 스테인리스강 고용화 열처리
1,000 ~ 1,120℃(보통 1,050℃), 25mm당 1시간 가열 후 급냉한다.

ⓕ Austenite계 스테인리스강의 응력 부식 균열 방지
800 ~ 900℃(보통 870℃), 25mm당 2시간 가열 후 공냉한다.

ⓖ PH계 스테인리스강의 고용화 열처리
1,038±10℃로 가열 후 급냉한다.

ⓗ **응력 제거 풀림의 온도**

금속	구조용강	주철 주물	황동	Ni 합금
온도(℃)	약 550 ~ 650	500전후	180 ~ 200	280 ~ 490

㉹ 중간 풀림(process Annealing, 연화 풀림, softening Annealing)

㉠ 압연 또는 신선 작업(伸線 作業)에서 냉간 가공 도중에 경화된 재료를 연화할 목적으로 행하는 풀림 조작이다.

㉡ 강의 A_{C1} 변태점에 가깝거나 그 이하의 온도로 가열하여 적당한 냉각 속도로 냉각시켜 전처리 또는 전가공(상온 가공)에 의한 내부 응력을 조정하여 연화시켜 다음 가공을 용이하게 하는 조작이다.

㉢ 재결정에 의해 경도를 균일하게 저하시켜 소성 가공 또는 절삭 가공을 쉽게 하기 위하야 A_1 변태점 부근의 온도에서 가열하는 풀림을 연화 풀림이라 한다.

㉣ 탄소강의 중간 풀림 온도
: 보통 650 ~ 750℃

㉤ 연화 과정의 3단계

ⓐ 제1단계(회복)
가공에 의해서 증가된 전위 밀도 감소와 전위의 재배열로 인한 연화 과정이다.

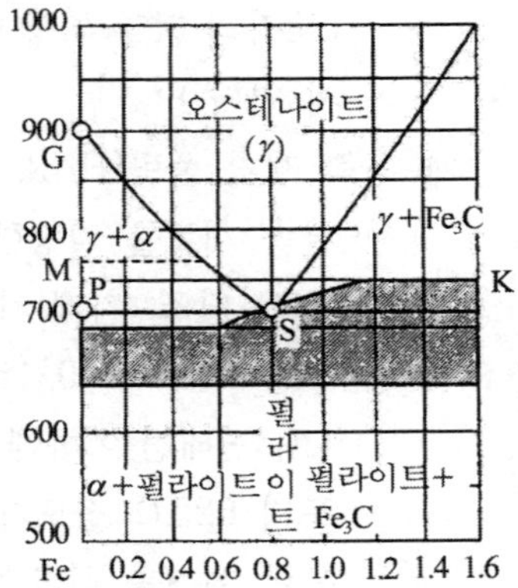

그림 3-27 탄소강의 연화 풀림 온도

ⓑ 제2단계(재결정)
변형된 입자 속에서 변형되지 않는 새로운 결정 입자로 대체하는 과정이다.

ⓒ 제3단계(결정 입자 성장)
온도가 높아지면 미세한 입자가 응집되어 성장하며 크고 거칠어지는 과정이다.

㉥ 연화 풀림시 냉각 속도
탄소강은 30℃/hr 이하로 하고, 과공석강, 합금 공구강은 Austenite화 온도에서 약 10 ~ 15시간 가열하여 변태를 시키면 좋다.

㉧ 재결정 풀림(recrystallization Annealing)

㉠ 상온 가공한 금속을 변태점 이하의 온도(600℃)로 가열하면 응력이 감소되고 재결정이 일어나서 연화시키는 열처리를 재결정 풀림이라 한다.

㉡ 재결정 현상의 특징

ⓐ 영구 변형을 일으키지 않으면 입자의 크기는 변화하지 않는다.

ⓑ 일정한 온도 이상이 아니면 입자의 크기는 변화하지 않는다.

ⓒ 입자의 크기에 변화를 주는 온도는 영구 변형의 양에 관계된다.
※ 변형이 크면 온도는 낮고, 변형이 작으면 점점 고온이 필요로 한다.

ⓓ 입자의 크기는 변형의 양(量)과 풀림의 온도에 관계된다.

ⓔ 재결정 풀림을 하여도 변태는 나타나지 않는다.

㉨ 구상화 풀림(spheroidizing Annealing, 구상화)

㉠ 강속의 탄화물을 구상화시키기 위하여 하는 풀림을 구상화 풀림이라 한다.

㉡ 과공석강에서는 Pearlite 또는 초석 망상 Cementite의 조직을 A_1 변태점 부근에서 일정 시간 유지한 다음 서냉하여 Cementite 구상화시켜서 강인성을 증가하고 가공성이 양호해지며 균일한 담금질을 얻기 위한 열처리다.

㉢ 탄화물을 구상화 시키는 목적

ⓐ 소성 가공이나 절삭 가공을 쉽게 하거나 기계적 성질을 개선한다.

ⓑ 담금질의 전처리로 경화 후 인성을 증가시키며 담금질 균열 방지 효과가 있다.

ⓒ 경도나 강도는 조금 낮아지나 강인성 증가, 가공성 양호, 담금질을 균일하게 한다.

ⓓ 담금질 변형은 감소시킨다.

㉣ 구상화 풀림의 조직 변화 : Cementite ⇒ Pearlite

㉤ Cementite가 구상화되면 신장은 커지고 탄성 한계와 강도는 작아지며 강인성은 증가하고 담금질 균열이 방지된다.

㉥ 공구강, 베어링강 등의 고탄소강을 담금질 전 탄화물을 구상화 풀림시키는 방법

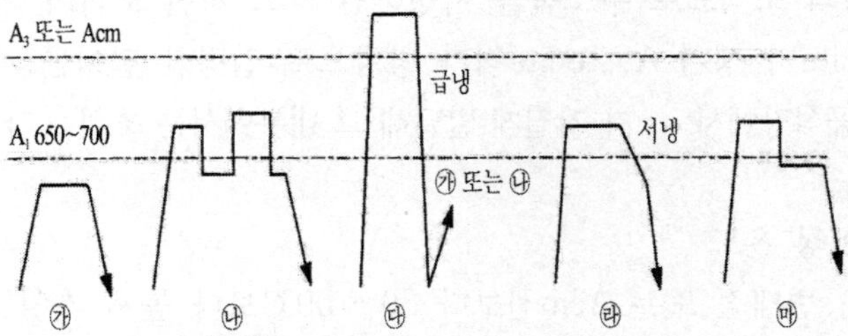

그림 3-28 시멘타이트의 구상화에 대한 풀림

㉮ Ac_1 변태점 직하(650~700℃)에서 가열 유지 후 냉각한다.

㉯ A_1 변태점을 경계(직상·직하 20~30℃ 사이)로 가열과 냉각을 반복한다.

※ A_1 변태점 이상으로 가열하여 망상 Fe3C를 없애고 바로 아래 온도로 유지해 구상화한다.

㉰ Ac_3 변태점 및 Acm 선 온도 이상으로 가열 후 Fe_3C를 고용시킨 후 급냉하여 망상 Fe_3C를 석출하지 않도록 한 후 구상화한다.

㉱ Ac_1 변태점 이상 및 Acm선 이하의 온도로 가열 후 Ar_1 변태점까지 서냉한다.

㉦ 균일한 Austenite에서 Martensite를 만들고 다시 600~700℃에서 뜨임하면 Sorbite 조직으로 구상화 조직이 얻어진다.

㉧ 저탄소강은 구상화하면 절삭하기 힘들고 가공면도 매끄럽지 못하다.

라. 불림(HNR, Normalizing, 燒準)

강의 조직을 미세화하기 위해 변태점 이상 적당한 온도로 가열한 후 정지된 공기 중에서 냉각하면 미세하고 균일한 표준화된 조직을 얻을 수 있는데 이러한 열처리를 말한다.

① 노멀라이징의 목적

㉮ 주조 조직 미세화 및 냉간 가공, 단조 등에 의해 생긴 내부 응력을 제거한다.

㉯ 결정 조직, 기계적 성질, 물리적 성질 등을 표준화한다.

㉰ 가공으로 인한 조직의 불균일 제거, 결정립 미세화 및 피삭성을 개선한다.

② 노멀라이징 처리한 강의 성질

㉮ 결정립, 조직이 미세화되며 담금질이 향상, 경도, 강도, 연신율, 인성이 증가한다.

㉯ 재료가 두꺼운 것일수록 노멀라이징 조직과 표준 조직은 비슷하나 얇은 재료나 특수강은 매우 다르게 나타난다.

㉰ 불림 후 A_{c1} 변태점 직상으로부터 공냉(空冷), 유냉(油冷)시 강인성이 양호하다.

㉱ 대기 중에서 방냉하면 결정립이 미세해져 강인한 미세한 층상 Pearlite조직이 된다.

㉲ A_3 또는 Acm +50℃에서 가열 조작에 의하여 섬유상 조직은 소멸되고, 주조 및 과열 조직이 개선된다.

㉳ 비트만스테텐 조직(widmannstatten structure)

아공석강에서 γ상(相)을 장시간 서냉하면 α가 γ의 임계와 그 벽계면에 석출한 격자상의 조직으로 주조품을 서냉하면 크고 거친 조직이 되며, Austenite 안에 판상 Ferrite가 생겨 Austenite격자 방향으로 일정한 길이를 가진 조직이다.

(아공석강에서 α 가 거칠게 발달해 그 내부에서는 초석 α가 판상(板狀)으로 발달한 것이다.)

③ 노멀라이징 온도

㉮ $A_{3,2,1}$ 변태점 또는 Acm선보다 30～50℃보다 높게 가열 후 화색이 없어질 때까지 공냉하고 그 후에 다시 더 서냉한다.

㉯ 유지 시간은 25mm 두께 당 1～2시간의 비율 정도, 냉각은 대기 중에서 방냉(放冷)한다.(처리 전의 상태와 크기 및 재질에 따라 달라진다.)

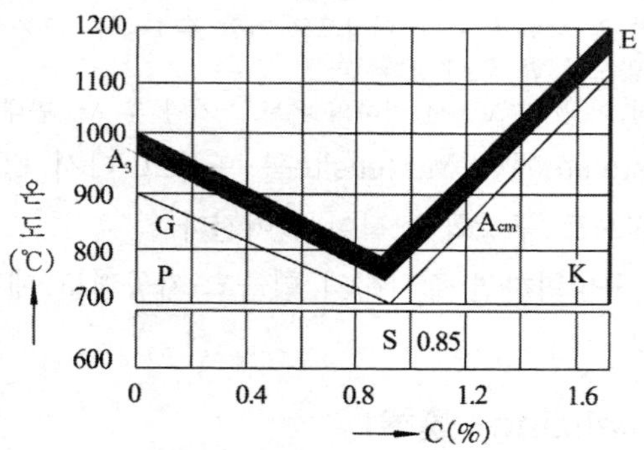

그림 3-29 노멀라이징 온도

④ 노멀라이징의 방법

㉮ 보통 노멀라이징(conventional Normalizing)

일정한 노멀라이징 온도에서 상온에 이르기까지 대기 중에 방냉(放冷)한다.

㉯ 2단 불림(stepped Normalizing)

노멀라이징의 온도로부터 화색이 없어지는 온도(약 550℃)까지 공냉한 후 pit 혹은 서냉 상태로 상온까지 서냉한다.

(구조용강(0.3·0.5%C)은 초석 Ferrite가 Pearlite조직이 되어 강인성이 향상되고, 대형의 고탄소강(0.6～0.9%C)에서는 백점과 내부 균열이 방지된다.)

㉰ 등온 노멀라이징(isothermal Normalizing))

㉠ 등온 변태 곡선 nose의 온도(550℃) 부근에서 등온 변태시킨 후 상온까지 공냉한다.

㉡ 노멀라이징 온도에서 등온까지의 냉각은 열풍 냉각을 한다.

(열풍 시간은 5～7분이 적당하고, 보통 저탄소 합금강은 절삭성이 향상된다.)

㉱ 2중 노멀라이징(double Normalizing))

930℃로 가열 후 공냉하면 전 조직이 개선되어 저온 성분을 고용시킨 다음 820℃에서 공냉시키면 Pearlite가 미세화된다.

(보통 차축재와 저온용 저탄소강의 강인화에 적용된다.)

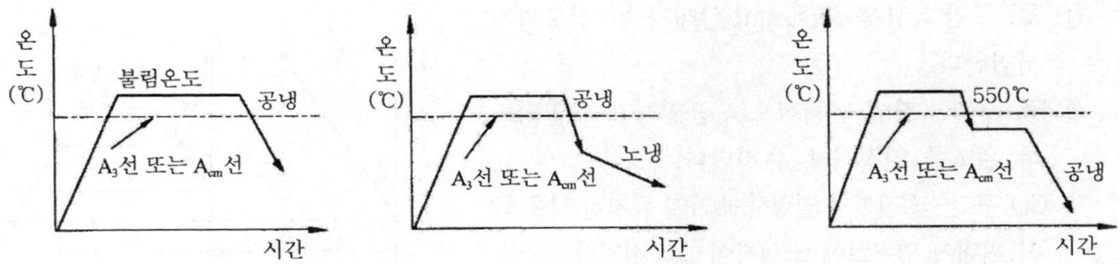

(보통) (2단) (항온)

- 대기중에서 팽창함

- 화색 소실 온도(550℃)공냉후 서냉
- 구조용강(0.3~0.5%℃) : 강인성 향상
- 고탄소강(0.6%℃) : 백점, 내부 균열 방지

- 550℃에서 등온변태
- 저탄소강 합금강의 절삭성 향상

그림 3-30 노멀라이징 방법

4 항온 열처리(isothermal heat treatment, 등온 처리)와 변태

과냉 Austenite를 등온 지속함으로서 각종 열처리를 하는 방법을 총칭한다.

가. 강의 항온 변태(isothermal transformation)

강을 Austenite 상태로부터 A_1 변태점 이하의 항온(恒溫) 중에 담금질한 그대로 유지했을 때 나타나는 변태를 항온 변태(Bainite 변태)라 한다.

① 항온 변태 속도를 측정하는 방법

$$R(℃/sec\%) = \frac{Ae - T_N}{1.5 I_N}$$

- R : 임계 냉각 속도
- Ae : 평형 변태점(°F)
- T_N : N점의 온도(°F)
- I_N : N점의 시간(sec)
- N : S곡선의 변태 개시선의 코

② 일정한 온도를 유지하기 위해서는 염욕이나 금속욕을 사용하는 경우가 많다.

③ 비교적 높은 온도의 경우에는 용융된 Pb를 사용할 때가 있다.

나. 항온 열처리 과정

① AB 구간 : 강을 Austenite상태가 될 정도까지 서열한다.

② BC 구간 : 강이 전체적으로 균일하게 가열되도록 온도를 일정하게 유지한다.

③ CD 구간 : C점까지 일정하게 가열 유지된 강을 급히 꺼내어 염욕로에 장입하여 냉각시킨다.

④ DE 구간 : D에서 염욕로에 장입한 강을 일정한 온도로 일정 시간 유지한다.

⑤ EF 구간 : 강을 꺼내어 공냉한다.

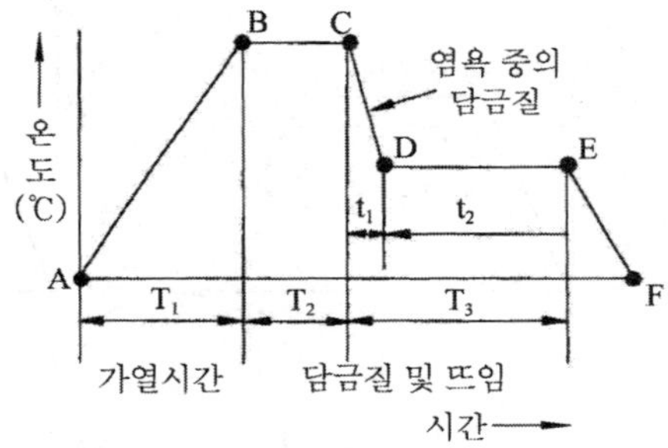

그림 3-31 항온 열처리의 가열 및 냉각 곡선

다. T.T.T 곡선(Tim－Temperature Transformation curve, S곡선, C곡선)

일정한 조성의 탄소강을 A_1 변태점 이하의 여러 온도에서 항온 변태를 시키고 각 온도에서의 변태가 시작하는 시간과 끝나는 시간을 측정하여 이들의 값을 온도－시간 곡선으로 도시하는 곡선을 강의 변태 곡선 또는 T.T.T 곡선이라 한다.

① S곡선은 모든 탄소강에 나타나지만 그 상태가 약간 불안전하므로 S곡선 대신에 C곡선을 만들었으며, S곡선의 형태는 가열 온도, 가열 속도, 합금 조성, Austenite 결정입도 등에 좌우되며, S곡선은 담금질 또는 항온 열처리 작업에 활용된다.

② C곡선은 S곡선이 저온에서 그 상태가 많이 변화된 형태이다.

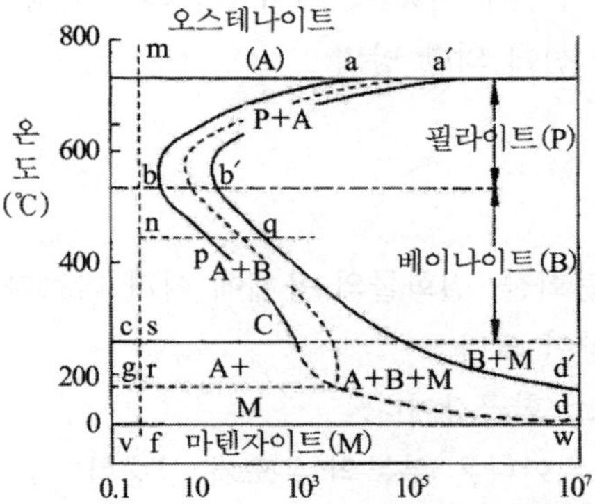

- abc 선 : Ar_1 변태 시작선
- bb′ ~ cc′ 온도 구간 : Bainite 조직이 얻어짐
- a′b′c′선 : Ar_1 변태 완료선
- Ms점 : Martensite 변태의 시작점
- abc선의 좌측 불안정한 Austenite
- Mf점 : Martensite 변태의 완료점
- aa′ ~ bb′ 온도구간 : Pearlite가 생성

그림 3-32 탄소강의 C 곡선

㉮ 곡선의 특징

㉠ 540 ~ 560℃ 부근에서 극히 짧은 시간에 변태가 시작되어 완료된다.

㉡ 코(nose) 부근이 변태 속도가 최대로 된다.

㉢ 강을 Austenite 상태인 m점에서 n점까지 강하시켜 p점에 도달하는 시간 안에서는 불안정한 Austenite가 지속되고 p점에 도달하면서부터 Ar_1 변태가 시작되어 q점에 도달하면 전부 Bainite 조직으로 된다.

㉣ Mf 이하에서는 완전한 Martensite조직을 얻게 된다.

③ Bainite 조직

㉮ S곡선의 코와 Ms점 사이의 온도 구간에서 항온 냉각시 나타나는 조직이다.

㉯ Martensite와 Troostite의 중간 조직이다.

㉰ 상부 Bainite

높은 온도(550 ~ 350℃)에서 생성된 조직으로 새털 모양으로 발달된 조직이다.

㉱ 하부 Bainite

낮은 온도(350 ~ 250℃)에서 생성된 조직으로 침상으로 발달된 조직이다.

㉲ 열처리에 따른 변형이 적고, 경도가 높으면서 인성이 커서 기계적 성질이 우수하다.

㉳ Martensite에 비해 시약에 부식이 잘되며, 조직은 흑색으로 된 침상 조직이다.

㉴ Troostite보다 경(硬)하고 질기며, Sorbite보다 점성이 강하다.

㉵ 유중(油中) 또는 수중(水中) 담금질해서는 이루어지기 어려운 조직이다.

④ S곡선의 코(nose部)

540 ~ 560℃ 부근에서 극히 짧은 시간에 변태가 시작되어 급속 변태가 완료되므로 변태 속도가 최대로 된다. 이 부분을 S곡선의 코라 한다.

⑤ 항온 변태의 결정

㉮ 변태에 의한 팽창 측정 방법 및 경도 변태 측정 방법

㉯ 자기적 측정 방법(γ – Fe에서 α – Fe로서의 변태 이용)및 현미경에 의한 측정 방법
㉰ 전기 저항 변화에 의한 측정 방법 및 X – 선에 의한 방법

라. 항온 변태에 미치는 여러 가지의 영향

① 최고 가열 온도는 보통강에서는 결정 입도, 탄화물, 질화물의 용해에 따라 다르다.
② Cr강은 변태 속도가 느리고 가열 온도의 영향이 크다.
③ 가열 온도에 가장 큰 영향을 받는 것은 고탄소 합금강이다.
④ 가열 온도를 바꾸면 Ar′ 변태와 Ar″ 변태의 튀어나온 부분의 온도가 상승한다.
⑤ 가열 온도, 결정 입도, 합금의 원소의 다수 공존시 영향을 미친다.
⑥ S곡선을 우(右)측으로 옮긴 원소 : V, Ti, Zr, Ta, W, C, Ni, N_2, Mn

마. 변태에 미치는 인자

① 가열 온도 : 고온은 결정립의 조대(粗大)로 nose부의 변태 개시 온도가 늦어진다. 늦으면 탄화물 고용이 완전해지고 변태 속도가 늦어 담금질 능력이 향상된다.
② 합금 원소 : Ni, Si, Cr, Mo, Mn 순(順)으로 담금질 능력이 향상된다.
③ 가열 속도 : 영향을 받는다.
④ 외력 및 압력 : 응력을 가하면 담금질 임계 냉각 속도는 응력 크기의 수배로 증대하여 T.T.T 곡선을 좌(左)측으로 이동시킨다.

바. 항온 풀림(isothermal annealing, ausannealing)

S 곡선의 코(약 550℃) 또는 약간 높은 온도(600 ~ 700℃)에서 항온시켜 변태가 끝난 후 공냉한 열조작이다.

① 보통 풀림 시간보다 처리 시간이 단축되고, 노(爐)를 순환적으로 이용할 수 있다.
② 공구강 및 자경성을 필요로 하는 특수강의 연화성을 양호하게 해준다.
③ 조작 시간이 짧고 열효율이 좋으므로 연속 조업이 가능하고 대량 생산에 적합하다.

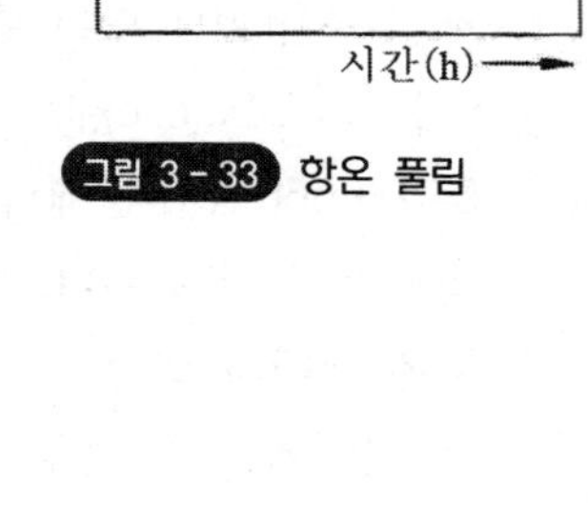

그림 3 - 33 항온 풀림

사. 항온 담금질(isothermal quenching)

① 오스템퍼링(Austempering, Bainite quenching)

㉮ Ar′ 변태점과 Ar″ 변태점 중간의 온도로 유지한 다음 열욕(hot bath, 250～600℃)에 담금질하고 과냉의 Austenite 변태가 완료될 때까지 항온 유지 후 꺼내어 공냉하는 담금질이다.

㉯ 과냉 Austenite를 항온으로 Bainite로 변화시키는 처리이다.

㉰ 조직 : Bainite조직이 얻어지고 담금질성이 좋고 담금질 균열 및 변형이 적다. (Sorbite에 비해 경도가 같은 경우라도 인성이 크다.)

㉱ 강의 강인성을 크게 하든지 변형 또는 균열을 방지하기 위하여 이 방법을 이용한다.

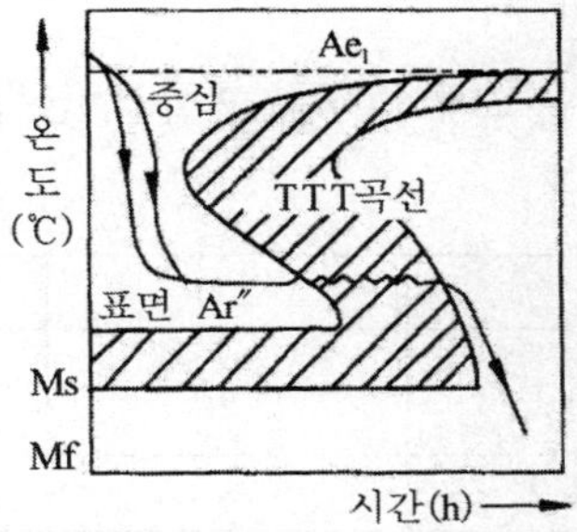

그림 3-34 Austempering

㉲ 두께가 얇고 적은 것에 적당하며 담금질, 뜨임한 동일한 경우의 재질보다 강도, 연성이 우수하다.

㉳ 오스템퍼를 한 것은 담금질, 뜨임재보다 연신, 비틀림 충격치, 피로 한도 등이 크며 인성이 풍부한 재료를 만들 수 있다.

㉴ 인장 강도는 다소 적어지며 HRC35～50 정도이다.

㉵ Austempering에 사용되는 염욕제

종류	배합 비율(%)	용융온도(℃)	사용온도(℃)
Salt	질산칼륨(56), 아질산소다(44)	145	150～400
	질산 소다(50), 아질산소다(50)	221	230～500
금속	창연(48), Pb(26), Sn(13), Cd(13)	70	80～750
	창연(50), Pb(28), Sn(22)	100	110～800
	창연(56.5), Pb(4.35)	125	140～800

② 마퀜칭(Marquenching, 중간 담금질)

Austenite 구역의 강을 Ar″ 변태점(Ms점) 바로 위로 가열된 열욕 중에서 담금질하고 담금질한 재료의 내외부가 같은 온도로 될 때까지 항온 유지시킨 후 꺼내어 공냉시켜 Ar″ 변태가 서서히 일어나게 하는 열조작이다.

㉮ 조직 : Martensite조직이 얻어진다.

㉯ 마퀜칭 후에는 담금질 균열이나 변형이 생기지 않는다.

㉰ 균열이 생기지 않고 경(硬)하게 담금질하기 위한 가장 좋은 방법이다.

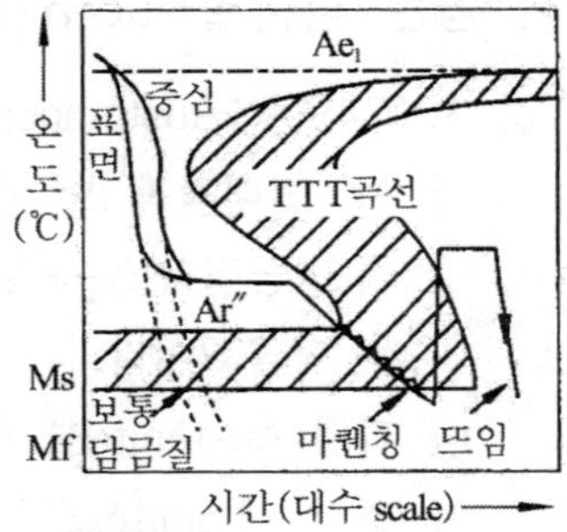

그림 3-35 Marquenching

㉱ 합금강, 고속도강, 고탄소강, 베어링강, 게이지 등의 열처리에 적합하다.

㉲ **열욕(熱浴) 및 유지 시간**

가재의 Ms점을 알고 이 온도에서 기름, 혼합염, 금속 등을 열욕으로 사용하여 적당시간 유지시킨 후 공냉한다.

열욕온도(℃)		200	260	315
적당한 유지 시간 (분)	지름 1″	5	4	$3\frac{1}{2}$
	지름 2″	8	7	6
	지름 3″	$13\frac{1}{2}$	$12\frac{1}{2}$	$11\frac{1}{2}$

③ 마템퍼링(Martempering)

Austenite구역의 강은 Ms점 이하의 열욕(100～200℃)에서 담금질하고 변태가 거의 끝날 때까지 항온 유지시킨 후 강을 꺼내어 공냉하는 방법이다.

㉮ Ar″ 변태점 부근(Ms～Mf점 사이)에서의 항온 열처리이다.

㉯ Martensite와 Bainite의 혼합조직이다.

㉰ Martensite의 자기 뜨임(self－tempering), 담금질 변형을 제거한다.

㉱ 잔류 Austenite의 Bainite화에 의한 균열 및 변형이 없으며 취성도 제거된다.

㉲ 항온 유지시간이 길다.

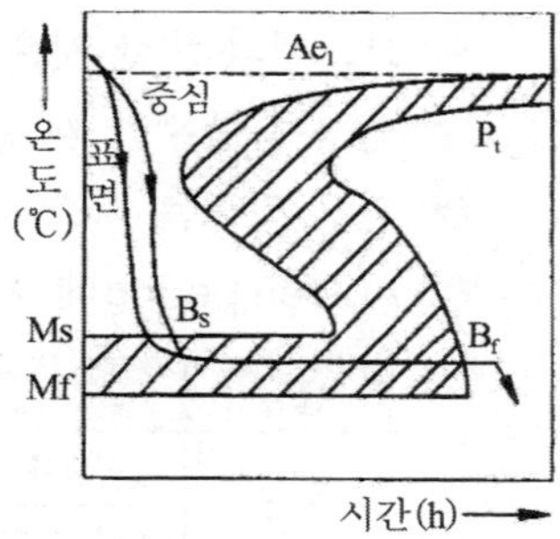

그림 3-36 Martempering

④ 오스포밍(Ausforming)

강을 Austenite 상태로 가열한 후 T.T.T 곡선의 코(nose)에 부딪치지 않도록 냉각한 다음 Ms 변태점 이상의 온도 범위에서 항온 유지하고 소성 가공을 하면서 공냉(또는 유냉, 수냉)을 한 열조작이다.

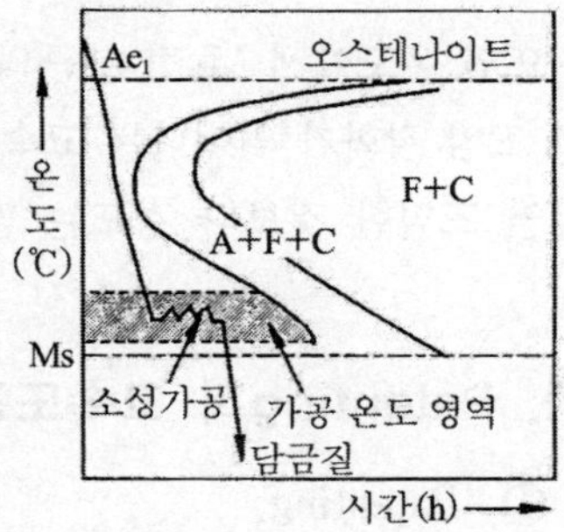

그림 3-37 Ausforming

㉮ 오스포밍을 하는 방법

Austenite화 온도로부터 S 곡선의 만(灣)까지 열욕 담금질히여 이 온도에서 소성 변형시켜 (변형량의 약 90%) 상온까지 급냉시킨다.

㉯ 과냉 Austenite가 Martensite 이외의 조직으로 변하는 것을 피해야 한다.

㉰ 조직은 Martensite 조직이 된다.
(일반적으로 오스포밍된 강은 조직이 세밀하다.)

㉱ 초강인강의 열처리에 적용된다.

㉲ 강의 종류와 부품의 크기에 제한을 받는다.

㉳ 가공 방법

압연(rolling), 인발(drawing), 숏 피이닝(shot peening), 스웨이징(swaging) 등으로 상온에서 냉각한 후 종류 및 강종에 따라 액체 질소 중에 시료를 적당 시간 담금질하여 잔류 Austenite를 적게 하고 그 후 열처리하면 효과적이다.

㉴ Ausforming한 금속의 조직

㉠ Martensite 핵의 생성이 일어나는 곳이 증가하고, Austeniter 결정 입자가 가공에 의해 변형되므로 Martensite면이 크게 성장하지 못한다.

㉡ 많은 수(數)의 슬립선 발생으로 Martensite면의 성장이 방해된다.

㉢ 압연 방향으로 Austenite 입자가 길게 되어 압연 방향과 직각 방향으로 짧게 된다.

㉣ 저합금 구조용, Martensite 계 스테인리스강에 응용된다.

㉤ Ms 퀜칭(Ms quening)

Ms점보다 다소 낮은 온도의 염욕에 담금질하여 강의 내외부가 동일 온도로 될 때까지 항온유지(Φ 25mm 둥근 막대 약 5분간)한 후 수냉 또는 유냉한 방법이다.

아. 항온 뜨임(isothermal tempering, Bainite 뜨임)

뜨임 온도에서 Ms점 부근의 열욕에 강을 장입하여 항온 유지하여 Bainite를 얻는 열조작으로 뜨임 경화가 일어나는 고속도강, 금형강(die steel) 등의 뜨임에 적합하며 고속도강은 일반적인 뜨임한 것보다 경도는 약간 낮으나 인성이 있고 절삭능이 좋다.

자. Patenting과 고속도강의 Bainite 처리

① Patenting

㉮ Austemper 처리 온도에서 조작하여 미세한 Sorbite 상의 Pearlite 조직을 얻기 위해 실시 하며 Austemper 가열 온도에서 500～550℃의 용융 열욕에 담금질하여 항온 변태 완료 후 공냉한다.

㉯ 열욕 담금질의 일종이며 강선 제조에 사용되는 열처리 방법이다.
(강선을 수증기 또는 용융 금속으로 냉각하여 담금질만 하여 강인한 Sorbite 조직으로 변화시키는 방법이다.)

㉰ 열욕(hot bath)

㉠ 염욕(salt bath) : 질산나트륨, 아질산나트륨, 질산칼륨, 염화바륨, 소금

㉡ 금속욕(metal bath) : 연욕(沿浴, lrad bath, Pb를 용융시킴)

㉢ 열욕 사용 온도 : 약 200℃ 미만인 경우에는 기름을 가열하여 사용한 경우가 많다.

② 고속도강의 Bainite

㉮ 고속도강을 Bainite 범위의 열욕에 담금질하여 1차 Bainite + 1차 Martensite + 잔류 Austenite 조직화를 시키는 방법으로 다음과 같은 방법이 있다.

㉠ Bainite quenching + 보통 뜨임하는 방법

㉡ 보통 quenching + Bainite로 뜨임하는 방법

㉢ Bainite quenching + Bainite 뜨임하는 방법

차. 항온 노멀라이징(isothermal Normalizing)

Austenite화 온도로부터 Ar″ 변태점(S곡선코의 온도)까지 냉각시켜 이 온도에서 등온 유지하여 Austenite → 미세 Pearlite 변태를 완료시키는 처리 방법으로 조업 시간이 짧고 변형이 적고 기계적 성질이 좋다.

5 강의 심냉 처리(Sub Zero Cooling, 초저온 처리, 영하 처리)

고탄소강이나 합금강의 담금질을 할 때 남은 잔류 Austenite를 완전하게 Martensite로 변화시키기 위하여 드라이 아이스나 액체 질소 등의 0℃ 이하의 저온욕(약 －80℃)에 담그는 열처리를 심냉 처리라 한다.

가. 심냉 처리 목적

주목적은 경화된 강 중의 잔류 Austenite를 Martensite화 시키는 것이다

① 담금질한 강의 경도를 증대시키고 시효 변형을 방지할 목적
② 강의 강인성을 만들기 위한 목적
③ 공구강의 경도 증대, 성능 향상, 절삭성 향상, 정밀 부품의 조직 안정화를 위한 목적
④ 시효에 의한 형상 및 치수 변형 방지, 침탄층의 경화 목적 달성을 위한 목적
⑤ 스테인리스강의 기계적 성질 개선, 게이지강의 자연 시효 및 경도 증대 목적

나. 심냉 처리 효과

① 저온에서 장시간 뜨임한 것이 고온에서 장시간 뜨임한 것보다 시효 변형이 작다.
② 150℃ 이하의 뜨임 온도에서 뜨임 전에 심냉 처리한 경우에는 하지 않는 경우에 비하여 시효 변형에 의한 수축 속도가 크고, 시효 변경을 작게 하면 경도는 작아진다.
③ 팽창과 수축을 방지하기 위하여 장시간 시효가 필요하다.
(짧은 시간에 목표를 달성하기 위해서는 120℃/25hr으로 가열 또는 100～150℃의 온도와 －20～－40℃ 온도 사이를 가열과 냉각을 반복한다.)
④ 마퀜칭 후에 심냉처리와 반복해서 뜨임을 실시하면 경도는 높고 시효 변형이 작다.
⑤ Cr, Mo, W 등을 첨가한 강은 시효 변형량이 작다.

다. 심냉 처리에서 균열 이유 및 방지 대책

① 표면의 탈탄층이 남았을 때 : 탈탄층 제거
② 심냉 온도까지 급냉하였을 때 : 계단 냉각 실시
③ 심냉 온도가 상온까지 돌았을 때 : 심냉 온도에서 충분히 유지 후 실온으로 되돌린다.

라. 심냉 처리용 냉각제

냉각제	온도(℃)	냉각제	온도(℃)
소금(24.8%)+얼음(75.2%)	−21.3	액체 산소	−183
에테르+드라이아이스	−78.0	액체 질소	−196
암모니아(NH_3)	0∼−59	액체 헬륨	−268.8

6 안정화 처리(stabilizing treatment, stabilization)

금속 조직을 안정화시켜 치수 경년 변화를 방지하는 열처리이다.

가. 안정화 처리의 효과

Austenite의 스테인리스강(Ti, Nb, Ta 포함)은 완전 불림보다 낮은 온도로 가열하여 Ti, Nb, Ta의 탄화물을 석출시켜 탄소 때문에 생기는 내식성 열화를 방지한다.

① 공구강에서는 잔류 Austenite를 변태시켜 성상(性狀)을 안정시킨다.
② 상온 시효로 경화 경향이 감소되고 치수 경년 변화가 감소된다.
③ 탄화물이 석출하여 입계 부식 방지, 성장 안정, 열화가 방지된다.
④ 비철 합금은 고용체에서 용질을 석출하여 가공성을 향상시킨다.
⑤ 850∼900℃ 범위에서 2∼4시간 유지 후 공냉(또는 수냉)하므로 내식성이 회복된다.
⑥ 안정화 처리에 많이 사용되는 원소 : Ti, Nb, N

안정화 처리 : 담금질 직후 ⇒ 뜨임 ⇒ 심냉 처리 ⇒ 뜨임

제6절 | 강의 표면 경화법(Surface hardening)

철강의 표면을 경화시키는 열처리 방법으로 1차 담금질 및 2차 담금질 등의 두 조작으로 하는 것이 원칙이며 1차 담금질은 침탄 가열에 의해서 조대(粗大)해진 심각부(心殼部)의 조직을 치밀하게 하는 목적으로 보통 850 ~ 900℃에서 재가열한 후 물 또는 기름 중에 급냉하고 계속하여 2차 담금질 한 후 750 ~ 800℃로 재가열한 후 물 또는 유중 냉각하여 침탄부를 경화시킨다. 그 이후에 담금질 변형을 제거 또는 인성을 증가시키기 위해 뜨임한다.

1 강의 표면 경화법의 종류

표면 경화법에는 강인 재료를 특수 열처리하여 강재 표면의 화학 조성을 원소의 확산에 의해 변화시켜 경화층을 얻는 화학적인 방법과 강재의 화학 조성은 변화시키지 않고 표면을 물리적으로 경화시키는 물리적인 방법이다.

가. 강의 표면 경화법의 종류

① 화학적 방법 : 침탄법, 질화법, 침탄 질화법이며 화학적 표면 경화법은 철강 표면의 화학 조성을 바꾸어 이를 담금질 경화시키는 방법이다.

② 물리적 방법 : 화염 경화법, 고주파 경화법, 금속 용사법, 전해 경화법, 가공 경화법이며 물리적 표면 경화법은 단순이 철강의 표면에만 담금질 경화시키는 방법이다.

2 침탄법(carburizing)

0.2%C 이하의 저탄소강 또는 저탄소 합금강 소재를 침탄제 속에 파묻고 가열하여 표면에 탄소가 침입되어 고용시키는 방법을 침탄이라 한다.

가. 침탄 경화법의 개요

침탄 처리한 강은 표면은 경화되고 내부는 강인성이 그대로 남아 있는 이중 조직이며, 표면의 내마모성과 중심부의 강인성이 요구되는 기어나 축 종류와 같은 재료에 적합 표면 경화법이다.

① 침탄 처리법의 종류 : 액체 침탄법, 고체 침탄법, 기체 침탄법

② 침탄시 강재의 적당한 탄소 함유량 : 0.2% 이하이다.

③ 침탄층의 탄소 함유량 : 고체(0.85 ~ 0.9%C), 액체(0.7 ~ 1.0%C)

④ 강의 침탄시 침탄 방지할 곳의 처리 : Cu 도금을 한다.

⑤ 침탄층의 측정 방법 : 초음파 탐상법 등이 이용된다.

⑥ 침탄 처리 중 경화 불량의 원인

㉮ 침탄 부족 및 담금질할 때 탈탄이 된다.

㉯ 담금질 온도가 너무 낮거나 냉각 속도가 느리고, 가열 시간이 부족하다.

⑦ 침탄용 강재의 구비 조건

㉮ 저탄소강(0.2%C 이하)일 것 및 고온, 장시간 가열시 결정 입자의 성장이 안될 것

㉯ 강재 주조시 완전을 기하고 표면에 결점이 없을 것

⑧ 침탄 속도

㉮ 침탄량은 강의 종류와 침탄제, 가열 온도에 따라 다르다.

㉯ 침탄 속도는 동일 강재에서는 내부에 확산하는 속도는 온도에 의한다.

㉰ 침탄 속도는 가열 온도, 내부 확산, 시간에 의존하며 CO의 증가에 따라 빨라진다.

㉱ 침탄 속도는 탄소 함유량과 내부 침탄제 확산 속도에 지배한다.

㉲ 침탄 속도는 내외부에 탄소 함유량의 농도차에 비례한다.

⑨ 침탄 담금질 중 박리가 생기는 원인

㉮ 과잉 침탄이 생겨 국부적으로 탄소 함유량이 너무 많을 때

㉯ 원재료가 너무 연할 때와 반복 침탄할 때

⑩ 침탄 경화 과정

침탄 처리 ⇒	저온 처리 ⇒	1차 담금질 ⇒	2차 담금질 ⇒	뜨임 처리
(고·액·기체)	(Fe_3C구상화)	(Fe_3C구상화, 입자미세화)	(표면 경화)	(기계적 성질 개선)

㉮ 침탄 처리 : 고체 침탄 처리, 액체 침탄 처리, 가스 침탄 처리

㉯ 저온 풀림 : Cementite(Fe_3C)의 구상화 처리

㉰ 1차 담금질 : 조대한 결정 입자의 미세화, Cementite(Fe_3C)의 구상화

㉱ 2차 담금질 : 표면 경화

㉲ 뜨임 처리 : 150 ~ 200℃에서 실시한다.

나. 고체 침탄법(pack carburizing)

연강(mild steel) 또는 저탄소강을 침탄제와 함께 침탄 상자에 넣고 뚜껑으로 완전히 덮은 후 점토로 공기가 들어가지 않도록 완전 밀폐하여 900～950℃에서 일정 시간 가열하면 탄소가 강의 표면으로부터 강의 내부로 침투하여 들어간다.

① 강의 내부로 확산 침투한 탄소

㉮ 강의 표면 부분이 탄소가 가장 많고, 강의 내부로 들어감에 따라 점점 적어진다.

㉯ 강의 표면은 경강이고, 내부는 연강의 상태로 존재하므로 2중 조직이 된다.

㉰ 이러한 상태의 강을 담금질하면 강의 표면은 Martensite 조직이 되고 내부는 저탄소강의 조직(Pearlite) 그대로 남게 된다.

② 고체 침탄법의 원리

침탄 상자 안의 고체 침탄제가 상자 속에 존재하는 공기 중의 산소와 반응하여 탄산가스(CO_2)가 발생되고, CO_2는 탄소와 반응하여 일산화탄소(CO)가 발생한다. 이 CO가 강의 표면에서 분해하여 탄소(C)가 석출된다.

㉮ 고체 침탄 과정의 화학 반응식

$C + O_2 \rightarrow CO_2$

$C + CO_2 \rightarrow 2CO$

$2CO \rightarrow C + CO_2$(활성 탄소)

㉠ 강의 표면에 석출된 탄소 원자는 활성도(activity)가 큰 활성 탄소 또는 발생기 탄소다.

㉡ 석출된 강의 활성 탄소가 강의 표면으로부터 내부로 확산 침투해 들어가며 또 강의 표면에 생긴 CO_2는 목탄(木炭)쪽으로 돌아가서 다시 CO가스를 발생시킨다. 이 반응이 반복 진행되어 침탄 반응이 일어난다.

㉯ 강 중에 침입한 탄소는 γ－고용체 중에 고용되어서 고용체로 만든다.
(반응식 : $Fe + 2CO = [Fe - C] + CO_2$ ($[Fe - c]$: $\gamma - Fe$에 고용된 탄소이다.))

③ 침탄 방법

㉮ 침탄제와 침탄 촉진제를 6 : 4의 비율로 배합하여 침탄로 중에서 900～950℃로 가열하여 4～6시간 유지 후 재료 표면에 0.5～2.0mm의 침탄층을 얻는다.

㉯ 침탄제 : 목탄, 입상 coke, 골탄 등

㉰ 침탄 촉진제 : 탄산바륨($BaCO_3$), 탄산나트륨($NaCO_3$), K_2CO_3, $LiCO_3$, $SrCO_3$ 등이다.
(탄산나트륨이 너무 많으면 강 표면에 용착되어 침탄을 방지한다.)

㉱ 침탄층의 탄소 함유량 : 0.85～0.90%C가 적당하다.

④ 고체 침탄제의 필요 조건

㉮ 침탄력이 강해야 하며, 장시간 반복 사용과 고온에 견디는 내구력이 있어야 한다.

㉯ 침탄 성분 중 P분이나 S분이 적고, 강 표면에 고착물이 용착되지 않아야 한다.

㉰ 침탄 온도에서 가열 중 용적 감소가 적고 구입이 쉬우며 값이 저렴해야 한다.

⑤ 침탄 처리에 영향을 주는 요인

㉮ 침탄 온도 및 가열 시간 : 90C ~ 950℃로 4 ~ 6시간이 적당하다.
(침탄 속도에 가장 큰 영향을 주는 요인은 침탄 온도이고, 950℃를 넘으면 내부 조직의 변화가 생긴다.)

㉯ 침탄 깊이 : 너무 깊으면 인성을 적게 하고 비용이 많이 든다.

㉠ 경화층 깊이의 증가 원소 : Cu, Mn, Ni, Cr, Mo

㉡ 경화층 깊이의 감소 원소 : Si, Al, Na, Ti
(과잉침탄의 원인이 되는 원소 : Cr)

㉰ 침탄제 입도 : 너무 작으면 열의 통과 속도가 늦어져 시간이 많이 걸린다.

㉱ 재료 중에 Cr이 포함되면 탄소 확산이 늦어진다.

㉲ 일산화탄소(CO)가 증가하면 침탄속도가 빨라진다.

⑥ 고체 침탄법의 장점

㉮ 고도의 기술이 필요치 않고 방법이 간단하다.

㉯ 부품의 크기에 구애받지 않고 설비비가 저렴하다.

㉰ 가열용 열원으로 전기, 가스, 중유, 경유 등 사용범위가 넓다.

⑦ 고체 침탄법의 단점

㉮ 가열에 균일성이 없으므로 침탄층의 조절 및 대량 생산이 어렵다.

㉯ 침탄이 끝난 후에 직접 담금질이 곤란하므로 재 가열을 해야 한다.

⑧ 침탄 온도와 침탄층의 깊이

㉮ 침탄층의 깊이(두께)는 강재의 종류, 침탄제의 종류, 침탄 온도, 침탄 시간 등에 따라 결정되며, 주로 하중 조건에 따라 다르다.(내마모성, 내충격성, 내압 강도등)

㉯ F.E.Harris 의 침탄 깊이를 침탄 시건과 온도와의 함수로 나타내는 관계식

㉠ C. D(case depths)

$$31.6\sqrt{\frac{t}{10}}\left(\frac{6700}{T_R}\right)(\text{inch})=802.64\sqrt{\frac{t}{10}}\left(\frac{3722.2}{T_K}\right)(\text{mm})$$

- t : 전 가열 시간 = 침탄시간 + 확산시간
- T_R : Rankin의 절대 온도(℉ + 460)
- T_K : Kelbin의 절대 온도(℃ + 273)

㉡ $T_K = 1.8\,T_R$이고 C. D(mm) = Ktemp $\sqrt{\text{Time(hr)}}$ 이다.(Ktemp : 온도에 따른 확산 정수)

㉢ Harris에 의한 침탄 시간과 침탄 깊이

침탄시간 (t)	침탄깊이 D(mm)			침탄시간 (t)	침탄깊이 D(mm)		
	871℃	899℃	927℃		871℃	871℃	871℃
2	0.65	0.76	0.86	20	2.00	2.38	2.79
4	0.90	1.06	1.27	24	2.20	2.61	3.05
8	1.20	1.54	1.80	30	2.55	2.80	3.31
12	1.55	1.83	2.20	36	2.94	3.06	3.38
16	1.80	2.10	2.54				

㉣ 경화층 깊이의 표시 기호

측정 방법 / 경화층 깊이	경도 시험에 의한 측정 방법	마크로 조직 시험에 의한 측정 방법
유효 경화층 깊이	CD－H△－E	－
전 경화층 깊이	CD－H△－T	CD－M－T

※ Δ에는 시험 하중을 kg_f 단위로 기입한다.(0.3kg_f일 때 Δ의 기입 생략해도 좋다.)

- CD(case depth) : 경화층의 깊이
- H(hardness) : 경도 시험 방법, 시험 하중(1kg_f)
- M(macro structure) : 매크로 조직 시험법
- E(effective) : 유효 경화층의 깊이
- T(total) : 전경화층의 깊이

예 CD - H1.0 - E2.5
경도 시험에 의한 측정 방법으로 시험 하중 1kg_f으로 측정하여 유효경화층의 깊이가 2.5mm의 경우이다.

㉤ 유효 침탄 깊이에 따른 분류

구분	초강력용	강력용	중력용	경력용
침탄 깊이(mm)	1.5 이상	1～1.3	0.5～1.0	0.1～0.5

㉥ 침탄 경화층 깊이의 결정 방법(KS D 0215)

ⓐ 유효 경화층 깊이(E)
담금질한 그대로 또는 200℃를 초과하지 않는 온도에서 뜨임한 경화층의 표면으로부터 HRC550까지의 깊이(50% Martensite 조직)

ⓑ 전경화층 깊이
경화층의 표면으로부터 경화층과 소지의 물리적 또는 화학적 성질의 차이를 더 이상 구별할 수 없는 위치까지의 거리이다.

ⓒ 물리적 성질은 경도로, 화학적 성질은 매크로 조직으로 판정한다.

⑨ 과잉 침탄 (super carburization)과 확산 풀림

㉮ 침탄층의 탄소 농도가 공석 조성(0.85%C) 이상으로 크게 되는 경우를 말한다.

㉯ 과잉 침탄은 온도가 높을수록 심하게 일어나며 담금질 균열을 조장하고, 사용 중에 기계적 성질이 나빠진다.

㉰ 과잉 침탄이 되면 Cementite가 망 모양(net work)으로 나타나므로 침탄층에 취성이 커지고 박리(剝離)되기 쉽다.

㉱ 침탄제의 성질에 따라 다르지만 Cr을 품은 침탄용 강재에서 많이 나타난다.

㉲ 침탄강에서 과잉 침탄 조직이 쉬운 원소 : Cr, Mo, W 등

㉳ 침탄강에서 침탄 작용을 높이는 원소 : Ni, Al. Si. Mn 등

㉴ 과잉 침탄 조직은 침탄 능력과 내부로부터 탄소가 확산해 들어가는 상호 작용에 의해서 생기며 내부로 향하는 탄소 확산 속도보다 침탄 능력을 클 때만 나타난다.

㉵ 과잉 침탄한 것은 확산 가열이나 구상화 풀림을 하여 담금질 경화하는 것이 좋고 침탄 온도에서 그대로 직접 담금질하는 것이 좋다.

㉶ 과잉 침탄을 피하려면 가스 침탄을 하거나 침탄 온도를 약간 낮추고, 완화 침탄(mild carburization)을 한다.

과잉 침탄 조직으로 된 것은 유리 Cementite를 구상화하거나 확산풀림을 한다.

⑩ 침탄 후의 열처리

㉮ 담금질(Quenching)

㉠ 담금질의 목적

ⓐ 1차 담금질(300～1,100℃. 油冷) : 조직 미세화, 중심부의 조직 미세화

ⓑ 2차 담금질(Ac_1 변태점 이상, 水冷) : 표면 경화

㉡ 침탄 후 담금질을 하면 내부는 인성이 향상되고 외부는 표면이 경화한다.

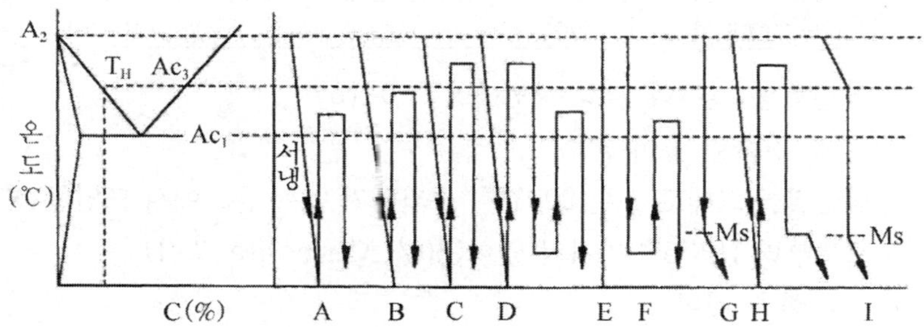

그림 3-38 침탄 후의 담금질 방법

ⓐ 가장 좋은 방법은 D의 1차, 2차 담금질을 행하는 정규의 방법이다.

ⓑ 담금질을 한 번에 끝내는 방법은 C의 방법이 좋다.

이 방법은 심부(心部)는 조대(粗大)한 입자이지만 표면부가 상당히 경(硬)해진다.

ⓒ 현장적인 방법은 I의 방법이며, 오스템퍼 경화법은 H방법으로 새로운 방법이다.

ⓓ 뜨임은 침탄 담금질 후 즉시 150～180℃에서 저온 뜨임을 한다.

㉢ **침탄 후 담금질 방법에 따른 표면부와 중심부의 영향**

방법	처리	표면부	중심부
A	세립강용	• 미세화한다. • 과잉 Fe_3C를 고용하지 않음	• 미세화가 안된다. • 연하므로 기계 가공 가능
B	세립강용	• 다소 조립화한다. • 과잉 Fe_3C를 고용한다.	• 일부분 미세화한다. • A보다 실패가 많다.
C	세립강용	• 상당히 조립화한다. • 과잉 Fe_3C를 고용한다. • 합금강에서 잔류한 Austenite가 증가한다.	• 조립(組立)화한다. • 심부로서는 최강, 고경도, B보다 강인하게 된다.
D	조립강용 (1차, 2차 담금질)	• 미세화, 과잉 Fe_3C를 고용한다. • 잔류 Austenite가 적다.	• 미세화한다. 강인하다. • 연하여 기계 가공이 가능
E	세립강용 (직접 담금질)	• 미세화하지 않는다. • 과잉 Fe_3C를 고용하지 않는다. • 잔류 Austenite가 많다. • 변형이 적고 C%가 높으면 줄이 먹지 않는다.	경화
F	세립강 전용	• 미세화, 과잉 Fe_3C를 고용한다. • 잔류 Austenite가 적다.	• 경도가 낮다. • 인성이 크다.
G	마퀜칭 (인상 담금질)	• 미세화하지 않는다. • 잔류 Austenite가 많다. • 과잉 Fe_3C를 고용하지 않는다. • 변형이 적고 C%가 높으면 줄과 같은 경도가 된다.	경화
H	염욕 담금질 (Bainite 담금질)	• 상당히 조립화한다. • 과잉 Fe_3C를 고용한다. • 피로 한도가 커진다. • 열욕 담금질 중에 심부가 베이나이트화에 의해 장력을 받고 그 후에 Martensite화해 팽창하여 압력이 잔류한다.	열욕 담금질에 의해 베이나트화 함
I	조립강용 (지연 직접 담금질)	• 미세화하지 않는다. • 망상 Fe_3C가 나타나지 않는다. • 변형이 적고 탈탄이 없다. • 줄과 같은 경도가 된다.	다소 경화

㉯ 확산풀림(diffusion annealing)

Cr강, Cr − Mo강과 같이 탄소의 확산이 늦는 것은 탄소가 표면에 집중되므로 침탄층의 탄소를 내부로 확산시킬 목적으로 30분 ~ 4시간 정도 풀림한다.

㉰ 구상화 풀림

㉠ 침탄층에 나타난 망상 Cementite는 담금질 전에 구상화하는 것이 좋다.

㉡ 1차, 2차 담금질할 때는 1차 담금질 후 650 ~ 700℃로 구상화 풀림한 것이 좋다.

㉱ 뜨임(Tempering)

㉠ 담금질한 것은 반드시 저온 뜨임(150 ~ 180℃)을 한다.

㉡ 침탄 후 담금질한 강의 응력 제거 및 Martensite의 안정화를 위해서 뜨임을 한다.

다. 액체 침탄법(liquid carbonitriding, 침탄 질화법, 시안화법, 청화법, 액체 질화법)

액체 침탄법은 청화나트륨(NaCN)을 함유한 용융 염욕에 강재를 침적하면 NaCN이 분해하여 C와 N가 동시에 침투 확산되어 강의 표면에 0.2mm 이하의 얇은 경화층을 만드는 표면 경화법을 액체 질화법이라 한다.

① 액체 침탄법의 원리

㉮ KCN, NaCN 등을 K_2CO_3, Na_2CO_3, KCl, NaCl 등과 사용하여 상자에 넣고 550℃ 이상으로 가열하여 용액을 만들어 이 용액을 750 ~ 900℃로 가열 후 용액 중에 강재를 침적시켜 침탄, 질화를 동시에 침투 확산시킨다.

㉯ 900℃에서 30분 처리하면 0.2mm 정도의 침탄층을 얻는다.

처리 온도가 높을수록 깊어진다.(보통 750 ~ 900℃로 가열, 15 ~ 60분간 유지한다.)

㉰ 액체 침탄 반응

㉠ NaCN이 욕면(浴面)에서 공기 중의 산소, 수분, 탄산가스와 반응하여 청산염(시안염)으로 변한다.

($2NaCN + 2O_2 = Na_2CO_3 + CO + 2N$ 또는 $2NaCN + O_2 = 2NaCNO$,

$NaCN + CO_2 = NaCNO + CO$)

㉡ 이렇게 생성된 청산염(NaCNO)은 고온에서 분해하여 CO, N가 생성된다,

($4NaCNO = 2NaCN + Na_2CO_3 + CO + N$)

㉢ 비교적 저온에서 진행되는 화학 반응 : $5NaCNO = 3NaCN + Na_2CO_3 + CO_2 + N$

㉣ 발생한 CO와 N에 의해 액체 침탄 온도인 고온에서는 침탄과 질화가 이루어진다.

($Fe + 2CO = [Fe - C] + CO_2$, $Fe + N = [Fe - N]$)

㉱ CN기를 품은 염욕에 침탄 처리한 강재는 침탄과 동시에 질화 반응도 일어난다.

㉠ 처리 온도가 저온(700℃ 이하)일 때는 질화가 일어난다.

㉡ 처리 온도가 고온(700℃ 이상)일 때는 침탄이 일어난다.

② 액체 침탄제

㉮ 종류 : KCN(시안화칼륨), NaCN(시안화나트륨), $K_4Fe(N)_{63}H_2O$(페로 시안화칼륨), $Na_4Fe(N)_63H_2O$(페로 시안화나트륨), Na_2CO_3(탄산나트륨), KCl(염화칼륨)

㉯ **실제로 이용되는 액체 침탄제 : NaCN (45 ~ 50%) 또는 NaCN (54%), $NaCO_3$ (44%), 기타(2%)**

㉠ 고농도욕(60 ~ 98%) : 침탄 경화층의 깊이를 적게 하려는 얇은 부품에 적당하다. 사용 온도는 750 ~ 850℃에서 행하며, 점성이 적고 융점이 낮아 용해하기가 쉽고 수세(水洗)에 의한 세정성이 양호하다.

㉡ 중농도욕(30 ~ 60%) : 광범위하게 이용되며 안정된 욕이다.
사용 온도는 800 ~ 900℃이며, 침탄 깊이는 0.8 ~ 0.3mm 정도의 경화층을 얻는데 적합하다.

㉢ 저농도욕(8 ~ 30%) : 강력한 침탄용욕으로 두꺼운 침탄층을 얻는데 이용된다. 사용 온도는 850 ~ 950℃, 침탄 깊이는 1.0 ~ 3.0mm정도이며, NaCN의 함유량이 적고 $BaCl_2$가 많이 함유하고 있다.

㉣ NaCN을 단독으로 사용하면 대기 중에서 쉽게 산화되고 증발, 휘산이 많다.

㉤ NaCN은 대기 중에서 변질되기 쉽고 침탄 능력이 감소된다.

㉥ NaCN의 융점은 약 550℃이고 조해성(潮解性)이 심하며, NaCN · $2H_2O$로 존재한다.

③ 침탄 촉진제

㉮ 종류 : K_2CO_3, Na_2CO_3, $MgCO_3$, $SrCO_3$, $BaCO_3$, KCl, NaCl, $BaCl_2$, $CaCl_2$, NaCl, $SrCl_2$

㉯ 첨가염은 알칼리염과 알칼리 토류염으로 나눌 수 있다.

㉠ 알칼리염 : NaCN과 혼합되어 NaCN이 대기와 접촉되어 휘발하는 현상을 말한다.

㉡ 알칼리 토류염 : NaCN과의 사이에 화학반응을 일으켜 NaCN을 물리적으로 안정하며 화학적으로는 침탄 작용을 촉진한다.

④ 침탄성 염욕의 구비 조건
침탄성이 강해야 하며, 염욕의 점성이 가급적 적고, 흡수성이 적을 것

⑤ 침탄층의 깊이에 영향을 주는 요인

㉮ 침탄 처리 온도가 높을수록 경도는 저하된다.

㉯ 강재에 함유된 합금 원소 및 침탄제의 혼합 성분 비율에 영향을 받는다.

㉰ 침탄 능력, 침탄 온도에 영향을 받는다.

㉱ 침탄부의 탄소 함유량 : 0.7 ~ 1.0% 정도다.

⑥ 액체 침탄법의 장·단점

㉮ 장점

㉠ 균일한 가열 및 가열이 용이하며, 침탄이 끝난 다음에 직접 담금질이 가능하다.

㉡ 소량이면서 다품종의 처리에 적합하고, 침탄 얼룩이 적다.

㉢ 강의 표면이 광휘 상태로 얻어지며, 설비가 간단하고 고도의 기술이 필요치 않다.

㉯ 단점

㉠ 대형 부품은 침탄 깊이를 깊게 얻을 수 없다.

㉡ 침탄욕의 변동이 생길 수 있으며, 침탄욕 관리가 어렵다.

㉢ 유독 가스를 발생하기 때문에 공해 방지 대책이 필요하다.

㉣ 침탄 처리 후에는 제품의 표면에 부착되는 염을 깨끗이 하기가 곤란하다.

⑦ 염욕에서 침탄을 방지하는 방법(부품의 부분적 침탄을 방지하는 경우)

㉮ Al_2O_3, SiO_2 및 Na_2SiO_3의 혼합물을 도포하는 방법

밀착성의 여부로 인하여 충분한 침탄 질화 방지가 곤란하다.

㉯ Zn − Cu, Ni, Cr 등의 전기 도금 또는 Cu − Ni − Cr, Ni − Cu, Ni − Cr 등의 이중 중첩 전기 도금하는 방법

시간이 오래 걸려서 경제적이 못된다.

㉰ Al 용융 분사(Al metallikon)를 이용하는 방법

Al 자체가 침탄 작용을 방해하기 때문에 효과가 좋으며, 용사 분사에 의한 Al 두께는 0.2 ~ 1.4mm 정도이다. (0.4mm 이상이면 방지 효과가 현저하다.)

⑧ 침탄 후의 열처리

㉮ 담금질(quenching)

㉠ 액체 침탄을 한 후 담금질을 해야 한다.(고체 침탄에서와 같은 열처리를 행한다.)

㉡ 물 또는 기름(보통은 기름에 담금질한다.)에 직접 담금질 변형이 감소된다. (액체 침탄 후 500 ~ 600℃에서 염욕 담금질하고 즉시 800℃에서 재가열한 후 수냉한다.)

㉢ 침탄 온도로부터 800℃까지 온도를 냉각한 후 직접 담금질하거나 마퀜칭을 한다.

㉯ 뜨임(Tempering) : 150℃ 전후에서 저온 뜨임을 한다.

㉰ 심냉 처리는 담금질 후에 침탄 부분의 경도를 향상시킬 목적으로 한다.

라. 가스 침탄법(gas carburizing)

저탄소강을 가열한 고탄소 함유 가스 중에서 가열하여 표면을 침탄하는 방법이다.

① 가스 침탄 방법

㉮ CH_4(methane), C_3H_8(propane), C_4H_{10}(butane) 가스 등의 탄화수소계 가스를 변성로에 넣고, Ni을 촉매로 하여 침탄 가스로 변성시키며, 가스를 가열로 안으로 넣어 침탄 처리한다.

($CH_4 + 3Fe = Fe_3C + 2H_2$, $2CO + 3Fe = Fe_3C + CO_2$)

- 여기서 H는 탈탄 작용을 하나 침탄 가승의 양의 조절을 잘하면 침탄 반응이 잘 일어난다.

㉯ 침탄성 가스의 표준 조성

CO(20 ~ 40%), CH_4(3 ~ 30%), H_2(30% 이상), CO_2(0.5% 이하), H_2O(0.5% 이하), 기타(N_2)

(CO 가스는 CO_2의 탈탄성을 역전시킬 만큼의 침탄성 가스이지만 고온에서 안정되어 가스 침탄에 공급하는 탄소를 갖지 않으므로 메탄, 프로판, 부탄 가스를 증탄(enrich)시켜 침탄 작용을 수행케 하는 방법을 취한다.)

② 작업 조건

㉮ 침탄 노기의 조정

㉠ 침탄 작업 중에 노기의 관리가 가장 중요하며 모든 품질 특성에 영향을 미친다.

㉡ 노기는 통상 노점 또는 CO_2분석에 의해 관리한다.

㉢ 실제에 있어서는 노기의 유속 공기의 침입, 부착물의 오염 등에 의한 평형 관계가 깨어져 있으므로 개개의 시도를 통하여 노(爐)의 알맞은 적정 노점을 찾아야 한다.

㉯ 분위기 가스의 유량

㉠ 침탄로에 보내지는 가스의 양은 열처리로의 특성이나 열처리의 특성에 따라 다르다.(배치로(batch type furnace)에서 침탄의 경우 시간당 노 용적의 6 ~ 15배, 연속로 침탄의 경우 3 ~ 5배 정도이다.)

㉡ 침탄로 내의 외기(外氣)의 침입을 막기 위한 노내압(爐內壓)

외기압보다 0.2 ~ 5mm(수주) 유지하는 동시에 노기를 치환할 경우에는 노(爐) 용적의 5배 정도의 유량이 필요하다.

㉰ 침탄 온도와 시간

㉠ 침탄 깊이 : 침탄 시간의 평방근에 비례한다.

(900 ~ 930℃에서 3 ~ 4시간으로 1.0mm 정도이다.)

㉡ 침탄 온도 : 보통 900 ~ 950℃가 사용된다.

(결정립의 성장, 노의 내화물의 수명, 침탄 왜곡의 점 등으로 920℃ 전후가 가장 많이 채용되며 얇은 침탄 처리(전 침탄에서 0.5mm의 경우) 경우에는 850℃ 정도가 채택된다.)

㉢ 침탄 소요 시간 : 온도에 반비례하여 급속히 짧아진다.

㉣ 최적 침탄 조건

㉠ 침탄 시간과 탄소 함유량과의 관계 및 침탄 시간과 침탄 깊이와의 관계

㉡ 확산 시간과 탄소량과의 관계 및 표면으로부터의 침탄 깊이와 탄소량과의 관계

㉤ 가스의 침탄 처리 공정

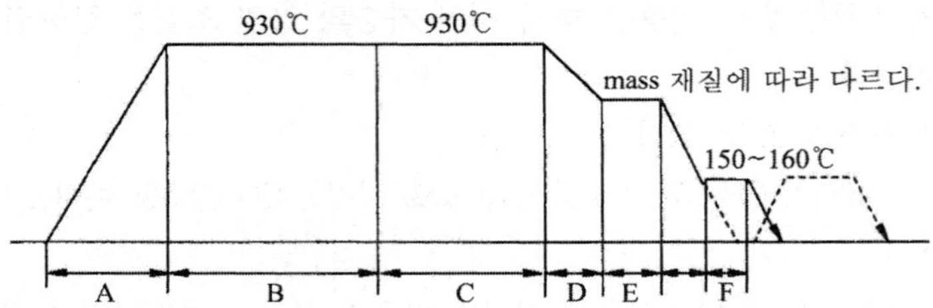

- A : 승온(800℃에서 캐리어 가스를 흘린다.)
- B : 침탄 930℃(캐리어 가스에 enrich 가스를 첨가)
- C : 확산 930℃(캐리어 가스 가스만)
- D : 온도 강하(담금질 온도로 내린다)
- E : 담금질 온도로 유지
- F : 담금질 중에 유지(150 ~ 160℃ 유중 유지) 또는 60 ~ 80℃ 기름 담금질 후 150 ~ 180℃ 저온 뜨임한다.

그림 3-39 가스의 침탄 처리 공정

㉥ Harris의 방정식에 의한 침탄 시간과 확산 시간의 계산식

$$T_C = T_t\left(\frac{C-C_i}{C_0-C_i}\right)^2$$

- T_t : 침탄 시간+확산
- T_C : 침탄 소요 시간
- C : 목표 표면 탄소 농도(%)
- C_0 : 침탄시 탄소 농도(%)
- C_i : 소재 자체의 탄소 농도(%)

예제 침탄 시간과 확산의 합 (T_t)이 7시간, 목표 표면 탄소가 0.8%, 소재 자체의 탄소 농도(C_i)가 0.25%, 침탄시 탄소 농도(C_0)가 0.15%일 때 침탄 시간과 확산 시간은?

풀이

- 침탄 소요 시간(T_C) $=7\left(\frac{0.8-0.25}{1.15-0.25}\right)^2=2.6$시간
- 확산 시간 : $7-2.6=4.4$시간

㉠ 확산 시간

전체 침탄에 소요되는 시간의 $\frac{1}{2}\sim\frac{1}{3}$이 채용되나 실제 조업에서는 여러 번의 시험 작업에 의해 결정된다.

㉡ 침탄과 확산 시간의 결정 : 침탄시 탄소 농도다.

③ 침탄제

㉮ 보통 CO, methane, propane, butane 등을 사용한다.

㉠ 탄화수소(hydrocarbon, CmHn)는 모두 침탄성이 있다.

㉡ 탄화 수소 : CO 가스에 비하여 침탄성은 강하나 그을음이 발생하기 쉽다.

㉯ 열분해 과정이 복잡하나 최후에는 가장 안전한 메탄이 된다.

㉰ 일반적으로 가스 침탄에 이용되는 가스 : 메탄계 중에서도 프로판과 부탄이다.

㉠ 프로판과 메탄 가스는 중유(重油)의 열분해로 만들어진다.

㉡ 부탄의 그을음 발생은 프로판보다 심하고, 증기압은 프로판에 비해 상당히 낮다.

㉱ 가스 침탄용 원료 가스로 프로판, 부탄, 이외에 메탄이나 도시가스도 이용된다.

㉲ 가스 침탄시 촉매로 사용하는 원소 : Ni

④ 기타 가스 침탄법

㉮ 고온 침탄

㉠ 950℃보다 고온에서 행하는 침탄 처리를 고온 침탄이라 한다.

㉡ 침탄 시간이 짧으며. 탄소 농도 구배가 완만하고, 결정립 성장을 일으키기 쉽다.

㉢ 노의 내화물, 트레이(tray), 라디안트 튜브(radiant tube) 등의 열화를 촉진한다.

㉯ 적하 침탄법(적주 침탄법)

㉠ 유기 액제를 노중의 피처리품에 적하시켜 생성된 분해 가스로 고온에서 침탄하는 방법으로 변성과 침탄을 동일 노(爐)에서 행하는 방법이다.

㉡ 변성로가 필요 없고 설비가 소규모이며 유지비 등이 적어 경제적이다.

㉢ 관리가 용이하며 적당한 액제의 종류 선택으로 침탄, 질화, 광휘 처리 등이 가능하다.

㉰ 가스 침탄 질화법(carbonitridung)

㉠ 가스 침탄 때 침탄 가스에 질소를 포함한 가스(암모니아 가스)를 첨가하여 C와 N를 동시에 강의 표면에 침투시키는 방법이다.

㉡ 연강 또는 표면 경화강을 사용하여 암모니아를 포함한 침탄 가스 중에서 650～850℃로 가열하고 처리 시간은 비교적 짧게(15분～4시간 정도)한다.

㉢ 가스 침탄 질화법은 처리 온도가 낮고 담금질 왜곡이 적으며 담금질 속도를 늦출 수 있으므로 담금질 균열이나 변형이 적다.

㉣ 분위기의 침탄성을 방해하는 CO_2 가스가 암모니아에 의해 감소한다.

㉤ 경화층은 내식성과 내마모성이 좋으며 유해 가스 발생 및 그을음 발생이 적고, 다량 생산 및 광휘 표면 경화법으로 적합하다.

㉥ 경화층이 약한 ε－상이 생겨 박리하기 쉽게 될 때가 있다.

⑤ 가스 침탄의 장점

㉮ 침탄량(침탄 농도)의 조정이 용이하며 열효율이 좋고 온도 조절이 용이하다.

㉯ 주로 작은 강제품에 이용되며 자동차 부품 등 대량 생산에 적합하다.

㉰ 자동 열처리가 가능하고 설비 및 조작이 용이하다.

㉱ 침탄이 균일하고 침탄 후 직접 담금질이 가능하다.

㉲ 침탄층의 탄소 함유량을 조절할 수 있다.

⑥ 침탄 후의 열처리

㉮ 담금질

㉠ 1차 담금질은 침탄 처리 중 재료 중심부의 크고 거친 망상 유리 Cementite조직을 미세화 시키기 위하여 A_3 변태점 이상 30℃ 의 온도로 가열하여 수냉(유냉)한다.

㉡ 2차 담금질은 표면 침탄층의 경도를 충분히 높이기 위해서 A_1 변태점 이상 760～800℃ 온도 범위로 가열하고 수냉(유냉)한다.

㉯ 뜨임 : 담금질한 침탄강의 변형을 제거하기 위하여 100～150℃에서 일정 시간 가열한 후 냉각한다.

㉰ 가스 침탄 후 800℃ 정도까지 강하한 다음 수냉(유냉) 또는 Marquenching하여 변형을 적게 한다.

마. 고체, 액체 및 가스 침탄법의 비교

침탄법 \ 구분		고체 침탄법	액체 침탄법	가스 침탄법
처리능력		소량 또는 중량	소량	소량
설비	건설비	저렴하다.	저렴하다.	비싸다.
	공구의 비용	침탄 상자에 대한 비용이 많이 들며, 다른 공구의 비용은 적게 든다.	적게 든다.	비교적 많다.
	노의 수리비	가장 저렴하다.	비교적 싸다.	비싸다.
품질	품질 정확성 요구	일정치 않다.	어느 정도 일정함	일정하다.
	품질의 산포	많다.	lot에 관한 산포는 작고, lot간의 산포는 비교적 있다.	비교적 적다.
	품질의 관리	가장 어렵다	비교적 어렵다.	가장 쉽다.
	승온 속도	가장 늦다.	가장 빠르다.	보통이다.(액체보다 늦고 고체보다 빠름)

3 질화법(HNT, nitriding)

철강의 표면을 경화시키기 위해서 암모니아 가스 또는 기타 질소를 함유하고 있는 적당한 매체 중에서 가열하여 그 부분의 질소 함유량을 증가시키는 열조작이다.

가. 질화법의 개요

강을 암모니아(NH_3) 중에서 500 ~ 550℃로 20 ~ 100시간 가열하면 $NH_3 \rightleftarrows N + 3H \uparrow$ 로 되어 발생기의 N와 H로 분해되었는데 N가 강의 표면층에 침투 확산되어 경화층을 형성하고, 경화층의 깊이는 시간의 경과함에 따라 깊어진다.

① 질화강의 표준 조성 : C(0.35 ~ 0.45%), Al(1.0 ~ 1.3%), Cr(1.3 ~ 1.8%), Mo(<0.5%)
② 저온에서 상변화 없이 고경도의 질화층의 생성되므로 변형이 거의 없는 경화법이다.
③ 질화 후에는 열처리가 필요없다.
④ 질화층의 경도와 깊이
　㉮ 가열 온도가 높으면 경도는 저하되지만 질화 심도는 커진다.
　㉯ 질화 온도가 높을수록 최고 경도는 낮아지고, 질화층이 깊어진다.
　㉰ 질화 온도 : 500 ~ 550℃로 20 ~ 100시간 질화하여 0.3 ~ 0.7mm의 질화층을 얻는다.
　㉱ 질화층 생성 금속 : Al, Cr, Ti, V, Mo 등을 함유한 강은 심하게 경화된다.
　　㉠ Al : 질화 경도를 얻음,
　　　Cr : 질화층 증가,
　　　Mo : 장시간 처리에 의한 취성 방지
　　㉡ 질화가 쉽게 일어나는 강 : Ti을 함유한 강
　　㉢ 질화층 방해 금속 : 주철, 탄소강, Ni, Co(질화되어도 경화가 안됨)
　㉲ 질화 처리 조직으로 적당한 조직 : Sorbite
　㉳ 질화 처리를 방지할 부분의 처리 : Sn 도금하거나 Pb − Sn을 쌓고 Ni 전기 도금한다.
　㉴ 암모니아(NH_3)가 분해되는 온도 : 약 700℃
⑤ 질화 처리하면 화합물이 형성된다.(경화된 질화면은 은회색을 띤다)
⑥ 질화 시간 : 소요 질화 심도에 따라 결정되며, 50시간에서 0.5mm가 표준이다.

나. 질화 처리의 목적

강의 표면에 N을 침투 확산 시킴으로서 표면의 경화 목적으로 열처리한다.

① 높은 표면 경도(HV 800 ~ 1,000)를 얻을 수 있다.

② 내마모성의 증가와 피로 한도가 향상된다.

③ 고온 강도가 높고, 내식성이 우수하며 저온 처리로 변형이 적다.

④ 내열성이 높다.(500℃ 부근까지 경화층의 경도를 유지할 수 있다.)

다. 질화법의 종류

① 가스 질화(HNTG, gas nitriding)

㉮ 암모니아 가스 중에서 질화강을 500 ~ 550℃로 약 2시간 정도 가열하는 방법이다.

㉯ NH_3가스가 질화 온도에서 분해하여 발생기의 N가 침투된다.

$2NH_3 \rightarrow 2N + 3H_2$

㉰ 질화 처리의 전처리 : 담금질 – 뜨임한다.

② 액체 질화(HNTL, liquid nitriding)

㉮ NaCN(55 ~ 65%), KCN(35 ~ 45%)의 액체 침질용 혼합염을 사용하여 500 ~ 600℃에서 가열 질화 처리하고 800 ~ 900℃에서 침탄하는 방법이다.

㉯ 주로 질화만을 하기 위한 것으로 침질 시간이 가스 질화보다 짧다.(30분 ~ 1시간)

㉰ 보통 탄소강으로도 충분하며 질화층이 얇은 것에 이용한다.

③ 이온 순질화

㉮ 저압의 N 분위기 속에서 직류 전압을 노체와 피처리물 사이에 연결하고 글로 방전(glow discharge)을 발생시킨다.

㉯ 이온이 가는 고운동 에너지는 열에너지로 변환하고 피처리물을 가열하여 일부는 직접 이온을 주입하고 음극 스퍼터링(sputtering)을 일으켜 표면으로부터 전자 및 원자가 반발한다.

㉰ 내쫓긴 Fe의 원자는 전자에 의해 생성된 원자상 N와 화합하여 질화철을 만든다.

㉱ FeN 흡착에 의해 FeN으로 급속히 다음 저위의 질화물로 분해하고 N을 방출하여 일부는 플라즈마(plasma)의 가스로 되돌아가 새로운 N와 결합해 질화를 촉진한다.

㉲ 특수 금속(스테인리스강, Ti, Zr 등)의 질화 처리 및 진공 중에서 처리한 후의 표면은 광휘 상태로 되어 표면 조도의 저하가 적고 변형이 거의 없다.

㉳ 처리 후 후가공을 생략할 수 있다.

④ 연질화(HNTT. tufftride)

㉮ 액체 침질의 일종이며 연질화 용염을 520～570℃로 용융시켜 공기를 약 30% 계속 송입하고 20～30분간 가열 후 냉각한다.

㉯ 연질화 방법은 경도는 높지 않으나 내마모성, 내피로성, 내식성을 향상시킨다. (연강에 처리를 하면 표면 강도는 HV 570정도이다.)

⑤ 질화법의 분류

㉮ 암모니아(NH_3)의 분해에 의한 질화법

$NH_3 \rightleftarrows N + 3H$ 의 반응에 의한 방법이다.

㉯ 고주파 가열에 의한 질화법

NH_3의 분해에 의한 분위기에 있어서 강제품을 고주파로 가열하면서 빨리 질화하는 방법이다.

㉰ 염욕 질화법

발생기의 N를 풍부하게 하여 질화를 빨리 할 수 있게 하며 그 후에 광범위한 처리를 한 방법이다.

라. 질화 처리

① 순질화

㉮ 처리 온도

실용상 필요한 경도의 경화층을 얻기 위한 최고 질화 온도는 550℃ 정도이다.
표면의 취약층(ε - 상)을 가능한 한 작게 하기 위해서는 500～510℃가 이용된다.

㉯ 처리 시간

재질에 따라 다르며 경도와는 무관하며 경화층이 두꺼워진다.
처리 시간이 길어지면 조직은 ε - 상이 증가함에 따라 취약하므로 실용상의 처리 시간은 100시간 이내로 한다, 이 처리 후에는 연마 사상를 필요로 한다.

㉰ 가스 유량

NH_3 가스 유량은 처리물에 따라 다르다.
(해리 생성된 N는 바로 N_2로 변하고 중성 가스로 작용하므로 질화의 역할을 기대할 수 없으며, 유량이 적을 경우는 좋지 않다.)

② 연질화

㉮ 처리 온도

순질화보다 높으며 통상 처리 온도는 570～580℃ 정도이다.

㉯ 염욕 조성 및 가스 관리

㉠ 염욕 연질화 : CNO^-가 31 ~ 34%가 되도록 하고 CN은 1 ~ 4%가 되도록 한다.

㉡ 가스 연질화 : 노전(爐前)에서 RX 가스과 NH_3의 비율은 50 : 50이 되도록 하고 노내 NH_3분해도는 43% 정도여야 한다.

마. 질화 처리 전·후 의 공정(소재에서 질화 처리까지의 표준 가공 공정)

① 부품의 용도에 맞는 강종을 선택한다.
② 연화 풀림을 한다.(필요시 불림을 한 후 연화 풀림한 경우도 있다)
③ 기계 가공을 한다.(황삭 가공 3 ~ 5mm 여유)
④ 강의 중심부가 필요로 하는 기계적 성질을 얻기 위해 조절 처리를 한다.
⑤ 중간 다듬질을 한다(0.3 ~ 0.5mm의 공차 여유)
⑥ 응력 제거 풀림을 한다.
⑦ 규정 치수까지 마무리 가공을 한다.(⑤, ⑥은 생략 가능하다.)
⑧ 질화 전처리를 한다.(탈지, 방질화 처리, 유해물질제거, 표준 조도 유지)
⑨ 질화 처리를 한다.(처리전 반드시 350 ~ 450℃에서 예열을 한다.)
⑩ 처리 후 연마 가공, 래핑, 버핑 처리한다.(0.025 ~ 0.05mm)
⑪ 필요에 따라 도금 등을 한다.

바. 질화강의 용도

엔진 실린더, 연료 분사용 노즐, 핀, 기어, die, 절삭 공구, 내연 기관의 연료 밸브 등

사. 침탄법과 질화법의 비교

성질 \ 방법	침탄법	질화법
경도	질화법보다 낮다.	침탄층보다 높다.
열처리	침탄 후 열처리가 필요하다.	절화 후 열처리 불필요하다.
수정	수정이 가능하다.	질화 후 수정이 불가능하다.
처리 시간	처리 시간이 짧다.	처리 시간이 장시간 걸린다.
변형	경화로 인한 변형이 생긴다.	경화로 인한 변형이 적다.
고온 뜨임	고온 뜨임되어 경도 저하된다.	고온이라도 경도가 저하되지 않는다.
취약성	질화층보다 취성이 적다.	질화층이 여리다.
강종의 제한	제한이 적다.	강종에 제한을 받는다.

4 화염 경화법(flam hardening, 불꽃 경화법)

산소 – 아세틸렌 불꽃으로 강재의 표면층을 담금질 온도(Ac_3 변태점 이상)까지 급속히 가열하여서 강재를 수냉하여 담금질 경화시키는 방법을 화염경화라 한다.

가. 화염 경화법의 특징

① 부품의 크기와 형상에 제한이 없으며 국부적인 담금질이 가능하다.
② 가열 온도이 조절이 어려우나 담금질 변형이 적고 설비비가 싸다.
③ 재료는 0.4 ~ 0.6%C 강이 좋으며, 화염 담금질 후 150 ~ 200℃에서 저온 뜨임한다.
④ 종류 : shorter process, Doppel duro process, 고정법, 전진법, 회전법, 조합법 등
⑤ 표면 경화 깊이
　㉮ 가열되어 Austenite 조직으로 된 깊이로 결정하며, 불꽃의 온도, 가열 시간, 불꽃의 이동 속도에 따라 다르다.
　㉯ 같은 조건이라도 가열 시간이 길고, 이동 속도가 느릴수록 경화층이 깊어진다.
　㉰ 단면의 두께 및 용도에 따라 1.5 ~ 6.0mm까지 가능하다.
⑥ 용도 : 캠, 나사, 크랭크 축, 기어, 선반의 베드, 샤프트, 롤, 레일 등의 표면 경화용

나. 연료 가스

산소 – 아세틸렌(C_2H_2)이 많이 사용된다.(산소 – 아세틸렌 혼합비는 1 : 1)

① 연료 가스의 종류
메탄 가스(CH_4), 프로판 가스(C_3H_8), 부탄가스(C_4H_{10}), 천연가스, 도시가스 등

가스종류 \ 항목		아세틸렌	프로판	도시가스	메탄	수소
발열량	高 kcal/m²	14,900	24,320	4,600	9,527	3,050
	低 kcal/m²	13,600	22,350	4,100	8,562	2,570
필요 산소량 비		2.5	5	0.79 ~ 0.89	2.0	0.5
최고 연소 온도(℃)		3,100	1,750	~ 2.800	2,930	2,650
산소 혼합비(%)		40 ~ 70	70 ~ 80	75	100	70
점화 속도(cm/sec)		1,350	370	750	330	890

다. 화염의 형태

① 산소－아세틸렌 불꽃 및 산소－아세틸렌 비에 따른 화염의 종류

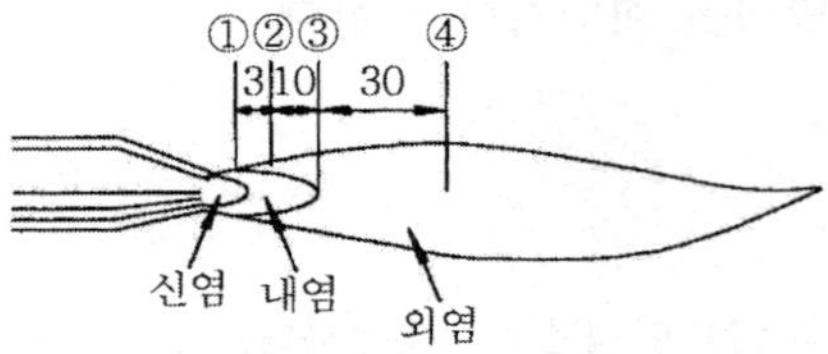

그림 3-40 산소－아세틸렌 불꽃

산소－아세틸렌 비	화염의 종류
1.7 이상	산화염
1.0～1.6	중성염
1.0 이하	환원염

※ 화염 경화에 사용되는 불꽃 : 중성염

② 화염의 3가지 형태

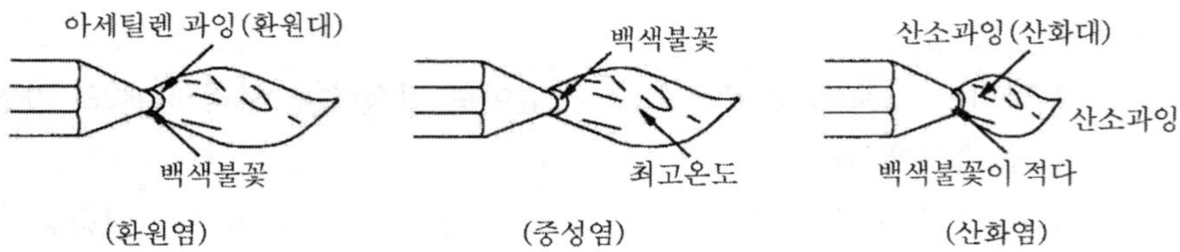

그림 3-41 화염의 3가지 형태

라. 화염 경화 경도

① 담금질 액 : 물을 사용하며 담금질 후 150～200℃에서 저온 뜨임을 한다.

② 화염 담금질한 강의 경도 : 탄소 함유량에 의해 결정된다.

③ 화염 담금질 경도 계산식 : 화염 담금질 경도(HRC) = C% × 100 + 15

예 SM35C의 담금질 경도(HRC) = 0.35 × 100 + 15 = 50

④ 담금질 깊이를 크게 하고자 할 때는 예열 버너를 사용한다.

5 고주파 경화법(induction hardening)

고주파 유도 가열을 이용한 강의 표면 경화법으로 금속 둘레에 코일을 감고 고주파 전류를 보내면 금속 속에 전류가 유도되고, 이 전류 때문에 금속 자체가 저항 가열되는 것을 이용해서 금속을 가열하여 고온이 되었을 때 급히 전류를 끊고 물(또는 기름) 중에 넣고 경화시키는 방법이다.

가. 개요

고주파에 의해 유도된 전류는 표피 효과(skin effect)에 의해 도체의 표면에만 집중하여 흐르게 되므로 표면만 경화시킬 수 있는 방법이다.

① 고주파 전력을 이용하여 가열하는 방법의 두 가지 방법이 있다.
  ㉮ 전기장 유도 가열은 부도체를 고주파로 가열하는 방법이다
  (피가열물을 콘텐서의 극간에 놓으면 그 유전율에 따라 자기 발열이 일어난다.)
  ㉯ 자기장 유도 가열은 도체의 금속류를 고주파로 가열하는 방법이다.
  (피가열물을 발진 회로의 코일 속에 놓는다.)

나. 고주파 담금질의 특징

① 표면 경화법 중 가장 편리한 방법으로 표면이 단단하다.
② 불꽃 경화법에 비해 가열 시간이 매우 짧고, 과열 현상이 일어나지 않는다.
③ 급가열 및 급냉으로 인하여 재료의 비틀림이나 균열을 일으키기 쉬우므로 미리 노멀라이징을 한다.
④ 전체의 인성이 요구되는 기계 부품 등에 이용되며, 담금질의 경비가 절약된다.
⑤ 생산 공정에서 열처리 공정의 편입이 가능하며 무공해 열처리이다.
⑥ 담금질의 시간을 단축하고, 담금질 경화 깊이의 조절이 용이하다.
⑦ 국부 가열이 가능하며, 질량 효과(mass effect)가 경감된다.
⑧ 변형이 적은 양질의 담금질이 가능하다.

다. 고주파 담금질 고려 사항

① 재질은 가열에 대해서 성분의 확산 및 조직의 변태가 짧은 시간 내에 양호하게 이루어지는 것이 좋다.
  ㉮ 고주파 담금질용 적용 재료의 규정 : KS B 4902에 적용 강종이 규정되어 있다.
  ㉯ Mn, Cr, Ti, Zr, V, Pb, Ca 등의 합금 성분이 함유된 강이 좋다.
② 주파수와 유효 깊이 사이와는 일정한 함수 관계를 갖는다.
  ㉮ 코일과 피가열물에 흐르는 전류는 주파수가 높아짐에 따라 각각의 표면에 집중되는 성질이 즉, 표피 효과가 있다.

㉯ 전류가 흐르는 전류의 침투 깊이를 나타내는 식

$$\Delta = 50.3\frac{\sqrt{\rho}}{\mu_s \cdot f}\text{mm}$$

• μ_s : 비투자율 • ρ : 고유저항($\mu\Omega \cdot$ cm) • f : 주파수(Hz/sec)

㉠ 전류 깊이는 주파수가 높을수록 얕게 된다.

㉡ 비투자율은 Fe의 경우 A_2 변태점에 가까울수록 작게 된다.
(730℃ 이상에서는 μ_s=1로 되어 자성을 잃는다.)

㉢ 고유 저항은 온도와 함께 증가하기 때문에 주파수가 일정해도 온도의 상승에 따라 μ_s 및 ρ가 변해서 전류의 침투 깊이는 증가한다.

③ 주파수가 높아짐에 따라 전류의 침투 깊이가 얕게 되고 유효 깊이도 낮다.

④ 전원 용량

㉮ 고주파 담금질의 고정 담금질 : 0.6～1.6kW/cm^{2}의 전력 밀도를 이용한다.

㉯ 고주파 담금질의 이동 담금질 : 2kW/cm^2 이상의 전력 밀도가 필요하다.

㉰ 전력 밀도 = $\frac{\text{소요 출력}}{\text{가열 표면적}}$이다.

㉱ 소요 출력 = 전력 밀도 × 가열 표면적

㉲ 고주파 담금질은 주파수, 전력, 시간의 3요소가 상관성이 있다.

⑤ 고온 상태에 있어서 γ – 철의 주파수에 대한 침투 깊이

주파수(kHz)	400	200	100
침투 깊이(mm)	0.8	1.1	1.6
주파수(kHz)	20	10	3
침투 깊이(mm)	3.4	5.0	8.5

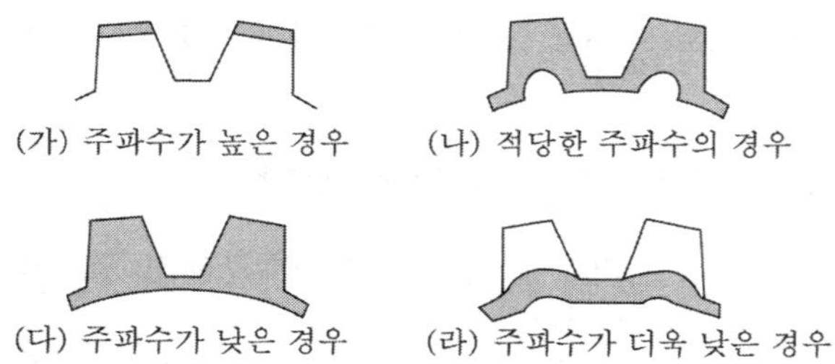

그림 3-42 주파수에 따른 기어의 경화층 변화

⑥ 유효 경화층을 얻기 위한 필요한 주파수 표시법

$$f_m = 5 \times \frac{10^4}{\delta^2}$$

• f_m : 최저 주파수 • δ : 유효 경화 깊이

6 기타 표면 경화법

가. 금속 용사법

강의 표면에 용융 또는 반용융 상태의 미립자를 고속도로 분사시키는 방법이다.

① 열원에는 사용법에 따라 전기 아크, 유도 가열, 폭발 불꽃, 산소 - 아세틸렌 연소 불꽃, 플라즈마 아크(plasma arc) 등이 있다.

② 용사 입자는 소성 변형과 급냉으로 잔류 응력이 발생한다.

③ 자용성 합금(Ni - Cr - Si - B합금)을 사용하여 얻어지는 용사재 용융층은 모재와의 사이에 혼합 용융층이 생기며, 대단히 강한 결합력을 가진다.

④ Mn - Ni, Cr - Mn, Cr 계통의 강종은 혼합 용융층이 내마멸성, 내열성 및 내식성을 좋게 하므로 강 표면에 보호 피막이 형성된다.

나. 전해 경화법

강재를 음극(-)에 걸고 양극(+)에는 양극판을 사용하여 전기 분해의 원리를 이용한 것으로 이 방법은 가열과 냉각의 효과를 얻을 수 있고 경제적으로 유용하다.

① 전해 담금질은 통전 시간, 액온, 전해질, 전압 등의 조절로 경화층의 깊이를 조절할 수 있다.

② 전해 경화법의 요점

㉮ 전원 : 직류로서 200V까지 필요하다.

㉯ 전류 밀도 : $4A/cm^2$ 이상이 필요하다. (작은 부품의 장치 : 100A 정도의 용량 필요하다.)

㉰ 양극판 : 부식 및 침식이 되지 않아야 한다. (스테인리스강판이 좋다.)

㉱ 전해액 : 알칼리 금속 염류가 적당하다. (KCl, K_2CO_3, Na_2SO_4)

㉠ 전해액의 농도 : 10 ~ 20%가 적당하다.

㉡ 전해액의 농도 : 40℃ 이하이어야 한다.

다. 하드 페이싱(hard facing)

금속 표면에 스텔라이트(stellite, Co - Cr - W - C계 합금), 초경 합금 등의 금속을 용착시켜 표면 경화층을 만드는 방법이다.

라. 쇼트 피이닝(shot peening, 숏 크리닝)

표면 냉간 가공의 일종으로 금속 재료의 표면에 강이나 주철의 작은 입자(∅0.5 ~ 1.0mm) 등을 고속으로 분사시켜 표면층을 가공 경화에 의해 경도를 높이는 방법이다.

① 인장, 압축에는 영향이 그다지 없고, 표면 청소의 목적으로도 사용된다.

② 피로 강도가 증가하므로 스프링, 샤프트, 핀 등의 표면 경화에 많이 이용된다.

마. 금속 침투법(metallic cementation)

제품을 가열하여 그 표면에 다른 종류의 금속을 피복시키는 동시에 확산에 의하여 합금 피복층을 얻는 방법을 말한다.

① 금속 침투법의 목적

㉮ 내식성, 방청성, 내고온 산화성 등의 화학적 성질을 향상시킨다.

㉯ 경도, 내마모성을 증가시키는 효과를 얻는다.

② 세라다이징(sherardizing, Zn 침투법)

㉮ Zn을 침투 확산시키는 침투법으로 대기중의 부식 방지에 적합하다.

㉯ 350 ~ 375℃에서 약 2 ~ 3시간 처리하면 0.06mm 정도의 Zn 침투층을 얻는다.

㉰ 확산 피복법

용융 도금 가열, Zn 분말 중에 가열, ZnO + 환원제 중에서 가열, Zn 용사층의 가열

㉱ 용도 : 볼트, 너트 등의 방청용으로 사용한다.

③ 칼로라이징(calorizing, Al 침투법)

㉮ Al을 침투, 확산시키는 방법으르 고온 산화 방지에 적합하다.

㉯ Al 분말에 소량의 염화암모늄(NH_4Cl)을 가한 혼합물과 경화하고자 한 물체를 회전로에 넣고 중성 분위기 중에서 850 ~ 900℃에서 2 ~ 3시간 처리하여 우수한 내고온 산화성을 얻는 방법으로 고온에서는 SO_2, H_2O, NH_3, CN 계에 강하다.

㉰ 층의 두께는 0.3mm 정도가 표면이다. (1mm 이상이 되면 입자가 크고 거칠어진다.)

㉱ 상온에서 내식성, 내해수성이 있고 질산에 강하며, 함유황의 고온 분위기에 대해서 저항력이 크다.

㉲ 확산 피복법

Al 또는 Fe – Al 분말과 Flux와의 혼합물 중에서 가열, 용융 도금법, Al 분사층의 가열, Al 합판의 가열

④ 크로마이징(chromizing, Cr 침투법)

㉮ Cr을 침투 확산시키는 방법으로 경질이다.

㉯ 1,300 ~ 1,400℃에서 3 ~ 4시간 정도로 반응시켜 합금 피복층을 얻는다.

㉰ 크롬을 침투시키면 내식성이 크게 개선되고 내산, 내마멸성이 좋다.

㉱ 고체 분말법과 가스 크로마이징법이 있다.

고체 분말법은 강의 표면을 깨끗이 한 다음 Fe – Cr분말(60%), Al_2O_3(30%), MH_4Cl(3%)의 혼합 분말 속에 넣어 980 ~ 1,070℃ 온도에서 8 ~ 15시간 가열하며, 이 처리에 의해서 Cr은 강속으로 침투되고 0.05 ~ 0.15mm의 Cr 침투층이 얻어진다.

㉲ 확산 피복법

Cr 또는 Fe – Cr 분말 중에서 가열, 염화 크롬, Cr 용사층의 가열, 용융염 용융법

㉳ 다이스, 게이지, 절삭 공구 등에 처리하면 좋은 결과를 얻는다.

줄에 이 처리를 하면 HRC 60 ~ 62 정도가 된다.

⑤ 실리코나이징(siliconizing, Si 침투법)

㉮ 내식성을 증가시키기 위하여 강 표면에 Si를 침투 확산시키는 방법이다.

㉯ 고체 분말법과 가스법이 있다.

고체 분말법은 강을 Si 분말, Fe – Si, Si – C 등의 혼합물 속에 넣고 회전로 또는 보통의 침탄로에서 950 ~ 1,050℃에서 2 ~ 4시간 처리로 0.5 ~ 1.0mm의 Si 침투층이 생긴다.

㉰ 확산 피복법

Si, Ferro – silicon, 탄화규소와 Flux와의 혼합물 중에서 가열, 염화 규소법

㉱ 질산, 염산, 묽은 유산에 대한 내식성이 우수하다.

㉲ 용도 : 펌프 축, 실린더, 라이너, 관, 나사 등(부식 및 마멸이 문제되는 부품에 효과가 있다.)

⑥ 보로나이징(boronizing, B 침투법)

㉮ 강철의 표면에 B를 침투 확산시키는 방법으로 경도가 높은 보론화층을 형성시키는 표면 경화법으로 처리 후에는 담금질이 필요 없으며 여러 가지 강에 적용된다.

㉯ 보론화된 표면층의 경도 : HV 1,300 ~ 1,400에 달하며 깊이는 0.15mm 정도이다.

㉰ 경질 피복, 모든 농도의 염산에 대한 내식성이 크다.

㉱ 확산 피복법

B 또는 Ferro – boron 분말 중에서 700℃ 이상으로 가열

⑦ **철강재료에 대하여 확산 피복하는 주요 금속**

명칭	침투 금속	성질	명칭	침투 금속	성질
크로마이징	Cr 침투법	내식성, 경질	캘러라이징	Al 침투법	고온산화 방지, 내열성
보로마이징	B 침투법	내식성, 경질	실리코나이징	Si 침투법	내식(질산, 염산)성, 내열성
세라다이징	Zn 침투법	내식성	–	–	–

제7절 | 열처리 결함 및 대책

열처리를 하였을 때 발생하는 문제점에는 선천적인 것과 후천적인 것이 있으며 선천적인 것에는 소재의 불량, 설계의 불량과 같이 열처리 작업 자체의 책임이 아닌 것이며 후천적인 문제로는 열처리 잘못, 후가공 또는 사용할 때의 부주의에 기인하여 발생한다.

1 열처리 문제점의 원인

문제점의 원인		세별			
선천적	설계 불량	• 단면의 급변 • 재료 선택	• 모서리 • 과대 하중	• 펀치 마크	
	소재 결함	• 탈탄층 • 카바이드 분포	• 비금속 개재물 • 백점	• 편석, • P이나 S등이 많은 량 등	
후천적	열처리의 기술 잘못	• over heat • 담금질의 완냉 • 재담금질 • 질화	• 불균일 가열 • 불균일 냉각 • 피시 스케일 • 풀림의 불량	• 담금질 온도가 너무 낮음 • 조기 인상 뜨임 처리 • 침탄 • 구상화 불량 등	
	후 가공 기술 잘못	• 연마 균열	• 연마 담금질	• 산세	• grinding burn
	사용 잘못	• setting	• 과대 응력 집중	• 사용 온도(heat check) 등	

2 열처리 결함의 종류

열처리 종류		결함의 종류			
일반 열처리	풀림	• 연화 불충분 • 탈탄	• 풀림 취성 • 과열	• Fe_3C의 흑연화 • 연소	• 산화
	담금질	• 담금질 균열 • 산화 • 연소	• 열처리 변형 • 탈탄 • 피시 스케일	• 경화 불충분 • 시효 균열	• 담금질 얼룩 • 과열
	뜨임	• 뜨임 처리 균열	• 뜨임 처리 취성	• 연화	
	심냉 처리	• 심냉 균열			
	후처리	• 연마 균열 • grinding burn	• 연마 담금질	• 산세 취성	• 도금 취성
표면 경화처리	침탄 표면 열처리	• 과잉 침탄 • 박리	• 이상 조직	• 침탄 얼룩	• 내부 산화
	질화	• 백층	• 박리		
	고주파 담금질	• 담금질 균열	• 연화 밴드(이발소 마크)		• over heat

3 가열, 냉각시 생기는 결함과 대책

가. 가열 온도와 가열 시간의 부적당할 경우

① 가열로 내의 온도 불균일

㉮ 노내 온도의 불균일은 대형로 또는 중유로(버너 연소로)에서 크고, 소형로 또는 전기로에서는 적다.

㉯ 대책

㉠ 노설계, 버너 배치, 형식, 화염의 방향(또는 방식), 부품을 놓는 방식 등이 중요하다.

㉡ 노기(爐氣) 교반식의 노를 사용하는 것이 유효하다.

② 측온의 부정확

정확한 온도 측정을 위해서는 온도계, 열전대의 전기적인 점검을 하여야 한다.

③ 부품 내의 온도 불균일

㉮ ∅100 환봉인 경우 가열 시간은 2시간 정도이다.
일반적인 담금질에서는 살두께 25mm당 30분, 뜨임은 60분 정도의 유지 시간을 둔다.

㉯ 염욕로를 사용하면 승온, 유지 시간을 단축할 수 있다.

나. 산화

① 강을 산화성 분위기 중에서 고속 가열하면 스케일이 생긴다.
(표면에 생긴 산화물 속에 내부로부터 Fe 이온이 확산하는 과정과 한 쪽에서는 외부로부터 산화물 속에 산소 이온이 확산하는 과정에 의해서 진행된다.)

② 온도에 영향이 크며, 온도가 높고 시간이 길수록 산화는 촉진된다.
(고온에서 산화물의 용해가 일어나면 산화는 현저히 촉진된다.)

③ 산화에 기인하는 결함은 표면이 거칠어지고, 탈탄이 있다.

④ 스케일이 부착된 것은 그대로 담금질하면 경도 불균일, 경도 부족, 균열이 생긴다.
(스케일 제거 : 황산, 염산의 온수 용액 등으로 산세를 하며, 샌드 블라스트 등의 기계적으로 제거한다.)

⑤ 산화 방지

㉮ 노내 분위기 조정을 한다.(진공 또는 환원성, 중성 분위기로 한다.)

㉯ 비교적 저온, 단시간(예 850℃×7시간 정도)이라면 도료를 한다.

다. 탈탄

① 강의 탈탄은 공기, 수증기, 탄산가스 등의 산화성 가스 또는 수소·암모니아 환원성 가스, 용융염, 산화철 등에 의해 생긴다.
② 온도가 높을수록 탈탄을 일으키기 쉽고, α구역보다 γ구역에서 탈탄이 현저하다.
③ 염욕 중에서도 수분을 흡수한 염을 사용하면 탈탄이 된다.
④ 탈탄이 원인이 되어 생기는 결함
㉮ 담금질 경도 부족으로 표면 탈탄부의 탄소 함유량 부족 때문이다.
㉯ 담금질 왜곡, 균열, 탈탄층의 Ms점이 내부 비탈탄부의 Ms점보다 높고, 변태 생성물이 적기 때문에, 표면에 인장 응력이 발생하여 변형, 균열의 원인이 된다.
㉰ 기계적 강도(특히 내피로 강도)를 현저히 저하시키며, 열피로(heat check)가 생기기 쉽다.
⑤ 탈탄의 방지법
㉮ 염욕 및 금속욕 가열을 하며, 분위기 가스 속에서의 가열, 진공 가열을 한다.
㉯ 중성 분말제 속에서 가열하고 탈탄 방지제로 도포하며 표면에 금속도금, 피복한다.
㉰ 고온, 장시간의 가열을 피한다.

라. 과열

① 탄소강, 합금강은 1,100℃ 이상으로 가열하면 결정립이 조대화되고 과열 조직이 된다.
② 표면은 상어 가죽이 되고, 산화 스케일도 두껍게 부착되며 탈탄을 일으킨다.
③ 과열 조직이 된 강재는 취약하여 인성이 낮고, 항복점도 저하 또는 소실된다.
④ 과열된 조직의 회복
㉮ 열간 가공과 상온(A_1 변태점 이하)까지 냉각 후 적정한 Austenite화 온도에 재가열, 수냉, 공냉 또는 노냉한다.
㉯ 과열 조직의 완전한 회복은 열처리만으로는 불충분하며, 열간 가공하는 것이 좋다.
⑤ 방지 대책 : 적정한 가열 온도를 지키며 합금 원소(Al, Si, Cr 등)를 첨가한다.
(림드강은 900℃로 과열 조직이 되지만 Al 킬드강은 1,100℃에서도 과열 조직이 안된다.)

마. 변형

① 가열, 냉각의 불균일
급냉, 급열 또는 부품의 살두께의 차이가 심할 때, 복잡한 형상일 때, 부품 내에 온도의 불균일이 생겨 변형된다.

② 열처리 전의 열간, 냉간, 기계 가공 등으로 재질의 불균일, 잔류 응력이 있는 경우 결함이 예상될 때는 담금질 전에 충분한 풀림을 한다.

③ 가열 중의 지지 방법 불량

풀림, 불림, 담금질 등 가열 온도가 높을 경우에는 지지 방법이 나쁘면 가열 중에 자중으로 큰 변형이 생긴다.

④ 지점간이 너무 넓으면 중간부가 쳐지므로 지점 간격은 부품 직경의 3배 이하로 한다.

4 담금질시 생기는 결함과 대책

모양이 복잡하거나 두께의 차이가 있는 강재를 냉각 속도가 빠른 냉각제로 담금질하면 균열이 생기는 수가 있다. 이러한 현상을 담금질 균열이라 한다.

가. 담금질 균열

① 담금질 균열의 원인

㉮ 열응력에 의한 균열

㉠ 급냉으로 재료 내외에 온도차로 수축에 차이가 생겨 일어나는 균열이다.

㉡ 고온 가열을 하였을 때 담금질 직후 상온 부근에서 일어난다.

㉯ 조직의 불균일에 의한 균열

㉠ 담금질이 끝난 후 생기는 균열이다.

㉡ 냉각에 따라 Austenite 조직이 Martensite 조직으로 변할 때 변화가 동시에 일어나지 않고 내외부의 시간적 차이를 두고 일어나기 때문에 생긴다.

㉢ Austenite 조직이 Martensite 조직으로 변할 때 부피의 팽창으로 균열이 생긴다.

㉰ 급냉되는 외주부, 살이 얇은 부분, 모서리 부분 등에 균열이 생긴다.

㉱ 시간이 경과한 후에 균열을 일으킨다.

② 담금질 균열의 깨어지는 모양에 따른 형식 분류

세로로 깨짐, 가로로 깨짐, 무우처럼 깨짐, 엄지손톱 깨짐, 대머리 깨짐, − 자 깨짐, +자 깨짐, 동심원 깨짐, 방사선상 깨짐 등

③ 담금질 처리에 나쁜 영향을 미치는 형상

두께의 급변화, 예리한 모서리, 계단 부분 및 막힌 구멍이 나쁜 영향을 미친다.

④ 담금질 균열의 방지책

㉮ 냉각시 온도의 불균일을 적게 하고 될수록 변태도 동시에 일어나게 한다.

㉠ 살두께 차이, 급변을 줄이고, 구멍을 뚫어 부품 각부가 균일하게 냉각되도록 한다.

㉡ 날카로운 모서리 부분을 이루지 않게 하고, 구멍에는 진흙, 석면 등으로 채운다.

㉢ 축물(軸物)에는 면치(免恥)를 한다.

(담금질 조건이 완만한 것 : R > 3, 가장 엄격한 것 : R > 0)

㉣ Ms ~ Mf 범위에서 될수록 서냉을 하고, 시간 담금질을 이용한다.

㉯ 담금질로 생성되는 Martensite의 인성을 높인다.

㉠ 강재로서 될수록 저 탄소 함유량을 택한다.

㉡ 담금질 온도가 너무 높아지지 않게 하고 결정립의 조대화 및 탈탄 등을 피한다.

㉢ 완전히 식기 전에 담금질액으로부터 꺼내어 즉시 뜨임한다. (30분 이내)

㉣ 사용하는 강재의 비금속 개재물이 적어야 한다.

㉰ 변태 응력을 줄인다.

㉠ 중심까지 완전히 담금질되는 강종은 피해야 하며, 마퀜칭을 채용한다.

㉡ 탈탄층은 표면의 Ms점을 높이고, 변태 시간의 편차를 조장하여 제거한다.

㉢ 침탄 담금질, 고주파 담금질은 표면에 압축 잔류 응력이 생기므로 유효하다.

㉣ 성분 편석이 적어야 한다. (편석이 많으면 변태 시간에 편차가 생긴다.)

⑤ 담금질할 때 생기는 균열의 시기

㉮ 200℃ 이하로 냉각할 때 또는 냉각액으로부터 끝을 올렸을 때

㉯ 담금질 후 시간 경과할 때 또는 담금질의 경우 상온까지 냉각시켰을 때

㉰ 담금질 직후 뜨임하지 않았을 때 또는 담금질 온도가 높았을 때

㉱ 소재 표면이 거칠 때 또는 단조 후 풀림을 하지 않고 담금질하였을 때

㉲ 담금질 후 2 ~ 3분이 후에 균열이 많이 생긴다.

나. 담금질에 따른 용적 변화

① 담금질 효과에 따라 정도의 차이가 있다.

② 조직의 팽창 순서

Martensite > 미세 Pearlite > 중간 Pearlite > 조대 Pearlite > Austenite

③ 조직의 수축량

완전한 Pearlite > Martensite(Pearlite 량이 많을수록 팽창량이 적어진다.)

④ Martensite 변태로 인한 체적 팽창

탄소량(%)	0.10	0.30	0.60	0.85	1.00	1.30	1.70
체적변화(%)	+0.113	+0.404	+0.923	+1.227	+1.557	+2.376	+3.781

다. 경도 불균일

담금질한 부품의 표면 경도에 불균일이 생기고, 국부적으로 경화되지 않는 연점(soft spot)이 생기는 것을 경도 불균일이라 한다.

① 경도 불균일의 원인

㉮ 표면에 탈탄층이 있으면 탈탄부는 경화되지 않는다.

㉯ 담금질 온도가 불균일하여 일부에 불완전한 Austenite(Ferrite가 공존)가 있으면 그 부분이 경화되지 않는다.

㉰ 냉각이 불균일한 경우에 경도가 불균일하다.
수냉시 기포 또는 스케일 부착에 의해 냉각이 국부적으로 느리게 되었기 때문이다.

㉱ 화학 성분의 편석
탄소 함유량 등 담금질을 높이는 원소의 편석으로 경화 경도 불균일이 발생한다.

㉲ 담금질 경화능 부족이나 담금질성이 부족하여 냉각이 임계 냉각 속도에 임박했을 때에 경도 불균일이 생기기 쉽다.

② 경도 불균일의 검출 방법

㉮ 연삭하면 연한 부분은 경화부에 비해 색이 흐리게 보인다. (부식되면 흐름이 나온다.)

㉯ 경도를 측정한다.(방법 : 줄시험으로 하면 연한 부분은 줄에 걸린다.)

③ 경도 불균일의 방지책

㉮ 탈탄 방지 또는 탈탄부를 기계적으로 제거 후 담금질한다.

㉯ 노내 온도 분포, 부품의 놓는 방식, 균열 시간 등 적당한 담금질 온도를 유지한다.

㉰ 냉각을 균일하게 하고 될수록 급냉한다.

㉱ 담금질성과 냉각능을 감안해 어느 정도 여유를 가진 화학 성분계 재료를 선택한다.

라. 담금질 경도 부족

① 담금질 가열 온도가 너무 낮아서 Austenite, Ferrite 2상 구역에서 담금질한 경우

② 담금질했을 때 냉각 속도가 임계 냉각 속도보다 느려서 Ferrite가 석출된 경우

㉮ 대책

㉠ 화학 성분을 조정 또는 냉각 방법으로 조정한다.

㉡ 저합금 조성의 강은 급냉으로 경도를 얻는 것이 좋으나 변형, 균열의 위험이 있다.

㉢ 복잡한 형상, 살두께가 고르지 않는 부품은 냉각 속도를 늦추고 화학 성분을 높인다.
냉각 속도를 추진하는 방법으로서는 충분한 교반, 제트류, 팬류, 분무, 10% 식염수 또는 수중에 소다회 혼입 등의 방법이 있다.

③ 담금질 개시 온도가 너무 낮아진 경우의 방지는 Ferrite 변태가 시작되기 전에 담금질을 개시한다.

④ 고탄소강, 합금강 등은 담금질전 공정으로 탄화물의 치수, 분포가 달라져서 응집된 조대 탄화물, 망목상 탄화물 등이 존재하는 경우에는 담금질 가열시 탄소의 고용량이 부족하여 담금질 경도가 나오지 않게 된다.
(방지 : 가공 또는 전처리로 탄화물을 소멸시켜 미세, 입상의 것으로 만든다.)

⑤ 표면 스케일 부착에 의한 냉각 속도 부족 및 탈탄층은 담금질 경도 부족

⑥ 이재(異材)가 혼입되었을 때 방지는 재료의 관리를 철저히 한다.

⑦ 잔류 Austenite로 인한 경도 부족

㉮ 원인 : 고탄소강일수록 많고, 담금질 온도가 높을수록, 냉각 속도가 느릴수록 많다.
(결과 : 경도 부족, 경년 변형, 뜨임 균열, 연삭 균열 등의 원인이 된다.)

㉯ 방지 : 급냉을 하고 담금질할 때 즉시 저온 처리한다.

마. 담금질에 의한 변형

① 열응력에 의한 변형

㉮ 열응력, 변태 응력 또는 경화 상태가 불균일하기 때문에 생기는 변형이다.

㉯ 대형 부품의 변형으로써 나타나며 열, 냉각 방법 및 형상 등으로 개선한다.

② Austenite 로부터 Martensite의 조직 변화에 따른 치수 변화
공구, 중·소형 정밀 부품에서 문제가 되므로 일반적으로 피할 수 없다.

③ 냉각 방법

㉮ 물 담금질 → 기름 담금질 → 공기 담금질의 순으로 변형이 적어진다.

㉯ 균일한 냉각을 하기 위해서는 축이 긴 재료는 수직으로 담금질하거나 수직으로 회전시키면서 냉각한다. (분무 담금질도 균일한 냉각 방법이다.)

㉰ 물(또는 기름) 속에 침지하는 방법에 따라 변형량이 달라진다.

㉱ 오스템퍼링, 마템퍼링을 행한다.

④ 담금질 온도

㉮ 담금질 온도가 높으면 강 부품의 치수 및 형상의 변화가 커지므로 낮은 것이 좋다.

㉯ 잔류 Austenite가 증가하면 형상 및 치수의 변형이 적어진다.

⑤ 담금질 깊이

㉮ 담금질 깊이가 얕고 Pearlite 중심부가 나타나면 치수 변화는 적어진다.

㉯ 담금질 깊이가 깊어지면 형상 변화는 일반적으로 커진다.

㉰ 변태에 의한 현상이 열에 의한 현상으로 이루어진다.

⑥ 형상

㉮ 원주 및 원판은 열적(熱的)인 영향을 크게 받는다.

㉯ 원주는 열적 영향을 받으면 길이가 감소되고, 두께는 증가하지만 원주 내면의 냉각은 적기 때문에 주저앉아 장고 같은 형태가 된다.

⑦ 담금질 변형 방지법

㉮ 변형을 예측하여 반대 방향으로 변형시켜 놓는다.

㉯ 롤러 담금질, 프레스 담금질을 하고, 프레스 뜨임, 숏 피이닝을 한다.

바. 시효 변형

① 담금질하여 경화된 강을 그대로 상온에서 방치하면 뜨임의 제1단계가 되어 체적이 수축되어 변형이 된다.
(수축 변형은 120～180℃에서 뜨임을 한 후에는 변형이 일어나지 않는다.)

② 고탄소강, 고합금강은 담금질에 의해 생긴 잔류 Austenite가 상온에서 장시간의 경과로 인해 일부의 조직이 Martensite로 변태하고 다시 뜨임에 의해 체적 팽창이 일어나고 이어서 수축한다.

③ 잔류 Austenite는 300℃ 이상의 뜨임에서는 분해되어 안정되나 저온에서 뜨임하면 안정되지 못한다.

④ 방지책

㉮ 기름 담금질의 온도를 높이면 잔류 Austenite가 증가한다.

㉯ HRC60 이상의 경도를 유지하고 잔류 Austenite를 감소시키기 위해서는 심냉 처리와 저온 뜨임을 하는 것이 효과적인 방법이다.

사. 심냉 처리에 의한 균열과 변형

① 강의 기지(matrix)가 Martensite가 되어 있으므로 심냉 처리에 의해서 잔류 Austenite가 Martensite로 변태를 하면 그 체적의 팽창으로 인해 주위에 강한 인장응력이 생겨 균열이 발생한다.

② 강의 표면에 탈탄 부분이 있으면 내부의 고탄소 부분에 잔류 Austenite가 많기 때문에 심냉 처리 과정에서 균열이 발생한다.

③ 방지책

㉮ 담금질하기 전에 탈탄층을 제거하여 탈탄을 방지한다.

㉯ 심냉 처리 전에 100～300℃에서 뜨임을 하며, 심냉 처리 온도로부터의 승온을 수중(水中)에서 행한다.

㉰ 심냉 처리를 할 때 급속한 가열로 강의 표면을 팽창시켜 인장 응력을 감소시키면 효과가 증가한다.

아. 연삭에 의한 결함과 대책

강을 담금질한 후 그대로의 상태 또는 150～180℃에서 뜨임한 것을 연삭하면 균열이 생기는 경우가 있다.

(균열이 되지 않더라도 연삭으로 인하여 타는 상태(burning)로 되어 사용 중에 파손되기 쉽다.)

① 원인

㉮ 부분적으로 적열되어 강표면의 극히 얇은 층만 담금질되는 상태로 되어 파손된다.

㉯ 적열되는 정도가 가벼우면 A_1 변태점 이하의 온도까지 되며 뜨임과 같은 상태로 되어 연화층이 생긴다.

㉰ 연삭 균열이 생기는 현상

㉠ 제1종(연삭 방향으로 직각 평행선상) : 가벼운 연삭 균열

㉡ 제2종(깊이 0.1mm 정도의 균열) : 무거운 균열

② 연삭 균열과 이에 따른 burning의 검출 방법

㉮ 연삭면의 착색(temper color)

㉯ 5% NHO_3으로 부식시키면 암적색(A_1점 이하에서)과 은회색(A_1점 이상에서)이 나타난다.

㉰ 금속 현미경 검사를 한다.

㉱ 경도 시험을 한다. (HRV 또는 마이크로 - 비커스 경도 시험을 행한다.)

㉲ color check 또는 자분 탐상에 의한다.

③ 연삭 균열이나 연삭 burning의 대책

㉮ 연삭 전의 열처리

㉠ 담금질한 후 120～180℃에서 뜨임을 한 후 연삭한다.(제1종 연삭 균열 방지책)

㉡ 담금질한 후 300℃에서 뜨임한 후 연삭을 한다.(제2종 균열의 방지책)

㉯ 연삭 방법

㉠ 연삭 방식으로서 잘라 넣기 깊이를 적게 한다.
(숫돌의 속도를 높이고, 테이블 이송 속도를 느리게 하며, 트래버스비를 적게 하고, 충분히 냉각한다.)

㉡ 숫돌의 드레싱을 행하고, 눈이 막힌 숫돌은 사용하지 않는다.
(입도가 잘고 야무진 숫돌일수록 연삭 열이 크다.)

㉰ 재료의 피연삭성
강재의 강도가 크고, 굳은 탄화물을 많이 포함하고, 열전도율이 적을수록 연삭열이 발생하기 쉽다.

5 뜨임에서 발생되는 결함과 대책

가. 뜨임 균열

① 뜨임 균열의 원인

㉮ 뜨임 처리시 급속 가열에 의한 균열

㉠ 노내 온도의 불균일로 인한 열응력이 결정립계에서 나타나는 취성과 함께 응력이 집중된 부분에 균열이 발생한다.

㉡ 잔류 Austenite가 많은 경우에도 Martensite 조직에 얼룩이 생겨 파손되기 쉽다.

㉯ 뜨임 온도로부터의 급냉에 의한 균열

뜨임으로 인하여 2차 경화되는 고속도강은 뜨임 온도에서 급냉시키면 열응력이 생겨 형상이 좋지 않으면 균열이 발생한다.

㉰ 탈탄층이 있는 경우

고속도강 같은 것은 강의 내부에서 잔류 Austenite가 Martensite 조직으로 팽창되고 탄화물의 석출에 의해 수축이 생겨 외부의 탈탄층과 조직이 크게 다르므로 균열이 생기는 일이 있다.

㉱ 담금질이 끝나지 않은 상태의 것을 뜨임한 경우

담금질을 한 후 강재의 온도가 완전히 내려가지 않는 동안에 뜨임을 한 후 급냉하면 균열이 생긴다.

(변태가 되지 않은 Austenite가 그대로 존재하여 뜨임한 후의 냉각으로 인하여 담금질 상태가 되기 때문이다.)

② 뜨임 균열의 대책

㉮ 서열을 하며, 응력 집중 부분은 열처리상 맞는 설계를 한다.

㉯ 잔류 응력을 제거하고, 결정립계의 취성을 나타내는 화학 성분을 감소시킨다.
(Cr, Mo, V 등의 합금 원소로 취성을 방지한다.)

㉰ 고속도강과 같은 경우는 뜨임 전에 탈탄층을 제거하고 뜨임 후 서냉(또는 유냉)한다.

㉱ Ms점 및 Mf점이 낮은 고합금강은 균열을 방지하기 위하여 2번 뜨임을 한다.

나. 뜨임에 의한 변형

① 치수 변화

뜨임 온도가 상승하면 먼저 초기 탄화물의 석출이 약간 수축을 일으킨 다음 잔류된 Austenite의 분해로 약간 팽창하고, 맨 나중에 Cementite의 생성과 응집 과정에서 다시 크게 수축한다.

② 형상 변화

담금질했을 때의 잔류 응력이 뜨임으로 인하여 제거되는 과정에서 형상 변화가 나타나며, 잔류 응력이 큰 물 담금질, 유심 담금질 등의 경우에는 형상 변화도 크다.

잔류 응력이 적은 기름 담금질에서는 형상 변화가 적고, 공기 담금질에서는 거의 무시된다.

6 풀림시 생기는 결함과 대책

가. 연화 부족

① 연화 부족의 원인

㉮ 풀림 온도가 너무 낮고, 풀림 시간이 충분치 못하다.

㉯ 풀림 온도로부터의 냉각이 부적당하다.

㉰ 구상화 풀림이 부적당하다. (고탄소강은 망목상 조직으로 되고 연화가 불충분하다.)

② 대책

㉮ A_{cm}선 또는 Ac_3 변태점 이상의 온도에서 가열한다.

㉯ 탄화물을 Austenite 속에 고용시킨 후 급냉하고 구상화 풀림을 한다.

㉰ 처리 도중에 서냉 또는 즉시 풀림을 한다.

나. 구상화 풀림의 부적당

① 부적당한 구상화 풀림은 층상, 망목상 및 조대한 탄화물이 생긴다.

② 강괴의 편석에 의한 것이 많고 열처리만으로는 회복이 어렵다.

③ 방지책

㉮ 강괴의 단조를 충분히 할 필요가 있다.

㉯ 구상화 풀림하기 전에 Ac_3 변태점 또는 Acm 이상의 온도에서 가열한 후 급냉한다.

㉰ 충분한 단조와 전처리의 풀림이 정상으로 되어 있으면 구상화 처리는 비교적 쉽다.

7 표면 경화의 결함과 대책

가. 침탄 담금질의 결함과 대책

① 담금질 경도 부족
　㉮ 침탄량이 부족할 때 또는 담금질 온도가 너무 낮을 때
　㉯ 탈탄이 되었을 때 또는 담금질의 냉각 속도가 느릴 때
　㉰ 잔류 Austenite가 많을 때(담금질 온도가 너무 높다.)

② 담금질 얼룩
　㉮ 침탄 표면의 일부에 경화가 되지 않은 부분이다.
　㉯ 편석이 많은 강, 림드강 등의 재료 자체에 불량에 의한 침탄 얼룩이다.
　㉰ 담금질, 가열 온도의 불균일과 냉각 속도에 따른 얼룩을 말한다.

③ 연삭으로 인한 균열과 연화
　㉮ 연삭이 부적당하면 연삭열 때문에 연화되거나 균열이 된다.
　㉯ 연삭 균열은 과잉 침탄되거나 담금질 상태로는 잔류 응력이 높기 때문에 150 ~ 200℃의 온도에서 뜨임한 후 연삭하면 좋다.

④ 박리가 생기는 원인 및 방지책
　㉮ 박리가 생기는 원인
　　㉠ 과잉 침탄이 생겨서 탄소 함유량이 너무 많을 때
　　㉡ 원 재료가 너무 연할 때 또는 반복 침탄을 하였을 때
　㉯ 방지책
　　㉠ 과잉 침탄은 침탄 완화제를 사용하고 침탄 후 확산 처리한다.
　　㉡ 소지 재료의 강도를 높은 것으로 한다.

⑤ 침탄 부족과 과잉 침탄
　㉮ 침탄 부족의 원인
　　㉠ 노내 및 침탄 상자 내의 온도 불균일 및 침탄 온도에서의 유지 시간
　　㉡ 급속한 가열에 의한 침탄 상자 내의 온도 상승의 지연 및 온도 부족
　㉯ 과잉 침탄의 원인
　　㉠ 침탄 분위기 상태에서 오는 탄소량의 과다(過多)
　　㉡ Cr, Mn 등 탄화물의 생성 원소를 많이 함유한 침탄강은 침탄 속도가 빠르지만 탄소의 확산 속도가 느리기 때문에 강표면의 탄소 함유량이 너무 높아진다.

㉰ 방지책

㉠ 완화 침탄제를 이용하고, 침탄 후 확산 처리를 한다.

㉡ 1차, 2차 담금질을 행한다.

(1차 담금질에서는 과잉 침탄에 의해 생긴 유리 Cementite가 망목상 조직을 파괴하고 균일하게 분산시킨다.)

⑥ 침탄 담금질로 인한 변형 방지법

㉮ 고온으로부터의 1차 담금질은 변형 발생이 크므로 될 수 있는 한 생략한다.

㉠ 침탄 중에 강의 중심부가 조립 상태로 되지 않게 고Ni강, TiN 등을 포함한 강을 사용할 필요가 있다.

㉡ 강의 중심부의 강인성이 특히 중시되지 않은 한 1차 담금질은 생략한다.

㉯ 프레스 담금질, 마템퍼링 및 심냉 처리를 한다.

나. 고주파 담금질의 결함과 대책

① 경도 부족, 경도 얼룩

㉮ 재료가 부적당하다 : 탄소 함유량은 0.3% 이하이어야 한다.

㉯ 냉각이 부적당하다.

㉠ 분수공의 구멍이 막히고 크기 및 분수공의 개수, 냉각액의 부적당 등에 의한다.

㉡ 변태 시간이 늦어지면 담금질을 하기 전에 Pearlite 변태를 일으켜 경도가 부족하기 쉽다.

㉰ 고주파 발진기의 power 부족에 의한 가열 온도가 부족하다.

② 균열

㉮ 재료의 불량

㉠ 탄소 함유량이 0.4% 이상 함유하면 균열이 되기 쉽다.

㉡ 탄소 함유량이 많은 경우 담금질하기 전에 탄화물의 구상화 처리를 하면 좋다.

㉢ 망목상의 cementite, 큰 입자, 이상 편석 등의 조직 결함, 비금속 개재물도 균열을 증가시키는 원인이 된다.

㉣ 합금강은 수냉 대신 유냉 또는 합성 수지계 수용액을 사용한다.

㉯ 담금질 가열 온도의 과대

균열 발생을 방지하기 위하여 예열을 한 후 단속적으로 전기를 통하면서 가열 후 담금질한다. (담금질 경도 깊이가 깊어질수록 균열이 일어나기 쉽다.)

㉰ 냉각 방법의 부적당

㉠ 유냉보다 느린 냉각은 균열은 없지만 경도 부족의 원인이 된다.

㉡ 수냉이 가장 효과적이지만 냉각 얼룩을 일으키고 균열의 원인이 된다.

㉢ 분무에 의한 담금질은 냉각 얼룩을 줄인다.

㉣ 자연 균열

고주파 담금질을 그대로 방치하면 자연 균열이 생기므로 담금질 후 즉시 뜨임한다.

③ 연삭 균열

연삭 균열은 발생 빈도가 높으므로 충분히 주의한다.

④ 고주파 담금질로 인한 변형

일반 담금질이나 침탄 담금질 등의 전체 담금질에 비해 변형은 적으나 경우에 따라서는 부분 담금질이기 때문에 부분적으로 변형이 커지는 경우가 있다.

다. 질화 처리에 있어서의 결함과 대책

① 질화 경도 부족

㉮ 재료면

㉠ 성분 : Al, Cr, Mo의 성분 변동

㉡ 조직 : Sorbite 조직이 아닌 경우

㉢ 표면 상태 : 탈탄, 탈황 등이 있는 경우

㉯ 작업면

㉠ 전처리 : 전처리 불충분

㉡ 해리도 : 20% 이하에서 변동하는 경우

㉢ 온도 : 너무 높고, 너무 낮은 경우

㉣ 시간 : 기간이 부족한 경우

② 질화층의 박리

㉮ 강의 표면에 백층(white layer, ε − 상)이 많은 경우에는 극히 거세고 경도도 낮으므로 제거하여 사용한다.

(백층의 생성 방지는 질화 시간을 짧게, 질화 온도를 높게, 해리도는 20% 이상으로 하여야 하며, 2단 질화법 또는 Nitralloy N 등의 강종에 사용하는 것이 좋다.)

㉯ 탈탄된 재료를 질화했을 때에는 질화층이 붕괴하거나 박리가 된다.

㉠ Al을 많이 함유한 질화강은 탈탄이 쉽다.

㉡ 단조, 풀림, 조질 또는 응력 제거 풀림에서도 탈탄되는 일이 있다.

㉢ 질화할 때 NH_3의 해리로 생기는 수소가스도 탈탄 작용이 생긴다.

③ 원재료의 강도 저하 및 취하

㉮ 질화 시간이 길기 때문에 원재료의 뜨임이 진행되어 강도가 저하된다.

(원재료의 뜨임 온도를 충분히 높이든가 강도 저하를 방지해야 된다.)

㉯ 500～530℃에서 장시간 가열되기 때문에 뜨임 취성이 생긴다.
(Mo 첨가로 방지한다.)

④ 변형

㉮ 소재의 가공으로 인한 변형
강을 가공할 때 내부 응력이 남아 있으면 질화가 되는 중에 변형이 생기므로 가공 여유를 두고 응력 제거 풀림을 한다.

㉯ 질화로 인한 변형

㉠ 질화층은 아주 적지만 체적이 팽창하며 질화에 다른 깊이가 클수록 변형은 커진다.

㉡ 살이 두꺼운 부분에는 변형이 적고 살이 얇은 부분에는 변형이 크다.

Chapter 03

합금강(合金鋼, 特殊鋼, Alloy steel, Special steel)

합금강이란 탄소강에 소기의 목적을 만족시키기 위해서 Ni, Cr, Cu, Mo, W 등의 합금 원소를 첨가시켜서 특수 성질을 부여해 주는 것을 합금강(特殊鋼)이라 한다.

제1절 | 합금강의 분류와 첨가 원소의 영향

탄소강 중에서 특수 원소의 역할은 Austenite의 입자의 크기 조정, 변태 속도의 변화, 소성 가공성의 개량, 해로운 원소의 제거 및 기계적 성질, 물리적 성질, 화학적 성질의 개선 등을 한다.

1 합금강의 일반적인 성질

가. 합금강의 성질 개선(보통 탄소강에 비하여)

① 기계적 성질(강도, 경도, 인성, 내피로성 등)의 향상 및 고온에서 기계적 성질 개선한다.
② 내식·내마멸성의 증대 및 담금질성을 향상시킨다.
③ 단접 및 용접이 용이하며 또는 결정 입도의 성장을 방지한다.
④ 전자기적 성질의 변화

나. 합금 원소의 일반적인 특성

원소의 특징			
원소	특성	원소	특성
Ni	인성 및 저온 충격 저항 증가	Cd	내산화성 증가
Cr	내식, 내마모성 향상	Si	전자기적 특성, 내열성 우수
Mo	뜨임 취성 방지	V, Ri, Zr	결정 입자 조절
Mo, W, Mn	고온 강도, 경도 향상		

여러 가지 원소의 공통적인 특성	
원소	특성
P, Si, Mo, Mn, Ni, Cr, W	Ferrite 강화성
V, Mo, Mn, W, Cr, Ni, Cu, Si	담금질성 효과, 침투성 향상
Al, V, Ti, Zr, Si, Mo, Cr, Mn	Austenite 결정립 성장 방지
V, Mo, W, Cr, Si, Ni, Mn	뜨임 저항성 향상
Ti, V, Cr, Mo, W	탄화물 생성성 향상

다. 합금 원소가 성질에 미치는 영향

① 공석점에 대한 영향

공석 탄소량은 합금 원소를 첨가하면 Fe – C계의 공석점 0.85%C보다 적어진다.

② 기계적 성질에 대한 영향

㉮ Cr, W, V, Mo, Ni, P의 순(順)으로 경도를 증가시킨다.

㉯ Ni, Mn은 충격값의 천이 온도를 낮게 하고 C, P, Si는 천이 온도를 높게 한다.

㉰ 고온 크리프 강도는 Mo의 효과가 대단히 크다.

③ 경화능에 미치는 영향

㉮ Ni은 변태 온도를 낮추고 변태 속도를 느리게 한다.

㉯ Cr, W, Mo은 변태 온도를 높이고 변태 속도를 느리게 한다.

㉰ Si, Ti, Al, Co는 변태 온도를 높이고 변태 속도를 크게 하든지 또는 영향이 없다.

㉱ Cu, S은 변태 온도, 변태 속도에 영향이 없다.

④ 조직에 미치는 영향

㉮ Ti, V, W, Cr, Mn, Ni 등은 탄화물을 만든다.

㉯ Si와 위 원소들은 Ferrite에 고용해서 경화능을 준다.

라. 합금강의 상태도

① Austenite 구역 확대

㉮ Fe－C 평형 상태도에서 A_3 변태점은 강하하고, A_4 변태점은 상승시키는 형태다.

㉯ Austenite 구역 생성형 : Ni, Mn

② 공석 변태형

㉮ A_3 변태점은 강하하나 공석되면, A_4 변태점은 상승하여 Austenite 생성형과 다른 공석을 형성한다.

㉯ 공석 변태형 : C, N, Cu 등.

③ Austenite 구역 축소

㉮ Fe－C 상태도에서 A_3 변태점은 상승하고 A_4 변태점은 강하시키는 형태

㉯ γ 구역 폐쇄형 : Cr, W, Si, Ti, V, Al, Be, P, As, Zr, Ta

㉰ γ 구역 축소형 : B, S, O, Zr, Ce

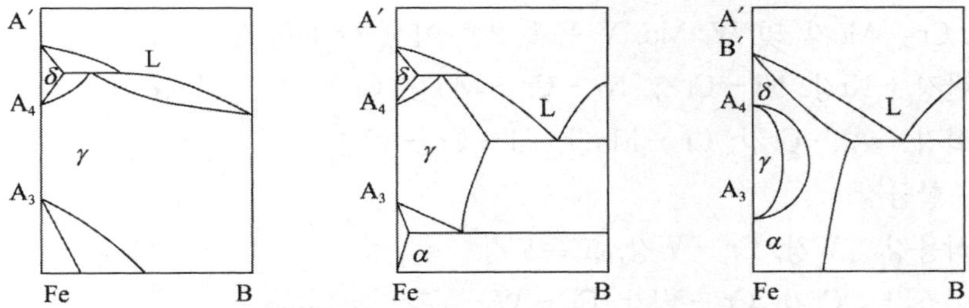

그림 3-43 특수 합금 첨가에 의한 상태도 변화

마. 합금강의 특징

① 합금강의 장점

㉮ 인장 강도, 경도, 강인성, 피로 한도 등 기계적 성질을 증대시킨다.

㉯ 내마멸성, 내식성, 내고온 산화성이 개선되고 고온 기계적 성질의 저하를 방지한다.

㉰ 담금질 효과의 증대와 담금질 경도 저하를 방지한다.

㉱ 열처리 후의 공작성의 저하를 방지하고 단접성 및 용접성을 증가한다.

㉲ 열팽창을 적게 하고 보자력을 크게 하며 전기 저항을 증대시킨다.

㉳ 결정 입도 성장을 방지하며, 강의 경화능이 증가되어 기계적 성질이 향상된다.

㉴ 높은 뜨임 온도에서 강도와 인성이 유지된다.

② 합금강의 단점

㉮ 특수 원소가 만드는 탄화물로 고온에서 단단하다.

㉯ 결정 조직이 복잡하여 단조, 압연을 할 때 결정 파괴가 곤란하다.
㉰ 열전도율이 낮아 가열할 때 온도가 고르지 못하다.
㉱ 표면에 생긴 산화막이 잘 벗어지지 않는다.

2 합금강의 분류

합금강의 탄소 함유량은 0.25 ~ 0.55% 정도이며 저합금강(특수 원소 1 ~ 수% 첨가)과 고합금강(특수 원소 10% 이상 첨가)으로 분류한다. 또한 합금강은 용도에 따라 구조용, 공구용, 내식용, 내열용, 특수 용도용 합금강으로 분류한다.

가. 합금강의 분류

① 구조용 합금강
㉮ 강인강 : Ni강, Cr강, Ni – Cr강, Ni – Cr – Mo강, Cr – Mn강, Mn강, Cr – Mn – Si강, Cr – Mo강 및 W, Mo, V 등을 2종 이상 함유한 강.
㉯ 침탄강 : Ni강, Ni – Cr강, Ni – Cr – Mo강, Cr – Mn – Mo강
㉰ 질화강 : Al – Cr강, Cr – Mo강, Al – Cr – W강
② 공구용 합금강
㉮ 절삭용강 : W강, Cr – W강, 고속도강
㉯ 다이스강 : Cr강, Cr – W강, Cr – W – V강
㉰ 게이지강 : Mn강, Cr강, Mn – Cr – Ni강, Mn – Cr – W강
③ 내식강·내열용 합금강
㉮ 스테인레스강 : 고Cr강, 고Cr – Ni강, Cr – Ni – Mo강
㉯ 내열강 : 고Cr강, 고Ni강, Cr – Ni강, Cr – Mo강, Ni – Cr – W강
④ 특수 목적용 합금강
㉮ 쾌삭강 : Mn – S강, Pb강
㉯ 스프링강 : Si – Mn강, Si – Cr강, Cr – V강
㉰ 철심 재료 : 규소 강판
㉱ 영구 자석강 : 담금질 경화용, 석출 경화용, 미립자형
㉲ 전기 저항용 합금강 : Ni – Cr계, Ni – Cr – Fe계, Fe – Cr – Al계
㉳ 자석강 : Fe – Co – Cr – W계, Fe – Ni – Al – (Co, Cr, W)계, Fe – Co – Mn계, Fe – Ni – Co계, Fe – Al – Co계, Fe – Co – V계
㉴ 불변강 : Ni강, Ni – Cr강, Ni – Co강

3 특수강의 종류와 용도

분류	종류	특징	용도
구조용강	Ni강	• 담금질 효과가 좋다. • 결정입자가 조대화가 없다.	침탄강, 자동차, 비행기, 선박 등의 기계 부품용
	Cr강	• 담금질 잘되나 뜨임 취성있다. • 580~680℃에서 급냉한다.	자동차 부품
	Ni－Cr강	• 강인성 증가, 담금질 경화성, 고온에서 기계적 성질이 우수하다. • 뜨임 취성이 있다.	침탄강, 큰 단강재 등.
내열강	내열강	• 내열, 내산화성이 우수하다.	내연 기관의 배기 밸브
내식강	13%Cr강	• 대기, 물 속에서 녹슬지 않음 • 질산, 유기산에 침식되지 않음	건축, 화학 공업, 가구용
	18－8 스테인리스강	• 연성, 인성이 크고 담금질 경화가 안된다. • 가공 경화가 심하다.	화학 공업, 건축, 자동차, 의료 기구 등
침탄, 질화강	침탄강	• 저탄소강의 표면에 침탄 후 담금질하여 표면 경화한다. • 내부는 인성을 준다.	캠, 기어 등
	질화강	• 암모니아 기류 속에 500~550℃ 장시간 가열한다. • 표면을 질화시켜 경화시킨다.	캠, 게이지 블록, 연료, 밸브 등
공구강	특수공구강	• 내구력, 강인성이 있다.	절삭 공구, 다이스 등
	다이스강	• 냉간 및 열간 가공에 사용한다.	인발, 압출, 금형 등
	고속도강	• 경도가 크며, 500~600℃ 고온에서 경도 저하가 없다.	고속도 절삭 공구 등
	스텔라이트	• 상온에서 내식성이 크다. • 가열에 의한 조직 변화, 열산화가 없다.	강력 중절삭 공구, 내연 기관 밸브 등
	초경합금	• 소결(燒結)해서 만든다. • 경도가 크고, 600℃ 이상에서도 경도 저하가 없다.	백선, Mn강, 유리 등 강력 절삭 공구용
불변강	인바아	• 200℃ 이하에서 열팽창 계수가 아주 작다.	줄자, 표준자 등
	엘린바아	• 탄성율이 온도에 의해 불변함.	시계 태엽, 지진계 등
	Platinite	• 열팽창 계수가 백금, 유리와 같다.	전구 밀봉선 등
전자기 용강	규소강	• 자성을 갖는다.	전기 기기용
	샌더스트	• 자성이 우수하고 투자율 높다.	전화기, 교류기용
	KS강	• 단조에 의해 성형한다. • 강력 영구 자성이 있다.	발전기, 영구 자석강용
	MK강	• 보자력이 크다.	전기 기기, 발전기 등

4 합금 원소의 영향

합금강에 특수한 성질을 개선하기 위하여 Ni, Cr, Si, Mn, Mo, W, Co, V, Ti, B, Al, Nb, Zr 등이 있으며 탄소강의 본래의 성질을 개선하거나 새로운 특성을 가지게 한다.

가. 여러 가지 합금 원소 영향의 비교

① Fe과 합금 원소와의 이원 상태도

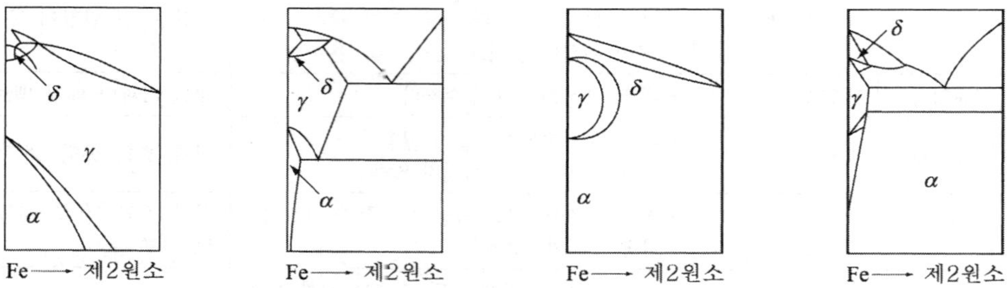

그림 3-44 철과 여러 가지 합금 원소와의 이원 상태도의 분류

㉮ A − 1형 : Mn, Ni, Co 등
㉯ A − 2형 : Cu, Zn, C, Mo 등
㉰ B − 1형 : Si, Cr, W, V, Ti, Al 등
㉱ B − 2형 : Nb, B, S 등

② A_1 변태점에 대한 영향

㉮ 일반적으로 공석 탄소량은 합금 원소가 가해지면 Fe − C 이원계의 경우 0.85%보다 적게 된다.
㉯ 공석 탄소량을 감소시키는 합금 원소 : Ni, Si, Mn, Mo, Ti, W
(W 및 Mo은 가장 큰 영향을 끼치고 Ni, Cr은 가장 영향이 작다.)
㉰ Mn과 Ni은 공석 변태 온도를 내리므로 Austenite 안정화 원소이다.

③ 기계적 성질에 대한 영향

㉮ Fe의 경도 증가 원소 : Cr > W > V > Mo > Ni > Mn > Si > P
㉯ C와 N는 침입형 고용체로서 P 이상으로 경화가 크다.
㉰ Ni와 Mn은 천이 온도를 낮게 하고 C, P, Si는 현저하게 천이 온도를 높게 한다.
㉱ 고온 creep 강도는 Mo의 효과가 대단히 크고, Ni과 Co는 다량 첨가시 영향이 있다.
㉲ 합금 원소의 첨가에 의해서 강은 담금질 경화능이 증가한다.
㉳ 고합금강일수록 냉각 속도가 느려서 Martensite 조직의 생성이 약하게 작용하는 냉각제로도 담금질이 잘된다.

나. 주요 합금 첨가 원소의 영향

① Ni의 영향

㉮ Fe에 고용되어 담금질성이 향상되고 인성이 증가하며 Austenite 구역 확대형이다.

㉯ Cementite를 불안정하게 하므로 흑연화를 촉진시킨다.

㉰ 인장 강도, 항복점, 강인성, 내산성이 증가하고, 연신율, 질량 효과가 감소된다.

㉱ 용접성, 단접성을 약화시키지 않으며, Ferrite 특유의 저온 취성을 감소시킨다.

㉲ 구조용은 0.5～5.0% 첨가되며 침탄용 재료로 사용되고 저온 취성이 없다.

㉳ 탄소와 친화력이 낮으며 Austenite 및 Ferrite에 고용된다.

㉴ Ni이 첨가된 강은 풀림시 Pearlite 조직이 미세화되고, Ferrite 조직이 강해진다.

② Cr의 영향

㉮ 탄소와 결합하여 탄화물을 만들며 내마모성, 내식성, 내열성이 향상된다.

㉯ 입계 냉각 속도가 작고 담금질성이 향상되며 결정 입자의 크기를 방지한다.

㉰ 뜨임 취성을 일으키며 Martensite의 뜨임에 의한 연화를 느리게 한다.

㉱ Cr양(量)이 많으면 500～600℃에서 뜨임을 하여도 경도는 증가된다.

㉲ 함유량이 적어도 강도와 경도를 증가시키고, 함유량이 많아지면 내식성, 내열성, 자경성을 크게 증가시킨다.

㉳ Ferrite 조직을 강화하나 다량 첨가할 때에는 인성이 감소된다.

㉴ 장시간 가열시 결정 입자가 조대(粗大)해지므로 Al을 첨가하여 방지시킨다.

③ Mn의 영향

㉮ 탈탄제이고 적열 취성을 방지하며 고장력강, 강인강 등의 합금 원소로 사용한다.

㉯ Cementite를 안정하게 하며 Cr보다 담금질성 향상이 크다.

㉰ 탄소강의 공석점은 Mn이 첨가되면 저탄소, 저온쪽으로 이동한다.

㉱ B(붕소) 다음으로 담금질성을 향상시키는 원소로서 1.0% 이상 첨가하면 결정 입자를 조대하게 하여 취성이 증가한다.

㉲ 탈산, 탈황 및 고용 강화 효과가 있다.

㉳ 함유량이 많아지면 내마멸성을 크게 증가시키며 또 적열 취성을 방지한다.

④ Si의 영향

㉮ 함유량이 적으면 강도나 경도를 조금 향상시키고, 함유량이 많아지면 내마멸성을 크게 증가시키고, 전자기적 성질을 개선한다.

㉯ 탈산제(0.4% 이내)이며, Ferrite를 강화하고, 탄성 한도를 상승시킨다.

㉰ 히스테리스 현상, 맴돌이 잔류에 대한 손실이 적어 발전기, 변압기 등에 사용한다.

⑤ W의 영향

㉮ 함유량이 적으면 Cr과 거의 같은 작용을 하며, 잔류 자기 및 보자력이 크다.

㉯ 함유량이 많아지면 탄화물 생성을 용이하게 하여 경도와 내마멸성을 증가시킨다.

㉰ 고온 강도와 경도, 내열성이 증가되고, 인성이 있고 담금질 조직을 안정화시킨다.

⑥ Mo의 영향

㉮ 고온에서 creep 강도를 높이는 효과가 있고, 담금질 깊이를 깊게 한다.

㉯ 열처리 효과를 깊게 하고 뜨임 취성을 방지하고, P에 의한 저온 취성을 방지한다.

㉰ 내식성이 증가되며, 인성이 크고, 단조, 압연, 용접 및 절삭이 용이하다.

㉱ W과 비슷한 작용을 하나 그 효과는 W의 약 2배이다.

㉲ 400℃ 정도까지는 고온 강도를 개선시키며 인성도 향상시킨다.

⑦ Ti의 영향

㉮ 제강시 산소, 질소 등의 제거와 편석 방지 및 결정 입도를 미세하게 한다.

㉯ 담금질성을 향상시키고, 탄화물 생성을 용이하게 한다.

㉰ Si와 V과 비슷하며 결정 입자 사이의 부식에 대한 저항을 증가시킨다.

⑧ V의 영향

㉮ γ구역을 축소하며 내마모성, 고온 경도가 증가된다.

㉯ 인장 강도와 탄성 한계를 높이고 인성이 감소된다.

㉰ Mo과 비슷한 작용을 하나 경화성이 훨씬 크며, 조직을 미세화시켜 강화한다.

⑨ Co의 영향 : Cr과 함께 사용되어 고온 강도와 고온 경도를 증가시킨다.

⑩ Cu의 영향

㉮ Cr 또는 Cr－W과 함께 사용되어야 그 효과를 크게 나타낸다.

㉯ 석출 경화가 일어나기 쉽게 하고, 내산화성을 증가시킨다.

⑪ B의 영향 : 경화능을 향상시킨다.

5 특수강의 열처리

탄소강에 합금 원소를 첨가하면 변태점 및 변태 속도가 변화하여 임계 냉각 속도에 영향을 미친다.

가. 합금 원소의 효과

① 질량 효과(mass effect)

㉮ 강의 담금질성(hardenability)에 의해서 영향을 받는다.
(담금질성은 강의 담금질 열처리시 그 경화 깊이와 경도 분포를 지배하는 성질을 말한다.)

㉯ 담금질성을 개선하는 원소의 첨가량이 증가할수록 질량 효과가 감소된다.

㉰ 강의 이상 임계 직경은 화학 조성과 Austenite의 결정 입도에 의해서 결정된다. (Ti, V 등은 임계 냉각 속도를 상승(일정량 이상 첨가시)시키고 Co를 제외한 모든 원소는 상부 임계 냉각 속도를 저하시킨다.)

㉱ 각종 강의 임계 냉각 속도(℃/sec)

강 종	조 성(%)				상부 임계 냉각 속도(℃/sec)
	C	Ni	Cr	Mo	
탄소강	0.30	–	–	–	2500
Ni강	0.27	2.86	–	–	700
Cr강	0.30	–	0.86	–	551
Ni – Cr강	0.26	3.22	0.67	–	250
Ni – Cr – Mo강	0.33	2.86	0.30	0.32	150

② Martensite 변태점

㉮ Ms 변태점은 Austenite의 조성에 따라 일정하며 냉각 속도에 영향을 받지 않는다.

㉯ Martensite 변태는 온도 강하에만 의존하며 Mn > Cr > Ni > Mo 순(順)으로 Ms 변태점 강하 정도가 크다.

나. 담금질성에 미치는 특수 원소의 영향

① 담금질성 증가 원소 : C, Mn, P, Si, Cr, Mo, B, Cu, Zr, Sn, U, As, Sb, Be, H_2, N_2

② 담금질성 방해 원소 : S, Co, Cd, Ta, W, Pb, Te

③ 담금질성을 개선하는 원소 : B > Mn > Mo > P > Cr > Si > Ni > Cu 순(順)으로 영향력이 크다.

④ 특수강은 자경성(自硬性)이 있으므로 급냉하지 않아도 경화되며 담금질 균열이나 변형의 결함을 일으키지 않으나 풀림에 의해 연화되기 쉬운 결점이 있다. (담금질성이 큰 금속은 Cr, Ni, Mn이고, 작은 금속은 W, Mo이다.)

다. 특수강을 열처리에 따라 분류할 때 변태 속도와 온도의 영향

① 변태 온도를 낮추고 변태 속도를 느리게 하는 원소 : Ni
(첨가량 증가에 따라 변태점은 내려가고 냉각 속도는 증가한다.(자경성이 있다.))

② 변태 온도를 높이고 변태 속도를 느리게 하는 원소 : Cr, W, Mo
(변태 속도를 느리게 하므로 탄소강보다 냉각을 느리게 하여도 담금질이 가능하다.)

③ 변태 온도를 높이고 변태 속도를 증가 및 영향이 없는 원소 : Si, Ti, V, Al, Co

④ 변태 온도 및 변태 속도에 영향이 없는 원소 : Cu, S

라. 수인법(water toughening)

Austenite 강의 결정 조직의 조성과 인성을 증가시키기 위해 적당한 고온에서 수냉하는 열처리 조작으로 고Mn강이나 18－8 스테인리스강 등의 열처리에 이용된다.

① 고Mn강이나 18－8 스테인리스강 등과 같이 첨가 원소량이 많은 특수강은 변태 온도가 더욱 저하되어 있으므로 서냉하여도 Austenite조직으로 되며, 이것을 1,000～1,200℃에서 수중(水中)에 급냉시켜서 완전한 Austenite로 만들면 오히려 연하고 인성이 증가되어 가공을 용이하게 하는 방법이다.

② 기름에 행하면 유인법(oil toughening)이라 한다.

제2절 | 구조용 합금강

탄소강에 Ni, Cr, Mo, Mn, Si 등을 첨가하면 일부분이 Fe과 고용체를 만들어 Ferrite 중에 고용되므로 구조용 합금강은 조직상으로는 탄소강일 때와 별 차이가 없으나 담금질성은 매우 우수하며 대개 담금질 및 뜨임 처리하여 사용하며, 구조용 탄소강보다 큰 강도 및 우수한 기계적 성질이 요구될 때 사용한다.

1 일반 구조용강 및 고장력강

구조용 목적으로 사용되는 합금강은 기계적 성질과 가공성 및 내식성 등이 우수해야 하며 Ni－Cr강, Ni－Cr－Mo강, Cr－Mo강, Cr－Mn강 등이 대표적인 강으로 사용된다.

가. Ni강(nickel steel)

강인성과 열처리성, 내마멸성, 내식성을 크게 하기 위해 탄소강에 Ni을 첨가한 강이다.

① 조성 : 탄소강(0.1～0.6%)에 Ni(0.5～5.0%)을 첨가한 합금강이다.

② 질량 효과가 작고, Ni은 인장 강도, 항복점, 경도, 충격치 등을 상승시키며 연신율이 감소하지 않으므로 강인한 강을 만든다.

③ 용도 : 강인성이 요구되는 항공기용 볼트, 기관용 밸브, 스핀들, 보일러관, 너트 등 주요 기계 부품 재료에 사용한다.

④ 저Ni Pearlite강

㉮ 0.2%C, 1.5～5.0% Ni강은 침탄용으로 사용한다.

㉯ 0.25～0.35%C, 1.5～3.0% Ni강은 담금질하여 각종 기계부품으로 사용한다.

㉰ 기계적 성질

인장 강도(kg_f/mm^2)	내력(kg_f/mm^2)	경도(HB)	단면 수축률(%)	연신율(%)
50～70	30～45	150～190	55～60	25～30

㉱ 용도

침탄한 강은 자동차 축, 기어(치차), 체인, 레버, 스핀들, 저널, 강력 볼트 너트, 크랭크축 등의 강인성과 내마모성을 요하는 재료, 포신재, 교량재, 교통기관의 부품에 사용한다.

⑤ 고Ni Austenite강
25 ~ 35% Ni강은 Austenite 조직으로 강도나 탄성 한계는 낮으나 내식성, 압연성 등이 좋고 충격치가 크므로 비자성강이다. (10 ~ 25% Ni강은 Martensite 조직을 가진다.)

나. Cr강(chromium steel, SCr)

담금질성과 뜨임 효과를 크게 하여 기계적 성질을 개선하기 위해 탄소강에 Cr을 첨가한 강으로 조성은 탄소강(0.14 ~ 0.48%C)에 0.9 ~ 1.2%Cr을 첨가한다.

① 인장 강도, 경도, 내마멸성이 증가하며 중탄소강에 경화능, 질량 효과를 개선한다.
② 경화능이 깊고 Martensite 조직을 안정화하며 자경성(self hardening)이 있어 공냉으로 쉽게 Martensite 조직이 된다.
③ 500℃에서도 Troostite 조직이 되며, 뜨임을 하여도 잘 풀리지 않는다.
④ Cr_4C_2, Cr_7C_3 등의 탄화물이 형성되어 내마모성이 크고 Austenite의 성장을 저지하여 조직이 미세하고 강인하며 내식성, 내열성이 높다.
⑤ 담금질은 830 ~ 880℃에서 유냉, 뜨임은 580 ~ 680℃에서 수냉(취성 방지를 위해)한다.
⑥ 용도
㉮ Ni, Mn, Mo, V 등을 첨가하면 구조용으로 사용하고, W, V, Co 등을 첨가하여 공구용으로 사용한다.
㉯ 내마멸성이 좋아 내연 기관의 실린더 라이너(cylinder liner), 기어, 캠축, 밸브 및 강력 볼트 등의 재료에 사용한다.
㉰ 1 ~ 2%Cr, 1 ~ 1.2%C강 : 베어링, 단조용 롤러, 인발 다이스, 줄(file)에 사용한다.
㉱ 0.18%C 이하, 1 ~ 2%Cr강 : 표면 경화용

다. Ni – Cr강(SNC)

Ni에 의한 Ferrite 기지의 강도 증가와 Cr의 탄화물에 의한 경화 등의 장점으로 연신율 및 단면 수축률을 그다지 감소시키지 않고 인장 강도, 항복점, 경도, 충격값이 크다.

① 열처리 효과가 크고 질량 효과가 작으므로 큰 지름의 단면도 중심부까지 균일하게 경화되고, 내마멸성, 내식성이 탄소강보다 우수하다.
② Ni은 Ferrite 중에 고용되어 인성이 증가되고 Cr은 탄화물 중에 고용되어 경도가 증대되며 결정립을 미세화한다.
(탄화물 결정 입계 석출 방지법 : 550 ~ 650℃에서 뜨임한다.)
③ 조성 : C(0.27 ~ 0.40%), Ni(1.0 ~ 2.5%), Cr(0.5 ~ 1.0%)가 많다.

④ Ni의 확산 속도가 느리므로 1,350℃ 정도의 높은 온도로 가열하지 않으면 편석이 없어지지 않으며, 강괴가 냉각 중에 백점(미세 균열)이 생기는 경우가 있다.

⑤ 담금질 온도 : 800 ~ 850℃에서 담금질(유냉)하여 경화시킨다.
(담금질 후 뜨임한 것은 Sorbite 조직으로 내마모, 내식, 내열성이 우수하며 고온, 장시간 가열해도 결정립의 조대화가 없다.)

⑥ 뜨임 온도 : 550 ~ 650℃에서 뜨임(수냉 또는 유냉)한다.
㉮ 뜨임 온도에서 서냉시키면 Cr 탄화물이 석출하여 충격값이 낮아져 뜨임 취성(temper brittleness)이 일어난다.
㉯ 뜨임 취성의 방지
㉠ 560℃ 부근에서 Cr의 탄화물이 석출하고 Mo, V 등을 첨가하면 감소한다.
㉡ Mo이 첨가되고 Ni이 많을수록 감소되고, Cr과 C가 적을수록 저온 취성은 감소된다.
㉰ 뜨임 온도에서 물 또는 기름에 급냉하면 강인성이 좋고 충격 저항이 큰 합금강을 얻을 수 있다.

⑦ 강괴(ingot)로 주조할 때 수지상 조직이 나타나기 쉽다.
(주조 또는 가공시 수지상 결정, 백점, 뜨임 취성이 생긴다.)

⑧ 기계적 성질
㉮ 인장 강도 : 75 ~ 100kg$_f$/mm^2 이상의 고장력강이다.
㉯ 연신율 : 12 ~ 22% 이상, 충격치 : 8 ~ 12kg$_f$·m/cm^2

⑨ 용도 : 강도를 필요로 하는 봉재, 관재, 선재 및 각종 단조물이나 병기 재료, 주물의 소재, 축, 볼트, 너트, 기어, 피스톤 핀, 캠, 크랭크 축 등의 자동차 부품 등

라. Ni – Cr – Mo강(SNCM)

구조용 Ni – Cr강에 Mo(0.15 ~ 0.7% 정도)을 첨가한 강이다.

① 강인성, 기계적 성질, 열처리 효과를 증가, 질량 효과 감소, 뜨임 취성 방지한다.

② Mo은 고온에서도 점성이 좋으므로 단조, 압연이 쉽고, 스케일 분리가 잘되므로 표면이 매끈하다.
(Mo을 가열하면 석출 탄화물이 미세화하여 대부분 300℃ 이하에서 석출한다.)

③ 담금질 온도 : 820 ~ 870℃에서 공냉(空冷) 또는 유냉(油冷)한다.

④ 뜨임 온도 : 580 ~ 680℃에서 급냉한다. (Ni – Cr강보다 50 ~ 70℃ 높게 한다.)

⑤ 내열성 증가, 가공이 용이하고 표면이 미려(美麗)하며 뜨임 취성을 방지한다.

⑥ 인장 강도는 85 ~ 110kg_f/mm^2 이상의 고장력강이며, 충격치는 6 ~ 10$kg_f \cdot m/cm^2$이다.
⑦ 용도 : 고급 내연 기관의 크랭크측, 강력 볼트, 기어 등의 중요 기계 부품에 사용.

마. Cr – Mo강(SCM)

Ni – Cr강에서 Ni 대신 Mo(0.15 ~ 0.35%)을 첨가하여 Pearlite 조직으로 뜨임 취성이 없고 용접도 쉽다.

① 인장 강도, 충격 저항이 증가하고 기계적 성질, 질량 효과도 Ni – Cr강과 비슷하다.
② Cr 외에 Mo을 함유하면 강의 경화능이 커지고, 뜨임 취성도 적어지므로 고온 가공성이 좋고, 가공면이 깨끗하여 엷은 강관이나 관 제조에 많이 사용된다.
③ 기계적 성질

인장 강도(kg_f/mm^2)	경도(HB)	충격치($kg_f \cdot m/cm^2$)	연신율(%)	내력(kg_f/mm^2)
80 ~ 110 이상	235 ~ 410 정도	4 ~ 11	10 ~ 15	70 ~ 90

④ 담금질은 830 ~ 880℃에서 유냉하고, 뜨임은 550 ~ 650℃에서 행한다.
⑤ 용도 : 각종 축, 기어, 강력 볼트, 암(arm) 및 레버(lever) 등에 사용한다.

바. Mn강

Mn은 강도를 증가시키는데 가장 경제적인 원소이므로, 높은 강도와 용접성이 요구될 때에는 1.6 ~ 1.9%의 Mn강이 사용된다.

① Mn을 많이 첨가하면 공냉하여도 쉽게 Martensite 또는 Austenite 조직으로 된다.
② 저망간강(ducole steel)
㉮ 조성 : C(0.18 ~ 0.35%), Mn(0.8 ~ 1.7%)으로 조직은 Pearlite 조직이다.
　㉯ 인장 강도는 45 ~ 88kg_f/mm^2, 연신율은 13 ~ 34%이며 값이 저렴하다.
　㉰ 담금질 온도 : 820 ~ 850℃에서 유냉, 500 ~ 600℃(또는 150 ~ 200℃)에서 공냉한다.
　㉱ 용도 : 조선, 차량, 건축, 교량, 토목 구조물, 제지용 롤러 등 일반 구조용
③ 고망간강(hadfield steel, Austenite 망간강)
　㉮ 조성 : C(0.9 ~ 1.3%), Mn(10 ~ 14%), Si(< 0.1%)가 표준이며, 조직은 Austenite이다.
　㉯ 내마멸성, 내충격성이 크다. 매우 단단하므로 단조나 압연보다는 주조하여 만든다.
　㉰ 고온에서 취성이 생기므로 1,000 ~ 1,100℃에서 수중 담금질하는 수인법으로 인성을 부여하며, 절삭이 가능하다.

㉱ 용도 : 각종 광산 기계의 파쇄 장치, 임펠러 플레이트(impeller plate), 라이너(liner), 기차 레일의 포인트, 칠드 롤러(chilled roller), 불도저 앞날 재료 등에 사용한다.

사. Cr – Mn – Si강(크로만실, chromansil)

① 조성 : Cr(0.5%), Mn(0.9 ~ 1.2%), C(0.1 ~ 0.4%), Si(0.8%)
② 내력, 인장 강도, 인성이 크고 굽힘, 프레스 가공, 나사, 리벳 작업등이 쉽다.
③ 고온 단조, 용접, 열처리가 용이하다.
④ 용도 : 철도용, 단조용, 크랭크 축, 차축 및 각종 자동차 부품용.

아. Mo강

① 조성 : 탄소강에 Mo(0.15 ~ 0.80%)을 첨가한 강이다.
② 인장 강도, 탄성 한도가 증가되며 고온에서 점성이 크고, 다소 취성은 있으나 열처리 효과를 깊게 하고 뜨임 취성이 감소되며 내마모성이 증가된다.
③ 단련, 압연이 쉽고 용접과 절삭이 잘 된다.
④ 용도 : 항공기, 자동차용 구조재, 병기, 기어, 볼 베어링, 내열 재료, 침탄재, 단조재 등에 사용되며 Mo 1.6 ~ 2.5%인 것은 자석강으로 사용된다.

자. 고장력강

인장 강도가 $50kg_f/mm^2$ 이상(초고강력강 : $200kg_f/mm^2$ 이상), 항복 강도가 $32kg_f/mm^2$ 이상의 강으로 인성, 용접성, 내구성 등을 일반 구조용강보다 향상시키며, 비조질형과 조질형이 있다.

① 비조질형 고장력강
㉮ 열간 압연한 그대로 불림 처리한 후 뜨임한다.
㉯ 인장 강도 $70kg_f/mm^2$ 이하의 Si – Mn계의 SM50C가 많이 사용된다.
㉰ 값이 싸고 항복비(항복 강도/인장 강도)가 낮고, 가공성이 좋으나 용접성이 나쁘다.
㉱ 비정질 고장력강의 강화 기구
㉠ 합금 원소 첨가에 의한 연강의 Ferrite 고용을 강화한다.
㉡ 미량 합금 원소 첨가에 의한 결정립 미세화 및 석출 강화한다.
㉢ 제어 압연에 의한 강인화를 한다.

② 조질형 고장력강
㉮ 담금질, 뜨임 처리에 의해서 강도를 증가시키는 강이다.
㉯ Si – Mn계의 HT50, HT80, HT100 등이 있다.

㉰ 비조질강에 비해 탄소와 합금 원소를 감소할 수 있어 용접성이 좋고 미세 조직으로 나타나므로 인성이 우수하다.

2 표면 경화용 강

내부의 강인성과 표면의 경도를 가지는 성질이 요구될 때 사용하는 강으로 침탄용 및 질화용 표면 경화강, 고주파 경화용강 등이 있다.

가. 침탄용 강

침탄용 강은 연하고 가공하기 쉽지만 침탄하여 열처리하면 표면이 단단해지고 내마멸성을 가지게 되며, 높은 강인성이 요구되는 기계 부품에는 Ni, Cr, Mo, V, W 등을 함유한 합금강을 사용한다.

① 저탄소 Ni강, Cr강, Ni－Cr강 21～22종, Ni－Cr－Mo강 21～24종 등이 사용된다.
② 침탄용 강의 구비 조건
  ㉮ 0.25%C 이하의 탄소강일 것이며 기공, 흠집, 석출물 등이 경화층에 없을 것
  ㉯ 장시간 가열해도 결정립이 성장하지 않고 여리게 되지 않을 것
  ㉰ 경화층은 내마모성, 강인성을 가지며 경도가 높을 것
  ㉱ 담금질 응력이 적고 200℃ 이하의 저온에서 뜨임할 것

나. 질화용 강

질화용 강은 Al, Cr, Mo, V, Ti 등 두 가지 이상의 특수 원소를 함유하며, Si(0.2～0.3%), Mn(0.4～0.7%)가 표준이며, Al(1.0～2.0%), Cr(1.5～1.8%), Mo(0.3～0.5%)강이 많이 사용된다.

① Al－Cr－Mo계, Al－V계가 사용된다.
② 암모니아가스 분위기 중에서 500～550℃로 가열하면 질화를 일으켜 표면이 경화된다.
③ Al은 질화를 촉진시켜 주며, Cr과 Mo은 기계적 성질을 개선시켜 준다.
④ 경화층의 경도 : HV650～1150

다. 고주파 경화용 강

탄소강(0.3～0.5%C) 또는 여기에 미량의 합금 원소(Cr, Mo 등)를 첨가하여 사용한다.

제3절 | 공구용 합금강

공구의 성질에 알맞은 특성을 가진 재료로 만들어진 합금강을 공구강이라 한다. 공구 재료에는 탄소 공구강, 합금 공구강, 초경 공구강, 고속도 공구강, 다이아몬드 등이 사용되고 있다.

※ 공구용 재료의 구비 조건

① 상온·고온에서 경도가 커야 하며 내마모성과 강인성이 커서 충격에 견딜 것

② 가열에 의한 경도 변화가 적어야 하며, 여러 가지 특성을 갖추고 값이 저렴해야 한다.

③ 열처리, 가공, 취급이 간단하고 가열에 의한 변형이 적고 피삭성이 좋을 것

④ 내산성, 내식성, 내 heat check성(반복 가열 냉각으로 생기는 균열)이 좋을 것

1 합금 공구강(Alloy steel, STS)

탄소 공구강에 Ni, Cr, Mn, W, V, Mo 등을 첨가하여 탄소 공구강에 비해 고온 경도, 담금질효과, 결정 입자 미세화, 내마멸성 등을 향상시켜 고속 절삭이나 강력 절삭용 공구 재료 또는 기타 특수 성질을 개선하기 위하여 만든 강을 합금강이라 한다,

가. 절삭용 합금 공구강

경도를 크게 하고 절삭성을 향상시키기 위하여 탄소량을 많게 하고 여기에 Cr, W 및 Mo 등을 첨가하여 만든 합금강이다.

① 표준조성 : C (1.0 ~ 1.5%), Cr (0.5 ~ 1.0%), W (1.0 ~ 5.0%)

② 탄소 함유량이 높고 Cr, W 또는 소량의 V을 가한 것이 사용된다.

㉮ 내마멸성을 증가시키기 위해 W – Cr강이 주로 사용되며, Si – Mn강 등이 사용된다.

㉯ W, V은 탄화물을 형성하는 힘이 강하고 W 또는 V_4C_3 등의 특수 탄화물은 내마모성을 크게 높인다.

㉰ Cr은 담금질성과 Martensite 자체의 인성을 향상시키고 Fe_3C 중에 고용하여 경도를 높이므로 내마모성과 인성을 향상시킨다.

㉱ 탄소 함유량이 낮은 것에는 Ni을 함유함으로써 인성과 내충격성이 좋다.

③ 열처리 : 800 ~ 880℃에서 물 또는 기름에 냉각한다.
(담금질 균열을 방지하기 위하여 Marquenching 또는 중단 담금질(中斷 燒入)하는 것이 좋다.)

㈏ 뜨임 : 200℃ 이하에서 뜨임을 한다.

④ 종류

㈎ Si – Cr강

㉠ 담금질 변형이 적고 1,000℃까지의 내열성이있므로 내연기관의 밸브에 사용된다.

㉡ 조성 : Si(1.5%), Cr(1.0%), Mn(1.5%),C(1.0%) 정도 함유하고, 유중 담금질 한다.

(내연기관용은 Si, Cr 함유량이 각각 3% 이상이다.)

㈏ W강

㉠ C(0.9 ~ 1.2%), W(0.6 ~ 3.5%)의 강 : 목공구, 드릴, 톱 등에 사용한다.

㉡ C(0.4 ~ 0.7%), W(1.0 ~ 3.0%)의 강 : 총신용, 단조용 다이스 등에 사용한다. (W(6.0 ~ 12.0%)강은 고온 다이스로 사용되고, C(1.0 ~ 1.4%), W(3.0 ~ 24.0%)강은 인발용 다이스로 사용된다.)

㈐ V강

㉠ C(0.2 ~ 0.4%), W(0.4 ~ 1.0%), Cr(1.0 ~ 3.0%), Mn(0.2 ~ 0.8%)의 강은 열간 가공용 공구 재료로, C(0.8 ~ 1.0%), V(0.3 ~ 0.5%)의 강은 상온 가공용 재료로 사용한다.

㉡ Mn(1.5 ~ 2.0%)을 첨가한 강은 절삭 공구용, 커터, 탭, 다이스, 드릴 등에 사용된다.

㉢ 소량의 V은 강 중에서 탈산 작용을 하며 경도를 현저히 증가시키며 또한 인장 강도, 탄성 한도를 증가시키고 인성의 감소는 적으나 다량 함유시 취성이 생긴다.

㈑ Co강

Ni과 비슷하며 공구강, 자석강, 내열 합금, 경질 합금 등에 첨가 한다.

(고속도강에는 Co 5.0 ~ 20%, 주조 경질 합금에는 Co 40 ~ 45%가 첨가된다.)

⑤ 용도 : 바이트, 탭, 다이스, 드릴, 원형톱, 띠톱, hack saw, 줄 등 소형 제품이 많다.

나. 내충격용 합금 공구강

① 절삭용보다 탄소량(0.35 ~ 0.55%)이 낮으며, 여기에 Cr(0.5 ~ 1.5%),W(0.5 ~ 3.5%) 및 V(0.1 ~ 0.2%)도 참가되며 담금질한 다음 뜨임을 하여 사용한다.

② 내충격성을 주는 방법

㈎ 탄소를 낮게 하고, Si를 높게, W을 Mo으로 바꾸는(때로는 V을 첨가) 방법

㈏ 고탄소강에는 V을 첨가하여 결정립의 미세화와 담금질성을 낮추는 방법

③ 용도 : 끌, 펀치, 스냅, 착암기용, 피스톤 등

다. 열간 금형용 합금 공구강

① 탄소량(아공석강을 사용한다.)을 적게 한 Cr, W, Mo, V 계가 사용된다.

② 고온 상태에서 사용되는 공구류는 고온 강도가 높고 열변형이 강한 재료여야 한다.

③ 열간 가공용 공구강의 구비 조건

㉮ 고온 경도, 강도가 클 것이며 열충격, 열피로, 뜨임 연화 저항이 클 것

㉯ heat checking(가열·냉각에 따른 팽창, 수축으로 생긴 표면 균열)에 견딜 것 (heat checking은 탄소 함유량이 높으면 잘 일어난다.)

㉰ 내마모성이 크고 용착(溶着) 및 소착(燒着)을 일으키지 않을 것

㉱ 피삭성(被削性), 용접성이 좋고 값이 저렴할 것

④ 열간 금형용 공구강(KS D 3753)

기호	화학성분 (%)							용도
	C	Si	Mn	Cr	Mo	W	V	
STD4	0.30	<0.40	<0.60	2.5	–	5.5	0.4	• 프레스 금형 • 다이 캐스팅 용 형틀 • 압출 다이스
STD5	0.30	<0.40	<0.60	2.5	–	9.5	0.4	
STD6	0.36	1.0	<0.50	5.0	1.2	–	0.4	
STD61	0.38	1.0	<0.50	5.0	1.2	–	1.0	
STD62	0.40	1.0	<0.50	5.0	1.2	1.3	0.4	
STF3	0.55	<0.35	0.8	1.0	0.4	(Ni) 0.4	–	• 다이블록 • 프레스형 • 다이 캐스팅 형틀
STF4	0.55	<0.35	0.8	0.9	0.4	(Ni)1.7	0.1	
STF7	0.33	<0.50	<0.6	3.0	2.8	–	0.5	
STF8	0.40	<0.50	<0.6	4.3	0.4	4.2	V(2), Co(4.2)	

㉮ STD4, 5 등 W기(基) 공구강은 고온 경도, 내마모성이 크나 열전도도가 낮아 heat checking에는 약하다.

㉯ Cr기 공구강은 담금질성이 좋고 큰 부품도 공냉 경화하며 heat checking에 강하고 인성이 있어 Al, Mg 다이 캐스팅용 형강으로 적합하다.

㉰ Mo기 공구강은 담금질성이 좋고 heat checking에도 강하며 인성이 좋으나 탈탄을 일으키기 쉽다.

㉱ STF계는 비교적 큰 치수의 것에 사용하며 열처리할 때는 가열 변형 방지를 위해 충분한 예열을 한다. (STF4의 생산량이 가장 많다.)

⑤ 용도

㉮ 550℃ 부근의 뜨임에서 2차 경화하는 STD 계 : 프레스형, 압출형, 다이 캐스팅형.

㉯ 2차 경화하지 않는 STF계 : 해머형 및 압출형의 보조 공구에 사용한다.

라. 냉간 금형용 합금 공구강

고탄소강에 Mn, Cr, W 등을 첨가한 강이 사용되며, 대표적인 강종으로는 STC3 및 STC31 등이 있고, HRC60 이상의 경도를 요구하며, 과공석강을 사용한다.

마. 내마모 불변형 합금 공구강

게이지, 정말 측정용 공구로서 경도, 내마멸성이 큰 합금강이 사용되며, 열처리 변형과 경년 변형이 적은 것이 사용된다.

바. 합금 공구강의 열처리

① 750～800℃에서 풀림한 후 830～880℃에서 유냉 담금질하며 150～220℃로 뜨임한다.
② 뜨임 경도 : HRC40～63 이상이 된다.

2 고속도강(High speed steel, SKH)

다량의 W, Cr, Mo, V, Co 등을 함유하는 공구강으로 고온경도가 높아 내마모성이 좋으며, 어느 정도의 인성도 갖추고 있어 바이트, 드릴 등의 절삭 공구뿐만 아니라 냉간·열간용의 공구에도 널리 사용되고 절삭 공구의 대표이다.

가. 고속도강의 특징

① 단속 절삭에 견디는 강인성을 가지고 있으며 자경성(自경性)이 있다.
② 열전도율이 좋지 않고 주조 상태에서는 취성이 크다
③ 고속 절삭시 온도 상승에 상당하는 600℃ 정도에서도 연화되지 않는다.
④ 500～600℃까지 가열해도 뜨임에 의해서 연화되지 않고, 고온에서 경도 감소가 적다.
⑤ 담금질 후 뜨임하면 HRC가 약 65가 된다.
⑥ 고속도강은 18－4－1 형과 6－5－4－2 형이 많이 사용된다.
　㉮ 18－4－1형 조성 : W(18%)－Cr(4%)－V(1%)－C(0.8～1.5%)
　　(고속도강의 표준 : 18(W)－4(Cr)－1(V) 형이다.)
　㉯ 6－5－4－2형 조성 : W(6%)－Mo(5%)－C(4%)－V(2%)－C(0.8～1.5%)
⑦ 석출 경화형 탄화물은 W_2C, W_4C_3, M_3C 등이며, Mo계 고속도강은 Mo_2C가 주체다.

⑧ 고속도강의 화학 성분 (KS D 3522)

기호	화학성분(%)										용도
	C	Si	Mn	P	S	Cr	Mo	W	V	Co	
SKH 2	0.7 ~ 0.85	0.40 이하	0.40 이하	0.03 이하	0.03 이하	3.8 ~ 4.5	–	17.0 ~ 19.0	0.8 ~ 1.2	–	일반절삭용, 각종공구
SKH 3	0.7 ~ 0.8	0.40 이하	0.40 이하	0.03 이하	0.03 이하	3.8 ~ 4.5	–	17.0 ~ 19.0	0.8 ~ 1.2	4.5 ~ 5.5	고속 중절삭용, 각종공구
SKH 4A	0.7 ~ 0.58	0.40 이하	0.40 이하	0.03 이하	0.03 이하	3.8 ~ 4.5	–	17.0 ~ 19.0	1.0 ~ 1.5	9.0 ~ 11.0	난삭재 절삭용, 각종공구
SKH 4B	0.7 ~ 0.85	0.40 이하	0.40 이하	0.03 이하	0.03 이하	3.8 ~ 4.5	–	18.0 ~ 20.0	1.0 ~ 1.5	14.0 ~ 16.0	난삭재 절삭용, 각종공구
SKH 5	0.2 ~ 0.4	0.40 이하	0.40 이하	0.03 이하	0.03 이하	3.8 ~ 4.5	–	17.0 ~ 22.0	1.0 ~ 1.5	16.0 ~ 17.0	난삭재 절삭용, 각종공구
SKH 10	1.45 ~ 1.6	0.40 이하	0.40 이하	0.03 이하	0.03 이하	3.8 ~ 4.5	–	11.5 ~ 13.5	4.2 ~ 5.2	4.2 ~ 5.2	고난삭재 절삭용, 각종공구
SKH 9	0.8 ~ 0.9	0.40 이하	0.40 이하	0.03 이하	0.03 이하	3.8 ~ 4.5	4.5 ~ 5.5	5.5 ~ 7.7	1.6 ~ 2.2	–	인성을 필요로 하는 일반 절삭용

나. 고속도강의 성질

① 담금질 후 뜨임한 고속도강의 고온에서 기계적 성질은 500 ~ 600℃까지는 경도나 강도는 증가하나 그 이상에서는 급감한다.

㉮ 초경 합금보다는 낮고 탄소 공구강 보다는 높다.

㉯ 600℃까지는 HB 650 ~ 700 정도이다.

(600℃ 이상에서는 급감하여 800V가되면 HB 200 이하로 된다.)

② 주조 상태에서는 메짐이 크므로 주 조직을 파괴하고 탄화물을 균일하게 분포하며 단련된 것은 내부 변형이 잔류하므로 이것을 제거하여 조직 균일화 또는 연화하기 위한 풀림을 한다.

성질	풀림	담금질 후 뜨임
비중	8.682 ~ 8.700	8.680 ~ 8.650
열전도율(cal/sec²)	0.065 ~ 0.075	0.040 ~ 0.055
전기저항($\mu\Omega$ cm)	40	50 ~ 75
팽창율(0 ~ 100℃)	9×10^{-6}	$(10\sim12)\times10^{-6}$
인장강도(kg_f/mm^2)	75 ~ 95	150 ~ 200
항복점(kg_f/mm^2)	60 ~ 80	−
연신율(%)	10 ~ 15	−
충격값(kg/mm^2)	1.5 ~ 2.5	−
경도	HB 200 ~ 250	HRC 63 ~ 68

다. 고속도강의 종류

① W계 고속도강

㉮ 18(W) − 4(Cr) − 1(V)이 대표 (SKH2가 표준형이다)며, SKH1·2종이 해당된다.

㉯ 적당한 담금질 후 뜨임하면 고온 경도를 높이고 내마모성이 증가된다.

㉰ 풀림 처리하면 경도는 낮아지나 공구 제작이 용이하다.

㉱ 열처리

㉠ 예열 및 풀림 온도 : 880 ~ 900℃

㉡ 담금질온도 : 1.250 ~ 1.300℃(유냉), 600℃(염욕 중 항온 담금질)

㉢ 뜨임 온도 : 550 ~ 600℃(2차 경화가 일어난다)

② Co계 고속도강

㉮ 융용점이 높기 때문에 담금질 온도를 높이는 특징이 있다.

※ 담금질 온도(1.350℃)를 높여 성능을 향상한다.

㉯ 뜨임 경도를 높이고 고온 경도가 크나 단조가 곤란하며 균열 발생이 쉽다.

㉰ 강력 절삭 공구로 적당하며 고급 고속도강으로 SKH13 ~ 5종과 8종이 해당된다.

㉱ W계의 표준 고속도강에는 Co를 3.0% 이상 첨가하면 경도가 더욱 크고 동시에 인성이 우수하여 진다.

③ Mo계 고속도강

㉮ Mo을 4.0 ~ 10.0% 첨가한 고속도강이다.

㉯ W량을 5.0 ~ 6.0% 감소시켜 W − Mo형을 만들어 많이 사용한다.

㉰ W의 일부를 Mo으로 대치한 Mo계는 W계보다 가격이 저렴하고 인성이 높으며 담금과 질 온도가 낮고 열전도율아 좋아 열처리가 쉽다.

㉱ 열처리는 탈탄이나 Mo의 휘발을 막기 위해 염욕 가열한다.

라. 고속도강에 함유된 원소의 영향

① W의 영향

㉮ 고속도강에서 가장 중요한 원소며, 절삭능력은 W이 많을수록 향상된다. (12.0% 이상은 큰 변동이 없고, 23.0% 이상에서 저하한다.)

㉯ W량이 많으면 복탄화물 량과 내마모성이 증가하고 인성이 감소한다.

② Mo의 영향

㉮ 복탄화물을 만들며 W과 같은 작용을 하고 1.0% 이하가 좋다.

㉯ 다량 함유시 조직을 크게 하고 취성을 갖으며 단조나 담금질이 곤란하다.

③ V의 영향

㉮ VC 탄화물을 형성하며 결정립 조대화를 저지하고 내마모성을 향상시킨다.

㉯ 18－4－1 형에는 V을 1～1.5% 함유하면 가장 우수한 내구력을 주고, W이 그것보다 적은 고속도강 또는 W－Mo계에서는 내마모성이 증가된다.

㉰ 고속도강 가열시 표면 탈탄을 적게 하며 담금질 후 강에 충분한 인성을 부여한다.

④ Cr의 영향

㉮ 4.0%Cr 이하가 가장 좋으며 담금질성 향상, 열처리시 산화, 스케일의 저항이 크다.

㉯ 자경성, 탄화물 형성으로 연화가 어렵고 점성은 증가된다.

⑤ C의 영향

㉮ 탄소 함유량이 낮으면 2차 경화가 낮고 높으면 융점이 낮으며 담금질 온도가 내려가지 않아 공정점이 생겨 취약하다.

㉯ 탄화물 입자가 조대화하고 절삭 내구성을 준다.

⑥ Co의 영향

㉮ Austenite 조직에 고용되어 담금질에 의해서 Austenite를 다량으로 잔류시키므로 경도를 감소한다.

㉯ SKH2에 Co를 증가시키면 재질이 향상된다.

마. 고속도강의 열처리

① 담금질(Quenching)

㉮ 담금질 온도 및 가열로 : 1.250～1.350℃에서 유냉, 진공로가 적당한 노(爐)다.

㈏ 담금질 온도가 상승하면

㉠ 탄화물의의 고용량이 증대하여 기지 중의 합금 원소가 증가한다.

㉡ Austenite 결정립이 조대화하고 잔류 Austenite 량이 증가한다.

㉢ 담금질 경도 : 어떤 담금질 온도에서 최고를 나타내나 이상의 고온에서 저하한다. (적당한 담금질 온도에서의 경도 : HRC60 ~ 63)

㉣ 고온 경도가 크게 되며 충경치, 항절력 등의 인성이 저하한다.

㈐ 담금질 조직 : Martensite 조직이다.

㈑ 열전도율이 낮으므로 담금질 온도에서 일정 시간 동안 유지 후 급냉하면 균열 발생의 우려가 있으므로 900℃까지 예열하고, 담금질 온도까지 가열하는 2단계 열처리 방법이 좋다.

가열 방법	온도 (℃)	시간(min)	가열로	비 고
제1예열	550 ~ 550	30 ~ 60	전기로	소형은 제1예열은 생략한다. 복잡한 형상 또는 대형은 제3예열을 한다.
제2예열	850 ~ 900	15 ~ 30	염욕로	
제3예열	1.100 ~ 1.200	2.0 ~ 5.0	염욕로	
본 열	1.250 ~ 1.350	1.5 ~ 2.0	염욕로	

㈒ 담금질시 탄화물의 고용에 의해서 기지(matiex)에 C, Cr, W, Mo, V 등의 원소가 다량으로 고용하여 뜨임시 극히 미세한 탄화물로 석출되어 2차 경화 현상을 일으킨다. (담금질 온도가 높으면 탄화물의 고용량은 증가하고 2차 경화의 경도가 커진다.)

㈓ 담금질시 주의 사항

㉠ 탈탄층을 제거하지 않으면 열처리 균열 및 변형(왜곡)의 원인이 된다.

㉡ 변형이 생기면 400 ~ 500℃로 냉각되었을때 즉시 왜곡을 교정한다.

㉢ 제품의 온도가 열전대 온도와 같게 하고 ±5℃에서 유지한다.

㉣ 열욕은 용융 염욕 온도가 400 ~ 600℃에서 행하고 제품이 뜨지 않게 주의한다.

㉤ 욕(浴)의 탈산성은 강박법(鋼箔法)으로 하면 간편하다.

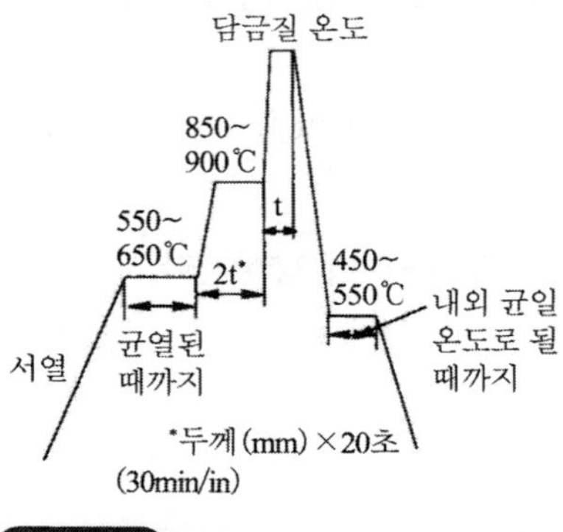

그림 3-45 고속도 공구강의 담금질 곡선

② 뜨임(Tempering)

㉮ 고속도강의 뜨임은 충분한 2차 경화를 주고 잔류 Austenite를 분해하여 조직을 안정화시키며 합금 탄화물의 석출 및 응집을 진행시켜 인성을 부여하기 위해 행한다.

㉯ 고속도강을 뜨임하면 온도가 상승함에 따라 경도가 낮아져서 약 300℃에서 최저가되나 이상이 되면 다시 높아져서 550℃에서 최대가 된다.
(650℃에서 뜨임을 하면 경도는 급감한다. (유지 시간은 25mm/60min이다.))

㉰ 담금질한 강은 다량의 Austenite가 존재하므로 560～630℃에서 뜨임하면 Austenite가 Martensite로 변화하고 또 Austenite 중의 과포화된 복합탄물의 미립자가 석출하므로 뜨임 경화된 현상이 일어난다.

㉱ 한번 뜨임은 Martensite가 충분히 안정되지 않으므로 두 번 뜨임하면 효과적이다.
(뜨임 온도는 약 400℃로 하던지 1차 뜨임 온도와 같게 한다.)

㉲ 고속도강의 잔류 Austenite를 안정화하기 위한 열처리 : 저온 뜨임을 한다.

㉳ 고속도강의 뜨임 온도

㉠ 2차 경화 온도 : 520～540℃이다.

㉡ 항절력, 파단 직전의 최대 인장응력을 얻을 수 있는 뜨임 온도 : 560～580℃

㉢ 절삭 공구의 뜨임 온도 : 540～580℃로 공구 경도는 HRC64～67이 되게 한다.

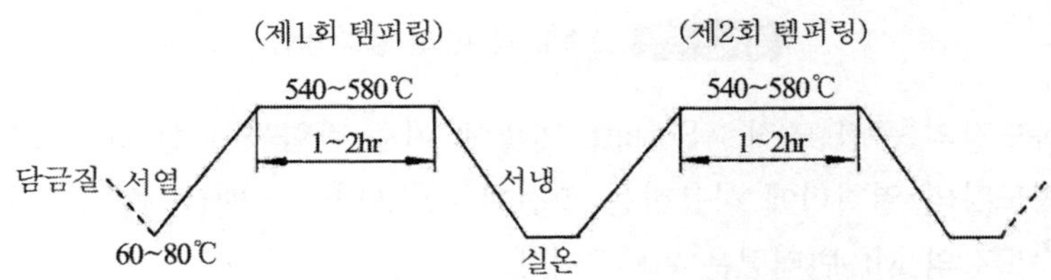

그림 3-46 고속도 공구강의 표준적인 뜨임 방법

㉴ 뜨임 시간 및 뜨임 횟수

㉠ $P = T(20 + \log\ t)$

- P : 뜨임 정수
- T : 뜨임 온도(°K)
- t : 뜨임 유지 시간(hr)

㉡ 뜨임 횟수는 Co를 포함하지 않은 것은 2회, Co를 5% 이상 포함한 것은 3회 이상을 표준으로 한다. (단, 크기 ∅60 이상의 재료 또는 경년 변화를 가능한 한 적게 할 경우에는 두께 25mm당 1시간이 필요하다.)

③ 풀림(Annearling)

㉮ 열간 가공후 내부 응력의 제거, 조직의 균질화, 연화의 목적으로 풀림을 한다.
(결정 입자가 함께 탄화물의 크기, 분포가 공구의 절삭성에 큰 영향을 미친다.)

㉯ 풀림 온도 : 820～860℃까지의 가열에는 5～8시간 유지한다.
(풀림 온도에서 5～8시간 유지하고 20℃/h의 속도로 600℃까지 냉각시켜 변태가

끝난 후 방냉하며, A_1 변태점보다 20 ~ 50℃ 높은 온도에서 두께 25mm당 1.5시간 정도 유지한다.)

㉰ 냉각 방법

㉠ 소형 부품에는 보통 냉각이 사용되고, 두께가 큰 것에는 계단 냉각이 사용된다. (변형의 발생을 방지할 목적으로 700℃ 부근에서 2단으로 나누어 풀림한다.)

㉡ 등온 풀림 : S곡선 코 부근에서 유지하여 등온 변태를 일으켜 공냉 혹은 노냉에 의해 빠르게 냉각하므로 작업 시간이 단축되는 효과를 얻는다.
(노냉은 400℃ 이하로 내려가면 노에서 꺼내어 공냉하여도 된다.)

㉢ 자경성이 크므로 풀림 후 서냉한다.

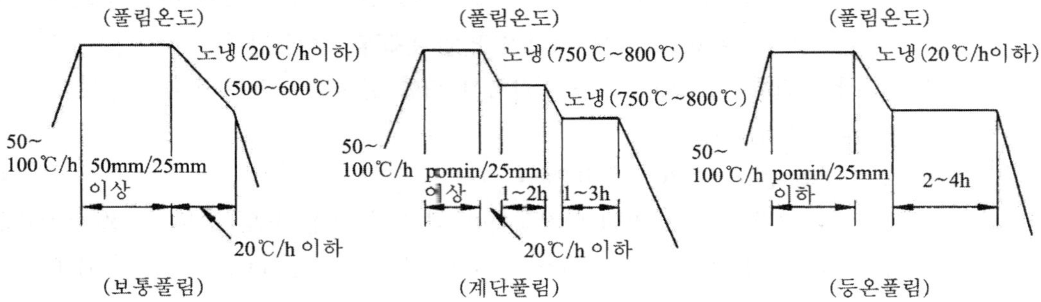

그림 3-47 고속도 공구강의 풀림 방법

㉱ 고속도강의 풀림 조직 : Sorbite 바탕에 이중 탄화물이 산재해 있다.

㉲ 고속도강의 열처리에 사용하는 열전대 : PR(백금 – 백금 로듐)이다.

㉳ 고속도강의 Mf 변태점은 200℃이다.

㉴ 고속도강의 풀림 온도와 경도

종류	온도(℃)	경도(HB)	종류	온도(℃)	경도(HB)
SKH2	820 ~ 880 서냉	248 이하	SKH54	800 ~ 880 서냉	296 이하
SKH3	840 ~ 900 서냉	269 이하	SKH55	820 ~ 880 서냉	277 이하
SKH4	850 ~ 910 서냉	285 이하	SKH56	800 ~ 880 서냉	285 이하
SKH10	820 ~ 900 서냉	285 이하	SKH57	800 ~ 880 서냉	293 이하
SKH51	800 ~ 880 서냉	255 이하	SKH58	800 ~ 880 서냉	269 이하
SKH52	820 ~ 880 서냉	369 이하	SKH59	800 ~ 880 서냉	277 이하
SKH53	800 ~ 880 서냉	269 이하			

3 초경 공구강

가. 주조 초경질 합금(Casted hard metal)

① 스텔라이트(stellite)

㉮ Co를 주성분으로 한 Co－Cr－W－C계 합금이다.

㉯ 조성 : Co(40～55%), Cr(15～33%), W(10～20%), C(2～5%),Fe(<5%)

㉰ 스텔라이드의 특징

㉠ 단련이 불가능하므로 주조한 상태로 연삭하여 소요의 형상을 만들어 사용하는 공구 재료로서 열처리하지 않고 충분한 경도를 얻는 주조 합금이다.

㉡ 상온에서 담근질한 강(고속도강)보다 연하나 600℃ 이상에서는 고속도강보다 단단하므로 (보통 고속도강보다 1.5～2배) 절삭 능력은 좋으나 취약하여 충격에 약하다.

㉢ 고온 경도, 내식성, 내마모성이 우수하며 고온 저항이 크다.

㉣ HB는 550～700 정도이고 600℃까지는 경도 감소가 거의 없다.

㉱ 용도 : 각종 절삭 공구, 내마모용, 내식용, 내열용, 다이, 발동기 밸브 등

② 특수 백주철

㉮ 스텔라이트의 Co 대신에 Mo, 기타 금속으로 대치시킨 주조 경질의 합금이다.

㉯ 조성 : C(1.7～4%), W(5～25%), Cr(2～30%), Co(0～15%), Mo(5～30%)

㉰ HRC 65～70이고, 절삭용 바이트, 다이스용에 사용한다.

나. 소결 초경질 공구강

WC, TiC, TaC, NbC, Mo_2C, Tin, Al_2O_3 등의 탄화물이나 질화물 또는 산화물을 Co를 결합제로 사용하여 1.400～1.500℃의 수소(H) 기류 중에서 소결하는 합금이다.

① 660℃에서도 경도가 저하되지 않는다.

㉮ 경도순서 : 세라믹 > 서메트 > 초경 합금

※ 내결손성(內缺損性)에서는 반대의 순서로 초경 합금이 가장 우수하다.

㉯ TiC나 세라믹에는 피삭재의 용착이 적어서 고속 절삭에 유리하다.

② 초경 합금 : WC를 주성분으로 하고 Co를 결합체로 하는 소결 재료이다.

㉮ 주 성분인 WC의 입도는 0.5～10μm,결합제인 Co는 200mesh 이하의 분말로 한다.

㉯ WC 분말에 2～20%의 분말을 혼합하여 프레스로 압축 성형하여 H_2 기류 중에서 1차 예열(예비소결, 조형함.)은 800～1.000℃로, 2차 소결(본 소결)은 1.500℃ 정도 가열하여 소결한다.

㉰ WC의 입도를 0.5μm정도로 미세화하고, Co량도 감소시키면 경도와 인성이 증가하고 항절력이 큰 초미립자 초경 합금이 된다.

㉱ WC계 초경 합금은 열전도도가 고속도강의 2～3배 크므로 절삭성이 좋고 절삭 속도는 50～60m/min에 이른다.

㉲ 종류 : WC－Co계, WC－TiC－Co계, WC－TiC－Ta(Nb)C－Co계

㉠ 상품명에 따른 분류 : 비디아(Widia, 독일산), 미디아(Midia, 영국산), 카볼로이(Cavboloy, 미국산), 당갈로이(Tangaloy, 일본산)
(Widias는 900mesh 정도의 WC분말을 Co분말과 혼합하여 금형에 넣고 압축하여 900℃에서 예비 소결하여 성형한 후 1.400～1.450℃의 수소 분위기에서 소결한 것이다.)

㉡ **용도에 따른 분류**

강종	조 성	용 도
S종	W－Ti－Co－C	강절삭용
G종	W－Co－C	주철, 비철, 비금속용
D종	W－Co－C	다이스, 인발, 내마모용

③ cermet : TiC를 주성분으로 하고 Ni 또는 Mo을 결합제로 하는 소결 재료이다.

㉮ TiC계는 고온 경도, 내마모성, 내산화성, 내용착성이 우수하다.

㉯ 결합제인 Ni의 증가는 경도의 저하, 항절력이 증가된다.

㉰ Mo의 증가는 TiC의 젖음성(wettability)을 높이므로 결정립이 미세화하여 경도와 강도가 향상되나 너무 많으면 공구 수명이 단축된다.
(젖음성(wettability) : 어느 상이 다른 상의 표면에 퍼져가는 성질)

㉱ 종류 : Ti－Ni계, Tic－Mo_2C계, TiC－TiN－Ni계, TiC－TiN－Mo_2C－Ni계

④ cermic : Al_2O_3를 주성분으로 하고 거의 결합제를 사용하지 않고 1,600℃ 이상에서 소결하여 만들며, 산화나 열을 흡수하지 않으며 도자기적 성질을 가진다.

㉮ 고온 경도가 크고 내마모성, 내열성이 우수하며 금속과 친화력이 없으므로 구성인선이 생기지 않고, 인성이 적고 충격에 약하며, 비중은 3.7～4.1이고, HRC86～94이다.

㉯ 용도 : 고온·고속 절삭용, 강력 정밀 기계에 적합하다.

⑤ 피복용 초경 합금

㉮ 초경 합금의 표면에 TiC 또는 Al_2O_3를 coating한 공구로서 coated tip를 말한다.

㉯ 초경 합금의 내결손성과 TiC의 경도, 내용착성을 겸비해 TiC 코팅은 고속 절삭을 가능케 한다.

㉰ TiC 코팅은 CVD법이 주로 이용된다.

(1.000℃로 초경 합금을 가열하여야 하므로 Co_6W_6C 또는 Co_3W_3C(η상)이 TiC막과 초경 합금 사이에 생겨서 내결손성을 저하 시킨다.

⑦ 소결 초경질 합금의 용도

㉮ 경도와 인성이 큰 금속이나 절삭, 절단 및 암석, 보석 등의 구멍 뚫기 및 절단용

㉯ 착암기의 드릴, 다이스, 초경 바이트 등에 사용된다.

㉰ 다른 공구로서 절삭이 불가능한 고망간강의 절삭에 사용한다.

㉱ 칠드 주철, 경질 유리 등의 절삭용 또는 절삭 공구로 사용된다.

4 시효경화 합금(age hardening alloy)

시효경화에 의해 충분한 경도를 부여할 공구강에는 548합금(Fe－W－Co계 합금)이 있고, 종류에는 Fe－Mo－Co강, Fe－W－Mo강, Fe－W－Cr강, Fe－W강, Fe－Mo강, W－Co강 등이 있다.

가. 특징

① 내열성이 우수하고 수명이 길다.

② 담금질 후에는 경도가 감소하여 기계 가공이 쉽고 뜨임하여 경도를 높인다.

㉮ 담금질 온도 : 1.300～1.350℃에서 수냉을 한다.

㉯ 뜨임 온도 : 600～650℃에서 행한다.

단, W－Co계 합금은 1.400～1.450℃에서 주조하여 650℃로 뜨임을 한다.

㉰ 단조 온도 : 1.000～1.100℃에서 단조를 한다.

③ 석출 경화성이 크므로 자석강으로 사용된다.

④ 700℃가 되어도 경도는 저하되지 않고 고속도강보다 내식성이 좋으며 탄소를 포함하지 않으므로 열처리시 탈탄의 염려가 없다.

제4절 | 내식강 · 내열강

탄소강에 합금원소를 첨가하여 내식성과 내열성을 향상시킨 합금강을 내식강이라 한다. 내식·내열용 합금에는 주로 내식 재료로 쓰이는 스테인리스강과 내열 재료로 쓰이는 내열강 및 초내식·내열 재료로 쓰이는 내식·내열 초합금이 있다.

1 내식강(耐蝕鋼, corrosion resisting steel)

강의 내식성은 Fe 합금 또는 Fe − Ni 합금에 함유된 Cr의 양에 의해서 주로 좌우된다. Al과 Si 등과 같은 원소도 강의 내식성을 증가시키지만 가장 효과적인 원소는 Cr이다.
(Cr의 역할 : Cr_2O_3라는 치밀하고 일정한 산화 피막을 형성하여 내부를 부식으로부터 보호한다. (강의 부식 방지 : Fe에 적어도 Cr을 12% 이상 함유해야 한다.))

가. 스테인리스강(不鋼, stainless steel)

철강에 Cr 또는 Ni을 다량 첨가하여 내식성을 향상시킨 강이다.

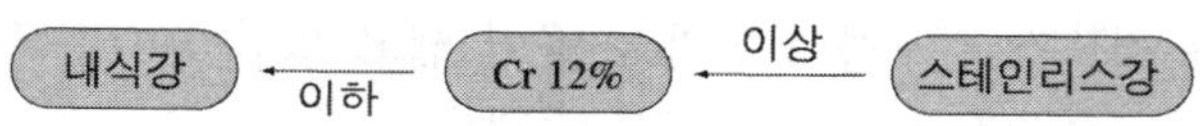

나. 스테인리스강의 분류

① 성분에 의한 분류 : Cr계, Cr − Ni계
② 조직학상에 의한 분류 : Ferrite계, Austenite계, Martensite계
③ 특수 스테인리스강 : 석출 경화강, 저Ni의 Cr − Mn강

다. Ferrite계 스테인리스강

Cr 11 ~ 13%, C 0.12% 이하 함유한 강으로 조직은 Ferrite 조직이다.

① Ferrite계 스테인리스강의 특징
㉮ 표면이 잘 연마된 것은 공기나 물 중에서 부식되지 않는다.
㉯ 유기산, 질산에는 침식되지 않으나 염산, 황상 등에는 침식된다.

㉰ Austenite계 스테인리스강에 비해 내산성이 낮다.

㉱ 담금질 상태의 것은 내산성이 좋으나 풀림 상태 또는 표면이 거친 것은 부식되기 쉽다.

㉲ 소량의 탄소가 함유되어 있으므로 강을 높은 온도에서 담금질할 때 어느 정도의 경화를 일으킨다.

㉳ 용접성, 연성 및 내식성을 향상시키기 위해 C 및 N의 함유량을 극히 낮게 유지해야한다.

㉴ 일반적으로 사용되는 Ferrite계 스테인리스강은 취약하게 되어 연성이 적어지는 취성의 현상이 나타난다.

② Ferrite계 스테인리스강의 주요 성분과 용도

주요 성분(%)	특 징	용 도
Cr(13) – Al(0.2) – C(0.01)	Al을 첨가하여 용접 후의 자경성을 줄인다.	경화학 공업의 용해용 재료, 용기내의 라이닝
Cr(18) – C(0.1)(표준형)	Austenite계에 비해 값이 저렴하다.	일반용 및 취사용 기구, 내산탱크, 자동차 장비품 등

라. Martensite계 스테인리스강

Cr12 ~ 17%, Co.15 ~ 0.3%를 함유하므로 담금질하였을 때 Martensite 조직을 형성하며, 합금의 조성은 강도와 경도를 목적으로 조정하였으므로 내식성은 Ferrite계 스테인리스강과 Austenite계 스테인리스강에 비해 나쁘다.

① Cr 13% 정도될 때는 질산에 전혀 부식되지 않으나 염산과 황산에는 Cr 함유량이 증가함에 따라 부식량이 증가되고, Cr20% 이상이면 부식정도가 완만해진다.

② 13% Cr강이 대표이며 950 ~ 1.020℃애서 담금질하여 Martensite 조직으로 하고 인성을 요할 때는 550 ~ 650℃에서 뜨임하여 Sorbite 조직으로 한다.

③ 550℃ 이상에서는 강도, 경도가 급감하고 연성이 급증한다.

④ 상온에서 강자성을 가지며 값이 저렴하나 내식성은 최저이다.

⑤ 탄소 함유량이 적은 것이 내식성은 좋으나 칼날류와 같이 경도를 필요로 하는 때는 담금질성을 좋게 하기 위하여 탄소함유량을 높게 한다.

⑥ 내식성을 개량시키는 방법

㉮ 탄소량 감소와 Cr량을 증가시키며, Ni, Mo 등을 첨가시킨다.

㉯ Mo, V, Nb 등을 첨가한 12% Cr계는 550℃ 이하에서 Austenite계보다 인장 강도, 내력, 크리프 강도가 높고 내열성이 우수하다.

⑦ Martensite계 스테인리스강의 주요 성분과 용도

주요성분(%)	특 성	용 도
Cr(13) − C(0.1)(표준형)	기계적 성질 좋고, 내식, 내열성이 양호하다.	일반용, 기계부품 등
Cr(13) − C(0.1)	기계적 성질 좋고, 내식, 내열성이 양호하다.	터빈 날개, 밸브 등 고응력 부품
Cr(13) − C(0.2) Cr(13) − C(0.4)	C%를 늘리고, 열처리에 의하여 경도를 높인다.	일반용 칼, 외과용 기구, 스프링, 틀 등
Cr(16) − Mo(0.5) − C(0.15)	Mo을 첨가하여 내직성, 내그리프성을 향상 시킨다,	외과용 기구, 터빈 날개, 기계 부품 등
Cr(16) − Ni(2) − C(0.15)	Ni을 첨가하여 내식성, 점성의 증가, 담금질성이 크다.	자동 선반, 나사 깎기 전용 기계서 만드는 부품 등 선반용 축, 항공기 부품 등
Cr(16) − Mo(0.5) − C(0.15)	담금질 경도를 얻음, Cr의 증가로 내식성, Mo을 증가시켜 내마모성을 향상 시킨다.	볼 베어링, 밸브 시트, 칼, 게이지 등

마. Austenite계 스테인리스강

고 Cr − Ni계 스테인리스강은 C(0.2%), Cr(17 ~ 20%), Ni(7 ~ 10%) 등을 함유하고, 표준(대표) 조성은 18(Cr) − 8(Ni)로서 18 − 8형 스테인리스강이라 한다.

① 조직 : Austenite이며, 비자성이지만 상온 가공하면 경화되어 다소 자성을 갖는다.
② 내식성(스테인리스강 중 가장 높다.) 내산성, 내충격성, 기계 가공성, 용접성이 우수하다.
③ 선팽창 계수가 보통강의 1.5배, 열 및 전기 전도율이 $\frac{1}{4}$ 정도이다.
④ 약 400℃정도에서는 탄화물이 결정 입계에 석출하기 쉬우므로 입계 부식이 생기기 쉽다.
⑤ 냉간 가공이나 용접한 후 염화물을 함유한 고온 수용액 중에서 사용하면 부식 균열(stress corrosion carcking)을 일으키는 경우가 많으므로 응력 제거 풀림을 한다.
⑥ 18 − 8 스테인리스강의 특징
㉮ 내산성, 내식성이 13%Cr 스테인리스강보다 우수하며, 비자성체, 인성이 양호하며, 용접성이 좋고 가공성이 우수하다.
㉯ 인장강도는 $55 \sim 70 kg_f/mm^2$이며, 담금질 온도 : 1.000 ~ 1.100℃(담금질에 의해 경화되지 않음)
㉰ 산과 알칼리에 강하고 염산, 황산염, 염소 가스에 대한 저항이 적다.
㉱ 탄화물이 결정립계에 석출하기 쉽다.
㉲ 560℃ 부근에서 탄화물이 결정 입계에 석출되기 때문에 뜨임 취성의 원인이 된다.

(방지법 : 탄소량을 적게 하거나 1.000℃ 부근부터 급냉하거나 안정된 탄화물 원소 (Ti, V, Zr등)를 소량 첨가한다.)

⑦ Austenite계 스테인리스강의 부식과 대책

㉮ 입계 부식 (粒界 腐蝕, intergranulr corrosion)

㉠ 결정 입계 부근에 Cr량의 감소로 내식성이 감소되어 부식된 현상을 말한다.

㉡ 입계 부식이 발생하는 것을 예민화(sensitize)라 하며 용접 후 내식성을 감소시킨다.

(입계 부식 감수성(예민화도)은 750℃부근에서 수분간 가열할 때에 가장 높게 나타나며 가열 온도가 높을 때에도 가열 후 서냉하면 탄화물이 석출한다.)

㉢ 입계 부식의 원인

ⓐ 결정 입계 부근의 Cr 원자가 C 원자와 결합해서 70% Cr 이하의 Cr탄화물 (Cr_4C)을 형성하므로 결정 입계 부근의 조직은 Cr 12% 이하의 Cr농도가 되어 그 부분이 결정립의 내부 조직에 비해 양극적으로 작용하는데 있다.

ⓑ 탄소 함유량이 높은 것은 용접할 때 용접부에서 수 mm 떨어진 곳에서 500 ~ 800℃로 가열되어 탄화물이 석출해서 예민화하여 사용 중에 입계 부식을 일으키게 된다.

㉣ 입계 부식 방지법

ⓐ 고온(1.000 ~ 1.150℃) 가열 후 Cr 탄화물을 Austenite 조직 중에 용체화하여 급냉한다.

ⓑ 탄소량을 감소($<0.03\%$)시켜 Cr_4C탄화물의 발생을 저지시킨다.

ⓒ 탄소와의 친화력이 Cr보다 큰 Ti, V, Nb, Ta 등을 첨가해 Cr_4C 대신 TiC, NbC, V_4C_3등의 탄화물을 발생시켜 Cr의 탄화물화를 감소시킨다.

㉯ 공식(孔蝕, pitting)

㉠ 스테인리스강, Al 등 표면에 부동태(passivity) 피막을 생성하는 재료에 잘 일어난다.

㉡ 부동태 피막을 국부적으로 파괴 또는 관통하는 작용을 하는 할로겐 이온(Cl^-, F^-, Br^-)을 함유한 수용액 중에서 일어난다. (공식 발생의 주원인 : Cl^-)

㉢ 공식 방지법

ⓐ 할로겐 이온의 고농도를 피하고, 액을 유동시켜 균일한 산화성 용액으로 하고 산소농담전지의 형상을 피하거나 부식 생성물을 제거한다.

ⓑ 액의 산화성을 증가하거나 반대로 공기를 차단하여 산소를 없앤다.

ⓒ 질산염(NO_3^-), 크롬산염(CrO_4^{3-})등 부동태화제를 가한다.

ⓓ 재료 중의 탄소를 적게 하거나 Ni, Cr, Mo, Si, N 등을 많게 한다.

㉰ 응력 부식 균열(stress corrosion cracking)

㉠ 내외적 응력이 작용하고 있는 강을 염화물 또는 알칼리 용액 중에서 사용하면 국부적인 균열을 일으키어 파괴되는 현상을 말한다.

㉡ 균열에 방향은 인장 능력의 방향에 직각이고 결정립 내를 통하여 깨지는 특징이 있다.

㉢ Cu 합금이나 Al 합금 등에도 일어나나 Maretensite계, Ferrite계 스테인리스강, 순금속에는 일어나지 않는다.

㉣ 응력 부식 균열의 기점(起點)

표면의 격자 결합부(입계, 비금속개재물, 석출한 이상(異相), 전위 등)

㉤ 응력 부식 균열을 일으키는 환경

ⓐ 고온 염화물 용액 ($MgCl_2$, $CaCl_2$, NaCl 등)

ⓑ Cl^-을 함유하나 염수나 수증기 및 고온 알칼리 수용액

ⓒ 용존 산소(溶存 酸素)는 촉진 작용을 한다.

㉥ 응력 부식 균열의 감수성

ⓐ Ni 7 ~ 8%가 가장 높고 Ni이 많거나 적어지면 균열을 일으키지 않는다.

ⓑ Si는 효과적이나 C, N, P, As, Sb 등은 균열 감수성을 높인다.

ⓒ 진공용해로 C, N을 낮추면 균열을 일으키지 않는다.

㉦ 응력 부식 균열의 방지책

ⓐ 고Ni의 재료를 사용하며, 압축 응력은 오히려 효과적 이므로 shot peening을 한다.

ⓑ 외적 능력이 없도록 하고, 내부 응력은 850 ~ 900℃로 가열하여 급냉해 제거한다.

ⓒ 사용 환경중에 염화물 또는 알칼리를 제거한다.
(억제제(inhibitor)나 고온용 실리콘을 도포(塗布)한다.)

ⓓ 음극 방식(양극은 Al을 용사(溶射)한다.)을 한다.(※ 외부 전류에 의한 방식도 가능하다.)

바. 석출 경화계 스테인리스강(percipitation hardening type, PH계)

일반적으로 사용하는 것은 STS630 및 631이 있으며, 기계적 성질, 화학 성분 및 열처리는 KS D 3705에 규정되어 있다.

① 가공하기 쉽고 강도가 높으며, 비교적 연성이 양호하고, 내식성이 우수하다.

② 온도 상승에 따라 강도는 저하되지 않으며 내식성을 가진다.

③ 기지 조직에 적당한 탄화물을 분산시켜 재질을 강화한다.

사. 스테인리스강의 열처리

① Ferrite계 스테인리스강의 열처리

㉮ 풀림 온도 및 유지 기간 : 700～900℃(25mm/1～2시간)로 가열 후 공냉한다.

㉯ 목적 : 가공 경화 제거 또는 강인성을 위해 실시한다.

㉰ 담금질이나 뜨임은 하지 않는다.

② Martensite계 스테인리스강의 열처리

㉮ 완전 풀림 : 변태점 이상 50～100℃(850～900℃)에서 1～3시간 유지 후 30℃/hr 이하의 속도로 냉각한다.
(Austenite → Ferrite + 탄화물의 변대를 완전하게 가장 유연한 상태를 얻는 방법이다.)

㉯ 중간풀림 : 변태점 이하(13%Cr강은 750℃이다)

㉰ 항온 풀림 : 650～700℃, 가열은 1～2시간 동안 유지한다.

㉱ 담금질 : 변태점 이상에서의 25mm/hr로 유지한다.

㉲ 뜨임

㉠ 100～350℃ : 경도, 강도는 별로 저하하지 않고 인성은 약간 회복된다.
(변형 교정의 온도 범위이다.)

㉡ 540～750℃ : 탄소 함유량이 적은 강종의 강인성을 얻기 위함이다.

㉢ 뜨임시 500℃까지는 특수 탄화물의 석출로서 인장 강도, 항복점이 증가하며 연산율은 감소한다.

③ Austenite계 스테인리스강의 열처리

㉮ 용체화 처리(고용화 열처리)

㉠ 18－8계 스테인리스강의 기본 열처리이다.

㉡ 고용체까지 가열 후 급냉시켜 고용체 상태로 상온까지 유지하는 처리를 말한다.

㉢ 가열 온도는 1.050℃가 적당하고 25mm/hr의 유지 시간을 준다.
(가열 온도가 높을수록 석출 탄화물이 충분히 고용 및 확산되고 연화나 결정 입도가 커지며 산화 스케일의 발생이 심하며 표면 상태가 나빠지고, 유지 기간이 길면 표면 평활도가 감소되고, 결정립이 조대화된다.)

㉣ 냉간 가공성 또는 용접에 의해 생긴 내부 응력이 제거된다.

㉤ 열간 가공이나 용접에 의해 석출된 Cr탄화물을 고용하여 가공 조직을 재결정하고 유연한 상태로 하여 연성의 회복 및 내식성을 증가시킨다.

㉥ 냉각 방법은 열처리 재료의 두께, 치수에 따라 적당한 방법을 택한다.
(비교적 얇은 것은 공냉으로 충분하나 두껍고 큰 것은 수냉이 좋다. 500～900℃ 급냉한다.)

㉯ 안정화(stabilization) 처리

㉠ Ti이나 Nb를 첨가한 스테인리스강의 안정한 탄화물을 석출시키므로 입계 부식을 방지한다. (Ti, V, Nb 등을 첨가하여 입계 부식을 저지시키는 것을 안정화 되었다고 한다.)

㉡ 내식성의 회복은 850 ~ 900℃에서 2 ~ 4시간 유지 후 공냉을 한다.

㉢ 용접부의 안전화 처리는 내부 응력 제거에도 유효하다.

㉰ 응력 제거 열처리

㉠ 800 ~ 900℃에서 2 ~ 4시간 공냉(또는 노냉)한다.

㉡ 잔류 응력이 남아 있는 경우 염화물을 함유한 고온 수용액에서 사용하면 부식에 의한 균열을 일으키는데 이것을 방지한 목적으로 사용한다.

㉢ 가열 온도가 적당하지 않으면 Cr탄화물 등의 석출로 취약하며 내식성이 나쁘다.

2 내열강(耐熱鋼, heat resisting steel, STR)

고온·고압에 견디고 내산화, 내식, 내변형, 인성, 가공성 등을 갖춘 합금강으로 Si, Cr등은 내고온 산화성, 내황 침식성을 갖게 하고, V, Ti, Co, Mo, W 등은 고온·고압 수소에 의한 탈탄 취화 방지성을 갖게 하며, Ni, Mn 등은 조직의 안정화를 가져온다.

가. 내열 재료의 구비 조건

① 화학적 성질 : 고온에서 내식성이 좋을 것
(내산화성, 내침탄성, 내황산성, 내연성(耐鉛性) 등

② 기계적 성질 : 고온에서 필요한 강도와 인성을 가질 것
(크리프 강도, 크리프 파단 강도, 고온 단시간 인장 강도, 고온 경도, 고온 피로 강도, 열피로 강도, 내마모성 등)

③ 물리적 성질 : 고온에서 필요한 물리적 성질을 가질 것
(용융점, 밀도, 열팽창율, 열전도도 등

④ 제조성 : 제조성이 좋아서 제품을 쉽게 가공할 수 있을 것
(주조성, 열간 가공, 냉간 가공, 절삭 가공, 용접 등

⑤ 경제성 : 사용 목적, 성능에 따라 가격이 적당할 것

⑥ 고온에서 조직이 안정될 것
(사용 온도에서 변태를 일으키거나 탄화물이 분해되지 않을 것)

⑦ 열팽창 및 열에 의한 변형이 적을 것

나. 내열성을 주는 합금 원소

① 내열 합금의 고온 내산화, 내식성을 높이는 방법
합금 원소를 첨가하며, 표면에 내식성 원소로 피복을 하고, 부식 환경을 개선한다.
이들 원소가 강 중에 함유되면 고온에서 표면에 밀착되는 산화 피막을 만들어 고온 가스의 침입을 막는다.

② **강의 내열성을 증가시키기 위해 첨가되는 중요 원소 : Cr(그 외 Si, Ni, Al 등)**

※ 이들 원소가 강 중에 함유되면 고온에서 표면에 밀착되는 산화 피막을 만들어 고온 가스의 침입을 막는다.

③ 고온에서의 산화와 부식을 방지하기 위해 첨가하는 원소 : Cr(가장 좋음), Al, Si
(Cr이나 Al은 상화성 환경에서 먼저 산화하여 각각 Cr_2O_3, Al_2O_3 또는 $Ni \cdot Cr_2O_3$와 같은 복합상화물이 되어 안정한 보호 피막을 형성한다.)

④ 내산화성을 개선하기 위한 원소 : Ce, La, 등의 소량 첨가로 효과적이다.
(내산화성을 향상시키기 위해서는 산화 속도를 감소 및 표면 산화물의 밀착성도 중요하다.)

[내산화 한계온도]

종 류	한계온도(℃)	종 류	한계온도(℃)
탄소강	500 ~ 550	13Cr – Si – Al	900
1Cr – $\frac{1}{2}$Mo강	550	10Cr – Si – Al	1050
2$\frac{1}{4}$Cr – 1Mo강	550 ~ 600	25Cr – Si – Al	1.200
5Cr – $\frac{1}{2}$Mo강	600 ~ 650	18Cr – 8Ni	850 ~ 900
9Cr – 1Mo강	650 ~ 700	25Cr – 12Ni	1.050 ~ 1.100
13Cr	700 ~ 750	25Cr – 20Ni	10.50 ~ 1.150
18Cr	800 ~ 900	20Cr – 35Ni	870 ~ 1.000
25Cr	1.000 ~ 12.100		

⑤ 고온, 고압, 수소에 의한 탈탄과 취성을 방지하는 원소 : Ti, Cd, V, Cr, Mo, W
⑥ 침단을 방지하는 원소 : Ni, Al, Si, Ti, V, Cr(10% 이상)
⑦ Austenite 조직으로 하며 그 안정도를 높이는 원소 : Ni, Mn, N
⑧ 고온 강도와 Creep 강도를 증가시키는 원소 : Mo, W, Cd, Al, Si
⑨ 크롬 Ferrite강의 높은 온도에서의 결정 입자 성장을 방지 하는 원소 : N, Ti, Cd
⑩ 저크롬강의 자경성을 억제하는 원소 : Ti, Cd, Al, Mo
⑪ 저크롬강의 뜨임을 제거하는 원소 : Mo
⑫ 질화 작용을 덜어 주는 원소 : Ni

다. 내열강의 종류

조직에 따라 Ferrite계, Austenite계, Martensite계, 석출 경화계로 분류한다.

① 550℃ 이하에서는 저탄소강, 저합금강, 중 Cr강 등이 사용된다.

② 550℃ 이상에서는 Austenite계의 18 − 8 스테인리스강이나 Cr − Ni강이 사용된다.

③ 내열강은 내식강보다 탄소 함유량이 높은 것이 특징이다.

④ **내열강의 화학 조성(KS D 3731 ~ 3732)**

종 류	기 호	화학성분(%)						
		C	Si	Mn	Ni	Cr	Mo	W
Martensite계	STR 1	0.40 ~ 0.50	3.0 ~ 3.5	<0.6	−	7.5 ~ 9.5	−	−
	STR 3	0.35 ~ 0.45	1.8 ~ 2.5	<0.6	−	10.0 ~ 12.0	0.7 ~ 1.3	−
Austenite계	STR 31	0.35 ~ 0.45	1.5 ~ 2.5	<0.6	13 ~ 15	14.0 ~ 16.0	−	2.0 ~ 3.0
	STR 330	<0.15	<1.50	<2.0	33 ~ 37	14.0 ~ 17.0	−	−
Ferrite계	STR 446	<0.20	<1.00	<1.5	−	23.0 ~ 27.0	−	−

※ P·S는 0.030% 이하이다.

⑤ 저합금 내열강

㉮ 종류 : Mo강, Cr − Mo강, Mo − V강, Cr − Mo − V강, Cr − Ni − Mo강, Cr − Mo − W − V강

㉯ 용도

㉠ Mo, Cr − Mo강은 주로 보일러용 강에 사용한다.

㉡ 기타 강은 Creep 특성이 우수하므로 증기 터빈, 가스 터빈 날개, 차량재 등에 500℃ 이하에서 사용한다.

⑥ Ferrite계 내열강

㉮ 표준조성 : C(0.1%), Cr(6.5%), Si(2.5%) 등을 함유한 Si − Cr강

㉠ Cr을 적게하여 고온 취성을 피하고 Si를 첨가하여 내산화성의 저하를 보완한 강으로 자동차 및 항공기에 밸브 등에 사용한다.

㉡ 강에 Cr을 4.0 ~ 5.0% 첨가하면 산화가 현저히 감소하므로 13Cr 스테인리스강보다 Cr함유량이 적은 Cr강도 상당한 내열, 내산성이 있어서 내열강으로 많이 사용된다.

㉢ Cr함유량이 많은 고크롬강(Cr : 15 ~ 30%로 함유)은 내산화성이 크며, 약 1.100℃까지 사용할 수가 있다.

㉣ Cr강에 내산성을 높이기 위해서는 Al 또는 Si를 첨가한 Cr − Al강, Cr − Al − Si강 등은 보일러관, 전열선 등에 사용한다.

㉯ 내열성 목적으로는 Si 1.0 ~ 3.0%를 첨가하며, 소량의 Mo을 첨가한 것은 고온, 고압에 견딘다.

㉰ Ferrite 조직은 고온에서 기계적 성질이 좋지 않으므로 큰 강도를 필요로 하지 않은 부분에 사용한다.

㉱ Ferrite계 내열강은 500℃ 이상이 되면 강도가 급격히 낮아지므로 Creep 강도가 문제가 되지 않는 석유 공업, 암모니아 공업, 열교환기, 열처리 부품 등에 사용된다. (Creep 강도는 550℃ 이하에서는 Ferrite계가 좋고, 550℃ 이상에서는 Austenite계가 우수하다.)

㉲ 용도 : STR21, 409, 446 : 내산화용(STR 446은 850℃까지의 내산화용)

㉠ STR600은 주로 내열용, STR616은 내열·내산화용으로 사용한다.

㉡ Austenite계 내열강

⑦ Martensite계 내열강

㉮ 13Cr강에 Mo, V을 첨가한 것은 내식성과 내열성이 좋아서 널리 사용한다.

㉯ Mo, V, Nb 등은 Ferrite 형성 원소이므로 δ − Ferrite가 나오기 쉬워서 재질을 악화하므로 탄소 및 질소를 적당량 첨가한다.

㉰ 600 ~ 650℃ 이하의 내열강에 사용한다.
700℃ 이상이 되면 Creep 강도가 현저하게 낮아진다.

㉱ 사용 온도보다 다소 고온에서 뜨임하여 Ferrite 기지에 탄화물을 분산시킨 조직으로 하여 사용한다.

⑧ Austenite계 내열강

㉮ Austenite계 내열강으로는 18 − 8계 스테인리스강보다 Cr, Ni,함유량이 높은 안정한 Austenite 조직의 것을 사용하고, 18 − 8계 스테인리스강의 Ti, Mo, Ta, W 등을 첨가한 것이 사용된다.

㉯ 1.000 ~ 1.150℃의 산화에 견디고 고온 강도가 높고 강인하며 가공성, 용접성도 우수하다.

㉰ 단시간의 인장 성질은 1.000℃ 부근까지 강력하나 고응력하에서의 장시간 사용은 700℃ 부근까지가 한도이다.

㉱ 550℃ 이상에서의 원자 밀도가 높은 입방 격자의 Austenite계 강을 사용한다.

㉲ 고온에서 Ferrite계보다 내열성이 우수하며, 피로 강도가 높다.

㉳ 용도

㉠ 고온,고압의 화학 공업용, 가열로 부품의 연도용, 증류기, 방열기 등

㉡ STR31, 36, 38 : 주로 밸브용 (STR31은 1150℃ 이하의 내산화용)

㉢ STR310 : 내열·내산화용

㉣ STR330 : 750℃ 작동 기관의 내압 부분용

㉤ STR660, 661 : 고온 내열용

⑨ 초내열 합금

㉮ Austenite계 내열강보다 더욱 고온 강도, 내산화성, 내식성 등이 요구될 때 사용되는 합금으로 철합금 + 특수 원소(내열성) 또는 Ni 및 Co를 모체로 한 합금이 사용된다.

㉯ Ni – Cr계 Austenite강

㉠ Ni(25 ~ 40%), Cr(15 ~ 20%) 합금이며, 시효경화를 부여하기 위해 Ti, Al을 첨가한다.
이 강에 고온 강도를 높이기 위해 Mo, W, B를 소량 첨가한다.

㉡ 650℃ 정도의 고온에서 사용할 수 있으며 단조도 가능하다.

㉰ Ni – Cr – Co계 Austenite강에

㉠ Ni – Cr계 Austenite강에 Co(20% 정도)를 함유한 것이다.

㉡ 850℃ 정도까지 사용할 수 있다.

㉱ Ni을 기본으로 한 합금강

㉠ Ni – Cr계 합금에 Co, Mo, W, B를 함유한 내열 합금이다.

㉡ 고온 경도를 높이기 위해 Ti, Al, Nd 등을 첨가하여 시효경화성을 부여한다.

㉲ Co를 기본으로 한 내열강

㉠ Co – Cr – W 또는 Co – Cr – Mo 의 Austenite계 합금에 Ni 또는 Zr을 함유한 내열 합금이다.

㉡ 800 ~ 1.100℃의 고온에서 사용할 수 있다.

⑩ Cermet

㉮ 경질 및 고용융점의 비금속 내화재와 그보다 용융점이 낮은 금속 성분에 의해 소결시킨 복합체로서 2,000 ~ 3,500℃ 부근의 고융점을 가진 탄화물, 붕화물, 규화물 등과 Co, Ni, Cr, Fe 분말과의 복합체로 세라믹 재료인 Cermet을 피복하여 사용한다.

㉯ 주성분 : TiC 또는 Ti(N)과 Ni, Mo 등이다.

㉰ 900℃ 이상의 고온에서 사용할 수 있다.

제5절 | 특수 용도용 합금강

특수한 용도로 사용되는 구조물이나 기계의 부품 등 특수한 목적에 사용되는 합금강을 특수 용도용 합금강이라 한다.

1 쾌삭강(free cutting steel)

쾌삭강은 피절삭성이 양호하여 고속 절삭에 적합한 강으로 일반 탄소강에 P, S의 함유량을 많게 하거나 Pb, Se, Zr 등을 첨가하여 제조한다.

가. 황 쾌삭강

S을 0.16% 정도 첨가하면 MnS MoS_2 를 생성하고 특수한 윤활성을 가지고 있으므로 절삭성이 매우 우수하고 수명도 길어지므로 정밀 나사 등에 사용된다.

① Mn을 약간 높여 약 0.35%(보통강의 허용량의 10배)까지 S을 첨가하여 S을 모두 MnS로 하여 강에 분포시킨 것으로 기계 구조용 탄소강에 적용되고 있다.
(MnS는 절삭할 때 칩의 생성시에 응력 집중원으로 작용하므로 절삭 저항을 줄여 공구 수명을 연장시키나 열간 가공에 의해서 가공 방향에 길게 늘어나 있으므로 S량이 많을수록 이방성(異方性)이 현저하다.)

② 칩이 짧고 분리하기 쉽게 하여 절삭 속도를 크게 할 수 있다.

나. 연 쾌삭강(Pb 쾌삭강)

강의 속에 Pb(0.1 ~ 0.35%)을 첨가함으로서 결정 입계에 Pb을 석출시켜 가공면이 미려(美麗)해야 할 기계 부품에 이용한다.

① 연성과 인성, 피로 강도 등에 영향을 주지 않고 재질적 이방성을 잘 일으키지 않는다.

② 적용 강종 : 기계 구조용 탄소강, 기계 구조용 합금강, 공구강, 스테인리스강 등

다. Ca쾌삭강

Ca의 첨가에 의해 $CaO - SiO_2 - Al_2O_3$계의 Ca복합 산화물을 강속에 분산시킨 강이다.

① 산화물은 고속 절삭시에 공구 표면에 부착하여 공구와 칩 및 피삭재와의 직접 접촉을 방지하여 공구의 열확산 마모를 억제함으로써 공구 수명을 길게 한다.
② 기계적 성질, 소성 가공성, 용접성 등이 탄소강과 동등하므로 기계 구조용강을 주체로해서 자동차 부품에 이용된다.

라. 복합 쾌삭강(초쾌삭강)

쾌삭 기구가 다른 여러 가지의 쾌삭 성분을 적당량으로 복합 첨가하여 쾌삭성을 개선하는 쾌삭강을 초쾌삭강이라 하며, S－P, S－Pb, S－Pb－P, Ca－S－Pb계 등이 있다.

마. KS에서 쾌삭강의 규정

S(0.08～0.33%), P(<0.12%), Pb(0.10～0.35%)의 범위

2 스프링강(spring steel)

스프링강은 급격한 진동을 완화하고 에너지를 축적하기 위해서 사용하므로 사용 도중 영구변형을 일으키지 않아야 하며, 탄성 한도가 높고, 충격 피로 및 피로에 대한 저항력이 커야한다.

가. 스프링강의 구비 조건

① 정적 강도로서 탄성 한도가 높고, 동적 강도로 피로 강도와 충격값이 높을 것 (피로 강도와 충격값은 스프링의 수명을 좌우한다.)
② 충격 피로 및 피로에 대한 저항력이 커야 하며, 영구 변형이 생기지 않을 것
③ 요구 경도 및 조직 : 최저 HB340 이상, Sorbite 조직으로 되어야 한다.
④ 스프링강으로 사용되는 강의 탄소 함유량 : 0.45～0.56%C의 중·고탄소강
⑤ 스프링강의 열처리
열간 가공 또는 냉간 가공을 한 것을 780～850℃에서 담금질하고, 400～480℃에서 뜨임한 후 탄성 한도의 1.1배의 하중에서 반드시 setting 공정을 한 후 사용한다.

나. 스프링강의 종류

① 탄성 한도를 이용하여 에너지를 저장하는 것과 충격을 완화시키는 것이 있다.

② 상온 가공으로 경화시킴으로서 탄성 한도를 증가시키는 경강선, 피아노선 및 마대강(磨帶鋼)등은 열처리 하지 않고 그대로 사용한다.

③ 열처리 하여 탄성 한도를 상승시킨 강
탄소강, Mn강, Si – Mn강, Cr강, Cr – V강(고급 스프링에 사용), Cr – Mn강

④ 열처리 스프링
㉮ 대형물을 담금질한 다음 저온 뜨임 처리하여 만든다.
㉯ Si – Mn계(Si 0.15 ~ 2.0%, Mn 0.3 ~ 1.0%) : Si함유량을 높게 하여 담금질성을 향상시키고, Ferrite의 고용 강화로 탄성 한도를 높인다.
㉰ Mn – Cr계(V 0.15 ~ 0.25%) : 담금질성이 좋고 탈탄이 일어나지 않는다.
㉱ Cr – V계(V 0.15 ~ 0.25%) : 내열성, 인성이 좋고 강한 충격이 가해지는 곳에 적합하며, V 대신 B(>0.0005%)를 첨가한 것은 담금질성이 좋고 단면이 큰 Spring에 사용된다.

⑤ 가공 스프링
㉮ 소형물을 수 10%의 강하나 냉간 가공으로 가공 경화시켜 만든다.
㉯ 불순물이 적고 흠 검사가 엄격한 피아노 선재와 경강 선재가 있다.
㉰ 조직적으로 피아노 선재는 Pb patenting을 주로 하는 상온 변태로서 미세 Pearlite조직을 갖고, 경강 선재는 공냉으로 미세 조직을 얻는다.

⑥ 냉간 성형 스프링
고온 가공에 의해서 성형하고 저온 풀림 처리를 하므로 가공성이 좋아야 한다.
(Fe계 스프링, 박판 스프링 등이 이에 속한다.)

⑦ 열간 성형 스프링
담금질 및 뜨임 처리하므로 열처리성이 좋아야 한다.(중합 판 스프링 및 코일 스프링 등이 이에 속한다.)

다. 스프링 강재의 기계적 성질(KS D 3701)

기호	열처리		기계적 성질				
	종류	온도(℃) 및 조건	내력 20% (kgf)	인장강도 (kgf)	연신율(℃)	단면 수축률 (%)	경도(HB)
SPS1	담금질 뜨임	830～860 유냉 450～500 서냉	85 이상	110 이상	8 이상	–	341～401
SPS3	담금질 뜨임	830～860 유냉 480～530 서냉	110 이상	125 이상	9 이상	20 이상	363～429
SPS4	담금질 뜨임	830～860 유냉 490～540 서냉	110 이상	125 이상	9 이상	20 이상	363～429
SPS5	담금질 뜨임	830～860 유냉 460～520 서냉	110 이상	125 이상	9 이상	20 이상	363～429
SPS5A	담금질 뜨임	830～860 유냉 460～510 서냉	110 이상	125 이상	9 이상	20 이상	363～429
SPS6	담금질 뜨임	830～860 유냉 470～540 서냉	110 이상	125 이상	10 이상	20 이상	363～429
SPS7	담금질 뜨임	830～860 유냉 460～520 서냉	110 이상	125 이상	9 이상	20 이상	363～429
SPS8	담금질 뜨임	830～860 유냉 510～570 서냉	110 이상	125 이상	9 이상	20 이상	363～429
SPS9	담금질 뜨임	830～860 유냉 510～570 서냉	110 이상	125 이상	10 이상	20 이상	363～429

라. 스프링강의 용도

① 일반 자동차용 : Si – Mn강, Cr – Mn강
② 정밀한 고급 스프링 재료 : Cr – V강
③ 내식, 내열용 스프링 : 스테인리스 강, 고Cr계 강
④ 스프링강의 탄소 함유량과 용도

탄소 함유량(%)	용 도
0.75～0.90 0.90～1.10 0.55～0.65(S : 약 1.5%)	주로 판 스프링 주로 코일 스프링 주로 겹판 스프링
0.50～0.60(0.65～0.95% Cr) 0.45～0.55(0.80～1.10% Cr, 0.15～0.25%V)	주로 겹판 스프링,코일스프링 주로 코일 스프링

3 베어링용 강(bearing steel, STB)

고탄소강에 0.90 ~ 1.60%의 Cr을 첨가시켜 강도와 경도 및 탄성 한도를 높이고, 피로 한도를 크게 하며, 내열성을 우수하게 만든 합금강을 베어링강이라 하며, ball bearing의 구(球, 轉動體) 또는 race(軌道體)에 사용한다.

가. 베어링용강의 특징

단단하면서도 충격에 강하고 전동 피로 수명(轉動 疲勞 壽命)이 길어서 내마모성이 좋아서 사용 중에 치수 변화가 없다.

① 열처리

㉮ 담금질은 800 ~ 850℃에서 유냉하고 150 ~ 180℃의 저온 뜨임을 하여 HRC60 정도의 경도를 얻는다.

㉯ 고탄소강이므로 담금질 균열, 담금질 변형, 시효 변형이 생기므로 일반 열처리 외에 Marquenching, hot oil quenching을 하기도 한다.

㉰ 전동 피로 수명을 길게 하기 위하여 탈가스 처리, 진공 아크 용해 등 특수 용제법을 이용하여 불순물, 가스 성분, 개재문 등의 재질 결함을 없애야 한다.

㉱ 잔류 Austenite나 표면 압축 잔류 응력이 효과적이므로 marstressing이라 하여 표면을 질화하여 Ms점을 낮추어 담금질시 변태를 늦게 함으로써 압축 응력을 발생시키는 열처리법을 이용한다.

② ISO 규격에서의 강종의 규정

㉮ 일반용 베어링

고C - Cr강(1.0%C, 1.0 ~ 2.0%Cr을 함유)으로 피삭성(被削性), 담금질성, 전동 피로 수명이 좋고 값이 저렴하여 각종 기계 장치의 회전계, 롤러, 게이지 등에 사용한다.

㉯ 침탄 베어링

㉠ 저탄소강(0.07 ~ 0.23%C)에 Ni, Cr, Mo 소량 첨가한 강이 사용된다.

㉡ 침탄 담금질 후 표면에 잔류 압축 능력이 생겨 전동 피로에 강하고 표면에 균열이 생겨도 내부까지 진행되지 않으며 탄성 한도 내의 반복 충격에 강하다.

㉢ 용도 : 차량, 철도 차량, 고속 압연기 등에 베어링에 사용된다.

㉰ Stainless 베어링

㉠ Cr12.0 ~ 18.0%를 함유한 강이 사용된다.

때로는 Mo을 첨가한 것으로 내식성이 좋아서 산이나 산화에 잘 견딘다.

㉡ 용도 : 내식계기(耐蝕計器), 화학기기 등의 베어링 또는 해수용 침지 베어링에 사용

㉣ 고온 베어링

고탄소의 Cr – Mo강에 Al, V, W, Ni, Co등을 첨가한 강으로 고온 경도와 치수 안정성이 있으며, jet engine, gas turbin 등의 베어링 용으로 사용한다.

나. 고탄소 – 크롬 베어링강의 화학 성분 (KS D 3225)

기 호	화학성분(%)						
	C	Si	Mn	P	S	Cr	Mo
STB1	0.95 ~ 1.10	0.15 ~ 0.35	0.50 이하	0.025 이하	0.025 이하	0.90 ~ 1.20	–
STB2	0.95 ~ 1.10	0.15 ~ 0.35	0.50 이하	0.025 이하	0.025 이하	1.30 ~ 1.60	–
STB3	0.95 ~ 1.10	0.40 ~ 0.70	0.90 ~ 1.15	0.025 이하	0.025 이하	0.90 ~ 1.20	–
STB4	0.95 ~ 1.10	0.15 ~ 0.35	0.50 이하	0.025 이하	0.025 이하	0.90 ~ 1.60	0.10 ~ 0.25
STB5	0.95 ~ 1.10	0.40 ~ 0.70	0.90 ~ 1.15	0.025 이하	0.025 이하	0.90 ~ 1.20	0.10 ~ 0.25

다. 고탄소 – 크롬 베어링강의 기계적 성질(KS D 3225)

기 호		STB1	STB2	STB3	STB4	STB5
구상화 풀림 경도	HB	201 이하	201 이하	207 이하	201 이하	207 이하
	HRB	94 이하	94 이하	95 이하	94 이하	95 이하

라. 베어링강의 용도

① 내충격용 베어링 : 표면 경화용 Cr
② 내식용, 내열용 베어링 : 스테인리스강
③ 내고온성이 요구되는 베어링용 : 고속도강, Ni – Co 합금

4 게이지용 강(gauge steel)

각종 정밀 계측기 및 정밀 부품으로 사용된 강으로 조성은 C(0.85 ~ 1.2%), Cr(0.5 ~ 3.6%), W(0.5 ~ 3%), Mn(0.9 ~ 1.45%)의 합금강

가. 구비조건

① 내마모성이 크고 HRC55 이상의 경도를 가질 것
② 담금질에 의한 변형 및 균열이 적을 것
③ 장시간 경과해도 치수의 변화가 적고 내식성이 우수할 것
④ 담금질 경화재는 시효에 의한 변형이 있으므로 장시간 뜨임 처리한다.

5 영구 자석강

영구 자석강으로 사용되는 강은 잔류 자기와 항자력이 크며 온도 변화, 기계적 진동, 자기장의 변동 등의 영향에 의해서 쉽게 자기 강도를 감소시키지 않고 점성이 강하며 가공이 쉬운 강을 사용한다.

가. 영구 자석강의 구비조건

① 결정 입자가 많고 미세한 결정을 갖는 조직이 좋다.
② 잔류 자속 밀도 및 보자력이 크고, 조직이 안정되고 Ferrite 조직일 것
③ 시효 변형이 적고 온도 상승 및 충격 진동에 의한 자기 감소가 없을 것
④ 항자력을 크게 하기 위한 조건
　: 격자 변태, 석출 현상 등을 이용하여 재료 내부의 경도를 높이면 효과적이다.

나. 영구 자석강의 분류

① 담금질 경화형 영구 자석강
　㉮ Martensite 변태를 이용한 자석강이다.
　㉯ 용해, 주조, 단조 및 열간 압연하나 후 풀림 열처리한다.
　　㉠ 가공성형 및 노멀라이징 처리한 다음 주어진 온도에서 담금질하고 자화한 후 100∼250℃에서 수 시간 유지하여 자기 시효를 시킨다.
　　㉡ 가공 및 성형을 하지 않는 경우에는 풀림을 하지 않아도 좋다.
　㉰ 종류 : C강, W강, Cr강, SA강, KS강
② 석출 경화형 영구 자석강
　㉮ Fe − Mo − Co 자석강은 과포화 α − 고용체에서의 석출 경화를 이용한 합금이다.
　㉯ 쾨스테르(Koster)합금, 레마리(Remally) 또는 코멜(Comel)이라고도 한다.
　㉰ 전화 수화기용 자석으로 사용한다.

㉱ 용해, 주조, 단조, 열간 압연, 성형 및 1.300℃의 환원 분위기에서 용체화 처리한 후에 끓는 물에 담금질하면 경도가 HRC25 정도가 된다.

㉲ 700℃ 정도에서 1～3시간 시효 처리하면 석출이 생기고 보자력이 상승하며 단단해져서 HRC55 정도의 경도가 된다.

㉳ 종류 : 쾌스테르강, MK강, NKS강, Cunico강

③ 미립자형 영구 자석강

㉮ Ferrite 자석은 비철 금속 산화물의 분말을 혼합하여 가압 소결한 것으로 가볍고 고유 저항값이 매우 높아 다른 자석강보다 우수하다.

㉯ 비스마날(Bismanal, MnBi 분말 자석)

MnBi 화합물을 강자기장 속에서 가압 성형하여 제조한다.

㉰ OP자석강(산화 금속 자석)

50%Co－Ferrite와 Fe－Ferrite와의 혼합 분말을 1.000℃에서 소결한 다음 300℃에서 1.000 에르스텟 (Oe) 이상의 자기장 속에서 냉각한다.

㉱ 보자력이 대단히 크나 잔류 자기가 적고 취성이 있다.

④ 자석강의 종류

㉮ MK(alnico) : Ni－Al－Co－Cu－Ti－Fe계 합금

㉠ 조성 : Ni(10～20%), Al(7～10%), Co(20～40%), Cu(3～5%), Ti(1%)

㉡ Martensite 변태형 자석강이며, 균일한 자석 분포와 기계적 강도가 크다.

㉢ 열간 가공이 용이하고 담금질 전에 피삭성이 좋으나 자석 특성이 낮다.

㉣ 용도 : 음향, 계측기, 모터, 통신, 치공구 등

㉯ 바이칼로이(vicaiioy) : Fe(38%)－Co(52%)－V(10%)계 합금

㉰ 쿠니페(cunife) : Fe(20%)－Ni(20%)－Cu(60%)계 합금

자기 특성은 alnico 합금보다 못하나 소성 가공성이 있다.

㉱ Cunico : Cu－Ni－Co계 합금

자기 특성은 alnico 합금보다 못하나 소성 가공성이 있다.

㉲ KS 자석강 : Fe－Co－Cr－W계(Co35%, Cr소량)

㉠ 탄소강(0.8～1.2%)에 Cr, W, Co 등을 첨가하여 자성을 향상시킨 강이다.

㉡ Co를 35% 함유한 강을 KS강 이라하며, Martensite 변태형 자석강이다.

㉢ 열간 가공이 용이하고 담금질 전에 피삭성이 좋으나 자석 특성이 낮다.

㉳ Koster 자석강 : Co(12%)－Mo(17%)－Fe계 합금

㉠ 석출 경화형 자석의 대표이다.

㉡ 고온 성형한 다음 1.200℃로 용체화 처리하여 급냉하고 이것을 700×1.5hr로 뜨임하면 잔류 자속 밀도(Br)가 10kg_f, 보자력(Hc)가 230 Oe, 최대에너지積(BH max)은 1.0MG·Oe의 자성을 얻는다.

㉳ NKS 자석강

㉴ OP 자석강 (Co − Ferrite 자석)

Fe_2O_3와 $CoFe_2O_4$의 분말 소결 후 자화시킨 강으로 조성은 $CoO - Fe_2O_3 - Fe_2O_4$이다.

㉵ 센더스트(sendust)

Si(5 ~ 11%) − Al(3 ~ 8%)강으로 고투자율 합금으로 풀림 상태에서 우수한 자성을 갖으며, 매우 단단하여 박판 형태로 가공이 되지 않는다.

㉶ Permally : Fe(나머지%) − Ni(78.5%)계 합금

※ 1.300℃로 가열한 후 자기 변태점 부근(600℃)으로부터 구리판 위에서 냉각하면 자성이 나타나고, 약한 자장으로 큰 투자율을 얻는다.

6 전기 저항용 합금

가. 전기 저항용 합금의 구비 조건

① 고온에서 사용하기 때문에 용융점과 연화점이 높아야 한다.

② 내산화성 및 전기 비저항이 커야하며, 가공이 쉽고 값이 저렴해야 한다.

나. 전기 저항용 합금의 종류

① 많이 사용되는 합금으로 크로멜 A(Ni 80%, Cr 20%), 크로멜 B(Ni 85%, Cr 15%)가 있고 여기에 Fe − Al등을 첨가하여 가공성을 높이고 값을 저렴하게 한 것도 있다.

② Ni − Cr계 합금

㉮ Cr을 40% 함유한 합금으로 전기 고유 저항이 크고 내식성과 내열성이 매우 좋다.

㉯ 가공성, 내산화성, 고온 강도는 좋지 않다.

③ 니크롬(nichrome)

㉮ Cr(15 ~ 20%)과 약간의 Mn을 함유한 Ni − Cr강으로 전열재로 많이 사용된다.

㉯ Ni − Cr계에서 Ni중의 Cr함유량이 증가함에 따라 합금의 전기 비저항이 증가하며 약 40% Cr에서 최대가 된다.

㉰ 전가 저항이 크고 내식성과 내열성이 매우 우수 하므로 약 1.100℃의 고온까지 사용된다.

④ Ni − Cr − Fe계 합금

㉮ Mn이 1 ~ 2% 첨가되며 Fe의 함유량이 많아지면 내열성과 내식성이 저하된다.

㉯ 보통 1.000℃에서 사용된다.

⑤ Fe – Cr – Al계 합금

㉮ 내열성과 전기 저항을 높이기 위해 Al을 2 ~ 6% 첨가한 것이다.

㉯ Ni – Cr계보다 전기 저항이 20 ~ 40% 높으며, 내식 및 내열성이 좋아 약 1.200℃정도까지 사용할 수 있다.

⑥ 칸탈(Kanthal : Fe – Cr(20%) – Al(5%) – Co(1.5 ~ 3%)계 합금)

Ni – Cr계보다 우수하며 최고 1.250℃까지 연속하여 사용할 수 있다.

⑦ **전열선 및 전열띠의 특성과 온도(KS D 2601)**

종류	기호	특성 및 온도
Ni – Cr 전열선 1종	NCHW 1	• N내산성이 좋고 강도가 크며 고온 가열 후 취성이 없고 냉간 가공성이 좋으며, 고온 발열체로 사용한다. • 황화성가스나 고온 다습의 환원성 분위기 중에는 좋지 않다 ※ 최고 사용 온도 : 약 1.100℃(발열체 표면)
Ni – Cr 전열띠 1종	NCHR 1	
Ni – Cr 전열선 2종	NCHW 2	• Ni – Cr 전열선 및 띠 1종에 비해 내산화성 및 고온 강도가 약간 떨어지며, 1.000℃ 이하의 발열체에 적합하다. ※ 최고 사용 온도 : 약 1.000℃(발열체 표면)
Ni – Cr 전열띠 2종	NCHR 2	
Fe – Cr 전열선 1종	FCHW 1	• 고온도 사용을 목적으로 한 것으로 내산화성이 좋고, Ni – Cr전열선 미치 띠에 비해 고온 강도가 적다.(연화주의) • 냉간 가공이 곤란한 것은 온건(100 ~ 300℃)가공을 필요로 할 때가 있으며(고온도 사용후에 가공에는 부적합), 고온용 발열체에 적합하다. ※ 최고 사용 온도 : 약 1.250℃(발열체 표면)
Fe – Cr 전열띠 1종	FCHR 1	
Fe – Cr 전열선 2종	FCHW 2	• Fe – Cr전열선 및 띠 1종에 비해 냉간 가공이 용이하다. • 고온도 사용 후의 가공에 적합하지 않는 것은 Fe – Cr 전열선 및 띠 1종과 같이 연화에 주의해야한다. • Ni – Cr 전열선 및 띠에 비해 고온 강도는 작으며, 1.100℃ 이하의 발열체에 적합하다. ※ 최고 사용 온도 : 약 1.100℃(발열체 표면)
Fe – Cr 전열띠 2종	FCHR 2	

다. 전기용 특수강

C(0.08% 이하), Si(0.4 ~ 4.3%), Mn(0.35%)의 0.2 ~ 0.5mm 두께의 판현 또는 띠강의 규소강이 사용된다.

① Si함유량에 따른 온도

㉮ 0.5 ~ 1.5% : 발전기 또는 전동기 철심

㉯ 1.5 ~ 2.5% : 발전기의 발전자, 유도 전동기의 회전자

㉱ 2.5 ~ 3.5% : 유도 전동기의 고정자용 철심, 변압기 및 발전기의 철심

㉲ 3.5 ~ 4.5% : 변압기의 철심, 전화기

7 불변강(invariable steel)

주위의 온도에 의해서 선팽창 계수나 탄성율 등의 특정한 성질이 변화하지 않는 강을 불변강이라 하며 Fe에 Ni을 첨가하면 자기 변태점이 상온 이하로 됨과 동시에 팽창 계수가 극히 작아진다.

가. 불변강의 종류

① 인바아(Invar)

㉮ Ni을 36% 함유한 Fe－Ni계 합금 (조성 : C 0.2% 이하, Ni 35～36%, Mn 0.4%)

㉯ 상온에서 탄성 계수가 대단히 적고 내식성이 우수하다.

㉰ 200℃ 이하에서의 선팽창 계수가 현저하게 작고, 20℃에서 1.2×10^{-6} 정도로 탄소강의 $\frac{1}{10}$ 정도의 특성을 가지고 있다.

㉱ 용도 : 줄자, 표준자, 시계 태엽, 바이메탈 등

※ 바이메탈(Bimetal) : 열팽창 계수가 다른 두 종류의 금속편을 첨부하여 온도 조절이나 접점 개폐를 행하는 것으로 온도가 올라가면 팽창 계수가 높은 금속 쪽이 많이 늘어나서 낮은 쪽의 금속 쪽으로 굽어지는 성질을 이용한다.

㉠ 100℃ 이하에서 사용하는 것 : 황동－니켈강

㉡ 150℃ 이하에서 사용하는 것 : 황동－인바아

㉢ 250℃ 이하에서 사용하는 것 : 모넬메탈－니켈강

㉣ 400℃ 부근에서는 함유량이 다른 니켈강을 상호 조합하여 만든다.

② 슈퍼 인바아(Super Invar)

㉮ Fe(50～70%)－Ni(30.5～42.5%)－Co(4.0～6.0%)계 합금이다.

㉯ Invar보다 열팽창 계수가 적다.

㉰ 20℃에서의 선팽창 계수가 0.1×10^{-6} 정도로 인바아의 $\frac{1}{12}$ 밖에 안되는 특성이 있다.

㉱ 용도 : 정밀 기계 부품 재료

③ 엘린바아(Elinvar)

㉮ Fe(52%)－Ni(36%)－Cr(12%)계 합금이다.

㉯ 상온에서 실용상 탄성 계수가 거의 변하지 않는다.

㉰ 20℃에서 온도 계수가 1.2×10^{-6}, 열팽창 계수가 8×10^{-6} 정도이다.

㉱ 온도 변화에 따른 탄성율의 변화가 거의 없다.

㉲ 용도 : 고급 시계 및 정밀 저울의 spring, 정밀 계기 재료, 지진계, 표준 소리굽쇠

④ 플라티나이트(Platinite)

㉮ Ni 42～46%의 Fe－Ni계 합금으로 코버트(kovert), 페르니코(fernic) 등이 있다.

㉯ 열팽창 계수($5 \sim 9 \times 10^{-6}$)가 유리나 백금과 거의 같고, 전구의 도입선 등에 사용한다.

⑤ 코엘린바아(Coelinvar)

㉮ Fe－Cr(10～11%)－Co(26～58%)－Ni(0～16.5%)계 합금이다.

㉯ 온도 변화에 대한 탄성률의 변화가 극히 적고 공기 및 수중에서 부식되지 않는다.

㉰ 용도 : 특수용 spring, 태엽, 기상 관측용 기구의 부품 등

주철

주철(鑄鐵 ; cast iron)은 Fe에 2.11 ~ 6.68%의 탄소를 함유한 Fe - C합금으로 강보다 탄소량을 다량 함유함으로 조직 내에 흑연이 발생하여 취성이 크고 강도가 비교적 낮다. 또한 강보다 용융 온도가 낮아 고온에서도 소성 변형이 곤란하나 주조성이 우수하여 복잡한 형상의 주물 제품을, 값싸게 생산할 수 있기 때문에 일반 기계의 재료에 널리 사용되고 있다.

제1절 | 주철의 조직과 성질

주철 중에 함유되는 탄소량은 보통 2.5 ~ 4.5% 정도인데, 주철은 같은 탄소량이라 하더라도 그 때의 성분, 용해 조건, 주입 조건 등에 의해 흑연과 화합 탄소의 비율이 달라지며, 이에 따라 주철의 조직과 성질에 큰 영향을 미친다.

1 주철의 조직

주철 중의 탄소는 용융 상태에서는 균일하게 용융되어 있으나 주철이 응고될 때 급냉하면 Cementite로 정출하며, 서냉할 때에는 흑연으로 정출한다.

실용 주철의 조성 : C(2.5 ~ 4.5%), Si(0.5 ~ 3.0%), Mn(0.5 ~ 15%), P(0.05 ~ 1.0%), S(0.05 ~ 0.15%)

가. 주철의 평형 상태도

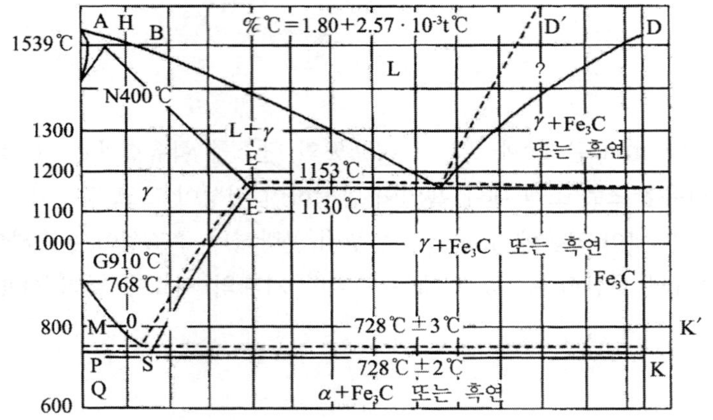

그림 3-48 Fe – C계 복평형 상태도

① Fe – 흑연계(안정계, 점선)와 Fe – Fe_3C(준안정계, 실선)계의 복평형 상태도로 취급된다.

② 탄소 함유량은 2.11 ~ 6.68% 범위가 된다.

③ 안정계(Fe – 흑연계)의 공정 반응 : 1,153℃에서 L ⇄ γ – Fe + 흑연으로 된다.

④ 준안정계(Fe – Fe_3C계)의 공정 반응 : 1.130℃에서 L ⇄ γ – Fe + Fe_3C로 이루어진다.

⑤ 탄소 4.3%를 공정 주철, 그 이하를 아공정 주철, 이상을 과공정 주철이라 한다.

⑥ 흑연이 석출할 때를 안정 평형 상태, Cementite 가 나올 때를 준안정 평형 상태라 한다. 주철 중의 Cementite는 불안정 화합물이므로 $Fe_3C \rightarrow 3Fe + C$로 분해되어 흑연이 석출한다.

⑦ 주철은 Si의 영향을 많이 받으므로 Fe – C – Si계의 3원계 합금 상태를 주로 한다.

⑧ Si함유량의 증가량에 따라 공정 탄소 함유량(C)은 $4.3 - \frac{Si\%}{3.2}$와 같이 산출한다.

⑨ 응고 과정 (process of crystallization)

㉮ 아공정 조직의 주철 용탕을 냉각하면 초정 Austenite가 수지상(樹枝狀)으로 나타나고 이어서 공정 응고가 일어난다.

㉯ 수지상의 2차 arm spacing은 냉각속도가 클수록, 탄소량이 많을수록 작아진다.

㉰ 공정 응고가 안정계 또는 준안정계에 따르는가는 용탕의 화학 조성, 용해 및 냉각조건에 따라 다르다.

㉱ 안정계 응고가 진행됨에 따라서 Austenite – 흑연 2원 공정은 구상으로 성장하며 응고가 끝나서 온도가 강하하면 Austenite에서 흑연 또는 Fe_3C가 석출한다.

㉲ 계속해서 Austenite는 Ferrite – 흑연 공석 변태와 Pearlite 변태를 일으킨다.

㉥ Austenite에서 석출한 Fe_3C 및 Pearlite중의 Fe_3C는 냉각중에 흑연으로 분해하는 경향이 있다.

㉦ 공정 응고에서 안정계 공정으로 회주철을 얻기 위한 조건

㉠ 안정계와 준안정계의 공정 온도의 차이를 넓히고, 흑연핵 생성을 용이 하게 한다.

㉡ 공정 응고에서 안정계 공정으로 회주철을 얻기 위한 조건을 지배하는 요인은 냉각 속도를 늦게 또는 접종을 한다.

나. 주철의 조직

① 주철의 기본 조직

㉮ 기본 조직 : Ferrite, Pearlite, Cementite이다.

㉯ Pearlite : 강도를 뒷받침한다.(인장 강도 : 84 ~ 90kg_f/mm^2, 경도 : HB200)

㉰ Cementite : 절삭성 저하(Si 함유량이 많으면 적어진다.)

㉱ 주철 조직을 크게 지배하는 상(相)은 Fe주체의 고용체와 흑연 및 Cementite이다.

② 흑연(黑鉛)

㉮ 주철 중의 흑연은 즉시 분리되는 것(편상, flake)과 Cementite로 정출한 후에 이것이 분해하여 생긴 것(괴상, lump)이 있다.

㉯ 용탕 처리에 의해 응고와 동시에 구상(spheroidal)을 정출시킬 수도 있다.

㉰ 흑연은 연하고 취성이 있어 인장 강도를 저하 시키고, 흑연의 양, 크기, 모양, 분포상태는 주물의 성질에 영향을 준다.

㉱ 주물의 두께가 두꺼우면 질량 효과에 의해 냉각 속도가 느리므로 흑연은 크고 편상으로 성장하며 바탕은 Pearlite로 된다.

㉲ 흑연을 구상화하면 Fe중에 미세한 알맹이 상태로 존재되어 강인한 조직이 된다.

③ Cementite

㉮ 주철 중에 Cementite가 많으면 절삭성이 저하된다.

㉯ 주철의 상(相) 중에서 가장 단단하며, 경도가 HV 1.100 정도이다.

㉰ C 함유량과 Si 함유량이 적은 것은 Cementite가 많다.

㉱ Si 함유량이 많은 주철을 서냉하면 Cementite는 거의 나타나지 않는다.

㉲ 주물의 두께가 얇으면 급냉되어 Cementite가 많이 석출하여 백선으로 되기 쉽다.

㉥ Cementite의 안정 및 경도 증대 원소 : Cr, V, Mo

④ Ferrite와 Pearlite

㉮ Ferrite는 Fe을 주체로 한 고용체로서 주철에서는 Si의 전부, Mn의 일부 극히 소량의 탄소를 포함하고 있다.

㉯ Pearlite는 단단한 Cementite와 연한 Ferrite가 층상의 혼합으로 되어있다.

㉰ 회주철은 Pearlite 바탕조직과 흑연으로 이루어져 있다.

⑤ 주철 조직 반응의 결정

㉮ Austenite 탄소계 공정 반응

㉠ 탄소의 정출 형태 : 흑연 결정, Fe_3C결정

㉡ 흑연의 존재 형태 : 흑연모양, 분포상태, 크기

㉯ 응고 반응 : 정출 기지 조직

㉰ Austenite 변태 반응 : Austenite 변태 조직으로 표현한다.

다. 마우러 조직도(Maurer's diagram)

주철의 조직을 지배하는 요소인 C와 Si의 함유량 및 냉각 속도에 따른 주철의 조직 관계를 나타내는 조직도를 마우러 조직도라 한다.

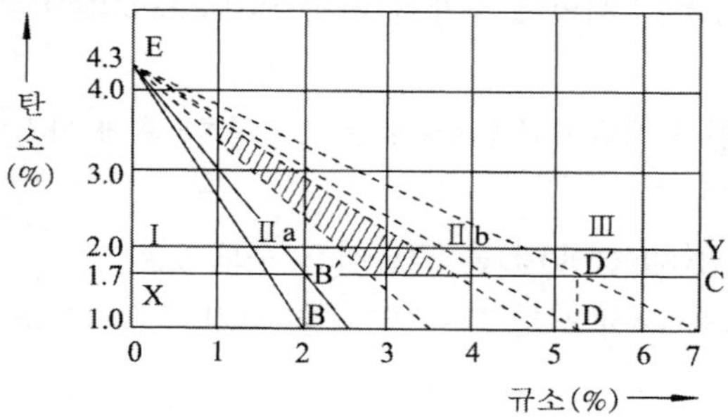

구역	주철의 종류	조 직
I	백주철	Pearlite+Cementite
Ⅱa	반주철	Pearlite+Cementite+흑연
Ⅱ	Pearlite주철	Pearlite+흑연
Ⅱb	회주철	Pearlite+Ferrite+흑연
Ⅲ	Ferrite주철	Ferrite+흑연

그림 3-49 Maurer's 조직도

① 점 A : 공정점(4.3%)

② 점 B : 1.0%C에서 백주철과 회주철의 경계(Si 2.0%)

③ 점 AB : 백주철과 흑연을 함유하는 주철의 경계선(Pearlite의 유무를 나타내는 경계)

④ 점 C : 1.0%와 7.0% Si에 해당하는 점

⑤ 선 AC : Pearlite를 함유하는 주철과 Ferrite와 흑연을 함유하는 주철과의 경계선

⑥ 기계 구조용 주물로서 가장 우수한 성질을 갖는 주철 : Pearlite 주철
(Pearlite 주철(고급주철)에서 가장 우수한 성질을 나타내는 C와 Si 함유량 C 2.7～3.2%와 Si 1.0～1.8%의 범위에서 가장 우수한 성질을 갖는다.)

⑦ 주철의 조직 및 성질에 가장 중요한 영향을 미치는 원소 : C, Si
(Si는 흑연의 정출 및 석출에 큰 영향을 미친다.)

라. 흑연의 모양과 분포

① 흑연 모양의 종류 : 공정상, 편상, 괴상, 장미상, 국화상, 구상 등이 있다.
② 기본형 : 편상, 괴상, 구상의 3종이 있다.
③ 편상 흑연 : Si량이 많고 서냉시 생기며 비금속성이다.
④ 장미상 흑연 : Si량이 적당하고 탄소의 함유량이 많을 때 나타나며 편상 흑연과 공정상 흑연의 집합체이다.
⑤ 괴상 흑연 : 냉각 속도가 극히 느릴 때, 큰 주물에서 나타난다.
⑥ 공정상 흑연 : 작은 괴상 또는 편상 흑연의 집합체이며, 과냉에 의해 발생한다. 탄소 함유량이 적고 고온 용해일수록 탄소가 전부 미세한 공정 흑연과 Austenite로 되므로 기계적 성질이 저하된다.
⑦ 국화상(문어상) 흑연 : 가장 좋은 흑연상이다.
⑧ 흑연의 분포 상태 (미국 재료 시험 협회[ASTM]의 규정)

그림 3-50 흑연의 형상과 분포

㉮ A형
  ㉠ C형보다 냉각 속도가 빨라 흑연이 가늘고 짧으며 굽은 조직으로 된다.
  ㉡ 균일 분포의 편상 흑연 조직으로 아공정 주철(3.0%C 이하의 주철)에 잘 나타난다.
  ㉢ 조직은 흑연의 주위에 Ferrite가 존재할 때와 바탕 기지 전체가 Pearlite로 되어 있을때가 있다.
  ㉣ 냉각 속도가 빨라지면 흑연이 잘게 구부려 A형이 되며 기계적 성질이 우수하다.

㉯ B형
  ㉠ D형으로 되는 주철을 서냉시켰을 때 또는 탄소량이 많을 때 생기는 조직이다.
  ㉡ 중심부는 공정 흑연이고 그 둘레에는 A형과 같은 편상 흑연이 있다.
  ㉢ 아공정 주철에서 나타나며 장미상 흑연이다.
  ㉣ 기계적 조직이 좋지 않다. (고강도의 것에는 부적당하다)
  ㉤ 과냉 경향이 강한 것의 냉각을 늦추거나 탄소량이 많을 때는 B형이 나타나기 쉽다.

㉰ C형

㉠ 탄소 및 Si가 많은 과공정 주철에서 나타나며, 조대한 초정 흑연(kish graphite)이 혼합한 소편상(小片狀) 흑연이다.

㉡ 냉각 속도가 매우 늦은 때에 나타나고, 두꺼운 주물에 생기기 쉽다.

㉢ C, Si가 많을 때 이 조직이 되기 쉽고, 편상 흑연이 발달한 상태로 기계적 성질이 나쁘다.(인장 강도가 낮고 절삭성이 나쁘다.)

㉱ D형

㉠ 공정상 흑연이 나타나며, 급냉한 고Si의 주철에서 잘 나타나는 조직이다.

㉡ 미세한 공정 흑연이며, Ferrite 생성이 용이하다.

㉢ 공정의 과냉으로 생기는 것이며 과냉 경향이 강한 것은 냉각이 좀 늦어도 나타난다. 공정 흑연은 과냉에 의해서 발생하므로 과냉의 영향이 강한 주철에서는 이 조직이 되기 쉬우며, 인장 강도는 크지만 내마멸성이 나쁘다.

㉲ E형

㉠ A형보다 냉각 속도가 더욱 느릴 때 나타나는 조직이다.

㉡ 탄소량이 적은 이공정 주철, 방향성이 약간 있는 수지상정간에 석출한 소편상 흑연으로 인장 강도는 크나 굴곡성이 부족하고 내마모성이 작다.

⑨ 주철의 냉각 속도의 변화에 따른 흑연 상태

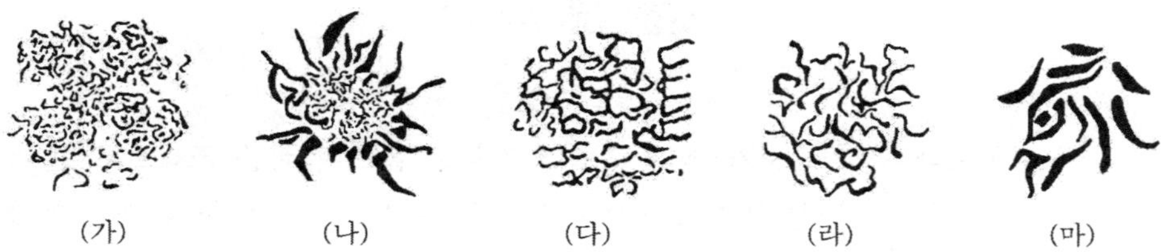

그림 3-51 주철의 냉각 속도 변화에 따른 흑연의 상태

㉮ 그림 (가)는 초정 수지상 결정과 흑연이다.
두께가 얇고 급냉시 나타나며 주위는 Ferrite화 및 Pearlite화가 적어 재질이 약하다.

㉯ 그림 (나)는 최초 공정 흑연과 주위의 편상 흑연이다.
처음은 급냉하고 응고 말기에 서냉한다.

㉰ 그림 (다)는 비교적 급냉(균일하게 냉각)된 조직이다.
초정은 수지상이고, 바탕은 Pearlite이다.

㉱ 그림 (라)는 그림 (다) 보다 서냉시 만곡(彎曲)된 흑연이 균일하게 분포된 조직이다.
국화화상 조직으로 바탕은 Pearlite이며 가장 강하다.

㉲ 그림 (마)는 서냉시 대형 주물에 나타난 조직이다.

2 주철의 성질

가. 주철의 물리적 성질

① 물리적 성질은 화학 조성과 조직 또는 흑연의 분포 상태 및 형상에 따라 다르다.

② 비중은 흑연이 많을수록(C와 Si 함유량이 많을수록) 작아진다.

㉮ Ferrite, Pearlite, Cementite, 흑연, P공정 등의 양적 비율에 따라 다르며, 흑연의 영향이 크고, 인장 강도와 경도가 높을수록 크며, 동일 성분이라도 살 두께, 냉각 속도에 따라 다르다.

[인장 강도와 비중(살두께 19.25 ~ 27.6mm 이하, 직경 40.6mm)과의 관계]

인장 강도(kg_f/nm^2)	15.7	18.9	22.0	26.8 ~ 34.6	40.9	백선
비 중	6.8 ~ 7.0	7.0 ~ 7.2	7.2 ~ 7.3	7.3 ~ 7.4	7.4 ~ 7.6	7.58 ~ 7.73

㉯ Pearlite 주철은 전풀림하면 Fearlite화에 의해 흑연이 증가하므로 0.1 ~ 0.2정도 비중이 감소한다.

㉰ 회주철의 조직 구성 요소의 밀도

조직	Ferrite	Pearlit	Cementite	흑연	Steadite	Austenite	Martensite
밀도(g/cm^3)	7.86	7.78	7.66	2.25	7.32	7.84	7.63

③ 용융점은 인(P)의 함유량이 많을수록 응고 온도는 저온 쪽으로 처지며, 흑연이 많을수록(C와 Si함유량이 많을수록) 용융점은 낮아진다.

④ 전기 저항

㉮ 전기 전도도는 흑연량이 많을수록 저하된다. (Si, Mn, P, Ni, Cu, Al은 열전도도 저하)

㉯ Si, Ni량이 증가하면 전기 비저항이 높아진다.

㉰ Si 함유량이 증가하면 silico − ferrite가 순 Ferrite보다 저항이 크므로 주철의 비저항을 높인다.(C, Si 함량이 높고, 강도가 낮을수록 비저항은 커진다)

㉱ 조대한 편상 흑연의 조직의 비저항이 가장 크고 미세해짐에 따라 감소한다.

⑤ 비열은 용융점까지는 온도 상승과 함께 증가하나 용융 후에는 무관하다.

⑥ 흑연편이 클수록 가지 감응도가 나빠지며, 투자율을 크게 하기 위해서는 화합 탄소를 적게하고 유리 탄소(free carbon)를 균일하게 분포시킨다.

⑦ 주철을 600℃ 이상의 온도에서 가열 및 냉각을 반복하면 부피가 증가하여 파열된다.

⑧ 열전도도

㉮ 흑연이 최대이고, 다음이 Ferrite이므로 흑연량이 많은 Ferrite 기지의 것이 크다.

㉯ Si는 열전도율을 감소시키며, 일반적으로 온도 상승에 따라 감소된다.

㉰ 흑연 형상의 영향은 적으나 다른 조건이 같을 때 편상이 다른 형상보다 크다.

⑨ 일반적으로 비중은 7.0 ~ 7.3, 용융점은 1,145 ~ 1,350℃, 전기도도는 0.5 ~ 2.0m/Ω mm^2, 열팽창계수는 0.00001 ~ 0.000011이며 수축율은 0.5 ~ 1.0%정도이다.

성질 \ 종류	회주철	백주철
색깔	흑회색	은백색
비중	7.03 ~ 7.13	7.58 ~ 7.73
용융 응고 범위(℃)	1.150 ~ 1.350	1.150 ~ 1.350
용해 숨은열(cal/kg_f)	32 ~ 34	23
열팽창 계수(20 ~ 100℃)	8.4×10^{-b}	–
열전도율(%)	0.045 ~ 0.080	0.120 ~ 0.130
전기 비저항(Ω · cm)	74.6×10^{-b}	98.0×10^{-b}
변태점 및 강자성 소멸점	A_0 : 215℃	A_1 : 725℃

나. 주철의 기계적 성질

① 경도 (硬度)

㉮ C + Si량이 많을수록 경도는 작아지고, P(S, Mn)이 많을수록 경도는 증가한다.

※ C, Si는 경도를 낮추고, P, Mn, S은 경도를 높인다.

㉯ Ferrite가 많은 것은 HB 80 ~ 120, Pearite주철은 HB 70 ~ 220, 합금 주철은 HB 250 ~ 300, 백주철은 HB 420 정도이다.

※ 인장강도(σ_t)와 경도(HB)와의 관계 : HB = 100 + 4.3 + σ_t로 표시한다.

㉰ 경도를 뒷받침 하는 조직 : Cementite(Fe_3C가 많을수록 증가한다)

㉱ 각종 주철의 경도

종류	Ferrlte주철	Pearlite주철	합금 주철	백주철
경도(HB)	160 ~ 180	70 ~ 220	230 ~ 250	420

② 인장 강도

㉮ 회주철의 인장 강도 범위는 10 ~ 40kg_f/mm^2, 구상 흑연 등은 50 ~ 70kg_f/mm^2가 된다.

㉯ 주철의 인장 강도는 탄소와 규소의 함유량, 냉각 속도, 용해 조건, 용탕 처리 등에 의존하며 흑연의 향상, 분포 상태 등에 좌우된다.

㉰ 얇은 주물을 제외하면 탄소 포화도(S_c)값은 0.8 ~ 0.9 정도의 것이 가장 큰 인장 강도를 가진다.(보통 주철의 S_c=0.90 ~ 1.00,고급 주철의 S_c=0.83 이하)

※ 인장강도(σ_t)와 탄소포화도(S_c)와의 관계식

- $\sigma_t = d - e \cdot S_c$식에 대한 평균적 관계로서 $\sigma_t(kg_f/mm^2) = 102 - 32.5 \times S_c$가 많이 사용된다.
- 탄소 포화도가 증가하면 흑연이 많이 발생하여 강도가 저하된다.

㉱ 인장 강도는 약 400℃ 이상이 되면 급속히 저하한다.

③ 압축 강도

㉮ 주철은 압축 강도가 크고, 인장 강도의 3 ~ 4배 정도 크며, 강도가 낮은 것에는 이 비(比)는 크고, $\sigma_t = \left(\frac{\sigma_{CB}}{8.86}\right)^{1.43}$ 으로 표시한다.

• σ_t : 인장강도 • σ_{CB} : 압축강도

보통 주철의 강도는 인장 강도의 4배 정도이고 고급 주철일수록 배율이 작아진다.

㉯ 주철의 압축 강도 : 56 ~ 110kg_f/mm^2정도이다.

㉰ 탄소 포화도가 낮고 강도가 클수록 하중과 힘이 증가한다.

㉱ 굽힘 강도는 인장 강도의 1.5 ~ 2.0배 정도가 된다.(굽힘강도(σ_{CB}) = $\frac{8Pl}{\pi d^3}$)

㉲ 지름 30mm봉의 인장강도(σ_t)와 사이에 굽힘 강도(σ_{CB}) : 1.2(σ_t+14)

• d : 시험봉 지름(mm) • l : 지점 거리(mm) • P : 파단 하중(kg_f)

㉳ 굽힘 강도와 탄소 포화도(S_c)와의 관계 : $\sigma_{CB} = 139.3 - 99 \cdot S_c$

④ 연신율

연신율은 1.0% 이하이며, 연신율은 약 400℃ 이상에서 증가하기 시작하여 800℃에서 최대가 된다.

⑤ 충격값

㉮ 주철은 취성에 약하여 깨어지기 쉽다.(고급 주철은 어느 정도 충격에 견딜 수 있다.)

㉯ 저탄소, 저규소로 흑연량이 적고 유리 Cementite가 없는 주철은 다른 주철에 비하여 충격값(0.3 ~ 0.6m · kg_f/mm^2)이 크다.

㉰ 고탄소, 고규소이고 조대한 흑연편을 함유하는 주철은 충격값이 작다.

㉱ Cu와 Si함유량이 증가하면 흑연이 많아져서 충격값은 저하한다.

㉲ Ferrite 조직의 주철이 Pearlite 조직의 주철보다 충격치가 높다.

⑦ 내마멸성

㉮ 주철은 자체의 흑연이 윤활제 역할을 하고 흑연 자체가 기름을 흡수하므로 내마멸성이 커진다.

㉯ Pearlite 부분이 많을수록 내마멸성이 있으며, HB 200 전후의 주철은 마멸에 잘 견딘다.

㉰ 내마멸성을 증가시키기 위해서는 0.7% Cr 이하를 첨가하며 또는 높은 경도가 요구되는 부품에서는 백주철 또는 칠드 주철이 사용된다.

㉱ Si는 Ferrite를 생성하기 쉬우므로 내마멸성이 나쁘다.

㉲ Mn은 기지경도를 높이고 P은 Steadite를 생성하여 내마모성을 좋게 한다.

⑦ 기타 성질

㉮ 피로 한도 : 인장강도의 약30 ~ 50%(5 ~ 20kg_f/mm^2)이다.

흑연량이 적고 강도가 높을수록 높아지며 내구비$\left(\dfrac{\text{피로 한도}}{\text{인장강도}}\right)$는 0.3 ~ 0.6정도이다.

㉯ 탄성한도 : 7.000 ~ 1.100kg_f/mm^2 정도이다.

㉰ 응력제거 : 500 ~ 600℃로 6 ~ 10시간 동안 저온 풀림 또는 자연 시효한다.

다. 주철의 화학적 성질

① 내식성 주철은 염산, 질산 등의 산에는 약하지만 알칼리에는 강하다.

② 물과 토양에 대한 내식성이 좋다.(물의 마찰 저항이 심한 곳에는 쉽게 침식된다.)

③ 금속염(金屬鹽)이나 산을 함유한 광산 폐수, 공장 폐수 등에는 내식성이 나쁘다.

④ 흑연이 조대한 편이 묽은 산에서의 내식성이 좋다.

⑤ Cu 0.4 ~ 1.0% 정도 첨가하면 해수, 항내수(抗內水), 대기 중의 부식량이 $\frac{1}{4}$로 감소한다.

⑥ Ni나 Cr은 내식성을 향상시킨 원소이다.

라. 주철의 가열에 의한 변화

인장 강도, 경도, 탄성 계수, 내열성은 400℃ 이상에서 급격히 낮아지고, 연신율은 증가하기 시작한다.

① 주철의 조직 중의 Fe_3C는 가열시에 Fe와 C(흑연)로 분해된다.
그 정도는 성분, 온도, 시간에 따라 다르며 흑연화 촉진 원소(Si, Al, Ni 등)가 많을 때는 더욱 잘 분해된다.

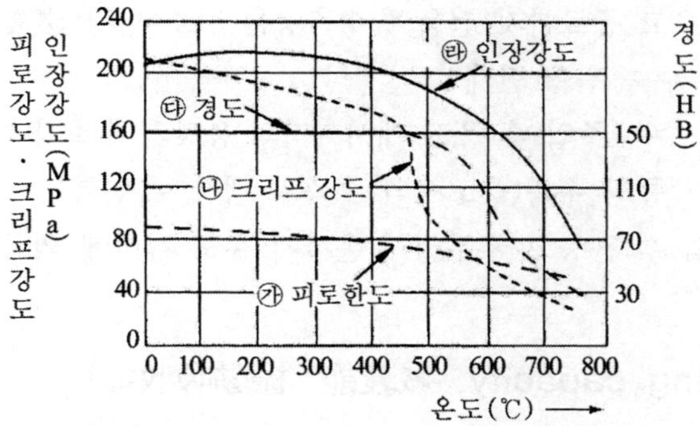

그림 3-52 보통 주철의 고온에서의 기계적 성질

마. 주조성(castibility)

① 주조 작업의 난이도를 나타내는 금속의 성능으로 유동성, 점성, 수축 등이 포함된다.

② 주조성을 좌우하는 인자

㉮ 용해도 난이(용점, 열량, 액화 산화도)및 편석, 기포, 가스의 유무

㉯ 유동성 $= \dfrac{\text{주입 온도} - \text{응고 온도}}{\text{응고 온도} - \text{주형 온도}}$

③ 유동성(liquidity)

㉮ 화학 성분이 일정할 때는 용해와 주입 온도가 높을수록 유동성이 좋다.

㉯ 일정한 주형에 일정한 조건으로 용탕을 부어 이것이 응고할 때까지 길이로 측정하여 유동성을 나타낸다.

㉰ 주철은 C, Si, Mn, P 등의 함유량이 많을수록 유동성은 향상되고 S는 해친다. P은 좋은 효과를 주고, S은 0.2% 정도로 불량하며 0.8% 이상이면 주조가 불가능하다.

④ 용융점

㉮ 회주철이 백주철보다 약간 높고, 주철을 $1kg_f$을 녹이는데 $250kg_f/cal$의 열량이 필요하다.

㉯ 금형(金型)이 사형(沙型)보다 용융점(또는 주입 온도)이 낮으며 MnS는 용해시키기 쉽고 Si는 어렵다.

⑤ 수축(shrinkage)

㉮ 냉각 응고시 부피의 변화가 나타나며, 응고 후에도 온도의 강하에 따라 수축된다.

㉯ 수축에 의해서 내부 응력이 생기고 균열과 수축 구멍 등의 결함이 생긴다.

㉰ Si가 증가하면 수축은 완화하고, 더욱 증가하면 팽창한다.

㉱ 급냉시에는 서냉시보다 수축이 크고, 수축 응력이 생기며 주물에 균열 및 치수 변화가 생긴다(융체 수축량은 100℃에 대하여 1.0%이다.)

㉤ 액상선에서 응고 종료까지 전응고 수축량은 탄소 당량(炭素 當量)이 클수록 적다.

㉥ 주철의 응고 수축 진행 단계

㉠ 용융체의 수축(주입 후 응고 개시까지의 용탕의 수축과 다음 응고에 의한 수축)

㉡ 응고 구간 중의 수축(응고시의 수축과 팽창, 흑연화)

㉢ 응고 후의 수축(응고 후부터 상온까지 온도 강하에 의한 수축)

바. 감쇠성(damping capacity, 減衰能, 振動吸收能)

물체가 진동을 흡수하여 점차 작아지게 하는 능력의 진동을 감쇠능이라 한다.

① 회주철은 편상 흑연이 있어 진동을 잘 흡수하므로 진동을 받는 방직기의 부품이나 기어, 기어 박스 및 기계 몸체 등에 재료에 사용한다.

② 회주철은 감쇠능이 구상 흑연 주철의 3 ~ 10배, 저탄소강의 6 ~ 20배이고, 탄소 당량이 증가하면 커진다.

③ 흑연과 기지 조직이 미세하면 감소하고 풀림 Ferrite 기지 또는 담금질 경화 조직에서는 주방(鑄防)조직보다 감쇠능이 높다.

사. 피삭성

① 흑연 조직, 기지 조직, 경도 및 표면 결함 등에 영향을 받는다.
흑연은 피삭성을 좋게 하므로 다른 철강 재료에 비하여 우수하다.

② 일정한 절삭 조건에서의 기지 조직에 따른 절삭 속도는 Ferrite기지가 가장 좋다.

③ 절삭 완성면의 평활도는 흑연이 조개할수록 또 기지에 Ferrite가 많을수록 거칠어지나 피삭성은 좋아진다.

아. 주철의 성장(growth of cast Iron)

주철을 A_1 변태점(약 900℃) 상하의 고온으로 가열시켜 냉각하는 조작을 반복하면 점차 체적이 커지며, 변형되고 균열 발생 및 수명이 단축되는 현상을 말한다.

① Cementite의 흑연화(graphitizing)
주철 조직에 함유한 Fe_3C의 고온에서 불안정한 상태로 존재하며 이것은 450 ~ 600℃에서 Fe과 흑연으로 분해하기 시작하여 750 ~ 800℃에서 $Fe_3C \rightarrow 3Fe + C$로 완전히 분해된다. 이것은 Cementite의 흑연화라 한다.

㉮ 흑연화 촉진 원소

㉠ (강) → Si, Al, Ti 미량의 B

ⓛ (중) → Ni, Ca, B(0.1% 이하)

ⓒ (약) → Sb, Co, P, W, Zr, Cu, U

㉯ 흑연화 방해 원소

㉠ (강) → V, S(S 존재하의 Ce, La, Se), Cr, Sn, Zn, As

㉡ (중) → Mo, W, Mn, Bi

㉢ (약) → B, V, Cr, S 존재하의 Ce 및 La, Se

② 주철의 성장 원인

㉮ 불균일 가열에 의한 팽창과 Pearlite 중의 Cemente의 흑연화에 의한 팽창

㉯ A_1점에서 체적 변화가 일어날 때 미세한 균열이 형성되어 생기는 팽창

㉰ 흡수된 가스에 의한 팽창과 고용원소인 Si가 용적이 큰 산화물을 만들 때의 팽창 (Si와 흑연은 주철의 성장을 촉진시키고, P, Mn은 감소시킨다.)

㉱ 흑연과 Ferrite 기지의 열팽창 계수의 차이에 의거 그 경계에 생기는 틈새

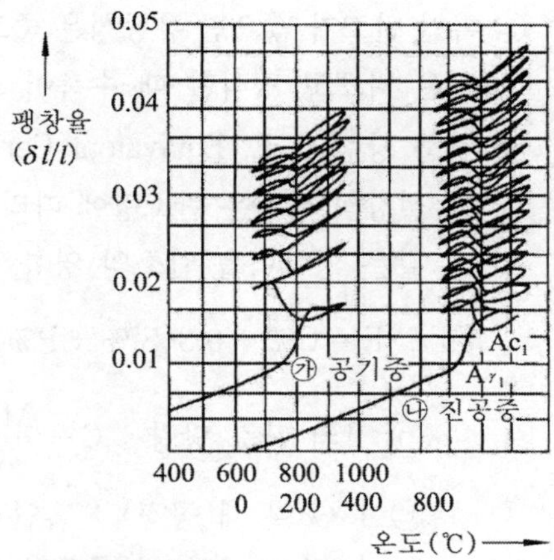

그림 3-53 주철의 고온 팽창

③ 주철의 성장 방지책

㉮ 흑연 미세화로 조직을 치밀하게 한다.

㉯ 산화하기 쉬운 Si 대신에 내산화성인 Ni로 치환한다.

㉰ 탄화물 안정 원소(Cr, v, W, Mo 등)를 첨가하여 Fe_3C의 흑연화를 방지한다.

㉱ 편상 흑연을 구상 흑연으로 하고, C 및 Si 함유량을 적게 한다.

3 주철의 화학 성분의 영향

가. 탄소(C)의 영향

주철 중에 함유된 탄소 함유량은 보통 2.5～4.5% 정도이며, 그 일부는 유리 탄소(Free carbon) 또는 흑연(graphite)으로 존재하고 나머지는 화합 상태로 Pearlite 또는 Fe_3C로 존재하는 화합탄소(combined carbon)로 되어 있다.

① 유리 탄소는 Si 함유량이 많고, 냉각 속도가 느릴 때 나타나며, 화합탄소는 Mn이 많고 냉각 속도가 빠를 때 나타난다.

② 주철에 함유하는 탄소량은 두 가지의 탄소를 합한 탄소의 전량(전탄소)로 나타낸다.

㉮ 전탄소(total carbon)=흑연+화합 탄소

㉯ 주철 주물의 경우 3.8%C이다.(보통 주철에서는 화합 탄소가 0.5～0.7% 정도 함유한다.)

③ 탄소 존재 상태 : 냉각 속도, 화학 성분에 의해 결정된다.
(냉각 속도가 느릴 때나 Mn량이 적을수록, Si량이 많을수록 흑연량이 많아진다.)

④ 흑연량이 많을수록 무르고 강도는 낮으나 그 분포 상태 및 형상이 미세할수록 강도는 증가한다.

⑤ 흑연 탄소가 많으면 유동성은 좋고 냉각할 때 수축이 작으며 화합 탄소가 많을수록 유동성은 나쁘고 냉각할 때 수축이 크며, Fe_3C는 1,000℃ 이하에서 불안정하다.

⑥ 탄소 당량(C·E, Equivalent Carbon, 炭素 當量)

㉮ 철강의 성질은 탄소량에 따라 크게 변화되지만 Mn, Si 등의 영향도 다소 받는다. 이 같은 영향력을 탄소의 영향력으로 환산하는 것을 탄소 당량이라 한다.

㉯ $C \cdot E = C\% + 0.3(Si\% + P\%)$ 또는 $C\% + \frac{1}{3}Si\%$ 또 $\frac{1}{3}(Si\%+P\%)$

㉠ 강의 탄소 당량 : $C + \frac{Mn}{3} + \frac{Cr}{3}$, 주철의 탄소 당량 : $C + \frac{Si}{3}$

㉡ 4.3%일 때(공정) : 흑연과 Austenite가 동시에 정출한다.

㉢ 4.3% 이상일 때(과공정) : 초정 흑연이 정출한다.

㉣ 4.3% 이하일 때(아공정) : 초정 Austenite가 정출하고 흑연이 감소한다.

③ 탄소 포화도(SC, Carbon Saturation, 공정도)

㉮ 주철의 공정과 비슷한 것을 말하며 주철의 탄소량과 그 공정 탄소량의 비이다.

㉯ C와 Si와 P의 함유량에서 수정된 공정 성분값과의 비를 탄소 포화도라 한다.

㉰ $\text{탄소포화도} = \dfrac{\text{전체 탄소량}}{4.3 - \frac{Si}{3.2}} = \dfrac{\text{전체 탄소량}}{4.3 - \frac{Si}{3.2} - 0.275P}$

(SC = 1인 경우 : 공정, SC < 1인 경우 : 아공정, SC>1인 경우 : 과공정이다.)

㉱ 제3원소(SI, P)가 첨가되었을 때 : $SC = \dfrac{C\%}{4.26 - \frac{(Si+P)}{3.2}(\%)}$

㉲ 제3원소(Si, P)가 없을 경우 : $SC = \dfrac{C\%}{4.26}$ (4.26 : 공정 탄소 농도)

④ 탄소의 용해도를 증가시키는 원소
탄화물 형성 원소인 Mn, Cr, Mo, W, Ta, V, Nb 등이다.

⑤ 탄소의 용해도를 감소시키는 원소
탄화물 형성 경향이 작은 P, Si, Cu, Ni, Co, Zr, P, S 등이다.

나. 규소(Si)의 영향

Fe과 고용체를 만들고 흑연 생성을 촉진하며 주철의 질을 연하게 하고, 냉각시 수축이 감소되어 주조가 쉽다.(강력한 흑연화 촉진제)

① 주철 중의 화합 탄소를 분리하여 흑연을 유지시킨 성질이 있다.
② Si나 P이 함유한 주철의 공정점은 저탄소 쪽으로 이동한다.
③ Si와 Ni은 주철 바탕의 Pearlite중에 고용되므로 양이 증가함에 따라 전기 비저항이 낮아진다.
④ 주조성, 경도, 강도가 증가하며 연성, 전성 및 수축률이 감소되고 흑연의 발생 성장이 촉진된다.(Si의 첨가는 C의 함유량을 증가시키는 효과를 얻는다.)
⑤ 주물의 두께와 Si 함유량

두께 (mm)	<10	10 ~ 20	20 ~ 30	30 ~ 40	40 ~ 90
Si량(%)	2.3 ~ 2.5	1.9 ~ 2.3	1.9 ~ 2.1	1.7 ~ 1.9	1.5 ~ 1.7

⑥ 냉각 속도가 빠르거나 Si량이 많을 때는 ledeburite가 정출하지 않거나 흑연화해서 공정상 흑연의 회주철화한다.
⑦ Si의 증가에 따라 공정, 공석 온도는 상승하고, Aistenite에 대한 탄소 용해도는 감소한다.

다. 망간(Mn)의 영향

Mn과 Fe은 완전히 고용하며 Mn은 보통 주철 중에 0.4 ~ 1.0% 정도 함유하며 흑연화를 방해하여 백주철화를 촉진시킨다.

① 보통 주철의 성분 에서는 Mn3C로서 Cementite중에 고용되므로 Mn%의 증가와 함께 고상에 있어서 탄소의 용해도를 감소시켜 화합 탄소량을 증가시킨다.
② Mn은 S과 친화력이 크므로 FeS+Mn → MnS+Fe로 되어 S의 해를 억제한다.
③ 탈황제로 사용하며 용선 중의 산소와 화합하여 탈산 작용을 한다.
④ Mn 1.0% 이상 첨가하면 주철의 질과 경도 증가로 절삭성을 해치고 수축률이 크다.
⑤ Mn의 증가로 Pearlite는 미세화하고 Ferrite의 석출을 억제시킨다.
⑥ Cementite의 안정화 및 강도, 경도, 수축률을 증가시킨다.

라. 인(P)의 영향

P은 일부분이 Ferrite 중에 고용되나 대개 스테다이트(steadite, Ferrite + Fe_3C + Fe_3P의 공정)로 존재하며 공정 온도는 980℃이다.

① 스테다이트 중의 Cementite는 분해되기 어렵고 단단하며 취약하다.
② 스테다이트가 함유된 주철은 내마모성이 강하나 다량(多量)일 때는 취약하다.
③ 얇은 두께의 주물, 깨끗한 면을 필요로 하는 주물 등에는 인(P)을 많이 첨가한다.
④ 용융점을 낮게 하고, 유동성을 좋게 하며 수축률을 감소시킨다.
⑤ 인(P)을 4.8%함유한 주철의 HB는 418정도이다.
⑥ 백주철의 촉진 원소로서 1.0% 이상 포함되면 레데뷰라이트 중에 조대한 침상, 판상의 Cementite를 생성시킨다.

마. 유황(S)의 영향

① FeS로 되어 주로 결정립계에 미립자로 균일하게 분포한다.
② 유동성을 해치고, 주조시 수축을 크게 하며, 기공, 주조 응력, 균열을 일으킨다.
③ 흑연 생성을 방해하고 고온 취성의 원인이 되며 백선화 촉진 원소로 Fe_3C를 안정화시키며, 주조 작업이 곤란하고, 정밀 주조 제조가 어렵게 한다.

바. 산소(O)의 영향

S의 영향과 비슷하며, 편상 흑연 내의 산소 양보다 증가하면 장미상 흑연, 공정상 흑연, 역칠 현상(intermal chill)또는 산화된 백주철을 생성한다.

사. Cu, Co, Ni, Al, Mn, Cr, W, V, Mo, H, N의 영향

① Cu, Co, Ni, Al 등은 1.0% 이하의 소량일 때는 흑연화를 촉진시키며 흑연 조직을 좋게 한다.(Al은 탈산, 탈질 작용을 한다.)
② Mn, Cr, W, V, Mo 등은 백선화 촉진 원소들이다.(Cr은 3.0% 이하가 좋다)
③ H : 흑연의 편상 입자를 조대화 시킨다.
④ N : 흑연의 편상 입자를 조대화하며, 칠을 증가시키고, Cementite를 안정화한다.

4 주철의 장·단점

가. 주철의 장점

① 용융점이 낮고 유동성이 좋으며, 절삭성이 우수하고 가격이 저렴하다.
② 마찰 저항이 좋고, 압축 강도(인장 강도의 3～4배 정도)가 크다.

나. 주철의 단점

① 충격값이 작고, 메짐이 크며, 소성 변형이 어렵다.
② 가공이 안되고 단련, 담금질 및 뜨임이 불가능하다.

5 주철의 열처리

주철의 열처리는 인장 강도, 내마모성, 내식성, 피로 강도, 치수 안정성 및 피삭성의 향상을 목적으로 실시한다.

가. 응력 제거 풀림(stress – relief annealing)

① 정밀을 요하는 주물에서 실시하며 A_1 변태점 이하의 온도에서 가열한다.
② 주철에서는 Pearlite의 분해를 일으키지 않고 응력을 제거하기 위해서는 520～570℃가 적당하다.(550℃ 부근에서 80% 이상의 응력이 제거된다.)
③ 풀림 온도에서의 유지 시간은 두께 25mm/hr이고, 풀림 후 100～300℃까지 서냉한다.

나. 연화 풀림(softening)

① 저온 풀림
　㉮ 주방(鑄防) 상태에서 유리 탄화물(Fe_3C)이 없는 회주철의 경도를 낮추고 각부의 경도를 균일하게 하며, 피삭성을 향상시킬 목적으로 Pearlite 중의 탄화물을 분해시킬 때 실시하는 풀림 온도는 600～760℃ 부근이 적당하다.
　㉯ 유지 시간 : 두께, 화학 조성, 조직 및 Pearlite 분해 정도에 따라 다르다.(1～3시간)
② 고온 풀림
　㉮ 유리 탄화물이 있어 단단하고 절삭이 곤란할 때 실시한다.
　㉯ 유리 탄화물의 분해는 800～950℃에서 일어나고 유지 시간은 1～3시간이다.
　㉰ 유지 후의 냉각은 주물의 요구 성질에 따라 다르다.
　　㉠ 유리 탄화물만 분해시켜 기지를 Pearlite로 할 때는 풀림 온도에서 공냉한다.
　　㉡ 피삭성을 향상시켜 Ferrite 기지로 할 때는 변태 온도 범위를 서냉하거나 700～760℃에서 1～3시간 유지한다.

다. 노멀라이징(불림, Noremalizing)

경도, 인장 강도를 높일 때는 880 ~ 950℃로 두께 25mm/hr당 유지 후 공냉을 하며, 어느 온도까지 노냉한 다음에 공냉하면 경도를 조절할 수 있다.

라. 담금질 – 뜨임

① 담금질

㉮ 담금질을 위한 가열은 기지를 Austenite화하기 위하여 A_1 변태점보다 약100℃ 높게 하며, 담금질은 일반적으로 유냉(油冷)한다.

㉠ 가열 온도가 너무 높으면 잔류 Austenite가 생기기 쉽고 담금질 균열을 일으키기 쉽다.

㉡ 복잡한 주물을 가열할 때는 500 ~ 600℃로 예열한 다음 담금질 온도까지 가열한다.

㉯ 가열 시간은 두께 20mm/20분 정도로 하며, 담금질 전의 조직은 화합 탄소 0.6 ~ 0.8%의 Pearlite 주철이 좋고, Ferrite가 많은 것은 부적당하다.

② 뜨임

㉮ 담금질 후는 내부 응력을 제거할 목적으로 경도가 저하하지 않는 150 ~ 180℃로 저온 뜨임을 한다.

㉯ 고온 뜨임은 목적에 따라 400 ~ 600℃에서 실시한다.
(인장 강도가 가장 높아지는 온도는 합금 원소량이 많으면 상승하나 보통 400 ~ 500℃다.)

마. Austempering 및 Martempering

① Austempering은 주물의 변형을 적게 하고 균열을 일으키지 않고 강인성을 높일 목적으로 실시한다.

㉮ 800 ~ 900℃에서 Austenite화한 것을 250 ~ 500℃의 항온 염욕에 넣어 유지하면 400℃ 이상에서는 상부 Bainite가 생성되며, 300℃ 이하에서는 하부 Bainite가 생성된다.

㉯ 이 처리로 얻은 조직은 주방 상태보다 경도가 높은데도 인성 및 절삭성이 좋다.

② Martempering은 Austenite화한 온도에서 230 ~ 300℃의 열욕(熱慾)에 담가서 두께가 다른 주물의 온도를 갖게 하고 Bainite 변태가 일어나기 전에 공냉하여 Martensite변태를 일으키게 하는 처리이다.
담금질의 균열, 변형, 잔류응력의 발생이 적으며, 처리후에는 저온 뜨임을 한다.

바. 표면 처리(case hardening)

복잡한 형상의 주철 주물의 전체를 가열 담금질하는 경우가 적고 내마모성, 피로 강도, 내소착성을 향상시키기 위해 고주파 및 화염에 의한 국부 표면 담금질 경화 또는 질화가 실시된다.

6 회주철의 용도 및 회주철이 강에 비교한 특징

(1) 인장 강도에 비해 압축 강도가 높고, 피삭성이 좋고 감쇠능이 크다.

(2) 내마모성이 좋고 열전도도가 높으며, 탄성 계수가 작다.

(3) 자동차 주물, 철도 차량용 주물, 운반·건설 기계용 주물, 농업 기계용 주물

(4) 제철 기계용 주물, 공작 기계용 주물, 제지·인쇄·섬유 기계용 주물

(5) 유체 기계·회전 기계용 주물, 상하수도용 주물, 선박용 주물

제2절 | 주철의 분류

주철은 그 파단면이나 용도에 따라 분류하는 것이 일반적이나 때로는 흑연의 형태, 성분 또는 기지 조직 등에 따라 분류하기도 한다.

1 파단면의 색에 따른 분류

파단면의 색에 따른 분류에는 회주철, 반주철, 백주철 등으로 분류한다.

가. 회주철(灰鑄鐵, grey cast iron)

C, Si 함유량이 많고 Mn분이 적어 C가 흑연 상태로 유리되므로 파단면이 회색으로, 주조성과 절삭성이 좋으므로 주로 주물용으로 공작 기계의 배드, 농기구 등에 사용된다.

나. 반주철(mottled cast iron, 얼룩 주철)

함유 탄소 일부는 유리 흑연으로 존재하고, 일부는 화합 탄소로 존재하는 주철로서, 회주철과 백주철의 중간의 성질을 가지며 강력 주물용으로 사용된다.

다. 백주철(白鑄鐵, white cast iron)

Si 분이 적고 Mn 분이 많아 C가 화합 탄소(Fe_3C)로 존재하므로 파단색이 백색이며, 주철을 급냉시켜도 이 조직이 나타나며, 경도가 높고 취약하므로 경도와 내마모성을 요하는 기계 부품(로올러, 파쇄기, 다이스 등)에 사용한다.

2 탄소 함유량에 따른 분류

탄소 함유량에 따라 아공정 주철, 공정 주철, 과공정 주철로 분류한다.

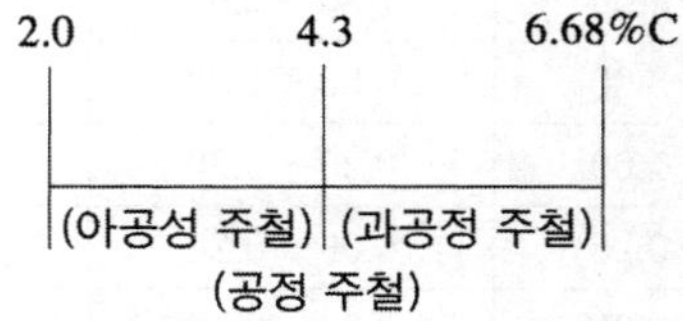

그림 3-54 탄소 함유량에 따른 분류

(1) 아공정 주철 : 탄소 함유량이 2.0 ~ 4.3%인 주철

(2) 공정 주철 : 탄소 함유량이 4.3%인 주철

(3) 과공정 주철 : 탄소 함유량이 4.3 ~ 6.68%인 주철

3 용도에 따른 분류

보통 주철, 합금 주철, 가단 주철, 냉경 주철, 구상 흑연 주철로 분류한다.

(1) 보통 주철(C, Si 분이 높고 Mn이 낮은 주조성, 절삭성이 좋은 주철이다.)

(2) 합금 주철(주철에 특수한 성질을 주기 위하여 특수 원소를 첨가한 주철)

(3) 가단 주철(내충격성, 내열성, 절삭성이 좋고 강도가 높은 주철이다.)

㉮ 백심 가단 주철(백주철을 탈탄하여 강에 가깝게 한 주철)

㉯ 흑심 가단 주철(Fe_3C를 가열 분해하여 흑연을 입상으로 한 주철)

㉰ Pearlite 주철(기지를 Pearlite로 한 주철)

㉱ 특수 가단 주철(특수 원소를 첨가한 주철)

(4) 냉경 주철(표면을 급냉시켜 단단하게 만든 주철)

(5) 구상 흑연 주철(주철 용탕에 Mg, Ca, Si 등을 접종하여 만든 주철)

(6) 각종 주철의 화학 성분

원소(%) \ 종류	회주철	백주철	가단 주철	구상 흑연 주철
C	2.50 ~ 4.00	1.80 ~ 3.60	2.00 ~ 2.60	3.00 ~ 4.00
Si	1.00 ~ 3.00	0.50 ~ 1.90	1.10 ~ 1.60	1.80 ~ 2.80
Mn	0.25 ~ 1.00	0.25 ~ 0.80	0.20 ~ 1.00	0.10 ~ 1.00
S	0.02 ~ 0.25	0.06 ~ 0.20	0.04 ~ 0.18	최대 0.03
P	0.05 ~ 1.00	0.06 ~ 0.18	최대 0.180	최대 0.10

4 기타 분류

(1) 흑연 형상에 따른 분류

구상 흑연 주철, 공정상 흑연 주철, 편상 흑연 주철 등으로 분류한다.

(2) 흑연 분포에 따른 분류

ASTM 분류로서 A형, B형, C형, D형, E형

(3) 성분에 따른 분류

저탄소 주철, 고탄소 주철, 고규소 주철, 합금 주철(Cr – Ni 주철, Cr – Mo 주철)

(4) 기지 조직에 따른 분류

Ferrite 주철, Pearlite 주철, Austelite 주철, Bainite 주철

(5) 기계적 성질에 따른 분류

보통 주철, 고급 주철, 강인 주철

5 회주철(gary cast iron)

회주철은 Ferrite, Pearlite의 바탕 조직에 검고 연한 흑연이 주철의 파단면에서 회색으로 보인 주철로서 결정립이 크고, 그 질은 연하나 주조에 적당하며, 조직적으로는 탄소가 흑연 상태로 유리되어 있는 주철로서 보통 주철, 고급 주철로 분류한다.

가. 보통 주철 (Foundry cast iron)

회주철을 대표하는 주철로서 인장 강도가 10～20kg_f/mm^2 정도이다.

① 조성 : C(3.2～3.8%), Si(1.4～2.5%), Mn(0.4～1.0%), P(0.3～0.8%), S(<0.06%)
(C 3.0% 전후, Si 1.5～2.0%의 것은 흑연이 적당히 미세하고 기지는 Pearlite이어서 기계 구조물로 많이 사용한다.)

② C, Si 량이 낮을수록 공정량이 적고 주조성은 나빠지며, 냉각 속도가 빠를수록 Fe_3C로 정출하고 기지는 Pearlite가 되어 단단한 재질이 되며 C, Si, P을 다소 많이 함유하고 있으며 주조하기 쉽다.

③ 조직 : 주로 편상 흑연과 Ferrite로 되어 있으며 약간의 Pearlite를 함유하고 있다.

④ 강도를 주기 위해서는 저탄소, 저규소의 주철을 고온 용해, 접종하여 흑연을 미세 분포 시키고 기지 조직을 Pearlite 또는 Bainite로 만들기도 한다.

⑤ 기계 가공성이 좋고, 값이 저렴하다.

⑥ 회주철의 기계적 성질(KS D 4301)

종 류	기 호	인장강도 (kg_f/mm^2)	항절 시험		경도(HB)
			최대하중(N)	휨(mm)	
1종	GC 100	10 이상	7.000 이상	3.5 이상	201 이하
2종	GC 150	15 이상	8.000 이상	4.0 이상	212 이하
3종	GC 200	20 이상	9.000 이상	4.5 이상	223 이하
4종	GC 250	25 이상	10.000 이상	5.0 이상	241 이하
5종	GC 300	31 이상	11.000 이상	5.5 이상	262 이하
6종	GC 350	36 이상	12.000 이상	6.0 이상	277 이하

※ 1～3종은 보통 주철, 4～6종은 고급 주철이다.

⑦ 성분 냉각 속도 및 용해 조건, 접종 등의 용탕 처리 등에 따라 흑연의 양, 형상, 크기, 분포 및 기지 조직이 변화하므로 성질이 여러 가지로 나타난다.

⑧ 용도 : 일반 기계 부품, 수도관, 난방용품, 가정 용품, 농기구, 공작 기계의 베드, 프레임 및 기계 구조물의 몸체에 많이 사용된다.

나. 고급 주철(high－grade cast iron, Pearlite 주철)

편상 흑연 주철 중에서 인장 강도가 $25kg_f/mm^2$ 정도 이상인 주철을 말한다.

① 조직 : 흑연이 미세하고 활 모양으로 구부러져 고르게 분포되어 있고 바탕은 Pearlite

② 조성 : C(2.5～3.2%), Si(1.0～2.0%)

※ C, Si양의 범위 : $\frac{C+Si}{1.5} = 4.2 \sim 4.4\%$(단, $1.0 < Si < 3.0\%$)

③ 가장 많이 사용된는 고급 주철은 미하나이트 주철(Meehanite cast iron)이다.

④ 내열성, 내마모성이 보통 주철보다 우수하고, 내마모성은 Mn, Cu, Ni, Cr 등이 함유되면 증가한다.

⑤ 용도 : 내연 기관의 실린더, 라이너, 패킹, 펌프대 등

⑥ 고급 주철의 제조법

㉮ 고급 주철의 제조시 강고철(steel scrap)을 다량 사용하는 이유

㉠ 동일 조성의 주철은 steel scrap(40% 이상)을 많이 사용하면 고강도의 주철이 된다.

㉡ Si량이 적은 용탕을 얻기 쉽고 공동(cavity, 간극)이나 질량 효과가 적다.
(cavity : 용융 금속이 응고할 때 용탕의 공급 부족 때문에 최후에 응고한 부분에 발생하는 결점으로 수축 간극이라 한다.)

㉢ 고온 용해가 필요할 때, 탈탄이 되며, 값이 저렴하다.

㉯ 란쯔법(Lanz process)

선철에 다량의 강 스크랩을 배합하여 C와 Si량을 적게하고 C + Si = 3.8～4.2%로 제한하여 응고 기간을 빨리하여 흑연을 미세하게 분포 시키고 200～500℃로 주형을 가열하여 응고 후 완만한 냉각을 하여 Fe_3C(초정)를 없애고 Pearlite화하는 방법으로 작은 주물에 적용된다.

㉰ 미이한법(Meehan process)

저탄소, 저규소를 사용하여 화합 탄소의 정출을 억제하기 위해서 Fe－Si, Ca－Si등을 첨가하여 흑연 핵의 성장을 촉진하는 방법이다.

㉱ 코오살리법(Corsalli process)

용선의 탄소량을 2.0% 이하로 전량의 $\frac{2}{3}$의 강 스크랩을 사용하여 만든다.

㉲ 엠멜법(Emmel process)

용선로에 스크랩을 50% 이상과 C, Si량이 많은 신선철(新銑鐵)을 배합하여 1.500℃ 온도로 용해하여 C(3.0%), Si(2.0%)의 고급 주철을 얻는다.

주강 주물은 이 방법에 의해 만들어지며, 기지 조직은 Pearlite이고, 두께가 강도에 영향을 주지 않는다.

㉶ 피오와르스키법(Piwowarsky process)

저탄소, 고규소의 재료를 사용하여 흑연을 미세화하기 때문에 전기로에서 용탕을 가열하여 만드는 방법이다.

⑦ 미하나이트 주철(Meehanite cast iron)

㉮ 접종을 이용하여 과냉하기 쉬운 저탄소, 저규소의 용탕의 과냉을 저지하고, 흑연을 적당히 발달시켜 균일하고 미세한 고급 주철이다.

㉠ 접종(Inoculation)

흑연의 핵을 미세화하고 균일하게 분포하도록 결정의 핵을 형성하기 위하여 합금(Fe – Si, Ca – Si등)을 첨가하여 흑연의 핵 생성을 촉진하고 조직이나 성질을 개선하는 방법이다.

㉡ 접종제 : C, Si, Ca, Sr, Ba, Li, Al, Zr, Mn, Ti, 회토류 등

가장 많이 사용되는 접종제 : Fe – Si(50 ~ 85%Si), Ca – Si(~ 30%Ca, ~ 60%Si)

㉢ 접종제의 사용 목적

ⓐ 기계 가공성이 향상되고 주조 조직이 균일화되며 치밀한 조직의 증대 효과를 얻는다.

ⓑ 기계적 특성이 향상되고 흑연과 기지 조직이 향상되며 정교한 공구 파손을 방지한다.

ⓒ 얇은 단면의 chill방지(과냉 저지)한다.

㉣ 접종의 금속학적 효과

chill의 감소와 좋은 흑연 조직이 증대되며, 조직의 균일성이 증대된다.

㉤ 접종에 영향을 주는 요인

ⓐ S의 함유량이 낮을수록 접종 처리가 어렵다.

ⓑ 접종 후 용탕이 주조되지 않고 장시간 방치하면 20 ~ 30분으로 소멸되는 fading현상을 일으키며 모든 접종제는 접정 소멸 현상(fading)이 있다.

ⓒ 용탕 온도는 접종 효과와 접종소멸, 접종제 종류에 영향을 주며 고온에서 접종 처리하면 쉽게 소멸된다.

㉥ 접종제의 선택

ⓐ chill 방지에는 Fe – Si, Fe – Si(Ca), Si – Ca – Ti, Al – Si, Fe – Si(Ca) 흑연이 효과적이다.

ⓑ 접종제의 효력은 용탕 조성에 따라 변화하며, 접종제를 선택할 때는 S의 함유량이 중요하며, Ca – Si는 S함유량이 고저(高低)에 관계없이 효과가 있다. 약 0.05% S을 품은 용탕에서 접종효과가 인정된 Ba – Fe – Si, Ce – Fe – Si는 0.005% S의 극저 S용탕에 대해서는 접종 효과가 없다.

ⓒ 기지를 Ferrite에서 Pearlite로 바꾸어 인장 강도를 향상시키기 위해서 사용하는 접종제는 N, Mn, Cr 등의 금속원소를 함유 시키는 것이 좋다.

㉯ 조직 : 바탕 조직은 Pearlite로 흑연은 미세하게 분포되어 있다.

㉰ 용해 : 용선로, 전기로, 평로에서 용해한다.

㉱ 강철을 60～80% 배합하여 C+Si의 함유량이 적은 백주철, 반주철이 될 용융 용탕에 백선화 방지를 위해 Ca－Si를 첨가하여 미세한 흑연이 석출한다.

㉲ **미하나이트 주철의 화학 성분과 기계적 성질**

화학성분(%)	전탄소	2.03～2.13	Mn	0.87～1.05
	화합 탄소	0.72～0.99	P	0.15～0.16
	Si	1.35～1.39	S	0.04
인장강도(kg_f/mm^2)		26～35	경도(HB)	126～321

㉳ 용도

㉠ 내마모성이 요구되는 공작 기계의 안내면 및 강도를 요하는 기관의 실린더

㉡ 강력 구조용으로 내열, 내마모용 및 기계류의 주요 부품에 사용한다.

㉢ 실린더 라이너, 피스톤, 자동차 부품 등에 사용한다.

6 합금 주철(Alloy cast iron)

합금 주철은 주철에 특수 원소를 첨가하여 기계적 성질을 향상시키거나 보통 주철보다 내식성, 내열성, 내마모성, 내충격성 등의 특성을 좋게 하기 위하여 Ni, Cr, Mo, Si, Cu, V, B, Al, Mg, Ti 등의 합금 원소를 한 가지 또는 두 가지 이상을 첨가한다.

가. 합금 주철의 분류

① 첨가 원소의 함유량에 따는 분류 : 저합금 주철, 고합금 주철

② 금속 조직에 따른 분류 : Ferrite계, Martensite계, Austenite계, Bainite계

③ 용도에 따른 분류 : 고력 합금 주철, 특수 목적용 주철

㉮ 고력 합금 주철 : 기계 구조용 강으로 강인성과 내마멸성 등을 향상시킨 합금강

㉯ 특수 목적용 주철 : 내식성 및 내열성을 향상시킨 특수 목적용 합금강

용도	종류	기지조직	흑연조직
기계 주물	Ni 주철 Cr 주철 V－(Ti) 주철 B 주철 Ni－Cr－(Mo) 주철 Cu－Cr 주철 acicular 주철	Pearlite 〃 〃 〃 〃 〃 Bainite	흑연계 〃 〃 〃 〃 〃 〃
내열 및 내식	고Al 주철 고Cr 주철 고Si 주철 niresist 주철 Ni－Cr 주철	Ferrite 〃 〃 Austenite 〃	백선계 〃 흑연계 〃 〃
비자성	No Mag 주철	Austenite	흑연계
내마모	nihard 고Cr－(Mo) 주철	Martensite 〃	백선계 〃

나. 합금 원소가 주철의 조직과 성질에 미치는 영향

① 주철에서 합금 원소의 흑연화 능력

원소	흑연화계수	원소	흑연화계수	원소	흑연화계수
Si	1.0	Ni	0.35	Cr	－1.0
Al	0.5	Cu	0.3	Mo	－0.3
Ti	0.4	V	－2.0～－4.0	Mn	－0.25

㉮ Al : 약 2.0%까지의 값이며, 2.0～4.0%까지는 흑연화 능력은 점차 감소한다.

㉯ Ti : 평균치이며, 0.1～0.2%일 때는 Si보다 강하다.

㉰ Cu : 약 3.0% 이상의 탄소 함유량일 때는 약 0.05%로 작아진다.

㉱ Mo : 0.8～1.5%일 때의 값
0.8% 이하에서는 흑연화 능력이 약하고, 1.5% 이상이면 이 값보다 강해진다.

㉲ Mn : 0.8～1.5%일 때의 값
0.8% 이하에서는 흑연화 능력이 약하고, 1.5% 이상이면 이 값보다 강해진다.

② 합금 원소가 조직에 미치는 영향

㉮ 공정 응고

㉠ 흑연화에 미친 영향

ⓐ C, P, Co, Ni, Ti, Si, Al의 순(順)으로 chill을 엷게 한다.

ⓑ W, Mn, Mo, Cr, Sn, V, S의 순으로 chill을 깊게 한다.

㉡ 응고시 흑연에 대한 강약

ⓐ Al > Si > Ti > Ni > Cu > Co의 순으로 흑연화가 강하다.

ⓑ V > Cr > S > Sn > Mn > Mo > W의 순으로 백선화가 강하다.

㉯ 응고 정출 기지 조직

ⓐ Austenite 구역을 폐쇄하는 원소 : Cr, W, Mo, Si, V 등.

ⓑ Austenite 구역을 확대시킨 원소 : Ni, Mn 등.

㉰ Austenite의 변태

Austenite 조직은 공석 변태점에서 Ferrite 조직과 탄화물(Fe_3C)로 분해한다.

③ Cr의 영향

㉮ 0.2 ~ 1.5% 첨가로 흑연화 방지 및 탄화물(Fe_3C)을 안정화하며, Pearlite조직을 미세화하여 경도가 증가하고 내열성, 내식성, 고온 내열성이 좋고, 절삭은 곤란하다.

㉯ Cr의 함유량에 따라서 $(Fe, Cr)_3C$가 점차 많아진다.

㉰ Ferrite, Pearlite 기지의 회주철은 3.0% 이상 Cr 첨가로 완전히 백선화(白銑化)된다.

㉱ 회주철에 Cr을 소량 첨가하면 고온 반복 가열에 의한 흑연의 성장이 저지되고 치밀한 밀착성의 Cr 산화막을 형성하여 산화의 내부 진행을 방지 하므로 저Cr 주철은 비교적 간단한 내열재료로 사용한다.

㉲ 실용상 Cr은 함유량은 6.0%가 되며 700℃까지의 온도에서 완전히 산화되지 않는다.

㉳ 미세한 탄화물 조직 때문에 고온에서 경도 저하가 적고 고온 내마모성이 우수하다.

㉴ 고Cr 주철

㉠ 산화막이 보호하기 때문에 산화성 산에 대한 내식성이 우수하나 NH_4CI, 염산, 알칼리 등에는 내식성이 없다.

㉡ Cr 15% 이상 ~ 30%까지의 주철은 미세한 탄화물을 함유하고 기지의 잔류 Austenite 때문에 고경도의 주철계 재료로는 내충격성이 있어 우수한 내마모성 재료에 사용한다.

㉢ 고Cr 주철에서는 C가 증가함에 따라서 공정 탄화물이 더욱 증가하여 경도는 커진다.

④ Ni의 영향

㉮ 흑연화를 촉진하며, 0.1 ~ 1.0% 첨가로 미세한 조직이 되고 Si의 $\frac{1}{2} \sim \frac{1}{3}$ 정도의 흑연화 능력이 있으며, 탄화물의 생성을 저지하여 chill 방지에 효과적이다.

㉯ 두꺼운 부분의 조직의 조대화를 방지하고 얇은 부분의 chill 발생을 방지한다.

㉰ 두께가 고르지 않는 주물을 튼튼하게 한다.

㉱ Ni 첨가량에 따라 내열성, 내산화성, 내알칼리성 주철이 되며 14 ~ 38% 첨가하면 비자성 Austenite 주철이 된다.

㉤ 주철의 기지에 모든 비율로 고용하고 함량에 따라서 Pearlite → Sorbite → Martensite → Austenite로 변한다.

㉠ Ni 4.0% 까지는 기지가 Pearlite이고, 그 층상 조직은 미세하다.

㉡ 보통 Si량의 회주철에서는 Ni 4.5% 이상에서 공석 변태가 저지되어 완전한 Martensite화된다.
(Si가 낮을 때는 Ni 2.0% 이상이 되면 강인한 Sorbite 질을 거쳐 점차 Martensite 화된다.)

㉥ Ni 4.0% 이하의 저Ni 주철에서는 Ferrite를 경화하고 Pearlite를 미세화하여 인장강도를 증가시킨다.

㉦ Ni량의 $\frac{1}{4}$량의 Cr과 같이 합금시키면 상온 강도, 고온 강도, 내마모성, 내산화성을 현저히 강화시킨다.

㉧ Ni 12 ~ 14% 이상의 Austenite 기지의 주철은 산, 알칼리, 해수 등에 대한 내식성, 내산화성, 저온 특성이 현저하게 향상된다.
(Austenite 주철의 용탕에 Mg 처리를 하여 흑연을 구상화하면 강도, 연신율을 강(鋼) 정도로 할 수 있으나 편상 또는 구상 흑연을 갖는 Austenite 주철의 경도는 낮다.)

⑤ Mo의 영향

㉮ 다소의 흑연화를 방지하며, 탄화물을 형성하는 원소이다.
흑연화를 저지하여 chill화를 촉진한다. (Cr의 $\frac{1}{3}$ 정도)

㉯ 0.25 ~ 1.25% 첨가로 두꺼운 주물의 조직을 균일화하며 흑연을 미세화하여 인장강도, 경도, 인성, 내마모성을 증가시킨다.

㉰ 소량 첨가는 Pearlite 기지를 미세화하나 Austenite의 변태 속도를 늦추므로 0.6% 이상 첨가하면 기지의 침상 조직의 침상 Bainite가 된다.

㉱ 열균열의 발생을 저지하는 효과가 있어 마찰 재료로서 유효한 원소이다.

㉲ 고온에서 인성을 높이나 Mo의 단독으로는 Ni만큼 그 효과가 크지 않다.

⑥ Si의 영향

㉮ 주철 중의 Fe_3C를 분해하여 흑연화하는 원소이다.

㉯ Si가 높은 주철을 급냉하지 않는 한 편상 또는 공정 흑연을 정출한다.

㉰ 기지 조직 : Ferrite 중에 silico－Ferrite를 만든다.

㉱ Si가 15% 이상이 되면 ε상(FeSi)이 정출하여 경도가 증가(HB480 ~ 520)되고 매우 취약하여 인장 강도, 항절 강도가 격감한다.

㉲ 4.0% 이상의 Si 주철은 안정한 산화막을 만들어 내산화성이 좋아진다.

㉥ Si 14.0%에서는 불화수소산, 열농염산, 아황산 외에 모든 산에 내식성을 갖는다.

⑦ Al의 영향

㉮ Si 다음으로 흑연화 촉진 원소이다.

㉯ Si나 Cu와 같이 탄소의 안정계 공정 온도를 올리고 준안정계 공정 온도를 낮춘다.

㉰ 기지 : Ferrite화하고 함량이 많아지면 $FeAlC_{0.65}$의 철알루미늄 탄화물이 수지상으로 분산된 조직이 되고 4.0%를 넘으면 급격히 취화된다.

㉱ Al이 소량일 때는 Pearlite분해가 촉진되어 주철의 내산화성, 내성장성이 개선된다.

㉲ 경도는 Al이 4.0%를 넘으면 점차 높아지나 24%가 되면 다시 유리 흑연이 나타나서 절삭성이 용이하게 된다.

㉥ 24% Al주철은 1.000℃까지의 내열 재료로 사용할 수 있고, 28% 이상이 되면 내산화성은 최고가 되나 취약하고 조직 중의 Al 탄화물이나 대기 중의 수분과 반응하여 가스를 발생한다.

⑧ V의 영향

㉮ 가장 강력한 흑연화 방해 원소이며 복잡한 탄화물을 만든다.

㉯ 탄화물은 매우 안정한 V_4C_3와 V_5C라 한다.

㉰ 0.1% ~ 0.5% 정도까지의 V은 주철 기지의 Pearlite를 치밀하게 하고 흑연의 바탕을 미세화하고 균일하게 하여 인장 강도를 높인다.

⑨ Ti의 영향

㉮ 강한 탈산제이며 흑연화 촉진제(0.3% 이하 첨가)로서 작용한다. (다량 함유시 역효과)

㉯ Ti은 강한 탈산데이어서 산소의 흑연화 저해 작용을 제거한다.

㉰ 아공정 주철에서는 0.1% 이하의 첨가로도 공정상 흑연을 생성한다.

㉱ 고탄소, 고규소 주철의 흑연을 미세화하여 고강도가 된다.

㉲ Ferrite에는 극히 소량밖에 고용하지 않고, TiC의 정방정계의 딱딱한 결정으로 정출하면, 주철의 성장을 저지하여 내산화성을 향상시키고 내마모성도 우수하다.

㉥ Ti을 0.1 ~ 0.3% 첨가함으로서 인장 강도와 경도가 증가한다.

⑩ Cu의 영향

㉮ Austenite에 고용하여 안정화하고 흑연화를 촉진시킨 원소이다.

㉯ 흑연을 미세화하고 Pearlite를 치밀화한다.

㉰ 0.25 ~ 2.50% 첨가로 경도, 내다모성, 내식성(0.40 ~ 0.50%에서 가장 좋다)이 증가한다.

㉱ 0.40 ~ 0.50% 정도 첨가되면 산성에 대한 내식성이 우수해진다.

㉮ Ni를 품은 Martensite계 주철에서는 2%까지 Austenite에 주철에서는 약 8%까지 Ni을 Cu로 바꾸어도 기계적 성질과 내식성은 거의 변하지 않는다.

⑪ B의 영향

㉮ 강력한 흑연화 저지 원소이며 (Fe, B)3C를 생성한다.

㉯ 0.01%의 B로도 탄화물을 증가하여 chill 작용이 매우 강하다.

㉰ 주철의 경도, 인장 강도를 증가시키나 인성은 저하된다.

㉱ Ni를 품은 Martensite계 주철에 Cr 대신 B를 0.7 ~ 1.1% 첨가하면 매우 딱딱한 내마모 주철을 만든다.

㉲ B는 백선(白銑)의 흑연화를 촉진하고 풀림 후의 흑연을 미세화하는 작용이 있어 가단 주철에 0.001 ~ 0.003% 첨가한다.

다. 고력 합금 주철

① 고력 합금 주철의 화학 성분

성분(%) / 종류	C	Si	Mn	P	S	Ni	Cr	Mo
자동차용	3.0 ~ 3.40	2.0 ~ 2.3	0.6 ~ 0.8	< 0.2	< 0.1	< 0.5	0.3 ~ 0.5	< 0.5
공작기계용	3.0 ~ 3.25	1.0 ~ 2.0	0.5 ~ 0.9	< 0.3	< 0.1	1.0 ~ 1.5	< 0.6	–

㉮ 일반 공작 기계 및 자동차용 주물에는 보통 주철에 0.5 ~ 2.0% Ni를 첨가하나 여기에 약간의 Cr, Mo을 배합하여 강도를 높인 것도 있다.

㉯ 보통 주철에 Ni을 첨가시 흑연화를 돕고 chill을 방지하며 절삭성을 좋게 하고 흑연과 Pearlite를 미세화하며, Ni와 같이 Cr, Mo을 배합하면 기계적 성질이 향상된다.

② Ni – Cr계 주철

㉮ 기계 구조용으로 많이 사용되고 있는 고력 합금 주철이다.

㉯ 강인하고 내마멸성 미치 내식성이 있으며 절삭성이 좋다.

③ 아시큘러 주철(acicular castiron)

㉮ 조성 : 보통 주철에 Mo(1.0 ~ 1.5%), Ni(0.5 ~ 4.0%), 소량의 Cu, Cr을 첨가한다.

㉯ 조직 : 편상 흑연이나 바탕이 침상(acicular) 조직이다.

㉰ 인장 강도 : 45 ~ 65kg_f/mm^2, 경도 : HB300으로 강인하며 내마멸성이 우수하다.

㉱ 주철에 Ni, Cr, (Mo, Cu) 등을 배합하여 A_1 변태점을 저하시켜 흑연과 Bainiter 조직으로 한 내마모용 주철이다.

㉲ 용도 : 크랭크 축, 캠축, 실린더, 압연용 롤러 등의 재료에 사용된다.

④ 고력 합금 주철의 기계적 성질

종류 \ 성질	인장 강도(kg_f/mm^2)	항절력(kg_f/mm^2)	휨(mm)	경도(HB)
자동차용	24 ~ 30	40 ~ 51	10 ~ 15	200 ~ 220
공작 기계용	25 ~ 35	46 ~ 55	12 ~ 14	200 ~ 250

라. 내마멸성 합금 주철

① 내마멸성 합금 주철의 화학 성분

종류 \ 성분(%)	C	Si	Mn	Ni	Cr	Mo	Cu
Ni - Cr계	3.3 ~ 3.5	0.75 ~ 1.25	0.75 ~ 0.90	4.5	1.5	–	–
침상주철	2.8	1.50 ~ 2.00	0.60 ~ 0.90	0.5 ~ 4.0	<0.3	0.7 ~ 1.5	<1.5

② Ni - Cr계 주철이 대표이며, 내마멸성을 좋게하기 위해서 Cr, Mo, Cu 등의 원소를 단독 또는 복합하여 소량 첨가하면 경도가 큰 주철을 얻게 된다.

③ 대형 디젤 기관의 실린더 라이너는 C 및 Si의 함유량을 낮게 하여 유리 Cementite나 인화철을 균일하게 분산시켜 내마멸성을 높인다.

마. 내열 합금 주철

① 내열 합금 주철의 화학 성분

종류 \ 성분(%)	C	Si	Mn	Ni	Cr	Cu
니크로실랄 (Ni - Cr - Si 주철)	약 2.00	5.00 ~ 6.0	1.00 미만	18.0	2.00 ~ 5.0	–
니 - 레지스트 (Ni - Cr - Cu 주철)	2.75 ~ 3.10	1.25 ~ 2.0	1.00 ~ 1.5	12 ~ 15	1.50 ~ 4.0	5.0 ~ 7.0
고크롬 주철	2.30 ~ 3.10	0.80 ~ 1.2	0.50 ~ 1.0	–	25 ~ 30	–

㉮ 니크로실랄(nicrosilal)

㉠ 조성 : Ni(16 ~ 20%), Cr(2.0 ~ 5.0%), C(2.4%), Mn(0.8 ~ 1.0%), Si(5.0 ~ 6.0%) Si는 내열성을 개선하지만 너무 많이 첨가하면 취약하게 되므로 4 ~ 5%로 한다.

㉡ 내열 및 내식성 주철이다.

㉯ 니 - 레지스트(Ni - resist)

㉠ 조성 : Ni(12 ~ 15%), Cr(1.5 ~ 4.0%), Cu(5.0 ~ 7.0%)

㉡ 조직은 Ausrenite 바탕이고 비자성이고, 800℃까지 성장하지 않고 내열성이 있으며, 황산과 염산, 알칼리에 대한 내식성이 우수하다.

㉰ 고크롬 주철

㉠ 내산화성이 우수하고 성장도 작으며 강도가 높다.

㉡ 14.0 ~ 17.0% Cr의 것은 1,000℃에서도 잘 견딘다.

② 내열 합금 주철은 내산화성, 내성장성 및 고온 강도를 개선하는 합금강이다.

③ 내열 합금 주철의 기계적 성질

성질 \ 종류	니크로실랄 (Ni－Cr－Si 주철)	니－레지스트 (Ni－Cr－Cu 주철)	고크롬 주철
인장강도(kg_f/mm^2)	31	14 ~ 16	43 ~ 46
경도(HB)	110	120 ~ 170	300 ~ 350

바. 내식·내열 합금 주철

① 조성 : 주철에 Si(5.0 ~ 6.6%), Cr(1.0 ~ 2.0%), Al(7.0 ~ 9.0%) 등을 첨가한다.

② 내열성이 증가되며 내식성이 향상되나 취약하며 절삭이 어렵다.

③ 내산 Si주철

㉮ Si를 13.0 ~ 14.5% 함유하는 규소 주철은 내산성이 우수하다.

㉯ 내열 주철은 Si(4.0 ~ 6.0%), 내산 주철은 Si(3.0 ~ 16.0%)가 사용된다.

㉰ 절삭 가공이 불가능하므로 그라인더에서 가공한다.

㉱ 내산 Si 주철의 화학 성분(%)

종류	C	Si	Mn
듀리론(duriron)	0.2 ~ 0.6	14.0 ~ 14.5	0.25 ~ 0.35
코리실론(corrosilon)	1.2 ~ 1.3	13.0 ~ 14.0	0.15 ~ 0.20

7 특수 합금 주철

보통 주철이나 합금 주철에 비하여 기계적 성질이나 기능성이 뛰어난 주철을 얻기 위하여 배합 성분이나 주조 및 열처리 등의 특별한 방법으로 제조되는 주철을 말한다.

가. 가단 주철(Malleable cast iron)

가단 주철은 2.0 ~ 2.6%C, 1.1 ~ 1.6%Si 범위의 것으로 백주철을 열처리로에 넣어 가열하여서 탈탄 또는 흑연화하는 방법으로 제조한 주철이다.

① 백주철의 연신을 보완하고 주강의 주조성을 보완하여 백주철과 주강의 중간 성질을 가진 주철이다.

② 주조성이 좋은 백선 조직의 주철을 용해·주조하여 적당한 열처리를 가함으로서 견인성(堅忍性)을 부여한 주철이다.

㉯ Cementite를 뜨임 탄소로 변화시킨 주물이며, 연성이 큰 대표적인 주철로서 백주철을 풀림하여 강인하게 만든다.

㉰ 가단 주철의 탈산제 : 철광석, mill scale, 해머 scale 등의 산화철이 이용된다.

㉱ 탈탄층을 증가시키는 원소는 Mn이고, 감소하는 원소는 Si, Ni, P, Cr 등이다.

㉲ 가단 주청의 조성

종류 \ 조성(%)		C	Si	Mn	S	P	Cr
흑심 가단 주철	1종	2.5～3.2	0.7～1.5	0.6 이하	0.20 이하	0.25 이하	0.05 이하
	2종	2.4～2.8	0.8～1.4	0.5 이하	0.15 이하	0.20 이하	0.04 이하
	3종	2.3～2.7	0.9～1.3	0.4 이하	0.10 이하	0.15 이하	0.03 이하
백심 가단 주철	1종	2.8～3.4	0.6～1.2	0.6 이하	0.30 이하	0.30 이하	–
	2종	2.6～3.2	0.7～1.1	0.5 이하	0.20 이하	0.20 이하	–

㉳ 가단 주철과 주강, 회주철의 성질 비교

종 류	백심 가단 주철	흑심 가잔 주철	회주철	주강
인장강도(kg_f/mm^2)	30～36	28～35	20	47～61
연신율(%)	8	12	–	12

㉴ 가단 주철의 일반적인 성질

주강에 가까운 성질을 가지며, 주조성과 절삭성이 우수하고, 복잡한 주물을 아름답게 만들 수 있다.

ⓛ 내식성, 내충격성, 내열성이 우수하고, 강도, 내력이 높은 편이며, 경도는 Si함유량이 많을수록 높다.

ⓒ 담금질 경화성이 있으며, 500℃까지의 강도가 유지되고 저온에서도 강하다.

② 백심 가단 주철(WMC, white heart malleable cast iron)

백주철을 철광석, mill scale(압연 작업에서 나온 산화표피)과 함께 풀림 상자에 넣고 장시간(40～100시간), 약 950～1000℃의 고온으로 가열한 후 서냉하여 Cementite를 탈탄시켜 가단성을 부여하는 주철이다.

㉮ 표준 조성 : C(2.5～2.8%), Si(0.4～0.8%), Mn(0.2～0.4%)

㉯ 백심 가단 주철 제조시 뜨임 탄소(Temper carbon)가 발생한다.

㉢ 백심 가단 주철의 기계적 성질(KS D 4305)

종 류 \ 성 질	인장 강도(kg_f/mm^2)	내력(kg_f/mm^2)	연신율(%)	경도(HB)
WMC 330	36 이상	20 이상	3 이상	207 이하
WMC 370	40 이상	22 이상	6 이상	192 이하
WMC 440	45 이상	27 이상	6 이상	149 ~ 207
WMC 440	45 이상	27 이상	6 이상	149 ~ 207
WMC 490	50 이상	31 이상	4 이상	167 ~ 229
WMC 540	55 이상	35 이상	3 이상	183 ~ 241

㉣ 백심 가단 주철의 물리적 성질

비 중	7.3 ~ 7.7	열전도도(kcal/cm·s·℃)	0.114
비 열(cal/g·℃)	0.11(0 ~ 100℃)	열팽창계수(×10^{-6})	10 ~ 13
융해 잠열(cal/g·℃)	23	비저항($\mu\Omega$·cm)	24 ~ 26

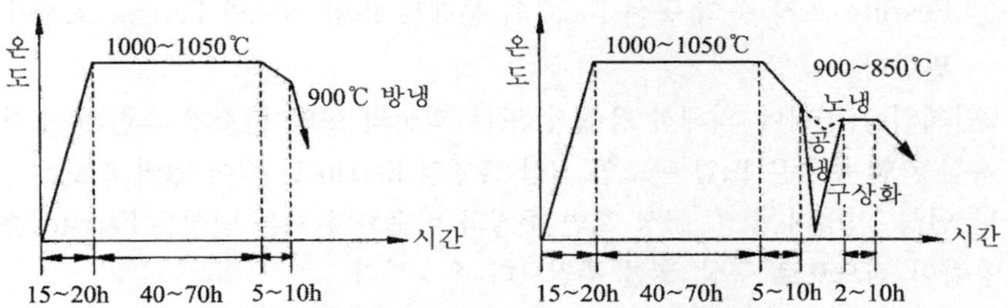

그림 3-54 백심 가단 주철의 풀림 열처리

㉤ 백심 가단 주철의 탈탄 반응식

㉠ 탈탄 반응

- $O_2 + C \rightarrow CO_2$
- $Fe_3C + CO_2 \rightarrow 3Fe + 2CO$
- $C + CO_2 \rightarrow 2CO$

㉡ 탈탄에 필요한 이산화탄소를 공급

- $Fe_2O_3 + CO \rightarrow 2FeO + CO_2$
- $Fe_3O_4 + CO \rightarrow 3FeO + CO_2$
- $FeO + CO \rightarrow Fe + CO_2$

㉥ 백심 가단 주철의 종류

㉠ 표준 백심 가단 주철

㉡ 특수 백심 가단 주철 : 강력 백심 가단 주철, 질화 백심 가단 주철

㉳ 용도 : 자동차, 방직기의 부품에 사용된다.

③ 흑심 가단 주철(BMC, black heart malleable cast iron)

저탄소, 저규소의 백주철을 풀림하여 풀림 상자 속에서 열처리하여 Fe_3C를 분해시켜 흑연을 입상(粒狀)으로 석출시킨 주철이다.

㉮ 제1단계 흑연화(제1단 풀림)

㉠ 백주철을 850 ~ 950℃로 온도에서 30 ~ 40시간 가열한다.

㉡ A_1 변태점에서 Austenite가 많은 양의 Pearlite로 변한다.

㉢ Fe_3C의 직접 분해

$Fe_3C \rightarrow 3Fe + C$(뜨임 탄소)와 γ − 고용체에 대한 Fe_3C 및 흑연의 용해도 차에 의한 흑연의 석출을 말한다.

㉯ 제2단계 흑연화(제2단 풀림)

㉠ 제1단계의 Pearlite를 680 ~ 720℃에서 30 ~ 40시간 유지하여 흑연을 분해시킨다.

㉡ Pearlite 조직 중의 공석 Fe_3C의 분해로 뜨임 탄소와 Ferrite 조직이 되는 것을 말한다.

㉰ 2단계의 흑연화에 의해서 응집상 또는 괴상의 뜨임 탄소가 혼합된 조직이 된다.

㉱ 흑심 가단 주철은 뜨임 탄소인 괴상 흑연과 Ferrite로 되어 있어 강도는 비교적 낮으나 연성, 인성이 좋고, 구상 흑연 주철과 비슷하며 저온 인성은 Ferrite 중의 Si의 고용량이 적으므로 구상 흑연 주철보다 우수하다.

㉲ 백선을 풀림하여 Ferrite와 Temper − Carbon으로 분해시킨 주철이다.

※ 뜨임 탄소(Temper carbon) : 백선 주물을 A_1 변태점 이상 1,000℃ 이하의 온도로 장시간 풀림하면 Cementite가 분해되어 Ferrite와 둥근 덩어리가 생기며 이와 같은 풀림으로 생긴 흑연을 보통 회주철에서 볼 수 있는 편상 흑연과 구별하기 위하여 뜨임 탄소라 하며 편상 흑연보다 미세한 결정 흑연이다.

㉳ 흑심 가단 주철의 성질(KS D 4303)

기 호	인장강도 (kg_f/mm^2)	내력 (kg_f/mm^2)	연신율 (%)	비중	열팽창 계수	전기저항 ($\mu\Omega \cdot cm$)	항복점 (kg_f/mm^2)
BMC 270	28 이상	17 이상	5 이상	7.2 ~ 7.4	0.000012	30 ~ 50	20 ~ 28
BMC 310	32 이상	19 이상	8 이상				
BMC 340	35 이상	21 이상	10 이상				
BMC 360	37 이상	22 이상	14 이상				

㉳ 흑심 가단 주철의 물리적 성질

비 중	비열 (cal/g·℃)	융해잠열 (cal/g·℃)	열전도도 (kcal/cm·s·℃)	열팽창계수 (×10^{-6})	비저항 (μΩ·cm)
7.2 ~ 7.4	0.122 ~ 0.160 (20 ~ 100℃) (20 ~ 700℃)	23	0.151	10 ~ 13	24 ~ 37

㉴ 흑심 가단 주철 종류

㉠ 표준 흑심 가단 주철

㉡ 특수 흑심 가단 주철 : 고Si 가단 주철(신속 가단 주철), Cu 가단 주철(내식 가단 주철), 기타 합금 흑연 가단 주철

㉵ 용도 : 자동차 부품, 관이음쇠, 차량 부품, 자전거 부품, 밸브, 가정용구, 농기구 등

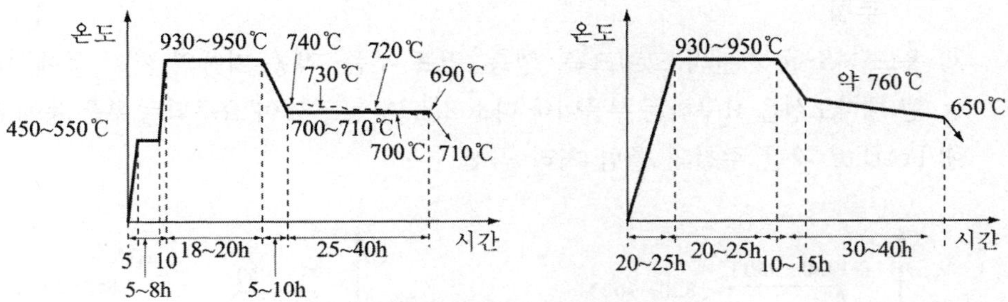

그림 3-56 흑심 가단 주철의 열처리

④ Pearlite 가단 주철(PMC, Pearlite malleable cast iron)

흑심 가단 주철 공정에서 제1단계의 흑연화 처리만 한 다음 955℃ 정도까지 가열하여 뜨임 탄소를 구상화하고, Cementite Austenite 안에 용해되도록 7시간 정도유지하며 2시간 안에 900℃로 노냉을 시킨 후 급속히 공냉을 한다.

㉮ 고탄소 Austenite는 급냉되는 동안 Pearlite로 변태를 한다.

㉯ 흑연화 열처리 후 기지를 Pearlite 또는 Pearlite로 하여 높은 강도와 피로 강도 및 내마모성을 향상시킨 주철로서 조직은 흑심 가단 주철과 거의 같다.

㉰ Pearlite를 구상화하여 필요한 기계적 성질을 얻기 위하여 일정한 온도에서 뜨임하거나 공냉하여 870℃까지 재가열을 한 후 유냉 또는 뜨임을 한다.

㉱ Pearlite 가단 주철의 물리적 성질

비 중	비열(cal/gr·℃)	융해잠열(cal/gr·℃)	열팽창계수(×10^{-6})	비저항(μΩ·cm)
7.2 ~ 7.4	0.122 ~ 0.165	23	10 ~ 14	24 ~ 37

㉮ Pearlite 가단 주철(KS D 4304)의 기계적 성질

성질 / 종류	인장 강도(kgr/mm²)	내력(kgr/mm²)	연신율(%)	경도(HB)
PMC 440	45 이상	27 이상	6 이상	149～207
PMC 490	50 이상	31 이상	4 이상	167～229
PMC 540	55 이상	35 이상	3 이상	183～241
PMC 590	60 이상	40 이상	3 이상	207～269
PMC 690	70 이상	52 이상	2 이상	229～285

㉯ Pearlite 가단 주철의 종류
  ㉠ 표준 Pearlite 가단 주철
  ㉡ 특수 Pearlite 가단 주철 : Mn가단 주철, S가단 주철, 기타 합금 Pearlite 가단 주철

㉰ 용도 : 소형 기관의 크랭크축, 캠축, 펌프 부품, 각종 기계의 기어 등에 사용한다. 큰 내마모성을 요구하는 부품이나 다소 강도가 높은 것이 요구되는 부품 등에 사용한다.

㉱ Pearlite 가단 주철의 풀림 처리 곡선

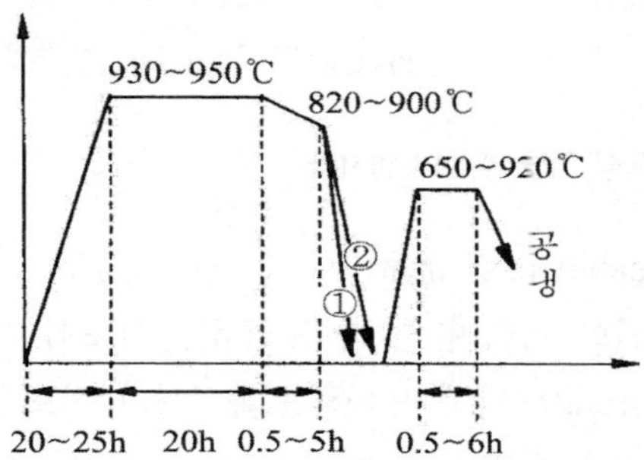

① 유소입 ② 강제공냉(공기소입)

그림 3-57 열처리 싸이클을 변화시키는 방법

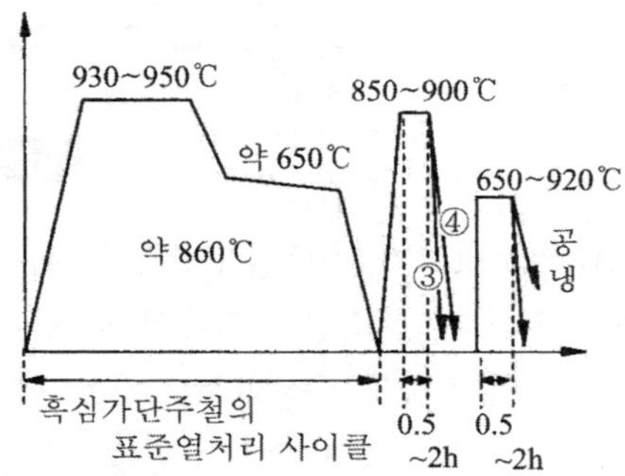

③ 유소입 ④ 강제공냉(공기소입

그림 3-58 흑심 가단 주철의 재열처리에 의한 방법

⑤ 특수 가단 주철
 ㉮ 합금 Pearlite 가단 주철
  ㉠ Mn 0.85～1.10%를 첨가한 Pearlite 가단 주철
  ㉡ Ni－Cr－Mo 가단 주철 : Ni(1.0～1.5%), Cr(0.2～0.3%), Mo(0.6%)를 함유한다.
  ㉢ Ti－V 가단 주철 및 Cu－Mo 가단 주철
 ㉯ 항온 변태시켜서 얻은 Bainite 가단 주철
 ㉰ 종류 : Austenite 가단 주철, Martensite 가단 주철, Bainite 가단 주철

⑥ 가단 주철의 열처리 방법

㉮ 백심 가단 주철의 열처리
충진물에 의한 법 및 가스 탈진법으로 열처리한다.

㉯ 흑심 가단 주철의 열처리
단독로에 의한법, 연속로에 의한법 및 단독로 2기를 조합하는 법이 있다.

㉰ Pearlite 가단 주철의 열처리
㉠ 열처리 사이클에 의한 방법 및 흑심 가단 주철의 재열처리에 의한 방법
㉡ Mn(0.6%)또는 Mo(0.5% 이하) 및 Cr첨가에 의한 방법

㉱ 특수 목적 : 표면 및 국부 담금질법

㉲ 가단 주철의 열처리 목적

성질	백심 가단 주철	흑심 가단 주철	Pearlite 가단 주철
인장 강도(kg_f/mm^2)	30 ~ 36	28 ~ 35	45 ~ 70
목적	탈탄 목적	흑연화 목적	Cementite 흑연화 Pearlite의 구상화

나. 구상 흑연 주철(Nodular graphite cast iron, 연성 주철, ductile 주철[미])

주철 중의 흑연을 구상화시켜 균열 발생을 어렵게 하고 연성을 향상시킨 주철로 주조성, 가공성, 내마멸성, 강도가 높고 인성, 연성, 가공성 및 경화능이 강과 비슷하다.

① 조성 : C(3.3 ~ 3.9%), Si(2.0 ~ 3.0%), Mn(0.2 ~ 0.7%) 정도이다.

종류 \ 화학조성(%)	C	Si	Mn	P	S	Mg
일반 구상 흑연주철	3.4 ~ 4.2	0.8 ~ 6.0	<0.1	<0.1	<0.2	<0.04
연성이 큰 구상 흑연 주철	3.2 ~ 3.6	2.3 ~ 3.6	0.1 ~ 0.6	<0.05	<0.05	0.04 ~ 0.08

② 구상 흑연 주철의 특징

㉮ 흑연이 구상화되므로 주철의 기계적 성질이 크게 향상되고 내마모성이 우수하다.

㉯ P나 S의 양이 회주철보다 $\frac{1}{10}$ 정도 낮은 선철을 용해로(전기로 등)에서 용해한 후 주형에 주입 전 Mg, Ca, Ce 등을 첨가하여 흑연을 구상화한다.

㉰ 인장 강도 10 ~ 15kg_f/mm^2 소재를 흑연 구상화 처리하면
인장 강도는 40 ~ 70kg_f/mm^2, 연신율 5 ~ 20% 정도를 주방에서 얻어진다.

㉣ 인장 강도와 브리넬 경도와의 관계(k : 인장 강도/HB)

종 류	구상 흑연 주철	보통 주철	중간 압연한 탄소강
k	0.298	0.11 ~ 0.13	0.35

㉤ 구상화 처리할 때 주물 두께가 얇으면 백선화 경향이 크고, 구상 흑연 정출이 쉽고, 두께가 두껍고 냉각 속도가 늦으면 편상 흑연이 되기 쉽고, 구상 흑연제가 너무 많으면 백선화가 되기 쉽다.

㉥ 구상화 처리 후 용융 상태로 방치하면 흑연 구상화 효과가 상실된다.(fading 현상)

㉦ 과공정 주철이지만 간극이 크며, Fe_3C가 적은 Ferrite형은 주철 성장이 적다.

㉧ 열처리에 의해서 조직을 개선하거나 Ni, Cr, Mo, Cu 등을 첨가하면 내마멸성, 내식성, 내열성, 강도 등이 우수하다.(내식성 개선 : Si, Ni, Cu 등 첨가)

③ 구상 흑연 주철의 조직

㉮ 기지 조직 : Cementite형, Pearlite형, Ferrite형, 불즈 아이형 등이 있다.

㉠ 일반적으로 사용되는 형 : Pearlite형과 Ferrite형이 있다.

㉡ 강도는 Pearlite형이 가장 강인하고, Ferrite형은 가장 연하고, 불즈 아이형은 중간 정도다.

㉢ 내식성은 Ferrite형이 가장 좋고, Pearlite형은 나쁘며, 절삭성은 Ferrite형이 좋다.

㉣ 내열성은 550℃ 부근에서 Pearlite가 흑연화되며 편상 흑연 주철보다 우수하다.

㉯ 불즈 아이 조직(bull's eye structure)

㉠ 구상 혹은 괴상의 흑연 둘레를 Ferrite가 둘러싸여 바탕이 Pearlite로 되어서 황소의 눈처럼 된 조직이다.

㉡ 가단 주철이나 구상 흑연 주철의 현미경 조직에서 주철 속의 흑연이 완전한 구상이 되어 그 주위에 Ferrite로 되어 있다.

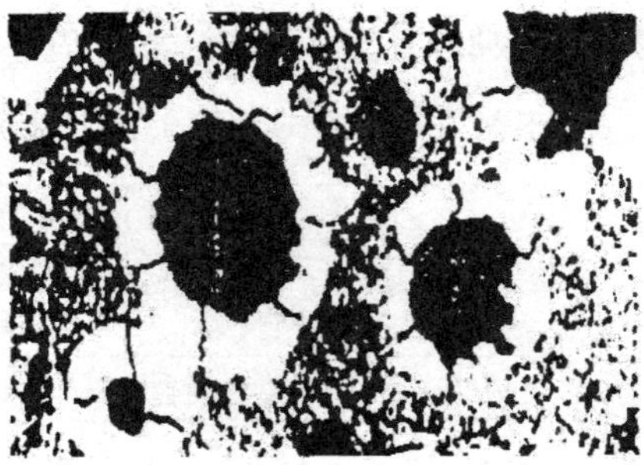

그림 3-59 bull's eye 현미경 조직

㉢ Pearlite 중의 Fe_3C가 분해되고 흑연이 집합하여 구상으로 되기 때문에 그 둘레가 연한 Ferrite로 둘러싸인 조직으로, 경도, 내마모성, 압축 강도가 크다.

㉰ 구상 흑연 주철의 기지 조직

㉠ 주방 상태에서는 화학 성분(C, Si, Mn 량)과 냉각 속도에 따라 달라지며 열처리 상태에서는 성분과 열처리법에 따라 달라진다.
(주방(鑄放, AS cast) : 주조한 상태로 그 후의 처리를 전연하지 않는 상태이다.)

㉡ 보통 Pearlite 조직은 주방 상태에서 얻어진다.

㉢ 미세한 Pearlite 조직 : 불림 또는 조절에 의해서 얻어진다.

㉣ Ferrite 조직 : 주방 또는 풀림으로 얻어진다.

㉤ bull's eye 조직(Ferrite와 Perarlite와의 혼합 조직) : 주방 또는 풀림으로 얻어진다.

㉥ KS 규정의 종류 및 조직(KS D 4302)

종 류	기지 조직	종류	기지 조직	종류	기지 조직
GCD 400 GCD 450	Ferrite Ferrite+Pearlite	GCD 500 GCD 600	Ferrite+Pearlite Pearlite	GCD 700 GCD 800	미세 Pearlite 미세 Pearlite

④ 구상 흑연 주철의 분류 및 성질(KS D 4302)

분 류	발생 원인	성 질
Cementite형 (Cementite가 석출한 것)	– Mg의 첨가량이 많을 때 – C, Si 특히 Si가 적을 때 – 냉각 속도가 빠를 때	– HB : 220 이상이 된다. – 연성이 없다.
Pearlite형 (기지가 Pearlite)	Cementite형과 Ferrite형의 중간 발생 원인	– 강인하고, 인장 강도가 $70kg_f/mm^2$ – 연신율 : 2.0% 정도 – HB : 150～240
Ferrite (Ferrite가 석출한 것)	– C, Si 특히 Si가 많을 때 – Mg의 첨가량이 적당할 때 – 냉각 속도가 느리고, 풀림을 했을 때	– 연신율 : 6～20% – HB : 150～200 – Si가 3.0% 이상되면 취약하다.

⑤ 흑연의 구상화 처리

㉮ 흑연을 구상화하는 데 가장 많이 사용하는 것은 Mg 및 Mg계 합금이다.

㉯ 구상화제 : Ce, Mg, Fe – Si, Ca – Si, Ni – Mg, Mg – Si, Fe

㉠ 구상화제의 주성분인 Mg, Ca, 회토류 원소는 S이나 O와의 친화력이 강하므로 용탕의 S량이 많으면 구상화제를 많이 첨가해야 한다.

㉡ 복합 접종제 : 탄화물 안정제인 Cr – Si가 사용된다.

㉢ 흑연 구상화 첨가 합금의 관리(Mg 첨가량)

$$\text{Mg 첨가량}(\%) = \frac{\frac{3}{4}(\%\text{S}) + \text{잔류Mg}(\%)}{\text{Mg 실수율}(\%) \times 0.01}$$

㉰ Mg은 13.5% Ca을 25% 정도 첨가하며, 산소와 유황과의 친화력이 강하여 탈산, 탈황 작용이 크고, 폭발적인 반응을 하므로 다음과 같은 첨가 방식으로 용융 주철에 첨가한다.

(방법 : 표면 첨가법, 플랜저(plunger) 첨가법, 용탕 주입시 첨가법, 압력 첨가법)

㉱ 용탕 중에 Mg나 Ca을 1.0%정도 첨가하면 Mg은 80℃, Ca는 약 65℃의 온도를 강하시키므로 용탕의 온도를 1.400℃ 이상으로 하여야 한다.

㉲ Mg은 처리 온도에서의 증기압이 매우 높고 Fe의 용해도가 낮으므로 용탕에 Mg 첨가

시 실수율이 낮아지며, Ca도 Fe의 용해도가 낮아서 실수율이 낮다.

⑥ 구상 흑연 주철품의 종류와 기계적 성질(KS D 4302)

종류	기호	인장강도(kg_f/mm^2)	내력(kg_f/mm^2)	연신율(%)	경도(HB)
0종	GCD370	38 이상	23 이상	17 이상	179 이하
1종	GCD400	41 이상	24 이상	12 이상	201 이하
2종	GCD450	46 이상	28 이상	10 이상	143 ~ 217
3종	GCD500	51 이상	35 이상	7 이상	170 ~ 241
4종	GCD600	61 이상	38 이상	3 이상	192 ~ 269
5종	GCD700	71 이상	43 이상	2 이상	229 ~ 302
6종	GCD800	81 이상	49 이상	2 이상	248 ~ 352

⑦ 구상 흑연 주철의 제조법

㉮ 원재료 : 선철, 파쇠, 회수쇠 등으로 적당한 배율로 배합한다. (S, O가 적을 것)

㉯ 용해 : 용선로(산성 및 염기성), 전기로(저주파, 에로우식)에서 용해한다.

㉰ 접종, 주탕 : 50%, 75% Fe – Si, Ca – Si, Ca – Si 등 약 0.3%가 첨가된다.

㉱ 용탕의 S함유량을 낮추는 방법(탈황법)

㉠ S은 구상화 처리 전에 탈황해서 S을 약 0.02% 이하로 하는 것이 좋다.

㉡ 배합 재료 중의 S, P등의 함유량이 낮은 것을 사용한다.

㉢ 용해로 중의 용해 과정에서 탈황 처리한다. (염기성로를 사용한다.)

㉣ 용탕을 노(爐) 밖에서 탈황 처리한다.

㉲ 열처리 : Cementite 분해와 Ferrite화된다.

⑧ 구상 흑연 주철에 미치는 각종 원소의 영향

㉮ C의 영향

㉠ 탄소량이 저하 할수록 접종량이 적으며 불규칙하게 되기 쉽다.

㉡ 3.0 ~ 4.0 함유시 S 2.0 ~ 4.0% 첨가되며, Mg 0.05% 이상이면 흑연을 완전히 구상화하고, CE(탄소 당량)값은 4.3정도의 공정 조성으로부터 4.6 이하의 과공정 조성이다.

㉢ 탄소량이 높아지면 dross(거품) 결함이 나타나기 쉽다.

㉯ Si의 영향

흑연 구상화에 별 영향이 없고, 두께가 크게 되면 Si 량은 낮게 한다.

㉰ Mn의 영향

㉠ 4.0%까지는 별 영향이 없으나 그 이상이 되면 접종제(Mg, Ca)를 증가시키지 않으면 구상화에 나쁜 영향을 미친다.

㉡ Pearlite를 안정화 하므로 주방 상태에서 Ferrite를 얻고 싶을 때는 양을 낮춘다.

㉣ P의 영향

㉠ 4.0%까지는 구상화에 큰 영향이 없으나 그 이상은 잔류 Mg을 많게 한다.

㉡ 0.05% 이상 있으면 steadite를 만들므로 연성의 재질은 P함유량이 적은 편이 좋다.

㉤ S의 영향

㉠ 0.012 ~ 0.013% 일때 잔류 Mg이 0.067 ~ 0.072%로 흑연을 완전히 구상화한다.

㉡ 0.049%의 경우에는 구상화가 불안정하다.(구상화 방해 원소이다)

㉥ 구상화 저해 원소 : Te > Bi > Pb > Sb > B > Zr > Sn > Al > Cu의 순으로 구상화를 저해한다.

⑨ 구상 흑연 주철의 성질

㉮ 물리적 성질

㉠ 밀도 : C, Si량의 증가로 흑연량은 증가하고 밀도는 작아진다.
(고탄소의 Ferrite 기지에서 $7.1g/mm^3$, Pearlite 기지에서 $7.15g/mm^3$이다.

㉡ 열전도도 : 완전 흑연 구상화에서는 0.085 ~ 0.095cal/cm · s · ℃이고, 구상화가 나빠지면 회주철에 가깝다.

㉢ 전기 저항 : 성분과 기지 조직이 같은 것은 회주철의 약 $\frac{1}{2}$의 저항을 갖는다.

ⓐ 주방에서 약 $58\mu\Omega$ 이며, 풀림한 것은 약 $55\mu\Omega \cdot cm$이다.

ⓑ 담금질한 후는 $65.8\mu\Omega \cdot cm$, 500℃에서 30분 동안 뜨임한 후에는 $85.1\mu\Omega \cdot cm$로 되고, 700℃에서는 $53.6\mu\Omega \cdot cm$로 된다.

ⓒ Si는 흑연을 증가하고, sillco − Ferrite가 되어 저항을 증가시킨다.

㉯ 기계적 성질

㉠ 인장 성질 : 내력의 의한 인장 강도의 비는 0.7 ~ 0.8이다.

㉡ 내충격성 : Pearlite량의 증가에 따라 충격치는 낮아지고, 50% 연성 천이 온도는 상승하며, 저온도에서의 충격치는 매우 낮은 값이다.

㉢ 피로 한도 : 피로 한도는 인장 강도 증가에 따라 증가하며, 피로 한도는 회주철의 1.5 ~ 2.0배로 높다.

㉣ 내마모성 : 건조 분위기에서는 Ferrite량의 증가에 따라 마모는 커진다.
구상 흑연이 클 때(>30μ 지름), 입수(粒數)가 적을 때, Pearlite기지일 때 마모량이 적다.

㉤ 내식성 : 흑연이 보호 피막이 되므로 우수하다.

㉥ 감쇠능 : Ferrite 기지인 때에 Pearlite기지보다도 약간 크다.

㉦ 피삭성 : Ferrite량이 증가하면 피삭성은 좋아진다.

⑩ 구상 흑연 주철의 열처리

㉮ 응력 제거 풀림

㉠ 가공 후의 주물에 대하여 실온 및 고온에서 높은 치수 정밀도가 요구될 때 행한다.

㉡ 내부 응력 풀림 온도 : 520 ~ 550℃에서 4 ~ 6시간 유지 후 서냉을 한다.

조직	Ferrite와 Pearlite	Bainite	silico – Ferrite (Si 6.5%)	Austenite (Ni 19.0%)
풀림 온도	510 ~ 570℃	570 ~ 590℃	590 ~ 650℃	620 ~ 680℃

㉢ 두께에 따른 유지 시간

두께(mm)	25 이하	25 ~ 50	50 ~ 100	100 이상
유지 시간(h)	2 ~ 5	3 ~ 7	5 ~ 9	7 ~ 11

※ 적정 유지 시간에서 약 1시간으로 80 ~ 90%의 내부 응력을 제거한다.

㉣ 소정 시간 유지 후 150 ~ 200℃에서 노냉 후 공냉을 한다.

㉤ 풀림 후의 냉각 속도 : 15℃/h 이하가 좋다.

㉥ Ferrite화가 좋지 않을 때는 더욱 저온에서 실시한다.

㉯ 연화 풀림(softened aunnealing, Ferrite 풀림)

㉠ 살두께의 변동이 크고 균일한 조직이며 연성이 큰 균일한 Ferrite 조직이 요구될 때 실시한다.

㉡ 제1단 흑연화 풀림 : 850 ~ 930℃에서 2 ~ 3시간 유지하여 Cementite 분해 흑연화 시키는 풀림이다.

㉢ 제 2단 흑연화 풀림
700 ~ 750℃로 3 ~ 6시간 유지시켜 Pearlite를 분해하여 Ferrite화하므로서 연성, 내충격성을 향상시킨다.

㉣ 제1단 처리 후 10시간 정도 경과한 후 600℃까지 노냉 처리하여 Ferrite화 한다.

㉤ 탄화물이 없는 주물에서는 제2단 흑연화 풀림만으로 Ferrite화 시킬수 있다.

㉥ 탄화물 안정 원소가 적은 것에는 A_1 변태점 이하에서의 가열을 하지 않고 A_1 변태점 부근을 서냉만 하여도 Ferrite화할 수 있다.

㉰ 노멀라이징(불림)

㉠ 살두께의 변동이 크고 균일 조직 또는 강인성, 균일 Pearlite 조직이 요구될 때 실시하며 강도, 경도의 향상을 위해 850 ~ 920℃로 Austenite화하여 공냉을 한다.

㉡ 900℃ 부근에서 수시간 동안 가열 후 공냉을 한다.

㉢ 850 ~ 920℃로 Austenite화한 다음 공냉하여 Pearlite 기지를 얻는다.

㉣ 내부 응력 제거와 Ferrite화한 것을 다시 탄소를 Austenite 조직 속에 확산시켜 Pearlite조직만으로 하기 위해 실시하며 강도 향상도 이루어진다.

㉣ 담금질 및 뜨임

㉠ 최대 인성과 강도의 조합이 유지될 때 행하며, 높은 경도와 내마모성을 지닌 표준 조직을 얻기 위한 열처리이다.

㉡ 담금질 온도 : 850～930℃까지 가열 후 물 또는 기름 중에서 급냉한다.

㉢ 뜨임 온도 : 250～700℃에서 공냉 또는 노냉을 한다.

㉣ Ni, Mo, Mn 등이 많으면 담금질은 향상되고 뜨임 온도와 경도는 서로 반비례 한다.

㉤ Austempering

㉠ 850～900℃로 Austenite화한 다음 260～520℃의 적당한 온도의 용융 염욕(2～3시간 유지)등에 담금질하며, 이 열처리를 하는 구상 흑연 주철에는 Ni, Mo을 첨가한다.

㉡ 조직 : 등온 변태에 의해서 Bainite가 된다.(이 처리로 얻어지는 HB : 275～450)

㉢ 담금질 뜨임법에 비하여 인성을 주고 또 열처리에 의한 변형을 적게 한다.

㉥ 표면 경화

㉠ 고주파 유도 가열 또는 산소－아세틸렌 가스에 의해서 주물 표면층을 가열하여 Austenite화하고 이어서 급냉하여 Martensite화한다.

㉡ 담금질용의 염욕 및 담금질 깊이는 Ni, Mo 등의 함유량에 따라 변화한다.

㉢ 열처리 전의 조직은 Ferrite보다는 Pearite기지 쪽이 적당하다.

㉣ 재질은 표면층만의 경도가 높아서 내마모성이 좋고 내부는 인성이 좋다.

㉦ **구상 흑연 주철의 열처리와 기계적 성질**

열처리 \ 성질	기지 조직	인장 강도 (kg_f/mm^2)	내력 (kg_f/mm^2)	연신율(%)	경도(HB)
주방 상태	buii's eye	55～70	39～55	5～10	200～240
Ferrite화 풀림	Ferrite	38～54	27～40	15～25	140～180
풀림	Pearlite	70～92	52～70	3～6	240～300
담금질·뜨임	Martensite	95～110	78～95	1～3	350～450
Austempering	Bainite	80～110	63～78	1～3	280～450

㉧ 열처리할 때의 주의 사항

㉠ 가열 속도는 너무 빠르면 제품 내외부의 온도차를 일으켜 변형 균열을 일으키므로 복잡한 형상의 것에는 가열 속도를 100℃/h 이하로 한다.

㉡ 300～500℃에서 Ferrite 주철을 급냉하면 취화(脆化)하는 일이 있다.
Si, P의 함량에 주의해야 한다.

㉢ 열처리 부품의 표면은 0.5～3.0mm의 깊이까지 탈탄 또는 산화하고 있으므로 필요한 열처리 분위기를 선택해야 한다.

㉣ Austenite화 처리와 같고 그온 가열할 때는 주물의 자중(自重)으로 변형이 생기는 경우가 있으므로 지지 방법에 주의해야 한다.

⑪ 용도

㉮ 기계 구조용 부품으로서 특히 사용 응력이 높을 때, 충격 하중이 걸리는 경우에 적절한 재료이다.

㉯ 내압과 내마멸성을 요하는 각종 기계 부품, 압연 기계 부품, 내열용 재료 등

㉰ Austenite 조직의 구상 흑연 주철은 항공기 엔진 부품, Pearlite계는 각종 노 재료

㉱ 실린더 라이너, brake shoe, 소형 기관의 크랭크축, 캠, 브레이크 드럼, 고급 기계 부품에 적당하며, 화학 부품, 수도관, ingot 주형에 많이 사용된다.

다. 칠드 주철(Chilled casting, 冷硬鑄鐵)

내마모성이 요구되는 사용면을 주탕(注湯)후 급냉하여 표면을 백선화해서 경도를 높게 하고 내부는 서냉하여 유리 흑연을 생성시켜 연하게 하여 내충격성, 압축 강도, 굽힘 강도를 유지시킨 주물이다.

※ 급냉 방법은 금형을 사용하거나 분할의 금속의 block을 냉금으로 하여 주물표면에 댄다.

① 칠드 주철의 조직

㉮ 표면(외부, Chilled부)조직 : Cementite(Fe_3C)와 Pearlite로 되어 있다.
더욱 강하게 하려면 Ni, Mn, Mo 등을 첨가하여 Bainite나 Martensite 조직으로 한다.

㉯ 내부 조직 : 편상 흑연과 Pearlite로 되어있다.
내부는 반선으로서 유리 Cementite가 감소하여 미세한 흑연이 나타난다.

㉰ 결정은 방향성이 없으나 이에 연속하는 냉경부는 용융 금속의 열 이동 방향이 나타나는 금형면에 직각인 수지상정이 발달한다. 결정 조직은 금형에 접촉해 급냉된 최초 표면층은 주탕 후 바로 응고하므로 방향성이 없다.

㉱ Chilled 주철의 주성분
C(3.0 ~ 3.7%), Si(0.6 ~ 2.3%), Mn(0.6 ~ 1.6%), P(0.2 ~ 0.4%), S(0.07 ~ 0.1%)
Si가 적은 것을 사용하여 Chill을 용이하게 한다.

㉮ Chilled 주철의 화학 성분과 용도

구분	화학 성분(%)							용도
	C	Si	Mn	P	S	Ni	Cr	
A	3.36	0.85	0.52	0.05	0.05	–	–	강판용 열간 롤
B	2.95	0.25	0.09	0.09	0.04	3.82	0.79	강판용 열간 롤
C	3.70 ~ 3.90	0.65 ~ 0.75	1.10 ~ 1.60	0.45 ~ 0.50	0.07 ~ 0.12	–	–	종이, 천에 광택을 내는 캘린더 롤
B	3.40 ~ 3.60	0.70 ~ 0.90	0.60 ~ 0.70	0.10 ~ 0.15	0.06 ~ 0.08	–	–	기타 용도의 롤

② Chilled 주물의 제조

㉮ 금형은 열전도도가 높고 열응력에 대한 저항성이 좋은 주철제를 사용한다.

㉯ 소착(燒着)방지, 주물 표명의 조잡(粗雜)과 균열 발생의 방지를 위하여 흑연계 도료를 200 ~ 250℃로 예열한 금형면에 spray한다.

㉰ 주탕시의 금형의 온도 : 보통 120 ~ 180℃로 한다.

㉱ Ni – hard 주물은 주조 후에 200 ~ 250℃에서 2시간 유지하여 응력 제거 처리한다.

㉲ 냉경부에 접촉시키는 두께는 주물 두께의 $\frac{1}{2}$ ~ $\frac{1}{3}$정도로 한다.

㉳ 고급 칠드 주철의 롤을 만들려면 10 ~ 30%의 목탄선을 배합하고 산성 용선로에서 용해하면 유동성이 좋고 내부 결함이 적다.

③ 기계적 성질

㉮ Chill의 경도 : HS60 ~ 75(HB350 ~ 500)
Ni이 첨가되면 HS80 ~ 90 정도가 된다.

㉯ 고급 칠드 주철(Ni 1.0 ~ 2.5%, Cr 0.1 ~ 0.5%)은 강도와 경도가 높다.

㉰ 칠 부분의 인장 강도는 20 ~ 22kg_f/mm^2, 연신율은 0.1 ~ 0.13% 정도다.

④ Chill의 깊이

㉮ Chilled 주물의 칠 깊이에 미치는 합금 원소의 영향은 주로 그 원소가 흑연화의 촉진에 대한 여부의 작용과 냉각 속도를 결정하는 금형의 두께에 따라 달라진다.

㉯ 용해할 때의 최고 용해 온도, 주입 온도가 높을수록 Chill 깊이가 크게 된다.

㉰ Chill 깊이는 냉각속도에 관계되며 보통 10 ~ 25mm로 한다.

㉱ 전체 Chill의 깊이는 완전 Chill부와 반선부를 포함 깊이이다.

㉲ Chill층의 지배 요인

㉠ 주입 온도, Chill 부분 두께, 금형 온도와 두께 및 금형에 접촉하는 시간

㉡ Si량이 적어지면 Chill 두께가 두꺼워진다.

㉢ 칠드 부를 얇게 하는 원소 : C > P > Co > Ni > Ti > Si > Al

㉣ 칠드 부를 깊게 하는 원소 : W > Mn > Mo > Cr > Sn > V > S

㉤ 칠드 롤의 결함에는 수축공과 핀 홀 등이 있다.

(개선책 : 압탕의 크기, 압탕량 등을 정확히 계산하고 고온 주입을 한다.)

⑤ Chilled 주철의 용도

㉮ 주용도 : 금속 압연용, 그 밖에는 roll용

㉯ 중 Ni – Cr Martensite 합금 주철 Ni – hard는 분쇄기 roll등에 사용한다.

㉰ 압연기 로울러, 철도 차륜, 볼밀의 볼

라. CV주철(Compacted Vermr cular graphife)

구상 흑연과 편상 흑연의 중간 형태의 흑연으로 형성된 조직으로 주조성이 구상 흑연 주철과 회주철의 중간의 주철이며, Fe – Si나 Fe – Mn으로 접종 처리한 주철이다.

① 조성 : C(3.4%), Si(2.0%), Mn(0 63%), P(0.06%), S(0.2%), Mg(0.022%), Sb(0.05%)

② 회주철 정도의 진동 흡수 능력과 기계 가공성을 가진다.

③ 강도, 연성, 열전도도 등이 회주철보다 우수하다.

④ 경도(HRB)는 95 ~ 105이고, 인장 강도는 33 ~ 42kg_f/mm^2이다.

⑤ 용도 : 디젤 엔진, 실린더 블록 헤드, 자동차 브레이크, 유압 밸브 등

Part 4

비철 금속 재료

구리와 그 합금

구리(Cu)는 순금속 및 합금 상태로 광범위하게 사용되며 전기 전도율 및 열전도율, 내식성이 우수하고 가공성이 좋다. 인장 강도가 크고 용접 및 접합성이 좋아 많이 사용되고 있으며 구리 합금인 황동이나 청동은 공업적으로 매우 중요하다. 구리의 약 80%정도는 순금속 상태로 전기 재료, 기계 부품, 건축 재료, 인쇄용 판, 장식품, 화폐, 냉·난방 기기, 화학 공업용, 송유관, 가스관 및 급탕관 등에 널리 사용된다.

제1절 | 구리(Cu)의 성질

구리는 Al과 더불어 비철 금속 재료 중 가장 중요한 원소의 하나로서 다른 금속에 비하여 기계적 성질, 물리적 성질, 화학적 성질 등이 우수한 점이 많은 금속이다.

1 구리의 장점

가. 다른 금속에 비해 다음과 같은 우수한 점을 갖고 있다.

① 전기 및 열의 전도성이 우수하고, 유연하고 전연성이 좋아 가공이 용이하다.

② 화학적 저항력이 커서 부식 저항이 크고, 아름다운 광택과 귀금속적 성질이 우수하며, Zn, Sn, Ni, Ag 등과 용이하게 합금을 만든다.

나. 물리적 성질

Cu의 물리적 성질은 순도에 따라 달라진다.

① 전기 전도율 : 합금 원소를 첨가하면 전기 전도율을 감소시킨다.

㉮ 도전율 및 열전도율은 Ag 다음으로 높다.

㈏ 순금속의 상대적 전기·열전도율(Cu를 100으로 한다)

성질 \ 금속	Ag	Cu	Au	Al	Mg	Zn	Ni	Cd	Co	Fe	Pt	Sn	Pb	Sb
전기 전도율	106	100	72	62	39	29	25	23	18	17	16	15	8	4.5
열전도율	108	100	76	56	41	29	15	24	17	17	18	17	9	5

㈐ 도전율에 가장 해로운 영향을 미치는 원소(도전율을 감소 원소) : Ti, P, Fe, Si, As (함유량이 수%에 이르면 Al, Sn, Mn, Ni 등은 도전율을 격감하고, Ag, Zn은 영향이 적다.)

㈑ Cu중의 O_2는 불순물과 반응해 불용성 화합물을 생성하여 전기전도도를 감소시킨다.

㈒ 도전율은 냉간 가공을 하면 약 2%까지 감소하고 온도 상승에 따라 감소한다.

② 비저항(比抵抗)

㈎ 온도 상승에 따라 증가하고 상온 가공에 의해 2～3% 정도 증가 한다.

㈏ 고용체로서 녹는 불순물의 비저항에 미치는 영향은 가공법의 법칙에 따라 변한다.

$$\rho_r = (1-P)\rho_{Cu} + P \cdot \rho_i$$

- ρ_r : 온도 T(°K)에서 불순물을 품은 Cu의 비저항
- ρ_{Cu} : Cu의 비저항
- P : 용적 분율 또는 원자 분율로 나타낸 불순물 함유량
- ρ_i : 불순물의 비저항

㈐ 금속의 어느 온도(θ℃)에서의 비저항을 나타내는 식

$$\rho_\theta = \rho_o(1+\alpha\,\theta+\beta\,\theta+\gamma\,\theta+\cdots\cdots)$$

- ρ_θ : θ℃에서의 비저항
- ρ_o : 0℃에서의 Cu의 비저항
- α, β, γ : 정수

③ Cu의 자기적 성질은 비자성체나 Fe을 0.04% 품으면 상자성(常磁性)이 된다.

④ 면심 입방 격자이고, 변태점 및 쌍정(twin)이 없으며, 격자 상수는 3.608 Å 이다.

⑤ Cu의 물리적 성질(99.99%Cu)

밀도(20℃, g/cm³)	8.89	용융 숨은열(cal/g)	48.9
용융점(℃)	1,083	열전도율(20℃cal/cm²/cm/sec/℃)	0.934
끓는점(℃)	2,595	도전율(20℃, IACS)	약 101
응고점(℃)	1.065	비열(20℃/g/℃)	0.092
열팽창 계수(20℃, ×10⁻⁶℃)	16.8	저항(20℃, μΩ · cm)	1.71

다. 기계적 성질

화학 성분(불순물의 함유량)과 열처리 및 가공 상태에 따라 현저하게 다르다.

① 인장강도

㉮ 온도가 상승하면 인장강도는 낮아진다.

㉯ 상온 가공에 의해서 경도와 인장 강도는 풀림을 하였을 때의 약 2배로 증가된다. 가공도에 따라 증가(가공도 70 ~ 80%에서 최대)하며, 상온 가공 후 풀림한다.

② 연신율

㉮ 가열하면 온도 상승에 따라 감소되어 500 ~ 600℃에서 최저가 되고 그 온도 이상에서는 급격히 증가 하므로 750 ~ 850℃의 범위에서 고온 가공하면 좋아진다.

㉯ 상온 가공에 의해서 급격히 감소된다.

③ 가공도

㉮ 질이 연하고 가공성이 풍부하여 냉간 가공에 의해 적당한 강도를 갖는다.

㉯ 가공재를 풀림하면 100 ~ 200℃에서 연화하기 시작하여 250 ~ 350℃에서 연화가 완료된다.
가공 경화된 Cu의 풀림은 450 ~ 600℃에서 30분 ~ 1시간 정도 실시한다.

㉰ 700℃ 이상으로 가열하면 결정입자가 성장해 크게 거칠어지며, 연신율이 감소된다.

㉱ Cu는 냉간 가공이 용이하여 band, 관, flange등으로 가공하기 쉽다.

㉲ 소성 변형에 의하여 90% 이상의 단면 감소가 가능하다.

㉳ 냉간 가공에 의한 경화는 비교적 낮은 풀림 온도에서 회복한다.

㉴ 가공도에 따른 구분 : 연질, $\frac{1}{4}$경질, $\frac{1}{2}$경질, 경질 등으로 구분한다.

㉵ **Cu의 지금(地金)을 압연한 후 풀림한 것의 기계적 성질**

성질	수치	성질	수치
인장 강도	22 ~ 25kg$_f$/mm^2	피로 한도	8.5kg$_f$/mm^2
연신율	49 ~ 60%	탄성 계수	12.200kg$_f$/mm^2
단면수축율	92 ~ 70%	브리넬 경도	HB35 ~ 40
충격치(아이조드)	5.8kg$_f$ − m	포아손비	0.33 ± 0.01

④ Cu의 절삭성

㉮ 점성 때문에 불량하나 가공 경화한 것 또는 유해하지 않을 정도의 소량의 Sn, Pb를 첨가하면 약간 개선되며, 산소 함유량을 증가시키면 절삭성은 좋아진다.

㉯ Ti를 0.5% 첨가하면 절삭성이 좋고 도전율도 약 90%정도이다.

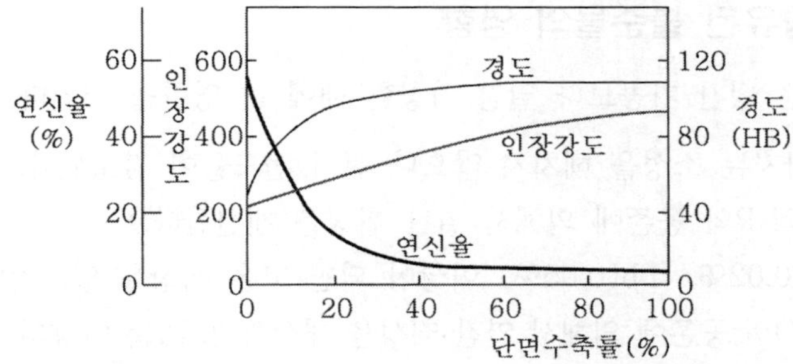

그림 4-1 Cu의 기계적 성질에 미치는 냉간 가공의 영향

라. 화학적 성질

① 상온의 건조한 공기 중에서는 산화하지 않는다.

② 대기 중에 방치하면 CO_2, SO_2 및 수분 등의 작용에 의해서 표면에 녹색의 염기성 탄화동[$CuCO_3 \cdot Cu(OH)_2$], 염기성 황산동[$CuSO_4 \cdot Cu(OH)_2$]등을 발생하며 이것은 보통의 물에 불용성의 보호 피막 역할을 한다.

③ Cu는 자연수(自然數) 중에서도 보호 피막이 형성되기 쉽고 부식율이 적다.

④ 연수(軟水)에서 CO_2 및 O의 용해량이 많아지면 부식율도 높아진다.

⑤ 해수(海水)에서는 유속(流速)이 적을 때 내식성이 좋고 부식율은 0.05mm/년 정도다.

⑥ 중성 염류 수용액에서는 비교적 강하다.

⑦ 산화력이 강한 질산에 용해하며 O가 존재할 때 희석한 염산 및 황산 등에 용해된다.

⑧ 수소병(hydrogen embrittlement), 수소화, 수소 메짐성, 환원 메짐성)

㉮ 수소를 함유한 환원성 분위기 중에서 Cu를 가열하면 $Cu_2O+H_2 \rightarrow 2Cu+H_2O$로 반응하여 구리와 수증기로 되어 이 수증기가 팽창하여 갈라지는 현상을 말한다. (산소를 품은 정련동에서 가끔 나타난다.)

㉯ 발생한 수증기는 고압이 되어 미소 기포를 형성하거나 대단히 작은 hair crack을 많이 일으키며 이것을 압연시키면 더욱 심하게 깨어진다.

㉰ 수소 취성 온도는 650 ~ 850℃이다.
(950℃ 이상이 되면 H_2 증기에 의해 생성된 기공 또는 균열이 자연 소멸되어 수소 취성이 없어진다.)

마. Cu 중에 함유된 불순물의 영향

Cu중의 불순물은 냉간 가공보다 열간 가공할 때에 큰 영향을 미친다.

① As : 0.5%까지는 소성을 해치지 않으나 전기 전도율이 감소된다.
(As는 미량의 P의 공존에 의해서 열간 취성을 개선한다.)

② Bi, Pb : Bi(0.02%), Pb(0.05%) 이상이 되면 고온 취성을 일으킨다.
(Pb 미량의 O의 공존에 의해서 열간 취성을 개선하며, Bi는 미량의 O, P, Sb, Li의 공존에 의해서 열간 취성을 개선한다.)

③ O_2 : 수소 용해도 감소로 순도를 높인다.

④ Fe : 3.0～4.0% 고용하며, 1.0% 초과하면 굳고 여리다.

⑤ S : Cu2S로서 구리와 공정을 만들며 0.25% 정도에서 냉간 가공이 안된다.

⑥ Sb : 소량 첨가는 경도를 증대하나 소성을 해치며 5.0%는 전기 전도율을 해친다.
(Sb는 미량의 O의 공존에 의해서 열간 취성을 개선한다.)

2 구리의 제조

가. 동광석(銅鑛石)

① 동광석의 종류

㉮ 황화광(黃化鑛, ※ 가장 중요하다.)
황동광($CuFeS_2$), 휘동광(Cu_2S), 반동광($3Cu_2S \cdot FeS_3$), 4면동광(Cu_3SbS_3), 황규동강(Cu_2AsS_4)

㉯ 산화광(酸化鑛)
적동광(Cu_2O), 공작석($CuCO_3 \cdot Cu(OH)_2$), 염동광($2CuCO_3 \cdot Cu(OH)_2$), 규공작석($CuSiO_3 \cdot 2H_2O$)

㉰ 자연동(自然銅)

② 동광석의 품위

㉮ 2.0～4.0%Cu(조동 : 98～99% Cu함유, 전기동 : 99.96% Cu함유)

㉯ 보통 2.0～4.0% Cu의 것을 선광(選鑛)하여 품위를 20% 이상으로 제련한다.

나. 동광석의 제련법

제련법에는 건식법과 습식법이 있으나 약 90%의 Cu가 황화동광의 건식 제련에 의해서 얻어지며, 광석은 선광을 거쳐 필요에 따라 배소(焙燒), 소결(燒結), 단광(團鑛)등의 처리를 사용한 후 용광로 또는 반사로 등에서 용융제련(smelting)을 한다.

① 건식법(乾式法,pyrometallurgical process)

㉮ 용융 제련에 의해 구리는 황화물의 상태로 농축된 매트(matte, 용광로에서 처음 나온 동, $Cu_2S \cdot FeS$: Cu 30 ~ 50%)로 된다.

㉯ 조동(粗銅, blister copper)

㉠ 용융 매트를 다시 전로 작업에서 공기 산화에 의해 Fe, S을 제거시키면 조동이 된다.

㉡ 조동(粗銅)에는 유해한 Au, Ag등의 유가(有價) 금속을 함유한다.

㉰ 전기동(電氣銅)

㉠ 조동을 전해 정련하여 순수한 전기동(電氣銅)을 얻는다.

㉡ 전기동은 취약하므로 반사로에서 재정련하여 강인동으로 만든다.

㉱ Cu의 건식 제련은 황화물의 산화 과정인 것이 특징이며, 이때에 S, Fe등을 제거하면서 그 산화 발열을 이용한다.

㉲ 산화동광의 정련

㉠ 고품위의 것 : 황화광과 같이 용련하여 matte를 만든다.

㉡ 저품위의 것 : 습식법으로 처리하는 것이 보통이다.

(고품위산화광을 적량의 코크스, 용제와 함께 용광로 또는 반사로에서 환원 제련하여 직접 조동을 만드는 경우도 있다.)

② 습식법(濕式法, hydrometallurgicai process)

주로 저품위광에 이용되며, 동광석을 배소하여 황산동 또는 염화동으로 하고 또는 산화광은 황산으로 처리하여 동분을 용해해서 이 용액을 정화하여 화학적 또는 전기 화학적 방법으로 금속동을 얻는다.

③ 동(銅, 구리)의 제련

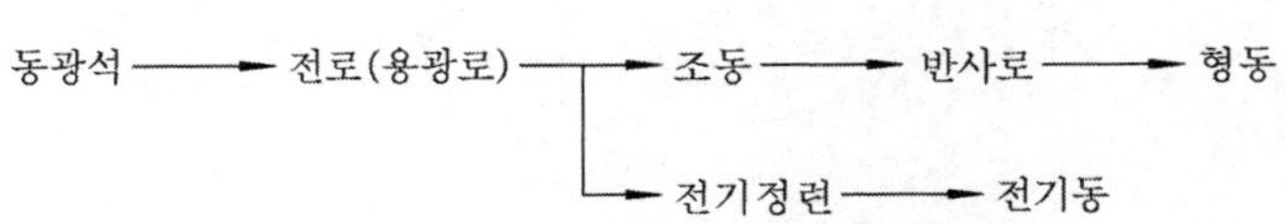

제2절 I 구리(銅)의 종류

강인동(tough pitch copper)으로 만들어 시판되는 구리(銅)로는 전기동, 정련동, 탈산동, 무산소동 등이 있다.

1 전기동(electrolytic copper, cathode copper)

전기동은 전기 분해에 의해 얻어지는 Cu로, Cu 지금(地金)으로 판매되는 것이 보통이다.

가. 전기동의 특징

① 전기 분해하여 음극에서 얻어지는 동(銅)으로 동지금(銅地金)으로 판매된다.

② 순도(99.95% 이상)는 높으나 취약하여 가공이 곤란하며, 이것을 다시 산화 환원에 의한 용융 정련을 하여 형동을 만들어 판매하기도 한다.

③ Cu 지금(地金)의 규격(KS D 2301)

종류	기호	화학성분							비고
		Cu	As	Sb	Bi	Pb	S	Fe	
1종	C_1	99.95 이상	0.003 이하	0.0005 이하	0.001 이하	0.005 이하	0.010 이하	0.010 이하	전기 분해에서 나온 그대로의 것
2종	C_2	99.85 이상	0.003 이하	0.0100 이하	0.005 이하	0.005 이하	0.010 이하	0.010 이하	전기동을 용해하여 형동으로 한 것
3종	C_3	99.60 이상	0.003 이하	0.0300 이하	0.010 이하	0.020 이하	0.015 이하	0.020 이하	건식법으로 정제하여 형동으로 한 것
4종	C_4	99.30 이상							기타 형동인 구리 지금

2 전해인성 구리(정련동, electrolytic tought - pitch copper, tough pitch copper, 무산화동)

전기동을 용융 정제하여 Cu중의 O_2를 0.02 ~ 0.04% 정도 남긴 정제동(精製銅)으로, 표준 조성은 Cu(99.92%), O_2(0.03%)이다.

가. 정련동의 특징

① 용해할 때 노내 분위기를 산화성으로 해서 용융 구리 중의 산소 농도를 증가시켜 수소 함유량을 저하시킨 후 생목을 용융 중에 투입하는 poling을 하여 탈산시킨 동이다.

② O_2는 일부 불순물을 산화물로 만들어 주조할 때 작은 기공으로 되어 파이프 공동(pipe cavity)을 방지한다.

㉮ O_2는 Cu에 거의 고용되지 않는다.

㉯ O_2 농도가 약 0.04%이면 전도율을 저하시키는 불순물을 어느 정도 제거시킨다.

㉰ 응고할 때 산화 구리는 수지상 공정을 이루는데 열간 가공하면 이 산화구리의 수지상 간 조직은 파괴되고 입자가 가공 방향으로 배열된다.

③ 열간 가공을 하면 작은 기공은 압착이 되며, 전기 및 열의 전도성이 아주 좋다.

④ 용도 : 선, 봉, 판 및 스트립(strip)등을 제조하는데 많이 사용된다.
(전도성, 내식성, 전연성, 강도 등이 우수하여 전기 공업용에 많이 사용한다.)

3 무산소 구리(oxygen free high conductivity copper, OFHC)

산소나 P, Zn, Si, K 등의 탈산제를 품지 않는 것으로 전기동을 진공 또는 무산화 분위기에서 정련 주조한 것으로 정련동과 탈산동의 장점을 갖춘 것이다.

가. 무산소 구리의 특징

① O_2나 탈산제를 품지 않는 Cu이며, 산소 함유량은 0.001 ~ 0.002% 정도이다.

② 진공 또는 일산화탄소(CO)의 환원성 분위기에서 용해 주조하여 만든다.

③ 전해 정련된 음극 Cu를 용해하고 CO 및 질소가스의 환원성 분위기에서 O_2가 Cu에 들어오는 것을 방지하면서 주조하면 무산소 구리를 만들 수 있다.

④ 무산소 구리는 산화구리가 없으므로 고온에서 수소 취성이 일어나지 않는다.

⑤ 전기 전도도가 극히 좋고, 가공성이 우수 하므로 전자기용에 사용한다.

⑥ 유리에 대한 봉착성 및 전연성이 좋으므로 진공관용 등으로 사용한다.

4 탈산구리(deoxidized copper)

용해시에 흡수된 O_2를 P으로 탈산하여 O_2를 0.01% 이하로 한 것으로 고온에서 수소 취성이 없고 산소를 흡수하지 않으며 용접성이 좋아 가스관, 열교환관 등으로 사용한다.

가. 탈산 구리의 특징

① 용해할 때 흡수된 O_2를 인(P)으로 탈산하여 O_2는 0.01% 이하가 되고, 잔류 P의 양은 0.02% 정도로 조절한다.

② 이 종류의 Cu는 고온의 환원성 기류 중에서도 수소 메짐성이 없으며 고온에서 O_2를 흡수하지 않으며 연화 온도도 약간 높으므로 용접용으로 적합하다.

③ P으로 인해 전도율이 저하하여 비저항은 약 $2\mu\Omega - \text{cm}$ 이다.

㉮ P을 충분히 첨가하면 Cu에 함유된 O_2가 산화인(P_2O_5)으로 되므로 O_2는 0.009% 이하로 적게 되어 높은 전도율이 유지된다.

㉯ Cu에 남아있는 P은 열간 가공 및 풀림 처리 도중 O_2의 흡착을 막는다.

④ 용도 : 판재로 사용, 대부분 관으르 제조하여 가스관, 열교환관, 중유 버너용 관 등

제3절 | 구리의 용해 및 주조

Cu를 용해하여 주괴(ingot)를 만들 때에는 반사로를 사용하고, 적은 양(量)을 용해할 때에는 도가니로, 전기로 등을 각각 사용하여 용해한다.

가. 반사로의 용해

주괴(ingot)를 만들 때에 사용하며, 반사로에서 용해할 경우의 탈산제로는 생나무를 써서 폴링(poling) 한다.

※ poling

① 생통나무 삽입 작업으로 건식 구리 제련에서 행하는 처리 과정이다.

② 최초에 세트 구리나 드라이 구리를 만들기 위하여 공기를 취입하여 다음에 코크스와 같은 탄소제를 탕면에 뿌리고 생소나무를 삽입하여 환원시켜 끓인다.

③ poling의 종류

㉮ 중(重) 폴링(dense poling) : SO_2를 제거한다.

㉯ 연 폴링(tough poling) : 중 폴링 처리중의 Cu_2O를 적당히 환원시켜 점도를 증가시키기 위해서 행한다.

나. CU의 주물이나 도가니로 용해

도가니로 용해나 Cu의 주물을 만들 때에는 인동을 사용하며, 순Cu 주물은 용광로의 송풍구 부분과 같이 열전도율이 높은 것을 요구될 때 제조된다.

다. 양질의 주물을 얻기 위한 방법

① 기포를 없애기 위해서 산소나 수소가 적은 용동(熔銅)을 얻을 것

② 통기성이 좋은 주물사(鑄物砂)를 선택하고 주형은 건조형을 사용할 것

③ Cu는 응고 범위가 좁고, 열전도율이 좋아서 수축이 심하므로 하주법으로 주조한다.

④ 압탕을 세워야 하며 가능하면 보온을 해주는 것이 좋다.

제4절 | 황동(黃銅, brass, Cu－Zn, 놋쇠)

황동은 Cu와 Zn의 합금 및 이것에 다른 원소를 첨가한 합금으로 Cu에 비하여 주조성, 가공성 및 내식성이 좋고, 청동에 비하여 가격이 저렴하며, 색깔이 아름답다.

1 Cu의 2원계 상태도

실용 동합금의 기초가 되는 2원계 상태도는 황동형, 청동형, 공정형으로 나눈다.

가. 황동형 상태도

① 포정 반응으로 생긴 β가 상온까지 존재 하므로 실용 합금은 α단상 또는 $\alpha+\beta$조직의 것이 되며, α －고용체 뿐만 아니라 β －고용체를 이용한 합금이 많다.

② 황동형 : Cu－Zn, Cu－Ti, Cu－Cd

나. 청동형 상태도

① 공석 변태가 있어 β가 저온에서 $\alpha+\gamma$로 분해되며, 공석 변태를 담금질로 저지하거나 또는 뜨임하여 열처리 효과를 얻을 수 있다.

② 청동형 : Cu－Sn, Cu－Si, Cu－Al, Cu－Be, Cu－In

다. 공정형 상태도

① α의 용해도 변화에 따라 Al합금에서 볼 수 있는 석출 경화가 일어나므로 시효성이 있다.

② 공정형 : Cu－Ag, Cu－P

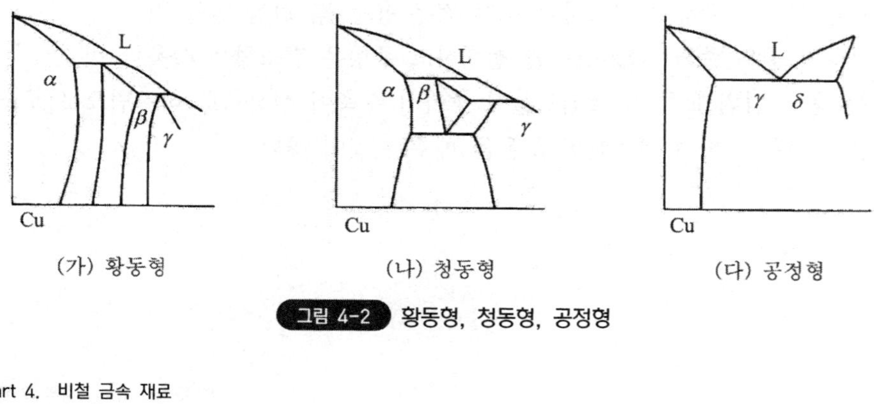

(가) 황동형 (나) 청동형 (다) 공정형

그림 4-2 황동형, 청동형, 공정형

2 황동형의 상태도와 조직

가. 황동의 상태도

Zn은 Cu에서 고용도가 광범위하며, 456℃에서 39% Zn에 이르기까지 α − 고용체를 형성하며, Zn 함유량이 더욱 증가하면 β상인 제2의 Zn 고용체를 형성한다.

① 468℃와 456℃의 온도 범위를 지나 냉각될 때 불규칙한 β상조직은 규칙적인 β' 조직으로 변태한다.
② Zn이 약 50% 이상인 경우에는 γ상 고용체를 형성한다.
③ 황동은 Zn 약 35%까지를 함유한 α 황동과 $\alpha+\beta$ 2상 조직을 가진 $\alpha+\beta$황동(Cu와 Zn의 비가 60 : 40)의 두 종류가 있다.

나. 황동의 조직

α, β, γ, δ, ϵ, η의 6상이 존재하나 공업용으로 사용되는 것은 45% Zn 이하며, 따라서 실용되는 것은 α 및 $\alpha+\beta$의 2개의 상이다.

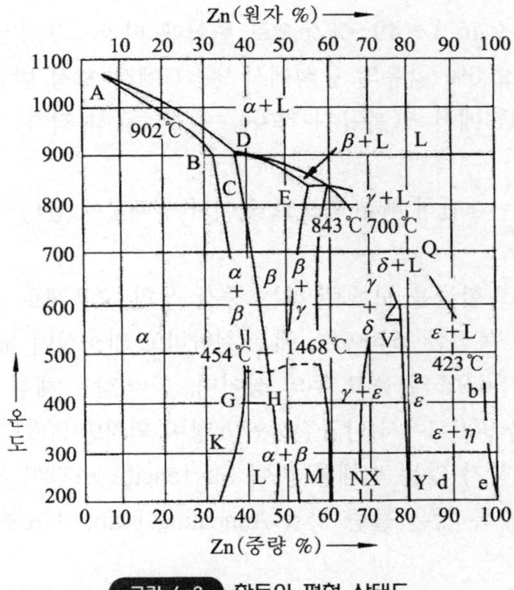

그림 4-3 황동의 평형 상태도

① 동소체

㉮ α상(相)

㉠ Cu에 Zn이 고용된 상이며 Zn의 함유량에 따라 동적색, 황색이다.

㉡ α − 고용체는 연하고 인성이 크고 압연 드로잉에 잘 견디며, 주조 상태에서는 수지상 조직이 나타나기도 하지만 풀림으로 균일한 조직이 된다.

㉢ α − 고용체는 Zn32.5%를 함유하며, 풀림 쌍정 일어나고 결정형은 면심 입방 격자다.

㉣ 격자 상수 : Zn함량이 0～38%로 변화함에 따라 3.607Å에서 3.693Å으로 증가한다.

㉤ α상 중의 Zn의 고용 한도는 약 450℃에서 39%Zn이고, 온도 강하에 따라 감소하여 250℃에서 약 35%Zn으로 된다.

㉥ 38%Zn 이하의 합금은 상온에서 단상 조직을 가지므로 α황동이라 한다.

㉯ β상(相)

㉠ α − 용체보다 인장 강도나 경도가 크고 인성과 내식성이 떨어지나, 650～800℃에서 연성이 증가하여 압연 또는 단조를 쉽게 할 수 있다.

㉡ β − 고용체는 결정은 체심 입방 격자 조직이다.

㉢ 격자 상수 : 46.2～49.5%Zn으로 변함에 따라 2.942～2.949Å으로 증가한다.

㉣ Zn32.5～38.0% 함유의 준성에서 903℃에서 포정 반응을 일으킨다.

㉤ 454～468℃에서 β(불규칙 격자) $\rightleftarrows$ β'(규칙 격자)의 연속적인 변화를 일으킨다.

㉥ 규칙 변태는 대단히 빠른 속도로 일어나기 때문에 급냉시켜도 저하하기가 어렵다.

㉰ γ상(相)

㉠ Cu_2Zn_3의 화합물을 모체로 하는 중간 상의 고용체로서 파면이 백색이다.

㉡ γ상은 매우 복잡한 조직이며, 매우 취약하고 가공성이 불량하여 실용이 곤란하다.

㉱ $\alpha + \beta$상 : Zn 26.9%의 응고 후의 상이며, $\beta+\gamma$상 : 체심 입방 격자이다.

② Zn32.5%의 합금을 900℃에서 담금질하면 α상이 되지만 900℃에서 염빙수 중에 담금질하면 확산을 수반하지 않는 변태를 하여 Martensite 조직이 된다.

③ Zn함유량이 많을수록 많은 풀림 상정(Annealing twin)이 α결정 입자에 나타나 있다.

3 황동의 성질

황동의 성질은 Zn의 함유량에 따라 달라진다.

가. 물리적 성질

① 비중

㉮ Zn함유량에 따라 직선적으로 변(Zn 증가에 따라 감소)하며, Zn 4.0%℃에서 8.39이다.

㉯ 풀림이나 금형 주조한 Cu합금의 비중은 Zn 50%의 합금에서 약 8.29까지 직선적으로 강하한다.

② 전기(열) 전도율

㉮ 40% Zn까지는 고용체 특유의 낮은 값을 나타내며 40%Zn 이상이 되어 β상이 나오면 전도율은 상승하여 50% Zn에서 최대값이 된다.

㉯ α상이 되면, 상승하여 Zn에서 최대값이 된다.

㉰ 냉간 가공하면 전도도는 저하하며, Zn 함유량이 많을수록 현저하다.

㉱ 전기 비저항은 Zn의 증가함에 따라 증가하나 β'가 나타나기 시작하면 감소한다.

③ 비등점은 7 : 3 황동에서는 1.150℃이고, 6 : 4 황동에서는 1.000℃ 이상이 되면 Zn이 비등한다.

④ 열팽창 계수는 Zn30 ~ 40%이면 250 ~ 300℃에서 19.9×10^{-6} 또는 20.8×10^{-6}이다.

⑤ 색깔은 Zn함유량이 7.0% 이하일 때는 Cu 색을 띤다.

㉮ Zn7.0 ~ 17% 합금에서 아름다운 적황색을 띤다.

㉯ Zn18 ~ 30% 합금에서의 담황색, Zn이 증가하여 β상이 되면 다시 붉은 색을 띤다.

⑥ 순수 황동은 자성이 없다.
Fe이 불순물로서 소량 첨가되면 자성을 나타낸다.

나. 기계적 성질

① 인장강도

㉮ Zn 증가와 더불어 증가하고, β상이 나타냄에 따라 더욱 증가된다.

㉯ Zn40%(β상)에서 최대가 된다.(γ상이 나타나면 급감한다.)

㉰ Zn50% 이상의 황동에서는 취약하므로 구조용재에 부적합하다.

㉱ 고온일수록 감소된다.

② 연신율

㉮ Zn의 증가에 따라 증가되어 Zn 30% 부근에서 최대가 된다.

㉯ Zn 40 ~ 50%가 되면 급감한다.(β' 상에 가까우면 급감한다.)

㉰ 온도의 상승에 따라 감소되며 500℃ 부근에서 최고가 된다.

㉱ 고온에서의 β상의 전연성이 뚜렷하게 증가한다.

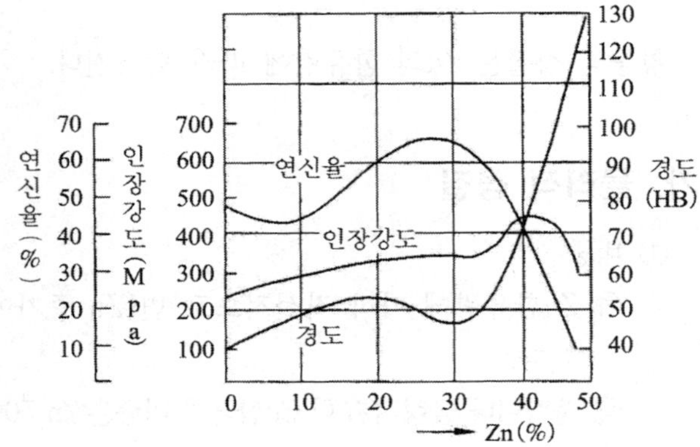

그림 4-4 풀림한 황동판(1.5mm)의 기계적 성질과 Zn함유량과의 관계

③ 6 : 4 황동의 기계적 성질

㉮ 고온의 가공에 적합하다.
(Zn37.45%의 α +β황동 ⇒ 고온 가공)

㉯ 6 : 4황동은 600℃까지는 연신율이 저하하고 그 이상이 되면 연신율은 급격히 증가하므로 300 ~ 500℃의 온도의 범위를 피하고 그 이상에서는 고온 가공이 가능하다.

㉰ α +β 황동은 600 ~ 800℃의 고온으로 거친 가공을 한 후 다시 상온에서 마무리한다.

㉱ 6 : 4 황동의 고온 가공의 범위는 750 ~ 500℃이다.

④ 7 : 3황동의 기계적 성질

㉮ 냉간 가공에 적합하다(Zn10 ~ 37%의 α황동 ⇒ 상온가공)

㉯ α황동으로 전연성이 크고 압연, 드로잉에 잘 견딘다.

㉰ 7 : 3황동은 600℃ 이상에서 취성이 생겨 고온에서 가공이 부적당하다.

⑤ Zn30% 까지는 Cu선을 뽑을 수 있다.

⑥ 가공도에 의한 성질의 변화

㉮ 가공도에 따라 강도는 증가하고 연신율은 감소한다.

㉯ 가공재를 풀림하면 250℃ 이상에서 강도가 저하하고 연신율은 증가한다.
(풀림 온도가 높은 것일수록 결정 입자는 커지고 연하게 된다.)

㉰ 같은 조성의 합금 일지라도 가공도, 풀림 정도에 따라 달라지며, 가공재라도 형상, 크기 및 조절 상태에 따라 달라진다.

㉱ 크고 두꺼운 것일수록 강도는 감소되고, 연신율은 증가한다.

㉲ 저온 풀림 경화(low temperature anneal hardening)

㉠ α황동을 냉간 가공하여 재결정 이하 낮은 온도로 풀림을 하면 가공 상태보다도 오히려 경화되는 현상을 말한다. 이 현상을 이용하여 동합금 스프링재 열처리를 한다.

㉡ 저온 풀림 경화 제품은 냉간 가공만으로 얻어지는 재료보다 경도가 높고 스프링 특성을 향상시키며, 이 현상은 약10%Zn에서 α상 한계까지의 합금에서 많이 나타난다.

㉢ 냉간 가공으로 결정 격자의 충상 결함(stacking fault)이 생겨 그곳에 용질 원자(Zn)가 집적(集積)해서 Guinier Preston 집합체가 형성되기 때문에 경화한다.

※ 기니어 프레스턴 구역(Guinier Preston 집합체, G, D, zone 또는 aggregate) 고용체에서 얻어지는 조직에 있어서 Lane X－선 사진상에 줄무늬를 이루는 2차적면을 말하며 이것은 소지 격자의 특정한 결정학적 면을 나타내는 것으로 과포화 고용체의 분해에 있어서 최초에 나타난 것이다.

㉳ 경년 변화(secular change)

㉠ 황동에 가공재를 방치 하거나 저온 풀림 경화시킨 스프링재가 사용도중 시간의 경과에 따라 경도 등 여러 가지 성질이 악화되는 현상을 말한다.

㉡ 원인 : 가공에 의한 불균일 응력이 균일화 하는데 기인하며 응력의 불균일화는 가공도가 낮을수록 심하다.

다. 화학적 성질

① 탈아연 부식(脫亞鉛 腐蝕 ; dezincification)

㉮ 불순한 물질 또는 부식성 물질이 녹아 있는 수용액의 작용에 의해 황동의 표면 또는 내부까지 탈아연되는 현상이며, 염소(Cl)를 함유한 물을 사용하는 관에 흔히 볼 수 있고, 탈아연된 부분은 다공질이 되어 강도가 없어진다.

㉯ Zn이 많이 함유한 황동 즉, $\alpha+\beta$ 또는 β 상단 합금에서 많이 나타난다.

㉰ $\alpha+\beta$ 조직의 6 : 4 황동을 풀림하면 탈아연 때문에 표면의 β상이 없어지고 α상만의 충상이 생긴다.

㉱ 방지법 : Zn 30% 이하의 α황동을 사용하고 0.1～0.5% As, Sb 및 1.0% Sn을 첨가 한다.

② 자연 균열(season crack)

㉮ 황동에 공기 중에 암모니아, 기타의 염류에 의해 입간 부식을 일으켜 상온 가공에 의해 내부 응력 때문에 생긴다.

㉯ 응력 부식 균열(stress corrosion cracking)로 잔류 응력에 기인하는 현상이다.

㉰ 60～70% Cu의 황동에서 인장 하중이 비례 한도를 넘을 때 파괴하기 쉽게 된다.

㉱ 자연 균열 방지법

㉠ 아연도금, 도료(塗料) 또는 가공재를 180～260℃(Zn함유량이 많을수록 낮은 온도를 택함)로 20～30분 동안 저온 풀림(응력 제거 풀림)한다.

㉡ $\alpha+\beta$황동 및 β황동에는 Sn을 첨가하거나 1.0～1.5%의 Si를 첨가한다.

㉤ 자연 균열을 일으키기 쉬운 분위기

암모니아(NH_3), 산소(O_2), 이산화탄소, 습기, 수은 및 그 화합물

③ 고온 탈아연(dezincing)

㉮ 고온에서 증발에 의해 황동 표면으로부터 Zn이 탈출하는 현상이다.

㉯ 고온일수록 또 표면에 산화물 등이 없어 깨끗할수록 탈아연이 심해진다.

㉰ 무산화 분위기 중에서 풀림을 하면 Zn증발에 의한 탈아연이 더욱 심하게 되어 광택을 잃고 표면의 Zn함유량이 불균일하게 된다.

㉱ 고온 탈아연 방지법

㉠ 황동 표면에 산화물 피막을 형성 시키면 효과적이다.

㉡ Zn산화물은 증발을 방지하는 효과가 있고, Al산화물은 더욱 효과적이다

④ 황동에 함유된 불순물

㉮ Pb : α황동에서 열간 가공을 해친다.

㉯ As : 탈산 작용에 의해 유동성을 증가 시킨다.

㉰ Sb : 황동의 입자를 조대화시켜 부스러지기 쉽다.

㉱ Fe : 결정 입자의 미세화, 인장 강도 및 경도를 증가 시킨다.

㉤ Sn : 전연성을 저하 시키고, 내식성을 증가 시킨다.

㉥ Ni : 결정 입자를 미세화 시킨다.

⑤ 부식율 : O_2, CO_2, H_2O, SO_2가 증가할수록 증가한다. (海水 : 0.01～0.1mm/년)

4 황동의 용해와 주조

황동의 용해에서는 흡수되는 가스의 영향보다는 Zn의 증발 손실이 중요 하므로 이것을 억제하려면 용탕을 목탄분(木炭粉)으로 덮거나 또는 이것에 붕사, 소금 등을 가하여 피복물을 치밀하게 하는 것이 좋다.

가. 황동의 용해

황동의 용해로는 중유 연소의 도가니로, 저주파 유로 전기로, 반사로 등이 이용된다.

① 황동의 용해가 가장 큰 문제가 되는 것 : Zn의 증발 손실이다.

② Zn의 증발 손실을 억제하기 위한 방법

㉮ 용탕 표면에 숯가루를 덮어 Zn의 증발을 억제한다.

㉯ 용탕 표면에 붕사나 소금을 뿌려 피복물을 치밀하게 한다.

㉰ 위의 방법을 저주파 유도로를 사용하면 Zn의 손실을 1.0% 이하로 줄일 수도 있다.

나. 황동의 주조

① 주형

㉮ 가공용 주괴를 주조하기 위한 주형은 주철제가 많이 사용된다.

㉯ 주형 내면에는 중유, 석유, 수지 등에 숯가루, 활석가루, 진흙가루 등을 배합하여 사용하며, 대형 주괴는 Cu로 된 판재 수냉식 주형도 사용된다.

② 주입 온도

㉮ Zn함유량에 증가에 따라 낮추는 것이 좋다.

㉯ 소형의 냉간 가공용은 넓은 온도 범위도 허용되나 열간 가공하는 67 : 33 황동은 매크로 조직이 중요하므로 ±10℃로 조절한다.

㉰ 7 : 3 황동의 주입 온도 : 1.080℃ ~ 1.120℃가 적당하다.

㉱ 6 : 4 황동의 주입 온도 : 990 ~ 1010℃가 적당하다.

㉲ 주입 온도가 너무 높으면 Zn의 증발 손실이 크고 기포가 생기기 쉽고, 압연 가공할 때 균열을 일으키기 쉽다.

㉳ 주입 온도가 너무 낮으면 표면이 크고 거칠게 되며, 기계적 성질이 떨어진다.

③ 33% Zn 황동에서는 응고 범위가 넓어 편석을 일으켜서 열간 가공에 지장이 있다.

④ 33 ~ 30% Zn의 황동은 정편석을 일으켜서 주괴 중앙부에 Zn함유량이 높은 β상이 나타나는 경우가 있으나 풀림을 하면 없어진다.

5 황동의 종류와 용도

황동은 주물용과 단련용 황동이 있으며 실용화되고 있는 황동 제품은 전연성 재료가 많으나 주물은 그다지 많지 않다.

가. 톰백(tombac)

5 ~ 20% Zn의 황동으로 저아연 합금의 총칭이며, 강도는 낮으나 전연성이 좋고 황금색에 가까우므로 모조금, 판 및 선등에 사용한다.

나. Cu(95%) – Zn(5%) 합금(gilding metal)

순구리(純銅)와 같이 연하고 코이닝(coining)하기 쉬우며, 동전, 메달 등에 사용한다.

다. Cu(90%) – Zn(10%) 합금(commercial bronze)

① 단동의 대표적인 것으로 색이 청동과 비슷하여 청동 대용으로 사용한다.

② 용도 : deep drawing용 메탈, 배지, 건축용, 가구용 등에 사용한다.

라. Cu(85%) – Zn(15%) 합금(red brass, rich low)

연하고 내식성이 좋으며, 건축용, 금속 잡화, 소켓 체결구 등에 사용한다.

마. Cu(80%) – Zn(20%) 합금(low brass)

전연성이 좋고 색깔도 아름다우며, Pb을 첨가한 것은 금색에 가까우므로 포일(foil)로 만들어 금박의 대용으로 사용하고, 장식용 금속 잡화, 악기 등에 사용한다.

바. 7 : 3황동(cartridge brass)

Cu(70%) – Zn(30%)의 합금으로 가공용 황동의 대표이며, 연신율이 크고, 인장 강도가 상당히 높고, 냉간 가공성이 좋다.

① 풀림 온도는 425 ~ 750℃가 적당하다.

② 7 : 3황동을 고온 가공할 필요가 있을 때는 725 ~ 850℃로 한다.

③ 이 종류의 황동은 가공 재료이므로 지금(地金)을 엄선하여 Pb, Fe 등과 같은 불순물의 혼입을 방지해야 한다.

④ 용도

㉮ 판, 봉, 막대, 관, 선 등으로 만들어 사용한다.

㉯ 자동차용 방열기 부품, 파이프, 계기 부품 및 전구의 소켓, 일용품, 장식품, 탄피, 체결구 등으로 가공하여 이용한다.

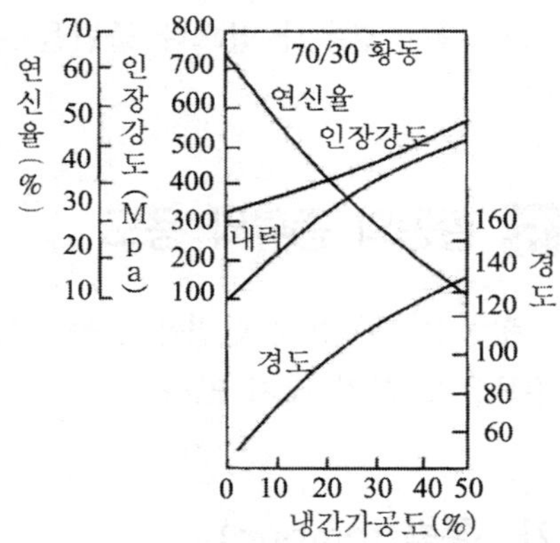

그림 4-5 황동의 냉간 압연에 의한 기계적 성질 변화

⑤ C2600P(7 : 3황동판)의 기계적 성질(KS D 2501)

질별	기호	인장시험			굽힘시		
		두께 (mm)	인장강도 (kg_f/mm^2)	연신율 (%)	두께 (mm)	굽힘 각도	안쪽 반지름
연질	C2600P − 0	0.3 ~ 1.0 1.0 ~ 30	28 이상 28 이상	40 이상 50 이상	2 이하	180°	밀착
1/4경질	C2600P − 1/4H	0.3 ~ 30	33 ~ 42	35 이상	2 이하	180°	두께의0.5배
1/2경질	C2600P − 1/2H	0.3 ~ 20	36 ~ 45	28 이상	2 이하	180°	두께의1.0배
경질	C2600P − H	0.3 ~ 10	42 ~ 55	−	2 이하	180°	두께의1.5배
특경질	C2600P − EH	0.3 ~ 10	53 이상	−	−	−	−

사. Cu(65%) − Zn(35%) 합금(high or yellow brass)

7 : 3 황동과 같이 α황동이며, 용도는 거의 같으나 Zn이 많으므로 값이 저렴하며, 고온에서 $\alpha+\beta$조직이지만 과냉되면 β조직이 생겨서 단단하여 지며 연성과 전성이 저하 되므로 냉간 가공 하기 전에 400 ~ 500℃로 풀림하며 β상을 없앤다.

아. 6 : 4 황동(muntz metal)

Cu(60%)와 Zn(40%)합금으로 $\alpha+\beta$조직으로, 상온에서 7 : 3황동에 비하여 전연성이 낮고 인장 강도는 크다.

① 6 : 4황동의 특징 및 용도

㉮ 600 ~ 800℃에서 고온 가공한 다음 상온에서 완성시켜 판, rod 등으로 만든다.

㉯ 황동 중에서 Zn함유량이 가장 많아 저렴함으로 가장 많이 사용된다.

㉰ 내식성이 다소 낮고 탈아연 부식을 일으키기 쉬우나 강력하다.

㉱ 자동차 부품(브레이크, 파이프 등)에 쓰이며 일반 판금용 재료로 많이 사용된다.

㉲ 판재, 선재, 볼트, 너트, 열교환기, 파이프, 탄피 등에 많이 사용된다.

자. 7 : 3황동과 6 : 4황동과의 성질 비교

성질 / 종류	조성(%)	고용체	인장강도 (kg_f/mm^2)	연신율(%)	경도(HB)	가공 방법
6 : 4 황동	Cu(60)+Zn(40)(Zn 39.45%)	$\alpha+\beta$	40 ~ 44	45 ~ 55	70	열간 가공
7 : 3 황동	Cu(70)+Zn(30)(Zn 30.39%)	α	30 ~ 34	60 ~ 70	40 ~ 50	냉간 가공

차. 황동 주물

주물용으로서 Zn10～40%인 것이 주로 사용되며, Zn을 품으므로 용탕의 유동성이 좋아 복잡하고 정밀한 주물을 얻을 수 있다.

① 황동 주물의 특징

㉮ 주물의 강도는 주입 조건, 주물의 두께에 따라 달라진다.

㉯ 절삭성을 좋게 하기 위하여 Pb을 2.5% 정도 첨가하는 경우가 있다.

㉰ 내해수성, 내알칼리성을 요구하는 곳에는 약간의 Sn을 첨가한다.

㉱ **황동 주물의 화학 조성 및 성질(KS D 6001)**

종류		1종	1종	3종
기호		YBsC1	YBsC2	YBsC3
화학 성분 (%)	Cu	83～88	65～70	58～64
	Zn	11～17	24～34	30～41
	Pb	0.5	0.5～3.0	0.5～3.0
	기타	Sn < 0.1, Al, Fe, Ni < 0.2	Sn < 1.0, Al < 0.5, Fe < 0.8, Ni < 1.0	Sn < 1.0, Al < 0.5, Fe < 0.8, Ni < 1.0
인장강도(kg_f/mm^2)		>15	>20	>25
연신율(%)		>25	>20	>20
특성 및 용도		납땜이 용이, 플랜지, 전기부품, 장식용품 등	주조가 용이, 전기 부품, 계기류, 기계 부품 등	2종보다 양급, 급배수 연결 부품, 전기, 기계부품

② 황동 주물의 용도

㉮ Zn함유량이 10～15%인 낮은 것은 미술용 주물에 사용한다.

㉯ Zn함유량이 30～40%인 많은 것은 강도가 크므로 기계 주물에 사용한다.

㉰ 적색 황동 주물(20% Zn 이하)은 납땜용, 황색 황동 주물(30% Zn 이상)은 일반용이다.

카. 황동의 용도

① Zn함유량이 낮은 것 : 미술 공예품, 장식품

② 가장 많이 사용되는 합금은 Zn 30～40%이며, 판, 봉, 관, 선등의가공재 또는 주물로 이용되며 Cu(70%)와 Zn(30%)일 때는 강도와 연성이 좋아 deep drawing 용에 사용된다.

6 특수 황동

보통의 황동에 특수 원소인 Pb, Sn, Al, Si, Fe, Mn, Ni 등을 첨가하여 기계적 성질, 색깔, 내마모성, 내식성을 개선한 합금을 특수 황동이라 한다.

가. 아연 당량(亞鉛 當量 ; zinc equivation)

Zn 이외에 다른 첨가 원소에 의해서 황동 조직이 Zn을 첨가한 경우에 비하여 몇 배의 효과가 있는지 숫자로 표시한 것을 아연 당량이라 한다.

※ 특수 황동에 첨가되는 제 3의 금속의 단위량이 어느 정도 양의 아연과 같은 영향을 황동 조직에 미치는가를 나타내는 수를 그 금속의 아연 당량이라 한다.

① 길렛(Guillet)에 의한 각종 원소의 아연 당량

원소명	Sn	Al	Si	Fe	Mn	Ni	Mg	Pb
아연 당량	2.0	6.0	10.0	0.9	0.5	−1.3	2.0	1.0

※ Ni은 전율 고용하므로 아연 당량은 (-)가 된다.

㉮ 당량 1의 금속은 아연과 같은 조직 변화를 일으킨다.

㉯ (−)당량을 나타내는 것은 아연을 당량만큼 감소한 것과 같은 효과를 준다.

㉰ 제 3원소를 가한 것이 황동의 아연량을 증감한 것과 같은 효과를 가진다.

② 합금 원소 1량이 Zn의 χ량에 해당할 때 이 χ를 그 합금 원소의 아연 당량이라 한다.

㉮ 아연 당량 계산식

$$\beta' = \frac{B + t \cdot q}{A + B + t \cdot q} \times 100$$

- A : Cu의 함유량
- B : Zn의 함유량
- t : 아연 당량
- q : 첨가 원소(Cu, Zn 이외)

㉯ 실용 합금의 아연 당량은 상온 가공재에서는 40% 이하, 그 이외의 것에는 45%를 넘지 않는 것이 보통이다.

나. 납황동(lead brass, 쾌삭 황동, ferr cutting brass)

황동에 Pb(1.5 ~ 3% 첨가)을 첨가하면 강도와 연신율은 감소되나 절삭성이 우수하므로 screw, 시계 톱니 등과 같은 제품에 사용되며, 이것을 쾌삭 황동이라 한다.

① $\alpha + \beta$황동에 Pb을 0.3%까지 고용하며 열간 가공성을 향상시키므로 첨가한다.

② 쾌삭 황동봉의 화학 조성(KS D 5101)

합금 번호	Cu	Pb	Fe	Fe+Sn	Zn	용도
C3601	59.0～63.0	1.8～3.7	0.30 이하	0.50 이하	나머지	볼트, 너트, 작은 나사, 스핀들, 기어, 밸브, 라이타, 시계, 카메라, 부속품 등.
C3602	59.0～63.0	1.8～3.7	0.50 이하	1.20 이하	나머지	
C3603	57.0～61.0	1.8～3.7	0.30 이하	0.60 이하	나머지	
C3604	57.0～61.0	1.8～3.7	0.50 이하	1.20 이하	나머지	
C3605	56.0～60.0	3.5～4.5	0.50 이하	1.20 이하	나머지	

③ 조직 : 침상 α정의 발달이 억제 당하여 입상화되어 균일한 조직이 되기 쉽다.

④ Pb은 α황동에 거의 고용되지 않고, 입계(粒界) 및 입내에 미립(微粒)이 되어 유리하여 존재 하므로 절삭성이 좋아진다.

다. 주석 황동(tin brass)

6 : 4황동과 7 : 3황동에 1.0% 이하의 Sn을 첨가하면 인장 강도, 경도, 내해수성이 증가되므로 응축관이나 판 등과 같은 선박용 기계 부품 재료로서 널리 사용된다.

① Sn 1.0%를 첨가하면 탈아연 부식이 억제된다.

(Sn 0.5% 첨가에 의하여 탈아연 속도는 $\frac{1}{2}$ 이하로 감소되므로 내해수성이 요구되는 부품에 적합하다.)

② 애드미럴티 황동(admiralty brass)

㉮ 7 : 3 황동에 1.0% 이하 (표준조성 : Cu 70%, Zn 29%, Sn 1.0%)의 Sn을 첨가한 황동이다.

㉯ 전연성이 좋아 관 또는 판을 만들어 복수기, 증발기, 열교환기 등의 관에 이용된다.

③ 네이벌(Naval brass)

㉮ 6 : 4 황동에 Sn을 1.0%(표준조성 : Cu 62%, Zn 37%, Sn 1.0%)첨가한 황동이다.

㉯ 판, 봉 등으로 가공되어 복수기관, 용접봉, 밸트대, 파이프, 선박 기계 등에 사용된다.

라. Al황동(aiuminum brass)

7 : 3 황동에 Al을 1.5～2%까지 첨가하면 결정 입자 미세화, 강도, 경도는 증가하고, 유동하는 해수의 내식성이 좋다.(2% Ai 이상을 첨가하면 연신율이 급격히 감소한다)

① 열간 가공을 생각할 때는 Zn 함유량이 22% 정도가 일반적이다.

② As, Sb 등을 소량 첨가하면 탈아연 부식을 억제할 수 있다.

③ 알브락(Albrac)

㉮ 표준 조성 : Zn(22%), Al(1.5 ~ 2%), Cu(나머지 %)

㉯ 용도 : 고온 가공으로 관을 만들어 복수기관, 급수가열기, 열교환기관, 증류기관 등

마. 규소 황동(silicon brass)

규소 황동은 10 ~ 16% Zn의 황동에 4 ~ 5% Si를 첨가한 황동으로, 주물을 만들기 쉽고, 내해수성이나 강도가 우수하고, 값이 저렴하므로 선박 용품의 주물에 사용한다.

① 4% Si, 10% Zn의 합금일 때 연신율이 25 ~ 45%로 최대가 된다.

② 5% Si, 16% Zn합금일 때 강도가 60kg_f/mm^2으로 최대가 된다.

바. 철 황동(iron brass)

6 : 4황동에 1 ~ 2%Fe을 첨가하면 결정 입자가 미세하게 되어 강인성과 내식성이 증가되며, 강도가 크고 내식성이 양호하여 광산, 선박용, 화학 기계 등에 사용한다.

① 조성 : Cu(55%), Zn(43%), Fe(1%) 및 Pb, Mn, Al, Sn 등을 소량 함유한다.

㉮ delta metal : 6 : 4 황동에 1.0%Fe 내외의 첨가한 황동이다.

㉯ durana metal : 7 : 3황동에 1 ~ 2%Fe과 소량의 Sn, Al을 첨가한 황동이다.

② 결정 입자의 미세화, 연율 감소가 적고, 주조, 압연에 적당하고 열간 가공이 용이하다.

구분 \ 성질	인장강도(kg_f/mm^2)	연신율(%)
주물의 경우	32 ~ 37	30 ~ 100
압연의 경우	42 ~ 53	9 ~ 17

사. 망간 황동(Mn brass)

6 : 4황동에 Mn, Al, Ni, 및 Sn 등을 첨가한 합금으로 청동과 유사하며, 화학 약품에 약하며, 탈아연을 일으키기 쉽고, 내해수성이 비교적 크다. 프로펠러, 선박 기계 부품, 피스톤, 밸브 등에 사용한다.

아. 니켈 황동(양은, 양백, nickel brass, German silver, nickel silver)

7 : 3 황동에 7 ~ 30% Ni을 첨가한 합금으로 Ni 10 ~ 20%, Zn 15 ~ 30%의 합금이 많이 사용된다.

① Ni은 탈색 효과가 아주 우수하며, 20% Ni 정도 함유할 때에는 은백색을 나타낸다.

② Zn이 약 30% 이상이 되면 $\alpha+\beta$조직이 되어 점성이 낮아지고 냉간 가공은 저하하나 열간 가공성이 좋아 열간 가공재에 이용되며, Sn을 넣으면 강도를 증가시킨다.

③ Pb을 품은 합금의 응고시에 나타나는 연한(鉛汗, lead sweat)을 억제하는 효과가 있다.

㉮ Pb은 절삭성을 좋게 하나 두꺼운 주물에는 적게 첨가하는 것이 좋다.

㉯ 용탕 중의 탄소 흡수를 방지하고 CO가스 생성 반응에 의한 기포 발생을 방지한다.

④ 양백봉·선의 화학 성분(KS D 5102)

조성(%) / 종류	Cu	Pb	Fe	Zn	Mn	Ni
C7451	62.0 ~ 68.0	<0.1	<0.25	나머지	0.0 ~ 0.5	8.5 ~ 11.5
C7521	61.0 ~ 67.0	<0.1	<0.25	나머지	0.0 ~ 0.5	16.5 ~ 19.5
C7541	59.0 ~ 65.0	<0.1	0.25	나머지	0.0 ~ 0.5	12.5 ~ 15.5
C7701	54.0 ~ 58.0	<0.1	<0.25	나머지	0.0 ~ 0.5	16.5 ~ 19.5
C7941	61.0 ~ 67.0	0.8 ~ 1.3	<0.25	나머지	0.0 ~ 0.5	16.5 ~ 19.5

⑤ 양백판의 규격 (KS D 6707)

종류	기호	화학 성분(%)				
		Ni	Cu	Mn	불순물(Fe/Pb)	Zn
1종	NSP1	16.5 ~ 19.5	70.0 ~ 75.0	< 0.5	< 1.5	나머지
2종	NSP2	16.5 ~ 19.5	61.0 ~ 67.0	< 0.5	< 1.5	나머지
3종	NSP3	12.5 ~ 15.5	59.0 ~ 65.0	< 0.5	< 1.5	나머지
4종	NSP4	8.5 ~ 11.5	62.0 ~ 68.0	< 0.5	< 1.5	나머지

⑥ 용도

㉮ 양백은 전기 저항이 크고 내열성, 내식성이 좋으므로 일반 전기 저항체로도 이용된다. (저항 온도 계수가 높으므로 정밀 저항기용으로는 부적당하다.)

㉯ 탄성, 내식성이 좋으므로 탄성재료, 화학기계용 재료에 사용한다.

㉰ 색깔이 Ag와 비슷하므로 장식용, 식기, 악기, 기타 Ag 대용으로 사용한다.

㉱ 가공재로 사용되나 주물로는 벨브, 콕, 악기, 광학기계부품 등에 사용된다.

㉲ 내수압 주물용은 Ni(20%), Zn(5 ~ 10%), Pb(4 ~ 6%), Sn(2 ~ 4%)의 합금이 좋다.

㉥ 양백판의 용도(KS D 6707)

종류	기호	특징 및 용도
1종	NSP1	• 색이 아름답고 변색 되지 않으며, 가공성이 풍부한 것으로 장식류, 건축물, 가구 등의 장식품, 악기, 계측기, 의료 기계 등에 사용된다. • Ni량이 많은 것은 회백색, 작은 것은 노란색을 띤 회색을 보인다. • Cu가 많은 것은 1종, 2종용 디프 드로잉에 좋다.
2종	NSP2	
3종	NSP3	
4종	NSP4	

자. 강력 황동(high strength brass)

강력 황동은 6 : 4황동을 기본으로 하고 일부의 Zn 대신에 Mn, Fe, Al, Ni, Sn 등의 원소를 첨가한 합금으로 강도와 내식성이 개선된다.

① 강력 황동에 함유된 원소의 영향

㉮ Mn의 영향

㉠ 조직 중의 β상이 증가하고, 6 : 4황동에서 Zn 8% 대신에 Mn을 8% 첨가하면 전부 β상이 되며, 보통 Mn을 0.5 ~ 1% 첨가한 것이 많이 사용된다.

㉡ 강도는 커지나 취약하게 되고 부식성이 커지므로 해수(海水) 중에서 약하다.

㉯ Al의 영향

㉠ 1%의 Al을 첨가하면 6%의 Zn(Al의 아연 당량은 6이다)을 첨가한 조직과 같다.

㉡ 내식성, 강도와 경도는 증가하나 인성이 낮아진다.

㉢ 주조 조직의 조립화(粗粒化) 경향이 있고, 주조 작업시 산화물재(酸化物滓)가 생기기 쉬우므로 보통 1.5% Al 이하를 첨가한다.

㉰ Fe의 영향

㉠ 1 ~ 2%의 Fe은 6 : 4황동의 결정립을 미세화하고, 연신율을 감소하지 않고 강도를 증가하며, 강인성, 내식성을 증가시킨다.

㉱ Ni의 영향

㉠ Ni은 아연 당량이 (−)치이고, α상을 촉진하며, 내열성, 내식성을 향상 시킨다.

㉡ 고아연 합금에 많이 첨가하면 β상이 많지 않는 고경도 합금을 얻을 수 있다.

㉢ NM brass

ⓐ Cu(50%), Zn(37%), Ni(10%), Fe(3%), Al(0.5%), Mn(0.3%) 정도이다.

ⓑ 조성의 것으로 강성을 요하는 선박용 프로펠러에 사용된다.

㉲ Sn은 내식성을 개선한다.

② 강력 황동은 주로 주물용이나 단조품으로 이용된다.

③ 단조용 합금 표준 조성 : Cu(58.5%), Zn(39%), Fe(1.4%), Sn(1%), Mn(0.1%)의 합금

④ 강력 황동 주물의 규격(KS D 6007)

구 분	화학 조성(%)						
	Cu	Zn	Mn	Fe	Al	Sn	Ni
1종(HBsC1)	55 ~ 60	나머지	1.5 이하	0.5 ~ 1.5	0.5 ~ 1.5	1.0 이하	1.0 이하
2종(HBsC2)	55 ~ 60	나머지	3.5 이하	0.5 ~ 2.0	0.5 ~ 2.0	1.0 이하	1.0 이하
3종(HBsC3)	55.0 이상	나머지	2.5 ~ 5.0	3.0 ~ 6.0	3.0 ~ 6.0	0.5 이하	30 −

구 분	인장강도(kg_f/mm^2)	연신율(%)	용도
1종(HBsC1)	44	> 20	강력용, 내식용
2종(HBsC2)	50	> 18	기계용, 선박용
3종(HBsC3)	60	> 10	고강도용, 내마멸용

⑤ 용도

㉮ 1종(HBsC1) : 선박용 연질 프로펠러에 적합하다.

㉯ 2종(HBsC2) : 선박용 경질 프로펠러 등에 적합하다.

㉰ 3종(HBsC3) : 내마멸용의 고강도, 고경도를 필요로 하는 기계용이나 기어 등

㉱ 단조용 : 내마모성을 요하는 클러치, 펌프 로드 등

제5절 | 청동(青銅, tin bronze)

넓은 의미에서는 황동 이외의 동 합금을 청동이라 하며, 좁은 의미로서는 Cu – Sn합금을 말한다. 이것을 특히 주석 청동이라 한다. 주석 청동은 황동보다 내식성이 좋고 내마멸성이 좋으므로 10%Sn 이내의 것을 각종 기계 주물용, 기타 미술 공예품 등에 사용한다.

1 청동의 특성

청동은 Cu–Sn합금 또는 Sn의 일부를 다른 원소로 바꾼 것을 의미하나 Sn을 함유하지 않고 Cu에 Al, Si 등을 첨가한 합금도 Al청동, Si청동이라 하고, 황동에 소량의 Mn, Ni 등을 첨가한 것도 Mn청동, Ni청동이라 부른다.

가. 평형 상태도

① Cu측에 α – 고용체를 만드는데 Sn의 용해 한도는 14% 정도이다.

② 제 2상은 24% Sn일 때 586℃에서 공석 변태를 일으킨다.
(586℃에서 $\beta \leftrightarrow \alpha + \gamma$의 공석 변태를 하며, 이 γ – 고용체도 체심 입방정이나 규칙 격자를 갖는다.)

③ Cu에 Sn이 첨가되면 용융점이 급속히 내려간다.

④ 실용 합금의 Sn 함유량은 4~12%이다. (Cu에 Sn이 첨가되면 응고점은 내려간다.)

⑤ 520℃ 이하에서 Sn의 고용도가 저감(低減)하고 있다.

⑥ Sn함유량이 많아지면 798℃에서 포정 반응으로 β상이 나타난다.

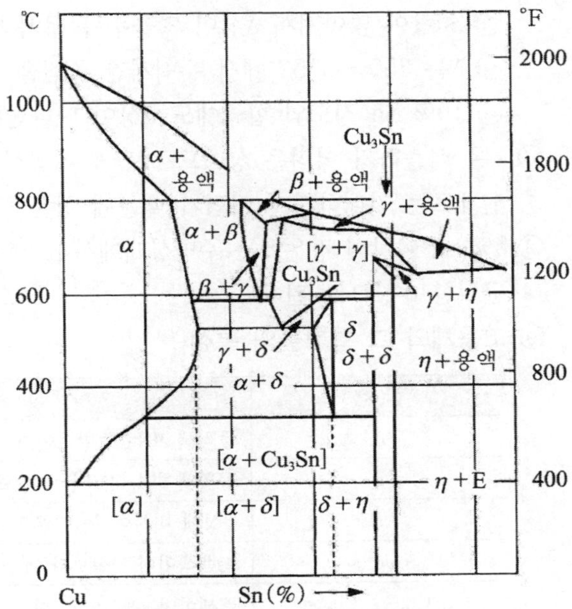

그림 4-6 구리 – 주석 평형 상태도

⑦ 주석 청동은 응고 범위가 대단히 넓으므로 결정 편석이 강하게 일어난다.

⑧ 고아연 청동 주물에서는 융점이 낮은 고아연 부분이 외부에 집적하여 역판석을 일으킨다.

가. 청동의 조직

① 10%Sn 청동을 주조하여 방치한 상태에서는 $\alpha+\delta$조직이 된다.

② 10%Sn 청동 주물을 풀림을 하면 δ상 중의 Sn(δ상은 약 33% Sn 함유)이 확산하여 $\alpha-$상만으로 되고 역시 $\alpha+\epsilon$조직은 되지 않는다.

㉮ $\alpha-$고용체는 동적색으로 연하고 전성, 연성이 크다.

㉯ $\alpha-$고용체에 Sn의 최대 고용 한도 : 500～580℃에서 약 15.8%이다.

③ $\beta-$고용체는 오렌지색이며 인장 강도는 크나 전성, 연성이 작다.

㉮ BCC 격자를 이루며 고온에서 존재하는데 이것을 담금질하여 상온에서 나타나게 한 것은 붉은 색을 띤 노랑색이며 강도는 α보다 크나 전연성이 떨어진다.

㉯ 평형 상태도에서 $\beta-$고용체는 586℃에서 $\beta \leftrightarrow \alpha+\gamma$의 공석 변태를 일으킨다.

④ $\gamma-$고용체는 고온에서의 강도가 β보다 훨씬 큰 조직이다.
(520℃에서 β와 같은 γ도 $\alpha+\delta$의 공석변태를 일으킨다.)

⑤ δ 및 ϵ은 청색의 화합물로 $Cu_{31}Sn_8$ 및 Cu_3Sn이며 취약한 조직이다.

㉮ Sn량이 많아져서 δ상이 많을수록 청백색으로 되고 단단하며 메짐을 가지고 있다.

㉯ δ는 350～375℃에서 수백시간 풀림을 하면 $\alpha+\epsilon$의 공석으로 분해한다.

㉰ 10% Sn 정도의 합금에도 δ상이 나타난다.

⑥ ϵ은 석출하기 어려운 상이므로 크게 가공한 후 장시간 풀림할 때 석출한다.

⑦ 실제로는 기대하기가 어렵기 때문에 상온에서 α초정과 $\alpha+\delta$공석으로 된다.

⑧ 5% Sn 이상의 경우에는 주방상태에서 $\alpha+\delta$조직이며, 13.5% Sn 이하에서 풀림에 의해 균일한 α상으로 된다.

⑨ 고용체와 그 화합물의 특성

상(相)	성 질
α	등적색 또는 등황색이며 연하고 전성이 크다.
β	등황색이며, 강도는 α상보다 크나 전연성은 떨어진다.
δ	β상에 비하여 높은 온도에서 강도가 크다.
ϵ	회백색이며, δ상보다 메짐이 크지 않다.
δ, Cu_4Sn, Cu_3Sn	백색이며, 메짐이 있다.

2 청동의 성질

Cu – Sn의 합금은 황동보다 내식성이 좋고 내마모성과 주조성이 우수하여 무기, 동상, 기계 부품, 선박용, 미술 공예용 등에 많이 사용한다.

가. 물리적 성질

① 비중은 Sn의 증가에 따라 비중은 감소되며, Sn 20%에서 8.85, α – 황동의 비중은 순동과 비슷한 비중을 가지며 8.89이다.

② 선팽창 계수는 Sn 10%까지는 순동과 비슷하고, 20% Sn청동은 18.9×10^{-6}정도이다.

③ 전기 전도율은 Sn함유량의 증가(약 3% Sn까지는 급감)에 따라 순동보다 감소한다.

㉮ 10% Sn에서 순구리($61 m/\Omega \cdot mm^2$)의 약 $\frac{1}{10}$로 감소한다.

㉯ α – 청동은 열처리에 의하여 전기 전도율이 별로 변하지 않으나 $\alpha + \beta$청동은 열처리에 따라서 상당히 변한다.

㉰ 전기 저항의 온도 계수 및 열전도율은 10% Sn 함유시 순동(純銅)보다 감소힌다.

④ 색깔은 Sn량의 증가에 따라 변한다.

㉮ 5% Sn까지는 적색이지만 Sn량의 증가와 같이 황색을 띤다.

㉯ 15% Sn에서는 등황색을 띠며. 25%Sn에서는 청백한 황색으로 된다.

나. 기계적 성질

Sn의 함유량에 따라 달라지며, 동일 성분이라도 냉각 속도와 열처리에 따라 다르다.

① 연신율은 4 ~ 5% Sn 부근에서 최대값이 되고, 그 후에는 Sn의 양에 따라 감소한다. (Sn 25% 이상에서는 취성이 생긴다.)

② 인장 강도는 α고용체의 농도에 따라 증가한다.
(α의 범위를 넘어 17 ~ 18% Sn 부근에서 δ화합물에 의해 최대가 된다.(이상은 감소))

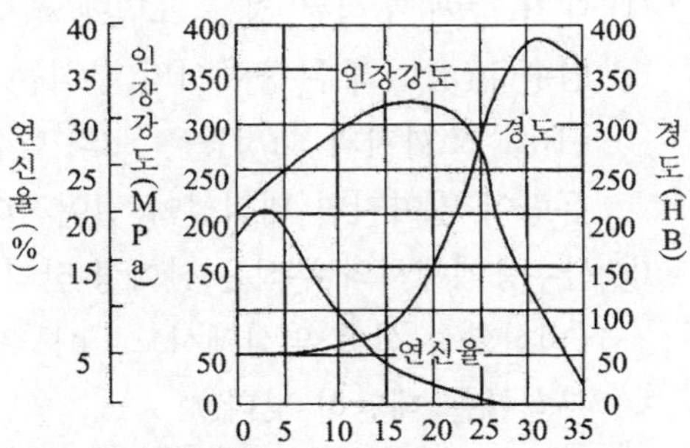

그림 4-7 청동의 기계적 성질

③ 내력(0.5%)은 12% Sn까지 직선적으로 증가한다.

④ 경도는 Sn 30%에서 최대가 된다.

㉮ 풀림시 경도는 Sn 증가에 따라 감소한다.

㉯ 재결정 온도 : 200 ~ 300℃

㉰ 풀림 온도 : 400 ~ 600℃가 적당하다.

⑤ α조직의 청동은 유연하여 가공이 잘되며, Sn이 많은 δ상이 석출되는 합금은 가공이 곤란하게 되어 주물용재로 사용한다.

⑥ Sn청동주물

㉮ 내열성 및 강도가 우수하고 마모, 수압 및 부식에 견디며 외관도 아름답다.

㉯ 용탕의 유동성을 좋게 하기 위해서 보통 Zn을 가하여 사용한다.

⑦ 고주석 청동에서 δ상이 많이 품은 합금은 열처리 효과가 좋다.

㉮ 20% Sn 합금을 520℃ 이상의 고온에서 담금질하면 단단한 δ상은 없어지고, 연한 γ상 또는 β상이 나타나서 경도는 감소되나 강인성이 증가된다.

㉯ 담금질한 합금을 200 ~ 350℃로 뜨임을 하면 경화된다.
(750℃에서 담금질한 합금을 300℃에서 뜨임하면 HB가 161에서 212로 증가한다.)

㉰ 청동의 담금질 온도와 기계적 성질

성질 \ 담금질 온도(℃)	420	476	545	620	720
인장 강도(kg_f/mm^2)	22	22	57	43	41
연신율(%)	2	1	5	6	1
경도(HB)	156	156	144	129	140

다. 화학적 성질

Sn청동은 일반적으로 대기 중에서 내식성이 우수하다.(부식률 : 0.00015 ~ 0.002mm/년)

① 대기 중에 부식된 청동 표면에 생성된 피막은 녹흑색 또는 적갈색을 나타낸다.

② 염수(鹽水), 해수 중에서의 부식률 : 0.05mm/년 이하이다.
(10% Sn까지의 Sn청동은 Sn의 함유량이 증가함에 따라 내해수성이 좋아지며, 또 Pb함유량이 많아지면 내식성이 떨어진다.)

③ 산수용액에서의 부식은 산화성 산인 진한 질산(HNO_3)에서 부식률이 높다.(0.05mm/년)
(비산화성 산인 염산에서도 Cu보다 Sn 청동의 부식률이 높고, 5%황산(H_2SO_4)에서의 부식률은 대단히 낮다.)

④ 알칼리 수용액에서는 내식성이 대단히 좋다.

⑤ 청동 표면에 생기는 산화 피막
Cu_2O(적색)과 $2CuCO_3$ cdot $Cu(OH)_2$(초록색)층이 번갈아 덮고 있다.

라. 청동에 함유된 불순물의 영향

① Zn, Al : Zn은 탈산효과, 주조성을 개선하며, Al은 취성을 일으킨다.

② Pb, P : Pb 2%까지는 기계 가공성을 개선하고, P은 강탈산제이다.

③ Fe : 입자 미세화, 강도, 경도의 증가

④ Mn : 탈산제 작용, 조직 미세화, 기계적 성질을 개선한다.

마. 청동의 용해와 주조

Sn청동의 용해로는 중유 도가니로, 경주식 중유 용해로, 간접 아크로, 저주파 유도로 등이 이용되며, Sn청동은 용해 중에 S을 흡수하면 심하게 가공성을 해친다.

① 용탕 내에서는 $2Cu_2O+Sn=SnO_2+4Cu$와 같은 반응으로 산화 주석이 생겨 이것이 주입 중에 산화막을 만들고 결정 입자의 내외에 나타나서 취약해진다.

② 인동(약 15% P)으로 탈산하여 충분히 진정한 후 1.100~1.150℃에서 주입한다.

③ 용탕 중에 수소를 흡수하면 주물에 기포가 생기므로 용해 분위기에 주의한다.

㉮ H_2를 흡수한 때에는 N_2가스와 같은 불활성 가스를 넣어 H_2를 제거한 후 탈산한다.

㉯ 용해 온도는 1.200℃를 넘으면 H_2를 흡수할 염려가 있다.

㉰ 용탕을 레이들(ladle)에 받을 때 내화물 중에 습기가 있으면 H_2를 급격히 흡수한다.

④ 주형의 종류 : 생형(green sand mold), 건조형(dry sand mold), 금형(metal mold)등

⑤ 주물의 수축률은 5~20%Sn 청동에서 1.5~1.7% Zn을 넣으면 감소한다.

3 주석 청동의 종류와 온도

가. 청동 주물의 화학적 조성 (KS D 6002)

종류의 기호	화학성분(%)				
	Cu	Sn	Zn	Pb	기 타
BCI BCIC	79.0 ~ 83.0	2.0 ~ 4.0	8.0 ~ 12.0	3.0 ~ 7.0	• Ni < 1.0 • Fe < 0.2 ~ 0.35 • P < 0.05 ~ 0.5 • Sb < 0.2 • Al, Si < 0.01
BC2 BC2C	86.0 ~ 90.0	7.0 ~ 9.0	3.0 ~ 5.0	< 1.0	• Ni < 1.0 • Fe < 0.2 ~ 0.35 • P < 0.05 ~ 0.5 • Sb < 0.2 • Al, Si < 0.01
BC3 BC3C	86.5 ~ 89.5	9.0 ~ 11.0	1.0 ~ 3.0	< 1.0	• Ni < 1.0 • Fe < 0.2 ~ 0.35 • P < 0.05 ~ 0.5 • Sb < 0.2 • Al, Si < 0.01
BC6 BC6C	83.0 ~ 87.0	4.0 ~ 6.0	4.0 ~ 6.0	4.0 ~ 6.0	• Ni < 1.0 • Fe < 0.2 ~ 0.35 • P < 0.05 ~ 0.5 • Sb < 0.2 • Al, Si < 0.01
BC7 BC7C	86.0 ~ 90.0	5.0 ~ 7.0	1.0 ~ 3.0	1.0 ~ 3.0	• Ni < 1.0 • Fe < 0.2 ~ 0.35 • P < 0.05 ~ 0.5 • Sb < 0.2 • Al, Si < 0.01

나. 청동 주물의 기계적 성질 및 용도(KS D 6002)

종류의 기호	기계적 성질		특 성	용 도
	인장강도 (kg_f/mm^2)	연신율 (%)		
BCI BCIC	17	> 15	유동성, 피삭성이 좋다.	밸브 주수기, 베어링, 명판, 일반 기계 부품 등
	20	> 15		
BC2 BC2C	25	> 20	내압, 내마멸, 내식성이 좋다. 기계적 강도가 높다.	베어링 펌프 몸체, 임펠러, 밸브, 선박용, 전동기기 부품 등
	28	> 15		
BC3 BC3C	25	> 15	내식성이 2종보다 약간 좋다.	베어링, 슬리브, 부시, 펌프몸체, 임펠러, 밸브, 기어 등
	28	> 13		
BC6 BC6C	20	> 15	내압성, 내마멸성, 피삭성, 주조성이 좋다.	밸브, 펌프, 임펠러, 급수전, 베어링, 일반 기계 부품 등
	25	> 15		
BC7 BC7C	22	> 18	기계적 성질은 6종보다 약간 좋다.	베어링, 소형 펌프 부품, 연료펌프, 일반 기계 부품 등
	26	> 15		

다. 기계용 청동(machinery bronze)

① 포금(gun metal)

㉮ 8～12% Sn에 1～2% Zn을 함유한 청동으로, 강력하고 주조성, 기계적 성질, 내해수성이 좋고 수압, 증기압에 잘 견디므로 선박용 재료, 기계용 부품에 사용한다.

㉯ 포금에 1% 내외의 Zn을 첨가하면 용탕이 유동성이 좋고, 다소 재질이 연하므로 절삭가공이 용이하다.
(주석 청동에서는 소량의 Zn이 탈산제 작용을 하며, 합금의 주조성을 개선하나 많으면 인장 강도와 탄성 한도를 감소시킨다.)

㉰ **포금의 기계적 성질**

성분(%) \ 성질	탈산법	인장강도 (kg_f/mm^2)	항복점 (kg_f/mm^2)	연신율(%)	단면 수축률 (%)
Cu(90), Sn(10)	P－Cu로 탈산	25.3	16.1	10.5	11.9
Cu(90), Sn(10)	Mn－Cu로 탈산	32.8	15.8	24.0	25.0

※ Sn 10%의 포금 제조시 기계적 성질을 개선하기 위한 탈산제 : Mn, Cu 등이다.

② 애드미럴티 포금(admiralty gun metal)

㉮ 조성 : Cu(88%), Sn(10%), Zn(2%)

㉯ 모래형 주물의 인장 강도는 14～35kg_f/mm^2, 연신율은 3～50%로 물에 대한 내압력이 크다.

㉰ 주조한 그대로는 수지상(樹枝狀) 조직으로 연성은 낮으나 650～750℃에서 약 30분간 풀림 처리하면 균일한 α조직이 되어 연성이 상당히 증가된다.

③ 용도 : 기어, 밸브, 콕(cock), 부싱(bushing), 플랜지(flange), 프로펠러 등에 사용한다.

라. 베어링용 청동(bearing bronze)

10～14%Sn을 함유한 것은 연성은 감소되나 경도가 크고 내마멸성이 크므로 베어링, 차축 등 내마멸성이 요구되는 부분에 사용한다.

① 5～15% Pb을 첨가한 것은 윤활성이 우수하므로 철도 차량, 공작기계, 압연기 등의 고압용 베어링에 적당하다.

② 켈밋(kelmet)

㉮ Pb(28～42%), Ni 또는 Ag(2% 이하), Fe(0.8% 이하), Sn(1% 이하)을 함유한 Cu 합금으로 인장 강도는 16～17kg_f/mm^2, 연신율은 18～24%, HB는 42～55이다.

㉯ 용도 : 고속 회전용 베어링, 광산기계 등에 사용된다.

③ 소결 베어링용 합금(sintered bearing metal, oilless bearing)

㉮ Cu분말에 8～12%의 Sn분말과 4～5%의 흑연분말을 배합하여 압축성형하고 900℃의 온도에서 소결한 합금으로 다공질이므로 20～40%의 기름을 흡수한다.

㉯ 강도가 낮으므로 고압 하중 베어링에는 부적합하다.

㉰ 용도 : 윤활유를 공급하기 어려운 곳의 베어링용으로 적당하다.

마. 화폐용 청동(coining bronze)

α청동은 단조성이 좋으므로 프레스 작업이 용이하며 경(硬)하고 강인하며 마멸, 부식에 잘 견디므로 주로 화폐, 상패 등에 사용한다.

① 3～8%Sn을 함유하는 단조 청동의 일종이다.

㉮ 주조시 유동성을 향상시키기 위해 1% 정도의 Zn을 첨가한다.

㉯ 조각성을 좋게 하기 위하여 Pb을 1～3% 첨가하는 경우가 있다.

바. 미술용 청동(art bronze)

Cu(80～90%), Sn(2～8%), Zn(1～12%), Pb(1～3%)의 조성으로 동상, 장식용, 건축용 등에 사용한다.

① 종의 주조 재료로는 강하고 경도가 큰 재료로 하기 위해 20～25%Sn을 첨가한다.

② 동상이나 장식용 재료의 성분 : Sn(2～8%), Zn(1～12%), Pb(5～15%), Cu(나머지%)

③ 동상이나 실내장식 또는 건축물 등에 많이 사용된다.

④ 유동성을 좋게 하기 위해서 정밀 주물에는 Zn을 첨가한다.

⑤ 절삭 가공을 필요로 하는 제품에는 Pb을 첨가한다.

사. 주석 청동의 용도

실용 주석 청동은 3.5～7% Sn의 압연용 청동으로 단련 및 가공이 쉬워 회폐, 메달, 청동판, 선, 봉 등으로 만들어 사용한다.

① 1～2% Sn의 청동 : 강도와 내식성을 요하는 송전선(送電線)에 사용한다.

② 3～8% Sn에 1% Zn을 첨가한 청동 : 성형성이 좋고 각인하기 쉬워 화폐나 메달용에 사용한다.

③ 8～12% Sn에 1～2% Zn을 첨가한 청동 : 포금(gun metal)으로 주물에 사용한다.

④ 내해수성이 좋고 건전한 주물인 Admiralty gun metal은 수압·증기압에 견디므로 선박 등에 사용한다.

⑤ 13 ~ 18% Sn의 $\alpha+\beta$조직의 청동은 베어링용에 사용한다.

⑤ 미술용 청동에는 2 ~ 8 Sn, 1 ~ 12% Zn, 1 ~ 3% Pb의 유동성이 좋은 것이 사용되나 Zn 함유량이 너무 많으면 녹색의 미색(美色)이 나타나지 않는다.

⑦ 고주석 청동(17 ~ 25% Sn)은 소리가 좋고 길게 지속되어야 하는 종 등에 사용한다.

㉮ 고주석 청동은 강성이 있고 경하고 내식성이 있으며 표준은 20% Sn 청동이다.

㉮ 종 등에는 β초정 중에 $\alpha+\beta$공석정이 균일하게 분포한 조직이 좋다.

⑦ 주석 청동의 대부분은 주물용으로 사용되고 있다.

4 특수 청동

Cu - Sn합금에 특수 원소를 첨가하여 그 성질을 개선한 것을 특수 청동 이라하며 Sn이 전혀 함유되지 않는 것도 첨가 원소 이름을 붙여서 Al청동, Ni청동 등으로 부른다.

가. 인청동(phosphorus bronze, PBS)

Sn청동에 P을 0.05 ~ 0.5% 정도 첨가시킨 청동으로 용탕의 유동성이 좋아지고 강도 및 경도가 증가되며, 내마멸성과 탄성이 개선된다.

① P은 극소량이 Cu 중에 고용되고, 그 이외는 경(硬)하고 취성이 있는 Cu_3P상으로 존재한다.

② 함유된 P에 의해 Sn의 고용도가 저하되므로 주조 조직 중에 δ상이 증가하여 Sn의 증가 때와 같이 경도가 커지는 효과를 얻는다.

③ 스프링용 인청동

㉮ Sn(2 ~ 10%), P(0.6% 이하)의 합금이 사용되며, 적당한 냉간 가공을 하면 탄성 한도가 높고 탄성 피로가 적은 것을 얻을 수 있다.

㉠ Cu합금 스프링 재료는 냉간 압연 후 탄성을 개선한다.

㉡ 탄성 피로를 적게 하기 위해서 200 ~ 300℃에서 약 1시간 동안 저온 풀림을 한다.

㉯ 내식성, 용접성이 좋고 자성이 없으므로 통신기, 계기 등의 고급스프링에 사용된다.

㉰ 인청동의 용해

㉠ 숯가루 또는 쌀겨를 원료와 함께 장입(裝入)하여 용탕을 덮는다.

㉡ 용해가 끝나면 소금과 탄산나트륨과의 혼합물을 투입을 한다.

㉢ 다음에 Sn을 넣고 그 후에 P - Cu 또는 P - Sn을 첨가해 찌꺼기를 긁어낸다.

㉣ 주괴는 50 ~ 100℃의 금형에 1.150 ~ 1.250℃에서 주조하고 압탕은 크게 한다.

㉤ billet는 표면을 1 ~ 2mm 절삭하여 500 ~ 600℃에서 열간 압연이나 냉간 압연을 한다.

(냉간 압연을 할 때는 500 ~ 550℃로 30 ~ 90분간 중간 풀림하고 최종 풀림은 판의 탄성에 영향을 주므로 신중해야 한다.)

㉥ 동합금 스프링재는 냉간 압연 후 반드시 225 ~ 275℃에서 약 1시간 동안 저온 풀림하여 탄성을 개선하고 탄성 피로를 적게 한다.

㉣ 스프링 재료를 취할 때는 압연 방향에 따라 인장 강도, 연신율, 탄성 계수, 탄성 한도 등의 방향성이 있어 45°방향이 평균값이므로 이 방향의 것을 사용한다.

④ 인청동판의 규격(KS D 5506)

합금 번호	화학 성분(%)			특성 및 용도
	Sn	P	Cu+Sn+P	
C5111	3.5 ~ 4.5	0.03 ~ 0.35	99.5 이상	• 전연성, 내피로성, 내식성이 좋다. • C5191, C5212는 용수철에 적합 • 전자, 전기 기기용 용수철, 스위치, IC리드, 커넥트, 다이어 프램, 밸브, 퓨즈 클럽, 베어링, 부싱 등
C5202	4.5 ~ 5.5			
C5191	5.5 ~ 7.0			
C5212	7.0 ~ 9.0			

기호	두께(mm)	인장강도(kg_f/mm^2)	연신율(%)	HV(0.5 이상)
C5111P - 0	0.2 ~ 5.0	> 30	> 38	-
C5111 - 1/2H	0.2 ~ 5.0	> 42 ~ 52	> 12	120 ~ 180
C5111 - EH	0.2 ~ 5.0	> 58	> 3	> 170

⑤ 인청동 주물

㉮ 조성은 Sn(9 ~ 13%), P(0.2 ~ 1%) 정도 함유하며, 보통 청동 주물보다 강인성, 내마멸성, 내식성을 필요로 하는 기어, 베어링, 펌프 부속에 주로 사용한다.

종류	화학성분				특성 및 용도
	Cu	Sn	P	기타	
PBC2	87 ~ 91	9 ~ 12	0.05 ~ 0.20	Ni<1.0	• 내식성, 내마모성이 우수하다. • 기어, 위엄 기어, 베어링, 슬리브, 임펠러 • 부싱, 일반기계 부품
PBC2B			0.15 ~ 0.50	Zn, Pb<0.3	
PBC2C			0.05 ~ 0.50	Fe<0.2	
PBC3B	84 ~ 88	12 ~ 15	0.15 ~ 0.50	Sb<0.05	• 경도가 높고, 내마모성이 우수하다. • 유압 실린더 슬리브, 기어, 로울러 등
PBC3C			0.05 ~ 0.50	Al, Si<0.01	

㉯ 인청동 주물의 화학 조성과 기계적 성질 (KS D 6010)

종류	인장강도(kg_f/mm^2)	연신율(%)	내력(kg_f/mm^2)	HB(10/1,000)
PBC2	> 20	> 5	12	> 60
PBC2B	> 30	> 5	15	> 80
PBC2C	> 30	> 10	17	> 80
PBC3B	> 27	> 3	15	> 90
PBC3C	> 30	> 5	17	> 90

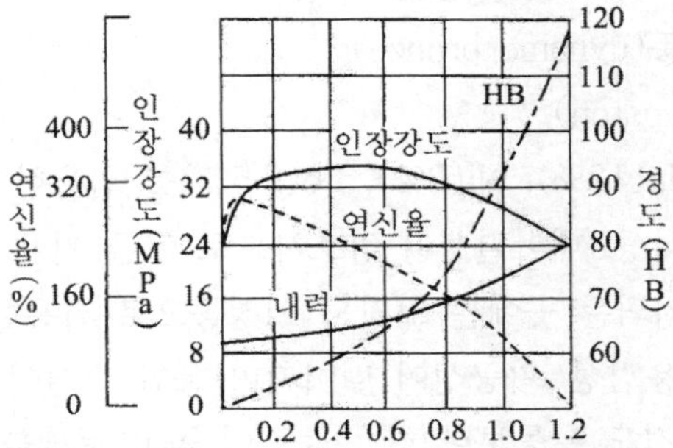

그림 4-8 Sn 10% 청동에서의 P양과 기계적 성질과의 관계

⑥ 인청동의 용도

㉮ 고탄성을 이용하는 판, 선 등의 가공재로서 사용한다.

㉯ 인청동 주물은 내식성, 내마멸성을 이용하는 펌프, 기어, 선박용 부품, 화학 기계용 부품 등의 주물로 사용되고, 밸브, 피스톤링, 베어링 등에 사용한다.

나. Al청동(aluminium bronze)

12% 이하 Al을 첨가한 합금으로 황동, 청동에 비해 강도, 경도, 인성, 내마모성, 내피로성 등의 기계적 성질 및 내식성, 내열성이 좋다.

① Al 청동은 Al의 양과 그 열처리 상태에 따라 기계적 성질이 변한다.

㉮ 인장 강도는 10% Al 정도에서 가장 우수하다.

㉯ 연신율은 7% Al 정도에서 가장 우수하다.

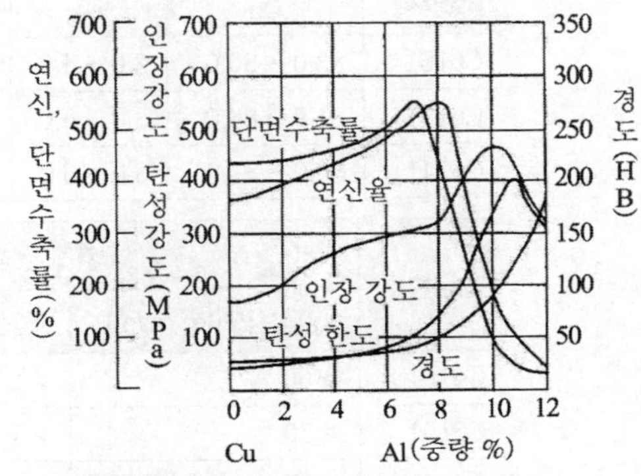

그림 4-9 Al 청동 주물의 Al 함유량과 기계적 성질

㉰ 경도는 8% Al로부터 β – 고용체가 나타나므로 급격히 증가한다.

㉱ 내해수성이 양호하며, Martensite 조직이 가장 좋다.

② Al 청동의 기계적 성질과 주조성을 개선하기 위해서 Fe, Ni, Mn 등을 첨가한 특수 Al 청동이 실용화되고 있다.

㉮ 특수 Al청동의 종류

㉠ 아암즈청동(arm's bronze)

Al(8 ~ 12%), Ni(0.5 ~ 2%), Fe(2 ~ 5%), Mn(0.5 ~ 2%)으로 조성한 합금이다. (인장 강도는 60 ~ 80kg_f/mm^2이다.)

㉡ 다이나모 청동(dynamo bronze)

㉢ 노브스톤(novoston)

Al(7.5%), Mn(12%), Ni(2%), Fe(2.5%)를 함유한 합금이다.

㉯ 강도가 크고 내식성, 내마멸성이 양호하므로 고급 기계 부품등에 사용한다.

㉰ 서냉 취성이 염려되는 곳에는 고강도 Al청동으로 사용한다.

③ 이 합금은 주조성, 용접성, 가공성이 떨어지며 융합 손실이 크다.

④ 주물용 Al청동은 고강도 황동보다 허용 능력이 높고 두께를 감소시킬 수 있고, 비중이 작고 관성 능률이 약 15% 정도 적다.

⑤ 가공용 Al청동

㉮ 소성 가공을 할 수 있고 강도, 경도, 내열성, 내식성, 내마멸성이 좋으므로 단조품, 판, 봉, 관 등의 제품에 이용된다.

㉯ 고온 강도가 우수하므로 가스 터빈, 콤프레셔의 날개(blade)등에 적합하다.

㉰ Al(5%), Fe(0.5%)을 품은 합금은 황금색과 비슷하므로 모조금으로 사용된다.

㉱ 가공용 Al청동 규격(KS D 5101)

합금번호	화학 성분 (%)					
	Cu	Fe	Al	Mn	Ni	Cu + Fe + Mn + Ni
C6161	83.0 ~ 90.0	2.0 ~ 4.0	7.0 ~ 10.0	0.5 ~ 2.0	0.5 ~ 2.0	>99.5
C6191	81.0 ~ 88.0	3.0 ~ 5.0	8.5 ~ 11.0	0.5 ~ 2.0	0.5 ~ 2.0	>99.5
C6241	80.0 ~ 87.0	3.0 ~ 5.0	9.0 ~ 12.0	0.5 ~ 2.0	0.5 ~ 2.0	>99.5

합금번호	기계적성질			특성 및 용도
	인장강도(kg_f/mm^2)	연신율(%)	경도(HB)	
C6161	> 60	> 25	> 130	• 강도, 내마멸성, 내식성이 좋다. • 차량기계, 화학공업, 선박용기어, 축, 피니언, 부싱 등.
C6191	> 70	> 15	> 170	
C6241	> 70	> 10	> 210	

⑥ 주물용 Al청동

㉮ 고강도 황동보다 비중(중량을 20% 가볍게 할 수 있다)이 작고 관성 능률이 약 15%가 적으므로 프로펠러의 지름을 크게 하여 효율을 높일 수 있다.

㉯ 내식성이 좋아서 수명이 길기 때문에 대형 프로펠러에 많이 사용되고, 제지, 직물, 섬유, 가스 등의 화학공업 장치 분야, 약산, 약알칼리, 염욕액 등에 견디므로 펌프, 밸브 등에 사용된다.

㉰ 강도, 경도, 내마멸성이 높으므로 압연기의 screw, down nut, washer, slipper, 각종 기어, 밸브, 펌프, 터빈 부품 등에 적합하다.

㉱ Al청동 주물의 규격(KS D 6015)

종류의 기호		AlBC1	AlBC1C	AlBC2	AlBC2C	AlBC3	AlBC3C	AlBC4
화학 성분 (%)	Cu	85 ~ 90		80 ~ 88		78 ~ 85		71 ~ 84
	Al	8.0 ~ 10		8.0 ~ 10.5		8.5 ~ 10.5		6.0 ~ 9.0
	Fe	1.0 ~ 4.0		2.5 ~ 5.0		3.0 ~ 6.0		2.0 ~ 5.0
	Ni	0.1 ~ 1.0		1.0 ~ 3.0		3.6 ~ 6.0		1.0 ~ 4.0
	Mn	0.1 ~ 1.0		0.1 ~ 1.5		0.1 ~ 1.5		7.0 ~ 15.0
	기타	Sn<0.1, Zn<0.5, Pb<0.1		Sn<0.1, Zn<0.5, Pb<0.1		Sn<0.1, Zn<0.5, Pb<0.1		Sn<0.1, Zn<0.5, Pb<0.1
기계적 성질	인장 강도 (kg_f/mm^2)	>45	>50	>50	>55	>60	>62	>60
	연신율 (%)	>20	>20	>20	>15	>15	>12	>15
	경도 (HB)	>90	>90	>120	>120	>160	>169	>160
특성 및 용도		• 강도·인성이 높고, 내식성, 내열성, 저온 특성이 좋다. • 내산 펌프, 베어링, 부시, 기어 밸브, 시트, 플런저, 제지용 로울 등		• 강도가 높고, 내식성, 내열성이 좋다. • 선박용 소형 프로펠러, 베어링, 기어, 부시, 밸브, 시트, 임펠러, 볼트, 너트, 안전공구 등		• 대형 주물에 적합하고, 강도가 특히 높으며, 내식성, 내마멸성이 좋다. • 선박용 프로펠러, 임펠러, 밸브, 기어, 펌프 부품, 화공기기 부품 등		• 단순 모양의 대형 주물에 적합하고, 강도가 특히 높으며 내식성, 내마멸성이 좋다. • 선박용 프로펠러, 슬리브, 기어, 화공 기기 부품 등

⑦ Cu－Al 상태도

㉮ Cu－Al합금은 Al 9.8%까지는 균일한 α－고용체를 만든다.

㉯ 주물의 경우에는 냉각 속도가 빠르므로 Al 7.3%정도의 합금에서도 α상의 수지 상태 둘레에 β'고용체(β상 중간 상태)가 나타난다.

㉰ 상태도에서 β상은 565℃이다.

㉠ β는 $\alpha+\delta(\gamma_2)$의 공석 변태를 하여 층상조직이 되며 서냉 취성을 일으킨다. (반응은 서냉하지 않으면 나타나지 않는다.)

㉡ $\alpha+\delta$조직은 취약하여 가공이 곤란하며 약 600 ~ 900℃로 풀림하면 $\alpha+\beta$조직으로 되어 고온 가공이 용이하게 된다.

㉢ 변태점 부근에서 급냉되면 β상은 과냉되어 520℃부근에서 규칙 격자의 β_1상으로 변화한 후 300℃ 부근에서 강의 Martensite에 상당하는 β'상(Al 함유량이 많을 때는 γ'상)으로 변한다.

㉣ 주물 조직은 $\alpha+\beta'$상이며, 뜨임을 하면 완전한 α – 고용체로 변한다.

㉤ 큰 주물과 같이 서냉되는 경우에는 $\beta \rightarrow \alpha+\delta(\gamma_2)$로 분해한다.

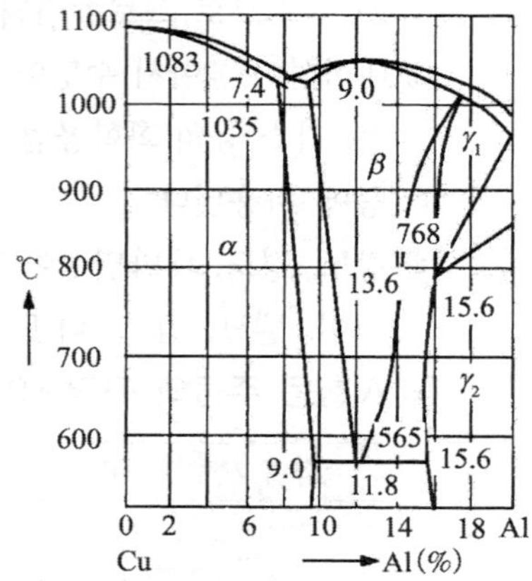

그림 4-10 Cu+Al계 상태도

㉥ $\delta(\gamma_2)$상은 Cu_2Al을 모체로 한 고용체이며, β상보다 매우 단단하고 취성이 있고, 특히 8.0 ~ 11% Al 청동에서 서냉 취성이 심하다.

다. Ni청동(nickel bronze)

Ni을 함유한 Cu – Ni 합금이며 Ni은 Sn의 일부와 치환함으로써 점성이 강하고 내식성도 크며 표면이 평활한 합금이다.

① 콜슨 합금(corson alloy, C합금)

㉮ Ni 청동의 대표이며, Cu – Ni(3 ~ 4%) – Si(1%)계 합금이다.

㉠ CA합금(CA alloy)은 콜슨에 3 ~ 6% Al을 첨가한 합금으로 인장 강도와 탄성 한도가 더욱 높아져 스프링 재료에 적합하다.

㉡ CAZ합금(CAZ alloy)은 CA합금에 10% 이하의 Zn을 첨가한 합금으로 장거리 전선용에 적용된다.

㉯ 석출 경화성을 가지는 합금으로 Ni_2Si(금속간 화합물)가 시효경화성을 가진다.

㉰ 3% Ni_2Si합금을 900℃에서 담금질하여 350 ~ 500℃에서 시효한 것은 인장 강도가 $83 \sim 95kg_f/mm^2$, 연신율은 2.5%, 도전율은 40% IACS를 나타낸다.

㉱ 강력하고 도전율이 비교적 좋으므로 강력 전도 재료, 스프링 등에 사용된다.

㉮ corson계 각종 합금의 조성 및 기계적 성질

합금명 \ 성질	화학조성(%)					열처리		기계적 성질			
	Ni	Si	Al	Zn	Cu	담금질 (℃)	뜨임 (℃)	인장 강도 (kg_f/mm^2)	탄성 한도 (kg_f/mm^2)	연신율 (%)	경도 (HB)
C alloy	4.0	1.0	–	–	나머지	900	400	90	–	2.5	–
CA alloy	3.5	1.0	4.8	–	나머지	700 ~ 750	590	110	95	3.0	–
CAZ alloy	3.2	0.8	4.0	8.0	나머지	800 ~ 850	400 ~ 450	97	85	3.0	385
템프 alloy	5.0	1.0	5.0	–	나머지	–	–	91 ~ 70	–	6 ~ 17	210 ~ 270

㉯ 쿠니알(kunial bronze)은 Cu – Al – Ni계 합금이다.

② Ni – Vee bronze

㉮ 조성 : Cu(88%), Sn(5%), Ni(5%) 및 Zn(2%)의 합금으로 항공기 등에 사용한다.

㉯ 인장강도는 $29kg_f/mm^2$, 연신율은 32% 정도가 된다.

③ Cu(83%), Sn(10%), Pb(3%) 및 Ni(3.5%)을 함유한 합금

인장강도는 $33kg_f/mm^2$이고, 연신율은 7 ~ 10% 정도이며, 절삭 가공도 용이하다.

④ MMM합금(modified monel metal)

㉮ 조성 : Ni(60 ~ 65%), Cu(24 ~ 28%), Sn(9 ~ 11%) 및 소량의 Fe, Si, Mn 등을 함유한다.

㉯ 인장 강도는 $50kg_f/mm^2$이고, 연신율은 5% 정도가 된다.

㉰ 용도 : 압력용기, 밸브 등에 사용된다.

⑤ 장식용 청동은 Ni 10% 정도 첨가하면 백색을 띠고 내식성이 우수하다.

라. Si청동(silicon bronze)

Cu에 탈탄을 목적으로 Si를 소량 첨가한 청동으로 Si(0.75 ~ 3.5%), Fe(<1.6%), Mn(<1.5%), Sn(<1.6%), Zn(<1.5%), Ni(<0.6%), Pb(0.05%)의 조성이나 단독으로 품는 일이 많다.

① Si 4.7%까지 상온에서 Cu 중에 고용해서 인장강도, 내식성, 내열성이 향상된다.

㉮ Si청동은 내산성과 강도가 크므로 화학 공업용 재료에 적합하다.

㉯ 0.1% 이하의 Si를 함유한 것은 전기 전도율을 해치지 않고 강도와 내식성이 증가하므로 전선에 사용된다.

㉰ 3.0% Si를 함유하면 강인하고, 냉간 가공하면 60kg$_f$/mm^2 이상의 강도를 나타낸다.

㉱ Si는 Cu중에 포정 온도(852℃)부근에서 약 5%, 300℃에서 약 3%까지 고용한다.

㉲ 5% Si 이상은 석출 과정에 의한 시효경화를 할 수 있으나 주조와 가공이 곤란하므로 실용 합금에서는 Si 4% 이하가 사용되며 열처리 효과가 작으므로 700 ~ 750℃에서 풀림을 한다.

㉳ 냉간 가공재는 응력 부식 균열에 대한 저항이 크며, 고온과 저온에서 내식성이 좋고 용접성이 우수하고, 소형 나사 등에는 0.5% Pb을 첨가하여 피삭성을 개선한다.

② 에버듀르(everdur)는 Si청동의 대표적으로 조성은 Cu(나머지%), Si(3 ~ 4%), Mn(1 ~ 1.2%)이다.

③ 허쿨로이(herculoy)는 Cu(나머지%), Si(0.75 ~ 3.5%), Fe(1.6% 이하), Mn(1.5%), Sn(1.6%), Zn(1.5%), Ni(0.6%), Pb(0.05%)을 함유한 합금으로, 강력하고 내마모성이 우수하며 화학 공업용에 사용한다.

④ 실진 청동(silzin bronze)

㉮ Cu(나머지%), Si(3.2 ~ 5%), Zn(9 ~ 16%) 함유한 합금이다.

㉯ 내식성, 강력형, 주조성이 좋으며, 터빈 날개, 선박용품에 사용된다.

㉰ 특수 실진 청동 : 5% Al을 첨가한 합금이다.

⑤ Si청동 주물의 화학 성분, 기계적 성질 및 용도(KS D 6014)

종류의 기호	화학성분(%)				인장강도 (kg$_f$/mm^2)	연신율 (%)
	Cu	Si	Zn	기타		
S_zBC1	84.0 ~ 88.0	3.5 ~ 4.5	9 ~ 11	Pb < 0.1, Al < 0.5	> 35	> 35
S_zBC2	78.5 ~ 82.5	4.0 ~ 5.0	14 ~ 16	Pb < 0.3, Al < 0.01	> 45	> 12
S_zBC3	80.0 ~ 84.0	3.2 ~ 4.2	13 ~ 15	Mn < 0.2, Fe < 0.3, Pb < 0.2, Al < 0.3	> 40	> 20

[특성 및 용도]

- S_zBC1 : 유동성, 내식성이 좋고, 경도가 높으며, 선박용 의장품, 베어링, 기어용 등에 사용한다.
- S_zBC2 : 1종보다 강도가 높고, 선박용 의장품, 베어링, 기어, 보트용 프로펠러 등에 사용한다.
- S_zBC3 : 유동성 및 내식성 좋고, 강도가 높으며, 풀림 취성이 적고, 선박 의장품, 수력 기계 부품 등에 사용한다.

⑥ 규소 청동 가공재의 기계적 성질

종류 \ 성질		인장 강도 (kg_f/mm^2)	항복 강도 (kg_f/mm^2)	연신율 (%)	경도 (HRB)	전단 강도 (kg_f/mm^2)
Cu－Si(3%) 합금	연질판	39	15	63	40	30
	1/4경질판	48	25	30	75	33
	1/2경질판	55	32	17	87	35
	경질판	66	41	8	93	40

⑦ 용도

㉮ 더운물, 휘발유, 액체 산소 등의 저장 탱크에 사용된다.

㉯ 나사류, 못, 리벳, 너트, 축, 부싱, 피스톤 링, 화학 공업용 기구 등에 사용한다.

마. Be청동(beryllium bronze)

Cu에 Be을 2.0～3.0% 첨가한 시효경화성이 강력한 Cu합금으로 실용 합금에는 Be을 약 2.0%의 고강도 합금과 Be 1.0% 이하를 첨가한 고전도성 합금이 있으며, 합금 원소로 소량의 Co 또는 Ni를 첨가한다.

※ Co는 용체화 처리에서 결정립의 성장을 방지하고 석출시 입계 반응에 의한 연화(軟化)를 억제하는 효과가 있으며 Ni는 주로 결정립을 미세화한다.

① 값이 비싸므로 일부를 Ni, Si, Al, Co, Ag 등으로 대치한 특수 Be청동이 있다.

② Cu합금 중에서 가장 큰 강도와 경도를 얻을 수 있다. (시효 처리 후는 $100kg_f/mm^2$ 이상의 강도를 가진다.)

③ 내열성, 내식성, 도전율 및 내피로성이 우수하며 가공재 또는 주물로서 이용된다.

④ 산화하기 쉽고 값이 비싸며, 경도가 커서 가공하기가 곤란하다.

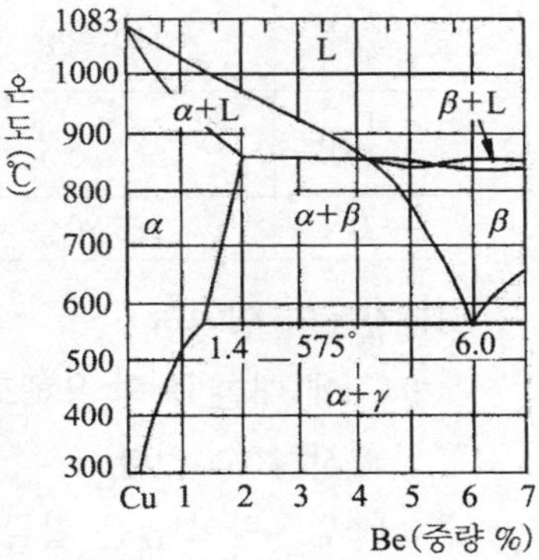

그림 4-11 Cu－Be계 상태도

⑤ Cu－Be 합금의 상태도

㉮ α－고용체의 용해도는 864℃에서 2.1%이고 300℃에서 0.3%이다.

㉯ β－고용체는 6%Be, 575℃에서 공석변태 $\beta \Leftrightarrow \alpha+\gamma$을 일으킨다.

㉰ 안정상태는 α상과 γ상(Cu－Be 화합물을 모체로한 고용체)이 석출한 2상의 상태이지만 최대 경화 상태는 중간상 석출 단계이다.

⑥ Cu – Be합금의 화학 조성(KS D 6014)

종별		합금명	화학 조성(%)				기타
			Be	Co	Ag	Cu	
단조용	고강도 합금	25합금	1.90 ~ 2.15	1.90 ~ 2.15		나머지	
		165합금	1.60 ~ 1.80	0.25 ~ 0.35		나머지	
	고전도율 합금	10합금	0.45 ~ 0.60	2.35 ~ 2.60		나머지	
		50합금	0.25 ~ 0.50	1.40 ~ 1.70	9.0 ~ 11.0	나머지	
주조용		20C합금	1.90 ~ 2.15	1.35 ~ 0.65		나머지	Si 0.20 ~ 0.15, Al < 0.15
		275C합금	2.50 ~ 2.75	0.35 ~ 0.65		나머지	Si 0.20 ~ 0.15, Al < 0.15
		10C합금	0.45 ~ 0.75	2.35 ~ 2.70		나머지	Si < 0.15, Al < 0.10
		50C합금	0.30 ~ 0.55	1.40 ~ 1.70	9.0 ~ 11.0	나머지	Si < 0.15, Al < 0.10

⑦ 스프링 Be동의 기계적 성질(KS D 5202)

C1,700의 기계적 성질				
질별	인장 강도(kg_f/mm^2)	연신율(%)	스프링 한계치(Kb 0.075)	경도(HV)
O	105 이상	3 이상	70 이상	310 ~ 370
$\frac{1}{4}$H	112 이상	2 이상	80 이상	330 ~ 410
$\frac{1}{2}$H	120 이상	–	85 이상	345 ~ 420
H	125 이상	–	90 이상	260 ~ 430

⑧ Be청동의 열처리

㉮ Cu에 대한 Be의 용해도는 온도에 따라 심하게 변하므로 담금질, 뜨임에 의해 석출경화시킬 수 있다.

㉯ Be함유량이 많은 합금은 고온에서 초기 상태가 $\alpha+\beta$상이기 때문에 담금질, 뜨임에 있어서 복잡한 변화를 한다.

㉰ 주조된 Be청동은 800℃에서 수냉을 하면 오히려 연화된다.

㉱ 이것을 다시 250 ~ 350℃에서 2 ~ 3시간뜨임을 하면 경화한다.

㉲ 2.0 ~ 2.5% Be합금을 담금질하여 뜨임을 하면 경화는 2단계로 일어난다.

㉠ 제1단계 경화 : 중간 고용체β의 석출 및 이에 따른 결정의 미세화에 기인한다.

㉡ 제2단계 경화 : γ의 석출에 기인한다.

㉢ 담금질 후 상온 가공하고 뜨임을 하면 더욱 경화된다.

㉶ 용체화 처리

㉠ 물 담금질하여 그대로 또는 냉간 가공한 후 고강도 합금에서는 315 ~ 340℃에서 한다.

㉡ 고전도성 합금에서는 450 ~ 480℃에서 1 ~ 3시간 시효 처리한다.

㉢ 시효처리 전에 냉간 가공하면 경화가 촉진되며, 용체화, 시효 처리에서는 재료의 고온 산화를 억제하기 위해서 환원성 가스 중에서 가열하는 것이 좋다.

⑨ 용도

㉮ 고강도, 내식성, 고도전성을 요하는 고급 스프링, 다이아프 부싱, 소형 공구 등

㉯ 타격시 스파크(spark)가 생기지 않으므로 정유소에서 사용하는 공구 및 부품 등

㉰ 베어링, 고급 스프링, 전기 접점, 전극 등에 사용한다.

바. Mn청동(mangan bronze)

Mn청동(Mn동)은 합금 원소로서 5 ~ 15% Mn을 첨가하는 Cu – Mn합금으로 고강도 황동에서 탈산제로 Mn을 사용해 소량의 Mn이 잔류한 것이 Mn청동이다.

① Mn 청동은 상온에서 Cu에 대한 Mn의 고용도는 약 20%이다.
(Cu에 Mn이 고용되면 강도가 증가하고, 10% Mn까지는 전연성이 좋아서 냉간 가공이 용이하게 되며, 고용 한도 이상으로 Mn이 증가하면 취성이 생긴다.)

② 망간동의 전기 저항이 높다.

㉮ 망간동의 전기 저항은 39 ~ 44$\mu\Omega$/cm 정도이다.

㉯ 망간동의 온도 계수는 약 11% Mn에서 최저가 된다.

㉰ 실용 합금 : Manganin, Isabellin, Novoknstant, A alloy 등이 저항재료로 사용된다.

㉱ Cu – Mn계 전기 저항 재료의 화학 조성

화학조성(%) / 종류	Cu	Mn	Ni	Al	Fe	Sn	Si
망가닌(Manganin)	83.0	12.0	2.0	–	–	–	–
NPL : Ohmal.A	85.0	9.0	3.0	–	0.3	–	0.1
이사베린(Isabellin)	84.0	13.0	–	3.0	–	–	–
Novoknstant	82.5	12.0	–	4.0	1.5	–	–
A alloy	85.0	9.5	–	5.5	–	–	–
니스므라(西村)합금	85.5	10.5	–	–	–	4.0	–

③ 망가닌(manganin)합금이 대표로서 Ni을 품은 Cu – Mn합금이다.

㉮ 조성 : Cu(80 ~ 88%), Mn(10 ~ 15%), Ni(2 ~ 5%), Fe(1%)

㉯ 저항 온도 계수는 상온에서 대단히 작고, 상온 이하에서는 (+)치, 고온에서는 (−)치이다.(20 ~ 26℃에서의 온도 계수는 0에 가깝다.)

㉰ 대동기동력치(對銅起動力値)는 낮은 (+)치이고, Mn함유량 증가에 따라 높아진다.(Ni을 첨가하면 억제할 수 있다.)

㉱ 재결정 온도 이상에서 풀림을 하여 가공 응력을 제거하면 경년 변화도 거의 일어나지 않고 가공성도 좋아서 세선(細線)으로 용이하게 가공할 수 있다.

㉲ 내식성이 나쁘므로 적당한 도료를 사용하여 부식을 막아야 한다.

㉳ 가공 열처리할 때 산화를 방지하기 위하여 진공 풀림을 하는 것이 좋다.

④ 호이슬러 합금(Heusler alloy)

㉮ 조성 : Cu(70%), Mn(30%)합금에, Al, Sn, Sb, Bi, As 등을 첨가한다.

㉯ 강자성체로 자석 재료에 많이 사용된다.

⑤ Cu − Mn청동의 Mn함유량에 따른 기계적 성질

Mn함유량(%)	인장 강도(kg_f/mm^2)	탄성 계수(kg_f/mm^2)	연신율(%)
2.94	22	9.8	45
4.40	24	11.5	32
6.56	27.4	13.3	32.5

⑥ Mn청동의 용도

㉮ 3 ~ 5%Mn 청동은 약 300℃까지는 강도를 저하하지 않으므로 고온용 재료인 보일러의 연소실 재료, 증기관, 증기 밸브, 터빈 날개 등에 이용된다.

㉯ 전기 저항의 온도 계수가 적으므로 표준 저항 또는 정밀 기계 부품에 사용된다.

㉰ 기계적 성질이 우수하고, 염수, 광산수에 대한 내식성이 좋으므로 선박, 광산용 등에 사용된다.

사. Ti청동(titanium bronze or titanium copper)

고강도 합금으로 Cu중에 Ti의 고용도는 895℃에서 약 5.0%이나 870℃에서 7.4%로 보고 있으며, 과포화 고용체에서 Cu_3Ti상에 중간상 생성에 의해 시효경화한다.

① 5.8%Ti 합금을 진공로 중에서 885℃, 16시간 가열한 것을 수냉 담금질하여 430℃로 시효 처리하면 강도는 $85kg_f/mm^2$, 항복점은 $75kg_f/mm^2$, 연신율은 8%, HV는 340정도, 내열성은 좋으나 도전율이 낮다.

② CTB 합금은 4% Ti에 Be(0.5%), Co(0.5%) 또는 Ni(2%), Fe(1%)의 합금으로 인장강도는 $120kg_f/mm^2$이다.

③ CTC 합금은 Ti(4%), Al(3%), Zr(1%)의 합금으로 인장 강도는 $115kg_f/mm^2$, 내마멸성이 좋아 Be청동보다 우수하다.

아. Cr동(chromium copper)

0.5～0.8%Cr의 것이 실용 합금으로 사용되며, 내열성, 전도성이 좋으므로 용접용 전극 재료로 발전된 석출 경화성 합금으로 1.000℃ 정도에서 수냉 담금질(water quenching)하여 450～500℃로 시효 처리한다.

자. 스프링용 동합금

① 스프링 재료가 갖는 스프링 특성

㉮ 스프링은 재료의 탄성을 이용한 것이므로 탄성 계수와 탄성 한계(耐力)를 알아야 하며 이것을 알기 위한 시험은 보통 인장 시험과 정밀 연신 시험을 한다.

㉯ 휨계수(E, 겉보기 탄성 계수)

합금명	스프링용 Be동 (C 1,700, C 1,720)	스프링용 인청동 (C 5,210)	스프링용 양백 (C 7,701)
E(휨계수)	$12.000kg_f/mm^2$	$10.000kg_f/mm^2$	$13.000kg_f/mm^2$

㉠ Cu합금에서는 $15.000kg_f/mm^2$까지이다.

㉡ 강($E=20.000kg_f/mm^2$)에 비해 낮은 것이 정밀 스프링의 프레스 성형, 조립 조정을 쉽고 정확하게 할 수 있고 조정없이 조립이 가능하다.

㉰ 스프링 한계치

㉠ 고정단에서 l의 거리에 있는 자유단의 영구 휨량의 한도를 0.1mm($l^2 = 4.000t$, t : 판두께) 또 0.075mm($l^2 = 3000t$)와 같이 규정하고 이에 대응하는 고정단에서의 표면 최대 응력치(K_b)를 스프링 한계치($K_{b0.1}$ 또는 $K_{b0.75}$로 표시)라 한다.

㉡ 스프링 한계치의 시험 방법(KS D 5202)

ⓐ 반복 휨식 시험에서의 기본식

$$K_b = 1.5 \times F \times t \times \frac{E}{l^2}$$

- K_b : 표면 최대 응력치(kg_f/mm^2)
- F : 하중점에서의 휨 변위량(mm)
- E : 휨계수

ⓑ 모멘트 시험에서의 기본식

$$K_b = \frac{6M}{b_{t^2}}$$

• M : K_b에 대한 모멘트(kg_f/mm^2)　　• b : 시험편의 나비(mm)

② 스프링 재료가 갖는 기계적 특성

㉮ 강도 및 경도

㉠ 가공률이 높을수록 스프링 특성은 향상되며, 스프링 재료의 인장 강도와 경도는 일반 재료에 비해 상한과 하한의 범위가 좁게 규정되어 있다.

㉡ 질별의 호칭, 기호 및 압하율(ASTM)

호칭	연질	반경질	경질	초경질	스프링질	초스프링질
기호	0	1/2H	H	EH	SH	ESH
압하율(%)	0	20.7	37.1	50.15	60.5	68.65

㉯ 굽힘성

㉠ 가공률이 높을수록 굽힘 가공성은 저하된다.

㉡ KS D 5202에서는 일반적 굽힘 시험 방법 외에 W굽힘 시험도 규정되어 있다.

㉢ 스프링 재료에 굽힘 가공의 필요가 있을 경우에 굽힘성을 갖는 재료를 선택한다.

③ 고동합금계(高銅合金係)

㉮ Cu－Be－Co합금

석출 경화형 합금의 대표로 내식성이 좋고 경화 처리 전에는 전연성이 좋으며 처리 후에는 내피로성, 도전성(導電性)이 증가하여 약 25% IACS로 높다.

※ IACS(국제 풀림 구리 표준, The International Annealed Copper Standard)
1913년 당시 시판되고 있는 Cu의 평균값을 100%로 정하고 이것과 비교하여 백분율로 나타낸 값이다. (정련 Cu의 제품은 풀림한 상태에서 약 102%이다.)

㉡ 적당한 냉간 가공과 시효경화 처리(시효 처리는 성형 가공 후에 실시한다.)를 하여 규정된 기계적 성질을 부여한 것이다.

㉯ Cu－Ti 합금

시효경화용 합금으로 Be청동에 비하여 200℃에서의 응력 완화율이 훨씬 낮다.

※ 응력 완화율
내열성을 시험하기 위하여 시료의 자유단에 소정의 변위(δ)를 주고 일정 온도에서 일정 시간 유지한 다음 시료 선단의 잔류 휨량(δ_t)를 측정하여 식으로 구한 값이다.

$$W(\text{응력 완화율}) = \frac{\delta_t(\text{mm})}{\delta(\text{mm})} \times 100(\%)$$

㉰ Corson합금(C합금, Cu－Ni－Si합금)

Ni(2～10%), Si(3～6%)를 Cu에 첨가해 Ni_2Si의 석출에 으한 시효경화성 합금으로, 도전성, 내진동성, 내피로성이 좋은 재료로 선재로 만들어 스프링재에 사용한다.

④ 황동계

㉮ Cu－35% Zn합금(65 : 35 황동, C2680)

㉠ 성질은 7 : 3 황동과 비슷하며, 가공도가 증가에 따라 인장 강도, 경도가 증가한다.

㉡ 200℃전후에서 저온 풀림하면 인장강도, 연신율, 경도의 증가와 더불어 스프링 한계치나 내력이 증가하므로 일반용 스프링재에 이용된다.

㉢ 결정립의 미세화에 의해서 성능이 향상되므로 엷어도 충분히 사용에 견딘다.

㉣ 마노미터용 스프링관으로 엷고 정확한 치수로 인발할 수 있고 충분히 저온 풀림한 상태로 사용된다.

㉯ 악기 리드용 황동

C6711S, C6712S(KS D 5201)는 Pb과 Mn이 첨가된 특수 황동으로, 타발성(打拔性), 내피로성, 음색이 좋으므로 악기의 리드용으로 개발된 특수 재료이다.

⑤ 주석청동계(Cu－Sn합금)

㉮ 인청동(Cu－Sn－P합금)

㉠ Sn(7～8%), P(0.05～0.15% 정도)의 합금이 실용화되며, 고급 스프링에 사용한다.

㉡ 적당한 냉간 가공으로 탄성 한계가 높고 탄성 피로가 적은 것을 얻을 수 있다.

㉯ 쾌삭 인청동

Pb, Zn의 첨가로 피삭성을 개선시킨 합금으로, 봉재는 스프링 특성이 있으므로 고급 재로서 사용된다.

⑥ Cu－Ni합금

㉮ 전율로 고용체를 만들고 전조성에 결쳐서 사용하며. 내해수성, 내식성이 우수하다.

㉯ 백동(cupronickel)

㉠ Ni10～30%의 합금으로 스프링 재료에는 Cu－Ni(20%)합금이 사용된다.

㉡ Fe함유량이 낮아야 하며, 스프링성을 얻기 위하여 강한 가공을 한다.

㉰ 함Si 백동

㉠ Ni(20%), Si(0.5%), Cu의 합금으로 시효경화성 합금이다.

㉡ 응력 부식 균열을 일으키지 않는 곳에서 사용하여야 한다.

㉢ 와이어 스프링 릴레이(wire spring relay)의 직선 스프링으로 사용한다.

㉱ Cu – Ni – Sn계 합금

㉠ Ni(9 ~ 20%), Sn(3.5 ~ 6.5%)의 합금이다.

㉡ 가공 열처리를 함으로써 스피노덜 분해에 따른 시효경화성을 나타낸다.

㉢ 내식성, 내응력 완화성이 우수한 고강도의 박판, 선 스프링재로서 실용화한다.

⑦ 양백계(洋白系)

㉮ 스프링용에는 Ni(18%), Zn(27%), Cu의 합금이 사용된다.

㉯ 스프링성, 내피로성이 우수해 통신기기용 스프링재로 사용된다.(KS D 5202에 규정)

㉰ Ni의 일부를 Zn으로 대치하였으므로 강도는 향상되나 응력 부식 균열에 민감하다.

㉱ 냉간 가공재를 저온 풀림을 하면 경화 현상을 나타내고 300 ~ 350℃에서 강도, 스프링 한계치가 현저하게 상승하여 스프링 특성이 개선된다.

㉲ Pb을 첨가하면 피삭성이 개선되어 쾌삭 양백봉으로 사용하고 있다.

⑧ 복합 스프링 재료

스프링 재료의 표면에 은 – 파라듐 합금이나 금 – 인듐 합금을 첨가하여 낮은 접촉 저항을 목적으로 한 복합재로서 모재가 되는 스프링 재료는 황동, 인청동, 양백, Be청동등이 있으며, 저온 풀림이나 시효경화 처리가 필요하다.

⑨ 스프링용 동합금의 용도

㉮ 동합금 스프링재는 판, 선 등으로 각종 기구 부품에 사용되고 있다.

㉯ 대표적인 부품 : 릴레이, 커넥터, 휴즈 클립, 스위치, 다이어프램, 키보드, 단자 등

㉰ 응용분야 : 전화 장치, 통신기기, 방송기기, 컴퓨터 주변기기, 사무기기, 계측기기, 교통 제어기기, 의료기기, 경보기기, 자동차용품, 가정용품 등

차. 납(Pb)청동(lead bronze)

주석 청동 중에 Pb을 3 ~ 26% 첨가한 합금으로, 조직 중에 Pb가 거의 고용되지 않고 입계에 점재하여 윤활성이 좋으므로 베어링, 부싱, 패킹 재료 등에 널리 사용한다.

① 연청동 주물의 대표적인 조성은 Cu(나머지 %), Sn(3 ~ 11%), Pb(3 ~ 36%), Ni(1% 이하)의 범위다.

② 중하중 고속 회전용 베어링에 사용되며, Cu의 초정은 밀도가 용액보다 작아 떠오르는 경향이 있다.

㉮ 중력 편석(重力 偏析)하기 쉽다.

㉯ 응고 범위가 넓어 역편석하여 연한(鉛汗, lead sweat)을 일으킨다.

㉰ 균일한 조직을 얻으려면 용탕을 급냉하여 chill 이용하거나 주입 온도를 낮게 한다.

③ 연청동의 성질

화학조성(%)			경도(HB)			압축 시험	
Cu	Pb	Sn	20℃	50℃	100℃	압축강도(kg_f/mm^2)	압축율(%)
80	8	12.0	64 ~ 65	61 ~ 63	58 ~ 60	100 ~ 105	35 ~ 37
80 ~ 81	11 ~ 12	7.0 ~ 8.0	59 ~ 60	53 ~ 55	50 ~ 52	85 ~ 90	38
75 ~ 79	17 ~ 20	4.0 ~ 5.0	33 ~ 35	29 ~ 33	27 ~ 28	50 ~ 55	40
66 ~ 69	27 ~ 29	0.5 ~ 1.0	32 ~ 34	28 ~ 29	26 ~ 28	45 ~ 48	40 ~ 45
80	10	10	62	–	–	–	–

④ 켈밋(kelmet alloy, 고연청동)

㉮ 연강재의 기금(바탕)에 두께 약 1mm로 고연청동을 용착한 베어링으로 Cu – Pb (20 ~ 45%)의 합금으로 화이트 메탈보다 바탕과의 결합이 강력하여 박리(剝離)되지 않는다.

㉯ 열전도도나 융점이 높아서 용착이 생기지 않으므로 고하중 고속의 운전에 견딘다.

㉰ 켈밋의 화학 조성과 성질

화학조성(%)	Cu	65 ~ 75	융점(℃)	955 ~ 985
	Pb	25 ~ 35	열팽창계수(×10^{-6})	22
	S	0.5 ~ 1.0	항복점(kg_f/mm^2)	2.0 ~ 4.0
	Ni, Ag	1.0 ~ 2.0	인장강도(kg_f/mm^2)	3.0 ~ 5.0
비중		9.75 ~ 10.1	연신율(%)	1.0 ~ 4.0

㉱ 용도 : 항공기나 자동차, 디젤 엔진 등의 베어링에 사용된다.

⑤ 연청동의 용도

㉮ Sn(3 ~ 5%), Pb(3 ~ 5.5%), Ni(1% 이하), Zn(4% 이하)의 것 : bushing용

㉯ 기타 Pb 함유량이 많은 것은 각종 기계의 중속 하중 (中速 荷重)의 베어링용

㉰ 윤활성 향상으로 자동차, 일반 기계, 베어링에 사용한다.

5 기타 Cu합금

(1) Cu – Cd계 합금

Cd를 1% 함유한 합금으로 인장 강도가 크고, 전도도가 좋으므로 송전선, 안테나용으로 사용한다.

(2) Cu－Ag계 합금

Ag을 3～5% 함유한 합금은 인장 강도가 크고, 전도도가 좋으므로 전선, 전극, 전기 접점용에 사용된다.

(3) Cu－In계 합금

In(인듐)10% 부근에서 시효경화가 나타나며 강력한 합금이다.

(4) Cu－Sr계 합금

Sr(스트론튬)을 함유하면 Cu합금의 기포 제거의 효과가 있다.

(5) Cu－Nb계 합금

Nb(니오븀)1.5% 이하의 Cu합금은 재결정을 상승시키는 효과가 있다.

Chapter 02

경금속과 그 합금

비중이 4.5 이하로 가볍고 구조 재료가 되는 Mg, Be, Al, Ti의 금속을 주체로 한 합금을 말하며 중량에 대한 강도가 큰 것이 필요한 곳에 사용할 목적으로 개발되어 항공기, 선박, 차량 등의 교통기관의 구조재나 휴대용 사다리, 쌍안경 광범위하게 사용되고 있다.

제1절 | 알루미늄과 그 합금

Al은 지구상에서 풍부한 원소의 하나로, 전연성이 우수하고 전기 및 열의 양도체이며, 내식성이 좋은 금속으로 무게를 중요시하는 제품에 Al 제품이 많이 이용되고 있다.

1 Al의 개요

Al은 가벼우며 원광석에는 보크사이트(bauxite, $Al_2O_3 \cdot XH_2O$), 명반석, 토혈암 등이 있다.

가. Al의 제련법

① Al광석의 종류

㉮ bauxite[$Al_2O_3 \cdot XH_2O$, (Al의 대부분은 bauxite에서 얻고 있다.)]

㉯ 명반석[alumite, $K_2SO_4 \cdot Al_2(SO_4)_3 \cdot 4Al(OH)_3$]

㉰ kaolinite[보크사이트의 일종, $Al_2O_3 \cdot 2SiO_2 \cdot 2H_2O$]

㉱ diaspore[$Al_2O_3 \cdot H_2O$의 혼합물]

㉲ lecucite[$K_2O \cdot Al_2O_3 \cdot 4SiO_2$]

㉳ nepheline[$3Na_2O_3 \cdot K_2O \cdot 4Al_2O_3 \cdot 9SiO_2$]

조성범위 : Al_2O_3(50～70%), Fe_2O_3(3～25%), SiO_2(2～3%), TiO_2(2～5%), 제련

② Al광석 → Al_2O_3 → 용융상태의 빙정식 중에서 가열 및 전해 → 순수 Al

㉮ 1번 지금은 1차 전해로 얻어지며, 2번 지금은 부스러기로 만든 재생 지금이다.

㉯ Al지금(지금)의 화학성분(KS D2304)

종별	기호	색의 표시	Al(%)	분석 원소(%)			관리원소	분석원소 및 관리 원소
				Si	Fe	Cu	Ti, Mn (각각)	
특1종	Al S_1	청색	99.00 이상	0.05 이하	0.70 이하	0.01 이하	0.01 이하	0.10 이하
특2종	Al S_2	녹색	99.85 이상	0.08 이하	0.12 이하	0.01 이하	0.01 이하	0.15 이하
1종	Al_1	흑색	99.70 이상	0.15 이하	0.20 이하	0.01 이하	0.02 이하	0.30 이하
2종	Al_2	백색	99.50 이상	0.25 이하	0.40 이하	0.02 이하	0.02 이하	0.50 이하
3종	Al_3	적색	99.00 이상	0.50 이하	0.80 이하	0.02 이하	0.03 이하	1.00 이하

※ 99.5% Al 이상을 1S, 99.0~99.5% Al을 2S라 한다.

③ Al 제련법의 종류

㉮ 바이어(Bayer)법

㉠ bauxite($Al_2O_3 \cdot XH_2O$)에 수산화나트륨(NaOH)을 첨가하며 알루민산소다($NaAlO_2$)를 얻고 여기에 수산화알루미늄[$Al(OH)_3$]의 침전을 촉진시킨다. ($Al(OH)_3$를 가열하여 알루미나(Al_2O_3)를 얻는다.)

㉡ 전해 환원 이전에 보크사이트광석에서 Al_2O_3를 추출하는 방법이다.

㉢ bauxite를 가성소다로 처리하여 Al_2O_3를 가용성으로 변화시켜 잔류 적니(積泥)를 여과 제거한 후 Al수산화물을 침전시켜 이것을 여과하여 하소시켜 Al_2O_3를 만든다.

㉣ 제조한 Al_2O_3를 빙정석(Na_3AlF_6)의 용융염에 용해시킨다.

㉯ 할 제조법(Hall process)

㉠ 카올리라이트 속에 용해하는 Al_2O_3의 전해 환원에 따라 Al_2O_3에서 Al을 만드는 방법

㉡ 탄소 양극과 음극을 사용하여 전해조(電解槽)내에서 전해시킨다.

㉰ 제련에 의하여 99.999%인 초고순도 Al을 얻을 수 있다.
Si, Fe, Cu 등이 불순물로 함유되고 있다.

㉱ 소다석회법(Deville – Pechiney)
바이어법으로 할 수 없는 SiO_2가 많이 함유한 보크사이트, 난용성(難溶性) 보크사이트 등에 적합한 방법으로 탄산소다와 석회를 혼합하여 회전로에서 1.000~1.200℃로 가열하여 반응 상태로 하며, 건식 알루민산소다를 만들어 물로 추출하는 방법이다. (소다는 Na_2O와 CO_2로 분해하여 광석 중의 Al_2O_3와 결합한다.)

㉲ 페터슨법(Pederson process)은 전열법 또는 전열 – 알칼리법이다.

㉶ 그로스법(gross process)은 보크사이트에서 직접 C로 환원하고 염소가스를 통하여 염화알루미늄으로 하고 이것을 분리하여 금속 Al을 얻는 방법이다.

나. Al의 용도

① Al 주물 : 자동차 공업, 항공기 공업, 가정용품, 화학 공업용
② Al 박판 및 파이프 : Al 박판은 의약품 및 식품 등의 포장용, Al 파이프는 전기 재료용
③ Al 분말 : 산화 방지용, 도료, 화학 제조용
④ Al과 그 합금의 제품 : 압연품, 주물, die casting, 단조품, 전선, 분(粉), 기타

2 Al의 성질

가. 물리적 성질

① Al은 백색의 가벼운 금속으로 무게를 중요시하는 제품에 사용한다.
② 도전율은 Au 다음으로 좋아 송전선, 액체 공기 제조품에 사용된다.
㉮ 전도율은 불순물에 따라 영향의 관계가 크다.
㉯ 전기 전도도를 해치는 원소 : Ti > Mn > Zn > Cu > Si > Fe 순(順)이다.
(Cr이 전기전도율이 미치는 영향이 유해하며, 실제 Al 금속 중의 불순물은 대부분이 Si, Fe, Cu이며, 250 ~ 300℃에서 풀림을 하면 전도도가 향상된다.)
㉰ 순Al보다는 강도가 큰 합금선이 송전선 등에 이용되기도 한다.
③ 용융점이 낮아 용해가 용이하고, Al은 면심 입방 격자이다.
④ Al의 물리적 성질

순도(%)	99.996	99.0 이상
비중(20℃)	2.6989	2.71
용융점(℃)	660.2	643 ~ 657
선팽창 계수(20 ~ 100℃)	23.86×10^{-6}	23.50×10^{-6}
비열(100℃)(cal/g)	0.2226	0.2297
전기 전도(%)(Cu = 100)	64.94	59.00
전기 비저항(상온가공 20℃)($\mu\Omega$ · cm)	2.6548	3.0520
전기저항온도계수(10 ~ 30℃)	0.00429	0.01150

나. 기계적 성질

재료의 순도, 가공도, 열처리 조건, 시험 온도에 따라 변한다.

①순도가 높을수록 연하며, 불순물이 증가하면 강도는 커지고 단단하게 된다.

㉮ Al합금은 일반적으로 기계적 성질이 순Al에 비하여 우수하다.

㉯ 99.996%의 고순도 Al의 인장 강도는 4.8kg_f/mm^2, 연신율은 50%이다.

※ Al합금에 강도를 높여 주는 원소 : Cu, Mg, Si, Mn, Zn, Ni 등

㉰ Al 강도는 고온에서 급격히 감소하며, 저온에서 취성을 가지지 않는다.

㉱ Al의 열간 가공 온도 : 280 ~ 500℃가 적당하다.

㉲ 냉간 가공 : 가공율 70 ~ 80%까지는 중간 풀림하지 않고 계속 가공할 수 있다.

㉳ Al을 상온 가공하면 경도와 인장 강도는 증가하고 연신율은 감소한다.

㉴ Al의 압연 가공에 의한 기계적 성질 변화

성질 / 종류	가공	인장강도 (kg_f/mm^2)	항복점 (kg_f/mm^2)	연신율 (%)	경도 (HB)
연질 Al판	풀림한 것	9.0	2.8	35.0	23.0
반경질 Al판	50% 상온 가공	12.0	10.0	7.0	32.0
경질 Al판	75% 상온 가공	17.0	14.5	5.0	44.0

② 재결정 개시 온도는 Al순도에 따라 다르며, 상온 가공에 의해서 경화된 것을 가열하면 재결정하여 150℃ 정도에서 연화되기 시작하여 300 ~ 350℃에서 완전히 연화하고 온도가 계속 높아짐에 따라 점차 강도가 감소되나 연신율은 400 ~ 500℃에서 극대치에 달한다. (압출, 압연 등의 가공은 이 온도 범위에서 행한다.)

③ 수축율이 크며, 순수Al은 주조성이 좋지 않다.

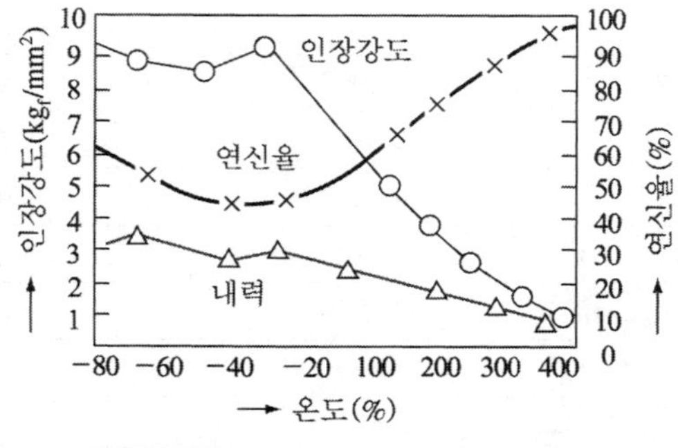

그림 4-12 온도와 기계적 성질과의 관계

④ 공업적인 풀림 온도의 범위는 340 ~ 360℃이다.

다. 화학적 성질

대기 중에서 표면에 Al_2O_3의 얇은 피막이 생겨 내식성, 가공성이 좋고, Al의 부식은 공기 중의 습도와 염분의 함유량, 불순물의 양 및 질 등에 관계된다.

① Al의 내식성은 불순물의 함유량이 적을수록 우수하다.
㉮ 내식성을 향상시켜 주는 원소 : Cr, Mn, Zr 등
㉯ 내식성을 해치는 원소 : Fe, Cu, Ni, Ag 등
㉰ 영향을 거의 끼치지 않는 원소 : Mg, Mn, Si 등
② 중성 수용액(탄산염, 크롬산염, 초산염, 황화물 등)에서는 내식성이 좋으나 염화물 용액 중에서는 나빠진다.
③ 80% 이상의 질산이나 질산, 유기산 에서는 내식성이 좋다.
④ 산성 수용액 중에서는 수소 이온 농도의 증가에 따라 부식이 증가한다.
⑤ 황산, 질산, 인산 중에서는 침식되고 특히 염산 중에서 침식이 빠르다.
⑥ 암모니아 중에서는 잘 견디나 기타의 알칼리에는 수용액 중에서는 침식된다.
⑦ 부식율은 전원(田園) 지방에서는 (0.001mm/년), 해상(海上)에서는 (0.11mm/년), 공업 지대에서는 (0.08mm/년)이다.

라. Al 방식법

Al의 표면을 적당한 전해액 중에서 양극 산화 처리하여 표면에 방식성이 우수하고 치밀한 산화 피막이 만들어지도록 하는 방법이 가장 많이 사용되며 방법의 종류에는 수산법, 황산법, 크롬산법 등이 있다.

① 수산법(알루마이트법, alumite법)
㉮ Al 제품을 2%수산 용액에서 직류, 교류 또는 직류에 교류를 동시에 송전하여 표면에 단단하고 치밀한 산화 피막을 만든다.
㉯ 전류 효율이 좋으며, 피막의 두께는 전류의 통전량에 비례한다.
② 황산법(알루마이트법, alumite process)
㉮ 15～20% 황산액이 사용되며 농도가 낮은 경우에 단단한 피막이 형성된다.
㉯ 투명한 피막이 얻어지고 수산법보다 약하지 않으므로 일반적으로 많이 이용된다.
③ 크롬산법
㉮ 3.0%의 산화크롬(Cr_2O_3) 수용액을 사용하며 전해액의 온도는 40℃ 정도로 유지한다.
㉯ 전압을 가감하면서 통전 시간을 조정하며 전해액은 기계적으로 교반한다.

㉰ 크롬 피막은 내마멸성은 작으나 내식성이 매우 크다.

④ Al 양극 산화 피막법

종류	전해액	전류	피막 두께	특징
alumite법	수산	직류	5.0 ~ 50	황금색이 단단한 피막 형성
Gower · O'Brien법	황산	직류 · 교류	30 ~ 43	무색이며 다소 단단한 피막
Bengough – Stuart법	크롬산	직류	2.5 ~ 5.0	내식성이 좋으나 피막이 얇다.

3 Al합금의 종류

구분		종류
주조용		Al – Cu계, Al – Cu – Si계, Al – Si계, Al – Si – Mg계, Al – Mg계, Al – Cu – Ni계
가공용	내식용	Al – Mn계, Al – Mn – Mg계, Al – Mg계, Al – Mg – Si계
	고강도용	Al – Cu계, Al – Cu – Mg계, Al – Zn – Mg계
	내열용	Al – Cu – Ni계, Al – Ni – Si계

가. 주조용 Al합금

Al합금 주물에 사용하는 주조법에는 사형, 금형, 다이 캐스팅형, 가스형이 있다.

① Al – Cu계 합금

㉮ 담금질과 시효경화에 의해 강도는 증가되고, 내열성, 연신율, 절삭성이 좋으나 고온 취성이 크며, 수축에 의한 균열이 있다.

㉠ 실용 합금의 Cu함유량은 4%, 8%, 12%가 사용된다.

㉡ Cu(4%) : 0.2 ~ 1.0% Mg 첨가로 열처리 효과가 크고 강도를 요하는 부품에 사용한다.

(Cu 4 ~ 5% 합금은 Al합금 1종 A(AC 1A)로 알코아 195이다.)

㉢ Cu(8%) : 주물의 대표로 자동차 부품, 다이 캐스팅용으로 사용한다.

(8% Cu 합금은 알코아 No.12로서 유명하며 주물용 합금의 대부분이다.)

㉣ Cu(12%) : 고온에 잘 견디며, 자동차, 피스톤, 기화기, 방열기, 실린더 등에 사용한다.

㉯ 고용체에 의해 시효경화를 이용하며 경도를 증대한 합금의 대표적이다.

㉰ Al－Cu계 합금의 기계적 성질

상태 \ 성질	인장강도(kg_f/mm^2)	내력(kg_f/mm^2)	연신율(%)	경도(HB)
모래형 주조	15～18	6～9	9～12	50～60
모래형 담금질	22.5	11.2	8.5	60
모래형 담금질·뜨임	25.3	16.9	5.0	70

㉱ Al－Cu계 상태도

㉠ α － 고용체와 θ상($CuAl_2$화합물)이 33% Cu에서 공정 반응을 만든다.

㉡ α － 고용체 중의 Cu의 용해도는 공정 온도(548℃)에서 5.7%이나 온도의 저하에 따라 용해도를 감소하여 300℃에서 0.45%, 상온에서는 0.25% 이하가 된다.

㉢ G.P 집합체(G.P zone)

ⓐ P의 조성합금을 온도(t)로부터 급냉시켜 얻어진 과포화 고용체 α'(정상적인 고용체는 α)를 오래 방치하면 $\alpha' \rightarrow \alpha + CuAl_2(\theta)$와 같이 정상 상태로 된다.

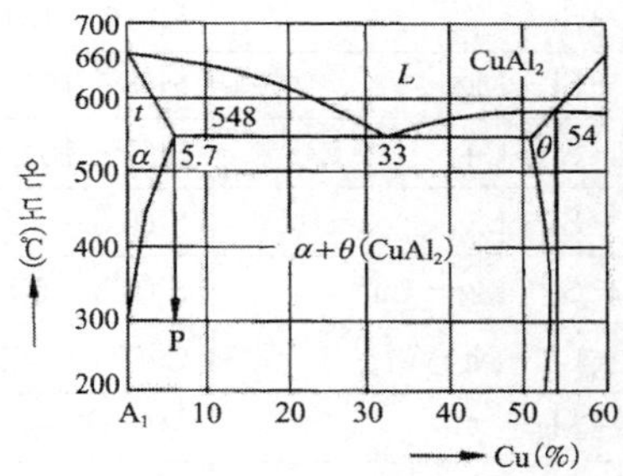

그림 4-13 Al - Cu계 상태도

ⓑ 이 과정은 α'중에 고용된 Cu원자가 Al의 (100)면에 집합하여 극히 미세한 2차원적 결정이 형성되어 이것이 경화의 원인이 되는 것으로 이것이 G.P zone이다.

ⓒ G.P zone은 두 가지 형이 있다.

- 어그리게이트(aggregate) Ⅰ : 처음에 부분적으로 규칙적 배열을 하는 형이다.
- 어그리게이트(aggregate) Ⅱ : 다음에 규칙적 배열을 갖는 형이다.
- Al－Cu합금의 과포화 고용체(α')에서 θ상의 석출까지의 과정
- 과포화 고용체 → α' → aggregate Ⅰ → aggregate Ⅱ → θ' → $\alpha + \theta$
- 두랄루민은 상온 시효에 의해서 최고 경도가 되고 G.P 집합체에 의한 경화이다.
- Be청동은 시효경화 중 중간상(θ')이 형성되어 경화한다.

- G.P zone 출현에 의한 경화 합금에는 Al－Cu－Mg계, Al－Zn계, Al－Mg_2Si계, Al－Ag계 등이 있다.

㉱ 상온 시효(natural aging)는 4% 정도의 합금을 500℃ 정도에서 가열하여 급냉하면 과포화 고용체가 얻어지며, 이것은 상온에서 불안정하여 제 2상을 석출하려는 경향이 있고 시간의 경과에 따라 강도, 경도를 증가하여 상온 시효를 일으킨다.

㉲ 인공 시효(artificial aging)는 상온 보다 높은 온도 (100～160℃)에서 성질의 변화를 일으킬 때는 인공 시효라 한다.

㉳ 3～8% Si를 첨가하면 주조성이 개선되며 금형 주조물로서 많이 사용된다.

㉴ 주물용 Al합금 (KS D 6008)

종류	기호	합금계	주성분(%)
1종 A	AC1A	Al－Cu	Cu(4.0～5.0)
2종 A	AC2A	Al－Cu－Si	Cu(3.5～4.5), Si(4.0～5.0)
2종 B	AC2B	Al－Cu－Si	Cu(2.0～4.0), Si(5.0～7.0)
3종 A	AC3A	Al－Si	Si(10～13)
4종 A	AC4A	Al－Si－Mg	Si(8～10), Mg(0.4～0.8)
4종 B	AC4B	Al－Si－Cu	Si(7～10), Cu(2～4)
4종 C	AC4C	Al－Si－Mg	Si(6.5～7.5), Mg(0.2～0.4)
4종 D	AC4D	Al－Si－Mg－Cu	Si(4.5～5.5), Mg(0.4～0.6), Cu(1.0～1.5)
5종 A	AC5A	Al－Cu－Ni－Mg	Cu(3.5～4.5), Ni(1.7～2.3), Mg(1.2～1.8)
7종 A	AC7A	Al－Mg	Mg(3.5～5.5)
7종 B	AC7B	Al－Mg	Mg(9.5～11.0)
8종 A	AC8A	Al－Si－Cu－Ni－Mg	Si(11～13), Cu(0.8～1.3), Ni(1.0～2.5), Mg(0.7～1.3)
8종 B	AC8B	Al－Si－Cu－Ni－Mg	Si(8.5～10.5), Cu(2～4), Ni(0.5～1.5), Mg(0.15)
8종 C	AC8C	Al－Si－Cu－Mg	Si(8.5～10.5), Cu(2.0～4.0), Mg(0.5～1.5)

종류	합금의 특색	용도
1종 A	강인성, 접착성이 좋고 주조성이 나쁨	가전용 부품, 자전거 부품
2종 A	주조성, 강도 좋음, 연신율 적음	메니폴드, 펌프몸체, 실린더 헤드, 자동차 부품
2종 B	주조성 좋음	밸브 몸체, 크랭크 케이스, 클러치 하우징
3종 A	실루민, 유동성, 내식성 좋으나 내력이 낮음	두께가 얇은 케이스류, 커버류, 하우징류, 커튼휠
4종 A	주조성, 인성이 좋음	브레이크 드럼, 미션 케이스, 크랭크 케이스, 기어박스, 선박차량용 엔진 부품
4종 B	주조성 강도가 좋으나 인성이 적음	크랭크 케이스, 실린더 헤드, 메니폴드, 항공기용 전장품
4종 C	주조성, 내압성, 내식성이 좋음	유압밸브, 미션 케이스, 하우징, 플라이 휠, 커튼휠, 소형 선박용 엔진 부품
4종 D	주조성, 기계적 성질이 좋음, 내압성 주물에 사용	수냉 실린더 헤드, 크랭크 케이스, 실린더 블록, 연료 펌프 몸체, 송풍기 하우징
5종 A	고온 강도 좋음, 주조성 나쁨	공냉 실린더 헤드, 디젤 엔진, 피스톤, 항공기용 엔진 부품
7종 A	내식성, 인성, 양극 산화성 좋음, 주조성 나쁨	가전제품, 선박용 부품, 사무기기, 조각소재, 의자
7종 B	내식성, 기계적 성질 좋음, 주조성 나쁨	광학기계, 프레임, 케이스, 항공기 부품
8종 A	내식성, 내마모성, 강도가 좋음, 열팽창 계수 작음	자동차, 디젤 엔진 부품, 피스톤, 선박용 부품, 풀리, 베어링
8종 B	내식성, 내마모성, 강도가 좋음, 열팽창 계수가 작음	자동차용 피스톤, 풀리, 베어링
8종 C	내식성, 내마모성, 강도가 좋음, 열팽창 계수가 작음	자동차용 피스톤, 풀리, 베어링

② Al－Si계 합금

㉮ 실루민(silumin, alpax)은 Al－Si계 합금의 대표로서 개질 처리한 Al 합금의 대표이다.

㉯ 실용 합금으로는 10～13% Si가 함유된 실루민으로 용융점이 낮고, 유동동이 좋아서 엷고, 복잡한 주물에 이용된다.

㉰ Al에 Si가 고용될 수 있는 한계는 공정 온도인 577℃에서 약 1.65%이다.

㉠ 합금은 단순히 공정형으로 공정점 부근의 조성을 실루민이라 한다.

㉡ 공정점 부근의 주조 조직은 크고 거칠며, Si는 육각판의 모양으로 취성이 있다.

㉱ 개량 처리(개질 처리, modified treatment)

㉠ Al－Si계 합금에 Na, 플루오르화알칼리, 수산화나트륨, 알칼리염류 등을 주입 전에 용탕 안에 넣어 10～50분 유지하면 조직이 미세화되며, 공정점은 14% Si, 556℃로 이동한다. 이 처리를 개량 처리라 한다.

㉡ Na첨가량은 0.01% 정도, 용탕 온도는 750 ~ 800℃가 좋다.

㉢ 플루오르화나트륨을 사용할 때는 800 ~ 900℃(용탕 온도)에서 첨가하는 것이 좋다.

㉣ 개량 처리하면 용탕과 모래형의 수분과의 반응으로 기포가 생긴다.

㉤ 다이 캐스팅할 때는 용탕이 급냉되어서 Si도 과냉되므로 개질 처리를 하지 않아도 미세 조직이 되며, 유동성이 좋고 열간 취성이 없다.

㉥ 개질 처리의 최대 효과는 Si14%이고, 개질 처리한 조직은 미세화, 강력화가 된다.

㉦ 개질 처리에 효과를 얻는 방법

ⓐ 플루오르(불화물)를 사용하는 방법

ⓑ Na을 쓰는 방법 : 금속 Na을 쓰는 방법(가장 많이 사용된다), 수산화나트륨을 사용하는 방법

ⓒ 가성소오다를 사용하는 방법

㉮ 감마 – 실루민(γ – silumin)

㉠ Al – Si(9%) – Mg(0.5%)의 조성으로 된 합금이다.

㉡ 실루민을 개량 처리한 것에 Mg을 첨가함으로서 Mg_2Si에 의한 시효성을 가진다.

㉯ Cu – 실루민은 Al(나머지), Si(9%), Cu(3%)의 조성으로, 실루민에 Cu를 넣어 α상을 강화하고, $CuAl_2$상에 의한 시효성을 가지도록 한다.

㉰ 결정 입자를 미세화하기 위하여 Ti를 약간 첨가하며, P을 첨가하면 초정 Si의 미세화 효과가 있다.

㉱ Si량이 증가할수록 팽창계수 비중은 낮아지고, 주조성, 가공성이 나빠진다.

㉲ **실루민의 용도**

종류	용도
Si 5.0% 모래형	건축재료, 자동차, 선박기구, 계기의 하우징, 화학공업기구
Si 5.0% 금형	취사용 기구, 용기 및 기계부품
Si 10% 모래형	옥외에서 사용하는 주물, 기계용 주물
Si 13.0% 정제	증발기, 선박, 차량용 기구

③ Al – Cu – Si계 합금

㉮ 라우탈(Lautal)이 Al – Cu – Si계 합금의 대표이다.

㉯ Cu(3 ~ 8%), Si(3 ~ 8%)의 조성으로 실루민의 결점인 가공면의 거칠음을 없앤 것이다.

㉰ Si를 첨가하여 주조성을 개선하고, Cu를 첨가하여 피삭성을 좋게 한 것이다.

㉱ 고용체 중의 θ상($CuAl_2$)과 Si의 고용도가 온도 저하에 따라 감소하므로 시효경화성이 있으며, 주조 조직은 고용체의 초정(α상 + Si)을 2원 공정 및 3원 공정($a + \theta$상 + Si)이 포위한 상태이다.

㉮ 불순물을 품는 Fe은 침상의 $FeAl_3$ 화합물상이 되어 나타난다.

㉯ Al – Cu – Si계 합금의 기계적 성질

화학성분(%)	Cu	3.0				7.0
	Si	5.0				2.0
주조방법		모래형	주물	금속형 주물		모래형
열처리		주조한 그대로	490 ~ 510℃ 담금질, 135 ~ 145℃ 뜨임 상온 시효	주조한 그대로	490 ~ 510℃ 담금질, 135 ~ 145℃ 뜨임 상온 시효	–
인장강도(kg_f/mm^2)		19	24	24	30	17
항복점(kg_f/mm^2)		10	14	13	15	10
연신율(%)		2.5	4.0	3.0	5.0	1.5
경도(HB)		59	76	76	84	70

④ Al – Mg계 합금

㉮ 합금의 실용 범위는 Al에 약 12% Mg을 함유한 합금이다.
(실용 합금 중 4 ~ 5% Mg합금은 내식성이 가장 좋고 열처리는 하지 않는다.)

㉯ α – 고용체 : Al에 대한 Mg의 고용체로서 Mg 최대 고용량은 451℃에서 15.3%이다.
(이 고용체는 온도 강하에 따라 현저하게 감소하므로 열처리하면 시효될 수 있다.)

㉰ β – 고용체 : Al_3Mg_2의 화합물이다.

㉱ 응고 범위가 넓으므로 조직이 편석하기 쉽고 고온에서 Mg고용도가 높으므로 약 400℃에서 균질화 처리(풀림)하면 강도와 연신율을 향상시킬 수 있다.

㉲ 주조성은 Si를 함유한 것에 비하면 떨어진다.

㉳ 해수에 대한 내식성이 크므로 선박용, 화학 공업용 부품에 많이 사용한다.

㉴ Mg은 강한 환원성이므로 수증기와 접하면 H_2 흡수가 쉬우며, 용해하거나 모래형에 주입할 때 주물 표면에 기포가 생기기 쉽다.
(방지법 : 용탕에 0.004% 정도의 Be을 첨가하거나 또는 주형사(鑄型砂)중에 붕산, 불화암모늄 등을 2% 정도가 섞으면 효과가 있다.)

㉵ Al – Mg계 합금의 용탕은 산화하기 쉽다.

㉶ 용도 : 선박용품, 건축료 재료 등(내연기관 등에는 부적당하다.)

⑤ 내열용 Al합금 주물

㉮ 피스톤용 합금은 고온 강도를 가지는 동시에 열팽창 계수와 비중이 적고, 열전도율, 내마멸성이 큰 재료를 사용한다.

㉯ Y합금(Al – Cu – Mg – Ni계 합금)

㉠ Cu(4.5%), Ni(2%), Mg(1.5%)등을 함유한 Al합금으로 고온에서 강한 것이 특징이며 모래형 또는 금형 주물과 단조용으로 사용한다.

㉡ 금형에 주조한 Y합금의 기계적 성질의 인장 강도는 19 ~ 25kg_f/mm^2이고, 연신율은 2%, HB85 ~ 105이다.
(열전도율이 크며, 기계적 성질이 우수하며, 내연 기관의 피스톤, 공냉 실린더 헤드 등에 사용한다.)

㉢ 금형에서 주조 후 열처리한 것의 기계적 성질은 인장 강도는 37 ~ 40kg_f/mm^2이고, 연신율은 2%, 경도(HB)는 130 ~ 150이다.
(복잡한 주물로 주조하기 쉽고 내열성이 크며 적열 취성이 없고, 팽창 계수가 작으므로 피스톤 등의 내열성 부분에 많이 사용된다.)

㉣ 열처리는 505 ~ 515℃의 온수에서 냉각한 후 약 4일간 상온 시효를 한다.
(인공 시효는 230 ~ 240℃에서 5 ~ 8시간 가열한다.)

㉤ 하이드미늄(Hiduminium) PR50, PR53
Y합금을 개량한 합금으로 Cu와 Ni을 Y합금보다 적게 하고 대신 Fe, Ti을 약간 함유한 Al합금으로 내열성과 기계적성질이 우수하다.
(PR50은 주조성이 좋으므로 실린더 블록, 크랭크 케이스 등 대형 주물에 사용하고, PR53은 강도가 큰 피스톤 실린더 헤드 등의 고온 부품에 사용된다.)

㈐ 로 - 엑스(Lo - Ex, low expansion alloy)합금

㉠ 조성 : Cu(0.8 ~ 0.9%), Mg(1%), Ni(1 ~ 2.5%), Si(11 ~ 14%), Fe(1%), Al(나머지%)

㉡ 특수 실루민으로 Na처리를 한 합금으로 열팽창 계수, 비중이 작으며 내열성, 내마멸성이 좋고 고온 강도가 크며 피스톤용으로서 금형에서 주조한다.

㉢ 열처리는 520℃에서 수냉하며, 170℃에서 16시간 뜨임 처리한다.

㉣ 고강도를 주기 위하여 Cu, Ni, Mn을 넣고 또 Mg을 첨가하여 시효경화성을 준다.

㉤ 내열성이 우수하며 열팽창 계수, 비중이 작고 내마모성이 좋고 고온 강도가 크다.

⑥ 다이 캐스팅용 Al합금

㉮ Alcoa12, 라우탈, 실루민, Y합금 등이 사용된다.

㉯ 합금에서는 Cu는 소지를 강화하고 주형에서의 접착성을 감소하며, 시효성을 가진다.

㉰ 합금에서 Si는 용융점이 낮은 공정을 생성하여 용탕의 유동성을 좋게 하고 용탕 보급성이 좋아지며 미세 수축공 감소 및 열간 취성이 적어서 균열 발생을 억제한다.

㉱ Al과의 합금에서 Mg은 내식성, 기계적 성질, 양극 산화 피막이 좋으나 지나친 첨가량은 유동성을 해친다.

㉲ Fe은 점착성을 감소하며 금형 침식을 억제하나 1% 이상이면 금속간 화합물이 생겨 hard spot가 나타나 내식성, 절삭성을 해친다.

㉳ 전도율을 해치는 불순물 : Mn, Ti, Cr등.

㉳ 전동기의 회전자와 같이 높은 전도율을 요구하는 다이 캐스팅에 Al합금을 사용한다.

㉴ 용도 : 자동차 용품, 통신 기기 부품, 철도 차량 부품, 가정용 기구 등

나. 가공용 Al합금

단조, 압연, 인발, 압출 등의 가공으로 판, 봉, 관, 선 등으로 만들 수 있는 Al합금으로 합금 첨가량은 주조용 합금보다 소량이며, 고용체 또는 소량의 화합물을 함유하는 고용체 합금이다.

① 가공재는 냉간 가공, 열처리에 의해서 기계적 성질이 달라진다.

㉮ Al합금 가공재의 AA번호

합금의 계통	번호	합금의 계통	번호	합금의 계통	번호
Al 99.0%	1,000번대	Al – Si	4,000번대	Al – Zn계통	7,000번대
Al – Cu	2,000번대	Al – Mg	5,000번대	기타	8,000번대
Al – Mn	3,000번대	Al – Mg – Si	6,000번대	예비	9,000번대

※ 가공용 합금에는 S를 붙이고 그 앞의 2자리 숫자로 합금의 계통을 나타내고, AA번호(미국Al협회 합금번호)는 합금계에 따라서 1,000단위 숫자로 표시한다.

㉯ 합금 종별의 질별 기호(ASTM, 미국규격, KS D 0004규정)

㉠ F : 제조한 그대로의 것(압연, 압출, 주조한 그대로의 것)

㉡ O : 풀림을 한 것(가공재에만 사용)

㉢ H : 가공 경화한 것

ⓐ H_1n : 가공 경화를 받은 그대로의 것

ⓑ H_2n : 가공 경화 후 풀림(적당한 연화처리)를 한 것

ⓒ H_3n : 가공 경화 후 안정화 처리를 한 것

※ n에는 다음과 같은 숫자를 기입한다.

예 n=1은 ($\frac{1}{8}$ 경질), n=2는 ($\frac{1}{4}$ 경질), n=3은 ($\frac{3}{8}$ 경질), n=4는 ($\frac{1}{2}$ 경질) n=5는 ($\frac{5}{8}$ 경질), n=6은 ($\frac{3}{4}$ 경질), n=7은 ($\frac{7}{8}$ 경질), n=8은 (경질), n=9는 (초경질)

㉣ T : F, O, H 이외의 열처리를 받는 재질

ⓐ T_1 : 고온 가공에서 냉각한 다음 자연 시효 처리한 것

ⓑ T_2 : 고온 가공에서 냉각한 다음 냉간가공하고 자연 시효 처리한 것

ⓒ T_3 : 담금질한 후에 냉간 가공한 것

ⓓ T_4 : 담금질한 후에 상온 시효가 완료된 것

ⓔ T_5 : 제조한 후에 담금질을 생략하고, 바로 인공시효 처리한 것

ⓕ T_6 : 담금질한 후에 인공 시효경화한 것

ⓖ T_7 : 담금질한 후에 안정화 처리한 것

ⓗ T_8 : 담금질한 후에 냉간 가공하여 인공 시효 처리한 것

ⓘ T_9 : 담금질한 후에 인공 시효 처리한 다음 냉간 가공한 것

ⓙ T_{10} : 담금질을 생략하고 풀림한 다음 상온 가공 담금질한 것

예 1] $Al_2P_2 - O$: 내식 Al 합금 판재 2종을 풀림한 것

예 2] $Al_2P_6 - T_6$: 내식 Al 합금 판재 6종을 담금질 후 인공 시효 처리한 것

㉤ W : 담금질 후 시효경화가 진행 중인 것

(W30은 담금질 후에 30일 경과한 것)

② 강력 Al합금

㉮ 두랄루민(duralmin)

㉠ 단련용 Al합금의 대표로 AA번호 2017 합금으로 시효경화성 Al합금이다.

㉡ 조성 : 주성분은 Al – Cu – Mg이며, Cu(4%), Mg(0.5%), Mn(0.5%), Si(0.5%)이다.

㉢ 비중이 약 2.79이므로 비강도가 연강의 약 3배다.

㉣ 풀림 상태에서의 기계적 성질은 인장 강도가 18 ~ 25kg_f/mm^2, 연신율은 10 ~ 14%, 경도(HB)는 40 ~ 60이다.

㉤ 500℃에서 수냉한 후 상온에서 2 ~ 3일간 시효경화 시킨 것의 기계적 성질은 인장강도는 30 ~ 45kg_f/mm^2, 연신율은 20 ~ 25%, 경도(HB)는 90 ~ 120이다.
(500 ~ 510℃에서 용체화 처리 후 상온 시효 시키면 강도가 크고 성형성이 좋다.)

㉥ Cu는 $CuAl_2$화합물을 만들고 Mg과 Si는 Mg_2Si가 되어 시효경화의 원인이 된다.

㉦ **두랄루민의 종류 및 성질**

조성 / 합금명	화학성분(%)					열처리 온도(℃)		
	Cu	Mn	Mg	Zn	Cr	풀림	담금질	뜨임
두랄루민(17S)	4.0	0.5	0.5	–	–	415	505	–
초두랄루민(24S)	4.5	0.6	1.5	–	–	415	465	190(8 – 10hr)
초강두랄루민(75S)	1.6	0.2	<5.6	0.3	0.3	415	465	120(22 ~ 26hr)

성질 / 합금명	항복점(kg_f/mm^2)	인장강도(kg_f/mm^2)	연신율(%)	경도(HB)
두랄루민(17S)	28	43	22	105
초랄루민(24S)	29	45	19	–
초강두랄루민(75S)	50	57	11	150

※ 두랄루민계 합금의 열처리는 T4, T6처리를 하여 기계적 성질을 개선시킨다.

ⓞ 용도 : 가볍고 강도가 크므로 항공기, 자동차, 운반 기계 등에 사용한다.

㈏ 초두랄루민(SD, super duralumin)

㉠ 두랄루민에 Mg을 다소 증가시킨 Al－Cu(4.5%)－Mg(1.5%)－Mn(0.6%)계 합금이다.
(AA번호 2024, 알코아24S, DM31(독일)은 Mn이 다소 많고, PR56(영국)은 Ni를 첨가한 것으로 이 종류에 속한다.)

㉡ 인장 강도가 $50kg_f/mm^2$ 이상의 두랄루민을 말한다.
(T_4 처리하면 약 $48kg_f/mm^2$의 강도를 가지나 T_6 처리하면 내력은 상승, 연신율은 감소한다.)

㈐ 초강 두랄루민(EDS, extra－super duralumin)

㉠ Al－Cu(1.5～2.5%)－Zn(7～9%)－Mg(1.2～1.8%)－Mn(0.3～0.5%)－Cr(0.1～0.4%)의 합금
(알코아 75S 또는 KS7075가 여기에 속하며, Al－Mg－Zn계에 균열 방지를 위해 Mn, Cr 등을 첨가하며, 석출경화에 관여하는 석출 화합물은 $MgZn_2$이다.)

㉡ 용도 : 인장강도는 $54kg_f/mm^2$ 이상으로 항공기의 구조용 재료 등에 사용한다.

㈑ 고강도합금(HD합금)

㉠ Al－Zn(5.5%)－Mg(2%)－Mn(0.7%)－Cr(0.25～0.3%)의 조성의 합금이다.

㉡ 고온 저항이 낮고 420℃에서 용체화 처리 후 20일간 상온 시효시키면 인장 강도는 $50kg_f/mm^2$, 내력은 $28kg_f/mm^2$, 연신율은 15%를 갖는다.

㈒ Al합금의 시효경화

500℃에서 용체화 처리하여 급냉한 후 상온에 방치하면 시간이 경과함에 따라 경화된다.(150～170℃로 가열하면 경화 현상을 촉진한다.)

※ 석출 경화(precipitation hardening)

급냉에 의하여 과포화로 고용된 탄화물, 복탄화물 또는 화합물이 그 뒤의 시효(상온, 고온시효)에 의해 미립 석출되어 경화되는 현상을 말한다.

－ 석출 경화를 나타내는 화합물 : $CuAl_2$, Mg_2Si

㈓ Al합금의 열처리

㉠ 고용체화 처리는 완전한 고용체가 되는 온도까지 가열하였다가 급냉하여 과포화 고용체로 만든다.

㉡ 인공시효 처리 과포화 고용체를 120～200℃로 가열, 과포화 성분을 석출시킨다.

㉢ 풀림은 과포화 처리 온도와 인공 시효 온도의 중간까지 가열하여 석출된 미립자를 석출시키고, 잔류 응력을 제거하여 재질을 연화시킨다.

③ 내식용 Al합금

㉮ 내식성 Al합금의 종류에는 Al－Mn계, Al－Mg계, Al－Mg_2Si계가 있다.

㉠ 내식성을 악화 시키지 않고 강도를 개선하는 원소 : Mn, Mg, Si 등이다.

㉡ 응력 부식 균열을 방지하는 원소 : Cr

㉢ 내식성을 악화시키는 원소 : Al보다 전기 화학적으로 귀한 금속 (Cu, Ni, Fe 등)

㉯ 하이드로날륨(hydronalium, Al－Mg계 합금)

㉠ Al－Mg계 합금으로 6% Mg 이하가 일반적이나 특수 목적에는 10% Mg의 것도 실용화하며, 압출재는 25% Mg의 함유한 것도 생산이 가능하다.

㉡ 2～3% Mg을 함유한 Al합금은 쉽게 단조 또는 압연할 수 있다.

㉢ 3% Mg 이상의 합금에서는 결정 편석이 증가하여 주조 조직이 파괴될 때까지 적당한 온도에서 가공하지 않으면 미세 균열이 발생한다.

㉣ 실용 합금에는 5.000번대 합금과 그 개량품 등이다.

㉤ 내해수성이 좋고 피로 강도의 온도에 따른 변화가 적다.

㉥ 염수(鹽水)가 알칼리성에 대한 내식성이 강하고 용접성도 매우 우수하다.

㉦ 열처리할 필요가 없고 가공 경화에 의해서 경화된다.

㉧ 주조성이 좋지 않으나 비중이 적고, 내식성이 매우 우수하고, 강도, 연신성이 우수하며, 내열성은 좋지 않다.

㉨ 용도 : 선박용, 조리용, 화학 장치용 부품 등에 이용된다.

㉰ 알민(almin, Al－Mn계 합금)

㉠ 실용 합금으로는 1～1.5%Mn의 것이 사용되며, Al－Mn(1.5%)의 3003(알코아 3S)합금은 가공성, 용접성이 좋다.

㉡ 풀림 상태의 강도는 순수한 Al과 유사하나 가공 상태에서는 비교적 강하고 내식성도 거의 같고, 저장 탱크, 기름 탱크 등에 이용된다.
(Al에 Mn을 넣으면 재결정 온도가 상승하므로 완전한 풀림을 하려면 410℃로 2시간 정도 가열해야한다.)

㉱ 알드리(aldry, Al－Mg－Si계 합금)

㉠ 실용 합금으로 Mg(0.45～1.5%), Si(0.2～1.2%)를 품는 6.000번대의 합금과 개량품이며 Mg_2Si상의 석출 과정에 의한 시효경화성 합금이다.

㉡ Mg_2Si을 석출하고 595℃의 공정 온도에서 고용도는 약 1.85%이나 온도에 강하에 따라 감소되며, 용체화 상태에서 가공하는 편이 강도가 높아진다.

㉢ Mg_2Si의 조성보다 Si함량이 많으면 Si석출에 의한 경화도 일어나서 강도가 높아진다.

㉣ Mg과 Si가 금속간 화합물 Mg_2Si를 만드는 비율 : 1～2% 정도이다.

㉤ 담금질은 560℃까지는 온도가 높을수록 효과적이나 560℃ 이상이 되면 국부적인 용해가 일어나 산화하여 취성(脆性)을 가진다.
(담금질 후 120 ~ 200℃에서 수십 시간 저온 가열하여 인공 시효경화시킨다.)

㉥ Cu를 함유하지 않고 상온 및 고온 가공(400 ~ 450℃)할 수 있다.

㉦ 용접성, 내식성, 인성이 좋고 강한 가공에 견디며, 복잡한 모양의 부품을 단조하는 데 적합하고, 전기 저항이 낮다.

㉯ 알크래드(alclad)

㉠ 고강도 합금 판재인 두랄루민의 내식성을 향상시키기 위해 이것에 순수 Al 또는 Al합금을 피복한 것으로 강도와 내식성을 동시에 증가시킬 목적으로 사용된다.

㉰ Al – Mn – Mg합금

㉠ 실용합금은 3004(알코아4S)합금이 있으며 조성은 Al – Mn(1.2%) – Mg(1%)이다.
(3003합금보다 강하고 냉간 가공 상태의 내력은 고강도 합금과 비슷하다.)

④ 내열용 Al합금

㉮ 2218합금(Y합금, Al – 4%, Cu – 2%, Ni – 1.5%, Mg계 합금)으로 내열용 합금이다.

㉯ 시효경화 합금이므로 적당한 온도에서 시효를 하여 사용할 때는 강력하다.
(지나친 고온이 시효되면 과시효(over aging)를 일으켜 연화되며, 인공 시효는 230 ~ 240℃에서 5 ~ 8시간 가열한다.)

㉰ 완전 풀림은 410℃에서 2 ~ 3시간 가열 후 공냉을 한다.

㉱ 용체화 처리는 505 ~ 515℃에서 약4시간 유지하고 얇은 것은 상온의 물에, 두꺼운 것은 더운물에 급냉한다.

㉲ 4032합금(Al – 12.5%, Si – 1%, Mg – 0.9%, Mn – 0.9%, Ni계 합금)

㉠ 단조성이 좋고 열팽창 계수가 19.4×10^{-6}(20 ~ 100℃)로 작으며, 실린더 헤드, 피스톤용에 적합하다.

㉳ Al분말 소결체(Sintered Aluminium Power, SAP 또는 APMP)

㉠ Al에 산화막을 증가시키기 위해서 산소 분위기 내에서 분쇄하여 알루미나 8 ~ 15%를 품게 한 Al분말을 가압 형성, 소결 후 압출한 것이다.
(알루미나 가루와 알루미늄 가루를 압축 성형하고 500 ~ 600℃로 소결한 후 열간에서 압출 가공한 입자 분산 강화 합금이다.)

㉡ 절삭 가공, 냉간 가공이 가능하며, 비중, 열팽창 계수가 작고, 피로 강도가 좋다.

㉢ 500℃ 부근까지 재결정의 연화 없이 내산화성, 고온 강도가 우수하므로 피스톤, 블레이드(blade)등에 사용한다.

㉣ 열과 전기 전도율, 내식성도 순수 Al에 비해 떨어지지 않는다.

ⓜ 결정립의 크기나 석출물이 아닌 미세 혼합물을 조절할 수 있어 내열성, 내마모성, 피로 강도가 우수한 신재료(新材料)를 얻을 수 있다.

ⓗ Al분말 야금에서 급냉 응고 분말을 사용하면 평형 상태도에서 얻을 수 없는 조성의 Al－Fe, Al－Cr, Al－Mn, Al－Zr, Al－Si합금 제조가 가능하다.

제2절 I 마그네슘과 그 합금

실용 금속 중 가장 가벼운 금속(비중 : 1.74)이며 고온(高溫)에서 발화하기 쉽고, 염수에 대단히 약하며, 내산성이 나쁘나 내알칼리성에는 강하고 Mg에 Zn(20%)을 첨가하면 용융점이 낮아진다. 주물로서의 비강도비는 Al금속보다 우수하므로 항공기, 자동차 부품, 전기 기기, 선박, 광산 기계, 인쇄 제판, 구상 흑연 주철의 첨가제 등으로 사용된다.

1 Mg의 제련법 및 성질

가. Mg의 제련법

① 원료 : dolomite($MgCO_3$ • $CaCO_3$), magnesite($MgCO_3$) 및 해수(海水)등이다.

② 제련법

㉮ magnesite($MgCO_3$)와 염화 마그네슘($MgCl_2$)또는 magnesia(MgO)등의 무수염화(無水鹽化)마그네슘을 전해하여 얻은 전해법과 dolomite($MgCO_3$ · $CaCO_3$)에 Fe－Si(ferro－silicon)을 혼합하여 직접 환원해서 증류 Mg을 얻는 환원 방법이 있다.

㉯ 전해(電解)법

㉠ Dow process는 지하염수에서 Mg을 추출하여 결정수 일부를 품는 염화 Mg을 전해하는 방법이다.

㉡ IG 전해법은 magnesite($MgCO_3$)를 소성한 magnesia를 원료로 하여 완전 무수염화 Mg을 전해하는 방법이다.

㉰ 건식 제련법(Pidgeon)

㉠ 소성 dolomite에 ferro－silicon을 6 : 1의 비율로 혼합하여 단광으로 한 것을 retort에 넣고 감압(진공도 10^{-3}mmHg)하에서 1.150～1.200℃로 환원하여 (condenser)에 증류 Mg을 얻는다.

㉡ 반응식(접촉 반응이다) : $2(MgO \cdot CaO) + Si = 2Mg + Ca_2SiO_4$

㉢ Pidgeon법으로 얻은 지금의 순도 : 99.95～99.97% Mg(타 제련법보다 순도가 높다)

㉱ 제조된 Mg에 함유된 불순물 : Al, Cu, Fe, Mn, Ni, Si 등

③ Mg 지금(地金) (KS D 2314)

종류	화학성분(%)							
	Mg	Al	Si	Mn	Fe	Zn	Cu	Ni
1종	99.9 이상	0.01 이하	0.01 이하	0.01 이하	0.01 이하	0.05 이하	0.005 이하	0.001 이하
2종	99.8 이상	0.05 이하	0.05 이하	0.10 이하	0.05 이하	0.05 이하	0.02 이하	0.001 이하

나. Mg의 성질

① 물리적 성질

㉮ 비중은 상온에서 1.74(Al의 약 30%)로 실용 금속 중 가장 가볍고, 열전도도, 전기 전도도는 Cu, Al보다 낮다.

㉯ Mg의 물리적 성질

결정형	HCP	비등점(℃)	1107	열전도율(cal/cm^2/cm℃/s)	0.376
비중	1.74	비열(25℃, cal/g℃)	0.25	전기저항($\mu\Omega$ · cm)	4.46
용융점(℃)	650	열팽창 계수(40℃)	26×10^{-6}	온도계수($\mu\Omega$ · cm/℃)	0.018

② 기계적 성질

㉮ 강도는 작으나 절삭성이 좋고, 가공 재료는 상온 가공에 의한 경화 속도가 크므로 가공하기 어렵다.

㉯ 300～400℃에서 압연 및 압출할 수 있고, Al, Cu등에 비해 냉간 가공성이 나쁘다.

㉰ 탄성 한도와 연신율이 작으므로 Al, Zn, Mn, Zr 등을 첨가한 합금으로 제조된다.

③ 화학적 성질

㉮ 알칼리에는 견디나 산이나 열에 침식되며, Mg은 용해점 온도 이상에서 O_2에 대한 친화력이 크므로 공기 중에서 가열, 용해하면 폭발, 발화한다.

㉯ 내식성 : Mg은 부식되기 쉽고, 불순물 중 Fe, Cu, Ni등은 내식성을 해친다.
한계량 : Fe(0.006%), Ni(0.005%), Cu(0.3%)

㉰ Mg 및 합금은 Ar, He과 같은 불활성 가스 분위기 또는 진공로 등에서 용해한다.

다. Mg의 용도

① Al합금용, Ti, Zr, U 제련의 환원용, 구상 흑연 주철 제조용 및 Mg합금 제조용.

② 전기 방식용 양극, 건전지의 음극 보호 및 인쇄 제판 등에 사용된다.

③ $\frac{\text{강도}}{\text{비중}}$비가 크므로 항공기, 자동차 부품 등에 사용한다.

④ 대부분 Mg합금으로서 경량(輕量), 강도, 절삭성 등을 요구하는 주물용이다.

⑤ 가공 제품으로 자동차, 항공기, 전기기기, 선박, 광학기계, 인쇄 제판 등에 이용된다.

2 Mg 합금

Mg합금은 주조용과 단조용으로 나누며 Mg－Al, Mg－Zn, Mg－Al－Zn, Mg－Zr－R.E(희토류), Mg－Zn－Zr, Mg－Mn계 합금 등이 있다.

가. Mg합금의 구조재로서의 특성

① 실용 금속 중에서 가장 가볍고 강성(强性)도 같은 중량당으로 비교하면 매우 크다.

② 비강도($\frac{강도}{중량}$)가 커서 휴대용 기기나 항공기용 재료로 매우 유리하다.

③ 감쇠능(減衰能)이 주철보다 커서 소음 방지 구조재로서 우수하다.

④ 기계 가공성이 좋고 절삭면이 미려(美麗)하다.

⑤ 치수 안정성이 좋아서 상온에서 100℃까지는 장시간 걸쳐도 치수 변화가 없다.

⑥ 소성 가공성이 낮아서 상온 변형이 곤란하다.(250℃ 이상에서의 압출 가공은 가능하다)

⑦ 상온 변형이 어려우며 제품에 굽힘, 휨 등이 생기지 않고, 주조시의 생산성이 좋다.

⑧ 내식성은 고순도품에서는 좋으나 저순도품에서는 떨어지므로 표면 피막 처리가 필요하다.

⑨ 고온 에서는 매후 활성(活性)이고 분말이나 절삭성은 발화(發火)의 위험이 있다.

나. 주물용 Mg합금

① Mg합금 주물 특징

㉮ Mg합금 주물은 비중에 비하여 강도는 Al합금 주물과 유사하다.

㉯ 열처리의 의해 강도를 더욱 증대시킬 수 있고, 피삭성도 매우 우수하다.

㉰ 용해 및 주조할 때 산화 되기 쉽고 염수나 산에 대한 내식성이 나쁘다.

㉱ Mg합금을 용해할 때 주의사항

㉠ 고온에서 산화하기 쉽고 연소하기 쉬우므로 산화 방지책이 필요하다.

㉡ 수소가스를 흡수하기 쉬우므로 탈가스 처리를 하여야 한다.

㉢ 주조 조직의 미세화를 위하여 적당한 용탕 온도를 조절하여야 한다.

② Mg－Al계 합금

㉮ Al을 10% 정도까지 첨가한 것과 여기에 Zn을 첨가한 것이 일반적이다.

㉯ ASTM합금 기호로는 AM, AZ계 합금이다.

㉰ Mg－Al계 합금에 첨가되는 원소의 영향

㉠ Mn : 소량의 Mn을 첨가하면 내식성이 우수해진다.

㉡ Al : 순 Mg에서 생기는 크고 거칠은 결정 입자나 주상정의 발달을 억제하고 주조 조직을 미세화하고 기계적 성질을 향상시킨다.

㉢ Zn : 소량 첨가시 강도를 높이는 효과가 있으나, 함유량이 많으면 주조성이 나쁘다.

㉣ 강도와 연성이 있고 주조성은 좋은 편이고 열간 균열이 없다.

㉤ 열처리에 의하여 기계적 성질이 현저하게 향상된다.

㉥ Mg – Al의 상태도

㉠ α – 고용체는 12.6%의 고용 한계를 최대로 하며, 실온에서는 2.1%까지 용해도 변화가 있다.

㉡ Mg고용체와 평행하는 화합물 : δ상(Mg_4Al_3)이다.

㉦ 열처리 방법

㉠ AZ63는 390℃, 10시간, AZ92는 400℃, 2시간 용체화 가열하여 공냉한 후 210 ~ 220℃에서 5시간 정도의 석출 처리한다.

㉡ AZ91은 다이 캐스팅용에 사용되나 사형, 금형에도 이용된다.

㉢ 열처리에 효과가 있어 강도를 향상시킨다.

㉧ 엘렉트론(Elaktron, Mg – Al – Zn계 합금)

㉠ Mg – Al계 합금에 소량의 Zn, Mn을 첨가한 합금이다.
Mg은 90% 이상이고, Al + Zn이 10% 이하의 합금이다.

㉡ 용도 : 내연기관의 피스톤에 사용된다.

㉨ dow metal(Mg – Al계 합금)

㉠ Mg – Al계 합금에 Mn, Cu, Cd 등을 첨가한 합금으로 Mg – Al(4 ~ 6%) – Mn(0.25 ~ 0.3%)을 함유한 합금이 대표이며, 전성, 연성이 우수하고 내식성이 양호하다.

㉡ 담금질이나 뜨임한 후 인장 강도는 21kg_f/mm^2 이상, 연신율은 1.0% 이상이다.

㉢ 용도 : 전연성을 요하는 주물, 단조물, 강력 주물, 복잡한 주물, 열전도가 좋은 주물

③ Mg – Zn계 합금

㉮ Zn(3 ~ 6%), 기타 소량의 Zr, Th 또는 R.E(희토류 원소)를 함유하고 있다.

㉯ Mg – Al계 합금보다 강력한 합금으로 항복 강도가 특히 높고 강도 – 비중비는 금속 재료 중 최대(最大)이다.

㉰ Zn의 고용한도는 공정 온도 340℃에서 8.4%이나 200℃에서는 2%로 감소된다.

㉱ Zr의 결정립 미세화 작용에 의해 주조성이 좋고 복잡한 주물도 주조가 가능한 합금이다.

㉲ 함유된 원소의 영향

㉠ Zr : Mg – Zn계 합금에 Zr을 첨가하면 성능이 향상(向上)된다.

㉡ Zn : 함유량이 증가하면 주조할 때 열간 균열이나 미세 기포가 문제된다.

㉢ Th : 주조성은 좋으나 기계적 성질이 나쁘다.

④ Mg – R.E계 합금

㉮ 250℃에서 내열성을 가지며 Zr을 첨가해서 결정입자를 미세화한 것이다.

㉯ 희토류 원소 또는 Th의 첨가로 creep 특성이 좋은 내열성 Mg합금으로 제트 엔진구조재에 사용한다.

㉰ 희토류 원소는 보통 미쉬메탈로서 첨가되며 주조성, 내식성이 개선된다.
(Misch metal 조성의 예 Ce(52%), Nd(18%), Pr(5%), Sn(1%), La(24%), 기타)

㉱ 디디뮴(diddymium)은 Misch metal에 Ce을 제외한 합금 원소를 첨가하여 기계적 성질을 개선한 합금이다.

⑤ Mg – Th계 합금

㉮ Th는 Mg의 creep 강도(强度)를 향상시키는 유효 원소이나, Th만으로는 건전한 주물을 얻을 수 없으므로 Zr을 첨가하고 있다.

㉯ 용해 주조할 때는 회토류 원소 이상으로 산화하기 쉽다.

⑥ Mg – Zr계 합금

㉮ Mg에 Zr을 첨가하면 결정립을 미세화하고 결정립간(結晶粒間)수축이 없는 주물을 얻을 수 있고 또 가공성도 개선된다.

㉯ 보통 0.2 ~ 0.7%Zr 정도를 첨가하며 Zr과 Al을 공존시키면 Zr의 미세화 효과가 소실(燒失)된다.

㉰ Mg 주물의 기계적 성질에 미치는 Zr의 효과

종류 \ 성질	상태	인장강도(kg$_f$/mm^2)	내력(kg$_f$/mm^2)	연신율(%)
공업용 순Mg	주물	9.5	1.8	6.0
Mg – Zr(0.68%)		16.5	3.8	13.1
Mg – Zr(0.66%)		17.9	6.0	18.5

다. 가공용 Mg합금

압연, 단조, 압출 등의 가공으로 봉재, 형재, 판재, 단조재, 관 및 중공재(中空材)등의 제품으로 항공기, 로켓트 등의 재료에 이용된다.

① 종류에는 Mg – Mn계, Mg – Al – Zn계, Mg – Zn – Zr계, Mg – Zr – R.E계, Mg – Th계가 있다.

② 가공용 Mg합금의 특성과 용도(KS D 6723, 6725)

KS 기호	합금 종류	특성	용도
MP1, MT1 MB1, MS1	AZ31B 및 C (Al3, Zn1, Mn0.15)	• 냉간성형성, 용접성이 좋다 • 프레스 단조가 가능하며 C는 불순물 허용량이 커서 내식성이 나쁘다	일반용 각종 전신재(展伸材), 단조품
MT2, MB2 MS2	AZ61A (A16, Zn1, Mn0.3)	가공성 및 기계적 성질이 AZ31B와 AZ80A와의 중간	각종 전신재, 단조품
MB3, MS3 MT4, MB4 MS4	AZ80A (Al8, Zn0.6, Mn0.25)	• AZ61A보다 강력하나 가공성이 나쁘다. • 열간 단조로 기계적 성질 향상	각종 전신재, 단조품
	ZK11 (Zn3, Zr0.6)	중위와 강도, 연신, 가공성 좋음	각종 전신재, 단조품
MB5, MS5	ZK31 (Zn3, Zr0.6)	ZK11보다 강도 높고 연신, 가공성이 좋음	각종 전신재, 단조품
MB6, MS6	ZK60A (Zn5.5, Zr0.6)	• 강력, 연성 좋음 • 압축 항복 응력이 압출재 중 최고 • 프레스 단조성 우수	각종 전신재, 항공기 용품, 단조품

③ Mg 합금판의 기계적 성질(KS D 6710)

질병	기호	인장강도(kg_f/mm^2)	내력(kg_f/mm^2)	연신율(%)
연질	MPI – 0	22 ~ 28	–	12 이상
1/2연질	MPI – 1/2H	25 이상	14 이상	4 이상

④ Mg – Al – Zn계 합금

㉮ 가공용으로 가장 많이 시용되는 합금이며 실용 합금은 Al(3 ~ 7%), Mn(소량), Zn(약 1%)을 함유한다.

㉠ Mn은 Fe의 해를 억제하고 내식성을 향상시킨다.

㉡ Al 함유량이 많은 것일수록 강도는 크나 압연 가공이 어렵다.

㉢ 3% Al을 함유한 합금의 기계적 성질은 인장 강도가 25 ~ 28kg_f/mm^2, 연신율은 10 ~ 20%이다.(8% Al을 함유한 합금을 열처리하면 인장 강도는 30kg_f/mm^2 이상이다.)

㉯ 시효경화성이나 냉간 가공에 의해서 강화하는 경우가 많다.

㉰ PE합금은 Mg – Al(3.25%) – Zn(1.2%)의 조성으로 사진 재판용에 이용되는 합금이다.

㉱ 용도 : 항공기, 자동차의 내장 부품 등에 주로 사용한다.

⑤ Mg – Mn계 합금

㉮ 표준 조성은 Mg – Mn(1.2%) – Ca(0.09%)으로 650℃에서 포정 반응을 일으키며, 이 온도에서 Mn은 Mg중에 3.4%까지 고용하나 200℃에서는 고용도가 거의 없다.

(Mn은 Mg중의 Fe의 용해도를 감소하고, 내식성을 개선한다.)

㉯ 이 계통의 합금에는 MIA합금(Mg − 1.2%, Mn − 0.09% Ca)이 있으며, 이 합금은 어느 정도 강도가 있고, 용접성, 고온 성형성 및 내식성이 좋고, 값이 저렴하다.

㉰ 압출재나 압연판 등으로 제조되며 고온에서의 소성 변형이 용이하다.

㉱ Ca은 결정 입도를 조절할 목적으로 0.3% 이하 첨가한다.

(MIA합금에서는 1.15Ca을 넘으면 용접성을 해치고 0.08% 이하이면 가공이 곤란하다.)

㉲ 석출 경화는 대단히 적으므로 열처리에 의해서 성질이 개선되지 않는다.

⑥ Mg − Zn − Zr계 합금

㉮ ZK60A 합금이 이 계통의 합금으로 가공용 합금 가운데 강도가 가장 높다.

㉯ 압출봉, 형재 및 관 단조품 등으로 이용되며, 항공기 재료로서 발달되고 있다.

㉰ ZK60A 합금의 기계적 성질

ASTM합금명	화학 성분(%)			인장강도 (kg_f/mm^2)	내 력 (kg_f/mm^2)	연신율(%)
	Zn	Zr	Mg			
ZK60A − T5	4.8 ~ 6.2	>0.45	나머지	35 ~ 37	28 ~ 31	11 ~ 14

㉱ Mg에 Zn을 첨가하면 주조 조직이 조대화하므로 Zr을 첨가하여 결정립을 미세화하고 고용 온도도 510℃로 올라가므로 열처리 효과도 향상된다.

㉲ 압연성이 좋고 용접 후의 응력 부식 균열에 대하여 둔감하므로 응력 제거 처리를 하지 않아도 된다.

⑦ Mg − Zn − R.E계 합금

㉮ ZE10A 합금이 이에 속하며, 판재용으로 사용하며, 강도는 보통이나 용접 후 응력 제거 처리가 불필요하다.

㉯ ZE10A 합금의 기계적 성질

ASTM합금명	화학 성분(%)			인장강도 (kg_f/mm^2)	내 력 (kg_f/mm^2)	연신율 (%)
	Zn	R.E	Mg			
ZE 10A − H24	1.0 ~ 1.5	0.12 ~ 0.22	나머지	24 ~ 27	14 ~ 20	8 ~ 12

⑧ Mg − Th계 합금

㉮ 합금으로는 HM21A, HM31A가 있으며, HM21A 합금은 판재, 단조재로 사용되고 HM31A 합금은 압출재로 사용한다.

㉯ 내열성이 있어 항공기 및 미사일 등 300 ~ 350℃의 고온용 내열 합금으로 사용된다.

㉰ HM21A, HM31A 합금의 기계적 성질

ASTM합금명	화학 성분(%)			인장강도 (kg_f/mm^2)	내 력 (kg_f/mm^2)	연신율 (%)
	Zn	R.E	Mg			
HM21A－T8	0.45～1.10	1.5～2.5	나머지	24	15	10
HM31A－T5	>1.20	2.5～3.5	나머지	30	23	10

제3절 | 티탄과 그 합금

Ti의 특성은 가볍고 강하며 녹슬지 않는다는 점으로 구조용 재료로서 요구되는 기본적인 성질을 구비하고 있는 재료로서 용도가 광범위하여 화학 공업 장치, 전기 기기, 선박, 차량, 의료기, 일상 생활용품에 이용되고 있다.

1 Ti의 제조법

Ti 금속은 약 97 ~ 88% TiO_2로 된 금홍석(금홍석 ; rutile)으로부터 얻으며 제조법에는 크롤(Kroll)법과 헌터(Hunter)법이 있다.

가. 원광석(原鑛石)

금홍석(rutile, TiO_2, ~ 60%Ti)과 티탄철광(ilmenite, $TiO_2 \cdot FeO$, ~ 30%Ti)있으며, 환원제로는 coke, 목탄 등이 사용된다.

나. Ti 제련법

① 크롤(Kroll)법

㉮ 4염화(四鹽化)티타늄을 불활성가스 분위기 중에서 Mg으로 환원하여 sponge Ti을 얻는 방법이다.

㉯ 밀폐된 스테인리스강 용기에서 약 773 ~ 873℃로 염화티탄을 액상 Mg과 반응시키면 고온 반응의 최종 산물로 sponge 상태의 Ti과 염화마그네슘($MgCl_2$)및 약간의 여분의 Mg 등이 나온다.

㉰ 염화티타늄을 회전식 관으로부터 용융 마그네슘 위에 적하(滴下)하면 다음과 같이 반응하여 Ti이 얻어진다.

$$\underset{(액체)}{TiCl_4} + \underset{(액체)}{2Mg} \rightarrow \underset{(고체)}{Ti} + \underset{(액체)}{2MgCl_2}$$

(이 반응은 발열 반응이므로 800℃ 이상이 되지 않게 조절한다.)

② 헌터(Hunter)법

염화티탄 대신 Na으로 반응(환원)시켜 sponge상태의 Ti을 얻는 방법이다.

진공 아크 용해에서 Ti 주괴(ingot)를 생성한다.

2 Ti의 성질

가. 물리적 성질

비중(4.54)이 비교적 작고, 용융점(1,670℃)이 강보다 높고, 비열, 열, 도전율이 낮다.

비중	4.54	$\alpha \rightleftharpoons \beta$변태에 의한 용적 변화		5.5%
용융점(℃)	1,670	결정 구조	α형(상온)	HCP형(α=2.95Å) c=4.65Å.c/α=1.587
변태점(℃) $\alpha \rightleftharpoons \beta$	882		β형(882℃ 이상)	BCC형 (α=3.32Å - 900℃)
비열(kcal/g℃)	0.13	전기 전도율 (%, Cu와 비교)		2.2
열전도율(cal/cm^2/cm℃/s)	0.041			
고유저항($\mu\Omega$/cm)	80	열팽창 계수(20℃)		85×10^{-6}

① 약 882℃에서 저온형인 α − Ti(조밀 육방)이 β − Ti(체심 입방)으로 동소 변태를 한다.

② 고온의 β − Ti은 급냉하여도 β상을 상온까지 가져올 수 없으며 침상의 α − Ti 조직이 된다.

③ Ti 중의 불순물

㉮ O, N, C : Ti결정 구조에서 격자점 사이에 들어가는 침입형 불순물(interstltlal)이다.

㉠ O는 고용도가 커서 약 15중량%(33 원자%)에 이르는 특징이 있으며, 융점 및 $\alpha \rightleftharpoons \beta$변태 온도를 상승 시킨다.

㉡ 전기 저항은 O의 함유량의 증가에 따라 증가한다.

㉢ Ti에 함유된 O_2, N_2, C는 침입형 고체가 된다.
(α − Ti의 격자 상수를 크게 하여 경화하며, 가공성이 나빠진다.)

㉯ Fe : 격자점(格子點)을 차지하는 치환형 불순물(substitutional)이다.

㉠ α상 중에서는 용해도가 적어 0.5%이다.

㉡ β상 중에서는 고용도가 커서 최대 25%까지 된다.

㉢ 열처리에 의해서 존재하는 상의 변화로 큰 영향을 받는다.

나. 기계적 성질

① Ti의 기계적 성질의 특성

㉮ 전신재(展伸材)에서는 그 집합 조직(섬유 조직)에 따른 이방성(異方性)이 나타난다.

㉯ 육정방 금속이므로 소성 변형에 제약이 많고 $\frac{\text{내력}}{\text{인장강도}}$의 비가 1.0에 가깝다.

㉰ 상온에서 300℃ 근방의 온도 구역에서도 강도 저하가 크다.

② 크롤법으로 제조된 Ti의 재료 중에 함유한 O_2, N_2, C 및 Fe 등은 기계적 성질에 큰 영향을 끼친다.

③ 인장 강도 및 내력(耐力)

㉮ CP 티탄(commercial pure, 공업용 순수 Ti)중 순도가 가장 높은 것의 특징

㉠ 인장 강도는 약 $30kg_f/mm^2$으로 Al이나 탄소강보다도 크다.

㉡ $\frac{\text{내력}}{\text{인장강도}}$의 비는 0.75～0.85로 상당히 높다.

㉢ 이들 값은 불순물량이 증가하면 증가한다.

㉯ CP티탄 중의 산소와 강화 작용이 상온 부근에서 크기 때문에 300℃정도까지 인장강도, 내력이 급격히 저하한다.

㉠ 시효 변형에 기인하여 300～450℃ 사이에서 완만하게 저하한다.

㉡ 고온에서의 표면 산화에 기인하여 450℃ 이상에서 다시 급격히 저하한다.

㉰ Ti의 피로 강도는 인장 강도값의 50% 이상으로 크다.
(Al에서는 약 30%, 강력 합금에서는 약 50%이다.)

㉱ CP티탄은 온간(溫間)에서 크리프 변형이 나타난다.
(300℃ 정도에서 특유의 한계 응력을 나타내며, 한계 creep응력은 그 온도의 내력 보다 크다.)

㉲ 고온에서의 저항(크리프 강도)이 크다.

④ 연신값의 저하는 인성 및 소성 가공의 저하를 가져온다.

다. 화학적 성질

① 내식성

㉮ 산화성의 환경(질산, 크롬산 등)에는 매우 안정하고, 각종 유기산에 내식성이 좋다.

㉠ 산화성 수용액에서는 표면에 안정된 산화타탄의 보호 피막이 생겨 내식성을 가진다.

㉡ 질산에는 강한 내식성이 있으나 황산, 염산에는 내식성이 좋지 않다.

㉯ 중성 또는 환원성 환경에서도 억제제(抑制製)의 병용이나 공기의 취입 등으로 안정성을 향상시킬 수 있다.

㉰ 국부적 부식인 공식(공식), 극간(극간)부식을 일으키지 않는다.

㉱ 상온에서도 표면에 보호성이 있는 엷은 산화 피막이 형성되어 내부를 보호한다.

㉲ 산화할 때 공기 중의 습기에서 수소를 발생시켜 이것이 Ti에 흡수된다.

② 고온 산화

㉮ Ti은 매우 활성이 커서 고온 산화와 환원 제조시의 취급 곤란의 원인이 된다.

㉯ 고온에서는 산화 피막의 치밀성이 없어져 산소가 피막층을 쉽게 확산하여 내부 금속의 산화가 진행되며, 고온 산화의 진행도는 $\alpha \rightleftarrows \beta$변태 온도 상하에 따라 다르다.

㉠ 변태 온도 이하의 α상에서 1시간에 산화 영향층의 두께는 0.1～0.2mm 정도이다.

㉡ 변태 온도 이하의 β상의 변태 온도 직상에서 0.2～0.2mm 정도이다.

㉢ 1.000℃ 이상에서 약 1mm에 이른다.

㉰ 산소, 고온의 공기. CO, CO_2에 의해서 산화물을 형성한다.

㉠ 공기 중에서 Ti을 고온 가열하면 TiO, Ti_2O_3,TiO_2의 층상 피막이 형성된다.

㉡ 공기 중에서 고온 가열 시키면 O_2, N_2가 Ti에 흡수 고용되어 Ti의 표면층이 경화된다.

㉢ 얇은 판 등을 공기중에서 700℃ 이상으로 가열하면 취성이 생긴다.

㉱ N나 N을 품는 가스 중에서는 보호성이 낮은 질화물 피막을 형성하고 가스 성분이 모재(母材)에 흡수되어 재질을 해친다.

㉲ 600℃ 이상의 고온에서는 재질이 악화(惡化)한다.

③ 내열성도 약 500℃에서는 스테인리스강보다 우수하다.

라. 용도

① 내식 재료로 화학 공업 관계 부품, 각종 밸브, 배관, 계측기류, 열교환기 등에 이용된다.

② Ti 합금은 450℃까지의 온도에서 강도/중량 비가 높고 내식성이 좋으므로 항공기 엔진 주위의 기체 재료. 제트 엔진의 컴프레셔 부품 재료 등에 이용된다.

3 Ti 합금

Ti 합금은 Ti의 성질을 개선하기 위하여 여러 가지 원소를 첨가하여 강한 합금이 되는 것으로, 이들 원소의 효과를 금속 조직학상으로 분류하면 Ti의 α상을 안정화하여 α영역을 확대화하는 것과 β상을 안정화하여 β상의 영역을 확대하는 것으로 나누고, 이러한 합금은 강한 α상과 강한 β상 조직이 되며 고온 강도를 가지게 되어 단조용품으로 이용된다.

가. Ti 합금의 상태도

① 실용 합금의 조직은 $\alpha+\beta$ 조직이다.

② α상을 안정화하는 원소는 α상 중에 가장 많이 고용한다.

㉮ α상을 안정화하는 원소에는 Al, Zr, C, Sn, O_2, N_2 등이 있다.
(이들 원소는 열처리 효과가 없으며 다만 고용체 형성에 의하여 합금이 강화될 뿐이다.)

㉯ α상은 HCP이므로 소성 변형이 저하되고 고온 강도, 크리프 특성을 개선한다.

③ β상을 안정화하는 원소는 β상 중에 많이 고용한다.

㉮ β상을 안정화한 합금은 β상을 강화함과 동시에 α상의 인성을 해치지 않으므로 가공성이 좋아서 압연하여 판재 등을 만드는데 적합하다.

㉯ β상 안정화 원소(Fe, Cr, Cu, Ni, Co, Mn, Ag, Pb, W, Mo, V, Nb, Ta 등)의 첨가는 열처리 효과를 증대시키며 열처리하면 강화하나 용접성이 나쁘다.

④ Ti 합금은 Ti에 비하여 일반적으로 내식성이 악화된다.

㉮ 내식성을 개선하기 위한 합금 원소 : V, Ta, Mo, Zr 등을 첨가한다.
(Mo은 15 ~ 20% 첨가로 내산성은 현저하게 개선되며, Pb, Pt을 첨가하면 내산성이 향상된다.)

나. Ti 합금의 기본이 되는 상(相)

① 기본상으로는 α형 합금(6방정), β형 합금(입방정), $\alpha+\beta$형 합금 등이 있다.

② α형 합금

㉮ 다른 형의 Ti 합금에 비해 상온 강도가 낮으나 저온 안정상이다.

㉯ 수백도(℃)의 고온이 되어도 취약한 천 이상인 ω상($\beta r \rightarrow \beta + \omega \rightarrow \beta + \omega + \alpha \rightarrow \beta + \alpha$)이 석출할 염려가 없어서 내열 Ti 합금의 기본이 되며 용접성이 좋다.

㉰ Al, Zr, Sn 등을 첨가하여 α상을 고용 강화한 단일상(單一相)이다.
(Al은 α형 합금에 주로 첨가하는데 내산화성 및 고온 강도를 향상시키고 수소 취성을 방지하나 6% 이상이면 인성이 저하된다.)

㉱ 가공성은 육방정이므로 β합금보다 떨어지며, 저온용 재료로서 적합하다.
(가공성 및 합금 조직을 개선시키는 원소 : V, Mo, Zr 등의 소량 첨가)

㉮ α형 Ti 합금의 기계적 성질

성 질 / 합금명(조성%)	열처리	인장강도 (kg_f/mm^2)	내력 (kg_f/mm^2)	연신율 (%)	비고
순티탄 1종(O〈0.15)	가공재	28 ~ 42	>17	>27	
순티탄 2종(O〈0.20)	가공재	35 ~ 52	>22	>23	수치 범위는 불순물과 가공도
순티탄 3종(O〈0.30)	가공재	49 ~ 63	>18	>18	
Ti − Pb, Pb(0.12 ~ 0.25)	풀림	43	32	26	내식성양호
Ti − 5Ta	풀림	40	30	6	내식성양호
5 − 2.5(5Al − 2Sn)	풀림	87	83	18	α형 초기 개발
5 − 2.5 ELI	풀림	78	65	20	
8 − 1 − 1(8Al − 1V − 1Mo)	풀림	112	105	15	고강도
6 − 2 − 4 − 2 − S (6Al − 2Sn − 4Zr − 2Mo − 0.1Si)	풀림	91	−	15	내열, 내크리프
IMI685 (6Al − 5Zr − 0.5Mo − 0.25Si)	풀림	108	90	12	내열, 내크리프

③ β형 합금

㉮ 고농도 합금이므로 강도가 크고 또 입방정(立方晶)이어서 소성 가공도 좋다.

㉯ β상 안정화를 첨가함으로서 $\beta \rightleftarrows \alpha$변태 온도가 낮아져서 저온에서는 변태가 늦어지므로 공냉에 의해서 β상을 잔류시킬 수 있는 준안정형 β합금도 있다.

㉰ 보통 β형 합금은 준안정상인 잔류 β상을 이용하여, 용접성과 내식성이 좋다.

㉠ 열처리에 의하여 또는 α상과 금속간 화합물을 석출시켜 인장 강도 $160kg_f/mm^2$의 고강도가 얻어진다.

㉡ 시효 처리에 따라서는 천 이상인 ω상이 생겨 재료의 취성의 염려가 있다.

㉣ β형 Ti 합금의 기계적 성질

합금명(조성%) \ 성질	열처리	인장강도 (kg_f/mm^2)	내력 (kg_f/mm^2)	연신율 (%)	비고
13V－11Cr－3Al	시효	130	125	8	초기 개발품
βⅢ (11.5Mo－4.5Sn－6Zr)	시효	141	134	11	가공성 좋음, 강력
BC (4Mo－8V－6Cr－3Al－4Zr)	시효	147	140	7	가공성 좋음, 강력
10V－2Fe－3Al	시효	125	118	8	가공성 좋음, 강력
8Mo－8V－2Fe－3Al	시효	133	126	8	가공성 좋음, 강력
15－5(15Mo－5Zr)	시효	160	－	7.5	가공성 좋음, 내식성
15－5－3 (15Mo－5Zr－3Al)	시효	150	147	14	가공성 좋음, 강력

④ α＋β형 합금

㉮ α상과 β상의 특징을 겸비하도록 열처리 조건에 의해서 재료 특성을 조절한 합금으로 대표 합금에는 Ti － 6Al － 4V합금이 있다.

㉯ 강도는 97 ~ 122kg_f/mm^2 정도, 고인성을 가지며, 소성 가공성, 용접성 및 주조성이 좋다.

㉰ 첨가 원소에는 V, Co, Al, Fe, Mo, Mn, Nb, Cr, Ta 등이다.

㉣ α+β형 Ti 합금의 기계적 성질

합금명(조성%) \ 성질	열처리	인장강도 (kg_f/mm^2)	내력 (kg_f/mm^2)	연신율 (%)	비고
6－4(6Al－4V)	풀림	101	93	14	용도 넓다.
6－4(6Al－4V)	시효	119	113	10	
6－4ELI	풀림	91	84	15	극저온 인성
6－2－4－6 (6Al－2Sn－4Zr－6Mo)	시효	129	120	10	고온강도 큼, 소입성
6－6－2(6Al－6V－2Sn)	시효	130	119	10	고온강도 큼, 소입성
IMI679 (11Sn－5Zr－2.5Al－1Mo－0.25Si)	시효	130	116	11	고온 특성 좋음

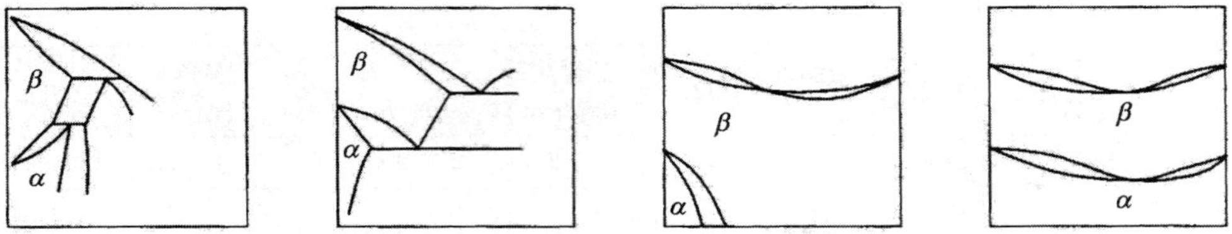

(가) α 안정형 합금 (포석형)

(나) β 안정, 공석형 합금 (공석형)

(다) β 안정, 고용체형 합금 (α－β 등소 변태형)

(라) α－β 전율 고용체형 합금 (전율 고용체형)

그림 4-14 2원계 Ti 합금의 평형 상태도 형식

다. Ti－Mn계

실용 합금의 조성은 Mn(6.5～9%), N(0.07%>N), C(0.15%>C), H(0.15%>H), Fe(0.5% > Fe), O(0.3% > O)로 되어 있으며, 실용 합금(미국에서 개발함)으로 7% Mn을 함유한 C－110이 있다.

① 인장 강도는 106kg$_f$/mm^2, 항복 강도는 100kg$_f$/mm^2, 연신율은 14%이다.
② Mn을 4%로 감소시키고, 4% Al을 첨가한 것으로는 RC130B 또는 C－130AM 등이 있으며 크리프(creep)특성이 우수하다.
③ Ti는 Mn과 화합물(TiMn 및 $TiMn_2$)을 형성하고 공석 변태를 한다.
④ β고용체에서부터 서냉하여도 쉽게 공석 변태를 일으킨다.
⑤ 급냉한 후 280～400℃에서 뜨임을 하여 시효경화시킨다.

라. Ti－Al 계 합금

비중이 적고 고온에서 내산성이 좋으나 열간 가공성이 나쁘다.

① Al은 Ti의 α구역을 확대시키고 α － 고용체를 안정화시킨다.
   ㉮ α ⇄ β 변태 온도는 Al 첨가량에 따라 높아진다.
   ㉯ Al 12%에서 포석 온도는 1.020℃, Al 함유량의 증가와 함께 강도는 증가한다.
② A－110AT합금은 Al(5%), Sn(2.5%)등을 함유하는 Ti－Al－Sn계 합금으로 항복 강도가 70～90kg$_f$/mm^2 정도이고, 600℃까지의 가스 터빈의 구조용재로 사용된다.
③ Ti－Al－V계 합금은 Al(6%), V(4%)등을 함유한 합금으로 α+β형 합금이고, 강력 Ti 합금이다.
   ㉮ 압연성, 단조성, 성형성, 용접성, 고온 특성 및 저온 특성 등이 우수하다.
   ㉯ 420℃까지 고온 크리프 저항이 커서 가스 터빈의 날개 및 디스크 등에 사용된다.
   ㉰ 풀림 상태에서나 용체화 처리 후 시효경화한 상태 에서도 사용할 수 있다.

㉣ 공업용 순 Ti보다 재결정 온도가 50～90℃높다.

④ Ti－Al(5%)－Sn(2.5%)계, 합금은 α형 합금으로 용접성, 성형성이 우수하고 고온 강도가 높고, 저온 성질이 좋으며, －240℃에서의 저온 강도는 상온의 약2배이다.

⑤ Ti－Mo(11.5%)－Zr(6%)－Sn(4.5%)계 합금(beta Ⅲ)은 β형 합금이며, 가공성이 특히 좋고 용접성도 좋다.

㉮ 풀림 상태나 용체화 처리 상태에서도 사용되며 열처리성이 있어 열안전성이 좋다.

㉯ 내식성이 우수하며, 가열된 염에 견디며, 응력 부식 균열을 일으키지 않는다.

⑥ Ti－Mo(15%)－Zr(5%)계 합금은 β형 합금이며, 강도, 용접성, 가공성, 내식성 등이 우수하다.

㉮ 냉간 가공성이 특히 좋고 중간 풀림 없이 90% 이상의 냉간 가공이 가능하다.

㉯ 고강도의 박판재가 용이하게 얻어지며, 황산, 염산 등의 한원성 분위기에서 내식성이 우수하다.

⑦ Ti－Cu(2%) 및 Ti－Cu(5%)계 합금은 시효경화성 합금이며, 가공성은 순 Ti과 같고 용접성이 있다.

㉮ 시효 처리로 70kg_f/mm^2 이상의 강도를 얻는다.

㉯ 300℃까지 강도의 저하가 적고 제트 엔진이나 가스 터빈 등에 사용한다.

⑧ Ti－Ni(52.5%)－Fe(1.56%)－Mo(1.79%)계 합금은 TiNi을 기본으로 하는 금속간 화합물이며, 전연성과 온간(溫間) 가공성이 우수하므로 화학 공업, 기계 공업, 전자 공업 장치에 사용된다.

⑨ Ti－V(13%)－Cr(11%)－Al(3%)계 합금은 가공성, 용접성이 우수하고 담금질에 의해 석출 경화가 되기 쉽고, 크리프 저항 합금으로 사용된다.

⑩ Ti－Cr(5%)－V(2%)계, Ti－Mn(5%)－W(1%)계, Ti－Cr(5%)－Mo(2%)계

㉮ 인장 강도가 135～140kg_f/mm^2정도의 강력 합금으로 내식성이 양호하다.

㉯ 높은 고온 강도를 나타내므로 제트 엔진 및 우주선의 구조재로 사용한다.

Chapter 03

니켈, 코발트, 고용융점 금속과 그 합금

제1절 | 니켈과 그 합금

Ni은 가공성이 양호하여 판, 봉, 선, 관 등으로 제조되며 전기 저항도 높고 내식성이 좋아서 화학 공업용 재료 등에 이용하며 순금속 보다는 합금의 용도로 많이 사용하는 금속이다.

1 Ni의 개요

Ni은 면심 입방 격자의 금속으로 360℃에서 자기 변태를 하며, Ni의 지금(地金)은 대부분 전해 Ni이나 구상(球狀)의 몬드(mond) Ni을 사용하며, 은백색의 인성이 풍부한 금속으로 열간 가공 및 냉간 가공이 용이하다.

가. Ni 광석(nickel ore)의 분류

Ni 원광석에는 황화광, 규산광, 비화광 등 70여종 이상이나 공업적으로는 3군(群)으로 분류한다.

① 황화광(黃化鑛)

㉮ 황철니켈광(pentlandite, 2FeS·NiS) 및 이것이 자황철광에 미세 혼입한 함니켈 자황철광(nickel − pyrrholite,(Fe·Ni)S)이 Ni 생산량의 90%이다.

㉯ 기타 황화광(黃化鑛)에는 침니켈강(nicolite, Ni), polydimite(Ni_4S_5), 황코발트광(linaeite(Co, Ni)$_3S_4$), 모레노광(morenosiite, pyromelane, NiO_4,$7H_2O$)

② 비화광(砒化鑛)

㉮ 홍비니켈광(niccolite,NiAs), 비니켈광(chloanthite, white nickel, $NiAs_2$), 니켈화(nickel broom, annabergite, $Ni_3(AsO_4)_2 \cdot 8H_2O$), 황비니켈광(nickel glance, NiAsS)

③ 규산광(硅酸鑛)

㉮ 규고(硅苦)니켈광(garnierite, $(Ni,Mg)SiO_3 \cdot xH_2O$)

나. 제련법(製鍊法)

Ni 제련에 주로 사용되는 황화광(黃化鑛)으로 광석을 배소(焙燒)하여 그 S의 함유량을 10% 정도로 낮추고, 용광로(鎔鑛爐) 또는 반사로(反射爐)에 장입(裝入)하여 매트(matte)를 만들고, 이 매트를 전로에서 흡입하여 Bessemer matte(white metal, 46% Ni, 30% Cu, 21.5%S)을 얻어 이것에서 Cu를 분리하고 환원하여 Ni을 만든다.

(matte는 보통 25%의 (Cu+Ni), 45%의 Fe, 30%의 S 정도이며, Bessemer matte를 Orford 법에 의하여 황화동, 황화니켈의 조분리(粗分離)를 하였다.)

① 제련 방법에는 인코식 matte법(INCO, International Nickel Co. of Canada Ltd), 전해법, 몬드법(mond process)이 있다.

㉮ INCO식 matte법

㉠ Bessemer matte를 서냉해 입도를 크게 하고 분쇄하여 부선(浮選)으로 분리한다.

㉡ 고품위 Ni 정련광을 얻고, 일부는 소결 산화(燒結 酸化)하여 제강용으로 사용한다.

㉢ 일부는 양극번으로 정제되며, 잔부(殘部)는 Mond법, 보통 전해법으로 정제된다.

㉯ 전해법

㉠ Hybinette법은 Bessemer matte를 다시 배소하여 대부분의 S을 제거한 후에 이것을 10%황산으로 침출시켜 Cu를 용해시킨 후 잔사(殘渣)를 환원 용융하여 양극판으로 주조한다.

㉡ Ni matte의 직접 전해법은 INCO식 matte분리법에서 얻은 고품위 니켈 matte를 용융하여 양극판으로 주조한다.

㉰ 몬드법(mond process, Carbonyl법)

㉠ Bessemer matte를 분쇄하여 최고 780℃로 배소(焙燒)한 후 70 ~ 80℃의 희황산(稀黃酸)으로 침출하고 대부분의 Cu를 용해하여 조성을 Ni(60%), Cu(15%) 정도로 한다.

㉡ 몬드법은 CO gas를 사용하는 것으로 순 Ni로 한다.

㉢ 몬드법의 개량법으로 고압 carbonyl법이 있다.

다. Ni의 특성

Ni은 순금속 보다는 합금의 용도로 많이 사용되고 전기 저항도 크며, 은백색이다.

① 상온에서 강자성체이며 360℃정도에서 자기 변태로 강자성을 상실한다.
② 지금(地金)으로는 전해 니켈이 대부분이나 구상(球狀) Mond Ni도 사용한다.
③ Ni 지금의 품위
　㉮ 몬드법으로 제조된 지금은 99.8～99.9% Ni, 0.06% Fe, 0.09%C 정도이다.
　㉯ 전기 분해에 의한 전해 Ni은 98% Ni 이상이다.
　㉰ 시판용으로 사용되는 순 Ni의 순도는 99.5%의 정도이다.
④ Ni 지금(地金) 규격(KS D 2307)

종류		1종	2종	3종	4종
기호		Ni 1	Ni 2	Ni 3	Ni 4
화학 성분(%)	Ni+Co	99.95 이상	99.95 이상	99.85 이상	98.00 이상
	Co	0.30 이하	–	–	–
	Fe	0.02 이하	0.02 이하	0.04 이하	1.00 이하
	Cu	0.005 이하	0.005 이하	0.030 이하	0.030 이하
	Pb	0.0010 이하	0.0015 이하	0.0050 이하	–
	Mn	0.002 이하	0.002 이하	–	–
	C	0.02 이하	0.02 이하	0.02 이하	0.25 이하
	S	0.001 이하	0.001 이하	0.005 이하	0.005 이하
	Si	0.005 이하	0.005 이하	–	–

⑤ 니켈 당량(Nickel equivalent)은 스테인리스강 용접 금속에 있어서 Austenite의 안정 원소인 Ni, C, N, Mn의 영향을 Ni의 영향으로 치환한 양을 말한다.
　※ 니켈 당량(當量)=Ni(%)+30×C(%)30×N(%)+0.5×Mn(%)
⑥ 가격이 비싸서 일반적으로 잘 사용하지 않는다.

라. 용도

① 가공성이 양호하여 판, 봉, 선, 관 등으로 제조된다.
② 내식성, 고온에서의 내산화성이 크므로 화학 공업용, 식품 공업, 화폐, 도금용 재료로 이용되며, 진공관의 양극, 음극용 판재, 이음매 없는 관으로 이용한다.
③ 구조용 저합금강, 스테인리스강 및 내열강 등의 합금 원소로 가장 많이 사용한다.
④ 순니켈재, Ni－Cu합금, 양백, 전기 저항용 합금 및 니켈 도금으로 사용한다.
⑤ Ni에 Mn을 2～5% 첨가하면 550℃까지의 고온에서 함황 가스에 견디므로 점화전용(點火栓用)에 이용된다.
⑥ 니켈 주물은 주조성을 좋게 하기 위하여 C(0.8～1.5%) 및 Si(1.5～6%)를 넣은 것이며 강도가 연강과 같고 내식성, 열전도성이 좋으므로 식품 가공 장치, 열교환기 부품 등에 사용한다.

2 Ni의 성질

가. 물리적 성질

비중	8.90	저항온도계수(0 ~ 60℃)($\mu\Omega \cdot$cm/℃)	0.0047
용융점(℃)	1,455	원자량	58.71
열팽창율(20℃)(×10^{-6})	13.3	비등점(℃)	2730
비열(20℃)(cal/g·℃)	0.105	도전율(IACS)	25.2%
열전도율(cal/cm^2·s℃)	0.22	자기 변태점(℃)	350
비저항(20℃)($\mu\Omega \cdot$cm)	6.84	면심 입방 격자(30℃)	α=3.5167

나. 기계적 성질

① 전연성이 좋고 상온에서도 소성 가공이 쉽고, 열간 가공 및 냉간 가공이 용이하다.

㉮ 열간 가공은 1.000 ~ 1.200℃에서 가공하며, 재결정 온도는 500℃정도에서 시작하고, 풀림 열처리는 800℃정도의 온도에서 한다.

㉯ Ni판의 기계적 성질

	인장강도(kg_f/mm^2)	항복점(kg_f/mm^2)	연신율(%)	경도(HB)	탄성계수(kg_f/mm^2)
단조한 것	70 ~ 85	60 ~ 80	2 ~ 3	180 ~ 220	216
풀림한 것	40 ~ 50	15 ~ 18	40 ~ 50	80 ~ 90	

② Ni의 고온에서의 기계적 성질

온도(℃)	20	195	300	455	593	800	1.000	1.100
인장강도(kg_f/mm^2)	49.3	44.8	44.8	32.2	20.6	9.2	4.0	2.5
연신율(%)	26	26	31	20	16	11	11	11

다. 화학적 성질

① 은백색의 금속이며 내식성, 내열성, 고온에서의 내산화성이 매우 크다.

② 질산, 아황산 가스를 품는 공기 중에서 심하게 부식되나 수산화나트륨에서는 부식이 되지 않고, 증류수, 염수 및 알칼리성 염류 수용액에서 0.127mm/년 씩 부식된다.

③ 공기 중에서는 500℃ 이상에서는 서서히 산화되나 750℃ 이상에서는 속도가 커진다.

④ 알칼리 및 중성 용액에서는 내식성이 크며, 유기산에는 부식 작용이 약하다.

⑤ 황산에는 침식 되지 않으나 공기, 중크롬산염 등의 산화제를 품으면 부식이 촉진된다.

⑥ 고온에서 공기에 포화된 조건에서는 초산, 포름산, 구연산 등에 심하게 침식된다.

⑦ Ni에 함유된 불순물의 영향

㉮ Cu, Co : 강도를 증가 시킨다.

㉯ Mn : S의 해를 제거한다.

㉰ S : 0.005% 이상일 때 냉간 취성 및 열간 취성이 생긴다.

㉱ C : 0.17% 까지 고용하며 이상이면 강도와 연성을 해친다.

㉲ O_2 : 가공성이 나쁘다.

㉳ Mo, Mg : 탈탄(脫炭)을 방지한다.

3 Ni 합금

Ni 합금은 주로 내식성, 내열성 합금으로 사용이 되며, Ni – Cu계, Ni – Mo – Cr계, Ni – Mo계, Ni – Cr계, Ni – Fe계, Ni – Cr – Mo계, Ni – Cr – Mo – Cu계, Ni – Si계 등이 있다.

가. Ni – Cu계 합금

① 조직 및 성질

㉮ 전율고용체를 형성하므로 성질은 화학 조성에 따라 서서히 변한다.

㉯ 새로운 상(相)의 출현에 의한 급격한 성질의 변화는 없다.

㉰ 전기 저항은 약 55% Ni에서 최대, 온도 계수는 Ni 55% 전후에서 최소가 된다.

㉱ 기계적 성질

㉠ Cu에 Ni이 첨가됨에 따라 강도, 경도는 증가하여 60 ~ 70% Ni에서 최대가 된다.

㉡ 냉간 가공 후 저온도로 풀림을 하면 강도와 탄성 한도가 증가 한다.

㉲ 내식성은 Cu함유량이 적을수록 크며 해수, 희석 황산, 알칼리 용액 등에 거의 부식되지 않으므로 내식용에 사용한다.

② Ni – Cu합금 특징

㉮ 전기 저항이 대단히 크고 내식성이 크며 산화도가 작다.

㉯ Fe 및 Cu에 대한 열전 효과, 내열성이 크고, 고온에서 경도 및 강도 저하가 적다.

③ Ni－Cu계 합금의 종류와 용도

종류 \ 용도	조성(%) Ni	Cu	용도
－	10	90	기관차의 부품
베니딕트 메탈	15	85	탄환의 외피
큐우프로 니켈	20	80	관류, 탄환의 외피
백동	25	75	화폐, 자동차의 방열기
양백	32	68	전기 저항선
콘스탄탄	40	60	전기 저항선, 열전쌍
모넬메탈	65～70	35～30	디이젤 기관의 밸브, 기타 일반 공업용 재료

④ 10～30% Ni합금(백동)

㉮ 가공성, 내식성이 좋으며 깊은 가공에 적합하고 열간 가공성이 좋다.

㉯ 비철 합금 중 전연성이 가장 크고 디프드로잉 가공에 적합하고 열간 가공성이 좋고, 화폐, 열교환기 및 고성능 복수기 등에 사용한다.

㉰ 베니딕트 메탈은 Ni 15% 합금으로 탄환 외피에 사용한다.

㉱ 큐프로 니켈은 Ni 20% 합금으로 복수기 기관용 등에 사용하며 비철 금속 중 전연성이 크고 냉간 가공이 가능하며, 내식성이 우수하다.

㉲ 백동은 Ni 25%의 합금으로 화폐 제조 등에 사용한다.

⑤ 40～50% Ni 합금

㉮ 콘스탄탄(constantan, 55～60% Cu)과 어드벤스(advance, 55% Cu, 1% Mn, 0.5% Fe)의 합금으로, 선으로 인발 가공이 쉬우므로 표준 저항선 또는 열전쌍용 선으로 사용된다.

㉯ 전기 저항이 높고 그 온도 계수가 낮으므로 정밀교류계측기, 통신기, 배전반용 저항선, 전열선 등의 전기 저항 재료로 사용되고, 내산성, 내열성, 가공성이 좋다.

㉰ Pt, Fe, Cu 등에 대한 열기전력치가 높으므로 열전대선(熱戰對線)으로 사용된다.

㉱ 합금의 산화 피막은 절열성이 있어 그대로 에나멜 인선(引線)에 대용한다.

㉲ 콘스탄탄의 조성 및 성질

화학 조성(%)	Ni	40～45	기계적 성질	항복점(kg_f/mm^2)	15～20
	Cu	50～60		인장강도(kg_f/mm^2)	50～55
	C	0.0～0.2		연신율(%)	37
물리적 성질	용융점(℃)	1,275～1,300		단면 수축율(%)	60～65
	비중	8.9		경도(HB)	75～80
	전기저항($\mu\Omega \cdot cm$)	50			

⑥ 60～70% Ni 합금(monel metal)

㉮ 모넬 메탈(monel metal)은 내식성 및 기계적 성질, 화학적 성질이 매우 우수하다.

㉯ Bessemer matte를 소결(燒結)하여 목탄으로 환원한 자연 합금이다.

㉰ K모넬(metal)은 2.75% Al로 용체화된 것을 뜨임하여 석출경화성에 의해 경도를 증가시킨 합금으로 고온에서 단연하고 뜨임을 하였을 때의 인장 강도는 45kg$_f$/mm^2, 연신율은 30%, 경도(HB)는 320이다.

㉱ R모넬은 소량의 S(0.035%)을 첨가하여 강도는 저하하나 쾌삭성을 개선한 합금이다.

㉲ KR모넬은 K모넬에 탄소량(0.28%)을 첨가시켜 쾌삭성을 개선시킨 합금이다.

㉳ H모넬은 Si 3%를 넣어 강도를 증가시키고 석출 경화시킨 합금이다.

㉴ S모넬은 Si 4%를 함유시킨 합금으로 경화성 및 강도가 크다.

㉵ 모넬 메탈은 고온에서 강도가 저하되지 않고 산화성이 적다.

㉶ **모넬 메탈의 기계적 성질**

성질 / 종류	내력 (kg$_f$/mm^2)	인장강도 (kg$_f$/mm^2)	연신율(%)	경도(HB)
모넬 메탈(경질)	63～77	70～84	12～2.0	>94
모넬 메탈(연질)	18～32	49～60	50～30	<68
K모넬판(경질)	74～84	102～116	8.0～2.0	HRC25～32
K모넬판(시효경화)	88～102	120～140	10～2.0	HRC25～32
주조 모넬(주방)	23～28	46～63	45～25	125～150
주조 H모넬(주방)	42～56	63～81	20～10	175～250
주조 S모넬(주방)	–	–	–	225～260
주조 S모넬(시효경화)	56～81	77～102	4.0～1.0	300～370

㉷ 용도 : 판, 봉, 선, 관, 밸브, 주물 등으로 화학 공업용, 가정용기, 항내(抗內)기계 등

⑦ 망가닌

㉮ Cu(50～80%)－Ni(2～15%)－Mn(12～30%)의 조성 합금이다.

㉯ 온도에 따른 저항이 변하지(온도 계수 : 거의 0이다.)않으므로 전기 저항용 등에 사용한다.

㉰ 전기 저항선의 종류와 성분

종류 \ 성분		조성(%)	비저항($\mu\Omega \cdot cm$)	온도 계수
전열용	양백	Ni(5 ~ 30), Zn(0 ~ 25),Cu(나머지)	20 ~ 40	0.0002 ~ 3
	Fe – Ni	Ni(70), Fe(29), Mn(1)	92	–
	Ni – Cr 1호	Ni(80), Cr(20)	100	0.00015
	Ni – Cr 2호	Ni(60), Cr(20), Fe(20)	110	0.00023
저항용	망가닌	Ni(2 ~ 5), Cu(70 ~ 85), Mn(12)	45	±0.00001
	콘스탄탄	Ni(40 ~ 45), Cu(55 ~ 60)	50	±0.00005
	어드밴스	Ni(44), Cu(54), Mn(1), Fe(0.5)	49	±0.00001

나. Ni – Fe계 합금

① Ni – Fe계 합금의 조직 및 성질

㉮ Ni – Fe합금은 체심 입방 격자(BCC)인 α, δ상과 면심 입방 격자(FCC)인 γ상이 있다.

㉯ 약 34% Ni 이하의 $\alpha \rightleftarrows \gamma$변태는 가열과 냉각시에 큰 온도의 지체가 있으며 그 변태가 불가역적이므로 불가역강(不可逆鋼, irreversble steel)이라 한다.

㉰ 고용체 범위에서는 자성의 변화가 완만하지만 다른 상간의 평형 구역에서는 현저한 변화를 가져오며, 연속 평활하게 변화하나 20 ~ 40% Ni의 이상 평형 구역에서는 성질이 급변한다. 특히 자성의 변화가 크다.

㉱ 선팽창 계수 : 64% Fe, 36% Ni 조직 부근에서 선팽창 계수가 최소화 된다.

㉲ Ni – Fe합금은 강하고 인성, 열간 가공성 또는 냉간 가공성이 좋다.

㉳ 공기, 물, 해수 중에서의 내식성이 우수하므로 밸브, 보일러 파이프 등에 사용된다.

㉴ 순 Ni – Fe합금(ferro – nickel)은 주로 전기 재료에 사용된다.

② 인바아(invar, invariable, Ni(36%) – Fe합금)

㉮ Ni(36%), Co(0.1 ~ 0.3%), Mn(0.4%)의 Fe – Ni계 합금이다.

㉯ 열팽창 계수가 상온 부근에서 매우 작아 길이의 변화가 거의 같고 내식성이 우수하다.

㉰ 인바아의 기계적 성질

탄성 한계(kg_f/mm^2)	인장강도(kg_f/mm^2)	연신율(%)	경도(HB)	열팽창 계수(20℃)
43	60	25 ~ 50 정도	167 정도	0.97×10^{-8}

㉱ 면심 입방 격자의 단일상 이어서 강도가 낮아 C, Cr등을 첨가하여 강화하고 있다.

※ 첨가 원소 중 C는 경도를 증가 시키나 시효성의 원인이 되고, 가공성을 증가시키기 위해서 소량의 Mn을 첨가한다.

㉮ 용도

㉠ 열팽창 계수가 적어 측정용 표준자, 시계추 등에 사용한다.

㉡ 전자 분야의 바이메탈 소자, VTR의 헤드 고정대, IC기판 등에 사용된다.

㉢ 저온 강도가 크고 열팽창 계수가 적어 액화 천연가스(LPG)의 저장 용기로도 사용한다.

③ 슈퍼 인바아(super invar)

㉮ Ni(30 ~ 32%), Co(4 ~ 6%)의 Fe – Ni – Co계 합금이다.

㉯ 20℃의 팽창 계수가 0에 가까우며, 저온에서 FCC → BCC 변태를 일으킨다.

㉰ **인바아 합금의 종류와 열팽창 계수(풀림 상태)**

종류	인바아	수퍼인바아	스테인리스 인바아	Fe – Pt합금	Fe – Pd합금
열팽창 계수 (20℃ × 10^{-6})	1.2	0.1	– 0.1	– 23.6	1.0

④ 엘린바아(elinvar)

㉮ Fe(52%), Ni(36%), Cr(12%)의 Fe – Ni – Cr계 합금이다.

㉯ 상온에서 탄성계수가 거의 변하지 않고, 온도에 따른 탄성률의 변화가 거의 없다.

㉰ FCC 단상이 강도가 낮으며 C, W, Mo, Mn, Si, Ti, Al등을 첨가하여 강화시킨다.

㉱ 대표적인 실용 합금으로는 Fe – Ni – Ti계 엘린바아(elinvar)다.

㉠ 용체화 처리한 다음에 뜨임을 하면 Ni_2Ti 화합물이 석출하여 강도와 경도가 높아진다.

㉡ 열처리에 의해 열탄성 계수가 변하므로 그 특성을 조절할 수 있다.

㉲ 코엘린바아(coelinvar)

㉠ Co의 양을 많이 첨가한 Ni(23%) – Co(28%) – Cr(10%) – Fe계 합금이다.

㉡ 풀림 상태에서 고탄성이 있고 가공과 열처리를 하면 더욱 강화된다.

㉢ Ni을 첨가하여 탄성을 적당히 조절할 수 있다.

㉳ Vibralloy(Fe – Cu – Mo)는 Mo을 많이 첨가하여 자화(磁化)를 작게 한 것이다.

㉴ Nivarox는 Be을 첨가하여 경화(硬化)한 것이다.

㉵ 용도 : 정밀기계, 시계 태엽용, 지진계, 압력계, 스프링 저울, 유량계, 다이얼 게이지, 계측 기기 등에 사용한다.

⑤ 플래티나이트(platinite)

㉮ Ni(44 ~ 47.5%)의 Fe – Ni계 합금이다.

㉯ 열팽창 계수가 $9×10^{-6}$으로 유리나 백금과 비슷하며 전구 도입선에 사용한다.

㉰ 듀멧(dumet)은 합금선에 Cu을 피복하고 다시 표면을 산화처리 또는 붕사처리한 것이다.

㉱ 용도 : 전자관, 전구, 방전램프, 반도체 디바이스 등 연질 유리에 들어가는 선용

⑥ 니칼로이(nickalloy)

㉮ Ni(50%) − Fe(50%)의 합금으로 해저 전선에 감아 자기 유도 계수를 증가시킨다.

㉯ 고투자율 합금으로 초투자율, 포화 자기 및 전기 저항이 크다.

㉰ 50% Ni 합금을 사용하면 이력 손실이 낮고, 전기 저항이 높고, 와류손실이 작다.

㉱ 저출력 변성기 및 저주파 변성기 등의 자심으로 사용되는 강자기장용이다.

⑦ 퍼멀로이(permalloy)

㉮ Ni(70 ~ 90% − Fe(10 ~ 30%)의 합금으로 투자율이 높고, 약한 자기장 내에서의 초투자율이 높다.(※ 600℃에서 급냉되면 현저한 투자율의 상승을 나타낸다)

㉯ 퍼민바아(perminvar)

㉠ Ni(20 ~ 70%) − Co(5 ~ 40%) − Fe의 합금으로 자기장 강도의 어느 범위 내에서 일정한 투자율을 가진다.

㉡ 고주파용 철심이나 오디오 헤드로서 사용된다.

㉢ 계절이 연하고 마멸이 잘되므로 Mo, Nb등을 첨가하여 내마멸성을 개선한다.

㉰ 퍼멀로이에 Mo을 첨가하면 급냉하지 않아도 투자율을 크게 할 수 있다.

다. 내식성 Ni합금(Ni − Cr계 합금)

Ni에 Cr, Mo, Cu 등을 합금화시키면 부동태 특성이 개선되고 가공성, 용접성, 기계적 성질이 향상되어 우수한 장치 재료로 실용화 된다.

① 합금의 특성

㉮ 전기 저항이 대단히 크고, 내식성이 크며, 산화도가 적고 내열성이 크다.

㉯ 고온에서 강도 및 경도 저하가 적고 Fe, Cu에 대한 열전 효과(熱電 效果)가 크다.

㉰ 니크롬선

㉠ Ni(50 ~ 90%) − Cr(15 ~ 20%) − Fe(0 ~ 25%)의 합금으로 전열선에 사용한다.

㉡ Ni − Cr선은 1.100℃까지 사용한다.(Ni − Cr − Fe선은 1.000℃ 이하에서 사용한다.)

② 하이스텔로이(hastelloy)B − 2

㉮ hastelloy B는 Ni(28%), Mo(5%), Fe의 조성으로 되어 있는 합금이다.

㉠ 염산에 대한 내식성이 강하고, 가공성과 용접성을 겸비한 합금이 hastelloy B이다.

㉡ 용접열 영향부의 입계에서 탄화물의 석출에 의한 Mo 결핍층이 생성하여 입계 부식(nifeline attack)을 일으킨다.

㉯ hastelloy B－2

㉠ Fe량을 2% 이하로 낮추고 C는 0.025% 이하, Si는 0.1% 이하로 함유량을 낮추므로 용접한 상태로 사용할 수 있는 개량 합금이다.

㉡ 순도가 높아져 부식성, 성형성이 향상되며, 용접시 고온 응고균열 감수성이 낮아진다.

㉢ 황산, 인산, 아세트산 등 환원성 산에 견디며 특히 염산에 강하다.

㉣ 비산화성이 염이나 할로겐 화합물에 대해서 내식성이 좋고 내공식성(耐孔蝕性), 내응력 부식 균열성도 우수하다.

㉤ 비자성, 고강도의 합금이며 열팽창율이 작고, 고온에서의 낮은 증기압 등의 특징으로 전자기기 부품으로 사용된다.

㉥ 산화성 환경에서는 내식성이 없고 산화제가 소량 혼입 하여도 내식성에 영향을 받는다.

③ 하이스텔로이(hastelloy) C－276

㉮ hastelloy C

㉠ Cr(14～17%)을 첨가하므로 환원성, 산화성 환경에서 우수한 내식성을 가진다.

㉡ 부식성이 강한 화학공장에서 많이 이용하며, 용접 열영향부에서의 입계 부식을 일으키고, 주조재로만 사용한다.

㉯ hastelloy C － 276

㉠ hastelloy C의 결점인 용접 열영향부에서의 입계 부식을 개선한 것이다.
(용접 열영향부의 예민화가 일어나지 않으나 650～1090℃의 온도 범위에서 장시간 시효를 받으면 입계에 금속간 화합물이 석출하여 내식성 및 기계적 성질이 악화된다.)

㉡ 염화물 중에서의 응력 부식 균열에 강하고 공식(孔蝕), 극간(隙間)부식이 없는 것이 특징이며, 해수와의 양용 또는 염소가스와의 복합 환경에 가장 좋은 재료이다.

㉢ 냉간 가공과 시효 처리 후에 내식성과 내마멸성이 동시에 요구되는 사출 성형기용 실린더, scerw, 해산물(海産物) 가공용 칼날 등에 사용한다.

④ 하이스텔로이(hastelloy) C－4

㉮ 장시간 시효성을 개선하는 것이 hastelloy C－4이다.(장시간 시효에 의해서도 열영향을 받지 않는다.)

㉯ 장시간 시효 후에는 높은 연성과 우수한 내식성을 나타내며 고온 안정성 재료이다.

㉰ 후판(厚板)의 용접, 열간 성형, 클래드(clad)재의 응력 제거 풀림 및 장치의 고온 운전 등이 필요로 하는 합금에 적합하다.

㉱ hastelloy C－276보다 응용범위가 넓은 내식 합금이다.

⑤ 하이스텔로이(hastelloy) C－22

㉮ hastelloy 합금 중 가장 새로운 합금으로 기름 탱크에 요구된 고강도, 내식성(H_2S, CO_2를 품은 산화성 환경, 고염 농도 환경)을 목적으로 개발된 합금이다.

㉯ Cr 함유량을 높여 산화성 환경, 환원성 산이나 중성염류, 알칼리 등을 포함한 모든 환경에 대하여 내식성을 좋게 한 합금이다.

㉰ Mo은 적으나 Cr이 많아서 부동태 피막이 강화되어 내국부 부식성이 좋다.

㉱ Mo 함유량이 적어서 고온의 조직 안정성이 좋아져서 시효에 의한 내식성의 저하에 큰 저항성을 보인다.

⑥ 하이스텔로이(hastelloy) G－3

㉮ hastelloy C－276보다 고 Cr(약 22%)이어서 산화성 부식 환경에 강하나 Mo함유량이 낮아서 환원성 환경에서의 내식성 또는 내국부 부식성은 떨어진다.

㉯ 2%의 Cu를 함유시키면 황산이나 인산에 대한 내식성이 좋아진다.

㉰ hastelloy G에 비해 Mo, W량을 증가하고, C, Nb량을 낮춤으로 용접부의 건전성, 성형성 및 내국부 부식성이 향상된다.

⑦ 인코넬(inconel)600

㉮ 염화물 응력 부식 균열 (SCC) 감수성이 매우 낮고 가공성 및 기계적 성질이 좋다.

㉯ 고온의 염수 중에서 공식(孔蝕)을 일으키는 등 내국부 부식성이 떨어진다.

㉰ 가공성, 기계적 성질이 좋으므로 원자력용 배관, 용기, 기기 등에 사용된다.

㉱ incoloy 800과 같이 내열성이 우수하므로 내열성과 내식성이 함께 요구되는 석유 화학 장치, 약품, 식품 공업용 장치 등에 사용한다.

⑧ 인코넬(inconel)625

㉮ 고 Cr이어서 내산화성이 좋고 Mo 함유량이 높아서 내응력 부식 균열(내SCC성), 내국부 부식성이 우수하고 기계적 강도가 크다.

㉯ 용도 : 원자력 플랜트의 폐액 농축 장치용 재료 또는 유전용 관 등에 사용한다.

⑨ 인콜로이(incoly)825

㉮ 고급 스테인리스강과 Ni기 합금의 접점이 되는 합금이다.

㉯ 전연성이 좋아 이음매 없는 관으로 많이 제조된다.

㉰ 공해 방지용 관, 유전관, 인산 제조용 관재 등에 사용된다.

라. 내열성Ni합금

Ni－Cr계 합금에 Ti나 Al등의 첨가량을 증가하여 강도를 높인 것이 내열 합금이다.

① Ti, Al은 다량을 첨가하기 위해서 진공 용해나 정밀 주조가 이용된다.

② 크로멜(chromel) － 알루멜(alumel)

㉮ 크로멜을 알루멜과 조합하여 전기 저항선, 열전쌍(thermocouple)에 사용한다.
㉯ 열전대 재료(비금속 열전대 속함)이며 비교적 높은 온도로 사용할 수 있다.
㉠ 산화를 방지하여 사용하던 1,200℃까지 사용이 가능하다.
(공기 중에서는 1,000℃까지 사용할 수 있다.)
㉡ 고온에서 사용할 때는 기전력이 변화하기 쉬우므로 보정(補正)할 필요가 있다.
㉰ chromei의 성질

종류	화학조성(%)		전기저항($\mu\Omega \cdot cm$)	온도 계수	최고 사용 온도(℃)	비중
	Ni	Cr				
chromel A	80	20	1,000	0.00011	1,100	8.30
chromel B	85	15	89	0.00011	1,100	8.46

㉱ alumel의 조성

화학조성(%)					전기저항($\mu\Omega \cdot cm$)
Ni	Mn	Al	Si	Fe	
94	2.5	2.0	1.0	0.5	33

③ 전열 재료로 이용되는 Ni－Cr의 조성은 Ni(60%), Cr(26%), Fe(나머지)이다.

제2절 | 코발트와 그 합금

Co는 은백색의 금속이고, 천이 원소인데, 화학 반응용 촉매로 사용되며, 내열 합금, 영구 자석 합금, 주조 경질 합금, 공구 소결재 및 내마멸성 재료 등에 사용한다.

1 Co 광석 및 성질

가. Co 광석의 종류

① 종류에는 smaltite(CoA_{s2}), cobaltite(CoAsS)등이 있다.

② 광석은 선광 후 용광로에 가열하여 다음에 Cl을 작용시켜 다시 산에 녹여 수산화 코발트를 모아 다시 구워서 산화코발트(CoO_3)로 하고 최후에 수소 또는 탄소에 의해 환원해서 금속 코발트를 만든다.

나. Co의 성질

① 자성(자기변태점 : 1160℃)을 가지며, 실온에서 조밀 육방 격자이다.

② 417℃ 이상에서는 동소 변태를 일으켜 면심 입방 격자의 β로 된다.

③ 비중은 8.85, 용융점은 1,490℃이며, 방사성 동위원소[radioactive isotpe. Co60(Co^{60})]이다.

④ 단단하나 가단성이 있고 내열성이며, 주조한 순 Co의 인장 강도는 $24kg_f/mm^2$(0.25%C 첨가시 $42kg_f/mm^2$)이다.

2 Co합금의 종류

합금에는 내열 합금용으로 stellite, vitallium, refractalloy 등이 있으며, Co – elinvar등은 특수 합금이다.

가. 실용 코발트 합금

① 실용 합금의 주요 첨가 원소는 Cr, W, Ni 등이 있다.

㉮ 상온에서 상의 용해도선에 해당하는 20% 전후를 가한다.

㉯ Nb, Ta, Ti, Zr도 역시 Co와의 합금계에서 상의 용해도선을 기준으로 첨가한다.

㉰ Co기 합금은 일반적으로 Cr 함유량이 많아서 고온 부식에 강하고 내열피로성, 용접성, 주조 등이 우수하므로 정밀 주조품의 형태로 주로 부하 응력이 작고 온도 변동이나 부식 등에서 사용 조건이 까다로운 부품에 사용한다.

② 스텔라이트(stellite)

㉮ Co – Cr – W – C계 합금으로 산소 – 아세틸렌 용접 플라즈마 분사기법으로 경질 표면(hard – facing)의 용착에 사용된다.

㉯ 조성 : Co(40 ~ 67%) – Cr(20 ~ 27%) – Ni(2 ~ 30%) – Mo(~ 6%) – W(0 ~ 7%) – (C, Fe, Mn, Si)

㉰ 주물 또는 단조용품은 칼날, 압연기, 부싱(bushing), 슬리브(sleeve)등에 사용한다.

㉱ 내마멸성, 내식성 또는 고온 경도 및 내산화성이 요구되는 부분에 사용된다.

③ 바이탈륨(vitallium, HS21)은 Co – Cr(30%) – Mo(5%) – Ni(2.5%) – C(0.4%)계 합금으로 외과 및 치과 분야에 사용된다.

④ MP35N은 Co – Ni(35%) – Cr(20%) – M_0(10%)계 고강도 Co합금으로, 산업용 fastener에 사용되고, 항복 강도가 143kg_f/mm^2 이상이며, 연성, 인성 및 내식성 등이 우수하다.

⑤ UMCo50은 Co – Cr – Fe 고용체 강화 합금으로 열처리로 부품 등에 사용하며, Co의 고용융점과 내환경성으로 적당한 크리프(creep) 강도를 가진 합금이다.

⑥ Co – elinvar는 Co(50 ~ 60%) – Fe(20 ~ 35%) – Cr(8 ~ 15%)의 엘린바아를 개량한 합금으로 Co – Fe – Cr계에서 영률 온도 계수가 정부(正負)로 변이하는 그 변이점(變移點)의 온도계수가 0의 것을 취한 것이다.

⑦ PL – 605는 Co – Cr(20%) – Ni(10%) – W(15%) – Fe(3%) – C(0.1%)계 합금으로, 고 creep강도 합금이며, 중량(重量)을 가볍게 하기 위해서 벌집 구조로 한 대표적인 Co합금이다.

⑧ 헤이네스(haynes)합금 188은 열적(熱的) 안정성과 용접성이 요구되는 항공기 가스터빈 부품에 사용된다.

⑨ S – 816은 가스 터빈 구조물에 최초로 응용된 단조용 Co합금으로 0.3 ~ 0.4% C가 함유되며, 강도는 이 영역 이상의 탄소 함유량 증가와 함께 상승되나 연성과 단련성은 감소한다.

⑩ refractalloy는 Co(30%), Cr(20%), Ni(20%), Fe(14%), Mn(2%), W(4 ~ 5%), Mo(8 ~ 10%), Si(0.3 ~ 0.7%), C(0.04 ~ 0.1%)의 합금으로 1.230℃에 용체화 처리해 820 ~ 870℃에서 시효시켜 사용한다.

⑪ 항공용 코발트 합금은 Co를 Ni에 첨가한 합금으로부터 발전한 Co합금이 많이 사용되고 있다.

제3절 | 고용융 금속과 그 합금

고용융점과 금속은 1.100℃ 이상의 고온도로 강력한 재료는 Nb, Mo, Ta, W 등 2.000℃ 이상의 녹는점을 갖는 고용융 금속과 그 합금을 고용융 금속(또는 내화 금속)이라 한다.

1 고용융 합금(refractory metals, RM)의 특성

고융점 금속에는 Nb(2.468℃), Mo(2.610℃), Ta(2.996℃), W(3.410℃)등의 합금이 있다.

가. 고용융 합금의 특성

① 고용융 합금의 열전도도는 Fe기(基), Ni기, Co기의 초내열 합금이나 스테인리스강보다 2～3배 정도 높고 내열성에 따라서 좋은 물리적 성질을 갖는다.
② 융점이 높으므로 고온 강도가 크며, 증기압이 낮고, W, Mo은 열팽창 계수가 낮고 열전도율과 탄성율이 높으며, 전기 저항은 낮다.
③ Nb는 초전도 특성, Ta의 산화막에 의한 유도 특성이 있다.
④ 내산화성은 적으나 습식 부식에 대한 내식성은 특히 Ta, Nb에서 우수하다.
㉮ Ta, Nb는 각종 화학기기의 내식 재료로 사용된다.
㉯ 기능 재료로서 고성능의 Ta 콘덴서나 Nb는 초전도 자석의 Nb－Ti, Nb3Sn 등의 기본 재료로 개발되며, Nb나 Ta은 천이 온도가 낮으므로 상온에서 충분히 성형된다.

금속	Ta	Nb	Mo	W
천이(遷移)온도(℃)	－196	－120	약 24	340

⑤ 결점은 매우 산화 소모되기 쉽다.(순위 : Mo > Ta > Nb > W로 된다.)
⑥ W, Mo도 대형 Si 반도체 소자로서 열팽창 완화를 위해 사용한다.
⑦ RM_4 원소의 성질

족	금속	융점 (℃)	밀도 (g/cm²)	탄성율 (×10³kg_f/mm²)	선팽창 계수 (×10⁻⁶/℃)	열전도율 (cal/cm·s·℃)	비저항 (μΩ·cm)
Va	Nb	2.468	8.57	10.70	7.2	0.13	14.5
	Ta	2.996	16.60	18.94	6.5	0.13	13.5
Vla	Mo	2.610	10.20	33.13	5.1	0.34	5.7
	W	3.410	19.30	41.92	4.5	0.39	5.5

2 고용융 합금의 종류

가. 텅스텐(W)과 그 합금

체심 입방 격자의 백색 금속으로 비중은 19.3, 경도(HB)는 290, 용융점은 3,410℃로 고용융점이므로 광석에서 직접 가단 금속을 만들기 곤란하다.

① 산화텅스텐(WO3)을 수소기류 중에서 환원하여 얻어진 분말을 형에 넣어 압축해서 봉상으로 하여 다시 3.000 ~ 3.200℃에서 가열 소결시켜 봉상(棒狀)의 금속으로 한다.

② 900 ~ 1,300℃에서 가열단조하여 지름 1.0mm정도의 가는선으로 하면 연신성이 있으며, 압연 봉재의 인장 강도는 350kg_f/mm^2(금속재료 중에서 강도가 최대이다)

③ 질산, 플루오르화수소, 황산 등에는 침식되지 않으나, 용융 알칼리 중에 O가 공존하면 심하게 침식된다.

④ W은 상온에서는 안정하나 고온에서 O_2 또는 H_2O에 접하면 산화된다.

㉮ 분말탄소, Co_2, Co 등과 접하면 탄화물을 형성한다.

㉯ 할로겐(haiogen)화합물과 접하면 할로겐 화합물을 만든다.

⑤ 탄화칼리와 초석과의 용융 혼합액 에서는 급속히 용해된다.

⑥ W은 비열(0.032cal/g.20℃)이 극히 작으므로 조금만 가열하여도 고온이 된다.

⑦ 진공관에 사용되는 W선은 재결정에 의한 결정 입자의 성장을 방지하기 위해 0.2% Al_2O_3, Na_2O 또는 NiO_2를 약간 첨가하는 것을 도핑(doping)이라 한다.

㉮ 토리아(Th)를 2.0% 첨가한 것을 토리팅(thoriated tungsten)이라 한다.

㉯ 진공관에 가는 선으로 하여 전구의 필라멘트, 전자관 부품 등에 사용한다.

⑧ 고속도강 및 공구강에 첨가되며 공구 재료 및 내마모 부품에 WC 등으로 이용된다.

⑨ W의 합금

㉮ W(30% 또는 50%) – Mo(나머지%)합금은 용융점, 강도 및 고유 저항이 크므로 진공관 재료에 사용한다.

㉯ Ag(20%) – W(나머지%)합금은 전기 접점용에 사용하며, 다공질 W을 용은(熔銀)중에 담가서 Ag을 침투시킨다.

나. 몰리브덴(Mo)과 그 합금

Mo은 체심 입방 격자의 은백색 금속이며, 비중은 10.2이고 용융점이 2,610℃의 고용융점 금속이다.

① Mo광석에는 휘수연광(MoS_2), 수연연광($PbMoO_4$)등의 종류가 있다.

㉮ 휘수연광(molybdenite, MoS_2)

㉠ 금속 Mo의 제일 주가 되는 광석으로 비중이 4.75이다.

㉡ 황화몰리브덴(MoS2)이며, 연회색이고 금속의 광택을 가지고 있다.

㉯ 수연연광(수연연광, wulfenite, $PbMoO_4$)

㉠ 납광석 중에 발견된 결정 또는 괴상이며 비중이 6.7이다.

㉡ 황색, 오렌지 회색, 적색 또는 백색으로 나타난다.

② Mo의 제조는 분말 야금(power metallurgy)법으로 제조되나 아크 용해로 주괴를 제조한다.
(금속 Mo은 S을 제거하기 위해서 배소한 휘수연광(輝水鉛鑛, molybdenite)에서 얻은 산화 Mo을 Al으로 환원하거나 수소기류 중에서 산화물 또는 염화물로 환원한다.)

③ Mo은 전연성이 풍부하며, 단조, 압연이 가능하여 압연한 것의 인장 강도는 $180kg_f/mm^2$, 경도(HB)는 150 정도로 W보다 연하고 가공이 용이하며 가는 선으로 가공할 수 있다.
(세선(0.12 ~ 0.038mm)의 인장강도는 140 ~ $217kg_f/mm^2$로 변화한다.)

④ 공기 중이나 상온에서는 안정하나 고온에서는 산화하기 쉽다.
(알칼리 용액에는 침식되지 않으나 용융 알칼리 중에 산화제와 공존하면 심하게 침식되며, 진한 황산, 염산, 질산 및 왕수에는 용해된다.)

⑤ 고온 강도가 높고 완전 풀림할 때에는 1,600℃정도로 가열해야 한다.
(특히 고온 creep 저항이 크다.)

⑥ 용도

㉮ Mo을 첨가한 강은 장갑차, 총신, 자동차부품, 증기 엔진, 터빈, 절단기, 면도날 등에 사용되며 N_2와 같은 액화 기체들의 냉동 공업에 이용된다.

㉯ 특수강의 첨가 원소, 강의 탈산제로 사용된다.

㉰ 세선(細線), ribbon으로 사용되며 전기로의 권선, 용접기의 전극 등에 사용된다.

㉱ 라디오 진공관의 크릿으로 되며 전기로의 권선, 용접기의 전극 등에 사용된다.

⑦ 코모크롬(comochrome)합금 Co − Mo − Cr계 합금으로 인체에 해롭지 않은 외과용 보철재료로 활용된다.

⑧ 내열 합금으로는 Mo − V, Mo − Ti 등이 이용이 가능하다.

다. 레늄(Re)과 그 합금

Re(rhenium)은 많은 금속광석(특히 휘수연광)중에 함유되어 있으며, 비중은 21.4로 중금속이고 조밀 육방 격자, 백색으로 단단하고 연마하면 아름답게 되며, 용융점은 3,180℃로 W 다음으로 고용융점 금속이다.

① 전연성이 풍부하며, 염산에 견디지만 진한 황산이나 질산에는 용해된다.

② 건조한 대기 중에서는 전혀 녹이 슬지 않으나 가열하면 350℃ 이상에서 산화하기 시작하며 Re_2O_7을 만들고, 가공 경화가 심하게 일어난다.

③ 가공재인 경우에는 인장 강도가 200kg$_f$/mm^2 이상, 탄성율은 약 47.000kg$_f$/mm^{2}이며, 상온에서 연신율은 W의 10배나 된다.

④ 용도

㉮ 용융점, 강도, 내식성, 전기 비저항이 크므로 W, Mo과 거의 비슷한 용도를 갖는다.

㉯ 1,200℃까지의 고온에서 강도는 W, Mo보다 높고, 비저항이 크므로 필라멘트와 같은 저항선재 및 전자 공업용 재료, 고온용 열전쌍이나 접점 재료로서 유망하다.

라. 탄탈(Ta)와 그 합금

Ta은 용융점(2,996℃)이 높으며, 내식성이 아주 크고, 비중은 16.6, 인장강도는 92kg$_f$/mm^{2}이며, 극히 연성이 풍부하고 아주 가는 선으로 할 수 있다.

① 고온에서 가열하면 가스를 흡수해서 취약하게 된다.

② 체심 입방 격자이고 금속 중 가장 안정한 양극 산화 피막을 만들어 활성인 전해질 내에서 오래 있어도 변질되지 않는다.

③ 온도에 따른 용적 변화나 전류 손실이 적어 전해 콘덴서로서 광범위한 온도 범위에서 사용하는 것이 특징이다.

④ 탄탈기 합금(tantalul－base alloys)

㉮ Ta기 합금은 구조재로서 1.650～1.900℃의 고온에서 －240℃의 저온까지의 사용이 기대된다.

㉯ Ta에의 고용 강화 원소는 W, Mo, Nb, Hf, V, Zr등을 이용한다.
(강화 작용이 큰 원소 : V, Mo, Zr, Hf, W가 크다.)

㉰ Fs－60 합금은 W(10%)을 함유한 합금으로 널리 실용화되고 있다.

㉱ T－111합금은 W(8%)－Hf(2%)을 함유한 합금이다.

㉲ T－222합금은 T－111합금을 개량한 합금으로 최강의 재료이며 연성이 있다.

㉳ Ta－W(12%)－Re(1.0%)－Hf(0.7%)－C(0.025%)의 합금은 1,000시간으로 1% 크리프의 강도가 1.093℃에서는 22.9kg$_f$/mm^2, 1,316℃에서는 8.4kg$_f$/mm^{2}이다.

⑤ 용도

㉮ 전자공업 재료인 콘덴서에 많이 사용되고 탄화물의 경질 구조에 사용되며, 원자력용, 화학 공업용 내식 재료로도 사용된다.

㉯ Ta선 : 1.700℃로 백열등에도 사용되며, W램프보다 온도가 올라가지 않는다.

㉰ 백금보다 값이 저렴하므로 화학 기구, 외과 용구 및 정류기로 할 수 있다.

㉣ 교류 전류 중에서 한쪽만을 통하는 성질이 있으므로 정류기로 할 수 있다.

㉤ 탄화탄탈(TaC)은 아주 단단하며 용융점이 3,875℃이므로 WC 대용으로 초경 공구 재료로 사용한다.

마. 니오브(Nb, niobium)와 그 합금

합금강에 첨가되는 중요한 금속 원소로서 내식성, 내열성이 우수하여 화학 공업용으로 사용하고, 원자로용, 고속 중성자 재료이며, 전자 공업용 콘덴서로 사용되고 있다.

① 비중은 8.66, 용융점은 2,415℃, Mo보다 내산성이 있고 Cr을 제외한 내화 금속 중에서 가장 밀도가 낮고 고체 상태에서는 변태가 없다.

② 항상 체심 입방 격자이며, 열전도율이 좋아 Al의 $\frac{1}{4}$ 정도가 된다.

③ Nb는 낮은 열중성자 흡수 단면적(1.1barns)을 가지며 연성이 우수하여 −196℃의 저온에서 가공할 수 있으며, 초전도에 대한 천이 온도(8.2K)가 높다.

④ Nb_3Sn등의 금속간 화합물은 초경 전도체로서 초전도의 공업용에 중요한 재료이다.

⑤ Nb합금은 원자로용, 항공 우주 재료용, 초전도 재료용으로 나눈다.

⑥ 니오브기(基)합금(niobium − base alloys)

㉮ 상온이나 고온에서 전율고용체를 만드는 Mo, Ta, V, W, Hf, Zr, Ti 등의 원소를 합금화해도 가공할 수 있고 그들의 고용체 강화 작용으로 고온에서 강력한 합금이 된다.

㉯ Nb − Ti(50 ~ 75원자%) 합금(Nb − Ti alloys)은 초전도 마그넷용에 사용되는 대표적인 합금계 초전도 재료로서, 소성 가공성이 우수하고, 고온에서 완전 고용형의 체심 입방정이 있다.

㉰ FS − 82합금은 Nb − 1Zr 합금에 다량의 Ta을 첨가한 합금으로 고온 강도와 내산성이 향상되나 성형성은 저하된다.
(Nb − 1Zr합금 : 순 Nb보다 현저하게 고온 강도가 높으며, 성형성이 좋아서 실용화되고 있다.)

㉱ 강인한 재료로서는 W(10%) − Hf(10%) − Y(0.1%)를 함유한 C − 129 Y 합금이 좋다.

㉲ 초전도 재료로는 Nb − 25at%Zr 합금, Nb − 40at%Zr − 10at% Ti 합금 등이 있다.

바. 지르코늄(Zr)과 그 합금

Ti과 비슷한 금속으로 비중은 6.5(Ti보다 50% 정도 크다), 용융점은 1,852℃의 금속이다.

① 진한 황산, 강알칼리, 염산 등에 대한 내식성이 강하고, 강도와 전연성이 있어 가공성이 좋으며, 중성자 흡수 단면이 적고 가스 흡수력이 크다.

② 진공관의 게터, 섬과 전구의 플래스 촉진제, 철강 재료, Al, Mg, Cu등의 첨가 원소등에 사용 한다.

사. 바나듐(V)과 그 합금

V는 담회색 또는 백색 이며, 은과 같은 광택을 가지고 매우 취약한 금속으로 갈연광(vanadinite, $3Pb_3(VO_4)_2 \cdot PbCl_2$), carnotite($K_2O \cdot 2UO_3 \cdot V_3O_3 \cdot 8H_2O$),rescoelite, patrnotie(V2S9)등의 광석이 있다.

① 비중이 6.02, 용융점은 1,800℃, 모어 경도가 7로서 석영보다 경(硬)하다.
② 냉간 가공하여 가공 경화된 V을 풀림하면 400℃ 부근에서 연화한다.
③ 소금물에서는 점식(pitting)이 일어나지 않고, 염산 및 묽은 황산에 침식되지 않는다. (질산에 녹고 청색의 질산 바나듐($V(NO_3)_4$)로 되며, 공기 중에는 변하지 않으나 서서히 가열하면 갈색인 V_2O_2로 되고, 최후로는 적색인 V_2O_5로 된다.)
④ V은 고속 중성자 흡수 단면적이 매우 작으므로 연료 피복관에 적당하다.
⑤ 합금 원소의 첨가량에 따라 강도, 경도값이 변화한다.
　㉮ 2원 합금 중 기계적 성질이 강한 것은 Al, Ti을 첨가한 합금이다.
　㉯ 포석형 고용 한도를 가지는 고용체 : V－Al계, V－Ni계, V－Zr계이다.
　㉰ 체심 입방 격자들로 전율 고용한 것 : V－Fe계, V－Nb계, V－Ti계
　㉱ V에 Ti, Al, Cr 등을 배합한 2원, 3원 합금이 사용되고 있다.

아연, 납, 주석, 저용융점 금속과 그 합금

Zn, Sn, Pb 등은 저융점 금속이라 부르며 다이 캐스팅용 합금, 베어링용 합금, 활자용, 땜납용 등의 특수한 용도를 갖는다.

제1절 | 아연과 그 합금

Zn은 아연 도금용, 전지, 제판용 등의 아연판, 전기 방식용 양극 재료 등에 사용되고, 또한 아연 합금은 황동, 다이 캐스팅용에 많이 사용된다.

1 아연(Zn)의 제련법

원광석에는 섬아연광(閃亞鉛鑛, zincbiend, ZnS)과 탄산아연광(smithsonite, $ZnCO_3$)등이 있고 이 광석을 배소하여 나오는 산화아연을 환원, 증류하여 생산되며 제련법에는 건식법과 습식법이 있다.

가. 건식법

① 건식법에는 제련부분과 정제부분으로 분류한다.
   ㉮ 제련부분 : 배소(焙燒), 장입물 조제(調製) 및 환원하는 방법이다.
   ㉯ 정제부문 : 재용해법(再熔解法)에 의한 정제이다.

② 섬아연광은 산화 배소 하여도 완전히 산화아연이 되지 않고 황산아연이 되기 쉽다.
   ㉮ 섬아연광의 황산아연이 되는 식 : $2ZnO + 2SO_2 + O_2 \rightleftarrows 2ZnSO_4$
   (실제 작업에서는 900℃ 이상으로 하고 충분히 공기를 보내어 산화를 촉진함과 동시에 배소 가스를 빼내어 황산아연의 분해를 촉진시킨다.)

③ 배소광(焙燒鑛)에 환원제로서 무연탄 또는 코크스를 혼합하여 환원로 내에 넣으면 반응식은 $ZnO + CO \rightleftarrows Zn + CO_2$가 된다.

㉮ 환원된 아연 증기는 응축기에 이끌어 용융 아연을 얻는다. 이렇게 하여 얻은 조제(調製)의 Zn을 speltor라 하며, 불순물로는 Pb, Cd, Fe 등을 품는다.
(재증류(再蒸溜)하여 불순물을 제거해서 Zn의 순도 99.99% 정도의 것을 얻는다.)

나. 습식법

① 황산 아연으로 하는 것이 목적으로 500 ~ 700℃로 배소하여 아황산가스, 무수황산의 농도를 높이고 공기량을 제한한다.
(광석과 가스를 충분히 접촉시키기 위하여 유속(流速)을 늦게 한다.)

② 배소광을 중성 용해할 때에 불순물은 황산의 농도에 따라 추출되는 정도가 현저하게 변하므로 이 반응을 급속히 진행시켜 희농도의 황산에 난용(難溶)의 것은 잔재로 남게하며, 전해액의 순도는 전해 작업의 성적에 영향을 미치므로 액을 정화한다.
(이 액을 전해조에 넣고 연판(鉛扳, Pb판)을 양극, 아연판을 음극으로 하여 전해해서 99.00 ~ 99.99% 정도의 전기아연을 얻는다.)

2 아연(Zn)의 성질

가. 물리적 성질

① Zn은 청색을 띤 백색 금속이며, 조밀 육방 격자이고, 고온의 증기압이 높고 비점(沸點)이 비교적 낮으며, 지금(地金)중의 불순물로는 Pb, Cd, Fe 등이 있다.

② 가장 해로운 불순물 : Fe(0.005% 이상이 되면 경질의 $FeZn_7$상이 나타나서 인성을 해친다.)

원자량	65.38	비열(20℃)	0.0915cal/g
밀도(25℃)	7.133g/cm^3	도전율	28.27%IACS
용융점	420℃	고유저항	5.916$\mu\Omega$ − cm
비점(760mmHg)	906℃	결정	육방(α=2.6594kX), 조밀(c=4.9370kX)
융해잠열	24.09cal/g	電溶壓(對수소전극)	0.7618 volt

나. 기계적 성질

Zn은 주조 상태에서는 조대결정(粗大結晶)이 되므로 인장 강도와 연신율은 낮고 취약하여 상온 가공할 수 없다.

① 주조한 상태의 Zn은 인장 강도가 3.5kg$_f$/mm^{2}이고, 연신율은 거의 없다.
② 30 ~ 80℃로 압출하면 인장 강도가 20kg$_f$/mm^{2}가 되며, 연신율이 20 ~ 70%로 된다.
③ 열간 가공하여 결정을 미세화하면 그 후에는 용이하게 상온 가공할 수 있다.
④ 가공재의 성질은 불순물 함유량에 영향을 받는다.
　㉮ 순수한 Zn은 가공 후 응력 감소에 의한 연화가 일어난다.
　㉯ 순수한 Zn은 가공도 20 ~ 30%까지 경도가 증가한다.
　㉰ 불순물이 많은 Zn은 가공 후 석출 경화가 일어난다.
⑤ 시험편의 채취 방향에 따라 성질의 차가 큰 것은 결정형에 기인하기 때문이다.
　(냉간 압연판에서 압연 방향으로 채취한 것은 인장 강도가 15.5kg$_f$/mm^2, 직각방향으로 채취한 것의 인장 강도는 20.4kg$_f$/mm^{2}이다.)

다. 화학적 성질

고순도의 Zn은 내식성이 비교적 양호하며, 건조한 공기중에서는 거의 산화되지 않는다.

수분과 탄산가스가 있으면 표면에 염기성 탄산아연[$ZnCO_3$, $Zn(OH)_3$]의 피막을 만들어 부식이 내부에 진행하지 않으므로 철판의 아연 도금에 이용된다.

① 대기 중에서 잠시 광택을 유지하나 Cd, Fe, Sb 등의 불순물은 부식을 심하게 촉진한다.
② Hg은 수소화 전압을 상승시켜 부식을 억제하고, 65 ~ 70℃ 물에서 부식이 심하다.

라. 아연 지금 규격(KS D 2351)

종류	기호	화학 조성(%)					비고
		Zn	Pb	Fe	Cd	Sn	
1종	Zn 1E	99.995 이상	0.003 이하	0.002 이하	0.002 이하	0.001 이하	전기 아연
2종	Zn 2E	99.990 이상	0.007 이하	0.005 이하	0.004 이하	–	
3종	Zn 3E	99.970 이상	0.020 이하	0.010 이하	0.005 이하	–	
4종	Zn 4D	99.000 이상	0.30 이하	0.020 이하	0.1 이하	–	증류 아연
5종	Zn 5D	98.500 이상	1.30 이하	0.025 이하	0.4 이하	–	
6종	Zn 6D	98.000 이상	1.80 이하	0.100 이하	0.5 이하	–	

※ 방식용 Zn은 1종 Zn을 사용하되 Fe 0.001% 이하이어야 한다.

마. 용도

아연 도금용, 건전지, 아연판, 다이 캐스팅용 아연, 황동 및 기타 합금용

3 아연 합금

아연 합금의 대부분은 다이 캐스팅용 합금이고, 가공용 합금도 널리 이용되고 있으며 Zn합금에는 Zn－Al계, Zn－Al－Cu계 및 Zn－Cu계 등이 있다.

가. 다이 캐스팅용 아연 합금

① 다이 캐스팅용 아연 합금의 종류

㉮ 자마크(Zamak[미국], Mazak[영국], ZAC, MAC[일본])
Al을 4% 함유한 합금으로 다이 캐스팅용으로 널리 사용한다.

㉯ ZAMAK 2
고순도(99.99% Zn)의 지금을 사용한 Zn－Al(4%)－Cu(3%)－Mg(0.1%)의 합금이다.
(이 합금은 시효에 의한 강도, 치수 변화 등의 결점이 있다.)

㉰ ZAMAK 3
Zn－Al(4%)－Mg(0.04%)계의 합금으로 ZAMAK 2의 결점을 없애기 위해 Cu를 품지않게 만든 합금으로 실용화되고 있다.

㉱ ZAMAK 5
Zn－Al(4%)－Cu(1%)－Mg(0.03%)계의 합금이며 ZAMAK 2의 단점을 없애기 위해 Cu를 품지않게 만든 합금으로 실용화되고 있다.

㉲ ZAMAK 7
Zn－Al(4%)－Mg(0.01%)－Ni(0.01%)의 합금으로 초고순도의 Zn을 원료로 Mg을 0.005～0.020%로 감소시켜 용탕 중의 Mg 산화물에 의한 유동성 저하를 없게 한 합금이다.
(얇고 복잡한 주조가 가능하게 되고 생산성이 향상, 불량품이 적어서 주물 표면이 깨끗하다.)

② 다이 캐스팅용 아연 합금의 특징

㉮ Al은 가장 중요한 합금 원소로, 합금의 강도, 경도를 증가 및 유동성을 개선한다.

㉯ 저순도의 Zn합금 다이 캐스팅은 습기 있는 곳이나 고온에서 입간 부식을 일으킨다.

㉰ 고순도의 아연 지금(~99.99%Zn)을 사용하고, Cu, Mg등을 첨가하면 입간 부식을 억제함과 동시에 강도, 경도도 개선한다.

㉱ 입간 부식에 유해한 불순물로는 Sn, Cd, Pb 등이 있다.

㉲ Al이 첨가되면 입간 부식을 일으키기 쉽다.

㉳ 순도가 낮은 아연 합금 다이 캐스팅을 95℃의 수증기 중에서 처리하면 입간 부식을 일으켜 기계적 성질이 저하하고 또 길이의 변화를 일으킨다.

㉴ 길이의 변화에 가장 심한 영향을 주는 원소 : Li, Mn, Ni, Si 등이다.

③ 아연 다이 캐스팅 용 합금의 성분과 기계적 성질(KS D 6005)

㉮ 합금의 성분

종별	기호	화학조성(%)							
		Al	Cu	Mg	Zn	불순물(%)			
						Pb	Fe	Cd	Sn
1종	ZnDC1	3.5 ~ 4.3	0.75 ~ 1.25	0.02 ~ 0.06	나머지	<0.005	<0.1	<0.004	<0.003
2종	ZnDC2	3.5 ~ 4.3	<0.25	0.02 ~ 0.06	나머지	<0.05	<0.1	<0.004	<0.003

㉯ 기계적 성질

종별	기호	합금계	인장시험		경도(HB)	충격치 ($kg_f \cdot m/cm^2$)
		ASTM	인장강도(kg_f/mm^2)	연신율(%)		
1종	ZnDC1	Zn – Al – Cu계	33	7	91	16
2종	ZnDC2	Zn – Al계	29	3	82	14

나. 가공용 아연합금

가공용 아연합금에는 Zn – Cu계, Zn – Cu – Mg계, Zn – Cu – Ti계 등이 있다.

① 열간 압연 온도

㉮ Zn – Cu계, Zn – Cu – Mg계 : 175 ~ 300℃

㉯ Zn – Cu – Ti계 : 150 ~ 300℃

㉰ 취성 온도 범위 : 300 ~ 420℃

② Zn – Cu – Ti계(Hydro – T – Metal)

㉮ 조성 : Zn – Cu(0.5%) – Ti(0.12%) – 소량의 Mn, Cr을 함유한다.

㉯ Ti 첨가에 의하여 합금 중에 TiZn15상이 미세하게 분산되어 분산 경화형 합금으로 강도와 고온 creep 특성이 개선된다.

㉰ 판재, 선재, 봉재, 형재로 가공되며 심한 가공과 용접, 납땜을 할 수 있다.

③ 소성 가공에 의해 가공된 압연판의 성질(Hydro - T - Metal의 여러 가지 성질)

성질	비중	용융점 (℃)	열팽창계수 (상온)	도전율 (IACS)	인장강도 (kg_f/mm^2)	연신율 (%)	충격값 ($kg_f \cdot m/cm^2$)
값	7.14	422	18×10^{-6}	27	22	20	18

④ 용도

㉮ Zn판 및 Zn 동판으로 가장 많이 사용한다.

㉯ 압연판은 디프 드로잉, 굽힘 가공, 용접, 납땜이 기능하며 봉재, 관재, 선재와 함께 건축용, 탱크용, 전기 기기 부품, 자동차 부품, 일용품 등에 널리 사용된다.

다. 금형용 아연 합금

Zn에 Al(4%) - Cu(3%) - 소량의 Mg, 기타 원소 등을 첨가한 합금으로 Al 및 Cu 함유량을 증가하여 강도와 경도를 크게 한 것이 특징이다.

① 종류 : KM합금, 커크사이트(kirksite), ZAS합금, 그무다이(Gmoodie)합금

※ 그무다이합금(Gmoodie alloy, 미국 GM사) : L Ni(0.8%), Ti(0.2%)을 첨가하여 미립자 Ni_3Ti화합물을 분산 강화시켜 내마멸성을 향상시킨 합금이다.

② 금형용 Zn합금 주조품의 성질

성질 / 합금종류	인장강도 (kg_f/mm^2)	연신율 (%)	항압력 (kg_f/mm^2)	경도 (HB)	충격값 ($kg_f \cdot m/cm^2$)
KM합금	24	1.2	79	109	0.51
ZAS	27	3.0	47	120	0.55
Gmoodie합금	27	-	-	105	-

③ 용도

㉮ 아연 합금 금형은 박금속판(薄金屬板)의 프레스형, 플라스틱 성형용에 사용된다.

㉯ 사형(砂型)주조품이고, 강제 금형보다 값싸게 제작할 수 있으므로 자동차, 항공기, 가정용구 및 가구 등에 널리 사용된다.

라. 고망간 아연합금

① Mn(25%) - Cu(15%) - 소량의 Al을 품는 아연 합금으로 용융 온도(약 770℃)가 높고, 용탕(溶湯)에서 Zn이 증발하기 쉬우므로 다이 캐스팅에는 곤란하며, 기어와 같은 내마모성을 요하는 부품에 적용할 수 있는 합금이다.

② 400℃ 이상으로 가열하여 담금질 후 200℃ 정도로 뜨임을 하면 시효경화한다.

마. Zn 베어링용 합금

Zn－Cu(3～6%)－Al(2～3%) 및 Zn－Cu(5～6%)－Sn(10～20%)－Pb(5%)의 합금으로 다른 합금에 비해 비중이 작고 경도가 크며, 마찰 계수는 Sn계 및 Pb계 화이트 메탈에 비하여 크고, 내해수성이 있으므로 선박 튜브(stern tube)의 베어링에 사용된다.

제2절 | 납과 그 합금

납은 비중이 크고, 용융점이 낮고 팽창률이 클 뿐만 아니라 연질이어서 소성 가공성이 양호하다. 공기 중에서는 즉시 표면은 얇게 산화되며 내부에는 산화에 침화(侵化)되지 않는다.

1 Pb의 성질

가. 납(Pb : Lead)의 광석 및 제조

① 납(Pb : Lead)의 광석

㉮ Pb의 광석에는 황화광과 산화광이 있다.

㉯ 황화광 : 방연광(galena, PbS, 88.6% Pb)이 대표다.

㉰ 산화광 : 백연광(cerussite, $PbCO_3$, 77.5% Pb) 및 황화연광(anglesite, $PbSO_4$, 68.3% Pb)

㉱ 방연광(PbS), 백연광($PbCO_3$) 및 황산연광($PbSO_4$)등을 배소(焙燒)하여 cokes로 환원시켜 정제한다.

② 제련법

㉮ 일반적인 방법으로 부선정광(浮選精鑛)중의 황화연을 배소하여 산화연으로 변화시켜서 이것을 코크스로 환원하여 Pb을 얻는 방법이 많이 이용된다.
(환원은 주로 용광로에서 하나 전기로에서도 사용된다.)

㉯ 정광(精鑛)은 Dwight Lliyd기에서 배소와 소결을 동시에 하여 단광(團鑛)을 얻고 이것을 코크스와 적당한 용제와 같이 용광로에 장입하여 환원한다.

㉠ 용광로에서 얻은 조연(粗鉛, base bullion)은 불순물(Cu, Sb, Bi, Ag, Au등)을 품으므로 이러한 것을 분리 정제함과 동시에 유가금속(有價金屬)을 회수한다.

㉡ 조연(粗鉛)의 정제에서 Cu는 먼저 S을 첨가하여 황화동으로 하여 분리한다.

㉰ 조연 정제 이하의 정제법에는 건식법과 습식법이 있다.

㉠ 불순물로서 Bi를 품지 않는 조연(粗鉛)은 건식법으로 정제되나 Bi를 품을 때는 습식 전해법에 의해서 정제된다.

㉡ 건식법에서는 먼저 As와 Sb을 제거하며, 이것을 유연 작업(softening)이라 한다.

㉢ 유연 작업(柔鉛 作業)에는 Harris 법과 산화물로서 분리하는 방법이 있다. (Harris법 : 소다염을 써서 비산(砒酸)소다 또는 안티몬소다로서 제거하는 방법이다.)

㉣ ore − hearth법

황화연과 그 산화물로 생기는 황산연 또는 산화연과 상호 반응을 이용하는 방법으로 고품위 광선에 사용되는 특별한 방법이다.

㉤ Parkes법

Au, Ag을 제거하는 방법으로 Zn을 첨가하여 Au, Ag과의 금속간 화합물을 생성시켜 분리하는 방법이다.

㉥ Betterton법

Bi는 산화에 의해서 제거할 수 없으므로 Ca, Mg과의 금속간 화합물을 생성시켜 제거하는 방법이다.

㉦ Betts법

습식 전해법이며 전해액은 6 ~ 8%Pb에 해당한 규불화연(硅弗化鉛, $PbSiF_6$)과 8 ~ 10%의 규불화수소(H_2SiF_6)이고 양극은 조연, 음극은 전해연을 사용한다. 이때 얻어지는 slime에서는 Au, Ag, Sb, Bi등을 회수한다.

나. Pb의 물리적 성질

유연하며 밀도 및 팽창율이 크고 연질이어서 소성 가공이 용이하고, 용융점이 낮고, 주조성, 윤활성 및 내식성 등은 우수하나 전기 전도율이 나쁘며, 방사선의 투과가 낮은 것이 특징이다.

융점(℃)	327.4	열전도율(℃)(cal/cm/cm²/℃/sec)	0.083
밀도(20℃)(g/cm³)	11.3	도전율(% IACS)	8.3
비점(℃)	1725	고유 저항(20℃)(μΩ − cm)	20.648
비열(℃)(cal/g)	0.0309	결정형	FCC α= 4.9389kX
융해 잠열(cal/g)	6.25	원자량	207.12

다. Pb의 기계적 성질

인장 강도 및 연신율은 적으나 정성은 좋다.

종류 \ 성질	사형 주조	금형 주조	종류 \ 성질	사형 주조	금형 주조
인장강도(kg_f/mm^2)	1.2 ~ 1.3	1.4	경도(HB)	3.2 ~ 4.5	4.2
내력(kg_f/mm^2)	0.56	–	탄성률(%)	13.7	–
연신율(%)	30	47	샤르피충격치($m-kg_f$)	–	1.44
단면수축률(%)	100	100	내구한도(kg_f/mm^2)	0.33	–

라. Pb의 화학적 성질

Pb 불용성 피막이 표면에 형성되기 때문에 내식성이 우수하다.

① 보통의 물은 탄산염, 규산염을 품고 있는 납의 표면에 보호 피막을 형성한다.
② 순수한 물 중에 O가 용존할 때 심하게 부식되나 자연수나 염수에는 거의 부식되지 않고, 중성액에서 내식성이 우수하며, 황산에는 온도와 농도차가 낮을수록 내식성이 좋고, 염산, 질산에는 부식된다.
③ 많은 유기산에는 견디나 초산, 포름산에 O가 용존할 때 심하게 침식되고, 인산, 아황산, 크롬산에는 잘 견디며, 증류수에는 용해하여 유독하다.
④ 제일 안정성이 있는 금속이며, Pb는 U 및 Ra가 분해된 후에 남는 것으로 생각된다.

마. 용도

① 화학적으로 안정되어 있어 산류 탱크, 축전지, 건전지의 전극, 수도관, 케이블 피복, 화이트 메탈, 합금 재료 및 패킹(packing)재 등에 사용된다.
② 압연, 박박(薄箔)으로 할 수 있고, 관용으로도 사용되며, 케이블 피복제에 사용된다.
③ 산을 넣을 수 있는 용기의 내부 lining에 사용된다.
④ 방사선을 흡수하여 투과도가 낮아 원자로나 X－선의 차단 재료 등에 활용된다.
⑤ 99.90% 이상의 연판(鉛版)은 내산용, 방습성을 필요로 하는 화학 공업용 및 건축용
⑥ 압출하여 만든 연관(鉛管)은 99.0%Zn 이상의 것은 화학용, 99.5%Zn 이상의 것은 가스용 및 일반용으로 사용하며, 구조용으로는 강제품에 Pb을 입혀서 사용하기도 한다.
⑦ 기계적 강도가 요구되는 곳에는 As, Ca, Sb 등을 첨가한 합금이 사용된다.

2 Pb합금

가. Pb – As합금(arsenical lead)

Pb – As(0.12 ~ 0.2%) – Sn(0.08 ~ 0.12%) – Bi(0.05 ~ 0.15%)의 합금으로 강도와 creep 저항이 우수하며, 케이블 피복용으로 사용된다.

① 압축 케이블 피복재 및 관의 기계적 성질

제조 조건 \ 성질	인장 강도 (kg_f/mm^2)		연신율 (%)	경도 (HB)
	케이블 피복제	관		
압출 후 공냉	17.6	16.5	40	4.9
218℃에서 수냉	20.4	21.1	35	6.6
232℃에서 수냉	21.1	22.5	35	7.0
288℃에서 수냉	–	32.3	25	10.0

나. Pb – Ca합금

Pb – Ca(0.023 ~ 0.003%) – Cu(0.02 ~ 0.1%) – Ag(0.002 ~ 0.02%)의 합금으로 고온에서 압출 가공 후 방치하면 시효경화된다.

① 압출 상태에서의 인장 강도가 $2.1kg_f/mm^2$, 연신율 50%인 것이 상온에서 1년간 시효하면 $3.2kg_f/mm^2$의 인장 강도, 25% 정도의 연신율을 갖는다.
② 용도 : 케이블 피복제, creep 저항을 필요로 하는 관, 판 등에 이용한다.

다. Pb – Sb 합금

① Pb에 Sb을 첨가하면 강도가 증가되고 부식적 성질은 Pb과 비슷하다.
② antimonial lead는 Pb – Sb(1.0%)합금으로 케이블 피복용에 사용한다.
③ Pb에 대한 Sb의 고용도는 온도에 따라 크게 변하므로 이 합금은 주조 후 또는 압출 가공 후 시효경화하며, Cu, Te 등을 소량 첨가하면 결정립이 미세화하여 입계 석출에 의한 피로 강도의 저하를 억제하는 효과가 있다.
④ 경연(硬鉛, hard lead)
4 ~ 8% Sb을 품은 Pb 합금으로 Sb 함유량이 낮은 합금은 판, 관 등의 가공용에 사용하고, Sb 함유량이 높은 것은 주물에 사용한다.

용도	주물용	케이블 피복용	축전자판
Sb(%)	10	1 ~ 3	4

⑤ 9% Sb을 품은 합금은 축전지 전극격자용으로 사용한다.

⑥ 10 ~ 15% Sb을 첨가한 합금은 내산 펌프 주물에 사용된다.

⑦ Pb – Sb 합금(경연 주물)의 화학 조성 및 기계적 성질(KS D 6018)

성질 \ 종류		경연주물 8종	경연주물 10종
화학 성분 (%)	Sb	7.5 ~ 8.5	9.5 ~ 10.5
	Cu	0.2 이하	0.2 이상
	Sn	0.5 이하	0.5 이하
	Bi, 기타	0.1 이하	0.1 이하
	Pb	나머지	나머지

성질 \ 종류	경연주물 8종	경연주물 10종
인장강도 (kg_f/mm^2)	5.0 이상	5.1 이상
연신율(%)	20 이상	19 이상
HB	14.0 이상	14.5 이상

⑧ Pb – Sb합금(경연판)의 화학 조성 (KS D 6018)

종류 \ 조성(%)	기호	Sb	Cu	Sn	Bi, 기타	Pb	용도
경연판 4종	HPb P4	3.5 ~ 4.5	0.20 이하	0.50 이하	0.10 이하	경납	화학 공업용
경연판 6종	HPb P6	5.5 ~ 6.5	0.50 이하	0.10 이하	0.10 이하	경납	
경연판 8종	HPb P8	7.5 ~ 8.5	0.50 이하	0.10 이하	0.10 이하	경납	

라. 활자 금속(type alloy, Pb – Sn – Sb계)

Pb을 주성분으로 하는 Pb – Sn – Sb계 합금으로 Pb – Sn – β(SnSb)의 3원 공정 중에 경(硬)한 SnSb 화합물이 있어 그 양으로 경도를 조절한다.

① Sb 금속은 응고할 때 0.95% 팽창하고, Pb은 3.44% 수축하는데 Pb에 Sb을 첨가하면 직선적으로 수축이 감소하며, Sb 75%에서 응고될 때 수축은 일어나지 않으므로 선명한 활자를 얻기 위해서 Sb을 첨가한다.

② 활자 금속에 첨가되는 원소의 영향

㉮ Sb : 합금을 경화 시키고 융점을 저하시키며, 응고 수축률을 감소(2 ~ 2.6%)시킨다.

㉯ Sn : 용융점 저하, 유동성을 좋게 하며, 주조 조직을 미세화해 인성을 향상시킨다.

㉰ Cu : 경도를 요구할 때는 Cu를 소량 첨가하나 주조성이 불량해진다.

㉱ Zn : 주형에 부착되고, 유동성을 나쁘게 하므로 혼입(混入)을 방지하는 것이 좋다.

③ Pb – Sn – Sb계 합금은 시효경화능이 있으며 특히 Sb, Sn함유량이 낮은 합금에서 경화 현상이 현저하다.

④ 활자 금속의 요구 특성에 따른 조성

종류	화학조성(%)			경도 (HB)	종류	화학조성(%)			경도 (HB)
	Pb	Sn	Sb			Pb	Sn	Sb	
전주판용	94～93	3～4	3	12.5	활자	78	7	15	24
활판(평면)	80	68	14	22	linotype	86	3	11	19
활판(곡면)	77	8	15	25	linotype	84	5	11	22
활자(지형용)	60.5	13	25	1.5% Cu					

㉮ 전주판(電鑄板, electrotype)

왁스, Pb, 플리스틱 등의 표면에 Cu 또는 그 위에 다시 Ni을 전주(電鑄)하여 박층(薄層)을 만들고 이것을 형에서 떼어서 그 배면에 활자 합금을 주조하여 강화한 인쇄판을 말한다.

(활자 금속은 직접 인쇄면이 되지 않으므로 Sn, Sb 함유량이 낮은 경질 합금이 채용되고, 유동성이 좋아야 하므로 Sn/Sb%의 비가 큰 합금이 적합하다.)

㉯ 활판(活版, stereotype)

지형(紙型)에 주조한 대형의 인쇄판으로 Sn, Sb량이 비교적 높은 합금이 적합하다.

(인쇄 횟수가 많은 것은 활자 표면에 다시 Cr 도금을 하여 내마모성을 향상시킨다.)

㉰ 라이노타이프(linotype)

신속하게 제판하기 위하여 열상(列狀)의 소형 인쇄판을 다이 캐스팅(die casting)하여 만든 것으로 융점이 낮고 응고 범위가 좁은 합금이 적합하다.

(3원 공정(84% Pb, 4% Sn, 12% Sb, 239℃)또는 이것의 가까운 조성의 합금이 사용된다.)

㉱ 인쇄용 활자(monotype), 지형 제작용의 활자(foundry type)

다이 캐스팅으로 주조되며 강도, 경도가 필요하므로 인쇄판용 합금보다 합금 원소량이 많은 것이 좋다.

(지형 제작용 활자는 지형을 프레스 하는데 사용하므로 강도가 가장 높고 Cu를 1.5～2.0% 첨가한 것이 좋다.)

제3절 | 주석과 그 합금

Sn은 청색을 띤 은백색의 광택을 갖는 금속으로 석석(錫石, cassiterite, SnO_2)광석을 선광(選鑛)하여 용광로에서 환원 정련하여 만들며 주석은 연하고 전연성이 풍부한 금속으로서 얇을수록 전연성이 있으며, 너무 연하기 때문에 선(線)으로 인발하기는 어렵다.

1 주석(朱錫)의 제련

가장 중요한 광석은 석석(錫石, cassiterite, SnO_2)이며 순수한 것은 Sn이 78.6%이며, 모래에서 산출한 사석(砂錫)과 산에서 산출한 산석(山錫)으로 나누고 사석은 순도가 높고 (~75% Sn) 제련도 용이하나 산석은 순도가 낮고, W, Cu, Pb, Fe, Bi, As, Sb, S 등을 품고 있어 제련하기가 곤란하다.

가. Sn 제련의 4단계

① 배소, 추출 등의 예비 처리로서 광석 중의 불순물을 제거한다.
(품위가 높은 사석(砂錫)의 경우에는 이 과정을 생략할 수 있다.)

② 정광(精鑛)중의 불순물의 환원을 억제하여 Sn을 환원해서 순도가 높은 조석(組錫, 정제가 되지 않는 주석)을 얻는다.
(환원은 보통 반사로에서 하나 용광로, 전기로에서도 한다.)

③ 환원로에서 나온 Sn 함유량이 높은 광재(鑛滓, 10~20% Sn)는 다시 용련하여 hard head 또는 조석(粗錫)을 얻는다.
(hard head(Sn과 Fe과의 합금)는 환원로에서 다시 처리한다.)

④ 조석(粗錫)을 정제하여 정석(情錫)으로 한다.

나. 조석(粗錫)의 정제법

광석 제련에서 얻어지는 조석의 순도를 좌우하는 것은 원정광(原精鑛)의 품위, 환원의 정도, 광재의 양과 조성(특히 Fe의 함유량)등이 있으며, 정제법에는 건식법과 전해법이 있는데 방법에 따라 광석의 예비 처리가 달라진다.

① 건식법으로 정제할 때에는 건식 정제에서 제거가 곤란한 불순물은 모두 예비 처리에서

제거해야 한다.

② 전해 정제를 할 때에는 용련에 지장이 있는 불순물만 예비처리에서 제거하면 된다.

③ 산석(山錫)의 정광(精鑛)을 처리할 때는 전해 정제가 좋다.

2 Sn의 성질

가. Sn 지금(地金)

보통 사용되는 지금은 Sn이 99.8% 이상으로 불순물은 Ag, As, Bi, Cu, Co, Fe, Sb, Ni, Pb, S 등이 있다.

① Sn 지금의 규격(KS D 1305)

원소	Sn	Sb	As	Bi	Cu	Fe	Pb	Cd	Ni + Co	S	Zn
함유량 (%)	99.85 이상	0.04	0.05	0.03	0.04	0.01	0.05	0.001	0.01	0.01	0.005

나. 물리적 성질

① 순주석의 물리적 성질

용융점(℃)	231.9	밀도(150℃)		$7.2884 g/cm^3$
비점(℃)	2.270	열팽창 계수(다결정체)		23×10^{-6}/℃(0 ~ 100℃)
용해 잠열(cal/g)	14.5	비열(0 ~ 100℃)β상		0.0534 + 0.00003t cal/g
도전율(%, IACS)	15.6	$\beta \rightarrow \alpha$변태점(℃)		13.2
열전도율(℃)	0.150cgs	고유 저항($\mu\theta$ − cm)		11.0
응고 수축율(%)	2.7	결정	β − Sn(백색)	체심 정방정
			α − Sn(회색)	입방정

② Sn의 변태

㉮ 13.2℃에서 백색 주석(β − Sn)이 회색 주석(α − Sn)으로 변태를 한다.

㉯ 백주석 ⇄ 회주석, β − Sn ⇄ α − Sn의 동소변태가 있다.

㉰ 최고 변태 속도는 − 14℃ 부근이다.

㉱ 주석 페스트(tin pest) : 동소 변태가 시작되면서 급속히 진행하여 분말로 된 것

다. 기계적 성질

경도(HB)는 5 ~ 10, 인장 강도는 2.5 ~ 3.5kg$_f$/mm^2, 연신율은 35 ~ 40% 정도이다.

성질 \ 종류	주조품	금형 주조품	판(2.5mm)(풀림)	박(箔, foil)
인장강도(kg$_f$/mm^2)	2.18	1.48	1.69	1.55
연신율(%)	55	69	96	–

※ 고온에서 강도, 경도, 연신율이 저하된다.

① β – Sn은 금속 중 Pb 다음으로 연하므로 용이하게 박(箔)으로 할 수 있다.

② 포일로 가공할 때 굽히면 쌍정(twin)이 생기면서 주석음(tin cry)을 낸다.

③ 제결정 온도는 상온 이하이므로 가공 경화가 일어나지 않아 소성 가공이 용이하다.

라. 화학적 성질

① 무기산류, 강산 및 알칼리에는 침식되나 중성의 것에는 내식성을 갖는다.
(강알칼리에는 희박액이라도 침식된다.)

② 공기 중에서는 변색되지 않으며, O의 공존에 의해서 부식은 가속화된다.

③ 연수에 잘 견디나, 경수에는 수준(水準)부근에 탄산염이 석출하여 부식이 일어난다.
※ 연수(軟水, soft water) : Ca 염류 및 Mg 염류를 비교적 적게 함유한 천연수다.
※ 경수(硬水, hard water) : 물의 경도가 10도 이상인 물이다.

마. 용도

① Sn의 주요한 용도 : 주석 도금 철판(朱錫 鍍金 鐵板)

② Cu 합금, 마모 합금, 땜납 등의 합금 성분으로 이용된다.

③ 연질, 저용융 합금으로 만들어 독성이 없으므로 의약품, 식품 등의 포장용, 튜브, 주석 포일(foil), 식기, 장식기 등에 사용한다.

3 Sn합금

Sn합금은 베어링용으로 많이 사용되며, 청동(Cu – Sn), 땜납(Sn – Pb), 베어링 메탈(Sn – Sb – Cu)등이 있다.

가. Sn – Pb합금

Sn – Pb합금은 183℃(Sn 61.9%)에서 공정을 만들고 Pb 및 Sn측에 용해할 수 있는 Sn의 양은 183℃에서 19.2% Sn이지만 상온에서는 거의 용해도가 없으며, 땜납은 보통 Sn – Pb합금이나 다른 원소를 첨가하는 경우도 있다.

① 땜납(연납, soft solder)은 용융점(약 300℃ 이하)이 낮아서 땜질이 쉽다.
   ㉮ 고온용 땜납 : 고온용 주석 합금, Cd계 또는 Zn계 합금이 사용된다.
   ㉯ 저온용 땜납 : Sn – Pb 합금 또는 Pb 함유량이 높은 합금이 적합하다.
② 용도에 따라 25 ~ 90% Sn(40 ~ 50% Sn이 가장 많이 사용됨)의 범위 안에서 사용된다.
③ 용제 : 염화아연($ZnCl_2$), 염화암모늄(NH_4Cl), 송진 등이 좋다.

나. Sn – Sb – Cu합금(주조용 주석합금)

Sn – Sb(4 ~ 7%) – Cu(1 ~ 3%)를 함유한 합금을 퓨터(pewter, 또는 britania metal)라 하여 장식용품에 사용한다.

① 황동제 금형을 적당히 가열하여 주입하고, 주형의 밑부분으로부터 천천히 수냉하여 수축이 상부에 생기도록 주조한다.
② 경석 : 0.4% Cu를 함유한 Sn을 말하며 의약품, 그림 물감 등에 대한 내식성이 좋으므로 튜브 용기제로 사용한다.

제4절 | 저용융점 금속과 그 합금

저용융점 합금(fusible alloy)은 약 250℃ 이하의 용융점을 가지는 합금으로 Pb, Bi, Sn, Cd, In(인듐)등의 합금을 총칭한다.

1 저용융 합금의 개요

가. 저용융 합금의 특징

① 공정 조성의 합금이 용융점이 낮다서 많이 이용된다.
② 비공정 합금에서는 응고 온도 범위가 넓어서 실용상 고체로서의 강도가 거의 소멸되는 온도(항복 온도, yield temperature)가 중요하다.
③ 비교적 용융점이 낮은 합금은 Bi를 많이 품는다.
(Bi 약 50%까지의 합금은 응고 수축하나 Bi 약 55% 이상이 되면 응고 팽창한다.)
④ Pb을 33~66% 품은 Bi합금은 응고 후 시효 진행에 따라 팽창 현상이 나타난다.

나. 저용융점 합금의 종류 및 화학 조성

종류 \ 화학조성	용융점(℃)	화학조성(%)			
		Bi	Cd	Pb	Sn
우드 메탈(Wood's metal)	68	50.0	12.5	25.0	12.5
리포위쯔 합금(Lipowitz alloy)	68	50.1	10	26.6	13.3
뉴우톤 합금(Newton's alloy)	94	50.0	–	31.0	18.2
로우즈 합금(Rose's alloy)	100	50.0	–	28.0	32.0
비스무스 땜납(Bismuth alloy)	113	50.0	–	40.0	20.0

다. 저용융점 합금의 용도

화재 경보기, 압축 공기용 탱크 안전 밸브, 방화문 체결구, 광휘 풀림로의 액체 seal, 저온 땜납, 다이 캐스팅용 금속, 보일러 안전 밸브, 전기용 퓨즈(fuse)등에 사용된다.

제5절 | 베어링 합금

베어링으로 사용되는 것에는 Pb 또는 Sn을 주성분으로 한 화이트 메탈(white metal), Cu－Pb합금, 주석 청동, Al합금, 주철, 소결합금 등이 있으며 합성 수지, 나일론 등의 유기 물질도 이용되고 있다.

1 베어링 합금의 축의 회전속도, 하중의 대소, 사용 장소 등에 따른 요구 조건

① 하중에 견딜 수 있는 정도의 경도와 항압력(抗壓力)을 가져야 한다.

② 축에 적용이 잘 될 수 있는 충분한 점성과 인성을 가져야 한다.

③ 마찰 계수가 적고 저항력이 커야 하며, 내식성이 우수해야 한다..
(사용 중에 윤활유가 산화하여 산성이 되고 또한 온도가 높아져 부식율이 높아지기 때문이다.)

④ 비열 및 열전도율이 크고 주조성이 좋아야 한다.

⑤ 소착(燒着, sezing)에 대한 저항력이 커야 한다.

⑥ 소착에 대하여 저항력이 큰 베어링합금에는 연질합금으로 Sn기 또는 Pb기(基)의 화이트 메탈, Cu－Pb 합금 등이 있다.

2 베어링 합금

가. Sn계 화이트 메탈(white metal, babbite metal)

① 배빗 메탈(babbite metal)

㉮ Sn계 화이트 메탈의 대표로서 Sn(75～90%)－Sb(3～15%)－Cu(3～10%)계 합금이다.
(Sb, Cu함유량이 높을수록 경도, 인장 강도, 항압력이 증가된다.)

㉯ 상온에서 나타나는 상에는 Sn 에 소량의 Sb이 고용된 δ－고용체와 화합물 CuSn, CuSb등의 3상으로 되어 있다.

㉰ 화이트 메탈의 불순물 : Fe, Zn, Al, Bi, As 등이며, 고주석 합금에서는 Pb이다.

㉣ 베어링용 화이트 메탈의 종류 및 성분(KS D 6003)(Sn계 화이트 메탈)

계열	종류	기호	화학 조성(%)				용도
			Sn	Sb	Cu	Pb	
Sn계	1종	WM 1	나머지	5 ~ 7	3 ~ 5	–	고속 고하중용
	2종	WM 2	나머지	8 ~ 10	5 ~ 7	–	고속 고하중용
	3종	WM 3	나머지	11 ~ 12	4 ~ 5	<3.0	고속 중하중용
	4종	WM 4	나머지	11 ~ 13	3 ~ 5	13 ~ 15	중속 소하중용

② 용도 : 중, 고하중 고속 회전용 베어링에 이용된다.

나. Pb계 화이트 메탈

Pb – Sb – Sn계 합금으로 Sb(15%), Sn(15%)의 조성으로 Sb가 많아지면 β상에 의한 취성이 나타난다.

① Pb계 베어링 합금의 성질

㉮ 마찰 저항이 배빗 메탈보다 작고, 경도가 낮아 쉽게 마모되고 내충격이 떨어진다.

㉯ 온도가 상승하면 축에 녹아 붙을 수가 있고, 마찰이 적으므로 비교적 많이 사용된다.

㉰ 내소착성이 주석계와 별로 차이가 없으나 피로 강도는 약간 나쁘다.

㉱ Sn 함유량이 낮은 것은 As1.0% 이상 첨가하면 고온에서 기계적 성질을 향상시켜 100 ~ 150℃정도로 가열하여도 연화를 억제할 수 있다.

② 베어링용 화이트 메탈의 종류 및 성분(KS D6003)(Pb계 화이트 메탈)

계열	종류	기호	화학 조성(%)					용도
			Sn	Sb	Cu	Pb	As	
Pb계	6종	WM 6	44 ~ 46	11 ~ 13		나머지	–	고속 소하중용
	7종	WM 7	11 ~ 13	13 ~ 15	1 ~ 3	나머지	–	중속 중하중용
	8종	WM 8	6 ~ 8	16 ~ 18	<1.0	나머지	–	
	9종	WM 9	5 ~ 7	9 ~ 11	<1.0	나머지	9.75 ~ 1.25	중속 소하중용
	10종	WM 10	0.8 ~ 1.2	14 ~ 15.5	0.1 ~ 0.5	나머지	–	

③ 앤티프릭션 메탈(antifriction metal, Pb – Sb – Sn계 합금)

Pb을 주로 하는 베어링 메탈이며, Pb – Sn(5 ~ 20%) – Sb(10 ~ 20%)의 조성으로 단단하게 한 것이 많으며, Sb, Sn의 함유량이 많을수록 항압력은 커진다.

④ 루기 메탈(lurgi metal)

Pb – Ca – Ba – Na계 합금으로 조성은 Pb – Ca(0.4%) – Ba(2.8%) – Na(0.3%)이며, 철도 차량용으로 사용된다.

⑤ 반 메탈 (bahn metal)
Pb − Ca(0.7%) − Na(0.6%) − Li(0.05%)계 합금이다.

다. Cu계 베어링 합금

베어링에 사용된 Cu계 합금은 포금(gun metal),인정동, Pb청동계의 켈밋 및 Al청동 등이다.

① 켈밋(kelmet)은 베어링에 사용되는 Cu계 합금의 대표로 Cu(70%) − Pb(30%)의 합금이다.

㉮ Pb의 함유량이 많을수록 피로 강도는 낮으나 내마모성의 효과가 있다.
(Ni을 첨가하면 편석이 억제되고, Ag, Sn을 소량 첨가하면 피로 강도가 향상된다.)

㉯ 내소착성이 좋고 화이트 메탈보다 내하중이 크며 배빗 메탈에 비하여 150배 정도의 내구력이 있고, 축에 대한 적응력이 양호하고 고속 고하중용으로 적합하다.

㉰ 용도 : 항공기, 자동차용 베어링에 주로 사용된다.

② 주석 청동 또는 인청동의 주조 베어링은 저속 • 고하중용으로 적합하다.

③ Pb을 3 ~ 30% 품는 고연청동은 주조 베어링, 바이메탈 베어링에 이용된다.

④ Al청동은 Cu 베어링 합금 중 강도와 내식성이 가장 우수하다.

⑤ 베어링 Cu − Pb합금 주물의 규격(KS D 6004)

종별	기호	화학조성(%)						경도 (HV)
		Pb	Ni 또는 Ag	Fe	Sn	기타	Cu	
1종	KM 1	38 ~ 42	2.0 이하	0.8 이하	1.0 이하	1.0 이하	나머지	30 이하
2종	KM 2	33 ~ 37	2.0 이하	0.8 이하	1.0 이하	1.0 이하	나머지	35 이하
3종	KM 3	28 ~ 32	2.0 이하	0.8 이하	1.0 이하	1.0 이하	나머지	40 이하
4종	KM 4	23 ~ 27	2.0 이하	0.8 이하	1.0 이하	1.0 이하	나머지	45 이하

※ 고속·고하중 베어링용 : 하중의 증가에 따라 Pb%가 적은 것을 사용한다.

라. Al계 베어링 합금

베어링용으로는 Al − Sn합금이 적당하며, Al − Zn(5%) − Si(1.5%) − Cu(0.75%)합금이 자동차 엔진의 주(主)베어링에 사용되고 있다.

① 고속·고하중 베어링 합금의 조성 : Al − Sn(5.5 ~ 7.0%) − Cu(90.7 ~ 1.3%) − Ni(0.7 ~ 1.3%)

② 내연 기관의 엔진 안에서 크랭크축(crank shaft)의 지지와 크랭크축 커넥팅 로드(connecting rod)를 연결시켜 주기 위한 미끄럼 베어링으로 사용된다.

③ 열전도율이 크고 고강도로 마찰 저항도 크며 균일한 조직을 얻을 수 있다.

④ 내하중성, 내식성, 내마모성이 우수하나 순응성이 나쁘므로 소착할 염려가 있다.

⑤ 열팽창률이 크며, 주조베어링, bimetal bearing. 중·고속 고하중용에 적당하다.

⑥ 베어링 Al합금 주물의 규격(KS D 6012)

종류		1종	2종
기호		AM 1	AM 2
화학 조성 (%)	Sn	10 ~ 13	6.0 ~ 9.0
	Cu	o.5 ~ 1.0	2.0 ~ 3.0
	Ni	1.0 이하	1.5 이하
	Mg	2.0 이하	1.0 이하
	기타	2.0 이하	2.0 이하
	Al	나머지	나머지
열처리(풀림)		약 200℃에서 약 1시간 공냉	약 200℃에서 약 1시간 공냉
경도(HV)		30 ~ 40	45 ~ 55
용도		고속·고하중용 베어링	

마. Cd계, Zn계 베어링 합금

① Cd계 베어링 합금

㉮ Cd에 Ag(0.5 ~ 1%) – Cu(0.2 ~ 0.3%) – Ni(0.5 ~ 2.0%) – Mg(0.2 ~ 0.4%)을 첨가하여 경화한 합금이다.

㉯ 화이트 메탈보다 피로 강도가 우수하고, 실온에서 경도가 높으며, 고온에서 경도, 강도가 저하되지 않고, 유류(油類)에 침식되기 쉽다.

② Zn 베어링 합금

㉮ ZAM합금

㉠ 조성 : Al(4.5%) – Cu(1.0%) – Mg(0.04%) – 또는 기타 합금 원소

㉡ 입계 부식을 일으키지 않으며, 내마모성도 Cu계 베어링 합금보다도 우수하고, 열전도도는 인청동보다 우수하다.

㉢ 화이트 메탈보다 마찰 계수가 크고, 경도가 높으며, 인성이 작다.

㉣ 가공성이 좋기 때문에 베어링 외에 노면 전차의 전동기의 전자자 메탈, 액슬 메탈 등에 사용되며, 전차용 베어링, 각종 부시용에 사용된다.

㉯ Alzen 305

㉠ 조성 : Al(30 ~ 40%) – Cu(5 ~ 10%) – Zn(나머지%)

㉡ 경도(HB)는 100 ~ 500, 비중은 4.8이며, Al(30%)과 Cu(약 1.0%)를 품는 아연합금은 내식성도 좋고 담수용 펌프와 베어링에 사용된다.

바. 함유 베어링(oilless bearing)

함유 베어링은 다공질이어서 강인성은 낮으나 급유 회수를 적게 할 수 있으며, 소착을 잘 일으키지 않는 특징이 있고, 마모가 적다.

① 소결 함유 베어링(oillite)

㉮ 종류에는 Cu계와 Fe계가 있다.

㉠ Cu계에는 Cu – Sn, Cu – Sn – C, Cu – Sn – Pb – C계가 있다.

㉡ Fe계에는 Fe – C, Fe – Pb – C, Fe – Cu, Fe – Cu – C계가 있다.

㉢ 가장 많이 생산되는 것은 Cu – Sn – C(흑연)합금이다.

㉯ 분말상 Cu입자에 약 10% Sn 분말과 2.0% 흑연을 혼합하여 가압(加壓)소결하고 기름을 충분히 침투시킨 것을 마무리 가공한 것이다.

※ 제조 방법

5 ~ 100μ의 Cu분말과 Sn, 흑연분말을 혼합하여 윤활제 또는 휘발성 물질을 가한 후 가압 성형하여 환원성 기류 중에서 100℃로 예비 소결한 후에 800℃로 본소결하여 만든다.(부피 10 ~ 40%의 기름을 품고 있다.)

② 주철 함유 베어링

㉮ 주철을 가열과 냉각을 반복하여 성장 현상(미세 균열이 다수 발생함)에 의해 다공질화하고 또 조직에 흑연상이 크게 발달하여 소지는 전부 Ferrite화 하므로 함유시키면 좋은 베어링의 특성을 갖는다.

㉯ 고속·고하중에 견디며 내열성이 있고, 고속·고하중 대형 베어링으로 사용된다.

③ 용도

㉮ 강도가 낮으므로 급유가 곤란한 부분의 베어링용, 상시(常時)급유할 수 없는 베어링, 급유(給油)에 의해서 오손될 염려가 있는 베어링에 사용된다.

㉯ 큰 하중을 요하지 않는 부분 및 저속, 저하중의 베어링 등에 사용된다.

㉰ 베어링면 하중, 축의 주변 속도가 크지 않은 때에 사용한다.

Chapter 05

귀금속, 희토류 금속과 그 밖의 금속

제1절 | 귀금속과 그 합금

산출량이 적고 아름답고 값이 비싸면 성질의 변화가 적은 금속으로 화폐, 장신구 등으로 사용된다. Au, Ag, Pt, Pb 및 그 합금은 전기적 성질이 우수하며 내화학적 성질 및 내산화성의 특징을 가지고 있으므로 기구와 구조둘 등에 이용된다.

1 Au과 그 합금

가. Au의 성질

황금색이며, 면심 입방 격자 (FCC)이므로 가공성이 우수하고 전연성이 Ag보다 좋아서 10^{-6} cm 두께의 박(箔)으로 또는 1g을 2.00Cm의 선으로 가공할 수 있고, 전기 전도율과 내식성이 우수하다.

① 조직은 다면체이며, 재결정된 상태에서 쌍정(twin)이 나타난다.

② 순수한 Au은 강도, 경도가 낮으며, 압출 성형 상태로는 많이 사용되지 않는다.

비중(20℃,g/cm³)	19.32	전기비저항(20℃$\mu\Omega$ · cm)	2.35
용융점(℃)	1063	열전도율(cal/cm · s · ℃)	0.71
비열(18℃,cal/g)	0.0312	연신율(%)	50
팽창 계수(20℃,℃$^{-1}$)	14.2×10^{-6}	온도 계수(0 ~ 100℃, ℃$^{-1}$)	0.04
인장 계수(kg$_f$/mm²)	13	재결정 온도(가공도에 따라)	40 ~ 200℃
용융 숨은열(cal/g)	25.1		

③ Au의 순도 표시

㉮ Au의 순도는 24캐럿(carat, K)을 100%로 하여 24K로 나타낸다.

(18K 합금의 Au의 함유율(%) : 24K : 100=18K : χ에서 $\chi = \frac{1.800K}{24K} = 75\%$)

㉯ 순금도(純金度, finess) : 순금을 1,000으로 하여 순도를 나타내는 방법이다.
(18K 합금은 750finess이다.)

④ 용도

㉮ 지름이 7.5 ~ 50μm 범위의 금세선(micro wire)은 전자기판에서 chip과 기판간의 도체접합에 사용된다.

㉯ 치과용 : Au(65 ~ 90%), Ag(5 ~ 12%), Cu(4 ~ 12%)를 함유한 것이 많다.

㉰ 얇은 전기 도금층을 형성하여 금속 제품과 전기전자 부품에 광범위하게 사용된다.

나. Au 합금

① Au – Cu계 합금

㉮ 81.5%Au, 884℃에서 최소값을 가지는 전율 고용체로 되어 있고, 10%로 되면 적색을 띠고, 금화는 경도를 높이기 위하여 10%정도의 Cu를 첨가한다.

㉯ 용도 : 반지, 장신구 등은 9 ~ 18K 정도가 주로 사용된다.

② Au – Ag – Cu계 합금

㉮ Au – Ag계도 전율 고용체며, Au의 성분이 많이 함유한 경우는 녹색, 황색을 띤다.

㉯ Ag 5.0%에서 녹색을 띠고 그 이상에서는 백색이 증가해 간다.

㉰ 핑크 골드(pink gold, 장식용 모조금)의 15K
Au(58.3%) – Ag(4.9%) – Cu(31.6%) – Ni(5.2%)등의 조성으로 되어 있는데 응력균열을 발생하기 쉽고 산화성 분위기에서 검게 변한다.

㉱ 용도

㉠ 치과용 : Au – Ag(5.0%) – Cu(3.0%)정도의 합금이 사용된다.

㉡ 금침용 : Au – Ag(15%) – Cu(13%)정도의 합금이 사용된다.

㉢ 금선(wire) : Au – Ag(15%) – Cu(13%)를 함유한다.

③ Au – Ag – Cu – Zn계 합금

㉮ 화이트 골드(white gold)라는 은백색의 합금으로 18K, 14K 및 12K로 만들어진다.

㉯ 조성 : Ni(13 ~ 27%), Cu(1.6 ~ 4.5%), Zn(1.3 ~ 1.7%) 및 Au(나머지%)로 되어 있다.

㉰ 용도 : 치과용, 장식용에 사용된다.

④ Au－Pt계 합금

㉮ Pt(20～30%)합금 또는 Pt(20%)에 Ag+Ni<1.0%의 것이 있다.

㉯ 화학 공업용으로 20～30% Pt의 것이 방사(紡絲)용 노즐(nozzle)재료로 사용된다.

⑤ Au－Cr계 합금

㉮ 2.5% Cr을 함유한 Au 합금이다.

㉯ 전기 저항의 온도 계수가 작아서 망가닌(manganin)선과 같은 용도로 사용한다.

2 Ag과 그 합금

가. Ag의 성질

면심 입방 격자이고 은백색을 띠며, 전연성이 양호하므로 얇은 판, 가는 선으로 가공할 수 있으며, 보통 사용되는 순수한 Ag 의 순도는 99.99%정도이다.

※ 2.5×10^{-5}cm 두께의 은박(銀箔)도는 lgr의 Ag을 1.8000m의 선으로 가공할 수 있다.

① Ag 지금의 화학 성분(KS D 2308)

종류	기호	화학성분(%)						비고
		Ag	불순물					
			Pb	Bi	Cu	Fe		
Ag지금 1종	Ag 1	> 99.99	> 0.001	> 0.001	> 0.003	> 0.002		주로 감광 재료용
Ag지금 2종	Ag 2	> 99.99	> 0.001	> 0.005	> 0.030	> 0.003		기타 일반 공업용

② 열(전기) 전도율이 금속 중 가장 좋으므로 전자, 전기 재료로 사용된다.

③ 대기 중에서 내식성은 양호하나 황화 수소에는 검게 변하며, 진한 HCI, H_2SO_4 HNO_3 등에 부식된다.

비중(20℃, g/cm³)	10.497	팽창계수(20℃, ℃$^{-1}$)	19.7×10^{6}
용융점(℃)	960.5	도전율	108.4
비열(0℃cal/g)	0.0559, 0.0568	전기 비저항(20℃, $\mu\Omega\cdot$cm)	1.59
열전도율(cal/cm·s℃)	1.00	온도계수(0～100℃, ℃$^{-1}$)	0.0041

④ 기계적 성질은 불순물이나 산소 함유량에 따라 다르다.

(풀림한 고순도은(Ag)의 경도(BHN)는 25～27, 강도는12～16kg$_f$/mm^2, 연신율은 48～54%, 재결정 온도는 150℃이다.)

⑤ 용도 : 주요 용도는 전자, 전기 재료, 장식품 및 화폐 등으로 사용한다.

나. Ag의 합금

① Ag－Cu계 합금

㉮ Ag－Cu계 합금은 단순한 공정을 형성하며, Ag이 많은 α－고용체는 779℃에서 Cu를 8.8% 고용하나 400℃에서는 1.3% Cu만 고용하므로 시효경화된다.

㉯ 순수 Ag에 비하여 경도와 강도가 높고 용접성이 떨어지지 않으며 절단 작업성이 우수하나, Cu 함유량이 증가함에 따라 전기 전도율과 내식성은 떨어진다.

㉰ 스털링 실버(sterling silver)

Cu를 7.5% 품는 합금으로 280～300℃의 고온 시효 처리를 하여 화폐로 사용한다.

㉱ 용도

㉠ 전기 접점 재료로 사용된다.

㉡ 화폐용 : 스털링 실버와 코인 실버(coin silver, 10%의 Cu 함유)가 사용된다.

㉢ 식기용 : 스털링과 Ag(80%)－Cu(20%)의 합금이 사용된다.

㉣ 은납용 : Ag－Cu 합금에 Zn을 첨가하여 융점이 낮은 3원 합금으로 하여 사용한다.

② Ag－Pd계 합금

㉮ Ag은 Pd과 전율 고용체를 생성하고, 석출 경화성이며, 공기 중에서도 경화된다.

㉯ Ag에 Pd이 첨가되면 전기 저항이 현저히 상승하고, 변형성과 도금성이 감소된다.

㉰ white gold

Pd(20～25%)－Au(～15%)－Cu(～15%)－Zn(1.0%)의 합금으로 치과용 또는 백금 대용으로 장식용에 사용된다.

㉱ 용도

㉠ 1.0～10% Pd를 함유한 합금은 전기 접점 재료 사용된다.

㉡ 분해 가스로부터 H를 제조하는데 확산 셀(cell)로 Ag 및 Pd－Ag합금이 응용된다.

㉢ 치과용 : Ag－Pd(25%)－Cu(0～10%)의 합금이 사용된다.

③ Ag－Cd계 합금

㉮ Ag(13.3%)－Cd(15%) 합금이 가장 관심있게 사용되는 전기 접점 합금이다.

㉯ 전기 접점 합금용 : Ag－Cd, Ag－Cd－Ni, Ag－Cu－Ni 합금이다.

㉰ 원료용 : Ag－In(15%)－Cd(5%) 합금은 원자로에도 사용된다.

④ Ag－Ni계 합금

㉮ Ag과 유사한 정도의 전기 전도율과 내구력을 가진 합금이다.

㉯ 전기 접점재 및 기타 전기 재료에 사용된다.

⑤ Ag－Hg－Cu－Sn계 합금

㉮ Ag(33%)－Hg(52%)－Cu(12.5%)－Sn(2.0%)－Zn(0.5%)을 함유한 합금이다.

㉯ 치과용 amalgam 재료로서 사용된다.

3 Pt(platinum)과 그 합금

가. 백금의 성질

순수한 백금으로는 산출되지 않으나 Pd, Ir, Rh, Os, Ru 등과 함께 광산이나 사광(砂鑛)에는 금속 형태로 나타나며, 약한 회색을 띤 백색 금속으로 면심 입방 격자, 용융점이 높고, 500～550℃의 온도 범위에서 재결정된다.
(백금의 재결정은 쌍정 생성이 없는 다면체 조직으로 된다.)

① 순도와 재결정 상태에 따른 기구 장치용 백금의 기계적 성질

㉮ 항복 강도는 4～6kg_f/mm^2, 인장 강도는 12～15kg_f/mm^2, 파단 연신율은 30～50%, 경도(HB)는 150정도다.

㉯ Pt의 성질

<table>
<tr><td>비중(20℃,g/cm³)</td><td>21.457</td><td>전기 비저항(0℃, μC.cm)</td><td colspan="2">10^{-6}</td></tr>
<tr><td>비열(0℃cal/g)</td><td>0.0314</td><td>열간가공온도(℃)</td><td colspan="2">800～1,200</td></tr>
<tr><td>열전도율(cal/cm · s℃)</td><td>0.165</td><td rowspan="2">경도(HB)</td><td>풀림</td><td>37</td></tr>
<tr><td>팽창계수(20℃,℃⁻¹)</td><td>9.9×10^{-6}</td><td>경질</td><td>90</td></tr>
<tr><td>용융점(℃)</td><td>1774</td><td rowspan="2">인장 강도(kg_f/mm^2)</td><td>가공</td><td>24～32</td></tr>
<tr><td>연신율(%풀림)</td><td>25～40</td><td>풀림</td><td>12～18</td></tr>
</table>

② 가공성, 내열성 내식성 및 고온 저항성이 우수하고 왕수 이외의 대개의 산에는 침식되지 않는다.

㉮ Pt은 산화하지 않으나 P, S, Si 등의 알칼리, 알칼리토류 금속의 염류에는 침식된다.

㉯ 일산화탄소의 환원염에서 가열하면 탄화물이 새겨 취화(臭化)한다.

③ 용도

전기 화학에서 전극과 실험 기구 장치, 용해로, 교반기, 용기 피복, 전기 가열 기구, 열전쌍 보호관 제작, 전기접점, 저항선, 화학 촉매 및 광학 등에 광범위하게 사용된다.

나. Pt의 합금

① Pt－Rh계 합금(platinum－rhodium alloy)

Pt와 Rh는 연속성 고용체를 생성하며, Rh를 10～13%함유한 합금은 Pt－Rh 열전쌍으로서 고온계(pyrometer)에 사용되고, 사용온도는 1,600℃까지며, 백금보다 단단하다.

② Pt－Pd계 합금

10～75% Pd을 첨가한 Pt－Pd 합금은 장식품에 사용한다.

③ Pt－Ir계 합금(platinum－iridum alloy)

㉮ 5～30%의 Ir을 함유한 Pt 합금은 내식용 및 만년필 촉에도 사용된다.

㉯ 단단하고 내식성이 우수하며 화학기구, 전기 접점 등에 사용된다.

㉰ 30% Ir 합금은 왕수에는 쉽게 용해되며, 5～10% Ir합금은 장식용, 25～30% Ir 합금은 외과용 기구에 사용한다.

4 기타 귀금속

가. 팔라듐(palladium. Pd)

희유 금속이며 그 성질이 백금과 유사하고, 면심 입방 격자이며 H를 잘 흡수하는 성질이 있으며, 내식성이 크고, 왕수에는 용해되나 대개의 산에는 용해하지 않는다.

① 은백색이고, 비중은 12.0, 용융점은 1,555℃, 경도(HB)는 49이다.

② 상온에서 부피의 850배의 H를 흡수하는 특이한 성질을 가지고 있다.

③ 용도

㉮ 실험실용 기구, 장식용, 전기 기구에의 도금, 치과에 사용되는 금속 등에 사용한다.

㉯ 인조 고무 및 에틸렌 제조에 촉매, 접점용, 화학 공업용, 장식용으로 이용된다.

나. 이리듐(Ir), 오스뮴(Os)과 그 합금

① 이리튬(iridium. Ir)

㉮ 면심 입방 격자이고, 비중은 22.4, 용융점은 2,454℃, 모오스 경도 6, 은백색이다.

㉯ 아주 단단한 금속으로 어떤 산(왕수까지도)에도 용해하지 않는다.

㉰ 백금을 단단하게 하는 합금 재료(10%정도를 가한다.) 로서 사용한다.

② 오스뮴(osmium. Os)

㉮ 조밀 육방 격자이며 비중은 22.5, 용융점은 2,700℃, 색은 은백색이다.

㉯ Os의 산화물은 휘발성이 있어 고온에서 유독 가스를 발생하여 대단히 위험하다.

㉰ 산에는 침식되지 않고 왕수에도 녹지 않는다.

㉱ Pt와 합금시키면 고용체로되며, Ir에 비해 Pt을 단단하게 하는 능력이 배 이상으로 크다.

③ 이들 원소는 모두 Fe, Cu와 합금하여 만년필촉 끝에 붙여진다. 이것을 이리도스민(iridosmine), 오스미리듐(osmirdium)이라 한다.

제2절 | 희토류 금속과 그 밖의 금속

희토류(rare earth metals, R.E)금속은 원자 번호57 ~ 71에 속하는La(란탄), Ce(세륨), Pr(프라세오디움), Nd(네오디뮴), Pm(프로메튬), Sm(사마륨), Eu(유로퓸), Gd(가돌리늄), Td(테르븀), Dy(디스프로슘), Ho(홀뮴), Er(에르븀), Tm(툴륨), Yb(이테르븀), Lu(루테튬) 등이 있으며 Ce, La이 주철의 흑연을 구상화 작용을 하고, 기술적으로 응용되는 주요 원소로는 Ce, Se, Te, In, Li, Bi, La, Hg, Cd 등이 있다.

1 응용되는 주요 희토류 원소들의 특징

가. 세륨(Ce)

① 가단성이 있고 비중이 6.92, 용융점이 600℃이다

② 세리아(ceria) : 산화세륨은 청황색의 무거운 분말로 도자기의 착색제로 사용된다.

③ 미쉬메탈(mischmetal)는 Ce(50%)과 La, Nd 등의 희토류 원소 50%를 함유한 합금으로 탈산제, 접종제, 흑연 구상화제 및 발화 합금으로 사용한다.

나. 셀렌(selenium. Se)

① Se을 함유한 강은 S을 함유한 강보다 강도가 크고 내식성 및 내마모성이 우수하다.

② 반도체로 사용되는 이외에 정류기, 광전용 기기 및 합금에 피삭성을 부여한다.

다. 텔레륨(tellurium. Te)

① 순수한 것은 암적색의 분말로서 비중은 6.2, 용융점은 450℃이다.

② Au와 AuTe2형의 화합물로 산출되는 것이 있고 Pb관, 탱크 등을 라이닝(lining)하는 Pb에 첨가한다.

라. 인듐(In)

① 섬아연광 중에서 발견된 것으로 Sn보다 희고 은백색에 가깝다.

② 비중은 7.36, 용융점은 155℃이며, 산화하기 어렵고 연하나 Pb보다는 강하다.

③ 용도 : 항공기용 베어링, 도금용에 사용된다.

마. 리튬(lithium. Li)

① 금속 중 가장 비중(0.59)이 가벼운 금속이며, 은백색으로 용융점은 180℃이다.
② 화학적으로 매우 불안정하고 공기중에서 즉시 산화한다.
③ 다른 금속을 단단하게 하는 합금 재료로 사용하기도 한다.
④ 용도
㉮ Pb과 Pb_3Li_2를 생성하여 베어링 메탈로 사용한다.(반 메탈, Bahn metal)
㉯ Al－Li합금은 항공기 재료로 개발되고 있다.
㉰ Al첨가하면 이것을 경화시키며 내식성이 증가된다.

바. 비스무트(창연, bismuth. Bi)

① 적색을 띤 회백색의 금속으로 취약하여 쉽게 가루가 된다.
② 비중은 9.75, 용융점은 265℃, 경도(HB)는 73이고, 광학 유리의 배합제로 사용된다.
③ 열전도율은 금속 중에 Hg 다음으로 낮고 금속 중에서 반자성(反磁性)이 최대이다.
④ 안티몬과 같이 용융 상태에서 응고할 때 팽창하므로 활자 금속에 첨가한다.

사. 수은(Hg)

① 상온에서 은백색을 띠고 비중 13.596이며, －40℃에서 응고된다.
② Hg은 묽은 HNO_3 및 왕수에 용해되고, 가열하면 비등점(375℃)직전에 적색의 산화물 HgO로 된다.
③ 용도
㉮ 치과용 재료에는 Ag아말감이 사용되고, Au의 건식 제련용에는 Au아말감이 사용되며, 거울 제조용에는 Sn아말감이 사용된다. (아말감(amalgam) : Hg합금의 총칭)
㉯ 진공펌프, 온도계, 수은등 및 약용으로 사용된다.

아. 카드뮴(cadmium. Cd)

① 은백색의 결정형 금속으로 비중은 8.6, 용융점은 321℃이며, 가단성이 크고 박판으로 만들 수 있고, 공기 중에서는 표면에 CdO의 산화막이 생겨 내부를 보호한다,
② 강판상에 0.007mm 부착되면 Zn을 0.025mm 부착시킨 것과 같은 정도의 내식성을 갖는다.
③ 카타라이트 : Cd염으로 다른 금속의 표면에 Cd을 전해 석출시킬 때 사용하는 상품명이다.
④ 우치라이트 : Cd도금을 위한 용액 및 약극에 대한 상품명이다.

⑤ 용도

㉮ 가용(可溶)합금, 베어링 메탈, 연납 등의 합금재로 사용된다.

㉯ Cd아말감은 치과용, 중성자를 흡수하는 힘이 크므로 원자로 제어재로도 사용된다.

㉰ 청동판 혹은 스테인리스 강판에 Cd을 피복한 것을 제어재로 사용하고 있다.

자. 란탄(lanthanum. La)

① 회백색의 금속으로 Sn보다 경(硬)하나 전연성이 있어 가공이 가능하다.

② 대기 중에서는 갈청색의 피막이 형성되며, 조밀 육방 격자이고, 산에는 아주 약하다.

③ 비중은 6.16, 용융점은 212℃이고, 공기 중에서는 산화되며, 450℃에서 연소된다.

④ 가열시 H, N가 있으면 직접 환원하며 LaH_3, LaN을 만든다.

MEMO

노력하는 당신은 언제나 아름답습니다.

주민사는 노력하는 당신의 합격을 위해 더욱 노력하겠습니다.

Part 5

특수 금속 재료

Chapter 01

비정질(非晶質) 금속

비정질(amorphous 또는 glass)이란 원자가 규칙적으로 배열된 소위 결정이 아닌 상태 즉, 원자들의 배열이 넓은 범위에 걸쳐서 특정한 규칙성을 가지지 않는 상태를 말하며 유리 금속, 무정형(無定形), 비결정(非結晶), 불규칙계라고도 부른다. 아모르퍼스(amorphous) 금속은 구성 금속 원자의 배열에 장거리의 규칙성이 없는 불규칙한 구조를 갖는다.

제1절 | 비정질 합금의 제조

비정질 금속은 결정이 없으므로 결정 입계가 없고 균질하며, 보통의 결정을 만들기 어려워 합금이 되지 않는 금속간에서도 넓은 범위에 걸쳐 합금을 만들 수 있는 특징이 있으며 강도, 경도와 같은 기계적 특성, 내식성, 자기(磁氣) 특성이 매우 우수하다.

1 비정질 합금의 제조법

제조법에는 기체 급냉법, 액체 급냉법, 전기 또는 화학 도금법 등의 방법이 있다.

가. 기체 급냉법

① 진공 증착법

㉮ 진공 용기 속에서 금속을 가열하여 기체 상태의 원자로 만들어서 용기 속에서 미리 넣어 둔 세라믹(ceramic) 기판의 표면에 그 증기를 부착시켜 박막을 만든다.

㉯ 이 방법에 의해 Ge 및 Si의 비정질막을 비교적 간단하게 얻을 수 있으며, Fe 및 Ni도 쉽게 비정질화가 가능하다.

② 스페터(sputter)법

㉮ 불활성 가스 이온을 모합금(母合金)에 충돌시켜 튀어나온 원자를 기판 위에서 석출시키는 방법으로 고속화로 인하여 두께를 수 mm의 시료도 만들 수 있다.
(희토류 금속을 포함하는 비정질 시료의 제조에 많이 응용되고 있다.)

나. 금속 액체의 액체 급냉법

① 용융된 합금을 $10^5 \sim 10^6$K/s 정도의 빠른 냉각 속도로 급냉 응고시켜 비정질 합금을 만드는 방법으로 원심 급냉법이 이용되며, 가장 많이 이용되는 방법으로 리본(ribbon)외에도 가는 선이나 분말을 얻는 방법이 개발되고 있다.

② guu법, pisto anvil법을 이용하였으나 실용재를 얻을 수 없어 단롤(single roll)법과 쌍롤(duuble roll)법이 이용되고 있다.

③ 단롤(single roll)법

㉮ 소정 조성의 모합금을 도가니에 넣어 가열 용해하며, 도가니의 압력을 높여서 용탕을 고속 회전하는 롤 표면에 분출시켜 냉각한다.

㉯ 가장 생산량이 우수한 방법으로 판의 폭 100 ~ 300mm, 중량은 수십 ~ 수백kg_f의 것을 만들 수 있으며, 장시간 연속 운전도 가능하다.

㉰ 이 방법에 의해 얻어진 비정질 합금은 보통 2 ~ 3mm 폭의 띠 모양의 리본 형태이며 얻어진 리본의 두께는 롤(roll)의 회전수, 용탕의 분출 압력 등에 따라 결정된다.

④ 쌍롤(duuble roll)법

㉮ 회전하는 롤(roll)사이에 용탕(溶湯)을 공급하여 리본을 만드는 방법으로 용탕의 냉각과 압연을 동시에 하는 방법이다.

㉯ 리본 양면에서 냉각되기 때문에 단롤에 의한 것보다 리본 표면이 깨끗하다.

㉰ 자기 헤드(head) 철심 재료와 같은 정밀 부품의 제조에 적합하다.

㉱ 단롤법에 비하여 저조 및 운전 조작이 복잡하다.

⑤ 원심 급냉법

㉮ 회전 냉각체의 회전수가 높을수록 용탕과의 밀착이 중대하여 비정질화하기 쉬운 점이 우수하다.

㉯ 회전하는 상태에서 비정질 재료를 끄집어내는 것이 매우 곤란하다.

⑥ 분무(atomze)법

㉮ 고속으로 분출하는 물의 흐름 중에 적당한 조성의 용융 금속을 떨어뜨려 미분화하여 급냉, 응고시키는 방법이다.

㉯ 분말상의 비정질을 얻으며 대량 생산에 적합하다.

⑦ 기타 고체 금속에 레이저(laser)를 이용하여 비정질을 제조하는 방법이 있다.

다. 전기 또는 화학 도금법

Ni − B, Ni − P, Co − P 등의 비정질이 얻어지며, 조성의 조절이 어렵고 불순물 혼입(混入)이 쉽고, 합금계가 한정되는 결점이 있다.

제2절 | 비정질 합금의 종류 및 특성

비정질 합금은 고강도와 인성을 겸비한 기계적 특성이 우수하고 또한 높은 내식성 및 전기 저항성과 고투자율성, 초전도성이 있으며 브레이이징 접합성이 좋다.

1 비정질 합금의 종류

비정질 합금의 종류는 크게 나누어 Ⅰ계열, Ⅱ계열, Ⅲ계열의 3계열로 나눈다.

가. Ⅰ계열

전이 금속 A와 아금속(亞金屬) B (20원자% 전후)와의 합금으로 주로 공정 조성 부근에서 생성되는 비정질 합금이다.

								B =		B	C	N	O
										Al	Si	P	S
A =	Ti	V	Cr	Mn	Fe	Co	Ni	Cu	Zn	Ga	Ge	As	Se
	Zr	Nb	Mo	Tc	Ru	Rh	Pd	Ag	Cd	In	Sn	Sb	Te
	Hf	Ta	W	Re	Os	Ir	Pt	Au	Hg	Ti	Pb	Bi	Po

나. Ⅱ계열

좌우 전이 금속끼리의 합금으로 저용융점 화합물이 형성되는 조성에서 형성되는 경향이 많다.

A=	Ti	V	Cr	Mn	Fe	Co	Ni	Cu		=B
	Zr	Nb	Mo	Tc	Ru	Rh			Ag	
							Pd			
	Hf	Ta	W	Re	Os	Ir	Pt	Au		

다. Ⅲ계열

좌우 전형적인 금속끼리의 합금으로 공정 조성 부근에서 생성되는 비정질 합금이다.

A	=	Mg										Al	=	B
		Ca	Se	Ti	V	Cr	Mn	Fe	Co	Ni	Cu	Zn	Ga	
		Sr	Y	Zr	Nb	Mo	TC	Ru	Rh	Pd	Ag	Cd	In	

2 비정질 합금의 특성

비정질 금속의 구조는 최대로 산란된 불규칙한 원자 배열을 하고 있으므로 결정과 같이 방향성이 없고 특정한 슬립면이 없으며 입계, 쌍정, 적층 결함 등과 같은 국부적인 불균일한 조직, 즉 결정 결함이 존재하지 않는다. 또한 유리나 고분자 물질과는 달리 단순한 원자 구조를 가지면서 금속 결합 특유의 성질을 나타낸다.

가. 일반적인 특성

구조적으로 규칙성 및 결정 이방성이 없으며, 광범위한 조성에 걸쳐 단상, 균질한 재료가 얻어지고 전자기적, 기계적, 열적 특성, 그 외 특성의 조성 변화에 의해 변한다.

① 전기 저항이 크고, 그 값의 온도 의존성은 적으며, 합금계의 조성에 의해 달라진다.

② 열에 약하고, 고온에서 결정화해 완전히 다른 재료가 되며, 얇은 재료에만 가능하다.

나. 기계적 특성

① 강도가 높고 연성이 양호하며, 가공 경화 현상이 나타나지 않는다.

② HV ≅ 1,000 인장 강도는 $400kg_f/mm^2$에 이르고 소성 변형능도 있다.

③ 상온에서 부식을 일으키면 수소 취성을 나타내며, 용접은 결정화 때문에 불가능하다.

④ 비정질 합금의 기계적 성질

합금조성 \ 성질		경도(HV)	인장강도(kg_f/mm^2)	영률(kg_f/mm^2)
철 합금	$Fe_{80}\ P_{20}$	1,080	350	17×10^3
	$Fe_{80}\ P_{13}\ C_7$	760	310	124×10^3
	$Fe_{78}\ B_{10}\ Si_{12}$	910	340	12×10^3
	$Fe_{62}\ Mo_{20}\ C_{18}$	970	390	–
	$Fe_{46}\ Cr_{16}\ Mo_{20}\ C_{18}$	1,130	400	–
Ni 합금	$Ni_{78}\ Si_{10}\ B_{12}$	860	250	8×10^3
	$Ni_{34}\ Cr_{24}\ Mo_{24}\ C_{18}$	1,060	350	–
Co 합금	$Co_{73}\ Si_{15}\ B_{12}$	910	306	9×10^3
	$Co_{56}\ Cr_{264}\ C_{18}$	890	330	–
	$Co_{44}\ CMo_{36}\ C_{20}$	1,190	390	–
	$Co_{34}\ Cr_{28}\ Mo_{20}\ C_{18}$	1,400	410	–
기타	$Pd_{80}\ Si_{20}$	325	136	6.8×10^3
	$Cu_{80}\ Zr_{20}$	410	190	–
	$Nb_{50}\ Ni_{50}$	893	–	13.2×10^3
	$Ti_{50}\ Cu_{50}$	610	–	10.0×10^3

다. 자기적 특성

비정질 합금의 물성(物性)에서 가장 중요한 것은 자성이다.

① 비정질 합금이 자성 재료로서 적합한 이유

㉮ 자성 재료는 결정 자기 이방성 정수(K)와 자왜(磁歪) 정수(λ)가 작을수록 이상적으로는 영(零)의 조성의 것이 좋다.
(비정질에서는 모든 조성에서 $K \cong 0$이므로 $\lambda = 0$의 조성군(組成群)은 모두 고투자율, 저철손(低鐵損)이 될 수 있다.)

㉯ 비정질은 본질적으로 전기 저항이 크므로 저철손이 되기 쉽다.

㉰ $20 \sim 30\mu m$의 엷은 리본으로 만들어지므로 저철손이 얻어지기 쉽다.

② 자기적 특성 때문에 연구 개발이 진행되는 응용되는 분야

㉮ 과포화 자속 밀도, 저철손(低鐵損)을 이용하여 변압기의 철심으로서의 이용한다.
(Fe – Si – B, Fe – B – C합금)

㉯ 자기 헤드, 스위치 전원의 제어용 자심(慈心)의 자기왜(磁氣歪)를 0에 가깝게 하려는 Co기의 비정질 합금 Fe – Co(95%), Fe – Ni – Co, (CoFe) – B – Si으로 응용된다.

㉰ 자기 헤드용으로 고투자율, 이력 손실이 작고, 전기 저항이 높아 과전류 손실이 작아서 고주파 특성이 우수한 것, 강도가 높아 내마모성이 좋은 것 등의 장점이 있으므로 VTR용 자기 헤드 등의 제품이 개발되고 있다.

라. 내식성

Fe기의 비정질 합금(Fe − P − C, Fe − B 등)은 화학적으로 불안정하여 내식성이 좋지 않으며, 반금속으로는 P, C계가 내식성이 좋고, 금속으로는 Cr, Mo의 첨가가 효과적이다.
(Fe − $Cr_{10}P_{13}C_7$은 1N HCl에 거의 부식되지 않는다.)

제3절 | 비정질 합금의 응용

1 비정질 합금의 응용

가. 전력 변압기용 철심에 응용

통전시의 에너지손(損)이 매우 작으므로 전력의 손실이 적다.(약 $\frac{1}{3}$로 감소)

나. 자성(磁性)을 이용한 응용

① 자왜성(磁歪性)을 이용한 자기왜 진동자(磁氣歪 振動子)로 응용된다.
② load cell(연자성과 저손실을 이용한 power trans) 및 DC – DC converter로 응용된다.
③ choke coil(연자성을 이용한 자기증폭기, 자기 변조기 등)로 응용된다.
④ 연자성과 내식성을 이용한 자기 분리 장치(고투자율을 이용한 자기 head, 자기 shield) 및 AC – CT 누설 경보기(투자율의 온도 의존성을 이용한 온도 sensor 등)로 응용된다.

다. 기타 응용

① 바막 피복에 의한 표면 개질(改質), 경도, 내마모성을 이용한 재료, 비정질 합금막의 핵연료 재처리 공장용 방식 재료 등에의 응용된다.
② 비정질 금속 박(箔)을 붙인 건축 의장재(外裝材)에 응용된다.
③ bulk체 제조, golf club의 shaft, 납댐재, 비정질 합금에의 도금과 이를 이용한 섬유화에 응용된다.

2 비정질 합금의 주요 특성과 응용 예

특성	응용분야
강인성	와이어, 타이어코드, 스프링재, 변형 센서,복합재, 칼날 종류 등
내식성	기름 정화 필터, 화학 장치용 부품, 의료 기기, 전극재 등
연자성	자기 실드재, 자기 헤드, 마이크로폰 자심, 카트리지, 제어용 권자심, 자기필터, 전신주 트랜스 철심, 초크 코인 등
인바, 엘린바아	정밀 기기용 스프링, 스프링, 현수선, 센서 소자 등
초전도성	헬륨 액면계, 온도 검출기, 자기장 센서 등
기타	누전 경보기, 접합 밀랍재, 촉매, 가스센서 등

Chapter 02

새로운 자성 재료

물성론적으로는 자기적 성질을 가지는 재료의 총칭이지만 공업적으로는 자기적 성질을 필요 특성으로 하는 기계, 장치, 부품 등에 활용할 수 있는 특성을 가지는 재료를 말하며 자성 재료는 각종 기계 장치, 부품, 전자 재료 등의 광범위한 용도로 널리 사용되고 있다.

제1절 | 자성 재료의 종류와 용도

자성 재료는 자기 특성면에서 영구 자석 재료인 경질 자성 재료와 고투자율 재료인 연질 자성 재료로 나누고 재료적인 측면에서 구분하면 강자성 금속인 Fe, Co, Ni을 주체로 하는 금속계 자석과 Ferrite로 대표로 하는 산화물계 자석으로 크게 구분할 수 있다.

1 자성 재료의 분류

가. 경질 자성 재료(자기 미디어, 영구 자석 재료)

영구 자석 재료로 불리우며, 보자력(Hc)이 매우 크고 잔류 자속 밀도(Br)가 큰 재료다.

① 경질 자성 재료의 종류에는 희토류 – Co계, Ferrite자석, 알리코자석(자기 기록 재료), 자기 기록 재료, 반경질 재료 등이 있다.

② 알리코(alnico, Fe – Ni – Al – Co합금)

㉮ Fe에 Ni, Al, Co를 첨가한 합금으로 보자력이 우수한 자석 재료로서 주조 알리코와 소결 알리코의 두 종류가 있다.

㉯ 배합에 따라 이방성 알리코와 등방성 알리코로 분류한다.

㉠ 이방성 알리코 : 자기 이방성을 가진 것으로 많이 사용한다.

㉡ 등방성 알리코 : 자기 이방성을 가지고 있지 않은 것

③ Ferrite 자석

㉮ 바륨 Ferrite계($BaO \cdot nFe_2O_3$)와 스트론튬(Sr) Ferrite계($SrO \cdot nFe_2O_3$)가 대표이다.

㉠ Ba Ferrite계($zBaO \cdot nFe_2O_3$) : Sr Ferrite계에 비해 성능면에서는 보자력이 낮다.

㉡ Sr Ferrite계($BaO \cdot nFe_2O_3$) : Ba Ferrite계에 비해 보자력이 높아 성능이 우수하다.

㉯ Ferrite계 자석은 Ferrite계 혼합물을 성형, 소결 과정을 거치는 분말 야금법에 의해서 만들어진다.

④ 희토류계 자석

㉮ 희토류 – Co계 자석은 자기적 특성이 매우 우수하여 영구 자석으로서 최고의 성능을 나타내며, 희토류계의 주종은 사마륨(Sm) – Co계(조성 : $SmCo_5$ 또는 Sm_2Co_{17})다.

㉠ 자기적 특성을 향상시키기 위하여 Hf, Ce, Cu 등을 첨가한다.

㉡ $SmCo_5$ 형의 단상 자석 합금은 1 ~ 10μm의 미세한 입자로 분쇄해서 분말법으로 소결하여 만든다.

㉢ 석출 경화형Sm_2(Co, Cu)17형 합금은 $SmCo_2$와 $CeCo_5$에 포함된 Co를 부분적으로 치환하여 400 ~ 500℃사이의 적온에서 열처리함으로써 균일하고 미세한 제2상이 RCo_5 구조에 잘 맞는 형으로 석출함으로써 높은 보자력을 얻을 수 있다.

㉣ $Sm(Co, Cu)_5$ 자석은 Co가 일부 Cu로 치환되어 있기 때문에 포화 자화의 값이 낮고, 네스비(Nesbitt)는 Fe을 첨가시켜서 포화 자화를 증가시킨다.

㉯ 용도

㉠ 희토류계 자석은 잔류 자속 밀도와 보자력이 매우 높기 때문에 소형이면서도 고성능이 요구되는 부분에 이용되며, 손목 시계나 의료용 장치, 계측기 등에 이용된다.

㉡ 전동기나 발전기는 희토류 자석을 사용함으로써 소형화 할 수 있다.

㉢ 자동차의 경량화로 연료비를 절약하기 위하여 자동차 부속 전동기에 사용한다.

㉣ 가격이 비싸지만 자기적 성질이 뛰어나므로 고성능 자석으로 사용한다.

㉤ 소형 녹음기, 휴대용 소형 헤드 등의 음향기기, 항공기, 위성 통신 등에 이용된다.

⑤ 네오디늄(Nd)자석

㉮ R – Fe계 합금

㉠ 자기 이방성이 적고 큐리점이 180℃ 정도 낮기 때문에 자석 재료로 적합하지 않으나 비정질 상태로 하여 열처리하면 자기 이방성이 크게 되어 큰 보자력을 나타낸다.

㉡ R(희토류 원소)로는 가벼운 희토류 금속인 Sm, Nd, Pr(프라세오디뮴)의 경우는 높은 보자력이 얻어지며, 경제적 측면에서 Nd이 가장 알맞다.

㉯ Nd – Fe계 자석은 분말 야금법으로 제조되며 자기 특성이 뛰어 난다.

㉰ VTR, 프린터, 자동차용 경량 모터나 센서용으로 이용된다.

⑥ Fe – Cr – Co계 반경질 자석

㉮ 어느 정도의 보자력을 가지고 외부 자계의 변화에 따라 자화 상태가 변하는 성질을 이용하는 것이며 히스테리시스 모터, 릴레이, 스위치 등에 사용된다.

㉯ Fe – Cr – Co계 합금의 자기적 성질은 알리코 주조 자석과 매우 유사하다.

㉰ 상온에서 냉간 성형이 가능하여 압연, 인발, 단조와 같은 가공이 용이하다.

㉱ Fe – Cr – Co계 합금은 25 ~ 30% 범위의 Cr과 Co(최고25%)를 함유하고 있으며, 가장 중요한 응용은 전화 수화기이다.

⑦ 주요 자석재료의 자기 특성

분류		잔류자속밀도 (Br/kg)	보자력 (Hc/kOe)	최대에너지 [(BH)max/MGOe
알리코계	Fe – 24Co – 14Ni – 8Al – 3Cu (Alnico5 다결정)	12.5	0.63	5.2
	Fe – 34Co – 15Ni – 7Al – 3Cu – 5Ti (Alnico5 다결정)	8.0	1.50	5.5
Ferrte계	$BaO \cdot 6Fe_3O_2$(등방성)	2.0	1.0	1.0
	$BaO \cdot 6Fe_3O_2$	4.0	2.0	3.5
	$SrO \cdot 6Fe_3O_2$	4.0	3.0	3.5
희토류 – Co계	$SmCo_5$(단상형)	10.0	9.9	24.6
	$SmCo_{0 \cdot 5}MM_{0 \cdot 5}Co_5$	8.8	8.2	18.8
	$Sm(Co_{0 \cdot 76}Fe_{0 \cdot 1}Cu_{0 \cdot 14})_{7.0}$	10.4	6.3	26.4
	$Sm(Co_{0 \cdot 68}Fe_{0 \cdot 21}Cu_{0 \cdot 1}Zr_{0.01})_{7.4}$ (석출형)	11.1	6.5	29.6
	$Ce(Co_{0.85}Fe_{0.16}Cu_{0.14})_5$	7.2	5.0	12.0
fe – Cr – Co계	Fe – 30Cr – 23Co – 2W	11.0	1.0	5.0
	Fe – 28Cr – 17Co – ISi	12.0	0.7	5.5
	Fe – 21Cr – 17Co – 3V – ITi	14.0	0.6	6.5

⑧ 경질 자성 재료의 용도

㉮ 음향 기기, 전동기, 통신 계측 기기 등의 자석이 이용되고 있다.

㉯ Nd – Fe계 자석, Sm – Co계 자석은 VTR, 프린터(printer), 자동차용 경량 전동기, 센서(sensor)용으로 연구되고 있다.

나. 연질 자성 재료(Soft Magnetic Material, 고투자율 재료)

투자율이 높으면서 보자력이 작아서 미세한 외부 자계의 변화에도 크게 자화(磁化)되는 특성을 가지는 이력 손실(hysteresis lose)이 작은 고투자율 재료이다.

① 연질 자성 재료의 종류에는 연질 Ferrite, 전극 연철, 규소강판, 45퍼멀로이, 73퍼멀로이, Mo퍼멀로이 등이 있으며 Ferrite > sendust > permalloy의 경도 순서로 내마모성이 좋아진다.

㉮ 대표적인 합금 : 퍼멀로이(Fe – Ni합금), 센더스트(Fe – Al – Si합금), Mn – Zn계 Ferrite

㉯ 퍼멀로이(Ni – Fe 합금)

㉠ Fe와 Ni의 조성비에 따라 서로 다른 특징을 가진다.

㉡ 78퍼멀로이(Ni 70% 정도 포함)가 대표적이나 super malloy(Mo : 수% 첨가)과 misch metal(Cr, Cu를 수 % 첨가) 등이 있다.

㉢ 투자율이 높으며 연하고 가공성이 양호하나 마모가 쉽다.

㉣ 경재(硬材)는 Mo – Ni – Fe계에 Nb, Ti 등을 첨가하여 HV230으로 높인 것이며 자기적 특성은 보통의 Mo 퍼멀로이와 같다.

㉤ 반경재(半硬材)는 Mo – Ni – Fe계 퍼멀로이를 그대로 HV120 ~ 160으로 높인 것으로 초투자율 30,000 ~ 50,000 정도이다.

㉰ 알팜 : Fe – Al계 합금이다.

㉱ 센더스트(sendust)

㉠ Fe – Al – Si 합금으로 내식성, 내마모성을 주기 위해 Co, Cr, Ti, V, Ru, Nb 등을 첨가하며, 경도가 높고 투자율이 크며, 고성능 헤드재로서 우수한 재료다.

㉡ 주파수 특성이 Mo 퍼멀로이와 동일하며 음질도 좋으나, 가공성이 나쁘다.

㉢ 자기 헤드를 만들기 위해서는 연삭에 의해서만 성형할 수 있다.

㉲ permendur 및 supermendur

㉠ permendur는 Fe – Co(49%) – V(2%)합금으로 전동기의 진동자로서 사용된다.

㉡ supermendur는 헤드 재료 등에 사용한다.

㉳ Ferrite

㉠ 비디오의 화상용 헤드는 내마모성이 좋은 단결정 Ferrite가 사용된다.

㉡ 다결정체의 고밀도 Ferrite는 자기 디스크에 사용된다.

㉢ 열간정수압 프레스(HIP)를 채용하여 이론 밀도에 가까운 Ferrite를 만들 수 있다.

※ 열간 정수압(靜水壓) 프레스(hot isostatic press, HIP) Ferrite의 특징
결정 입자의 성장을 억제하여 미세 결정립이 얻어지고, 공공률(公孔率)이 매우 적은 고밀도 Ferrite가 되어 자기 테이프, 자기 디스크와의 마찰에 의한 헤드 손상이 감소된다.

② 연질 자성 재료의 용도

㉮ 모터나 변압기의 자심용 : 규소강판, 퍼멀로이, 센더스트 등이 있다.

㉠ 규소강판(5.0% 미만의 Si가 첨가됨) : 주로 전력의 송수전용 변압기 철심에 사용된다.

㉡ 퍼멀로이 : 주로 자기 헤드재, 자기 실드재로서 사용된다.

㉢ 센더스트 : 오디오용 헤드재로 이용되고 있다.

㉯ 빠른 성장을 보이는 각종 자기 헤드, 자기 실드, 마이크로파 재료 등에 사용된다.

반도체 및 전자 금속 재료

전자에 의한 전기 전도를 갖는 고체 중에서 절대 온도에서는 전도성을 갖지 않고 유한의 온도에서 열적으로 전도 전자가 발생하는 것을 반도체(semi conductor)라 하며 보통 비저항이 $10^{3} \sim 10^{10}\,\Omega\,\mathrm{cm}$의 값을 갖고 있으며, 어느 온도 이상에서는 금속과는 반대로 온도 상승과 함께 저항이 적어진다.

제1절 | 반도체의 특성과 종류

반도체는 상온에 있어서 도전율이 절연체와 도체 사이에 있어 분류하는데 그 경계를 명확하게 정할 수 없고 대략 도체는 $10^{-4}\,\Omega \cdot \mathrm{m}$, 반도체는 $10^{-4} \sim 10^{8}\,\Omega \cdot \mathrm{m}$, 절연체는 $10^{-8} \sim 10^{16}\,\Omega \cdot \mathrm{m}$ 정도의 저항율을 갖는다.

1 반도체의 특성

반도체의 특성을 가지는 재료는 Si 반도체 이외에 세라믹 등 여러 가지가 있으나 가장 큰 비중을 차지하고 있는 것은 Si 반도체이다.

가. 반도체의 일반적인 특성

① 자유 전자의 수가 적은 재료로서 전기 저항은 온도가 상승함에 따라 감소한다.

② 전압 – 전류 특성 곡선에 비직선적이며, 극히 소량의 불순물을 첨가하면 저항율이 크게 변하여도 도전율이 증가되고 금속에 비하여 광전 효과와 홀 효과가 뚜렷하다.

나. 진성 반도체

불순물이 거의 포함되지 않는 순도 10nine의 순수 반도체를 말한다.(대표 : Si, Ge)

① 4족 원소로서 다이아몬드와 같은 결정 구조를 가지며, 원자 구조는 공유 결합을 하고 있어 전도 전자와 정공(hole)이 충분히 낮은 온도 0°K에서는 생성되지 않는다.

② 진성 반도체에서는 전자와 정공의 수가 같으며 온도가 높아질수록 전자나 정공의 쌍이 많이 생겨 전도 전자가 갑자기 커져서 반도체의 결정이 파괴될 우려가 있으므로 Ge는 85℃, Si는 150～200℃ 이하에서만 사용한다.

다. 실리콘 반도체

불순물이 전혀 첨가되지 않는 순수한 Si로 된 반도체로서 고유 반도(intrinsic semicon－ductor)와 불순물이 첨가된 불순물 반도체(extrinsic semiconductor)가 있으며 실제로는 주로 사용되는 반도체는 불순물 반도체이다.

2 반도체의 분류

반도체 재료는 무기 재료 반도체와 유기 재료 반도체로 분류하고 또한 반도체 재료를 응용면에서 분류하면 능동 소자 재료, 광전 변화 재료, 열전 변화재료, 자전 변화재료, 압전변화재료 등으로 분류한다.

가. 무기 재료반도체와 유기 재료 반도체의 분류

① 무기 재료 반도체의 분류

㉮ 원소 반도체 : 대표적으로는 Ge, Si, Se, Te 등이 있다.

㉯ 화합물 반도체

㉠ Ⅲ － Ⅴ족간 화합물 : GaAs, GaP, InSb, InAs

㉡ Ⅱ － Ⅵ족간 화합물 : Cd, ZnS

㉢ Ⅳ － Ⅵ족간 화합물 : PbO, PbS

㉣ Ⅴ － Ⅵ족간 화합물 : Sb_2S_3, Bi_2Te_3

② 유기 재료 반도체의 분류

유기 재료 반도체는 일반적으로 저항률이 높아서 실용화되고 있는 것이 적다.

분류		대표 예
능동 소자 재료	다이오드 재료	Si, Ge, Se, GaAs
	트랜지스터 재료	Si, Ge
	사이리스터 재료	Si
	IC 재료	Si
광전 변환 재료	광전셀, 광전자 재료	Si, Ge, GaAs, Se, CdS
	광도전 재료	CdS, sB_2S_3, PbO, Se, ZnO
	형광 재료	ZnO, ZnS, (Zn, cd)S, Zn_2SiO
	EL 재료	ZnS, ZnSe
	발광 다이오드 재료	GaAs, Gap, Ga(As, P), (Ga, Al)As
	레이져 재료	GaAs, PN 접합
열전 변환 재료	열전 발열 재료	PbTe, $MnSi_2$, $In(As, Se)_3$
	열전 냉각 재료	Bi_2Te_3, $(Bi, Sb)_2$, Te_3, $Bi_2(Te, Se)_3$
	열전자 방출 재료	(Ba, Sr)O, ThO_2, LaB_6
	서미스터 재료	NiO, $CaTiO_3$, VO_2, $BaTiO_3$
	재료	Sic
	열전 발전 재료	BiSb, ZnSb, Bi_2Te_3
자전 변환 재료	Hall 소자 재료	InSb, InAs
	자기 저항 재료	InSb, InAs, Bi
압전 변환 재료	압전 변화 재료	Si, Ge, GaAs, GaSb
	압전 반도체 재료	CdS, ZnO, CdSe, $LiGaO_2$
기 타	바리스터 재료	SiC, PbO

제2절 | 반도체용 금속 재료

집적 회로(integrated circuit : IC)의 제조에는 금속의 특징인 전기, 열의 높은 전도성, 연신성, 가공성 등을 활용한 금속 재료가 필요한 부분이 많다. 전체적으로 소형화, 고정밀도가 요구되는 금속계 전자 재료에 있어서도 고성능화, 새로운 기능화가 요구되어 개발과 실용화가 촉진되고 있다.

1 집적 회로용 금속 재료

집적 재료 회로용 금속 재료에는 전극 및 배선 재료인 Al, Si, Ti, Mo, Ta, W, Au 등이 있고, 리드 프레임(lead frame) 재료로 Fe합금과 Cu합금 등이 있다.

가. 집적 회로(integrated circuit, IC)의 공정과 금속 재료

집적 회로 : 사방 5mm의 실리콘 칩 안에 전자 소자를 한꺼번에 집어넣은 것이다.

- IC : 수백～수천개 정도의 트랜지스터를 넣은 것
- LSI : 수만～수십만개 정도의 트랜지스터를 넣은 것
- VLSI : 십만 개 이상의 트랜지스터를 넣은 것

① Si 단결정을 이용한 집적 회로의 제조 공정 Si 웨이퍼(silicon wafer) 처리 공정과 제품의 조립 공정으로 나눈다.

② 공정에서 사용되는 주요한 금속 재료

공정	재료	주용금속재료
웨이퍼 처리 공정	전극 재료, 배선 재료	Al, Si, Ti, Mo, Ta, W, Au
조립공정	리드프레임	Fe합금(Fe－Ni, Fe－Co등) Cu합금(Cu－Zr, Cu－Fe, Cu－Sn 등)

나. 집적 회로의 배선 재료

Si 웨이퍼 위에 수많은 반도체 소자에 생명을 주는 것은 소자간에 신호 전달을 하는 전기적인 접속이므로 각각의 트랜지스터(transistor) 내부에서 전자 이동도가 집적 회로의 기본 성능을 결정하므로 그것들을 연결시키는 배선의 전기 전도율은 그 성능과 관계가 있다.

① 집적도가 높게 되면 웨이퍼 자체의 크기가 축소되어 배선 길이도 동시에 축소된다. 웨이퍼 축소는 성능 향상에 크게 기여하며, 소자간을 연결하는 배선의 길이나 저항의 증가 영향으로 고속화, 고집적화에 방해가 된다.

② 배선 재료는 집적 회로의 성능과 수명에 영향을 끼친다.

다. 전극 재료

고집적화에 따라 전극 재료의 저항에 의한 시간의 연장 문제를 해결하기 위하여 비저항이 작은 전극 재료가 필요하다.

① 전극 재료의 선택 조건

㉮ 비저항이 작고, 제조법이 쉬울 것

㉯ SiO_2와 밀착성이 우수하여야 하며 Al과 밀착성이 좋을 것

㉰ 금속 규화물의 용융점이 웨이퍼 처리 온도보다 높을 것

② 전극 재료의 선택 조건을 만족하는 금속 규화물을 만드는 금속

㉮ W, Mo, Ta, Ti 등이 있다.

㉯ 비저항이 작은 $TiSi_2$, $TaSi_2$는 1메가 바이트(byte) D램에 사용되고 있다.

㉰ 전극으로 금속 규화물을 만드는 금속과 그 규화물의 용융점과 비저항(Al과 비교)

원자 번호	원소	금속		규화물	
		용융점(℃)	비저항($\mu\Omega \cdot cm$)	용융점(℃)	비저항($\mu\Omega \cdot cm$)
22	Ti	1,668	55.0	1,540	15±3
42	Mo	2,610	5.7	~2,030	~100
73	Ta	2,998	13.5	2,200(±100)	~70
74	W	3,380	5.5	2,615	40±5
13	Al	660	2.7	(규화물을 형성하지 않음)	

라. 리드 프레임(lead frame)

집적 회로의 조립 공정에서 필요한 대표적인 금속 재료이며, 반도체 칩(chip)을 표면에 미세 패턴을 갖는 수 mm~15mm 각의 작은 것이므로 고기능, 고품질, 고신뢰성을 유지하면서 효과적으로 취급할 수 있는 크기로 하기 위하여 패키지(package)화 한다.

① 리드 프레임은 인쇄 회로 기판(PCB)에서 집적 회로로 신호 전달을 하는 도전 매체(lead) 및 집적 회로에 발생하는 열을 외부로 방출하는 전열 매체로 되어 있다.

② 리드 프레임 재료의 요구되는 기본 특성

㉮ 열전도율, 전기 전도율 및 내식성이 크고 Au 도금성, 납땜성이 좋을 것

㉯ 충분한 기계적 성질 강도를 가지며 인발 등 가공성이 좋을 것

㉰ 치수 정밀도가 높고 잔류 응력이 작아야 하며 반복 굽힘 강도가 우수할 것

③ lead frame 재료의 요구되는 성질

㉮ 기계적 강도는 IC로서 변형하지 않는 리드 강도가 있을 것

㉯ 인성(靭性)은 lead 부의 변형을 반복해도 절손(折損)하지 않는 강도일 것

㉰ 열전도성은 열방출성이 높은 재료(device의 고출력화)일 것

㉱ 열팽창 계수는 Si와의 열팽창 차이가 적을 것

㉲ 펀치 가공성 및 굽힘 가공성은 금형 마모, 금속분 발생이 적고 펀치 가공 후에도 소재의 평탄도가 유지될 것

㉳ 도금성 및 납땜성은 가열에 의한 부풀음, 환경에 의한 도금의 벗겨짐이 없을 것

㉴ 기타

㉠ 내산성(가열에 의한 산화막 형성이 적어 리드 프레임과 mould와의 밀착성)이 좋을 것

㉡ 내열성(납땜시의 가열에 의한 비연화) 및 내응력 부식 균열성, 내화경성이 좋을 것

④ 종류와 용도

㉮ IC용 리드 프레임 재료

㉠ MOS(Metal Oxide Semiconductor)용 : 강도와 열팽창의 점에서 42 Ni 합금이 사용되어 왔다.

㉡ DIP용 : 열방산이 좋은 Cu계 합금으로 Cu – Sn합금 및 Cu – Fe합금이 사용된다.

㉯ LSI(Large Scale Integration)나 초 LSI(VLSI)

고집적화, 고밀도실장화에 대응하기 위해 고도전형과 고강도·중도전형의 Cu합금이 개발되고 있다.

㉠ 고도전형은 저 Sn 또는 저 Fe의 Cu 합금이 주류이고, Zn계, Cr계의 Cu합금이 개발되고 있다.

㉡ 고강도·중도전형은 Fe – 42% Ni 합금 대신용으로 많이 쓰이며, Fe, Fe_3P를 Cu 기지(matrix) 중에 분산시킨 C194 합금, 내열 강도를 높인 C195합금 등이 주를 이룬다.

㉰ 분산 강화형 Cu 합금에서 AL – 35(Gild Cop합금) : Cu – Al합금을 gas atomize 법으로 분말로 하고 내부 산화법으로 Al을 Al_2O_3로 하여 입자를 분산시키며 강도와 도전성이 높다.

마. 땜용 재료

반도체 집적 회로, 초전도 관련 기기, 우주 관련 기기 등에 사용되는 땜납은 미세 접합으로 어떠한 환경에서도 견디는 신뢰성이 요구된다.

① 미세 접합의 땜납

㉮ Sb, Ag, Cu 등의 원소를 첨가한 다원소 합금, In－Pb－Sn계, In－Sn계 등의 합금이 사용되며, 접합 성능은 모재와 납땜재와의 알맞은 결합에 의해서 결정한다.

㉯ 고온에서 저온까지의 넓은 열 사이클(heat cycle)에 의한 반복 열응력에 의해서 접합 강도의 저하 및 박리(剝離)가 일어나지 않아야 한다.

㉰ 열팽창 계수의 차가 큰 경우 및 접합층에 취약한 금속간 화합물이 생긴 경우에는 사이클에 의한 주름이나 공공(void)이 발생하여 열화된 원인이 된다.

② 땜납 분야가 세라믹, 유리에까지 확대됨에 따라 Pb－Sn계에 Zn, Al, Ti, Si, Sb, Cu, 희토류 원소 등을 첨가한 납땜이 개발되고 있다.
(희토류 원소와 Zn은 접합성, Sb는 내습성, Al, Ti, Si는 작업성을 개선하는 효과가 있다.)

③ 극저온 기기의 땜납에는 Pb(95%)－Sn(5%), Sn(63%)－Pb(37%), Sn(95%)－Sb(5%), In(50%)－Sn(50%), In－Pb－Sn, In－Pb－Bi 등이 이용되고 있다.

바. 접촉 재료

접촉 기기는 컴퓨터, OA기기, 통신기기, VTR, 자동차 등 광범위한 분야에서 사용되고 있으며 그 역할은 전기 회로를 기계적으로 접속하는 것이다.

① 커넥터(connector)

㉮ 커넥터는 전기적으로 안정한 접속을 하기 위한 것으로 인청동, Be－Cu에 주로 Ni을 기초 도금을 한 후 Au나 Sn도금을 한 것이 사용된다.

㉯ 커넥트를 만드는 방법

㉠ 필요한 강도를 얻기 위해 도금하는 방법이 이용되나 도금막에는 핀홀이 발생한다. (핀홀(pinhole)에 의해서 모재 금속이 표면으로 확산하여 산화물, 황화물을 만들어 접촉 장해를 일으키는 경우가 많이 있으므로 핀홀을 유기물이나 무기물로 메워서 부식 생성물이 표면에 형성되는 것을 막아야 한다.)

㉡ 클래드제로 커넥트를 만들면 핀홀 발생이 없고 소재의 높은 균일성을 활용할 수 있다.

② 개폐 접점 재료

㉮ 개폐 접점 재료의 용도

㉠ 가벼운 부하 : Au, Au – Ag – Pt, Au – Ag – Pt, Pt – Ir, Pd – Ag, Ag 등이 이용된다.

㉡ 무거운 부하 : Ag – CdO, Ag – Ni, Ag – W 등이 이용된다.

㉢ 특수 용도 : Ag – C, Cu – C, Cu – W, W 등이 이용된다.

㉯ Ag – CdO계 접점이 광범위하게 실용화되고 있으며 Sn, Ni 등 제 3원소 첨가에 의해 성능이 개선된다.

㉰ Ag – 산화물계 접점

㉠ Ag – 산화물계 접점은 내용착성, 내소모성, 접촉 저항의 안정성이 있다.

㉡ Ag – (Sn – In)O_x계, Ag – (Zn – Te)O_x계, Ag – (Zn – Sn – Te)O_x계, Ag – (Zn – Sn – In – Te)O_x계

제3절 | 반도체 재료의 정제법

1 Ge, Si의 정제

가. 게르마늄(Ge)의 정제

① 광석의 가루를 염소화하여 $GeCl_4$를 만들어 이를 증류하여 순도를 높게 하고 다시 가스분해 한 후 GeO_2를 만들며, 고순도 산화 Ge은 고순도의 수소 중에서 550℃로 1시간 정도 유지 후 700℃로 2시간 정도 환원시킨다.

② 광석은 게르마나이트(germanite), 아르기로다이트(argyrodite), 레니라이트(renierite) 등이 있으며, 용융점은 940℃ 정도이다.

나. 실리콘(Si)의 정제

화학적으로 정제된 Si는 불순물의 농도가 높아 다시 물리적인 정제법으로 고순도의 반도체를 얻는데 이에는 프로팅 존 법(floating method)이 주로 이용된다.

① Si은 먼저 SiO_2를 목탄이나 coke로 탄소 환원시켜 순도 99%의 실리콘을 얻는다.

② $SiO_2+2C \rightarrow SiC+CO_2\uparrow$의 반응으로부터 얻은 실리콘은 불순물을 대량 함유하고 있어 이를 염화수소와 반응시켜 정제하기 쉬운 할로겐 화합물을 만든다.

③ $Si+3HCI \rightarrow SiHCI+H_2\uparrow$의 반응이 $SiHCI_3$를 증류 정제해 높은 고순도 Si를 얻는다.

2 물리적 정제법

가. 대역 정제법

편석법은 재료의 손실이 많으므로 이를 보완한 대역 정제법을 사용한다.

① 편석 계수가 작은 불순물을 많이 포함한 봉으로 된 Ge를 보트(boat)에 넣은 후 고주파유도 가열에 의해 대상 용융하여 이 용융대를 한쪽 방향으로 이동시키면 함유 불순물을 최종단으로 집결시킬 수 있다.

② 1회의 보트 이동에서 수회의 순화가 일어나고 최후에 하단을 절단하면 고순도의 단결정 Ge이 얻어진다.

③ 대역 정제법은 Ge 등 많은 반도체와 금속의 정제에 이용되지만 Si와 같은 용융점이 높고 용융 상태에서 화학적 활성이 큰 물질에는 흑연 보트를 침식하므로 주위로부터의 오염의 염려가 있다.

나. 프로팅 존 법(floating zone method)

도가니나 보트와 같은 용기를 사용하지 않는 정제법이다.

① 다결정 Si 막대의 상하를 척(chuck)으로 지지하여 수직으로 고정시키고 고주파 가열코일에 의해 부분적으로 응용한다.

② 용융대는 표준 장력에 의해 지지되며 용융대를 아래에서 위로 서서히 이동시켜 정제하며 이 조작을 10회 정도 반복하면 보론(B) 이외의 불순물 농도를 $1cm^3$당 10 ~ 12 이하로 정제할 수 있다.

3 벨크 단결정의 제작법

가. 제작 방법

반도체의 종류에 따라 제작 방법을 선택한다.

① 제작 방법의 종류에는 존레벨링법(zone leveling method), 브리지맨법(bridgemen method), 인상법, 기상법, 에피택시얼 성장법(epitaxial grwing method)등이 있다.

② 단결정 제작 장치

㉮ Ge나 Si에 주로 사용되며, 반도체 재료를 흑연 도가니에 넣고 고주파 가열로 용융점보다 약간 높게 유지시킨 후 종(seed)을 용융 반도체에 접촉시켜 천천히 끌어올리면서 인상축을 회전시키면서 단결정이 형성되는데 인상 속도와 회전 속도는

㉠ Ge의 경우 : 인상 속도는 10^{-4} ~ 10^{-2}cm/sec, 회전 속도는 60 rpm으로 회전시킨다.

㉡ Si의 경우 : 인상 속도는 10^{-4} ~ 10^{-2}cm/sec, 회전 속도는 1 rpm으로 회전시킨다.

㉯ 이와 같이 만든 결정체를 박단판으로 절단하여 웨이퍼 또는 펠릿으로 사용한다.

제4절 | 디스플레이(display) 재료(材料)

1 디스플레이 재료의 특성

① TV, 컴퓨터나 기타 전자기기 등에서 얻어진 정보의 표시에는 종전부터 CRT(cathode ray tube, 음극선관)가 이용되었으나 이것으로는 박형(薄型), 대형(大型)으로 하기는 곤란하므로 plasma display, 형광표시관(螢光表示管), 액정(液晶), LED(발광(發光) 다이오드), EL(전장발광(電場發光)) 등 여러 가지 방법이 개발되고 있다. 이 중 고체소자로서 기대되고 있는 것이 LED와 EL이다.

② LED는 p형, n형의 반도체를 접합할 때 전자(電子)와 정공(正孔)이 결합하여 고(高)에너지 상태에서 저(低)에너지상태로 변할 때에 발광(發光)하는 것이다.

③ EL은 발광체(發光體, 예컨대 발광용의 불순물을 dope한 ZnS 박막)에 높은 전장(電場)을 걸어 발광시키는 것이며 재료를 적당히 선택함으로써 적(赤), 녹(綠), 청색(靑色)을 얻으므로 color display가 가능하게 된다.

2 LED(light emitting diode)

n형 반도체와 p형 반도체를 접합하면 그림과 같이 기저(基底)에너지 수준(水準)에서 떨어진 전자(電子)와 정공(正孔)(hole)이 있게 되는데 이것에 전압을 걸면 전자는 n형 구역에서 공간전하층(空間電荷層)을 거쳐 p형 구역으로, 정공은 반대로 p형에서 n형으로 이동한다. 이들은 확산 중에 전자와 정공이 재결합(再結合)하여 소멸한다. 이 재결합시에 에너지를 빛으로 방출하는 것이 발광재결합(發光再結合)이며 이 현상을 이용한 것이 발광(發光)다이오드(LED)이다.

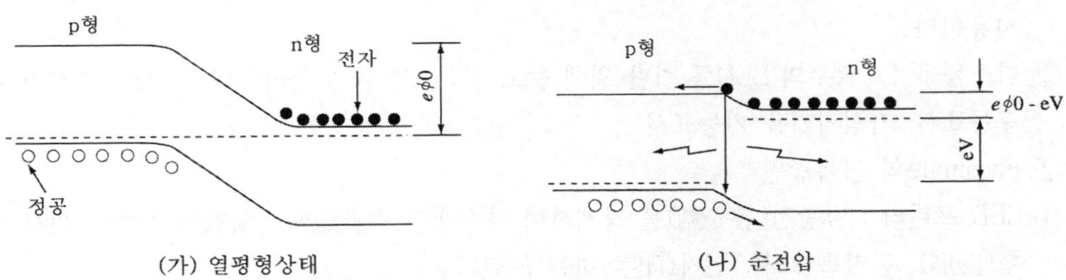

그림 5-1 p-n 접합의 에너지 대(帶) 구조

가. 종류와 특성

주요한 LED 재료는 표와 같으며 여기서 가시(可視)착색(着色)LED는 Ⅲ－Ⅴ족화합물의 GaN, 3원화합물에서는 $Ga_{1-x}Al_xAS$ $GaAs_{1-x}P_x$ 등이 있다. 주요한 예는 다음과 같다.

① 적색(赤色) : $GaAs_{0.6}P_{0.4}$(GaP 기판 위에 epitaxial 성장)

② 녹색(綠色) : GaP에서 P의 일부를 N으로 치환한 것

③ 오렌지색 : $Ga(As_{1-x}P_x)$에서 $x > 0.4$

④ 청색(青色) : GaN

⑤ 이러한 LED재료들의 특징은

㉮ 발열(發熱)하지 않는다.

㉯ 수명이 길다.

㉰ 화합물 반도체 및 첨가물의 종류에 따라 청(青)에서 적(赤)까지 각종의 발광(發光)을 한다.

㉱ on off가 빠르다(10만회/sec)

㉲ 소비전력이 매우 적은 등의 특성이 있다.

⑥ 주요 LED 재료

	AlAs	AlSb	GaN	GaP	GaAs	GaSb	InP	InAs	InSb
천이	간접	간접	직접	간접	직접	직접	직접	직접	직접
E_G(eV 300K)	2.16	1.52	3.3	2.25	1.43	0.74	1.27	0.35	0.17
$\lambda_G(\mu m)$	0.57	0.82	0.38	0.55	0.87	1.68	0.98	3.54	7.30

나. LED의 용도

① 램프 발광부(發光部, chip)와 전기도선을 플라스틱을 써서 램프상(狀)으로 일체성형(一體成形)한다. TV, 라디카세(radio cassette recorder), stereo 등의 착색발광램프에 사용한다.

② 디스플레이 : 복수의 LED를 기판 위에 놓고 접착, 그 위에 플라스틱 케이스, 직접 IC로 구동표시, 가정기기용 기능표시

③ Facsimile의 판독광원

④ LED 프린터 : 발광점(發光點)을 조게하여 다수배열(多數配列), 일점씩 끄거나 써서 도형(圖形), 문자를 표시, 인자(印字)하는 프린터

⑤ 옥외 대형 디스플레이 : 고휘도화(高輝度化)에 따라 옥외에서 사용가능, 10m 정도의 판이나 교통신호 기타에 이용, 종전의 전구에 비하여 소비전력은 2~20%

3 EL(electro luminescence)

가. 1EL

EL은 예컨대 ZnS 박막에 발광용(發光用)의 불순물을 첨가한 것에 전압을 가하면 발광하는 것이다. Cu와 I(iodine)에서는 청색, Cu와 Al에서는 녹색, Cu와 Mn에서는 오렌지색이 된다. 박막에 고전압이 걸리면 Cu 등에서 전자(電子)가 전도대(傳道帶)로 여기(勵起)되어서 ZnS중을 이동하여 Mn 중심 등에서 재결합할 때에 발광하는 현상을 이용한다.

나. EL panel

전에는 발광체 입자를 유전체(誘電體, dielectric, 전장(電場) 중에서 정전유도작용(靜電誘導作用)의 매개를 하는 것, 절연체는 모두 유전체임)내에 분산시킨 acEL과 발광체입자를 Cu로 피복한 다음 유전체에 분산시킨 deEL이 있었으나 실용화되지 않고, 최근에 그림과 같이 수 μm 의 두께로 증착한 발광체(發光體)를 유전체로 덮고 그 외부에 전극을 붙인 증착형(蒸着型) acEL panel이 개발되었다. 이것은 저구동전압(低驅動電壓, 200V 정도), 휘도(輝度) 25fl 이상(1fl = 3.426cd/m^2, FL : foot − lambert, cd : candela), 색은 오렌지색, 장수명(長壽命, 15,000 시간), 표시면적이 크고, contrast, 시야각(視野角) 등 모두 사용에 적합하다. 용도는 480자(字)(40자 × 12행), 7×9dot의 문자구성, 18cm 정도의 것이 실용화되고 있다.

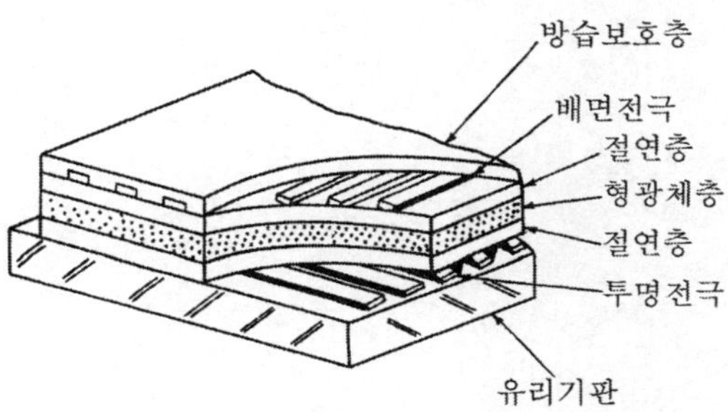

그림 5-2 증착형 EL panel의 구조

다. 칼러 표시용(表示用) EL

① 휘도(輝度)가 높은 것에 녹색에서는 ZnS : TbF_3, 적색(赤色)에 CaS : Eu, 청색(青色)에 SrS : Ce 등이 있어 실용화되고 있다.

② 칼러박막 EL소자의 발광색과 휘도

EL 재료	발광색	휘도(cd/m^2)	EL 재료	발광색	휘도(cd/m^2)
ZnS : Mn	오렌지색	5,000 ~ 10,000	SrS : Eu	황적색	1,000
ZnS : SmF_3	황적색	600	CaS : Ce	녹색	650
ZnS : TbF_3	녹색	5,000	SrS : Ce	청색	500
ZnS : TmF_3	청색	10	SrS : Cu	청색	150
CaS : Eu	적색	900			

Chapter 04

초전도 재료

Cu선 등의 금속선은 전기 저항이 있어서 전류를 통화면 전력이 Joule열로 변하기 때문에 소비되며, 온도를 낮추면 저항이 감소하나 절대 온도(0°K = −273.15℃) 부근에 냉각해도 역시 저항이 남는다. 그러나 어느 종류의 금속은 일정 온도에서 전기 저항이 완전히 0이 되는 현상을 나타내며, 이 상태를 초전도(超傳導 ; super conductivity)라 한다. 이러한 초전도 상태에서는 재료에 전류가 흘러도 에너지 손실이 없으므로 전력 소비가 없이 대전류를 보낼 수 있으며 또 강자장(强磁場)중에서 대전류 밀도를 얻을 수 있다.

제1절 | 초전도 현상

초전도 현상이란 외부 자기장이 물질 안으로 침투하지 못하는 자기적 현상인 동시에 전기 저항이 완전히 사라지는 전기적 현상(완전 도체 성질)이다.

1 초전도 현상의 특성

초전도체는 특성상 전기적 성질과 자기적 성질을 이용하게 되므로 실용성을 고려할 때에는 임계 온도, 임계 전류 밀도 및 임계 자장도 매우 중요한 의미를 갖고 있다.

가. 대부분의 금속성 초전도체는 극저온에서 초전도 현상이 나타낸다.

나. 초전도 상태를 얻으려면 온도(T), 자기장(H) 및 전류 밀도(J)에 의존한다.

① 이들의 임계값은 임계 온도(T_c), 임계 자기장(H_c), 임계 전류 밀도(J_c) 이하의 값을 가질 때 일어난다.

② T − H − J좌표 공간에서 한 임계면이 형성되어 그 내측에서 초전도 상태가 된다.

㉮ 임계 온도(T_c)가 높은 편이 냉각이 쉽다.

㉯ 임계 자기장(H_c)과 임계 전류 밀도(J_c)가 높을수록 강한 자계가 생긴다.

③ 초전도 상태는 높은 임계값을 가지는 재료 및 임계 자기장과 임계 전류값이 큰 재료의 개발이 필요하다.

다. 초전도 현상을 동시에 만족시키는 조건

① 재료가 임계 온도, 임계 자기장보다 낮은 온도와 자기장 범위 안에 있을 때

② 재료가 임계 전류보다 낮은 전류 밀도를 통과시킬 때

※ 온도, 자기장 및 전류 밀도가 이보다 높아질 때에는 초전도 현상이 사라지고 일반 금속성 전도체로 변한다.

라. 임계 자기장과 임계 온도와의 관계

$$H_c(T) = H_c(0)\left[1-\left(\frac{T}{T_c}\right)^2\right]$$

- T_c : 자기장 및 전류 밀도가 0인 상태에서 임계 온도
- $H_c(T)$: 온도 T에서 임계 자기장
- $H_c(0)$: 절대 온도 0°K에서의 임계 자기장

마. 임계 온도, 자기장, 전류 밀도 사이의 관계

임계 온도는 외부 자기장과 전류 밀도가 증가함에 따라 감소하고, 강한 자기장 내에서의 임계 온도와 전류 밀도도 줄어든다.

바. 압력이 높아질수록 초전도 현상은 안정되고, 낮아지면 현상이 불안정하게 된다.

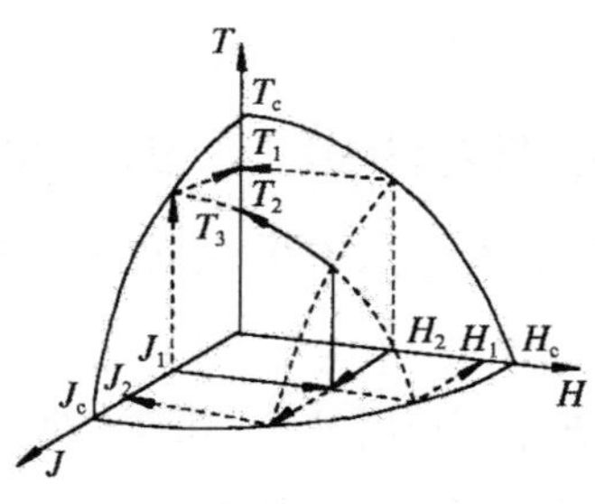

- 면내 : 초전도체
- 면외 : 정상 상태

그림 5-3 T_c H_c 및 J_c간의 일반적인 관계

제2절 | 초전도 재료의 종류

1 합금계 초전도 선재

가공성이 풍부하고 보통 인발 가공법으로 선재가 되기 때문에 먼저 실용화되었다. 합금계 초전도 중에서는 Nb－Zr계 합금이 맨 먼저 실용화되었다.

가. Nb－Ti계 합금

Nb－Ti계 합금 선재가 실용 합금의 대부분 차지하고 있으며 Nb－Zr계 합금보다 가격이 저렴하고 가공성 및 기계적 성질이 좋고 취급이 용이하다.

① Nb－Ti(50～75원자%)합금선은 상부 임계 자기장($\boldsymbol{H}_{c2}$)이 높고 4.2K에서 8～9T의 자기발생이 가능하며 마그네트(magnet) 선재로 널리 이용된다.

② Nb－Ti계 합금의 기본적인 제조 공정

㉮ 전자 빔(beam)또는 아크 용해를 거쳐 만든 Nb－Ti 합금괴를 1,000～1,200℃에서 열간 단조 후 환봉으로 냉간 가공한다.

㉯ Nb－Ti 환봉에 Cu관을 덮어씌운 복합체를 인발 또는 압출 가공하여 지름이 수mm의 복합선으로 만든다.

㉰ 이 복합선을 수십, 수백 개씩 묶어 다발로 하여 Cu관속에 다시 넣어서 인발 가공을 반복하여 Nb－Ti 심(芯)의 지름이 수μm, 심선의 수(數)가 수천～수만개에 이르는 Nb－Ti심을 가진 극히 미세한 다심선을 얻는다.

㉱ 단면 감소율을 10^6 이상으로 가공한 복합선을 350～450℃에서 시효 열처리하면 자속(磁束)선을 강하게 고착(固着)시키는 미세한 α－Ti상이 복합선 내에 석출하여 임계전류 밀도(J_c)가 증폭된다.

③ Nb－Ti 합금선에서는 임계 온도(T_c)가 약 10K. 상부 임계 자기장(H_{c2})는 4.2K(액체He 온도)에서의 약 11T(T : tesla＝1만 gauss, 자속 밀도의 국제 단위)이다.

2 화합물계 초전도 선재

화합물계 초전도 재료는 합금계 재료에 비하여 임계 온도(T_c) 및 임계 자기장(H_c)이 훨씬 높으며 강자기장용으로 사용할 수 있다.

가. 화합물계 초전도 선재 제조법

① 복합 가공법(Bronze법)의 원리

㉮ V_3Ga 극세다심선(極細多芯線)제조

㉠ Cu – Ga 합금 기지와 다수의 V 막대를 삽입한 복합체를 선상으로 가공한다.

㉡ 이 복합체를 500℃ 부근에서 중간 풀림을 하면서 압출 또는 인발 가공을 통해서 선재로 가공한다.

㉢ 복합 가공선을 600 ~ 650℃에서 열처리하면 Cu – Ga 기지 중의 Ga와 가늘게 가공된 V심과 확산 반응하여 V_3Ga이 생성된다.

㉣ 기지 중의 Cu는 V_3Ga 층에는 고용되지 않아 초전도 특성을 손실시키지 않고 화합물층의 생성을 촉진한다.

㉤ Cu 중에 Ga이나 Sn 함유량이 많을수록 V_3Ga 두껍게 생성되어 초전도 특성이 좋다.

㉯ Nb_3Sn 극세다심선(極細多芯線) 제조

㉠ Cu – Sn합금에 다수의 Nb봉을 삽입한 복합체를 선상으로 가공한 뒤 700 ~ 750℃에서 열처리하면 Nb심과 주위의 Sn이 확산 반응해 Nb_3Sn 화합물의 가는 선이 생성된다.

㉡ Cu 중에 Ga, Sn 함유량이 많을수록 Nb_3Sn 두껍게 생성되어 초전도 특성이 좋다.

㉰ 화합물의 가는 다심선(多芯線) 제조법의 주류를 이루고 있다.

② 표면 확산법에 의한 화합물 테이프

㉮ Nb_3Sn 테이프 제조

㉠ Nb 테이프를 용융하여 Sn에 통과시켜 표면에 Sn이 도금되면 900 ~ 950℃에서 열처리하여 확산 반응에 의해 표면에 Nb_3Sn층이 생성된다.

㉡ 실용화되고 있는 Nb_3Sn 테이프는 이 위에 안정화시키기 위해 Cu 테이프가 덮여 있으며, Nb_3Sn 테이프에서 15T(T : tesla = 10,000 gauss)의 자장이 발생한다.

㉯ V_3Ga 테이프 제조

㉠ V 테이프에 Ga를 확산시켜 Ga층이 많은 화합층을 만든 후 Cu 도금하여 600 ~ 700℃로 열처리하면 V_3Ga층이 생성된다.

㉡ Cu는 확산을 촉진하는 촉매 작용을 하며 낮은 온도에서도 쉽게 V_3Ga층을 생성시키는 효과가 있고, V_3Ga는 강자장에서 임계 전류 밀도(J_c)가 크다.

㉢ V_3Ga 테이프에서 17.5T의 자장이 발생한다.

㉰ 테이프 선재는 길이의 방향으로 굴곡(屈曲)되어도 화합물층의 변형이 작으므로 취급이 용이해서 소형, 중형의 강자장 마그네트에 사용된다.

③ 인시투(in – situ)법

㉮ Cu – Nb – Sn, Cu – V – Ga의 3원 합금의 주괴(ingot)에서 Nb_3Sn, V_3Ga 화합물의 극히 가는 섬유상을 다량 포함한 선재를 만드는 방법이다.

㉯ Nb_3Sn 및 V_3Ga 선재의 새로운 제조법으로 Cu – Nb(Cu – V)합금을 주괴(鑄塊)로 만들어 Cu 중에 많은 Nb(V) dendrite를 분산시킨 것을 가공한 다음 Sn(Ge)을 외부에서 선재 내부로 확산시켜 $Nb_3Sn(V_3Ga)$의 극세섬유가 분산한 선재를 만든다.

㉰ 적당한 조성의 Cu – Nb – Sn합금 또는 Cu – V – Ga합금 주괴는 Cu 합금 기지 내에 Nb, V이 미세한 주상정상이 분산된 조직이다.

㉱ 2상 합금을 가는 선으로 가공하면 Nb 또는 V섬유(fiber)가 Cu합금 기지 속에 가늘게 배열된 선재로 되고 적절한 온도로 확산 열처리하면 Nb_3Sn, V_3Ga 극세섬유가 생성된다.

㉲ 인시투법의 특징

㉠ 복합 가공법(Bronze법)에서와 같은 복잡한 공정을 간략할 수 있어 화합물의 극세섬유를 함유하는 선재를 간단히 대량 생산할 수 있다.

㉡ 섬유의 강화 효과에 의해서 선재의 응력 특성이 개선되고 또 큰 임계 전류 밀도를 얻을 수 있으며, Nb_3Sn 선재의 특성을 개선시키는 개량된 제조법이다.

㉢ 굽힘, 인장 등의 응력에 대한 특성 변화가 적어 초전도 특성의 열화(劣化)가 적게 되고, in – situ V_3Ga 선재는 16T에서 $5\times10^8 A/m^2$의 큰 임계 전류 밀도가 얻어진다.

㉣ 분말법

ⓐ Nb와 Cu분말 또는 Cu합금 분말을 혼합, 압축성형 및 열처리하여 인시투법과 같이 Cu기지 내에 화합물의 극세섬유(Nb_3Sn fiber)를 분산시키는 방법이다.

ⓑ 분말을 성형시킨 압분체(壓紛體, compact)를 강가공(强加工) 후 열처리한다.

ⓒ Bronze법, In – situ법과 비교할 때 제조 공정이 적다.

ⓓ 제조비 절감, 화합물 선재 양산화(量産化), Nb량과 지름을 폭넓게 선택할 수 있다.

ⓔ Nb_3Al, $Nb_3(Al \cdot Ge) \cdot Nb_3(Al \cdot Si)$, $PbMo_5S_8$ 등의 새로운 화합물 선재 제조에 응용되며, Nb_3Sn 선재의 특성을 개선시키는 개량된 제조법이다.

나. Nb_3Sn 및 V_3Ga 화합물 선재

이 화합물 선재는 4.2K에서 10T 이상의 강자계를 발생하므로 실용성이 높고, Nb 또는 V의 기지 테이프의 표면에 녹인 Sn 또는 Ga를 연속적으로 확산시켜서 테이프상의 선재로 만든다.

① Nb_3Sn과 V_3Ga의 제조법

㉮ Nb_3Sn과 V_3Ga 초전도 화합물은 Bronze법, In－situ법으로 제조된다.

㉯ Nb_3Sn 선재의 특성을 개선시키는 개량된 제조법은 Bronze법, In－situ법 등이다.

㉰ Nb_3Sn과 V_3Ga는 복합 가공법으로 안정성이 높은 극세다자심선재를 만들 수 있다.

② Nb_3Sn 테이프는 바깥쪽에, V_3Ga 테이프는 안쪽에 감아서 만든 초전도 마그네트는 17.5T의 높은 자계를 발생한다.

③ V_3Ga에서는 Ga에 소량의 Cu를 첨가하면 확산을 촉진하는 촉매적(觸媒的)인 효과가 있어 강자성계의 임계 전류 밀도(J_c)가 큰 선재가 된다.

④ Ti첨가 Nb_3Sn 극세심선은 12～19T의 강자계에서 V_3Ga 극세다심선과 동등한 특성을 나타낸다.

다. 기타 초전도 재료

① Nb_3Ge 화합물

㉮ 25K의 높은 임계 온도(T_c)를 갖고 액체 수소 중(20.4K)에서도 초전도성을 나타내는 화합물이다.

㉯ sputter, 진공 증착, 화학 증착 등으로 합성되며, 화학 증착법이 가장 증착 속도가 큰 실용적인 방법이다.

② Nb_3(Al,Ge) 화합물

㉮ 20K를 넘는 임계 온도(T_c)와 40T의 높은 상부 임계 자계(H_{c2})를 갖는 합금이다.

㉯ 20T의 강자계에서 $1\times10^8 A/m^2$를 넘는 임계 전류 밀도(J_c)를 나타낸다.

㉰ 급열, 급냉하는 법은 연속적인 laser beam 또는 전자빔 조사(照射)법을 이용한다.

③ NbN화합물

㉮ 반응성 sputter법으로 만든 박막(薄膜)으로 300mm정도의 막에서는 30T정도의 H_{c2}(4.2K)와 20T에서 $1\times10^8 A/m^2$를 넘은 임계 전류 밀도(J_c)가 얻어진다.

④ V_2Hf화합물

㉮ 중성자 조사(照射)에 의한 특성열화(特性劣化)가 적은 특징이 있다.

㉯ 복합 가공법으로 극세다심선으로 가공할 수 있으므로 핵융합로(核融合爐)에 적합한 초전도 재료로 주목되고 있다.

㉰ 화합물은 온도 저하에 따라 H_{c2}가 증가하여 1.8K에서의 H_{c2}는 약 30T에 이른다.

⑤ $PbMo_6S_8$ 화합물

㉮ 50T를 넘은 높은 H_{c2}를 가지며, Mo 기판과 Pb 및 S 가스간의 반응 또는 MoS_2, Mo, PbS 등의 분말을 사용하여 분말 야금법으로 선재화한다.

초소성 재료

초소성은 재료가 고체 상태에서 낮은 응력에 의해서 거대 변형을 나타내는 현상, 즉 재료가 어떤 응력하에서 파단에 이를 때까지 수백% 이상의 매우 큰 신율을 나타내는 현상(금속재료가 유리질처럼 늘어나는 특수한 형상)이다.

제1절 | 초소성 변태의 구조

초소성은 금속의 조직에 의한 내부 조건에 따른 것으로 낮은 응력에서 변형하는 것이 특징이며, 미세 결정 입자 초소성과 변태 초소성으로 나누어진다.

1 미세 결정 입자의 초소성(정적 초소성 또는 등온 초소성)

가. 미세 결정 입자 초소성의 조건

① 재료의 결정 입자가 $10\mu m$ 이하의 것을 일정한 온도하에서 적당한 변형 속도를 가하면 나타난다.

② 변형 온도는 그 재료 용융점의 $\frac{1}{2}$ 이상이어야 한다.

③ 최적의 변형 속도가 존재해야 한다.
일정한 온도하에서 적당한 변형 속도를 가하면 나타나며, 그 조건을 벗어난 변형 속도에서는 초소성이 나타나지 않는다.

④ 초소성 변형을 나타내는 식

$$\sigma = K \cdot \epsilon m$$

- σ : 작용 응력
- K : 상수
- ϵ : 변형 속도
- m : 변형 속도감도 지수(m : 0.3 이상)

⑤ 미세 결정 입자의 초소성 변형 기구

㉮ 합금의 보통 소성 변형에서 알려진 슬립(slip)선의 운동으로 결정 입자 자체가 변형되고 재료 전체가 소성 변형된다.

㉯ 초소성 변형에서는 각 결정 입자가 입계를 미끄러지거나 회전하여 변형된다.

2 변태 초소성(동적 초소성)

가. 변태 초성의 조건과 원칙

① 재료의 상 변태가 진행, 발생하고 있을 때 작은 응력이 주어지면 나타난다.

② 변태점 상하로 열 사이클을 반복하여 동적으로 변화시켜 주어야 한다.
(반복 열 사이클에 의해 변형이 중첩되면서 거대 변형으로 된다.)

③ 변태 초소성은 변태에 기인하는 것이므로 변태 과정에 관계된다.

④ 변태 초소성은 미세 결정 입자 초소성과 같은 초소성 변형식에 따른다.

제2절 | 초소성 재료와 응용

1 초소성 재료

가. 초소성 재료의 특징

① 초소성은 일정한 온도 영역과 변형 속도의 영역에서만 나타나며 300 ~ 500% 이상의 연성을 가지게 된다.

② 초소성 영역에서 강도가 낮고 연성은 매우 크므로 작은 힘으로도 복잡한 형상으로 성형 가공이 가능하며 온도가 저하되면 기계적 성질이 우수해져 실용화할 수 있다.

③ 재질은 결정 입자가 극히 미세하며 외력을 받을 때 슬립 변형이 쉽게 일어난다.

④ 결정 입자는 10μm 이하의 크기로서 등방성(等方性)이다.
(초소성 온도 영역에서 결정 입자의 크기를 미세하게 유지하기 위하여 2차 상(相)이 모상의 결정 입계에 미세하게 분포된 공정 또는 공정 조직을 나타낸다.)

⑤ 소성 변형 중의 결정 입계에 응력 집중을 극소화시키기 위해서는
㉮ 2차 상의 강도와 차이가 적고 결정 입계의 유동성이 좋아야 한다.
㉯ 결정 입계가 인장 응력에 의하여 쉽게 분리되지 않아야 한다.

나. 초소성을 얻기 위한 조직 조건

① 입도는 미세립인 것이 필요하며, 약 10^{-4}sec^{-1}의 변형 속도로 초소성을 기대한다면 결정립의 크기는 수 μm 이하여야 한다.

② 제2상의 존재는 초소성 온도에서 변형 중에 미세 조직을 유지하려면 모상의 입성장을 억제하기 위해서 제 2상이 수 %에서 50% 존재하는 것이 좋다.

③ 제2상의 강도
㉮ 모상과 같은 정도의 것이 좋으며 제2상이 단단하면 모상 입계에서cavitation(작은 구상의 구멍이 입계에 따라 형성되는 현상)이 생기기 쉽고 입계 slip 이나 migration(전위 또는 원자의 확산 이동)이 저지된다.
㉯ 제2상을 미세하게 균일 분포시킴으로서 그 작용을 완화시킬 수 있다.

④ 입계 구조는 모상 입계는 큰 경사각(高傾角)인 편이 좋다.
(저경각(低傾角)이면 입계 slip을 일으키기 어렵다.)

⑤ 입계의 mobility는 입계 미끄럼에서 응력 집중은 3중점과 입계의 장해물에서 일어난다.
(입계가 움직이기 쉬우면 mgration을 일으켜 응력 집중을 완화시킬 수 있다.)

⑥ 결정립 형상은 등축(等軸)이어야 한다.
(횡단면에서 미세 조직이어도 길이 방향으로 입자가 늘어나 있으면 길이 방향에는 큰입계 미끄럼을 기대할 수 없다.)

⑦ 입계의 내인장(耐引張) 분리성(分離性)은 보상입계가 인장 분리가 쉬워서는 안된다.

다. 초소성 재료의 성형법

성형법에는 blow forming, gatorizing 단조법, SPF/DB법 등이 개발되어 있다.

① blow 성형법(가스 성형이라고도 함)
㉮ 주로 판상의 Al계 및 Ti계 초소성 재료를 15 ~ 300psi의 가스 압력으로 어느 형상에 양각 또는 음각하거나 금형이 필요 없이 자유 성형하는 방법이다.
㉯ 성형 에너지 소모가 적고 값이 저렴한 공구의 사용과 복잡한 형태의 통이나 용기를 단순 공정으로 제조할 수 있다.

② gatorizing 단조법
㉮ Ni계 초소성 합금으로 터빈 디스크를 제조하기 위해 개발된 방법이다.
㉯ 내크리프성이 우수한 고강도 초내열 합금인 IN – 100과 aster 합금으로 된 터빈 디스크를 기존 품질보다 훨씬 우수하게 제조할 수 있고, 수명이 길다.
㉰ 제품의 내부 조직이 균일하고 편석이 완전히 제거되어 기계적 성질이 우수하다.
㉱ 제품 가공에 사용되는 재료도 $\frac{1}{3}$ 정도 밖에 소요되지 않는다.

③ SPF/DB법
㉮ 초소성 성형법(SPF, Super Plastic Formong)과 고체 상태에서 용접하는 확산 접합법(DB, Diffusion Bonding)의 합쳐진 기술이다.
㉯ 이 방법은 고체 상태의 확산에 의해서 초소성 온도에서 용접이 가능하기 때문에 초소성 재료를 사용할 때만 가능하다.

라. 대표적인 초소성 재료

종류	초소성 합금
Al계	supral 100, supral 220, 7475, PM 63
Ti계	Ti – 6 Al – 4 V, Ti – 6 Al – 4 V – X, Ti – 5 Al – 2.5 Sn
Ni계	IN – 100, IN – 744, INCO 718, aster alloy
철강계	UHCS(Fe – 1.2 ~ 2.1% C), Fe – 2 Mn – 0.4 C, Fe – 4 Ni
기타	Zn – Al, Cu – Al, Sn – Pb, Bi – Sn, zircaloy 2

2 초소성 재료의 응용

초소성 합금은 성형할 때 저응력(低應力)으로 변형하여 점성, 유동성 거동을 하므로 적합한 가공 기술을 이용하여 각종의 제품을 개발한다.

가. 가공성의 응용

① 복잡한 형상의 물체를 소성 가공에 의하여 만들 수 있다.
② 초소성 상태에서는 세밀한 부분에까지 재료가 잘 유입되어 융합이 잘 된다는 것은 고상 접합, 초소성 합금과 다른 합금과의 합판 제조 등과 같은 압접, 미술품과 같은 정밀한 형태의 성형에 이용될 수 있다.
③ 고상 접합은 요접이 곤란한 Ti 합금에서 시도되고 있다.
④ 초소성에 의한 유동을 이용하여 특정 조성(組性)의 합금을 공극(空隙)에 주입하는 것이 가능하며, 열간 가공에 있어서 초소성 합금을 일종의 윤활제로서의 이동도 가능하다.

나. 응력 완화의 응용

① 초소성 상태에서 응력이 완화되는 성질은 주조 및 용접 후의 잔류 응력 완화에 이용할 수 있다.
② 용접 후의 냉각 과정에서 변태 초소성이 일어나는 것과 같은 열 사이클을 주면 잔류 응력에 의한 균열을 방지할 수 있다.
③ 응력 완화 과정에서 높은 감쇠능(減衰能)이 생기므로 초소성 합금을 고온에서 사용하는 것이 가능하다.

다. 초소성 현상은 소성 가공이나 용융 접합이 어려운 내열 합금 또는 분산 강화 합금을 분말 야금법으로 제조하여 소성 가공 및 확산 접합할 때 응용할 수 있다.

라. 서멧과 세라믹에도 응용이 가능하다.

Chapter 06 복합 재료(複合 材料)

복합 재료란 어떤 목적을 위해 2종 또는 그 이상이 다른 재료를 서로 합하여 하나의 재료로 만든 것으로 복합화에 의해 발생하는 특성을 활용하는 것이 그 조건이 된다.

제1절 | 금속계 복합 재료의 분류 및 특징

금속 재료 분야에서는 클래드 재료, 서멧(cermet)계 재료, 분산 강화 재료 및 섬유 강화 재료 등이 주목되고 있다.

1 섬유 강화 금속 복합 재료(FRM ; Fiber Reinforced Metals)

섬유 강화 금속 복합 재료란 금속 모재 중에 대단히 강한 섬유상의 물질을 분산시켜 요구되는 특성을 가지도록 만든 것으로 이것의 강화 기구는 매우 단순하다.

가. 섬유 강화 금속 복합 재료의 특징

① 섬유 강화 금속 복합 재료는 최고 사용 온도가 377 ~ 527℃이며, FRP(유기 재료)가 가진 우수한 비강도, 비탄성 뿐만 아니라 내열성, 내후성 등의 특성을 가진다.
② 복합 과정이 일반적으로 고온이므로 복합화가 어렵다.
③ 모재와 섬유에 따라 제조법이 한정되며, 섬유 가격이 높다.
④ 강도, 탄성 계수 또는 탄성률이 높은 연속 섬유를 일방향(一方向)으로 배열한 복합재료에 있어서 섬유와 모상(matrix)의 계면에 파단이 일어나지 않는 이상적인 계면을 형성하고 있다고 가정할 때 섬유 축방향으로 인장 응력을 가하여 섬유와 모상이 동시에 파단하는 경우에 복합 재료의 강도를 나타내는 식

$$\sigma_c = \sigma_f V_f + \sigma_m (1 - V_f)$$

• $V_f \sigma_f$: 섬유의 부피율과 강도 • σ_m : 모상의 강도

㉮ 위의 식은 섬유 강화형 복합 재료의 강도에 관한 복합 법칙이다.

㉯ 강도가 높은 섬유를 사용하면 부피에 따라 복합재료 강도가 직선적으로 올라간다.

⑤ 섬유 강화 금속 복합 재료에 사용되는 대표적인 섬유의 특징

특성섬유			인장강도 (kg_f/mm^2)	탄성율 ($10^3 kg_f/mm^2$)	밀도 (g/cm^3)	지름 (μm)	비고
보론계 (CVD법)	B/W		350	40	2.46	100, 140, 200	모노필라멘트
	B/C		330	37	2.23	100, 140	(단섬유)
	Borisic(Sic 피복 B/W)		300	40	2.58	100, 145	(단섬유)
	B_4C피복 B/W		400	37	2.27	145	(단섬유)
탄화 수소계	SiC/W(CVD법)		315	43	3.16	100, 140	모노필라멘트
	SiC/C(CVD법)		330	40	3.07	100	〃
	SiC(포리마 소성법)		250	18	2.55	10 ~ 15	〃
탄소계	PAN계 고강도형		290 ~ 330	24 ~ 27	1.70 ~ 1.77	19	멀티필라멘트
	고탄성형		230 ~ 260	35 ~ 40	1.82 ~ 1.87	19	〃
	Pitch계	P 55(U.C.C)	210	39	2.02	5 ~ 10	〃
		P 75(U.C.C)	210	53	2.06	5 ~ 10	〃
		P 100(U.C.C)	210	70	2.10	11	〃
Al계	Fiber FP(Du Pont)		150	39	3.90	20	〃
	주화 알루미나(주우화학)		260	25	3.20	9	〃

※ Borisic : B/W 섬유에 SiC를 도금한 것

나. 섬유 강화 금속의 분류

① 저용융점계 섬유 강화 금속

㉮ 최고 사용 온도가 377 ~ 527℃로 비강성, 비강도가 큰 것이 목적이다.

㉯ Al, Mg, Ti 등의 경금속을 기지로 한다.

② 고용융점계 섬유 강화 초합금(FRS)

㉮ 927℃ 이상의 고온에서 강도나 크리프 특성을 개선시키기 위한 목적이다.

㉯ Fe, Ni 합금을 기지로 한다.

다. 섬유 강화 금속 복합 재료의 제조법

제조법에는 주조법, 확산 결합법, 소성 가공을 이용한 압출 또는 압연 롤법 등이 있다.

① 주조법

㉮ 주조법의 종류에는 용융 금속 침투법, 고압 응고 주조법 등이 있다.

㉯ 주조법에 의한 것은 복합화의 경우 온도는 높으나 신속하다.

㉰ 제품 형상에 가까운 부품인 비교적 소형 부품 및 중간 소재의 제조에 적합하다.

㉱ 부품의 일부를 복합화하는 부분 복합 재료에 응용이 가능하다.

② 확산 결합법

㉮ 종류에는 전착법, 플라즈마 스프레이스법, 열간 압축법, 분말 야금법 등이 있다.

㉯ 확산을 이용한 방법에서는 온도는 낮으나 복합화 시간이 주조법에 비해 길다.

㉰ 비교적 대형의 판재, 봉재 등의 제조에 적합하다.

③ 금속계 복합 재료의 제작법 분류

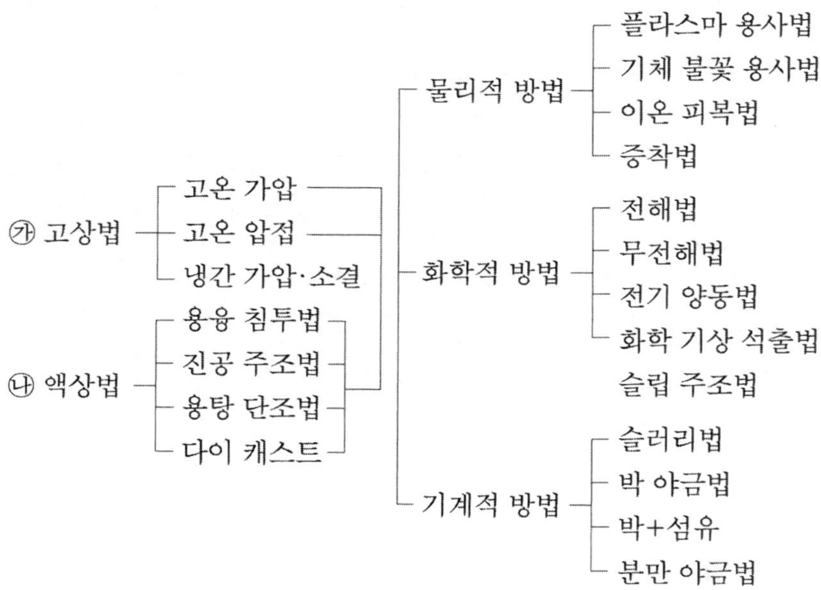

㉰ 석출 제어법(일방향 응고, 일방향 공석(共析))

2 분산 강화 금속(PSM, Particle Sispersed Stengthened Metals) 복합 재료

서멧의 일종으로 기지 금속 중에 0.01 ~ 0.1μm 정도의 산화물 등의 미세 입자를 균일하게 분포시킨 재료가 분산 강화 복합 재료이다.

가. 분산 강화 금속의 특징

① 세라믹과 금속의 복합 재료이며, 고온에서 안정하다.
② 초미립자의 제조가 어렵고, 소성 가공이 어려우며 값이 비싸다.
③ 모체의 변형 저항을 높여서 고온에서의 탄성률, 강도 및 크리프 특성을 개선시킨다.
④ 분산된 미립자는 기지 중에서 화학적으로 안정하고 용융점이 높다.
⑤ 고용하지 않는 화합물인 Al_2O_3나 ThO_2등이 이용되며, 기지로는 Al이나 내열 재료인 Ni, Ni－Cr, Ni－Mo, Fe－Cr 등이 이용된다.
⑥ 이 복합 재료의 성질은 분산 입자의 크기, 형상, 양에 따라 변한다.

나. 제조법

제조 방법에는 기계적인 혼합법, 표면 산화법, 공침법, 용융체 포화법, 산화 환원법, 열분해법, 내부 산화법, 용융 금속의 atomization법, 분사 분산법, 분산 입자를 용융 금속 중에 직접 분사시키는 방법 등이 있다.

① 제조시는 고온에서 안정한 입자를 기지 중에 균일하게 분산시키는 것이 필요하다.
② 실용 재료에는 저온용 내열 재료인 SAP, 고온용 내열 재료인 TD Ni이 대표적이다.
㉮ SAP(sintered aluminum product)
㉠ Al 기지 중에 Al_2O_3의 미세 입자를 분산시킨 복합 재료이다.
㉡ 강화 입자가 기지 금속의 산화물이기 때문에 Al 분말의 표면에 Al_2O_3막을 형성시킨 후 표면의 산화 피막을 파괴할 수 있는 압력을 가하면서 소결하여 제조한다.
㉢ 다른 Al합금에 비해 350～550℃에서도 안정한 강도를 나타내기 때문에 디젤 엔진의 피스톤 밴드(piston band)나 제트 엔진의 부품에 사용한다.
㉣ SAP의 제조 공정

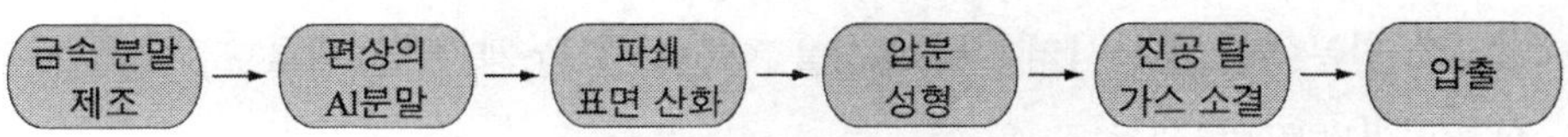

그림 5-4 SAP의 제조 공정

㉯ TD Ni(thoria dispersion strengthened nickel)
㉠ Ni 기지 중에 ThO_2 입자를 분산시킨 내열재(耐熱材)이다.
㉡ 분산상인 ThO_2가 1,000℃ 이상 고온에서도 기지와 반응하지 않아 안정하기 때문에 고온에서도 강도가 유지된다.
㉢ 고온 안정성 때문에 제트 엔진의 터빈 블레이드(turbine blade)등에 이용된다.

㉣ TD Ni의 제조 공정

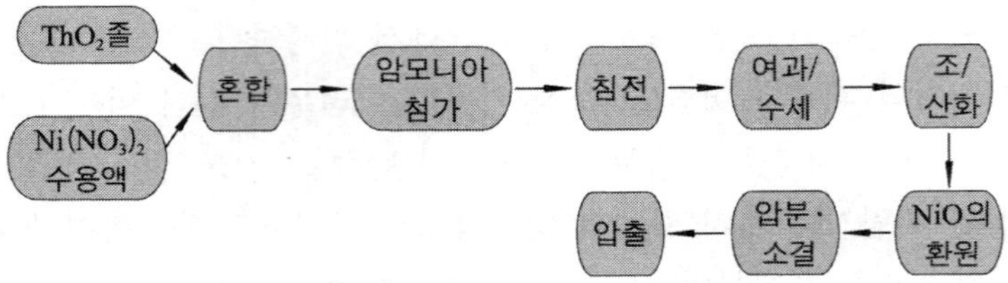

그림 5-5 TD Ni의 재조공정

3 입자 강화 금속 복합 재료

1μm 이상의 비금속 성분의 입자가 20 ~ 80%의 넓은 범위에 걸쳐 금속, 합금 기지 중에 분산된 복합 재료이다.

가. 입자 강화 금속 복합 재료의 특징

① 내열성, 내마모성, 내식성이 우수하며, 경도가 높고 압축 강도가 크다.

② 일반적으로 소성 가공이 어렵다.

③ 제조법

㉮ 기지 금속은 비금속 또는 그 화합물과 서로 고용하지 않기 때문에 기지 금속 분말과 비금속 입자를 혼합해 압축 성형한 후에 소결하는 분말야금법에 의해 제조된다.

㉯ hot – press법이나 비금속 소결체의 기공에 기지 금속을 침투시키는 용침법에 의해서도 제조된다.

㉰ 전자 주조법에 의해 자성을 가진 평균 입도 0.45mm 정도의 WC – Co입자를 기지표면부에만 분산시켜 내마모성을 향상시킨 Fe계 복합 재료도 개발되고 있다.

④ 서멧(cermet)재료

㉮ 1 ~ 5μm 정도의 비금속 입자가 금속이나 합금의 기지 중에 분산되어 있는 재료다.

㉯ 서멧 재료

㉠ 탄화물계 : WC – Co계, TiC – Ni계, TiC – Co계, Cr_3C_2 – Ni계 등

㉡ 산화물계 : Al_2O_3 – Fe계, Al_2O_3 – Cr계 등

㉢ 질화물계 : TiN – Cr계 등

㉣ 붕화물계 : ZrB_2, CrB, TiB_2 등

㉤ 규화물계 : $MoSi_2$, $TiSi_2$, $CrSi_2$ 등

4 클래드(clad) 재료

2종 이상의 금속 또는 합금을 서로 합쳐 각각 소재가 가진 특성을 복합적으로 얻는 복합 재료를 클래드 재료라 한다.

가. 클래드 재료의 특징

① 표면 피복 효과(내식성, 내분위기성), 상호 보완 효과(탄력성, 전도성), 경제 효과(귀금속 피복)가 있으며, 공업적으로 대형 치수의 것을 연속적으로 생산이 가능하다.
② 고온에서 제조하는 경우에는 반응층이 생성하기 쉬우며 다른 것과 접합이 어렵다.
③ 클래드 재료는 일반적으로 얇은 특수한 금속을 두껍고 가격이 저렴한 모재에 야금학적으로 접합시킨 것이 많다.
④ 제조법은 폭발압착법, 압연법, 확산 결합법, 단접법, 압출법 등이 있다.

5 다공질 재료

소결체의 다공성을 이용한 소결 함유 베어링이나 다공질 금속 필터(filter)가 있다.

가. 다공질 복합 재료의 특징

① 단열성, 내화성, 가공성, 차음성이 우수하고, 가볍고, 제조 단가가 높다.
② 소결체의 다공성을 이용한 재료와 발포성 금속을 이용한 재료이다.
③ 용도 : 가정용 기기, 자동차 부품, 토목 기계 부품 등이다.

나. 소결체의 다공성을 이용한 재료

① 소결 금속 필터의 기공률은 금속 분말의 형상, 입도, 충진 방법, 소결 온도와 시간 등에 의하여 변하며, 금속 필터는 여과성이 좋고, 고온에서 잘 견디며, 수명이 길다.
② 기공률 40% 전후의 청동, 18 − 8 스테인리스강, Ni등의 소결체가 이용된다.
③ 기계적 성질이 양호하고 용접, 땜납 등의 접합에 용이하기 때문에 유체를 취급하는 공업 분야에 실용화되고 있다.
④ 소결 다공성 금속 제품으로는 방직기용 소결 링크, 열교환기, 전극 촉매 등이 있다.

다. 발포성 금속

① 발포성 Al

㉮ 비중이 0.5 ~ 0.6으로 매우 가볍고, 내용해성 및 충격 흡수성이 우수하다.

㉯ 가공성이 좋으며, 단열성 및 흡수성이 우수하다.

㉰ 제조법은 Al에 발포제로 금속 화합물을 첨가하여 발포체를 제조한다.

② 백사 – Al 복합 재료

㉮ 미세한 백사를 기지(matrix. 복합 재료에서의 바탕 재료) 금속 중에 분산시킨 것이다.

㉯ 발포 Al과 같은 특성을 가지고 있다.

③ 경석(속돌) – Al 복합 재료, 경량 발포체 – Al 복합 재료

㉮ 비중이 1.2 정도의 경석, 비중이 0.1 ~ 0.15 정도의 경량 발포체의 집합체 사이에 용융 Al을 가압 침투시켜 제조한 복합 재료이다.

㉯ 발포 Al에 비해 비중은 크지만 다른 면에서는 같은 특성을 나타낸다.

6 일방향 응고 공정 합금

공정 조성의 용융 금속을 일방향(一方向)으로 응고시켜 그 조직을 섬유상 또는 층상 구조로 배열한 것이다.

가. 공정 복합 재료의 종류

① 일반적으로 알려져 있는 합금의 종류

$Al - CuAl_2$은 층상 조직이고, $Al - Al_3Ni$은 섬유상 또는 휘스커(whisker)상 조직이다.

② 최근에 주목받는 공정 복합 재료

TaC나 $(Co, Cr)_7C_3$등의 탄화물 섬유 강화 복합 재료, 층상 공정 $Ni33Al - Ni_3N_6$등

③ Co(Ni) – TaC 공정 복합 재료

Co(Ni) 기지 중에 부피비 10 ~ 16%의 TaC 섬유가 정렬된 것이며, 고온에서의 내식성, 내충격성이 우수하다.

④ $Ni_3 - Ni_3N_6$ 공정 복합 재료

고온 강도와 크리프 강도가 우수하지만 내식성은 좋지 않다.

7 섬유 강화 금속 복합 재료의 응용

분류	응용분야
섬유 강화 금속	항공 우주 기기의 구조재
분산 강화 금속	내열재료(제트 엔진 부품)
입자 강화 금속	내열재료, 내마모재료, 초경 공구재료
클래드 재료	바이메탈 복합 전선재료, 내식재료
다공질 금속	건축자재, 오일레스 금속

형상 기억 합금

합금에 외부 응력을 가하여 영구 변형을 시킨 후 재료를 특정 온도 이상으로 가열하면 변형되기 이전의 형상(形狀)으로 회복되는 현상이 일어난다. 이와 같은 현상을 형상 기억 효과(形狀 記憶 效果)라고 하며 이 효과(effect)를 나타내는 합금을 형상 기억 합금(Shape Memory Alloy)이라 한다.

제1절 | 형상 기억 합금의 기구와 그 한계값

형상 기억 합금은 고온의 Austenite 상에서부터 냉각하여 어느 특정 온도(Martensite의 개시 온도)를 통과하면 Martensite 변태가 발생하여 Austenite 상에서 Martensite 상으로 된다.

1 형상 기억 합금 기구

가. 형상 기억 합금의 공통적인 특성

① Martensite 변태는 작은 구동력(驅動力)으로 생기는 열탄성형 변태이다.
② 고온상(高溫相)은 대부분의 경우 규칙 구조를 가진다.
③ 저온상은 저대칭(低對稱)의 결정 구조를 가진다.

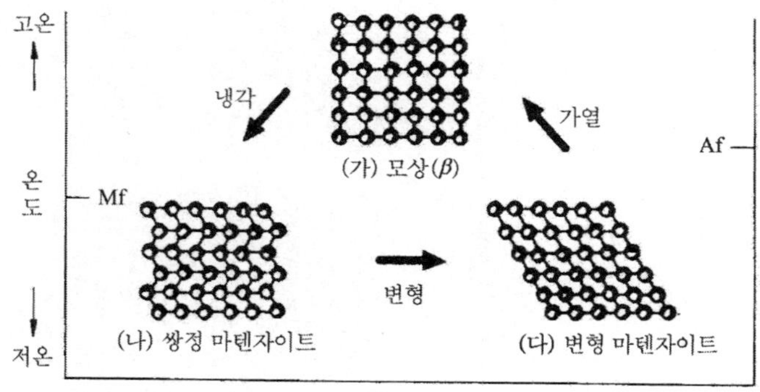

그림 5-6 형상 기억 현상의 결정 변화

나. 형상 기억 합금의 변형 구조가 전위에 의한 기존 재료의 소성 변형과의 차이점

① 응력유기(應力誘起) 마르텐사이트(stress induced martensite)변태
② Martensite 내의 쌍정계면의 이동에 의한 변태
③ 형제정(兄弟晶) 계면 이동에 의한 변태 등이 주요 실태 기구이다.

2 형상 기억 효과

가. 일 방향 형상 기억(one－way shape memory)

고온상의 형상 하나만 기억하는 경우를 1방향 형상 기억이라 한다.

① Austenite상의 형상만을 기억하는 것으로 통상 형상 기억 합금이다.
② 역변태는 모상 역변태 개시 온도(As)에서 시작하여 종료 온도(Af)에서 끝난다.

나. 가역 형상 기억(RSM, reversible shape memory, 2방향 형상 기억)

① 일방향 형상 기억 합금을 다시 냉각시 변형시켰던 형상으로 되돌아가는 경우다.
② Austenite상의 형상 외에 Martensite상이 변형을 받았을 때의 형상도 기억한다.

다. 전방향 형상 기억(All－round shape memory)

① 변형을 준 상태에서 시효시킨 Ni 과잉 Ti－Ni계 합금에서 나타나는 현상이다.
② 온도 변화에 따라 Austenite로부터 중간상을 거쳐 저온상(低溫相)으로 변태하며 이때 Martensite 변태는 2단계로 일어난다.

라. 변형 의탄성(變形 擬彈性)

① 변태 작용시의 Martensite 변태 온도가 역변태 종료 온도보다 높은 경우에 생기는 현상으로 응력유기(應力誘起) Martensite가 외부 응력 제거시 Austenite로 변태하여 일어난다.
② 의탄성(초탄성 또는 고무 탄성)은 열탄성 Martensite 변태에 기인하며 형상 기억 효과와 응력 부하 온도와의 상관 관계에 의해서 결정된다.

제2절 | 형상 기억 합금의 종류 및 응용

형상 기억 효과나 초탄성 현상을 나타내는 합금으로 실용 합금은 Ni－Ti계와 Cu계의 Cu－Al－Ni, Cu－Al－Zn 합금의 3종류가 있다.

1 형상 기억 합금의 조성과 변태 온도

가. 형상 기억 합금의 조성과 변태 온도

① 형상이 회복되는 온도(℃)의 조건 및 온도를 임의 조절 가능 여부
② 형상이 완전히 본래의 상태로 회복할 수 있는지의 여부
③ 형상 회복에 따라 발생하는 힘의 정도
④ 반복하여 변형과 회복을 주어도 회복 능력과 발생하는 힘의 변화 여부

2 형상 기억 합금의 종류

가. Ti－Ni계 합금

연성이 우수하고, 내식성, 내마모성, 반복 피로성이 가장 우수하며, 우월한 특성을 이용하여 센서(sensor)와 액추에이터(actuator)를 겸비한 기능성 재료로서 기계, 전기 관련 부품에 광범위하게 이용되고 있다.

① Ti와 Ni을 원자비로 1 : 1의 비율로 혼합한 Ti－Ni의 금속간 화합물이지만 소성 가공이 가능하고 상온 부근에서 Martensite 변태를 하는 특성을 가지고 있다.
② Ni의 일부를 Cu로 치환한 Ti－Ni－Cu 3원계 합금은 고온이력이 작고, 제 3원소를 소량 첨가함으로써 Ms점을 변화시킬 수 있어 변태 온도의 조절이 용이하다.
③ 제1의 특징
㉮ Martensite 변태 온도(Ar″ 변태 온도) 이하의 온도에서 큰 진동 감쇠능을 가지고 있다.
㉯ 이 합금은 내진재, 방음재로 실용화가 이루어지고 있다.

④ 제2의 특징

㉮ Martensite 변태 온도의 상하에 걸쳐서 Martensite 변태와 역변태가 순환하였을 때 나타나는 형상 기억 효과가 있다.

㉯ 이것은 Martensite 변태 온도보다 낮은 온도에서 변형한 후 Martensite 변태 온도 이상으로 가열하면 변형 전의 원래 형태로 돌아가는 현상이 있다.

⑤ 제3의 특징

㉮ Martensite 변태 온도보다 조금 높은 구역에서 초탄성 현상이 나타난다.

㉯ 항복점을 넘은 수%의 변형이 제하(除荷)에 의하여 고무와 같이 원형으로 돌아가는 현상이며 의탄성(擬彈性)이라고도 부른다.

나. Cu계 합금

Cu계 합금 중 Cu - Zn - Al합금은 결정 입자의 미세화가 곤란하기 때문에 반복 피로 특성이 좋지 않고, 내식성, 내마모성도 Ti - Ni계 합금에 비해 떨어진다.

① 소성 가공성이 좋아서 반복 사용하지 않는 이음쇠(fittings)등의 용도로 사용된다.

② Cu계 합금은 대부분의 금속간 화합물처럼 취약하여 냉간 가공이 곤란하다.

③ 결정 입자의 미세화를 위해서 Ti등의 첨가에 의한 성능 개선을 한다.

④ Cu계 합금의 연성을 개선하기 위한 방법으로는 결정립의 미세화, 집합 조직, 분말 야금법, 급냉 응고법의 적용 등이 있다.

다. 형상 기억 합금제 핀의 동작 원리

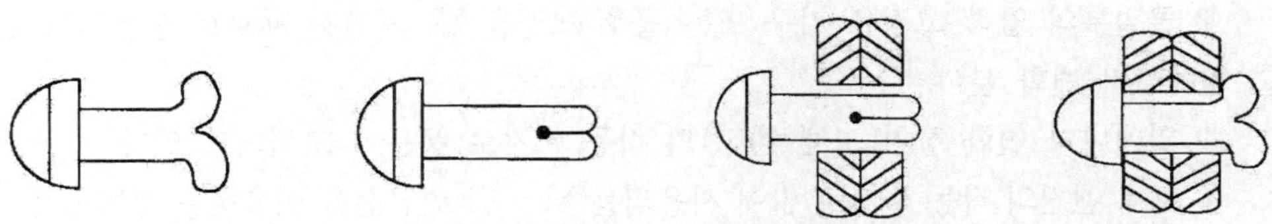

(가) 성형, 형상기억　(나) 앞부분의 굽힘　(다) 접합부에 의한 핀을 끼움　(라) 가열, 죄인 부분

그림 5-7 형상기억 합금제 핀의 동작 원리

3 형상 기억 합금의 응용

형상 기억 합금을 일반 공학적 분야, 열기계적 응용 분야, 의료용 소재 분야, 열에너지 변환 분야 등으로 응용되고 있다.

가. 일반 공학적 응용 및 열기계적 응용

① 일반 공학적 응용

㉮ 고열 가열을 할 필요가 없어 열변화(熱變換)에 의한 성능 저하나 손상이 없다.

㉯ 형상 기억 합금의 회복력을 이용하여 용접이 곤란한 관의 이음 장치에 이용된다.

㉰ 연결 핀, 크램프 등에 사용된다.

② 열기계적 응용

㉮ 온도 감지 기능과 전기, 열에너지를 기계적 에너지로 변환하는 작동 소자의 양기능을 갖고 있어 스위치 소자(素子)나 온도 제어용 장치에 이용된다.

㉯ β − Alloy(Cu − Zn − Al계 합금)를 이용되어 온도 제어 장치로 개발되었다.

㉰ 온수 난방용 온도 조절 장치, 온도 경보기 등에 이용된다.

㉱ 자동차 관련 분야에서 엔진 과열 방지용 팬 클러치, 연료 분사 장치에 이용된다.

나. 의료용 소재 분야 및 열에너지 변환 분야의 응용

① 의료용 소재 분야

㉮ 의료용 소재에 사용할 경우 내식성과 생체학적 적합성이 중요하다.

㉯ Ti − Ni 합금선을 사용한 응혈 제거용 필터, 인공 심장 등에 사용된다.

㉰ 골절부의 압박 고정용 기구 또는 곱추 교정용 봉, 치과용 재료로 응용되고 있다.

② 열에너지 변화 분야

㉮ 열에너지 변화 장치(고체 엔진)의 작동 소자로 응용이 모색되고 있다.

㉯ 고체 엔진의 작동 소자로 많이 사용되는 Ni − Ti 합금선을 이용하는 방법에는 U자형 세선(細線), 인장된 세선(細線) 코일형 세선(細線) 등이 있다.

제진 재료

제진 재료는 도료나 판재의 형태로 기계 장치의 표면에 부착하여 그 진동을 제어하기 위하여 사용하는 재료이며, 방진 재료는 진동의 전파를 방지하여 주는 재료이다. 제진 합금이란 두드려도 소리가 나지 않는 합금을 의미한다.

제1절 | 제진의 원리

공기압의 진동을 열에너지로 변화시켜 흡수하는 흡음(吸音) 재료와 공기압 진동의 전파를 차단하는 차음(遮音) 재료가 소음의 방지책으로 사용되고 있다.

1 진동 및 소음(騷音)을 방지하는 대책

가. 진동 및 소음(騷音)을 방지하는 대책 방법

① 진동원(振動源)의 진동을 감소시키는 방법
② 발생한 진동이나 소리(音)를 흡수하는 방법
③ 진동이나 소리의 전파를 차단하는 방법

나. 진동이나 소음 대책에 이용 가능한 재료

기 능	대 상	
	음(音)	진동(振動)
에너지의 흡수(열에너지로의 변화)	흡음(吸音) 재료	제진 재료(흡진 재료)
에너지전파의 차단(에너지의 반사)	차음(遮音) 재료	방진(防振) 재료

① 공기음의 대책에는 흡음과 차음이 있다.

㉮ 흡음(吸音)은 공기압의 진동을 열에너지로 흡수해 버리는 것으로 재료에는 연질 폴리우레탄폼 glass wool 등이 있다.
(이들 재료는 표면에 많은 소공공(小空孔)이 있어 이 공극 내에서 공진하는 공기 자신의 점성에 의해서 흡음한다.)

㉯ 차음(遮音)은 공기압의 진동의 전파를 차단하는 것으로 재료에는 콘크리트, 석고 보드 등이 있다.
(차음 재료는 공기압의 진동을 반사하고, 자신의 진동을 감쇠시키며 공기압의 진동을 방사(放射)하지 않아야 한다.)

② 진동 대책

㉮ 진동 대책에는 방진과 제진이 있다.

㉯ 방진(防振)

㉠ 진동의 전파를 방지하는 것이 방진이며 탄성지지(彈性支持)가 이용된다.

㉡ 탄성지지에 사용되는 방진 재료 : 방진고무, 금속 코일 스프링, 압축 공기 등

㉰ 제진(制振)

㉠ 진동 발생원인 고체기기의 진동 자체를 감소시키는 것을 제진이라 한다.

㉡ 동적 흡진(吸振) 시스템 드는 진동을 억제하는 능동적 제진을 이용한다.

㉢ 도료 또는 판(板)으로 하여 기계 장치의 표면에 부착하거나 또는 점탄성과 내부 마찰이 큰 고무, 아스팔트, 플라스틱 등을 이용한다.

㉣ 제진 합금은 구조용 재료로서의 강도와 제진 재료로서의 감쇠능(減衰能)을 겸비해야 한다.

③ 고체음의 대책은 본질적으로는 진동 대책이다.

2 제진 기구

대부분의 제진 합금에서 제진 성능은 그 내부 마찰에 기인하므로 제진 기구는 내부 마찰 기구와 같으며, 감쇠능의 물리적 의미는 대부분의 경우에 내부 마찰과 같다.

가. 제진 기구의 내부 마찰의 중요 원인

① 열탄성 효과

㉮ 고체 재료에 압축이나 인장 응력이 가해지면 발열이나 흡열이 발생하게 된다.

㉯ 응력이 불균일하게 발생하면 은도 차이가 나타나서 열의 이동이 생긴다.

㉠ 열 이동은 완화(緩和) 현상을 가져오게 된다.

㉡ 횡진동(橫振動)에서는 이에 의한 내부 마찰은 비감쇠율(SDC) ≅ 0.1% 정도이다.

② 원자(原子)확산 효과

㉮ 용매 원자의 결정 격자 사이에 침입한 용질 원자는 변위장(變位場, 음파)을 형성하고 외력이 작용할 때 인접 격자간 위치로 이동한다.

㉯ 격자 사이에 침입한 원자의 확산에 의한 완화 과정은 Snoek 피크의 원인이라 간주되며, 상온에서도 이 현상이 나타난다.
이 형의 내부 마찰 피크는 SDC로 수%에 달한다.

㉰ 치환형 이종 원자의 확산에 따른 완화 과정은 Zener 피크 등의 원인이다.
형의 피크는 150℃ 이상의 고온에서 많이 나타나며 SDC로 20～20%에 달한 것도 있다.

㉱ Ferrite에 외력이 작용하면 전자가 Fe^{2+} 이온과 Fe^{3+} 이온 사이에 이동한다.
이 때 완화 과정에 따른 피크는 수십 kHz 범위의 진동수일 때 상온 이하에서 나타나며, SDC로는 수% 이상이 된다.

③ 전위 운동의 효과

㉮ 불순물 원자에 의해서 결정의 결함들이 고착된 전위선이 외력에 의해 비가역적으로 왕복 운동하면 정적 히스테리스형의 내부 마찰이 생긴다.
상온에서 SDC로 나타내면 수% 정도이다.

㉯ 전위선이 외력과 공진하는 경우 변위장의 에너지가 격자 진동이나 전도전자(傳導電子)에너지로 변하는 과정은 106～109Hz 정도의 초음파 감쇠를 유발시킨다.

㉰ 전위선이 열에너지의 도움으로 결정 격자의 포텐셜 장벽을 극복하여 가역적으로 이동함에 따른 완화 과정은 Bordoni 피크의 원인이라고 할 수 있다.
수 kHz～수십 kHz의 진동수 범위일 때 －120℃ 이하의 저온에서 나타날 경우가 많으며, 이 피크는 SDC로서는 1% 이하이다.

㉱ 10^2 ～ 10^4Hz 정도의 진동수 범위에서 상온 이하의 온도에서 관측되는 내부 마찰의 피크는 이종(異種)원자 또는 공공(空孔)의 확산을 동반한 전위이동에 따른 완화 과정 때문이라 할 수 있다.
이때의 피크는 SDC로서는 1% 이하이다.

④ 결정 입계의 이상 계면 이동 효과

㉮ 이종(異種)원자와의 상호 작용을 수반한 이면 이동 또는 계면의 전단 변형 등을 통하여 정합성(整合性)이 없는 계면은 응력 완화를 일으킨다.

㉯ 이것에 의해 생긴 내부 마찰은 절대 온도로 표시한 융점의 $\frac{1}{2}$ 이상의 고온에서 특히 크며 피크는 ADC로서 수십%가 된다.

㉰ Martensite와 모상과의 계면 및 Martensite 중의 쌍정 계면과 같은 정합계면의 이동은 동적 또는 정적 히스테리시스에 의한 내부 마찰의 원인이 된다.

⑤ 강자성체

㉮ Micro 또는 Macro 과전류 효과와 자기 - 역학적 히스테리시스 효과에 의해 강자성체는 일반적으로 높은 감쇠능을 나타낸다.

㉯ 강자장(强磁場)에서는 이러한 효과가 나타나지 않는다.

제2절 | 제진 합금의 종류와 응용

합금계로 분류하면 Mn – Cu, Cu – Al – Ni, Al – Zn, Mg – Zr, Ti – Ni, Fe – Cr – Al 등이 있는데 이 합금들은 내부 마찰이 크므로 고유 진동 계수가 작게 되어 금속음이 나지 않는다.

1 제진 합금의 특징

제진 합금은 내부 마찰이 매우 크며, 진동 에너지를 열에너지로 변환시키는 능력이 크기 때문에 진동을 빠른 속도로 감쇠시키는 능력을 가지고 있다.

가. 고무, 플라스틱 재료

① 감쇠능이 높아 60% 정도의 SDC값을 나타낸다.

② 인장 강도는 1 ~ 10kg_f/mm^2이고, 탄성률은 5 ~ 50kg_f/mm^2이다.

나. 고감쇠능 구조용 재료

① 제진 합금은 SDC가 10% 이상이며 인장 강도가 30kg_f/mm^2 이상의 것이 요구된다.

다. 기계 구조용 합금

① 탄성률은 7.000kg_f/mm^2정도 이상이며, 순금속에 가까운 연한 합금의 SDA는 거의 10% 이하이고, 강도가 높을수록 감쇠능은 낮아진다.

라. 강도가 높고 제진 계수가 큰 것이 제진 합금으로 적합하다.

① 제진 계수가 클수록 감쇠 속도가 증가되며, 동시에 공명 피크가 작아진다.

② 합금의 제진 계수

합금	황동	구상 흑연 주철	황동강	회주철	순철	Mg 합금
제진계수	0.2%	2%	0.6%	6%	20%	60%

마. 제진 합금은 내부 마찰이 크고 진동에너지를 열에너지로 변화시키는 능력이 크다.

① 진동을 빠른 속도로 감쇠시키는 능력이 있다.

② 기계, 차량 및 구조용 등 진동과 소음을 방지할 수 있다.

2 제진 합금의 종류

제진 합금 종류는 복합형, 강자성형, 전위형, 쌍정형, 기타의 5종류로 분류할 수 있다.

기구	감쇠능형	합금명(조성예)	인장강도 (kg_f/mm^2)	SDC (%)
복합형	완화(緩和)	편상흑연주철(Fe − 3C − 2Si − 0.7Mn)	10	10
		압연주철(RFC)(구상흑연주철)	70	20
		Al − Zn 초소성합금(Al − 22Zn)	20	20
강자성형	정적 히스테리시스	사이렌타로이(Fe − 12Cr − 3Al) 트렝크로(Fe − 12Cr − 1.3Al − 0.6Mn − 0.1C)	40	40
		젠다로이(Fe − 15Cr − 2Mo − 0.5Ti) NIVCO − (Co − 23Ni − 1.9Ti − 0.2Al)	40	20
전위형	정적 히스테리시스	K1×1합금(Mg − 0.6Zr)	15	50
정합계면형 I 반강자성형	완화	인크라뮤트(Cu − 40Mn − 2Al) 소노스톤(Cu − 37Mn − 4Al − 3Fe − 1.5Ni)	60	40
정합계면형 II 열탄성 Mattensite형	정적 히스테리시스	니티놀(Ni − 50at%Ti)	60	30
		프로테우스(Cu − 16Zn − 8Al)	30	30
기타 입계부식층 스테인리스, 소결다공질 주철, 제진강판	완화	V.C 메탈(18 − 8스테인리스) Pipeless	30	30

가. 복합형 합금

미세 조직에 여러 종류의 상이 존재하며, 이 상들의 이상(異相)계면이 감쇠에 중요한 기여를 한다.

① 편상 흑연 주철은 내마모성이 우수하기 때문에 공작 기계의 헤드, 기어 등에 사용된다.

② 압연 주철은 강도가 높은 구상 흑연 주철을 압연하여 흑연을 편상화시켜 감쇠능을 높게 한 것이다.

③ Al − Zn계 합금은 상온에서 높은 강도를 필요로 하지 않는 전자 부품에 이용된다.

나. 강자성형 합금

강자성 결정에는 자기 스핀이 일치하도록 높은 격자에 자왜(磁歪 ; Magnetic strain)가 생기게 되므로 자구(磁區 ; Magnetic domain)로 분할된다.

① 동일 자구 내에서는 스핀이 동일 방향으로 향해 있기 때문에 외력을 가하면 자왜와의 상호 작용에 의해 자구벽이 이동하고, 이에 따라 자기 스핀의 회전이 일어난다.

② 내부에 생기는 자화 변화를 소멸시키기 위해 물체 표면에 과전류가 흐르고 내부로 차츰 유입되고 과전류는 반대로 자왜를 통하여 변위를 일으킨다.

③ 이 변위는 외력에 대하여 위상(位相)이 늦어지게 되므로 열탄성 효과와 같은 완화 현상이 나타나며 이것을 Macro 과전류 효과라 한다.
(Macro 과전류 효과 : 자벽(磁壁)의 이동에 따른 국부적인 자화 변화에 대응하여 자벽 주위에 생성되는 과전류에 의한 동일한 효과를 말한다.)

④ 자기(磁氣) – 역학적 히스테리시스형 효과는 노벽(爐壁)이 이동이 비가역적으로 일어나게 하는 효과가 있으며, 감쇠능의 진폭에 대한 의존성이 크다.
정적 히스테리시스형의 내부 마찰이 이 형의 제진 합금 감쇠능의 주된 부분을 차지한다.

⑤ 이 합금은 정합계면형에 비해 사용 온도 상한이 높은 것이 특징이다.

다. 전위형 합금

Mg합금의 고감쇠능(高減衰能)은 전위에 의한 정적 히스테리시스형이라 할 수 있고, 밀도를 낮추기 위하여 로켓트에 제작되는 장치의 보호지지 구조에 이용되며, 장치가 발사 충격에 의한 고장을 방지하는 역할을 한다.

라. 정합계면형(반강자성형) 합금

Mn의 γ상(FCC 구조)을 주축으로 하는 합금은 Neel 변태점 이하에서 반강자성을 나타냄과 동시에 저온에서 격자가 정방정으로 변한다. 이때 미세한 쌍정이 형성되며 외력과 격자의 정방정(正方晶)격자 변위의 상호 작용에 의해 쌍정계면의 이동이 일어나므로 이에 따라 –100℃와 TFCC/FCT 사이에 완화형의 감쇠능 피크가 나타난다.

① 실용 γ – Mn – Cu 합금에서는 조성과 열처리를 적당히 함으로써 반강자성을 나타내는 상과 나타내지 않는 상으로 이루어진 복합상 조직으로 된다.
이 형태의 합금은 비교적 고강도고, 작은 스트레인 진폭에도 고감쇠능을 나타내는 특징이 있다.

② 감쇠능이 TFCC/FCT(실용적으로는 약 120℃ 정도)에서 급격히 감소하며 시간이 지남에 따라 감쇠능이 감소되는 것이 단점이다.
③ 인크라뮤트(Incramute)는 캠, 샤프트, 기어 등 기계 부품에 이용된다.

마. 정합계면형(整合界面型, 열탄성 Martensite형) 합금

① Martensite상에서는 격자 변태에 의한 변형 때문에 미세 쌍정 및 전위가 존재한다.
② Martensite상의 감쇠능은 쌍정계면 및 전위의 이동에 의한 히스테리스형이 주이다.
③ Martensite상과 모상이 공존하는 경우에는 정합 상태인 이상계면(異相界面)의 이동에 의해서(1차 상변태) 또는 계면이동을 동반하는 격자 변태(2차 상변태)의해서 매우 높은 감쇠능을 나타낸다.(100℃ 이상의 고온상 상태에서는 감쇠능이 매우 낮다.)

바. 기타

① 입계 부식층형 스테인리스강
㉮ 재료 표면의 결정 입계를 선택적으로 부식시켜 표면에 미세한 흠을 형성한다.
㉯ 흠의 양측에 생기는 외부 마찰에 의해 감쇠능이 높아진다.
② 다공질 주철
㉮ 주철의 분말을 소결한 것으로 감쇠능은 높고 흡음성(吸音性)이 우수하다.
㉯ 차음판 및 비디오 관련의 방진용으로 이용되고 있다.
③ 제진 강판
㉮ 제진 재료의 플라스틱막을 표면에 부착시키거나 또는 막(膜)을 판(板)으로 하여 샌드위치 형태로 이용한 복합 재료이다.
㉯ 차음 패널 및 자동차의 오일 팬(oil fan)등에 이용된다.

사. 4종 형식의 방진 합금

기구	쌍정형	강자성형	전위형	복합형
합금명	Mn – 58Cu – 2Al Ni – 50(at%)Ti Cu – Zn – Al	Fe – 12Cr – 3Al Fe – 15Cr – 2Mo – 0.5Ti	Mg Mg – 0.5Zr	Fe – 3C – 2Si – 0.7Mn Al – 39(at%)Zn Fe – 25Cr – 20Ni

3 제진 합금의 응용

가. 제진 합금을 이용한 구조물

① 구조물 자체 및 외력에 대한 변위가 작고(특히 공진 진동수가 작다.), 발생된 진동이 다른 물체에 전달하지 않고, 다른 물체에서 생긴 진동도 전달되지 않는다.

② 구조물에 생긴 자유 진동은 짧은 시간 내에 감쇠하여 구조물 내를 이동하는 음파는 짧은 거리 내에서 감쇠한다.

③ 제진 합금을 이용하여 기계 구조물을 만들면 공기 및 수중음(水中音)의 방사(放射)가 작게 됨과 동시에 고체음도 감소하고, 기계적 정밀도 향상, 피로 응력, 부식 등에 대한 수명이 길어진다.

나. 제진 합금의 응용의 예

합금명	사용예
소노스톤(sonostone)	잠수함, 어뢰 스크루, 체인 콘베어, 고속 테이프 펀치, 방음 차바퀴
사이렌탈로이(silentalloy)	솔레노이드 플랜저, 철도 선로의 보수기, 피스톤 헤드, (문, 셔터), 사무 기기, 대전력 직류 개폐기
인크라무트(incramute)	핫코트 레일의 해머, 둥근 판, 디스포잘
구상 흑연 주철	둥근 판
Fe – Cr – Al 합금	장갑차

① 편상 흑연 주철

㉮ 회주철 중에 흑연이 포함되어 있으므로 두드리면 Ferrite와 Pearlite 조직 부분과 편상 흑연의 계면에서 점성 유동이 일어나서 진동 에너지가 흡수되기 때문에 강에 비하여 소리의 감쇠가 빠르다. (SDC값이 크다.)

㉯ 회주철은 우수한 제진 기능 때문에 공작 기계 베드(bed)로 사용되고 있다.

② 소노스톤(sonostone)는 Mn – Cu계 합금은 조용한 잠항 능력 때문에 잠수함의 스크루(screw)재료로 좋다.

③ 사이렌탈로이(silentalloy)는 Cr(12 ~ 13%)과 Al(2 ~ 3%)을 포함한 고크롬강으로 강자성형에 의한 것이다.

④ 인크라무트(incramute)는 Cu – Mn – Al계 합금으로 쌍정형 합금이다.

⑤ 젠다로이(Cu – Mo계 합금강)는 절삭 공구 지지(支持)용으로서 강자성형 제진 합금을 사용되고 있다.

다. 제진 합금 실용화의 문제점

① 재료의 감쇠능 특성이 비선형(非線型)인 것에도 연관되어 진동 공학적 계산이 곤란하며, 감쇠능의 값 자체가 고분자 재료에 비해 작아서 성능이 불충분하다.

② 감쇠능이 온도 및 진동 폭에 대한 의존성이 강하기 때문에 사용하기가 어렵다.

③ 재료 구입이 곤란하며, 재료의 가격이 높다.

그 밖의 재료

제1절 | 수소 저장 합금

금속 수소화물은 수소가스 분위기를 반대로 변화시키면 원래의 금속과 수소가스 분위기로 분리된다. 이 역반응은 저장된 수소가스가 금속으로부터 방출되는 것같이 보이게 되는데 이러한 현상의 합금을 수소 저장 합금이라 한다. 이 때 반응열이 흡수 및 방출도 함께 수반하므로 에너지 변환 기능을 가지게 된다.

1 수소 저장용 합금의 필요성

수소를 저장하거나 수송하는 방법으로 가장 편리하고 효과적인 수단으로 수소 저장 합금을 이용된다. 이 수소를 운반하는 방법은 파이프라인, 액체 수소 또는 고압 봄베(Bomb e)를 이용하고 있다.

가. 수소 저장 합금의 필요성

① 이 합금은 수소가스와 반응하여 금속 수소화물이 되고 저장된 수소는 필요에 따라서 금속 수소화물로부터 방출시켜 이용한다.

② 수소가 방출하면 금속 수소화물은 원래의 수소 저장 합금으로 되돌아온다.

㉮ 화학 반응식으로의 표현 : 수소 저장 합금 + H_2 ↔ 금속 수소화물

㉯ 금속 수소화물은 단위 부피($1cm^3$) 중에 10^{22}개의 수소 원자를 포함하여 기체 수소의 약 1,000이며, 수소가스를 금속 수소화합물로 저장하면 1,000기압의 고압 수소가 밀도와 같게 된다.

③ 수소 밀도의 비교

(단위 : 원자/cm^3)

수소상태	기체수소 (N.T.P)	액체 수소 (−253℃)	TiH_2	$LaNi_5H_{6.7}$	FeTiH	ZrH_2
수소밀도(원자/cm^3)	5.4×10^{19}	5.3×10^{22}	9.1×10^{22}	7.5×10^{22}	6.3×10^{22}	7.2×10^{22}

㉮ 수소화물은 금속보다 밀도가 작으므로 수소화물이 형성된 부분의 부피는 증가하게 되며 이러한 이유로 결정에 변형이 생기거나 금속 입자 경계의 균열이 발생한다.
㉯ 균열의 발생에 의해서 새로운 금속 표면이 나타나서 반응을 촉진하게 된다.
㉰ 수소화에 의해서 표면적이 증가하므로 수소화를 반복하면 반응 속도는 어느 일정 값에 도달할 때까지 계속 증가하게 된다.

2 수소 저장의 원리

금속이 수소가스를 흡수 저장(低張) 과정은 가스가 금속 표면에 흡착하여 수소 원자가 되고 이것이 금속 내부로 침입 고용하여 간다.

가. 금속 수소화물(MHy)이 되는 반응

고용체 내의 수소 농도(χ)가 외부로 부터의 수소 공급으로 점차 커져서 금속 수소화물이 된다.

① $\frac{2}{(y-x)} \cdot \mathrm{MH}x + \frac{1}{2}\mathrm{H}_2 \rightarrow \frac{2}{(y-x)} \cdot \mathrm{MH}y$

- M : 금속 원자 • x, y : 정수(x : 일반적으로 $x<1$이다.)

② 이 반응에서 수소화물은 일정 온도에서는 일정 압력의 수소와 팽창한다.
③ 수소화물은 주위의 수소를 제거하면 분해하여 계속해서 수소를 방출한다.
④ 상온 부근에서 방출되는 수소압이 1～10기압이면 취급하기 쉽다.

나. 수소 저장 합금의 미분말화(微粉末化)

수소의 흡장과 방출을 되풀이 하는 재료는 그 팽창, 수축에 따라 내부 변형 때문에 파괴되어 분화(粉化)하게 되며, 수소 저장 합금은 수소를 흡수 저장할 때 팽창하고 방출할 때는 수축한다.

① 일반적으로 결정질 합금에서는 분화가 진행되나 비정질 합금에서는 분화가 안되는 것도 있다.
② 비정질과 결정질 합금의 수소 흡장 특성 비교

㉮ 비정질 및 경정질 합금의 수소 저장 특성

수소 흡장 온도 (℃)	비정질 $Ni_{63.7}Zr_{36.3}$		결정질 $Ni_{63.7}Zr_{36.3}$	
	$(H/M)_{max}$	Plateau	$(H/M)_{max}$	Plateau
260	0.29±0.01	없음	0.27±0.01	없음
160	0.41±0.02	없음	0.63	없음
60	0.54±0.02	없음	0.66±0.02	없음

※ $(H/M)_{max}$은 저장된 수소의 최대 농도를 H와 금속(M)의 원자비로 표시한 값이다.

㉯ 비정질 $Ni_{63.7}-Zr_{36.3}$합금의 수소 흡장 온도는 60～260℃의 범위고, 결정화 온도(57℃)보다 훨씬 낮다.

다. 괴변(壞變 ; disproportion)

TiCu나 Ti_2Cu는 결정질 또는 비정질 합금의 어느 것이나 TiCuH나 Ti_2CuH에 가까운 화학 조성의 3원 수소화물을 형성하는데 불안정하여 TiH_2와 Cu로 분해되는 현상으로 괴변은 Mg계 수소 저장 합금에서 많이 나타난다.

괴변 현상을 일으키는 수소 저장 합금은 수소의 흡수 저장과 방출을 반복하는 재료로는 부적합하며 괴변의 진행에 따라 수소 저장량, 저장 속도 등의 성질이 나빠진다.

라. 금속 수소화물의 에너지 변환 기능

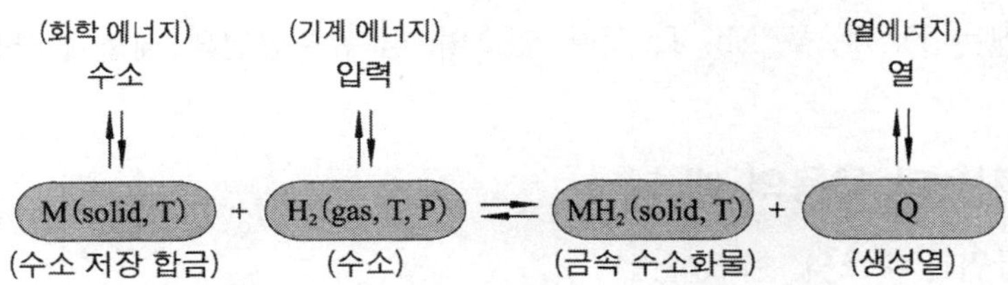

그림 5-8 금속 수소화물의 에너지 변환 기능

3 수소 저장 합금의 종류와 응용

가. 수소 저장용 합금의 기능과 용도

① 수소 저장성

㉮ 종류에는 FeTi계, Mg_2Ni계, 희토류계 금속간 화합물(예 $LaNi_5$) 등이 있다.

㉯ 자동차 연료용, 연료 전지의 발전(發電) 등에 사용된다.

② 수소의 분리, 정제(庭際)

㉮ 종류에는 희토류계, $MnNi_{4.5}Al_{0.5}$ 등이 있으며, 수소의 순도 99.9999%(6nine) 이상에 사용한다.

③ 열에너지의 저장 · 수송

㉮ 종류에는 FeTi계, $LaNi_5$계, Mg_2Ni계 등이 있으며, heat pump, 태양 장기 축열시스템, 냉온방용 등에 이용된다.

④ 저온 · 저압에서 수소 저장 → 고압 수소가 발생한다.

㉮ 종류에는 FeTi계, $LaNi_5$계 등이 있으며, 정압축기(compressor), 케미컬, 엔진(열에너지 → 기계 에너지) 등에 이용된다.

⑤ 촉매 작용

㉮ 종류에는 $LaNi_5$, $ThNi_5$ $LaCo_5Ni$ 등이 있다.

㉯ $LaNi_5$, $ThNi_5$ 등은 암모니아 합성에 이용되며, $LaNi_5$, $LaCo_5Ni$등은 에틸렌 수소화에 이용된다.

⑥ 금속의 미분말 작용

㉮ 종류에는 Ti, Zr, V, Nb, Ta 등이 있으며, 금속 미분말의 제조에 사용된다.

나. 중요한 기능과 응용의 예

① 수소 공급원과 수소의 순화(純化)

㉮ Mg, Mg_2Ni는 가벼우므로 자동차에 적합하나 상온에서는 평형 수소압이 낮고 300℃로 가열해야 수소압이 수기압에 이른다.

㉯ 상온에서 수소를 방출하는 $LaNi_2$나 FeNi계 합금에서 먼저 수소를 방출시켜 연소하고 그 폐기 가스로 Mg계 재료를 가열하여 얻어진 수소를 연속 운전한다.

㉰ 수소를 사용한 폐기 가스 중의 NO_x 농도는 휘발유의 $\frac{1}{4}$이라고 하며 또 액체 수소방식에 비하여 설비비, 가동비가 적다.

㉱ 수소 저장 합금에서 방출되는 수소가스의 순도는 원료 수소가스보다 높으며 불순가스성분은 합금 내에 축적되어 합금의 수소 저장 특성을 저하한다.

㉮ Fe – Ti 합금에 흡수된 수소가스(원료 수소가스의 순도 99.9%)가 다시 방출되면 그 순도는 99.9999%라 한다.

이때의 불순물은 O_2, N_2, CO, CO_2, CH_4 각각 0.1ppm 이하, H_2O는 0.2ppm 이하이다.

㉯ 수소 저장 합금에서 방출된 고순도 수소가스는 반도체 재료의 열처리에 이용된다.

② 촉매(觸媒)

㉮ 수소 저장 합금에 흡수 저장되어 있는 수소는 H^+ 이고 합금 표면에서는 원자 상태이므로 이것을 화학 반응에 이용한다.

㉯ 에틸렌(ethylene)의 수소화 반응에서 – 78℃에서 합금으로부터 발생한 수소는 모두 에틸렌의 수소화에 소비되었다.

이 때 수소화 속도는 에틸렌의 압력에 의존하지 않고 합금의 수고 농도에 비례했다.

㉰ 이 합금에 의한 수소화 반응에서는 흡수 저장 농도가 커짐에 따라 합금의 격자 정수가 커져서 합금 표면에의 에틸렌 흡착, 합금으로부터의 H의 공급이 촉진되어 – 78℃의 저온에서도 반응 활성은 크다.

㉱ 일산화탄소의 수소화 반응, 암모니아 합성 반응, ethane의 수소화 반응에 이용된다.

③ 정적 압축기(靜的 compressor)

㉮ $LaNi_5$ – H 평형에서는 온도를 변화시켜서 고압 수소가스를 얻을 수 있다.

㉯ 이 정적 압축기로 얻어진 고압 수소를 단열 팽창시키면 Joule – Thomson 효과에 의하여 냉각되며, 이 원리를 이용하여 수소가스의 액화기(液化機)에 이용한다.

④ 수소 연료 전지용 전극

㉮ 연료 전지는 이온 도전성 전해액에 정극(正極)과 부극(負極)을 한 쌍으로 하여 넣고 정극에 산화제(순산소 또는 공기)를 부극에 수소가스 또는 다른 연료 가스를 공급하여 부극면에서 연료의 산화 작용을 진행시키면 전자가 부극에 생겨서 외부 회로로 통하여 정극이 흐른다.

㉯ 연료의 산화 반응에 의하여 직접 전기 에너지를 얻을 수 있다.

㉰ 연료 전지의 에너지 변환 효율은 높으며, 부극에 직접 수소 저장 합금을 이용하면 종전의 다공질 전극과 다른 특성을 얻을 수 있다.

㉱ 전극에 사용하는 수소 저장 합금이 요구되는 특성

㉠ 주목적은 수소 저장 목적이며, 전해액 중에서 장기간 화학적으로 안정하여야 한다.

㉡ 수소 저장, 방출의 반복 후 저장량이 저하하지 않고 넓은 온도 범위에서 방전용량이 변화하지 않을 것

㉢ 분극(分極)을 적게 하기 위해 촉매를 이용하거나 전극 자체의 저항 분극을 작게 한다.

⑤ Heat pump와 냉난방 장치

㉮ M_1 합금의 수소화물(60℃에서 분해하는 $LaNi_5$ 등)을 저온으로 가열하여 분해 생성한 H_2를 파이프로 M_2 합금에 보내어 수소화물을 만들 때(이 때에 100℃의 온도를 발생하는 $LaNi_{4.7}\ Al_{0.3}$등)의 발열 반응으로 에너지를 발생시켜 저온 에너지를 고온 에너지로 하는 Heat pump를 얻을 수 있다.

㉯ 이러한 합금을 적당히 선택함으로써 작동 온도를 선정할 수 있고, 이러한 기능을 이용하여 냉난방 장치를 설치하여 가동한다.

다. 대표적인 수소 저장 합금의 수소 함유율과 분해 온도

금속 수소화물	수소 함유율(중량%)	분해 온도(℃)	금속 수소화물	수소 함유율(중량%)	분해 온도(℃)
LiH	12.6	855	$TiFeH_{1.8}$	1.8	− 18
CaH_2	4.7	790	$TiCoH_{1.5}$	1.4	110
MgH_2	7.6	284	$TiMn_{1.5}H_{2.14}$	1.6	− 20
$MgNiH_4$	3.6	253	$TiCr_2H_{3.6}$	34	− 90
TiH_2	4.0	650	$LaNi_5H_6$	1.3	15

① Mg계의 금속 수소화물

㉮ MgH_2의 형을 가지며 수소 저장률이 큰 장점이 있다.

㉯ 수소의 방출 온도가 높고 반응 속도가 느린 단점이 있어 Ni, Cu, Na 등을 첨가하여 실용화한다.

② Fe − Ti계 합금

㉮ 수소화물의 평형압이 상온에서 수기압이고 사용이 용이하며 가격이 저렴하여 실용화 가능성이 크다.

㉯ 활성화가 어렵고 수소의 저장 및 방출을 반복함에 따른 수소 저장량이 감소된다.

③ Cu계 합금

㉮ 수소 해리압이 100℃의 경우 5 기압 정도로 비교적 사용하기 쉽고 값이 싸다.

㉯ 100℃ 부근의 에너지 변화 기능용 합금으로 유망하다

④ 희토류계 합금

㉮ 희토류 원소 중의 하나인 La과 Ni 합금인 $LaNi_5$는 특성은 좋으나 값이 비싸다.

㉯ La 대용으로 모나지이트(monazite, 희토류의 원료)를 그대로 전해 정련한 혼합 금속인 미쉬메탈(mischmetal, Mm)을 사용해 Mm − Ni계 합금으로 연구 제조되고 있다.

4 금속 수소화물의 용도

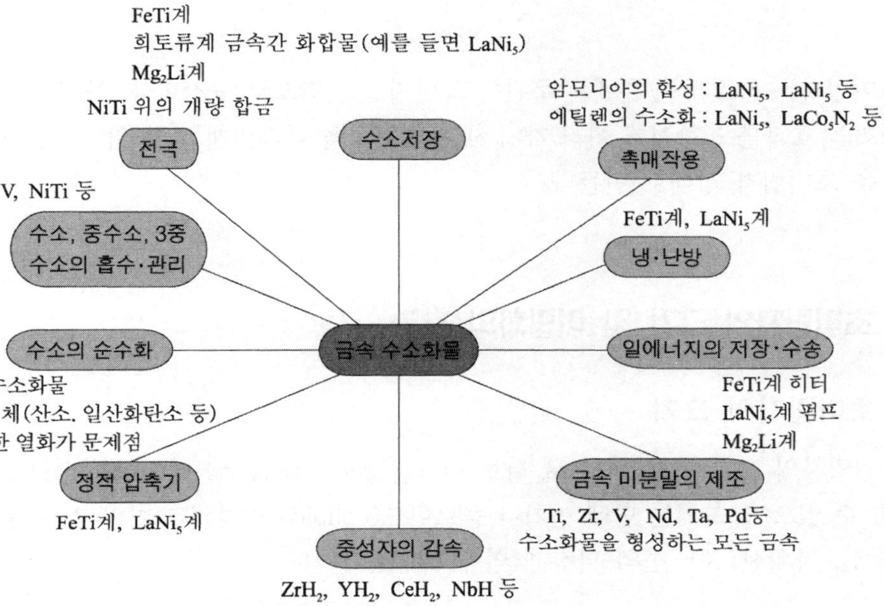

그림 5-4 금속수소화물의 용도

제2절 | 금속 초미립자

초미립자는 물질의 종류에는 무관하고 단지 크기만으로 규정한다. 물질 고유의 물성과 미립화의 효과를 조합시켜 여러 가지 새로운 특성을 나타내게 하기 위하여 금속이나 세라믹등을 초미립자 상태로 만든다.

1 초미립자의 크기 및 미립화의 효과

가. 초미립자의 크기

초미립자의 크기는 일반적으로 서브 미크론(sub – micron) 이하이지만 100nm 이하라고 할 수 있으며, 크기는 담배 연기나 콜로이드(colloid) 입자의 크기와 같은 정도이며, 가시 광선, 자외선, X – 선의 파장 영역에 해당된다.

나. 미립화 효과

① 미립화 효과의 종류
　㉮ 부피가 작아지는 것과 구성 원자 수가 적어지는 것에 의한 효과
　㉯ 표면에 관한 효과 및 입자 상호 작용에 관한 효과
② 물질을 미세화하여 초미립자 영역에 도달하면 색상이 있는 것은 흑색화하며 용융점은 떨어진다.
③ 부피 효과의 예
　㉮ 10mm의 Au 초미립자는 6.6 ~ 10μm 의 파장 영역에서 빛의 흡수가 두드러진다. 즉, 벌크(bulk) 재료의 2 ~ 5%에서 95%로 변화한다.
　㉯ 3mm의 Ag 초미립자의 용해점은 1.300K에서 900K로 저하된다.
　㉰ 강자성체에서는 약 100mm 이하에서 단자구화하여 보자력이 현저히 증가하지만 더욱 작아져 30 ~ 10mm 이하로 되면 보자력을 상실하여 초상자성으로 변화한다.
④ 미립화는 표면 활성을 증대시키고, 촉매 효과를 증대시키며, 부착성을 띠게 된다.
⑤ 금속 초미립자를 생성한 대로 대기 중에 노출시키면 급격히 연소한다.

⑥ 미립화에 의해 기대되는 효과

분류	기대효과
부피효과	• 다결정체의 단결정화 • 결정의 복합 양식의 변화(새로운 상의 출현, 다면체 입자의 출현, 용융점 저하) • 빛, 음파, 전자파 등의 흡수, 산란 변화, 흑색화, 적외선 흡수 등 • 물질의 전자 상태 변화
표면효과	촉매적 특성의 발견, 비표면적의 확대에 의한 효과(열전달, 흡수, 흡착 등)
입자간 상호 작용	열전도율, 유동성, 혼합성, 압축성, 고상 반응성 등

2 초미립자의 제조

가. 액상법

분체 제조법의 주가 되는 것으로 균일한 분체를 대량 생산하는 방법으로 우수하다.

① 방법에는 분무법과 침전법으로 나눌 수 있다.

② 기상법에 비하여 응집 경향이 강하며, 하나하나의 입자 형성이 약간 불균일하다.

나. 기상법

극히 청정한 초미립자를 얻을 수 있고, 입자 지름의 제어도 쉬운 방법이다.

① 방법에는 화학적인 방법과 물리적인 방법으로 나눈다.

㉮ 화학적인 방법

㉠ 반응성 물질을 가열하여 증기화하고 분해나 반응을 시켜 목적 화합물의 포화증기를 형성시킨 후 이것을 응축시켜 초미립자를 제조하는 방법이다.

㉡ CVD법(chemical vapor deposition)이 대표적인 방법이다.

㉢ 가열 방법으로는 전기로, 화학염, 플라즈마, 레이저 등이 이용된다.

㉯ 물리적인 방법

㉠ 방법으로는 가스 중 증발법과 진공 증착법이 있다.

㉡ 가스 중 증발법

ⓐ 분위기 가스압이나 증발원 온도의 제어가 용이하다.

ⓑ 고주파 용해로를 이용함으로써 대량 용해, 대량 증발이 가능하기 때문에 생산성 향상이 된다.

ⓒ 균일 청정한 초미립자의 공업적 제법으로 정착되고 있다.

ⓓ 자기 테이프용 소재의 제조법으로 기대되고 있다.

③ 진공 증착법

㉮ 10nm 이하의 입자 지름을 가진 초미립자를 만드는 우수한 방법으로 유동 오일 위에 진공 증착시키는 방법(VEROS법)이다

㉯ 회전 드럼법, 알콜 등의 유기 용매를 사용한 진공 증착법 등도 개발되고 있다.

3 초미립자의 기능과 형태

가. 제 1그룹

초미립자가 주목받기 시작할 때부터 기대되었던 자기 특성, 흑색성 등을 포함하는 벌크식 특성을 그대로 이용하는 그룹으로 가장 많이 검토되고 있다.

나. 제2그룹

미세화에 의한 용융점 저하, 저온 소결성에 목적을 둔 그룹이다.

다. 제3그룹

기능 재료적 응용 그룹으로 기대되며 촉매, 센서 등에 기대된다.

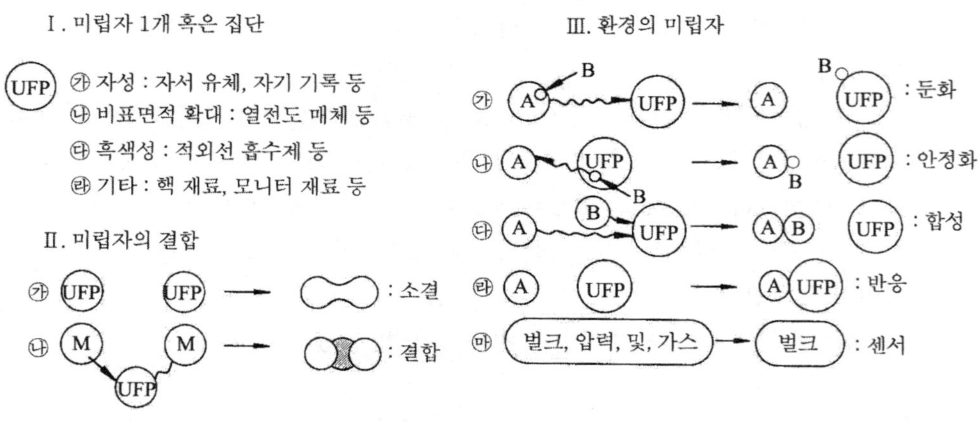

그림 5-10 초미립자의 기능과 형태

4 응용분야

가. 자성 재료로는 Fe의 초미립자는 매우 강한 자성을 가지므로 자기 테이프, 비디오 테이프, 메탈 테이프용으로 개발되고 있다.

나. 적외선 흡수 재료로는 Cr계 합금 초미립자는 빛을 잘 흡수하므로 태양열 이용 장치에 응용 개발되고 있다.

다. 표면적이 매우 크고 활성도 강하므로 촉매 재료로의 이용이 검토되고 있다.

라. 실리콘 웨이퍼상에 광센서로서 금속 초미립자막 및 온도, 가스 센서로서 금속 산화물 초미립자막을 형성한 빛 및 온도, 가스 감지용 센서가 개발되고 있다.

마. 새로운 합금의 재료, 로켓트용 연료의 연소 효율의 향상을 위해 초미립자가 이용된다.

MEMO

부록

● 원소기호표 ●

원자 번호	원소 기호	원 소	원 자 량	녹는점(m.p.)	끓는점(b.p.)	비 중(d)
1	H	수 소	1.0079	−259.14℃	−252.9℃	0.08987g/ℓ
2	He	헬 륨	4.0026	−272.2℃(26atm)	−268.9℃	0.1785g/ℓ
3	Li	리 튬	6.94	180.54℃	1347℃	0.534
4	Be	베 릴 륨	9.01218	1280℃	2970℃	1.85
5	B	붕 소	10.81	2300℃	2550℃	1.73(비결정성)
6	C	탄 소	12.011	3550℃(비결정성)	4827℃(비결정성)	1.8~2.1(비결정성)
7	N	질 소	14.0067	−209.86℃	−195.8℃	1.2507g/ℓ
8	O	산 소	15.9994	−218.4℃	−182.96℃	1.4289g/ℓ (0℃)
9	F	불 소	18.998	−219.62℃	−188℃	1.696g/ℓ (0℃)
10	Ne	네 온	20.17	−248.67℃	−246.0℃	0.90g/ℓ
11	Na	나 트 륨	22.9898	97.90℃	877.50℃	0.971(20℃)
12	Mg	마그네슘	24.305	650℃	1100℃	1.741
13	Al	알루미늄	26.98154	660.4℃	2467℃	2.70(20℃)
14	Si	규 소	28.085	1414℃	2335℃	2.33(18℃)
15	P	인	30.973	44.1℃(황린)	280.5℃(황린)	1.82(황린, α)
16	S	황	32.06	112.8℃(α)	444.7℃	2.07(α)
17	Cl	염 소	35.45	−100.98℃	−34.6℃	3.214g/ℓ (0℃)
18	Ar	아 르 곤	39.94	−189.2℃	−185.7℃	1.7834g/ℓ
19	K	칼 륨	39.0983	63.5℃	774℃	0.86(20℃)
20	Ca	칼 슘	40.08	850℃	1440℃	1.55
21	Sc	스 카 듐	44.9559	1539℃	2727℃	2.992
22	Ti	티 탄	47.9	1675℃	3260℃	4.50(20℃)
23	V	바 나 듐	50.9415	1890℃	3380℃	5.98(18℃)
24	Cr	크 롬	51.996	1890℃	2482℃	7.188(20℃)
25	Mg	마그네슘	24.305	650℃	1100℃	1.741
26	Fe	철	55.84	1535℃	2750℃	7.86(20℃)
27	Co	코 발 트	58.9332	1494℃	3100℃	8.9(20℃)
28	Ni	니 켈	58.7	1455℃	2732℃	8.845(25℃)
29	Cu	구 리	63.549	1083℃	2595℃	8.92(20℃)
30	Zn	아 연	65.38	419.6℃	907℃	7.14(20℃)
31	Ga	갈 륨	69.72	29.78℃	2403℃	5.913(20℃)
32	Ge	게르마늄	72.59	958.5℃	2700℃	5.325(25℃)
33	As	비 소	74.9216	817℃(28atm)	613℃(승화)	5.73(회색)
34	Se	셀 렌	78.96	144℃(결정)	684.8℃	4.4(결정)
35	Br	브 롬	79.904	−7.2℃	58.8℃	3.10(25℃)
36	Kr	크 립 톤	83.3	−156.6℃	−152.3℃	3.74g/ℓ (0℃)

원자 번호	원소 기호	원 소	원 자 량	녹는점(m.p.)	끓는점(b.p.)	비 중(d)
37	Rb	루 비 듐	85.4678	38.89℃	688℃	1.53(20℃)
38	Sr	스트론튬	87.62	769℃	1384℃	2.6(20℃)
39	Y	이 트 륨	88.9059	1495℃	2927℃	4.45
40	Zr	지르코늄	91.22	1852℃	3578℃	6.52(25℃)
41	Nb	니 오 브	92.9064	2468℃	3300℃	8.56(25℃)
42	Mo	몰리브덴	95.94	2610℃	5560℃	10.23
43	Tc	테크네튬	97	2200℃	5030℃	11.5
44	Ru	루 테 늄	101.17	2250℃	3900℃	12.41(20℃)
45	Rh	로 듐	102.9055	1963℃	3727℃	12.41(20℃)
46	Pd	팔 라 듐	106.4	1555℃	3167℃	12.03
47	Ag	은	107.868	961.9℃	2212℃	10.49(20℃)
48	Cd	카 드 뮴	112.41	321.1℃	765℃	8.642
49	In	이 듐	114.82	156.63℃	2000℃	7.31(20℃)
50	Sn	주 석	118.69	231.97℃	2270℃	5.80(α 20℃)
51	Sb	안 티 몬	121.75	630.7℃	1635℃	6.69(20℃)
52	Te	텔 루 르	127.6	449.8℃	1390℃	6.24(비결정성. α)
53	I	요 오 드	126.904	113.6℃	184.4℃	4.93(25℃)
54	Xe	크 세 론	131.3	−111.9℃	−107.1℃	5.85g/ℓ (0℃)
55	Cs	세 슘	132.9054	28.5℃	690℃	1.873(20℃)
56	Ba	바 륨	137.33	725℃	1140℃	3.5
57	La	란 탄	138.9055	920℃	3469℃	6.19(α)
58	Ce	세 륨	140.12	795℃	3468℃	6.7(α)
59	Pr	프라세오디뮴	140.9077	935℃	3127℃	6.78
60	Nd	네오디뮴	144.24	1024℃	3027℃	6.78
61	Pm	프로메튬	147	1080℃	2730℃	7.2
62	Sm	사 마 륨	150.4	1072℃	1900℃	7.586
63	Eu	유 로 퓸	151.96	826℃	1439℃	5.259
64	Gd	가돌리늄	157.2	1312℃	3000℃	7.948(α)
65	Tb	테 르 븀	158.9254	1356℃	2800℃	8.272
66	Dy	디스프로슘	162.5	1407℃	2600℃	8.56
67	Ho	홀 뮴	164.93	1461℃	2600℃	8.803
68	Er	에 르 븀	167.26	1522℃	2510℃	9.051
69	Tm	툴 륨	168.9342	1545℃	1727℃	9.332
70	Yb	이테르븀	173.04	824℃	1427℃	6.977(α)
71	Lu	루 테 튬	174.97	1652℃	3327℃	9.872
72	Hf	하 프 늄	178.49	2150℃	5400℃	13.31(20℃)
73	Ta	탄 탈	180.947	2996℃	5425℃	16.64(20℃)
74	W	텅 스 텐	183.8	3387℃	5927℃	19.3(0℃)

원자 번호	원소 기호	원 소	원 자 량	녹는점(m.p.)	끓는점(b.p.)	비 중(d)
75	Re	레 늄	186.207	3180℃	5627℃	21.02(20℃)
76	Os	오 스 뮴	1902	2700℃	5500℃	22.57
77	Ir	이 리 듐	192.2	2447℃	4527℃	22.42(17℃)
78	Pt	백 금	195.09	1772℃	3827℃	21.45
79	Au	금	196.9665	1064℃	2966℃	19.3(20℃)
80	Hg	수 은	200.59	−38.86℃	356.66℃	13.558(15℃)
81	Tl	탈 륨	204.3	302.6℃	1457℃	11.85(0℃)
82	Pb	납	207.2	327.5℃	1744℃	11.3437(16℃)
83	Bi	비스무트	208.9804	271.44℃	1560℃	9.80(20℃)
84	Po	폴 로 늄	209	254℃	962℃	9.32(α)
85	At	아스타틴	210			
86	Rn	라 돈	222	−71℃	−61.8℃	9.73g/ℓ (0℃)
87	Fr	프 랑 슘	223			
88	Ra	라 듐	226.03	700℃	1140℃	5
89	Ac	악 티 늄	227.03	1050℃	3200℃	10.07
90	Th	토 륨	232.0381	약1800℃	3000℃	11.5
91	Pa	프로악티늄	231.0359	1230℃	1600℃	15.37(계산치)
92	U	우 라 늄	238.029	1133℃	3818℃	19.050(α)
93	Np	넵 투 늄	237.0482	640℃		20.45(α 20℃)
94	Pu	플루토늄	244	639.5℃	3235℃	19.816
95	Am	아메리슘	243	850℃	2600℃	13.7
96	Cm	퀴 륨	247	1350℃		13.51
97	Bk	버 클 륨	247			
98	Cf	칼리포르늄	251			
99	Es	아인시타이늄	254			
100	Fm	페 르 뮴	257			
101	Md	멘델레븀	258			
102	No	노 벨 륨	259			
103	Lr	로 렌 슘	260			
104	Rf	러더포듐	104			
105	Db	더 브 늄	105			
106	Sg	시 보 귬				
107	Bh	보 륨				
108	Hs	하 슘	265			
109	Mt	마이트러늄	268			

원소주기율표

20 Ca 칼슘 — 원자번호 / 원소기호(예 : Hg : 액체 a : 기체 a : 고체) / 이름

금속 · 비금속 · 전이원소 · 란타넘족 · 악티늄족

1 H 수소																	2 He 헬륨
3 Li 리튬	4 Be 베릴륨											5 B 붕소	6 C 탄소	7 N 질소	8 O 산소	9 F 플루오린	10 Ne 네온
11 Na 나트륨	12 Mg 마그네슘											13 Al 알루미늄	14 Si 규소	15 P 인	16 S 황	17 Cl 염소	18 Ar 아르곤
19 K 칼륨	20 Ca 칼슘	21 Sc 스칸듐	22 Ti 타이타늄	23 V 바나듐	24 Cr 크로뮴	25 Mn 망가니즈	26 Fe 철	27 Co 코발트	28 Ni 니켈	29 Cu 구리	30 Zn 아연	31 Ga 갈륨	32 Ge 저마늄	33 As 비소	34 Se 셀레늄	35 Br 브로민	36 Kr 크립톤
37 Rb 루비듐	38 Sr 스트론튬	39 Y 이트륨	40 Zr 지르코늄	41 Nb 나이오븀	42 Mo 몰리브덴	43 Tc 테크네튬	44 Ru 루테늄	45 Rh 로듐	46 Pd 팔라듐	47 Ag 은	48 Cd 카드뮴	49 In 인듐	50 Sn 주석	51 Sb 안티몬	52 Te 텔루륨	53 I 아이오딘	54 Xe 제논
55 Cs 세슘	56 Ba 바륨		72 Hf 하프늄	73 Ta 탄탈	74 W 텅스텐	75 Re 레늄	76 Os 오스뮴	77 Ir 이리듐	78 Pt 백금	79 Au 금	80 Hg 수은	81 Tl 탈륨	82 Pb 납	83 Bi 비스무트	84 Po 폴로늄	85 At 아스타틴	86 Rn 라돈
87 Fr 프랑슘	88 Ra 라듐		104 Rf 러더포듐	105 Db 더브늄	106 Sg 시보귬	107 Bh 보륨	108 Hs 하슘	109 Mt 마이트너륨	110 Ds 다름슈타튬	111 Rg 뢴트게늄							

57 La 란타넘	58 Ce 세륨	59 Pr 프라세오디뮴	60 Nd 네오디뮴	61 Pm 프로메튬	62 Sm 사마륨	63 Eu 유로퓸	64 Gd 가돌리늄	65 Tb 테르븀	66 Dy 디스프로슘	67 Ho 홀뮴	68 Er 에르븀	69 Tm 툴륨	70 Yb 이테르븀	71 Lu 루테튬
89 Ac 악티늄	90 Th 토륨	91 Pa 프로트악티늄	92 U 우라늄	93 Np 넵투늄	94 Pu 플루토늄	95 Am 아메리슘	96 Cm 퀴륨	97 Bk 버클륨	98 Cf 캘리포늄	99 Es 아인슈타이늄	100 Fm 페르뮴	101 Md 멘델레븀	102 No 노벨륨	103 Lr 로렌슘

찾아보기

ㅈ

ㅊ

ㅋ

ㅌ

ㅍ

금속재료공학

초　판 인쇄 | 2014년 8월 15일
초　판 발행 | 2014년 8월 30일
개정2판 발행 | 2019년 4월 1일
개정3판 1쇄 발행 | 2020년 6월 30일
개정3판 2쇄 발행 | 2021년 2월 10일
개정3판 3쇄 발행 | 2022년 3월 15일
개정3판 4쇄 발행 | 2023년 8월 31일

저　자 | 조수연 · 이병찬 · 이동철
발 행 인 | 조규백
발 행 처 | **도서출판 구민사**
(07293) 서울특별시 영등포구 문래북로116, 604호(문래동 3가 46, 트리플렉스)
전　화 | (02) 701-7421(~2)
팩　스 | (02) 3273-9642
홈페이지 | www.kuhminsa.co.kr

신고번호 | 제2012-000055호 (1980년 2월 4일)
I S B N | 979-11-5813-852-3 93550
값 | 25,000원